Joachim Bohm, Detlef Klimm, Manfred Mühlberg, Björn Winkler
Will Kleber
Einführung in die Kristallographie
De Gruyter Studium

Weitere empfehlenswerte Titel

Joachim Bohm, Detlef Klimm,
Manfred Mühlberg, Björn Winkler

Will Kleber
Einführung in die Kristallographie

20. überarbeitete Auflage

DE GRUYTER

Autoren

Prof. Dr. Joachim Bohm
Apfelweg 10
12524 Berlin, Deutschland
joachim-bohm@freenet.de

Dr. habil. Detlef Klimm
Leibniz-Institut für Kristallzüchtung (IKZ)
Max-Born-Str. 2
12489 Berlin, Deutschland
detlef.klimm@ikz-berlin.de

Prof. Dr. Manfred Mühlberg
Universität Köln
Institut für Geologie und Mineralogie
AG Mineralogie/Kristallographie
Zülpicher Str. 49b
50674 Köln, Deutschland
manfred.muehlberg@uni-koeln.de

Prof. Dr. Björn Winkler
Institut für Geowissenschaften
Kristallographie/Mineralogie, Altenhöferallee 1
60438 Frankfurt am Main, Deutschland
B.Winkler@kristall.uni-frankfurt.de

Prof. Dr. Joachim Bohm (geb. 1935) studierte an der Humboldt-Universität zu Berlin bei Prof. Kleber Mineralogie und Kristallographie. Er befasste sich vor allem mit der Züchtung und der Realstruktur von Kristallen, mit theoretischen Fragen der Kristallographie, lehrte an verschiedenen Universitäten, trat als Lehrbuch-Autor hervor und lebt seit 2002 im Ruhestand.

Dr. habil. Detlef Klimm (geb. 1957) studierte an der Universität Leipzig Kristallographie. Er arbeitete über Kristallzüchtung, Kristallbaufehler sowie Phasendiagramme und erhielt Lehraufträge von verschiedenen Universitäten und Hochschulen. Derzeit arbeitet er am Leibniz-Institut für Kristallzüchtung in Berlin.

Prof. Dr. Manfred Mühlberg (geb. 1949) studierte an der Humboldt-Universität zu Berlin Kristallographie; war dort als wissenschaftlicher Mitarbeiter tätig. Ab 1993 Professor für Kristallographie an der Universität zu Köln. Forschungsgebiete waren Kristallzüchtung, Defektcharakterisierung und spezielle physikalische Eigenschaften von Verbindungshalbleitern (Berlin) sowie azentrischen Boraten und Niobaten (Köln). Seit 2014 im Ruhestand.

Prof. Dr. Björn Winkler (geb. 1962) studierte in Hamburg, an der TU Berlin und der University of Cambridge Mineralogie mit Schwerpunkt Kristallographie. Nach Forschungstätigkeiten am Forschungszentrum Saclay und an der Christian-Albrechts-Universität zu Kiel wurde er 2002 als Professor für Kristallographie und Mineralogie an die Goethe-Universität Frankfurt berufen.

ISBN 978-3-11-046023-0
e-ISBN (PDF) 978-3-11-046024-7
e-ISBN (EPUB) 978-3-11-046043-8

Library of Congress Control Number: 2020945693

Bibliografische Information der Deutschen Nationalbibliothek
Die Deutsche Nationalbibliothek verzeichnet diese Publikation in der Deutschen Nationalbibliografie; detaillierte bibliografische Daten sind im Internet über http://dnb.dnb.de abrufbar.

© 2021 Walter de Gruyter GmbH, Berlin/Boston
Coverabbildung: Natürlicher Spinell, Größe ca. 4,5 mm. Fundort Tessera (Venetien, Italien), Fotografie: Matteo Chinellato – Chinellato Photo/gettyimages
Satz: VTeX UAB, Lithuania
Druck und Bindung: CPI books GmbH, Leck

www.degruyter.com

Inhalt

Vorwort

Vor über sechzig Jahren schrieb Will Kleber im Vorwort zur 1. Auflage, dass die Kristallographie die gesamte Erscheinungswelt des kristallisierten Zustandes (Phänomenologie, Struktur, Physik, Chemie) umfasst. Historisch hervorgegangen aus der Mineralogie, hat sich die Kristallographie zu einer modernen, wichtigen und selbständigen Wissenschaftsdisziplin entwickelt, die durch intensive und lebendige wechselseitige Beziehungen eng mit den Nachbardisziplinen verbunden ist. Wir dürfen aber nicht nur die wissenschaftliche Situation sehen; die Extension der Kristallographie ist im wesentlichen Maß das Ergebnis der Wechselbeziehungen zur modernen Technik: Bergbau und Aufbereitung, Metallurgie und Baustoffindustrie, keramische und chemische Industrie, Elektronik und Datenverarbeitung sowie wissenschaftlicher Gerätebau einschließlich optischer Industrie befassen sich in breitem und wachsendem Umfang mit kristallographischen Problemen. Der interdisziplinäre Charakter der Kristallographie ist besonders ausgeprägt.

Eine Einführung in die Kristallographie muss deshalb nicht nur dem „Hauptfach", sondern auch den mit ihr verflochtenen Nachbardisziplinen dienlich sein. Das Studium der Kristallographie stellt an den Anfänger einige Anforderungen an das Raumvorstellungsvermögen und benutzt mathematisch-analytische Hilfsmittel, die nicht jedem vertraut sein werden. Dabei ist zu berücksichtigen, dass die allgemeinbildenden Schulen nur eine geringe Vorkenntnis dieses Fachgebietes vermitteln. Ein Selbststudium allein anhand dieses Buches kann – bei allem Bemühen der Autoren um Verständlichkeit – nicht empfohlen werden. Wesentlich sind der immer wiederholte Umgang mit dem Gegenständlichen (einschließlich Modellen), die erläuternde Diskussion und das Studium am Objekt.

Bestimmung und Konzeption des Buches sind durch eine rasche Folge von bisher neunzehn Auflagen bestätigt worden. Bis zur 11. Auflage wurden sie von Will Kleber besorgt. Er war bis zu seinem viel zu frühen Tode 1970 ständig bemüht, die aktuellen Entwicklungen des Faches zu berücksichtigen. Das Buch wurde dann von Hans Joachim Bautsch† (1929–2005) und Joachim Bohm weitergeführt. Bei den gebotenen Überarbeitungen war das Bestreben darauf gerichtet, den didaktisch vorbildlichen Stil von Will Kleber zu bewahren. Zuletzt wurde die vorangegangene 19. Auflage grundlegend überarbeitet und eine Anzahl von Bildern erneuert.

Die nunmehr vorliegende 20. Auflage wurde wiederum grundlegend überarbeitet, insbesondere im jetzt weiter nach vorn gerückten Kapitel zur Kristallstrukturanalyse, welches jetzt auch moderne Methoden berücksichtigt. Der Satz des Buches erfolgte erstmals mit LaTeX, was deutliche Vorteile bei der Darstellung mathematischer Formeln und Symbole mit sich bringt. Sehr viele Abbildungen wurden neu erstellt. Vektoren werden nicht mehr als fette Symbole $\boldsymbol{v}$, sondern mit einem Pfeil $\vec{v}$ gekennzeichnet. Das Literaturverzeichnis wurde reduziert und aktualisiert; wo sinnvoll erfolgte auch der Verweis auf Quellen im Internet. Einige kurze Übungsaufgaben im Text sollen dem

https://doi.org/10.1515/9783110460247-201

Leser die Selbstkontrolle erleichtern. Um den Umfang des Buches überschaubar zu halten, mussten einige Inhalte aus früheren Auflagen im Umfang reduziert oder übergangen werden.

Den Autoren ist bewusst, dass sie auf der sehr guten Vorarbeit einer Vielzahl früherer Autoren und Kollegen aufbauen konnten, denen hier ohne Nennung der vielen Namen gedankt sein soll. Auch den durch Übernahmen inzwischen mehreren Verlagen (Verlag Technik der DDR, dann Huss, später Oldenbourg und nun De Gruyter) und ihren Mitarbeitern sei für die permanente Unterstützung gedankt.

Berlin, Frankfurt am Main und Köln 2020

Joachim Bohm, Detlef Klimm, Manfred Mühlberg, Björn Winkler

Einleitung

Die Kristallographie (auch Kristallografie oder Kristallkunde, engl. *crystallography*) ist die Lehre von den Kristallen, von ihren Erscheinungsformen und Eigenschaften, von ihrem inneren Aufbau und Entstehen, von den an ihnen ablaufenden Vorgängen und ihrer Wechselwirkung mit anderer Materie. Das Wort „Kristall" hat seine Wurzel im Griechischen „κρύσταλλος", dessen ursprüngliche Bedeutung „Eis" war. Es wurde zunächst als Bezeichnung für eine spezielle Mineralart, den Bergkristall (Quarz) verwendet. Unser heutiger Kristallbegriff hat sich im Rahmen der Entwicklung der modernen Naturwissenschaften mit dem Erkennen des Wesens des kristallisierten Zustandes herausgebildet, vor allem durch die Erforschung des atomaren Aufbaus der Kristalle, der Kristallstruktur. Damit wurde auch die umfassende Verbreitung des kristallisierten Zustandes bekannt: Fast alle festen Körper sind kristallisiert, d. h., sie bestehen aus Kristallen, mag es sich dabei um künstlich erzeugte oder um natürlich vorkommende Stoffe (Minerale) handeln.

Abb. 1: Oberfläche eines Pflastersteines aus Granit, bestehend aus den Mineralen Feldspat, Quarz und Glimmer. 1-Cent-Münze zum Größenvergleich.

Ein Gestein, z. B. der Granit, erscheint oft schon dem unbewaffneten Auge aus einzelnen Körnern zusammengesetzt (Abb. 1). Jedes Korn für sich erweist sich hinsichtlich seiner Eigenschaften als eine Einheit, als homogen, und stellt einen Kristall dar (beim Granit werden drei Kristallarten, die Minerale Feldspat, Quarz und Glimmer, unterschieden). Das Gestein im Ganzen hingegen ist stofflich und physikalisch nicht einheitlich und gleichmäßig, es ist heterogen. Allerdings ist eine gewisse Vorsicht bei der Verwendung der Begriffe heterogen und homogen geboten. So ist etwa beim dichten, dem bloßen Auge völlig gleichförmig erscheinende Basalt erst unter dem Mikroskop zu beobachten, dass er aus vielen kleinen Kristallen (Feldspat, Pyroxen u. a.) zusammengesetzt ist. Entsprechendes gilt auch für Kalkstein, Marmor, Sandstein etc. sowie auch für künstliche keramische Produkte, wie Porzellan und Steingut, ferner Zement bzw. Beton, Ziegel, Klinker etc.; sie alle sind Aggregate aus mikroskopisch kleinen Kristallen. Auch die Böden sind vorwiegend aus kleinen bis kleinsten Kristallen zusammengesetzt. Das gilt auch für den Ton, dessen außerordentlich feinen Kristalle Abmessungen noch unter 0,002 mm haben.

https://doi.org/10.1515/9783110460247-202

Abb. 2: Gips, Calciumsulfat, $CaSO_4 \cdot 2\,H_2O$; Friedrichs-roda, Thüringen; Lehr- und Schausammlung des Institutes für Mineralogie der Universität Tübingen. Foto von H. Zell, Wikipedia (deutsch): Gips.

Besonders schön ausgebildete natürliche Kristalle wie z. B. in Abb. 2 gezeigt sind in den mineralogischen Museen und Sammlungen zusammengetragen worden. Auch die Erze stellen, wie nahezu alle anderen Minerale, Kristalle oder Aggregate von Kristallen dar. Schließlich sind die metallischen Werkstoffe selbst, so einheitlich sie zunächst dem unbefangenen Beobachter erscheinen mögen, gleichfalls aus Kristallen zusammengesetzt. Das gleiche gilt für viele andere technisch wichtige Materialien. Ätzt man beispielsweise eine angeschliffene und polierte Platte von gegossenem Silicium an, aus welchem viele Solarzellen hergestellt werden, so sind die einzelnen Siliciumkörner in der Platte deutlich zu erkennen (Abb. 3). Auch diese Körner sind Kristalle, in diesem Fall Siliciumkristalle. Viele andere Gebrauchsgüter unseres täglichen Lebens, beispielsweise Kochsalz (mineralogisch Halit), sowie Chemikalien aller Art, sind gleichfalls kristallisiert.

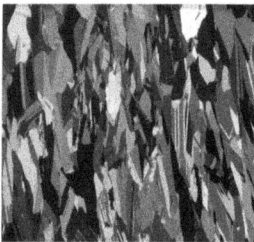

Abb. 3: Polierte und geätzte Oberfläche von polykristallinem Silicium. Länge der horizontalen Kante 10 cm. Aufnahme: U. Juda, Leibniz-Institut für Kristallzüchtung (Berlin).

Eine große technische Bedeutung hat die Herstellung bzw. „Züchtung" einzelner größerer Kristalle von bestimmten Stoffen als Ausgangsmaterial nicht nur für die Erzeugung von Schmuck, sondern vor allem von elektronischen, optischen u. a. Bauelementen. Man bezeichnet solche größeren Kristalle, die gewissermaßen aus einem einzigen Korn bestehen, als „Einkristalle".

Jedem bekannt sind ferner die Schneesterne, die durch ihre eigenartigen sechsgliedrigen Formen auffallen. Doch auch das Eis der Gletscher setzt sich aus diesen Kristallen zusammen. Erwähnt sei ferner, dass Graphit und Ruß kristallisiert sind und dass Zähne und Knochen zahlreiche, äußerst feine Kriställchen von Apatit enthalten. Aber nicht nur anorganische Substanzen können kristallisiert auftreten. Auch die meisten festen Stoffe der organischen Chemie, wie sie als Naturprodukte gefunden oder industriell hergestellt werden, sind kristallin. Zucker zeigt in seinen groben Formen fast ideal entwickelte Kriställchen. Weitere Substanzen, die mehr oder weniger kristallisiert erscheinen, sind unter vielen anderen Seignettesalz, Naphthalen, Anthracen, Campher, Alkaloide, Vitamine, Eiweiße und sogar Viren.

Was aber ist nun ein Kristall? Eine regelmäßige Form, wie bei den Schneesternen, oder eine von mehr oder weniger ebenen Flächen begrenzte Gestalt, wie beim Quarzkristall, genügen als allgemeingültige Kennzeichnung keinesfalls, da sie z. B. für die Quarzkörner im Granit oder die Kristallkörner eines Metalls nicht zutreffen. Man kann auch nicht einfach sämtliche festen Substanzen zu den Kristallen rechnen, denn es existieren feste Stoffe, die nicht kristallin sind, so die Gläser. Sie werden als amorph bezeichnet.

Zum Wesen des Kristalls gehört zunächst, dass er homogen, d. h. stofflich und physikalisch einheitlich ist. Das gilt jedoch gleichermaßen für Gase, Flüssigkeiten und amorphe Körper. Zu einer Abgrenzung der Kristalle von anderen homogenen Körpern können wir gelangen, wenn wir physikalische Eigenschaften betrachten, die sich auf eine Richtung beziehen. Zu solchen Eigenschaften gehören Wärmeleitfähigkeit, elektrische Leitfähigkeit, Lichtgeschwindigkeit (im Kristall), Absorptionsvermögen, magnetische Suszeptibilität, Ritzhärte etc. Alle diese Eigenschaften werden entlang irgendwelchen Richtungen gemessen. Hierbei ergeben sich zwei Möglichkeiten:

1. Die physikalischen Eigenschaften sind in allen Richtungen gleich. Dieses Verhalten wird als isotrop bezeichnet.
2. Die physikalischen Eigenschaften variieren mit der Richtung, in der sie gemessen werden. Dieses Verhalten wird als anisotrop bezeichnet.

Es ist ein Wesensmerkmal der Kristalle, dass sie sich anisotrop verhalten. Diese Anisotropie muss nicht für alle einschlägigen Eigenschaften gleichermaßen ausgeprägt sein; prinzipiell lassen sich aber für jede Kristallart Eigenschaften angeben, die anisotrop sind. Eine Folge der Anisotropie der Kristalle ist auch das augenfällige Merkmal, bei unbehindertem Wachstum ebenflächig begrenzte Polyeder auszubilden; d. h., auch das Wachstum zeigt ein anisotropes Verhalten; denn wäre es isotrop, so müsste eine Kugel entstehen. Demnach können wir feststellen:

Kristalle sind homogene anisotrope Körper.   **!**

Den eigentlichen Schlüssel zum Verständnis des kristallisierten Zustandes liefert die Betrachtung des atomaren Aufbaus der Kristalle. Die Anordnung der Atome in einem Kristall wird durch bestimmte grundlegende Gesetzmäßigkeiten gekennzeichnet, die im folgenden Kapitel 1. behandelt werden.

Die grundlegenden Eigenschaften der Kristallstrukturen – sowohl makroskopisch als auch auf atomarer Skala – sowie die Methoden ihrer Beschreibung sind der Gegenstand der Kristallstrukturlehre. In engem Zusammenhang damit lassen sich auch die phänomenologischen Eigenschaften der Kristalle ableiten, die den Gegenstand der Kristallmorphologie bilden.

In Kapitel 2 *Kristallchemie* werden dann die Zusammenhänge zwischen der Zusammensetzung und den beobachteten Kristallstrukturen ausgeführt. Im Kapitel 3 *Beugungsmethoden und Kristallstrukturbestimmung* wird beschrieben, wie Kristallstrukturen bestimmt werden können. In Kapitel 5 *Kristallphysik* wird die Physik von anisotropen Körpern unter Benutzung des Tensorkalküls dargelegt, wobei die beiden Kapitel 3 und 5 mathematisch etwas anspruchsvoller sind. Die beiden weiteren Kapitel 4 *Kristallisation–Kristallwachstum–Kristallzüchtung* und Kapitel 6 *Defekte in Kristallen (Realstrukturen)* führen dann u. a. auch schon zu den Anwendungen von Kristallen hin.

1 Kristallstrukturlehre und Kristallmorphologie

Die Eigenschaften der Kristalle sind eng verknüpft mit ihrem atomaren Aufbau, d. h. ihrer Kristallstruktur. Grundsätzlich lassen sich die Struktur und die kristallphysikalischen Eigenschaften eines Kristalls aus den Eigenschaften der ihn zusammensetzenden Atome, den physikalischen Gesetzen für die Wechselwirkungen zwischen den Atomen und von Zustandsparametern wie Druck und Temperatur herleiten.

Diese Aufgabe ist seitens der theoretischen Festkörperphysik jedoch noch nicht für alle teils komplizierten Strukturmodelle gelöst. Die Schwierigkeit besteht dabei darin, dass eine solche auf „ersten Grundlagen" fußende Theorie des kristallisierten Zustandes die Wechselwirkungen zwischen sehr vielen Atomen erfassen muss.

Die Kristallographie erforscht die Zusammenhänge zwischen Zusammensetzung, Kristallstruktur und kristallphysikalischen Eigenschaften. Heutzutage sind die Kristallstrukturen von vielen hunderttausend Kristallarten, z. T. bis in feine Details, bekannt und wir haben ein sehr tiefgehendes Verständnis der grundlegenden Prinzipien der Beziehungen zwischen Struktur und Eigenschaften gewonnen. Die Kristallographie ist ein sich noch immer rasch entwickelndes Forschungsgebiet, in dem es auch regelmäßig zu fundamental neuen Erkenntnissen kommt. Das hat sogar zu einer Erweiterung es Kristallbegriffs geführt, worauf in Kapitel 6 eingegangen wird. Hier werden, einer Einführung angemessen, zunächst die konventionellen, klassischen Kristalle behandelt, die ohnehin den wesentlichen Teil der Kristallwelt ausmachen, und deren Kristallographie beschrieben.

Die grundlegenden Eigenschaften der Kristallstrukturen – sowohl makroskopisch als auch auf atomarer Skala – sowie die Methoden ihrer Beschreibung sind der Gegenstand der Kristallstrukturlehre. In engem Zusammenhang damit lassen sich auch die grundlegenden phänomenologischen Eigenschaften der Kristalle ableiten, die den Gegenstand der Kristallmorphologie bilden.

1.1 Gitterbau der Kristalle

1.1.1 Das Raumgitter

Wie sich gezeigt hat, sind die Strukturen aller Kristalle durch eine bestimmte, regelmäßige Anordnung der sie zusammensetzenden Atome gekennzeichnet. Welches ist nun das Merkmal einer solchen regelmäßigen Anordnung von Atomen in einer Kristallstruktur? Betrachten wir als leicht überschaubares Beispiel die Struktur von Halit (Steinsalz) mit der chemischen Formel NaCl (Natriumchlorid; Abb. 1.1a): Die atomaren Bausteine des Kristalls sind in diesem Fall Ionen, nämlich positiv geladene Natriumionen und negativ geladene Chlorionen, die sich so aneinanderlagern, dass eine abwechselnde Folge beider Ionenarten in drei zueinander senkrechten Richtungen

https://doi.org/10.1515/9783110460247-001

entsteht. Der Zusammenhalt des Kristalls wird dabei im wesentlichen durch die elektrostatischen Anziehungskräfte zwischen den entgegengesetzt geladenen Ionen bewirkt, und eben diese Struktur stellt hinsichtlich der elektrostatischen Kräfte – unter Berücksichtigung auch der Abstoßungskräfte zwischen gleichen Ionen und des Größenverhältnisses der beiden Ionenarten – die energetisch günstigste Möglichkeit für die Anordnung der Ionen dar.

Oft ist es übersichtlicher, bei der Abbildung einer Kristallstruktur die Atome bzw. Ionen nicht (wie in Abb. 1.1a) maßstäblich zu zeichnen, sondern nur die Positionen ihrer Mittelpunkte darzustellen (Abb. 1.1b). Allerdings gehen bei dieser Darstellungsweise Informationen über die Größenverhältnisse der beteiligten Atome bzw. Ionen, ihre Berührungspunkte, die Raumausfüllung und andere Einzelheiten verloren.

Man muss sich auch stets der Kleinheit der Atome und der dazu relativ großen Ausdehnung einer Kristallstruktur bewusst sein, befinden sich doch in $1\,\mathrm{cm}^3$ eines Kristalls bereits rund 10^{23} Atome! Für die meisten Betrachtungen kann man deshalb annehmen, dass sich eine Kristallstruktur, wie sie in den Abb. 1.1 ausschnittweise dargestellt ist, unbegrenzt weit fortsetzt.

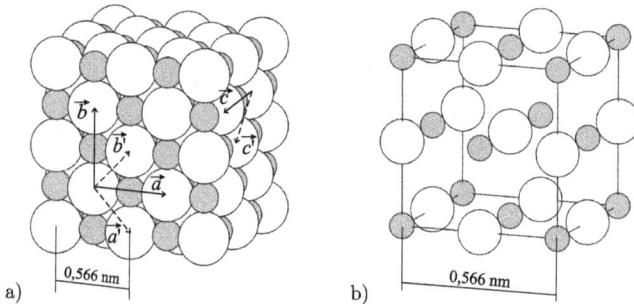

Abb. 1.1: a) Ausschnitt aus der NaCl-Struktur. Der tatsächliche Radius der größeren Cl^--Ionen beträgt 0,181 nm; der der Na^+-Ionen 0,102 nm. b) NaCl-Struktur, schematisch. Der dargestellte Bildausschnitt ist in jeder Richtung halb so groß, sein Volumen $\frac{1}{8}$ so groß wie in Abb. 1.1a), außerdem wurde der Koordinatenursprung in ein Na^+-Ion verschoben (kubisch flächenzentrierte Elementarzelle, vgl. Abschnitt 1.1.2). Gezeichnet mit VESTA von Momma u. Izumi (2011).

Stellen wir uns nun vor, die NaCl-Struktur werde als Ganzes um eine bestimmte, dem horizontalen Pfeil in Abb. 1.1a) entsprechende Strecke verschoben. Die Struktur kommt dadurch – da sie als unbegrenzt angenommen werden kann – wieder in genau dieselbe Position wie vor der Verschiebung; man sagt, sie kommt mit sich zur Deckung. Eine solche Verschiebung wird als Translation bezeichnet. Da es sowohl auf den Betrag der Verschiebung als auch auf ihre Richtung ankommt, werden Translationen durch Vektoren beschrieben.

Es ist völlig unwesentlich, an welcher Stelle der Struktur wir den Pfeil, der die Translation der Struktur angibt, einzeichnen. In Abb. 1.1a) beginnt und endet er zufällig im Mittelpunkt eines Cl^--Ions. Ebenso hätte der Pfeil aber auch so eingezeichnet werden können, dass er von irgendeinem anderen Cl^--Ion, von irgendeinem der Na^+-Ionen oder von einer beliebigen anderen Stelle der Struktur ausgeht – wenn nur Betrag und Richtung beibehalten werden. Wo immer wir den Pfeil einzeichnen, er verbindet zwei Punkte, die sich hinsichtlich ihrer Position und Bedeutung in der Struktur völlig gleich verhalten. Anders ausgedrückt, von jedem der beiden Punkte aus betrachtet sieht die Struktur vollkommen gleich aus, und man kann keine Unterschiede in den Umgebungen dieser Punkte feststellen; wir können sie also nicht unterscheiden. Punkte einer Struktur, die untereinander in einer solchen durch eine Translation bedingten Beziehung stehen, nennt man identische Punkte (präziser wäre die Benennung „translatorisch gleichwertige Punkte").

Nun ist die bisher betrachtete Translation nicht die einzige, die die Struktur mit sich zur Deckung bringt. Bezeichnen wir diese Translation als Vektor mit $\vec{a}$, so ist leicht zu sehen, dass auch die Translationen $2\vec{a}$, $3\vec{a}$, ..., allgemein $m\vec{a}$ (mit m als beliebiger ganzer Zahl), die Struktur mit sich zur Deckung bringen. Alle diese Translationen beziehen jeweils eine ganze Kette identischer Punkte aufeinander, die einen Abstand $|\vec{a}| = a$ voneinander haben. Wir sagen, die Struktur ist periodisch.

Damit ist jedoch die Menge der Translationen, die die Struktur mit sich zur Deckung bringen, noch nicht erschöpft: Das leistet offenbar auch die in Abb. 1.1a) durch einen vertikalen Pfeil gekennzeichnete Translation, die wir als $\vec{b}$ bezeichnen wollen, und mithin alle Translationen $n\vec{b}$ (mit n als beliebiger ganzer Zahl). Darüber hinaus bringen aber auch alle Kombinationen von Translationen der Art $m\vec{a} + n\vec{b}$ (vektorielle Addition) die Struktur mit sich zur Deckung. Die identischen Punkte, die sich auf diese Weise ergeben, liegen alle in einer Ebene (Abb. 1.2, leere Punkte). Eine solche Anordnung von Punkten ist in zwei Dimensionen periodisch und wird als zweidimensionales Gitter oder Netzebene bezeichnet.

Schließlich gibt es in der NaCl-Struktur noch Translationen, die aus dieser Ebene heraus in die dritte Dimension führen. Eine solche Translation ist in Abb. 1.1a) durch den von hinten nach vorn gerichteten Pfeil angedeutet und sei mit $\vec{c}$ bezeichnet. Analog bringen dann auch alle Translationen $p\vec{c}$ (mit p als beliebiger ganzer Zahl) und des weiteren alle Translationen $m\vec{a} + n\vec{b} + p\vec{c}$ die Struktur mit sich zur Deckung. Die identischen Punkte, die sich auf diese Weise ergeben, bilden eine in drei Dimensionen periodische Anordnung, die als Raumgitter oder auch einfach nur als dreidimensionales Gitter (engl. *lattice*) bezeichnet wird. Aufgrund seiner Herleitung spricht man auch vom Translationsgitter der Struktur. Die Menge aller Translationen, die eine Struktur mit sich zur Deckung bringen, bildet im mathematischen Sinne eine Gruppe, die Translationsgruppe der Struktur. Um diese Menge vollständig zu erzeugen, muss man die Ausgangsvektoren oder Basisvektoren so wählen, dass keine identischen Punkte ausgelassen bzw. übersprungen werden, sondern dass mit ihrer Hilfe ein vollständiger Satz identischer Punkte gebildet werden kann. Das können die in Abb. 1.1a) gewählten drei Vektoren $\vec{a}$, $\vec{b}$ und $\vec{c}$ jedoch nicht leisten: Wie aus Abb. 1.2 hervorgeht, kann man z. B. mit Hilfe der Vektoren $\vec{a}$ und $\vec{b}$ nur die leer dargestellten Gitterpunkte der betreffenden Netzebenen erzeugen. Wie man sich anhand von Abb. 1.1a) überzeugt, kommt die NaCl-Struktur aber auch bei einer Verschiebung um den Vektor $\vec{a}'$ in diagonaler Richtung mit sich zur Deckung. Gleiches gilt für eine Verschiebung um den Vektor $\vec{b}'$ in der anderen Diagonalrichtung: Das heißt, auch die in Abb. 1.2 mit einem Kreuz gekennzeichneten Gitterpunkte stellen zu denen ohne Kreuz identische Punkte dar. Letztere können jedoch mit Hilfe von $\vec{a}$ und $\vec{b}$ nicht erzeugt werden. Hingegen kann man mit den beiden Vektoren $\vec{a}'$ und $\vec{b}'$ sämtliche Gitterpunkte der Netzebene erzeugen, sowohl die mit einem Kreuz gekennzeichneten als auch die leeren; denn es gilt: $\vec{a} = \vec{a}' + \vec{b}'$ sowie $\vec{b} = \vec{a}' - \vec{b}'$. Betrachtet man in dieser Hinsicht die ganze NaCl-Struktur (Abb. 1.1a)), so lässt sich mit den drei zueinander senkrechten Vektoren $\vec{a}$, $\vec{b}$ und $\vec{c}$ offensichtlich keine der diagonalen Translationen darstellen. Hingegen bilden die Vektoren $\vec{a}'$, $\vec{b}'$ und $\vec{c}'$, wie man sich anhand von Abb. 1.1a) überzeugt, ein System von Basisvektoren, mit dem man alle identischen Punkte der NaCl-Struktur erzeugen und mithin deren vollständige Translationsgruppe darstellen kann.

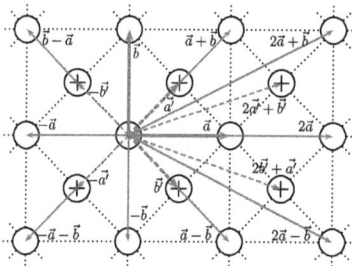

Abb. 1.2: Netzebene der NaCl-Struktur. Der Bildausschnitt entspricht in $\vec{a}$-Richtung dem Anderthalbfachen von Abb. 1.1a), Erläuterungen im Text.

Das Translationsgitter der NaCl-Struktur ist in Abb. 1.5 als Gittertyp *cF* wiedergegeben, worauf noch zurückzukommen sein wird. Dieses Gitter lässt sich übrigens nicht nur mit den Basisvektoren $\vec{a}'$, $\vec{b}'$, $\vec{c}'$ erzeugen, sondern man kann aus der Menge der Translationsvektoren noch beliebig viele andere Systeme von Basisvektoren auswählen, die dasselbe leisten, z. B. die Vektortripel $\vec{a}$, $\vec{b}'$, $\vec{c}'$ oder $\vec{a}'$, $\vec{c}$, $\vec{c}'$ etc. Wie man sieht, stehen diese Basisvektoren nicht alle senkrecht zueinander und haben z. T. unterschiedliche Längen.

Im allgemeinen (nicht nur auf das Beispiel der NaCl-Struktur beschränkten) Fall wird also ein Raumgitter durch drei Basisvektoren $\vec{a}$, $\vec{b}$, $\vec{c}$, kurz Basis genannt, erzeugt, die wie in Abb. 1.3 von verschiedener Länge sein können und beliebige Winkel miteinander einschließen. Um ein Raumgitter aufspannen zu können, dürfen die Basisvektoren allerdings nicht alle drei in einer Ebene liegen, d. h. sie müssen im mathematischen Sinne linear unabhängig sein. Die Längen (Beträge) der Basisvektoren, $|\vec{a}| = a$, $|\vec{b}| = b$, $|\vec{c}| = c$, werden als Gitterparameter bezeichnet. Durch Angabe der Gitterparameter a, b, c sowie der von den Basisvektoren eingeschlossenen Winkel α, β, γ ist

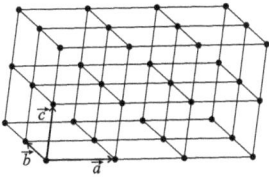

Abb. 1.3: Dreidimensionales Gitter (Raumgitter). Das dargestellte Raumgitter mit den Basisvektoren $\vec{a}, \vec{b}, \vec{c}$ entspricht nicht dem Translationsgitter der NaCl-Struktur.

das Gitter bestimmt, wobei α üblicherweise zwischen den Basisvektoren $\vec{b}$ und $\vec{c}$, β zwischen $\vec{c}$ und $\vec{a}$ und γ zwischen $\vec{a}$ und $\vec{b}$ angenommen werden. Somit haben wir insgesamt sechs Bestimmungsgrößen für ein Raumgitter. Wie nun die Erfahrung lehrt, haben die Strukturen aller Kristalle die Eigenschaft, durch Translationen mit sich zur Deckung zu kommen, deren Menge ein Raumgitter bildet. Es ist das entscheidende Wesensmerkmal des kristallisierten Zustandes.

Ein Kristall im konventionellen Sinn ist durch eine dreidimensional periodische Anordnung seiner konstituierenden Bausteine (Atome, Ionen, Molekülen) charakterisiert. **!**

Die (in Abschnitt 6.5 näher ausgeführte) Definition eines Kristalls durch die *International Union of Crystallography* (IUCr) ist umfassender. Dort sind Kristalle als die Objekte definiert, die in Beugungsexperimenten im wesentlichen scharfe Bragg-Reflexe (Abschnitt 3.5) zeigen, die mit drei oder mehr Indizes indiziert werden können. Damit werden auch Sonderfälle wie Quasikristalle und modulierte Strukturen erfasst. Im nachfolgenden Text beschränken wir uns auf die konventionellen Kristalle, in denen Bragg-Reflexe mit drei Indizes beschrieben werden können, und dies ist gleichbedeutend mit einer dreidimensional periodischen Anordnung der Bausteine im Raum.

Das Konzept des Raumgitters enthält implizit bereits alle wesentlichen Merkmale eines Kristalls. Die dreidimensional periodische Folge von identischen Punkten gewährleistet seine Homogenität. Darüber hinaus befinden sich alle Bereiche oder Strukturteile eines Kristalls, mögen sie beliebig weit voneinander entfernt sein, in einer wohldefinierten Lage bzw. Orientierung zueinander. Diese für die Festkörperphysik außerordentlich bedeutsame Eigenschaft wird als Fernordnung bezeichnet. Ein Raumgitter ist stets anisotrop; denn in den verschiedenen Richtungen folgen identische Punkte in unterschiedlichen Abständen aufeinander. Auch die anderen Grundgesetze der Kristallographie – das Gesetz der Winkelkonstanz, das Rationalitätsgesetz, die Komplikationsregel und die Symmetrieeigenschaften – folgen, wie noch erläutert wird, aus dem Prinzip des Raumgitters.

Begrifflich unterscheiden muss man zwischen dem Gitter der identischen Punkte, d. h. dem Translationsgitter einer Kristallstruktur, und der dreidimensional periodischen Anordnung der Atome in der Kristallstruktur selbst. Das Translationsgitter stellt als solches keine Atome dar, sondern eben einen Satz identischer Punkte bzw.

die Translationsvektoren, und bedeutet eine Abstraktion. Vergleicht man beispielsweise die NaCl-Struktur (Abb. 1.1) mit ihrem Translationsgitter in Abb. 1.5, Gittertyp
cF, so wird deutlich, dass die Cl$^-$-Ionen für sich allein (bzw. genauer: deren Mittelpunkte) einen Satz identischer Punkte bilden und so das Translationsgitter der NaCl-
Struktur darstellen. Doch auch die Na$^+$-Ionen bilden, für sich allein betrachtet, eine
völlig gleichwertige Darstellung des Translationsgitters der NaCl-Struktur. Aber erst
beide Ionenarten zusammen ergeben die NaCl-Struktur als solche. Zur Beschreibung
einer Kristallstruktur hat man also sowohl deren Translationsgitter als auch die Positionen der verschiedenen Atome (bzw. Ionen) in der Struktur anzugeben. In der Literatur wird allerdings häufig auch die konkrete Anordnung der Atome bzw. die Kristallstruktur selbst als „Gitter" bezeichnet, und man trifft auf Ausdrücke wie „NaCl-
Gitter", „Ionengitter", „Metallgitter" etc., was zu einer gewissen begrifflichen Verwir-
rung führt.

Im Interesse terminologischer Klarheit ist es zweckmäßig, den Gebrauch des Begriffs „Gitter" auf die
abstrakte Bedeutung des Translationsgitters einer Kristallstruktur zu beschränken. Die Position von
Atomen wird hingegen durch die Kristallstruktur beschrieben.

1.1.2 Elementarzellen, Gittertypen, Achsensysteme

Ein Ausschnitt eines Raumgitters, wie er in Abb. 1.3 stärker hervorgehoben ist und von
den drei Basisvektoren $\vec{a}, \vec{b}, \vec{c}$ aufgespannt wird, heißt Elementarzelle oder Einheitszel-
le (engl. *unit cell*). Sie hat geometrisch die Form eines Parallelepipeds. Das ist ein Polyeder, welches aus drei Paaren paralleler Flächen besteht; diese haben ihrerseits die
Form von Parallelogrammen. Auch ein entsprechender Ausschnitt der Kristallstruktur wird als Elementarzelle bezeichnet. Um eine Struktur zu beschreiben, genügt die
Kenntnis einer Elementarzelle: Man erhält das ganze unbegrenzt ausgedehnte Raumgitter bzw. die Kristallstruktur, indem man solche Elementarzellen fortlaufend in Richtung der Basisvektoren aneinanderfügt; d. h. der Kristall erscheint dreidimensional
aus lauter untereinander gleichen Elementarzellen zusammengesetzt.

Wie schon bei der Diskussion der NaCl-Struktur angemerkt, gibt es unbegrenzt
viele verschiedene Möglichkeiten, um für ein gegebenes Gitter aus der Menge der
Translationsvektoren eine Basis auszuwählen. Entsprechend gibt es unbegrenzt viele verschiedene Möglichkeiten zur Wahl einer Elementarzelle, was Abb. 1.4 für das
Beispiel eines zweidimensionalen Gitters veranschaulicht. Das Gitter ließe sich mit
seinen sämtlichen Gitterpunkten jeweils aus jeder dieser Elementarzellen aufbauen.
Sie haben alle den gleichen Flächeninhalt (bzw. im Falle eines dreidimensionalen
Gitters das gleiche Volumen). Zur Beschreibung von Kristallstrukturen wird meist ei-
ne Elementarzelle ausgewählt, die von möglichst kurzen Basisvektoren aufgespannt
wird – das wäre z. B. in Abb. 1.4 die Elementarzelle in der linken unteren Ecke des
Bildausschnitts.

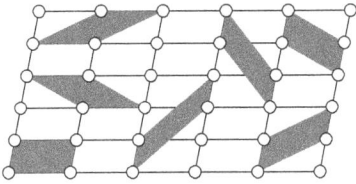

Abb. 1.4: Verschiedene Elementarzellen („Elementarmaschen") in einem zweidimensionalen Gitter.

Der Flächeninhalt aller in Abb. 1.4 hervorgehobenen Elementarzellen ist gleich. Zeigen Sie dies durch Vergleich zweier beliebiger Zellen!

Vielen Kristallstrukturen sind neben ihrer Periodizität weitere Regelmäßigkeiten und Symmetrien eigen (worauf noch ausführlich zurückzukommen sein wird), die sich auch in ihren Translationsgittern widerspiegeln. So gibt es Translationsgitter, in denen zwei der Gitterparameter oder auch deren alle drei einander gleich sind; außerdem können die Winkel zwischen den Basisvektoren rechte Winkel sein oder bestimmte andere Werte annehmen.

Wie Bravais (1848)[1] zeigte, lassen sich aufgrund ihrer Symmetrie 14 Typen von Translationsgittern unterscheiden, die als Bravais-Typen oder Bravais-Gitter bezeichnet werden und in Abb. 1.5 dargestellt sind. Auf diesem Abb. sind die mit einem P symbolisierten Gittertypen nach dem bisher Gesagten ohne weiteres verständlich. Bei den anderen Gittertypen sind Ausschnitte des Gitters dargestellt, die größer sind als eine „einfache" bzw. „primitive" Elementarzelle und die deshalb neben den Eckpunkten noch weitere, zusätzliche Gitterpunkte als sog. Zentrierungen enthalten. Hiermit hat es folgende Bewandtnis: Wie oben ausgeführt, lässt sich beispielsweise das Translationsgitter der NaCl-Struktur mit den Basisvektoren $\vec{a}'$, $\vec{b}'$, $\vec{c}'$ erzeugen (vgl. Abb. 1.1a)). Diese Vektoren sind gleich lang und schließen miteinander die Winkel von 90°, 60° und 120° ein. Damit repräsentieren sie einen bestimmten Bravais-Typ und geben auch die dem Gitter der NaCl-Struktur innewohnende Metrik und Symmetrie korrekt wieder. Offensichtlich werden jedoch die Metrik und Symmetrie dieses Gitters viel deutlicher zum Ausdruck gebracht, wenn man es mit Hilfe der zueinander senkrechten Translationsvektoren $\vec{a}$, $\vec{b}$, $\vec{c}$ beschreibt. Deshalb benutzt man lieber die letzteren als Basis und nimmt dabei in Kauf, dass nicht mehr alle Punkte des Translationsgitters durch diese orthogonalen Basisvektoren erzeugt werden: Man erhält so eine würfelförmige Elementarzelle, die neben ihren Eckpunkten noch weitere Gitterpunkte in den Zentren der Würfelflächen enthält und damit dem Typ cF in Abb. 1.5 entspricht. Wegen dieser Darstellungsweise mit einer würfelförmigen, flächenzentrierten Elementarzelle bezeichnet man das Gitter bzw. den betreffenden Gittertyp als kubisch flächenzentriert – obwohl man, wie gesagt, statt dessen auch eine einfache, nicht zentrierte

---

1 Auguste Bravais (23.8.1811–30.3.1863).

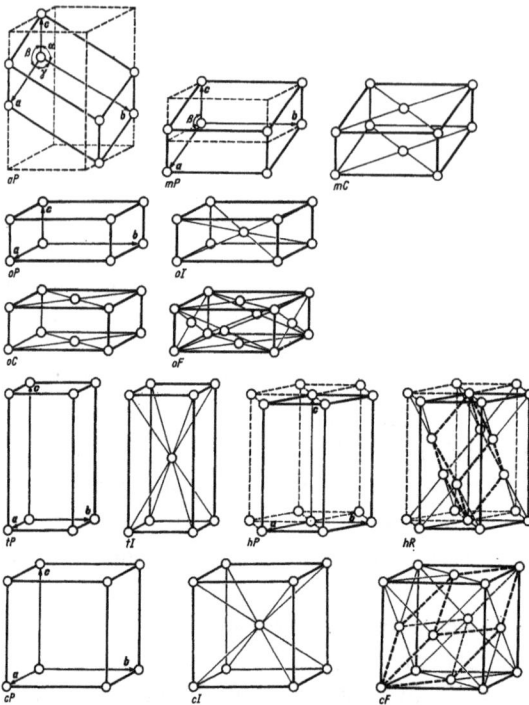

Abb. 1.5: Elementarzellen der 14 Bravais-Gitter.

aP	triklin primitives Gitter	$a \neq b \neq c; \alpha \neq \beta \neq \gamma$
mP	monoklin primitives Gitter	$\left.\begin{array}{l} a \neq b \neq c \\ \alpha = \gamma = 90°; \beta \neq 90° \end{array}\right\}$
mC	monoklin basisflächenzentriertes Gitter	
oP	orthorhombisch primitives Gitter	
oI	orthorhombisch innenzentriertes Gitter	$\left.\begin{array}{l} a \neq b \neq c \\ \alpha = \beta = \gamma = 90° \end{array}\right\}$
oC	orthorhombisch basisflächenzentriertes Gitter	
oF	orthorhombisch flächenzentriertes Gitter	
tP	tetragonal primitives Gitter	$\left.\begin{array}{l} a = b \neq c \ (\vec{a} \equiv \vec{a}_1; \vec{b} \equiv \vec{a}_2) \\ \alpha = \beta = \gamma = 90° \end{array}\right\}$
tI	tetragonal innenzentriertes Gitter	
hP	hexagonal primitives Gitter	$\left.\begin{array}{l} a = b \neq c (\vec{a} \equiv \vec{a}_1; \vec{b} \equiv \vec{a}_2) \\ \alpha = \beta = 90°, \gamma = 120° \end{array}\right\}$
hR	hexagonal rhomboedrisches Gitter	
cP	kubisch primitives Gitter	$\left.\begin{array}{l} a = b = c \\ \alpha = \beta = \gamma = 90° \\ (\vec{a} \equiv \vec{a}_1; \vec{b} \equiv \vec{a}_2; \vec{c} \equiv \vec{a}_3) \end{array}\right\}$
cI	kubisch innenzentriertes Gitter	
cF	kubisch flächenzentriertes Gitter	

Elementarzelle benutzen könnte, die jedoch nicht orthogonal ist. Abb. 1.1b) zeigt einen Ausschnitt der NaCl-Struktur, der einer kubisch flächenzentrierten Elementarzelle entspricht.

Aus analogen Gründen werden auch bei einer Reihe weiterer Gittertypen zentrierte Elementarzellen benutzt. Neben den flächenzentrierten Gittertypen, die mit F symbolisiert werden, hat man die innen- oder raumzentrierten Gittertypen, symbolisiert mit I, und die basisflächenzentrierten Gittertypen; letztere werden mit C symbolisiert, wenn die $\vec{a} - \vec{b}$ -Flächen wie in Abb. 1.5 zentriert sind; daneben gibt es noch die Symbole A, wenn die $\vec{b} - \vec{c}$ -Flächen, und B, wenn die $\vec{c} - \vec{a}$ -Flächen zentriert sind. Die einfachen, nicht zentrierten Gittertypen, bei denen nur die Eckpunkte der Elementarzellen mit Gitterpunkten besetzt sind, werden in diesem Zusammenhang als primitiv bezeichnet und mit P symbolisiert. Der Gittertyp hR hat eine Elementarzelle mit einer speziellen Zentrierung durch zwei zusätzliche Gitterpunkte im Innern und wird als rhomboedrisch (symbolisiert mit R) bezeichnet weil sich für dieses Gitter auch eine einfache (primitive) rhomboederförmige Elementarzelle angeben lässt; letztere ist in Abb. 1.5 gestrichelt eingezeichnet. Bei den beiden hexagonalen Gittertypen hP und hR ist ein Ausschnitt des Gitters mit der Größe von drei Elementarzellen abgebildet, um die hexagonale Metrik dieses Gitters besser zu veranschaulichen. Übrigens lässt sich auch für den Gittertyp cF eine einfache (primitive) rhomboederförmige Elementarzelle angeben, deren Basisvektoren Winkel von 60° einschließen; sie ist in Abb. 1.5 gleichfalls gestrichelt eingezeichnet. Bei den Gittertypen aP und mP wurde zur Verdeutlichung der schiefen Winkel jeweils noch eine rechtwinklige quaderförmige Zelle eingezeichnet.

Die allseitig flächenzentrierten Elementarzellen haben das vierfache Volumen einer primitiven Elementarzelle des zugrundeliegenden Gitters, die basiszentrierten und innenzentrierten Elementarzellen das doppelte Volumen einer primitiven Elementarzelle. Die hexagonale Elementarzelle des rhomboedrischen Gitters hat das dreifache Volumen der betreffenden primitiven rhomboedrischen Elementarzelle. Mit diesen Volumenverhältnissen korrespondiert die Anzahl der Gitterpunkte in den betreffenden Elementarzellen: Eine primitive Elementarzelle repräsentiert bzw. enthält genau einen Gitterpunkt; denn jeder der acht Gitterpunkte an den Ecken der Elementarzelle gehört gleichzeitig zu allen acht Elementarzellen, die an der betreffenden Ecke zusammenstoßen, d. h. ein Eckpunkt gehört der betreffenden Elementarzelle nur zu einem Achtel. Man kann sich diesen Zusammenhang auch so veranschaulichen, dass man in Abb. 1.3 das Gefüge der Elementarzellen in Gedanken um ein kleines Stück in Richtung der Raumdiagonalen verschiebt, die Gitterpunkte jedoch unverrückt stehen lässt. Jede der verschobenen Elementarzellen behält dann nur noch einen Gitterpunkt in ihrem Inneren. Aus analogen Gründen enthalten die innenzentrierten sowie die basisflächenzentrierten Elementarzellen je zwei Gitterpunkte und die allseitig flächenzentrierten Elementarzellen je vier Gitterpunkte, denn ein Gitterpunkt im Zentrum einer Fläche gehört gleichzeitig zu zwei Elementarzellen. Eine hexagonale Elementarzelle des rhomboedrischen Gitters enthält drei Gitterpunkte.

Die Einführung der zentrierten Elementarzellen gestattet eine rationelle und anschauliche Beschreibung der betreffenden Gitter – man muss sich nur dessen bewusst bleiben, dass es sich auch bei den Zentrierungen um Gitterpunkte handelt, die den Eckpunkten völlig äquivalent sind. Darüber hinaus kommt durch diese Darstellungsweise die Verwandtschaft zwischen den einzelnen Gittertypen deutlich zum

Ausdruck: Aufgrund der metrischen Eigenschaften ihrer Elementarzellen, wie sie zu Abb. 1.5 angemerkt sind, lassen sich die 14 Bravais-Typen zu sechs Kristallfamilien zusammenfassen, die folgendermaßen bezeichnet werden:

- triklin („dreifach geneigt") oder anorthisch, abgekürzt a
- monoklin („einfach geneigt"), abgekürzt m
- orthorhombisch oder rhombisch, abgekürzt o
- tetragonal, abgekürzt t
- trigonal oder rhomboedrisch, abgekürzt r
- hexagonal, abgekürzt h
- kubisch, abgekürzt c.

Diese Einteilung ist im Wesentlichen gleichbedeutend mit der geläufigeren Einteilung der Kristalle in Kristallsysteme, die auf morphologischen Kriterien beruht. Hierbei wird lediglich die hexagonale Kristallfamilie noch einmal unterteilt, und zwar in das trigonale und das hexagonale Kristallsystem (vgl. Abschnitt 1.6.5), so dass es insgesamt sieben Kristallsysteme gibt. Das kubische Kristallsystem wird in der älteren Literatur auch als reguläres oder als tesserales Kristallsystem bezeichnet.

Man könnte nun fragen, warum nicht in jedem Kristallsystem jeweils alle Typen von Zentrierungen als Bravais-Typen erscheinen, so wie im orthorhombischen Kristallsystem. Die nähere Betrachtung zeigt jedoch, dass sich die vermeintlich fehlenden Gittertypen auf einen der unter den 14 Bravais-Gittern bereits vorhandenen Gittertyp zurückführen lassen. Betont sei noch einmal, dass die Unterscheidung von 14 Bravais-Gittern mit der sie kennzeichnenden Metrik aufgrund ihrer Symmetrie erfolgt (worauf später noch näher eingegangen wird). Rein geometrisch könnte man freilich noch beliebig viele weitere Gittertypen definieren, doch wären diese nicht aus der Symmetrie eines Translationsgitters ableitbar und würden insofern willkürlich sein. Bemerkenswerterweise stellt auch das „bikline" Gitter mit nur einem rechten Winkel zwischen den Basisvektoren (z. B. $\gamma = 90°$; $\alpha \neq \beta \neq 90°$) keinen besonderen Gittertyp dar.

? Warum gibt es kein tetragonal basisflächenzentriertes Gitter?

Kurz erwähnt sei noch eine grundsätzlich andere Methode, um ein Gitter in identische Elementarbereiche aufzuteilen: Hierbei wird jedem Gitterpunkt ein ihn umgebender Volumenbereich dergestalt zugeordnet, dass er alle Punkte enthält, die näher zu diesem Gitterpunkt liegen als zu irgendeinem anderen Gitterpunkt. Man erhält diesen Bereich, indem man jeweils in die Mitte zwischen zwei benachbarten Gitterpunkten eine zur Verbindungslinie senkrechte Fläche legt. Diese Flächen fügen sich wie in Abb. 1.6 dargestellt zu einem Polyeder zusammen, in dessen Zentrum sich der betreffende Gitterpunkt befindet. Diese Polyeder haben demnach nicht notwendig die Form eines Parallelepipeds und werden als Wirkungsbereich, Einflussbereich, Dirichlet[2]-Bereich,

---

2 Peter Gustav Lejeune Dirichlet (13.2.1805–5.5.1859).

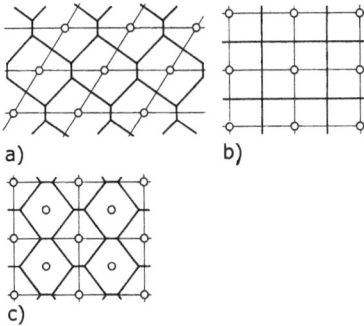

Abb. 1.6: Wirkungsbereiche in zweidimensionalen Gittern. a) monoklines Gitter; b) primitives orthorhombisches Gitter; c) flächenzentriertes orthorhombisches Gitter.

Voronoi[3]-Bereich oder Wigner[4]–Seitz[5]-Zelle bezeichnet. Im Gegensatz zur Aufteilung eines Gitters in Elementarzellen ist die Aufteilung in Wirkungsbereiche eindeutig.

Um Kristalle bzw. Kristallstrukturen analytisch zu beschreiben, bezieht man sie auf ein Koordinatensystem, das aus den drei Basisvektoren $\vec{a}, \vec{b}, \vec{c}$ des betreffenden Gitters gebildet wird. Somit hat man für jede Kristallart ein eigenes, spezifisches Koordinatensystem, das als Achsensystem bezeichnet wird. Im Gegensatz zu den sonst üblichen kartesischen Koordinatensystemen sind die kristallographischen Achsensysteme im allgemeinen schiefwinklig, und die Einheiten auf den Achsen haben unterschiedliche Längen entsprechend den betreffenden Gitterparameter a, b, c. Zusammen mit den Winkeln α, β, γ zwischen den Basisvektoren hat ein solches Achsensystem sechs Parameter – genau wie eine entsprechende Elementarzelle. Für eine gegebene Kristallart stellen diese Parameter Materialkonstanten dar, die von den thermodynamischen Zustandsgrößen wie Druck und Temperatur abhängig sind.

In den einzelnen Kristallfamilien bzw. Kristallsystemen wird allerdings ein Teil dieser Parameter durch die Symmetrie der Gitter festgelegt. In Übereinstimmung mit der Einteilung in Kristallfamilien und der Metrik der betreffenden, in Abb. 1.5 dargestellten Elementarzellen haben wir die folgenden sechs Arten von Achsensystemen: Ein triklines Achsensystem ist schiefwinklig, hat auf allen drei Achsen verschiedene Maßeinheiten und stellt den allgemeinen Fall dar (sechs freie Parameter $a, b, c, \alpha, \beta, \gamma$). Ein monoklines Achsensystem hat gleichfalls auf allen drei Achsen verschiedene Maßeinheiten, aber nur einen schiefen Winkel (vier freie Parameter a, b, c, β). Ein orthorhombisches Achsensystem ist rechtwinklig mit verschiedenen Maßeinheiten auf allen drei Achsen (drei freie Parameter a, b, c). Ein tetragonales Achsensystem ist rechtwinklig; zwei Achsen haben gleiche Maßeinheiten und werden als a_1- und a_2-Achse bezeichnet; die dritte Achse (c-Achse) hat eine davon verschiedene Maßeinheit (zwei freie Parameter a, c). Ein hexagonales Achsensystem hat gleichfalls zwei Achsen mit

---

3 Georgi Feodosjewitsch Woronoi (16.4.1868–20.11.1908).
4 Eugene Paul Wigner (17.11.1902–1.1.1995).
5 Frederick Seitz (4.7.1911–2.3.2008).

gleichen Maßeinheiten, bezeichnet als a_1- und a_2-Achse, die sich unter einem Winkel von 120° schneiden; senkrecht zu beiden steht die c-Achse mit einer eigenen, von der auf den a-Achsen verschiedenen Maßeinheit (zwei freie Parameter a, c). Ein kubisches Achsensystem ist rechtwinklig mit gleichen Maßeinheiten auf allen drei Achsen (bezeichnet als a_1-, a_2- und a_3-Achse) und entspricht einem gewöhnlichen kartesischen Koordinatensystem; es hat nur einen freien Parameter (die Gitterkonstante bzw. „Gitterparameter" a als Maßeinheit). Schließlich wird im trigonalen Kristallsystem neben dem genannten hexagonalen Achsensystem auch ein rhomboedrisches Achsensystem benutzt, das der rhomboedrischen Elementarzelle des hR-Gitters entspricht (Abb. 1.5); es besteht aus drei Achsen (a_1-, a_2-, a_3-Achse) mit gleichen Maßeinheiten, die sich unter dem gleichen, jedoch von 90° verschiedenen Winkel α schneiden (zwei freie Parameter a, α). Einige Besonderheiten des hexagonalen und des rhomboedrischen Achsensystems und ihre gegenseitige Transformation werden in Abschnitt 1.3.3 erläutert.

⚡ Für die Einordnung eines Kristalls in eines der Kristallsysteme ist nicht die experimentell bestimmte Größe der Gitterparameter $a, b, c, \alpha, \beta, \gamma$ ausschlaggebend, sondern ob sie sich tatsächlich abhängig voneinander ändern. So wird beispielsweise ein tetragonaler Kristall mit $c \lesssim a$ nicht dadurch kubisch, dass etwa durch thermische Ausdehnung (siehe Abschnitt 5.4.1) sich $\vec{c}$ stärker als $\vec{a}$ verlängert. Die Kristallsymmetrie bliebe dann auch bei zufälliger Gleichheit $c = a$ unverändert.

Bei der makroskopischen Beschreibung von Kristallen, bei der es, wie wir noch sehen werden, nur auf Winkelbeziehungen ankommt, wird anstelle der Gitterparameter a, b, c nur das Achsenverhältnis $a : b : c$ angegeben. Es wird in der Form $a/b : 1 : c/b$ ausgedrückt. Zusammen mit den Winkeln α, β, γ benötigt man dann nur fünf Parameter für ein triklines Achsensystem. Für ein monoklines Achsensystem verbleiben drei Parameter ($a/b, c/b, \beta$), für ein orthorhombisches Achsensystem zwei Parameter ($a/b, c/b$) und für ein tetragonales und ein hexagonales Achsensystem jeweils ein Parameter (ausgedrückt durch das Achsenverhältnis c/a). Beim rhomboedrischen Achsensystem tritt an dessen Stelle der Winkel α. Für das kubische Achsensystem benötigt man in diesem Fall keinen Parameter.

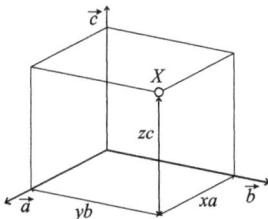

Abb. 1.7: Koordinaten eines Punktes X.

Wie in Abb. 1.7 dargestellt, hat in einem Achsensystem, das aus den Basisvektoren $\vec{a}, \vec{b}, \vec{c}$ eines Gitters gebildet wird, ein Punkt X die Koordinaten xa, yb, zc. Setzt man die Parameter des Achsensystems als bekannt voraus, dann genügt zur analytischen

Fixierung von X die Angabe der Maßzahlen x, y, z, die gleichfalls als Koordinaten bezeichnet werden. Beispielsweise ergibt sich so für den Ursprung des Achsensystems das Koordinatentripel $0, 0, 0$ und für das Zentrum der Elementarzelle das Tripel $\frac{1}{2}, \frac{1}{2}, \frac{1}{2}$. Ein I-Gitter ist demnach durch die beiden Koordinatentripel $0, 0, 0$ und $\frac{1}{2}, \frac{1}{2}, \frac{1}{2}$ gekennzeichnet, ein F-Gitter durch die Tripel $0, 0, 0$; $\frac{1}{2}, \frac{1}{2}, 0$; $\frac{1}{2}, 0, \frac{1}{2}$; $0, \frac{1}{2}, \frac{1}{2}$ (vgl. Abb. 1.5).

Für die Positionen der Atome bzw. Ionen in der in Abb. 1.1 dargestellten NaCl-Struktur erhalten wir folgende Koordinatentripel:

- Cl in $0, 0, 0$; $\frac{1}{2}, \frac{1}{2}, 0$; $\frac{1}{2}, 0, \frac{1}{2}$; $0, \frac{1}{2}, \frac{1}{2}$
- Na in $\frac{1}{2}, 0, 0$; $0, \frac{1}{2}, 0$; $0, 0, \frac{1}{2}$; $\frac{1}{2}, \frac{1}{2}, \frac{1}{2}$.

Wegen der Periodizität einer Kristallstruktur genügt es, die Koordinaten der Atome innerhalb einer Elementarzelle anzugeben; sie haben dementsprechend Werte kleiner 1. Während in der NaCl-Struktur die Atome (bzw. Ionen) bestimmte Positionen in der Elementarzelle mit invarianten rationalen Koordinaten besetzen, können in komplizierteren Strukturen die Atome auch Positionen mit beliebigen reellen Koordinaten einnehmen, die von den thermodynamischen Zustandsgrößen abhängig sind (vgl. z. B. Abb. 1.108).

1.2 Beschreibung von Kristallen

1.2.1 Gesetz der Winkelkonstanz

Es ist ein kennzeichnendes Merkmal vieler (wenn auch bei weitem nicht aller) Kristalle, dass sie die Gestalt von Polyedern haben, die aus z. T. erstaunlich glatten, ebenen Flächen gebildet werden. Diese Flächen schließen miteinander bestimmte Winkel ein, welche für die einzelnen Kristallarten charakteristisch sind: Bei verschiedenen Individuen derselben Kristallart sind die Winkel zwischen entsprechenden Flächen stets wieder dieselben. Das ist das Gesetz der Winkelkonstanz.

Die Feststellung von Nicolaus Steno[6] (siehe Stenonis (1669)), dass die Winkel zwischen den Flächen von (verzerrten) Quarzkristallen wegen deren schichtweisen Wachstums konstant sind, wird von vielen Autoren als Entdeckung des Gesetzes der Winkelkonstanz und damit als Beginn der Entwicklung der wissenschaftlichen Kristallographie gewertet.

In seiner allgemeingültigen Formulierung wurde das Gesetz erst später von Guglielmini[7] und vor allem von Romé de L'Isle[8] etabliert. Was zum Begriff der Kristallform

---

6 Nicolaus Steno/Niels Stensen (11.1.1638–5.12.1686).
7 Domenico Guglielmini (27.9.1655–27.7.1710).
8 Jean-Baptiste Romé de L'Isle (26.8.1736–3.7.1790).

führte, zu dessen Ausprägung auch Werner[9] beigetragen hat. Wir können heute das Gesetz der Winkelkonstanz sehr einfach und unmittelbar aus dem Gitterbau der Kristalle erklären: Es ist plausibel, anzunehmen, dass eine Kristallfläche, mit der eine Kristallstruktur nach außen abbricht, durch eine relativ stabile Schicht von möglichst fest gebundenen Atomen gebildet wird. Eine solche Atomschicht, wie immer ihre Struktur im Einzelnen aussehen mag, ist jeweils einer bestimmten Netzebene parallel. Wegen der durch den Gitterbau bedingten Fernordnung bilden entsprechende Netzebenen stets dieselben Winkel miteinander, unabhängig davon, wie weit sie vom Zentrum des Kristallkörpers entfernt sind oder an welchem Kristallindividuum derselben Art (d. h. mit demselben Gitter) wir die Winkel messen. Das wird durch Abb. 1.8 für ein zweidimensionales Gitter veranschaulicht.

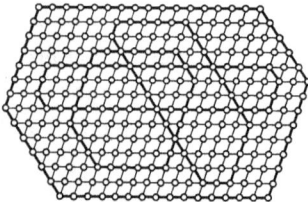

Abb. 1.8: Winkelkonstanz zwischen den Begrenzungen eines zweidimensionalen Gitters.

Das Gesetz der Winkelkonstanz belegt eine erste wichtige Beziehung zwischen der Gestalt der Kristalle und ihrem Gitterbau: Die Flächen eines Kristalls entsprechen den Netzebenen seines Gitters. Im Laufe der weiteren Ausführungen werden sich noch wiederholt solche Beziehungen zwischen Gestalt und Gitterbau ergeben. Es besteht eine enge Korrespondenz zwischen der morphologischen Erscheinung und der Struktur von Kristallen (Korrespondenzprinzip). Die Korrespondenz zwischen Kristallflächen und Netzebenen ist eine erste Bestätigung dieses Prinzips.

Selten sind Kristalle dergestalt ideal ausgebildet, dass alle Flächen den gleichen Abstand vom Zentrum des Kristallkörpers besitzen. Die Gestalten der realen Kristalle weichen meist mehr oder weniger stark von einer solchen Idealgestalt ab, was man als Verzerrung bezeichnet (Abb. 1.9). In dieser Abbildung haben die Flächen der verzerrten Oktaeder zwar verschiedene Abstände vom Zentrum des Kristallkörpers, bleiben aber stets parallel zu denselben Netzebenen. Gleichgültig, wie stark ein Kristall verzerrt sein mag, die Winkel zwischen entsprechenden Flächen bleiben unverändert.

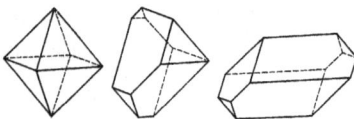

Abb. 1.9: Idealgestalt und Verzerrungen eines Oktaeders.

---

9 Abraham Gottlob Werner (25.9.1749–30.6.1817).

Bei einem Oktaeder bilden die Flächen stets Winkel von 70°32′ bzw. 109°28′ miteinander. Diese Winkel bestimmen sich aus der Geometrie des Oktaeders und sind invariant, d. h. unabhängig von der Art des betreffenden Kristalls. Das gilt allgemein für die Winkel zwischen Netzebenen kubischer Gitter; sie sind geometrisch von vornherein bestimmt und sämtlich invariant. Anders jedoch bei den übrigen nichtkubischen Gittern (z. B. im Fall von Abb. 1.8). Hier hängen die Winkel zwischen den Netzebenen von den Gitterparametern ab. Letztere stellen Materialparameter dar, welche mit den thermodynamischen Zustandsgrößen (Druck, Temperatur) variieren. Entsprechend sind auch die Winkel zwischen den Kristallflächen Materialparameter und können zur Diagnostik von Kristallen verwendet werden. Mittels Winkelmessungen lassen sich sowohl die Kristalle als solche als auch die an ihnen vorkommenden Flächen identifizieren und die morphologischen Gitterparameter (Achsenverhältnisse, Winkel zwischen den Basisvektoren) bestimmen.

1.2.2 Winkelmessung

Die Winkel zwischen Kristallflächen werden mit einem Goniometer gemessen. Meist wird dabei nicht der Winkel σ zwischen den Kristallflächen selbst, sondern der Winkel ρ zwischen ihren Flächennormalen angegeben (Abb. 1.10); es gilt $\sigma+\rho = 180°$. Zur Winkelmessung an größeren Kristallen bedient man sich sogenannter Anlegegoniometer, welche erstmals von Carangeot[10] konstruiert und in ihrer später gebräuchlichen Form von Penfield[11] eingeführt wurden; die so gewonnenen Ergebnisse sind allerdings oft recht ungenau.

Genauere Messungen werden mit lichtoptischen Reflexionsgoniometern ausgeführt. Deren Prinzip beruht darauf, dass die zu messenden Flächen nacheinander durch Drehen des Kristalls in Reflexionsstellung für einen Lichtstrahl gebracht und die betreffenden Drehwinkel abgelesen werden. Es gibt einkreisige und zweikreisige

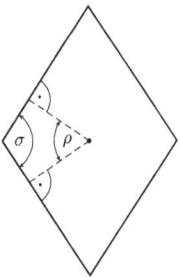

Abb. 1.10: Flächenwinkel σ und Flächennormalenwinkel ρ eines Flächenpaares.

---

10 Arnould Carangeot (12.3.1742–18.11.1806).
11 Samuel Lewis Penfield (16.1.1856–12.8.1906).

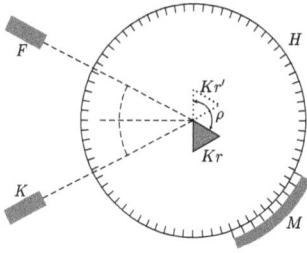

Abb. 1.11: Prinzip des einkreisigen Reflexionsgoniometers. *K* Lichtquelle mit Kollimator; *F* Fernrohr; *H* horizontaler Goniometertisch mit Teilkreis; *M* Messmarke mit Nonius; *Kr* Kristall in Reflexionsstellung; *Kr′* Kristall nach Drehung um den Flächennormalenwinkel ρ.

Reflexionsgoniometer. Das einkreisige Reflexionsgoniometer (Abb. 1.11), das von Wollaston[12] entwickelt wurde, hat einen drehbaren Tisch, der eine Kreisscheibe mit einer 360°-Teilung trägt. Der Kristall wird auf einem Goniometerkopf in der Mitte des Tisches befestigt und so justiert, dass die Schnittkante der beiden zu messenden Flächen mit der Drehachse des Tisches zusammenfällt. Mit Hilfe eines Kollimators wird ein Lichtbündel auf eine Kristallfläche gerichtet, dort reflektiert und mit einem Fernrohr beobachtet. Eine Fläche befindet sich dann in Reflexionsstellung, wenn ihre Flächennormale mit der Winkelhalbierenden zwischen Kollimator- und Fernrohrachse zusammenfällt. Durch Drehen des Tisches samt Kristall werden beide Flächen nacheinander in Reflexionsstellung gebracht; die Differenz der abgelesenen Winkelwerte ergibt den Flächennormalenwinkel ρ.

Das zweikreisige Reflexionsgoniometer, das auf Fedorov[13] und Goldschmidt[14] zurückgeht, hat zwei Teilkreise, die senkrecht zueinander stehen. Der auf dem Goniometerkopf befestigte Kristall kann um die Achsen beider Teilkreise gedreht werden. Dadurch wird es möglich, alle Flächen des Kristalls nacheinander in Reflexionsstellung zu drehen, ohne ihn zwischendurch neu befestigen und justieren zu müssen. Abb. 1.12 zeigt eine ältere Ausführung des zweikreisigen Reflexionsgoniometers, die seinen Aufbau deutlich erkennen lässt.

Abb. 1.12: Zweikreisiges Reflexionsgoniometer nach Goldschmidt (um 1925). Fotograf: Armin Kübelbeck, CC-BY-SA, Wikimedia Commons. Foto: Wikipedia (Goniometer) (2016).

---

12 William Hyde Wollaston (6.8.1766–22.12.1828).
13 Jewgraf Stepanowitsch Fjodorow (22.12.1853–21.5.1919).
14 Victor Moritz Goldschmidt (27.1.1888–20.3.1947).

Die an den beiden Teilkreisen abgelesenen Winkelwerte bestimmen die Lage der betreffenden Flächennormalen bezüglich der Achsen des Goniometers, welche durch die Winkelkoordinaten φ (Azimut [Vertikalkreis]) und ρ (Poldistanz [Horizontalkreis]) ausgedrückt wird (vgl. Abb. 1.13). Für eine entsprechende Winkelmessung wird der Kristall auf dem Goniometerkopf zweckmäßigerweise so befestigt und justiert, dass die Normale einer wichtigen Kristallfläche mit der Achse des Vertikalkreises zusammenfällt. Die Winkelkoordinaten verstehen sich dann bezüglich dieser Flächennormalen.

1.2.3 Kristallprojektionen

Wenden wir uns nun der Aufgabe zu, die Flächen eines Kristalls darzustellen. Wie wir gesehen haben, kommt es nur auf die Winkelbeziehungen zwischen den Flächen an, nicht auf ihren Abstand vom Zentrum des Kristallkörpers und ihre dadurch bedingten Ausmaße. Wir können deshalb anstelle einer Kristallfläche deren Flächennormale und anstelle des Kristallpolyeders die Gesamtheit der Flächennormalen betrachten. Dieses Flächennormalenbündel offenbart uns die morphologischen Eigenschaften von Kristallen viel reiner als die Kristallpolyeder selbst mit ihren vielfältigen und zufälligen Verzerrungen (siehe z. B. Abb. 1.9).

Zur Darstellung des Flächennormalenbündels eines Kristalls fällt man von einem Punkt im Innern des Kristallpolyeders die Normalen auf die einzelnen Flächen. Derselbe Punkt sei gleichzeitig der Mittelpunkt einer Kugel, deren Oberfläche von den Flächennormalen durchstoßen wird. Auf diese Weise erhält man eine Projektion der Flächen des Kristalls als Punkte auf der Oberfläche einer Kugel, der Polkugel (Abb. 1.13). Die Schnittpunkte (Durchstoßpunkte) der Flächennormalen mit der Oberfläche der Polkugel sind die Pole der betreffenden Kristallflächen. Zeichnet man den Pol einer wichtigen Fläche als „Nordpol" N aus und benutzt den „Meridian" durch N und einen weiteren wichtigen Flächenpol M als Nullmeridian ($N\,M\,A\,S\,B$ in Abb. 1.13), so hat man damit kristallographische Bezugselemente für die Winkelkoordinaten φ und ρ des Pols P einer beliebigen Fläche.

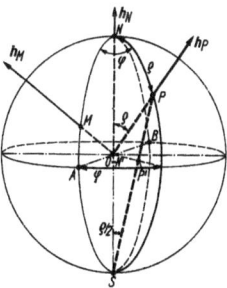

Abb. 1.13: Polkugel mit stereographischer Projektion P' eines Flächenpols P. h_M, h_N, h_P Flächennormalen.

Die graphische Darstellung der Polkugel in der Ebene bereitet dieselben Probleme wie die graphische Darstellung der Erdkugel, des Globus. Es sind verschiedene Methoden bekannt, eine Kugel auf eine Ebene zu projizieren, die jeweils ihre Vorzüge und ihre Nachteile haben. In der Kristallographie sind zwei Projektionen gebräuchlich, die stereographische Projektion und die gnomonische Projektion.

Bei der gnomonischen Projektion wird die Polkugel von ihrem Mittelpunkt aus auf die durch den Nordpol verlaufende Tangentialebene projiziert. Die Projektion P' eines Flächenpols P auf der Polkugel mit der Poldistanz ρ erhält dabei den Abstand $\rho' = R \tan \rho$ vom Mittelpunkt N des „Gnomonogramms" (R Radius der Polkugel).

Die gnomonische Projektion ist weder flächen- noch winkeltreu. Sie hat den weiteren Nachteil, dass mit Annäherung der Poldistanz ρ an 90° die Entfernung der Projektionspunkte vom Mittelpunkt gegen unendlich geht. Ein wesentlicher Vorteil besteht aber darin, dass die Pole tautozonaler Flächen jeweils auf einer Geraden (als Projektion eines Großkreises) abgebildet werden. Für Details sei beispielsweise auf John P. Snyder (1987) verwiesen.

Bei der stereographischen Projektion wird die Polkugel von ihrem „Südpol" S aus auf ihre „Äquatorebene" projiziert (Abb. 1.13). Hierzu verbinden wir den Punkt S als Augpunkt der Projektion mit dem Flächenpol P auf der Polkugel. Dort, wo die Gerade $S\,P$ die Äquatorebene durchstößt, erhalten wir den Punkt P' als Projektion des Flächenpols P. Auf diese Weise entsteht in der Äquatorebene ein Stereogramm, dessen Mittelpunkt die Projektion N' des „Nordpols" N der Polkugel bildet (Abb. 1.14). Der „Äquator" der Polkugel heißt Grundkreis des Stereogramms. Die Projektion P' eines Flächenpols P mit den Winkelkoordinaten φ und ρ wird in folgender Weise in das Stereogramm eingetragen: Der Azimutwinkel φ bleibt unverändert, und die Poldistanz ρ wird vom Mittelpunkt N' als eine Strecke

$$\rho' = R \tan \frac{\rho}{2} \tag{1.1}$$

mit R als Radius der Polkugel abgetragen.

Das Eintragen des Punktes P' in ein Stereogramm kann auch mit Hilfe von kartesischen Koordinaten vorgenommen werden. Die Winkelkoordinaten φ, ρ und die kar-

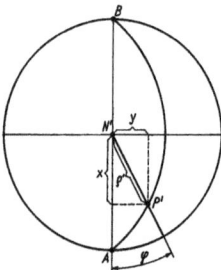

Abb. 1.14: Auftragen eines Flächenpols P' in einem Stereogramm.

tesischen Koordinaten x, y können nach

$$x = \rho' \cos\varphi = R\tan\frac{\varphi}{2}\cos\varphi$$

$$y = \rho' \sin\varphi = R\tan\frac{\varphi}{2}\sin\varphi$$

$$\varphi = \arctan\frac{y}{x} \tag{1.2}$$

$$\rho' = \sqrt{x^2 + y^2} = R\tan\frac{\rho}{2}$$

$$\rho = 2\arctan\frac{\sqrt{x^2 + y^2}}{R}$$

ineinander umgerechnet werden.

Die Punkte der oberen Hälfte der Polkugel bilden sich bei der stereographischen Projektion innerhalb des Grundkreises ab; die Punkte der unteren Hälfte der Polkugel würden sich außerhalb des Grundkreises abbilden. In der Kristallographie ist es jedoch üblich, die untere Hälfte der Polkugel nicht vom „Südpol" S, sondern vom „Nordpol" N als Augpunkt zu projizieren und die Projektion der betreffenden Flächenpole zur Unterscheidung als leere Punkte zu zeichnen (Abb. 1.15). Durch dieses Verfahren lassen sich sämtliche Flächenpole eines Kristallpolyeders innerhalb des Grundkreises darstellen. Auf der Peripherie des Grundkreises liegen die Pole der Flächen mit einer Poldistanz $\rho = 90°$.

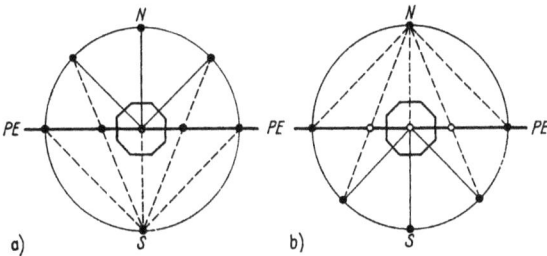

Abb. 1.15: Stereographische Projektion eines Kristalls. a) Oberseite (Augpunkt S), b) Unterseite (Augpunkt N); PE Projektionsebene.

Um das Arbeiten mit der stereographischen Projektion zu erleichtern, verwendet man, ähnlich wie in der Geographie, ein Netz aus „Meridianen" und „Breitenkreisen". Im Gegensatz zur Geographie wird jedoch ein Gradnetz verwendet, das seine Pole nicht am „Nordpol" N und „Südpol" S hat, sondern die Pole des Netzes liegen auf dem Grundkreis in den Punkten A und B (vgl. Abb. 1.13 und 1.14). Nach Wulff[15] wird die stereographische Projektion dieses Gradnetzes als Wulffsches Netz bezeichnet. Die „Meridiane" stellen Großkreise dar, die „Breitenkreise" bezeichnen Kleinkreise. Ein solches Wulffsches Netz liegt diesem Buch bei.

---

15 Yuri Victorovich Wulff (10.6.1863–25.12.1925).

!   Ohne Beweis vermerken wir folgende Eigenschaften der stereographischen Projektion: Sie ist winkeltreu, d. h. die Winkel auf der Kugeloberfläche sind den entsprechenden Winkeln in der Projektion gleich. Kreise auf der Kugel bilden sich in der stereographischen Projektion wieder als Kreise ab, allerdings mit einem anderen Durchmesser. Eine besondere Rolle spielen die Großkreise; das sind Kreise, deren gemeinsamer Mittelpunkt der Kugelmittelpunkt ist, so dass ihr Durchmesser zugleich einen Kugeldurchmesser darstellt (z. B. $A\,P'\,B$ in Abb. 1.14). Ein Großkreis ist die Schnittspur einer Ebene durch den Mittelpunkt der Polkugel. Damit ist ein Großkreis der geometrische Ort der Pole aller Flächen, deren Normalen in der Ebene des Großkreises liegen. Die Menge dieser Flächen bezeichnet man als eine Zone; Flächen, die einer gemeinsamen Zone angehören, nennt man tautozonal. Tautozonale Flächen schneiden sich in parallelen Kanten, die die Richtung der Zonenachse senkrecht zur Ebene der Flächennormalen bezeichnen. Daraus folgt umgekehrt, dass die Pole tautozonaler Flächen stets auf Großkreisen liegen.

Mit dem Wulffschen Netz arbeitet man in folgender Weise. Auf das Netz legt man ein Transparentpapier, welches mit dem Mittelpunkt des Netzes durch einen Stift verbunden wird und somit leicht über dem Netz gedreht werden kann. Es ist dann einfach, einen Pol P' mit den Winkelkoordinaten φ und ρ einzuzeichnen: φ wird auf dem Grundkreis und ρ vom Mittelpunkt des Netzes aus längs eines Durchmessers abgetragen. Will man den Winkel zwischen zwei Polen P_1' und P_2' bestimmen (Flächennormalenwinkel), so dreht man das Transparentpapier so lange, bis beide Pole auf denselben Großkreis des Wulffschen Netzes fallen. Dann zählt man die Teilstriche zwischen den beiden Polen ab. Ohne weiteres gewinnt man außerdem den zugehörigen Zonenpol Z', indem man auf dem zum Zonenkreis senkrecht stehenden Durchmesser von dessen Schnittpunkt mit dem Zonenkreis 90° abträgt (Abb. 1.16). Z' bezeichnet zugleich die den beiden Flächen gemeinsame Richtung ihrer Schnittkante. Umgekehrt gelangt man ebenso einfach von einem vorgegebenen Zonenpol Z' zu dem zugehörigen Zonenkreis durch P_1' und P_2'.

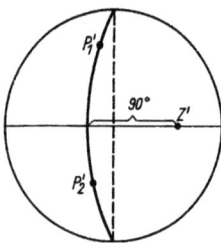

Abb. 1.16: Zonenkreis (Großkreis) durch zwei Flächenpole P_1' und P_2' und zugehöriger Zonenpol Z' in der stereographischen Projektion.

Eine weitere Aufgabe, die sich mit Hilfe des Wulffschen Netzes lösen lässt, ist die Frage nach dem von zwei Zonenkreisen eingeschlossenen Winkel α. Hierzu zeichnet man die zu den beiden Zonenkreisen gehörenden Zonenpole Z_1' und Z_2' nach dem Vorgehen von Abb. 1.16 und zählt deren Winkelabstand auf einem Meridian des Wulffschen Netzes aus (Abb. 1.17). Der Schnittpunkt P' bezeichnet zugleich den Pol der beiden Zonen gemeinsamen Fläche. Einen Kleinkreis um einen Pol P' im Winkelabstand ρ_P kann man

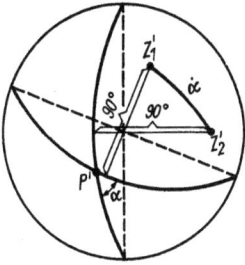

Abb. 1.17: Winkel α zwischen zwei Zonenkreisen (Großkreisen) in der stereographischen Projektion.

zeichnen, indem man einen Durchmesser des Wulffschen Netzes durch den Punkt P' legt und auf diesem den Winkelbetrag ρ_P nach beiden Seiten abzählt. Damit hat man den Durchmesser des gesuchten Kleinkreises, den man nun mit einem Zirkel ausziehen kann. Man beachte, dass der Mittelpunkt dieses Kreises im Allgemeinen nicht mit der Projektion P' des Mittelpunktes des Kleinkreises der Polkugel zusammenfällt!

1.3 Grundgesetze der Kristallmorphologie

1.3.1 Millersche Indizes

Wie im vorangegangenen Abschnitt ausgeführt, wird eine Kristallfläche durch die Winkelkoordinaten ihrer Flächennormalen auf der Polkugel beschrieben. Eine andere Möglichkeit zur Beschreibung einer Kristallfläche besteht darin, ihre Lage in Bezug auf ein Achsensystem anzugeben.

Sei ein Achsensystem durch drei linear unabhängige Vektoren $\vec{a}, \vec{b}, \vec{c}$ gegeben, so wird eine Ebene durch ihre Schnittpunkte A, B, C mit den drei Achsen bzw. durch die betreffenden Achsenabschnitte OA, OB, OC bestimmt (Abb. 1.18). Drückt man die Achsenabschnitte OA, OB, OC durch die Längen a, b, c der Vektoren aus, $OA = ma; OB = nb; OC = pc$, so ist die Ebene in einem gegebenen Achsensystem auch durch das Maßzahlentripel m, n, p festgelegt, die auch als Weißsche[16] Indizes bezeichnet werden. Alle Punkte X der Ebene mit den Koordinaten x, y, z genügen der Bedingung (Ebenengleichung)

$$\frac{x}{m} + \frac{y}{n} + \frac{z}{p} = hx + ky + lz = 1 \tag{1.3}$$

mit den reziproken Maßzahlen der Achsenabschnitte $h = \frac{1}{m}; k = \frac{1}{n}; l = \frac{1}{p}$, den sog. Indizes der Fläche. Bei einer Kristallfläche kommt es, wie gesagt, nur auf die Richtung ihrer Flächennormalen an, während ihr Abstand zum Ursprung des Achsensystems unwesentlich ist. Offensichtlich ändert sich die Flächennormale nicht, wenn wir die

---

16 Christian Samuel Weiss(ß) (26.2.1780–1.10.1856).

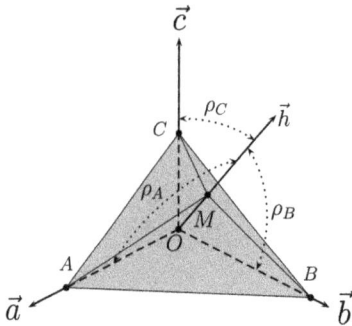

Abb. 1.18: Achsenabschnitte einer Fläche.
$\vec{h}$ Flächennormale; M Fußpunkt auf der Fläche.

Fläche parallel zu sich verschieben, d. h. wenn wir die Achsenabschnitte alle proportional um den gleichen Faktor vergrößern oder verkleinern. Zur Beschreibung einer Kristallfläche benötigt man deshalb nicht die Achsenabschnitte als solche, sondern es genügt, das Verhältnis der Achsenabschnitte $OA : OB : OC = ma : nb : pc$ bzw. auch nur das Verhältnis der Maßzahlen $m : n : p$ oder der Indizes $h : k : l$ anzugeben. Jedes dieser Verhältnisse bestimmt eineindeutig die Richtung der Flächennormalen in einem gegebenen Achsensystem: Ist die Flächennormale beispielsweise durch die Winkel ρ_a, ρ_b, ρ_c gegeben, die sie mit den Achsen einschließt (vgl. Abb. 1.18), so gilt in den Dreiecken AOM, BOM bzw. COM wegen der rechten Winkel beim Fußpunkt M

$$\cos\rho_a = \frac{OM}{OA}; \cos\rho_b = \frac{OM}{OB}; \cos\rho_c = \frac{OM}{OC} \tag{1.4}$$

und man erhält als Verhältnis dieser Richtungskosinus das reziproke Verhältnis der Achsenabschnitte

$$\cos\rho_a : \cos\rho_b : \cos\rho_c = \frac{1}{OA} : \frac{1}{OB} : \frac{1}{OC} = \frac{1}{ma} : \frac{1}{nb} : \frac{1}{pc} = \frac{h}{a} : \frac{k}{b} : \frac{l}{c}. \tag{1.5}$$

Gehen wir davon aus, dass Kristallflächen mit Netzebenen korrespondieren, so haben wir es bei der morphologischen Beschreibung von Kristallen nicht mit beliebigen Flächen zu tun, sondern wir haben Flächen zu betrachten, die zu Netzebenen parallel sind. Dazu wählen wir die Vektoren $\vec{a}, \vec{b}, \vec{c}$ des Achsensystems so, dass sie eine Basis des Gitters des betreffenden Kristalls darstellen (d. h. wir wählen ein dem Kristall angepasstes „kristallographisches" Achsensystem). In einem solchen Achsensystem haben alle Gitterpunkte X ganzzahlige Koordinaten, welche mit u, v, w (anstelle von x, y, z) bezeichnet werden sollen, um ihren ganzzahligen Charakter hervorzuheben. Eine Netzebene wird durch drei Gitterpunkte X_1, X_2, X_3 bestimmt. Sei diese Netzebene durch die Indizes h, k, l gekennzeichnet, so genügt jeder dieser drei Punkte mit seinen Koordinaten u_i, v_i, w_i der (1.3) analogen Ebenengleichung

$$hu_1 + kv_1 + lw_1 = 1$$
$$hu_2 + kv_2 + lw_2 = 1 \tag{1.6}$$
$$hu_3 + kv_3 + lw_3 = 1.$$

Hiermit haben wir ein lineares Gleichungssystem für die Indizes h, k, l. Lösen wir es auf (was hier nicht explizit ausgeführt wird), so erhalten wir – da die Koordinaten u_i, v_i, w_i, alle ganzzahlig sind – für die Indizes h, k, l einer Netzebene stets rationale Zahlen. Wegen (1.3) sind auch die Maßzahlen m, n, p der Achsenabschnitte einer Netzebene rational. Die Maßzahlen einer zur Netzebene parallelen Kristallfläche erhält man daraus durch Multiplikation mit einer beliebigen (also u. U. auch irrationalen) Zahl, so dass diese Maßzahlen nicht von vornherein rational zu sein brauchen. Hingegen bleibt ihr Verhältnis $m : n : p$ stets rational, so dass in diesem Sinne eine Kristallfläche durch ein Tripel rationaler Maßzahlen beschrieben wird – vorausgesetzt, man bezieht sich auf ein dem Gitter angepasstes kristallographisches Achsensystem. Multipliziert man die Maßzahlen mit dem kleinsten gemeinsamen Vielfachen ihrer Nenner, so lässt sich das Maßzahlentripel $m : n : p$ als ein Verhältnis zwischen ganzen, teilerfremden Zahlen ausdrücken. Besonders hervorgehoben sei noch einmal, dass nur das Verhältnis $m : n : p$ der Maßzahlen der Achsenabschnitte einer Kristallfläche rational ist, nicht jedoch das Verhältnis $ma : nb : pc$ der Achsenabschnitte selbst. Auch das Achsenverhältnis $a : b : c = \frac{a}{b} : 1 : \frac{c}{b}$ eines Kristalls ist im allgemeinen nicht rational.

Die Millerschen Indizes beruhen auf dem Verhältnis der reziproken Achsenabschnitte. **!**

Rational ist hingegen wieder das Verhältnis der reziproken Maßzahlen der Achsenabschnitte $\frac{1}{m} : \frac{1}{n} : \frac{1}{p} = h : k : l$, d. h. das Verhältnis der Indizes einer Kristallfläche. Die gemeinsame Multiplikation mit dem kleinsten gemeinschaftlichen Vielfachen ihrer Nenner ändert nichts an ihrem Verhältnis, so dass das Indextripel $h : k : l$ ganzzahlig und teilerfremd angegeben werden kann. In dieser Form bezeichnen wir sie als Millersche[17] Indizes einer Kristallfläche und schließen sie als Flächensymbol (hkl) in runde Klammern ein. Zwei Beispiele:

1. Abb. 1.19 zeigt eine von den Basisvektoren $\vec{b}$ und $\vec{c}$ aufgespannte Netzebene mit den Spuren (Schnittlinien) I, II, III und III$'$ einiger weiterer Netzebenen (der Basisvektor $\vec{a}$ weise nach vorn aus der Zeichenebene heraus). Die Fläche (Netzebene) I bildet die Achsenabschnitte $3b$ und $3c$, folglich gilt $n : p = 1 : 1$ sowie $k : l = 1 : 1$. Bei der Fläche (Netzebene) II haben wir entsprechend $2b$ und $1c$; $n : p = 2 : 1$; $k : l = 1 : 2$, und bei der Fläche (Netzebene) III haben wir $3b$ und $2c$; $n : p = 3 : 2$; $k : l = 2 : 3$. Die Fläche (Netzebene) III$'$, die zu III parallel ist, bildet die Achsenabschnitte $\frac{b}{2}$ und $\frac{c}{3}$ (was wir aus der Ähnlichkeit der Dreiecke BOC und $B'O'C'$ schlussfolgern können); das führt gleichfalls auf $n : p = 3 : 2$ sowie $k : l = 2 : 3$ (wie für III). Mithin erhalten wir die in der Beschreibung von Abb. 1.19 angegebenen Flächensymbole. Der Index h bleibt unbestimmt, da die Abschnitte auf der $\vec{a}$-Achse aus der Abbildung nicht hervorgehen.

---

17 William Hallowes Miller (6.4.1801–20.5.1880).

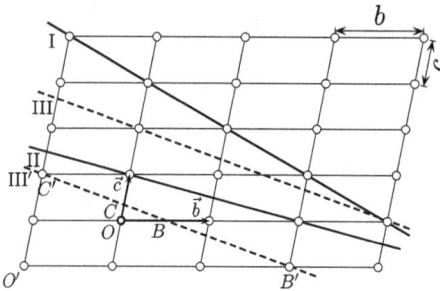

Abb. 1.19: Zur Indizierung von Netzebenen. I...(h11), II...(h12), III sowie III'...(h23).

2. Eine Fläche (Netzebene) bilde die Achsenabschnitte $3a, 6b, 8c$. Dann gilt

$$h : k : l = \frac{1}{3} : \frac{1}{6} : \frac{1}{8} = 8 : 4 : 3.$$

Mit diesen Millerschen Indizes erhalten wir das Flächensymbol (843) (sprich: „acht – vier – drei"; bzw. sprich für (111): „eins – eins – eins", nicht etwa „hundertelf"!).

Verläuft eine Fläche parallel zu einer Achse und schneidet sie nicht, so setzt man bezüglich dieser Achse den Index 0 (null), und die Flächensymbole haben die Form $(0kl)$ für die Flächen parallel zur $\vec{a}$-Achse, $(h0l)$ für Flächen parallel zur $\vec{b}$-Achse und $(hk0)$ für Flächen parallel zur $\vec{c}$-Achse. Schließlich kann eine Fläche auch nur eine Achse schneiden und parallel zu den beiden übrigen verlaufen. Man erhält dann das Symbol (100) – anstelle $(h00)$ – für eine Fläche, die nur die a-Achse schneidet, das Symbol (010) für eine Fläche, die nur die b-Achse schneidet, und das Symbol (001) für eine Fläche, die nur die c-Achse schneidet.

Betrachten wir nun als Beispiel für die Indizierung der Flächen eines Kristallpolyeders den in Abb. 1.20 dargestellten Schwefelkristall. Die Kristalle gehören zum orthorhombischen Kristallsystem, bei dem die Achsen senkrecht zueinander stehen. Aus den Gitterparametern $a = 1,046\,\mathrm{nm}$, $b = 1,287\,\mathrm{nm}$, $c = 2,449\,\mathrm{nm}$ (Rettig u. Trotter (1987)) folgt ein Achsenverhältnis $a : b : c = 0,813 : 1 : 1,903$. Die vordere obere große Fläche schneidet die $\vec{a}$-Achse und würde bei einer Verlängerung $\vec{b}$ und $\vec{c}$ so schneiden, dass sich die Achsenabschnitte wie $1a : 1b : 1c$ verhalten. Das Flächensymbol lautet demnach (111). Die links daneben liegende Fläche bildet Achsenabschnitte von gleicher Länge wie die vorige, nur wird $\vec{b}$ auf der negativen Seite geschnitten. Deshalb erhalten wir einen negativen Index $k = -1$. Im Symbol wird das Minuszeichen über den betreffenden Index gesetzt, und es lautet $(1\bar{1}1)$ (sprich: „eins – minus eins – eins"). Entsprechend gestalten sich die Indizes der übrigen gleichwertigen Flächen, wobei die auf der Rückseite des Kristalls liegenden Flächen negative Indizes für h erhalten. Die Menge aller (gleichwertiger) Flächen, deren korrespondierende Achsenabschnitte dem Betrag nach untereinander gleich sind, wird als Form bezeichnet (eine strengere Definition der Form wird im Abschnitt 1.5.6 gegeben). Man symbolisiert eine Form,

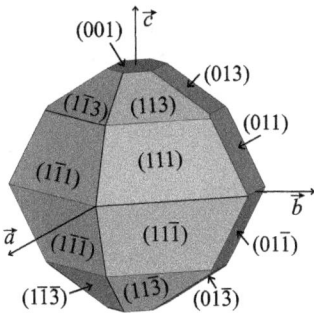

Abb. 1.20: Kristall des orthorhombischen Schwefels mit Bezeichnung der an der Vorderseite sichtbaren Flächen der Formen {001}, {011}, {111}, {113}, {013}. Gezeichnet mit VESTA (Momma u. Izumi (2011)).

indem die Indizes der Ausgangsfläche in geschweifte Klammern eingeschlossen werden, also $\{hkl\}$ bzw. in unserem Fall $\{111\}$.

Am dargestellten Schwefelkristall sind noch weitere Formen vorhanden. So würde die oberhalb (111) liegende Fläche (bei ihrer Verlängerung) Achsenabschnitte bilden, die sich wie $3a : 3b : 1c$ verhalten; demgemäß lautet das Symbol (113) (falsch wäre 331; nicht die Bildung der Kehrwerte vergessen!). Außerdem gibt es die Fläche (011), die Achsenabschnitte im Verhältnis $1b : 1c$ bildet und die $\vec{a}$-Achse (auch bei Verlängerung) nicht schneiden würde. Schließlich schneidet die obere Fläche nur die $\vec{c}$-Achse und erhält damit den Millerschen Index (001).

1.3.2 Zonen und Flächen

Zwei Flächen eines Kristalls bestimmen mit ihren Polen einen Großkreis auf der Polkugel und somit eine Zone. Gekennzeichnet wird eine Zone durch ihre Zonenachse, die senkrecht auf der Ebene des Großkreises, d. h. auch senkrecht zu den beiden Flächennormalen steht. Somit verläuft die Zonenachse parallel zu beiden Flächen und bezeichnet gleichzeitig die Richtung der Kante, in der sich die beiden Flächen am Kristall schneiden (vgl. Abb. 1.16).

Die Symbole der beiden Flächen seien $(h_1 k_1 l_1)$ und $(h_2 k_2 l_2)$. Legen wir beide Flächen durch den Ursprung des entsprechenden kristallographischen Achsensystems, so lauten die betreffenden Ebenengleichungen

$$h_1 x + k_1 y + l_1 z = 0 \tag{1.7}$$
$$h_2 x + k_2 y + l_2 z = 0.$$

Die Schnittkante der beiden Flächen ist dann eine gleichfalls durch den Ursprung verlaufende Gerade, die mit der Zonenachse zusammenfällt. Die Punkte X dieser Geraden mit den Koordinaten x, y, z müssen beide Ebenengleichungen (1.8) simultan erfüllen. Diesen Bedingungen genügen, wie man leicht nachprüft, alle Punkte X mit den Koordinaten

$$x = t(k_1 l_2 - k_2 l_1); \quad y = t(l_1 h_2 - l_2 h_1); \quad z = t(h_1 k_2 - h_2 k_1) \tag{1.8}$$

mit t als einer beliebigen reellen Zahl. Nun sind die h_i, k_i, l_i (für Kristallflächen) alle ganzzahlig. Setzen wir $t = 1$, so erhalten wir daher einen Punkt X_1 der Geraden, dessen Koordinaten gleichfalls alle ganzzahlig sind, d. h. es handelt sich um einen Gitterpunkt. Seine Koordinaten wollen wir deshalb mit u, v, w bezeichnen:

$$u = k_1 l_2 - k_2 l_1; \quad v = l_1 h_2 - l_2 h_1; \quad w = h_1 k_2 - h_2 k_1.$$

Diese Beziehungen lassen sich leicht aus dem Schema

$$
\begin{array}{c|ccc|c}
h_1 & k_1 & l_1 & h_1 & k_1 & l_1 \\
& \times & \times & \times & & \\
h_2 & k_2 & l_2 & h_2 & k_2 & l_2 \\
\hline
& u & v & w &
\end{array}
\tag{1.9}
$$

ableiten. Die betreffende Gerade ist zu zeichnen, indem man den Ursprung des Achsensystems mit dem Gitterpunkt X_1 verbindet (Abb. 1.21). Mit X_1 liegen auch alle Gitterpunkte X_v mit den Koordinaten v_u, v_v, v_w und v als einer beliebigen ganzen Zahl auf dieser Geraden, d. h., es handelt sich um eine Gittergerade. Sofern die nach dem obigen Schema ermittelten Koordinaten noch einen gemeinsamen ganzzahligen Faktor enthalten, kann man sie durch diesen Faktor dividieren und erhält so die Koordinaten des dem Ursprung nächstgelegenen Gitterpunktes der Gittergeraden. In dieser ganzzahligen, teilerfremden Form bezeichnet man das Koordinatentripel u, v, w als Indizes einer Richtung (Gittergeraden) bzw. auch als Indizes einer Zone oder einer Kante und schließt sie als Symbol [uvw] in eckige Klammern ein.

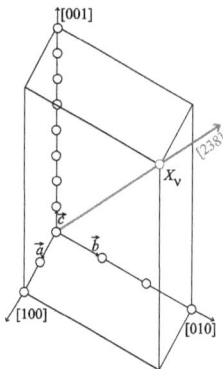

Abb. 1.21: Koordinaten eines Gitterpunktes X_v (Zonen- bzw. Richtungssymbol).

Wie bei den Millerschen Indizes kommt es also auch bei den Richtungsindizes nur auf das Verhältnis der Koordinaten $u : v : w$ an, welches demnach für die Punkte einer Kristallkante bzw. einer Zonenachse gleichfalls rational ist – vorausgesetzt, man bezieht sich wie dort auf ein dem Gitter angepasstes kristallographisches Achsensystem.

Im Gegensatz zu den Millerschen Indizes werden bei der Herleitung der Richtungsindizes keine Kehrwerte gebildet, sondern es wird direkt das Verhältnis der Koordinaten eines Punktes der betreffenden Geraden angegeben. Allerdings werden in praxi an einem Kristallpolyeder weder Kanten noch Richtungen vermessen, sondern ausschließlich die Winkel zwischen den Kristallflächen bzw. deren Winkelkoordinaten. Aus den letzteren leitet man die Indizes der Flächen und aus diesen wiederum (nach obigem Schema) die Indizes der von ihnen gebildeten Kanten und Zonen ab.

Bei Richtungen, die nicht in allen drei Achsenrichtungen Komponenten haben, erscheint bezüglich der betreffenden Achse der Index 0 (null). So erhält z. B. die $\vec{a}$-Achse selbst das Symbol [100], die $\vec{b}$-Achse das Symbol [010] und $\vec{c}$ das Symbol [001]. Auch negative Indizes können sich ergeben. Man beachte, dass ein Richtungssymbol $[uvw]$ im Allgemeinen nicht das Symbol der Flächennormalen der Fläche (uvw) mit gleichlautenden Indizes darstellt. Eine solche Beziehung besteht nur für kartesische Koordinaten, d. h. bei einem kubischen Achsensystem.

Wie wir gesehen haben, bestimmen zwei Flächen $(h_1 k_1 l_1)$ und $(h_2 k_2 l_2)$ eine Richtung bzw. Zone $[uvw]$. Umgekehrt bestimmen zwei Zonen bzw. Richtungen $[u_1 v_1 w_1]$ und $[u_2 v_2 w_2]$ eine beiden gemeinsame Fläche (hkl). Aus der Ebenengleichung folgen die Bedingungen

$$hu_1 + kv_1 + lw_1 = 0 \qquad (1.10)$$
$$hu_2 + kv_2 + lw_2 = 0.$$

und man erhält

$$h : k : l = (v_1 w_2 - v_2 w_1) : (w_1 u_2 - w_2 u_1) : (u_1 v_2 - u_2 v_1).$$

Auch hierfür gibt es ein zu (1.9) analoges, einfaches Merkschema:

$$\begin{array}{ccc} & & (1.11) \end{array}$$

Das gewonnene Indextripel h, k, l ist gegebenenfalls noch teilerfremd zu machen und stellt so das gesuchte Flächensymbol (hkl) dar.

Es ist das grundlegende phänomenologische Merkmal der Kristalle, dass sich sowohl ihre Flächen als auch ihre Zonen bzw. Kanten durch rationale Indizes bzw. durch Verhältnisse zwischen ganzen Zahlen darstellen lassen. Wesentlich ist, dass es sich dabei – zumindest für die Indizes der wichtigsten (d. h. der größten und häufigsten) Kristallflächen und Zonen – um kleine ganze Zahlen handelt. Durch hinreichend große ganze Zahlen könnte man nämlich jedes Verhältnis beliebig genau approximieren; darin läge keine Besonderheit. Diese morphologische Gesetzmäßigkeit wird als

Rationalitätsgesetz, gelegentlich auch als Rationalitätsregel oder Rationalitätsprinzip bezeichnet, denn genaue Winkelmessungen ergeben in vielen Fällen aus verschiedenen Gründen Abweichungen von den theoretischen Werten. Zuweilen findet man für das auf Haüy[18] zurückgehende Rationalitätsgesetz auch die Bezeichnungen „Gesetz der rationalen Indizes" sowie irreführenderweise „Gesetz der rationalen Achsenabschnitte", denn die letzteren bzw. deren Verhältnis $ma : nb : pc = \frac{a}{h} : \frac{b}{k} : \frac{c}{l}$ brauchen keineswegs rational zu sein – genauso wenig wie das kristallographische Achsenverhältnis $a : b : c$, welches für die einzelnen Kristallarten spezifisch ist und mit dem Rationalitätsprinzip nichts zu tun hat.

Seien an einem Kristall zwei Flächen $(h_1 k_1 l_1)$ und $(h_2 k_2 l_2)$ gegeben, die wie oben ausgeführt eine Zone $[uvw]$ bestimmen, so kann man durch Berechnung der Indizes u, v, w nach dem obigen Schema leicht nachweisen, dass auch die Fläche $(h_3 k_3 l_3)$

$$h_3 = h_1 + h_2; \quad k_3 = k_1 + k_2; \quad l_3 = l_1 + l_2 \tag{1.12}$$

zur selben Zone gehört. Dasselbe gilt auch für alle Flächen, die durch

$$h_3 = \lambda_1 h_1 + \lambda_2 h_2; \quad k_3 = \lambda_1 k_1 + \lambda_2 k_2; \quad l_3 = \lambda_1 l_1 + \lambda_2 l_2 \tag{1.13}$$

mit λ_1, λ_2 als beliebigen ganzen Zahlen gegeben werden.

! Aus zwei Kristallflächen können durch wiederholte Addition ihrer Indizes alle weiteren Kristallflächen dieser Zone abgeleitet werden (Komplikationsgesetz nach Goldschmidt[19]).

Die allgemeine Bedingung, dass drei Kristallflächen bzw. Ebenen $(h_1 k_1 l_1)$, $(h_2 k_2 l_2)$ und $(h_3 k_3 l_3)$ derselben Zone angehören, d. h. tautozonal sind, lautet

$$h_3(k_1 l_2 - k_2 l_1) + k_3(l_1 h_2 - l_2 h_1) + l_3(h_1 k_2 - h_2 k_1) = 0. \tag{1.14}$$

Man kann sie durch Einsetzen von h_3, k_3, l_3 gemäß (1.13) leicht nachprüfen. Schließlich sei ohne Ableitung noch die analoge Bedingung

$$u_3(v_1 w_2 - v_2 w_1) + v_3(w_1 u_2 - w_2 u_1) + w_3(u_1 v_2 - u_2 v_1) = 0. \tag{1.15}$$

dafür genannt, dass drei Geraden $[u_1 v_1 w_1]$, $[u_2 v_2 w_2]$ und $[u_3 v_3 w_3]$ komplanar sind, d. h., dass die betreffenden Zonen eine Fläche gemeinsam haben.

? Wie lassen sich die Bedingungen (1.14) und (1.15) als Determinanten ausdrücken?

---

18 René-Just Haüy (28.2.1743–3.6.1822).
19 Victor Mordechai Goldschmidt (10.2.1853–8.5.1933).

Geht man an einem Kristall von vier Flächen aus, von denen keine drei derselben Zone angehören dürfen, so lässt sich aus je zwei dieser Flächen eine Zone ableiten. Je zwei Zonen bestimmen ihrerseits weitere Flächen, diese wieder weitere Zonen usf. Auf diesem Wege lassen sich alle Flächen mit rationalen Indizes ableiten, d. h. alle Flächen, die am Kristall vorkommen bzw. vorkommen können; man sagt, die Flächen stehen miteinander im Zonenverband. Dieses Zonenverbandsgesetz wurde erstmals von Christian Samuel Weiß (s. Fußnote in Abschnitt 1.3.1) ausgesprochen. Demnach weisen auch sehr flächenreiche Kristalle nur wenige Scharen paralleler Kanten auf. Polyeder, die im Kristallreich nicht vorkommen, d. h., die sich nicht durch rationale Indizes beschreiben lassen, haben diese Eigenschaften des Zonenverbandes nicht – auch dann nicht, wenn sie flächenreich und regelmäßig sind, wie z. B. das reguläre Ikosaeder. Zonenverband und Rationalität sind letztlich Ausdruck derselben Gesetzmäßigkeit in der Morphologie der Kristalle und beruhen auf deren Gitterbau. Das gilt auch für das Gesetz der Winkelkonstanz, das zuerst gefundene Grundgesetz der Kristallmorphologie.

Wir haben aus dem Gitterbau der Kristalle auf relativ einfache Weise die morphologischen Grundgesetze ableiten und erklären können, zu denen sich noch das Symmetrieprinzip gesellt, das im Abschnitt 1.5 behandelt wird. Die wissenschaftliche Entwicklung musste den umgekehrten Weg gehen: Die grundlegenden Gesetze wurden aus dem Studium des Phänomens Kristall, durch Untersuchungen der Morphologie erschlossen und daraus Vorstellungen über den Gitterbau der Kristalle entwickelt. Diese Vorstellungen wurden durch die Entdeckung der Röntgeninterferenzen an Kristallen durch von Laue, Friedrich und Knipping (1912) eindrucksvoll bestätigt, womit sich der Weg zu einer experimentellen Bestimmung der atomaren Struktur der Kristalle öffnete.

1.3.3 Indizierung im trigonalen und hexagonalen Kristallsystem

Im trigonalen und hexagonalen Kristallsystem, die zusammen die hexagonale Kristallfamilie bilden (zur Definition vgl. Abschnitt 1.6.5), gibt es bei der Indizierung von Flächen und Richtungen (Zonen) einige Besonderheiten. Gewöhnlich bezieht man sich auf ein hexagonales Achsensystem, wie es durch die Basisvektoren $\vec{a}, \vec{b}, \vec{c}$ eines primitiven hexagonalen Gitters hP (vgl. Abb. 1.5) gegeben wird und durch die Gitterparameter $a = b \neq c$ und $\alpha = \beta = 90°; \gamma = 120°$ gekennzeichnet ist. Um die Indizes sowohl für die Flächensymbole (hkl) als auch für die Richtungssymbole (Zonensymbole) [uvw] bezüglich dieser Achsen zu bilden, wird genauso verfahren, wie es bei den anderen Achsensystemen und in den vorangegangenen Abschnitten ausgeführt ist. Insofern bieten weder die Flächensymbole (hkl) noch die Richtungssymbole [uvw] eine Besonderheit und sollten vorzugsweise dann in dieser normalen dreigliedrigen Form benutzt werden, wenn man sie in Rechnungen einbeziehen will.

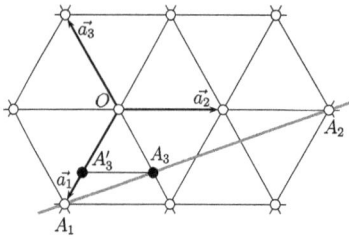

Abb. 1.22: Ausschnitt einer hexagonalen Netzebene mit Spur einer Fläche.

Die beiden gleich langen, sich unter 120° schneidenden Basisvektoren $\vec{a}$ und $\vec{b}$, bezeichnet man auch als $\vec{a}_1$ und $\vec{a}_2$. Betrachtet man eine Gitterebene, die von $\vec{a}_1$ und $\vec{a}_2$ aufgespannt wird (Abb. 1.22), so ist ersichtlich, dass man dasselbe Gitter genauso mit den Vektoren $\vec{a}_2$ und $\vec{a}_3$ oder auch mit $\vec{a}_3$ und $\vec{a}_1$ hätte aufspannen können: Die Gittervektoren $\vec{a}_1, \vec{a}_2$ und $\vec{a}_3 = -(\vec{a}_1 + \vec{a}_2)$ sind gleichwertig, und es gilt: $\vec{a}_1 + \vec{a}_2 + \vec{a}_3 = 0$. Um diese Gleichwertigkeit (und damit die diesem Gitter innewohnende Symmetrie) zum Ausdruck zu bringen, führte Bravais (1866) für das hexagonale Achsensystem die zusätzliche (und eigentlich überflüssige) $\vec{a}_3$-Achse ein. Bei der Bildung der Flächenindizes werden auch die reziproken Achsenabschnitte auf $\vec{a}_3$ berücksichtigt und ein zusätzlicher Index i an die dritte Stelle im Symbol $(hkil)$ gesetzt. Man spricht dann von Bravaisschen Indizes. Beispielsweise bildet die in Abb. 1.22 eingezeichnete, durch die Punkte A_1, A_3 und A_2 verlaufende Flächenspur die Achsenabschnitte $OA_1 = a$; $OA_2 = 2a$ und $OA_3 = -2a/3$ (die $\vec{a}_3$-Achse wird auf ihrer negativen Seite geschnitten). Die Bildung der Kehrwerte der Maßzahlen und deren Multiplikation mit 2 liefern das Symbol $(21\bar{3}l)$ der Fläche (der Achsenabschnitt auf der senkrecht zur Zeichenebene stehenden $\vec{c}$-Achse und damit der Index l bleiben hier unbestimmt).

Der zusätzliche Index i ist zur Kennzeichnung der Fläche nicht erforderlich und wird bereits durch h und k bestimmt: Für die Achsenabschnitte $OA_1 = ma$; $OA_2 = na$; $OA_3 = oa$ einer beliebigen Fläche gilt wegen der Ähnlichkeit der Dreiecke A_1OA_2 und $A_1A_3'A_3$ sowie $A_3'A_3 = OA_3' = OA_3$ (gleichseitiges Dreieck)

$$\frac{OA_1}{OA_2} = \frac{OA_1 - OA_3}{OA_3} \quad \text{bzw.:} \quad \frac{ma}{na} = \frac{ma - pa}{pa}$$

und man erhält für $h = 1/m$; $k = 1/n$; $i = -1/p$ (da die $\vec{a}_3$-Achse negativ geschnitten wird)

$$h + k + i = 0 \quad \text{bzw.} \quad i = -(h + k). \tag{1.16}$$

Wenn h und k gegeben sind, kann man also nach dieser einfachen Beziehung (1.16) den Index i sofort dazuschreiben.

Man beachte jedoch, dass dieser Algorithmus nicht für die Richtungsindizes gilt! Für die Richtungsindizes bleibt es am zweckmäßigsten, nur die $\vec{a}_1$, $\vec{a}_2$ und die $\vec{c}$-Achse zu berücksichtigen und keinen vierten Index anzugeben. Zum Zeichen, dass es sich um das hexagonale Achsensystem handelt und noch eine gleichwertige $\vec{a}_3$-Achse vorhanden ist, wird bei den Richtungsindizes an die dritte Stelle des Symbols oft ein Punkt $[uv.w]$ gesetzt, der die Bedeutung von 0 hat. Für Berechnungen (z. B. einer Zone aus zwei Flächen oder einer Fläche aus zwei Richtungen) benutzt man sowohl bezüglich der Flächen als auch der Richtungen stets nur die dreigliedrigen Symbole.

Der Vollständigkeit halber sei vermerkt, dass man auch viergliedrige Richtungssymbole $[u'v't'w]$ einführen kann, doch hat dann der die $\vec{a}_3$-Achse betreffende Index t' eine selbständige Bedeutung als zusätzliche Vektorkomponente, so dass beim Umschreiben von dreigliedrigen in viergliedrige Richtungssymbole auch die beiden ersten Indizes u und v zu verändern sind. Trivialerweise bedeutet $[uv.w] = [uv0w]$. Für ein hexagonales Achsensystem gilt mit $\vec{a}_1 + \vec{a}_2 + \vec{a}_3 = 0$ (Vektoraddition) auch $t'\vec{a}_1 + t'\vec{a}_2 + t'\vec{a}_3 = 0$ (Nullvektor; t' beliebige Zahl) und damit für die Vektorkomponenten eines Richtungsvektors

$$[uv.w] = [uv0w] = [u + t'; v + t'; t'; w] = [u'v't'w].$$

Verlangt man analog zu $h + k + i = 0$ auch $u' + v' + t' = 0$, so ergeben sich

$$u' = \frac{2u - v}{3}, \quad v' = \frac{2v - u}{3} \quad \text{und} \quad t' = -\frac{u + v}{3}.$$

Umgekehrt erhält man

$$u = (2u' + v') = u' - t' \quad \text{und} \quad v = (2v' + u') = v' - t'.$$

Die $\vec{c}$-Achse und die sie betreffenden Indizes l und w bleiben unverändert. Sofern $u + v \neq 3n$ erhält man ganzzahlige Indizes durch Multiplizieren aller vier Indizes mit 3:

$$[3u'; 3v'; 3t'; 3w].$$

Im Vorgriff auf Abschnitt 3.3.4 sei noch angeführt, dass man ergänzend zu den „gewöhnlichen" reziproken Vektoren $\vec{a}_1^*$ und $\vec{a}_2^*$ auch „symmetriegerechte" reziproke Vektoren $\vec{a}_1^{*'}; \vec{a}_2^{*'}; \vec{a}_3^{*'}$ mit $\vec{a}_1^{*'} + \vec{a}_2^{*'} + \vec{a}_3^{*'} = 0$ einführen kann. Für weitere Ausführungen sei beispielsweise auf Frank (1965) verwiesen.

1.4 Zeichnen von Kristallen

Die zeichnerische Darstellung von Kristallen erfolgt fast ausschließlich durch Parallelprojektionen. Perspektivische Ansichten (d. h. Zentralprojektionen) sind in der Kristallographie nicht üblich und werden höchstens gelegentlich zur Herstellung von Stereobildpaaren herangezogen. In einer Parallelprojektion erscheinen parallele Kanten des Kristalls auch auf der Zeichnung parallel, so dass die Zonenverbände klar zum Ausdruck kommen. Deshalb sollte man schon bei Skizzen darauf achten, dass parallele Kanten als Parallelen dargestellt werden.

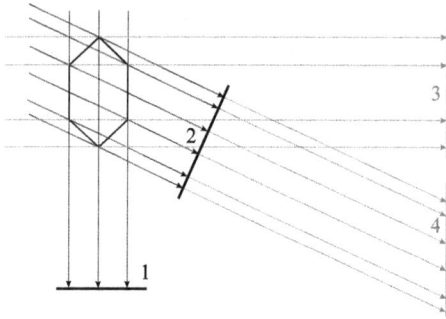

Abb. 1.23: Parallelprojektion. 1 Kopfbild; 2 und 3 orthographische Projektion; 4 klinographische Projektion.

Bei einer Parallelprojektion wird der darzustellende Körper mittels paralleler Strahlen auf eine Bildebene projiziert (Abb. 1.23). Diese Ebene kann senkrecht zu den Projektionsstrahlen stehen (orthographische Projektion) oder zu ihnen geneigt sein (klinographische Projektion). Beide Projektionen sind in der Kristallographie gebräuchlich. Die praktische Durchführung von Kristallzeichnungen geschieht heute in der Regel mit Computerprogrammen. Eine geeignete Software ist unter anderem die Freeware VESTA (Momma u. Izumi (2011)) mit der beispielsweise der Schwefel-Kristall in Abb. 1.20 gezeichnet wurde.

Eine häufig benutzte Darstellung ist die orthographische Projektion des Kristalls parallel zu seiner (vertikal gestellten) $\vec{c}$-Achse, welche eine Ansicht des Kristalls „von oben", ein Kopfbild liefert. Für einen Punkt X mit den Koordinaten x, y, z bleiben bei dieser Projektion die Koordinaten x und y unverändert, während die Koordinate z nicht dargestellt wird. Zur Behandlung von Kristallprojektionen bezieht man sich der Einfachheit halber generell auf kartesische Koordinaten. Die kartesischen Achsen werden im allgemeinen Fall eines triklinen Kristalls meist so angenommen, dass die $\vec{z}$-Achse mit der kristallographischen $\vec{c}$-Achse und die $\vec{y}$-Achse mit der Flächennormalen auf (010) zusammenfallen; die $\vec{x}$-Achse steht dann senkrecht zu beiden.

Neben dem Kopfbild ist noch eine andere Ansicht üblich, die den Kristall von „vorn rechts oben" zeigt: Die Projektionsrichtung weist hierbei gegenüber der $\vec{x}$-Achse um einen Winkel $\Phi = 18 \ldots 20°$ nach rechts und um einen Winkel $\Psi = 6 \ldots 10°$ nach oben. Zur Darstellung dieser Ansicht bedient man sich häufig einer klinographischen Projektion auf die $y - z$-Ebene (Abb. 1.24). Diese lässt sich relativ einfach zeichnen, da Flächen, die parallel zur Bildebene (also zur $y - z$-Ebene) liegen, unverzerrt abgebildet werden. Ein Punkt X mit den Koordinaten x, y, z hat in der klinographischen Projektion die Koordinaten

$$y' = y - x \tan \Phi; \quad z' = z - x \tan \Psi$$

und der (rechte) Winkel zwischen der $\vec{z}$-Achse und der $\vec{x}$-Achse erscheint als ein Winkel $\chi = \arctan(-\tan \Phi / \tan \Psi)$. Vorzugsweise wählt man $\Phi = 18°26'$ (somit $\tan \Phi = 1/3$) und $\Psi = 9°28'$ (somit $\tan \Psi = 1/6$) und hat dann $y' = y - x/3$ und $z' = z - x/6$ sowie $\chi = 116°34'$. Für einen kubischen Kristall entspricht das einer Projektion aus der

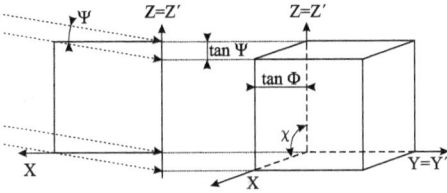

Abb. 1.24: Klinographische Projektion des Einheitswürfels. $\Phi = 18°26'$; $\Psi = 9°28'$; $\chi = 116°34'$.

Richtung [621]. Abb. 1.24 sowie die Darstellungen der Bravais-Gitter in Abb. 1.5 sind in dieser Weise ausgeführt. Die vielen bekannte sog. Kavalierperspektive ist eine klinographische Projektion mit $\Phi = \Psi = 19°28'$, mithin $\tan \Phi = \tan \Psi = 0,354$ und $\chi = 135°$ bzw. $180° - \chi = 45°$, und die nach vorn gerichtete Kante des Einheitswürfels erscheint in der Länge 1/2.

Der Vorteil der klinographischen Projektion – die unverzerrte Abbildung bestimmter Netzebenen – kommt vor allem bei der Darstellung von Kristallstrukturen zur Geltung. Ein Nachteil dieser Projektion ist eine gewisse Verzerrung des dargestellten Körpers im Ganzen – so wird beispielsweise eine Kugel als Ellipse abgebildet. Dem optischen Eindruck beim Betrachten eines Kristalls entspricht am ehesten die orthographische Projektion. Eine solche Projektion in einer wie oben durch die Winkel Φ und Ψ gekennzeichneten Richtung lässt sich erzeugen, indem man den Kristall um die $\vec{z}$-Achse im Uhrzeigersinn (d. h. von der $\vec{y}$-Achse auf die $\vec{x}$-Achse zu) um den Winkel Φ dreht, dann nach vorn (d. h. von der $\vec{z}$-Achse auf die $\vec{x'}$-Achse zu) um den Winkel Ψ neigt und so von vorn (d. h. parallel zur $\vec{x'}$-Achse) projiziert (Abb. 1.25).

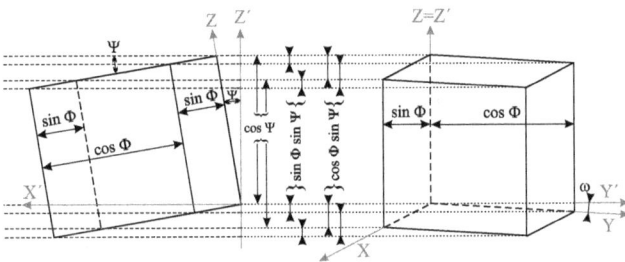

Abb. 1.25: Orthographische Projektion des Einheitswürfels. $\Phi = 18°26'$; $\Psi = 9°28'$; $\omega = 3°8'$.

Ein Punkt X mit den Koordinaten x, y, z hat in der orthographischen Projektion die Koordinaten

$$y' = y \cos \Phi - x \sin \Phi; \quad z' = z \cos \Psi - x \cos \Phi \sin \Psi - y \sin \Phi \sin \Psi.$$

Im Allgemeinen werden sämtliche Kanten des Einheitswürfels verkürzt abgebildet, so die vertikalen Kanten mit einer Länge $\cos \Psi$. Die $\vec{y}$-Achse erscheint gegenüber der Horizontalen (d. h. der $\vec{y'}$-Achse) um einen Winkel $\omega = \arctan(\tan \Phi \sin \Psi)$ geneigt. In diesem Buch sind die meisten Bilder von Kristallpolyedern orthographische Projektionen unter den Winkeln $\Phi = 18°26'$ und $\Psi = 9°28'$ entsprechend der Projektionsrichtung [621] in einem kubischen Achsensystem sowie einem relativ kleinen Winkel $\omega = 3°8'$.

Um einen gegebenen Kristall mit den Flächen $(h_i k_i l_i)$ darzustellen, hat man die Koordinaten x, y, z seiner Eckpunkte zu bestimmen und entsprechend der gewählten Projektion in die Bildkoordinaten y', z' umzurechnen. Die relative Größe der einzelnen Kristallflächen wird durch das Verhältnis ihrer Abstände d_i vom Mittelpunkt des Kristalls (d. h. vom Ursprung des Koordinatensystems) bestimmt. Die Grundform einer Kristallgestalt wird von den größten Flächen (mit den kleinsten d_i) geprägt und als Habitus bezeichnet. Für kartesische Koordinaten gilt

$$d_i = \frac{a}{\sqrt{h_i^2 + k_i^2 + l_i^2}}$$

mit a als Maßeinheit des Koordinatensystems. Führt man d_i in die Ebenengleichung, z. B. (1.6) ein, so erhält sie für kartesische Koordinaten die Form

$$h_i x + k_i y + l_i z = 1 = \frac{d_i}{d_i} = \frac{d_i}{a} \sqrt{h_i^2 + k_i^2 + l_i^2}$$

von der man zur Berechnung der Koordinaten x, y, z der Eckpunkte ausgeht. Die letzteren bestimmen sich als Schnittpunkte von jeweils drei der Kristallflächen. Die betreffenden Rechnungen führt man zweckmäßigerweise mit Hilfe eines Computers aus, insbesondere bei flächenreichen Kristallen.

1.5 Symmetrie von Kristallen

Zu den Wesensmerkmalen der Kristalle, wie sie durch ihren Gitterbau bedingt sind, gehören ganz charakteristische Symmetrieeigenschaften, deren Beschreibung und Darstellung einen wichtigen Bestandteil der Kristallographie bilden. Im allgemeinen physikalischen Sinne versteht man unter Symmetrie eine Invarianz gegenüber bestimmten Transformationen (und zwar nicht nur von Raumkoordinaten). In der Kristallographie werden jedoch nur räumliche, geometrische Symmetrien betrachtet, und wir verstehen anschaulich unter Symmetrie die regelmäßige Wiederholung eines Ausschnitts der Kristallstruktur, aber auch einer von der Struktur getragenen Eigenschaft im Raum. Eine geometrische Operation (Transformation), die diese Wiederholung erzeugt, wird als Symmetrieoperation oder Deckoperation bezeichnet.

Eine Deckoperation, die Translation, haben wir in Abschnitt 1.1.1 bereits kennen gelernt. Die Translationssymmetrie ist eine grundsätzliche Eigenschaft aller Kristallstrukturen. Darüber hinaus gibt es aber noch eine Reihe weiterer Deckoperationen, die die Symmetrie von Kristallen beschreiben. Unterscheiden muss man dabei zwischen der Symmetrie der Kristallstruktur, also einer Symmetrie auf atomarer Skala, und der makroskopischen Symmetrie eines Kristalls, wie sie in seinen phänomenologischen Eigenschaften zum Ausdruck kommt – wobei zwischen beiden selbstverständlich eine enge Korrespondenz besteht.

Die Translationssymmetrie kommt nur auf atomarer Skala, also bezüglich der Kristallstruktur, zur Geltung. Im Folgenden wollen wir uns solchen Symmetrieoperationen zuwenden, die sowohl für die Struktur als auch für die makroskopischen Eigenschaften von Kristallen relevant sind.

1.5.1 Drehachsen

Betrachten wir noch einmal die in Abb. 1.1 dargestellte NaCl-Struktur: Drehen wir diese Struktur um 90° um eine Achse, die parallel zu einer Kante der würfelförmigen Elementarzelle durch den Mittelpunkt eines Ions verläuft, so kommt diese Struktur wieder in die gleiche räumliche Position bzw. mit sich zur Deckung. Eine solche Drehung ist also eine Symmetrieoperation. Das gleiche ergeben offenbar auch Drehungen um 180°, 270° und 360°, so dass die Struktur bei einer vollen Drehung um 360° viermal mit sich zur Deckung kommt. Wir sagen, der Kristall besitzt eine Drehachse (Gyre) mit einer bestimmten Zähligkeit, in diesem Fall also vier. Zwischen der Zähligkeit n und dem kleinsten Drehwinkel α besteht die einfache Beziehung $\alpha = 360°/n$. Dieser vierzähligen Symmetrie der Struktur müssen auch die makroskopischen Eigenschaften eines NaCl-Kristalls folgen, und sofern eine polyederförmige Kristallgestalt ausgebildet ist, finden wir die Symmetrie auch dort: NaCl bildet würfelförmige Kristalle, und die betreffende vierzählige Drehachse verläuft vom Mittelpunkt einer Würfelfläche zum Mittelpunkt der gegenüberliegenden Fläche (an einem Würfel gibt es drei solcher Drehachsen, die aufeinander senkrecht stehen). Allerdings kommt die Symmetrie eines Kristallpolyeders nur dann deutlich zum Ausdruck, wenn dieses ideal ausgebildet und nicht verzerrt ist. Verlässliche Aussagen über die Symmetrie eines Kristallpolyeders erhält man durch Messen der Winkel zwischen den Kristallflächen: Die Symmetrie kommt in der Verteilung der Flächenpole auf der Polkugel oder in einem entsprechenden Stereogramm auch dann zum Ausdruck, wenn das Polyeder verzerrt ist.

Außer vierzähligen Drehachsen findet man an Kristallen noch zwei-, drei- und sechszählige Drehachsen (Tab. 1.1). Neben den in der Tabelle dargestellten figürlichen Symbolen werden im Schriftsatz für die Drehachsen einfach ihre Zähligkeit als sog. Internationale Symbole angegeben, also 2, 3, 4 oder 6 für die betreffenden Achsen. Wenn keine Drehachse vorhanden ist, wird das mit 1 symbolisiert; man kann dieses Symbol als eine Drehung um 360° oder auch um 0° interpretieren, die trivialerweise immer eine Deckoperation vorstellt und als Identität bezeichnet wird.

Tab. 1.1: Die Drehachsen. Die in der letzten Spalte benutzen Symbole (sowie etliche weitere) stehen als Font zur Verfügung, siehe beispielsweise IUCr3 (2008).

Zähligkeit[1])	Drehwinkel	Benennung der Achse	Symbol
2	180°, 360°	Digyre – digonal	◗
3	120°, 240°, 360°	Trigyre – trigonal	▲
4	90°, 180°, 270°, 360°	Tetragyre – tetragonal	◆
6	60°, 120°, 180°, 240°, 300°, 360°	Hexagyre – hexagonal	⬢

[1]) gleichzeitig Schriftsymbol für die betreffenden Drehachsen

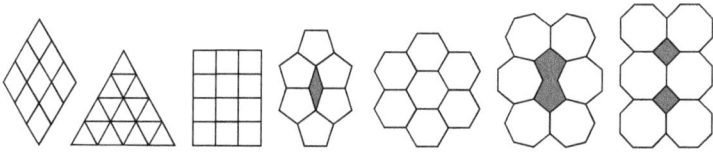

Abb. 1.26: Bedeckung der Ebene mit gleichseitigen Polygonen.

> **!** Es ist bemerkenswert, dass fünfzählige Drehachsen und Drehachsen mit Zähligkeiten größer als sechs an konventionellen Kristallen nicht auftreten können. Das hängt damit zusammen, dass es nicht möglich ist, eine Ebene lückenlos mit gleichseitigen Polygonen der betreffenden Zähligkeit zu bedecken. Das gelingt nur mit Polygonen der „kristallographischen" Zähligkeiten (Abb. 1.26).

(Wie schon weiter oben angemerkt gibt es nicht-konventionelle Kristalle, deren Struktur nicht durch eine Elementarzelle im dreidimensionalen Raum beschrieben werden kann. Dazu gehören z. B. die Quasikristalle, die zwar scharfe Bragg-Reflexe, aber „nicht-kristallographische" Symmetrien wie 5-, 8-, 10- oder 12-zählige Achsen zeigen, was in Abschnitt 6.5 näher ausgeführt wird.)

Der Beweis, dass an (konventionellen) Kristallen nur Drehachsen der genannten Zähligkeiten auftreten können, lässt sich anhand Abb. 1.27 führen: Existiert in einem Gitter eine Drehachse, so muss es zu jedem nicht auf der Drehachse liegenden Gitterpunkt einen ihrer Zähligkeit n entsprechenden Satz weiterer Gitterpunkte geben,

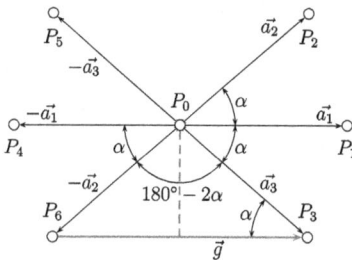

Abb. 1.27: Zur Zähligkeit von kristallographischen Drehachsen.

die alle in einer Ebene senkrecht zur Drehachse liegen und folglich eine Gitterebene (Netzebene) bestimmen. Diese Ebene sei mit dem Durchstoßpunkt P_0 der Drehachse dargestellt. Da es sich um eine Netzebene handelt, muss es auf ihr weitere zu P_0 identische Punkte, z. B. einen P_0 nächstgelegenen Punkt P_1 geben, zu welchem der Gittervektor $\vec{a}_1$ führen möge. Dreht man diesen um den der Drehachse entsprechenden Winkel $\alpha = 360°/n$, so muss der so entstehende Vektor $\vec{a}_2$ gleichfalls zu einem identischen Punkt P_2 führen. Gleiches gilt für eine Drehung um den Winkel $-\alpha$ (bzw. $360° - \alpha$), welche zum identischen Punkt P_3 führt. Schließlich müssen in einem Gitter auch Translationen um die negativen Gittervektoren $-\vec{a}_1$, $-\vec{a}_2$ und $-\vec{a}_3$ zu identischen Punkten P_4, P_6 und P_5 führen. Die Punkte P_6 und P_3 werden durch einen Gittervektor $\vec{g}$ verbunden, der parallel zu $\vec{a}_1$ ist; d. h., in der Richtung von $\vec{a}_1$ wie auch von $\vec{g}$ müssen identische Punkte im Abstand a, der Länge des Vektors $\vec{a}_1$, aufeinanderfolgen. Die Länge des Vektors $\vec{g}$ kann nur ein ganzzahliges Vielfaches von a sein: $|\vec{g}| = ma$ (mit m als einer ganzen Zahl). Aus Abb. 1.27 folgt $ma = 2a\cos\alpha$ bzw. $\cos\alpha = m/2$. Da $\cos\alpha$ nur Werte zwischen -1 und $+1$ annehmen kann, sind für m nur die ganzen Zahlen 0, ±1 oder ±2 möglich. Das bedeutet, dass als Deckoperationen eines Gitters nur Drehungen von 0°, 60°, 90°, 120°, 180°, 240°, 270°, 300° oder 360° möglich sind, was zu beweisen war.

Wenden wir uns nun den morphologischen Eigenschaften der Kristalle zu, die durch die verschiedenen Drehachsen bedingt sind. Hierzu betrachten wir die idealen, unverzerrten Kristallgestalten und untersuchen die zufolge der Drehachsen bestehenden Beziehungen zwischen den einzelnen Kristallflächen.

Wenn ein Kristall eine zweizählige Drehachse hat, dann muss zu jeder beliebigen Fläche, die nicht senkrecht auf dieser Achse steht, am Kristall noch eine andere Fläche vorhanden sein, die mit der ersten durch eine Drehung um 180° um diese Achse zur Deckung gebracht wird. Beide Flächen schneiden sich (sofern sie nicht parallel sind und man sich alle übrigen Flächen des Kristalls fortgelassen denkt) in einer Kante, welche zur zweizähligen Drehachse senkrecht steht (Abb. 1.28 a). Ein solches Flächenpaar heißt Sphenoid (griech. σφην: Keil).

Auf der Polkugel bzw. in einem Stereogramm wird ein Sphenoid durch zwei Flächenpole dargestellt, die durch die zweizählige Drehachse einander zugeordnet sind. Üblicherweise wird die Aufstellung des Kristalls so gewählt, dass die zweizählige Drehachse horizontal angeordnet ist und mit der $\vec{b}$-Achse zusammenfällt (Abb. 1.28 b). Dann liegen ein Flächenpol auf der Oberseite (voll gezeichnet) und der andere Flächenpol auf der Unterseite (leer gezeichnet) der Projektionsebene des Stereogramms. Das Symbol für die zweizählige Drehachse wird im Stereogramm sowohl rechts als auch links an den beiden Punkten eingezeichnet, an denen die Drehachse die Polkugel durchsticht.

Gelegentlich wird die zweizählige Drehachse auch senkrecht aufgestellt, so dass sie mit der $\vec{c}$-Achse zusammenfällt (Abb. 1.28 c). In diesem Fall liegen beide Flächenpole auf einer Seite des Stereogramms, also entweder beide auf der Oberseite (Abb. 1.28 d) oder beide auf der Unterseite. Das Symbol für die zweizählige Drehachse

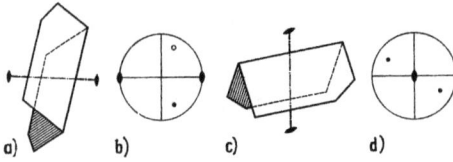

Abb. 1.28: Die zweizählige Drehachse. a) Sphenoid; b) Stereogramm (Drehachse horizontal); c) Sphenoid; d) Stereogramm (Drehachse vertikal).

erscheint dann im Zentrum des Stereogramms (in welches hier außerdem die Spuren der Achsenebenen eingezeichnet sind).

Besondere Fälle sind dann gegeben, wenn die Flächen eine spezielle Lage zur Drehachse einnehmen: Wenn eine Fläche parallel zur Achse angeordnet ist, muss das auch die zugeordnete zweite Fläche sein, d. h., wir haben ein Paar paralleler Flächen, ein Pinakoid (griech. πινακος: Tafel) oder Paralleloeder (Parallelflächner). Die Pole derartiger Pinakoide würden im Stereogramm, Abb. 1.28 b, auf der Spur des vertikalen Großkreises (a – c-Ebene) und im Stereogramm, Abb. 1.28 d, auf dem Grundkreis des Stereogramms (a – b-Ebene) liegen. Man kann ein Pinakoid auch als Grenzfall eines Sphenoides (mit einem Keilwinkel von 0°) auffassen. Hingegen kommt eine Fläche, die senkrecht zur Drehachse steht, durch die Drehung nur wieder mit sich selbst zur Deckung; die Fläche bleibt am Kristall einzeln und wird Pedion (griech. πεδιον: Ebene) oder Monoeder (Einflächner) genannt. In diesem Fall trägt die Fläche die Symmetrie einer zweizähligen Drehung in sich selbst und hat insofern eine andere Qualität als die übrigen Kristallflächen.

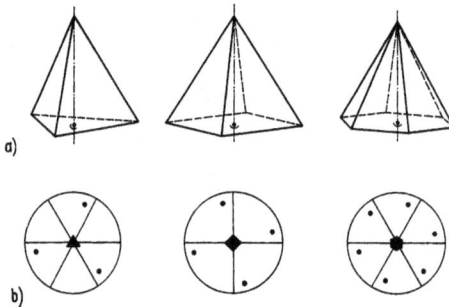

Abb. 1.29: Die dreizählige, vierzählige und sechszählige Drehachse. a) trigonale, tetragonale und hexagonale Pyramide; b) zugehörige Stereogramme.

Die höherzähligen Drehachsen werden gewöhnlich vertikal als $\check{c}$-Achse aufgestellt (Abb. 1.29). Bei einer dreizähligen Drehachse müssen zu einer beliebigen Fläche am Kristall noch zwei weitere Flächen vorhanden sein, die sich miteinander (alle übrigen Flächen des Kristalls fortgelassen) zu einer dreiseitigen Pyramide zusammenfügen. Entsprechend wird eine vierzählige Drehachse durch eine vierseitige Pyramide und eine sechszählige Drehachse durch eine sechsseitige Pyramide gekennzeichnet, wie es in Abb. 1.29 mit den zugehörigen Stereogrammen dargestellt ist. (Die Basisflächen der Pyramiden gehören selbstverständlich nicht dazu.) Sofern die Ausgangsfläche parallel zur $\check{c}$-Achse angeordnet ist, haben wir ein trigonales, ein tetragonales oder ein hexagonales Prisma, die gewissermaßen den Grenzfall der betreffenden Pyramiden darstellen. Wenn die Ausgangsfläche senkrecht zur $\vec{c}$-Achse angeordnet ist, kann keine Pyramide entstehen, sondern die Fläche stellt ein einzelnes Pedion dar, welches in diesen Fällen als Basisfläche oder kurz Basis bezeichnet wird, welche in sich die betreffende Symmetrie enthält.

1.5.2 Analytische Darstellung von Drehungen

Durch eine Drehung werde ein Punkt X mit den Koordinaten x, y, z mit einem Punkt X' mit den Koordinaten x', y', z' zur Deckung gebracht. Diese Symmetrieoperation lässt sich analytisch durch eine lineare Transformation der Koordinaten darstellen, die für eine durch den Ursprung des Koordinatensystems verlaufende Drehachse in der allgemeinen Form

$$
\begin{aligned}
x' &= s_{11}x + s_{12}y + s_{13}z \\
y' &= s_{21}x + s_{22}y + s_{23}z \\
z' &= s_{31}x + s_{32}y + s_{33}z
\end{aligned}
\tag{1.17}
$$

geschrieben werden kann. Die Koeffizienten s_{ij} dieses homogenen linearen Gleichungssystems kann man zu einer Matrix

$$
\begin{pmatrix}
s_{11} & s_{12} & s_{13} \\
s_{21} & s_{22} & s_{23} \\
s_{31} & s_{32} & s_{33}
\end{pmatrix}
\tag{1.18}
$$

zusammenstellen, durch welche die Symmetrieoperation beschrieben bzw. repräsentiert wird.

Bei einer Drehung um einen Winkel α um die $\vec{c}$-Achse (z-Achse) gelten für die Koordinaten der Punkte X und X' in einem kartesischen Koordinatensystem die Bezie-

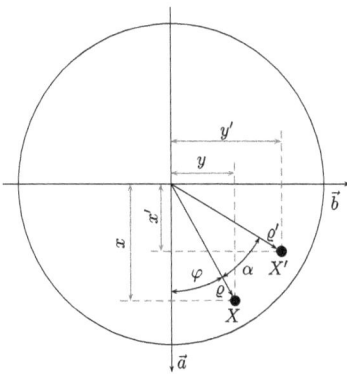

Abb. 1.30: Drehung um einen Winkel α um die $\vec{c}$-Achse.

hungen (Abb. 1.30)

$$x = \varrho \cos \varphi; \quad x' = \varrho' \cos(\varphi + \alpha)$$
$$y = \varrho \sin \varphi; \quad y' = \varrho' \sin(\varphi + \alpha), \tag{1.19}$$

wobei die Punkte X und X' sowohl als Punkte eines Kristalls bzw. einer Kristallstruktur mit dem Abstand ϱ bzw. ϱ' vom Ursprung als auch als Pole von Kristallflächen auf der Polkugel mit dem Polabstand ϱ bzw. ϱ' interpretiert werden können. Bei einer Drehung um den Ursprung hat man $\varrho = \varrho'$, und unter Anwendung der Additionstheoreme erhält man

$$x' = x \cos \alpha - y \sin \alpha$$
$$y' = x \sin \alpha + y \cos \alpha \tag{1.20}$$
$$z' = z,$$

(die z-Koordinate bleibt unverändert). Mithin kann diese Drehung durch eine Matrix

$$\begin{pmatrix} \cos\alpha & -\sin\alpha & 0 \\ \sin\alpha & \cos\alpha & 0 \\ 0 & 0 & 1 \end{pmatrix} \tag{1.21}$$

beschrieben werden.

Es sei angemerkt, dass sich die Determinante der Matrix (1.21) stets zu $\cos^2 \alpha + \sin^2 \alpha = 1$ berechnet. Da die Determinante gegenüber einer Transformation des Achsensystems invariant ist, folgt, dass die Determinante einer eine Drehung darstellenden Matrix stets den Wert 1 hat. Ihre Spur beträgt $1+2\cos\alpha$ und ist gleichfalls invariant.

? Wie lautet die Drehmatrix für eine vierzählige Achse, die parallel der $\vec{c}$-Achse verläuft und welche Transformationen (1.20) ergeben sich daraus?

Die Matrixschreibweise hat den Vorteil, dass sich die Aufeinanderfolge (Verknüpfung) von Symmetrieoperationen sehr übersichtlich durchführen lässt: Werden durch eine Symmetrieoperation der Punkt X mit dem Punkt X' und durch eine weitere Symmetrieoperation der Punkt X' mit einem Punkt X'' zur Deckung gebracht, so entspricht das zusammen einer Symmetrieoperation, die X unmittelbar mit X'' zur Deckung bringt. Man erhält die Matrix dieser resultierenden Symmetrieoperation, indem man die Matrizen der ersten beiden Symmetrieoperationen miteinander multipliziert. Die Multiplikation zweier Matrizen ist durch

$$\begin{pmatrix} t_{11} & t_{12} & t_{13} \\ t_{21} & t_{22} & t_{23} \\ t_{31} & t_{32} & t_{33} \end{pmatrix} \cdot \begin{pmatrix} s_{11} & s_{12} & s_{13} \\ s_{21} & s_{22} & s_{23} \\ s_{31} & s_{32} & s_{33} \end{pmatrix} = \begin{pmatrix} r_{11} & r_{12} & r_{13} \\ r_{21} & r_{22} & r_{23} \\ r_{31} & r_{32} & r_{33} \end{pmatrix} \tag{1.22}$$

mit $r_{ik} = \sum_{j=1}^{3} t_{ij}s_{jk}$ definiert.

In das Kalkül der Matrixmultiplikation können über

$$
\begin{pmatrix} x'' \\ y'' \\ z'' \end{pmatrix} = \begin{pmatrix} t_{11} & t_{12} & t_{13} \\ t_{21} & t_{22} & t_{23} \\ t_{31} & t_{32} & t_{33} \end{pmatrix} \cdot \begin{pmatrix} x' \\ y' \\ z' \end{pmatrix}
$$

$$
= \begin{pmatrix} t_{11} & t_{12} & t_{13} \\ t_{21} & t_{22} & t_{23} \\ t_{31} & t_{32} & t_{33} \end{pmatrix} \cdot \begin{pmatrix} s_{11} & s_{12} & s_{13} \\ s_{21} & s_{22} & s_{23} \\ s_{31} & s_{32} & s_{33} \end{pmatrix} \cdot \begin{pmatrix} x \\ y \\ z \end{pmatrix}
$$

$$
= \begin{pmatrix} r_{11} & r_{12} & r_{13} \\ r_{21} & r_{22} & r_{23} \\ r_{31} & r_{32} & r_{33} \end{pmatrix} \cdot \begin{pmatrix} x \\ y \\ z \end{pmatrix} \tag{1.23}
$$

auch die als Spaltenmatrix geschriebenen Koordinaten einbezogen werden.

Die Multiplikation von Matrizen ist im Allgemeinen nicht kommutativ, d. h., die Reihenfolge der Matrizen in einem Produkt ist im allgemeinen nicht vertauschbar. Leider ist die Schreibweise der Reihenfolge bei den verschiedenen Autoren nicht einheitlich. Am zweckmäßigsten ist es, die Matrix der zuerst auszuführenden Symmetrieoperation nach rechts zu setzen, d. h., die Matrix (s_{jk}) (für die Transformation $X \rightarrow X'$) kommt zuerst zur Anwendung, dann folgt die Matrix (t_{ij}) (für $X' \rightarrow X''$). Es können auch mehr als zwei Symmetrieoperationen aufeinanderfolgen und dementsprechend mehr als zwei Matrizen miteinander multipliziert werden. Die Multiplikation von Matrizen ist assoziativ, d. h., das Ergebnis ist unabhängig von der Reihenfolge der Ausführung der einzelnen Multiplikationen.

Entsprechend ergeben zwei (oder mehrere) Drehungen, führt man sie nacheinander aus, als resultierende Symmetrieoperation wieder eine Drehung, die im Allgemeinen von der Reihenfolge, in der man die einzelnen Drehungen ausführt, abhängig ist. Lediglich bei Drehungen um dieselbe Achse spielt deren Reihenfolge keine Rolle, solche Drehungen sind kommutativ.

Die Matrix einer Drehung um 180° um die $\vec{c}$-Achse (entsprechend einer zweizähligen Drehachse) kann man mithin gewinnen, indem man entweder in die obige Matrix (1.21) für eine Drehung um $\vec{c}$ $\alpha = 180°$ einsetzt oder entsprechend

$$
\begin{pmatrix} 0 & -1 & 0 \\ 1 & 0 & 0 \\ 0 & 0 & 1 \end{pmatrix} \cdot \begin{pmatrix} 0 & -1 & 0 \\ 1 & 0 & 0 \\ 0 & 0 & 1 \end{pmatrix} = \begin{pmatrix} -1 & 0 & 0 \\ 0 & -1 & 0 \\ 0 & 0 & 1 \end{pmatrix} \tag{1.24}
$$

zwei Drehungen um 90° aufeinanderfolgen lässt.

Zu einer vierzähligen Achse gehören die vier Symmetrieoperationen

$$
\begin{pmatrix} 0 & -1 & 0 \\ 1 & 0 & 0 \\ 0 & 0 & 1 \end{pmatrix} (90°); \quad \begin{pmatrix} -1 & 0 & 0 \\ 0 & -1 & 0 \\ 0 & 0 & 1 \end{pmatrix} (180°);
$$

$$\begin{pmatrix} 0 & 1 & 0 \\ -1 & 0 & 0 \\ 0 & 0 & 1 \end{pmatrix} (270°); \begin{pmatrix} 1 & 0 & 0 \\ 0 & 1 & 0 \\ 0 & 0 & 1 \end{pmatrix} (360°),$$

deren Matrizen sich gleichfalls entweder durch Einsetzen des betreffenden Winkels α in (1.21) oder durch Aufeinanderfolge (also die Multiplikation der Matrizen) von Drehungen um 90° gewinnen lassen.

Bisher wurden Drehungen um die $\vec{c}$-Achse bzw. [001] betrachtet. Für Drehungen um $\vec{a}$ bzw. [100] oder $\vec{b}$ bzw. [010] hat man die Koeffizienten in den Matrizen entsprechend zu vertauschen und erhält

$$\begin{pmatrix} 1 & 0 & 0 \\ 0 & \cos\alpha & -\sin\alpha \\ 0 & \sin\alpha & \cos\alpha \end{pmatrix} \text{für [100], sowie} \begin{pmatrix} \cos\alpha & 0 & \sin\alpha \\ 0 & 1 & 0 \\ -\sin\alpha & 0 & \cos\alpha \end{pmatrix} \text{für [010]} \quad (1.25)$$

als Drehachsen. In Tab. 1.2 sind die Matrizen der erzeugenden Drehungen für alle kristallographischen Drehachsen (unter Berücksichtigung auch von diagonalen Achsenrichtungen) aufgeführt. Aus ihnen kann man die Matrizen für die Drehungen um die zugehörigen größeren Drehwinkel durch wiederholte Multiplikation der erzeugenden Matrizen miteinander leicht selbst herleiten. Die Matrizen für weitere Achsenrichtungen erhält man durch entsprechende Vertauschungen der Koordinatenachsen bzw. der betreffenden Koeffizienten in den Matrizen.

Wird durch eine Symmetrieoperation ein Punkt X mit dem Punkt X' zur Deckung gebracht, so gibt es auch eine inverse Symmetrieoperation, die umgekehrt den Punkt X' mit dem Punkt X zur Deckung bringt. Die inverse Symmetrieoperation einer Drehung um einen Winkel α ist die Drehung um den Winkel $-\alpha$ (bzw. 360° – α). Vergleicht man die Matrizen beider Drehungen durch Einsetzen dieser Winkel in (1.21) so stellt man fest, dass die inverse Matrix mit der transponierten Matrix übereinstimmt, die aus der ursprünglichen Matrix durch Vertauschen von Zeilen und Spalten entsteht. Matrizen mit dieser Eigenschaft werden als orthogonal bezeichnet. Allgemein erfolgt die Bildung einer inversen Matrix nach dem Schema zur Bildung reziproker Tensoren wie in Gl. (5.62) beschrieben. Das Produkt einer Matrix mit ihrer inversen Matrix ergibt die Einheitsmatrix, bestehend aus $s_{ij} = 1$ für $i = j$ sowie $s_{ij} = 0$ für $i \neq j$. Die Matrizen der kristallographischen Symmetrieoperationen sind jedoch (bezüglich der kristallographischen Achsensysteme) durchweg orthogonal, so dass sich die Matrix einer inversen Symmetrieoperation sofort in Gestalt der transponierten Matrix hinschreiben lässt. Lediglich die Matrizen für die Darstellung von Symmetrieoperationen in einem hexagonalen Achsensystem sind hiervon ausgenommen; diese Matrizen sind im Allgemeinen nicht orthogonal.

Tab. 1.2: Matrizen zur Darstellung kristallographischer Symmetrieoperationen (Auswahl).

1 $\begin{pmatrix}1&0&0\\0&1&0\\0&0&1\end{pmatrix}$ Einheitsmatrix		$\bar{1}$ $\begin{pmatrix}-1&0&0\\0&-1&0\\0&0&-1\end{pmatrix}$ Inversion	

Op	Matrix	Op	Matrix
m_x (100)	$\begin{pmatrix}-1&0&0\\0&1&0\\0&0&1\end{pmatrix}$	m_y (010)	$\begin{pmatrix}1&0&0\\0&-1&0\\0&0&1\end{pmatrix}$
m_z (001)	$\begin{pmatrix}1&0&0\\0&1&0\\0&0&-1\end{pmatrix}$	m_{xy} (110)	$\begin{pmatrix}0&-1&0\\-1&0&0\\0&0&1\end{pmatrix}$
m_x^h ($2\bar{1}\bar{1}0$)	$\begin{pmatrix}-1&1&0\\0&1&0\\0&0&1\end{pmatrix}$	m_y^h ($\bar{1}2\bar{1}0$)	$\begin{pmatrix}1&0&0\\1&-1&0\\0&0&1\end{pmatrix}$
m_{2xy}^h ($10\bar{1}0$)	$\begin{pmatrix}-1&0&0\\-1&1&0\\0&0&1\end{pmatrix}$	m_{x2y}^h ($01\bar{1}0$)	$\begin{pmatrix}1&-1&0\\0&-1&0\\0&0&1\end{pmatrix}$
2_x [100]	$\begin{pmatrix}1&0&0\\0&-1&0\\0&0&-1\end{pmatrix}$	2_y [010]	$\begin{pmatrix}-1&0&0\\0&1&0\\0&0&-1\end{pmatrix}$
2_z [001]	$\begin{pmatrix}-1&0&0\\0&-1&0\\0&0&1\end{pmatrix}$	2_{xy} [110]	$\begin{pmatrix}0&1&0\\1&0&0\\0&0&-1\end{pmatrix}$
2_x^h [10.0]	$\begin{pmatrix}1&-1&0\\0&-1&0\\0&0&-1\end{pmatrix}$	2_y^h [01.0]	$\begin{pmatrix}-1&0&0\\-1&1&0\\0&0&-1\end{pmatrix}$
2_{2xy}^h [21.0]	$\begin{pmatrix}1&0&0\\1&-1&0\\0&0&-1\end{pmatrix}$	2_{x2y}^h [12.0]	$\begin{pmatrix}-1&1&0\\0&1&0\\0&0&-1\end{pmatrix}$
3_z^h [00.1]	$\begin{pmatrix}0&-1&0\\1&-1&0\\0&0&1\end{pmatrix}$	3_z^o [001]	$\begin{pmatrix}-\frac{1}{2}&-\frac{\sqrt{3}}{2}&0\\\frac{\sqrt{3}}{2}&-\frac{1}{2}&0\\0&0&1\end{pmatrix}$
3_{xyz} [111]	$\begin{pmatrix}0&0&1\\1&0&0\\0&1&0\end{pmatrix}$	$3_{x\bar{y}z}$ [$1\bar{1}1$]	$\begin{pmatrix}0&-1&0\\0&0&-1\\1&0&0\end{pmatrix}$
$\bar{3}_z^h$ [00.1]	$\begin{pmatrix}0&1&0\\-1&1&0\\0&0&-1\end{pmatrix}$	$\bar{3}_z^o$ [001]	$\begin{pmatrix}\frac{1}{2}&\frac{\sqrt{3}}{2}&0\\-\frac{\sqrt{3}}{2}&\frac{1}{2}&0\\0&0&1\end{pmatrix}$
$\bar{3}_{xyz}$ [111]	$\begin{pmatrix}0&0&-1\\-1&0&0\\0&-1&0\end{pmatrix}$	$\bar{3}_{x\bar{y}z}$ [$1\bar{1}1$]	$\begin{pmatrix}0&1&0\\0&0&1\\-1&0&0\end{pmatrix}$
4_x [100]	$\begin{pmatrix}1&0&0\\0&0&-1\\0&1&0\end{pmatrix}$	4_z [001]	$\begin{pmatrix}0&-1&0\\1&0&0\\0&0&1\end{pmatrix}$
$\bar{4}_x$ [100]	$\begin{pmatrix}-1&0&0\\0&0&1\\0&-1&0\end{pmatrix}$	$\bar{4}_z$ [001]	$\begin{pmatrix}0&1&0\\-1&0&0\\0&0&-1\end{pmatrix}$
6_z^h [00.1]	$\begin{pmatrix}1&-1&0\\1&0&0\\0&0&1\end{pmatrix}$	6_z^o [001]	$\begin{pmatrix}\frac{1}{2}&-\frac{\sqrt{3}}{2}&0\\\frac{\sqrt{3}}{2}&\frac{1}{2}&0\\0&0&1\end{pmatrix}$
$\bar{6}_z^h$ [00.1]	$\begin{pmatrix}-1&1&0\\-1&0&0\\0&0&-1\end{pmatrix}$	$\bar{6}_z^o$ [001]	$\begin{pmatrix}-\frac{1}{2}&\frac{\sqrt{3}}{2}&0\\-\frac{\sqrt{3}}{2}&-\frac{1}{2}&-1\\-1&0&0\end{pmatrix}$

1.5.3 Spiegelebene und Inversionszentrum

Die Symmetrieoperation der Spiegelung an einer Spiegelebene (engl. *mirror plane*) dürfte von der täglichen Anschauung eines Spiegels her jedem bekannt sein. Eine Spiegelebene bewirkt, dass zu jeder Fläche am Kristall, die nicht senkrecht zur Spiegelebene steht, eine zweite spiegelbildliche Fläche existiert (Abb. 1.31); diese spiegelbildliche Fläche ist natürlich real, im Gegensatz zum virtuellen Spiegelbild eines Spiegels. Beide Flächen schneiden sich in einer Kante, die in der Spiegelebene verläuft; das Flächenpaar heißt Doma (griech. δῶμα: Haus, Dach). Vergleicht man das Doma mit dem Sphenoid (Abb. 1.28), so gibt es zwischen ihnen metrisch keinen Unterschied, weshalb man beide Formen auch unter der gemeinsamen Bezeichnung Dieder (Zweiflächner) zusammenfasst. Die gegenseitige Relation der beiden Flächen ist beim Doma jedoch grundsätzlich anders als beim Sphenoid, was auf den Bildern durch die abgeschnittenen Ecken angedeutet wird.

Die beiden Flächen eines Sphenoids werden durch eine Drehung, also durch eine reale Bewegung miteinander zur Deckung gebracht. Das ist jedoch bei den Flächen eines Domas (sofern Außen- und Innenseite nicht vertauscht werden dürfen) nicht

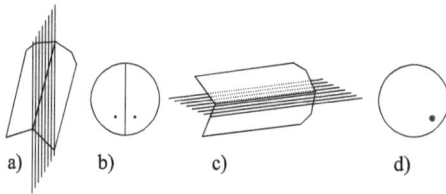

Abb. 1.31: Die Spiegelebene.
a) Doma; b) Stereogramm (Spiegelebene vertikal); c) Doma; d) Stereogramm (Spiegelebene horizontal).

möglich. Man kann deren Relation mit der Beziehung zwischen der rechten und der linken Hand vergleichen. Spiegelbildliche Objekte lassen sich nicht durch eine reale Bewegung miteinander zur Deckung bringen. Sie sind nicht im strengen Sinne kongruent, sondern nur spiegelgleich. Wenn im speziellen Fall die Ausgangsfläche parallel zur Spiegelebene liegt, entsteht ein paralleles Flächenpaar, d. h. ein Pinakoid. Eine Fläche, die senkrecht zur Spiegelebene steht, wird durch die Spiegelung nur mit sich selbst zur Deckung gebracht und bleibt am Kristall einzeln als Pedion. Eine solche Fläche ist in diesem Fall in sich spiegelsymmetrisch.

Im Stereogramm wird eine Spiegelebene dargestellt, indem man ihre Spur als fett gedruckte Linie hervorhebt; eine horizontale Spiegelebene (senkrecht zur $\vec{c}$-Achse) wird durch eine Verstärkung des Grundkreises des Stereogramms angedeutet (Abb. 1.31). Das Schriftsymbol für eine Spiegelebene ist m. Analytisch bedeutet eine Spiegelung die Umkehr der auf der Spiegelebene senkrechten Koordinate, so dass – wenn es sich um die Achsen handelt – die betreffenden Matrizen unmittelbar hingeschrieben werden können:

$$\begin{pmatrix} -1 & 0 & 0 \\ 0 & 1 & 0 \\ 0 & 0 & 1 \end{pmatrix} \text{ für } m \perp \vec{a} \text{ bzw. (100)}$$

$$\begin{pmatrix} 1 & 0 & 0 \\ 0 & -1 & 0 \\ 0 & 0 & 1 \end{pmatrix} \text{ für } m \perp \vec{b} \text{ bzw. (010)} \qquad (1.26)$$

$$\begin{pmatrix} 1 & 0 & 0 \\ 0 & 1 & 0 \\ 0 & 0 & -1 \end{pmatrix} \text{ für } m \perp \vec{c} \text{ bzw. (001).}$$

Matrizen für Spiegelebenen in anderer Lage sind in Tab. 1.2 enthalten. Die Determinanten der eine Spiegelung darstellenden Matrizen haben stets den Wert –1, worin die spiegelbildliche Vertauschung der Orientierung der Koordinaten zum Ausdruck kommt.

Die Inversion ist eine Operation, bei der sämtliche Koordinaten umgekehrt werden, d. h., die darstellende Matrix hat die in der ersten Zeile von Tab. 1.2 angegebene einfache Gestalt. Anschaulich kann man eine Inversion als eine Projektion durch einen Punkt, nämlich den Ursprung des Koordinatensystems, deuten, der in dieser Eigenschaft als Inversionszentrum, Symmetriezentrum oder kurz als Zentrum bezeich-

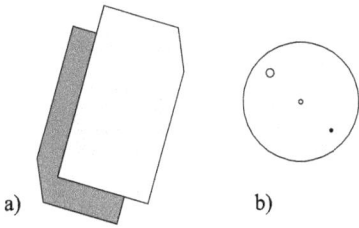

Abb. 1.32: Das Inversionszentrum. a) Parallelflächenpaar (Pinakoid); b) Stereogramm.

net wird. Morphologisch erkennt man an einem Kristallpolyeder das Vorliegen eines Inversionszentrums daran, dass zu jeder Fläche eine parallele Gegenfläche auf der gegenüberliegenden Seite des Kristallpolyeders vorhanden ist (Abb. 1.32). Die einander zugeordneten Flächen können (sofern Außen- und Innenseite nicht vertauscht werden dürfen) nicht durch eine reale Bewegung miteinander zur Deckung gebracht werden; sie sind wie bei einer Spiegelebene nicht kongruent, sondern spiegelgleich. Die Determinante der Inversionsmatrix hat den Wert −1. Das Schriftsymbol für das Inversionszentrum ist $\bar{1}$ (sprich: „eins quer"); als bildliches Symbol wird ein kleiner Kreis gezeichnet.

1.5.4 Drehinversionsachsen und Drehspiegelachsen

Neben den Drehungen, der Spiegelung und der Inversion gibt es an Kristallen noch etwas kompliziertere Symmetrieoperationen, die Drehinversionen und die Drehspiegelungen. Eine Drehinversion (oder Inversionsdrehung) ist eine Symmetrieoperation, bei der eine Drehung und die Inversion gleichzeitig ausgeführt werden; die betreffende Achse wird als Drehinversionsachse, Inversionsdrehachse oder Gyroide bezeichnet. Zur Beschreibung dieser Symmetrieoperationen geht man am besten von der Matrixdarstellung aus: Man gewinnt die Matrix einer Drehinversion, indem man die Matrix einer gewöhnlichen Drehung um den betreffenden Winkel α (hier um die $\vec{c}$-Achse dargestellt) mit der Inversionsmatrix multipliziert:

$$\begin{pmatrix} -1 & 0 & 0 \\ 0 & -1 & 0 \\ 0 & 0 & -1 \end{pmatrix} \cdot \begin{pmatrix} \cos\alpha & -\sin\alpha & 0 \\ \sin\alpha & \cos\alpha & 0 \\ 0 & 0 & 1 \end{pmatrix} = \begin{pmatrix} -\cos\alpha & \sin\alpha & 0 \\ -\sin\alpha & -\cos\alpha & 0 \\ 0 & 0 & -1 \end{pmatrix}. \quad (1.27)$$

In welchen Punkt x', y', z' überführt die Drehinversionsmatrix (1.27) einen allgemeinen Punkt x, y, z? [?]

Für eine anschauliche Deutung einer solchen Drehinversion kann man sich zunächst die betreffende Drehung und anschließend die Inversion ausgeführt denken. Dieser Vorgang lässt sich am besten anhand des Stereogramms für $\bar{4}$ in Abb. 1.33 verfolgen. Ausgehend von einem Flächenpol 1 (oben) gelangt man durch eine Drehung um 90°

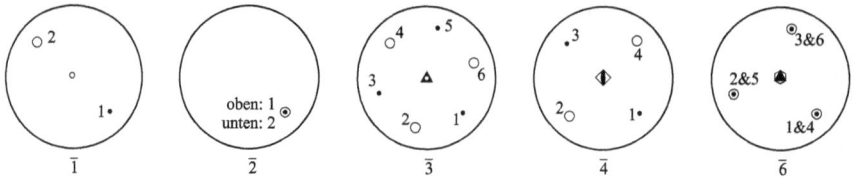

Abb. 1.33: Die Drehinversionsachsen (Stereogramme). Die Zahlen an den Polen geben die Reihenfolge ihrer Entstehung aus dem ersten Pol bei fortgesetzter Aufeinanderfolge der betreffenden Symmetrieoperationen an.

zunächst zur Position 4 (jedoch oben) und erhält dann durch die Inversion den Flächenpol 2 (unten). Wiederholen wir die Operation, so gelangt man vom Flächenpol 2 zum Flächenpol 3 (oben), bei nochmaliger Wiederholung vom Flächenpol 3 zum Flächenpol 4 (unten) und schließlich bei abermaliger Wiederholung vom Flächenpol 4 wieder zum Flächenpol 1. Übrigens liefert die umgekehrte Reihenfolge der Operationen (erst Inversion, dann Drehung) jeweils dieselbe Drehinversion, so dass auch die Bezeichnungen Inversionsdrehung bzw. Inversionsdrehachse zutreffend sind. Man beachte jedoch, dass bei einer $\bar{4}$-Achse nur Drehinversionen (Inversionsdrehungen) als solche, also die gekoppelten Operationen von Drehung und Inversion als Symmetrieoperationen auftreten; am betreffenden Kristall sind einzeln weder eine vierzählige Drehachse noch ein Inversionszentrum vorhanden. Allerdings enthält die $\bar{4}$-Achse noch eine gewöhnliche zweizählige Drehachse, was auch im Symbol ◆ ausgedrückt wird. Die beiden durch die zweizählige Drehachse aufeinander bezogenen Flächenpole auf der Oberseite bilden für sich ein Sphenoid. Entsprechend bilden die beiden Flächenpole auf der Unterseite ein (um 90° versetztes) Sphenoid. Beide Sphenoide schließen sich wie in Abb. 1.34a) dargestellt zu einem aus vier Flächen bestehenden tetragonalen Disphenoid zusammen.

! Die Determinante der Matrix einer Drehinversion berechnet sich stets zu $-\cos^2\alpha - \sin^2\alpha = -1$ und ihre Spur zu $-2\cos\alpha - 1$.

Betrachten wir noch kurz die anderen Drehinversionsachsen (Tab. 1.3): Man erhält sie wie die $\bar{4}$-Achse durch die Kopplung der entsprechenden (kristallographischen) Drehungen mit der Inversion und gelangt so zu den Drehinversionsachsen $\bar{2}$, $\bar{3}$ und $\bar{6}$, deren erzeugende Matrizen in Tab. 1.2 aufgeführt sind. In diese Reihe kann auch noch

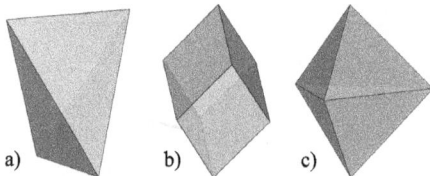

Abb. 1.34: Polyeder mit Drehinversionsachsen: a) $\bar{4}$: tetragonales Disphenoid. b) $\bar{3}$: Rhomboeder. c) $\bar{6}$: trigonale Dipyramide.

Tab. 1.3: Die Drehinversionsachsen.

	$\bar{1}$	$\bar{2} \equiv m$	$\bar{3}$	$\bar{4}$	$\bar{6}$
Symbol	∘	——	▲	◆	●
enthaltene Symmetrieelemente			$3; \bar{1}$	2	$3; m$
äquivalente Drehspiegelachsen	S_2	S_1	S_6	S_4	S_3

die Inversion $\bar{1}$ als Produkt der Einheitsmatrix („einzählige"Drehung) mit der Inversionsmatrix aufgenommen werden. Betrachten wir die betreffenden Stereogramme (Abb. 1.33), so erweist sich die Drehinversionsachse $\bar{2}$ als identisch mit einer Spiegelebene m senkrecht zu dieser Achse.

Die Drehinversionsachse $\bar{3}$ bedingt drei Flächenpole auf der Oberseite, die für sich eine trigonale Pyramide bilden (vgl. Abb. 1.29a)), sowie drei Flächenpole auf der Unterseite, die gleichfalls eine (um 60° versetzte) trigonale Pyramide bilden, deren Spitze nach unten weist. Beide Pyramiden schließen sich zum in Abb. 1.34b) dargestellten Rhomboeder zusammen, das aus sechs Flächen besteht. Die $\bar{3}$-Achse ist also sechszählig; sie enthält zugleich eine dreizählige Drehachse und ein Inversionszentrum.

Die Drehinversionsachse $\bar{6}$ bedingt je drei Pole auf der Oberseite und auf der Unterseite, die für sich jeweils trigonale Pyramiden darstellen und mit ihren Grundflächen aufeinander passen. Es entsteht in Abb. 1.34c) dargestellte trigonale Dipyramide. Eine $\bar{6}$-Achse enthält zugleich eine dreizählige Achse und eine $\bar{2}$-Achse, d. h., es ist eine horizontale Spiegelebene vorhanden.

Wie bei den normalen Drehachsen gibt es auch bei den Drehinversionsachsen spezielle Fälle, bei denen die Flächen spezielle Lagen zur Drehinversionsachse einnehmen. Ist die Ausgangsfläche senkrecht zur Drehinversionsachse angeordnet, entsteht in allen Fällen ein Basisflächenpaar (Pinakoid); ist die Ausgangsfläche parallel zur Drehinversionsachse angeordnet, entstehen Prismen, und zwar ein sechsseitiges bei $\bar{3}$ (!), ein vierseitiges bei $\bar{4}$ und ein dreiseitiges bei $\bar{6}$ (!).

Die durch die Drehinversionsachsen vermittelten Symmetrieoperationen lassen sich auch in der Weise erzeugen, dass eine Drehung mit einer Spiegelung an der zur Drehachse senkrechten Ebene gekoppelt wird. Solche Symmetrieoperationen werden als Drehspiegelungen und die betreffenden Achsen als Drehspiegelachsen bezeichnet. Durch Multiplikation der betreffenden Matrizen oder anhand der Stereogramme lässt sich leicht zeigen, dass auf diese Weise dieselben Symmetrieoperationen entstehen wie bei den Drehinversionsachsen, nur in einer etwas anderen Reihenfolge. Nach einer älteren Symbolik nach Schönflies[20] werden die Drehspiegelachsen entsprechend der Zähligkeit der zugrunde liegenden Drehung mit S_1, S_2, S_3, S_4 und S_6 bezeichnet (siehe letzte Zeile in Tab. 1.3).

---

20 Arthur Moritz Schoenflies (17.4.1853–27.5.1923).

1.5.5 Symmetrieelemente und Kristallklassen

Drehachsen und Drehinversionsachsen (einschließlich Spiegelebenen und Inversionszentrum) werden zusammenfassend als Symmetrieelemente bezeichnet. Zu einem Symmetrieelement gehört jeweils eine bestimmte Anzahl von Symmetrieoperationen, zu einer vierzähligen Drehachse z. B. Drehungen um 90°, 180°, 270° und 360°. Die zu einem Symmetrieelement gehörenden Symmetrieoperationen gehen aus einer erzeugenden Symmetrieoperation (im Beispiel einer vierzähligen Drehung um 90°) durch deren fortgesetzte Wiederholung hervor und bilden im mathematischen Sinne eine zyklische Gruppe. Geometrisch anschaulich ist ein Symmetrieelement (als Achse oder als Ebene) ein Unterraum des dreidimensionalen Raumes, der durch die betreffenden Symmetrieoperationen mit sich selbst zur Deckung gebracht wird bzw. (bis auf eine Vorzeichenumkehr bei den Drehinversionsachsen) invariant bleibt. Alle genannten Symmetrieelemente lassen mindestens einen Punkt, nämlich den Ursprung des Koordinatensystems, invariant, weshalb man sie als Punktsymmetrieelemente bezeichnet.

Tab. 1.2 gibt eine Zusammenstellung der Matrizen für die erzeugenden Symmetrieoperationen der kristallographischen Punktsymmetrieelemente in verschiedenen Lagen bezüglich des Achsensystems. Die Matrizen der übrigen, durch Wiederholung entstehenden Symmetrieoperationen erhält man durch wiederholte Multiplikation der erzeugenden Matrizen miteinander; die Matrizen für evtl. nicht berücksichtigte andere Lagen eines Symmetrieelements bezüglich des Achsensystems erhält man durch entsprechende Vertauschungen der Matrixelemente.

Nach den Sätzen der Matrizenrechnung sind sowohl die Determinante als auch die Spur einer Matrix gegenüber einer Transformation des Achsensystems invariant, d. h., ihre Werte bleiben für eine bestimmte Symmetrieoperation stets dieselben – unabhängig von der Wahl des Achsensystems oder von der Lage des Symmetrieelements. In Tab. 1.4 sind die betreffenden Werte für die kristallographischen Symmetrieoperationen zusammengestellt. Wie man sieht, kommt jede Wertekombination von Determinante und Spur nur einmal vor, d. h., man kann an dieser Wertekombination bei einer in analytischer Form gegebenen Symmetrieoperation das betreffende Symmetrieelement sofort erkennen.

Tab. 1.4: Matrixinvarianten der erzeugenden Symmetrieoperationen.

Symmetrieelement	1	2	3	4	6	$\bar{1}$	$\bar{2}$	$\bar{3}$	$\bar{4}$	$\bar{6}$
Drehwinkel α der erzeug. Operation	360°	180°	120° 240°	90° 270°	60° 300°	360°	180°	120° 240°	90° 270°	60° 300°
Determinante	1	1	1	1	1	−1	−1	−1	−1	−1
Spur	3	−1	0	1	2	−3	1	0	−1	−2

Kristallographische Symmetrieoperationen müssen der Bedingung genügen, dass sie ein Gitter mit sich zur Deckung bringen. Das bedeutet, dass in einem dem Gitter angepassten Achsensystem, in welchem die Gitterpunkte ganzzahlige Koordinaten haben, auch die Koeffizienten der Symmetrieoperationen, d. h. die Elemente der betreffenden Matrizen, ganzzahlig sein müssen. Infolgedessen muss auch die Spur dieser Matrizen ganzzahlig sein. Die Spur der Matrix für eine Drehung um den Winkel α hat den Wert $2\cos\alpha + 1$; die Spur der Matrix für eine Drehinversion hat den Wert $-2\cos\alpha - 1$. Beides führt auf die Bedingung: $\cos\alpha = n/2$ mit n als einer ganzen Zahl. Da $\cos\alpha$ nur Werte von -1 bis $+1$ annehmen kann, sind für n nur die ganzen Zahlen $0, \pm 1$ und ± 2 möglich, und α kann nur die Werte $0°, 60°, 90°, 120°, 180°, 240°, 270°, 300°$ oder $360°$ annehmen. Diese einfache algebraische Betrachtung entspricht dem in Abschnitt 1.5.1 geführten Beweis zur Beschränkung der Zähligkeit von kristallographischen Drehachsen und ist auch für die Drehinversionsachsen zutreffend: Bezüglich der makroskopischen Eigenschaften von Kristallen können also zufolge ihres Gitterbaus nur die in Tab. 1.4 genannten zehn Arten von Symmetrieelementen vorkommen.

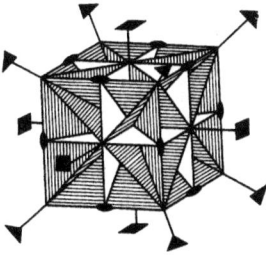

Abb. 1.35: Drehachsen und Spiegelebenen des Würfels.

An einem Kristall können jedoch mehrere dieser Symmetrieelemente gleichzeitig vorhanden sein. Betrachten wir als Beispiel den Würfel. Er ist ein hochsymmetrischer Körper und besitzt eine ganze Anzahl von Symmetrieelementen (Abb. 1.35). So finden wir am Würfel drei vierzählige Achsen (parallel zu den Würfelkanten durch seinen Mittelpunkt), vier dreizählige Achsen (von Ecke zu Ecke entlang der Raumdiagonalen, es sind zugleich Drehinversionsachsen $\bar{3}$) und sechs zweizählige Achsen (von Kantenmitte zu Kantenmitte parallel zu den Flächendiagonalen). Daneben besitzt der Würfel insgesamt neun Spiegelebenen, und zwar senkrecht zu den vierzähligen und senkrecht zu den zweizähligen Drehachsen; außerdem hat er ein Inversionszentrum. So viele Symmetrieelemente wie der Würfel weisen allerdings nur einige Kristallarten auf.

Nun können Symmetrieelemente jedoch nicht willkürlich miteinander kombiniert werden, sondern es treten an Kristallen nur solche Kombinationen auf, die mit einem Gitter verträglich sind. Untersucht man systematisch alle möglichen Fälle, so gelangt man zu dem Ergebnis, dass es in einem Gitter, d. h. an Kristallen, nur die in Abb. 1.36 dargestellten sechs nichttrivialen Kombinationen von jeweils drei Drehachsen geben kann.

222   322   422   622

233   432

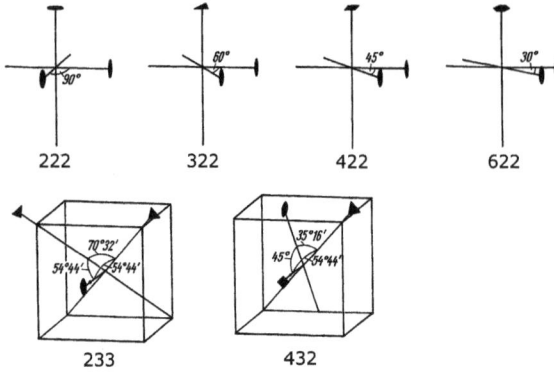

Abb. 1.36: Die sechs mit einem Gitter verträglichen Kombinationen dreier Drehachsen. Die nicht ganzzahligen Winkel folgen aus der Geometrie des Würfels: arctan $\sqrt{2} \approx 54°44'$ etc.

Auch für eine Kombination von Drehinversionen miteinander oder mit Drehungen gelten ähnliche Beschränkungen, was hier nicht im einzelnen ausgeführt wird. Eine Drehinversion erzeugt von einem Objekt ein spiegelgleiches Bild; eine zweite Drehinversion erzeugt aus dem letzteren wieder ein kongruentes Bild; d. h., das Resultat der Kombination zweier Drehinversionen ist eine gewöhnliche Drehung. Analog ist das Resultat der Kombination einer Drehinversion mit einer Drehung wieder eine Drehinversion. Die erörterten Bedingungen für die Kombination von Drehungen bzw. Drehinversionen bedeuten eine drastische Beschränkung der Kombinationsmöglichkeiten von Symmetrieelementen an Kristallen.

Die systematische Untersuchung zeigt, dass es nur 32 verschiedene Kombinationen von Symmetrieelementen gibt, die diese Bedingungen einhalten; sie werden als Kristallklassen oder Punktgruppen bezeichnet (Tab. 1.5 mit den Bezeichungen nach Hermann[21]/Mauguin[22]) und stellen im mathematischen Sinne eine Gruppe (Symmetriegruppe) dar. Hierbei sind die zehn verschiedenen Fälle schon mitgezählt, in denen nur ein einzelnes Symmetrieelement vorhanden ist. Diese erstmals von Hessel[23] abgeleiteten 32 Kristallklassen beschreiben die makroskopische Symmetrie der Kristalle.

Gemäß Tab. 1.5 gibt es zunächst die Kristallklassen mit einer einzelnen Drehachse n ($n = 1, 2, 3, 4, 6$) sowie jene mit einer einzelnen Drehinversionsachse $\bar{n}$. Die Kombination einer Drehachse n mit einer zu ihr senkrechten Spiegelebene m ergibt die Kristallklassen $\frac{n}{m}$ (auch n/m geschrieben), nämlich $2/m$, $4/m$ und $6/m$ (sprich: „zwei über m" usw. Bemerkenswerterweise liefert $3/m = \bar{6}$ keine neue Kristallklasse, desgleichen nicht die Kombinationen $\bar{n}/m$). Aus der Kombination einer Drehachse bzw. einer Drehinversionsachse mit einer zu ihr parallelen Spiegelebene erhält man die Kristallklassen nm bzw. $\bar{n}m$. Die Kombination einer Drehachse mit einer zu ihr senkrechten zweizähligen Achse ergibt die Kristallklassen $n2$ (vgl. Abb. 1.36), und die Hinzunahme

---

21 Carl Hermann (17.6.1898–12.9.1961).

22 Charles-Victor Mauguin (19.9.1878–25.4.1958).

23 Johann Friedrich Christian Hessel (27.4.1796–3.6.1872).

Tab. 1.5: Die 32 Kristallklassen (Punktgruppen). Vollständige Symbole nach Hermann/Mauguin, geordnet nach Kristallsystemen. Hinter dem Symbol (an erster Stelle) sind (in Klammern) ein Satz erzeugender Symmetrieoperationen (Matrizen in der Benennung der Tab. 1.2) sowie an dritter Stelle die Ordnung der Punktgruppen angegeben.

Typ	triklin	monoklin (oben) / orthorhombisch (unten)	tetragonal	trigonal	hexagonal	kubisch
n	1 (1) 1	2 (2_y) 2	4 (4_z) 4	3 (3_z) 3	6 (6_z) 6	23 $(2_z)(3_{xyz})$ 12
$\bar{n}$	$\bar{1}$ $(\bar{1})$ 2	$m = \bar{2}$ (m_y) 2	$\bar{4}$ $(\bar{4}_z)$ 4	$\bar{3}$ $(\bar{3}_z)$ 6	$\bar{6}$ $(\bar{6}_z)$ 6	–
$\frac{n}{m}$		$\frac{2}{m}$ $(2_y)(m_y)$ 4	$\frac{4}{m}$ $(4_z)(m_z)$ 8	–	$\frac{6}{m}$ $(6_z)(m_z)$ 12	$\frac{2}{m}\bar{3}$ $(2_x)(\bar{3}_{xyz})$ 24
$n2$		222 $(2_x)(2_y)$ 4	422 $(4_z)(2_x)$ 8	32 $(3_z)(2_x)$ 6	622 $(6_z)(2_x)$ 12	432 $(4_x)(3_{xyz})$ 24
$\bar{n}m$		–	$\bar{4}2m$ $(\bar{4}_z)(m_{xy})$ 8	$\bar{3}\frac{2}{m}$ $(\bar{3}_z)(m_x)$ 12	$\bar{6}m2$ $(\bar{6}_z)(m_x)$ 12	$\bar{4}3m$ $(\bar{4}_x)(3_{xyz})$ 24
$\frac{n}{m}\,m$		$\frac{2}{m}\frac{2}{m}\frac{2}{m}$ $(2_x)(m_x)(m_y)$ 8	$\frac{4}{m}\frac{2}{m}\frac{2}{m}$ $(4_z)(m_z)(m_x)$ 16	–	$\frac{6}{m}\frac{2}{m}\frac{2}{m}$ $(6_z)(m_z)(m_x)$ 24	$\frac{4}{m}\bar{3}\frac{2}{m}$ $(4_x)(\bar{3}_{xyz})$ 48

einer Spiegelebene senkrecht zu einer dieser Drehachsen führt auf die Kristallklassen n/mm. Schließlich gibt es noch die fünf kubischen Kristallklassen, die aus einer Kombination von Drehachsen gemäß 233 und 432 in Abb. 1.36 (die man am besten auf einen Würfel bezieht) hervorgehen; zu diesen Anordnungen können dann noch auf dreierlei Weise Spiegelebenen hinzugefügt werden.

In Tab. 1.5 ist zu jeder Kristallklasse (Punktgruppe) ein Satz erzeugender Symmetrieoperationen in der Notation der Tab. 1.2 angegeben. Ihre Hintereinanderausführung (fortgesetzte Multiplikation mit sich selbst) ergibt die erzeugenden Symmetrieelemente. Deren Kombination (fortgesetzte Multiplikation der Matrizen untereinander) liefert sämtliche Symmetrieoperationen, die den Kristall mit sich zur Deckung bringen. Diese Symmetrieoperationen bilden im Sinne der Mathematik eine Gruppe endlicher Ordnung. Die Ordnung wird durch die Anzahl der zugehörigen Symmetrieoperationen (bis zu 48 in der Punktgruppe $m\bar{3}m$) gegeben und ist gleichfalls in Tab. 1.5 aufgeführt.

In manchen Fällen kann man einen Satz erzeugender Symmetrieoperationen auf verschiedene Weise aus der Menge der Symmetrieoperationen einer Punktgruppe auswählen; d. h., man kann von unterschiedlichen Kombinationen von Symmetrieelementen ausgehen und gelangt trotzdem zur selben Kristallklasse. In solchen Fällen entstehen aus einer Kombination bestimmter Symmetrieelemente automatisch noch weitere Symmetrieelemente, die man gleichfalls als erzeugendes Symmetrieelement hätte wählen können. So ist schon anschaulich klar, dass bei einer Kombination einer dreizähligen Drehachse mit einer zweizähligen Drehachse sich letztere insgesamt dreimal wiederholen muss, um die dreizählige Symmetrie zu gewährleisten. Die zahlreichen Symmetrieelemente des Würfels (Punktgruppe $m\bar{3}m$) folgen bereits alle aus einer Kombination einer vierzähligen Drehachse mit einer Drehinversionsachse $\bar{3}$ unter einem Winkel von 54°44′ (vgl. Abb. 1.36).

Diese Zusammenhänge sollen am übersichtlichen Beispiel der Punktgruppe $2/m$ (Ordnung 4) noch einmal erläutert werden (Abb. 1.37): Gehen wir von irgendeiner Fläche (1) aus, so muss es wegen der zweizähligen Drehachse ($\vec{b}$-Achse) auch eine Fläche (2) geben. Die zur $\vec{b}$-Achse senkrechte Spiegelebene m bedingt eine weitere Fläche (3). Die zweizählige Drehachse verlangt nun wieder, dass zu (3) auch noch eine Fläche (4) existiert, bzw. auch die Spiegelebene verlangt die Existenz von (4) bezüglich der Fläche (2). Weitere Flächen werden durch diese Symmetrieelemente nicht erzeugt. Nun stehen aber die Flächen (1) und (4) sowie die Flächen (2) und (3) zueinander in der Relation gemäß dem Inversionszentrum. Dieses Symmetrieelement wird also automatisch von der Kombination der beiden anderen erzeugt. Genauso gut hätte man von der Kombination einer zweizähligen Drehachse mit dem Inversionszentrum oder von der Kombination einer Spiegelebene mit dem Inversionszentrum ausgehen können, um die Kristallklasse $2/m$ zu erhalten.

Die auf Hermann (1928) und Mauguin (1931) zurückgehenden Hermann–Mauguin Symbole für die Kristallklassen (Punktgruppen) geben jeweils die in bestimmten

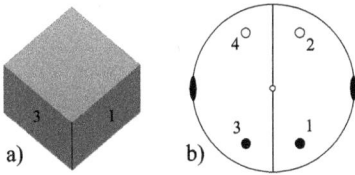

Abb. 1.37: Kristallklasse 2/m. a) Monoklines „orthorhombisches" Prisma; b) Stereogramm. Die zweizählige Achse $\vec{b}$ zeigt jeweils nach rechts, $\vec{a}$ zeigt senkrecht aus der Zeichenebene nach oben.

„Blickrichtungen" vorhandenen Symmetrieelemente an (Tab. 1.6). Im triklinen Kristallsystem gibt es keine besondere Blickrichtung; im monoklinen Kristallsystem dient die $\vec{b}$-Achse als Blickrichtung; im orthorhombischen Kristallsystem sind es die $\vec{a}$-, $\vec{b}$- und $\vec{c}$-Achse. Im tetragonalen, trigonalen und hexagonalen Kristallsystem sind die $\vec{c}$-Achse, eine $\vec{a}$-Achse und eine Winkelhalbierende zwischen zwei $\vec{a}$-Achsen in dieser Reihenfolge die Blickrichtungen, und im kubischen Kristallsystem sind es eine $\vec{a}$-Achse, eine Raumdiagonale (des als Bezug benutzten Würfels) und eine Winkelhalbierende zwischen zwei $\vec{a}$-Achsen. So bedeutet das Symbol $\frac{2}{m}\frac{2}{m}\frac{2}{m}$, auch als $2/m\ 2/m\ 2/m$ zu schreiben, dass es in jeder der drei Achsenrichtungen eine zweizählige Drehachse gibt, zu welcher senkrecht jeweils eine Spiegelebene steht. In manchen Fällen wird das Symbol auch gekürzt, z. B. im vorliegenden Fall auf mmm, wobei auch aus der gekürzten Form alle Symmetrieelemente der betreffenden Kristallklasse abgeleitet werden können. Neben den Internationalen Symbolen gibt es für die Kristallklassen (Punktgruppen) noch die ältere Symbolik nach Schoenflies.

Tab. 1.6: Blickrichtungen für die sieben Kristallsysteme. In den Hermann–Mauguin Symbolen werden die Symmetrieelemente entlang (für Drehachsen) bzw. senkrecht dazu (für Spiegelebenen) dieser Blickrichtungen aufgeführt. Für das monokline Kristallsystem kann auch die $\vec{c}$-Achse als Blickrichtung gewählt werden, die hier genutzte Aufstellung mit $\vec{b}$ als ausgezeichneter Achse wird aber sehr viel häufiger benutzt.

Gitter	1. Rtg	2. Rtg	3. Rtg
triklin	keine		
monoklin	[010]		
orthorhombisch	[100]	[010]	[001]
tetragonal	[001]	[100]	[110]
trigonal, rhomboedrische Elementarzelle	[111]	[1$\bar{1}$0]	
trigonal, hexagonale Elementarzelle	[001]	[100]	
hexagonal	[001]	[100]	[120]
kubisch	[100]	[111]	[110]

Oft wird eine Unterteilung der Punktgruppen hinsichtlich der An- bzw. Abwesenheit eines Symmetriezentrums benötigt. Eine solche Unterteilung ist in Tab. 1.7 mit enthalten. Die 11 zentrosymmetrischen Punktgruppen werden auch als Laue-Gruppen bezeichnet.

Tab. 1.7: Die 32 Kristallklassen (Punktgruppen) werden oft in zentrosymmetrische und azentrische Punktgruppen unterteilt.

Kristallsystem	Zentrosymmetrische Punktgruppen		Azentrische Punktgruppen				
			polar		nicht polar		
triklin	$\bar{1}$		1		–		
monoklin	$\frac{2}{m}$		2	m	–		
orthorhombisch	mmm		$mm2$		222		
tetragonal	$\frac{4}{m}$	$\frac{4}{m}mm$	4	$4mm$	$\bar{4}$	$\bar{4}2m$	422
trigonal	$\bar{3}$	$\bar{3}m$	3	$3m$	32		
hexagonal	$\frac{6}{m}$	$\frac{6}{m}mm$	6	$6mm$	$\bar{6}$	$\bar{6}m2$	622
kubisch	$m3$	$m\bar{3}m$	–		23	$\bar{4}3m$	432

1.5.6 Formen

Das Stereogramm in Abb. 1.37b) repräsentiert vier Flächen, die sich in parallelen Kanten schneiden: Sie bilden damit eine Säule oder ein Prisma, und zwar ein monoklines Prisma (so bezeichnet, weil es der monoklinen Kristallklasse 2/m zugehört); sein Querschnitt hat die Gestalt eines Rhombus, so dass es geometrisch keinen Unterschied zu einem orthorhombischen Prisma gibt, welches in den orthorhombischen Kristallklassen auftritt. Die Endflächen der Säule (in Abb. 1.37a) heller dargestellt) gehören selbstverständlich nicht zu diesem Prisma, es ist in seiner Länge unbegrenzt oder „offen". Entsprechend der Symmetrie der Kristallklasse 2/m gehören also zu einer beliebigen Ausgangsfläche mit den Indizes (hkl) stets noch die Flächen $(\bar{h}kl)$, $(h\bar{k}l)$ und $(\bar{h}\bar{k}l)$, die alle vier zusammen die „Form" eines Prismas bilden. Eine Form ist in der Kristallographie die Menge aller Flächen, die – ausgehend von einer Fläche – durch die Symmetrieelemente der jeweiligen Kristallklasse aufeinander bezogen sind. Sie wird durch die Indizes der betreffenden Ausgangsfläche symbolisiert, die in geschweifte Klammern eingeschlossen werden: $\{hkl\}$.

Wie man sich anhand von Abb. 1.37 verdeutlicht, kann der Pol (1) der Ausgangsfläche (hkl) auf der Polkugel bzw. im Stereogramm in irgendeiner beliebigen oder allgemeinen Lage angenommen werden (also überall mit Ausnahme einer Position auf der Spiegelebene oder der zweizähligen Achse): stets entsteht die Form eines monoklinen Prismas (allerdings mit entsprechend verschiedenen Kantenwinkeln), die deshalb als allgemeine Form bezeichnet wird. Die allgemeine Form ist für die einzelnen Kristallklassen typisch und gibt ihnen den Namen.

Entsprechend den Möglichkeiten, den Pol der Ausgangsfläche (hkl) auf der Fläche der Polkugel bzw. im Stereogramm zu verschieben, gibt es in jeder Kristallklasse eine zweidimensionale Mannigfaltigkeit von allgemeinen Formen $\{hkl\}$. Der Begriff der Form wird sowohl im konkreten Sinn (z. B. gibt es die Form $\{321\}$) als auch zur Kennzeichnung entsprechender Mannigfaltigkeiten verwendet.

Wenn die Ausgangsfläche eine spezielle Lage zu den Symmetrieelementen einnimmt, entstehen spezielle Formen. In der Kristallklasse $2/m$ haben alle Flächen $(h0l)$ eine solche spezielle Lage, nämlich senkrecht zur Spiegelebene. Die spezielle Form $\{h0l\}$ ist in diesem Fall ein paralleles Flächenpaar (Pinakoid) senkrecht zur Spiegelebene bzw. parallel zur $\vec{b}$-Achse, bestehend aus den Flächen $(h0l)$ und $(\bar{h}0\bar{l})$. Gegenüber der aus vier Flächen bestehenden allgemeinen Form des Prismas hat also diese spezielle Form infolge der speziellen Lage der Flächenpole in der Spiegelebene eine verminderte Anzahl von Flächen. Dafür sind aber die Flächen als solche (d. h. in sich selbst) spiegelsymmetrisch – im Gegensatz zu den Flächen der allgemeinen Form. Von den Pinakoiden $\{h0l\}$ gibt es eine eindimensionale Mannigfaltigkeit. Eine weitere spezielle Lage hat eine Fläche senkrecht zur zweizähligen Achse, also zur $\vec{b}$-Achse; auch hier entsteht als spezielle Form ein Parallelflächenpaar, das Pinakoid $\{010\}$, bestehend aus den Flächen (010) und $(0\bar{1}0)$. Es gibt senkrecht zur $\vec{(b)}$-Achse nur dieses eine Parallelflächenpaar; diese spezielle Form ist also invariant. Als Eigensymmetrie besitzen die Flächen dieses Pinakoids $\{010\}$ eine zweizählige Rotationssymmetrie. Weitere spezielle Formen gibt es in der Kristallklasse $2/m$ nicht.

Von den speziellen Formen sind noch die Grenzformen zu unterscheiden, die eine Zwischenstellung zwischen den allgemeinen und speziellen Formen einnehmen. Ein Beispiel: In der Kristallklasse 3 haben wir als allgemeine Form die trigonale Pyramide (vgl. Abb. 1.29). Verschieben wir im Stereogramm die Flächenpole dieser Pyramide nach außen auf den Grundkreis zu, so wird diese Pyramide immer spitzer, bis sie schließlich, wenn die Flächenpole auf dem Grundkreis liegen, in ein trigonales Prisma (eine Dreiecksäule) übergeht, das die Grenzform einer trigonalen Pyramide darstellt. Die Flächen haben jetzt zwar eine besondere Position, nämlich parallel zur dreizähligen Achse, doch ändert sich nichts an ihrer Anzahl und Symmetrie – zum Unterschied von den „echten" speziellen Formen.

Die Entwicklung der Formen ist für die einzelnen Kristallklassen und oft auch für die speziellen Kristallarten typisch und gehört zu den wichtigsten äußeren Kennzeichen der Kristalle (sofern überhaupt Kristallflächen ausgebildet sind). Meist zeigen die Kristalle eine Kombination von mehreren Formen gleichzeitig. Die Gesamtheit der an einem Kristall auftretenden Formen wird als seine Tracht bezeichnet. Zum Unterschied von solchen Formenkombinationen bezeichnet man die einzelne Form für sich auch als einfache Form. In den höhersymmetrischen Kristallklassen kann man, wie später noch ausgeführt wird, jeweils sieben Sorten einfacher Formen unterscheiden. In geometrischer Hinsicht gibt es nach Niggli (1963) insgesamt 47 Sorten kristallographischer Formen, davon 17 offene und 30 geschlossene. Teils handelt es sich um allgemein bekannte und wie üblich bezeichnete geometrische Formen (Polyeder), z. B. Pyramiden, Prismen (Säulen), Würfel (Hexaeder), Oktaeder, Tetraeder, Rhomboeder, teils sind die Formen und ihre Bezeichnungen außerhalb der Kristallographie weniger geläufig und werden bei der Besprechung der 32 Kristallklassen (Abschnitt 1.6) vorgestellt. Die Bezeichnungen der Pyramiden und Prismen gehen aus Abb. 1.38 hervor.

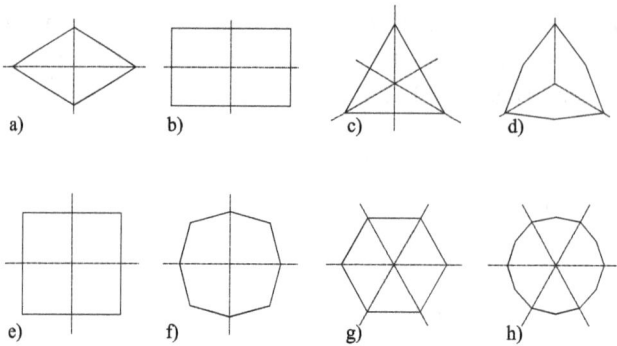

Abb. 1.38: Grundflächen von Prismen bzw. von Pyramiden. a) Orthorhombisches Prisma bzw. orthorhombische Pyramide (auch das monokline Prisma – Abb. 1.37 – hat als Grundfläche einen Rhombus); b) Rechtecksäule bzw. Rechteckpyramide treten nicht als einheitliche Form auf, sondern müssen jeweils aus zwei speziellen Formen zusammengesetzt werden; c) trigonales Prisma bzw. trigonale Pyramide; d) ditrigonales Prisma bzw. ditrigonale Pyramide; tetragonales Prisma bzw. tetragonale Pyramide; f) ditetragonales Prisma bzw. ditetragonale Pyramide; g) hexagonales Prisma bzw. hexagonale Pyramide; h) dihexagonales Prisma bzw. dihexagonale Pyramide.

Die Symmetrie der Kristalle, die eine Folge ihres Gitterbaus ist, kommt aber nicht nur in der Entwicklung der Kristallflächen und Formen zum Ausdruck, sondern bezieht sich selbstverständlich auf alle Eigenschaften. So lassen sich z. B. bezüglich einer Richtung [uvw] in einem Kristall alle diejenigen Richtungen angeben, die zufolge der Symmetrieelemente der jeweiligen Kristallklasse zur ersten Richtung gleichwertig (äquivalent) sind. Eine solche Menge äquivalenter Richtungen, die also einer kristallographischen Form analog ist, wird mit ⟨uvw⟩ symbolisiert.

1.6 Die 32 Kristallklassen

Kristalle lassen sich nach ihrer makroskopischen Symmetrie den 32 Kristallklassen (Punktgruppen) zuordnen (vgl. Tab. 1.5). Das die allgemeine Form darstellende Polyeder gibt – nach einer nicht ganz einheitlichen, auf Groth[24] zurückgehenden Bezeichnungsweise – der Kristallklasse den Namen.

Die 32 Kristallklassen (auch als geometrische Kristallklassen bezeichnet) gliedern sich in sieben Kristallsysteme: das trikline, monokline, orthorhombische, tetragonale, trigonale, hexagonale und kubische Kristallsystem. Diese Einteilung richtet sich nach der Symmetrie der mit den Kristallklassen korrespondierenden Translationsgitter (wie sie auch in den zutreffenden kristallographischen Achsensystemen zum Ausdruck kommt): Ein Kristallsystem ist durch die Punktsymmetrie gekennzeichnet,

---

24 Paul Heinrich Ritter von Groth (23.6.1843–2.12.1927).

die den Gitterpunkten der betreffenden Translationsgitter zukommt; das ist die Symmetrie der höchstsymmetrischen Kristallklasse des betreffenden Kristallsystems. Diese Kristallklasse wird als Holoedrie (eines Kristallsystems) bezeichnet (griech. $o\lambda o\varsigma$: ganz), weil ihre allgemeine Form die „volle" Flächenzahl entwickelt. (Auf einige besondere Gesichtspunkte bei der Abgrenzung des trigonalen und des hexagonalen Kristallsystems, die beide zusammen die hexagonale Kristallfamilie bilden, wird in Abschnitt 1.6.5 zurückzukommen sein).

Neben der Holoedrie werden in den einzelnen Kristallsystemen die Kristallklassen mit geringerer Symmetrie (und entsprechend verminderter Flächenzahl der allgemeinen Formen) als Meroedrie (griech. $\mu\varepsilon\rho o\varsigma$: Teil) bezeichnet, darunter die Kristallklassen mit einer halb so großen Flächenanzahl als Hemiedrie (griech. $\eta\mu\iota$: halb). Außerdem gibt es für die einzelnen Meroedrien noch weitere Bezeichnungen, die nicht immer einheitlich und vorwiegend in der älteren Literatur benutzt werden (Tab. 1.8).

Tab. 1.8: Die Meroedrien in den sieben Kristallsystemen..

Kristallsystem	triklin	monoklin	orthorhombisch	tetragonal	trigonal	hexagonal	kubisch
Holoedrie	$\bar{1}$	$2/m$	mmm	$4/mmm$	$\bar{3}m$	$6/mmm$	$m\bar{3}m$
Hemimorphie	–	–	$mm2$	$4mm$	$3m$	$6mm$	–
Paramorphie	–	–	–	$4/m$	$\bar{3}$	$6/m$	$m\bar{3}$
Enantiomorphie	1	2	222	422	32	622	432
Hemiedrie II	–	m	–	$\bar{4}2m$	–	$\bar{6}m2$	$\bar{4}3m$
Tetartoedrie	–	–	–	4	3	6	23
Tetartoedrie II	–	–	–	$\bar{4}$	–	$\bar{6}$	–

Die anschließende Besprechung der einzelnen Kristallklassen wird in der Reihenfolge der *International Tables for Crystallography* vorgenommen (Theo Hahn (Hrsg.) (1983), Mois I. Aroyo (Hrsg.) (2016)),[25] wonach die Holoedrie als jeweils letzte Kristallklasse eines Kristallsystems erscheint. Nach der gleichen Vorlage werden die allgemeinen und die speziellen Formen (einer Kristallklasse) durch Buchstaben gekennzeichnet, wonach die allgemeine Form den in der alphabetischen Reihenfolge jeweils letzten Buchstaben erhält. Jeder Kristallklasse sind ein Stereogramm seiner allgemeinen Form (Flächenpole auf der Oberseite: Vollkreise; auf der Unterseite: Leerkreise) und ein Stereogramm seines Symmetriegerüstes vorangestellt. Im letzteren Stereogramm sind außerdem die Flächenlagen der verschiedenen Formen bezüglich der Symmetrieelemente angemerkt (Wyckoff[26]-Positionen oder besser: Wyckoff-Lagen).

---

25 Theo Hahn (3.1.1928–12.2.2016).
26 Ralph Walter Graystone Wyckoff (9.8.1897–3.11.1994).

1.6.1 Triklines Kristallsystem

Das trikline oder anorthische Kristallsystem umfasst die Kristallklassen 1 und $\bar{1}$. Die drei schiefwinkligen kristallographischen Achsen sind nicht durch Symmetrieelemente ausgezeichnet und werden parallel zu drei wichtigen Kristallkanten bzw. zu drei kürzesten Gittervektoren angenommen und üblicherweise so gewählt, dass man $c < a < b$ und $\alpha, \beta > 90°$ hat. Der Kristall wird gewöhnlich so aufgestellt, dass die $\bar{c}$-Achse vertikal steht und die Flächennormale auf (010) horizontal nach rechts gerichtet ist. Die Fläche (001) ist dann nach vorn rechts geneigt (Abb. 1.40). Die Achsenverhältnisse a/b und c/b sowie die Winkel α, β, γ zwischen den Achsen sind Materialkonstanten.

Kristallklasse 1. Triklin-pediale Klasse

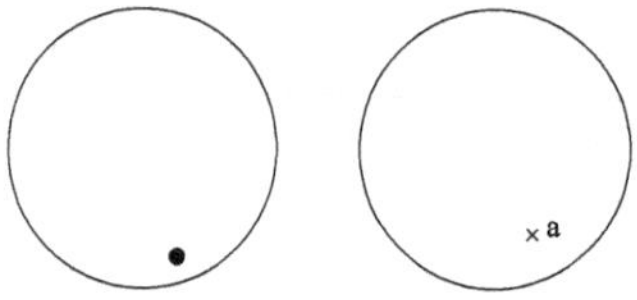

Allgemeine Form: a (hkl) Pedion (Monoeder).
Spezielle Formen: keine.

Beispiel: Calciumthiosulfat $CaS_2O_3 \cdot 6\,H_2O$ (Abb. 1.39). – Da es keine Symmetrieelemente gibt, besteht jede Form {*hkl*} aus der einzelnen Fläche (*hkl*) (Pedion), so dass mindestens vier verschiedene Formen nötig sind, um einen geschlossenen Körper zu bilden. In Abb. 1.39 zählt man 19 verschiedene Formen. Zur Kristallklasse 1 gehören nur wenige Kristallarten, und ihre Unterscheidung gegenüber der Kristallklasse $\bar{1}$ ist oft problematisch.

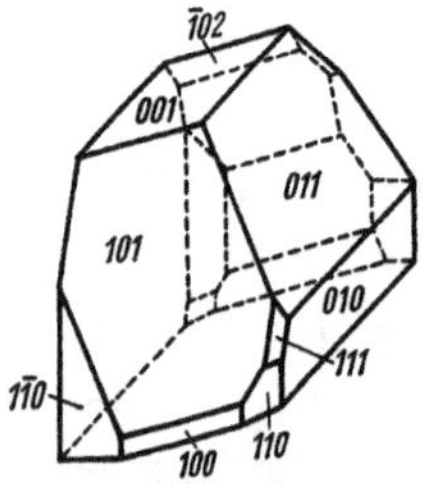

Abb. 1.39: Kristall von Calciumthiosulfat.

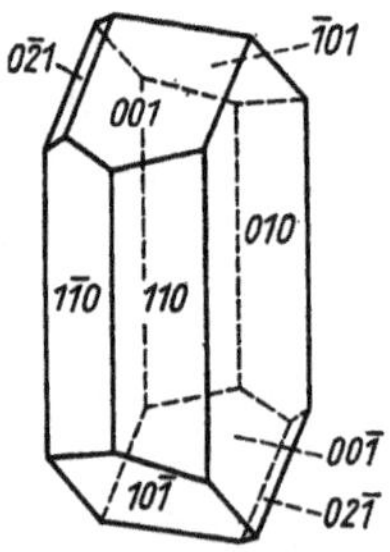

Abb. 1.40: Kristall von Albit.

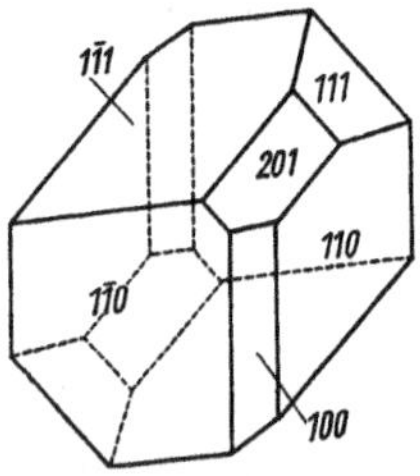

Abb. 1.41: Kristall von Axinit.

Kristallklasse $\bar{1}$. Triklin-pinakoidale Klasse

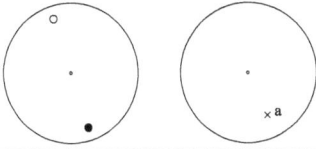

Allgemeine Form: a (hkl) Pinakoid (Paralleloeder; Abb. 1.32).
Spezielle Formen: keine.

Beispiele: Kupfervitriol $CuSO_4 \cdot 5\,H_2O$, Plagioklase (Kalknatronfeldspäte), darunter Albit $Na[AlSi_3O_8]$ (Abb. 1.40), Kyanit (Disthen) $Al_2[O|SiO_4]$, Axinit (Abb. 1.41). – Wegen des Inversionszentrums gibt es an den Kristallen zu jeder Fläche eine parallele Gegenfläche. Die Kristallklasse $\bar{1}$ findet sich sowohl unter den Mineralen als auch unter den Kristallen synthetischer organischer Stoffe relativ häufig.

1.6.2 Monoklines Kristallsystem

Das monokline Kristallsystem umfasst die Kristallklassen 2, m und $2/m$. Die zweizählige Drehachse bzw. die Normale der Spiegelebene m wird gewöhnlich als $\vec{b}$-Achse gewählt. Diesen Symmetrieelementen zufolge gibt es Kanten am Kristall, die senkrecht zur $\vec{b}$-Achse verlaufen. Zwei dieser Kanten werden als $\vec{a}$- und als $\vec{c}$-Achse gewählt; sie schließen untereinander den schiefen „monoklinen" Winkel β ein. Üblicherweise werden $c < a$ und $\beta > 90°$ gewählt. Die $\vec{c}$-Achse wird vertikal aufgestellt, so dass $\vec{b}$ horizontal nach rechts und $\vec{a}$ nach vorn unten weisen; die Fläche (001) ist dann nach vorn geneigt (vgl. Abb. 1.47). Die Achsenverhältnisse a/b und c/b sowie der Winkel β sind Materialkonstanten. In einer anderen Aufstellung wird die zweizählige Drehachse bzw. die Normale der Spiegelebene als (vertikal gestellte) $\vec{c}$-Achse gewählt; dann ist γ der schiefe „monokline" Winkel (vgl. Abb. 1.31).

Es ist bemerkenswert, dass es kein „biklines" Kristallsystem gibt, welches durch nur einen rechten Winkel $\alpha = 90°$ und zwei schiefe Winkel $\beta, \gamma \neq 90°$ gekennzeichnet wäre: Ein Inversionszentrum ist noch mit einem triklinen Gitter, also $\alpha, \beta, \gamma \neq 90°$, verträglich; eine zweizählige Drehachse oder eine Spiegelebene bedingen sofort ein monoklines Gitter.

Kristallklasse 2. Monoklin-sphenoidische Klasse

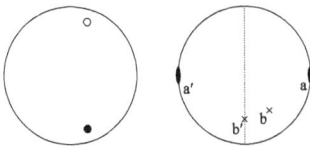

Allgemeine Form: b {hkl} Sphenoid (Dieder; Abb. 1.28).
Grenzform: b' {h0l} Pinakoid (Paralleloeder).
Spezielle Formen: a (010) und a' ($0\bar{1}0$) Pedien.

Beispiele: Weinsäure $C_4H_6O_6$ (Abb. 1.42), Rohrzucker (Abb. 1.43), Ethylammoniumiodid $NH_3C_2H_5I$. – Einziges Symmetrieelement ist eine zweizählige Achse. Die Kanten der an den Kristallen auftretenden Sphenoide stehen senkrecht zu dieser $\vec{b}$-Achse. Die beiden Flächen (010) und (0$\bar{1}$0) stellen jede für sich eine eigene Form dar, d. h., Richtung und Gegenrichtung der zweizähligen Drehachse sind symmetrisch nicht gleichwertig. Eine solche Drehachse nennt man polar. Man erkennt polare Drehachsen daran, dass die Kristalle in der betreffenden Richtung und Gegenrichtung die Flächen unterschiedlich entwickeln, also ein anderes Aussehen haben.

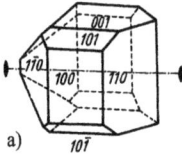 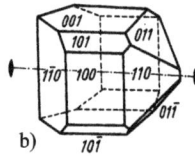 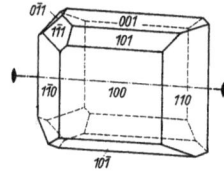

Abb. 1.42: Kristalle von Weinsäure. a) Linksweinsäure; b) Rechtsweinsäure.   **Abb. 1.43:** Kristall von Rohrzucker.

Die Kristalle von Rechts- und Linksweinsäure zeigen eine weitere interessante morphologische Beziehung: Die Polyeder verhalten sich spiegelbildlich zueinander, d. h. wie die rechte zur linken Hand. Eine solche Relation bezeichnet man als Enantiomorphie; die Rechts- und Linksformen sind enantiomorph (griech. $\varepsilon\nu\alpha\nu\tau\iota o\varsigma$: entgegengesetzt). Enantiomorphie tritt nur in solchen Kristallklassen auf, in denen als Symmetrieoperationen ausschließlich Drehungen vorkommen. Es gelingt nicht, die Rechtsmit der Linksform des Kristalls durch eine reelle Bewegung (etwa durch eine Drehung um eine Achse parallel zur $\vec{c}$-Achse) zur Deckung zu bringen. Das wird in Abb. 1.42 nicht ganz deutlich; man gehe bei der Betrachtung der beiden Kristalle davon aus, dass die Fläche (001) zur $\vec{c}$-Achse (also zu den vertikalen Kanten) nicht senkrecht steht. Allgemein wird durch die Konvention $a > c$ in einem rechtshändigen Achsensystem die (positive) Richtung der $\vec{b}$-Achse festgelegt, und man kann unter dieser Voraussetzung (nach Sommerfeldt[27]) die Sphenoide {hkl} mit $k > 0$ (willkürlich) als rechte und jene mit $k < 0$ als linke bezeichnen.

Kristallklasse *m*. Monoklin-domatische Klasse

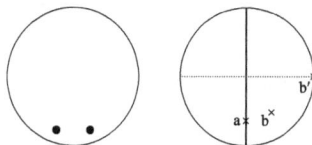

Allgemeine Form: b {hkl} Doma (Dieder; Abb. 1.31).
Grenzform: b' {010} Pinakoid.
Spezielle Form: a {h0l} Pedion.

---

27 Ernst Sommerfeldt (11.7.1877–1940(?))

Beispiele: Kaliumtetrathionat $K_2S_4O_6$, Klinoedrit $Ca_2Zn_2[(OH)_2|Si_2O_7]\cdot H_2O$, Skolezit $Ca[Al_2Si_3O_{10}]\cdot 3\,H_2O$, Hilgardit $Ca_2[Cl|B_5O_8(OH)_2]$ (Abb. 1.44). – Einziges Symmetrie-element ist eine Spiegelebene. Die Kanten der an den Kristallen auftretenden Domen verlaufen parallel zur Spiegelebene bzw. senkrecht zur $\vec{b}$-Achse. Als isoliertes Flächenpaar ist ein Doma von einem Sphenoid nicht zu unterscheiden (weshalb beide als Dieder bezeichnet werden), wohl aber durch die Flächenentwicklung des ganzen Kristalls. Man beachte auf Abb. 1.44 auch die Entwicklung der hinteren Flächen und vergegenwärtige sich, dass außer der Spiegelebene tatsächlich keine weiteren Symmetrieelemente vorhanden sind!

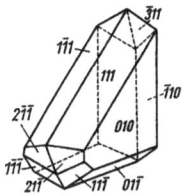

Abb. 1.44: Kristall von Hilgardit.

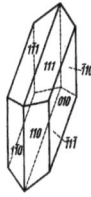

Abb. 1.45: Kristall von Gips.

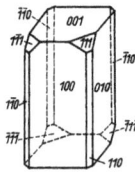

Abb. 1.46: Kristall von Diopsid.

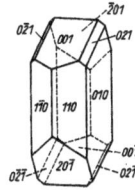

Abb. 1.47: Kristall von Orthoklas.

Kristallklasse 2/m. Monoklin-prismatische Klasse

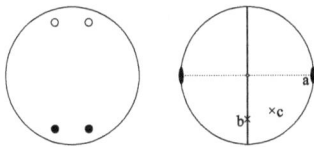

Allgemeine Form: c {hkl} monoklines Prisma (Abb. 1.37).
Spezielle Formen: b {h0l}, a {010} Pinakoide.

Beispiele: Gips $CaSO_4\cdot 2\,H_2O$ (Abb. 1.45), Diopsid $Ca(Mg,Fe)[Si_2O_6]$ (Abb. 1.46), Orthoklas (Kalifeldspat) $K[AlSi_3O_8]$ (Abb. 1.47), Natriumcarbonat-Dekahydrat $Na_2CO_3\cdot 10\,H_2O$, Oxalsäure $C_2O_4\cdot 2\,H_2O$, Chinon $C_6H_4O_2$, Naphthalen $C_{10}H_8$, Anthracen $C_{14}H_{10}$. – Die Kristallklasse 2/m wurde bereits anhand von Abb. 1.37 besprochen und besitzt neben der zweizähligen Drehachse und der Spiegelebene ein Inversionszentrum. Die zweizählige $\vec{b}$-Achse ist aufgrund der Spiegelebene nicht polar, die Flächenentwicklung ist in Richtung und Gegenrichtung dieser Achse die gleiche. Man beachte die Unterschiede in der sich weitgehend entsprechenden Formenentwicklung zwischen dem triklinen Plagioklas (Abb. 1.40) und dem monoklinen Orthoklas (Abb. 1.47). – Die Kristallklasse 2/m ist sowohl unter den Mineralen als auch unter den synthetischen Kristallen weit verbreitet und die mit Abstand häufigste Kristallklasse.

1.6.3 Orthorhombisches Kristallsystem

Das orthorhombische (oder rhombische) Kristallsystem umfasst die Kristallklassen 222, $mm2$ und mmm. Interpretiert man die Spiegelebenen $m \equiv \bar{2}$ als Drehinversionsachsen, so gibt es in diesen Kristallklassen drei zueinander senkrecht stehende Symmetrieachsen, die zugleich das (orthogonale) kristallographische Achsensystem bilden. Allerdings gelten auf den drei Achsen unterschiedliche Maßeinheiten. Üblicherweise wählt man $c < a < b$. Die Achsenverhältnisse a/b und c/b sind Materialkonstanten.

Kristallklasse 222. Orthorhombisch-disphenoidische Klasse

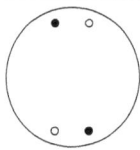

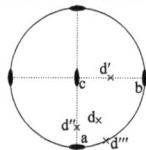

	Allgemeine Form: d {*hkl*} orthorhombisches Dispenoid (rhombisches Tetraeder; Abb. 1.48). *Grenzformen: d'* {*hk0*}, *d''* {*h0l*}, *d'''* {*0kl*}, orthorhombische Prismen *Spezielle Formen: c* {001}, *b* {010}, *a* {100} Pinakoide.

Beispiele: Epsomit (Bittersalz) $MgSO_4 \cdot 7\,H_2O$ (Abb. 1.49), Goslarit (Zinkvitriol) $ZnSO_4 \cdot 7\,H_2O$, Seignettesalz $KNaC_4H_4O_6 \cdot 4\,H_2O$, Glycerol $C_3H_8O_3$, Asparagin $C_4H_8O_3N_2 \cdot H_2O$. – Die drei zueinander senkrechten zweizähligen Drehachsen sind nicht polar und symmetrisch nicht äquivalent. Die durch die Achsen verbundenen Kantenpaare der Disphenoide sind zueinander nicht rechtwinklig (also auch nicht die Ober- und Unterkanten in Abb. 1.49). Da als Symmetrieelemente nur Drehachsen vorhanden sind, besteht Enantiomorphie. Durch die Konvention $b > a > c$ wird (in einem rechtshändigen Achsensystem) die Anordnung der Achsen festgelegt, und man kann unter dieser Voraussetzung (nach Sommerfeldt) die Disphenoide {*hkl*} mit $h, k, l > 0$ (willkürlich) als rechte und die Disphenoide {$\bar{h}k\bar{l}$} als linke bezeichnen (Abb. 1.48).

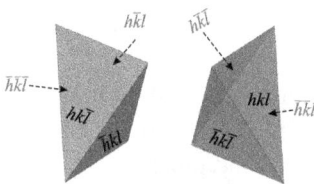

Abb. 1.48: Orthorhombisches Disphenoid (Links- und Rechtsform). Die verdeckten Flächen sind grau markiert.

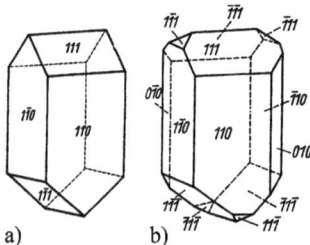

Abb. 1.49: Kristalle von Epsomit (Bittersalz). a) Kombination des Prismas {110} mit dem rechten Disphenoid {111}; b) Kombination von Prisma {110}, Pinakoid {010}, rechtem Disphenoid {111} und linkem Disphenoid {1$\bar{1}$1}.

Kristallklasse *mm*2. Orthorhombisch-pyramidale Klasse

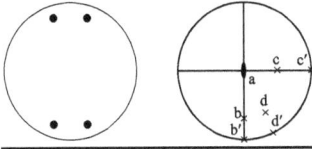

	Allgemeine Form: d {*hkl*} orthorhombische Pyramide (Abb. 1.50). *Grenzform: d'* {*hk*0} orthorhombisches Prisma *Spezielle Formen: c* {0*kl*}, *b* {*h*0*l*}, *c'* {010}, *b'* {100} Pinakoide; *a* (001) und (00$\bar{1}$) Pedien.

Beispiele: Hemimorphit (Kieselzinkerz) $Zn_4[(OH)_2|Si_2O_7]\cdot H_2O$ (Abb. 1.51), Struvit $MgNH_4[PO_4]\cdot 6H_2O$ (Abb. 1.52), Resorzin $C_6H_4(OH)_2$, Triphenylmethan $CH(C_6H_5)_3$, Pikrinsäure $C_6H_2(NO_2)_3OH$. – Die beiden aufeinander senkrecht stehenden Spiegelebenen bedingen eine polare zweizählige Drehachse in ihrer Schnittlinie, die als $\bar{c}$-Achse aufgestellt wird. Die abgebildeten Kristalle zeigen eine typisch hemimorphe Entwicklung.

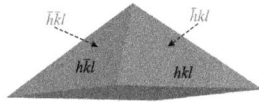

Abb. 1.50: Rhombische Pyramide. **Abb. 1.51:** Kristall von Hemimorphit. **Abb. 1.52:** Kristall von Struvit.

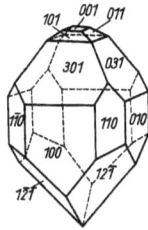

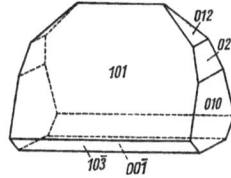

Kristallklasse *mmm*. Orthorhombisch-dipyramidale Klasse

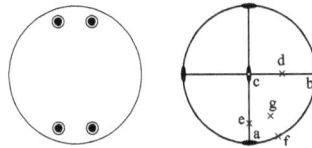

	Allgemeine Form: g {*hkl*} orthorhombische Dipyramide (Abb. 1.53). *Spezielle Formen: f* {*hk*0}, *e* {*h*0*l*}, *d* {0*kl*} orthorhombische Prismen; *c* {001}, *b* {010}, *a* {100} Pinakoide.

Beispiele: Schwefel (Abb. 1.20), Aragonit $CaCO_3$, Anhydrit $CaSO_4$, Baryt $BaSO_4$, Anglesit $PbSO_4$, Topas $Al_2[F_2|SiO_4]$ (Abb. 1.54), Olivin $(Mg,Fe)_2SiO_4$ (Abb. 1.55), Benzen C_6H_6. – Das vollständige Symbol lautet $2/m\ 2/m\ 2/m$; durch die drei zueinander senkrechten Spiegelebenen entstehen gleichzeitig in deren Schnittlinien drei zueinander senkrechte zweizählige Drehachsen, die untereinander symmetrisch nicht äquivalent sind, sowie ein Inversionszentrum. Die Kristallklasse *mmm* ist unter den Mineralen häufig. Beim Vergleich der Formen der Kristalle von Topas und Olivin beachte man deren unterschiedliche Achsenverhältnisse von $a:b:c = 0,5285:1:0,9539$ (Topas) und $0.464:1:0,584$ (Olivin). Wie bei manchen anderen Mineralen auch, sind beim Olivin verschiedene „Aufstellungen" gebräuchlich, z. B. noch eine solche mit $a' = c$, $b' = a$, $c' = b$ sowie $a':b':c' = 1,257:1:2,155$.

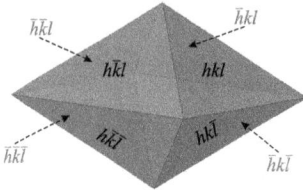

Abb. 1.53: Orthorhombische Dipyramide. Die grauen Bezeichnungen markieren jeweils die verdeckten Flächen.

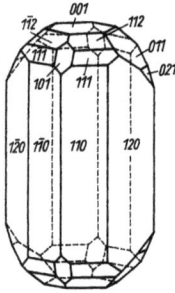

Abb. 1.54: Kristall von Topas. Rechts: Kopfbild.

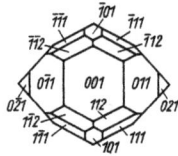

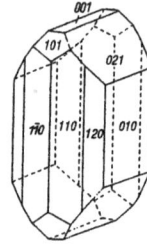

Abb. 1.55: Kristall von Olivin.

1.6.4 Tetragonales Kristallsystem

Das tetragonale Kristallsystem umfasst die Kristallklassen 4, $\bar{4}$, $4/m$, 422, $4mm$, $\bar{4}2m$ und $4/mmm$. Die vierzählige Drehachse bzw. Drehinversionsachse wird stets vertikal als $\bar{c}$-Achse aufgestellt, senkrecht dazu verlaufen zwei gleichfalls zueinander senkrechte, gleichwertige $\bar{a}$-Achsen, weshalb auch die Bezeichnung „quadratisches Kristallsystem" vorkommt. Abgesehen von den Kristallklassen 4 und $\bar{4}$ dienen die 2- bzw. $\bar{2}$-Achsen als $\bar{a}$-Achsen. Einzige (makroskopische) Materialkonstante ist das Achsenverhältnis c/a.

Kristallklasse 4. Tetragonal-pyramidale Klasse

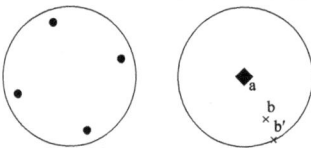

Allgemeine Form: b {hkl} tetragonale Pyramide (Abb. 1.29a).
Grenzform: b' {hk0} tetragonales Prisma.
Spezielle Formen: a (001) und (00$\bar{1}$) Pedien.

Beispiel: Iodsuccinimid $(CH_2CO)_2NI$ (Abb. 1.56). – Einziges Symmetrieelement ist eine polare vierzählige Drehachse. Es besteht Enantiomorphie. Allerdings treten auf Abb. 1.56 ausschließlich Pyramiden derselben Stellung auf, so dass der Kristall rein äußerlich eine höhere Symmetrie zeigt (Scheinsymmetrie), nämlich die der Kristallklasse $4mm$. Kristalle mit tetragonal-pyramidaler Symmetrie bildet hingegen der Wulfenit $PbMoO_4$ aus (Abb. 1.57), der seiner Struktur nach jedoch zur Kristallklasse $4/m$ gehört. Diese Erscheinung, dass die Kristallgestalt eine niedrigere Symmetrie als die Struktur aufweist, wird als Hypomorphie bezeichnet.

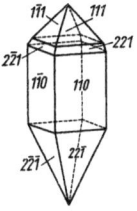

Abb. 1.56: Kristall von Iodsuccinimid.

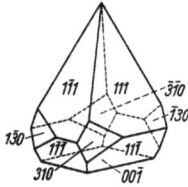

Abb. 1.57: Kristall von Wulfenit.

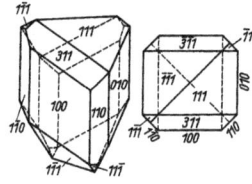

Abb. 1.58: Kristall von Cahnit. Rechts: Kopfbild.

Allgemein bezeichnet man im tetragonalen Kristallsystem Pyramiden {10l} als solche I. Stellung, Pyramiden {11l} als solche II. Stellung und Pyramiden {hkl} mit $h \neq k \neq 0$ als solche III. Stellung. Analoges gilt für die entsprechenden tetragonalen Prismen und in den betreffenden Kristallklassen für tetragonale Dipyramiden (manchenorts auch als Bipyramiden bezeichnet). In den pyramidalen Kristallklassen 4 und 4mm mit polarer vierzähliger Drehachse unterscheidet man außerdem zwischen oberen ($l > 0$) und unteren ($l < 0$) Pyramiden.

Kristallklasse $\bar{4}$. Tetragonal-disphenoidische Klasse

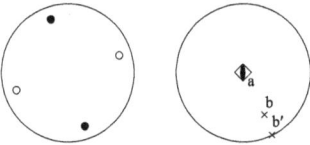

Allgemeine Form: b {hkl} tetragonales Disphenoid (tetragonales Tetraeder, Abb. 1.34a).
Grenzform: b' {$hk0$} tetragonales Prisma.
Spezielle Form: a {001} Pinakoid.

Beispiele: Cahnit $Ca_2[AsO_4|B(OH)_4]$ (Abb. 1.58), Pentaerythrit $C(CH_2OH)_4$. – Die vierzählige Drehinversionsachse ist zugleich zweizählige Drehachse; ein Inversionszentrum gibt es nicht!

Kristallklasse 4/m. Tetragonal-dipyramidale Klasse

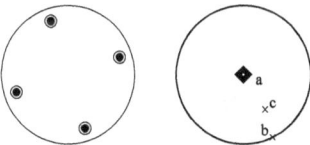

Allgemeine Form: c {hkl} tetragonale Dipyramide (Abb. 1.59a).
Spezielle Formen: b {$hk0$} tetragonales Prisma, *a* {001} Pinakoid

Beispiele: Scheelit $CaWO_4$, Natriumperiodat $NaIO_4$, Fergusonit $YNbO_4$ (Abb. 1.60). – Aus der vierzähligen Drehachse und der dazu senkrechten Spiegelebene resultiert das Inversionszentrum.

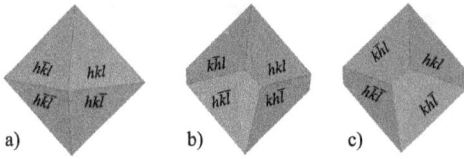

Abb. 1.59: a) Tetragonale Dipyramide; b) tetragonales Trapezoeder (Linksform); c) tetragonales Trapezoeder (Rechtsform).

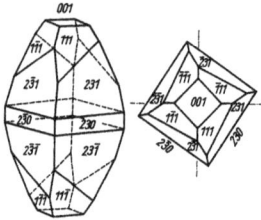

Abb. 1.60: Kristall von Fergusonit. Rechts:Kopfbild.

Kristallklasse 422. Tetragonal-trapezoedrische Klasse

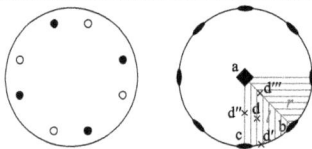

Allgemeine Form: d {*hkl*} tetragonales Trapezoeder. (*l* – linkes, *r* – rechtes, Abb. 1.59b,c). *Grenzformen: d'* {*hk0*} ditetragonales Prisma, *d''* {*h0l*}, *d'''* {*hhl*} tetragonale Dipyramiden. *Spezielle Formen: c* {100}, *b* {110} tetragonale Prismen, *a* {001} Pinakoid.

Beispiele: Methylammoniumiodid $NH_3(CH_3)I$ (Abb. 1.61), Retgersit $NiSO_4 \cdot 6\,H_2O$. Aus der Kombination einer vierzähligen Drehachse (parallel der $\vec{c}$-Achse) mit einer zu ihr senkrechten zweizähligen Drehachse (parallel der $\vec{a}_1$-Achse) resultieren eine weitere, gleichwertige zweizählige Drehachse unter einem Winkel von 90° (parallel der $\vec{a}_2$-Achse) sowie ein Paar weiterer zweizähliger Drehachsen unter Winkeln von 45° zu den $\vec{a}$-Achsen, was im Klassensymbol 422 durch die letzte 2 (für die diagonale Blickrichtung) zum Ausdruck gebracht wird. Da nur Drehachsen vorhanden sind, besteht Enantiomorphie. Bezeichnet man nach Sommerfeldt die Formen {*hkl*} mit $h > k > 0$ und $l > 0$ (vertikal schraffiertes Feld) als linke Trapezoeder, dann stellen die Formen {*hkl*} ≡ {*khl*} (horizontal schraffiertes Feld) die entsprechenden rechten Trapezoeder dar (vgl. die betreffenden Ausführungen zur Kristallklasse 32).

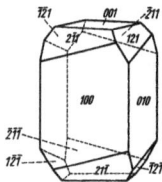

Abb. 1.61: Kristall von Methylammoniumiodid.

Abb. 1.62: Ditetragonale Pyramide.

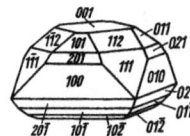

Abb. 1.63: Kristall von Diaboleit.

Kristallklasse 4mm. Ditetragonal-pyramidale Klasse

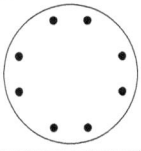

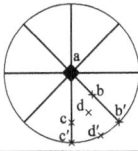

Allgemeine Form: d {hkl} ditetragonale Pyramide (Abb. 1.62).
Grenzform: d' {hk0} ditetragonales Prisma.
Spezielle Formen: c {h0l}, b {hhl} tetragonale Pyramiden,
c' {100}, b' {110} tetragonale Prismen; *a* (100) und (00$\bar{1}$)
Pedien.

Beispiel: Diaboleit 2 Pb(OH)$_2$·CuCl$_2$ (Abb. 1.63; allerdings zeigt die Abb. nur spezielle Formen). – Parallel zur polaren vierzähligen Drehachse ($\bar{c}$-Achse) gibt es zwei Paare von Spiegelebenen, ein Paar senkrecht und ein Paar diagonal zu den $\bar{a}$-Achsen, was durch das Klassensymbol *4mm* zum Ausdruck gebracht wird.

Kristallklasse $\bar{4}2m$. Tetragonal-skalenoedrische Klasse

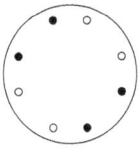

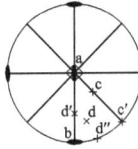

Allgemeine Form: d {hkl} tetragonales Skalenoeder (griech. σκαληνος: uneben, Abb. 1.64b).
Grenzformen: d' {hk0} ditetragonales Prisma; *d'' {h0l}*
tetragonale Dipyramide.
Spezielle Formen: c {hhl} tetragonales Disphenoid; *c' {110}, b {100}* tetragonale Prismen; *a {001}* Pinakoid.

Beispiele: Chalkopyrit (Kupferkies) CuFeS$_2$ (Abb. 1.65a), Kaliumdihydrogenphosphat KH$_2$PO$_4$, Harnstoff CO(NH$_2$)$_2$. – Parallel zur Drehinversionsachse $\bar{4}$ verlaufen zwei zueinander senkrechte Spiegelebenen; diagonal zu den Spiegelebenen gibt es außerdem zwei zweizählige Drehachsen, die normalerweise als $\bar{a}$-Achsen gewählt werden. In einer anderen Aufstellung werden die Normalen auf die Spiegelebenen (also die $\bar{2}$-Achsen) als $\bar{a}$-Achsen gewählt, was durch ein verändertes Klassensymbol $\bar{4}m2$ (die letzte Stelle jeweils für die diagonale Blickrichtung) zum Ausdruck gebracht wird. In

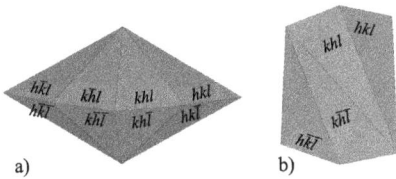

Abb. 1.64: a) Ditetragonale Dipyramide.
b) Tetragonales Skalenoeder.

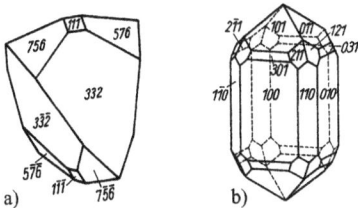

Abb. 1.65: a) Kristall von Chalkopyrit. b) Kristall von Zirkon.

der Kristallmorphologie unterscheidet man nach ihrer Stellung positive tetragonale Skalenoeder $\{hkl\}$ mit $h, k, l > 0$ und negative tetragonale Skalenoeder $\{hk\bar{l}\}$.

Kristallklasse 4/*mmm*. Ditetragonal-dipyramidale Klasse

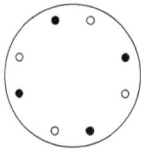

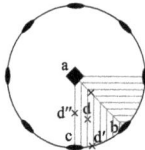

Allgemeine Form: g $\{hkl\}$ ditetragonale Dipyramide (Abb. 1.64a)).
Spezielle Formen: f $\{h0l\}$, *e* $\{hhl\}$ tetragonale Dipyramiden; *d* $\{hk0\}$ ditetragonales Prisma; *c* $\{100\}$, *b* $\{110\}$ tetragonale Prismen; *a* $\{001\}$ Pinakoid.

Beispiele: Kassiterit (Zinnstein) SnO_2, Rutil TiO_2, Zirkon $ZrSiO_4$ (Abb. 1.65b). – Das vollständige Symbol der Kristallklasse ist $4/m\ 2/m\ 2/m$ (tetragonale Holoedrie): Senkrecht zur vierzähligen Drehachse gibt es zwei Paare zweizähliger Drehachsen, des weiteren eine horizontale und zwei Paare vertikaler Spiegelebenen sowie ein Inversionszentrum.

1.6.5 Trigonales Kristallsystem

Zum trigonalen Kristallsystem gehören die Kristallklassen $3, \bar{3}, 3m, 32$ und $\bar{3}m$. Zwischen dem trigonalen und dem hexagonalen Kristallsystem besteht eine enge Beziehung (vgl. Abschnitt 1.3.3), so dass sie beide zur hexagonalen Kristallfamilie zusammengefasst werden. Das trigonale Kristallsystem ist dadurch gekennzeichnet, dass in den fünf zugehörigen Kristallklassen sowohl das hexagonal rhomboedrische Gitter hR als auch das hexagonal primitive Gitter hP auftreten (vgl. Abb. 1.5), während es im hexagonalen Kristallsystem allein das hexagonal primitive Gitter hP gibt. Die Gitterpunkte des hexagonal rhomboedrischen Gitters hR haben die Punktsymmetrie $\bar{3}m$ entsprechend der trigonalen Holoedrie. Die Gitterpunkte des hexagonal primitiven Gitters hP haben die Punktsymmetrie $6/mmm$ entsprechend der hexagonalen Holoedrie, so dass in diesen Fällen die trigonalen Kristallklassen auch als Meroedrien des hexagonalen Kristallsystems anzusprechen sind. Früher zählte man nach rein morphologischen Gesichtspunkten noch die Kristallklasse $\bar{6}$ unter der Bezeichnung $3/m$ und die Kristallklasse $\bar{6}m2$ als $3/mm$ zum trigonalen Kristallsystem, doch gibt es in diesen Kristallklassen allein das hexagonal primitive Gitter hP, so dass sie nach obiger Definition zum hexagonalen Kristallsystem gehören.

Wie in Abschnitt 1.3.3 ausgeführt, können im trigonalen (wie auch im hexagonalen) Kristallsystem sowohl ein hexagonales als auch ein rhomboedrisches Achsensystem verwendet werden. Wir benutzen im Folgenden nur das hexagonale Achsensystem mit der viergliedrigen Bravaisschen Indizierung und der vertikal gestellten dreizähligen Drehachse 3 bzw. der Drehinversionsachse $\bar{3}$ als $\bar{c}$-Achse. Es gibt nur eine makroskopische Materialkonstante, das Achsenverhältnis c/a (im Fall eines rhomboedrischen Achsensystems tritt an dessen Stelle der Achsenwinkel α).

In den Kristallklassen 3 und 32, die durch Enantiomorphie und optische Aktivität ausgezeichnet sind, sind die $\bar{a}$-Achsen polar, und es bedarf einer Konvention über die positive Richtung der X-Achse. Diese wird beim Quarz heute allgemein so festgelegt, dass bei einem Rechtsquarz (s. u. Kristallklasse 32) der piezoelektrische Modul $d_{111} = d_{11} > 0$ wird (s. Abschnitt 5.6.1).

Kristallklasse 3. Trigonal-pyramidale Klasse

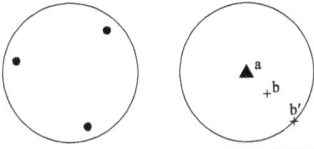

Allgemeine Form: b {hkil} trigonale Pyramide (Abb. 1.43a).
Grenzform: b′ {hki0} trigonales Prisma.
Spezielle Formen: a (0001) und (000$\bar{1}$) Pedien.

Beispiele sind selten: Natriumperiodat-Trihydrat $NaIO_4 \cdot 3\,H_2O$ (Abb. 1.66), Carlinit TlS_2, Bleigermanat $Pb_5Ge_3O_{11}$ (Tieftemperaturmodifikation). – Die dreizählige Drehachse ist polar, es besteht Enantiomorphie.

Allgemein bezeichnet man im trigonalen wie auch im hexagonalen Kristallsystem Pyramiden $\{10\bar{1}l\}$ als solche I. Stellung, Pyramiden $\{11\bar{2}l\}$ als solche II. Stellung und Pyramiden $\{hkil\}$ mit $h \neq k \neq 0$ als solche III. Stellung. Analoges gilt für die entsprechenden Prismen und in den betreffenden Kristallklassen für Rhomboeder und für Dipyramiden (manchenorts auch als Bipyramiden bezeichnet). In den pyramidalen Kristallklassen mit polarer dreizähliger bzw. sechszähliger Drehachse unterscheidet man außerdem zwischen oberen ($l > 0$) und unteren ($l < 0$) Pyramiden.

Kristallklasse $\bar{3}$. Rhomboedrische Klasse

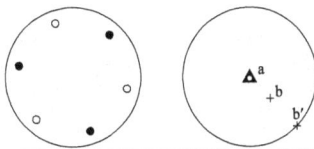

Allgemeine Form: b {hkil} Rhomboeder (Abb. 1.34b).
Grenzform: b {hki0} hexagonales Prisma.
Spezielle Form: a {0001} Pinakoid.

Beispiele: Dolomit $CaMg[CO_3]_2$ (Abb. 1.67), Dioptas $Cu_6[Si_6O_{18}] \cdot 6\,H_2O$ (Abb. 1.68). – Die Drehinversionsachse $\bar{3}$ ist sechszählig und stellt zugleich eine dreizählige Drehachse und ein Inversionszentrum dar.

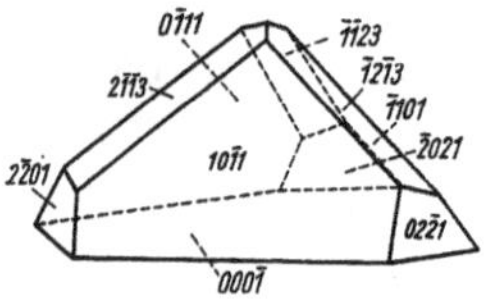

Abb. 1.66: Kristall von Natriumperiodat-Trihydrat.

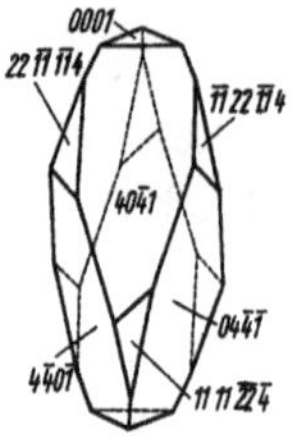

Abb. 1.67: Kristall von Dolomit.

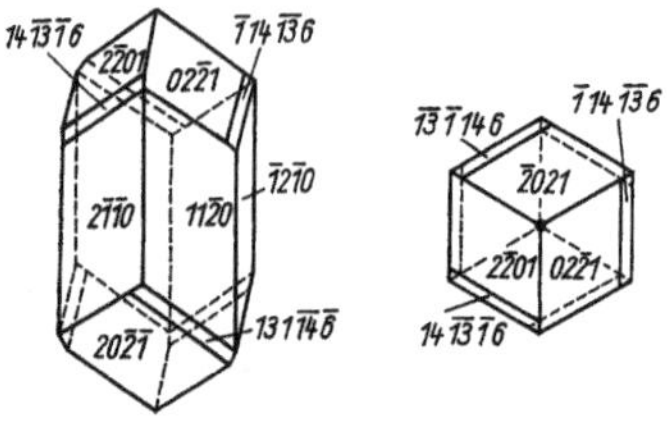

Abb. 1.68: Kristall von Dioptas. Rechts: Kopfbild.

Kristallklasse 32. Trigonal-trapezoedrische Klasse

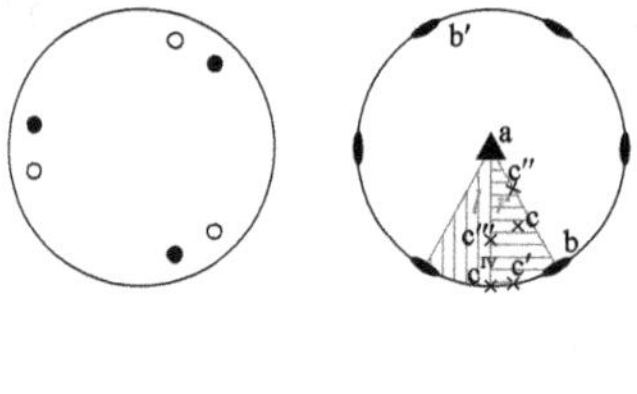

Allgemeine Form: c {hkil} trigonales Trapezoeder (*l* linke Trapezoeder, *r* rechte Trapezoeder; Abb. 1.69).
Grenzformen: c' {hki0} ditrigonales Prisma; *c'' {hh$\overline{2h}$l}* trigonale Dipyramide; *c''' {h0$\overline{h}$l}* Rhomboeder; *c^{IV} {10$\overline{1}$0}* hexagonales Prisma.
Spezielle Formen: b {11$\overline{2}$0} und *b' {$\overline{1}\overline{1}$20}* trigonale Prismen; *a {0001}* Pinakoid.

Beispiele: Cinnabarit (Zinnober) HgS, Quarz SiO_2 (Tieftemperaturmodifikation, Abb. 1.70). – Die Flächen eines Trapezoeders haben bei einer einfachen Form (Abb. 1.69) keine parallelen Kanten. Erst im Zonenverband mit anderen Flächen entstehen parallele Kanten, und die Trapezoederflächen erscheinen als trapezförmig im üblichen Sinne, wie z. B. beim Quarz (Abb. 1.70). Man beachte beim letzteren die

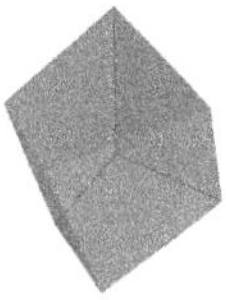

Abb. 1.69: Rechtes positives Trapezoeder.

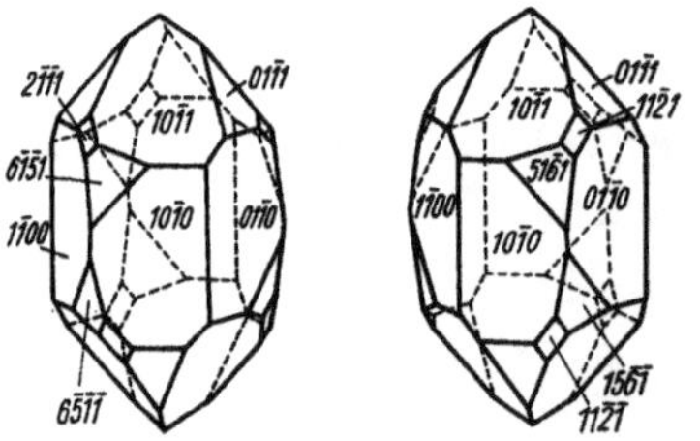

Abb. 1.70: Kristall von Tiefquarz. Links- und Rechtsform, die durch Lage der Trapezoederflächen unterschieden werden.

in dieser Kristallklasse (es gibt nur Drehachsen) bestehende Enantiomorphie! Dementsprechend lassen sich rechte und linke Kristalle, also „Linksquarz" und „Rechtsquarz" unterscheiden.

Allerdings erfolgt die (an sich willkürliche) Benennung als Rechts- oder Linksform in der Literatur nicht einheitlich. Wir folgen hier der Bezeichnungsweise von Sommerfeldt (1906), welcher den Bereich der Polkugel zwischen der $\bar{c}$-Achse, der $\bar{a}_1$-Achse und der negativen $\bar{a}_3$-Achse willkürlich in ein linkes (senkrecht schraffiertes) Feld und ein rechtes (waagerecht schraffiertes) Feld unterteilte. Hiernach bezeichnet man die Formen $\{hkil\}$ mit $h > k > 0$ und $l > 0$ (also z. B. $\{21\bar{3}1\}$) als rechte (positive) Trapezoeder und die Formen $\{i\bar{k}\bar{h}l\}$ (also z. B. $\{3\bar{1}\bar{2}1\}$) als linke (positive) Trapezoeder. Die zusätzliche Bezeichnung beider Formen als „positiv" bezieht sich auf $l > 0$. Kehrt man das Vorzeichen von l um, so erhält man die korrelaten negativen Formen, wobei sich gleichzeitig auch die Benennung rechts-links vertauscht.

In der mineralogischen Literatur wird jene Aufstellung bevorzugt, in der $\{10\bar{1}1\}$ das große Rhomboeder darstellt (vgl. Abb. 1.70). Beispielsweise nach Heaney u. a. (1994) kann einen Rechtsquarz daran erkennen, dass in einer Ansicht von vorn auf die Prismenfläche $(10\bar{1}0)$ die (rechte) Trapezoederfläche $(51\bar{6}1)$ oben rechts erscheint. Bei einem Linksquarz hingegen erscheint die (linke) Trapezoederfläche $(6\bar{1}51)$ oben links. Allerdings lässt sich eine solche Unterscheidung nur treffen, wenn am betreffenden Kristall eine hinreichende Vielfalt von Formen entwickelt ist. Anderenfalls muss man andere Kriterien, wie die Richtung des optischen Drehvermögens (Abschnitt 5.5.8), heranziehen, um zwischen Rechts- und Linksquarz zu unterscheiden: Rechtsquarz ist rechtsdrehend und Linksquarz ist linksdrehend, was in diesem Zusammenhang rein zufällig ist.

Gewöhnlich werden in der Kristallklasse 32 (auch als 321 bezeichnet) die drei gleichwertigen, polaren zweizähligen Achsen als $\bar{a}$-Achsen (eines hexagonalen Achsensystems) aufgestellt. In einer anderen Aufstellung verwendet man als (hexagonale) $\bar{a}$-Achsen die Winkelhalbierenden zwischen den zweizähligen Drehachsen und symbolisiert die Kristallklasse dann mit 312; in dieser Aufstellung tragen die Rhomboeder (als Grenzformen) das Symbol $\{hh\bar{2}hl\}$.

Kristallklasse 3*m*. Ditrigonal-pyramidale Klasse

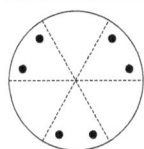

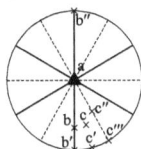

Allgemeine Form: c $\{hkil\}$ ditrigonale Pyramide (Abb. 1.71). *Grenzformen:* c' $\{hki0\}$ ditrigonales Prisma; c'' $\{hh\bar{2}hl\}$ hexagonale Pyramide; c''' $\{11\bar{2}0\}$ hexagonales Prisma. *Spezielle Formen:* b $\{h0\bar{h}l\}$ trigonale Pyramide; b' $\{10\bar{1}0\}$ und b'' $\{\bar{1}010\}$ trigonale Prismen; a (0001) und $(000\bar{1})$ Pedien.

Beispiele: Turmalin (Abb. 1.72), Proustit Ag_3AsS_3, Pyrargyrit Ag_3SbS_3 (Abb. 1.73), Gratonit $Pb_9As_4S_{15}$, Lithiumniobat $LiNbO_3$ (Tieftemperaturmodifikation). – Trotz der relativ hohen Symmetrie ist die dreizählige $\bar{c}$-Achse polar: Der Turmalin ist ein Demons-

Abb. 1.71: Ditrigonale Pyramide.

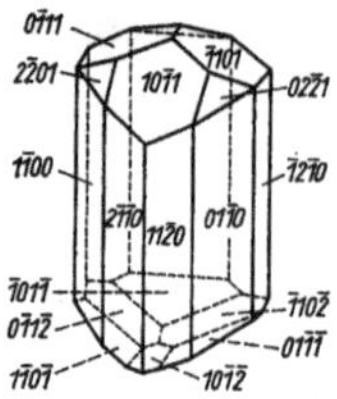

Abb. 1.72: Kristall von Turmalin.

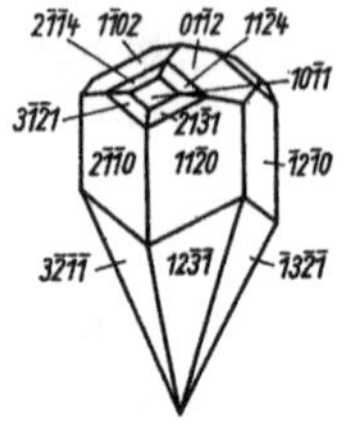

Abb. 1.73: Kristall von Pyrargyrit.

trationsbeispiel für die an eine unikale polare Achse gebundene Pyroelektrizität (Abschnitt 5.3.2). Als (hexagonale) $\bar{a}$-Achsen werden gewöhnlich die Normalen auf die drei gleichwertigen vertikalen Spiegelebenen benutzt. In einer anderen Aufstellung verwendet man als $\bar{a}$-Achsen jedoch die (in den Spiegelebenen verlaufenden) Winkelhalbierenden zwischen den Normalen und symbolisiert die Kristallklasse dann mit $31m$.

Kristallklasse $\bar{3}m$. Ditrigonal-skalenoedrische Klasse

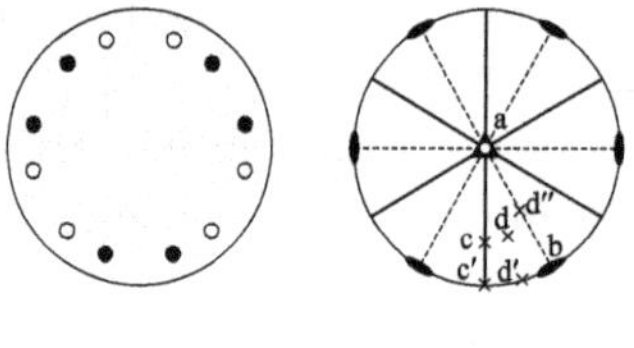

Allgemeine Form: d {hkil} ditrigonales Skalenoeder (Abb. 1.74).
Grenzformen: d' {hki0} dihexagonales Prisma; *d'' {hh$\overline{2h}$l}* hexagonale Dipyramide.
Spezielle Formen: c {h0$\bar{h}$l} Rhomboeder (Abb. 1.34b);
c' {10$\bar{1}$0}, b {11$\bar{2}$0} hexagonale Prismen; *a {0001}* Pinakoid.

Beispiele: Calcit (Kalkspat) $CaCO_3$ (Abb. 1.75), Korund Al_2O_3, Hämatit Fe_2O_3 (Abb. 1.76), Lithiumniobat $LiNbO_3$ (Hochtemperaturmodifikation). – Das vollständige Symbol der Kristallklasse ist $\bar{3}\,2/m$ (trigonale Holoedrie). In der Inversionsdrehachse $\bar{3}$ ($\bar{c}$-Achse) schneiden sich drei gleichwertige vertikale Spiegelebenen, zu denen senkrecht drei gleichwertige zweizählige Drehachsen stehen, die gewöhnlich als (hexagonale)

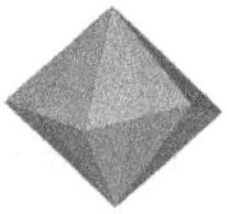

Abb. 1.74: Ditrigonales Skalenoeder.

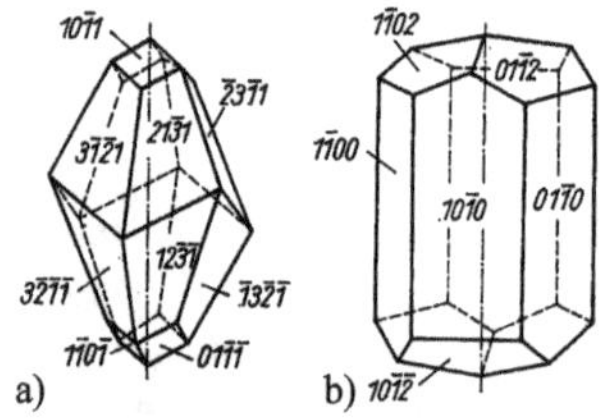

Abb. 1.75: Kristalle von Calcit. a) Kombination des Skalenoeders {21$\bar{3}$1} mit dem Rhomboeder {10$\bar{1}$1}; b) Kombination des Prismas {10$\bar{1}$0} mit dem Rhomboeder {01$\bar{1}$2}.

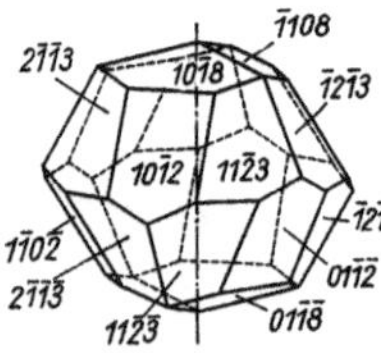

Abb. 1.76: Kristall von Hämatit.

$\ddot{a}$-Achsen benutzt werden. Außerdem gibt es ein Inversionszentrum. In einer anderen Aufstellung verwendet man als $\ddot{a}$-Achsen die (in den Spiegelebenen verlaufenden) Winkelhalbierenden zwischen den zweizähligen Drehachsen und symbolisiert die Kristallklasse dann mit $\bar{3}\,1\,m$ oder $\bar{3}\,1\,2/m$.

1.6.6 Hexagonales Kristallsystem

Zum hexagonalen Kristallsystem gehören die Klassen $6, \bar{6}, 6/m, 622, 6mm, \bar{6}m2$ und $6/mmm$ (zur Definition des hexagonalen Kristallsystems vgl. Abschn. 1.6.5 und 1.3.3). Die sechszählige Drehachse bzw. die Drehinversionsachse wird als $\bar{c}$-Achse vertikal aufgestellt. Es gibt nur eine (makroskopische) Materialkonstante c/a.

Kristallklasse 6. Hexagonal-pyramidale Klasse

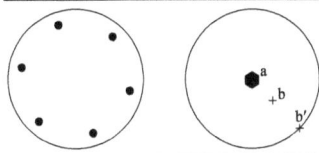

Allgemeine Form: b {*hkil*} hexagonale Pyramide (Abb. 1.29a).
Grenzform: b' {*hki*0} hexagonales Prisma.
Spezielle Formen: a (0001) und *a'* (000$\bar{1}$) Pedien.

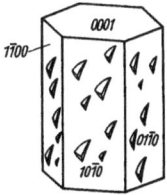

Abb. 1.77: Kristall von Nephelin mit Ätzfiguren.

Abb. 1.78: Hexagonale Dipyramide.

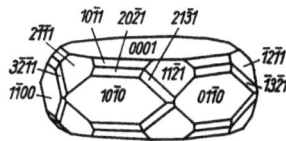

Abb. 1.79: Kristall von Apatit.

Beispiele: Lithiumiodat α-LiIO$_3$, Nephelin KNa$_3$[AlSiO$_4$]$_4$ (Abb. 1.77). – Einziges Symmetrieelement ist eine polare sechszählige Drehachse; es besteht Enantiomorphie. Die Kristallgestalt in Abb. 1.77 zeigt keine allgemeine Form, so dass eine höhere Symmetrie (Scheinsymmetrie) vorgetäuscht wird. Man kann anhand der asymmetrischen Ausbildung von Ätzfiguren auf den Prismenflächen die wirkliche Symmetrie erkennen. Die Bezeichnung von Pyramiden und Prismen als solche I., II. und III. Stellung erfolgt im hexagonalen Kristallsystem in der gleichen Weise wie im trigonalen Kristallsystem (vgl. die Ausführungen zur Kristallklasse 3).

Kristallklasse $\bar{6}$. Trigonal-dipyramidale Klasse

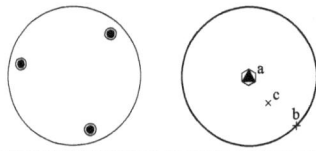

Allgemeine Form: c {hkil} trigonale Dipyramide (Abb. 1.34c).
Spezielle Formen: b {hki0} trigonales Prisma; a {0001} Pinakoid.

Beispiele: sind sehr selten: Bleigermanat $Pb_5Ge_3O_{11}$ (Hochtemperaturmodifikation). – Die Drehinversionsachse $\bar{6}$ stellt zugleich eine dreizählige Drehachse und eine horizontale Spiegelebene dar; ein Inversionszentrum gibt es nicht!

Kristallklasse 6/m. Hexagonal-dipyramidale Klasse

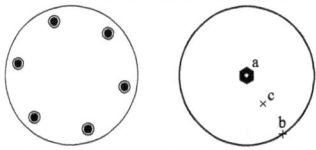

Allgemeine Form: c {hkil} hexagonale Dipyramide (Abb. 1.78).
Spezielle Formen: b {hki0} hexagonales Prisma; a {0001} Pinakoid.

Beispiel: Apatit $Ca_5[(F,Cl,OH)|(PO_4)_3]$ (Abb. 1.79). – Die sechszählige Drehachse und die horizontale Spiegelebene bedingen ein Inversionszentrum.

Kristallklasse 622. Hexagonal-trapezoedrische Klasse

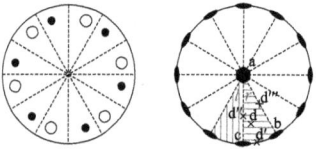

Allgemeine Form: d {hkil} hexagonales Trapezoeder (links und rechts, Abb. 1.80).
Grenzformen: d' {hki0} dihexagonales Prisma; d'' {h0$\bar{h}$l}, d''' {hh$\bar{2}$hl} hexagonale Dipyramiden.
Spezielle Formen: c {10$\bar{1}$0}, b {11$\bar{2}$0} hexagonale Prismen, a {0001} Pinakoid.

Beispiel: Hochquarz (SiO_2, Hochtemperaturmodifikation). – Senkrecht zur sechszähligen Drehachse $\vec{c}$ stehen sechs zweizählige Drehachsen, von denen je drei und drei gleichwertig sind und wahlweise als $\vec{a}$-Achsen benutzt werden. Es besteht Enantiomorphie. Bezeichnet man die Formen {hkil} mit $h > k > 0$ und $l > 0$ (horizontal schraffiertes Feld, z. B. {21$\bar{3}$1}) als rechte Trapezoeder, dann stellen die Formen {i$\bar{k}\bar{h}$l} (vertikal schraffiertes Feld) die korrelaten linken Trapezoeder dar (vgl. die betreffenden Ausführungen zur Kristallklasse 32).

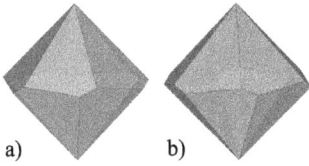

Abb. 1.80: Hexagonales Trapezoeder. a) Links- und b) Rechtsform.

a)   b)

Abb. 1.81: Dihexagonale Pyramide.

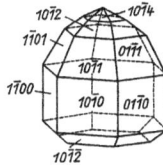

Abb. 1.82: Kristall von Wurtzit.

Kristallklasse 6*mm*. Dihexagonal-pyramidale Klasse

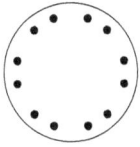

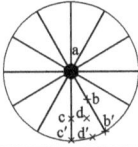

Allgemeine Form: d {*hkil*} dihexagonale Pyramide (Abb. 1.81).
Grenzform: d′ {*hki*0} dihexagonales Prisma.
Spezielle Formen: c {*h*0$\bar{h}$*l*}, *b* {*hh*$\overline{2h}$*l*} hexagonale Pyramiden,
c′ {10$\bar{1}$0}, *b′* {11$\bar{2}$0} hexagonale Prismen; *a* (0001) und *a′*
(000$\bar{1}$) Pedien.

Beispiele: Wurtzit ZnS (Abb. 1.82), Greenockit CdS, Zinkit ZnO. – In der polaren sechs-zähligen Drehachse schneiden sich sechs vertikale Spiegelebenen, von denen je drei und drei gleichwertig sind. Die Normalen auf einer dieser Scharen von Spiegelebenen werden wahlweise als $\bar{a}$-Achsen benutzt.

Kristallklasse $\bar{6}$*m*2. Ditrigonal-dipyramidale Klasse

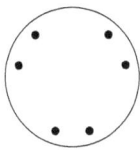

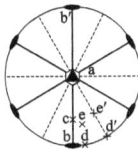

Allgemeine Form: e {*hkil*} ditrigonale Dipyramide (Abb. 1.83).
Grenzform: e′ {*hh*$\overline{2h}$*l*} hexagonale Dipyramide.
Spezielle Formen: d {*hki*0} ditrigonales Prisma; *d′* {11$\bar{2}$0}
hexagonales Prisma; *c* {*h*0$\bar{h}$*l*} trigonale Dipyramide; *b* {10$\bar{1}$0}
und *b′* {$\bar{1}$010} trigonale Prismen; *a* (0001) Pinakoid.

Beispiel: Benitoit BaTi[Si$_3$O$_9$] (Abb. 1.84). – In der Drehinversionsachse $\bar{6}$ ($\bar{c}$-Achse) schneiden sich drei vertikale Spiegelebenen, deren Normalen gewöhnlich als $\bar{a}$-Achsen benutzt werden. Außerdem gibt es eine horizontale Spiegelebene und drei zweizählige Drehachsen als Winkelhalbierende zwischen den $\bar{a}$-Achsen. Trotz der hohen Symmetrie gibt es kein Inversionszentrum, und die Morphologie der Kristalle ist trigonal. – In einer anderen Aufstellung werden die zweizähligen Drehachsen als $\bar{a}$-Achsen verwendet, und die Kristallklasse wird dann mit $\bar{6}$2*m* symbolisiert.

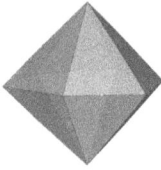

Abb. 1.83: Ditrigonale Dipyramide.

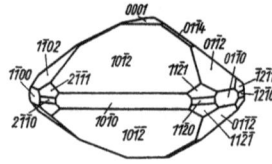

Abb. 1.84: Kristall von Benitoit.

Abb. 1.85: Dihexagonale Dipyramide.

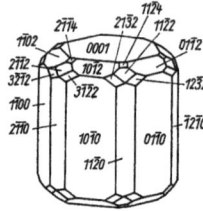

Abb. 1.86: Kristall von Beryll.

Kristallklasse 6/*mmm*. Dihexagonal-dipyramidale Klasse

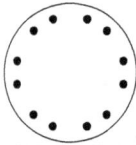

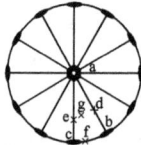

Allgemeine Form: g {*hkil*} dihexagonale Dipyramide (Abb. 1.85).
Spezielle Formen: f {*hki*0} dihexagonales Prisma; *e* {*h0h̄l*}, *d* {*hh2̄h̄l*} hexagonale Dipyramiden; *c* {101̄0}, *b* {112̄0} hexagonale Prismen; *a* (0001) Pinakoid.

Beispiele: Beryll $Al_2Be_3[Si_6O_{18}]$ (Abb. 1.86), Graphit, Magnesium, Zink. – Das vollständige Symbol der Kristallklasse ist 6/*m* 2/*m* 2/*m* (hexagonale Holoedrie): Senkrecht zur sechszähligen Drehachse gibt es zweimal drei zweizählige Drehachsen, des weiteren zweimal drei vertikale und eine horizontale Spiegelebene sowie ein Inversionszentrum.

1.6.7 Kubisches Kristallsystem

Zum kubischen Kristallsystem gehören die Kristallklassen 23, *m*3̄, 432, 4̄3*m* und *m*3̄*m*. Sie sind durch eine Kombination einer zweizähligen bzw. vierzähligen Drehachse mit einer dreizähligen Drehachse unter einem Winkel von 54°44′8″ = arctan $\sqrt{2}$ gekennzeichnet, wie er zwischen einer Kante und einer Raumdiagonalen des Würfels eingeschlossen wird (vgl. Abb. 1.36). Das kubische Kristallsystem wird auch als „reguläres" oder als „tesserales" Kristallsystem bezeichnet. Das kubische Achsensystem besteht aus drei gleichwertigen, zueinander senkrechten Achsen und entspricht einem gewöhnlichen kartesischen Koordinatensystem. Eine morphologische Materialkonstante gibt es nicht; jede Fläche bzw. Form ist bereits durch ihre Indizes eindeutig festgelegt. In allen Kristallklassen des kubischen Kristallsystems (wie auch bei einer Reihe anderer Kristallklassen) treten sieben Sorten von Formen auf: die allgemeinen

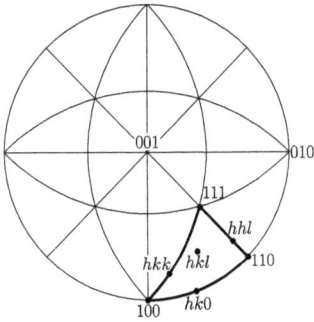

Abb. 1.87: Flächenlagen der Formen im kubischen Kristallsystem.

Formen {*hkl*} und jeweils sechs Sorten von speziellen Formen bzw. Grenzformen. Die Flächenlagen dieser sieben einfachen Formen lassen sich auf einem Ausschnitt der Polkugel darstellen, der 1/48 ihrer Oberfläche beträgt (Abb. 1.87). Die allgemeinen und speziellen Formen des kubischen Kristallsystems sind im Abb. 1.89 und in Tab. 1.9 zusammengestellt.

Kristallklasse 23. Tetraedrisch-pentagondodekaedrische Klasse

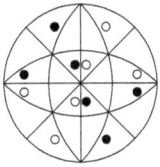

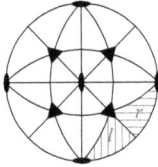

Allgemeine Form: c {*hkl*} tetraedrisches Pentagondodekaeder (Pentagontritetraeder, Tetartoid, Links- und Rechtsform).
Grenzformen: c' {*hkk*} ($|h| > |k|$) Tristetraeder (Triakistetraeder, Trigontritetraeder); *c''* {*hhl*} ($|h| > |l|$) Deltoiddodekaeder (Tetragontritetraeder, Deltoeder); *c'''* {*hk0*} Pentagondodekaeder (Dihexaeder, Pyritoeder); *c^{IV}* {110} Rhombendodekaeder.
Spezielle Formen: b {100} Würfel (Hexaeder); *a* {111} und {$\bar{1}\bar{1}\bar{1}$} Tetraeder.

Beispiele: Natriumchlorat $NaClO_3$ (Abb. 1.88), Ullmannit NiSbS, Bismutgermanat $Bi_{12}GeO_{20}$. – Die vier dreizähligen Drehachsen sind polar, die drei zweizähligen Drehachsen sind nicht polar; es besteht Enantiomorphie.

Bei der Ableitung der Kristallklassen sind wir bisher so verfahren, dass zu den Kristallklassen mit nur einem Symmetrieelement weitere Symmetrieelemente (unter Beachtung der für Gitter geltenden Beschränkungen) hinzugefügt wurden (vgl. Tab. 1.5). Man kann die einzelnen Kristallklassen aber auch erhalten, indem man umgekehrt von der Holoedrie, also der höchstsymmetrischen Kristallklasse des jeweiligen Kristallsystems, ausgeht und sukzessive Symmetrieelemente weglässt. Man gelangt so zu den verschiedenen Meroedrien des betreffenden Kristallsystems (vgl. Tab. 1.8). Die in der Holoedrie zu einer Form {*hkl*} gehörende Menge von Kristallflächen zerfällt beim Weglassen von Symmetrieelementen in Untermengen, deren Flächen von den verbleibenden Symmetrieelementen nurmehr innerhalb der jeweiligen Untermenge aufeinander bezogen sind: Die betreffenden Untermengen stellen

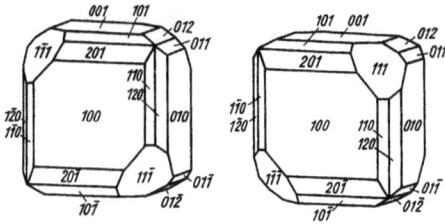

Abb. 1.88: Kristalle von Natriumchlorat.

Tab. 1.9: Formen im kubischen Kristallsystem.

Form	Kristallklasse				
$|h| > |k| > |l|$	23	$m\bar{3}$	432	$\bar{4}3m$	$m\bar{3}m$
{hkl}					
{hhl}					
{hkk}					
{hk0}					
{111}					
{110}					
{100}					

(in den Meroedrien) selbständige Formen dar, die als korrelate Formen bezeichnet werden. Man unterscheidet die korrelaten Formen bei den Paramorphien und Hemimorphien als positive und negative, bei den Enantiomorphien als rechte und linke (wobei die Benennung willkürlich ist und in der Literatur nicht einheitlich erfolgt.)

Die Kristallklasse 23 ist die Tetartoedrie der kubischen Holoedrie (Kristallklasse $m\bar{3}m$), und es gibt als allgemeine Formen {hkl} jeweils vier korrelate tetraedrische Pentagondodekaeder. Sei $h > k > l > 0$, so bezeichnet man nach E. Sommerfeldt die Formen:

- {hkl} als linke positive tetraedrische Pentagondodekaeder (Abb. 1.89a)
- {khl} als rechte positive tetraedrische Pentagondodekaeder (Abb. 1.89b)
- {k$\bar{h}$l} als linke negative tetraedrische Pentagondodekaeder
- {h$\bar{k}$l} als rechte negative tetraedrische Pentagondodekaeder.

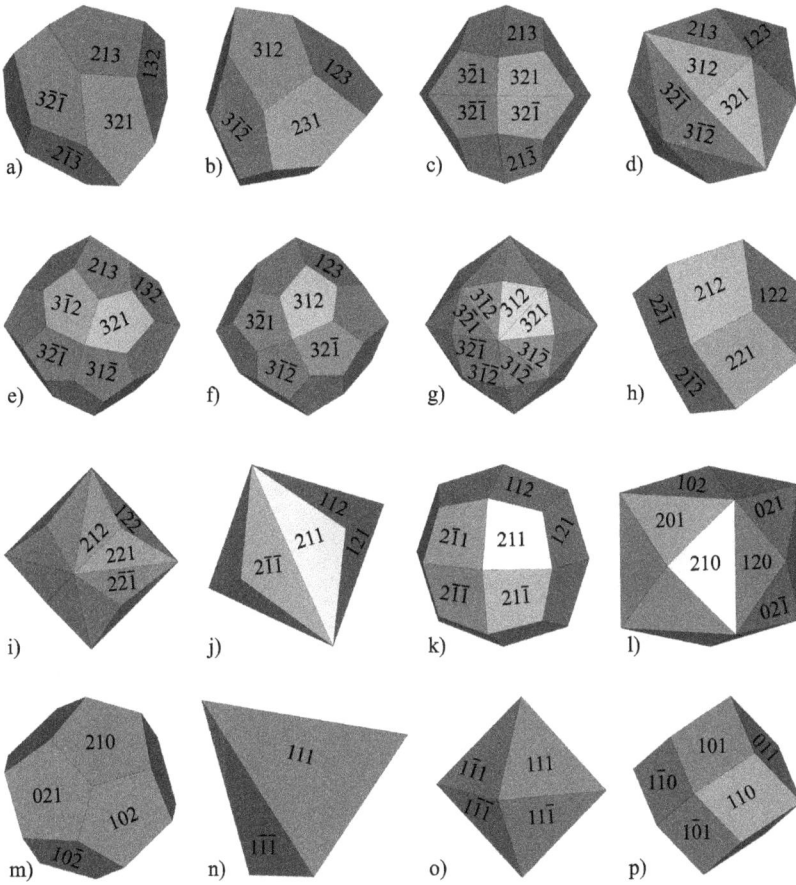

Abb. 1.89: Die einfachen Formen des kubischen Kristallsystems.
a) Tetraedrisches Pentagondodekaeder (Tetartoid), Linksform; b) Rechtsform; c) Disdodekaeder (Dyakisdodekaeder); d) Hexakistetraeder; e) Pentagonikositetraeder (Gyroid), Linksform; f) Rechtsform; g) Hexakisoktaeder; h) Deltoiddodekaeder; i) Trisoktaeder (Triakisoktaeder); j) Tristetraeder (Triakistetraeder); k) Deltoidikositetraeder; l) Tetrakishexaeder; m) Pentagondodekaeder; n) Tetraeder; o) Oktaeder; p) Rhombendodekaeder. Ein Würfel (Hexaeder) ist nicht dargestellt.

Kristallklasse $m\bar{3}$. Disdodekaedrische Klasse

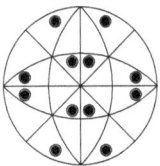

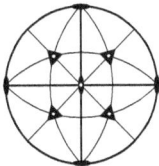

Allgemeine Form: d {hkl} Disdodekaeder
(Dyakisdodekaeder, Didodekaeder, Diploid).
Grenzformen: d' {hkk} (|h| > |k|) Deltoidikositetraeder
(Ikositetraeder, Tetragontrioktaeder, Trapezoeder);
d'' {hhl} (|h| > |l|) Trisoktaeder.
Spezielle Formen: c {hk0} Pentagondodekaeder; *c'* {110}
Rhombendodekaeder; *b* {111} Oktaeder; *a* {100} Würfel.

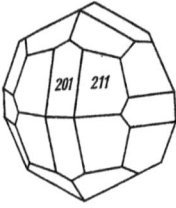

Abb. 1.90: Kristall von Pyrit (Schwefelkies).

Beispiele: Pyrit FeS_2 (Abb. 1.90), Cobaltin CoAsS, Alaune, z. B. $KAl[SO_4]_2 \cdot 12\,H_2O$. – In der Kristallklasse $m\bar{3}$ (früher als $m3$ bezeichnet; vollständiges Symbol $2/m\,\bar{3}$) treten zu den Drehachsen der Kristallklasse 23 noch drei Spiegelebenen senkrecht zu den zweizähligen Drehachsen, wodurch ein Inversionszentrum entsteht und die dreizähligen Drehachsen zu Drehinversionsachsen $\bar{3}$ werden.

Kristallklasse 432. Pentagonikositetraedrische Klasse

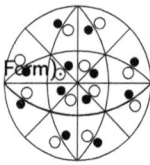

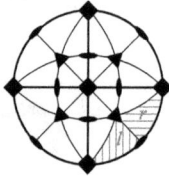

Allgemeine Form: d {*hkl*} Pentagonikositetraeder (Pentagontrioktaeder, Gyroid, Plagieder; l linke, r rechte Form).
Grenzformen: d' {*hkk*} ($|h| > |k|$) Deltoidikositetraeder; *d''* {*hhl*} ($|h| > |l|$) Trisoktaeder; *d'''* {*hk0*} Tetrakishexaeder (Tetrahexaeder).
Spezielle Formen: c {110} Rhombendodekaeder; *b* {111} Oktaeder; *a* {100} Würfel.

Beispiele: sind sehr selten: Kaliumpraseodymnitrat $K_3Pr_2(NO_3)_9$ (Carnall u. a. (1973)). (Früher wurde Cuprit Cu_2O als pentagonikositetraedrisch betrachtet, doch gehört es der Struktur nach zu $m\bar{3}m$, so dass es sich um einen Fall von Hypomorphie handelt). – Die Kristallklasse 432 vereinigt drei vierzählige, vier dreizählige und sechs zweizählige Drehachsen. Es besteht Enantiomorphie. Man bezeichnet die Pentagonikositetraeder {*hkl*} mit $h > k > l > 0$ (willkürlich) als linke und die Pentagonikositetraeder {*khl*} als rechte.

Kristallklasse $\bar{4}3m$. Hexakistetraedrische Klasse

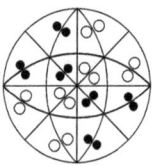

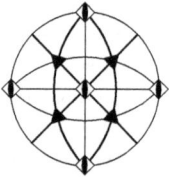

Allgemeine Form: d {*hkl*} Hexakistetraeder (Hexatetraeder, Hex'tetraeder).
Grenzform: d' {*hk0*} Tetrakishexaeder.
Spezielle Formen: c {*hkk*} ($|h| > |k|$) Tristetraeder; *c'* {*hhl*} ($|h| > |l|$) Deltoiddodekaeder; *c''* {110} Rhombendodekaeder; *b* {100} Würfel; *a* {111} und {$\bar{1}\bar{1}\bar{1}$} Tetraeder.

Beispiele: Sphalerit (Zinkblende) ZnS (Abb. 1.91), Fahlerze: Tennantit $Cu_3AsS_{3,25}$ und Tetraedrit $Cu_3SbS_{3,25}$, GaAs, InSb, CuCl, CuBr, CuI; Boracit $Mg_3[Cl|B_7O_{13}]$ (Hochtemperaturform, Abb. 1.92), Eulytin $Bi_4[SiO_4]_3$. – Die Kristallklasse $\bar{4}3m$ besitzt drei vierzählige Drehinversionsachsen $\bar{4}$, vier polare dreizählige Drehachsen und sechs Spiegelebenen senkrecht zu den Flächendiagonalen des Würfels {100}. Bemerkenswerterweise gibt es in dieser hochsymmetrischen Kristallklasse weder Spiegelebenen senkrecht zu den $\bar{a}$-Achsen ($\bar{4}$-Achsen) noch ein Inversionszentrum, und die dreizähligen Drehachsen sind polar.

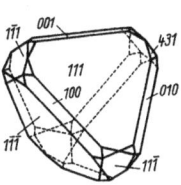

Abb. 1.91: Kristall von Sphalerit (Zinkblende).

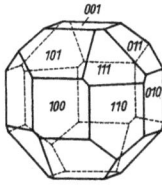

Abb. 1.92: Kristall von Boracit (Paramorphose nach der Hochtemperaturform).

Kristallklasse $m\bar{3}m$. Hexakisoktaedrische Klasse

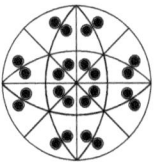

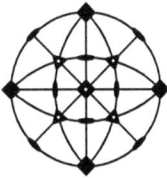

Allgemeine Form: f {hkl} Hexakisoktaeder (Hexaoktaeder, Hex'oktaeder).
Spezielle Formen: e {hkk} (|h| > |k|) Deltoidikositetraeder; *e'* {hhl} (|h| > |l|) Trisoktaeder; *d* {hk0} Tetrakishexaeder; *c* {110} Rhombendodekaeder; *b* {111} Oktaeder; *a* {100} Würfel.

Beispiele: Metalle Au, Ag, Cu, Pt, Pb, Fe; Halit (Steinsalz) NaCl, Galenit (Bleiglanz) PbS (Abb. 1.93), Fluorit (Flussspat) CaF_2 (Abb. 1.94), Spinell $MgAl_2O_4$, Magnetit Fe_3O_4, Granate $R_3^{II}R_2^{III}[SiO_4]_3$ (R^{II} und R^{II} als zwei- bzw. dreiwertige Ionen metallischer Elemente; Abb. 1.95). – Die höchstsymmetrische Kristallklasse $m\bar{3}m$ (früher als $m3m$ bezeichnet) hat das vollständige Symbol $4/m\ \bar{3}\ 2/m$ (kubische Holoedrie). Sie vereinigt als Symmetrieelemente die Drehachsen der Kristallklasse 432 mit insgesamt neun Spiegel-

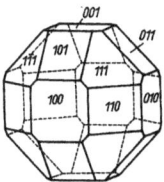

Abb. 1.93: Kristall von Galenit (Bleiglanz).

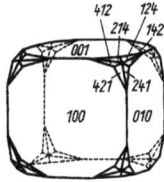

Abb. 1.94: Kristall von Fluorit (Flussspat).

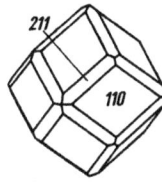

Abb. 1.95: Kristall von Granat.

ebenen, drei senkrecht zu den vierzähligen und sechs senkrecht zu den zweizähligen Drehachsen, so dass auch ein Inversionszentrum entsteht.

1.7 Symmetriebestimmung, Scheinsymmetrie, Flächensymmetrie

Einen Kristall anhand seiner Flächenentwicklung einer bestimmten Kristallklasse zuzuordnen, ist selbstverständlich nur möglich, wenn man eine hinreichende Menge von Formen am Kristall vorfindet. Am günstigsten ist es, wenn allgemeine Formen entwickelt sind, doch ist es nicht Bedingung: Abb. 1.88 gibt ein Beispiel, dass aus der Kombination der speziellen Formen Tetraeder {111}, Rhombendodekaeder {110} und Pentagondodekaeder {120} eindeutig auf die Kristallklasse 23 geschlossen werden kann (vgl. auch Tab. 1.9). Andererseits kann man z. B. anhand einer einzelnen tetragonalen Pyramide (vgl. Abb. 1.29a), die in der Klasse 4 als allgemeine Form, aber auch in der Klasse $4mm$ als spezielle Form vorkommt, nicht ohne weiteres entscheiden, ob der betreffende Kristall nun zur Klasse 4 oder $4mm$ gehört. Eine einzelne Pyramide zeigt für sich allein auch in der Klasse 4 als Scheinsymmetrie noch Spiegelebenen, wie sie der Klasse $4mm$ zukämen. Diese scheinbare Symmetrie entspricht jedoch nicht der Struktur und wäre bei einer reicheren Formenentwicklung auch nicht vorhanden (vgl. Abb. 1.56 und 1.57).

Besondere Schwierigkeiten bereitet mitunter die Entscheidung, ob ein Symmetriezentrum vorhanden ist oder nicht, nämlich dann, wenn zu einer Form {hkl} jeweils immer die korrelate Form {$\bar{h}\bar{k}\bar{l}$} in gleicher Weise entwickelt ist. In derartigen Fällen, in denen ein Kristall systematisch die korrelaten Formen in gleicher Weise entwickelt und so eine höhere Symmetrie vortäuscht, spricht man von Hypermorphie. Wenn im Gegensatz dazu die Formenentwicklung eines Kristalls eine geringere Symmetrie vortäuscht, spricht man von Hypomorphie.

Die speziellen Formen sind bezüglich ihrer Symmetrie meistens mehrdeutig. Das beste Beispiel ist der Würfel {100}, der in allen kubischen Kristallklassen als spezielle Form vorkommt und dem dabei in jedem Fall eine andere Symmetrie zukommt. Infolge ihrer besonderen Lage zu den Symmetrieelementen besitzen die Flächen von speziellen Formen – im Gegensatz zu den Flächen von allgemeinen Formen und von Grenzformen – eine bestimmte Flächensymmetrie, die z. B. für die Würfelflächen in den verschiedenen kubischen Kristallklassen unterschiedlich ist (Abb. 1.96).

Wenn auf Kristallflächen Ätzfiguren entwickelt werden (s. Abschnitt 6.6) oder die Flächen vom Wachstum her Unregelmäßigkeiten aufweisen (z. B. Unebenheiten, Streifungen, Vicinalflächen, Ansätze von Subindividuen), dann kommt in diesen Unregelmäßigkeiten die Flächensymmetrie zum Ausdruck und kann bei der Bestimmung der Kristallsymmetrie berücksichtigt werden. Untersucht man systematisch, welche Flächensymmetrien bei Kristallflächen vorkommen können, so gelangt man zu den zehn zweidimensionalen (kristallographischen) Punktgruppen (Tab. 1.10). Sie stellen

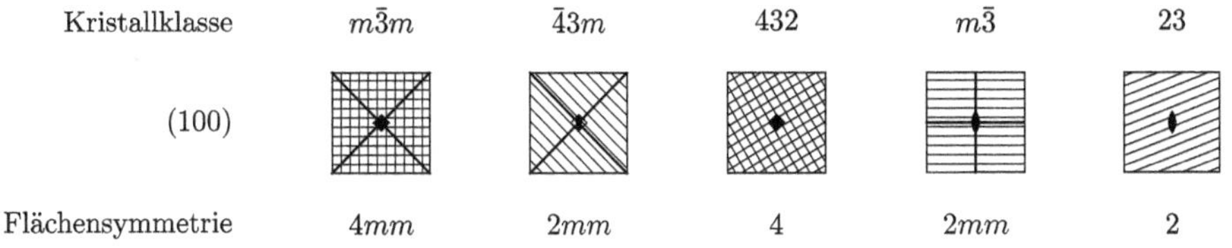

Kristallklasse	$m\bar{3}m$	$\bar{4}3m$	432	$m\bar{3}$	23
(100)					
Flächensymmetrie	$4mm$	$2mm$	4	$2mm$	2

Abb. 1.96: Die Flächensymmetrien des Würfels in den kubischen Kristallklassen. Stark ausgezogen: Spiegelebenen. In der Kristallklasse $\bar{4}3m$ ist für die Flächensymmetrie nur die in der $\bar{4}$ Achse enthaltene zweizählige Drehachse relevant.

Tab. 1.10: Die zweidimensionalen Punktgruppen.

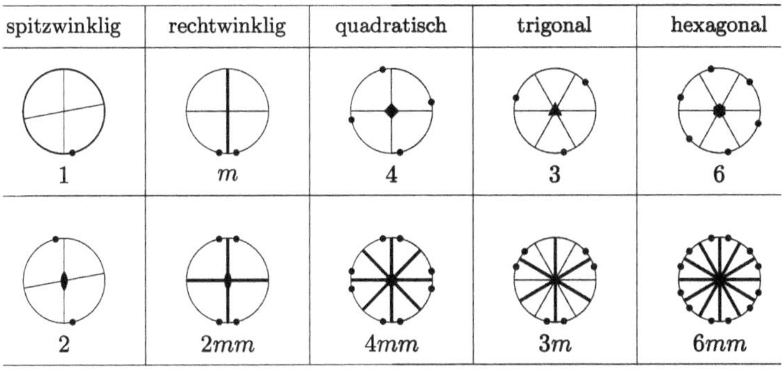

spitzwinklig	rechtwinklig	quadratisch	trigonal	hexagonal
1	m	4	3	6
2	$2mm$	$4mm$	$3m$	$6mm$

das zweidimensionale Analogon zu den 32 dreidimensionalen kristallographischen bzw. konventionellen Punktgruppen (Kristallklassen) dar.

Wenn die Symmetrie nach morphologischen Merkmalen nicht eindeutig bestimmt werden kann, gibt es die Möglichkeit, bestimmte kristallphysikalische Effekte zur Entscheidung heranzuziehen. So können Pyroelektrizität, Ferroelektrizität, Piezoelektrizität, optische Aktivität, bestimmte polarisationsoptische Eigenschaften oder die Generation von optischen Harmonischen nur in gewissen Kristallklassen auftreten. Selbstverständlich wird mit einer vollständigen Strukturbestimmung auch die Frage nach der Kristallklasse entschieden, jedoch bedeutet es gerade eine wesentliche Erleichterung, wenn bei einer Strukturbestimmung von der Kenntnis der Kristallklasse ausgegangen werden kann.

1.8 Kristallverwachsungen, Zwillinge

Bei der morphologischen Untersuchung von Kristallen und ihrer Symmetrie trifft man häufig auf Erscheinungen, die daraus resultieren, dass Kristalle zusammengewachsen sind. Von besonderer Bedeutung sind dabei Verwachsungen, die nach bestimmten Gesetzmäßigkeiten entstanden sind. Da gibt es zunächst die Parallelverwachsungen, bei denen die einzelnen Kristallindividuen in paralleler Orientierung zusammenhängen

(Abb. 1.97). Sämtliche tautozonalen Kanten und Flächen verlaufen parallel zueinander, so dass die Parallelverwachsungen am besten den Verzerrungen (vgl. Abb. 1.9) zur Seite zu stellen sind.

Zum Unterschied davon gibt es Zwillinge, bei denen die zusammenhängenden Kristallindividuen (es können auch mehr als zwei sein) eine unterschiedliche, jedoch genau festliegende Orientierung haben. Die Beziehung der einzelnen Zwillingsindividuen zueinander kann dabei verschiedenen Gesetzmäßigkeiten folgen, die nicht allgemein definiert oder abgegrenzt sind. Wir wollen im Hinblick auf die zuvor abgehandelten Kristallklassen auf einige Zwillingsgesetze eingehen, die auf kristallographischen Symmetrieoperationen beruhen.

So können die beiden Zwillingspartner durch eine Spiegelebene aufeinander bezogen werden, die einer bestimmten (rationalen) Fläche (*hkl*) entspricht. Man bezeichnet diese Spiegelebene als Zwillingsebene und spricht von einem „Zwilling nach (*hkl*)". Ein Beispiel ist das Spinellgesetz, das in der Klasse *m*3̄*m* auftritt und bei dem die (111)-Ebene die Zwillingsebene ist (Abb. 1.98 und 1.99).

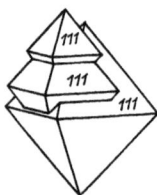

Abb. 1.97: Parallelverwachsung von Oktaedern (Spinell). Nach Phillips (1972).

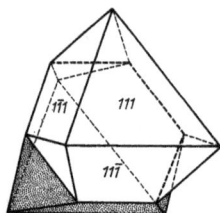

Abb. 1.98: Spinell, Zwilling nach (111) (Spinellgesetz).

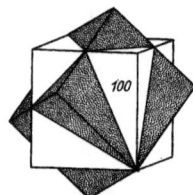

Abb. 1.99: Fluorit (Flussspat), Zwilling nach (111) (Spinellgesetz).

Durch die Zwillingsebene bzw. das Zwillingsgesetz wird wohlgemerkt nur die Orientierung der Zwillingspartner zueinander beschrieben. In Abb. 1.98 ist die Zwillingsebene zugleich die Verwachsungsfläche, und man spricht in solchen Fällen von Berührungs- oder Kontaktzwillingen. Das braucht jedoch nicht zwangsläufig so zu sein, sondern die Zwillingspartner können sich wie in Abb. 1.99 gegenseitig durchdringen, wobei die Verwachsungsfläche ganz unregelmäßig verlaufen kann: Man spricht dann von Durchwachsungs- oder Penetrationszwillingen. Auch im Fall von Abb. 1.99 wird die Orientierung der beiden Zwillingspartner entsprechend dem Spinellgesetz durch eine Spiegelung an (111) aufeinander bezogen. Die Zwillingsbildung kann sich auch mehrfach wiederholen (Abb. 1.100) und bis zu einer Ausbildung mikroskopisch feiner Zwillingslamellen führen; in solchen Fällen spricht man von polysynthetischer Verzwillingung. Geeignete Viellingsbildungen können sich auch zu ring- oder sternartigen Körpern zusammenfügen. Zwillings- und Viellingsgebilde täuschen oft eine höhere Symmetrie vor, als in der betreffenden Kristallklasse vorliegt. Grundsätzlich sind die das Zwillingsgesetz beschreibenden Symmetrieelemente in der betreffenden Kristallklasse nicht vorhanden, sondern treten bei der Zwillingsbildung zusätzlich in Erscheinung. Charakteristisch für Zwillingsbildungen sind einspringende Winkel, doch müssen sie nicht unbedingt auftreten.

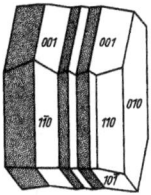

Abb. 1.100: Albit, polysynthetische Verzwillingung nach (010) (Albitgesetz).

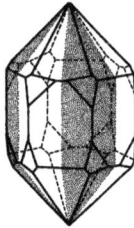

Abb. 1.101: Quarz, Zwilling nach (11$\bar{2}$0) (Brasilianer Gesetz).

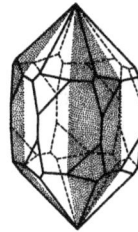

Abb. 1.102: Quarz, Zwilling nach [00.1] (Dauphinéer Gesetz, Linksform).

Neben den durch eine Zwillingsebene bestimmten Zwillingsgesetzen gibt es Zwillingsbildungen, bei denen die Orientierung der Zwillingspartner durch Drehung um eine Achse (um 180°) aufeinander bezogen wird. Man bezeichnet diese Achse als Zwillingsachse und spricht von einem „Zwilling nach [uvw]". In Abb. 1.101 und 1.102 sind zwei äußerlich sehr ähnliche Verzwillingungen von Quarz, einmal nach einer Ebene, zum anderen nach einer Achse gegenübergestellt; man erkennt den Unterschied an der Verteilung der Trapezoederflächen (vgl. Abb. 1.70). Es gibt sogar Quarzkristalle, die nach beiden Gesetzen gleichzeitig verzwillingt sind, wie allgemein an Viellingsgebilden verschiedene Zwillingsgesetze gleichzeitig wirksam sein können. In den Lehrbüchern der Mineralogie werden viele weitere Zwillingsgesetze mit Beispielen behandelt.

1.9 Symmetrie von Kristallstrukturen

Die makroskopische Symmetrie der Kristalle, wie wir sie in den vorangegangenen Abschnitten kennen gelernt haben, wird durch die Symmetrie ihres atomaren Aufbaus, d. h. durch die Symmetrie der Kristallstruktur, bedingt. Zwischen beiden Symmetrien besteht eine enge Korrespondenz, doch gibt es einen wesentlichen Unterschied: Die makroskopische Symmetrie, die durch die 32 Kristallklassen (kristallographischen Punktgruppen) beschrieben wird, bezieht sich auf die Äquivalenz von Richtungen hinsichtlich der anisotropen physikalischen Eigenschaften eines Kristalls. Das gilt auch für die Kristallflächen, die gleichfalls nur durch ihre Richtungen bzw. ihre Flächennormalen festgelegt sind. Damit bei der Ausführung der Symmetrieoperationen der Kristall auf sich selbst abgebildet wird müssen die Symmetrieelemente den

Ursprung des Koordinatensystems unverändert lassen, d. h. sie müssen durch den Ursprung des Koordinatensystems gehen (Drehachsen) bzw. diesen enthalten (Inversionszentrum, Spiegelebenen).

Hingegen bezieht sich die Symmetrie einer Kristallstruktur unmittelbar auf die Anordnung der Atome, d. h. auf ihre Position in der Struktur. Die Lage der einzelnen Symmetrieelemente in der Struktur ist dann sehr wohl wesentlich, und im Allgemeinen verlaufen die verschiedenen Symmetrieelemente auch nicht mehr alle durch einen gemeinsamen Punkt. Da eine (dreidimensional periodische) Kristallstruktur aus miteinander identischen Elementarzellen zusammengesetzt ist, interessiert letztlich nur die Lage der Symmetrieelemente in einer Elementarzelle. Diese Symmetrieelemente müssen sich in allen Elementarzellen wiederholen, so dass wir es stets mit Scharen paralleler Symmetrieelemente zu tun haben. Abb. 1.103 zeigt als einfaches Beispiel eine Kristallstruktur mit einer zweizähligen Drehachse (die Kristallstruktur sei hier nur durch einen Punkt x, y, z und dessen symmetriebedingte Wiederholungen dargestellt). Diese zweizählige Drehachse wiederholt sich im Abstand der Gittertranslationen, wodurch die in Abb. 1.103 schwarz gezeichnete Schar von parallelen zweizähligen Drehachsen entsteht. Wie man sieht, entstehen aber gleichzeitig durch Kombination der Gittertranslationen mit den schwarz gezeichneten Drehachsen noch weitere Scharen (hier grau gezeichneter) zweizähliger Drehachsen, die alle parallel sind. Schwarz und grau dargestellte Drehachsen sind untereinander äquivalent. Schon bei diesem einfachen Beispiel ist also in einer Elementarzelle eine ganze Reihe von Symmetrieelementen vorhanden.

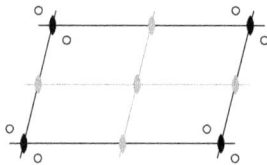

Abb. 1.103: Raumgruppe P2. Projektion in Richtung der $\vec{b}$-Achse.

Betrachtet man Abb. 1.103 im Einzelnen, so zeigt sich, dass man zur vollständigen Beschreibung der Struktur jetzt nicht mehr die Kenntnis einer ganzen Elementarzelle benötigt: Hierzu genügt in diesem Fall die Angabe nur einer Hälfte der Elementarzelle, wie sie z. B. durch $0 \leq x < \frac{1}{2}; 0 \leq y < 1; 0 \leq z < 1$ gekennzeichnet ist. Ein solcher Teilbereich einer Elementarzelle, der zur Beschreibung einer Kristallstruktur minimal erforderlich ist, wird als asymmetrische Einheit bezeichnet.

1.9.1 Schraubenachsen und Gleitspiegelebenen

Neben den uns schon bekannten Symmetrieelementen – den Drehachsen 2, 3, 4, 6 und den Drehinversionsachsen $\bar{1}$ (Inversionszentrum), $\bar{2} \equiv m$ (Spiegelebene), $\bar{3}, \bar{4}, \bar{6}$ gibt es bei den Kristallstrukturen noch weitere, neuartige Symmetrieelemente, die aus einer Kopplung der bereits bekannten Symmetrieoperationen mit einer Translation hervorgehen. Die Kopplung einer Drehung mit einer Translation ergibt eine Schraubung, die Kopplung einer Spiegelung mit einer Translation ergibt eine Gleitspiegelung. Die zugehörigen Symmetrieelemente werden als Schraubenachse bzw. als Gleitspiegelebene bezeichnet.

Eine Schraubung besteht aus einer Drehung und einer gleichzeitigen Verschiebung um eine bestimmte Distanz in Richtung der Achse der Drehung, d. h. der Schraubenachse. Da im Abstand einer Gitterkonstante in Richtung der Schraubenachse bereits wieder ein identischer Punkt folgen muss, kann diese Verschiebung nur einen mit der Zähligkeit der Drehung korrespondierenden Bruchteil der betreffenden Gitterkonstante betragen. Sei c die Gitterkonstante in Richtung der Schraubenachse und n die Zähligkeit der Drehung ($n = 2, 3, 4$ oder 6), so sind nur Verschiebungen um Beträge pc/n mit $p = 1, 2, \ldots, (n-1)$ möglich. Die Schraubenachsen werden dann mit dem Symbol n_p gekennzeichnet. Die gewöhnlichen Drehachsen werden in diesem Zusammenhang auch mit n_0 gekennzeichnet (Abb. 1.104).

Dementsprechend symbolisiert 2_0 eine gewöhnliche zweizählige Drehachse, die in Abb. 1.104 lediglich mit einer Translation um die volle Gitterkonstante c kombiniert erscheint: Ein Punkt wiederholt sich sowohl bei einer Drehung um 180° als auch bei einer Parallelverschiebung um c. Bei einer Schraubenachse 2_1 ist eine Drehung um 180° hingegen gleichzeitig mit einer Parallelverschiebung um $\frac{c}{2}$ gekoppelt. Eine Wiederholung dieser Operation führt dann wieder auf einen (um die Gitterkonstante c zum Ausgangspunkt verschobenen) identischen Punkt.

Mit 3_0 wird eine gewöhnliche dreizählige Drehachse symbolisiert. Bei einer Schraubenachse 3_1 wird eine Drehung um 120° mit einer Parallelverschiebung um $\frac{c}{3}$ gekoppelt. Eine Wiederholung dieser Operation führt auf einen weiteren Punkt, der gegenüber dem Ausgangspunkt um 240° gedreht und um $\frac{2}{3}c$ verschoben ist, und eine abermalige Wiederholung führt (im dritten Schritt) wieder zu einem identischen Punkt (verschoben um c). Nun gibt es aber auch noch die Möglichkeit, mit einer Drehung um 120° in der umgekehrten Richtung (d. h. mit einer Drehung um 240° in der positiven Richtung) und einer Verschiebung um $\frac{c}{3}$ zu beginnen. Das führt auf eine entsprechende linksläufige Schraubung, die zu der ersten enantiomorph ist. Man bezeichnet diese Schraubenachse mit 3_2, was eine etwas umständlichere Ableitung impliziert: Eine (positive) Drehung von 120° wird mit einer Verschiebung $\frac{2}{3}c$ gekoppelt. Der nächste Punkt folgt dann nach abermaliger Drehung im Abstand $\frac{4}{3}c$ und schließlich nach nochmaliger Drehung wieder ein identischer Punkt, jedoch im Abstand $2c$. Da der Identitätsabstand hingegen c betragen soll, folgen aus dieser Translation die dazwischenliegenden Punkte im Abstand $\frac{c}{3}$ und $\frac{5}{3}c$, so dass sich insgesamt die zuerst beschriebene linksläufige Schraubung mit der Translationskomponente $\frac{c}{3}$ ergibt.

In analoger Weise erklären sich die vierzähligen Achsen 4_0, 4_1, 4_2 und 4_3 sowie die sechszähligen Achsen 6_0, 6_1, 6_2, 6_3, 6_4 und 6_5. Die Schraubenachsen 4_1 und 4_3, 6_1 und 6_5 sowie 6_2 und 6_4 haben jeweils entgegengesetzten Windungssinn und sind

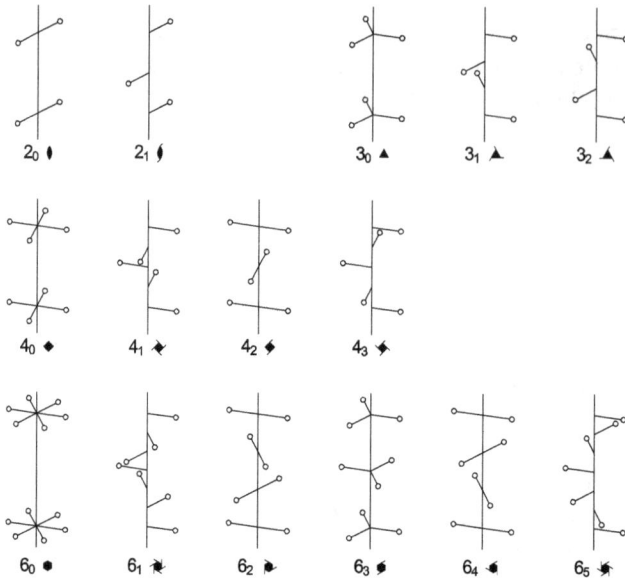

Abb. 1.104: Die Symmetrieachsen der Kristallstrukturen (Schraubenachsen).

zueinander enantiomorph. Nach der üblichen Konvention über die Händigkeit, den Windungssinn und die Benennung von Rechts- und Linksschrauben windet sich eine Rechtsschraube im Uhrzeigersinn vom Betrachter weg und entgegen dem Uhrzeigersinn auf den Betrachter zu und umgekehrt. Demnach sind 3_1, 4_1, 6_1 und 6_2 rechte Schraubenachsen, hingegen 3_2, 4_3, 6_4 und 6_5 linke Schraubenachsen. Die übrigen Schraubenachsen sind nicht enantiomorph.

Wie aus Abb. 1.104 hervorgeht, enthalten die Schraubenachsen 4_1 und 4_3 jeweils auch eine zweizählige Schraubenachse 2_1. Die Schraubenachse 4_2 enthält eine gewöhnliche zweizählige Drehachse 2_0. Die Schraubenachsen 6_1 und 6_5 enthalten gleichzeitig eine zweizählige Schraubenachse 2_1 sowie eine dreizählige Schraubenachse 3_1 bzw. 3_2. Die Schraubenachsen 6_2 und 6_4 enthalten gleichzeitig sowohl eine zweizählige Drehachse 2_0 als auch eine dreizählige Schraubenachse 3_2 bzw. 3_1. Die Schraubenachse 6_3 enthält gleichzeitig eine zweizählige Schraubenachse 2_1 und eine dreizählige Drehachse 3_0.

Eine Gleitspiegelung entsteht durch die Kopplung einer Spiegelung mit einer Verschiebung um den halben Identitätsabstand (also z. B. um $\frac{c}{2}$) parallel zur betreffenden Gleitspiegelebene (Abb. 1.105). Auf den ersten Blick könnte es scheinen, als ob eine Gleitspiegelebene und eine zweizählige Schraubenachse 2_1 gleichwertig wären. Aber das ist keineswegs der Fall! Punktmengen, die durch eine Schraubung ineinander überführt werden, sind kongruent (wie bei einer gewöhnlichen Drehung). Hingegen sind Punktmengen, die durch eine Gleitspiegelung aufeinander bezogen werden, im Allgemeinen nur spiegelgleich oder enantiomorph (wie bei einer gewöhnli-

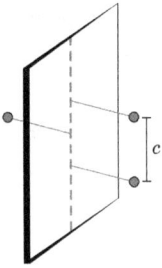

Abb. 1.105: Gleitspiegelebene (010) mit Gleitkomponente $\frac{1}{2}\vec{c}$.

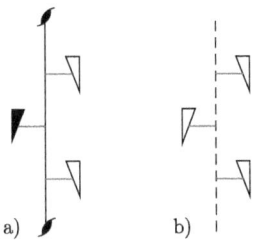

Abb. 1.106: 2_1-Schraubenachse (a) und Gleitspiegelebene (b). Bei den Dreiecken werden Vorderseite (weiß) und Rückseite (schwarz) unterschieden.

chen Spiegelung). Das wird anschaulicher, wenn man als Strukturmotiv anstelle von Punkten unsymmetrische Dreiecke verwendet, denen noch eine Orientierung in der dritten Dimension zugeordnet wird (Abb. 1.106).

Erfolgt bei einer Gleitspiegelung die Verschiebung um $\frac{c}{2}$ (also in Richtung der $\vec{c}$-Achse wie in Abb. 1.105, wobei wir gleichzeitig zur vektoriellen Schreibweise übergehen), so erhält die Gleitspiegelebene das Symbol c. Entsprechend gibt es Gleitspiegelebenen a und b. Eine Gleitspiegelebene a kann nur parallel einer Fläche (010), (001), (011) oder ($0\bar{1}1$) liegen, eine Gleitspiegelebene b nur parallel (100), (001), (101) oder ($\bar{1}10$), eine Gleitspiegelebene c nur parallel (100), (010), (110) oder ($\bar{1}10$). Bei rhomboedrischen Achsen bedeutet c auch eine Gleitspiegelebene mit der Gleitkomponente $\frac{1}{2}(\vec{a}_1^{\,r} + \vec{a}_2^{\,r} + \vec{a}_3^{\,r})$. Das Symbol n bedeutet eine Gleitkomponente in diagonaler Richtung, also $\frac{1}{2}(\vec{a} + \vec{b})$, wenn die Gleitspiegelebene $\parallel$ (001) liegt, $\frac{1}{2}(\vec{b} + \vec{c})$ für eine Gleitspiegelebene $\parallel$ (100) und $\frac{1}{2}(\vec{c} + \vec{a})$ für eine Gleitspiegelebene $\parallel$ (010). Im tetragonalen und im kubischen System tritt n auch mit der Gleitkomponente $\frac{1}{2}(\vec{a} + \vec{b} + \vec{c})$ auf. Mit d werden Gleitspiegelebenen gekennzeichnet, die die Gleitkomponenten $\frac{1}{4}(\vec{a} + \vec{b})$, $\frac{1}{4}(\vec{b} + \vec{c})$ oder $\frac{1}{4}(\vec{c} + \vec{a})$ besitzen. Außerdem kommen im tetragonalen und im kubischen Kristallsystem Gleitspiegelebenen d mit der Gleitkomponente $\frac{1}{4}(\vec{a} + \vec{b} + \vec{c})$ vor.

1.9.2 Analytische Darstellung von strukturellen Symmetrieoperationen

Eine Symmetrieoperation lässt sich allgemein als eine Drehung bzw. Drehinversion um den Ursprung des Koordinatensystems mit einer anschließenden Translation beschreiben. Durch die Symmetrieoperation werde ein Punkt X mit den Koordinaten

x, y, z in einen Punkt X' mit den Koordinaten x', y', z' überführt. Wie in Abschnitt 1.5.2 dargelegt, wird eine Symmetrieoperation, die den Koordinatenursprung invariant lässt, durch ein homogenes lineares Gleichungssystem dargestellt. Durch eine anschließende Translation wird auch der Punkt des Koordinatenursprungs verschoben, und man erhält ein inhomogenes lineares Gleichungssystem

$$
\begin{aligned}
x' &= s_{11}x + s_{12}y + s_{13}z + t_1 \\
y' &= s_{21}x + s_{22}y + s_{23}z + t_2 \\
z' &= s_{31}x + s_{32}y + s_{33}z + t_3
\end{aligned}
\tag{1.28}
$$

mit Koeffizienten s_{ij}, die in bekannter Weise in Form einer quadratischen Matrix geschrieben werden können und die betreffende Drehung (bzw. Drehinversion) darstellen, und den absoluten Gliedern t_1, t_2, t_3 als Komponenten der Translation. Durch letztere werden einmal die Schraub- und Gleitkomponenten von Schraubenachsen bzw. Gleitspiegelebenen dargestellt, zum anderen treten sie auch auf, wenn ein Symmetrieelement nicht durch den Koordinatenursprung verläuft. Beispielsweise lautet das Gleichungssystem für die erzeugende Symmetrieoperation einer Schraubenachse 4_1, die als $\vec{c}$-Achse durch den Ursprung verläuft

$$
x' = -y; \quad y' = x; \quad z' = z + \frac{1}{4}.
$$

Für die in Abb. 1.103 als $\vec{b}$-Achse durch den Ursprung verlaufende zweizählige Drehachse lautet das (in diesem Fall homogene) Gleichungssystem

$$
x' = -x; \quad y' = y; \quad z' = -z.
$$

Hingegen lautet für die parallel durch den Mittelpunkt der Elementarzelle verlaufende zweizählige Drehachse das (in diesem Fall inhomogene) Gleichungssystem

$$
x' = -x + 1; \quad y' = y; \quad z' = z + 1.
$$

Man kann diese inhomogenen Gleichungssysteme auch durch eine quadratische Matrix mit vier Zeilen und Spalten darstellen: In die vierte Spalte werden die Translationskomponenten geschrieben, und in die vierte Zeile werden Nullen und an letzter Stelle eine Eins gesetzt, also

$$
\begin{pmatrix}
s_{11} & s_{12} & s_{13} & t_1 \\
s_{21} & s_{22} & s_{23} & t_2 \\
s_{31} & s_{32} & s_{33} & t_3 \\
0 & 0 & 0 & 1
\end{pmatrix}.
\tag{1.29}
$$

Für die oben angeführte Schraubenachse 4_1 ergibt sich aus (1.29) beispielsweise die Form

$$\begin{pmatrix} 0 & \bar{1} & 0 & 0 \\ 1 & 0 & 0 & 0 \\ 0 & 0 & 1 & \frac{1}{4} \\ 0 & 0 & 0 & 1 \end{pmatrix}.$$

Diese Matrixschreibweise hat den Vorteil, dass sich das in Abschnitt 1.5.2 ausgeführte Kalkül der Matrixmultiplikation anwenden lässt, um die Verknüpfung von zwei oder mehr Symmetrieoperationen oder deren Transformation in andere Positionen darzustellen (Wondratschek u. Neubüser (1967)).

1.9.3 Raumgruppen

Die Symmetrie der Kristallstrukturen wird durch Kombinationen der besprochenen strukturellen Symmetrieelemente (Drehachsen, Drehinversionsachsen inkl. Inversionszentrum und Spiegelebenen, Schraubenachsen, Gleitspiegelebenen) mit den 14 Translationsgittern (Bravais-Gittern) beschrieben. Nachdem Sohncke[28] schon 1879 die sog. Bewegungsgruppen abgeleitet hatte, die nur Drehungen und Schraubungen enthalten (es gibt deren 65), führte die systematische Untersuchung unter Berücksichtigung auch der Spiegelungen und Drehspiegelungen durch Schoenflies (1891) sowie Fedorov (1891) auf insgesamt 230 verschiedene mögliche Kombinationen solcher Symmetrieelemente mit Translationsgittern, die als Raumgruppen bezeichnet werden. Dementsprechend lassen sich die Kristallstrukturen nach ihrer Symmetrie in 230 Klassen, eben die 230 Raumgruppen, einteilen (Tab. 1.11). Eine Raumgruppe besteht aus einer unbegrenzten Menge von Symmetrieoperationen, da sich sowohl die Gittertranslationen als auch die Symmetrieelemente unbegrenzt oft wiederholen.

Die Hermann–Mauguin Symbole für die Raumgruppen sind Erweiterungen der in Abschnitt 1.5.5 beschriebenen Hermann–Mauguin Symbole der 32 kristallographischen Punktgruppen. Das Hermann–Mauguin Symbol für eine Raumgruppe beginnt mit einem Großbuchstaben, der angibt, um was für ein Bravais-Gitter es sich handelt, d. h. *P* steht für primitiv, *F* für flächenzentriert, *I* für innenzentriert etc. (vgl. Abb. 1.5). Die Symbole der erzeugenden bzw. kennzeichnenden Symmetrieelemente sind in der Reihenfolge der „Blickrichtungen" wie in Abschnitt 1.5.5 beschrieben und in Tab. 1.6 zusammengefasst, hinzugefügt. In vielen Fällen gibt es ein vollständiges sowie ein gekürztes Symbol; aus beiden lassen sich u. a. sowohl das betreffende Kristallsystem als auch die Kristallklasse ablesen (worauf noch zurückzukommen sein wird). Daneben

---

28 Leonhard Sohncke (22.2.1842–1.11.1897).

Tab. 1.11: Die 230 Raumgruppen nach *International Tables for Crystallography* (Mois I. Aroyo (Hrsg.) (2016)).

Nr.	Internationales Symbol (kurz)	Vollst. Symbol (Hermann–Mauguin)	Symbol nach Schoenflies
1	$P1$	$P1$	C_1^1
2	$P\bar{1}$	$P\bar{1}$	C_i^1, S_2^1
3	$P2$	$P121$	C_2^1
4	$P2_1$	$P12_11$	C_2^2
5	$C2$	$C121$	C_2^3
6	Pm	$P1m1$	C_s^1, C_{1h}^1
7	Pc	$P1c1$	C_s^2, C_{1h}^2
8	Cm	$C1m1$	C_s^3, C_{1h}^3
9	Cc	$C1c1$	C_s^4, C_{1h}^4
10	$P2/m$	$P12/m1$	C_{2h}^1
11	$P2_1/m$	$P12_1/m1$	C_{2h}^2
12	$C2/m$	$C12/m1$	C_{2h}^3
13	$P2/c$	$P12/c1$	C_{2h}^4
14	$P2_1/c$	$P12_1/m1$	C_{2h}^5
15	$C2/c$	$C12/c1$	C_{2h}^6
16	$P222$	$P222$	D_2^1, V^1
17	$P222_1$	$P222_1$	D_2^2, V^2
18	$P2_12_12$	$P2_12_12$	D_2^3, V^3
19	$P2_12_12_1$	$P2_12_12_1$	D_2^4, V^4
20	$C222_1$	$C222_1$	D_2^5, V^5
21	$C222$	$C222$	D_2^6, V^6
22	$F222$	$F222$	D_2^7, V^7
23	$I222$	$I222$	D_2^8, V^8
24	$I2_12_12_1$	$I2_12_12_1$	D_2^9, V^9
25	$Pmm2$	$Pmm2$	C_{2v}^1
26	$Pmc2_1$	$Pmc2_1$	C_{2v}^2
27	$Pcc2$	$Pcc2$	C_{2v}^3
28	$Pma2$	$Pma2$	C_{2v}^4
29	$Pca2_1$	$Pca2_1$	C_{2v}^5
30	$Pnc2$	$Pnc2$	C_{2v}^6
31	$Pmn2_1$	$Pmn2_1$	C_{2v}^7
32	$Pba2$	$Pba2$	C_{2v}^8
33	$Pna2_1$	$Pna2_1$	C_{2v}^9
34	$Pnn2$	$Pnn2$	C_{2v}^{10}
35	$Cmm2$	$Cmm2$	C_{2v}^{11}
36	$Cmc2_1$	$Cmc2_1$	C_{2v}^{12}
37	$Ccc2$	$Ccc2$	C_{2v}^{13}
38	$Amm2$	$Amm2$	C_{2v}^{14}
39	$Abm2$	$Abm2$	C_{2v}^{15}
40	$Ama2$	$Ama2$	C_{2v}^{16}
41	$Aba2$	$Aba2$	C_{2v}^{17}
42	$Fmm2$	$Fmm2$	C_{2v}^{18}
43	$Fdd2$	$Fdd2$	C_{2v}^{19}
44	$Imm2$	$Imm2$	C_{2v}^{20}
45	$Iba2$	$Iba2$	C_{2v}^{21}
46	$Ima2$	$Ima2$	C_{2v}^{22}

Nr.	Hermann–Mauguin		Schoenflies
47	$Pmmm$	$P2/m2/m2/m$	D_{2h}^1, V_h^1
48	$Pnnn$	$P2/n2/n2/n$	D_{2h}^2, V_h^2
49	$Pccm$	$P2/c2/c2/m$	D_{2h}^3, V_h^3
50	$Pban$	$P2/b2/a2/n$	D_{2h}^4, V_h^4
51	$Pmma$	$P2_1/m2/m2/a$	D_{2h}^5, V_h^5
52	$Pnna$	$P2/n2_1/n2/a$	D_{2h}^6, V_h^6
53	$Pmna$	$P2/m2/n2_1/a$	D_{2h}^7, V_h^7
54	$Pcca$	$P2_1/c2/c2/a$	D_{2h}^8, V_h^8
55	$Pbam$	$P2_1/b2_1/a2/m$	D_{2h}^9, V_h^9
56	$Pccn$	$P2_1/c2_1/c2/n$	D_{2h}^{10}, V_h^{10}
57	$Pbcm$	$P2/b2_1/c2_1/m$	D_{2h}^{11}, V_h^{11}
58	$Pnnm$	$P2_1/n2_1/n2/m$	D_{2h}^{12}, V_h^{12}
59	$Pmmn$	$P2_1/m2_1/m2/n$	D_{2h}^{13}, V_h^{13}
60	$Pbcn$	$P2_1/b2/c2_1/n$	D_{2h}^{14}, V_h^{14}
61	$Pbca$	$P2_1/b2_1/c2_1/a$	D_{2h}^{15}, V_h^{15}
62	$Pnma$	$P2_1/n2_1/m2_1/a$	D_{2h}^{16}, V_h^{16}
63	$Cmcm$	$C2/m2/c2_1/m$	D_{2h}^{17}, V_h^{17}
64	$Cmca$	$C2/m2/c2_1/a$	D_{2h}^{18}, V_h^{18}
65	$Cmmm$	$C2/m2/m2/m$	D_{2h}^{19}, V_h^{19}
66	$Cccm$	$C2/c2/c2/m$	D_{2h}^{20}, V_h^{20}
67	$Cmma$	$C2/m2/m2/a$	D_{2h}^{21}, V_h^{21}
68	$Ccca$	$C2/c2/c2/a$	D_{2h}^{22}, V_h^{22}
69	$Fmmm$	$F2/m2/m2/m$	D_{2h}^{23}, V_h^{23}
70	$Fddd$	$F2/d2/d2/d$	D_{2h}^{24}, V_h^{24}
71	$Immm$	$I2/m2/m2/m$	D_{2h}^{25}, V_h^{25}
72	$Ibam$	$I2/b2/a2/m$	D_{2h}^{26}, V_h^{26}
73	$Ibca$	$I2_1/b2_1/c2_1/a$	D_{2h}^{27}, V_h^{27}
74	$Imma$	$I2_1/m2_1/m2_1/a$	D_{2h}^{28}, V_h^{28}
75	$P4$	$P4$	C_4^1
76	$P4_1$	$P4_1$	C_4^2
77	$P4_2$	$P4_2$	C_4^3
78	$P4_3$	$P4_3$	C_4^4
79	$I4$	$I4$	C_4^5
80	$I4_1$	$I4_1$	C_4^6
81	$P\bar{4}$	$P\bar{4}$	S_4^1
82	$I\bar{4}$	$I\bar{4}$	S_4^2
83	$P4/m$	$P4/m$	C_{4h}^1
84	$P4_2/m$	$P4_2/m$	C_{4h}^2
85	$P4/n$	$P4/n$	C_{4h}^3
86	$P4_2/n$	$P4_2/n$	C_{4h}^4
87	$I4/m$	$I4/m$	C_{4h}^5
88	$I4_1/a$	$I4_1/a$	C_{4h}^6

Nr.	Hermann–Mauguin		Schoenflies
89	$P422$	$P422$	D_4^1
90	$P42_12$	$P42_12$	D_4^2
91	$P4_122$	$P4_122$	D_4^3
92	$P4_12_12$	$P4_12_12$	D_4^4
93	$P4_222$	$P4_222$	D_4^5
94	$P4_22_12$	$P4_22_12$	D_4^6
95	$P4_322$	$P4_322$	D_4^7
96	$P4_32_12$	$P4_32_12$	D_4^8
97	$I422$	$I422$	D_4^9
98	$I4_122$	$I4_122$	D_4^{10}
99	$P4mm$	$P4mm$	C_{4v}^1
100	$P4bm$	$P4bm$	C_{4v}^2
101	$P4_2cm$	$P4_2cm$	C_{4v}^3
102	$P4_2nm$	$P4_2nm$	C_{4v}^4
103	$P4cc$	$P4cc$	C_{4v}^5
104	$P4nc$	$P4nc$	C_{4v}^6
105	$P4_2mc$	$P4_2mc$	C_{4v}^7
106	$P4_2bc$	$P4_2bc$	C_{4v}^8
107	$I4mm$	$I4mm$	C_{4v}^9
108	$I4cm$	$I4cm$	C_{4v}^{10}
109	$I4_1md$	$I4_1md$	C_{4v}^{11}
110	$I4_1cd$	$I4_1cd$	C_{4v}^{12}
111	$P\bar{4}2m$	$P\bar{4}2m$	D_{2d}^1, V_d^1
112	$P\bar{4}2c$	$P\bar{4}2c$	D_{2d}^2, V_d^2
113	$P\bar{4}2_1m$	$P\bar{4}2_1m$	D_{2d}^3, V_d^3
114	$P\bar{4}2_1c$	$P\bar{4}2_1c$	D_{2d}^4, V_d^4
115	$P\bar{4}m2$	$P\bar{4}m2$	D_{2d}^5, V_d^5
116	$P\bar{4}c2$	$P\bar{4}c2$	D_{2d}^6, V_d^6
117	$P\bar{4}b2$	$P\bar{4}b2$	D_{2d}^7, V_d^7
118	$P\bar{4}n2$	$P\bar{4}n2$	D_{2d}^8, V_d^8
119	$I\bar{4}m2$	$I\bar{4}m2$	D_{2d}^9, V_d^9
120	$I\bar{4}c2$	$I\bar{4}c2$	D_{2d}^{10}, V_d^{10}
121	$I\bar{4}2m$	$I\bar{4}2m$	D_{2d}^{11}, V_d^{11}
122	$I\bar{4}2d$	$I\bar{4}2d$	D_{2d}^{12}, V_d^{12}
123	$P4/mmm$	$P4/m2/m2/m$	D_{4h}^1
124	$P4/mcc$	$P4/m2/c2/c$	D_{4h}^2
125	$P4/nbm$	$P4/n2/b2/m$	D_{4h}^3
126	$P4/nnc$	$P4/n2/n2/c$	D_{4h}^4
127	$P4/mbm$	$P4/m2_1/b2/m$	D_{4h}^5
128	$P4/mnc$	$P4/m2_1/n2/c$	D_{4h}^6
129	$P4/nmm$	$P4/n2_1/m2/m$	D_{4h}^7
130	$P4/ncc$	$P4/n2_1/c2/c$	D_{4h}^8
131	$P4_2/mmc$	$P4_2/m2/m2/c$	D_{4h}^9
132	$P4_2/mcm$	$P4_2/m2/c2/m$	D_{4h}^{10}
133	$P4_2/nbc$	$P4_2/n2/b2/c$	D_{4h}^{11}
134	$P4_2/nnm$	$P4_2/n2/n2/m$	D_{4h}^{12}
135	$P4_2/mbc$	$P4_2/m2_1/b2/c$	D_{4h}^{13}

Nr.	Hermann–Mauguin		Schoenflies
136	$P4_2/mnm$	$P4_2/m2_1/n2/m$	D_{4h}^{14}
137	$P4_2/nmc$	$P4_2/n2_1/m2/c$	D_{4h}^{15}
138	$P4_2/ncm$	$P4_2/n2_1/c2/m$	D_{4h}^{16}
139	$I4/mmm$	$I4/m2/m2/m$	D_{4h}^{17}
140	$I4/mcm$	$I4/m2/c2/m$	D_{4h}^{18}
141	$I4_1/amd$	$I4_1/a2/m2/d$	D_{4h}^{19}
142	$I4_1/acd$	$I4_1/a2/c2/d$	D_{4h}^{20}
143	$P3$	$P3$	C_3^1
144	$P3_1$	$P3_1$	C_3^2
145	$P3_2$	$P3_2$	C_3^3
146	$R3$	$R3$	C_3^4
147	$P\bar{3}$	$P\bar{3}$	C_{3i}^1, S_6^1
148	$R\bar{3}$	$R\bar{3}$	C_{3i}^2, S_6^2
149	$P312$	$P312$	D_3^1
150	$P321$	$P321$	D_3^2
151	$P3_112$	$P3_112$	D_3^3
152	$P3_121$	$P3_121$	D_3^4
153	$P3_212$	$P3_212$	D_3^5
154	$P3_221$	$P3_221$	D_3^6
155	$P32$	$R32$	D_3^7
156	$P3m1$	$P3m1$	C_{3v}^1
157	$P31m$	$P31m$	C_{3v}^2
158	$P3c1$	$P3c1$	C_{3v}^3
159	$P31c$	$P31c$	C_{3v}^4
160	$R3m$	$R3m$	C_{3v}^5
161	$R3c$	$R3c$	C_{3v}^6
162	$P\bar{3}1m$	$P\bar{3}12/m$	D_{3d}^1
163	$P\bar{3}1c$	$P\bar{3}12/c$	D_{3d}^2
164	$P\bar{3}m1$	$P\bar{3}2/m1$	D_{3d}^3
165	$P\bar{3}c1$	$P\bar{3}2/c1$	D_{3d}^4
166	$R\bar{3}m$	$R\bar{3}2/m$	D_{3d}^5
167	$R\bar{3}c$	$R\bar{3}2/c$	D_{3d}^6
168	$P6$	$P6$	C_6^1
169	$P6_1$	$P6_1$	C_6^2
170	$P6_5$	$P6_5$	C_6^3
171	$P6_2$	$P6_2$	C_6^4
172	$P6_4$	$P6_4$	C_6^5
173	$P6_3$	$P6_3$	C_6^6
174	$P\bar{6}$	$P\bar{6}$	C_{3h}^1
175	$P6/m$	$P6/m$	C_{6h}^1
176	$P6_3/m$	$P6_3/m$	C_{6h}^2
177	$P622$	$P622$	D_{6h}^1
178	$P6_122$	$P6_122$	D_{6h}^2
179	$P6_522$	$P6_522$	D_{6h}^3
180	$P6_222$	$P6_222$	D_{6h}^4
181	$P6_422$	$P6_422$	D_{6h}^5
182	$P6_322$	$P6_322$	D_{6h}^6

Nr.	Hermann–Mauguin		Schoenflies
183	$P6mm$	$P6mm$	C_{6v}^1
184	$P6cc$	$P6cc$	C_{6v}^2
185	$P6_3cm$	$P6_3cm$	C_{6v}^3
186	$P6_3mc$	$P6_3mc$	C_{6v}^4
187	$P\bar{6}m2$	$P\bar{6}m2$	D_{3h}^1
188	$P\bar{6}c2$	$P\bar{6}c2$	D_{3h}^2
189	$P\bar{6}2m$	$P\bar{6}2m$	D_{3h}^3
190	$P\bar{6}2c$	$P\bar{6}2c$	D_{3h}^4
191	$P6/mmm$	$P6/m2/m2/m$	D_{6h}^1
192	$P6/mcc$	$P6/m2/c2/c$	D_{6h}^2
193	$P6_3/mcm$	$P6_3/m2/c2/m$	D_{6h}^3
194	$P6_3/mmc$	$P6_3/m2/m2/c$	D_{6h}^4
195	$P23$	$P23$	T^1
196	$F23$	$F23$	T^2
197	$I23$	$I23$	T^3
198	$P2_13$	$P2_13$	T^4
199	$I2_13$	$I2_13$	T^5
200	$Pm\bar{3}$	$P2/m\bar{3}$	T_h^1
201	$Pn\bar{3}$	$P2/n\bar{3}$	T_h^2
202	$Fm\bar{3}$	$F2/m\bar{3}$	T_h^3
203	$Fd\bar{3}$	$F2/d\bar{3}$	T_h^4
204	$Im\bar{3}$	$I2/m\bar{3}$	T_h^5
205	$Pa\bar{3}$	$P2_1/a\bar{3}$	T_h^6
206	$Ia\bar{3}$	$I2_1/a\bar{3}$	T_h^7
207	$P432$	$P432$	O^1
208	$P4_232$	$P4_232$	O^2
209	$F432$	$F432$	O^3
210	$F4_132$	$F4_132$	O^4
211	$I432$	$I32$	O^5
212	$P4_332$	$P4_332$	O^6
213	$P4_132$	$P4_132$	O^7
214	$I4_132$	$I4_132$	O^8
215	$P\bar{4}3m$	$P\bar{4}3m$	T_d^1
216	$F\bar{4}3m$	$F\bar{4}3m$	T_d^2
217	$I\bar{4}3m$	$I\bar{4}3m$	T_d^3
218	$P\bar{4}3n$	$P\bar{4}3n$	T_d^4
219	$F\bar{4}3c$	$F\bar{4}3c$	T_d^5
220	$I\bar{4}3d$	$I\bar{4}3d$	T_d^6
221	$Pm\bar{3}m$	$P4/m\bar{3}2/m$	O_h^1
222	$Pn\bar{3}n$	$P4/n\bar{3}2/n$	O_h^2
223	$Pm\bar{3}n$	$P4_2/m\bar{3}2/n$	O_h^3
224	$Pn\bar{3}m$	$P4_2/n\bar{3}2/m$	O_h^4
225	$Fm\bar{3}m$	$F4/m\bar{3}2/m$	O_h^5
226	$Fm\bar{3}c$	$F4/m\bar{3}2/c$	O_h^6
227	$Fd\bar{3}m$	$F4_1/d\bar{3}2/m$	O_h^7
228	$Fd\bar{3}c$	$F4_1/d\bar{3}2/c$	O_h^8
229	$Im\bar{3}m$	$I4/m\bar{3}2/m$	O_h^9
230	$Ia\bar{3}d$	$I4_1/a\bar{3}2/d$	O_h^{10}

gibt es noch eine ältere Symbolik nach Schoenflies,[29] bei der die Raumgruppen einer Kristallklasse jeweils nur durchnummeriert werden.

Die einzelnen Raumgruppen sind in den *International Tables for Crystallography* (Mois I. Aroyo (Hrsg.) (2016)), einem umfangreichen Tabellenwerk, zusammengestellt, welches sowohl bildliche als auch algebraische Darstellungen der Raumgruppen sowie vielfältige weitere Informationen zur Symmetrie der Kristallstrukturen bzw. Kristalle enthält.

Da sich die Betrachtung der makroskopischen Symmetrie von Kristallen nur auf Richtungen bzw. Vektoren bezieht, für welche Translationen keine Rolle spielen, erhält man die Kristallklasse, der eine Raumgruppe zugehört, folgendermaßen: Von den Symmetrieoperationen der Raumgruppe bleiben die Translationskomponenten t_1, t_2, t_3 unberücksichtigt, und es werden nur die durch die dreireihigen Matrizen s_{ij} dargestellten homogenen Bestandteile betrachtet. Die Menge dieser Matrizen bzw. der durch sie dargestellten Symmetrieoperationen ist jeweils endlich und bildet die Punktgruppe (Kristallklasse) einer Raumgruppe.

Gedanklich kann man die Zuordnung einer Raumgruppe zur betreffenden Punktgruppe in der Weise vollziehen, dass man die Elementarzelle zu einem Punkt zusammenschrumpfen lässt, so dass alle Symmetrieelemente durch diesen einen Punkt als Ursprung des Koordinatensystems verlaufen und sämtliche Translationskomponenten verschwinden. Schraubenachsen und Gleitspiegelebenen wandeln sich dabei in gewöhnliche Drehachsen bzw. Spiegelebenen um. Raumgruppen, die weder Schraubenachse noch Gleitspiegelebenen enthalten, sondern nur die gleichen Symmetrieelemente wie ihre Punktgruppen, werden als symmorph bezeichnet.

Formell erhält man das Symbol der Punktgruppe (Kristallklasse) aus dem Raumgruppensymbol, indem man einfach den Großbuchstaben für den Bravais-Gittertyp fortlässt und nur die nachfolgenden Symbole der Symmetrieelemente hinschreibt, wobei man gegebenenfalls bei den Symbolen von Schraubenachsen deren Indizes fortzulassen und anstelle der verschiedenen Symbole von Gleitspiegelebenen das Symbol *m* einer gewöhnlichen Spiegelebene zu setzen hat. In Tab. 1.11 sind die Raumgruppen nach Kristallklassen unterteilt; das Symbol der jeweils ersten Raumgruppe ist ohne den Großbuchstaben *P* zugleich das Symbol der Kristallklasse. Wie man sieht, sind die Mengen der den einzelnen Kristallklassen zugeordneten Raumgruppen verschieden groß.

Als Beispiel wollen wir uns etwas näher mit den zur Punktgruppe (Kristallklasse) *m* gehörenden vier Raumgruppen *Pm*, *Pc*, *Cm* und *Cc* beschäftigen. Die monokline Punktgruppe *m* enthält eine Spiegelebene, die bei der üblichen Aufstellung parallel (010) liegt. Im monoklinen Kristallsystem gibt es die Möglichkeit eines *P*- (primitiven) und *C*- (basisflächenzentrierten) Gitters, deren Kombination mit *m* die Raumgruppen *Pm* und *Cm* ergibt. In einer Raumgruppe kann anstelle einer Spiegelebene *m* aber auch

29 Arthur Moritz Schoenflies (17.4.1853–27.5.1928).

eine Gleitspiegelebene a oder c treten. Beide Fälle unterscheiden sich lediglich in der Aufstellung, so dass man jeweils nur einen von ihnen zu berücksichtigen braucht, wofür man üblicherweise die Gleitspiegelebene c wählt: Hiermit erhält man die Punktgruppen Pc und Cc. In Abb. 1.107 sind die vier Raumgruppen dargestellt, wobei jeweils eine Elementarzelle abgebildet ist:

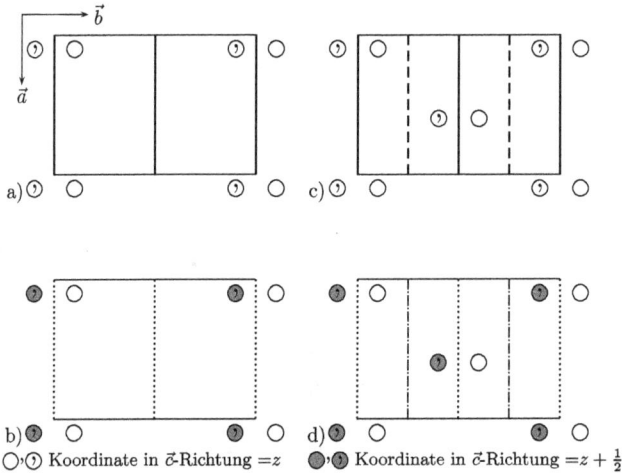

Abb. 1.107: Die zur Punktgruppe m gehörenden Raumgruppen. a) Pm; b) Pc; c) Cm; d) Cc. Projektionen in Richtung der $\vec{c}$-Achse (die $\vec{c}$-Achse steht nicht senkrecht auf der Zeichenebene, sondern schließt mit der $\vec{a}$-Achse den monoklinen Winkel β ein); spiegelbildlich äquivalente Punkte sind durch ein Komma gekennzeichnet.

Raumgruppe Pm (Abb. 1.107a): Nehmen wir einen Punkt X mit den Koordinaten x, y, z in einer allgemeinen Lage an, so geht durch Spiegelung an einer Spiegelebene m, die durch den Ursprung des Koordinatensystems $y = 0$ gelegt sei, aus diesem Punkt ein weiterer Punkt $x, \bar{y}, z$ hervor. Dieser Punkt ist zum ersten spiegelbildlich äquivalent, was (nach dem Muster der *International Tables for Crystallography*) in Abb. 1.107 durch ein Kommazeichen gekennzeichnet ist. Der Punkt $x, \bar{y}, z$ liegt zwar außerhalb der Elementarzelle, doch reproduziert er sich infolge der Translationssymmetrie als identischer Punkt $x, 1 - y, z$ auch innerhalb der Elementarzelle. Ganzzahlige Komponenten sind deshalb nicht relevant und werden üblicherweise nicht mitgeschrieben. Ebenso reproduziert sich auch die Spiegelebene in den Positionen $y = \pm 1, \pm 2, \dots$ usf. Ferner erkennt man, dass jeweils in der Mitte zwischen zwei identischen Spiegelebenen, also in den Positionen $y = \frac{1}{2}, \frac{1}{2} \pm 1, \frac{1}{2} \pm 2, \dots$ usf., von selbst eine Schar weiterer Spiegelebenen vorhanden ist. Neue äquivalente Punkte erzeugen diese Spiegelebenen jedoch nicht, die allgemeine Punktlage ist deshalb in der Raumgruppe Pm nur zweizählig. Wenn hingegen ein Punkt eine spezielle Punktlage auf einer der Spiegelebenen einnimmt, dann wird kein weiterer äquivalenter Punkt erzeugt, diese speziellen Punktlagen sind „einzählig". Dafür ist aber der Punkt selbst bzw. korrekter: seine Position in der Struktur, spiegelsymmetrisch (Lagensymmetrie, engl. *site symmetry*). Diese Lagensymmetrie wird (wie die Kristallklassen) durch die 32 kristallographischen Punktgruppen beschrieben. Im Gegensatz zur makroskopischen Symmetrie der Kristalle bezieht sich diese Lagensymmetrie jedoch nicht nur auf Richtungen bzw. Vektoren, sondern auf den Punktraum, d. h. konkret auf die Anordnung der Atome um diese Positionen. Die allgemeine Punktlage ist stets unsymmetrisch (Punktgruppe 1). Entsprechend den zwei Scharen von Spiegelebenen gibt es in der Raumgruppe *Pm* zwei spezielle Punktlagen (nämlich auf diesen Spiegelebenen), gegeben durch $x, 0, z$ sowie $x, \frac{1}{2}, z$. Die Punktlagen einer Kristallklasse werden durch kleine Buchstaben (Wyckoff-Buchstaben) symbolisiert, wobei die allgemeine Punktlage den in der alphabetischen Reihenfolge letzten Buchstaben erhält. Für die Raumgruppe *Pm* (vollständiges Symbol *P1m1*) hat man also die

– allgemeine Punktlage	c	x, y, z; $\quad x, \bar{y}, z$	zweizählig	(1)
– spezielen Punktlagen	b	$x, \frac{1}{2}, z$	einzählig	(*m*)
	a	$x, 0, z$	einzählig	(*m*)

(in Klammern: Lagensymmetrie).

Raumgruppe *Pc* (Abb. 1.107b): Wird die (punktiert gezeichnete) Gleitspiegelebene c in $y = 0$ angenommen, so wird durch sie einem Punkt x, y, z ein spiegelbildlich äquivalenter Punkt $x, \bar{y}, z + \frac{1}{2}$ zugeordnet. Es ergibt sich eine zweite Schar von Gleitspiegelebenen in $y = \frac{1}{2}, \frac{1}{2} \pm 1, \ldots$ usw. Bemerkenswerterweise gibt es keine speziellen Punktlagen mit einer besonderen Lagensymmetrie, denn auch für einen Punkt $x, 0, z$ auf der Gleitspiegelebene existiert ein spiegelbildlich äquivalenter Punkt $x, 0, z + \frac{1}{2}$. Demnach hat man für die Raumgruppe *Pc* bzw. *P1c1* nur die

– allgemeine Punktlage	a	x, y, z; $\quad x, \bar{y}, z + \frac{1}{2}$	zweizählig	(1)

Raumgruppe *Cm* (Abb. 1.107c): Die Basisflächenzentrierung C bedingt zu jedem Punkt x, y, z einen weiteren identischen Punkt $x + \frac{1}{2}, y + \frac{1}{2}, z$. Man schreibt diese Translationssymmetrie in der Form $x, y, z + (0, 0, 0); (\frac{1}{2}, \frac{1}{2}, 0)$. Infolge der Spiegelebene m (in $y = 0$) kommen dazu die beiden spiegelbildlich äquivalenten Punkte $x, \bar{y}, z + (0, 0, 0); (\frac{1}{2}, \frac{1}{2}, 0)$. Die Spiegelebene m wiederholt sich wegen der Basisflächenzentrierung bereits identisch in $y = \frac{1}{2}$ usw. Außerdem entsteht noch eine Schar von Gleitspiegelebenen a (mit den Gleitkomponenten $\frac{1}{2}\vec{a}$ bzw. $[\frac{1}{2}, 0, 0]$; gestrichelt gezeichnet) in $y = \frac{1}{4}$ und $y = \frac{3}{4}$ usw. Es gibt nur eine spezielle Punktlage, nämlich auf den Spiegelebenen, und wir haben für die Raumgruppe *Cm* bzw. *C1m1* die

– allgemeine Punktlage	b	$x,y,z; x,\bar{y},z$	$+(0,0,0); (\tfrac{1}{2},\tfrac{1}{2},0)$	vierzählig	(1)
– spezielle Punktlage	a	$x,0,z$	$+(0,0,0); (\tfrac{1}{2},\tfrac{1}{2},0)$	zweizählig	(m)

Raumgruppe Cc (Abb. 1.107d): Die Basisflächenzentrierung C bedingt wieder die Translationssymmetrie $x,y,z + (0,0,0); (\tfrac{1}{2},\tfrac{1}{2},0)$, die nun mit der Gleitspiegelebene c (punktiert gezeichnet) zu kombinieren ist, die durch den Punkt $x,\bar{y},z + \tfrac{1}{2}$ repräsentiert wird. Die Gleitspiegelebene c wiederholt sich identisch in $y = \tfrac{1}{2}$ usw. Außerdem entsteht noch eine weitere Schar von Gleitspiegelebenen n mit den Gleitkomponenten $\tfrac{1}{2}(\vec{a} + \vec{c})$ bzw. $[\tfrac{1}{2}, 0, \tfrac{1}{2}]$ in $y = \tfrac{1}{4}$ und $y = \tfrac{3}{4}$ usw. (strichpunktiert gezeichnet), die durch den Punkt $(x,\bar{y},z + \tfrac{1}{2}) + (\tfrac{1}{2},\tfrac{1}{2},0) = x + \tfrac{1}{2}, \tfrac{1}{2} - y, z + \tfrac{1}{2}$ repräsentiert wird. Spezielle Punktlagen gibt es nicht (auch nicht auf den Gleitspiegelebenen). Somit haben wir für die Raumgruppe Cc bzw. $C1c1$ nur die

– allgemeine Punktlage	a	$x,y,z; x,\bar{y},z + \tfrac{1}{2}$	$+(0,0,0); +(\tfrac{1}{2},\tfrac{1}{2},0)$	vierzählig	(1)

Wie aus diesen Ausführungen deutlich wird, kann eine Raumgruppe sowohl durch ihre Symmetrieelemente als auch durch die aus einem Punkt x,y,z der allgemeinen Punktlage hervorgehenden Punkte dargestellt werden. Letzteres ist offensichtlich gleichbedeutend mit der analytischen Darstellung, denn man kann vermöge dieser Punktkoordinaten sofort die (inhomogenen) linearen Gleichungssysteme bzw. die entsprechenden vierreihigen Matrizen für die betreffenden Symmetrieoperationen hinschreiben (vgl. Abschnitt 1.9.2). Die (unbegrenzte) Menge aller Punkte, die aus einem gegebenen Punkt x,y,z (einer allgemeinen oder speziellen Punktlage) durch die Anwendung aller Symmetrieoperationen einer Raumgruppe (einschließlich der Gittertranslationen) hervorgehen, wird als Gitterkomplex bezeichnet (Hellner (1965), Donnay u. a. (1966)). Ein Gitterkomplex stellt das Analogon zum Begriff der Form bei den Punktgruppen (Kristallklassen) dar. Da die Koordinaten x,y,z des Ausgangspunktes innerhalb gewisser Bereiche beliebig variiert werden können, repräsentiert ein Gitterkomplex jeweils eine entsprechende Mannigfaltigkeit solcher symmetriebezogenen Punktmengen, die im Einzelnen als Orbit bezeichnet werden (Wondratschek (1980)). Außerdem wird der Begriff des Gitterkomplexes auch ohne Bezug auf eine bestimmte Raumgruppe verwendet, wie es auch z. B. die Form des Oktaeders unabhängig vom Bezug auf eine bestimmte Kristallklasse gibt.

Auf eine Elementarzelle entfällt eine bestimmte (endliche) Anzahl von Punkten eines Gitterkomplexes. Diese Zähligkeit eines Gitterkomplexes der allgemeinen Punktlage stimmt bei den Raumgruppen mit primitiven Gittern mit der Zähligkeit der allgemeinen Form der zugehörigen Punktgruppe überein. Bei den zentrierten Gittern ist diese Zähligkeit entsprechend zu vermehrfachen. Somit resultieren als mögliche Zähligkeiten für Gitterkomplexe die „kristallographischen" Zahlen 1, 2, 3, 4, 6, 8, 9, 12, 16, 18, 24, 32, 36, 48, 64, 96 und 192. Die Zähligkeiten der Gitterkomplexe aus speziellen Punktlagen sowie deren Variationsmöglichkeiten sind entsprechend geringer; es gibt

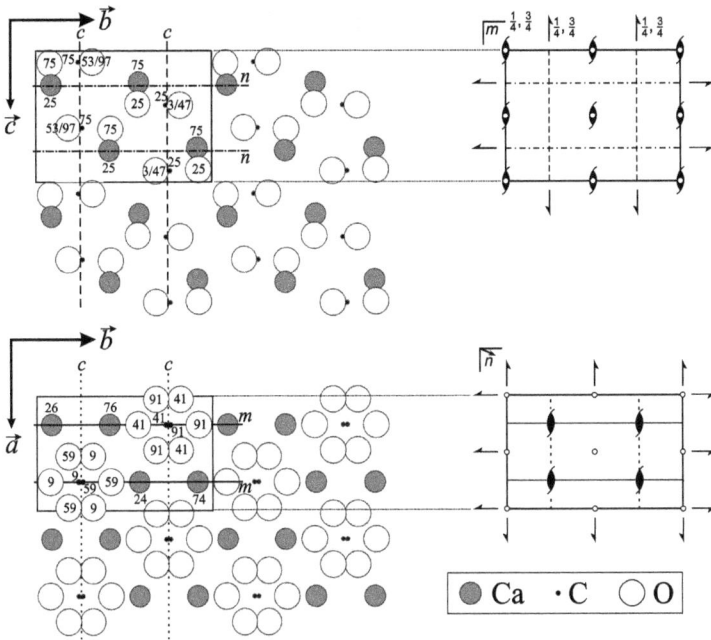

Abb. 1.108: Struktur von Aragonit nach Daten von de Villiers (1971). Oben: Projektion auf (100); unten: Projektion auf (001); links: Koordinaten der Atome (Ionen) nebst Spiegelebenen; rechts: Symmetrieelemente der Raumgruppe *Pmcn*. Die angeschriebenen Zahlen bedeuten jeweils die dritte Koordinate x bzw. z, angegeben in Prozent der Gitterparameter.

auch invariante Gitterkomplexe (z. B. wenn der Ausgangspunkt in einem Symmetriezentrum liegt).

Wie schon gesagt, kommt den Punkten der speziellen Gitterkomplexe – und damit den auf diesen Punkten angeordneten Atomen einer Struktur – eine bestimmte Lagensymmetrie (engl. *site symmetry*) zu, je nach den Symmetrieelementen, auf welchen sie sich befinden. Als konkretes Beispiel sei schließlich die Struktur des Minerals Aragonit, einer Modifikation des Calciumcarbonats $CaCO_3$, angeführt (Abb. 1.108). Diese Struktur gehört zur Raumgruppe *Pmcn* (die eine andere Aufstellung der konventionellen Raumgruppe *Pnma* darstellt). Man diskutiere anhand des Bildes die die Raumgruppe erzeugenden Spiegel- bzw. Gleitspiegelebenen $m\|(100)$; $c\|(010)$; $n\|(001)$! Die je vier Ca- und C-Atome (bzw. -Ionen) sowie vier der O-Atome (bzw. -Ionen) besetzen eine spezielle Punktlage auf den Spiegelebenen; die restlichen acht O-Atome (bzw. -Ionen) besetzen die allgemeine Punktlage. Das vollständige Symbol dieser Raumgruppe lautet $P\,2_1/m\,2_1/c\,2_1/n$; d.h., es gibt noch drei Scharen von zweizähligen Schraubenachsen jeweils senkrecht zu den Spiegel- bzw. Gleitspiegelebenen. Außerdem gibt es noch Inversionszentren (acht je Elementarzelle). Man versuche, auch diese Symmetrieelemente in der Struktur (d. h. im linken Teil von Abb. 1.108) zu erkennen, wozu man sich gegebenenfalls auch eine Projektion auf die $\vec{a}$ – $\vec{c}$-Ebene bzw. auf die Fläche (010) skizzieren sollte!

1.9.4 Korrespondenz zwischen Struktur und Habitus

Bei der Erörterung des Gesetzes der Winkelkonstanz (Abschnitt 1.2.1) sind wir zu der These geführt worden, dass die Flächen eines Kristalls mit bestimmten Ebenen seines Gitters (Netzebenen) korrespondieren. Die zu einer Fläche (hkl) symmetrisch äquivalenten Flächen bilden zusammen eine Form {hkl} und treten an einem Kristall (sieht man von zufälligen Verzerrungen und Unregelmäßigkeiten ab) miteinander gleichberechtigt in Erscheinung. Wie die Erfahrung lehrt, weisen die Kristalle meist nur eine geringe Anzahl verschiedener Formen auf. Weiterhin zeigt es sich, dass es zwischen den Formen einer Kristallart auch noch eine (mehr oder weniger deutliche) Rangordnung gibt: Formen mit „einfachen" Symbolen (d. h. kleinen Indizes) kommen häufig vor, sind meistens groß entwickelt und bestimmen den Habitus; Formen mit „komplizierteren" Symbolen (d. h. größeren Indizes) sind seltener und dann meistens nur klein entwickelt.

Es erhebt sich die Frage, inwieweit man diese Erscheinung, die offenbar mit grundlegenden Eigenschaften des strukturellen Aufbaus zusammenhängt, einer exakteren Betrachtung zugänglich machen kann. Die Gestalt eines Kristalls ist ein Ergebnis seines Wachstums, also eines physikalisch-chemischen Vorgangs. Die Parameter, die die Wachstumskinetik der Kristalle bestimmen, gehören in den Bereich der Kristallchemie, der Thermodynamik und der Reaktionskinetik. Trotz der Vielfältigkeit dieser Parameter setzt sich das besagte Phänomen immer wieder durch, so dass wir seine Begründung in der Struktur suchen müssen. Zugang zu diesem Problem verschafft uns die These, dass an einem Kristall diejenigen Flächen hervortreten werden, die besonders dicht mit Bausteinen (Atomen, Ionen, Molekülen) besetzt sind. Diese Besetzungsdichte lässt sich prinzipiell aus der Struktur ermitteln, und bestimmte Grundzüge lassen sich bereits ohne Kenntnis der konkreten Kristallstruktur nur aus der Raumgruppe ableiten.

Betrachten wir beispielsweise das zweidimensionale, rechtwinklige, primitive Gitter in Abb. 1.109, so wird ohne weiteres deutlich, dass die Netzebenen (bzw. hier die Gittergeraden) mit den kleinsten Indizes die größten Besetzungsdichten aufweisen. Um einen Überblick über die Verhältnisse in einem dreidimensionalen Gitter zu gewinnen, definieren wir die Belastungsdichte (oder Belastung) L_{hkl} einer Netzebene als Anzahl der Gitterpunkte je Flächeneinheit dieser Netzebene. Im Fall eines primitiven Gitters ist L_{hkl} gleich dem reziproken Wert des Flächeninhalts S_{hkl} einer Elementarmasche der Netzebene (vgl. Abb. 1.4):

$$L_{hkl} = \frac{1}{S_{hkl}}.$$ (1.30)

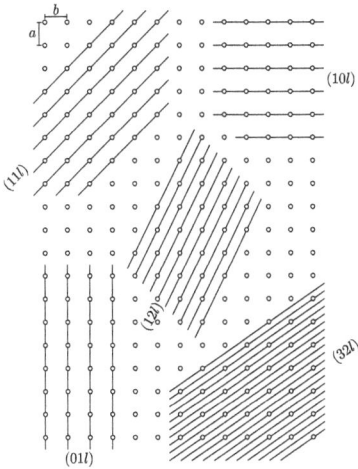

Abb. 1.109: Zusammenhang zwischen Millerschen Indizes (hkl) und Besetzungsdichte von Netzebenenscharen. Zweidimensional, der dritte Index l ist unbestimmt.

Beweisen Sie Gl. (1.30)!

Um den Netzebenenabstand d_{hkl} als Funktion der Indizes h, k, l zu bestimmen, betrachten wir noch einmal Abb. 1.18 und interpretieren die Distanz OM als Netzebenenabstand d_{hkl}. Aus den Erörterungen zu diesem Bild folgt

$$\cos \rho_a = h d_{hkl}/a; \quad \cos \rho_b = k d_{hkl}/b; \quad \cos \rho_c = l d_{hkl}/c.$$

Für rechtwinklige Achsensysteme (orthorhombisch, tetragonal und kubisch) gilt

$$\cos^2 \rho_a + \cos^2 \rho_b + \cos^2 \rho_c = 1$$

und man erhält durch Einsetzen der Kosinus

$$\frac{1}{d_{hkl}^2} = \left(\frac{h}{a}\right)^2 + \left(\frac{k}{b}\right)^2 + \left(\frac{l}{c}\right)^2 \quad \text{bzw.}$$

$$d_{hkl} = \frac{1}{\sqrt{\left(\frac{h}{a}\right)^2 + \left(\frac{k}{b}\right)^2 + \left(\frac{l}{c}\right)^2}}. \tag{1.31}$$

Bei nichtorthogonalen Achsensystemen sind die Ausdrücke komplizierter. Wie in Abschnitt 3.3.6 abgeleitet wird, gilt in einem **triklinen** Achsensystem die Beziehung

$$\frac{1}{d_{hkl}^2} = [b^2 c^2 \sin^2 \alpha h^2 + c^2 a^2 \sin^2 \beta k^2 + a^2 b^2 \sin^2 \gamma l^2 + 2abc^2(\cos \alpha \cos \beta - \cos \gamma)hk$$

$$+ 2ab^2 c(\cos \alpha \cos \gamma - \cos \beta)hl + 2a^2 bc(\cos \beta \cos \gamma - \cos \alpha)kl]/$$

$$[a^2 b^2 c^2(1 - \cos^2 \alpha - \cos^2 \beta - \cos^2 \gamma + 2\cos \alpha \cos \beta \cos \gamma)]$$

zwischen dem Netzebenenabstand d_{hkl} bzw. der häufiger benötigten Größe $1/d_{hkl}^2$ und den Gitterparametern. Für die übrigen kristallographischen Achsensysteme erhält man hieraus durch Spezifizierung der betreffenden Gitterparameter

monoklin ($\alpha = \gamma = 90°$):

$$\frac{1}{d_{hkl}^2} = \frac{h^2}{a^2 \sin^2 \beta} + \frac{k^2}{b^2} + \frac{l^2}{c^2 \sin^2 \beta} - \frac{2hl \cos \beta}{ac \sin^2 \beta}$$

orthorhombisch:

$$\frac{1}{d_{hkl}^2} = \frac{h^2}{a^2} + \frac{k^2}{b^2} + \frac{l^2}{c^2} \quad \text{(siehe Gl. (1.31))}$$

tetragonal:

$$\frac{1}{d_{hkl}^2} = \frac{h^2 + k^2}{a^2} + \frac{l^2}{c^2}$$

rhomboedrisch:

$$\frac{1}{d_{hkl}^2} = \frac{(h^2 + k^2 + l^2) \sin^2 \alpha + 2(kl + lh + hk)(\cos^2 \alpha - \cos \alpha)}{a^2(1 - 3\cos^2 \alpha + 2\cos^3 \alpha)}$$

hexagonal:

$$\frac{1}{d_{hkl}^2} = \frac{4}{3} \cdot \frac{h^2 + k^2 + hk}{a^2} + \frac{l^2}{c^2}$$

kubisch:

$$\frac{1}{d_{hkl}^2} = \frac{h^2 + k^2 + l^2}{a^2} \quad \text{(siehe Gl. (1.31))}$$

Zur Diskussion der morphologische Wichtigkeit der verschiedenen Formen $\{hkl\}$, erweist sich der Ausdruck

$$h^2 + k^2 + l^2 = g_{hkl}^2 \tag{1.32}$$

als sinnvoll. Betrachten wir der Einfachheit halber das kubische Kristallsystem, so sind nach den obigen Ausführungen die Netzebenenabstände d_{hkl} und damit (in einem primitiven Gitter) die Belastungsdichten L_{hkl} umgekehrt proportional zu g_{hkl}. Eine Form $\{hkl\}$ ist demnach umso wichtiger, je kleiner g_{hkl} sowie g_{hkl}^2 sind, so dass Tab. 1.12 die Rangfolge der Formen für ein kubisch primitives Gitter wiedergibt.

Diese Situation verändert sich jedoch, wenn anstelle eines primitiven Gitters ein zentriertes Gitter vorliegt. So hat im Fall eines innenzentrierten Gitters ein Teil der Netzebenen – z. B. (100) – die gleiche Belastung wie ein primitives Gitter, während

Tab. 1.12: Werte von g^2_{hkl} (1.32) für ein primitives Gitter.

hkl	100	110	111	210	211	221	310	311	320	321	410	322	411
g^2	1	2	3	5	6	9	10	11	13	14	17	17	18

andere Netzebenen – z. B. (110) – infolge der Zentrierung der Elementarzelle die doppelte Belastung aufweisen. Welche Netzebenen sind dies? Für eine Netzebene (hkl) durch den Koordinatenursprung gilt die der Ebenengleichung (1.8) entsprechende Bedingung

$$hx + ky + lz = 0. \tag{1.33}$$

Die durch die Zentrierung entstehenden zusätzlichen Gitterpunkte befinden sich in den Positionen $u_1/2, u_2/2, u_3/2$ mit u_1, u_2, u_3 als ungeraden ganzen Zahlen. Die Belastung verdoppelt sich für alle diejenigen Netzebenen, die solche Punkte enthalten, also die Bedingung

$$hu_1 + ku_2 + lu_3 = 0. \tag{1.34}$$

erfüllen. Man erkennt, dass (1.34) immer dann nicht erfüllt sein kann, wenn $h + k + l$ eine ungerade Zahl ergibt. Für Netzebenen hkl mit $h + k + l = 2n$ (geradzahlig) lassen sich stets Wertetripel u_1, u_2, u_3 finden, die die Ebenengleichung erfüllen.

Diese Netzebenen haben also in einem innenzentrierten Gitter die (gegenüber einem primitiven Gitter) doppelte Belastung. Zur Diskussion der Rangfolge der Formen können wir so verfahren, dass wir vor der Bildung der Werte von g^2_{hkl} alle diejenigen Indizes hkl verdoppeln, für die $h + k + l$ ungerade ist (Tab. 1.13). Wir finden demnach für das innenzentrierte Gitter eine Rangordnung, die sich also von der in Tab. 1.12 gegebenen Rangordnung des primitiven Gitters unterscheidet.

Tab. 1.13: Werte von g^2_{hkl} für ein innenzentriertes Gitter.

hkl	200	110	222	420	211	442	310	622	640	321	411	332	431
g^2	4	2	12	20	6	36	10	44	52	14	18	22	26

In einem flächenzentrierten Gitter ist die Belastung gegenüber dem primitiven Gitter für einen Teil der Netzebenen – z. B. (100) – verdoppelt, während sie sich für den anderen Teil der Netzebenen – z. B. (111) – vervierfacht. Die Diskussion (die hier nicht ausgeführt wird) ergibt, dass die vierfache Belastung für solche und nur solche Netzebenen zutrifft, deren Indizes h, k, l entweder alle geradzahlig oder alle ungeradzahlig sind. Hingegen ist die Belastung derjenigen Netzebenen mit „gemischten" Indizes h, k, l nur verdoppelt, was letztere in der Rangordnung der Formen zurücksetzt: Vor der Bildung der Werte von g^2_{hkl} hat man also gemischte Indizes zu verdoppeln

Tab. 1.14: Werte von g_{hkl}^2 für ein flächenzentriertes Gitter.

hkl	200	220	111	420	422	442	620	311	640	642	331	511	531
g^2	4	8	3	20	24	36	40	11	52	56	19	27	35

(Tab. 1.14). Somit erhält man für das flächenzentrierte Gitter eine Rangordnung, die sich sowohl von der des primitiven Gitters als auch von der des innenzentrierten Gitters unterscheidet. – Die Korrespondenz einer solchen Rangordnung der Formen mit den einzelnen Gittertypen wird als Bravaissches Prinzip bezeichnet.

Diese Betrachtung lässt sich noch vertiefen, indem man nicht nur die Belastung der Netzebenen mit (identischen) Gitterpunkten, sondern deren Belastung mit symmetrisch äquivalenten Punkten diskutiert, wie sie durch die Symmetrieelemente einer Raumgruppe bedingt werden. Beispielsweise verdoppelt eine zweizählige Drehachse die Belastung der Netzebenen senkrecht zu dieser Achse (vgl. Abb. 1.104), was die morphologische Bedeutung der betreffenden Kristallfläche verstärkt. Hingegen gibt es bei einer zweizähligen Schraubenachse diese Verdoppelung der Belastung nicht, und die morphologische Bedeutung der Fläche senkrecht zur Schraubenachse ist geringer. Das gilt allgemein für alle Schraubenachsen. Ein bekanntes Beispiel ist der Quarz, der zur Raumgruppe $P3_12$ gehört: Die dreizähligen Schraubenachsen parallel $\vec{c}$ bewirken, dass an Quarzkristallen die Basisflächen {0001} nur äußerst selten zu beobachten sind.

Einen analogen Einfluss haben Gleitspiegelebenen. Liegt beispielsweise eine Gleitspiegelebene c parallel (010) mit einer Gleitkomponente $\vec{c}/2$ vor (Abb. 1.105), so wird durch sie die Belastung der Netzebenen $(h0l)$ mit $l = 2n$ (gerade) verdoppelt. Zur Diskussion der Flächen $(h0l)$, welche miteinander die Zone [010] bilden, hat man also zunächst die Indizes der Flächen mit einem ungeraden Index l zu verdoppeln und kann dann die g^2-Werte der Flächen bilden sowie deren Rangfolge feststellen. Es sei darauf aufmerksam gemacht, dass diese Regeln genau den Auslöschungsgesetzen entsprechen, die in Abschnitt 3.3.8.4 behandelt werden.

Man kann auf diese Weise für jede Raumgruppe eine Rangordnung der Formen aufstellen, die nach Donnay u. Harker (1937)[30,31] als morphologischer Aspekt bezeichnet wird. Für einige Raumgruppen stimmen sie überein, so dass insgesamt 97 morphologische Aspekte zu unterscheiden sind. Die morphologischen Aspekte gestatten es, aus den an einem Kristall beobachteten Formen Rückschlüsse auf seine Raumgruppe zu ziehen. Eine andere Betrachtungsweise der Korrespondenz zwischen Struktur und Habitus wurde von Niggli (1920)[32] eingeführt. Hiernach korrespondieren dichtbesetzte Gittergeraden mit wichtigen Zonen am Kristall. Beide Betrachtungsweisen hängen

---

30 Joseph Désiré Hubert Donnay (6.6.1902–8.8.1994).
31 David Harker (19.10.1906–27.2.1991).
32 Paul Niggli (26.6.1888–13.1.1953).

eng miteinander zusammen, denn die dichtbesetzten Gittergeraden bestimmen auch die dichtbesetzten Netzebenen, und die wichtigen Flächen eines Kristalls bestimmen dessen wichtige Zonen.

An diese Betrachtungen wichtiger Gitterrichtungen schließen sich Überlegungen an, die die Kenntnis der konkreten Kristallstruktur voraussetzen. So diskutierte Kleber (1955) die Potentiale von Ionenketten in der Struktur von Ionenkristallen. Eine Verallgemeinerung dieser Methode wurde von Hartman u. Perdok (1955a,b,c)[33,34] vorgeschlagen: In einer gegebenen, konkreten Struktur werden die intensivsten Bindungen aufgesucht und daraufhin betrachtet, inwieweit sie sich zu ununterbrochenen Ketten in der Struktur zusammenfügen. Solche Ketten, die wie das Gitter periodisch sind, werden unter Angabe ihrer resultierenden Richtung als PBC-Vektoren (engl. *periodic bond chain vector*) bezeichnet. Es zeigt sich nun, dass die morphologisch wichtigen Zonen parallel zu PBC-Vektoren verlaufen. Die morphologisch wichtigen Flächen enthalten zwei oder mehr PBC-Vektoren. Hingegen treten Flächen, die nur einen oder gar keinen PBC-Vektor enthalten, in ihrer Bedeutung zurück. – Diese Betrachtungen setzen allerdings schon die vollständige Kenntnis der betreffenden Struktur voraus und führen uns damit bereits in das Gebiet der Kristallchemie.

---

33 Piet Hartman (geb. 11.4.1922).
34 Wiepko Gerhardus Perdok (10.9.1914–6.4.2005).

2 Kristallchemie

Nach den Worten des Begründers der modernen Kristallchemie, Victor Moritz Gold-schmidt (1926), ist es die Aufgabe der Kristallchemie „festzustellen, welche gesetzmä-ßigen Beziehungen zwischen der chemischen Zusammensetzung und den physikali-schen Eigenschaften kristalliner Stoffe existieren und in welcher Weise die Kristall-struktur – die Anordnung der Atome im Kristall – von der chemischen Zusammenset-zung abhängt". Er bezeichnete es seinerzeit als Grundgesetz der Kristallchemie, dass die Struktur eines Kristalls durch a) die Mengenverhältnisse, b) die Größenverhältnis-se und c) die Polarisationseigenschaften seiner Bausteine bedingt ist, und begründete damit ein Programm, das bis heute noch nicht voll aufgearbeitet ist.

Bereits die von Nicolaus Steno[1] beobachtete Konstanz der Winkel (siehe Stenonis (1669)) zwischen den Flächen einer Kristallart – später von Rome de L'Isle[2] als Gesetz der Winkelkonstanz formuliert – stellte eine erste gesetzmäßige Beziehung zwischen der Zusammensetzung und den äußeren Eigenschaften eines Kristalls her. Guglielmi-ni[3] entwickelte Vorstellungen über den Zusammenhang von Form und Substanz bei Salzen, und Haüy[4] (1784) formulierte als allgemeingültige Erkenntnis, dass jedem che-mischen Stoff ganz bestimmte, für ihn charakteristische Kristallgestalten zukommen. Dieser Erkenntnis schienen später die Entdeckungen der Isomorphie und der Poly-morphie durch Fuchs[5] (1815), Mitscherlich[6] (1819) und Rose[7] sowie der Mischkristall-bildung durch Beudant[8] (1818) zu widersprechen, führten aber im weiteren zu einer vertieften Einsicht in die kristallchemischen Gesetzmäßigkeiten.

Die Entwicklung des Reflexionsgoniometers durch Wollaston schuf die Voraus-setzung für exakte morphologische Untersuchungen und führte zur Sammlung ei-ner großen Fülle von Daten an Mineralen sowie künstlichen Kristallen anorganischer und organischer Verbindungen. Diese Daten wurden von Groth in einem mehrbän-digen Werk „Chemische Kristallographie" (erschienen 1906–1919) zusammengefasst, das Angaben von über 7 000 kristallinen Substanzen enthält. Vorstellungen über den konkreten Aufbau von Kristallstrukturen aus Atomen wurden erst relativ spät von Bar-low[9] und Pope[10] (1888) sowie von Groth (1906) entwickelt.

---

1 Nicolaus Steno (1.1.1638–25.11.1686).
2 Jean-Baptiste Romé de L'Isle (26.8.1736–7.3.1790).
3 Domenico Guglielmini (27.9.1655–27.7.1710).
4 René-Just Haüy (28.2.1743–3.6.1822).
5 Johann Nepomuk von Fuchs (15.5.1774–5.3.1856).
6 Eilhard Mitscherlich (7.1.1794–28.8.1863).
7 Gustav Rose (18.3.1798–15.7.1873).
8 François Sulpice Beudant (5.9.1787–10.12.1850).
9 William Barlow (8.8.1845–28.2.1934).
10 Sir William Jackson Pope (31.10.1870–17.10.1939).

https://doi.org/10.1515/9783110460247-002

Einen entscheidenden Fortschritt für die gesamte Kristallographie brachte die Entdeckung der Röntgenbeugung an Kristallen durch v. Laue,[11] Friedrich[12] und Knipping[13] (1912), der schon bald die ersten röntgenographischen Strukturbestimmungen durch W. H. Bragg[14] und W. L. Bragg[15] (1913) folgten. Als erste wurden die Strukturen von Halit (Steinsalz) NaCl, Diamant C, Fluorit CaF_2, Pyrit FeS_2 und Calcit (Kalkspat) $CaCO_3$ bestimmt. Heute sind die Kristallstrukturen von vielen hunderttausend Verbindungen bekannt, womit ein breites und sicheres Fundament geschaffen wurde, von dem aus die allgemeinen Prinzipien der Kristallstrukturlehre und Kristallchemie entwickelt werden konnten.

Die Kristallchemie hat die Frage zu beantworten, warum ein gegebener Stoff diese oder jene Kristallstruktur bildet, warum er unter gewissen Bedingungen eben diese und keine andere, gleichfalls denkbare Kristallstruktur annimmt, wie sie etwa von einer analogen Verbindung mit der gleichen Stöchiometrie bekannt ist. Mit modernen quantenmechanischen Methoden lassen sich in der Tat basierend auf einer vorgegebenen Zusammensetzung Kristallstrukturen erfolgreich vorhersagen. Für einen umfassenden Überblick und zur Bestimmung von Verwandtschaftsbeziehungen sind aber empirische Konzepte, die leichter zu überschauen und zu handhaben sind, immer noch von zentraler Bedeutung. Hier werden drei wichtige Konzepte (Eigenschaften der Kristallbausteine, Kugelpackungen und Bindungstypen) vorgestellt, die dann ein Verständnis der systematischen Kristallchemie erleichtern.

2.1 Eigenschaften der Kristallbausteine

In der anorganischen Kristallchemie, auf die wir uns hier beschränken wollen, werden zumeist Atome oder Ionen als Kristallbausteine betrachtet während für organische Molekülstrukturen oft die Packung der Moleküle betrachtet wird. Für große biologische Strukturen, wie z. B. Proteine, werden sehr komplexe Strukturelemente als Baueinheiten betrachtet.

Zwei für die anorganische Kristallchemie wesentliche Eigenschaften sind die Größe von Atomen bzw. Ionen und die Elektronegativität eines Elements. Die Größe eines Atoms oder Ions kann man allerdings nicht ohne die Einführung von Randbedingungen bestimmen, da die den Atomkern umgebende Elektronenhülle keine scharfe Grenze hat. Trotzdem hat sich das Konzept bewährt, den Atomen bzw. Ionen in einer Kristallstruktur eine gewisse Größe zuzuordnen, die sich immer wieder in den gegenseitigen Abständen manifestiert, die benachbarte Kristallbausteine zueinander einhalten.

---

11 Max von Laue (9.10.1879–24.4.1960).
12 Walter Friedrich (25.12.1883–16.10.1968).
13 Paul Knipping (20.5.1883–26.10.1935).
14 William Henry Bragg (2.7.1862–12.3.1942).
15 William Lawrence Bragg (31.3.1890–1.7.1971).

Den Atom- bzw. Ionenradien kommt aber keine absolute, definitive Bedeutung zu, und man kann ihre Werte nicht beliebig präzisieren. Sie variieren vielmehr mit der Methode, nach der sie abgeleitet wurden, und hängen auch von der Art der Wechselwirkung zwischen den Kristallbausteinen ab, so dass man beispielsweise zwischen den Radien in Ionenkristallen, in kovalenten Kristallen, in Metallen oder in Molekülkristallen unterscheiden muss.

Aufgrund von vielen präzisen Kristallstrukturbestimmungen sind die typischen Abstände zwischen den Kristallbausteinen sehr genau bekannt. Bei Strukturen aus nur einer Sorte von Atomen, also bei den Elementstrukturen, kann man aus den interatomaren Abständen unmittelbar auf den Atomradius schließen, indem man den Abstand zwischen den benachbarten Atomen halbiert. Doch können die so gewonnenen Atomradien nicht einfach auf andere Strukturen übertragen werden, denn die Größe der Kristallbausteine, wie sie sich in ihren gegenseitigen Abständen manifestiert, hängt von ihrem elektronischen Zustand, insbesondere vom Bindungszustand, von der Koordination und auch von der Art der Nachbarbausteine ab. So sind Kationen, da sie Elektronen abgegeben haben, bedeutend kleiner als die betreffenden neutralen Atome; Anionen hingegen sind, da sie Elektronen in ihre Hülle aufgenommen haben, größer. Aufgrund der kovalenten Bindung rücken die Atome in Richtung der Bindung, d. h. in der Richtung der sich überlappenden Bindungsorbitale, besonders eng zusammen. Im Gegensatz dazu sind bei der schwachen van-der-Waals-Bindung die Abstände zwischen den Atomen größer als bei Hauptvalenzbindungen. Konsequenterweise unterscheidet man deshalb zwischen Ionenradien, kovalenten Radien, metallischen Radien (häufig als Atomradien bezeichnet) und van-der-Waals-Radien (Molekülradien). Ein Überblick über Ionenradien und kovalenten Radien gibt Abb. 2.1.

2.1.1 Ionenradien

In einem Ionenkristall stellt sich der Abstand benachbarter Ionen als Gleichgewicht zwischen der im Wesentlichen elektrostatischen Anziehung und der Abstoßung aufgrund des Pauli-Prinzips bei zunehmender Überlappung von Atomorbitalen ein. Wegen der kurzen Reichweite des Abstoßungspotentials und seines steilen Anstiegs bei einer weiteren Annäherung der Ionen über ihren Gleichgewichtsabstand hinaus kann die Distanz zwischen den Mittelpunkten benachbarter Ionen als Summe der Radien zweier starrer Kugeln interpretiert werden, die sich gegenseitig berühren. Dieses Modell kugelförmiger Ionen mit einem definierten Ionenradius sieht davon ab, dass es auch in Ionenkristallen gewisse geringfügige Überlappungen zwischen äußeren Orbitalen benachbarter Ionen gibt.

Das Problem, die Ionenradien als solche abzuleiten, ist aus der Kenntnis der interatomaren Abstände (also der Radiensummen) allein nicht zu lösen, auch dann nicht, wenn beliebig viele Radiensummen zwischen beliebigen Ionenpaaren gegeben sind.

154
H⁺   He

| 76 | 45 | | | | | | | | | | | 146 | 140 | 133 | | |
| Li^+ | Be^{2+} | | | | | | | | | | | B^{3+} | C^{4+} | N^{3-} | O^{2-} | F^- | Ar |

| 102 | 72 | | | | | | | | | | | 53.5 | 40 | 212 | 184 | 181 | |
| Na^+ | Mg^{2+} | | | | | | | | | | | Al^{3+} | Si^{4+} | P^{3-} | S^{2-} | Cl^- | Ar |

| 138 | 100 | 74.5 | 67 | 79 | 80 | 83 | 78 | 74.5 | 69 | 73 | 74 | 62 | 53 | 58 | 198 | 196 | |
| K^+ | Ca^{2+} | Sc^{3+} | Ti^{3+} | V^{2+} | Cr^{2+} | Mn^{2+} | Fe^{2+} | Co^{2+} | Ni^{2+} | Cu^{2+} | Zn^{2+} | Ga^{3+} | Ge^{4+} | As^{3+} | Se^{2-} | Br^- | Kr |

| 152 | 118 | 90 | 72 | 72 | 65 | 64.5 | 68 | 66.5 | 86 | 115 | 95 | 80 | 69 | 76 | 221 | 220 | |
| Rb^+ | Sr^{2+} | Y^{3+} | Zr^{4+} | Nb^{3+} | Mo^{4+} | Tc^{4+} | Ru^{3+} | Rh^{3+} | Pd^{2+} | Ag^+ | Cd^{2+} | In^{3+} | Sn^{4+} | Sb^{3+} | Te^{2-} | I^- | Xe |

| 167 | 135 | 119 | 71 | 72 | 66 | 63 | 63 | 68 | 80 | 137 | 102 | 88.5 | 77.5 | 103 | | |
| Cs^+ | Ba^{2+} | La^{3+} | Hf^{4+} | Ta^{3+} | W^{4+} | Re^{4+} | Os^{4+} | Ir^{3+} | Pt^{2+} | Au^+ | Hg^{2+} | Tl^{3+} | Pb^{4+} | Bi^{3+} | | |

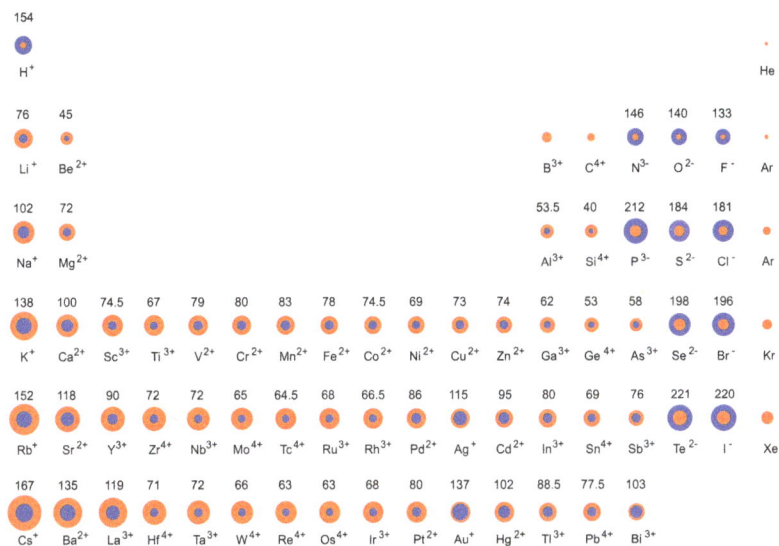

Abb. 2.1: Übersicht über in blau gezeichneten Ionenradien (in pm) im Vergleich zu den Atomradien (orange). Die Radien von Kationen sind kleiner als die der entsprechenden Atome, während Anionen größer sind. Der Kationenradius hängt auch von der Koordination ab, daher sind hier nur gemittelte Werte angegeben.

Es bedarf für mindestens einen Ionenradius einer zusätzlichen, unabhängigen Information oder Annahme, woraufhin dann auch die übrigen Ionenradien bzw. die verschiedenen Radienquotienten mittelbar festgelegt werden können. Je nach dieser Zusatzannahme variieren die von verschiedenen Autoren ermittelten Ionenradien.

Die ersten Ionenradien wurden von Wasastjerna[16] (1923) unter Benutzung von Daten molarer Refraktionen berechnet. Unter Benutzung der Ionenradien Wasastjernas für F^- und O^{2-} ermittelte Goldschmidt (1926) aus den interatomaren Abständen vieler Kristallstrukturen eine umfangreiche Liste von Ionenradien. Einen anderen Weg beschritt Pauling (1962). Er ging von der Annahme aus, dass der Radius R eines Ions einer Beziehung $R = C_n/(z-S)$ folgt; z ist die Ordnungszahl (Kernladung) des Ions. Die Größen C_n (die durch die Hauptquantenzahl n bestimmt sind) und S haben für isoelektronische Ionen den gleichen Wert. Hiermit lassen sich aus den bekannten interatomaren Abständen (Radiensummen) gleichfalls die einzelnen Ionenradien ermitteln, die dann als univalente Radien bezeichnet werden. Neben den älteren Werten von Goldschmidt und von Pauling fanden noch die von Ahrens (1952) publizierten Ionenradien eine breitere Anwendung.

Heute werden vor allem die effektiven Ionenradien verwendet, die von Shannon u. Prewitt (1970) unter Verwertung von mehr als tausend interatomaren Abstän-

---

16 Jarl Axel Wasastjerna (18.11.1896–15.10.1972).

den berechnet wurden. Sie gehen von einem Standardradius für das O^{2-}-Ion von 0,140 nm in [6]-Koordination aus. Der konsequente Bezug auf den vorgegebenen, fixen O^{2-}-Standardradius bringt es mit sich, dass für die effektiven Ionenradien von H^+, N^{5+} und C^{4+} negative Werte erscheinen. Neben den effektiven Ionenradien gibt es noch die Kristallradien, die sich auf einen Standardradius für das F^- Ion von 0,119 nm in [6]-Koordination beziehen. Die Kristallradien ergeben sich um jeweils 0,014 nm größer als die effektiven Ionenradien.

Bei der Anwendung der Ionenradien sind noch weitere Faktoren zu berücksichtigen. Es ist klar, dass bei Elementen mit mehreren Wertigkeitsstufen den Ionen der verschiedenen Ladungszustände (Wertigkeiten) auch unterschiedliche Ionenradien zukommen. Auch die Art der Liganden ist von Einfluss, was in der Unterscheidung von effektiven Radien (für O^{2-}-Liganden) und von Kristallradien (für F^--Liganden) zum Ausdruck kommt; für andere Liganden (Anionen) sind andere, spezifische Korrekturen zu berücksichtigen. Schließlich ist auch noch für die Koordination eine Korrektur erforderlich. So hat Ca^{2+} einen effektiven Ionenradius von 1,00 Å für eine 6-fache Koordination durch Sauerstoff, für 8-fach koordiniertes Ca^{2+} beträgt der effektive Ionenradius 1,12 Å und für 12-fache Koordination 1,34 Å.

Die Ionenradien in Abb. 2.1 gelten meist für die oktaedrische [6]-Koordination; in der [8]- und der [4]-Koordination verhalten sich die Radien oft wie R[8] : R[6] : R[4] = 1,03 : 1 : 0,95. Der Vergleich der Ionenradien der chemischen Elemente (Abb. 2.1) lässt einige charakteristische Trends erkennen:

- Die Ionenradien der meisten Kationen sind kleiner als 0,1 nm, die der meisten Anionen hingegen größer als 0,1 nm; insbesondere beträgt der Ionenradius von O^{2-}, also des auf der Erde häufigsten Elementes, 0,140 nm. In den meisten Ionenkristallen, insbesondere auch in den wichtigsten gesteinsbildenden Mineralen, wird daher der überwiegende Volumenanteil von den Anionen eingenommen, während die Kationen nur Lückenpositionen in den Anionenpackungen besetzen.
- Bei Kationen eines Elementes mit mehreren Wertigkeitsstufen nimmt der Ionenradius mit zunehmender Wertigkeit (Ladung) ab, z. B. $R(Cr^{2+}) > R(Cr^{3+}) > R(Cr^{6+})$.
- Bei isoelektronischen Anionen haben die mit der größeren negativen Ladung (Wertigkeit) den größeren Ionenradius, z. B. $R(F^-) < R(O^{2-})$; $R(Cl^-) < R(S^{2-})$.
- Innerhalb einer Gruppe des Periodensystems (also z. B. bei den Alkalimetallen, den Erdalkalimetallen, den Halogenen, den Chalkogenen etc.) wächst der Ionenradius mit steigender Ordnungszahl. Die Elektronenhülle wird also mit jeder besetzten Schale (Hauptquantenzahl n) größer.
- Innerhalb einer Periode des Periodensystems nimmt der Ionenradius der Kationen mit steigender Ordnungszahl ab, z. B. $R(Na^+) > R(Mg^{2+}) > R(Al^{3+}) > R(Si^{4+}) > R(P^{5+}) > R(S^{6+}) > R(Cl^{7+})$. Das erklärt sich im angeführten Beispiel aus der Zunahme der Kernladung bei gleicher Elektronenanzahl. Aber auch bei gleichwertigen Ionen gibt es innerhalb einer Periode häufig eine Abnahme der Ionenradien, z. B. $R(Cr^{2+}) > R(Mn^{2+}) > R(Fe^{2+}) > R(Co^{2+}) > R(Ni^{2+}) > R(Cu^{2+})$, da die zunehmende Kernladung die Elektronenhülle pauschal etwas stärker an sich heranzieht.

Dieser Effekt ist besonders deutlich in der Reihe der dreiwertigen Ionen der Lanthanoiden ausgeprägt: $R(La^{3+}) = 0,105$ nm, $R(Lu^{3+}) = 0,086$ nm und wird als Lanthanoidenkontraktion bezeichnet (einen ähnlichen Effekt gibt es in der Reihe der Actinoiden). Die Lanthanoidenkontraktion hat einen solchen Betrag, dass sie bei den nachfolgenden Gruppen die Zunahme des Ionenradius durch die Besetzung einer neuen Schale kompensiert: Zr^{4+} und Hf^{4+} sowie Nb^{5+} und Ta^{5+} haben praktisch den gleichen Ionenradius, was die Schwierigkeiten bei ihrer chemischen Trennung erklärt; in Mineralen können sich diese Ionen ohne weiteres ersetzen (geochemische Tarnung).

Im Periodensystem kann man ferner noch „Schrägbeziehungen" zwischen den Ionenradien feststellen: Beispielsweise haben die Ionenpaare $Li^+ – Mg^{2+}$; $Na^+ – Ca^{2+}$; $K^+ – Sr^{2+}$; $Be^{2+} – Al^{3+}$; $B^{3+} – Si^{4+}$; aber auch $O^{2-} – Cl^-$ u. a. ähnliche Ionenradien, was trotz der unterschiedlichen Wertigkeiten zu kristallchemischen Analogien führt.

2.1.2 Kovalente Radien

Der Versuch, die interatomaren Abstände auch bei kovalenten Verbindungen aus den betreffenden Ionenradien zusammenzusetzen, schlägt fehl. Hier gelten andere Abstandsbeziehungen, die durch ein Modell sich berührender, starrer Kugeln nur ungenügend zu beschreiben sind. So bilden die abgeschlossenen, edelgasartigen Schalen des Atomrumpfes einen harten, kugelförmigen Kern mit einem steilen Abstoßungspotential. Die äußeren Elektronen liefern einen weiteren Beitrag zum Platzanspruch des Atoms in einer Kristallstruktur, wobei die bindenden Elektronenpaare zwischen den kovalent verbundenen Atomen ein lokales Maximum in der Elektronendichte bilden. Der Abstand zwischen kovalent verbundenen Atomen ist relativ klein, während zu den übrigen benachbarten Atomen ein größerer Abstand eingehalten wird. Diesen Gegebenheiten entsprechen Kalottenmodelle, wie sie als Molekülmodelle weit verbreitet sind. Der Radius der Kalottenkugeln wird als Wirkungsradius bezeichnet und ist deutlich größer als der halbe Abstand zwischen den kovalent verbundenen Atomen.

Das Problem besteht darin, die Abstände zwischen den Mittelpunkten kovalent verbundener Atome so in zwei Abschnitte zu teilen, dass man für die einzelnen Atome kovalente Radien erhält, mit denen man auch bei anderen Verbindungen die interatomaren Abstände durch Addition der betreffenden Radien berechnen kann.

Wir wollen die kovalenten Radien nur in Kristallstrukturen betrachten und auf Moleküle nicht eingehen. Für Kristallstrukturen sind vor allem die in Tab. 2.5 aufgeführten Hybridorbitale mit ihrer spezifischen Geometrie wichtig. Von Van Vechten u. Phillips (1970) sind die tetraedrisch koordinierten Strukturen vom Sphalerit- und Wurtzittyp diskutiert worden. In diesen Strukturen bilden die sp^3-Hybridorbitale σ-Bindungen (im Sinne der Molekülorbitaltheorie); Effekte einer π-Bindung oder von freien Elektronenpaaren brauchen hier nicht berücksichtigt zu werden. Außerdem sind die Abstände zu den übernächsten Nachbarn relativ groß, so dass deren Einfluss zu vernachlässigen ist. Die kovalenten Radien dieser Strukturen folgen einer Beziehung $R_c = R(n)/z_{eff}$. Hierin ist z_{eff} die effektive Ladung des betreffenden Atomrumpfes für die Valenzelektronen (z_{eff} beträgt für C 5,7 e, für Si 9,85 e, für Ge 20,75 e und für Sn 22,25 e; e Elementarladung). $R(n)$ ist ein von der Hauptquantenzahl n abhängiger Parameter

$$R(n) = n^2 z_{eff}^C / z_{eff} \, 4a_0 \qquad (2.1)$$

mit $z_{eff}^C = 5,7\,e$ als effektiver Ladung des Kohlenstoffrumpfes; $4a_0$ ist ein einstellbarer, konstanter Parameter. Die nach dieser Methode abgeleiteten kovalenten Radien geben durch Addition die Atomabstände mit einer Genauigkeit von 1 % wieder.

2.1.3 Metallische Radien

Die Radien in metallischen Strukturen (auch als Atomradien bezeichnet) lassen sich unmittelbar aus den betreffenden metallischen Elementstrukturen (Kugelpackungen) ableiten, indem man die Abstände zwischen den Mittelpunkten benachbarter Metallatome halbiert. Sie wurden bereits von Goldschmidt (1928) abgeleitet und später von Laves (1937)[17] ergänzt. Es zeigt sich, dass die metallischen Radien mit der Koordination variieren und (wie auch die anderen Radien) mit geringerer Koordination kleiner werden. Die Radien in den verschiedenen Koordinationen verhalten sich wie R[12] : R[8] : R[6] : R[4] = 1 : 0,97 : 0,96 : 0,88. Abweichungen hiervon gibt es vor allem bei den Metallstrukturen der B-Elemente. Meist wird der Radius für die [12]-Koordination (entsprechend den dichtesten Kugelpackungen) angegeben.

Eine vergleichende Übersicht über die metallischen Radien zeigt folgendes: Die Metallradien sind wesentlich größer als die betreffenden Ionenradien und auch größer als die kovalenten Radien. Die Alkalimetalle haben die weitaus größten Radien. Innerhalb einer Periode nimmt der Radius mit steigender Ordnungszahl bei den A-Metallen ab und bei den B-Metallen wieder leicht zu. Innerhalb der Gruppen steigen die Metallradien mit der Hauptquantenzahl. Allerdings kompensiert auch hier die Lanthanoidenkontraktion in den nachfolgenden Gruppen den Anstieg, der sonst beim Übergang von der sechsten zur siebenten Periode zu erwarten wäre.

2.1.4 Van-der-Waals-Radien

In Molekülkristallen und in Edelgaskristallen können die Abstände zwischen nächsten, nicht miteinander verbundenen Atomen durch van-der-Waals-Radien (Molekül-

---

17 Fritz-Henning Laves (27.2.1906–12.8.1978).

radien) beschrieben werden. Sie entsprechen den Wirkungsradien R_W der Kalotten-modelle. Nach Bondi (1964) folgen diese Radien einer Beziehung $R_W = c\lambda_{Br}$ mit c als einer durch die Gruppe im Periodensystem bestimmten Konstante, die Werte zwischen 0,48 und 0,61 annimmt, und der de-Broglie-Wellenlänge des äußeren Valenzelektrons $\lambda_{Br} = h\sqrt{m_e I_0}$ (h Plancksches Wirkungsquantum, m_e Elektronenmasse, I_0 erstes Ionisierungspotential des betreffenden Elements). Unter Zusammenfassung der Konstanten erhält man $R_W = k\sqrt{I_0}$. Die so ermittelten Radien führen zu einer guten Übereinstimmung mit den beobachteten intermolekularen Abständen.

2.1.5 Elektronegativität

Eine weitere wichtige Eigenschaft ist die Elektronegativität eines Atoms i, χ_i, die ein Maß für dessen Kraft ist, in einer Verbindung Elektronen an sich heranzuziehen. χ_i kann aus thermochemischen Daten ermittelt aber nicht direkt gemessen werden. Die Elektronegativität ist ein relatives Maß und es gibt verschiedene Elektronogentivitäts-skalen. Die wohl am meisten benutzte ist die von Pauling (Abb. 2.2), in der Fluor der höchsten Wert (3.98) und Cs den kleinsten Wert (0.79) zugewiesen wird. Andere Berechnungsmethoden, z. B. nach Mulliken,[18] Allred[19]–Rochow[20] oder Allen u. Huheey (1980),[21] ergeben etwas andere numerische Werte, zeigen aber die gleichen Verhältnisse der Elektronegativitäten.

H 2.20																	He
Li 0.98	Be 1.57											B 2.04	C 2.55	N 3.04	O 3.44	F 3.98	Ne
Na 0.93	Mg 1.31											Al 1.61	Si 1.90	P 2.19	S 2.58	Cl 3.16	Ar
K 0.82	Ca 1.00	Sc 1.36	Ti 1.54	V 1.63	Cr 1.66	Mn 1.55	Fe 1.83	Co 1.88	Ni 1.91	Cu 1.90	Zn 1.65	Ga 1.81	Ge 2.01	As 2.18	Se 2.55	Br 2.96	Kr 3.00
Rb 0.82	Sr 0.95	Y 1.22	Zr 1.33	Nb 1.6	Mo 2.16	Tc 1.9	Ru 2.2	Rh 2.28	Pd 2.20	Ag 1.93	Cd 1.69	In 1.78	Sn 1.96	Sb 2.05	Te 2.1	I 2.66	Xe 2.60
Cs 0.79	Ba 0.89	La 1.1	Hf 1.3	Ta 1.5	W 2.36	Re 1.9	Os 2.2	Ir 2.20	Pt 2.28	Au 2.54	Hg 2.00	Tl 1.62	Pb 1.87	Bi 2.02	Po 2.0	At 2.2	Rn 2.2

Abb. 2.2: Elektronegativität der Elemente nach Pauling (1932). (Abb. geändert nach Vorlage aus https://commons.wikimedia.org/wiki/File:Electronegative.jpg unter CC BY-SA 3.0).

---

18 Robert Sanderson Mulliken (7.6.1896–31.10.1988).
19 Albert Louis Allred (geb. 19.9.1931).
20 Eugene George Rochow (4.10.1909–21.3.2002).
21 Leland Cullen Allen (3.12.1926–15.7.2012).

Die Elektronegativität ist ein kristallchemisches Konzept, das bei der Betrachtung von Bindungstypen und der Vorhersage von Mischkristallbildung hilfreich ist.

2.2 Kugelpackungen

Die vereinfachte Betrachtung von Atomen und Ionen als (näherungsweise) starre Kugeln führt zu dem Konzept der Kugelpackungen. Nach diesem Konzept werden die Atome bzw. Ionen als Bausteine betrachtet, die sich zu Kugelpackungen aneinanderlagern, welche sich nach rein geometrischen Gesichtspunkten beschreiben lassen. Dieses vor allem von V. M. Goldschmidt ausgebaute Konzept wurde von Laves (1955)[22] als Raumerfüllungspostulat erweitert und verallgemeinert; es umfasst drei Prinzipien:

1. *Raumprinzip.* Die Bausteine ordnen sich in einer Kristallstruktur so an, dass der Raum am effektivsten ausgefüllt wird (Prinzip der dichten Packung).
2. *Symmetrieprinzip.* Die Anordnung der Bausteine strebt nach einer möglichst hohen Symmetrie.
3. *Wechselwirkungsprinzip.* Die Anordnung erfolgt so, dass die einzelnen Bausteine mit möglichst vielen anderen Bausteinen in Wechselwirkung stehen (d. h. benachbart sind).

Diese Prinzipien sind am deutlichsten bei den Strukturen von Ionenkristallen, von Metallen und Metall-Legierungen ausgeprägt, in denen die Näherung kugelförmiger Bausteine weitgehend zutrifft. Bei Molekülkristallen ist stattdessen von anderen geometrischen Formen (z. B. von Kalottenmodellen) der Moleküle auszugehen. Obwohl die Moleküle organischer Verbindungen vielfältige und häufig recht komplizierte Formen haben, sind auch bei Molekülkristallen vor allem das Prinzip der dichten Packung und das Symmetrieprinzip weitgehend verwirklicht, was von Kitaigorodski[23] mit vielen Beispielen belegt worden ist. Weniger gut erfüllt sind die Prinzipien hingegen bei Kristallstrukturen mit kovalenter Bindung, insbesondere nicht das Prinzip der dichten Packung. Die Erklärung hierfür folgt aus den Eigenarten der kovalenten Bindung, insbesondere daraus, dass diese richtungsabhängig sind.

Eine Kristallstruktur wird durch die Angabe der Positionen ihrer Bausteine (Atome, Ionen, Moleküle), d. h. durch deren Koordinaten in der Elementarzelle, beschrieben (vgl. Abschnitt 1.2). Betrachten wir die Struktur eines Halitkristalls (Abb. 1.1b): Sie besteht aus Natriumionen und aus Chlorionen im Mengenverhältnis 1:1, wobei jede Ionensorte für sich die Positionen eines kubisch flächenzentrierten Gitters (vgl. *cF* in Abb. 1.3) besetzt. Jedes Natriumion hat als nächste Nachbarn sechs Chlorionen in gleichem Abstand, und jedes Chlorion hat als nächste Nachbarn sechs Natriumio-

---

22 Fritz Henning Emil Paul Berndt Laves (27.2.1906–12.8.1978).
23 Alexander Isaakowitsch Kitaigorodski (16.2.1914–16.6.1985).

nen. Die Anzahl der nächsten Nachbarn eines Kristallbausteins wird als seine Koordinationszahl bezeichnet (im Schriftsatz wird sie in eckige Klammern eingeschlossen: Na[6]Cl[6]). Denken wir uns die Mittelpunkte der Nachbarionen durch Geraden verbunden, so entsteht ein Polyeder, das Koordinationspolyeder. Im Beispiel der NaCl-Struktur besetzen die einem Na-Ion benachbarten sechs Cl-Ionen jeweils die Ecken eines Oktaeders, dessen Mittelpunkt das betreffende Na-Ion einnimmt; man spricht deshalb von einer oktaedrischen Koordination. Umgekehrt werden auch die Cl-Ionen von den sechs Natriumionen oktaedrisch umgeben – beide Ionenarten haben in diesem Fall also die gleichen Koordinationspolyeder. Das muss nicht in allen Fällen so sein, z. B. haben in der NiAs-Struktur (Abb. 2.24) die beiden Ionenarten die gleiche Koordinationszahl, aber verschiedene Koordinationspolyeder. In bestimmten Kristallstrukturen kann ein und dieselbe Ionenart auch auf Positionen mit unterschiedlichen Koordinationspolyedern verteilt sein. Kristallstrukturen, die wir, wie im Beispiel der NaCl-Struktur, mittels sich gegenseitig durchdringender Koordinationspolyeder beschreiben können, bezeichnen wir als Koordinationsstrukturen.

Bis hierher war es noch nicht nötig, irgendwelche Annahmen über die Form und die Eigenschaften der Ionen zu machen. Wie sich gezeigt hat, kann man eine weitgehende Einsicht in die Bauprinzipien der Kristallstrukturen gewinnen, wenn man von der Voraussetzung ausgeht, dass sich die Ionen bzw. Atome in einer Kristallstruktur wie starre Kugeln verhalten, die sich gegenseitig berühren. Man gelangt so zu der im Abb. 1.1a) wiedergegebenen Modellvorstellung von der NaCl-Struktur. Diese Interpretation der Kristallstrukturen als Kugelpackungen gestattet es, ihren Aufbau auf geometrisch anschauliche Weise zu diskutieren.

Der Einfachheit halber betrachten wir zunächst Kugelpackungen aus nur einer Sorte von (gleich großen) Kugeln. (Für einen Ionenkristall werden freilich mindestens zwei Sorten von Kugeln benötigt.) Sei d der Abstand zwischen den Mittelpunkten zweier sich berührender Kugeln, so ist ihr Radius $R_K = d/2$. Befinden sich in einer Elementarzelle Z Atomkugeln, so nehmen sie zusammen ein Volumen $V_K = Z \, 4\pi R_K^3/3 = Z \pi d^3/6$ ein. Das Verhältnis dieses Volumens zum Volumen V der Elementarzelle ist die Packungsdichte $P = V_K/V$. Bei einer Kugelpackung, in der die Kugeln die Positionen der Gitterpunkte eines kubisch primitiven Gitters (cP in Abb. 1.3) einnehmen, ist der Abstand d mit dem Gitterparameter identisch, und das Volumen der Elementarzelle beträgt $V = d^3 = 8R_K^3$. Die Elementarzelle enthält eine Kugel (denn die an den acht Ecken der Elementarzelle befindlichen Kugeln gehören nur zu je 1/8 in die betreffende Zelle, siehe Abb. 2.3), und wir erhalten für die Packungsdichte $P = V_K/V = (4/3) \pi R_K^3/8R_K^3 = 0{,}524$. Somit werden also 52,4 % von den Kugeln eingenommen. Jede Kugel berührt sechs Nachbarkugeln, die sie oktaedrisch umgeben (das entspricht der Koordination in der NaCl-Struktur, deren Packungsdichte jedoch wegen der beiden unterschiedlichen Kugelradien größer ist).

Bei einer Kugelpackung, in der die Kugeln die Positionen der Gitterpunkte eines kubisch innenzentrierten Gitters (cI in Abb. 1.3) einnehmen, wird jede Kugel von acht

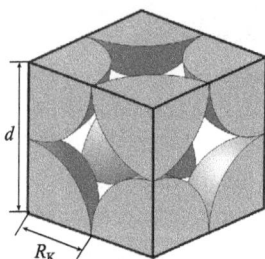

Abb. 2.3: Eine Elementarzelle eines kubisch primitiven Gitters mit Gitterparameter d, gepackt aus Kugeln mit dem Radius $R_K = d/2$. Johannes Schneider (2015).

Nachbarkugeln (entlang der Raumdiagonalen) berührt, und das Koordinationspolyeder ist ein Würfel. Die kubische Elementarzelle enthält zwei Kugeln, und die Packungsdichte berechnet sich zu $P = 0,68$; sie ist damit deutlich größer als die einer dem kubisch primitiven Gitter entsprechende Kugelpackung.

Es erhebt sich die Frage, welche aller denkbaren Packungen gleich großer Kugeln die größte Packungsdichte hat, d. h. die dichteste Kugelpackung darstellt. Bereits Kepler[24] versuchte, die sechszählige Symmetrie von Schneekristallen mit deren Aufbau aus Kugeln zu erklären (De nive sexangula 1611), entwickelte Hypothesen über die maximale Dichte von Kugelpackungen und äußerte die sog. „Keplersche Vermutung" (engl. *Kepler's conjecture*), dass im dreidimensionalen Raum keine Anordnung von gleich großen Kugeln eine größere mittlere Dichte hat als die (anschließend beschriebenen) kubisch-flächenzentrierte und die hexagonale Packung (also auch eine unregelmäßige Anordnung nicht). Nach Bemühungen von Generationen von Mathematikern wurde der sehr schwierige und lange angezweifelte [Computer]- Beweis erst kürzlich von Hales (1998, 2005)[25] erbracht.

Packt man die Kugeln zunächst in einer Ebene als einzelne Schicht, so hat offenbar die Anordnung gemäß Abb. 2.4a die größte Packungsdichte. Die Kugeln sind „auf Lücke" gepackt und berühren jeweils sechs Nachbarkugeln. Wie ersichtlich, ist die dichteste Kugelschicht durch eine hexagonale Symmetrie ausgezeichnet. Wird nun eine zweite derartige Kugelschicht auf die erste gepackt, so entsteht eine dichteste Packung dann, wenn die Kugeln der zweiten Schicht in die Vertiefungen (Zwickel) zwischen jeweils drei Kugeln der ersten Schicht zu liegen kommen (Abb. 2.4b). Es zeigt sich, dass die zweite Schicht gegenüber der ersten um einen Betrag $(2/3) R_K \sqrt{3}$ parallel zur Stapelebene verschoben ist. Doch gibt es für die Lage der zweiten Schicht zwei Möglichkeiten: Bezeichnen wir die Lage der ersten Schicht mit A, so kann die zweite Schicht die Lage B oder C einnehmen (Abb. 2.4c). Besetzt die zweite Schicht die Lage

---

24 Johannes Kepler (auch Keppler, 27.12.1571 jul–15.11.1630 greg).
25 Thomas Callister Hales (geb. 4.6.1958).

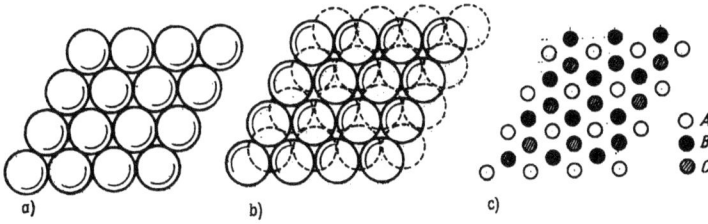

Abb. 2.4: Dichteste Packung kongruenter Kugeln. a) Dichteste Anordnung von Kugeln in einer Schicht; b) zwei dicht übereinander gepackte Kugelschichten (bei Wiederholung der Stapelfolge ABAB ... entsteht die hexagonal dichteste Kugelpackung); c) drei Lagen von dicht gepackten Kugelschichten (Skizzierung der Kugelmittelpunkte; bei Wiederholung der Stapelfolge ABCABC... entsteht die kubisch dichteste Kugelpackung).

B, so kann die dritte Schicht entweder die Lage C oder wieder die Lage A einnehmen usw.

Es gibt also beliebig viele verschiedene Stapelfolgen, die eine dichteste Kugelpackung ergeben. Vom kristallographischen Gesichtspunkt interessieren dabei vor allem die periodischen Stapelfolgen, von denen sich gleichfalls beliebig viele konstruieren lassen. Zwei dieser dichtesten Kugelpackungen verdienen besondere Beachtung:

1. Die Kugelschichten haben die Reihenfolge ABABAB ... (oder ACACAC ...). Bei dieser Anordnung nimmt die jeweils übernächste Schicht wieder die Lage der Ausgangsschicht ein. Die hierbei entstehende Struktur zeigt hexagonale Symmetrie, wobei die hexagonale Achse – eine sechszählige Schraubenachse 6_3 (vgl. Abb. 1.104) – senkrecht auf den Kugelschichten steht. Diese Struktur wird als hexagonal dichteste Kugelpackung (hcp) bezeichnet. Aus der Darstellung ihrer Elementarzelle in Abb. 2.5 (entsprechend einer Folge ABAB ... nach Abb. 2.4) ist zu sehen, dass diese in den Positionen $0, 0, 0$ und $\frac{2}{3}, \frac{1}{3}, \frac{1}{2}$ zwei Kugeln enthält (gleichberechtigt wäre eine Anordnung der packenden Kugeln in $0, 0, 0$ und $\frac{1}{3}, \frac{2}{3}, \frac{1}{2}$ entsprechend der Folge ACAC ...). Zwischen den Gitterparametern einer idealen, unverzerrten hexagonal dichtesten Kugelpackung besteht die Beziehung $(c/2)^2 = 2a^2/3$, woraus sich ein Achsenverhältnis von $c/a \approx 1{,}633$ errechnet. Die hexagonal dichteste Kugelpackung ist diejenige mit der kleinsten Periode bezüglich der Stapelfolge, sie umfasst nur zwei Schichten.

2. Die Kugelschichten haben die Reihenfolge ABCABC ... (oder ACBACB ...). Diese Struktur hat eine Periode von drei Schichten, und erst die jeweils vierte Schicht nimmt wieder die Lage der ersten Schicht ein. Durch diese Stapelfolge entsteht eine Struktur, in der die Kugeln die Positionen der Gitterpunkte eines kubisch flächenzentrierten Gitters (cF in Abb. 1.3) einnehmen, weshalb sie als kubisch dichteste Kugelpackung (fcc) bezeichnet wird. Die am dichtesten gepackten Ebenen entsprechen den {111}-Netzebenen des kubisch flächenzentrierten Gitters (Abb. 2.6). Die Achse senkrecht zu den am dichtesten gepackten Schichten ist jetzt nur noch dreizählig, d. h., genauer handelt es sich um eine $\bar{3}$-Achse;

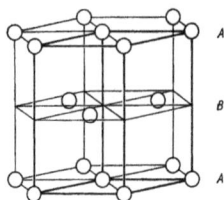

Abb. 2.5: Hexagonal dichteste Kugelpackung. Dreifache Elementarzelle.

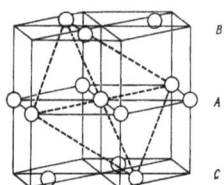

Abb. 2.6: Kubisch dichteste Kugelpackung. Schichtenfolge senkrecht zu [111]; eine Grundfläche der kubisch flächenzentrierten Elementarzelle ist hervorgehoben.

eine solche Achse ist entsprechend den vier Raumdiagonalen des Elementarwürfels viermal vorhanden, wie es in dieser Struktur auch vier dicht gepackte {111}-Netzebenenscharen gibt, die morphologisch den Oktaederflächen entsprechen.

Eine Stapelfolge mit einer Periode von vier Schichten ist z. B. ABACABAC..., mit einer Periode von fünf Schichten ABCABABCAB... usw. Die Packungsdichte P ist bei allen dichtesten Kugelpackungen gleich und beträgt $P = \pi/\sqrt{18} = 0{,}740480\ldots \approx 0{,}74$. Auch die Koordinationszahl stimmt bei allen dichtesten Kugelpackungen überein und beträgt einheitlich 12. Zu den sechs nächsten Nachbarkugeln in einer Schicht gesellen sich je drei Kugeln in der Schicht darüber und in der Schicht darunter, mit denen eine Kugel jeweils in Kontakt steht. Auch die Anzahl der übernächsten Nachbarn (zweite Koordinationssphäre) stimmt bei allen dichtesten Kugelpackungen überein und beträgt einheitlich 6. Erst in der dritten Koordinationssphäre (Anzahl der drittnächsten Nachbarn) gibt es dann Unterschiede (Tab. 2.1).

Jedoch bestehen bereits in der ersten Koordinationssphäre Unterschiede in der Gestalt und Symmetrie der Koordinationspolyeder: Bei der kubisch dichtesten Kugelpackung ist das Koordinationspolyeder ein Kuboktaeder (Abb. 2.7b), ein Polyeder mit zwölf Ecken, das eine Kombination von Oktaeder und Würfel darstellt und die Symmetrie $m\bar{3}m$ besitzt. Bei der hexagonal dichtesten Kugelpackung besteht das Koordinationspolyeder zwar gleichfalls aus acht gleichseitigen Dreiecken und sechs Quadraten (Abb. 2.7a), jedoch sind sie anders angeordnet und resultieren aus einer Kombination von zwei unterschiedlich steil stehenden trigonalen Dipyramiden und einem Basispinakoid; es hat die Symmetrie $\bar{6}m2$.

Wir wollen nun die Hohlräume oder Lücken betrachten, die in den einzelnen Kugelpackungen zwischen den Kugeln verbleiben: Ihr Anteil beträgt bei den dichtesten Kugelpackungen 26 % (ungefähr ein Viertel des Volumens), bei der kubisch innenzentrierten Kugelpackung 32 % (knapp ein Drittel) und bei der kubisch primitiven Kugel-

Tab. 2.1: Koordination in Kugelpackungen.

Kugelpackung (KP)	Packungs-dichte P	Koordinationszahl				Relative Abstände der Koordinationssphären[2])		
		1.	2.	3.	4.	d_2/d_1	d_3/d_1	d_4/d_1
		Koordinat.sphäre[1])						
Kubisch primitive KP	0,52	6	12	8	6	1,41	1,73	2
Kubisch innenzentrierte KP	0,68	8	6	12	8	1,15	1,63	1,91
Kubisch dichteste KP	0,74	12	6	24	12	1,41	1,73	2
Hexagonal dichteste KP	0,74	12	6	8	24	1,41	1,63	1,73

[1]) Zur Veranschaulichung der Koordination kann man für die kubisch primitive KP das Bild 1.1b, für die kubisch innenzentrierte KP die Abb. 2.16 und für die kubisch dichteste KP die Abb. 2.15 benutzen, ohne auf diesen Bildern zwischen den schwarzen und weißen Kugeln zu unterscheiden.
[2]) Abstände zwischen den Kugelmittelpunkten nächster (d_1); zweitnächster (d_2); drittnächster (d_3) und viertnächster (d_4) Nachbarn.

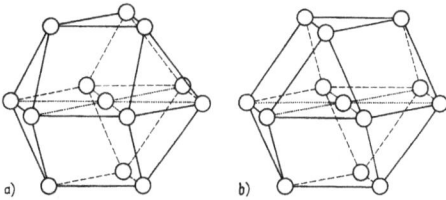

Abb. 2.7: Koordinationspolyeder der nächsten Nachbarn. a) In der hexagonal dichtesten Kugelpackung; b) in der kubisch dichtesten Kugelpackung.

packung 48 %, (also nahezu die Hälfte des Gesamtvolumens). Diese Lücken können nun je nach Art und Größe mit kleineren Kugeln, also mit kleineren Atomen bzw. Ionen, besetzt werden. Auf diese Weise lassen sich aus den einfachen Kugelpackungen viele weitere Kristallstrukturen ableiten. Dabei ist wesentlich, dass es verschiedene Arten von Lücken zwischen den Kugeln gibt:

In den dichtesten Kugelpackungen sind drei Arten von Lücken zu unterscheiden: a) innerhalb einer Schicht zwischen jeweils drei Kugeln, b) zwischen zwei Schichten mit vier nächsten Nachbarn und c) zwischen zwei Schichten mit sechs nächsten Nachbarn. Betrachten wir zuerst die letzteren. Bei der kubisch dichtesten Kugelpackung (vgl. cF in Bild 1.5 oder Abb. 2.15, rechts) liegt in der Mitte der Elementarzelle ein größerer Hohlraum, der von sechs Kugeln (in den Flächenmitten) umgeben ist (Koordinationszahl [6]). Da die sechs benachbarten Kugeln die Ecken eines Oktaeders besetzen, bezeichnet man sie als oktaedrische Lücke. Solche Lücken befinden sich außerdem noch in den Kantenmitten der Elementarzelle; d. h., es gibt insgesamt vier oktaedrische Lücken pro Elementarzelle mit den Koordinaten $\frac{1}{2}\frac{1}{2}\frac{1}{2}$; $\frac{1}{2}\,0\,0$; $0\,\frac{1}{2}\,0$ und $0\,0\,\frac{1}{2}$. Je Kugel existiert somit eine oktaedrische Lücke.

Bei der hexagonal dichtesten Kugelpackung mit den packenden Kugeln in $0\,0\,0$ und $\frac{2}{3}\frac{1}{3}\frac{1}{2}$ befinden sich die oktaedrischen Lücken auf den Positionen $\frac{1}{3}\frac{2}{3}\frac{1}{4}$ und $\frac{1}{3}\frac{2}{3}\frac{3}{4}$ (Abb. 2.8); sie liegen also in Richtung der hexagonalen Achse übereinander. Je Kugel

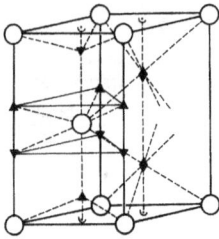

Abb. 2.8: Positionen der Lücken in der Elementarzelle einer hexagonal dichtesten Kugelpackung. Tetraederlücken sind durch ein Dreieck markiert, während Oktaederlücken durch eine Raute gekennzeichnet sind.

existiert auch hier eine oktaedrische Lücke, was generell für alle dichtesten Kugelpackungen gilt.

Die zweite Art von Lücken befindet sich bei der kubisch dichtesten Kugelpackung in den Mitten der Achtelwürfel. Jede Lücke ist von jeweils vier Kugeln umgeben (Koordinationszahl [4]), die die Ecken eines Tetraeders besetzen; man bezeichnet sie deshalb als tetraedrische Lücken. In der Elementarzelle gibt es acht solcher Lücken mit den Koordinaten $\frac{1}{4}\frac{1}{4}\frac{1}{4}$; $\frac{1}{4}\frac{1}{4}\frac{3}{4}$; $\frac{1}{4}\frac{3}{4}\frac{1}{4}$; $\frac{1}{4}\frac{3}{4}\frac{3}{4}$; $\frac{3}{4}\frac{1}{4}\frac{1}{4}$; $\frac{3}{4}\frac{1}{4}\frac{3}{4}$; $\frac{3}{4}\frac{3}{4}\frac{1}{4}$ und $\frac{3}{4}\frac{3}{4}\frac{3}{4}$. In der hexagonal dichteste Kugelpackung haben die tetraedrischen Lücken die Koordinaten $0\,0\,\frac{3}{8}$; $0\,0\,\frac{5}{8}$; $\frac{2}{3}\frac{1}{3}\frac{1}{8}$; und $\frac{2}{3}\frac{1}{3}\frac{7}{8}$ (Abb. 2.8). In beiden Fällen – und das gilt auch für die anderen dichtesten Kugelpackungen – sind je Kugel zwei tetraedrische Lücken vorhanden. Allerdings gibt es Unterschiede in der Anordnung der tetraedrischen Lücken: In der kubisch dichtesten Kugelpackung sind die Tetraeder über alle vier Kanten miteinander verknüpft. In der hexagonal dichtesten Kugelpackung sind die Tetraeder abwechselnd über eine Fläche und eine Ecke miteinander verbunden.

Die Anordnung der oktaedrischen und der tetraedrischen Lücken um eine einzelne Kugel ist nochmals in Abb. 2.9 dargestellt. Wir sehen, dass in der kubisch dichtesten Kugelpackung (Abb. 2.9b) die oktaedrischen Lücken die Kugel ihrerseits gleichfalls in Form eines oktaedrischen Koordinationspolyeders umgeben; die tetraedrischen Lücken umgeben die Kugel hingegen in Form eines Hexaeders (Koordinationszahl [8]). In der hexagonal dichtesten Kugelpackung (Abb. 2.9a) bilden die sechs oktaedrischen Lücken ein trigonales Prisma und die acht tetraedrischen Lücken ein trigonales Prisma mit aufgesetzter Dipyramide.

Die dritte Art von Lücken befindet sich innerhalb einer Schicht zwischen jeweils drei Kugeln, die ein gleichseitiges Dreieck bilden (Koordinationszahl [3]). Streng genommen handelt es sich dabei nicht um selbständige Lücken, sondern um die jeweils engste Stelle der Verbindungen zwischen zwei der zuerst betrachteten beiden größeren Arten von Lücken. Wie aus Abb. 2.7 zu erkennen ist (man verbinde die mittlere Kugel mit den 12 Ecken), stoßen an jeder Kugel 24 solcher Dreiecke zusammen. Je Kugel sind in den dichtesten Kugelpackungen acht dieser trigonalen Lücken vorhanden.

Da die Lücken als mögliche Positionen für eine Besetzung durch andere (kleinere) Atome bzw. Ionen eine wichtige kristallchemische Rolle spielen, sei die Anordnung der oktaedrischen und der tetraedrischen Lücken in den dichtesten Kugelpackungen noch in einer weiteren Darstellungsweise veranschaulicht (Abb. 2.10). Das Bild zeigt

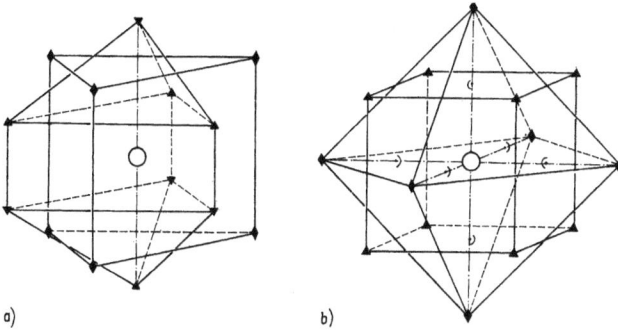

a)   b)

Abb. 2.9: Anordnung der oktaedrischen und tetraedrischen Lücken um eine Kugel. a) In der hexagonal dichtesten Kugelpackung; b) in der kubisch dichtesten Kugelpackung. Tetraederlücken sind durch ein Dreieck markiert, während Oktaederlücken durch eine Raute gekennzeichnet sind.

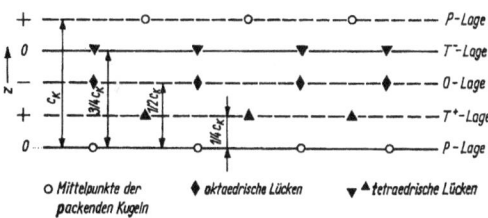

o Mittelpunkte der packenden Kugeln   ◆ oktaedrische Lücken   ▼▲ tetraedrische Lücken

Abb. 2.10: Seitenansicht von zwei dichtest gepackten Kugelschichten mit den dazwischenliegenden oktaedrischen und tetraedrischen Lücken. + Position über der Zeichenebene; 0 Position in der Zeichenebene; − Position unter der Zeichenebene; c_K Abstand zweier Kugelschichten.

in seitlicher Projektion zwei Kugelschichten (deren Anordnung für alle dichtesten Kugelpackungen übereinstimmt). Die oktaedrischen Lücken sind dann in einer Ebene in der Mitte zwischen den beiden Kugelschichten angeordnet, und die tetraedrischen Lücken befinden sich auf zwei Ebenen jeweils in der Mitte zwischen der Kugelebene und der Ebene der oktaedrischen Lücken. Nach einer Nomenklatur von Ho u. Douglas (1969) werden die einzelnen Ebenen als P-Lage (für die packenden Kugeln), O-Lage (für die oktaedrischen Lücken) und als T^+- bzw. T^--Lage (für die tetraedrischen Lücken) bezeichnet, wobei in der T^+-Lage die Tetraederspitzen nach oben und in der T^--Lage nach unten weisen. Innerhalb ihrer Ebene bilden die Lücken jeweils dasselbe hexagonale Muster wie die dichtest gepackten Kugeln (Abb. 2.4a), nur dass ihr Ursprung entsprechend verschoben ist.

Sollen nun in die Lücken einer Kugelpackung zusätzlich andere (kleinere) Kugeln eingebaut werden, dann dürfen sie eine gewisse Größe relativ zu den „packenden" Kugeln nicht überschreiten, um in die Lücken hineinzupassen. Wenn die Kugel in der Lücke alle Nachbarkugeln, die die Lücke koordinieren, eben berührt, wenn also die Kugel genau passt, dann hat der Radienquotient R_L/R_K einen bestimmten, für jede Art von Lücken charakteristischen Wert (R_L Radius der Kugel in der Lücke; R_K Radius der packenden Kugel). Dieser Radienquotient ist aus den geometrischen Gegebenheiten leicht zu berechnen und beträgt für die:

- oktaedrischen Lücken $R_L^{okt.}/R_K = \sqrt{2} - 1 = 0{,}414$,

- tetraedrischen Lücken $R_L^{\text{tetr.}}/R_K = \sqrt{3/2} - 1 = 0{,}225$,
- trigonalen Lücken $R_L^{\text{tri.}}/R_K = \sqrt{4/3} - 1 = 0{,}155$.

Betrachten wir noch kurz die Lücken in den anderen kubischen Kugelpackungen: In der kubisch primitiven Kugelpackung (die einem kubisch primitiven Gitter entspricht – vgl. *cP* in Abb. 1.5) gibt es eine große Lücke in der Mitte der Elementarzelle, die von den acht Kugeln an den Würfelecken umgeben wird (hexaedrische Koordination, Koordinationszahl [8]). Sie hat einen Radienquotienten $R_L^{\text{hex.}}/R_K = \sqrt{3} - 1 = 0{,}732$. Ferner gibt es in den Flächenmitten der Elementarzelle Lücken mit einer quadratischen Koordination durch vier Kugeln (Koordinationszahl [4]) und dem Radienquotienten $R_L^{\text{qua.}}/R_K = 0{,}414$ (der mit der oktaedrischen Koordination übereinstimmt). Auch hierbei handelt es sich nicht um selbständige Lücken, sondern um die jeweils engste Stelle der Verbindungen zwischen zwei hexaedrischen Lücken. Je Kugel gibt es eine hexaedrische und drei quadratische Lücken.

Im der kubisch innenzentrierten Kugelpackung (die dem kubisch innenzentrierten Gitter entspricht – vgl. *cI* im Bild 1.5) gibt es sowohl in den Flächenmitten als auch in den Kantenmitten der Elementarzelle sechsfach koordinierte Lücken (Abb. 2.11). Jedoch haben zwei der benachbarten Kugeln einen kürzeren Abstand als die übrigen vier. Das Koordinationspolyeder ist deshalb streng genommen kein Oktaeder, sondern eine (etwas gestauchte) tetragonale Dipyramide, und es resultiert ein Radienquotient $R_L^{\text{dp.}}/R_K = 0{,}154$. Je Kugel sind drei dieser Lücken vorhanden. Außerdem gibt es je Kugel noch sechs Lücken mit einer vierfachen Koordination. Das Koordinationspolyeder ist ein verzerrtes Tetraeder (tetragonales Disphenoid); der Radienquotient beträgt $R_L^{\text{td.}}/R_K = 0{,}291$. Hieraus wird deutlich, dass die zuerst genannte dipyramidale Lücke wieder keine selbständige Lücke, sondern nur die jeweils engste Stelle der Verbindungen zwischen vier tetraedrischen Lücken darstellt. Es ist bemerkenswert, dass die kubisch innenzentrierte Kugelpackung trotz ihrer kleineren Packungsdichte relativ kleinere Lücken aufweist als die kubisch dichteste Kugelpackung, so dass die letztere die besseren Voraussetzungen zum Einbau zusätzlicher (kleinerer) Kugeln bietet.

Im Allgemeinen besteht der Trend, dass die Lücken umso größer sind, je größer ihre Koordinationszahl ist. Wenn die in einer Lücke befindliche Kugel (bzw. das Atom oder Ion) größer ist, als es dem charakteristischen Radienquotienten entspricht, dann werden die „packenden" Kugeln etwas auseinandergedrückt, so dass sie sich nicht mehr berühren. So beträgt z. B. im NaCl der Radienquotient $R^{\text{Na}^+}/R^{\text{Cl}^-} = 0{,}564 > 0{,}414$,

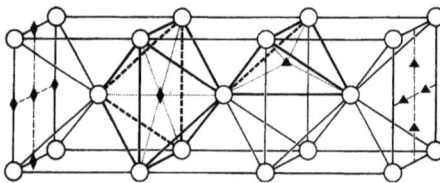

Abb. 2.11: Kubisch innenzentrierte Kugelpackung mit den Positionen eines Teils der sechsfach koordinierten „oktaedrischen" und der vierfach koordinierten „tetraedrischen" Lücken. Dargestellt sind drei Elementarzellen und je ein Koordinationspolyeder als tetragonale Dipyramide und tetragonales Disphenoid.

und die größeren Cl-Ionen, die die Rolle der „packenden" Kugeln übernehmen, berühren sich gegenseitig nicht (vgl. Abb. 1.1). Wenn hingegen die in einer Lücke befindliche Kugel kleiner ist, als es dem charakteristischen Radienquotienten entspricht, dann kann sie die Lücke nicht richtig ausfüllen und nur asymmetrisch in einen „Winkel" der Lücke eingelagert werden, wobei sie nur einen Teil der koordinierenden Kugeln berührt. Meist wird dann eine andere Struktur bevorzugt, in der das betreffende Atom (Ion) in eine kleinere Lücke eintreten kann.

Als Beispiel sei eine Auswahl von Kristallstrukturen angeführt, die sich aus den dichtesten Kugelpackungen ableiten lassen:

1. *Kristallstrukturen, die selbst eine dichteste Kugelpackung darstellen*
   Cu (Kupfer):kubisch dichteste Kugelpackung (Abb. 2.6)
   Mg (Magnesium):hexagonal dichteste Kugelpackung (Abb. 2.5)
   La (Lanthan):dichteste Kugelpackung mit einer Periode von vier Schichten – Stapelfolge ABAC ...

2. *Kristallstrukturen, die sich von der kubisch dichteste Kugelpackung ableiten* (Die größeren „packenden" Ionen stehen jeweils an letzter Stelle der chemischen Formel.)
   MgO (Periklas):Besetzung aller oktaedrischen Lücken (analog der NaCl-Struktur)
   Li_2O:Besetzung aller tetraedrischen Lücken (analog der CaF_2- Struktur, Abb. 2.39)
   Li_3Bi:Besetzung aller oktaedrischen und aller tetraedrischen Lücken
   $CdCl_2$:Besetzung der Hälfte der oktaedrischen Lücken
   $CrCl_3$:Besetzung eines Drittels der oktaedrischen Lücken
   ZnS (Sphalerit):Besetzung der Hälfte der tetraedrischen Lücken
   Al_2MgO_4 (Spinell):Besetzung der Hälfte der oktaedrischen und eines Achtels der tetraedrischen Lücken (Abb. 2.44)

3. *Kristallstrukturen, die sich von der hexagonal dichteste Kugelpackung ableiten* (Die größeren „packenden" Ionen stehen jeweils an letzter Stelle der chemischen Formel)
   FeS (Troilit):Besetzung aller oktaedrischen Lücken (Abb. 2.24)
   Al_2O_3 (Korund)Besetzung von zwei Dritteln der oktaedrischen Lücken
   CdI_2:Besetzung der Hälfte der oktaedrischen Lücken (Abb. 2.26)
   BiI_3:Besetzung eines Drittels der tetraedrischen Lücken
   ZnS (Wurtzit):Besetzung der Hälfte der tetraedrischen Lücken
   Mg_2SiO_4 (Forsterit):Besetzung der Hälfte der oktaedrischen und eines Achtels der tetraedrischen Lücken (Olivin-Struktur, Abb. 2.55)

2.3 Bindungszustände

Der Aufbau einer Kristallstruktur aus Atomen wird neben den geometrischen Prinzipien ihrer Packung von den zwischenatomaren Wechselwirkungen bestimmt. Diese

Wechselwirkungen und die daraus resultierende Elektronendichteverteilung im Kristall können heutzutage sehr genau mit quantenmechanischen Methoden berechnet werden. Die komplexen quantenmechanischen Gegebenheiten einer chemischen Bindung werden überschaubar, wenn man von vier Grenztypen der chemischen Bindung ausgeht:

a) die ionare (elektrovalente, heteropolare oder polare) Bindung,
b) die kovalente (homöopolare) Bindung,
c) die metallische Bindung und
d) die van-der-Waals-Bindung (Dispersions-, Keesom[26]-, London[27]-Kräfte).

Sie werden in den folgenden Abschnitten beschrieben. Diese vier Bindungstypen sind Grenztypen und treten nur selten in reiner Form auf. Meist haben wir es mit gemischten Bindungszuständen zu tun, wobei allerdings häufig der eine oder der andere Typ überwiegt.

2.3.1 Ionare Bindung

Die ionare Bindung (auch als elektrovalente, heteropolare oder polare Bindung bezeichnet) ist physikalisch am einfachsten zu beschreiben. Sie bildet sich ausschließlich zwischen verschiedenartigen Atomen aus. Bei diesem Bindungstyp führt die quantenmechanische Wechselwirkung zwischen den Atomen dazu, dass die eine Art der Atome Elektronen abgibt, welche von der anderen Art der Atome aufgenommen werden. Die ersteren Atome verwandeln sich dadurch in positiv geladene Kationen, die letzteren in negativ geladene Anionen. Die Bindungskraft resultiert dann aus der elektrostatischen Anziehung zwischen den entgegengesetzt geladenen Ionen. Zum Verständnis der ionaren Bindung ist es deshalb nicht nötig, die quantenmechanischen Wechselwirkungen, die zur Umverteilung der äußeren Elektronen führen, zu erörtern; es genügt ein System, aus dem hervorgeht, wie viel Elektronen die verschiedenen Atomarten abgeben bzw. aufnehmen. Das leistet weitgehend das Periodensystem der Elemente ergänzt durch die Vorstellung vom Schalenbau der Elektronenhülle. Im Periodensystem beginnen und enden die einzelnen Perioden jeweils mit einem Element aus der Gruppe der Edelgase. Die Edelgase besitzen gegenüber allen anderen Atomen die stabilste Elektronenkonfiguration, gekennzeichnet durch eine abgeschlossene äußere Elektronenschale; sie nehmen deshalb normalerweise weder an elektronischen Austauschvorgängen noch an chemischen Reaktionen teil. Die Elemente der im Periodensystem auf die Edelgase folgenden Gruppen beginnen mit dem Aufbau einer neuen Schale; solche Elektronenkonfigurationen sind energetisch

26 Willem Hendrik Keesom (21.6.1876–24.3.1956).
27 Fritz Wolfgang London (7.3.1900–30.3.1954).

ungünstig und wenig stabil. In einer Ionisierungsreaktion geben sie die Elektronen der äußeren Schale relativ leicht ab und erreichen so eine stabile Edelgaskonfiguration; sie verwandeln sich dadurch in ein Kation mit einer Ladungszahl $z_i = z - z_E$ (z Ordnungszahl; z_E Ordnungszahl des im Periodensystem vorangehenden Edelgases); die Ladung eines Ions beträgt $z_i e$ (mit der Elementarladung $e = 1,6 \cdot 10^{-19}$ Coulomb). Entgegengesetzt verhält es sich mit den Elementen, die im Periodensystem den Edelgasen vorangehen: sie erreichen eine stabile Edelgaskonfiguration ihrer Elektronenhülle dadurch, dass sie Elektronen aufnehmen und sich in ein Anion verwandeln, das die (negative) Ladungszahl $z_j = z - z_{E'}$ trägt ($z_{E'}$ Ordnungszahl des im Periodensystem folgenden Edelgases). Der maßgebliche physikalische Parameter für die Abgabe von Elektronen ist die Ionisierungsenergie, der für die Aufnahme von Elektronen die Elektronenaffinität der Elemente.

Etwas weniger übersichtlich ist die Situation bei den Übergangselementen (Übergangsmetallen). Bei ihnen werden nicht nur die äußere, sondern auch innere Schalen (sog. Unterschalen) weiter mit Elektronen aufgefüllt. Das hat verschiedene Konsequenzen:

- In der äußeren Schale befinden sich weniger als $z - z_E$ Elektronen (meist sind es nur 1...3), die bei der Bildung von Ionen abgegeben werden.
- Es gibt auch innerhalb der Perioden relativ stabile Elektronenkonfigurationen, worauf die Existenz der Edelmetalle hinweist.
- Die Elemente können selbst verschiedene Elektronenkonfigurationen einnehmen, die sich energetisch nur wenig unterscheiden; sie können infolgedessen in verschiedenen Ionisierungszuständen, d.h. als Kationen mit unterschiedlicher Ladung, auftreten.

Für die Kristallchemie sind folgende Eigenschaften der ionaren Bindung wesentlich: Die stabilen, edelgasartigen Elektronenkonfigurationen der Ionen sind weitgehend kugelsymmetrisch, so dass die Beschreibung der Ionen als geladene Kugeln eine gute Näherung ist. Die elektrostatischen Kräfte sind ungerichtet. Jedes Ion ist bestrebt, möglichst viele entgegengesetzt geladene Ionen um sich zu scharen, d. h. eine möglichst hohe Koordination zu erreichen. Dem wirkt die Abstoßung zwischen den gleichartig geladenen Ionen entgegen, die so weit wie möglich auseinander rücken möchten, was zu zentrosymmetrischen Anordnungen begünstigt. So ist z. B. eine [6]-Koordination in Oktaederform elektrostatisch günstiger als eine [6]-Koordination in Form eines dreiseitigen Prismas. Die Struktur insgesamt muss die Bedingung der elektrischen Neutralität gewährleisten: die gesamte Ladung aller Kationen muss der gesamten Ladung aller Anionen entsprechen. Das Verhältnis der Koordinationszahlen von Kationen und Anionen entspricht daher deren stöchiometrischem Verhältnis.

Die quantitative Behandlung der ionaren Bindung geht vom Coulombschen[28] Gesetz aus, wonach zwei geladene Kugeln (Ionen) i und j, deren Mittelpunkte den Abstand d_{ij} voneinander haben, eine Kraft

$$K_{ij} = z_i z_j e^2 / d_{ij}^2 \qquad (2.2)$$

aufeinander ausüben (e Elementarladung); negatives Vorzeichen bedeutet Anziehung, positives Vorzeichen Abstoßung. Wenn sich beide Kugeln berühren, ist $d_{ij} = R_i + R_j$ die Summe der Ionenradien. Die Bindungskraft ist demnach umso größer, je kleiner die Abstände zwischen den Ionen und je höher ihre Ladungen sind. Das kommt in den in Tab. 2.2 aufgeführten Eigenschaften deutlich zum Ausdruck.

Tab. 2.2: Einfluss des Abstandes d_{12} zwischen benachbarten Ionen und des Produktes ihrer Ladungszahlen $z_1 z_2$ auf einige physikalische Eigenschaften von Ionenkristallen.

	NaF	NaCl	NaBr	NaI	MgO	CaO
d_{12}/nm	0,231	0,279	0,294	0,318	0,211	0,241
Schmelzpunkt/°C	988	801	740	660	2852	2614
Siedepunkt/°C	1695	1441	1393	1300	3600	2850
Härte nach Mohs	3	2	1,5	1	6	4,5

Ein Paar zweier Ionen i und j verkörpert eine elektrostatische potentielle Energie (Potential)

$$u_{ij} = z_i z_j e^2 / d_{ij}. \qquad (2.3)$$

Bei Ionen entgegengesetzten Vorzeichens, die sich also anziehen, hat dieses Potential einen negativen Wert. Die Ionen können sich einander so weit nähern, bis sie sich berühren. Physikalisch ist das so zu interpretieren, dass die Elektronenhüllen der beiden Ionen einer weiteren Annäherung eine steil ansteigende Abstoßungskraft entgegensetzen (die letztlich auch quantenmechanisch zu begründen ist). Zu ihrer Beschreibung führte Born[29] 1923 ein Abstoßungspotential in der Form $u_{ij}^B = b / d_{ij}^m$ ein; b ist eine Konstante und m der Abstoßungsexponent. Er lässt sich aus der Kompressibilität des betreffenden Kristalls ermitteln. Bei den meisten Alkalihalogeniden findet man $m \approx 9$, bei anderen Kristallen $m = 5 \ldots 9$. In neueren Ansätzen wird das Abstoßungspotential als Exponentialfunktion mit einem Abstoßungsexponenten ρ formuliert:

$$u_{ij}^B = B \exp(-d_{ij} / \rho) \qquad (2.4)$$

---

28 Charles Augustin de Coulomb (14.6.1736–23.8.1806).
29 Max Born (11.12.1882–5.1.1970).

(*B* ist eine materialabhängige Konstante.) Das Potential eines Ionenpaares stellt sich dann insgesamt dar als:

$$u_{ij} = u_{ij}^e + u_{ij}^B = z_i z_j \, e^2 \, / \, d_{ij} + b \, \exp(-d_{ij} \, / \rho) \qquad (2.5)$$

Das Potential u_g („g" für „Gitter") eines Ions *i* in einer Kristallstruktur erhält man, indem man die einzelnen Potentiale, die das Ion *i* bezüglich aller anderen Ionen *j* hat, summiert, was zu dem Ausdruck

$$u_g = \sum_j u_{ij} = \alpha \, z_1 z_2 \, e^2 \, / \, d_{12} + B \, \exp(-d_{12} \, / \rho) = u_g^e + u_g^B \qquad (2.6)$$

führt, der für alle Ionen übereinstimmt, so dass für u_g der Index *i* nicht geschrieben werden muss. d_{12} ist der Abstand zwischen benachbarten Ionen. Für den Exponentialterm mit der Konstanten *B* braucht man nur diesen kürzesten vorkommenden Abstand zu berücksichtigen, da alle größeren Abstände vernachlässigbar kleine Beiträge liefern; α ist eine aus der Summation der elektrostatischen Potentiale folgende, nach Madelung[30] (1931) benannte Konstante, die für den jeweiligen Strukturtyp kennzeichnend ist (Tab. 2.3). Beispielsweise wird in der NaCl-Struktur ein Na^+-Ion von sechs Cl^--Ionen oktaedrisch umgeben. Das bedeutet einen elektrostatischen Potentialbeitrag von $-6 \, e^2 \, / \, d_{12}$. Die übernächsten Nachbarn sind zwölf Na^+-Ionen im Abstand $d_{12} \sqrt{2}$ die einen Potentialbeitrag von $+12 \, e^2 / d_{12} \sqrt{2}$ ergeben. Es folgt dann wieder eine Sphäre von acht Cl^--Ionen im Abstand $d_{12} \sqrt{3}$ mit einem Potentialbeitrag von $-8 \, e^2 / d_{12} \sqrt{3}$ usw., und wir erhalten als Potential eines Ions in der NaCl-Struktur

$$u_g^e = -\left(6 - 12 \, / \sqrt{2} + 8 \, / \sqrt{3} - 6 \, / \sqrt{4} + 24 \, / \sqrt{5} - \cdots\right) e^2 \, / \, d_{12}. \qquad (2.7)$$

Tab. 2.3: Madelung-Konstanten α für einige Strukturtypen.

Strukturtyp	Stöchiometrie	α	Strukturtyp	Stöchiometrie	α
Halit (Steinsalz) NaCl	AB	1,74756	Fluorit CaF_2	AB_2	5,0387
Caesiumchlorid CsCl	AB	1,76267	Rutil TiO_2	AB_2	4,816
Sphalerit ZnS	AB	1,63806	Cadmiumiodid CdI_2	AB_2	4,383
Wurtzit ZnS	AB	1,64132	Korund Al_2O_3	A_2B_3	4,171

Der Ausdruck in der Klammer ist die Madelung-Konstante α. Allerdings stößt die Summation der Reihe in dieser Form auf mathematische Schwierigkeiten, so dass zur Berechnung von α spezielle Verfahren entwickelt wurden. Tab. 2.3 weist aus, dass die Madelung-Konstanten der Strukturtypen mit gleicher Stöchiometrie jeweils ungefähr übereinstimmen, während es zwischen den Strukturtypen mit verschiedener Stöchiometrie markante Unterschiede gibt.

---

30 Erwin Madelung (18.5.1881–1.8.1972).

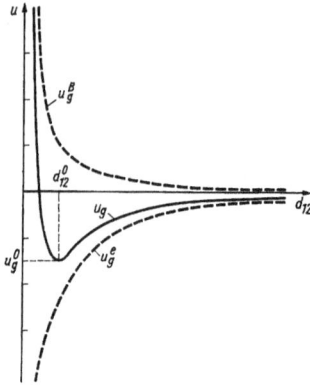

Abb. 2.12: Verlauf des Potentials $u_g = u_g^e + u_g^B$ in Abhängigkeit vom Ionenabstand d_{12}.

In Abb. 2.12 ist der Verlauf der Potentialterme u_g^e und u_g^B sowie des resultierenden Potentials u_g in Abhängigkeit von der Distanz d_{12} benachbarter Ionen dargestellt. In der Struktur stellt sich ein Abstand $d_{12} = d_{12}^0$ ein, der dem minimalen Potential u_g^0 entspricht. Der mit kleiner werdendem Abstand steile exponentielle Anstieg des Abstoßungspotentials rechtfertigt die Modellvorstellung von starren Kugeln für die Ionen. Das Minimum der Potentialfunktion $u_g(d_{12})$ erhält man durch Differenzieren:

$$\mathrm{d}u_g \,/\, \mathrm{d}d_{12} = -\alpha\, z_1 z_2\, e^2 \,/\, d_{12}^2 - (B/\rho)\, \exp(-d_{12}/\rho) = 0. \tag{2.8}$$

Hieraus ergibt sich

$$B = -\alpha\, z_1 z_2\, e^2 \rho \, \exp(d_{12}^0/\rho)/d_{12}^{02} \tag{2.9}$$

und durch Einsetzen in den obigen Ausdruck für u_g:

$$u_g^0 = -\alpha\, z_1 z_2\, e^2 \,/\, d_{12}^0 \,(1 - \rho/d_{12}^0). \tag{2.10}$$

Da eine der Ladungszahlen z_1 oder z_2 benachbarter Ionen negativ ist, hat das Potential u_g^0 einen negativen Wert. Sein Betrag ist die Energie, die aufgewendet werden muss, um ein Ion von seinem Platz zu entfernen und in einen unbegrenzt weiten Abstand zu bringen. Multipliziert man u_g^0 mit der Loschmidtschen Zahl N_L, so erhält man die Energie, die aufgewendet werden muss, um 1 Mol eines Kristalls in die einzelnen Ionen zu zerlegen; sie wird als Gitterenergie bezeichnet, wobei das Vorzeichen gegenüber u_g^0 umgekehrt wird, um einen positiven Wert zu erhalten (im Gegensatz zu der in der Thermodynamik üblichen Notierung)

$$U_g = -u_g^0\, N_L. \tag{2.11}$$

Die Gitterenergie U_g von Ionenkristallen kann mit experimentell zugänglichen Daten verglichen werden, was durch ein als Born–Haberscher[31] Kreisprozess genanntes

---

31 Fritz Jakob Haber (9.12.1868–29.1.1934).

Schema ermöglicht wird, das sich für das Beispiel eines NaCl-Kristalls wie folgt darstellt:

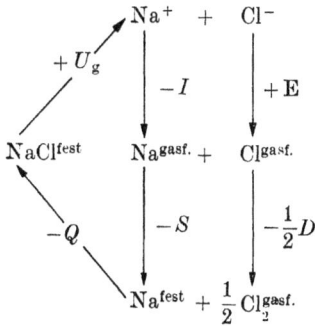

$$
\begin{array}{ccc}
& \text{Na}^+ \;+\; \text{Cl}^- & \\
{\scriptstyle +U'_g}\nearrow & \big\downarrow\,{-I} \quad \big\downarrow\,{+E} & \\
\text{NaCl}^{\text{fest}} & \text{Na}^{\text{gasf.}} \;+\; \text{Cl}^{\text{gasf.}} & \\
{\scriptstyle -Q}\searrow & \big\downarrow\,{-S} \quad \big\downarrow\,{-\tfrac{1}{2}D} & \\
& \text{Na}^{\text{fest}} \;+\; \tfrac{1}{2}\,\text{Cl}_2^{\text{gasf.}} &
\end{array}
$$

Das Schema soll folgendes bedeuten: 1 Mol eines NaCl-Kristalls (fest) werde unter Aufwendung der Gitterenergie U_g in einzelne Ionen Na^+ und Cl^- zerlegt. Diese werden nun in neutrale Atome verwandelt, wobei man die Ionisierungsenergie I der Na-Atome gewinnt und eine der Elektronenaffinität E der Cl-Atome entsprechende Energie aufwenden muss. Bei der Kondensation des gasförmigen Na wird dessen Sublimationswärme S und bei der Bildung von Cl_2-Molekülen wird deren Dissoziationswärme $\tfrac{1}{2}D$ frei. Schließlich reagieren das feste Na und das gasförmige Cl_2 unter Bildung von kristallinem NaCl miteinander, wobei die Bildungswärme Q frei wird. Die Energiebilanz dieses Kreisprozesses besagt dann

$$U_g = -I + E - S - (1/2)D - Q = 0 \quad \text{bzw.} \quad U_g = I - E + S + (1/2)D + Q \qquad (2.12)$$

wobei die Größen auf der rechten Seite sämtlich experimentell bestimmbar sind. Damit können den theoretisch berechneten Werten von U_g empirische Daten gegenübergestellt und die Relevanz der Theorie überprüft werden (Tab. 2.4).

Tab. 2.4: Gitterenergie U_g^{BH} nach dem Born–Haberschen Kreisprozess und theoretische Gitterenergie U_g^{theor} von Alkalihalogeniden (in kJ/mol).

	U_g^{BH}	U_g^{theor}		U_g^{BH}	U_g^{theor}		U_g^{BH}	U_g^{theor}
NaCl	766,2	762,0	NaBr	723,4	716,0	NaI	665,7	661,6
KCl	690,9	678,3	KBr	644,8	649,0	KI	602,9	602,9
RbCl	674,1	649,0	RbBr	632,2	619,7	RbI	590,4	577,8

2.3.2 Kovalente Bindung

Zwischen zwei Atomen der gleichen Sorte kann es offensichtlich keine ionare Bindung geben. Trotzdem kennt man auch zwischen gleichen Atomen sehr intensive Bindungen, wie es die Beispiele der Moleküle H_2 (Wasserstoff), F_2 (Fluor), O_2 (Sauerstoff) oder des Diamanten zeigen. Diese Bindung kommt dadurch zustande, dass sich äußere Elektronen der beteiligten Atome zu Paaren verbinden und so gemeinsam im Potentialfeld beider Atome bewegen. Die beteiligten Atome bleiben im Unterschied zur Ionenbindung zumindest im zeitlichen Mittel elektrisch neutral, und man bezeichnet diese Bindung als kovalente, homöopolare oder Atombindung. Ihre Bindungskraft resultiert nicht so sehr aus der Vereinigung der bindenden Elektronen zu Paaren als vielmehr aus den energetisch günstigen quantenmechanischen Zuständen, den diese Paare im Potentialfeld beider Atome einnehmen können.

Rein schematisch kann man die bindenden Elektronenpaare der Elektronenhülle jedem der beiden Atome gleichzeitig zurechnen. Nach dieser Zählweise ergänzt jedes Atom seine Elektronenhülle durch die Paarbildung auf die Elektronenanzahl des im Periodensystem nächstfolgenden Edelgases mit seiner besonders stabilen Elektronenkonfiguration. Beispielsweise sind im H_2-Molekül die beiden vorhandenen Elektronen zu einem Paar verbunden, das man jedem der beiden H-Atome zurechnen kann; somit ergänzt jedes Atom seine Elektronenhülle auf zwei Elektronen, der Anzahl des nächstfolgenden Edelgases He. Im F_2-Molekül verbindet sich gleichfalls je ein Elektron jedes Atoms zu einem gemeinsamen Elektronenpaar; jedes F-Atom ergänzt so seine Elektronenhülle auf insgesamt zehn Elektronen, der Anzahl des nächstfolgenden Edelgases Ne. Hingegen müssen sich im O_2-Molekül zwei gemeinsame Elektronenpaare bilden, damit jedes O-Atom seine Elektronenhülle auf insgesamt zehn Elektronen ergänzen kann; im N_2-Molekül werden entsprechend drei gemeinsame Elektronenpaare gebildet. Ein Atom kann nicht nur mit Atomen der eigenen Art, sondern auch mit anderen Atomen sowie mit mehreren zugleich gemeinsame Elektronenpaare bilden. Die einzelnen Atome sind jeweils an der Bildung von $z_E' - z$ Elektronenpaaren beteiligt (z Ordnungszahl; z_E' Ordnungszahl des im Periodensystem nächstfolgenden Edelgases). Dadurch ergibt die kovalente Bindung dieselbe chemische Wertigkeit der Elemente wie die ionare Bindung, doch bestehen zwischen beiden wesentliche Unterschiede in kristallchemischer Hinsicht:

Ein Atom kann nur eine eng begrenzte Anzahl kovalenter Bindungen eingehen, die nur zwischen den beteiligten Atomen wirksam sind; die Bindungen sind in sich abgesättigt. Daraus resultiert eine kleine, durch die Valenz gegebene Koordinationszahl. Zudem sind die Bindungen am Atom noch insoweit lokalisiert, dass sie bestimmte Winkel (sog. Bindungswinkel) zueinander einhalten, was den kristallchemischen Anordnungsmöglichkeiten weitere Bedingungen auferlegt. Ein kovalent einwertiges Atom (wie Wasserstoff oder die Halogene) kann sich nur mit einem weiteren Atom zu einem Molekül verbinden; der Aufbau einer Kristallstruktur aus einwertigen Atomen ist allein durch kovalente Bindungen nicht möglich – dazu bedarf es noch anderer

Bindungen zwischen den Molekülen. Kovalent zweiwertige Atome (wie die Chalkogene) können sich höchstens zu Ketten oder Ringen verbinden; kovalent dreiwertige Atome (wie Phosphor oder Arsen) können sich zu Netzwerken vereinigen, und erst die vierwertigen Elemente, wie Kohlenstoff, können zu einer dreidimensionalen Struktur mit einheitlicher kovalenter Bindung zusammentreten.

Ein tieferes Verständnis der kovalenten Bindungen ist nur mit Hilfe der Quantentheorie möglich. Dies wird hier nicht vertieft, sondern es wird nur daran erinnert, dass die Elektronenkonfiguration eines Atoms durch die Angabe von vier Quantenzahlen für jedes Elektron charakterisiert ist. Jede Quantenzahl (bzw. genauer: jede Kombination der vier Zahlen) kann nach dem Pauli[32]-Prinzip nur von je einem Elektron besetzt sein. Es sind dies:

a) Die *Hauptquantenzahl n*. Sie bezeichnet die Schale des betreffenden Elektrons. Eine Schale kann mit $2n^2$ Elektronen besetzt werden. Die Schalen werden mit großen Buchstaben als K-, L-, M-, N-Schale bezeichnet.

b) Die *Nebenquantenzahl l*. Sie bezeichnet die Unterschale und damit die Art der Orbitale. In jeder Schale der Hauptquantenzahl n gibt es n Unterschalen mit den Nebenquantenzahlen $l = 0, 1, 2, ...n - 1$. Ein Elektron mit $l = 0$ wird als s-Elektron, ein solches mit $l = 1$ als p-Elektron, mit $l = 2$ als d-Elektron und mit $l = 3$ als f-Elektron bezeichnet. Analog gibt es die Bezeichnungen s-, p-, d-, f-Orbital.

c) Die *magnetische Quantenzahl m*. Sie bezeichnet die jeweils $2l + 1$ Atomorbitale innerhalb einer Unterschale mit Werten von $m = -1, ..., 0, ..., +1$.

d) Die *Spinquantenzahl s*. Sie bezeichnet den Elektronenspin, der nur zwei Einstellungen annehmen kann, mit den Werten $s = +\frac{1}{2}$ oder $s = -\frac{1}{2}$.

In einem Atom kann nach dem Pauli-Prinzip jedes Orbital von maximal zwei Elektronen besetzt werden, die eine entgegengesetzte Spinquantenzahl haben. Ist das der Fall und ein betreffendes Orbital also von zwei Elektronen besetzt, dann sind diese beiden Elektronen schon innerhalb des Atoms zu einem Paar mit entgegengesetztem Spin verbunden: solche „gepaarten" Elektronen haben ihren Spin gewissermaßen abgesättigt und nehmen nicht an einer Bindung mit Elektronen anderer Atome teil; hierfür stehen nur die ungepaarten, „einsamen" Elektronen derjenigen Orbitale zur Verfügung, die mit nur einem Elektron besetzt sind.

Sehr wesentlich ist in dieser Beziehung, dass manche Atome verschiedene Elektronenkonfigurationen einnehmen können, die sich energetisch nur wenig unterscheiden. So hat ein Kohlenstoffatom normalerweise die Konfiguration $1s^2, 2s^2, 2p_x^1$, $2p_y^1$; (zu lesen: in der 1. Schale [K-Schale] zwei s-Elektronen mit gepaarten Spins, in der 2. Schale [L-Schale] zwei s-Elektronen mit gepaarten Spins sowie je ein Elektron im p_x- und im p_y-Orbital, die letzteren beiden ungepaart). In dieser Form wäre Kohlenstoff nur zweiwertig. Nun kann sich die Konfiguration der L-Schale aber dadurch

---

32 Wolfgang Pauli (25.4.1900–15.12.1958).

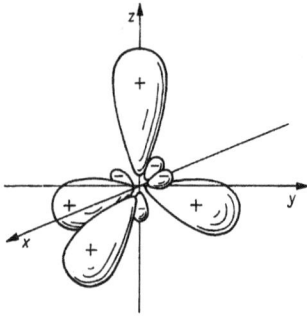

Abb. 2.13: Körperliches Modell der Orbitale der vier Elektronen in einem Kohlenstoffatom im hybridisierten sp³-Zustand.

ändern, dass eines der s-Elektronen in das vakante $2\,p_z$-Orbital übergeht, so dass die Konfiguration $1\,s^2$, $2\,s^1$, $2\,p_x^1$, $2\,p_y^1$, 2_z^1 mit vier ungepaarten Elektronen entsteht, die die bekannte Vierwertigkeit des Kohlenstoffs bewirken. Die vier Orbitale der L-Schale arrangieren sich in der Abb. 2.13 dargestellten Weise, in der sie einander äquivalent sind. Man bezeichnet diesen Vorgang als Hybridisierung und spricht in diesem Fall von einer sp³-Hybridbindung (zu lesen: 1 s-Elektron und 3 p-Elektronen). Die vier keulenförmigen Orbitale weisen in Richtung der Ecken eines Tetraeders, was die tetraedrische Koordination der C-Atome und die Bindungswinkel von 109°28′ erklärt, die der Kohlenstoff sowohl in der Diamantstruktur als auch in den aliphatischen Verbindungen bildet. Beim Silicium gibt es gleichfalls die sp³-Hybridisierung, die für die silikatischen Verbindungen wichtig ist.

Auch bei anderen Elementen kommt es zu Hybridisierungen. Bor hat im Grundzustand die Konfiguration $1\,s^2$, $2\,s^2$, $2\,p_x^1$ mit nur einem ungepaarten Elektron. Geht ein s-Elektron in das vakante $2\,p_y$-Orbital über, dann entsteht ein sp²-Hybrid mit drei ungepaarten Elektronen in drei äquivalenten Orbitalen, die komplanar auf die Ecken eines gleichseitigen Dreiecks gerichtet sind – im Gegensatz etwa zu den Bindungsrichtungen der drei p-Orbitale des Stickstoffatoms ($1s^2$, $2s^2$, $2p_x^1$, $2p_y^1$, $2p_z^1$), die eine pyramidenförmige Anordnung z. B. des NH_3-Moleküls mit dem N-Atom an der Spitze bilden. Beim Beryllium ($1s^2$, $2s^2$) gehen die beiden s-Elektronen der L-Schale in ein sp-Hybrid über, dessen beide äquivalente Orbitale linear angeordnet sind – wieder im Gegensatz zur gewinkelten Anordnung der beiden p-Bindungen des Sauerstoffatoms ($1\,s^2$, $2s^2$, $2p_x^2$, $2p_y^1$, $2p_z^1$).

Bei Elementen mit höheren Ordnungszahlen können außerdem die d-Orbitale in die Hybridisierung einbezogen werden und bei kovalenten Bindungen mitwirken. Das eröffnet weitere Möglichkeiten für die Betätigung kovalenter Bindungen, deren es dann auch mehr als vier je Atom werden können (vgl. Tab. 2.5). Aus der Anordnung der bindenden Orbitale kann man direkt auf die Koordinationszahl und -geometrie schließen.

Tab. 2.5: Konfigurationen von hybridisierten Orbitalen.

Hybrid	Anzahl der Orbitale	Anordnung der Orbitale
sp	2	linear
sp^2	3	eben zu den Ecken eines gleichseitigen Dreiecks gerichtet
dsp^2	4	eben zu den Ecken eines Quadrats gerichtet
sp^3	4	zu den Ecken eines Tetraeders gerichtet
d^2sp^3	6	zu den Ecken eines Oktaeders gerichtet
sp^3d^2	6	zu den Ecken eines Oktaeders gerichtet
d^4sp	6	zu den Ecken eines trigonalen Prismas gerichtet

2.3.3 Metallische Bindung

Für eine anschauliche Deutung der metallischen Bindung kann man von dem im vorigen Abschnitt entwickelten Modell der Atome mit ihren Orbitalen ausgehen und sich vorstellen, dass bei einer dichten Zusammenlagerung der Atome sich deren äußere Orbitale so weit überlappen, dass sie alle miteinander zusammenhängen. Da Elektronen nicht zu unterscheiden sind, können die betreffenden Valenzelektronen weder einzelnen Atomen zugeordnet noch in bestimmten Atomgruppen lokalisiert werden; die Orbitale sind für die Valenzelektronen „durchgängig" über den ganzen Kristall. So kommen wir zu einem Modell einer Packung von Atomrümpfen, zwischen denen die Valenzelektronen quasi frei beweglich sind, weshalb man auch von einem Elektronengas spricht. Das hervorstechende Merkmal des metallischen Zustandes, die gute elektrische Leitfähigkeit, wird so ohne weiteres verständlich. Die quantenmechanische Theorie des metallischen Zustandes wurde von Bloch (1928)[33] formalisiert, der mit der quantenmechanischen Beschreibung von Elektronen in einem durch die Atomkerne hervorgerufenen periodischen Potentialfeld die Grundlagen der Bandstrukturtheorie legte.

Folgende Eigenschaften des metallischen Zustandes sind für die Kristallchemie wesentlich: Die metallische Bindung ist ungerichtet und für alle Atome attraktiv (auch für solche verschiedener Sorten); das Prinzip höchstmöglicher Koordination und dichtester Packung gilt uneingeschränkt; es gibt weder Beschränkungen durch Bedingungen der elektrischen Neutralisation (wie bei der Ionenbindung) noch durch solche der Bildung von Elektronenpaaren (wie bei der kovalenten Bindung). Deshalb sind in den Metallstrukturen die metallischen Elemente vielfältig mischbar (Bildung von Legierungen). Intermetallische Phasen haben gewöhnlich einen breiten Stabilitätsbereich ihrer Zusammensetzung. Die Regeln der chemischen Stöchiometrie in Form der konstanten bzw. multiplen Proportionen der Elemente in Verbindungen treffen für die Metallverbindungen nicht zu.

---

33 Felix Bloch (23.10.1905–10.9.1983).

2.3.4 Van-der-Waals-Bindung

Die bisher betrachteten Bindungstypen, die ionare, die kovalente und die metallische Bindung, werden auch als Hauptvalenzbindungen oder Hauptbindungen bezeichnet. Daneben gibt es noch eine Reihe weiterer Wechselwirkungen zwischen den Atomen (bzw. Ionen und Molekülen). Sie führen gleichfalls zu attraktiven Kräften, die jedoch in ihrer Intensität hinter die Hauptbindungen zurücktreten. Sie werden unter den Bezeichnungen Nebenvalenzbindungen oder Restbindungen zusammengefasst und können verschiedene Ursachen haben.

Wenn beispielsweise in einem an sich neutralen Molekül die Ladungen unsymmetrisch angeordnet sind, so dass die Schwerpunkte der positiven und der negativen Ladungen nicht zusammenfallen, so stellt das Molekül einen Dipol dar. Bekannte Beispiele dipolartiger Moleküle sind Wasser und Ammoniak. Bei entsprechender Orientierung besteht zwischen solchen Dipolen (wie auch zwischen Dipolen und Ionen) eine elektrostatische Anziehung. Man bezeichnet solche Anziehungskräfte als Dipol–Dipol-Kräfte. Darüber hinaus besteht die Möglichkeit, dass ein Dipolmoment in einem Molekül durch benachbarte Ladungen, also durch Ionen oder andere dipolartige Moleküle erst induziert wird, was eine Anziehungskraft hervorruft (Induktionskräfte).

Aber auch dann, wenn sich zwei neutrale Partikel einander nähern, kommt es zu attraktiven Kräften. Wir müssen uns hierzu vergegenwärtigen, dass ein Atom bzw. Molekül ein System aus schwingenden Ladungen, einen sog. elektrischen Oszillator, darstellt. Nähern sich solche elektrischen Oszillatoren einander, so treten sie durch Influenz ihrer elektrischen Ladungen in Wechselwirkung. Es kommt zu einer Kopplung ihrer Schwingungen und zu einer Verstimmung ihrer ursprünglichen Eigenfrequenzen. Die Gesamtenergie der wechselwirkenden Oszillatoren wird gegenüber dem ungestörten Zustand umso mehr vermindert, je näher sich die Oszillatoren kommen, was eine Attraktion bedeutet (Dispersionskräfte). Die quantenmechanische Behandlung durch Heitler u. London (1927)[34] führt auf ein Wechselwirkungspotential $\mu_g^D \sim 1/d^6$, das umgekehrt proportional zur sechsten Potenz des Partikelabstandes d ist.

Man bezeichnet alle diese Bindungskräfte summarisch als van-der-Waals[35]-Kräfte; sie sind zwischen sämtlichen Partikeln, Atomen, wie Ionen oder Molekülen, wirksam und überlagern sich den anderen Bindungskräften. Gegenüber den Hauptbindungskräften sind sie aber meist so schwach, dass sie allenfalls in Form einer Korrektur bei quantitativen Betrachtungen zu berücksichtigen sind. Wenn hingegen bei Verbindungen mit kovalentem Charakter die kovalenten Hauptbindungen bereits mit der Bildung von Molekülen abgesättigt werden, dann verbleiben nur noch die van-der-Waals-Kräfte, um die Kohäsion einer Kristallstruktur zu bewirken. Sie sind damit die wesentliche kristallchemische Bindungskraft in den Molekülkristallen sowie auch

---

34 Walter Heinrich Heitler (2.1.1904–15.11.1981).
35 Johannes Diderik van der Waals (23.11.1837–8.3.1923).

in den Kristallen der Edelgase. Der geringen Intensität dieser Bindung entsprechen die niedrigen Schmelzpunkte, die geringe Härte und die große thermische Ausdehnung solcher Kristalle. Nur erwähnt sei, dass man den Nebenvalenzbindungen außer der van-der-Waals-Bindung noch die Wasserstoffbrückenbindung und die koordinativen Bindungen zurechnet, die an spezielle Gegebenheiten gebunden sind.

2.3.5 Mischbindungen

Von wenigen Ausnahmen abgesehen ist aber eine Beschreibung von Bindungstypen mit den vier Grenztypen unzureichend. Eine sinnvollere Beschreibung berücksichtigt, dass sehr oft Bindungen Eigenschaften haben, die mit unterschiedlichen Anteilen der vier Grenztypen an einer Bindung verstanden werden können.

So kann man den Bindungscharakter oft durch die Elektronegativitätsdifferenz $\Delta\chi_{ij} = \chi_i - \chi_j$ der beteiligten Atome i und j charakterisieren. Je größer diese Differenz, desto größer ist der ionare Bindungsanteil; eine verschwindende Differenz bedeutet eine kovalente Bindung. Beispielsweise haben wir in der Reihe Si (kovalent) – AlP – MgS – NaCl (ionar) die Elektronegativitätsdifferenzen 0 – 0,6 – 1,3 – 2,1. Die größte Elektronegativitätsdifferenz hat CsF mit 3,3; es ist die ausgeprägteste ionare Verbindung. Ein weiteres Beispiel sind die Silberhalogenide: AgF – AgCl – AgBr – AgI. In dieser Reihe gibt es eine charakteristische Abwandlung der Eigenschaften, die durch den zunehmenden kovalenten Charakter der Bindungen hervorgerufen werden:

- Die Farbe ändert sich von farblos zu gelb, d. h., die optische Absorptionskante verschiebt sich von kürzeren zu längeren Wellenlängen; das weist auf eine Veränderung der Elektronenzustände hin.
- Die berechnete Summe der Ionenradien differiert in zunehmendem Maße mit den gemessenen Ionenabständen, die zunehmend kleiner als die berechneten Werte ausfallen.
- Es besteht eine wachsende Differenz zwischen der theoretisch für Ionenkristalle berechneten und der nach dem Born–Haberschen Kreisprozess ermittelten Gitterenergie.
- AgF, AgCl und AgBr kristallisieren in der NaCl-Struktur mit der für Ionenkristalle typischen oktaedrischen Koordination; AgI kristallisiert in der ZnS-(Sphalerit-) Struktur mit der typisch kovalenten tetraedrischen Koordination: die „Gerichtetheit" der Bindungen nimmt zu.

Es ließen sich noch viele weitere Beispiele angeben, die den Übergang von einer vorwiegend ionaren Bindung zu einer solchen mit gemischtem Charakter belegen. Wir können uns den gemischten Bindungszustand in der Weise vorstellen, dass sich die fraglichen Orbitale der beteiligten Atome zunehmend überlappen, wodurch sich die Aufenthaltswahrscheinlichkeit der Bindungselektronen in bestimmten Bereichen zwischen den Atomen vergrößert, d. h., die Bindung wird zunehmend lokalisiert. Die klassische Kristallchemie suchte den Übergang von einer rein ionaren Bindung zu einer solchen mit gemischtem Charakter durch den Begriff der Polarisation zu erfassen, worunter man eine Deformation der Elektronenhüllen vor allem der größeren Anionen unter der Einwirkung der kleineren Kationen verstand. In diesem Zusammenhang ordnete man den Ionen einerseits eine bestimmte Polarisierbarkeit, andererseits eine polarisierende Wirkung zu.

Zum Verständnis der gemischten Bindungszustände kann man auch umgekehrt den Übergang von einer kovalenten Bindung zu einer gemischten Bindung betrachten, wozu als Beispiel die Stoffreihe Ge – GaAs – ZnSe dienen mag, die bei gleicher Elektronenanzahl in der ZnS-(Sphalerit-) Struktur (bzw. Ge in der Diamantstruktur) kristallisieren. Während Ge kovalent gebunden ist, gibt es beim ZnSe deutliche ionare Bindungsanteile. Man kann sich hier vorstellen, dass das Atom mit der größeren Elektronenaffinität das Elektronenpaar der kovalenten Bindung stärker zu sich herüberzieht, was der Bindung eine gewisse Polarität verleiht. Das lässt sich z. B. durch die Angabe einer effektiven Ionenladung ausdrücken, die dann entsprechend Bruchteile von Elementarladungen beträgt. Von Pauling[36] (1935) wurde die Vorstellung entwickelt, dass rein kovalente Bindungszustände mit rein ionaren Bindungszuständen statistisch wechseln, was als Resonanz bezeichnet wurde und zu den Begriffen Resonanzbindung sowie Resonanzstrukturen führte.

Eine Bindung kann man außerdem durch ihren ionogenen Bindungsanteil Q_{ij} charakterisieren, das ist der Anteil der elektrostatischen Bindungsenergie an der gesamten Bindungsenergie. Nach Pauling (1962) besteht die Beziehung:

$$Q_{ij} = 1 - \exp(-0{,}25 \, \Delta\chi_{ij}^2), \tag{2.13}$$

die z. B. für die Bindung Al_2O_3 einen ionogenen Bindungsanteil von 64 %, für Si–O von 53 % und für C–O von 22 % liefert. Die Verbindung CsF erreicht demnach einen ionogenen Bindungsanteil von 93 %. Schließlich wurde von Phillips (1970) und Van Vechten (1969) noch der Begriff der Ionizität einer Bindung eingeführt (vgl. Abschnitt 2.4.2). Sowohl das Konzept der Elektronegativität als auch das der Ionizität können nur als Näherungen verstanden werden, um die komplizierte Problematik der Bindungszustände überschaubar zu machen.

Für die Kristallchemie der Legierungen und intermetallischen Phasen spielen gemischte Bindungen ionar-metallisch und kovalent-metallisch eine wichtige Rolle. So haben die intermetallischen Phasen LaBi, CaSb, die in der NaCl-Struktur kristallisieren, einen gemischten ionar-metallischen Charakter. Eine instruktive Reihe von Verbindungen, die den Übergang ionar-metallisch illustriert, kristallisiert in der Fluoritstruktur: Li_2O (ionar) – Li_2S – Li_2Se – LiMgAs – Mg_2Ge – Mg_2Sn – Mg_2Pb (metallisch). Einen gemischten Bindungszustand kovalent-metallisch finden wir bei Selen,

---

36 Linus Carl Pauling (28.2.1901–19.8.1994).

Tellur, Arsen und vielen Sulfiden, Seleniden, Telluriden, Arseniden und Antimoniden. Ein Parameter für den Charakter einer gemischt kovalent-metallischen Verbindung ist nach Mooser u. Pearson (1959) die durchschnittliche Hauptquantenzahl

$$\bar{n} = \sum_i c_i n_i / \sum_i c_i \qquad (2.14)$$

mit n_i als Hauptquantenzahlen der beteiligten Atome und c_i als deren Anzahl in der Formeleinheit. Mit zunehmendem $\bar{n}$ wird die Verbindung metallischer. So bedingen für $\bar{n} = 2$ (also in der Kohlenstoffperiode des Periodensystems) die p-Orbitale bzw. die s-p-Hybridorbitale eine ausgeprägte Gerichtetheit der Bindungen, also einen kovalenten Charakter. Mit steigendem $\bar{n}$ werden zunehmend d- und f-Orbitale an den Hybridisierungen beteiligt, und die Gerichtetheit der Bindungen nimmt ab. Man bezeichnet diese Beziehung als Metallisierung oder Dehybridisierung.

2.3.6 Paulingsche Regeln

Pauling (1929, 1962) publizierte die nach ihm benannten Pauling-Regeln für Ionenkristalle, welche auch heute noch als wesentliche Grundlagen der Kristallchemie gelten:

1. Um jedes Kation wird ein Koordinationspolyeder aus Anionen geformt. Der Abstand zwischen Kationen und Anionen wird durch die Summe der Radien, die Koordinationszahl des Kations hingegen durch das Radienverhältnis bestimmt.
2. Ein Ionenkristall wird dadurch stabilisiert, dass die Summe der Stärken der elektrostatischen Bindungen jedes Anions zu allen koordinierten Kationen vom Betrag her gleich der Ladung dieses Anions ist.
3. Besitzen benachbarte Polyeder gemeinsame Kanten oder gar gemeinsame Flächen, so destabilisiert dies die Struktur. Dieser Effekt ist für Kationen mit großer Ladungszahl und kleiner Koordinationszahl besonders stark; insbesondere dann, wenn das Radienverhältnis nahe der unteren Stabilitätsgrenze des Polyeders liegt.
4. In Kristallen, die mehrere Kationen enthalten, teilen die Kationen mit großer Wertigkeitszahl und kleiner Koordinationszahl in der Regel keine Polyederelemente miteinander.
5. In der Regel ist die Zahl wesentlich verschiedener Arten von Konstituenten eines Kristalls klein.

Mit Hilfe dieser Regeln kann man z. B. vorhersagen, wo sich in einer nur teilweise bekannten Struktur Wasserstoffatome befinden könnten, und sie liefern eine Begründung, warum es keine flächenverknüpften SiO_4-Tetraeder gibt.

2.4 Systematische Kristallchemie

Eine wichtige Aufgabe der Kristallchemie ist es, die beobachteten Kristallstrukturen systematisierend zu beschreiben. Dabei geht es nicht nur darum, die große Anzahl der bekannten und neu bestimmten Kristallstrukturen zu katalogisieren, sondern es sollen auch die Beziehungen zwischen chemischer Zusammensetzung, chemischer Bindung, Geometrie und Symmetrie der Kristallstruktur und physikalischen Eigenschaften deutlich werden. Eine vergleichende Struktursystematik sollte es außerdem ermöglichen, kristallchemische Homologien abzuleiten und Voraussagen zur Struktur und zu den Eigenschaften bei der Synthese neuer Verbindungen zu treffen.

Eine systematische Beschreibung der Kristallstrukturen kann auf verschiedene Weise erfolgen. Die formale Struktursystematik klassifiziert die Strukturen nach ihrem Strukturtyp. Zwei kristalline Stoffe haben den gleichen Strukturtyp, wenn sie zur selben Raumgruppe gehören und die Atome in der Elementarzelle die gleichen Punktlagen besetzen. Man bezeichnet solche Kristallstrukturen als isotyp und spricht von Isotypie. Die Stöchiometrie isotyper Verbindungen muss übereinstimmen. Hingegen spielen die Art der chemischen Bestandteile, der Charakter der chemischen Bindung, die Abstände zwischen den Atomen usw. bei dieser Klassifizierung keine Rolle. Es ist üblich, einen Strukturtyp nach einem chemischen Element, einer Verbindung oder einem Mineral zu benennen, die diese Struktur aufweisen. Beispiele dafür sind die schon oft genannte NaCl- oder Halitstruktur, in der sehr viele AB-Verbindungen mit unterschiedlichem Bindungscharakter, wie Metallhalogenide, -oxide oder -sulfide, kristallisieren, ferner die CaF_2- oder Fluoritstruktur, die Diamantstruktur, die Cäsiumchloridstruktur, die Calcitstruktur, die Olivinstruktur etc. Man wählt also den Namen oder das chemische Symbol eines kristallinen Stoffes mit dieser Struktur, bzw. bei einem Mineral den Mineralnamen zur Benennung des Strukturtyps.

Eine andere Bezeichnungsweise für Strukturtypen ist die Nomenklatur der Strukturberichte. Sie besteht aus einem lateinischen Großbuchstaben, der die Art der chemischen Verbindung symbolisiert, und einer nachgestellten Zahl für den einzelnen Strukturtyp darin. Folgende Buchstaben werden verwendet: A für Strukturtypen der Elemente, B für Strukturtypen mit der Stöchiometrie AB, C für Strukturtypen mit der Stöchiometrie AB_2, D für Strukturtypen mit Stöchiometrien A_mB_n (wobei zur Kennzeichnung der Stöchiometrie noch eine Zahl nachgestellt wird), E für Strukturtypen ternärer Verbindungen, F, G, H, I und K für Strukturtypen mit Radikalen, L für Strukturtypen von Legierungen und S für Strukturtypen von Silikaten. Tab. 2.6 bringt eine Auswahl von Strukturtypen mit den Symbolen der Strukturberichte. Die etwas willkürlich anmutende Nummerierung in dieser Symbolik erklärt sich aus der zeitlichen Reihenfolge, in der die Kristallstrukturen bestimmt wurden.

Zwei Kristallstrukturen, die in wesentlichen Zügen übereinstimmen, jedoch die obige Definition der Isotypie nicht streng erfüllen, bezeichnet man als homöotyp. Der Begriff der Homöotypie ist nicht streng definiert und beinhaltet eine weitgehende Analogie des Bauplanes der Kristallstrukturen. Die Diskussion von Homöotypie-

Tab. 2.6: Strukturtypen nach der Nomenklatur der Strukturberichte (Auswahl).

Typ	Vertreter	
A1	Kupfer	
A2	Wolfram	
A3	Magnesium	
A4	Diamant	
A5	Zinn (weiß)	
A7	Arsen	
A8	Selen	
A9	Graphit	
A14	Iod	
B1	Halit NaCl	
B2	Caesiumchlorid CsCl	
B3	Sphalerit	ZnS
B4	Wurtzit	ZnS
B8	Nickelin NiAs	
C1	Fluorit CaF_2	
C2	Pyrit FeS_2	
C3	Cuprit Cu_2O	
C4	Rutil TiO_2	
C6	Cadmiumiodid CdI_2	
C7	Molybdänit MoS_2	
C8	Quarz	SiO_2
C9	Cristobalit	SiO_2
C10	Tridymit	SiO_2
C14	$MgZn_2$	
C15	$MgCu_2$	
$C3_6$	$MgNi_2$	
$D0_2$	Skutterudit $CoAs_3$	
$D5_1$	Korund Al_2O_3	
$D5_8$	Antimonit Sb_2S_3	
$E1_1$	Chalkopyrit $CuFeS_2$	
$E2_1$	Perowskit $CaTiO_3$	
$E2_2$	Ilmenit $FeTiO_3$	
$G0_1$	Calcit	$CaCO_3$
$G0_2$	Aragonit	$CaCO_3$
$H0_1$	Anhydrit $CaSO_4$	
$H0_2$	Baryt $BaSO_4$	
$H1_1$	Spinell $MgAl_2O_4$	
$H4_6$	Gips $CaSO_4 \cdot 2\,H_2O$	
$H5_7$	Apatit $Ca_5(OH)|(PO_4)_3$	
$L1_0$	CuAu	
$L1_2$	Cu_3Au	
$S1_1$	Zirkon	
$S1_2$	Olivin	
$S4_1$	Diopsid	
$S4_3$	Enstatit	
$S5_1$	Muskovit	

Beziehungen gestattet die Beschreibung kristallstruktureller Verwandtschaften und die Ableitung von Kristallstrukturen durch gewisse Veränderungen bzw. Abwandlungen des Grundtyps (Prototyps) einer Struktur, z. B. durch Verschiebungen der Atompositionen (Verzerrungen) oder Änderungen der Stöchiometrie, wodurch sich die Symmetrie und somit die Raumgruppe der Kristallstruktur ändern.

Eine andere Systematik der Kristallstrukturen stellt die kristallchemischen Beziehungen in den Vordergrund. Nach einer allgemein anerkannten Systematik der Minerale auf kristallchemischer Grundlage (Strunz[37]) werden diese in neun Klassen gegliedert: Elemente und intermetallische Phasen (sowie Carbide, Nitride, Phosphide), Sulfide (sowie Selenide, Telluride, Arsenide, Antimonide, Wismutide), Halogenide, Oxide (sowie Hydroxide), Nitrate (sowie Carbonate, Borate), Sulfate (sowie Chromate, Molybdate, Wolframate), Phosphate (sowie Arsenate, Vanadate), Silikate und schließlich organische Stoffe. Diese Systematik lässt sich in erweiterter Form auch auf die anderen chemischen Verbindungen anwenden, wobei deren Anzahl gegenüber den rund dreitausend Mineralarten weitaus größer ist. Ein spezieller Strukturtyp kann nach dieser Systematik in verschiedenen Klassen vorkommen, so z. B. die NaCl-Struktur sowohl bei den Halogeniden (NaCl, KCl, AgBr), den Sulfiden (PbS, EuSe, SnTe), den Oxiden (MgO, CdO) als auch bei TiN, ZrC und LiH etc.

In den folgenden Abschnitten wird ein Überblick über die Grundtypen sowie eine Auswahl von häufiger vorkommenden Kristallstrukturen gegeben, wobei die Homöotypie-Beziehungen betont werden und nach folgender Gliederung vorgegangen wird:
- Kristallstrukturen mit vorwiegend metallischer Bindung,
- Kristallstrukturen mit ionarer und kovalenter Bindung,
- Molekülstrukturen.

Zuvor seien noch einige weitere Begriffe kurz erläutert, die für die Entwicklung der Kristallchemie eine wichtige Rolle gespielt haben:

Als Polymorphie bezeichnet man das Auftreten verschiedener Kristallstrukturen bei einem chemischen Element oder einer Verbindung. Von Schwefel, Bor oder SiO_2 sind zahlreiche polymorphe Modifikationen bekannt, die zu verschiedenen Strukturtypen gehören und in Abhängigkeit von den thermodynamischen Zustandsbedingungen (Temperatur, Druck) in Erscheinung treten. In kristallchemischer Hinsicht gibt es nach Buerger (1961) vier charakteristische Typen von strukturellen Unterschieden zwischen polymorphen Modifikationen:
- Unterschiede im Ordnungsgrad (ungeordnet statistische oder geordnete Verteilung verschiedener Atomsorten auf äquivalenten Positionen einer Kristallstruktur unter Bildung von Überstrukturen). Beispiele: Cu–Au (Legierung); $KAlSi_3O_8$ (Sa-

37 Karl Hugo Strunz (24.2.1910–19.4.2006).

nidin, monoklin – Mikroklin, triklin); Cu_2FeSnS_4 (Isostannin, kubisch – Stannin, tetragonal).
- Unterschiede in der zweiten Koordinationssphäre. Beispiele: ZnS (Sphalerit – Wurtzit); SiO_2 (Quarz – Coesit).
- Unterschiede in der ersten Koordinationssphäre. Beispiele: $CaCO_3$ (Calcit – Aragonit); SiO_2 (Coesit – Stishovit).
- Unterschiede im Bindungscharakter. Beispiel: Kohlenstoff C (Graphit – Diamant).

Als Isomorphie bezeichnet man eine so weitgehende kristallchemische Verwandtschaft von Kristallphasen, dass zwischen ihnen eine lückenlose Mischbarkeit besteht. Isomorphe Phasen sind meist auch isotyp. Die gegenseitige Austauschbarkeit verschiedener Atom- bzw. Ionensorten in einer Kristallphase wird als Diadochie bezeichnet. Beide Phänomene führen zur Bildung von Mischkristallen. In kristallchemischer Hinsicht unterscheidet man drei Arten von Mischkristallen (wobei Isomorphie an die erste Art gebunden ist):
- Substitutionsmischkristalle, bei denen sich die betreffenden Atome auf äquivalenten Positionen in der Kristallstruktur gegenseitig ersetzen. Beispiele: Cu–Au (Legierung) sowie $(Mg,Fe)_2[SiO_4]$ (Olivin).
- Additionsmischkristalle (Einlagerungsmischkristalle), bei denen Atome mit hinreichend kleinen Radien in Lücken bzw. auf Zwischengitterplätze eingelagert werden. Beispiel: Fe-C (Stahl).
- Subtraktionsmischkristalle, bei denen ein Teil der Positionen in der Kristallstruktur nicht besetzt wird. Beispiel: $Fe_{1-x}S$ (Pyrrhotine).

Durch die Bildung von Mischkristallen entstehen im allgemeinen nichtstöchiometrische chemische Verbindungen (sog. Berthollide[38], im Gegensatz zu den stöchiometrischen Daltoniden[39]).

2.4.1 Kristallstrukturen mit metallischer Bindung

Betrachtet man das Periodensystem der Elemente, so ist festzustellen, dass der weit überwiegende Teil der Elemente unter normalen Bedingungen von Druck und Temperatur in Form von Metallen vorliegt, d. h. Strukturen mit metallischer Bindung bildet. Nur wenige Elemente sind Nichtmetalle. Auch der größte Teil aller denkbaren binären und polynären Kombinationen von Elementen lässt Strukturen mit überwiegend metallischem Bindungscharakter erwarten. Die Einteilung des Periodensystems in Gruppen, in der sich die Grundzüge der Elektronenkonfiguration widerspiegeln,

---

38 Claude Louis, comte Berthollet (9.12.1748–6.11.1822).
39 John Dalton (6.9.1766–27.7.1844).

bringt nicht nur chemische, sondern auch kristallchemische Homologie-Beziehungen zum Ausdruck. Häufig werden die einzelnen Gruppen noch zu größeren Abteilungen zusammengefasst. So bezeichnet man die Elemente der Gruppen Ia und IIa als A-Metalle; sie haben einen besonders unedlen Charakter, d. h. ein niedriges Ionisierungspotential. Die Elemente der Gruppen IIIa bis Ib einschließlich der Lanthaniden und Actiniden werden als T-Metalle bezeichnet (engl. *transition metals* – Übergangsmetalle, ursprünglich *true metals* – echte Metalle). Alle übrigen Gruppen, die Gruppe der Edelgase ausgenommen, bilden die B-Elemente, zu denen sowohl Metalle als auch die Nichtmetalle gehören. Man unterscheidet noch die B_1-Elemente der Gruppen IIb und IIIb von den B_2-Elementen der Gruppen IVb bis VIIb.

Eine andere Einteilung bezeichnet die Elemente der Gruppen Ia bis IIIa als stark unedle Metalle, die der Gruppen IVa bis Ib als Übergangsmetalle. Alle genannten Metalle werden auch als Metalle I. Art, die verbleibenden (d. h. die B-Metalle) als Metalle II. Art bezeichnet und zusammen von den Nichtmetallen unterschieden. Die Elemente der Gruppe Ia bezeichnet man als Alkalimetalle, die der Gruppe IIa als Erdalkalimetalle, die der Gruppe IIIa als Erdmetalle, die der Gruppe VIIb als Halogene, die der Gruppe VIb als Chalkogene, die der Gruppe Vb (vornehmlich in älterer Literatur) als Pnictogene, die Verbindungen der letzteren als Halogenide, Chalkogenide bzw. Pnictide.

2.4.1.1 Kristallstrukturen metallischer Elemente

Entsprechend dem im Abschnitt 2.3.3 behandelten Charakter der metallischen Bindung, die durch eine ungerichtete Anziehung zwischen den als kugelförmig anzunehmenden Metallatomen gekennzeichnet ist, bilden die Kristallstrukturen der Metalle möglichst dichte Kugelpackungen und kristallisieren zum weitaus überwiegenden Teil in einer der folgenden drei Grundtypen:

– kubisch dichteste Kugelpackung (Kupferstruktur oder A1-Struktur; Abb. 2.4),
– hexagonal dichteste Kugelpackung (Magnesiumstruktur oder A3-Struktur; Abb. 2.5),
– kubisch innenzentrierte Kugelpackung (Wolframstruktur oder A2-Struktur).

Einige Metalle bilden polymorphe Modifikationen, deren Eigenschaften sich z. T. deutlich unterscheiden. Technisch bedeutsam ist die Polymorphie des Eisens und damit im Zusammenhang das Legierungsverhalten des Systems Eisen–Kohlenstoff: Das δ-Eisen (oberhalb 1390 °C) und das α-Eisen (unterhalb 910 °C) haben die Wolframstruktur, das γ-Eisen (910 … 1390 °C) hat die Kupferstruktur. Das γ-Eisen vermag Kohlenstoff in Form von Additionsmischkristallen aufzunehmen, wobei bis zu fast einem Zehntel der oktaedrischen Lücken besetzt werden können. Im α-Eisen kann Kohlenstoff hingegen nur in sehr geringem Maße (bis zu 0,1 Atom-%) auf Positionen mit [4]-Koordination additiv eingelagert werden.

Metalle können miteinander im beträchtlichen Umfang Substitutionsmischkristalle bilden. Günstige Voraussetzungen hierfür sind Isotypie und nicht zu große Unterschiede in den Atomradien. Beispielsweise haben Kupfer und Gold aus der Ib-Gruppe die gleiche Kristallstruktur und auch ähnliche metallische Atomradien (Cu: 0,128 nm; Au: 0,144 nm). Sie bilden eine lückenlose Mischkristallreihe. Reines Kupfer hat einen Gitterparameter von 0,3615 nm, reines Gold einen solchen von 0,4078 nm. Der Gitterparameter der Cu–Au-Mischkristalle liegt dazwischen, wobei sich sein Wert linear mit der Zusammensetzung ändert. Diese lineare Beziehung ist auch bei vielen anderen Mischkristallsystemen zu beobachten und wird als Vegardsche Regel[40] bezeichnet. Bei genauen Messungen des Gitterparameters zeigen sich allerdings kleine charakteristische Abweichungen vom streng linearen Verlauf (Abb. 2.14). Abweichungen zu höheren Werten, wie bei den Systemen Cu–Au und Cu–Pd, deuten darauf hin, dass die Bindungskräfte zwischen verschiedenen Atomen schwächer sind als zwischen gleichen Atomen; bei negativen Abweichungen, wie bei den Systemen Ag–Au, Ag–Pd und Cu–Ni, sind die Bindungskräfte zwischen verschiedenen Atomen stärker als zwischen gleichen Atomen.

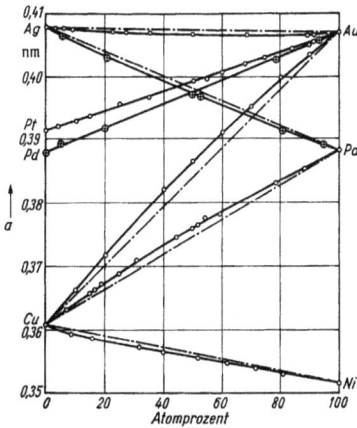

Abb. 2.14: Gitterparameter binärer metallischer Mischkristalle. Die strichpunktierten Linien entsprechen einer linearen Abhängigkeit von der Zusammensetzung.

Bei Cu–Au-Mischkristallen kann es durch Ordnungsvorgänge zur Bildung von Überstrukturen kommen, einer Erscheinung, die auch bei vielen anderen Mischkristallsystemen zu beobachten ist: Bei geringen Goldgehalten im Kupfer besetzen die Goldatome statistisch Positionen der Kupferatome; die Wahrscheinlichkeit, auf einer bestimmten Position in der Struktur ein Goldatom anzutreffen, entspricht dem gegebenen Mischungsverhältnis Cu : Au. Bei hohen Temperaturen gilt das für alle Mischungsverhältnisse Cu : Au der lückenlosen Mischkristallreihe. Bei schneller Abkühlung bleibt diese statistisch regellose Verteilung der Atome erhalten, nicht aber

---

40 Lars Vegard (3.2.1880–21.12.1963).

beim Tempern eines Mischkristalls mittlerer Zusammensetzung bei etwa 420 °C. Hier stellt sich in der Verteilung der Cu- und Au-Atome eine bestimmte Ordnung in der Weise ein, dass die Cu-Atome einerseits und die Au-Atome andererseits bevorzugt die Positionen in abwechselnd aufeinander folgenden Schichten (senkrecht zu einer der drei kubischen Achsen) einnehmen. Bei der Zusammensetzung Cu : Au = 1 : 1 ist diese Ordnung vollkommen (Abb. 2.15). Derart geordnete Strukturen von Mischkristallen bezeichnet man als Überstrukturen. Eine weitere Überstruktur im System Cu–Au bildet sich bei einem Mischungsverhältnis von 3 : 1, die Cu_3Au-Überstruktur (Abb. 2.15).

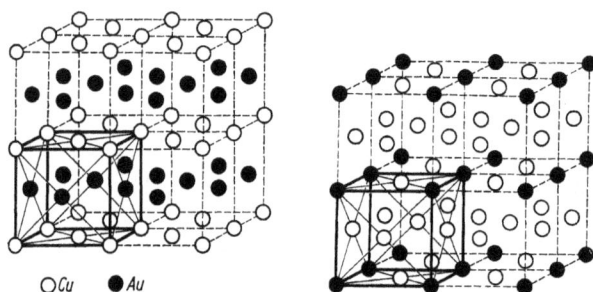

○ Cu ● Au

Abb. 2.15: CuAu-Struktur (links) und Cu_3Au-Struktur (rechts).

Betrachten wir die Symmetrie dieser Überstrukturen: Die CuAu-Überstruktur ist nicht mehr kubisch wie die ungeordnete Phase, sondern tetragonal mit einem Achsenverhältnis c/a = 0,932. Die Cu_3Au-Überstruktur ist kubisch, jedoch mit einem anderen Translationsgitter. Die gegenüber der ungeordneten Struktur verminderte Symmetrie von Überstrukturen führt bei der Beugung von Röntgenstrahlen zum Auftreten von zusätzlichen schwachen Reflexen im Röntgendiagramm, den Überstrukturreflexen oder Überstrukturlinien.

Auch die physikalischen Eigenschaften sind bei Mischkristallen mit geordneter gegenüber denen mit statistischer Verteilung der Komponenten unterschiedlich. Beispielsweise ist die geordnete CuAu-Phase weich und dehnbar, wie es die reinen Metalle sind. Die ungeordnete Phase ist härter und spröde. Härte, Zugfestigkeit und Elastizitätsgrenze nehmen mit der Ordnung ab. Die elektrische Leitfähigkeit und die diamagnetische Suszeptibilität nehmen mit der Ordnung zu.

Weitere Beispiele von Überstrukturen bietet das Legierungssystem Eisen–Aluminium. Die kubisch innenzentrierte Struktur des α-Fe (Wolframstruktur) ist in Abb. 2.16 in der Form wiedergegeben, dass vier Atompositionen a, b, c und d unterschiedlich gekennzeichnet sind. Bei einem Einbau von Aluminium verteilen sich die Al-Atome bis zu rd. 19 Atom-% statistisch auf diese vier Positionen. Bei höheren Gehalten besetzen die Al-Atome bevorzugt die b-Positionen. Die bei einem Verhältnis Fe : Al = 3 : 1 resultierende Überstruktur wird auch als Fe_3Al-Struktur ausgewiesen. Weitere Al-Atome besetzen dann bevorzugt die d-Positionen. Die bei einem Verhältnis Fe : Al =

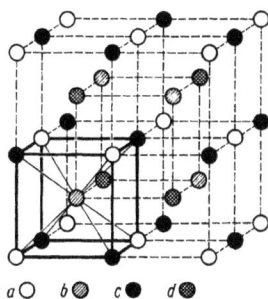

$a\bigcirc$ $b\oslash$ $c\bullet$ $d\oplus$ **Abb. 2.16:** Strukturen im System Fe-Al (vgl. Text).

1 : 1 erreichte Überstruktur entspricht der CsCl-Struktur (Abb. 2.38). Höhere Al-Gehalte lassen sich nicht in diese Struktur einbauen, denn δ-Eisen (Wolframstruktur) und Aluminium (Kupferstruktur) sind heterotyp und nur partiell mischbar.

Bei der Diskussion von Ordnungsphänomenen in Mischkristallen hat man zwischen Nahordnung und Fernordnung zu unterscheiden. Die Nahordnung ist durch die Wahrscheinlichkeit gekennzeichnet, mit der die einem Atom benachbarten Positionen in der Struktur durch die verschiedenen Komponenten besetzt werden. Wenn diese Wahrscheinlichkeit vom statistisch zu erwartenden Wert abweicht, muss das nicht notwendig auch eine Fernordnung bedeuten. Bei einer Überstruktur handelt es sich um eine Fernordnung, d. h., die durch den Überstrukturtyp vorgesehene Ordnung bzw. erhöhte Besetzungswahrscheinlichkeit bestimmter Positionen erstreckt sich über makroskopische Bereiche.

Die drei Strukturtypen der Kupfer-, Wolfram- und Magnesiumstruktur sind die weitaus häufigsten der von den Metallen gebildeten Kristallstrukturen. Weitere Strukturtypen der Metalle lassen sich als eine Verzerrung oder als Fehlbesetzung dieser drei Grundtypen beschreiben. Schon die meisten Metalle mit der Magnesiumstruktur weisen nicht das ideale Achsenverhältnis der hexagonal dichtesten Kugelpackung $c/a \approx 1{,}633$ auf, sondern weichen etwas davon ab. Überwiegend sind die Strukturen gegenüber der idealen hexagonal dichtesten Kugelpackung in Richtung der hexagonalen c-Achse etwas gestaucht, wie beim Magnesium ($c/a = 1{,}623$), Rhenium ($c/a = 1{,}615$) oder Zirkonium ($c/a = 1{,}593$). Im Gegensatz dazu sind die Strukturen von Zink und Cadmium mit einem Achsenverhältnis $c/a = 1{,}856$ bzw. 1,886 beträchtlich in Richtung der c-Achse gestreckt. Dadurch haben z. B. die Zn-Atome zu den nächsten Nachbaratomen innerhalb einer hexagonalen Schicht (Abb. 2.5) einen Abstand von 0,266 nm, zu den je drei Nachbaratomen in der Schicht darüber und der darunter jedoch einen solchen von 0,291 nm, so dass die [12]-Koordination in eine [6+6]-Koordination mit einer Abstandsdifferenz von fast 10 % aufspaltet.

Die Struktur des Quecksilbers (das bei −39 °C kristallisiert) lässt sich als eine verzerrte kubisch dichteste Kugelpackung beschreiben, die in Richtung einer Raumdiagonalen der Elementarzelle gestreckt ist (Abb. 2.6), so dass eine trigonale (rhomboedrische) Struktur entsteht. Die [12]-Koordination geht wieder in eine [6+6]-Koordination über. Jedes Hg-Atom hat sechs nächste Nachbarn im Abstand von 0,300 nm und sechs weitere im Abstand von 0,347 nm. Die Struktur des Indiums kann gleichfalls als eine verzerrte kubisch dichteste Kugelpackung beschrieben werden, die in Richtung einer Achse etwas gestreckt ist, so dass eine tetragonale Struktur mit einem Achsenverhältnis c/a = 1,08 entsteht. Die Struktur des α-Mangan (Tieftemperaturmodifikation) lässt sich durch Fehlbesetzung aus der kubisch innenzentrierten Kugelpackung (Wolframstruktur) ableiten. Hierbei entsteht eine gleichfalls kubische Elementarzelle, die aus 3^3 = 27 Elementarzellen der Wolframstruktur zusammengesetzt ist, in der jedoch (wie hier nicht näher ausgeführt) 20 Atome eine andere Position einnehmen und zusätzlich noch vier Atome eingefügt sind, so dass diese Elementarzelle 58 Mn-Atome enthält.

Die Strukturen der Elemente Arsen, Antimon und Bismut wie auch einer Hochdruckmodifikation des Phosphors lassen sich aus der kubisch primitiven Kugelpackung (in der das α-Polonium kristallisiert) ableiten. Durch eine Verzerrung dieser Struktur in Richtung einer Raumdiagonalen der Elementarzelle spaltet die oktaedrische [6]-Koordination in eine [3+3]-Koordination auf. Die Abstandsdifferenzen und die Bindungswinkel nehmen mit fallender Ordnungszahl zu (Tab. 2.7), worin ein wachsender kovalenter Bindungsanteil zum Ausdruck kommt. Die kürzesten Abstände repräsentieren die stärksten Bindungen, durch die die Atome jeweils zu einer gewellten Schicht verbunden sind. Die Arsenstruktur kann deshalb auch als eine Schichtstruktur mit [3]-Koordination beschrieben werden, wobei die Atome in den Schichten gewinkelte Sechserringe bilden (Abb. 2.17).

Tab. 2.7: Elemente des Arsen-Strukturtyps. d_1 Abstand zu nächsten Nachbarn; d_2 Abstand zu zweitnächsten Nachbarn.

	Bindungswinkel	d_1 / nm	d_2 / nm	$(d_2 - d_1) / d_1$
α-Polonium	90°	0,336	0,336	0
Bismut	95°	0,310	0,347	0,12
Antimon	96°	0,287	0,337	0,17
Arsen	97°	0,251	0,315	0,25
Phosphor (> 8300 MPa)	104,5°	0,213	0,327	0,54

Eine Schichtstruktur mit [3]-Koordination besitzt auch der Graphit, die unter normalem Druck stabile Modifikation des Kohlenstoffs (Abb. 2.18). Die Schichten sind eben, und die Atome in den Schichten bilden ebene Sechserringe. Die Abstände zwischen nächsten Nachbarn entsprechen mit 0,142 nm denen in aromatischen organischen Verbindungen und weisen auf einen stark kovalenten Bindungscharakter hin. Die Bindung zwischen benachbarten C-Atomen in einer Schicht ist jeweils eine σ-Bindung, die aus einer sp²-Hybridisierung der C-Atome resultiert, die die ebene Anordnung der Atome mit Bindungswinkeln von 120° bewirkt (vgl. Tab. 2.5). Jedes C-Atom betätigt so drei σ-Bindungen, in die je eines der vier äußeren Elektronen eintritt; das vierte der äußeren Elektronen verbleibt in einem p-Orbital, das senkrecht

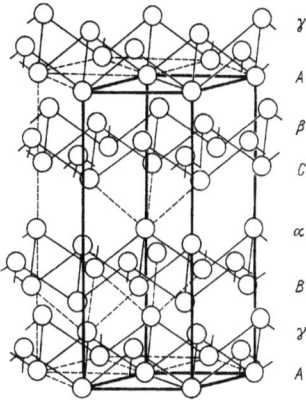

Abb. 2.17: Kristallstruktur von Arsen. A bzw. α, B bzw. β, C bzw. γ bezeichnen die Positionen der Schichten (vgl. Text zu den ZnS-Strukturen).

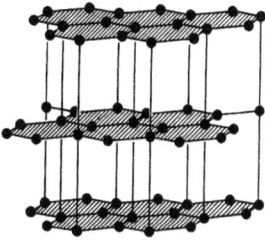

Abb. 2.18: Kristallstruktur von Graphit.

zur Schicht gerichtet ist. Diese p Orbitale der einzelnen Atome überlappen sich und führen zu π-Molekülorbitalen, die die Schichten gleichsam bedecken und den teilweise metallischen Bindungscharakter des Graphits bedingen. Die Beweglichkeit der π-Elektronen bewirkt die gute elektrische Leitfähigkeit des Graphits parallel zu den Schichten, die um einen Faktor 10^5 größer ist als senkrecht zu den Schichten.

Der Zusammenhalt zwischen den Schichten beruht nur auf schwachen Restbindungen, was die sehr geringe Härte des Graphits erklärt. Bei der Aufeinanderfolge der Schichten sind verschiedene Stapelfolgen möglich – analog zu den dichtesten Kugelpackungen. Abb. 2.18 zeigt den Strukturtyp 2H mit der Schichtfolge ABAB...; er ist durch eine Identitätsperiode von zwei Schichten und hexagonale Symmetrie gekennzeichnet. Daneben gibt es den Strukturtyp 3R mit der Stapelfolge ABCABC..., einer Identitätsperiode von drei Schichten und rhomboedrischer Symmetrie.

Einen interessanten Strukturtyp findet man beim Tellur und beim isomorphen Selen. Beide Elemente gehören zur Gruppe VIb im Periodensystem (Chalkogene), und zwei ihrer äußeren Elektronen befinden sich ungepaart in p-Orbitalen, so dass jedes Atom zwei kovalente Bindungen eingehen kann. Das führt zu einer Bildung von (verwiegend kovalent gebundenen) Ketten. Dabei bedingen die p-Orbitale den einzelnen Atomen Bindungswinkel von 102° beim Tellur bzw. 105° beim Selen, so dass die Ketten einen gewinkelten Verlauf mit der Symmetrie einer dreizähligen Schraubenachse haben (Abb. 2.19). In einem Kristall sind die Ketten entweder alle rechtssinnig oder alle

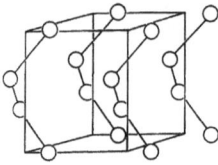

Abb. 2.19: Kristallstruktur von Selen (trigonal).

linkssinnig gewunden (entsprechend einer 3_1- oder einer 3_2-Schraubenachse), so dass es enantiomorphe Formen gibt. Der Zusammenhalt zwischen den Ketten wird durch Restbindungen bewirkt. Ein Atom hat jeweils zwei nächste Nachbarn in der eigenen Kette mit dem Abstand d_1 und vier zweitnächste Nachbarn in benachbarten Ketten mit dem Abstand d_2. Die Abstände verhalten sich beim Tellur wie $d_1 : d_2 = 1 : 1{,}2$, sind also nicht sehr unterschiedlich. Dadurch kommt es zu einer stärkeren elektronischen Kopplung zwischen den Ketten, die den ausgeprägten metallischen Charakter des Tellurs erklärt.

Erwähnt seien schließlich noch die Kristallstrukturen von Bor, das eine Vielzahl polymorpher Modifikationen aufweist. Grundmotiv dieser Strukturen sind Gruppen von 12 Boratomen, die die Ecken eines Ikosaeders besetzen und so annähernd kugelförmige Baueinheiten bilden. Im einfachsten Fall der R^{12}-Struktur sind diese Ikosaeder analog einer kubisch dichtesten Kugelpackung aneinandergelagert, die etwas verzerrt ist, so dass eine rhomboedrische Symmetrie resultiert (Abb. 2.20). Weitere Strukturtypen entstehen, indem die Ikosaedergruppen durch zusätzliche Boratome verknüpft werden. Eine solche Verknüpfung kann auch durch eine Einlagerung von Metallatomen bewirkt werden, was zu Bor-Metall-Verbindungen mit extremen stöchiometrischen Verhältnissen (NiB_{50}; YB_{66}) führt.

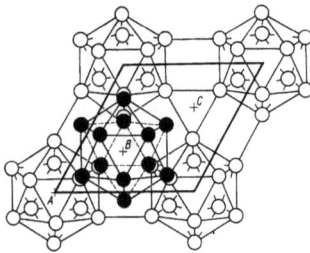

Abb. 2.20: Kristallstruktur der R^{12}-Modifikation von Bor. Projektion auf die Basis; die ikosaederförmigen Gruppen von je 12 Boratomen sind schichtenförmig mit dem Mittelpunkt in den Positionen A, B und C angeordnet (letztere sind nicht eingezeichnet).

2.4.1.2 Intermetallische Phasen

Als intermetallische Phasen (auch intermetallische Verbindungen) werden binäre und polynäre Kombinationen metallischer Elemente bezeichnet, in denen die Komponenten soweit geordnet sind, dass sich besondere Strukturtypen ergeben, denen ein bestimmtes stöchiometrisches Verhältnis bzw. eine entsprechende chemische Formel zuzuordnen ist. Die tatsächliche Zusammensetzung der verschiedenen intermetallischen Phasen kann entweder stöchiometrisch eng begrenzt sein oder im Sinne einer Mischkristallbildung stärker variieren. Charakteristisch für intermetallische Phasen sind dicht gepackte Kristallstrukturen mit hohen Koordinationszahlen, die sich meist aus den Grundstrukturtypen der Metalle ableiten lassen.

Drei charakteristische Gruppen sollen im folgenden etwas näher betrachtet werden: die Hume-Rothery-Phasen,[41] die Zintl-Phasen[42] und die Laves-Phasen. Sie sind jeweils nach ihren ersten Bearbeitern benannt.

Die Hume-Rothery-Phasen wurden zuerst am Legierungssystem Cu-Zn (Messing) studiert. In diesem System gibt es neben der den Endgliedern entsprechenden α-Phase (Cu, kubisch dichteste Kugelpackung) und der η-Phase (Zn, hexagonal dichteste Kugelpackung) noch drei weitere Phasen, die β-Phase (CuZn), die γ-Phase (Cu_5Zn_8) und die ε-Phase ($CuZn_3$). Diese Phasen haben hinsichtlich ihrer Zusammensetzung gewisse Stabilitätsbereiche, die durch Mischungslücken voneinander getrennt sind. Die Kristallstruktur der β-Phase ist kubisch und entspricht dem CsCl-Strukturtyp (vgl. Abb. 2.38). Die Kristallstruktur der γ-Phase lässt sich ableiten, indem man $3^3 = 27$ Elementarzellen der CsCl-Struktur zusammenfügt; doch bleiben von den 54 Positionen jeweils zwei im statistischen Wechsel unbesetzt, so dass in der (kubischen) Elementarzelle nur 52 Atome enthalten sind. Die Kristallstruktur der ε-Phase entspricht einer hexagonal dichtesten Kugelpackung mit geordneter Verteilung der Atome, die etwas gestaucht ist, so dass das Achsenverhältnis c/a deutlich kleiner als bei der η-Phase ist.

Die gleichen Phasen finden sich (u. a.) auch im Legierungssystem Cu–Sn (Bronze), allerdings bei anderen Zusammensetzungen, nämlich Cu_5Sn (β-Phase), $Cu_{31}Sn_8$ (γ-Phase) und Cu_3Sn (ε-Phase). Wie sich herausgestellt hat, wird die Bildung der Hume-Rothery-Phasen durch die Valenzelektronenkonzentration (VEK) (engl. *valence electron concentration – VEC*), dem Verhältnis der Anzahl der Valenzelektronen zur Anzahl der Atome, bestimmt. Die VEK beträgt bei den β-Phasen 1,5, bei den γ-Phasen 1,61 und bei den ε-Phasen 1,75. Zu den β-Phasen gehören noch CuBe, CuPd, AgMg, AuZn sowie auch NiAl und FeAl, wobei man bei den letzteren eine VEK von 1,5 nur unter der Voraussetzung erhält, dass die Übergangsmetalle (Ni bzw. Fe) in diesen Phasen keine Valenzelektronen zur Bindung beisteuern. Zu den γ-Phasen gehören noch Ag_5Cd_8 und Ni_5Zn_{21}. Die Hume-Rothery-Phasen ($\beta, \gamma, \varepsilon$) sind härter und spröder als die betreffenden α- und η-Phasen und haben höhere Schmelzpunkte sowie schlechtere Wärme- und elektrische Leitfähigkeiten. Das weist darauf hin, dass in diesen Phasen auch kovalente Bindungsanteile eine Rolle spielen.

Als Zintl-Phasen bezeichnet man eine Reihe von intermetallischen Phasen aus A Metallen und B-Elementen der dritten bis fünften Gruppe des Periodensystems, für die

41 William Hume-Rothery (15.5.1899–27.9.1968).
42 Eduard Zintl (21.1.1898–17.1.1941).

ein relativ enges Einhalten der vom Strukturtyp vorgegebenen Stöchiometrie kennzeichnend ist. Sie entsprechen damit noch eher dem Charakteristikum einer chemischen (intermetallischen) Verbindung, was u. a. auch in einer Kontraktion der metallischen Atomradien (gegenüber denen der reinen Elemente) zum Ausdruck kommt. Eine erste Gruppe von Zintl-Phasen (LiAg, LiHg, LiTl, MgTl, LiBi etc.) hat die Struktur des β-Messings (CsCl-Struktur), doch bewegt sich ihre VEK (abweichend von den Hume-Rothery-Phasen) in einem größeren Bereich von 1...3. Eine zweite Gruppe von Zintl-Phasen (Li_3Hg, $CaTl_3$, $CaSn_3$, $NaPb_3$ etc.) kristallisiert in den Strukturtypen der Fe_3Al- oder der Cu_3Au-Überstruktur (vgl. Abb. 2.15 und 2.16).

Eine dritte Gruppe von Zintl-Phasen, wie NaTl, LiAl und LiZn, weist einen besonderen Strukturtyp auf. In der NaTl-Struktur besetzen sowohl die Na-Atome als auch die Tl-Atome jeweils für sich die Positionen einer Diamantstruktur (vgl. Abb. 2.30); diese beiden „Teilgitter" sind unter einer gegenseitigen Verschiebung von $\frac{1}{2}, \frac{1}{2}, \frac{1}{2}$ ineinandergestellt, so dass sowohl die Na-Atome als auch die Tl-Atome gleichermaßen hexaedrisch von je vier Tl- und vier Na-Atomen koordiniert sind. Für eine Verbindung mit überwiegend ionarem Bindungscharakter wäre die NaTl-Struktur energetisch ungünstig.

Als Laves-Phasen bezeichnet man eine Reihe von intermetallischen Phasen, bei denen die (metallischen) Atomradien eine wichtige Rolle spielen. Hauptsächlich gehören die Laves-Phasen zu drei Strukturtypen, der $MgCu_2$-, der $MgNi_2$- und der $MgZn_2$-Struktur. In der kubischen $MgCu_2$-Struktur (Abb. 2.21) besetzen die Mg-Atome die Positionen einer Diamantstruktur (vgl. Abb. 2.31), in deren freien Achtelwürfeln je vier Cu-Atome tetraedrisch eingelagert sind; in einer Elementarzelle befinden sich also acht Formeleinheiten $MgCu_2$. Zeichnet man die Atomkugeln im richtigen Größenverhältnis, dann berühren sich einerseits nur Mg-Atome und andererseits nur Cu-Atome untereinander; zwischen den Mg- und den Cu-Atomen gibt es keinen gegenseitigen Kontakt. Die Mg-Atome werden jeweils von vier anderen Mg-Atomen und von zwölf Cu-Atomen umgeben; die Cu-Atome werden jeweils von sechs anderen Cu-Atomen und von sechs Mg-Atomen umgeben, so dass also die Koordination sehr hoch ist. Die $MgCu_2$-Struktur erfordert geometrisch einen Atomradienquotienten $R_{Mg} : R_{Cu} = \sqrt{3}/\sqrt{2}$. Beobachtet werden Werte zwischen 1,0 und 1,4.

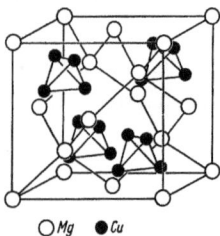

$\bigcirc$ *Mg* $\bullet$ *Cu*   **Abb. 2.21:** $MgCu_2$-Struktur.

Die $MgZn_2$-Struktur und die $MgNi_2$-Struktur sind ähnlich gebaut wie die $MgCu_2$-Struktur und haben die gleichen Koordinationsbeziehungen und Radienquotienten. In der hexagonalen $MgZn_2$-Struktur besetzen die Mg-Atome die Positionen einer Wurtzitstruktur (vgl. Abb. 2.34), zwischen denen die tetraedrischen Gruppen der Zn-Atome eingelagert sind. Wie bei den dichtesten Kugelpackungen kann man die $MgZn_2$-Struktur in schichtartige Bauverbände untergliedern, die abwechselnd eine Position A oder eine Position B einnehmen und im Rhythmus ABAB... mit einer Identitätsperiode von zwei Schichten aufeinander folgen. Bei der kubischen $MgCu_2$-Struktur gibt es drei Positionen A, B und C, die im Rhythmus ABCABC... mit einer Identitätsperiode von drei Schichten aufeinanderfolgen. In der hexagonalen $MgNi_2$-Struktur schließlich lautet die Schichtfolge ABACABAC... mit einer Identitätsperiode von vier Schichten. Derartige Strukturen mit analogem Bauplan wurden von Laves als homöotekt bezeichnet.

Einen weiteren interessanten Strukturtyp stellt die kubische Cr_3Si-Struktur dar, die bei intermetallischen Phasen von T-Metallen mit Elementen der III., IV. und V. Hauptgruppe auftritt. Sie wurde früher als A 15-Struktur (β-Wolfram-Struktur) bezeichnet, da bei der seinerzeitigen Strukturbestimmung der Verbindung W_3O die Positionen der leichten O-Atome neben den schweren W-Atomen nicht bestimmt wurden. Die Struktur lässt sich anhand von Abb. 2.11 (rechte Elementarzelle) veranschaulichen: Die Si-Atome bilden eine kubisch innenzentrierte Kugelpackung auf den Positionen $0, 0, 0$ und $\frac{1}{2}, \frac{1}{2}, \frac{1}{2}$. Die Cr-Atome besetzen die Hälfte der auf den Würfelflächen gelegenen tetraedrischen Lücken, und zwar in den Positionen $\frac{1}{4}, 0, \frac{1}{2}$; $\frac{3}{4}, 0, \frac{1}{2}$; $\frac{1}{2}, \frac{1}{4}, 0$; $\frac{1}{2}, \frac{3}{4}, 0$; $0, \frac{1}{2}, \frac{1}{4}$ und $0, \frac{1}{2}, \frac{3}{4}$; so dass sie Ketten bilden, die parallel zu den Würfelkanten in drei zueinander senkrechten Richtungen verlaufen. Jedes Cr-Atom hat dann 2 nächste Nachbarn in der Kette sowie 4 Si-Atome und 8 weitere Cr-Atome in etwas größeren Abständen als Nachbarn, so dass es von insgesamt 14 Atomen koordiniert wird. Die Si-Atome werden von je 12 Cr-Atomen koordiniert. Einige Verbindungen mit dieser Struktur sind Supraleiter mit relativ hoher kritischer Temperatur, wie z. B. Nb_3Ge mit $T_c = 23{,}2\,K$.

Wie die Strukturen der metallischen Elemente folgen auch die Strukturen der intermetallischen Phasen weitgehend den Prinzipien einer möglichst hohen Koordination und hohen Raumerfüllung. Während die Raumerfüllung eindeutig definiert ist, trifft das für die Koordination bei komplizierteren Strukturen nicht mehr ohne weiteres zu. Das hängt damit zusammen, dass das Bindungspotential der Metallatome nicht absättigbar ist und über die nächsten Nachbarn hinausreicht. Die Koordinationszahl ist zunächst als Anzahl der nächsten Nachbaratome definiert. Schon bei einer etwas deformierten Struktur, wie den hexagonal dicht gepackten Metallen, deren Achsenverhältnis vom Idealwert der hexagonal dichtesten Kugelpackung $c/a = 1{,}633$ abweicht, haben die zwölf „nächsten" Nachbaratome nicht mehr alle genau den gleichen Abstand; bei komplizierteren Strukturen ist es vollends problematisch, welche Atome noch den „nächsten" Nachbarn zuzurechnen sind und welche nicht mehr. Es ist deshalb sinnvoll, bei der Bestimmung der Koordinationszahl das für ein

Atom jeweils wirksame Bindungspotential der koordinierenden Atome mit in Rechnung zu stellen (Schulze u. Wieting (1961))[43],[44] Die Koordinationszahl ergibt sich dann als Summe über alle (verschieden weit entfernten) Nachbaratome, wobei für jedes Atom ein mit der Entfernung schnell abnehmendes Gewicht einzusetzen ist. Im Allgemeinen werden dabei die Atome bis in die drittnächste Nachbarschaftssphäre (vgl. Tab. 2.2) berücksichtigt.

Die Raumerfüllung einer Struktur wird durch ihr Atomvolumen beschrieben. Das ist das Volumen der Elementarzelle, dividiert durch die Anzahl der in ihr enthaltenen Atome. Das Verhältnis des Atomvolumens einer Struktur zu dem Atomvolumen, wie es anteilig die reinen Elemente einnehmen würden, gibt ein Maß für die Stabilität einer Struktur. Je geringer das Atomvolumen ist, umso stabiler ist eine Struktur. Die Laves-Phasen erreichen optimale Werte, d. h., sie sind besonders dicht gepackt, was durch die große Anzahl der in diesen Strukturen kristallisierenden Verbindungen bestätigt wird.

2.4.1.3 Sulfidstrukturen

Unter dem Begriff der Sulfidstrukturen werden in der Kristallchemie die Strukturen einer umfangreichen Gruppe binärer und polynärer homologer Verbindungen mit vielfältigen Homöotypie-Beziehungen zusammengefasst. Außer den Sulfiden mit der allgemeinen Formel A_mS_n (A für ein A- oder T-Metall oder ein B-Element) und den homologen Seleniden und Telluriden (zusammengefasst als Chalkogenide) zählt man hierzu auch die Arsenide mit der allgemeinen Formel A_mAs_n und die homologen Antimonide und Bismutide (Pnictide). Einbezogen sind auch komplexe Metall-Arsen-Schwefel-Verbindungen und deren Homologe (sog. Sulfosalze) mit der allgemeinen Formel $A_mB_nAs_pS_q$. A steht für metallische Elemente in [2]- bis [4]-Koordination und B für metallische Elemente in [6]- bis [12]-Koordination. Anstelle von As können auch Sb oder Bi, anstelle von S auch Se oder Te treten.

Die meisten Chalkogenide, Pnictide und Sulfosalze haben ein metallisches Aussehen, hohes Reflexionsvermögen und mittlere bis gute elektrische Leitfähigkeit, was auf den metallischen Bindungsanteil hinweist. Dem entspricht oft eine größere Breite in der Zusammensetzung in Form von Mischkristallen nach Art intermetallischer Phasen. Hingegen haben andere hierher gehörende Verbindungen einen engen stöchiometrischen Stabilitätsbereich infolge von größeren kovalenten oder ionaren Bindungsanteilen – letzteres bei größeren Elektronegativitätsdifferenzen. Für die Sulfide sind Mischbindungen besonders typisch, wobei die Anteile metallisch/kovalent/ionar sehr unterschiedlich sind, was eine Systematisierung der Sulfidstrukturen nach Homöotypie- und Homologie-Beziehungen erschwert.

---

43 Gustav Ernst Robert Schulze (24.2.1911–5.10.1974).
44 Jochen Wieting (6.7.1935–4.4.2020).

Eine formale Systematik nach Wells (2012) gliedert in isometrische, planare (schichtartige) und lineare (kettenartige) Strukturtypen, bringt aber Homöotypie-Beziehungen nur unbefriedigend zum Ausdruck. Eine kristallstrukturelle Systematik der Sulfide und Sulfosalze nach Hellner (1958)[45] geht von dichten Kugelpackungen der Schwefelatome aus, in deren oktaedrischen und tetraedrischen Lücken die Atome der anderen Komponenten eingelagert sind. In manchen Fällen müssen dabei recht massive Deformationen zugelassen werden, so dass nach dieser Systematik oft wichtige Details der Kristallstruktur der Sulfosalze verloren gehen. Für diese geben Nowacki (1969)[46] und Edenharter (1976) eine Klassifikation, die auf den Verknüpfungsmöglichkeiten von $(As,Sb,Bi)S_3$-Pyramiden oder $(As,Sb,Bi)S_4$-Tetraedern beruht. Für einfache Sulfidstrukturen hat sich jedoch die geometrische Beschreibung auf der Grundlage von dichten Kugelpackungen der Schwefelatome bewährt. Die Alkalichalkogenide (z. B. Li_2S, Na_2S, K_2S, Rb_2S, Na_2Se, K_2Te) kristallisieren im Strukturtyp des Fluorits (Abb. 2.39). Die Schwefelatome (oder deren Homologe) nehmen hier die Position einer kubisch dichtesten Kugelpackung ein, und die Alkaliatome besetzen die tetraedrischen Lücken. Da in dieser Struktur Kationen und Anionen gegenüber dem Fluorit CaF_2 in ihren Positionen vertauscht sind, wird sie auch als Antifluoritstruktur bezeichnet. Entsprechend den großen Elektronegativitätsdifferenzen ($\Delta\chi = 1,55\ldots1,10$) bei diesen Verbindungen sind die ionaren Bindungsanteile groß, und ihre Eigenschaften entsprechen denen von Ionenverbindungen. Die Erdalkalichalkogenide sowie zahlreiche T-Metallchalkogenide und -pnictide, darunter „valenzmäßige" Verbindungen (z. B. MgS, CaSe, SrTe, LaAs, NdAs, PrBi) und „nicht valenzmäßige" Verbindungen (z. B. LaS, SmSe, MnS, US, ThAs, BiSe, SnAs), kristallisieren in der Kristallstruktur des Galenit PbS (Bleiglanz), die isotyp mit der NaCl-Struktur ist (Abb. 1.1). Die Schwefelatome (oder Homologe) nehmen die Positionen einer kubisch dichtesten Kugelpackung ein, in der die oktaedrischen Lücken durch die Metallatome besetzt sind.

Interessant sind die Bindungsverhältnisse bei PbS (und den homologen $A^{IV}B^{VI}$-Verbindungen). Beim Blei haben die äußeren Elektronen die Konfiguration $5d^{10}6s^26p^2$, in der das 6s-Orbital mit einem Elektronenpaar besetzt ist, das sich nicht an der Bindung beteiligt. Das Blei stellt daher nur zwei p-Elektronen für die Bindung zur Verfügung. Das Schwefelatom besitzt vier 3p-Elektronen. Insgesamt liegen also sechs p-Valenzelektronen je Formeleinheit vor, je Atom somit drei. Das entspricht den Verhältnissen bei den Elementen der fünften Gruppe As, Sb und Bi, mit denen die $A^{IV}B^{VI}$-Verbindungen isoelektronisch sind. Beim PbS bildet sich jedoch ein mesomeres σ-Bindungssystem von p-Elektronen aus, dessen Achsen entlang [100] ausgerichtet sind. Daraus resultiert eine [6]-Koordination und nicht eine [3+3]-Koordination wie beim As oder Bi. Durch die hohe effektive Kernladung in Verbindung mit der niedrigen Hauptquantenzahl $n = 3$ des Schwefels erfolgt eine stärkere Lokalisierung der

45 Erwin Emil Hellner (9.4.1920–12.9.2010).
46 Werner Nowacki (14.3.1909–31.3.1988).

p-Elektronen an diesem Atom. Das bedeutet einen teilweise heterovalenten (ionaren) Bindungscharakter, und der Stabilitätsbereich in der Zusammensetzung von PbS und der homologen Chalkogenide (PbSe, PbTe, SnS, SnSe, SnTe) ist relativ schmal. Die genannten Chalkogenide sind alle miteinander lückenlos mischbar, (sowohl bezüglich Pb-Sn als auch bezüglich S-Se-Te) und stellen Halbleiter dar. Dabei ist bemerkenswert, dass die Breite der verbotenen Zone (oder Bandlücke, engl. *gap*) im elektrischen Bändermodell bzw. der Bandabstand bei diesen Mischkristallen sehr klein ist und bei bestimmten Zusammensetzungen (z. B. für $Pb_{0,8}Sn_{0,2}Te$) auf verschwindend kleine Werte zurückgeht. Das hat zu wichtigen Anwendungen dieser sog. schmallückigen Halbleiter als Strahlungsgeneratoren und -detektoren im Infrarotbereich geführt.

Eine deformierte PbS-Struktur, die dem Arsenstrukturtyp analog ist, bildet das rhomboedrische GeTe. Bei dieser Verbindung nähern sich die Bindungswinkel mit steigender Temperatur kontinuierlich dem Wert von 90°, der bei 400 °C erreicht wird. Oberhalb dieser Temperatur ist GeTe kubisch. Die ZnS-Strukturen (Sphalerit bzw. Wurtzit) gehören gleichfalls zu den isometrisch gebauten Sulfidstrukturen. Sie lassen sich als eine kubisch bzw. eine hexagonal dichteste Kugelpackung von Schwefelatomen beschreiben, in der die Zn-Atome die Hälfte der tetraedrischen Lücken besetzen. Auf die ZnS-Strukturen wird in Abschnitt 2.4.2.1 eingegangen.

In der Kristallstruktur des kubischen Pentlandit $(Fe, Ni)_9S_8$ bilden die Schwefelatome gleichfalls eine kubisch dichteste Kugelpackung. Die (Fe,Ni)-Atome besetzen in geordneter, jedoch von der Sphaleritstruktur abweichender Weise die Hälfte der tetraedrischen Lücken sowie außerdem ein Achtel der oktaedrischen Lücken. In der Kristallstruktur des Cooperits PtS (Abb. 2.22) besetzen die Pt-Atome die Positionen einer kubisch dichtesten Kugelpackung, die jedoch in einer Kantenrichtung etwas gedehnt ist, so dass eine tetragonale Symmetrie resultiert. Die Schwefelatome besetzen die Positionen der Hälfte der tetraedrischen Lücken in der Weise, dass die Pt-Atome eine (annähernd) quadratische Koordination erhalten.

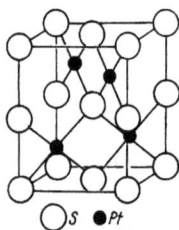

Abb. 2.22: Kristallstruktur von Cooperit PtS.

Eine isometrische Kristallstruktur hat auch der Bornit (Buntkupferkies) Cu_5FeS_4 (Abb. 2.23). Sie basiert auf der Antifluoritstruktur (vgl. Abb. 2.39), wobei die S-Atome die Positionen einer kubisch dichtesten Kugelpackung und die Cu- und Fe-Atome drei Viertel der tetraedrischen Lücken besetzen. Beim Hochtemperatur-Bornit (> 235 °C)

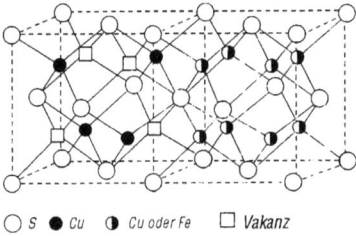

○ *S* ● *Cu* ◑ *Cu oder Fe* □ *Vakanz*

Abb. 2.23: Kristallstruktur des Tieftemperatur-Bornits Cu_5FeS_4. Dargestellt ist $\frac{1}{8}$ der Elementarzelle.

sind die Cu- und Fe-Atome sowie die Vakanzen statistisch auf die äquivalenten tetraedrischen Lücken verteilt, und seine Symmetrie ist – wie die der Fluoritstruktur – kubisch. Beim Tieftemperatur-Bornit (< 170°) ordnen sich die Metallatome und Vakanzen in der Weise, dass abwechselnd in einer Zelle nur vier der Lücken durch Cu-Atome besetzt werden – analog der Struktur des Sphalerits (vgl. Abb. 2.32), während in den jeweils benachbarten Zellen die übrigen Cu- und Fe-Atome alle acht Lücken besetzen. Durch diese Ordnung wird die Symmetrie der Struktur erniedrigt: Die Elementarzelle des Tieftemperatur-Bornits vergrößert sich auf das 16-fache, und seine Symmetrie ist nur noch orthorhombisch.

Einen wichtigen Strukturtyp, auch für Sulfide, stellt die Struktur des NiAs (Nickelin, Rotnickelkies; Abb. 2.24) dar. In dieser Struktur bilden die As-Atome eine hexagonal dichteste Kugelpackung, deren oktaedrische Lücken durch die Ni-Atome besetzt werden. Die Ni-Atome bilden dabei ein Koordinationspolyeder in Form eines trigonalen Prismas (vgl. Abb. 2.9). In der NiAs-Struktur kristallisieren viele Sulfide, Selenide, Telluride, Arsenide, Bismutide und Stannide der Übergangsmetalle, die bei vorwiegend metallischem Charakter auch ionare Bindungsanteile aufweisen. Das Achsenverhältnis kann dabei vom idealen Wert der hexagonal dichtesten Kugelpackung, $c/a = 1{,}633$, beträchtlich nach beiden Richtungen abweichen.

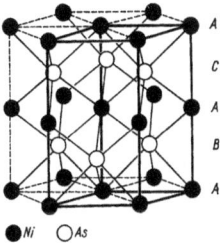

● *Ni* ○ *As*

Abb. 2.24: Kristallstruktur von Nickelin NiAs.

Die NiAs-Struktur erweist sich hinsichtlich der Stöchiometrie als recht flexibel, so dass sowohl Verbindungen mit einem Metallüberschuss (allgemeine Formel $A_{1+x}B$) als auch solche mit einem Metallunterschuss ($A_{1-x}B$) auftreten. Im Fall eines Metallüberschusses werden noch zusätzlich die Lücken mit trigonal dipyramidaler Koordination der hexagonal dichtesten Kugelpackung (vgl. Abb. 2.8) besetzt. Eine vollständige Besetzung aller oktaedrischen und trigonal-dipyramidalen Lücken ergibt die Formel

A_2B. Dieser Strukturtyp wird als Ni_2In-Typ bezeichnet und ist typisch metallisch (entsprechend intermetallischen Phasen) mit Achsenverhältnissen von rd. $c/a = 1,22$. Im Fall eines Metallunterschusses wird nur ein Teil der oktaedrischen Lücken der hexagonal dichtesten Kugelpackung besetzt. Dabei sind die Vakanzen jedoch nicht statistisch verteilt, sondern folgen zumindest bei tieferen Temperaturen bestimmten Ordnungsschemata, so dass spezielle Strukturtypen entstehen.

Ein gutes Beispiel für die Nichtstöchiometrie sowie die damit verbundenen Überstrukturen und zugleich das am weitesten verbreitete Mineral mit einer NiAs-Struktur ist der Pyrrhotin (Magnetkies) $Fe_{1-x}S$ mit $x = 0...0,15$. Die stöchiometrische Zusammensetzung FeS ($x = 0$) hat das Mineral Troilit. Bei den Überstrukturen der Pyrrhotine wechseln entlang der $\vec{c}$-Achse mit Fe-Atomen komplett gefüllte Schichten in regelmäßiger Weise mit solchen, die geordnet die Vakanzen enthalten (Abb. 2.25). Hierdurch vermehrfacht sich der Identitätsabstand in c-Richtung, was Anlass zu den Bezeichnungen 6C, 4C etc. gegeben hat, letztere z. B. für den monoklinen Pyrrhotin Fe_7S_8. Eine Struktur, in der jede vierte Oktaederschicht unbesetzt bleibt, hat der Smythit. Dieser Struktur entspricht die nominelle Formel Fe_3S_4, doch führen Analysen auf Fe_9S_{11}. Jedenfalls hat der Smythit eine ausgeprägte Schichtstruktur und zeigt eine schuppige Ausbildung sowie eine vollkommene Spaltbarkeit nach {0001}.

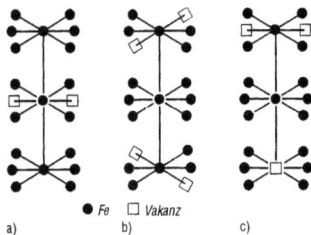

● Fe   □ Vakanz

a)   b)   c)

Abb. 2.25: Anordnungen von Vakanzen um ein zentrales Fe-Atom in Überstrukturen von Pyrrhotin $Fe_{1-x}S$. Es sind nur die Fe-Atome dargestellt (vgl. Abb. 2.24).

Bleibt im Bauplan der NiAs-Struktur jede zweite Oktaederschicht unbesetzt, so gelangt man zur Schichtstruktur des Cadmiumdiiodid CdI_2 mit dem Koordinationsverhältnis [6] : [3] (Abb. 2.26). Man kann die Stapelfolge in solchen Schichtstrukturen auch in der Weise beschreiben, dass jeder Schicht der (größeren) Iodatome entsprechend den möglichen Positionen in einer dichtesten Kugelpackung ein Buchstabe A, B oder C zugeordnet wird (vgl. Abb. 2.4). In der CdI_2-Struktur bilden die I-Atome eine hexagonal dichteste Kugelpackung mit der Schichtenfolge ABAB.... Den Schichten der (kleineren) Cd-Atome, die in die oktaedrischen Lücken eintreten, seien kleine griechische Buchstaben zugeordnet; sie können im Prinzip die gleichen drei Positionen, gekennzeichnet mit α, β und γ, einnehmen. Den Schichten der unbesetzten oktaedrischen Lücken seien entsprechend die Symbole □ zugeordnet. Die Schichtenfolge der CdI_2-Struktur stellt sich dann folgendermaßen dar: AγB□AγB□... Die Identitätsperiode beträgt also ein CdI_2-Schichtpaket. Eine andere Stapelfolge hat

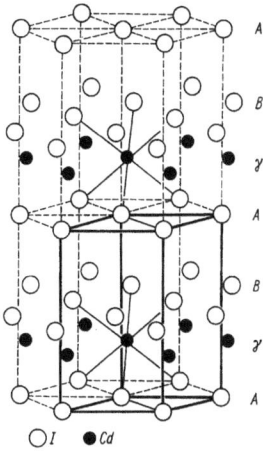

$\bigcirc I$ $\bullet Cd$ **Abb. 2.26:** Kristallstruktur von Cadmiumdiiodid CdI_2.

die $CdCl_2$-Struktur, in der die (größeren) Cl-Atome eine kubisch dichteste Kugelpackung bilden: $A\gamma B\square C\beta A\square B\alpha C\square$.... Sie hat eine Identitätsperiode von drei Schichtpaketen. Entsprechend sind noch beliebig viele weitere Stapelfolgen denkbar, wie $A\gamma B\square C\alpha B\square$... oder $A\gamma B\square C\beta A\square C\alpha B\square$... usw. Solche Schichtstrukturen wurden bei einer Reihe von Dichalkogeniden beobachtet. Die meisten Dichalkogenide sind Halbleiter; andere, z. B. CoS_2, RhS_2, NiS_2, PdS_2 und PtS_2, zeigen metallische Leitfähigkeit.

Einen anderen Typ von Schichtstrukturen repräsentiert Molybdänit (Molybdänglanz) MoS_2 (Abb. 2.27). Hier lautet die Schichtfolge $A\beta A\square B\gamma B\square$..., jedoch bilden die (größeren) S-Atome (Positionen A und B) keine dichteste Kugelpackung, und die (kleineren) Mo-Atome (Positionen β und γ) sind nicht in oktaedrischen, sondern in trigonal prismatischen Lücken angeordnet.

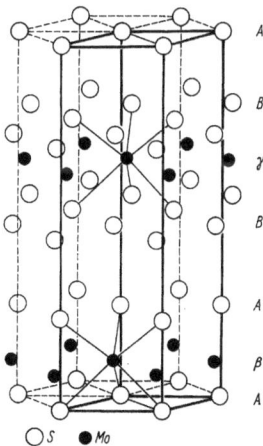

$\bigcirc S$ $\bullet Mo$ **Abb. 2.27:** Kristallstruktur von Molybdänit MoS_2. A, B bzw. β und γ bezeichnen die Positionen der Schichten (vgl. Text zu den ZnS-Strukturen in Abschnitt 2.4.2.1).

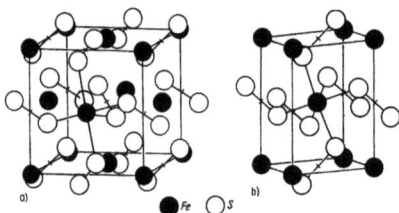

Abb. 2.28: Kristallstrukturen des FeS_2. a) Pyrit b) Markasit.

Die Verbindung FeS_2 bildet zwei besondere isometrische Strukturtypen: Pyrit und Markasit. Die kubische Pyritstruktur (Abb. 2.28a) lässt sich geometrisch aus der NaCl-Struktur ableiten: Die Fe-Atome besetzen die Na-Plätze, während auf den Cl-Positionen hantelartige S_2-Gruppen angeordnet sind. Die Achsen dieser S_2-Hanteln liegen jeweils parallel einer (111)-Richtung. Jedes Fe-Atom hat sechs S-Nachbarn im gleichen Abstand. In der Pyritstruktur kristallisieren z. B. die Minerale NiS_2 (Vaesit), CoS_2 (Cattierit), $PtAs_2$ (Sperrylith) und MnS_2 (Hauerit). Eng verwandt mit der Pyritstruktur ist Ullmannit NiSbS; hier ersetzen Ni-Atome die Fe-Atome und SbS-Gruppen die S_2-Gruppen. Die Symmetrie des Pyrits (Kristallklasse $m\bar{3}$) wird dadurch auf die der Kristallklasse 23 beim Ullmannit reduziert. Die Elementarzelle der orthorhombischen Markasitstruktur (Abb. 2.28b) enthält zwei Fe-Atome in $0, 0, 0$ und $\frac{1}{2}, \frac{1}{2}, \frac{1}{2}$. Die hantelartigen S_2-Gruppen besetzen mit ihren Schwerpunkten die Mitten der längeren Kanten der Elementarzelle und ihre Basis-Flächenmitten. Fe wird von sechs S-Atomen koordiniert. In der Markasitstruktur kristallisieren $FeAs_2$ (Löllingit) und $NiAs_2$ (Rammelsbergit). Eine verwandte Struktur haben FeAsS (Arsenopyrit, Arsenkies) und FeSbS (Gudmundit).

In der Kristallstruktur des kubischen Skutterudits $CoAs_3$ (Abb. 2.29) sind gleichfalls je zwei As-Atome hantelartig verknüpft; die Co-Atome besetzen die Positionen eines kubisch primitiven Gitters und sind oktaedrisch von je sechs As-Atomen koordiniert. Die As-Atome haben neben dem Hantelpartner noch zwei Co-Atome als Nachbarn.

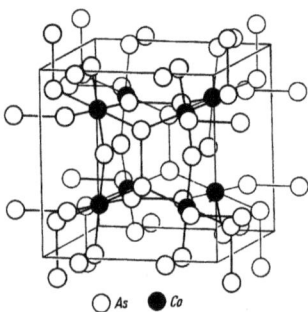

Abb. 2.29: Kristallstruktur von Skutterudit $CoAs_3$.

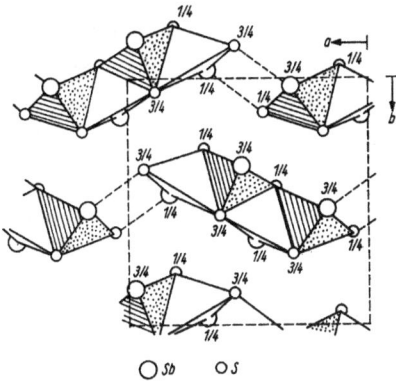

Abb. 2.30: Kristallstruktur von Antimonit Sb_2S_3. Projektion auf die (001)-Ebene.

○ *Sb*   ○ *S*

Eine typische lineare Sulfidstruktur besitzt der orthorhombische Antimonit Sb_2S_3 (Antimonglanz, Stibnit). Die Struktur lässt sich am besten durch ihre Bauverbände und deren Anordnung beschreiben: Die Antimon- und Schwefelatome bilden pyramidale Baugruppen, die über gemeinsame Kanten zu Doppelbändern verknüpft sind (Abb. 2.30). Innerhalb der Bänder sind die Bindungen weitgehend kovalent, zwischen ihnen wirken Restbindungen. Der Gitterparameter in Richtung der Bänder (*c*-Achse) ist relativ klein, und das Achsenverhältnis beträgt rd. $a : b : c = 1 : 1 : \frac{1}{3}$. Dieser strukturelle Aspekt bedingt den langprismatischen bis nadeligen Habitus der Antimonitkristalle. Isotyp mit Antimonit ist der Bismutinit Bi_2S_3. Die Baumotive der Antimonitstruktur finden sich auch bei einer Reihe von Sulfosalzen wieder, insbesondere bei den Spießglanzen, die sich gleichfalls durch einen nadeligen bis haarförmigen Habitus auszeichnen. Nicht isotyp mit Sb_2S_3 ist der homologe Auripigment As_2S_3, der eine monokline Schichtstruktur hat, in welcher flach-pyramidale AsS_3-Baueinheiten über die mit S-Atomen besetzten Ecken netzartig verknüpft sind.

Eine lineare (kettenartige) Struktur hat noch das Siliciumdisulfid SiS_2. Die Schwefelatome bilden eine verzerrte kubisch dichteste Kugelpackung, in der ein Viertel der tetraedrischen Lücken durch die Siliciumatome besetzt ist. Diese Besetzung erfolgt in parallelen Reihen, so dass sich Bauverbände aus SiS_4-Tetraedern ergeben, welche über gemeinsame Kanten miteinander zu Ketten verknüpft sind. Es resultiert eine orthorhombische (pseudotetragonale) Symmetrie. Die Bindung in den Ketten ist ausgeprägt kovalent. Die Kettenstruktur bedingt eine feinfaserige Ausbildung der Kristalle. Isotyp sind $SiSe_2$ und $SiTe_2$ sowie eine synthetisch dargestellte, sehr instabile Modifikation des faserigen SiO_2.

2.4.2 Kristallstrukturen mit kovalenter und ionarer Bindung

Die Verbindungen zwischen Metallen und Nichtmetallen sowie die der Nichtmetalle untereinander haben einen vorwiegend nichtmetallischen Bindungscharakter. Hierzu gehören insbesondere die Verbindungen der metallischen Elemente mit dem Sauerstoff, die den weit überwiegenden Anteil der die Erdkruste zusammensetzenden Minerale und Gesteine ausmachen. Auch bei den nichtmetallischen Verbindungen ist eine differenzierte Skala von Bindungszuständen anzutreffen. Bei Verbindungen von Elementen, zwischen denen eine große Elektronegativitätsdifferenz besteht, ist der Bindungscharakter überwiegend ionar (salzartige Verbindungen). Bei den Verbindungen der Nichtmetalle untereinander sind die Bindungen überwiegend kovalent. Dazwischen stehen viele Verbindungen mit gemischt ionar-kovalentem Bindungscharakter. So sind z. B. im SiO_2, der Verbindung zwischen den beiden häufigsten Elementen der Erdkruste, der ionare und der kovalente Bindungsanteil gleich groß.

Das Verhältnis zwischen den kovalenten (gerichteten) Bindungsanteilen und den ionaren (ungerichteten, elektrostatischen) Bindungsanteilen bestimmt weitgehend die von den einzelnen Verbindungen eingenommenen Kristallstrukturen. Bei ternären bzw. polynären Verbindungen kann zudem dieses Verhältnis zwischen den verschiedenen Atomen unterschiedlich sein, und solche Kristallstrukturen enthalten häufig mehratomige Komplexe, die in sich vorwiegend kovalent gebunden sind, während die Bindungen zu den anderen Komponenten der Struktur überwiegend ionar sind. Bei der systematischen Behandlung der Kristallstrukturen mit ionar-kovalenter Bindung unterteilt man deshalb in

– Kristallstrukturen mit vorwiegend kovalentem Bindungscharakter,
– Kristallstrukturen mit vorwiegend ionarem Bindungscharakter,
– Kristallstrukturen mit Komplexen.

2.4.2.1 Kristallstrukturen mit kovalenter Bindung

Der Grenztyp der kovalenten Bindung ist am klarsten beim Diamant ausgeprägt. Geometrisch lässt sich die Diamantstruktur so beschreiben, dass die Kohlenstoffatome die Positionen zweier kubisch flächenzentrierter Gitter besetzen, die so ineinandergestellt sind, dass sie um ein Viertel einer Raumdiagonalen der Elementarzelle gegeneinander verschoben erscheinen (Abb. 2.31). Die Kohlenstoffatome des zweiten Teilgitters besetzen dabei jeweils die Positionen jeder zweiten tetraedrischen Lücke des ersten Teilgitters und umgekehrt. In der kubisch flächenzentrierten Elementarzelle besetzen mithin die Kohlenstoffatome des zweiten Teilgitters die Mittelpunkte jedes zweiten Achtelwürfels. Alle Kohlenstoffatome werden gleichermaßen tetraedrisch von vier nächsten Nachbarn koordiniert. Die Winkel zwischen den Verbindungslinien zu benachbarten Atomen (Bindungswinkel) ergeben sich sowohl geometrisch aus der Struktur als auch aus den Orbitalen der sp^3-Hybridisierung zu 109°28′. Aus dem Gitterparameter des Diamant, a = 0,355 nm, folgt ein Abstand von 0,154 nm zwischen den Mittelpunkten benachbarter Atome. Nähme man an, dass sich die Kohlenstoffatome als starre Kugeln eben berühren, so würde eine sehr geringe Packungsdichte von nur 34 % resultieren. Bei einer kovalenten Bindung überlappen sich jedoch die Bindungsorbitale

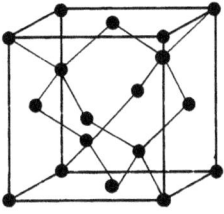

Abb. 2.31: Kristallstruktur von Diamant.

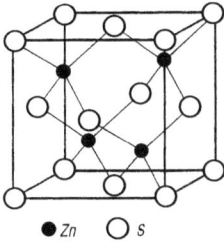

● Zn   ○ S   **Abb. 2.32:** Kristallstruktur von Sphalerit ZnS (Zinkblende).

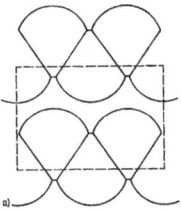

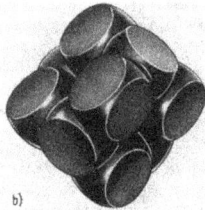

Abb. 2.33: Kalottenmodell der Diamantstruktur. a) Schnitt parallel (110); b) Ausschnitt in Form eines Oktaeders. Nach Noll.

der Atome, so dass ein Kalottenmodell (wie sie bei der Darstellung der Strukturen organischer Moleküle breite Anwendung finden) besser angemessen ist (Abb. 2.33). Ein solches Modell ergibt für die Diamantstruktur eine Raumausfüllung von über 90 %.

Stellt man bei der Diamantstruktur die [111]-Richtung senkrecht auf (analog Abb. 2.34), so wird deutlich, dass die Kohlenstoffatome gewellte Schichten parallel zur (111)-Ebene bilden. Innerhalb einer Schicht ordnen sich die Kohlenstoffatome zu Sechserringen, die allerdings nicht eben, sondern in Sesselform gewinkelt sind. Man erkennt eine gewisse Analogie zur Arsenstruktur (Abb. 2.17), bei welcher jedoch die Welligkeit der Schichten relativ kleiner und die Abstände zwischen den Schichten relativ größer sind (außerdem ist die gegenseitige Anordnung der Schichten eine andere). Ein Atom ist jeweils an drei Bindungen innerhalb einer Schicht und nur an einer Bindung zwischen den Schichten beteiligt, d. h., die Bindung ist innerhalb der Schichten insgesamt fester als zwischen ihnen. Entsprechend der kubischen Symmetrie der Diamantstruktur gibt es vier äquivalente Scharen von Schichten parallel zu den einzelnen Flächen der Form {111} (Oktaeder), und das Oktaeder tritt beim Diamant auch morphologisch als Wachstums- bzw. Lösungsform sowie durch eine vollkommene Spaltbarkeit nach {111} (vgl. Abschnitt 5.6.2.3) in Erscheinung.

Die Diamantstruktur haben neben Kohlenstoff noch die zur IV. Hauptgruppe des Periodensystems gehörenden Elemente Silicium, Germanium und das graue Zinn (Tieftemperaturmodifikation); die bei Zimmertemperatur stabile tetragonale Modifikation des metallischen weißen Zinns mit [6]-Koordination lässt sich durch eine Verzerrung sowohl aus der Diamantstruktur als auch aus der α-Polonium-Struktur ableiten.

Wenden wir uns nun den Kristallstrukturen von Verbindungen zu, die einen vorwiegend kovalenten Bindungscharakter haben. Die Kristallstruktur des Sphalerits (Zinkblende) ZnS wurde bereits bei den Sulfidstrukturen (Abschnitt 2.4.1.3) erwähnt. Sie geht aus der Diamantstruktur hervor, indem die Kohlenstoffatome je zur Hälfte durch Zink- und Schwefelatome ersetzt werden (Abb. 2.32). Dadurch wird die Symmetrie gegenüber der Diamantstruktur (Raumgruppe $Fd\bar{3}m$) erniedrigt, und die Sphaleritstruktur gehört zur Raumgruppe $F\bar{4}3m$. In dieser Raumgruppe bzw. der korrespondierenden Kristallklasse $\bar{4}3m$ stellen die [111]-Richtungen polare dreizählige Drehachsen dar. Betrachtet man den in Abb. 2.34 wiedergegebenen Strukturausschnitt, so liegen an der Oberseite, die der (111)-Fläche entspricht, die schwarz dargestellten Atome (z. B. Zn) außen; das ist so bei allen Flächen der Form {111} (positives Tetraeder). Hingegen liegen an der Unterseite, die der $(\bar{1}\bar{1}\bar{1})$-Fläche entspricht, die weiß dargestellten Atome (z. B. S) außen, ebenso bei den übrigen Flächen der Form $\{\bar{1}\bar{1}\bar{1}\}$ (negatives Tetraeder). Die beiden Flächenarten haben deshalb unterschiedliche Eigenschaften und verhalten sich auch beim Kristallwachstum oder bei chemischen Reaktionen (z. B. beim Ätzen) verschieden, was bei den Verbindungen dieses Strukturtyps, zu denen eine Reihe wichtiger Halbleitermaterialien gehört (vgl. Tab. 2.8), bei verfahrenstechnischen Schritten ihrer Herstellung und Verarbeitung zu beachten ist.

Werden in der Sphaleritstruktur die vier Zn-Atome, die ein S-Atom koordinieren, in geordneter Weise durch zwei Cu- und zwei Fe-Atome ersetzt, so resultiert die Kristallstruktur des Chalkopyrits (Kupferkies) $CuFeS_2$. Die Symmetrie dieser Struktur ist nur noch tetragonal. Ein analoger Ersatz der Zn-Atome durch zwei Cu-Atome, ein Fe- und ein Sn-Atom führt zu der gleichfalls tetragonalen Kristallstruktur des Stannins (Zinnkies) Cu_2FeSnS_4. Die tetraedrische Anordnung der Metallatome um ein Schwefelatom folgt in den genannten Strukturen dem Schema

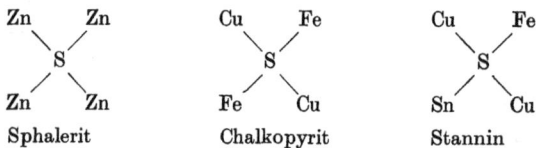

Diese Strukturen lassen sich auch als Überstrukturen interpretieren, denn bei hohen Temperaturen gehen sowohl Chalkopyrit als auch Stannin in Phasen mit ungeordneter, statistischer Verteilung der Metallatome über (Ordnungs–Unordnungs-Umwandlungen). Die Symmetrie dieser Hochtemperaturphasen ist wieder kubisch.

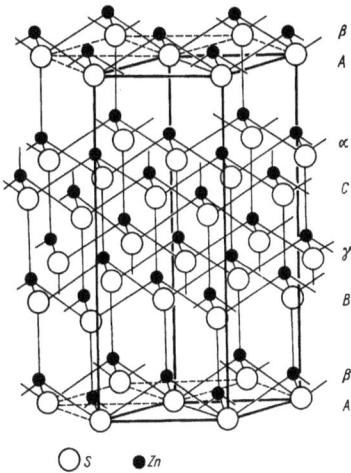

Abb. 2.34: Kristallstruktur von Sphalerit ZnS mit vertikal gestellter [111]-Achse.
Eine dieser Aufstellung entsprechende hexagonale Elementarzelle *hR* (mit rhomboedrischer Zentrierung) der an sich kubischen Struktur ist stärker hervorgehoben. A, B, C bezeichnen die Positionen der S Schichten, α, β, γ die Positionen der Zn-Schichten.

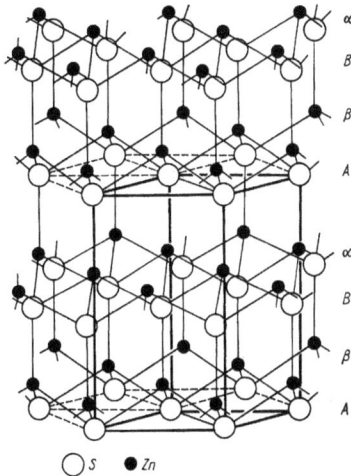

Abb. 2.35: Kristallstruktur von Wurtzit ZnS.
Eine (primitive) hexagonale Elementarzelle *hP* ist stärker hervorgehoben. A, α, B, β wie in Abb. 2.34.

In Abb. 2.34 erkennt man ferner, dass die gewellten Schichten in ihrer Stapelfolge drei verschiedene Positionen in der Projektion auf die Basis einnehmen. Seien diese Positionen mit A, B und C bezeichnet, so lautet die Schichtenfolge ABCABC... mit einer Identitätsperiode von drei Schichten (entsprechend der Raumdiagonalen der kubisch flächenzentrierten Elementarzelle). In formaler Analogie zur Stapelfolge der dichtesten Kugelpackungen (vgl. Abb. 2.4) lässt sich auch eine Struktur mit der Schichtenfolge ABAB... und einer Identitätsperiode von nur zwei Schichten aufbauen (Abb. 2.35); das ist die Kristallstruktur des Wurtzits, einer anderen Modifikation des Zinksulfids ZnS. Die Zn- und die S-Atome besetzen jeweils die Positionen einer hexagonal dichtesten Kugelpackung; beide Teilgitter sind (wie bei der Sphaleritstruktur) so ineinandergestellt, dass sie gegenseitig die Positionen tetraedrischer Lücken einnehmen. Die Symmetrie der Wurtzitstruktur ist hexagonal (Raumgruppe $P6_3mc$; Kristallklasse $6mm$) mit einer polaren sechszähligen Drehachse (c-Achse), die an die Stelle einer dreizähligen Drehachse der kubischen Sphaleritstruktur tritt. Entsprechend sind die Flächen (0001) und (000$\bar{1}$) nicht äquivalent und haben unterschiedliche Eigenschaften.

Sowohl in der Wurtzit- als auch in der Sphaleritstruktur ist die gegenseitige Koordination der Atome tetraedrisch; Unterschiede in der Anordnung der Atome bestehen erst in der Sphäre der zweitnächsten Nachbarn. Infolgedessen sind die Madelung-Konstanten (Tab. 2.3) beider Strukturen fast gleich (1,638 für Sphalerit; 1,641 für Wurtzit), und die Gitterenergien differieren nur wenig. Das Bauschema der ZnS-Strukturen wird noch deutlicher, wenn man in den Abb. 2.34 und 2.35 die gewellten Schichten als Doppelschichten betrachtet und die Positionen der weißen Atomschichten (S-Atome) jeweils mit A, B oder C und die entsprechenden Positionen der schwarzen Atomschichten (Zn-Atome) mit α, β oder γ kennzeichnet. Die Schichtenfolge der Sphaleritstruktur lautet dann Aβ Bγ Cα Aβ Bγ Cα ... und die der Wurtzitstruktur Aβ Bα Aβ Bα .... In dieser Darstellung kommt auch die Polarität der ZnS-Strukturen gut zum Ausdruck.

Trotz ihrer weitgehenden kristallchemischen Ähnlichkeit können sich die Modifikationen des Zinksulfids wegen der grundlegend verschiedenen Symmetrie ihrer Strukturen nicht ohne weiteres durch eine (stetige) Verschiebung von Atompositionen (d. h. displaziv) ineinander umwandeln. Eine Umwandlung kann nur rekonstruktiv durch einen völligen Neubau der Struktur erfolgen, wozu meist beträchtliche Energiebarrieren zu überwinden sind. Übrigens gibt es auch eine der Wurtzitstruktur analoge diamantähnliche hexagonale Modifikation des Kohlenstoffes, den Lonsdaleit[47] (Raumgruppe $P6_3/mmc$; Kristallklasse $6/mmm$, d. h., die sechszählige Drehachse ist nicht polar). Er findet sich in Meteoriten als Produkt einer Schockwellenmetamorphose und wurde synthetisch bei sehr hohen Drücken (13 GPa) erzeugt.

In formaler Analogie zu den dichtesten Kugelpackungen (Abschnitt 2.2) sind auch für die ZnS-Strukturen noch beliebig viele andere Stapelfolgen denkbar. So sind z. B. beim Zinksulfid selbst die folgenden Stapelfolgen bekannt (wobei wir wieder zur Bezeichnung der gewellten Schichten mit nur einem Großbuchstaben zurückkehren): ZnS-2H (Wurtzit): AB...; ZnS-3K (Sphalerit): ABC...; ZnS-4H: ABAC...; ZnS-6H: ABCACB...; ZnS-15R: ABCACBCABACABCB.... Bei dieser Nomenklatur werden die Anzahl der Schichten in einer Identitätsperiode sowie das resultierende Kristallsystem angegeben: H – hexagonal, K – kubisch, R – rhomboedrisch (anstelle von trigonal). Daneben gibt es noch eine Reihe von weiteren Nomenklaturen für solche Stapelfolgen, siehe z. B. Fichtner (1983). Auch unperiodische bzw. fehlgeordnete Stapelfolgen wurden beobachtet.

Derartige Strukturen, die sich wie die ZnS-Strukturen aus den gleichen Baueinheiten und nach den gleichen Prinzipien ihrer gegenseitigen Anordnung aufbauen

---

47 Dame Kathleen Lonsdale (geb. Yardley, 28.1.1903–1.4.1971).

lassen, werden als polytype Strukturen bzw. als Polytypen bezeichnet. Die Polytypie kann als Spezialfall der Polymorphie angesehen werden und ist vor allem bei Schichtstrukturen zu beobachten, so beim Graphit, beim CdI_2, beim Molybdänit und bei den Schichtsilikaten. Besonders zahlreiche Polytypen der ZnS-Strukturen wurden beim Siliciumcarbid SiC (Carborund) gefunden, darunter solche mit Stapelfolgen (Identitätsperioden) von Hunderten von Schichten. Die Bildung derart langperiodischer Schichtenfolgen ist mit kristallchemischen Überlegungen allein nicht erklärbar, sondern kommt durch spezielle Wachstumsmechanismen zustande. Sind in einem Kristallindividuum Bereiche verschiedener Polytypen in paralleler Verwachsung enthalten, wie es z. B. beim SiC häufig vorkommt, so spricht man von Syntaxie.

In der Diamantstruktur und den ZnS-Strukturen beruhen die kovalenten Bindungen mit der kennzeichnenden tetraedrischen Koordination auf sp^3-Hybridorbitalen. Zur Bildung der bindenden Elektronenpaare werden je Atom vier Elektronen benötigt. Die Elemente der IV. Gruppe des Periodensystems C, Si, Ge, Sn haben vier äußere Elektronen (Valenzelektronen) und können deshalb die Diamantstruktur bilden. Auch in der Verbindung SiC (Siliciumcarbid) steuern beide Komponenten je Atom vier Valenzelektronen bei. Anders ist es beim ZnS. Hier hat Zn zwei äußere Elektronen und S deren sechs; das sind zusammen acht je Formeleinheit ZnS bzw. im Durchschnitt gleichfalls vier je Atom, wie erforderlich. Allgemein geht diese Bilanz bei einer beliebigen Verbindung AB immer dann auf, wenn die Komponente A im Periodensystem um ebenso viele Spalten vor der IV. Gruppe steht wie die Komponente B dahinter (Grimm–Sommerfeldsche Regel, Grimm u. Sommerfeld (1926))[48],[49] Bezeichnet N die Gruppe des Periodensystems, dann lassen sich die betreffenden Verbindungen als $A^N B^{8-N}$ formulieren, wie $A^{IV} B^{IV}$ (z. B. SiC), $A^{III} B^V$ (BN, AlN, GaP, GaAs, InSb), $A^{II} B^{VI}$ (ZnS, ZnO, BeO, CdTe), $A^I B^{VII}$ (CuCl, CuBr; vgl. hierzu Tab. 2.8). Auch von polynären Verbindungen (Strukturtypen des Chalkopyrit und Stannin) wird die Grimm–Sommerfeldsche Regel eingehalten.

Nun kristallisieren aber längst nicht alle Verbindungen $A^N B^{8-N}$ in einer tetraedrisch koordinierten Struktur, sondern man beobachtet u. a. auch die oktaedrisch koordinierte NaCl-Struktur (NaCl, LiF, MgO, AgCl etc.) und die hexaedrisch koordinierte CsCl-Struktur (CsCl, AgI etc., vgl. Abschnitt 2.4.2.2). Wann kristallisiert eine solche Verbindung in einer tetraedrisch koordinierten Struktur und wann nicht? Das geometrische Konzept der Kugelpackungen gibt hierauf keine Antwort: In vielen Verbindungen mit einer ZnS-Struktur ist der Radienquotient $R_A : R_B$ größer als 0,414, dem Grenzwert für die tetraedrisch koordinierten Lücken in dichtesten Kugelpackungen, es kann sich also bei den betreffenden Strukturen nicht um eine dichte Packung von Kugeln handeln. Die tetraedrische Koordination wird vielmehr durch die Orbitalgeometrie der bindenden Elektronen, d. h. durch die „Gerichtetheit" der kovalenten Bin-

---

48 Hans August Georg Grimm (20.10.1887–25.10.1958).
49 Arnold Sommerfeld (5.12.1868–26.4.1951).

dung bzw. des kovalenten Bindungsanteils, bedingt. Wie groß muss dieser kovalente Bindungsanteil sein, dass er zu einer tetraedrischen Koordination führt?

Einen ersten Hinweis gibt uns die Elektronegativitätsdifferenz $\Delta\chi = \chi_B - \chi_A$ bzw. die Bestimmung des ionaren Bindungsanteils nach Pauling (vgl. Abschnitt 2.3.5), doch genügen diese Größen nicht, um den angenommenen Strukturtyp sicher vorauszusagen. Eine recht sichere Voraussage des Strukturtyps gelingt, wenn man nach Mooser u. Pearson (1959) die Elektronegativitätsdifferenz $\Delta\chi = \chi_B - \chi_A$ und die durchschnittliche Hauptquantenzahl $\bar{n} = (n_A + n_B)/2$ einer Verbindung zueinander in Beziehung setzt (Abb. 2.36): Bei kleinen $\Delta\chi$ und kleinen $\bar{n}$ beobachtet man die tetraedrische Koordination (ZnS-Strukturen), bei großen $\Delta\chi$ und großen $\bar{n}$ die oktaedrische Koordination (NaCl-Struktur); beide Bereiche sind in einem solchen Mooser–Pearson-Diagramm überraschend scharf voneinander getrennt. (Entsprechende Diagramme können auch für andere Verbindungen aufgestellt werden, wie für AB_2-Strukturen und andere A_mB_n-Strukturen, in denen sich dann Existenzbereiche für die einzelnen Strukturtypen abgrenzen lassen.)

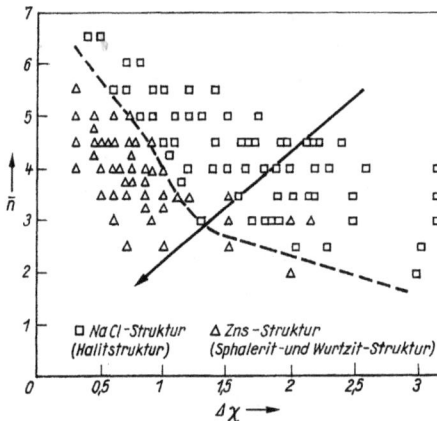

Abb. 2.36: Verteilung von AB-Strukturen in Abhängigkeit von der Elektronegativitätsdifferenz $\Delta\chi$ und der durchschnittlichen Hauptquantenzahl $\bar{n}$. Nach Mooser u. Pearson (1959).

Einen ähnlichen Weg gingen Phillips und Van Vechten, indem sie die kovalente Energielücke E_k und die ionare Energielücke E_i zueinander in Beziehung setzten (Abb. 2.37). Diese Parameter verstehen sich im Zusammenhang mit dem Bändermodell der Elektronenzustände im Kristall. Der Abstand zwischen dem Valenzband und dem Leitungsband ist die durchschnittliche Energielücke E_g. Bei den rein kovalent gebundenen Elementen der IV. Gruppe ist $E_g = E_k$ die kovalente Energielücke; die betreffenden Werte sind 13,6 eV (Elektronenvolt) für Diamant, 4,8 eV für Silicium, 4,3 eV für Germanium und 3,1 eV für graues Zinn. Bei den Verbindungen $A^N B^{8-N}$ mit einer gewissen Elektronegativitätsdifferenz $\Delta\chi$ gibt es hingegen eine kovalente Energielücke E_k und eine ionare Energielücke E_i, die sich (was hier nicht näher ausgeführt

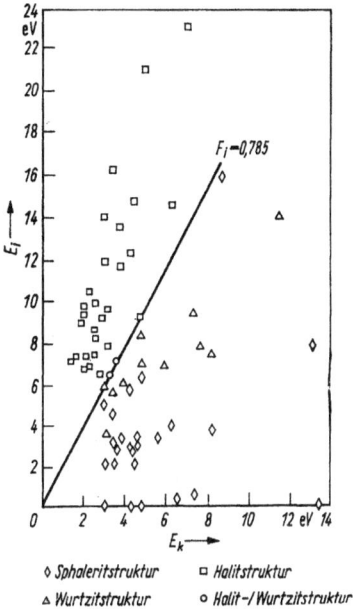

Abb. 2.37: Verteilung von AB-Strukturen in Abhängigkeit von ihren kovalenten und ionaren Energielücken E_k bzw. E_i. Nach Phillips (1970) und Van Vechten (1969); vgl. Tab. 2.8.

◊ *Sphaleritstruktur*   □ *Halitstruktur*

▵ *Wurtzitstruktur*   ○ *Halit-/Wurtzitstruktur*

werden kann) quadratisch zur durchschnittlichen Energielücke ergänzen:

$$E_g^2 = E_k^2 + E_i^2 \tag{2.15}$$

Die Werte für die Energielücken werden aus spektroskopischen Daten ermittelt. Die ionare Energielücke E_i steht in einem annähernd linearen Verhältnis zur Elektronegativitätsdifferenz $\Delta\chi$; speziell gilt für AB-Verbindungen mit sp^3 Hybridorbitalen $E_i \approx 5,75\Delta\chi$ eV. Mit Hilfe dieser Größen werden die Ionizität $f_i = E_i^2/E_g^2$ und der dazu komplementäre kovalente Bindungsanteil $f_k = E_k^2/E_g^2 = 1 - f_i$ einer Verbindung definiert. Trägt man die AB-Verbindungen nach ihren Werten von E_k und E_i in einem Diagramm ein (Abb. 2.37), so erscheint der Bereich der tetraedrisch koordinierten ZnS-Strukturen vom Bereich der oktaedrisch koordinierten NaCl-Strukturen durch eine Gerade getrennt, der eine kritische Ionizität $F_i = 0,785$ entspricht. Bei Ionizitäten $f_i < 0,785$ werden die ZnS-Strukturen, bei $f_i > 0,785$ wird die NaCl-Struktur beobachtet. Die Verbindung MgSe, die mit $f_i = 0,785$ genau auf dieser Linie liegt, kommt sowohl mit der NaCl-Struktur als auch mit der Wurtzitstruktur vor. Im Gebiet der ZnS-Strukturen wird nahe der kritischen Ionizität bevorzugt die Wurtzitstruktur beobachtet, bei niedrigen Ionizitäten (also größerer Kovalenz) die Sphaleritstruktur, ohne dass es allerdings im Diagramm zwischen diesen beiden Strukturtypen eine scharfe Trennungslinie gäbe. In Tab. 2.8 sind einige Verbindungen mit ZnS-Strukturen zusammengestellt; auch hier bestätigt sich der allgemeine Trend, dass mit steigender Elektronensumme sowohl die interatomaren Abstände als auch der metallische Charakter zunehmen.

Tab. 2.8: Einige Verbindungen vom Typ $A^N B^{8-N}$ mit ZnS-Struktur.

Verbindung	$N/(8-N)$	$Z_1 + Z_2$	$\bar{Z}$	Strukturtyp	Abstand in pm	Ionizität
C (Diamant)	4/4	6 + 6	6	D	154	0
BN	3/5	5 + 7	6	S	157	0,26
BeO	2/6	4 + 8	6	W	165	0,60
SiC	4/4	14 + 6	10	S, W	189	0,18
AlN	3/5	13 + 7	10	W	187	0,45
BP	3/5	5 + 15	10	S		0,01
BeS	2/6	4 + 16	10	S		0,31
Si	4/4	14 + 14	14	D	235	0
AlP	3/5	13 + 15	14	S	236	0,31
(Si, Ge)[1])	4/4	14 + 32	23	D	240	
AlAs	3/5	13 + 33	23	S		0,27
GaP	3/5	31 + 15	23	S	236	0,37
MgSe	2/6	12 + 34	23	W		0,79
ZnS	2/6	30 + 16	23	S, W	235	0,62
CuCl	1/7	29 + 17	23	S, W	235	0,75
Ge	4/4	32 + 32	32	D	245	0
(Si,Sn)[1])	4/4	14 + 50	32	D	258	
GaAs	3/5	31 + 33	32	S	245	0,31
AlSb	3/5	13 + 51	32	S	266	0,43
InP	3/5	49 + 15	32	S		0,42
ZnSe	2/6	30 + 34	32	S, W	245	0,68
MgTe	2/6	12 + 52	32	W	276	0,55
CdS	2/6	48 + 16	32	S, W	252	0,69
CuBr	1/7	29 + 35	32	S, W	246	0,74

N Gruppennummer; $Z_1 + Z_2$ Elektronensumme der beiden Atome einer Verbindung bzw. vom Misch-kristall 1 : 1; $\bar{Z}$ mittlere Elektronensumme je Atom; D Diamantstruktur; S Sphaleritstruktur; W Wurtzit-struktur; Abstand zwischen zwei benachbarten Atomen; Ionizität nach Phillips (1970); die isoelektro-nischen Reihen sind durch Linien abgegrenzt.
[1]) Mischkristalle.

2.4.2.2 Kristallstrukturen mit ionarer Bindung

Für die Beschreibung und Systematik der Kristallstrukturen mit vorwiegend ionarer Bindung ist es zweckmäßig, von der gegenseitigen Koordination der Ionen auszuge-hen. Bei den einfach zusammengesetzten ionaren Verbindungen lässt sich der Struk-turtyp aus der Diskussion der Koordinationsgeometrie ableiten, wie sie sich aus der Stöchiometrie der Verbindung und dem Verhältnis der Ionenradien ergibt. Auch bei den komplizierter zusammengesetzten Verbindungen kommt der Koordinationsgeo-metrie eine wichtige Rolle zu. Wie schon gesagt, wird aufgrund des ungerichteten Cha-rakters der elektrostatischen Bindungskräfte jedes Ion von möglichst vielen Ionen der entgegengesetzten Ladung umgeben, die ihrerseits möglichst große Abstände unter-einander einhalten. Die Ionen selbst werden in guter Näherung als sich berührende, starre Kugeln mit bestimmten Ionenradien beschrieben.

Da die Ionenradien der Anionen fast durchweg größer sind als die der Kationen, wird die Koordinationsgeometrie der Strukturen mit ionarer Bindung weitgehend durch die Gruppierung der relativ größeren Anionen um die relativ kleineren Kationen geprägt, welche, soweit möglich, in die Lücken der von den Anionen gebildeten Kugelpackungen eintreten. Ein tieferes Verständnis dieser Strukturen, das über die rein geometrische Betrachtung hinausgeht, ist zu gewinnen, wenn man nach Pauling (1929) den Quotienten $p = z/n$ aus der Ladungszahl z eines Kations und der Anzahl n der es koordinierenden Anionen mit der Ladungszahl y dieser Anionen vergleicht. In kristallchemischer Hinsicht sind drei Fälle zu unterscheiden:

1. $p < y/2$, der Quotient p ist kleiner als die halbe Anionenladungszahl;
2. $p \approx y/2$, der Quotient p ist ungefähr gleich der halben Anionenladungszahl;
3. $p > y/2$, der Quotient p ist größer als die halbe Anionenladungszahl.

Nach Evans[50] (1948) bezeichnet man die betreffenden Verbindungen oder Kristallstrukturen als isodesmisch ($p < y/2$), mesodesmisch ($p \approx y/2$) bzw. anisodesmisch ($p > y/2$). Diese Unterteilung lässt sich folgendermaßen begründen: Der Hauptteil der elektrostatischen Bindungskraft wirkt nach dem Coulombschen Gesetz zwischen den benachbarten Kationen und Anionen, was man (nicht ganz streng aber anschaulich) auch so interpretieren kann, dass die Ladungen im wesentlichen schon zwischen den benachbarten, entgegengesetzt geladenen Ionen neutralisiert bzw. abgesättigt werden. Bei einem Kation mit der Ladungszahl z entfallen dabei auf jedes der n Anionen ein Anteil von $p = z/n$ Elementarladungen. Im Fall der isodesmischen Strukturen ($p < y/2$) wird dadurch weniger als die Hälfte der Anionenladung abgesättigt, d. h., der größere Teil der Ladung verbleibt noch für die Absättigung weiterer benachbarter Kationen. Beispielsweise gilt beim NaCl $z = 1$; $y = 1$; $n = 6$ (vgl. Abb. 1.1), und es folgt $p = \frac{1}{6} < \frac{1}{2} = y/2$. Damit handelt es sich um eine typische Koordinationsstruktur, in der nicht nur die kleineren Kationen von den größeren Anionen gleichberechtigt koordiniert werden, sondern umgekehrt auch die größeren Anionen von den (in diesem Beispiel sechs) kleineren Kationen. Auch bei den anderen in diesem Abschnitt angeführten Koordinationsstrukturen ist – wie man leicht nachprüfen kann – die Relation $p < y/2$ erfüllt.

Anders ist es jedoch im Fall der anisodesmischen Strukturen ($p > y/2$). Hier wird bereits durch ein benachbartes Kation der überwiegende Teil der Anionenladung abgesättigt; nur der kleinere Rest verbleibt für die Bindungen zu anderen Kationen. Beispielsweise wird im Calcit $CaCO_3$ (Abb. 2.45) das sehr kleine C-Ion von drei O-Ionen koordiniert, und mit $z = 4$; $y = 2$; $n = 3$ folgt $p = z/n = \frac{4}{3} > 1 = y/2$. Die drei O-Ionen sind also überwiegend an das zentrale C-Ion gebunden. Sie bilden miteinander einen Komplex, der in sich stärker gebunden ist als zu den übrigen Bestandteilen der Struktur. Insgesamt trägt dieser Komplex noch zwei negative Elementarladungen

---

50 Robert J. Crispin Evans (Nov. 1909–18.12.2005).

$[CO_3]^{2-}$, weshalb man ihn auch als Komplexion bezeichnet. In den Komplexionen gibt es stets noch einen merklichen kovalenten Bindungsanteil. Für die Ca-Ionen im Calcit gilt $z = 2$ und $n = 6$ sowie $p = z/n = \frac{1}{3} < 1 = y/2$. Die Ca-Ionen bilden im $CaCO_3$ keine Komplexe, ihnen ist nur ein Koordinationspolyeder in Form eines Oktaeders zugeordnet.

Für die mesodesmischen Strukturen mit $p \approx y/2$ bieten die Silikate ein Beispiel, in denen das vierwertige Si-Ion tetraedrisch von vier O-Ionen koordiniert wird. Mit $z = 4; y = 2; n = 4$ folgt $p = z/n = 1 = y/2$. Auch bei den Silikaten beobachtet man die Bildung von $[SiO_4]$-Komplexen, doch können diese Komplexe noch miteinander zu größeren Komplexen bzw. Baueinheiten verknüpft werden. Bestimmte O-Ionen sind dabei jeweils gleichzeitig Bestandteil zweier miteinander verknüpfter Komplexe, was eben durch die Beziehung $p \approx y/2$ möglich wird. Damit ergibt sich folgende Untergliederung der Strukturen mit ionarer Bindung:

1. Koordinationsstrukturen ($p < y/2$),
2. Strukturen mit Komplexen ($p \leq y/2$):
   a) Strukturen mit nicht verknüpften Komplexen ($p > y/2$),
   b) Strukturen mit verknüpfbaren Komplexen ($p \approx y/2$).

Wenden wir uns zunächst den Koordinationsstrukturen zu. Für Verbindungen mit der Stöchiometrie AB (AB-Strukturen) sind die wichtigsten Strukturtypen die ZnS-Strukturen (Abb. 2.34 und 2.35), die NaCl-Struktur und die CsCl-Struktur. Auf die beiden ersten Strukturtypen und deren Koordinationsgeometrie wurde bereits mehrfach eingegangen.

In der CsCl-Struktur (Abb. 2.38) besetzen die Cl-Ionen (Anionen) die Ecken der kubischen Elementarzellen, in deren Zentrum sich jeweils ein Cs-Ion (Kation) befindet. Die kürzesten Ionenabstände liegen in Richtung der Raumdiagonalen des Elementarwürfels, und es besteht eine gegenseitige hexaedrische [8]-Koordination. In kristallchemischen Formeln werden häufig die Koordinationen bei den einzelnen Ionen in eckigen Klammern vermerkt, für die genannten Strukturtypen lauten die Formeln $Zn^{[4]}S^{[4]}$, $Na^{[6]}Cl^{[6]}$, $Cs^{[8]}Cl^{[8]}$. Die Koordinationsgeometrie wird weitgehend von den Größenverhältnissen der Ionen bestimmt. Speziell bei den Koordinationsstrukturen gilt die Radienverhältnisregel (auch als erste Paulingsche Regel bezeichnet), wonach der Abstand zwischen Kation und Anion durch die Radiensumme $R_A + R_B$ gegeben ist und die Koordinationszahl durch das Radienverhältnis R_A/R_B bestimmt wird. Wie bereits im Abschnitt 2.2 bei der Behandlung der Kugelpackungen mit ihren Lücken abgeleitet, gibt es für die einzelnen Koordinationspolyeder geometrisch bestimmte Grenzwerte der Radienquotienten (Tab. 2.9), unterhalb der das Kation die Lücke zwischen den koordinierenden Anionen nicht ausfüllt, die Koordination also instabil ist. Der CsCl-Strukturtyp ist demnach für einen Bereich der Radienquotienten von $R_A/R_B = 1 \ldots 0{,}732$ zu erwarten, der NaCl-Strukturtyp für $R_A/R_B = 0{,}732 \ldots 0{,}414$ und die ZnS-Strukturtypen für $R_A/R_B = 0{,}414 \ldots 0{,}225$.

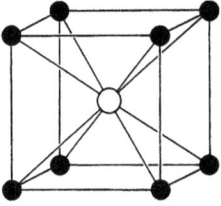

Abb. 2.38: Kristallstruktur von Caesiumchlorid CsCl.

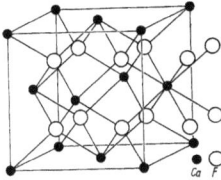

Abb. 2.39: Kristallstruktur von Fluorit CaF_2.

Tab. 2.9: Grenzwerte für Radienquotienten.

n	Koordination	R_A/R_B
3	trigonal (planar)	0,155
4	tetraedrisch	0,225
6	oktaedrisch	0,414
8	hexaedrisch	0,732
12	kubooktaedrisch	1,0

Tab. 2.10 zeigt, dass bei vielen AB-Verbindungen der beobachtete Strukturtyp dem aufgrund des Radienquotienten zu erwartenden entspricht. Bei einer beachtlichen Anzahl von Verbindungen liegen die Radienquotienten jedoch außerhalb der geometrischen Grenzwerte, wobei der NaCl-Strukturtyp besonders bevorzugt erscheint. Eine Voraussage des Strukturtyps allein mit geometrischen Argumenten ist deshalb unsicher; stets sollte auch der Einfluss der gerichteten (kovalenten) Bindungsanteile, wie er in der Ionizität zum Ausdruck kommt, berücksichtigt werden. Der kovalente Bindungsanteil spielt insbesondere bei den ZnS-Strukturen eine wichtige Rolle.

Bei den Koordinationsstrukturen mit der Stöchiometrie AB_2 (AB_2-Strukturen) gibt es eine größere Vielfalt von Strukturtypen, von denen nur auf die wichtigsten eingegangen sei: In der kubischen Fluoritstruktur CaF_2 (Abb. 2.39) besetzen die Ca-Ionen die Positionen eines kubisch flächenzentrierten Gitters und die F-Ionen die Mitten der Achtelwürfel. Diese Struktur wurde bereits bei den Sulfidstrukturen erwähnt und als kubisch dichteste Kugelpackung beschrieben, in der zusätzlich alle tetraedrischen Lücken besetzt sind. Allerdings werden jetzt die Positionen dieser „Lücken" durch die großen F-Ionen eingenommen. Die Ca-Ionen sind hexaedrisch von jeweils acht F-Ionen koordiniert, die F-Ionen tetraedrisch von jeweils vier Ca-Ionen, so dass die kristallchemische Formel als $Ca^{[8]}F_2^{[4]}$ zu schreiben ist. In der Fluoritstruktur kristallisieren zahlreiche Fluoride MF_2 (mit M als Ca, Sr, Ba, Ra, Pb, Cd, Hg, Eu u. a.) und

Tab. 2.10: Strukturen und Radienquotienten R_A/R_B einiger AB-Verbindungen.

CsCl-Struktur $R_A/R_B =$ $1 \ldots 0{,}732$		NaCl-Struktur $R_A/R_B = 0{,}732 \ldots 0{,}414$						ZnS-Struktur $R_A/R_B =$ $0{,}414 \ldots 0{,}225$	
CsCl	0,941	CsF	1,278(+)	KBr	0,704	CaS	0,543	ZnS	0,343
CsBr	0,871	RbF	1,120(+)	KI	0,627	CaSe	0,505	CdTe	0,398
CsI	0,775	KF	1,038(+)	SrS	0,617	MgO	0,514	MgTe	0,326
		SrO	0,807(+)	SrSe	0,571	LiF	0,556	BeO	0,229
		BaO	0,971(+)	RbI	0,677	NaCl	0,564	BeS	0,174(-)
		NaF	0,767(+)	CuO	0,714	LiCl	0,409(-)	BeSe	0,162(-)
		RbBr	0,760(+)	NaBr	0,520	LiBr	0,378(-)	BeTe	0,145(-)
		BaS	0,739(+)	NaI	0,464	LiI	0,336(-)		
		KCl	0,762(+)	CaTe	0,452	MgS	0,391(-)		
						MgSe	0,364(-)		

(+) Radienquotient größer; (-) Radienquotient kleiner.

Oxide MO_2 (mit M als Th, U, Ce, Pr, Zr, Hf u. a.). Wie schon gesagt, ist dieser Strukturtyp auch bei den Alkalichalkogeniden mit der allgemeinen Formel $A_2^{[4]}B^{[8]}$ (z. B. Li_2O, Na_2S u. a.) als Antifluoritstruktur sowie bei intermetallischen Phasen zu beobachten.

Die Rutilstruktur $Ti^{[6]}O_2^{[3]}$ (Abb. 2.40) ist durch eine oktaedrische Koordination der Ti-Ionen gekennzeichnet; allerdings ist dieses Oktaeder etwas verzerrt, und die Abstände der sechs O-Ionen sind nur annähernd gleich. Die O-Ionen sind jeweils von drei Ti-Ionen in ebener Anordnung umgeben. Die Symmetrie dieser Struktur ist tetragonal (mit einer 4_2-Schraubenachse). Die Rutilstruktur haben viele Oxide MO_2 (mit M als Ge, Sn, Pb, Cr, Mn, Ta, Re, Ru, Os, Ir, Te u. a.) und Fluoride MF_2 (mit M als Mg, Mn, Fe, Co, Ni, Zn, Pd u. a.). Erwähnt sei, dass außer dem Rutil noch zwei andere Modifikationen des TiO_2, der Anatas und der Brookit, vorkommen, in denen die Ti-Ionen gleichfalls (annähernd) oktaedrisch koordiniert sind. Lediglich die Verknüpfung der oktaedrischen Baugruppen ist eine andere. Beim Rutil ist jedes Oktaeder mit zwei anderen durch je eine gemeinsame Kante derart verknüpft, dass sich Ketten parallel zur c-Achse ergeben. Beim tetragonalen Anatas ist jedes Oktaeder mit vier weiteren Oktaedern über gemeinsame Kanten verknüpft und bildet so größere, pseudotetraedrische Baueinheiten. Beim orthorhombischen Brookit ist jedes Oktaeder mit drei weiteren

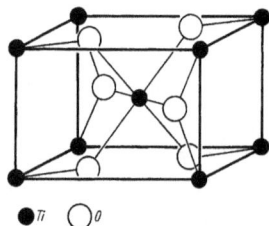

● Ti   ○ O

Abb. 2.40: Kristallstruktur von Rutil TiO_2.

Oktaedern über gemeinsame Kanten derart verknüpft, dass sich Netze parallel (100) ergeben.

Analog den AB-Strukturen sind die bezüglich des Kations oktaedrisch koordinierten TiO_2-Strukturen bei Radienquotienten $R_A/R_B = 0{,}414 \ldots 0{,}732$ zu erwarten. Bei größeren Radienquotienten beobachtet man die hexaedrisch koordinierte CaF_2-Struktur, bei kleineren Radienquotienten die tetraedrisch koordinierten SiO_2-Strukturen.

Von den Koordinationsstrukturen mit der Stöchiometrie AB_3 sei die Struktur des Aluminiumfluorids (Abb. 2.41) angeführt. Sie hat kubische Symmetrie: die Al-Ionen besetzen die Ecken der Elementarzelle und die F-Ionen deren Kantenmitten. In der oktaedrisch koordinierten AlF_3-Struktur oder leicht deformierten Varianten kristallisieren AlF_3, ScF_3, FeF_3, CoF_3, RhF_3, PdF_3; CrO_3, WO_3, ReO_3 u. a.

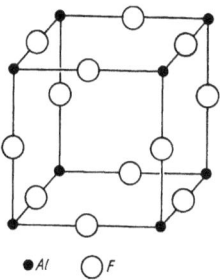

$\bullet$ *Al* $\bigcirc$ *F*   **Abb. 2.41:** Kristallstruktur von Aluminiumfluorid AlF_3.

Von den Strukturen der A_2B_3-Verbindungen sei auf die des α-Al_2O_3 (Korund) eingegangen. Sie lässt sich formal aus der NiAs-Struktur (vgl. Abb. 2.24) herleiten. Die O-Ionen bilden (wie dort die As-Ionen) eine hexagonal dichteste Kugelpackung, in deren oktaedrische Lücken die Al-Ionen (wie dort die Ni-Ionen) eintreten. Zum Unterschied von der NiAs-Struktur werden jedoch nicht alle, sondern nur zwei Drittel der oktaedrischen Lücken in geordneter Weise von den Al-Ionen besetzt (Abb. 2.42). Dadurch haben die O-Ionen jeweils nur vier benachbarte Al-Ionen, und die kristallchemische Formel ist $Al_2^{[6]}O_3^{[4]}$.

Eine andere interessante A_2B_3-Struktur ist die des Mn_2O_3. Sie ist kubisch mit 16 Formeleinheiten in der Elementarzelle und lässt sich formal aus der CaF_2-Struktur (Abb. 2.39) ableiten, indem deren Gitterparameter vervierfacht, die Elementarzelle also auf das 16-fache vergrößert werden und ein Viertel der Anionenpositionen in geordneter Weise unbesetzt bleiben. Die Koordination der Kationen hat wie in der CaF_2-Struktur die Geometrie eines Hexaeders (Würfels), von dem jedoch zwei Ecken unbesetzt sind, so dass die Mn-Ionen nur von jeweils sechs O-Ionen koordiniert sind: $Mn_2^{[6]}O_3^{[4]}$. Die Mn_2O_3-Struktur haben die meisten der Lanthanidenoxide sowie Y_2O_3, In_2O_3 und Tl_2O_3.

Die ternären Verbindungen mit der allgemeinen Formel $A_mB_nC_p$ bilden entsprechend den vielfältigen Möglichkeiten für die Variation der Stöchiometrie und der Grö-

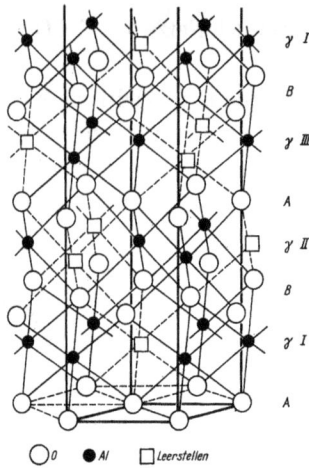

Abb. 2.42: Kristallstruktur von Korund Al_2O_3. Es ist die untere Hälfte der hexagonalen Elementarzelle dargestellt; *A* und *B* bezeichnen die Positionen der O-Schicht, γ die Position der Al-Schicht und *I*, II, III die Positionen der Leerstellen in der Al-Schicht.

ßenverhältnisse der Ionen eine große Anzahl von Strukturtypen, und es kann nur auf eine kleine Auswahl von Grundtypen eingegangen werden. Meist handelt es sich um eine Kombination von zwei verschiedenen Kationen A und B mit einem Anion C, für das dann besser X geschrieben wird: $A_mB_nX_p$.

Ein verbreiteter Strukturtyp von Verbindungen mit der Stöchiometrie ABX_3 ist der des Ilmenits $Fe^{[6]}Ti^{[6]}O_3$. Seine Struktur ist eng verwandt mit der des Korunds, nur dass die Positionen der Al-Ionen in geordneter Weise durch Fe- und Ti-Ionen besetzt sind. Dadurch wird die Symmetrie des Korunds, Kristallklasse $\bar{3}m$, auf die Kristallklasse $\bar{3}$ beim Ilmenit vermindert. Die Fe-Ionen können diadoch durch Mg, Mn, Co, Ni oder Cd ersetzt werden, die Endglieder der entsprechenden Mischkristallreihen sind mit Ilmenit isomorph. Bei höheren Temperaturen ist Ilmenit auch mit Fe_2O_3 lückenlos mischbar. Ilmenitstruktur haben außerdem $FeYO_3$, $NiMnO_3$ und $CoMnO_3$.

In der Ilmenitstruktur haben die A- und B-Kationen eine ähnliche Größe. Sind in einer ABX_3-Verbindung die A-Kationen relativ größer, so tritt die Struktur des Perowskits $CaTiO_3$ (Abb. 2.43) auf. In der kubischen Struktur besetzen die größeren Ca-Ionen die Ecken des Elementarwürfels, die kleineren Ti-Ionen sein Zentrum und die O-Ionen seine Flächenmitten. Die Struktur lässt sich auch so beschreiben, dass die größeren A-Ionen und die O-Ionen zusammen eine kubisch dichteste Kugelpackung bilden, in der ein Viertel der oktaedrischen Lücken mit Ti besetzt ist. Die A-Ionen werden von jeweils

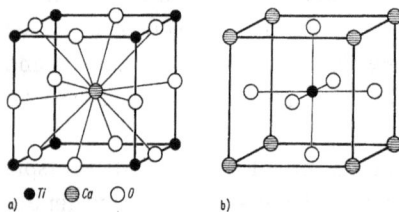

Abb. 2.43: Kristallstruktur von Perowskit $CaTiO_3$. a) Elementarzelle mit Ti in 0, 0, 0, (gegenüber b) um $\frac{1}{2}, \frac{1}{2}, \frac{1}{2}$ verschoben); b) Elementarzelle mit Ca in 0, 0, 0.

zwölf O-Ionen in Form eines Kubooktaeders koordiniert, den O-Ionen sind jeweils vier Ca-Ionen und zwei Ti-Ionen benachbart; die kristallchemische Formel ist demnach $Ca^{[12]}Ti^{[6]}O_3^{[4+2]}$. Aus der Koordinationsgeometrie folgt für die Radiensummen die Beziehung $R_A + R_X = \sqrt{2}(R_B + R_X)$. Nach Goldschmidt (1926) sind hier jedoch gewisse Toleranzen zugelassen, und die Perowskitstruktur kann noch auftreten, wenn die Bedingung in der Form $R_A + R_X = t\sqrt{2}(R_B + R_X)$ mit einem Toleranzfaktor $t = 0,8 \ldots 1,1$ erfüllt ist.

Interessanterweise gibt es eine ganze Reihe von Varianten bzw. Abwandlungen der Perowskitstruktur, in denen die ursprüngliche Struktur verzerrt erscheint, wobei auch die Symmetrie in charakteristischer Weise vermindert ist. Die hochsymmetrische Perowskitstruktur ist so der Repräsentant für eine ganze Familie von niedriger symmetrischen Strukturen, weshalb sie als Prototyp dieser Strukturen bezeichnet wird. Auch der Perowskit $CaTiO_3$ hat bei ca. 20 °C nicht die ideale kubische Struktur der Hochtemperaturphase, sondern eine etwas verzerrte, orthorhombische Struktur. Viele hierher gehörende Verbindungen zeigen Phasenübergänge innerhalb dieser Strukturfamilie, die nur durch gewisse geringe Verschiebungen der Atompositionen zustande kommen. Typisch ist auch, dass sich bei den Vertretern der Perowskitstrukturfamilie die Wertigkeiten der Ionen beinahe beliebig supplementieren können. So gibt es Oxide $A^{2+}B^{4+}O_3$ mit A^{2+} = Ca, Sr, Ba, Pb und B^{4+} = Ti, Zr, Hf, Sn, Ce, wie $BaTiO_3$, $PbZrO_3$, $SrSnO_3$, $BaCeO_3$ u. a., daneben Oxide $A^{3+}B^{3+}O_3$ mit A^{3+} als Lanthaniden und B^{3+} = Al, Sc, V, Cr, Mn, Fe, Co, wie $LaMnO_3$, $YAlO_3$ u. a., sowie Oxide $A^{1+}B^{5+}O_3$ mit A^{1+} = Li, Na, K, Rb und B^{5+} = Nb, Ta, Sb, wie $NaNbO_3$, $KNbO_3$ u. a., ferner Fluoride $K^{1+}B^{2+}F_3$ mit B^{2+} = Mg, Cr, Fe, Co, Ni, Cu, Zn und schließlich Oxidfluoride $A^{1+}Nb[O_2F]$ mit A^{1+} = Li, Na, K. Viele dieser Verbindungen bilden untereinander Mischkristalle und haben interessante festkörperphysikalische Eigenschaften.

Aus der Perowskitstruktur lassen sich auch die Strukturen einer Reihe von polynären Oxiden mit Cu ableiten, die als Supraleiter mit überraschend hohen Sprungtemperaturen (z. T. über 100 K) bekannt geworden sind. Ein Beispiel ist $YBa_2Cu_3O_{7-x}$, in welchem Y und Ba (an deren Stelle auch andere Lanthaniden, Erdalkalien, Bi, Tl und/oder Pb treten können) die Plätze des Ca und Cu die Plätze des Ti in der Perowskitstruktur besetzen. Wesentlich sind Sauerstoff-Fehlstellen in der Nachbarschaft des Cu, so dass die Struktur CuO_6-Oktaeder, CuO_5-Pyramiden und CuO_4-Quadrate enthält, die über Ecken verknüpft sind und lagenweise die Struktur durchziehen.

Ein weiterer wichtiger ternärer Strukturtyp ist der des Spinells Al_2MgO_4, dessen Name im weiteren Sinne auch für andere Verbindungen dieses Strukturtyps mit der allgemeinen Formel A_2BX_4 benutzt wird. Die kubische Spinellstruktur (Abb. 2.44) enthält acht Formeleinheiten je Elementarzelle. Die O-Ionen bilden eine kubisch dichteste Kugelpackung, in der $\frac{1}{2}$ der oktaedrischen Lücken von den Al-Ionen und $\frac{1}{8}$ der tetraedrischen Lücken von den Mg-Ionen in einer bestimmten Ordnung besetzt sind; und zwar nehmen die Mg-Ionen für sich die Positionen einer Diamantstruktur (Abb. 2.31) ein. Von den Al-Ionen bilden jeweils vier die Ecken von Tetraedern, die in die freien Achtelwürfel dieser Diamantstruktur hineingestellt erscheinen. Die AlO_6-Oktaeder

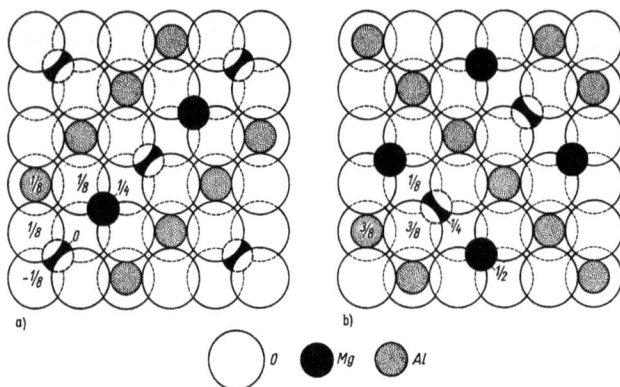

Abb. 2.44: Spinellstruktur; Projektion auf (100). a) untere Doppelschicht von dicht gepackten O-Ionen mit oktaedrisch koordinierten Al-Ionen und tetraedrisch koordinierten Mg-Ionen; b) obere über a) folgende Doppelschicht von O-Ionen. Die Elementarzelle ergibt sich durch Übereinanderlegen der beiden Doppelschichten und Wahl des Mg-Ions in a) links unten als Ursprung.

sind über gemeinsame Ecken miteinander verbunden, während die MgO_4-Tetraeder voneinander isoliert sind. Jedes O-Ion ist von drei Al-Ionen und einem Mg-Ion umgeben, woraus die kristallchemische Formel $Al_2^{[6]}Mg^{[4]}O_4^{[3+1]}$ folgt. Spinellstruktur haben u. a. auch die Verbindungen Al_2CoO_4, Al_2ZnO_4 und Cr_2FeO_4. Nach der Wertigkeit der Kationen bezeichnet man sie als 2-3-Spinelle.

Neben diesen „normalen Spinellen" gibt es solche, in denen die zweiwertigen B-Ionen mit der Hälfte der dreiwertigen A-Ionen die Plätze getauscht haben, entsprechend der kristallchemischen Formel $[BA]^{[6]}A^{[4]}X_4$; man bezeichnet sie als „inverse Spinelle". Beispiele inverser 2-3-Spinelle sind $[FeGa]GaO_4$, $[NiFe]FeO_4$ und Magnetit Fe_3O_4 bzw. $[Fe^{2+}Fe^{3+}]Fe^{3+}O_4$. Außerdem gibt es bei den intermediären Spinellen Übergänge zwischen der normalen und der inversen Verteilung, was bei den folgenden Beispielen intermediärer 2-3-Spinelle formelmäßig so ausgedrückt wird: $[Mg_{0,9}Fe_{1,1}^{3+}]Mg_{0,1}Fe_{0,9}^{3+}O_4$; $[Mn_{0,3}Al_{1,7}]Mn_{0,7}Al_{0,3}O_4$; $[Ni_{3/4}Al_{5/4}]Ni_{1/4}Al_{3/4}O_4$.

In der Spinellstruktur kristallisieren zahlreiche weitere Oxidverbindungen. Anstelle des Sauerstoffs können auch Fluor, Schwefel oder Selen auftreten. Eine kleine Auswahl von Beispielen soll diese Variationsbreite veranschaulichen, wobei 2-3-Spinelle am häufigsten sind:

1-2-Spinelle: $[LiNi]LiF_4$ (invers),

1-6-Spinelle: Na_2MoO_4, Na_2WO_4 (normal),

2-3-Spinelle: Al_2MgO_4, Rh_2ZnO_4, Cr_2CdSe_4, V_2CuS_4 (normal), $[FeIn]InS_4$ (invers), In_2MnS_4 (intermediär),

2-4-Spinelle: $[MgTi]MgO_4$ (invers), Fe_2GeO_4 (normal), Mn_2VO_4 (intermediär)

Schließlich lassen sich noch die Strukturen der γ-Modifikationen von Al_2O_3 und Fe_2O_3 als Spinellstrukturen mit Vakanzen beschreiben, gewissermaßen als □-3-Spinelle. Auf jede Elementarzelle entfallen im Mittel 21 $\frac{1}{3}$ Al- bzw. Fe-Ionen, die sich statistisch auf die insgesamt 24 Plätze der A- und B-Ionen je Elementarzelle verteilen; 2 $\frac{2}{3}$ der Kationenplätze bleiben im Mittel je Elementarzelle unbesetzt. Die enge Verwandtschaft der Strukturen macht verständlich, dass γ-Al_2O_3 und Spinell Al_2MgO_4 partiell miteinander mischbar sind.

2.4.2.3 Kristallstrukturen mit Komplexen

Wie im vorigen Abschnitt ausgeführt, kommt es unter der Bedingung $z/n \geq y/2$ in den Kristallstrukturen zur Bildung von Komplexen (z Ladungszahl des Kations, n seine Koordinationszahl, y Ladungszahl des Anions). Bezeichnet man die entsprechenden Verbindungen mit der allgemeinen Formel $A_mB_nX_p$, dann wird die Komplexbildung in kristallchemischer Schreibweise durch eine eckige Klammer symbolisiert: $A_m[B_nX_p]$. Meist hat das komplexbildende B-Kation eine hohe Ladung, ist klein und hat eine entsprechend kleine Koordinationszahl, so dass also der Wert für z_B/n relativ groß wird (die Koordinationszahl n und der Formelindex bei B_n sind hier zwei verschiedene Größen). Vorwiegend handelt es sich bei den B-Atomen um Halbmetalle oder Nichtmetalle, wie C, N, P, S, Cl, Cr, Mn, Si, As, Mo, W, deren Elektronegativitäten mittel bis groß sind. Folglich sind die Elektronegativitätsdifferenzen zu den als Anionen fungierenden X-Atomen (hauptsächlich Sauerstoff oder die Halogene) nur klein, die Bindung innerhalb der Komplexe ist also zu einem beträchtlichen Teil kovalent. Überhaupt sind die Komplexe in sich durch wesentlich stärkere Kräfte gebunden, als sie zwischen den übrigen Bestandteilen der Struktur wirken. Wie das Beispiel der hierher gehörenden Salze der anorganischen Säuren zeigt, bleiben die Komplexe selbst noch in Lösungen als solche erhalten; da sie als Ganzes eine negative Ladung tragen, bezeichnet man sie auch als Komplexion: $[B_nX_p]^{\zeta-}$ mit der Ladungszahl $\zeta = py - nz_B$.

Auch bei der Kristallisation werden die Komplexe bzw. Komplexionen als Ganzes an den wachsenden Kristall angelagert, sie bilden also reale Baueinheiten der Struktur. Zwischen diesen Komplexen sind die (meist größeren) A-Ionen eingelagert, die jedoch der Bedingung $z_A/n < y/2$ entsprechen; sie bilden demzufolge keine Komplexe, sondern sind als Einzelbausteine anzusprechen. Es sei hier noch einmal der Wesensunterschied zwischen den Strukturen mit Komplexen und den im vorigen Abschnitt behandelten Koordinationsstrukturen herausgestellt; in den letzteren gibt es keine Komplexe. Beispielsweise liegen im Ilmenit $FeTiO_3$ nicht etwa „Titanationen" $[TiO_3]^{2-}$ vor, sondern das Ti ist (wie auch das Fe) von jeweils sechs O^{2-}-Ionen oktaedrisch koordiniert; der Ilmenit ist deshalb kristallchemische kein Eisentitanat, sondern vielmehr ein Eisen-Titan-Oxid.

Die Gestalt der Anionenkomplexe wird weitgehend durch die Anordnung der Bindungsorbitale mit ihren charakteristischen Bindungswinkeln bestimmt, sie steht meist auch im Einklang mit den betreffenden Radienquotienten R_B/R_X. Eine Reihe von Anionenkomplexen ist in Tab. 2.11 aufgeführt. Es ist bezeichnend, dass Komplexe

Tab. 2.11: Anionenkomplexe.

Komplex	Gestalt	Beispiele
[BX]	Linear	$[O_2]^{2-}$, $[O_2]^-$, $[CN]^-$
[BX$_2$]	Linear	$[CNS]^-$, $[CNO]^-$, $[ICl_2]^-$
	gewinkelt	$[ClO_2]^-$, $[NO_2]^-$
[BX$_3$]	planar trigonal	$[BO_3]^{3-}$, $[CO_3]^{2-}$, $[NO_3]^-$
	trigonal pyramidal	$[PO_3]^{3-}$, $[AsO_3]^{3-}$, $[SO_3]^{2-}$, $[SeO_3]^{2-}$, $[ClO_3]^-$, $[BrO_3]^-$, $[IO_3]^-$
[BX$_4$]	tetraedrisch	$[SiO_4]^{4-}$, $[PO_4]^{3-}$, $[AsO_4]^{3-}$, $[VO_4]^{3-}$, $[SO_4]^{2-}$, $[SeO_4]^{2-}$, $[CrO_4]^{2-}$, $[ClO_4]^-$, $[MnO_4]^-$, $[BF_4]^-$
	deformiert tetraedrisch	$[MoO_4]^{2-}$, $[WO_4]^{2-}$, $[ReO_4]^-$
	planar quadratisch	$[PdCl_4]^{2-}$, $[PtCl_4]^{2-}$, $[Ni(CN)_4]^{2-}$, $[Pt(CN)_4]^{2-}$
[BX$_6$]	oktaedrisch	$[AlF_6]^{3-}$, $[TiF_6]^{2-}$, $[PtCl_6]^{2-}$, $[SiF_6]^{2-}$, $[SnCl_6]^{2-}$, $[SnI_6]^{2-}$, $[SbF_6]^-$,

mit der relativ hohen oktaedrischen [6]-Koordination nur mit den einwertigen Halogenen gebildet werden. Eine kleine Auswahl von Strukturen mit nicht verknüpften Komplexen soll etwas näher betrachtet werden:

Strukturen mit [BX$_3$]-Komplexen
Die Calcitstruktur (Abb. 2.45), CaCO$_3$ bzw. kristallchemisch geschrieben Ca$^{[6]}$[CO$_3$], lässt sich formal aus der NaCl-Struktur ableiten. Man denke sich die Raumdiagonale der kubischen Elementarzelle der NaCl-Struktur (Bild 1.1) senkrecht als c-Achse aufgestellt und etwas gestaucht, so dass die Elementarzelle zu einem Rhomboeder deformiert wird. An die Stelle der Na-Ionen treten die Ca-Ionen und an die Stelle der Cl-Ionen die planaren [CO$_3$]-Komplexe. Die Ca-Ionen sind von jeweils sechs O-Ionen oktaedrisch koordiniert. Die Symmetrie der Calcitstruktur ist trigonal (Kristallklasse $\bar{3}m$), das in Abb. 2.45 dargestellte Rhomboeder entspricht der morphologischen Form $\{10\bar{1}1\}$, die auch als Spaltrhomboeder auftritt. Man beachte hier die Analogie in der Spaltbarkeit von Calcit und Steinsalz!

Das Calciumcarbonat kommt noch in weiteren Modifikationen vor, von denen hier nur der orthorhombische Aragonit Ca$^{[9]}$[CO$_3$] angeführt sei. Die Aragonitstruktur (vgl. Abb. 1.108) lässt sich formal aus der hexagonalen NiAs-Struktur (Abb. 2.24) ableiten: An die Stelle der As-Atome treten die Ca-Ionen und an die Stelle der Ni-Atome die pla-

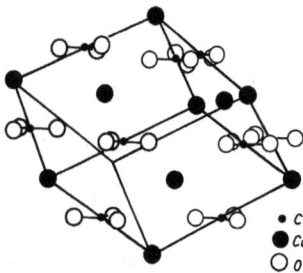

Abb. 2.45: Kristallstruktur von Calcit CaCO$_3$. Dargestellt ist eine dem Spaltrhomboeder $\{10\bar{1}1\}$ entsprechende Zelle, die mit der NaCl-Struktur vergleichbar ist.

naren $[CO_3]$-Komplexe. Infolge einer geringen Verzerrung ist die Symmetrie nur orthorhombisch, doch sind die Abweichungen von der hexagonalen Symmetrie gering, was man als pseudohexagonal bezeichnet. Die Ca-Ionen sind von neun Sauerstoffionen koordiniert, die sechs verschiedenen $[CO_3]$-Komplexen angehören. Wie Tab. 2.12 zeigt, beobachtet man bei den Carbonaten mit der allgemeinen Formel $A[CO_3]$ bei größeren A-Kationen die Aragonitstruktur, bei kleineren A-Kationen die Calcitstruktur. Das Ca^{2+}-Ion steht dabei gerade an der Grenze.

Tab. 2.12: Auftreten der Aragonit- und der Calcitstruktur in Abhängigkeit vom Kationenradius.

Calcittyp	Kationenradius in nm	Aragonittyp	Kationenradius in nm
$MgCO_3$	0,072	$CaCO_3$	0,112
$FeCO_3$	0,078	$SrCO_3$	0,125
$ZnCO_3$	0,075	$BaCO_3$	0,142
$MnCO_3$	0,097		
$CaCO_3$	0,108		

Betrachtet man die Strukturtypen der ABO_3^--Verbindungen unter Einschluss der im vorigen Abschnitt behandelten Koordinationsstrukturen im Zusammenhang, so zeigt sich, dass die gegenseitigen Größenverhältnisse der Ionen ein instruktives Leitprinzip abgeben (Abb. 2.46). Zwar lassen sich zwischen den Existenzbereichen der einzelnen Strukturtypen keine scharfen Grenzen ziehen, doch vermittelt das Diagramm immerhin eine qualitative Einsicht in die Beziehungen zwischen den Strukturtypen. (Nicht alle der in diesen und dem folgenden Diagrammen genannten Strukturtypen sind hier im Einzelnen beschrieben; gegebenenfalls greife man auf die weiterführende Literatur zurück!)

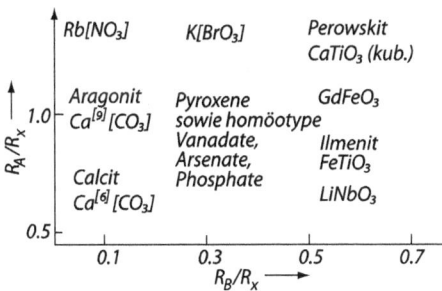

Abb. 2.46: Verteilung der ABO_3-Strukturtypen in Abhängigkeit von den Radienverhältnissen.

Strukturen mit [BX$_4$]-Komplexen

Bei den Verbindungen mit der allgemeinen Formel A[BX$_4$] gibt es eine größere Anzahl von Strukturtypen. In einer ersten Gruppe dieser Strukturtypen beobachtet man reguläre oder nur gering verzerrte [BX$_4$]-Tetraeder. Hierzu gehört die Struktur des Anhydrits Ca[8][SO$_4$] (Abb. 2.47). Sie lässt sich formal aus einer deformierten NaCl-Struktur ableiten, in der die Na-Ionen durch Ca-Ionen und die Cl-Ionen durch die tetraedrischen [SO$_4$]-Komplexe ersetzt sind. Die Ca-Ionen werden von jeweils acht O-Ionen koordiniert; die Symmetrie der Anhydritstruktur, in der z. B. noch die Tieftemperaturform des NaClO$_4$ kristallisiert, ist orthorhombisch pseudotetragonal.

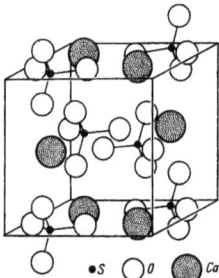

• s ◯ o ◉ Ca **Abb. 2.47:** Kristallstruktur von Anhydrit CaSO$_4$.

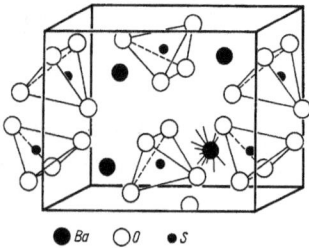

● Ba ◯ o • s **Abb. 2.48:** Kristallstruktur von Baryt BaSO$_4$.

Bei Verbindungen mit gegenüber der Anhydritstruktur größeren A-Ionen ist die Struktur des orthorhombischen Baryts Ba[12][SO$_4$] zu beobachten. In dieser Struktur (Abb. 2.48) sind die großen Ba-Ionen in etwas unregelmäßiger Form von zwölf O-Ionen umgeben, die jeweils sieben verschiedenen [SO$_4$]-Tetraedern angehören. Beispiele sind Sr[SO$_4$] (Coelestin), Pb[SO$_4$] (Anglesit), Sr[SeO$_4$], Ba[SeO$_4$], Pb[SeO$_4$] (Kerstenit), Sr[CrO$_4$], Ba[CrO$_4$], K[MnO$_4$], Rb[ClO$_4$], Cs[ClO$_4$], Ba[BeF$_4$], Rb[BF$_4$], Cs[BF$_4$]. Bei gegenüber der Anhydritstruktur kleineren B-Ionen tritt die Zirkonstruktur auf. Der tetragonale Zirkon Zr[8][SiO$_4$] gehört zu den Inselsilikaten, die [SiO$_4$]-Tetraeder sind nicht miteinander verknüpft. Die Zr-Ionen werden von jeweils acht O-Ionen in Form von Th[SiO$_4$] (Thorit), Y[PO$_4$] (Xenotim), Y[AsO$_4$] (Chernovit), Y[VO$_4$] (Wakefieldit),

Sc[PO$_4$] und Ca[CrO$_4$]. Monazit Ce[PO$_4$] repräsentiert einen monoklinen Strukturtyp, isotyp mit Th[SiO$_4$] (Huttonit) und Pb[CrO$_4$] (Krokoit).

Wenn sowohl die A-Ionen als auch die B-Ionen klein sind, beobachtet man die AlPO$_4$-Strukturen, die insofern kristallchemisch besonders interessant sind, als sie völlig den (im nächsten Abschnitt zu behandelnden) SiO$_2$-Strukturen entsprechen, wobei die Si-Ionen je zur Hälfte durch Al und P geordnet ersetzt sind. Zu den meisten SiO$_2$-Modifikationen wurden auch AlPO$_4$-Analoga gefunden; die dem Quarz entsprechende AlPO$_4$-Modifikation führt den Namen Berlinit.

Die A[BO$_4$]-Verbindungen mit relativ großen B-Ionen hoher Ordnungszahl, wie W, Mo und I, bilden Kristallstrukturen, in denen die [BO$_4$]-Tetraeder stärker verzerrt sind. Sind die A-Ionen relativ groß, so beobachtet man die Kristallstruktur des Scheelits Ca$^{[8]}$[WO$_4$], in der die Ca-Ionen von acht O-Ionen koordiniert werden (Abb. 2.50). Sind die A-Ionen relativ klein, so tritt die Kristallstruktur des monoklinen Wolframits (Mn,Fe)$^{[6]}$[WO$_4$] auf, in der die O-Ionen eine verzerrte hexagonal dichteste Kugelpackung bilden (Abb. 2.49). Die Fe-Ionen besetzen annähernd oktaedrische Lücken; doch auch die W-Ionen besetzen stärker verzerrte oktaedrische Lücken, von deren Eckpunkten zwei einen um 20 % größeren Abstand haben als die übrigen vier, die für

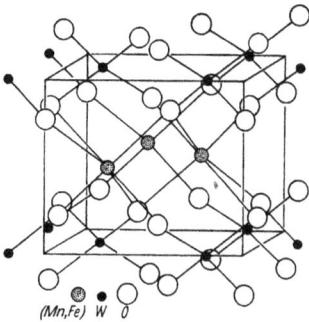

(Mn,Fe) W O

Abb. 2.49: Kristallstruktur von Wolframit (Mn,Fe)WO$_4$.

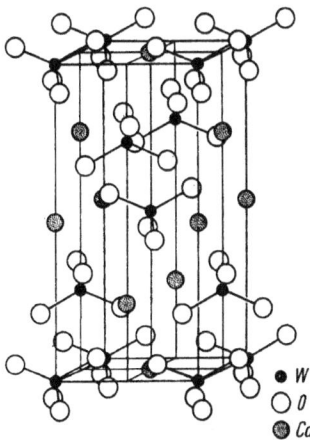

● W
○ O
◉ Ca   **Abb. 2.50:** Kristallstruktur von Scheelit CaWO$_4$.

sich ein stark gestauchtes Tetraeder bilden. Es zeigt sich hier der Übergang von einer Kristallstruktur mit Komplexen zu einer Koordinationsstruktur, was auch darin zum Ausdruck kommt, dass das Feld der Wolframitstrukturen (Abb. 2.51) innerhalb des Feldes des koordinativen Rutilstrukturtyps liegt.

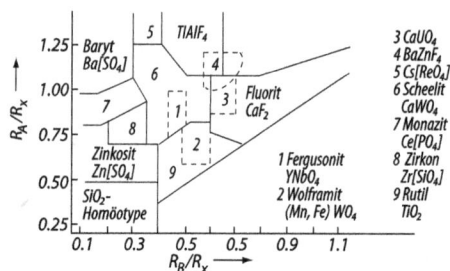

Abb. 2.51: Verteilung der ABX_4-Strukturtypen in Abhängigkeit von den Radienverhältnissen.

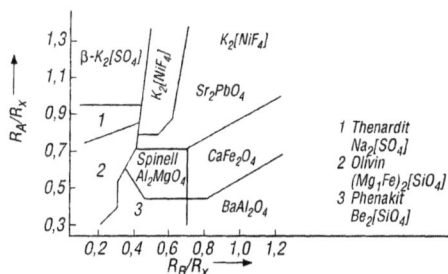

Abb. 2.52: Verteilung der A_2BX_4-Strukturtypen in Abhängigkeit von den Radienverhältnissen.

In Abb. 2.51 und 2.52 sind die Existenzbereiche einiger wichtiger Strukturtypen ABX_4 sowie A_2BX_4 in Abhängigkeit von den Radienverhältnissen dargestellt. Die Strukturtypen mit ausgeprägten Komplexen finden sich im linken oberen Bereich der Diagramme (R_A/R_X groß; R_B/R_X klein): Durch die großen A-Ionen werden die X-Ionen auseinandergedrängt und können keine dichte Packung bilden. Mit größer werdenden B Ionen erfolgt ein Übergang zu Koordinationsstrukturen. Die in den Diagrammen eingezeichneten Grenzen gelten vor allem für Oxide unter normalen Zustandsbedingungen. Hohe Temperaturen führen zu lockerer gepackten und hohe Drücke zu dichter gepackten Strukturen, wodurch sich die Grenzen entsprechend verschieben. Sehr bedeutungsvoll für die Vorgänge im Erdmantel sind z. B. die Umwandlungen des Olivins $(Mg,Fe)_2SiO_4$ in die Spinellstruktur und der Pyroxene $(Ca,Mg,Fe)_2Si_2O_6$ in die Perowskitstruktur.

2.4.2.4 Kristallstrukturen mit verknüpfbaren Komplexen (Borate, Silikate)

Im vorigen Abschnitt wurden Strukturen der allgemeinen Formel $A_m[BX_p]$ betrachtet, in denen die $[BX_p]$-Komplexe durch die dazwischen gelagerten A-Ionen voneinander getrennt waren. Wie vorn ausgeführt, besteht unter der Bedingung $z/n \approx y/2$ außerdem die Möglichkeit, dass die einzelnen Komplexe miteinander zu größeren Baueinheiten verknüpft sind. Meist erfolgt die Verknüpfung in der Weise, dass den miteinander verbundenen $[BX_p]$-Komplexen jeweils ein X-Anion gemeinsam ist: Die Komplexe bzw. die Koordinationspolyeder haben eine gemeinsame Ecke. Eine Verknüpfung von Komplexen durch zwei gemeinsame X-Anionen (gemeinsame Kante) oder gar drei X-Anionen (gemeinsame Fläche) bringt die zentralen, hochgeladenen B-Kationen näher zusammen und ist elektrostatisch ungünstiger; solche Verknüpfungen sind deshalb nur selten zu beobachten (dritte Paulingsche Regel). Die Einzelkomplexe können miteinander entweder zu endlichen Gruppen oder zu unbegrenzten Bauverbänden verknüpft sein. Die Beschreibung und Klassifizierung der betreffenden Strukturen erfolgt in erster Linie anhand dieser Bauverbände der Anionenkomplexe. Es handelt sich im wesentlichen um die Kristallstrukturen der Borate, aufgebaut aus trigonal planaren $[BO_3]$-Komplexen, der Silikate, aufgebaut aus tetraedrischen $[SiO_4]$-Komplexen, und der homologen Germanate und Phosphate.

Borate

Die vorherrschende Baueinheit der Borate ist der planare $[BO_3]$-Anionenkomplex. Diese Komplexe können entweder isoliert vorliegen oder in der in Abb. 2.53 dargestellten Weise miteinander über Ecken oder Kanten verknüpft sein. Liegen die $[BO_3]$-Komplexe isoliert vor (Abb. 2.53a), so spricht man von Inselboraten. Beispiele hierfür sind der Kotoit $Mg_3[BO_3]_2$, der Nordenskiöldin $CaSn[BO_3]_2$ (isotyp mit Dolomit $CaMg[CO_3]_2$) sowie die Verbindungen $In[BO_3]$ (isotyp mit Calcit) und $La[BO_3]$ (isotyp mit Aragonit).

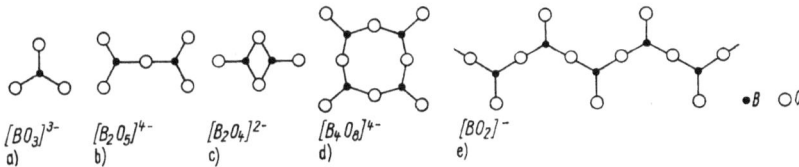

$[BO_3]^{3-}$ a) $[B_2O_5]^{4-}$ b) $[B_2O_4]^{2-}$ c) $[B_4O_8]^{4-}$ d) $[BO_2]^-$ e) $\bullet B \quad \circ O$

Abb. 2.53: Verknüpfung der BO_3-Gruppen.

Bei einer Verknüpfung der $[BO_3]$-Komplexe zu endlichen Gruppen spricht man von Gruppenboraten. Die drei skizzierten Beispiele (Abb. 2.53b bis d) führen zu den Anionenkomplexen $[B_2O_5]^{4-}$ (Verknüpfung von zwei Komplexen über eine Ecke), $[B_2O_4]^{2-}$ (Verknüpfung über eine gemeinsame Kante) und $[B_4O_8]^{4-}$ (Verknüpfung über Ecken zu einem Viererring). Ein Beispiel mit einer eckenverknüpften Zweiergruppe ist der Suanit $Mg_2[B_2O_5]$. Schließlich sind bei den Kettenboraten die $[BO_3]$-Komplexe über je zwei Ecken zu unbegrenzten Ketten verknüpft (Abb. 2.53e). Beispiele hierfür sind die Verbindungen $Ca[B_2O_4]$ und $Sr[B_2O_4]$.

Die Kristallchemie der Borate wird jedoch noch dadurch kompliziert, dass das Bor neben den ebenen Dreieckskomplexen auch tetraedrische Viererkomplexe (analog den $[SiO_4]$-Komplexen) bilden kann. Beispielsweise ist das Inselborat Sinhalit $MgAl[BO_4]$ isotyp mit Olivin $(Mg,Fe)_2[SiO_4]$ (Abb. 2.55). Darüber hinaus können in einer Struktur sowohl $[BO_3]$- als auch $[BO_4]$-Komplexe gleichzeitig vorkommen und miteinander zu Gruppen, Ketten oder Schichten verknüpft sein. Ferner können die O^{2-}-Ionen durch $(OH)^-$-Ionen ersetzt werden. So treten in der Struktur des Borax $Na_2[B_4O_5(OH)_4] \cdot 8 H_2O$ jeweils zwei $BO_2(OH)$-Dreiecke und zwei $BO_2(OH)_2$-Tetraeder zu einer Gruppe $[B_4O_5(OH)_4]^{2-}$ zusammen. Diese Gruppen sind miteinander durch Wasserstoffbrücken zu Ketten verbunden, zwischen denen parallele Reihen von $Na^+(H_2O)_6$-Oktaedern eingelagert sind. Die Aufnahme von Kristallwasser ist gleichfalls für viele Borate typisch.

Silikate

Die Erdkruste besteht zu über 90 % aus Silikaten, und ungefähr ein Viertel aller bekannten Minerale sind Silikate. Ihre Kristallchemie ist vielfältig und kompliziert. Früher versuchte man, die Silikate als Verbindungen verschiedener Kieselsäuren zu klassifizieren, doch schufen erst die Ergebnisse der Erforschung ihrer Kristallstrukturen die Grundlage für eine rationelle Klassifikation der Silikate auf struktureller Basis, um die sich unter vielen anderen Bragg, Machatschki,[51] Schiebold,[52] Below[53] sowie Liebau[54] besondere Verdienste erworben haben.

Die charakteristischen und stabilsten Baueinheiten der Silikate sind die $[SiO_4]$-Tetraeder. Sie weichen in den verschiedenen Silikatstrukturen nur minimal von der idealen Form ab; der Abstand Si–O beträgt 0,162 nm, und der Bindungswinkel von O–Si–O ist $\arccos\left[-\frac{1}{3}\right] \approx 109,5°$.

Die Systematik der Silikatstrukturen beruht auf einer Klassifizierung der verschiedenen Bauverbände, die durch die Verknüpfung der $[SiO_4]$-Tetraeder – nahezu ausschließlich über gemeinsame Ecken – entstehen. Eine Ausnahme bildet nur die Struktur des sehr instabilen faserigen SiO_2, das isotyp mit SiS_2 ist und in dem die $[SiO_4]$-Tetraeder über gemeinsame Kanten verknüpft sind. Gelegentlich tritt Si auch in oktaedrischer [6]-Koordination auf, so im Stichovit, einer Hochdruckmodifikation des SiO_2, die isotyp mit Rutil TiO_2 (Abb. 2.40) ist, sowie in einer Hochdruckmodifikation von Kalifeldspat $KAl^{[6]}Si_3^{[6]}O_8$.

Beim weitaus überwiegenden Teil der Silikatstrukturen bestehen die Bauverbände aus $[SiO_4]$-Tetraedern, die über gemeinsame Ecken verknüpft sind. Aus den ver-

---

51 Karl Ludwig Felix Machatschki (22.9.1895–17.2.1970).
52 Ernst Schiebold (9.6.1894–4.6.1963).
53 Nikolai Wassiljewitsch Below (2.12.1891–6.3.1982).
54 Friedrich Karl Franz Liebau (31.5.1926–11.3.2011).

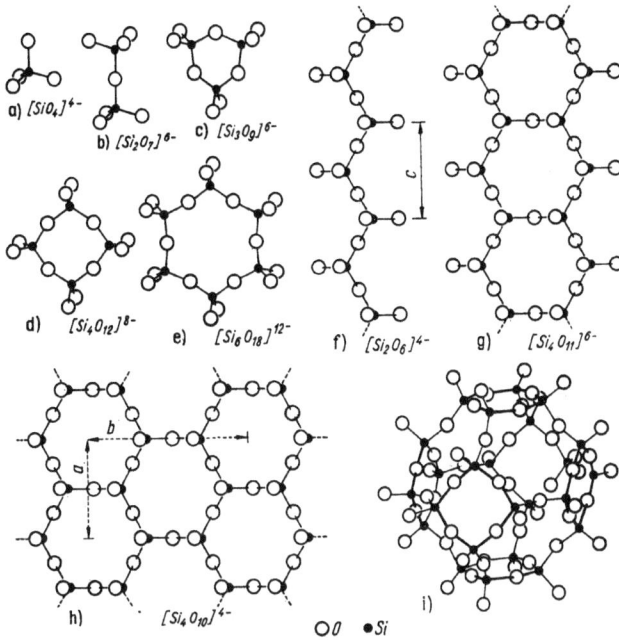

Abb. 2.54: Verknüpfung der SiO_4-Tetraeder. a) Inselsilikate; b) Gruppensilikate; c) bis e) Ringsilikate; f), g) Kettensilikate; h) Schichtsilikate; i) Gerüstsilikate.

schiedenen, auf Abb. 2.54 dargestellten Verknüpfungsmöglichkeiten ergibt sich folgende Gliederung der Silikate:

- Inselsilikate (Mono- oder Nesosilikate) mit nicht verknüpften $[SiO_4]$-Tetraedern,
- Gruppensilikate (Oligo- oder Sorosilikate) mit Gruppen aus zwei oder drei Tetraedern,
- Ringsilikate (Cyclosilikate) mit zu Ringen verknüpften Tetraedern,
- Kettensilikate (Poly- oder Inosilikate) mit unbegrenzten Tetraederketten,
- Schichtsilikate (Phyllosilikate) mit Tetraederschichten,
- Gerüstsilikate (Tektosilikate), in denen die Tetraeder zu einem dreidimensionalen Gerüst verknüpft sind.

Die Summenformeln der dargestellten Anionenkomplexe sind in Abb. 2.54 vermerkt. Sie werden üblicherweise in eckige Klammern eingeschlossen und die Symbole der Kationen in der Reihenfolge abnehmender Koordinationszahl vorangestellt. Häufig werden solchen strukturchemischen Formeln noch zusätzliche Symbole angefügt, die die Art der Verknüpfung in den Anionenkomplexen kennzeichnen. Eine detaillierte Systematik und Nomenklatur der Silikatstrukturen findet sich z. B. bei Liebau (1985).

Die Kristallchemie der Silikate wird noch insofern kompliziert, als die Si^{4+}-Ionen in den $[SiO_4]$-Tetraedern in gewissem Umfang diadoch durch andere Ionen, wie B^{3+}, Be^{2+}, Al^{3+}, Ge^{4+}, Fe^{3+}, Ti^{4+}, ersetzt werden können. Eine besondere Rolle spielt dabei das Aluminium, das bis zu einem Verhältnis von $Al^{[4]} : Si^{[4]} = 1 : 1$ in die Anionenkomplexe eintreten kann. Der dabei erforderliche stöchiometrische Ausgleich der Ionenladung erfolgt durch eine gekoppelte Substitution anderer Ionen in der Struktur, z. B. von Ca^{2+} durch Na^+, von Fe^{3+} durch Fe^{2+} oder von Al^{3+} durch Mg^{2+}. Im letzten Fall handelt es sich um Al^{3+}-Ionen, die sich nicht in den $[(Si,Al)O_4]$-Tetraedern, sondern auf anderen, höher koordinierten Plätzen befinden, die gleichfalls von Al^{3+}-Ionen besetzt werden können. Gerade diese Doppelrolle des Aluminiums in den Silikaten macht deutlich, weshalb es nicht möglich war, die Kristallchemie der Silikate nur mit chemisch-analytischen Methoden allein zu erhellen.

Inselsilikate

Ein typischer Vertreter der Inselsilikate ist der Olivin (Abb. 2.55). In der Olivinstruktur bilden die O-Ionen annähernd eine hexagonal dichteste Kugelpackung, deren Kugelschichten parallel (100), also parallel zur Zeichenebene von Abb. 2.55 liegen. Die Spitzen der $[SiO_4]$-Tetraeder weisen abwechselnd nach oben und nach unten. Die größeren Kationen werden von jeweils sechs O-Ionen in Form eines nur geringfügig deformierten Oktaeders koordiniert. Die Symmetrie dieser Struktur ist orthorhombisch pseudohexagonal. Der Olivin stellt eine lückenlose Reihe von Mischkristallen mit den Endgliedern $Mg_2[SiO_4]$ (Forsterit) und $Fe_2[SiO_4]$ (Fayalit) dar, wobei auch noch andere Ionen, wie Mn, eintreten können. Isotyp mit Olivin ist die Tieftemperaturmodifikation des $Ca_2[SiO_4]$ (Larnit), eines der Hauptbestandteile des Portlandzements. Isotyp mit Olivin sind ferner die Verbindungen $Al_2[BeO_4]$ (Chrysoberyll), $LiFe[PO_4]$ (Triphylin), $Na_2[BeF_4]$ und $MgAl[BO_4]$ (Sinhalit).

Ein weiteres Inselsilikat ist der trigonale Phenakit $Be_2^{[4]}[SiO_4]$. In der Phenakitstruktur bilden die O-Ionen gleichfalls eine dichteste Kugelpackung, in der ein Viertel der tetraedrischen Lücken in geordneter Weise durch Si und Be besetzt wird. Isotyp sind u. a. $Zn_2[SiO_4]$ (Willemit), $Li_2[BeF_4]$ und $Li_2[MoO_4]$.

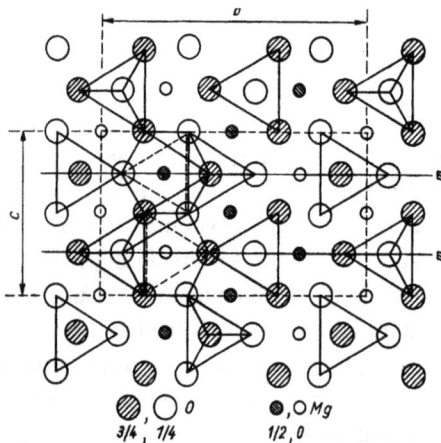

Abb. 2.55: Kristallstruktur von Olivin Mg_2SiO_4.

Eine interessante, variable und auch technisch wichtige Gruppe von Inselsilikaten sind die kubischen Granate (Kristallklasse $m\bar{3}m$) mit der allgemeinen Formel $A_3^{[8]}B_2^{[6]}[Z^{[4]}O_4]_3$. Die relativ große Elementarzelle enthält acht dieser Formeleinheiten. Die O-Ionen bilden eine kubisch innenzentrierte Kugelpackung. In den als Minerale vorkommenden Granaten tritt in die A-Positionen Mg^{2+}, Ca^{2+}, Fe^{2+}, Mn^{2+}, in die B-Positionen Al^{3+}, Fe^{3+}, Cr^{3+} und in die Z-Positionen Si^{4+}, wobei vollständige oder weitgehende Mischbarkeiten bestehen. Bekannte Endglieder, die z. T. auch als Edelsteine Verwendung finden, sind $Mg_3Al_2[SiO_4]_3$ (Pyrop), $Fe_3Al_2[SiO_4]_3$ (Almandin) und $Ca_3Al_2[SiO_4]_3$ (Grossular). Granatstruktur besitzen auch einige Germanate, wie $Ca_3Al_2[GeO_4]_3$, Stannate, wie $Ca_3Fe_2^{3+}[SnO_4]$, Arsenate, wie $NaCa_2Mg_2[AsO_4]_3$ (Berzeliit), und Fluoride, wie $Na_3Al_2[LiF_4]_3$ (Kryolithionit). Zu den Granaten zählt ferner eine Reihe von synthetisch hergestellten oxidischen Kristallen, in denen die dreiwertigen Kationen unterschiedlich koordinierte Positionen besetzen, mit den Summenformeln $Y_3Fe_5O_{12}$ (engl. *yttrium iron garnet – YIG*), $Y_3Al_5O_{12}$ (YAG), $Gd_3Fe_5O_{12}$ (GIG) und $Gd_3Ga_5O_{12}$ (GGG). Die Oxidgranate haben eine große Bedeutung als ferrimagnetische Materialien, als Laser-Wirtskristalle und als Substratkristalle erlangt.

Gruppensilikate

Unter den Gruppensilikaten am häufigsten sind solche mit der Doppelgruppe $[Si_2O_7]^{6-}$ (Abb. 2.54b), wie $Mn^{[6]}Pb_8^{[8]}[Si_2O_7]_3$ (Barysilit) und $Zn_4^{[4]}[Si_2O_7](OH)_2 \cdot H_2O$ (Hemimorphit). Im monoklinen Epidot $Ca_2^{[8]}(Fe,Al)_3^{[6]}[SiO_4][Si_2O_7]O(OH)$ sowie im orthorhombischen Zoisit $Ca_2^{[8]}Al_3^{[6]}[SiO_4][Si_2O_7]O(OH)$ findet man sowohl isolierte $[SiO_4]^{4-}$-Komplexe als auch $[Si_2O_7]^{6-}$-Gruppen nebeneinander. Seltener sind Silikate mit Dreiergruppen oder noch größeren Anionengruppen.

Viele Silikate enthalten noch zusätzliche Anionen bzw. Anionenkomplexe, wie $(OH)^-$, F^-, $[CO_3]^{2-}$, $[SO_4]^{2-}$ u. a. (die nicht mit den Silikatanionen verknüpft sind). Nach einer von Strunz u. Nickel (2001)[55] verwendeten Formelschreibweise werden sämtliche Anionen zusammen in eine eckige Klammer eingeschlossen und gegebenenfalls durch senkrechte Striche voneinander getrennt, wie z. B. Hemimorphit $Zn_4[(OH)_2|Si_2O_7] \cdot H_2O$ oder Epidot $Ca_2(Fe,Al)_3[O|OH|SiO_4|Si_2O_7]$.

Ringsilikate

In den Ringsilikaten mit einfachen Ringen (Abb. 2.54c bis e) haben die Silikatanionenverbände ein Si:O-Verhältnis von 1:3, wie es auch den Kettensilikaten mit einfachen Ketten zukommt. Deshalb wurden z. B. von Liebau (1985) noch weitere besondere Symbole eingeführt und in die strukturchemischen Formeln mit eingesetzt (worauf hier nur kurz hingewiesen sei). Die Minerale Benitoit $Ba^{[6]}Ti^{[6]}[Si_3O_9]$ und der isotype Pabstit $BaSn[Si_3O_9]$ stellen Ringsilikate mit unverzweigten Dreiereinfachringen

---

55 Ernest Henry Nickel (31.8.1925–18.7.2009).

(Abb. 2.54c) dar. Dreiereinfachringe hat auch eine Modifikation des $CaSiO_3$, der Pseudowollastonit $Ca_3^{[8]}[Si_3O_9]$.

Unverzweigte Vierereinfachringe (Abb. 2.54d) finden sich im triklinen Axinit $Ca_2^{[8]}Fe^{[6]}Al^{[6]}Al^{[4]}[Si_4O_{12}]BO_3(OH)$. Silikate mit Fünferringen sind nicht bekannt. Ein bekanntes Mineral mit Sechserringen (s. Abb. 2.54e) ist der Beryll $Al_2^{[6]}Be_3^{[4]}[Si_6O_{18}]$. Die Sechserringe, die längs der c-Achse übereinander angeordnet sind, bedingen die hexagonale Symmetrie des Berylls (s. Abb. 1.86). Durch die Anordnung der Ringe entstehen in der Struktur relativ weite, leere Kanäle, in die häufig zusätzliche Ionen, wie Li, Cs, Na, (OH) oder Fe, eintreten. Mit dem Beryll strukturell verwandt ist der Cordierit $(Mg,Fe)_2Al_3[AlSi_5O_{18}]$; seine Symmetrie ist orthorhombisch pseudohexagonal. Ein Viertel der Al-Ionen ersetzt statistisch die betreffenden Si-Positionen in den Sechserringen. Die übrigen Al-Ionen haben aber gleichfalls eine tetraedrische Koordination. Rechnet man diese $[AlO_4]$-Tetraeder dem Anionenkomplex hinzu, dann lässt sich die Struktur des Cordierits auch als Gerüststruktur interpretieren. Sechserringe haben (u. a.) noch der Dioptas $Cu_6^{[6]}[Si_6O_{18}]\cdot 6\,H_2O$ und der Turmalin $Na^{[10]}Mg_3^{[6]}Al_6^{[6]}[Si_6O_{18}](BO_3)_3(OH,F)_4$ (in welchen anstelle der angegebenen Kationen auch andere Metallionen eintreten können). Darüber hinaus sind auch schon Silikate mit 8er-, 9er- und 12er- Ringen sowie solche mit Doppelringen bekannt geworden.

Kettensilikate

In den Kettensilikaten sind die $[SiO_4]$-Tetraeder zu unbegrenzt langen Ketten verknüpft. Einfache, unverzweigte Ketten (Abb. 2.54f, 2.56a bis k) haben ein Si:O-Verhältnis von 1:3 (wie auch die Einfachringe). Als Beispiel enthält die weit verbreitete gesteinsbildende Mineralgruppe der Pyroxene mit der allgemeinen Formel $X^{[8]}Y^{[6]}[Z_2O_6]$ (mit X für Na, Ca, Fe^{2+}, Mg; Y für Mg, Fe^{2+}, Fe^{3+}, Al und Z für Si und Al in den Anionenketten) sog. Zweiereinfachketten. Das erste Zahlwort bezeichnet die Periodizität P der Anordnung der $[SiO_4]$-Tetraeder in der Kette (die nicht notwendig dem betreffenden Gitterparameter entsprechen muss). Bisher sind Kettensilikate mit $P = 2, 3, 4, 5, 6, 7, 9, 12$ und 24 bekannt geworden. Demgemäß spricht man von Zweier-, Dreier-, Vierer-, Fünferketten etc. Minerale mit Zweiereinfachketten sind z. B. die Mischkristallreihe der orthorhombischen Orthopyroxene $(Mg,Fe)_2^{[6]}[Si_2O_6]$, die monoklinen Klinopyroxene, wie Diopsid $Ca^{[8]}Mg^{[6]}[Si_2O_6]$, Jadeit $Na^{[8]}Al^{[6]}[Si_2O_6]$ und die Augite $(Ca,Mg,Fe^{2+},Fe^{3+},Ti,Al)_2^{[6]}[(Si,Al)_2O_6]$. Wie bei den meisten Kettensilikaten tritt bei den Pyroxenen die Kettenrichtung morphologisch durch einen säuligen bis nadeligen Habitus und durch eine ausgeprägte Spaltbarkeit parallel zur Kettenrichtung in Erscheinung. Weitere Typen von Einfachketten sind in Abb. 2.56 und in Tab. 2.13 zusammengestellt. Daneben sind auch zahlreiche Kettensilikate mit verzweigten Einfachketten bekannt geworden.

Werden zwei (unverzweigte) Einfachketten miteinander über gemeinsame Ecken der $[SiO_4]$-Tetraeder verknüpft, so erhält man eine (unverzweigte) Doppelkette

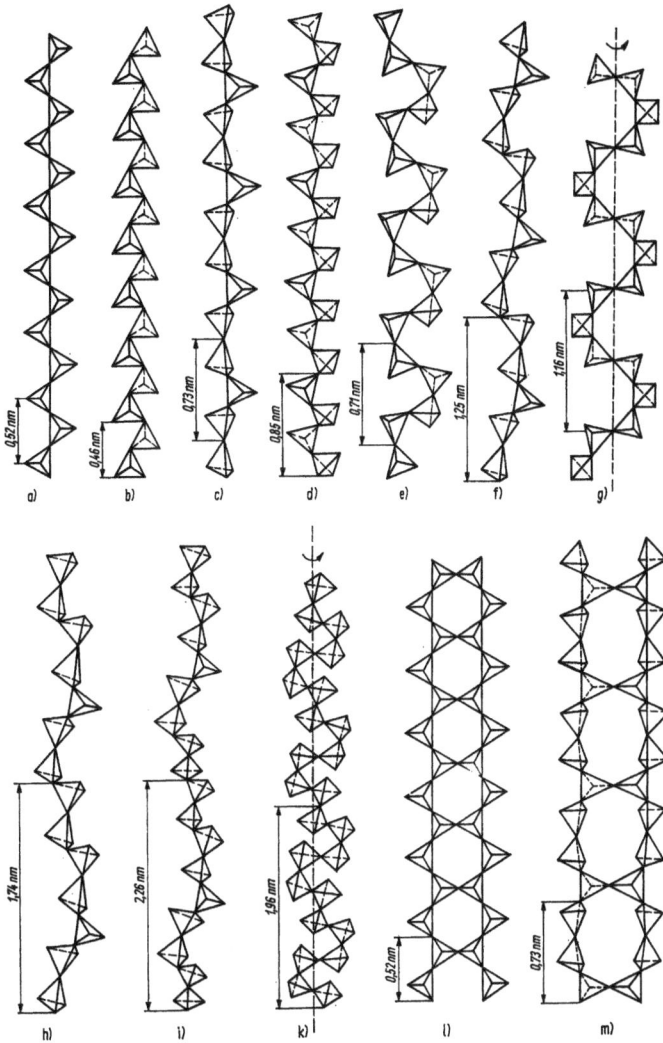

Abb. 2.56: Ketten-typen von Ketten-silikaten. a) bis k) Einfachketten; l) und m) Doppelketten (vgl. Tab. 2.13).

(Abb. 2.54g). An der Verknüpfung können entweder alle oder nur ein Teil der Te-traeder beider Einzelketten beteiligt sein. Im Beispiel von Abb. 2.54g und Abb. 2.56l handelt es sich um eine Verknüpfung von zwei Zweiereinfachketten (Pyroxenket-ten), und es resultiert eine Zweierdoppelkette, welche für die weit verbreitete Mi-neralgruppe der chemisch sehr vielfältigen Amphibole kennzeichnend ist, zu wel-chen u. a. der orthorhombische Antophyllit $Mg_7^{[6]}[Si_4O_{11}]_2(OH)_2$ (s. Tab. 2.13), der monokline Aktinolith $Ca_2^{[8]}(Mg,Fe)_5^{[6]}[Si_4O_{11}](OH)_2$ und die monokline Hornblende $(Na,K)_{0,5...1}^{[8]}Ca_2^{[8]}(Mg,Fe^{2+})_{3...4}^{[6]}(Fe^{3+},Al)_{2...1}^{[6]}[AlSi_3O_{11}]_2(O,OH,F)_2$ gehören. Verschiedene Amphibole finden sich in feinfaseriger Form als Asbest, was offensichtlich durch ihre Kettenstruktur hervorgerufen wird.

Tab. 2.13: Kettensilikate.

Abb.	Anionenkomplex	Bezeichnung	Beispiel
2.56a 2.54f	$[Si_2O_6]^{4-}$	Zweier-Einfachkette (gestreckte Form)	$Mg_2[Si_2O_6]$ Enstatit
2.56b		Zweier-Einfachkette (verkürzte Form)	$Na_4[Si_2O_6]$
2.56c	$[Si_3O_9]^{6-}$	Dreier-Einfachkette	$Ca_3[Si_3O_9]$ β-Wollastonit
2.56d	$[Si_4O_{12}]^{8-}$	Vierer-Einfachkette (gestreckte Form)	$Ba_2[Si_4O_8(OH)_4]\cdot4\,H_2O$ Krauskopfit[1])
2.56e		Vierer-Einfachkette (verkürzte Form)	$Sr_2(VO)_2[Si_4O_{12}]$ Haradait
2.56f	$[Si_5O_{15}]^{10-}$	Fünfer-Einfachkette	$(Mn,Ca)_5[Si_5O_{15}]$ Rhodonit
2.56g	$[Si_6O_{18}]^{12-}$	Sechser-Einfachschraubenkette	$Ca_2Sn_2[Si_6O_{18}]$ Stokesit
2.56h	$[Si_7O_{21}]^{14-}$	Siebener-Einfachkette	$(Fe,Ca)_7[Si_7O_{21}]$ Pyroxferroit
2.56i	$[Si_9O_{27}]^{18-}$	Neuner-Einfachkette	$Fe_9[Si_9O_{27}]$ Ferrosilit III
2.56k	$[Si_{12}O_{36}]^{24-}$	Zwölfer-Einfachkette (verkürzte Form)	$Pb_{12}[Si_{12}O_{36}]$ Alamosit
2.56l	$[Si_4O_{11}]^{6-}$	Zweier-Doppelkette	$Mg_7[Si_4O_{11}](OH)_2$ Anthophyllit
2.56m	$[Si_6O_{17}]^{10-}$	Dreier-Doppelkette	$Ca_6[Si_6O_{17}](OH)_2$ Xonotlit

[1])Die (OH)-Ionen treten anstelle von O-Ionen in SiO_4-Tetraeder ein.

Ein Kettensilikat mit einer Dreierdoppelkette ist der Xonotlit, ein seltenes Mineral, der jedoch als Hydratationsprodukt beim Härten von Portlandzement eine Rolle spielt. Von den zahlreichen weiteren denkbaren Typen von Kettenstrukturen ist schon eine große Anzahl sowohl unter den natürlichen wie synthetischen Silikaten als auch den homologen Germanaten, Phosphaten und Vanadaten beobachtet worden (für weitere Beispiele und eine detaillierte Systematik sei auf die weiterführende Literatur, insbesondere Liebau (1985) verwiesen). Es sind auch Kristallstrukturen gefunden worden, in denen Ketten verschiedener Multiplizität, z. B. Einfach- und Doppelketten, nebeneinander vorkommen. Bei der pseudomorphen Hydratisierung von Pyroxenen schließen sich die ursprünglichen Einfachketten zu Vielfachketten zusammen, was fortschreitend zu immer größeren Baueinheiten führt, bis schließlich durch den Zusammenschluss unbegrenzt vieler Einzelketten ein Schichtsilikat, der Talk (s. u.), entsteht.

Schichtsilikate

Formal gelangt man zu den Schichtsilikaten, indem unbegrenzt viele Tetraederketten miteinander zu einem schichtartigen Anionenverband verknüpft werden. Auch die Systematik folgt diesem Schema und klassifiziert die Schichtsilikate nach der Art der Ketten, aus denen sie sich (formal) zusammensetzen. So beziehen sich die Bezeichnungen Zweier-, Dreier-, Vierer- oder Sechserschicht auf die Periode der Aufeinanderfolge der $[SiO_4]$-Tetraeder in den betreffenden Ketten. Die meisten Schichtsilikate enthalten Einfachschichten aus Zweierketten (Pyroxenketten), d. h., es sind Zweier-einfachschichten (Abb. 2.54h). Die Konstruktion der Schichten aus Ketten ist nur formal; innerhalb einer Schicht sind die [SiO_4]-Tetraeder über je drei ihrer Ecken miteinander zu einem Netz verknüpft, dessen „Maschen" aus Sechserringen bestehen. Je [SiO_4]-Tetraeder bleibt eine Ecke frei (d. h. unverknüpft), und es ist wesentlich, nach welcher Seite der Schicht diese vierte, freie Tetraederecke gerichtet ist. So weisen beim Petalit $Li^{[4]}Al^{[4]}[Si_2O_5]$ und beim Sanbornit $Ba^{[12]}[Si_2O_5]$ die freien Tetraederecken abwechselnd nach oben und nach unten.

Von größerer Bedeutung sind jedoch die Schichtsilikate, in denen die freien Tetraederecken alle zur selben Seite der Schicht weisen, wie bei den Glimmer- und Tonmineralen. Bei diesen Mineralen lagert sich an diese Seite eine Schicht oktaedrisch koordinierter Kationen (Mg^{2+} oder Al^{3+}) an, wobei die Koordinationsoktaeder z. T. von den O-Ionen der freien Tetraederecken und z. T. von zusätzlichen $(OH)^-$-Ionen gebildet werden (Abb. 2.57). Als Ergebnis entsteht gewissermaßen eine Zweischichtenstruktur mit der Formel $Mg_3^{[6]}[Si_2O_5](OH)_4$ (Chrysotil, Antigorit) bzw. $Al_2^{[6]}[Si_2O_5](OH)_4$ (Kaolinit). Im ersten Fall besetzt das Mg^{2+} alle oktaedrischen Lücken der Hydroxidschicht, und man spricht von einer trioktaedrischen Schicht. Im zweiten Fall besetzt das Al^{3+} wegen seiner größeren Ladung nur zwei Drittel dieser oktaedrischen Lücken, und man spricht von einer dioktaedrischen Schicht. Interessant ist, dass beim Chrysotil die Tetraederschicht und die Hydroxidschicht nicht genau aufeinander passen, so dass die Schichten gekrümmt sind und sich zu Röhrchen aufrollen; infolgedessen kann auch der Chrysotil in Form von Asbest ausgebildet sein. Beim Antigorit hingegen wechselt in Abständen von acht bis zehn Tetraedern die Richtung der freien Tetraederecken, und es entstehen wellblechartige Schichten.

Wie in Abb. 2.57d dargestellt, besteht des Weiteren die Möglichkeit, dass zwei Tetraederschichten mit den freien Tetraederecken zueinander gekehrt sind und eine Hydroxidschicht sandwichartig zwischen sich einschließen. So entstehen die Strukturen

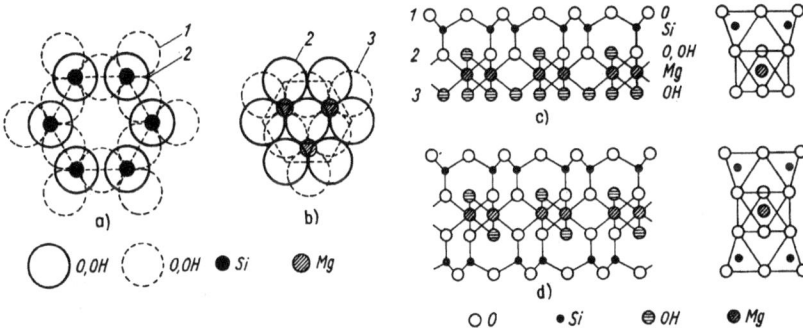

Abb. 2.57: Aufbau von Schichtsilikaten. a) Tetraedrisch koordinierte SiO_4-Schicht; b) oktaedrisch koordinierte $Mg(OH)_2$-Schicht (jeweils Draufsicht); c) Zweischichtenstruktur der Zusammensetzung $Mg_3[(OH)_4 \mid Si_2O_5]$; d) Dreischichtenstruktur der Zusammensetzung $Mg_3[(OH)_2\mid Si_4O_{10}]$ (jeweils Seitenansicht); rechts daneben schematische Darstellung.

des trioktaedrischen Talks $Mg_3^{[6]}[Si_2O_5]_2(OH)_2$ und des dioktaedrischen Pyrophyllits $Al_2^{[6]}[Si_2O_5]_2(OH)_2$. Die Schichtpakete sind valenzmäßig jeweils in sich abgesättigt, so dass die Bindung zwischen den Schichten nur durch schwache Restkräfte geschieht; deshalb sind diese Minerale sehr weich.

Wenn auch in die Tetraeder des Anionenverbandes Al-Ionen (anstelle von Si-Ionen) eintreten, dann erhalten die Schichtpakete insgesamt eine negative Ladung. Sie wird durch den Einbau von großen Kationen, wie K^+, Na^+, Ca^{2+}, Ba^{2+}, zwischen die Schichtpakete kompensiert, wodurch die Mineralgruppe der Glimmer entsteht (Abb. 2.58). Die großen Ionen zwischen den Schichtpaketen haben eine [12]-Koordination. Der trioktaedrische Phlogopit $K^{[12]}Mg_3^{[6]}[(AlSi_3)O_{10}](OH)_2$, der dioktaedrische Muskovit $K^{[12]}Al_2^{[6]}[(AlSi_3)O_5]_2(OH)_2$ und der dioktaedrische Margarit $Ca^{[12]}Al_2^{[6]}[(AlSi)O_5]_2(OH)_2$ sind Beispiele hierfür; in letzterem ist die Hälfte der Si-Ionen in den Tetraederschichten durch Al ersetzt. Die Schichtstruktur der Glimmer spiegelt sich in ihrer bis zu feinsten Blättchen fortsetzbaren Spaltbarkeit wider. Beim Aufeinanderstapeln der Schichten sind verschiedene Varianten möglich, so dass bei den Glimmern die Erscheinung der Polytypie zu beobachten ist.

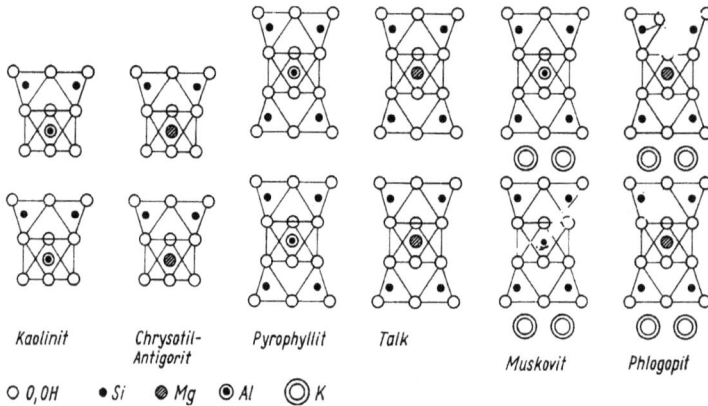

Kaolinit Chrysotil-Antigorit Pyrophyllit Talk Muskovit Phlogopit

○ 0, OH   • Si   ◉ Mg   ◉ Al   ◎ K

Abb. 2.58: Strukturschemata gesteinsbildender Schichtsilikate.

Gerüstsilikate

In den Gerüstsilikaten sind die $[SiO_4]$-Tetraeder zu dreidimensionalen Gerüsten verknüpft. Wie schon die Schichten, lassen sich auch die Gerüste formal aus Tetraederketten konstruieren. Dieses Schema wird für die Systematik der Gerüstsilikate benutzt. So bezieht sich die Bezeichnung Zweier-, Dreier-, Vierer- oder Sechsergerüst auf die Periode der Tetraederanordnung in den das Gerüst (formal) zusammensetzenden Ketten.

In fast allen Gerüstsilikaten sind sämtliche $[SiO_4]$-Tetraeder über alle vier Ecken miteinander verknüpft. Wenn sämtliche $[SiO_4]$-Tetraeder über alle vier Ecken miteinander verknüpft sind, resultiert ein Si:O-Verhältnis von 1 : 2, d. h. das Tetraedergerüst ist valenzmäßig bereits in sich abgesättigt: Es handelt sich um die Modifikationen des SiO_2 (Siliciumdioxid), von denen hier nur auf die wichtigsten eingegangen sei.

Beim Tridymit und beim Cristobalit bestehen die Tetraedergerüste aus Zweierketten (Pyroxenketten). In der hexagonalen Hochtemperaturform des Tridymit (Hoch-Tridymit) verlaufen diese Zweierketten parallel zur (001)-Ebene (Abb. 2.59a), und die Tetraeder benachbarter Ketten sind so miteinander verknüpft, dass sich – wie auch schon bei den Amphibolen, Talk und Glimmern – Sechserringe bilden (die in Abb. 2.59 scheinbar frei bleibenden Tetraederecken sind mit weiteren Ketten zum dreidimensionalen Gerüst verknüpft). In der kubischen Hochtemperaturform des Cristobalits (Hoch-Cristobalit) verlaufen die Zweierketten, die hier etwas gewinkelt sind, parallel zur (111)-Ebene (Abb. 2.59b).

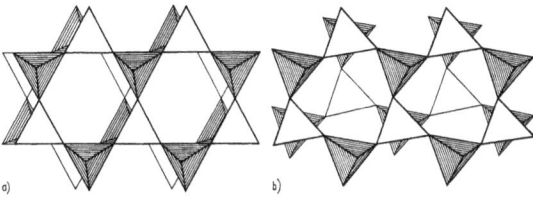

Abb. 2.59: Kristallstruktur von SiO_2-Modifikationen. a) Hoch-Tridymit, hexagonal; Projektion auf (0001), etwas geneigt; b) Hoch-Cristobalit, kubisch; Projektion auf (111).

Die Struktur des Quarzes lässt sich aus Dreierketten konstruieren. Die Hochtemperaturmodifikation des Quarzes (Hoch-Quarz, β-Quarz) ist hexagonal (Kristallklasse 622) und enthält eine 6_2-Schraubenachse (Bild 2.60a). Die Quarzstruktur ist enantiomorph: die zu Bild 2.60a korrelate Struktur enthält 6_4-Schraubenachsen.

Die Tieftemperaturformen der drei genannten SiO_2-Modifikationen gehen aus den entsprechenden Hochtemperaturformen durch eine gewisse gegenseitige Verkippung der Tetraeder hervor. Dadurch werden die in den Hochtemperaturformen geraden Verbindungslinien Si–O–Si gewinkelt, und die Symmetrie der Strukturen vermindert sich. So ist der Tief-Quarz (α-Quarz) nur trigonal (Kristallklasse 32) und enthält 3_1- bzw. 3_2-Schraubenachsen (Abb. 2.60b). Die Umwandlung von den Hoch- in die Tieftemperaturformen (und umgekehrt) beruht auf nur geringfügigen Verschiebungen der Atompositionen; es handelt sich um displazive Umwandlungen. Solche Umwandlungen erfolgen schnell und reversibel bei einer bestimmten Temperatur, so beim Quarz bei 573 °C. Hingegen müssen bei einer Umwandlung von Tridymit in Cristobalit oder in Quarz oder von Cristobalit in Quarz und umgekehrt die Strukturen völlig umgebaut werden; es handelt sich um rekonstruktive Umwandlungen. Solche Umwandlungen müssen eine beträchtliche Energieschwelle überwinden, sie verlaufen nur langsam oder sind gänzlich gehemmt.

Die Struktur des Quarzes besteht aus Dreierketten von SiO_4-Tetraedern, die im Rechtsquarz zu rechtshändigen Wendeln verknüpft sind, und der Tief-Rechtsquarz

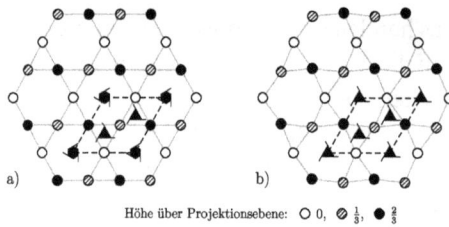

Höhe über Projektionsebene: ○ 0, ⊘ $\frac{1}{3}$, ● $\frac{2}{3}$

Abb. 2.60: Kristallstruktur von Linksquarz. a) Hoch-Quarz, hexagonal; b) (Tief-)Quarz, trigonal; Positionen der Si-Ionen und der drei- bzw. sechszähligen Schraubenachsen in Projektion auf (0001); (vgl. auch Bild 1.70 und den zur Kristallklasse 32 gehörenden Text!).

gehört zur linken Raumgruppe $P3_221$, welche linke(!) Schraubenachsen 3_2 enthält (vgl. Abb. 1.104). Tief-Linksquarz gehört zur rechten Raumgruppe $P3_121$ mit rechten Schraubenachsen 3_1, aber linkshändigen Tetraederwendeln (Abb. 2.60). Die Umwandlung zwischen der trigonalen Tiefform und der hexagonalen Hochform beruht auf nur geringfügigen Verschiebungen der Atompositionen; es handelt sich um eine sog. displazive Umwandlung. Im Falle des Linksquarzes entstehen dabei aus einem Teil der 3_1-Schraubenachsen solche vom Typ 6_4. Außerdem ist die rechte Raumgruppe $P3_121$ des Tief-Linksquarzes eine Untergruppe der linken Raumgruppe $P6_422$ des Hoch-Linksquarzes (Heaney u. a. (1994)).

Von den weiteren Modifikationen des SiO_2 sei noch der Coesit genannt, der wie der Quarz aus Dreiergerüsten besteht. Er entsteht aus letzterem durch Einwirkung von sehr hohen Drücken und wurden z. B. in der Umgebung der Einschlagkrater großer Meteorite gefunden. Bereits erwähnt wurden das faserige SiO_2 mit über die Kanten verknüpften Tetraedern (SiS_2-Strukturtyp), und der Stichovit $Si^{[6]}O_2$ (Rutilstrukturtyp), der jedoch zu den (isodesmischen) Koordinationsstrukturen zu rechnen ist.

Wenn in die Tetraedergerüste der Gerüstsilikate Al^{3+} anstelle von Si^{4+} eintritt, eröffnet sich ladungsmäßig die Möglichkeit für den Einbau weiterer Kationen in die relativ großen Hohlräume dieser Gerüste. Zu den häufigsten Gerüstsilikaten zählt die Mineralgruppe der Feldspäte; sie sind zu rund zwei Dritteln am Aufbau der Erdkruste beteiligt. Die Anionengerüste der Feldspäte lassen sich aus schleifenförmig verzweigten Dreierketten konstruieren. Die triklinen Plagioklase (Kalknatronfeldspäte) stellen eine Mischkristallreihe zwischen $Na[AlSi_3O_8]$ (Albit) und $Ca[Al_2Si_2O_8]$ (Anorthit) dar. Man beachte, dass der Einbau des zweiwertigen Ca^{2+} anstelle des einwertigen Na^+ mit dem Einbau von weiteren Al^{3+} anstelle von Si^{4+} gekoppelt ist; die allgemeine chemische Formel der Plagioklase lautet entsprechend $Na_{1-x}Ca_x[Al_{1+x}Si_{3-x}O_8]$.

Die Verteilung der Al- und Si-Ionen in den Tetraedergerüsten der Feldspäte ist bei hohen Temperaturen ungeordnet statistisch, bei tiefen Temperaturen jedoch geordnet, wodurch sich die Symmetrie der Struktur vermindert. So kennt man z. B. beim Kalifeldspat eine monokline Hochtemperaturmodifikation (Sanidin) mit statistischer Verteilung und eine trikline Tieftemperaturmodifikation (Mikroklin) mit geordneter Verteilung. Bei den Plagioklasen mittlerer Zusammensetzung gibt es außerdem noch die Möglichkeit einer Ordnung zwischen den Na- und Ca-Ionen und der Ausbildung von Überstrukturen. Die Feldspäte sind ein weiteres Beispiel für Ordnungs–Unordnungs-Umwandlungen. Solche Umwandlungen verlaufen langsam und kontinuierlich über innerkristalline Platzwechselvorgänge und Diffusion. Durch schnelles Abkühlen lassen sich die Hochtemperaturzustände einfrieren und metastabil erhalten.

Eine andere Gruppe der Alumo-Gerüstsilikate sind die Ultramarine, die zusätzliche weitere Anionen bzw. Anionenkomplexe, wie Cl^-, $[SO_4]^{2-}$, $[CO_3]^{2-}$, S^{2-} enthalten. Das Gerüst der Ultramarine (vgl. Abb. 2.54i) ist sehr „locker" und enthält größere Hohlräume, wie aus der schematisierten Darstellung von Abb. 2.61 besonders deutlich wird: Die (Si,Al)-Ionen des Gerüstes besetzen die Ecken eines Kubooktaeders, und die Symmetrie der Struktur ist kubisch. Eine typische Formel für Ultramarine ist $Na_8[Al_6Si_6O_{24}]X_2$ mit X für die fremden Anionen.

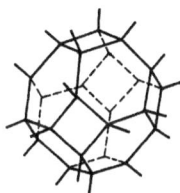

Abb. 2.61: Strukturschema des Ultramaringerüstes. Verbindungslinien zwischen den (Si,Al)-Ionen.

Zu den Gerüstsilikaten gehören des Weiteren die Zeolithe. Nach ihrer Struktur, die gewisse Analogien zu den Ultramarinen aufweist, unterscheidet man drei Typen:

1. Würfelzeolithe mit kubischer oder pseudokubischer Symmetrie, wie Analcim $Na[AlSi_2O_6] \cdot H_2O$, Chabasit $Ca[Al_2Si_4O_{12}] \cdot 6\,H_2O$ und Faujasit $Na_5Ca_3Mg_2[Al_{15}Si_{33}O_{96}] \cdot 58\,H_2O$,
2. Blätterzeolithe, wie Heulandit $(Na,K)Ca_4[Al_9Si_{27}O_{72}] \cdot 24\,H_2O$, und
3. Faserzeolithe, wie Natrolith $Na_2[Al_2Si_3O_{10}] \cdot 2\,H_2O$, und Thomsonit $NaCa_2[Al_5Si_5O_{20}] \cdot 6\,H_2O$.

Zeolithe werden in großem Umfang technisch produziert, so der synthetische sog. Zeolith A mit der Formel $Na_{12}[Al_{12}Si_{12}O_{48}] \cdot 27\,H_2O$. Die Gerüstverknüpfung führt bei den Zeolithen zu übergeordneten Bauverbänden mit größeren Hohlräumen in Form von „Käfigen" und Kanälen. Die Zeolithe werden als „Molekülsiebe" zur Trennung von Molekülgemischen benutzt, wobei die kleineren Moleküle die Kanäle in den Zeolithen passieren können und die größeren zurückgehalten werden. Da die Kanäle in den verschiedenen Zeolithen unterschiedlich groß sind, hat man Molekülsiebe mit sehr spezifischen Trenneigenschaften zur Verfügung. Die Zeolithe vermögen außerdem Wassermoleküle reversibel aufzunehmen und wirken als Ionenaustauscher, was umfangreiche technische Anwendungen gefunden hat, so als Permutite für die Enthärtung von Wasser.

Eine zusammenfassende Übersicht der Silikate macht deutlich, dass die Vielfalt ihrer Strukturen durch die zahlreichen verschiedenen Verknüpfungsmöglichkeiten der $[SiO_4]$-Tetraeder bedingt ist. Deren Verknüpfung zu Bauverbänden – Grundlage für die Systematik der Silikatstrukturen – ist jedoch nur die eine Seite der Kristallchemie der Silikate. Die zweite Seite ist der Zusammenbau der Anionenverbände mit den übrigen Kationen, für welche passende Koordinationspolyeder entstehen müssen. Anders ausgedrückt: Man hat die Anordnung und Verknüpfung der Koordinationspolyeder der übrigen Kationen sowohl mit den Tetraederverbänden als auch untereinander zu diskutieren, worauf hier nur kurz hingewiesen werden kann. So ist für die Strukturen der gesteinsbildenden Silikatminerale wesentlich, dass die Kantenlängen der $[SiO_4]$-Tetraeder mit den Kantenlängen der $[MgO_6]$- und der $[AlO_6]$-Koordinationsoktaeder gut übereinstimmen. Diese Baueinheiten lassen sich zwanglos zusammenfügen (vgl. z. B. Abb. 2.54 und 2.56), und es ergeben sich relativ einfache und dichte Strukturen, in denen die O-Ionen dichte Kugelpackungen bilden.

Sind größere Kationen, wie Na, K, Ca, Ba, La, Ce etc., am Aufbau einer Silikatstruktur beteiligt, so sind deren Koordinationspolyeder nicht mehr mit einzelnen $[SiO_4]$-Tetraedern kommensurabel. Es entstehen dann kompliziertere, weniger dichte Strukturen, für die eine Verknüpfung der größeren Koordinationspolyeder mit $[Si_2O_7]$-Doppeltetraedern typisch ist. Bei den Kettensilikaten beobachtet man anstelle der sonst vorherrschenden Zweierketten (Pyroxene, Amphibole) beim Eintritt größerer Ionen das Auftreten von Ketten mit längerer Periode, beispielsweise von Dreierketten beim β-Wollastonit und beim Xonotlit (vgl. Tab. 2.13).

Schließlich sei noch einmal darauf hingewiesen, dass sich viele Grundzüge der Kristallchemie der Silikate auch bei den Germanaten und den Phosphaten wiederfinden.

2.5 Molekülstrukturen

Molekülstrukturen entstehen, wenn Moleküle als selbständige Baugruppen zu einem Kristall zusammentreten. Die Bindungskräfte innerhalb der Moleküle sind vorwiegend kovalent und viel stärker als die kristallchemischen Bindungskräfte zwischen den Molekülen. Bei den letzteren handelt es sich meist um relativ schwache van-der-Waals-Kräfte, obwohl in einzelnen Fällen auch elektrovalente oder metallische Bindungsanteile vorkommen können. Den weitaus größten Anteil der Molekülstrukturen bilden naturgemäß die Kristalle der organischen Verbindungen.

Da die van-der-Waals-Kräfte wenig spezifisch sind, stehen in der Kristallchemie der Molekülkristalle Fragen der Packung der Moleküle im Vordergrund, für deren Behandlung sich die Kalottenmodelle der Moleküle bewährt haben. Dabei sind für die Kalottenmodelle die entsprechenden van-der-Waalsschen Wirkungsradien (Molekülradien, s. Abschnitt 2.1) zu berücksichtigen. Eine Einteilung der Molekülstrukturen lässt sich nach der Gestalt der Moleküle vornehmen. Die Strukturen von Molekülkristallen aus einfachen, annähernd isometrischen Molekülen, wie H_2, O_2, Cl_2, HCl, CO_2, CH_4, $C(CH_3)_4$ u. a. m., lassen sich aus den Bauprinzipien der dichten Kugelpackungen

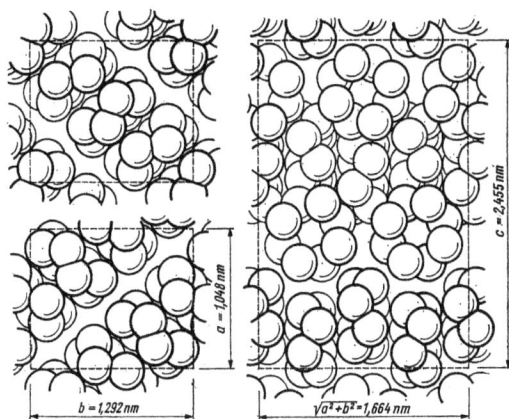

Abb. 2.62: Kristallstruktur des orthorhombischen α-Schwefels.

ableiten. Ein instruktives Beispiel für die Packung in Molekülkristallen bietet der orthorhombische α-Schwefel (Abb. 2.62). Er besteht aus S_8-Molekülen in Form gewinkelter Ringe. Diese Ringe sind geldrollenartig übereinander gestapelt, und zwar abwechselnd in den Richtungen [110] und [1$\bar{1}$0]. Eine Elementarzelle enthält 16 S_8-Ringe.

Eine sehr interessante Gruppe von isometrischen Molekülen sind die erst in neuerer Zeit entdeckten Fullerene, als Kristalle auch oft als Fullerite bezeichnet. Sie bestehen jeweils aus einer größeren Anzahl von Kohlenstoff-Atomen, wie das häufigste (eigentliche) Fulleren C_{60}. In seinen kugelförmigen Molekülen (Durchmesser 0,71 nm) besetzen die C-Atome die 60 Ecken eines gleichseitigen Polyeders aus 20 Hexagonen und 12 Pentagonen, wie es der bekannten Form eines Fußballs (mit 90 gleich langen Kanten) entspricht. Jedes C-Atom ist trigonal mit 3 Nachbarn im Abstand von 0,144 nm verknüpft, was einer sp^2-Hybridbindung (wie im Graphit mit 0,142 nm) nahe kommt. Die Symmetrie des Moleküls ist die eines regulären Ikosaeders, also gleichzeitig auch kubisch. Als Kristall bilden die C_{60}-Moleküle eine kubisch dichteste Kugelpackung mit einem kubisch flächenzentrieren Gitter (Gitterparameter a = 1,417 nm, Abstand der Molekülzentren 1,002 nm). Die Dichte ist mit 1,72 g/cm^3 relativ gering (Diamant 3,52 g/cm^3, Graphit 2,26 g/cm^3), was auf die relativ schwachen Bindungen zwischen den Molekülen hinweist. Das kleinste bekannte Fullerenmolekül C_{20} wird durch ein reguläres Dodekaeder (aus 12 Pentagonen) dargestellt. Die Moleküle der höheren Fullerene C_{70}, C_{76}, C_{78}, etc. bis C_{240} und C_{330} sind nicht mehr kugelförmig, kristallisieren aber auch als dichte Packungen. Die Moleküle und ihre Eigenschaften können durch die Einlagerung anderer Atome und die Anlagerung von organischen Gruppen noch vielfältig modifiziert werden.

Eine große Gruppe von Molekülstrukturen besteht aus lang gestreckten Molekülen, wie langkettigen Kohlenwasserstoffen, Alkoholen, Ketonen, Estern. Abb. 2.63 zeigt die Struktur von Kristallen eines n-Paraffins, also eines langkettigen aliphatischen Kohlenwasserstoffs, C_nH_{2n+2} (mit $n > 20$). Ein einzelnes Molekül besteht aus einer geraden Zickzackkette von C-Atomen mit dem typischen Tetraederwinkel von

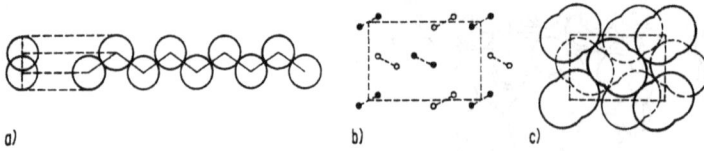

Abb. 2.63: Kristallstruktur von n-Paraffin $C_{29}H_{60}$. a) Aufbau einer Paraffinkette; b) Projektion einer Elementarzelle in Kettenrichtung; c) Anordnung der Paraffinketten.

109,5° und einem C–C-Abstand von 0,154 nm wie beim Diamanten. Diese Ketten lagern sich parallel und möglichst dicht zusammen, wobei nach jeder Kettenlänge die azimutalen Orientierungen wechseln. Molekülstrukturen mit flach gebauten Molekülen bilden viele aromatische Kohlenstoffverbindungen, wie Naphthalen, Anthracen, Phenole, Chinone u. a. m. So bestehen die Moleküle des Anthracens $C_{14}H_{10}$ (Abb. 2.64) aus drei ebenen, aromatischen Sechserringen mit einem C–C-Abstand von 0,142 nm wie beim Graphit. Diese Moleküle sind in der monoklinen Elementarzelle so angeordnet, dass ihre Längsachsen parallel zur $\vec{c}$-Achse verlaufen und die Molekülebenen in zwei verschiedenen Orientierungen paarweise parallel liegen.

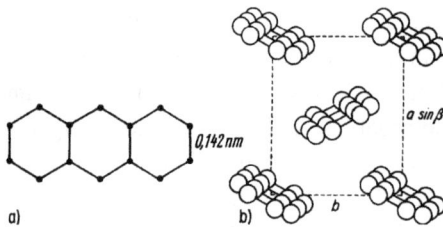

Abb. 2.64: Kristallstruktur von Anthracen $C_{14}H_{10}$. a) Anthracen-Molekül; b) Anordnung der Moleküle.

Eine kristallchemisch interessante Gruppe von Molekülstrukturen und kristallinen Hydraten sind die Clathrate, auch Käfigstrukturen genannt. Die Moleküle der betreffenden Verbindungen, wie Harnstoff, Chinole, Hydrochinon u. a., bilden ein Gerüst mit Hohlräumen (in gewisser Analogie zu den Zeolithen). In diese Hohlräume können je nach ihrer Größe andere, kleinere Moleküle eingeschlossen werden. So vermögen Chinol, Hydrochinon, p-Fluorphenol u. a. bei der Kristallisation aus Wasser oder anderen Lösungsmitteln Moleküle von H_2S, SO_2, HCl, HBr, HCN, CO_2, C_2H_2, aber auch Edelgase Ar, Kr, Xe, fest einzuschließen, was eine Reihe interessanter Anwendungen, so zur Fixierung radioaktiver Spaltprodukte, eröffnet.

Bei der Untersuchung der Strukturen aus großen, kompliziert gebauten Molekülen steht die Aufklärung der Konstitution und Gestalt dieser Moleküle selbst im Vordergrund. Die Erforschung der Strukturen sehr großer und komplexer Moleküle ist ein besonderer Zweig der Strukturforschung mit eminenter Bedeutung für die Biochemie und die Pharmazie. Als Beispiele für die ersten derartigen komplizierten und langwierigen Strukturbestimmungen seien Insulin und Pepsin genannt. Beim rhomboedrischen Insulin enthält die notwendigerweise große Elementarzelle ($a = 4{,}44\,\text{nm}$; $\alpha = 114°48'$) ein Molekül mit der relativen Molekülmasse (Molekulargewicht) von rund 39700. Beim hexagonalen Pepsin ist die Elementarzelle noch größer ($a = 6{,}7\,\text{nm}$; $c = 15{,}4\,\text{nm}$) und enthält zwölf Moleküle mit einer relativen Molekülmasse von rund 40000. Mit Hilfe des Elektronenmikroskops ist nachgewiesen worden, dass sogar Viren kristallähnliche Ordnungszustände einnehmen können, indem sie sich zu dichten Kugelpackungen zusammenlagern. Die Kristallbildung erweist sich hier als ein allgemeines Ordnungsprinzip der Materie, wie es sich auch experimentell durch die bekannten Seifenblasenmodelle oder durch Präparate von Latexkügelchen simulieren lässt.

Kristalline Ordnungszustände spielen auch bei hochpolymeren Verbindungen bzw. Kunststoffen eine gewisse Rolle. Während viele hochpolymere Stoffe (wie Polystyrol, Polyvinylchlorid u. a.) amorph sind, bildet eine beträchtliche Anzahl, wie Polyethylen, Polypropylen, Polycaprolactam, Terylen u. a., auch kristalline Strukturen. Die langkettigen Moleküle (relative Molekülmassen von $10^2 \ldots 10^7$ und größer) ordnen sich parallel zueinander in möglichst dichter Packung und durchziehen in Längsrichtung entsprechend ihrer innermolekularen Periodizität viele Elementarzellen. Es ist typisch, dass in der Struktur auch ungeordnete Anteile verbleiben und je nach den Bildungsbedingungen nur ein gewisser Kristallinitätsgrad erreicht wird. So entstehen beim Erstarren der Schmelzen von Hochpolymeren Kristallite mit Abmessungen der Größenordnung von 10 nm, die in amorphes Material eingebettet sind. Da die Polymerketten Längen bis zu 1 μm aufweisen können, ragen sie über die Kristallite hinaus und können am Aufbau mehrerer Kristallite teilnehmen oder nach Umfaltung wiederholt durch denselben Kristalliten hin- und herlaufen. Es ergibt sich so das Strukturschema der Fransenmizellen (Abb. 2.65). Der erreichbare Ordnungszustand bzw. Kristallinitätsgrad wird weitgehend durch sterische Gegebenheiten (Beweglichkeit innerhalb der Molekülketten, Vorhandensein von Seitenketten usw.) bestimmt und beeinflusst nachhaltig die Eigenschaften der hochpolymeren Stoffe.

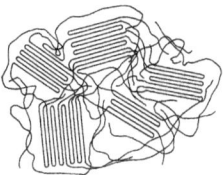

Abb. 2.65: Strukturschema von hochpolymeren Stoffen mit Fransenmizellen.

3 Beugungsmethoden und Kristallstrukturbestimmung

3.1 Einleitung und Übersicht

Die Entdeckung der Röntgenstrahlen durch Wilhelm Conrad Röntgen[1] 1885, der dafür den ersten Nobelpreis für Physik (1901) bekam, war die Grundlage der Entwicklung von Röntgenbeugungsmethoden zur Bestimmung der Anordnung der Atome in kondensierter Materie. Röntgen suchte erfolglos nach Beugungseffekten, die erstmals 1912 durch Friedrich und Knipping beobachtet wurden und von Max von Laue (Nobelpreis an Laue, 1914) als Interferenzmuster aufgrund einer regelmäßigen Anordnung von Atomen interpretiert wurde. Damit war geklärt, dass die Wellenlänge von Röntgenstrahlung etwa 10^{-10} m (1 Å) beträgt, und dass Atome in Kristallen langreichweitig geordnet sind.

Die Bestimmung von Kristallstrukturen wurde so möglich und schon 1915 wurde der Nobelpreis an William Henry Bragg und William Lawrence Bragg für die Analyse von Kristallstrukturen mit Hilfe von Röntgenstrahlen verliehen. Bis heute wurden ≈30 Nobelpreise für Arbeiten vergeben, in denen Grundlagen und Methoden für Röntgen- oder den eng verwandten Neutronenbeugungsverfahren entwickelt wurden oder in denen Beugungsverfahren zur Bestimmung von Struktur-Eigenschaftsbeziehungen eingesetzt wurden.

Seit der Entdeckung der Röntgenstrahlen wurden immer leistungsfähigere Quellen für ihre Erzeugung entwickelt. Zunächst wurden die Röntgenröhren optimiert und später wurden durch den Bau von Synchrotronstrahlungsquellen Experimente möglich, bei denen die Brillanz der Röntgenstrahlung um mehr als zehn Größenordnungen im Vergleich zu Röntgenröhren gesteigert wurde. Zur Zeit werden „Freie-Elektronen-Laser" (engl. *free-electron laser* – FEL) gebaut und optimiert, mit denen völlig neuartige Experimente möglich sind, da dort die Röntgenstrahlung noch einmal mehrere Größenordnungen brillanter sein wird. In den letzten hundert Jahren wurden auch die Detektoren für Röntgenbeugungsexperimente bezüglich ihrer Zeit- und Ortsauflösung, ihrer Dynamik und ihrer Empfindlichkeit für hochenergetische Röntgenstrahlung wesentlich verbessert. Parallel zu den außerordentlichen Weiterentwicklungen der experimentellen Techniken wurden leistungsfähige Programme zur Datenanalyse entwickelt. Die stetige Verbesserung der Experimentiermöglichkeiten und der Datenauswertung ist auch heute noch Gegenstand umfangreicher Forschungsarbeiten. Daher ist der Teil der Kristallographie, der sich mit der Bestimmung von Kristallstrukturen durch Beugungsmethoden beschäftigt, auch heutzutage ein äußerst dynamischer Forschungszweig mit vielfältigen Anwendungen. Dies soll in den nächsten Abschnitten beleuchtet werden. Dabei wird die Erzeugung und die

---

[1] Wilhelm Conrad Röntgen (27.3.1845–10.2.1923).

https://doi.org/10.1515/9783110460247-003

Detektion von Röntgenstrahlung geschildert. Die grundlegenden Wechselwirkungen, die in der Strukturbestimmung benutzt werden, werden diskutiert und vielfältigen Methoden, die heute eingesetzt werden, werden danach kurz umrissen.

3.2 Erzeugung von Röntgenstrahlung

Als Röntgenstrahlung wird elektromagnetische Strahlung mit Wellenlängen zwischen $1\,nm = 10^{-9}\,m = 10\,\text{Å}$ und $10\,pm = 10^{-11}\,m = 0,1\,\text{Å}$ bezeichnet. Dies entspricht Photonenenergien von 1,24 bis 123,98 keV. (Umrechnung über $E = hc/\lambda$, wobei h das Plancksche[2] Wirkungsquantum ($6,62606957 \cdot 10^{-34}$ Js) und $c = 299792458$ m/s die Lichtgeschwindigkeit sind, und $1\,eV = 1,602176565 \cdot 10^{-19}$ J entspricht).

Als „weiche Röntgenstrahlung" wird der Spektralbereich von 1 nm bis 100 pm bezeichnet, während harte Röntgenstrahlung Wellenlängen von 100 pm bis 10 pm aufweist. Elektromagnetische Strahlung mit kürzerer Wellenlänge wird als γ-Strahlung bezeichnet. Bei längeren Wellenlängen, d. h. bei geringeren Energien, beginnt das extreme Ultraviolett.

Wesentliche Eigenschaften eines Röntgenstrahls sind seine Brillanz, die angegeben wird in Photonen/Zeiteinheit/Raumwinkel/Bandbreite, seine Divergenz, Polarisation und Kohärenz sowie die Größe des Ortes, an dem die Röntgenstrahlung entsteht. Bandbreite bedeutet hier das Energieintervall, in dem die Intensität der Röntgenstrahlung gemessen wird. Monochromatische Röntgenstrahlung ist durch eine Wellenlänge charakterisiert, während „weiße" Röntgenstrahlung einen großen Energiebereich abdeckt.

3.2.1 Erzeugung von Röntgenstrahlung mit Röntgenröhren

Die Erzeugung von Röntgenstrahlen veränderte sich in den ersten 50 Jahren nach ihrer Entdeckung nicht wesentlich. In Röntgenröhren (Abb. 3.1) wird Röntgenstrahlung dadurch erzeugt, dass Elektronen durch Anlegen einer Hochspannung (typischerweise 25...100 kV) beschleunigt werden und dann beim Auftreffen auf eine metallische Anode abgebremst werden. In den ersten Röntgenröhren wurden die Elektronen durch Ionisation in partiell evakuierten Röhren erzeugt, während in modernen Röntgenröhren ein aufgeheizter Wolframdraht in einem Hochvakuum als Kathode und Elektronenquelle dient.

Zwei Prozesse sind dabei für die Entstehung von hochenergetischen Photonen wesentlich. Zum einen wird die kinetische Energie der Elektronen durch Streuung an den Atomen in Strahlungsenergie umgewandelt. Dabei entsteht ein kontinuierliches Spektrum welches als „Bremsstrahlen-Spektrum" bezeichnet wird und, wie in Abb. 3.2

---

2 Max Karl Ernst Ludwig Planck (23.4.1858–4.10.1947).

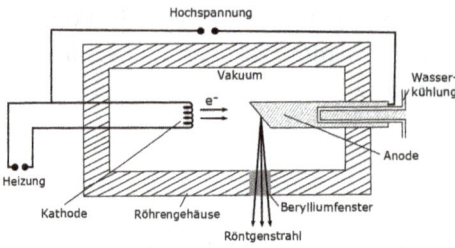

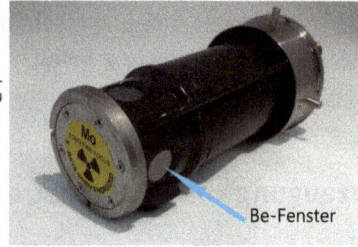

Abb. 3.1: Schema und Photo einer Röntgenröhre. Der Durchmesser des Gehäuses beträgt etwa 10 cm.

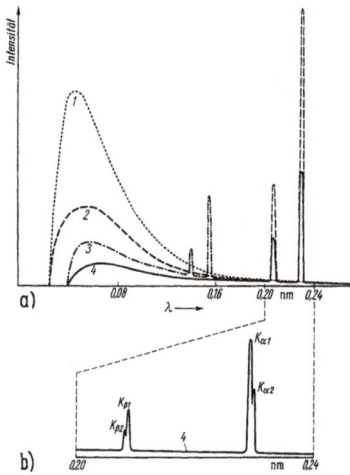

Abb. 3.2: Das Emissionsspektrum einer Röntgenröhre setzt sich zusammen aus einem kontinuierlichem breitbrandigem Spektrum aufgrund der Bremsstrahlung sowie aus der „charakteristischen Strahlung" mit scharfen Intensitätsmaxima. Das Emissionsspektrum hängt vom Anodenmaterial und der angelegten Spannung ab (1: W / 50 kV; 2: Cr / 50 kV; 3: Cu / 30 kV; 4: Cr / 30 kV). Die Ausschnittsvergrößerung zeigt die Aufspaltung der charakteristischen Linien.

dargestellt, durch ein breites Intensitätsmaximum gekennzeichnet ist. Die höchste Energie, die ein durch diesen Prozess erzeugtes Photon haben kann, entspricht dabei der kinetischen Energie eines Elektrons, welche durch die Beschleunigungsspannung U vorgegeben ist ($\lambda_{min} = eU/hc$).

Die auf die Anode treffenden Elektronen haben aber auch ausreichend Energie, um kernnahe Elektronen aus ihrer Schale zu schlagen. Dadurch entsteht in diesem Orbital ein „Loch", welches umgehend durch ein Elektron, das sich zunächst auf einer weiter vom Kern entfernten Schale befunden hat, wieder besetzt wird. Elektronen, die sich auf einer äußeren Schale befinden, sind schwächer gebunden als kernnahe Elektronen. Daher wird bei dem Übergang eines Elektrons von einer äußeren Schale mit der Hauptquantenzahl m auf eine innere Schale mit der Hauptquantenzahl n Energie frei. Der genaue Energiebetrag hängt von den Bindungsenergien der beteiligten Elektronen ab und ist daher für jedes Element charakteristisch. Für die Entdeckung dieses charakteristischen Linienspektrums erhielt Barkla[3] 1917 den Nobelpreis für Physik. Die innere Schale, aus der ein Elektron entfernt wird, ist namensgebend für die charakteristische Strahlung, d. h. wenn ein Elektron aus der innersten K-Schale entfernt wird, handelt es sich um die K-Linie, wenn das Elektron aus der L-Schale entfernt wird, handelt es sich um L-Linie, etc. Die Schale, von der das in den unbesetzten Zustand springende Elektron stammt, wird entsprechend dem in Abb. 3.3 gezeigten Schema durch einen griechischen Buchstaben gekennzeichnet. Die Kopplung des Drehimpuls des Elektrons auf der äußeren Schale, welcher durch die Nebenquantenzahl l angegebenen wird, mit seinem Spin wird durch eine Quantenzahl $j = l \pm \frac{1}{2}$ angegeben. Aufgrund dieser Kopplung gibt es noch eine weitere Aufspaltung der Energieniveaus und damit auch der emittierten charakteristischen Strahlung. Diese wird durch eine Ziffer angegeben, so dass z. B. die charakteristische Strahlung, die durch den Übergang eines Elektrons $L \rightarrow K$ als K_α-Strahlung bezeichnet wird, wobei der $L(j = \frac{3}{2}) \rightarrow K$ Übergang zur Emission von $K_{\alpha 1}$-Strahlung führt, während die $K_{\alpha 2}$-Strahlung durch den Übergang $L(j = \frac{1}{2}) \rightarrow K$ erzeugt wird (Abb. 3.3).

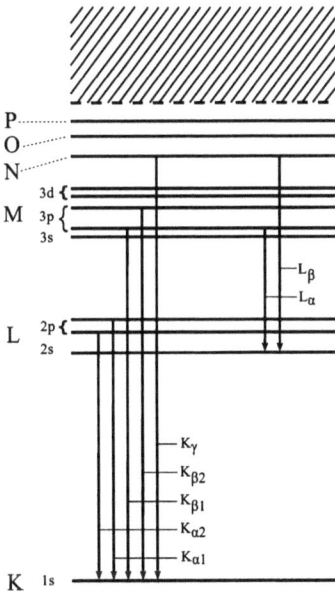

Abb. 3.3: Die von einer Anode emittierte charakteristische Strahlung entsteht beim Übergang eines Elektrons von einer äußeren Schale auf einen unbesetzten Zustand einer inneren Schale. Aufgrund von Auswahlregeln sind nicht alle Übergänge erlaubt.

Moseley[4] zeigte, dass die charakteristische Röntgenstrahlung systematisch von der Ordnungszahl abhängt und dass man daher ein Röntgenemissionsspektrum benutzen

---

3 Charles Glover Barkla (7.6.1877–23.10.1944).
4 Henry Moseley (23.11.1887–10.8.1915).

kann, um die chemische Zusammensetzung einer Probe zu bestimmen. Dabei ist

$$1/\lambda = R(Z - K)^2(1/n^2 - 1/m^2) \tag{3.1}$$

mit der Rydberg-Konstanten[5] $R = 1{,}09737 \cdot 10^7$ m^{-1}, Z der Ordnungszahl des Elements, K als Abschirmungskonstante, die die Abschirmung der Kernladung durch kernnahe Elektronen beschreibt, sowie n und m als Hauptquantenzahlen der involvierten inneren bzw. äußeren Schalen. Dies ist die Grundlage der chemischen Analyse mit einer Elektronenstrahl-Mikrosonde, wo die charakteristische Strahlung durch einen auf die Probe fokussierten Elektronenstrahl angeregt wird, und der Röntgenfluoreszenzspektroskopie, in der die charakteristische Strahlung durch einen Röntgenstrahl angeregt wird.

In den allermeisten Fällen wird für Strukturbestimmungen und -verfeinerungen monochromatische Röntgenstrahlung benutzt. Dafür werden Röntgenröhren mit unterschiedlichem Anodenmaterial (Tab. 3.1) genutzt. Weit verbreitet sind Cu- und Mo-Röhren. Kupferstrahlung führt zu starker Fluoreszenz und damit einem schlechten Signal-zu-Untergrund-Verhältnis, wenn die Probe Eisenatome enthält (Abschnitt 3.3.2).

Tab. 3.1: Wellenlängen (in Å) der charakteristischer Strahlung von oft genutztem Anodenmaterial in Röntgenröhren.

λ	Mo	Cu	Fe	Ag
Kβ	0,6325	1,3922	1,7563	0,4971
Kα_1	0,7093	1,5405	1,9360	0,5594
Kα_2	0,7135	1,5443	1,9399	0,5638
Kα	0,7107	1,5418	1,9373	0,5609

Die Vorteile der Erzeugung von Röntgenstrahlung mit Röntgenröhren liegen in den geringen Anforderung für Platz, Energie und Kühlung. Die Nachteile der klassischen Röntgenröhre sind, dass das emittierte Spektrum von vergleichsweise geringer Intensität ist, und der Erzeugungsprozess sehr ineffizient ist, da nur <1 % der aufgewandten Energie in Röntgenstrahlung umgesetzt wird. Die wesentliche Begrenzung dieser Methode ist daher die thermische Belastbarkeit der Anode, bei der ein Aufschmelzen der Anode durch Wasserkühlung vermieden werden muss. Dabei müssen 1,5 . . . 2,5 kW thermische Leistung abgeführt werden.

Eine technische Lösung zur Erhöhung der Intensität sind „Drehanoden", mit Leistungen von 5 kW. In diesen wird die Anode rasch gedreht, so dass der einfallende Elektronenstrahl nicht immer auf dieselbe Stelle trifft und damit ein Aufschmelzen verhindert wird. Eine neuere Lösung sind Mikrofokusröhren, d. h. Röntgenröhren, in

---

5 Johannes Robert Rydberg (8.11.1854–28.12.1919).

denen der Elektronenstrahl auf einen sehr kleinen Fleck (50 ... 350 μm) auf der Anode fokussiert wird, im Gegensatz zu den viel größeren Brennflecken in konventionellen Röntgenröhren (300 ... 800 μm). Dadurch verbrauchen diese neuen Quellen nur noch ≈ 5 % der Leistung (typischerweise ≈ 70 W) die für den Betrieb einer konventionellen Röntgenröhre (2 ... 2,5 kW) benötigt werden.

3.2.2 Synchrotronstrahlungsquellen

Synchrotronstrahlungsquellen ermöglichen die Erzeugung von sehr viel brillanterer Strahlung als es mit Röntgenröhren möglich ist. Synchrotronstrahlung ist elektromagnetische Strahlung, die von radial beschleunigten relativistischen geladenen Teilchen emittiert wird. Dabei verringert sich die Wellenlänge der emittierten Strahlung mit zunehmender Energie der Teilchen. Das erste Synchrotron wurde 1947 mit einem Umfang von einigen Metern aufgebaut, beschleunigte Elektronen bis zu 70 MeV und emittierte Strahlung im sichtbaren Spektrum. Die Speicherringe der führenden Anlagen heute (Tab. 3.2) haben einen Umfang von bis zu 2,3 km (PETRA III in Hamburg). In derartigen Anlagen wird mit auf mehrere GeV beschleunigten Elektronen Synchrotronstrahlung mit Photonenenergien bis zu 500 keV (0,0248 Å) erzeugt.

Tab. 3.2: Auswahl von Synchrotronstrahlungsquellen.

Synchrotron	Ort	Umfang Speicherring [m]	Energie im Speicherring [GeV]
ESRF	Grenoble (F)	844	6
PETRA III	Hamburg (D)	2304	6
MAX IV	Lund (S)	528	1,5 und 3
BESSY II	Berlin (D)	240	1,7
APS	Chicago (USA)	1104	7
SPring-8	Hyōgo Prefecture (J)	1436	8

In Synchrotronstrahlungsquellen werden zunächst mit einer Positronen- oder Elektronenquelle Ladungsträger erzeugt. Diese Ladungsträger werden dann in einem Linearbeschleuniger beschleunigt. Danach werden die Elektronen entweder direkt in den Speicherring eingespeist oder aber zunächst in einem kleineren Ring weiter beschleunigt, bevor sie dann in einen großen Speicherring eingespeist werden (Abb. 3.4).

Die Brillanz der in einer Synchrotronquelle erzeugte Strahlung übertrifft die einer Röntgenröhre um mehr als 10 Größenordnungen und erlaubt daher Messungen, die

Abb. 3.4: Photo und Schema eines Synchrotrons. Im Photo abgebildet ist die *European Synchrotron Radiation Facility – ESRF*, in Grenoble. Das kreisförmige Gebäude enthält den Speicherring (Umfang 844 m) und Experimentiereinrichtungen. In der Schemazeichnung sind ein Linearbeschleuniger, ein kleiner Vorbeschleunigerring sowie der Speicherring zu sehen. In letzterem sind auch einige Ablenkmagnete und *„insertion devices"* eingezeichnet, sowie Experimentierstationen, die aus einer Optikhütte für die Strahlkonditionierung, einem Experimentierraum und einem Kontrollraum bestehen. Fotograf: Christian Hendrich, wiedergegeben unter den Bedingungen der *GNU Free Documentation License*. Für das Schema: © EPSIM 3D/JF Santarelli.

mit einem Laborgerät nicht durchführbar sind. Während in Laborgeräten Strahldurchmesser um 100 μm typisch sind, bieten einige Experimentierstationen die Möglichkeit, Beugungsexperimente mit einem Strahldurchmesser von weniger als einem μm durchzuführen. Aufgrund der hohen Brillanz können mit geeigneten Detektoren auch zeitaufgelöste Experimente durchgeführt werden. Messungen von kompletten Pulverdiffraktogrammen in wenigen Millisekunden sind heutzutage möglich. Synchrotronstrahlung unterschiedet sich von konventionell erzeugter Röntgenstrahlung auch durch eine vollständige Polarisation, die es erlaubt, den Röntgendichroismus, d. h. die Abhängigkeit der Absorption von Röntgenstrahlung als Funktion der Polarisation, zu bestimmen.

Weiterhin hat Synchrotronstrahlung aufgrund der Art, wie die Elektronen erzeugt und beschleunigt werden, eine Zeitstruktur. Die im Speicherring kreisenden Elektronen sind dort nicht kontinuierlich verteilt, sondern kreisen in Paketen im Speicherring. Diese Pakete haben einen zeitlichen Abstand von einigen Nanosekunden bis zu wenigen hundert Nanosekunden und dies kann für Experimente ausgenutzt werden kann.

Eine weitere Eigenschaft von Synchrotronstrahlung, die zunehmend verbessert und für Experimente genutzt wird, ist die Kohärenz der emittierten Strahlung. Kohärente Strahlung, bei der unterschiedliche Wellen eine feste Phasenbeziehung zueinander haben, kann genutzt werden, um das in Abschnitt 3.3.8.1 beschriebene Phasenproblem zu umgehen.

Die Wellenlänge, Brillanz und Divergenz von Synchrotronstrahlung hängt davon ab, mit welcher Komponente des Speicherrings sie erzeugt wird. Die in Ablenkmagneten erzeugte Synchrotronstrahlung ist sehr breitbandig, hat aber eine große horizontale Divergenz. Um die Brillanz und die Strahlqualität zu optimieren, gibt es sogenannte „*insertion devices*", d. h. Einsätze, die zwischen die Ablenkmagneten in den Speicherring eingebaut werden. Dabei unterscheidet man zwischen Wigglern und Undulatoren. In Undulatoren werden die Elektronen durch ein periodisches Magnetfeld, welches eine Periode im Zentimeter-Bereich hat, abgelenkt. Da die Elektronen sehr hochenergetisch sind, kommt es aufgrund von relativistischen Effekten zur Abstrahlung von schmalbandiger Synchrotronstrahlung mit geringer Divergenz. Wiggler bestehen aus stärkeren Magneten, so dass die Elektronen stärker aus ihrer Bahn abgelenkt werden. Wiggler erzeugen ein breitbandiges Spektrum mit einer großen Divergenz des Strahls.

Manche Experimentierstationen, an denen winkeldispersive Diffraktionsexperimente mit Strahlung aus einem Undulator durchgeführt werden, sind aufgrund ihres Aufbaus für Messungen mit der Grundfrequenz und den höheren Harmonischen des Undulators optimiert, während in anderen Experimentierstationen die Wellenlänge der Strahlung stufenlos variiert werden kann. Typischerweise wird in einer „Optikhütte" der Strahl konditioniert, d. h. durch Monochromatoren, Linsen, Blenden und Spiegel wird ein wohldefinierter Strahlengang erzeugt (Abschnitt 3.4). Der Strahl wird darauf in die „Experimentierhütte" weitergeleitet, wo zumeist die Strahlcharakteristik noch durch einen Strahllagenmonitor und einen Intensitätsmonitor kontrolliert werden kann.

Da Synchrotronstrahlungsquellen für viele Untersuchungen von Strukturen und ihren Eigenschaften unabdingbar sind, wurden in den vergangenen Jahren zusätzlich zu den großen Strahlungsquellen ESRF, SPring-8, APS und PETRA III noch viele kleinere Synchrotronquellen in Betrieb genommen oder weiterentwickelt (in Deutschland etwa BESSY-II, in Europa u. a. ALBA (Spanien), PSI (Schweiz), Diamond (Großbritannien), SOLEIL (Frankreich), MAX IV (Schweden), ...). Die Verbesserung von Synchrotronstrahlungsquellen ist noch immer ein aktuelles Forschungsgebiet, und zur Zeit wird in vielen Quellen die Strahlführung des Elektronenstrahls im Speicherring durch Einbau optimierter magnetischer Strahlführungselemente verbessert, so dass die Divergenz des Strahls weiter verringert wird, was zu einer Erhöhung der Brillanz führt. Daher werden Synchrotronstrahlungsquellen auf absehbare Zeit weiterhin außergewöhnliche Experimentiermöglichkeiten für die Kristallographie bieten.

3.2.3 Gegenwärtige Entwicklungen

Als Alternative für die Erzeugung extrem brillanter Röntgenstrahlung werden zur Zeit Röntgenlaser, z. B. der *European X-ray Free Electron Laser*, EuXFEL, in Hamburg und Schenefeld, oder der *Stanford Linear Collider*, entwickelt. In diesen werden extrem brillante, sehr kurze (wenige Femtosekunden lange), weitgehend kohärente Röntgenpulse erzeugt. Damit sind völlig neue Experimente möglich, wie etwa die Bestimmung von strukturellen Änderungen nach Anregung eines Kristalls mit einem Laser auf der Pikosekunden-Zeitskala. Aufgrund der sehr aufwendigen Bauweise (für den EuXFEL musste ein 3 km langer Tunnel gebohrt werden) und der geringen Zahl von Experimentierstationen werden XFEL-basierte Experimente aber auch in Zukunft nicht so verbreitet sein wie Synchrotron-basierte Untersuchungen.

Eine noch in der Demonstrationsphase befindliche Technik, die aber das Potential hat, die Lücke zwischen großen Synchrotronstrahlungsquellen und laborbasierten konventionellen Röntgenquellen zu füllen, ist ein Ansatz, in dem durch inverse Comptonstreuung harte brillante Röntgenstrahlung erzeugt wird. Eine derartige „kompakte Lichtquelle" (engl. *compact light source – CLS)* wird zur Zeit in München betrieben. Eine CLS erlaubt die Erzeugung von harter, durchstimmbarer Röntgenstrahlung mit einer Brillanz, die zwischen der einer konventionellen Röntgenquelle und der eines Synchrotrons liegt, mit einem Aufbau, der nur wenige Quadratmeter Platz benötigt.

3.3 Theorie der Röntgenbeugung

Für die Beschreibung der Wechselwirkung von Röntgenstrahlung mit Kristallen sind drei Prozesse wesentlich, nämlich kohärente und inkohärente Streuung sowie die Absorption der einfallenden Röntgenstrahlung. Die Energieabhängigkeit dieser drei Prozesse ist für ein typisches Mineral, Fayalit (Fe_2SiO_4), in Abb. 3.5 skizziert.

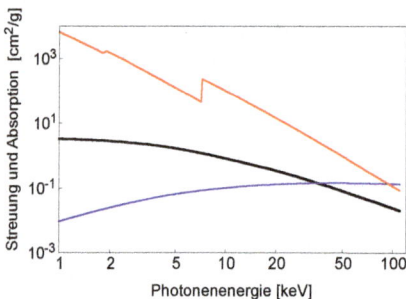

Abb. 3.5: Energieabhängigkeit der Streu- und Absorptionsprozesse in Fayalith, Fe_2SiO_4. Die obere Linie beschreibt den Absorptionsquerschnitt aufgrund des inneren photoelektrischen Effekts. Die sprunghafte Zunahme bei 7,1 keV (1,7433 Å) wird durch die Fe-*K*-Kante hervorgerufen. Die mittlere Kurve beschreibt die Energieabhängigkeit des kohärenten Streuquerschnitts, während die untere Kurve den inkohärenten Streuquerschnitt wiedergibt.

Eine quantenmechanische Beschreibung dieser Prozesse ist möglich, aber zumeist wird ein vereinfachter klassischer Ansatz benutzt, der die Beobachtungen ausreichend gut beschreibt. Dieser beruht auf der Modellvorstellung, dass Elektronen durch die einfallende Röntgenstrahlung zu Schwingungen angeregt werden, und daraufhin Strahlung in alle Raumrichtungen emittieren. Kohärente Streuung die aufgrund der Periodizität des Gitters zu Beugungseffekten, d. h. zu Bragg-Reflexen führt, ist dann das Resultat der Überlagerung von elastisch, d. h. ohne Energieänderung, gestreuten Photonen. Dies wird im nächsten Abschnitt ausführlicher behandelt.

Wie aus Abb. 3.5 ersichtlich wird mit zunehmender Photonenenergie die inkohärente inelastische Streuung, die Comptonstreuung, wichtiger, bei dem einfallende Photonen einen Teil ihrer Energie abgeben und daher nach dem Streuprozess eine größere Wellenlänge haben. Die Zunahme der Wellenlänge ist winkelabhängig, aber nicht energieabhängig,

$$\Delta\lambda = 0{,}024(1 - \cos 2\theta) \tag{3.2}$$

mit 2θ als Streuwinkel. Compton bekam für diese Entdeckung 1927 den Nobelpreis. Die inkohärente Comptonstreuung führt zu einem „Untergrund", der insbesondere für Experimente in Diamantstempelzellen (s. Abschnitt 3.8.1.1) mit Synchrotronstrahlung zu einer Verschlechterung des Signal-zu-Untergrund-Verhältnisses führt. Die maximale Energieänderung aufgrund von Comptonstreuung in Rückwärtsstreuung ($2\theta = \pi$) beträgt $\Delta\lambda = 0{,}048$, d. h. bei einer Wellenlänge der einfallenden Strahlung von 1 Å beträgt die Verschiebung $\approx 5\,\%$.

Als dritter wichtiger Prozess ist der innere photoelektrische Effekt zu nennen, bei dem ein einfallendes Photon absorbiert wird. Die Bildung von Elektronen-Loch-Paaren durch den inneren photoelektrischen Effekt in Halbleitern führt zu Photoleitung, die etwa in Photodioden, CCD-Sensoren, pin-Dioden und Avalanche-Photodioden zur Detektion von Röntgenstrahlung ausgenutzt wird (Abschnitt 3.5). In Röntgenbeugungsuntersuchungen zur Strukturbestimmung und -verfeinerung kann es notwendig sein, die von der Größe der Probe und von der chemischen Zusammensetzung der Kristalle abhängige Absorption durch die Durchführung von Absorptionskorrekturen zu berücksichtigen. Dies ist insbesondere der Fall, wenn Strukturbestimmungen an Verbindungen, die schwere Elemente enthalten, mit vergleichsweise niedrigenergetischer Röntgenstrahlung, wie sie mit konventionellen Röntgenröhren erzeugt wird (Abschnitt 3.2) durchgeführt werden, während bei Verwendung von Synchrotronstrahlung mit kurzer Wellenlänge Absorptionskorrekturen zumeist vernachlässigt werden können.

Für Röntgenbeugungsuntersuchungen möchte man ein möglichst gutes Signal-zu-Untergrundverhältnis haben und ein möglichst starkes Signal, d. h. möglichst wenig Absorption. Im Falles des Fayaliths ist oberhalb 30 keV die Comptonstreuung[6] stärker als die Bragg-Streuung, d. h. das Signal-zu-Untergrundverhältnis ist schlecht, aber die Absorption wird sehr klein. Bei 5 keV hingegen ist die Absorption sehr hoch. In der Nähe der Fe-K-Kante kommt es zu Fluoreszenz (Abschnitt 3.3.2), was genaue Messungen ebenfalls erheblich erschweren würde.

---

6 Arthur Holly Compton (10.9.1892–15.3.1962).

3.3.1 Thomson-Streuung

Die Amplitude einer an einem Elektron gestreuten monochromatischen Welle wird durch die Thomson[7]-Formel beschrieben

$$A_e \exp\left[-i\vec{k}_f \cdot \vec{r}\right] = A_0 \exp\left[-i\vec{k}_i \cdot \vec{r}\right] \frac{e^2}{mc^2R} \tag{3.3}$$

wobei A_e und A_0 die Amplituden der gestreuten bzw. der einfallenden Welle sind, e die Elementarladung, m die Masse des Elektrons, c die Lichtgeschwindigkeit und R der Abstand zum Detektor. $\vec{k}_f$ und $\vec{k}_i$ sind die Wellenvektoren der gestreuten bzw. der einfallenden Welle. Da $\frac{e^2}{mc^2} \approx 10^{-15}$ m ist, müssen sehr viele Streuprozesse gleichzeitig stattfinden um ein messbares Signal zu erhalten. Weil die Masse von Atomkernen $2 \cdot 10^3 \ldots 2 \cdot 10^5$-mal größer ist als die von Elektronen, ist die Amplitude von einer an einem Atomkern gestreuten Wellen klein im Vergleich zu der durch Streuung an einem Elektron erzeugten Amplitude und wird daher nicht weiter berücksichtigt.

Bei elastischen Streuprozessen wird keine Energie übertragen, d. h. $|k_f| = |k_i| = \frac{2\pi}{\lambda}$. Mit $\vec{q} = \vec{k}_f - \vec{k}_i$ wird Gl. (3.3) zu

$$A_e = A_0 \frac{e^2}{mc^2R} \exp\left[i\vec{q} \cdot \vec{r}\right] \tag{3.4}$$

Bei Streuung einer monochromatischen Welle an einem Atom mit mehreren Elektronen werden die einzelnen Beiträge addiert:

$$A_{\text{Atom}} = A_0 \frac{e^2}{mc^2R} \sum \exp\left[i\vec{q} \cdot (\vec{r} + \vec{r}')\right] \tag{3.5}$$

Um die kontinuierliche Verteilung der Elektronendichte ρ zu berücksichtigen, ersetzt man die Summe durch ein Integral:

$$A_{\text{Atom}} = A_0 \frac{e^2}{mc^2R} \int \exp\left[i\vec{q} \cdot (\vec{r} + \vec{r}')\right]\rho(\vec{r}')d\vec{r}' \tag{3.6}$$

Man kann nun einen Atomformfaktor definieren

$$f(\vec{q}) = \int \exp\left[i\vec{q} \cdot (\vec{r}')\right]\rho(\vec{r}')d\vec{r}' \tag{3.7}$$

so dass nach Einsetzen die Amplitude der an einem Atom gestreuten Welle gegeben ist durch

$$A_{\text{Atom}} = A_0 \frac{e^2}{mc^2R}f(\vec{q}) \exp\left[i\vec{q} \cdot \vec{r}\right]. \tag{3.8}$$

---

7 William Thomson, 1. Baron Kelvin (26.6.1824–17.12.1907).

3.3.2 Der Atomformfaktor

Der in Gl. (3.7) definierte Atomformfaktor beschreibt eine Winkelabhängigkeit der Intensität der gestreuten Strahlung. Der Atomformfaktor ist maximal für Vorwärtsstreuung, d. h. Streuung in Richtung des einfallenden Strahls. Für typische Energien, bei denen Röntgenbeugungsexperimente durchgeführt werden und die nicht nahe an Kantenenergien sind, entspricht sein maximaler Wert der Anzahl der Elektronen, $f_0(\vec{q} = 0) = Z_j$, mit Z_j als Anzahl der Elektronen des Atoms oder Ions. Mit zunehmenden Streuwinkel nimmt der Atomformfaktor monoton ab (Abb. 3.6).

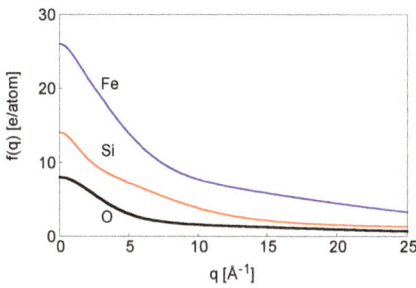

Abb. 3.6: Winkelabhängigkeit der Atomformfaktoren von Fe, Si und O. Die Ordnungszahlen der Elemente sind $Z_{Fe} = 26$, $Z_{Si} = 14$ und $Z_O = 8$.

Die genaue Winkelabhängigkeit eines Atomformfaktors hängt von der radialen Elektronendichteverteilung des betreffenden Atoms oder Ions ab und kann sehr genau mit quantenmechanischen Methoden berechnet werden. Da der Abfall auch wellenlängenabhängig ist, gibt man den Atomformfaktor typischerweise als Funktion von $q = 4\pi\frac{\sin\theta}{\lambda}$ oder von $\frac{\sin\theta}{\lambda}$ an, mit θ als Streuwinkel. Die Ursache des Abfalls mit zunehmendem Streuwinkel oder abnehmender Wellenlänge sind Interferenzeffekte, da Streuung an unterschiedlichen Regionen der räumlich ausgedehnten Orbitale zu Interferenzen führt.

Für die Verwendung in Programmen zur Datenanalyse von Röntgenbeugungsdaten kann die Winkelabhängigkeit der Atomformfaktoren effizient durch eine Summe von wenigen Gauß-Kurven[8] dargestellt werden

$$f(q) = \sum_{i=1}^{4} a_i \exp\left[-b_i\left(\frac{q}{4\pi}\right)^2\right] + c, \tag{3.9}$$

so dass dann nur 9 Parameter für jeden Atomformfaktor gespeichert werden müssen. Je nach Problemstellung werden Atomformfaktoren für neutrale Atome oder Ionen eingesetzt.

---

8 Carl Friedrich Gauß (30.4.1777–23.2.1855).

Bei Energien, die den in Abschnitt 3.2 beschriebenen elektronischen Übergängen entsprechen, kommt es zu einer starken Veränderung der Streu- und Absorptionsquerschnitte. Da diese Änderungen in einem kleinen Energieintervall stattfinden, bezeichnet man sie als „Kanten", d. h. man spricht z. B. von der Fe-K-Kante bei 7,1 keV. Die genaue Bestimmung der Energieabhängigkeit der Änderung ist die Grundlage für Kantenspektroskopien, wie z. B. *EXAFS* (*extended X-ray absorption fine structure*) oder *EELS* (*electron energy loss spectroscopy*), da die genaue Lage und Form einer Kante von der lokalen Umgebung des betreffenden Atoms abhängig ist.

Der Atomformfaktor in der Nähe von solchen Absorptionskanten kann dann nicht mehr mit einer reellen Zahl beschrieben werden, da es in diesem Fall zu „anomaler Streuung" kommt, d. h. zu einer Phasenverschiebung, die mit dem Imaginärteil eines komplexen Atomformfaktors

$$f(\vec{q}) = f_0(\vec{q}) + \Delta f'(E) + if''(E) = f'(E) + if''(E) \tag{3.10}$$

beschrieben werden kann. Die Winkelabhängigkeit der beiden Korrekturterme $\Delta f'$ und f'' wird zumeist vernachlässigt. Die Energieabhängigkeit der Korrekturterme für Fe, Si und O sind in Abb. 3.7 dargestellt.

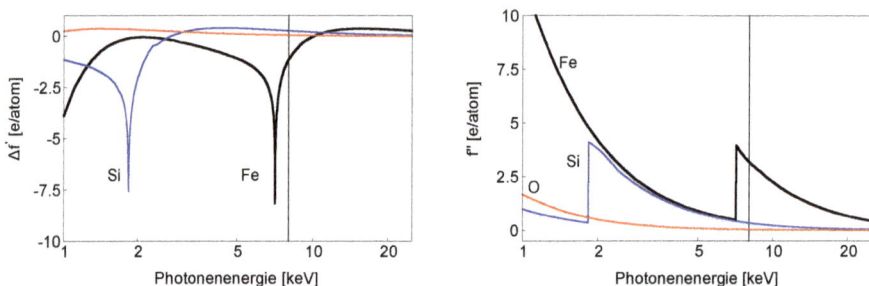

Abb. 3.7: Energieabhängigkeit der Korrekturterme $\Delta f'$ (links) und f'' (rechts) für die Atomformfaktoren von Fe, Si und O. Die senkrechte Linie bei 8,04 keV entspricht der Energie von $Cu_{K,\alpha}$-Strahlung. Die starken Änderungen der Korrekturterme für Fe bei 7,1 keV wird durch die Fe-K-Kante hervorgerufen, die bei 1,83 keV durch die Si-K-Kante.

Die Wichtigkeit von Dispersionskorrekturen nimmt mit zunehmender Ordnungszahl zu, sie sind besonders wichtig, wenn die Energie der einfallenden Röntgenstrahlung nahe einer Kantenenergie ist. Dies ist im Fall des Fayaliths dann der Fall, wenn Cu-Kα-Strahlung benutzt wird, da die Energie der Cu-Kα-Strahlung (8,04 keV) in der Nähe der Fe-K-Kante liegt. Dies führt u. a. zu Fluoreszenz, was die Auswertung von Röntgenaufnahmen erheblich erschweren kann. Dann sollte man z. B. Mo-Strahlung verwenden, da bei den höheren Energien ($\lambda(Mo_{K\alpha}) = 0{,}711\,\text{Å}$, $E(Mo_{K\alpha}) = 17{,}45\,\text{keV}$) keine Fluoreszenz mehr auftritt.

3.3.3 Debye–Waller Faktor und atomarer Verschiebungsparameter

Aufgrund der räumlichen Ausdehnung der Atomorbitale kommt es zu einer starken Abnahme des Atomformfaktors mit zunehmenden Beugungswinkel. Da aber alle Atome in einer Kristallstruktur um ihre Gleichgewichtsposition schwingen, gibt es mit zunehmender Temperatur, d. h. mit Zunahme der Auslenkung der Schwingungen der Atome um ihre Gleichgewichtslage, eine weitere Abnahme der Streukraft. Diese Abnahme wird durch einen „Temperaturfaktor" beschrieben, der im einfachsten Fall einer isotropen Auslenkung durch einen Debye[9]–Waller[10]-Faktor $\exp(-B\sin^2\theta/\lambda^2)$ beschrieben werden kann. Dann kann der temperaturabhängige Atomformfaktor als Produkt des temperaturunabhängigen Atomformfaktors f (Gl. (3.10)), sowie eines Terms, der die mittleren Auslenkungen enthält, dargestellt werden:

$$f^T = f \exp\left[-B\frac{\sin^2\theta}{\lambda^2}\right] \tag{3.11}$$

Im Fall einer isotropen Auslenkung eines Atoms um seine Gleichgewichtslage ist B gegeben durch

$$B = 8\pi^2 \bar{U}^2 \tag{3.12}$$

mit $\bar{U}^2$ als mittlerer Auslenkung des Atoms.

Während es bei der Auswertung von Röntgenpulverdaten (s. Abschnitt 3.7) oft nicht möglich ist, die Richtungsabhängigkeit der mittleren Auslenkung um die Gleichgewichtslage zu bestimmen, ist dies bei Einkristallstrukturverfeinerungen normalerweise möglich und es werden dann anisotrope Temperaturfaktoren bestimmt. Dazu wird ein symmetrischer Tensor $\overset{2\rightarrow}{U}$ zweiter Stufe (s. Abschnitt 5.1.2) benutzt, dessen Elemente U_{ij} die Dimension Länge^2 haben.

Der Betrag der Auslenkung der Atome um ihre Gleichgewichtslage aufgrund von Gitterschwingungen ist temperaturabhängig. Mit Tieftemperaturmessungen kann man daher überprüfen, ob Atome dynamisch oder statisch fehlgeordnet sind, d. h. ob sie um eine Gleichgewichtslage herum schwingen oder unterschiedliche, eng benachbarte Positionen besetzen. Nur im ersten Fall konvergiert der Debye–Waller-Faktor gegen seinen maximalen Wert von 1 bei einer Extrapolation der Temperaturabhängigkeit auf 0 K.

Da es oft nicht einfach ist, zwischen der Abnahme der Streukraft aufgrund von Gitterschwingungen oder von statischer Fehlordnung zu unterscheiden wird heutzutage zumeist der Begriff „atomarer Verschiebungsparameter" statt des Ausdrucks „Temperaturfaktor" benutzt und als adp (von *atomic displacement parameter*) abgekürzt.

---

9 Peter Debye (24.3.1884–2.11.1966).
10 Ivar Waller (11.6.1898–12.4.1991).

3.3.4 Das reziproke Gitter

Die Auswertung von Röntgenbeugungsdaten vereinfacht sich stark unter Verwendung des reziproken Gitters. Das reziproke Gitter wird definiert als ein Gitter, dessen Basisvektor $\vec{a}^*$ senkrecht auf den Basisvektoren $\vec{b}$ und $\vec{c}$ des direkten Gitters, $\vec{b}^*$ senkrecht auf den Basisvektoren $\vec{a}$ und $\vec{c}$ des direkten Gitters und $\vec{c}^*$ senkrecht auf den Basisvektoren $\vec{a}$ und $\vec{c}$ des direkten Gitters steht. Es ist also

$$\vec{a}^* = \text{const.} \cdot (\vec{b} \times \vec{c}) \quad \vec{b}^* = \text{const.} \cdot (\vec{c} \times \vec{a}) \quad \vec{c}^* = \text{const.} \cdot (\vec{a} \times \vec{b}) \tag{3.13}$$

wobei const. ein Proportionalitätsfaktor ist. Da

$$\vec{a}^* \cdot \vec{a} = |\vec{a}^*||\vec{a}| \cos \phi = 1 \tag{3.14}$$

kann man den Proportionalitätsfaktor berechnen

$$\text{const.} = \frac{1}{\vec{a} \cdot (\vec{b} \times \vec{c})} = \frac{1}{V} \tag{3.15}$$

mit V als Volumen der Elementarzelle des direkten Gitters und somit

$$\vec{a}^* = \frac{(\vec{b} \times \vec{c})}{\vec{a} \cdot \vec{b} \times \vec{c}} = \frac{(\vec{b} \times \vec{c})}{V} \tag{3.16}$$

Für $\vec{b}^*$ und $\vec{c}^*$ ergeben sich analoge Ausdrücke.

Abb. 3.8 zeigt die Konstruktion des reziproken Gitters eines monoklinen Gitters in der (010)-Ebene. Definitionsgemäß steht der reziproke Gittervektor $\vec{a}^*$ senkrecht auf $\vec{c}$ und $\vec{b}$, wobei letzterer senkrecht zur Zeichenebene ist. Analog wird $\vec{c}^*$ konstruiert. Es ist zu beachten, dass $\vec{a}$ und $\vec{a}^*$, ebenso wie $\vec{c}$ und $\vec{c}^*$ in diesem Fall nicht kollinear sind, d. h. bei der Berechnung der Länge von $\vec{a}^*$ darf man den Kosinus des eingeschlossenen Winkels nicht vergessen.

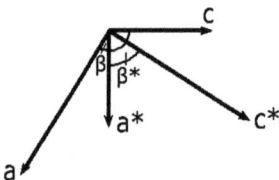

Abb. 3.8: Konstruktion des reziproken Gitters eines monoklinen Gitters in der (010)-Ebene, d. h. $\vec{b}$ steht senkrecht auf der Papierebene. $\vec{a}^*$ ist senkrecht zu $\vec{c}$ und $\vec{b}$, $\vec{c}^*$ ist senkrecht zu $\vec{a}$ und $\vec{b}$. Mit $\vec{a} \cdot \vec{a}^* = |\vec{a}||\vec{a}^*| \cos \phi$, mit ϕ als Winkel zwischen $\vec{a}$ und $\vec{a}^*$ kann man bei gegebenen Parametern des direkten Gitters die des reziproken Gitters berechnen.

3.3.5 Braggsche Gleichung

In bahnbrechenden Arbeiten beschrieben 1913 W. H. Bragg und W. L. Bragg den Aufbau eines Zweikreis-Diffraktometers, bestehend aus einer Röntgenröhre, einem Drehtisch mit einem Kristall und einer Ionisationskammer als Detektor. Sie benutzten Kristalle mit Spaltflächen, deren Millersche Indizes bekannt waren und leiteten die Beziehung

$$n\lambda = 2d \sin \theta \qquad (3.17)$$

her, die heutzutage als Braggsche Gleichung bezeichnet wird. Dabei ist λ die Wellenlänge, d der Netzebenenabstand und θ der Winkel, unter dem die gebeugte Röntgenstrahlung beobachtet wird. n wurde als „Ordnung" eines Reflexes eingeführt, d. h. der Reflex 222 wird als Reflex 2-ter Ordnung an der Netzebenenschar mit den Millerschen Indizes (111) betrachtet. Die Beziehung zwischen Netzebenenabstand und Streuwinkel, bei dem es zur Interferenz kommt, ist in Abb. 3.9 dargestellt.

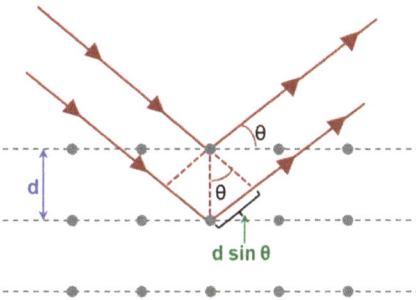

Abb. 3.9: Die Braggsche Gl. (3.17) beschreibt, für welchen Streuwinkel Θ es an einer Netzebenenschar hkl, für die der Netzebenenabstand d_{hkl} beträgt, zu konstruktiver Interferenz und damit zu einem Bragg-Reflex kommt. Dafür muss der Gangunterschied zwischen zwei benachbarten Wellenzügen, $2 \times d \sin \theta$ ein ganzzahliges Vielfaches der Wellenlänge λ betragen.

Im Gegensatz zu den teilerfremden Millerschen Indizes werden die Indizes von Reflexen hkl ohne Klammern angegeben. Die Ordnung n wird nur selten explizit genutzt, obwohl alle Reflexe nh, nk, nl auf Beugung an der Netzebenenschar (hkl) zurückgehen, und statt dessen wird

$$\lambda = 2d \sin \theta \qquad (3.18)$$

mit $d_{nh,nk,nl} = d_{hkl}/n$ genutzt.

Die Arbeiten von Vater und Sohn Bragg zur „Reflexion von Röntgenstrahlen durch Kristalle" und über „Die Struktur einiger Kristalle entsprechend ihrer Beugung von Röntgenstrahlen" (Bragg u. Bragg (1913a,b)) erschienen beide 1913 und waren sowohl die Grundlage für Arbeiten zur Bestimmung von Kristallstrukturen als auch für die Bestimmung der Wellenlänge von Röntgenstrahlen sowie für die Konstruktion von Spektrometern und die Monochromatisierung durch Reflexion (s. Abschnitt 3.4.2).

3.3.6 Ewald-Konstruktion

Ewald[11] kombinierte in der nach ihm benannten Konstruktion das reziproke Gitter (Abschnitt 3.3.4) und die Braggsche Gleichung (Abschnitt 3.3.5). Dabei zeichnet man eine Kugel, die Ewaldkugel, um einen Kristall, der sich im Zentrum dieser Kugel befindet (Abb. 3.10). Der Radius der Kugel beträgt $1/\lambda$, wobei λ die Wellenlänge der Röntgenstrahlung ist. Der Ursprung des reziproken Gitters wird in den Austrittspunkt des Strahls aus der Ewaldkugel gelegt. Wenn ein Kristall so orientiert ist, dass sich die Netzebenenschar (*hkl*) in Reflektionsstellung befindet, so liegt in dieser Darstellung der reziproke Gitterpunkt *hkl* auf der Ewaldkugel.

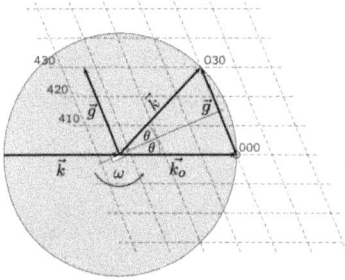

Abb. 3.10: Ewald-Konstruktion. Wenn ein reziproker Gitterpunkt *hkl* auf der Ewaldkugel liegt, befindet sich die Netzebenenschar (*hkl*) in Reflexionsstellung und der Bragg-Reflex kann unter einem Streuwinkel 2Θ gemessen werden. Der Betrag des reziproken Gittervektors $|\vec{g}| = d^{\star}_{hkl} = \frac{1}{d_{hkl}}$ entspricht dem Netzebenenabstand in dieser Netzebenenschar. Der Ursprung des reziproken Gitters ist immer am Ausstichpunkt des einfallenden Strahls aus der Ewaldkugel. Eine Drehung des Kristalls bewirkt eine Drehung des reziproken Gitters um seinen Ursprung. Dadurch können andere Netzebenscharen in Reflexionsstellung gebracht werden.

Die Beziehung zwischen Netzebenenabständen, Gitterparametern, reziproken Gittervektoren und Millerschen Indizes beruht darauf, dass ein reziproker Gittervektor $\vec{u} = h\vec{a}^{\star} + k\vec{b}^{\star} + l\vec{c}^{\star}$ senkrecht auf der Netzebenenschar mit den Millerschen Indizes (*hkl*) steht.

Eine Netzebene ist durch ihre Schnittpunkte mit den drei Koordinatenachsen definiert (Abb. 1.18). Die Schnittpunkte werden als Vielfache der Achsenabschnitte ausgedrückt, so dass die Achsenabschnitte für die *a*-, *b*- und *c*-Achse a/h, b/k und c/l sind. Ebenen können durch zwei nicht kollineare Vektoren definiert werden. Die Vektoren $\vec{CA} = \frac{\vec{a}}{h} - \frac{\vec{c}}{l}$ sowie $\vec{CB} = \frac{\vec{b}}{k} - \frac{\vec{c}}{l}$ sind zwei geeignete Vektoren, sie verbinden den Schnittpunkt der Netzebene mit der *c*-Achse mit denen der *a*- und *b*-Achse. Es gilt für das Skalarprodukt $\vec{CA} \cdot \vec{u} = (\frac{\vec{a}}{h} - \frac{\vec{c}}{l}) \cdot (h\vec{a}^{\star} + k\vec{b}^{\star} + l\vec{c}^{\star}) = 0$, da nur die beiden Terme

---

11 Paul Peter Ewald (23.1.1888–22.8.1985).

$\frac{\vec{a}}{h} \cdot h\vec{a}^\star = 1$ sowie $-\frac{\vec{c}}{l} \cdot l\vec{c}^\star = -1$ von Null verschieden sind und sich zu Null aufaddieren. In allen anderen Termen existieren Ausdrücke wie $\vec{a}^\star \cdot \vec{b}$ die definitionsgemäß Null sind. Daher steht der reziproke Gittervektor $\vec{u} = h\vec{a}^\star + k\vec{b}^\star + l\vec{c}^\star$ senkrecht auf der Netzebenenschar mit den Millerschen Indizes (hkl).

Den Netzebenenabstand d_{hkl} kann man durch die Berechnung des Betrags des Vektors $\vec{u}$ erhalten. Dazu projiziert man einen Vektor in der Netzebene auf den auf 1 normierten Vektor $\vec{u}$.

$$d_{hkl} = \left(\frac{\vec{a}}{h}\right) \cdot \left(\frac{\vec{u}}{|\vec{u}|}\right) \tag{3.19}$$

Wegen $\vec{a} \cdot \vec{u} = \vec{a} \cdot (h\vec{a}^\star + k\vec{b}^\star + l\vec{c}^\star) = h\vec{a}\vec{a}^\star + k\vec{a}\vec{b}^\star + l\vec{a}\vec{c}^\star = h$ wird

$$d_{hkl} = \left(\frac{h}{h}\right) \cdot \left(\frac{1}{|\vec{u}|}\right) = \frac{1}{|\vec{u}|} \tag{3.20}$$

und mit $1/d_{hkl} = |\vec{u}|$ und $|\vec{u}| \cdot |\vec{u}| = \vec{u}\vec{u}$ ergibt sich

$$1/d_{hkl}^2 = \vec{u}^2 = h^2\vec{a}^{\star,2} + k^2\vec{b}^{\star,2} + l^2\vec{c}^{\star,2} + 2hk\vec{a}^\star\vec{b}^\star + 2hl\vec{a}^\star\vec{c}^\star + 2kl\vec{b}^\star\vec{c}^\star \tag{3.21}$$

Für Kristallsysteme mit senkrecht aufeinander stehenden Basisvektoren des Gitters fallen die letzten drei Terme in Gl. (3.21) weg. Für das kubische System vereinfacht sich (3.21) weiter zu

$$1/d_{hkl}^2 = (h^2 + k^2 + l^2)/a^2 \tag{3.22}$$

mit a als Gitterparameter, da $h^2a^{\star,2} = h^2(\frac{\vec{b}\times\vec{c}}{\vec{a}\cdot\vec{b}\times\vec{c}})^2 = \frac{h^2}{a^2}$ ist und die anderen Terme analog vereinfacht werden können, so dass Gl. (3.22) folgt. Die Herleitung für tetragonale und orthorhombische Kristalle erfolgt entsprechend. Die Gleichungen für niedrigsymmetrische Kristallsysteme wurden bereits in Abschnitt 1.9.4 angegeben.

Die Ewald-Konstruktion erlaubt eine einfache Berechnung des Winkels, unter dem ein Reflex zu erwarten ist. Für Einkristallaufnahmen mit monochromatischer Röntgenstrahlung kann man mit Hilfe der Ewald-Konstruktion leicht errechnen, wie viele Röntgenreflexe maximal gemessen werden können (s. Abschnitt 3.6.1). Für Röntgenaufnahmen von Einkristallen mit einem breitbandigen einfallenden Spektrum, d. h. für Laue-Aufnahmen (Abschnitt 3.6), kann man zwei Ewald-Konstruktionen, je eine mit der längsten und eine mit der kürzesten Wellenlänge so übereinanderlegen, dass der Ursprung der reziproken Gitter übereinstimmt. Dann wird sofort ersichtlich, welche Reflexe gemessen werden können.

Beweise mit Hilfe der Vektorrechnung, dass die Ewaldsche Konstruktion die Braggsche Gleichung widerspiegelt. **?**

3.3.7 Kinematische und dynamische Streutheorie

Für die Erklärung von beobachteten Reflexintensitäten werden, je nach Kristallqualität, zwei unterschiedliche Ansätze benutzt. Für sehr perfekte Kristalle, wie sie etwa als Monochromatoren in Experimenten mit Synchrotronstrahlung oder in der Halbleiterindustrie verwendet werden, muss man die dynamische Streutheorie verwenden. Dieser theoretische Ansatz berücksichtigt, dass sich die Intensität des einfallenden Röntgenstrahls mit zunehmender Eindringtiefe nicht nur durch Absorption verringert, sondern dass auch Braggstreuung zu einer Schwächung des Strahls führt. Dies nennt man primäre Extinktion. Weiterhin wird in den Intensitätsberechnungen nach der dynamischen Streutheorie berücksichtigt, dass eine einmal reflektierte Welle noch weitere Male reflektiert wird, und das reflektierte Wellen mit den einfallenden Wellen interferieren können. Zudem erfolgt Brechung an Grenzflächen, was ebenfalls berücksichtigt wird.

Mit Ausnahme der quantitativen Interpretation der Intensitäten von Röntgenreflexen von sehr perfekten Kristallen kann aber statt der mathematisch komplizierten dynamischen Theorie ein vereinfachter Ansatz genutzt werden, die kinematische Streutheorie. In der kinematischen Streutheorie werden die Interferenzeffekte zwischen einfallenden und reflektierten Strahlen vernachlässigt, was eine drastische Vereinfachung der mathematischen Beschreibung der gemessenen Intensitäten erlaubt. Die meisten Kristalle sind nämlich nicht durchgehend perfekt, sondern können statt dessen so dargestellt werden als ob sie aus kleinen perfekten Bereichen bestehen, die zueinander etwas verkippt sind. Dies bezeichnet man als Mosaikstruktur von Kristallen. Das Modell beruht auf einer Arbeit von Darwin (1922)[12] und die Mosaizität kann durch sogenannte *„rocking curves"*, mit denen die Darwin-Breiten von Reflexen bestimmt werden, experimentell bestimmt werden. Bei dieser Messmethode wird der Kristall für einen Reflex zunächst in Reflektionsstellung gebracht. Dann wird bei fester Detektorstellung die Probe um θ etwas gedreht. Die (energieabhängige) Halbwertsbreite von Reflexen von perfekten Kristallen beträgt nur wenige Winkelsekunden.

3.3.8 Intensität von Reflexen in der kinematischen Streutheorie

Die in einem Experiment gemessene Intensität eines Röntgenreflexes mit den Indizes *hkl* ist in der kinematischen Streutheorie proportional zum Quadrat des Betrags des Strukturfaktor dieses Reflexes:

$$I_{hkl} \propto |F_{hkl}|^2. \tag{3.23}$$

---

12 Charles Galton Darwin (18.12.1887–31.12.1962).

Der Proportionalitätsfaktor beinhaltet u. a. die Intensität I_0 und die Wellenlänge λ des Primärstrahls sowie Faktoren für die Lorentz[13]-Polarisationskorrektur Lp, für die Absorptionskorrektur A, für die Extinktion E, einen Skalierungsfaktor S, sowie im Falle von Röntgenpulvermessungen noch einen Faktor für die Flächenhäufigkeit H (s. Abschnitt 3.7.1.2) und für Vorzugsorientierungen.

$$I_{hkl} = I_0 \cdot S \cdot \lambda^3 \cdot A \cdot E \cdot Lp \cdot H \cdot |F_{hkl}|^2 \tag{3.24}$$

Durch den Lorentzfaktor wird bei Experimenten mit bewegtem Kristall berücksichtigt, dass Reflexe mit zunehmendem Streuwinkel in Abhängigkeit von der Beugungsgeometrie während der Kristallbewegung länger in Reflexionsstellung bleiben als Reflexe bei niedrigen Beugungswinkeln und so ihre scheinbare Intensität zunimmt.

Der Faktor für die Polarisation berücksichtigt, dass die Amplitude der gestreuten Strahlung proportional zum Sinus des Winkels zwischen der Orientierung des elektrischen Vektors der einfallenden und der gestreuten Strahlung ist. Während Synchrotronstrahlung vollständig polarisiert ist, ist durch Röntgenröhren erzeugte Strahlung zunächst unpolarisiert. Dies führt zu einem Polarisationsfaktor $P = \frac{1+\cos^2(2\theta)}{2}$. Wenn ein Monochromator benutzt wird, ist die Strahlung nach der Streuung am Monochromator teilweise polarisiert. Dann hängt die Intensität von den Winkelbeziehungen zwischen dem einfallendem, dem monochromatisierten und dem gestreuten Strahl ab. Die Lorentz- und Polarisationskorrekturen werden meist zusammengefasst. Für den Fall, dass der einfallende, der monochromatisierte und der gestreute Strahl koplanar sind, gilt

$$Lp = \frac{1 + \cos^2(2\theta_M)\cos^2(2\theta)}{(1 + \cos^2(2\theta_M))\sin(2\theta)} \tag{3.25}$$

mit θ_M als Bragg-Winkel des Monochromators.

3.3.8.1 Der Strukturfaktor

Wie oben beschrieben, werden die einfallenden Photonen durch Wechselwirkung mit den Elektronen gestreut. Unter Berücksichtigung der Translationsperiodizität des Gitters ergibt sich unter der Annahme voneinander unabhängiger Atome:

$$F_{hkl} = \sum_{i=1}^{n} f_i \exp[2\pi i \vec{h} \cdot \vec{x}_i] = \sum_{i=1}^{n} f_i (\cos[2\pi \vec{h} \cdot \vec{x}_i] + i\sin[2\pi \vec{h} \cdot \vec{x}_i]). \tag{3.26}$$

Hierbei ist n die Anzahl der Atome in der Elementarzelle. Der Streuvektor $\vec{h}$ ist durch seine Komponenten h, k, l definiert. $\vec{x}_i$ ist das Koordinatentripel des i-ten Atoms und f_i der Atomformfaktor des i-ten Atoms (Abschnitt 3.3.2). Er beschreibt die Streu-

---

13 Hendrik Antoon Lorentz (18.7.1853–4.2.1928)

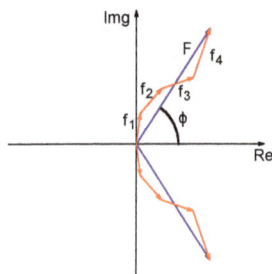

Abb. 3.11: Die Summe in Gl. (3.26) kann graphisch durch die Addition der Streubeiträge der einzelnen Atome in der Gaußschen Zahlenebene dargestellt werden. Der resultierende Vektor stellt den Strukturfaktor des Reflexes *hkl* dar. Der Phasenwinkel ϕ kann mit konventioneller Röntgenbeugung nicht bestimmt werden. Ebenfalls eingezeichnet ist der Strukturfaktor für einen Reflex $\bar{h}\bar{k}\bar{l}$. Die Beträge $|F_{hkl}| = |F_{\bar{h}\bar{k}\bar{l}}|$ sind entsprechend dem Friedelschen Gesetz (Abschnitt 3.3.8.3) gleich.

kraft des *i*-ten Atoms. Diese hängt davon ab, um welches Element es sich handelt, welche Wellenlänge benutzt wird und wie groß die mittlere Auslenkung des Atoms aus seiner Ruhelage aufgrund der thermischen Bewegung ist.

Der Strukturfaktor kann als Vektor in der Gaußschen Zahlenebene als Summe der Beiträge der einzelnen Atome dargestellt werden (Abb. 3.11).

In dieser Darstellung wird offensichtlich, dass der Strukturfaktor durch seinen Betrag und einem Phasenwinkel ϕ zwischen dem Vektor und der Abszisse definiert ist. In zentrosymmetrischen Strukturen ist der Phasenwinkel entweder 0 oder π und $F(hkl) = \pm|F(hkl)|$ (Abschnitt 3.3.8.2). Im allgemeinen Fall ist der Phasenwinkel unbekannt und kann experimentell mit konventioneller Röntgenbeugung nicht direkt bestimmt werden. Dies bezeichnet man als „Phasenproblem" der Kristallographie. Ein Ansatz, das Phasenproblem zumindest teilweise zu vermeiden, können Beugungsexperimente mit unterschiedlichen Wellenlängen sein. Wenn eine Wellenlänge so gewählt wird, dass sie einer Absorptionskante eines schweren Elements entspricht, muss man, wie in Abschnitt 3.3.2 beschrieben, einen komplexen Atomformfaktor benutzen.

Im Argand[14]-Diagramm wird dies durch einen gegen den Uhrzeigensinn gedrehten Vektor dargestellt. Ein Beispiel ist in Abb. 3.12 dargestellt.

Diese Energieabhängigkeit kann man gezielt in Beugungsexperimenten ausnutzen, indem man Messungen bei unterschiedlichen Wellenlängen durchführt. Durch einen Vergleich der mit unterschiedlichen Wellenlängen durchgeführten Messungen können mögliche Werte für den Phasenwinkel bestimmt werden. Dieser Ansatz wird *MAD* (*multi-wavelength anomalous dispersion/diffraction*) genannt.

Die Elektronendichte eines Kristalls $\rho(\vec{x})$ am Ort $\vec{x} = x, y, z$ kann aus einer Fouriertransformation der Strukturfaktoren berechnet werden:

$$\rho(\vec{x}) = \frac{1}{V} \sum_{hkl} F_{hkl} \exp(-2\pi i \vec{h} \cdot \vec{x}) \tag{3.27}$$

---

14 Jean-Robert Argand (18.7.1768–13.8.1822).

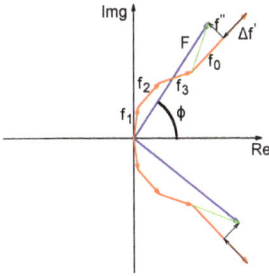

Abb. 3.12: Wenn anomale Streuung auftritt wird der Atomformfaktor f_0 eines Atoms durch zwei Korrekturterme entsprechend (3.10) korrigiert. Da die imaginäre Komponente des Korrekturterms senkrecht auf der realen Komponenten steht, und immer entgegen dem Uhrzeigersinn um 90° gedreht ist, sind die Beträge der Strukturfaktoren von zu einem Friedel-Paar gehörenden Reflexen, $|F_{hkl}|$ und $|F_{\bar{h}\bar{k}\bar{l}}|$, und somit auch ihre Intensitäten, nicht mehr gleich.

$\rho(\vec{x})$ ist immer positiv, dies ist eine wesentliche Eigenschaft, die in Strukturbestimmungen und -verfeinerungen (Abschnitt 3.6) ausgenutzt wird. Aufgrund von geometrischen Beschränkungen und der Abnahme von Intensitäten mit zunehmendem Beugungswinkel kann aber nur eine endliche Zahl von Reflexen gemessen werden. Daher kann es bei der Fouriertransformation durch Abbrucheffekte zu Artefakten in den Elektronendichtekarten kommen, die ihre Interpretation erschweren.

3.3.8.2 Strukturfaktor in zentrosymmetrischen Strukturen

Zentrosymmetrische Strukturen sind dadurch definiert, dass es für jedes Atom i auf der Position x_i, y_i, z_i ein symmetrisch äquivalentes Atom auf der Punktlage $-x_i, -y_i, -z_i$ gibt. Den Realteil des Strukturfaktors aus (3.10) kann man daher schreiben als

$$\mathrm{Re}(F(hkl)) = \sum_{i=1}^{n/2} f_i(\cos(2\pi\vec{h}\cdot\vec{x}_i) + \cos(2\pi\vec{h}\cdot -\vec{x}_i))$$

während der Imaginärteil

$$\mathrm{Im}(F(hkl)) = \sum_{i=1}^{n/2} f_i(\sin(2\pi\vec{h}\cdot\vec{x}_i) + \sin 2\pi(\vec{h}\cdot -\vec{x}_i))$$

ist. Wegen $\cos -\phi = \cos\phi$ und $\sin -\phi = -\sin\phi$ ist für zentrosymmetrische Strukturen der Imaginärteil $\mathrm{Im}(F(hkl)) = 0$ und der Realteil

$$\mathrm{Re}(F(hkl)) = 2\sum_{i=1}^{N/2} f_i \cos(2\pi\vec{h}\cdot\vec{x}_i).$$

Der Phasenwinkel kann daher nur 0 oder π sein und $F(hkl) = \pm|F(hkl)|$. Der Betrag des Strukturfaktors, $|F(hkl)|$, wird als Strukturamplitude bezeichnet.

3.3.8.3 Friedelsches Gesetz

Da die Intensität eines Röntgenreflexes $I_{hkl} \propto |F_{hkl}|^2$ ist, und $|F_{hkl}|^2 = F_{hkl}F_{hkl}^\star$, wobei $F_{hkl}^\star$ das komplex Konjugierte von F_{hkl} ist, gilt

$$F_{hkl} = \sum_i f_i \exp[2\pi i(\vec{h}\cdot\vec{x}_i)] = \sum_i f_i \exp[-2\pi i(-\vec{h}\cdot\vec{x}_i)] = F_{\bar{h}\bar{k}\bar{l}}^\star \tag{3.28}$$

Es gilt auch $F_{hkl}^\star = F_{\bar{h}\bar{k}\bar{l}}$, so dass

$$|F_{hkl}|^2 = F_{hkl}F_{hkl}^\star = F_{\bar{h}\bar{k}\bar{l}}^\star F_{\bar{h}\bar{k}\bar{l}} = |F_{\bar{h}\bar{k}\bar{l}}|^2 \tag{3.29}$$

In konventioneller Röntgenbeugung ohne anomale Dispersion (s. o.) ist daher die Intensität der beiden zu einem Friedel-Paar mit den Indizes hkl und $\bar{h}\bar{k}\bar{l}$ gehörenden Reflexe gleich. Dies impliziert, dass die Abwesenheit eines Symmetriezentrums nicht durch konventionelle Röntgenbeugung bestimmt werden kann. Aus dem Friedelschen[15] Gesetz folgt daher, dass die Punktgruppensymmetrie eines Kristalls ohne weitere Informationen zumeist nicht eindeutig bestimmt werden kann, sondern dass zuerst nur eine Zuordnung zu einer der 11 zentrosymmetrischen Laue-Gruppen (Tab. 3.3) vorgenommen werden kann.

Tab. 3.3: Die in der mittleren Spalte aufgeführten 11 Laue Gruppen sind die Punktgruppen, welche ein Symmetriezentrum enthalten. In der rechten Spalte stehen die zugehörigen azentrischen Punktgruppen.

triklin	$\bar{1}$	1
monoklin	$\frac{2}{m}$	$2, m$
orthorhombisch	$\frac{2}{m}\frac{2}{m}\frac{2}{m}$	$222, mm2$
tetragonal	$\frac{4}{m}, \frac{4}{m}mm$	$4, \bar{4}, 422, 4mm, \bar{4}2m$
trigonal	$\bar{3}, \bar{3}m$	$3, 3m, 32$
hexagonal	$\frac{6}{m}, \frac{6}{m}mm$	$6, \bar{6}, 6mm, \bar{6}m2, 622$
kubisch	$m\bar{3}, m\bar{3}m$	$23, \bar{4}3m, 432$

Die Bestimmung physikalischer Eigenschaften, insbesondere die Erzeugung der zweiten optischen Harmonischen (engl. *second harmonic generation – SHG*), von Pyro- oder Piezoelektrizität, können genutzt werden, um zu zeigen, dass eine Struktur azentrisch ist. Ebenso kann eine statistische Analyse der Intensitätsverteilungen einen Hinweis darauf geben, ob eine Struktur azentrisch ist. Dazu wird der „normalisierte Strukturfaktor" E eingeführt, der definiert ist als

$$E^2 = F^2/\langle F^2 \rangle \tag{3.30}$$

---

15 Georges Friedel (19.7.1865–11.12.1933).

mit $\langle F^2 \rangle$ als mittlerem Wert für Reflexe in einem kleinen Intervall um einen gegebenen Betrag des Streuvektors. Man kann dann zeigen dass $\langle |E^2 - 1| \rangle \approx 0{,}968$ für zentrosymmetrische Strukturen ist, während für azentrische Strukturen der Wert bei $\approx 0{,}736$ liegt.

3.3.8.4 Auslöschungen
Wenn die Raumgruppe Symmetrieelemente mit einer Translationskomponente enthält, d. h. wenn Gleitspiegelebenen und/oder Schraubenachsen vorhanden sind, oder falls die konventionelle Elementarzelle zentriert ist, d. h. mehr als einen Gitterpunkt enthält, so beobachtet man eine systematische Abwesenheit von Reflexklassen, die als „Auslöschungen" bezeichnet werden.

3.3.8.5 Integrale Auslöschungen
Bei Vorliegen eines zentrierten Gitters sind einige Reflexe symmetriebedingt verboten. Dies kann man am Beispiel eines innenzentrierten Gitters demonstrieren. In einer Kristallstruktur mit einer innenzentrierten Elementarzelle gibt es für jedes Atom auf einer Position x, y, z ein symmetrieäquivalentes Atom auf der Position $x + \frac{1}{2}, y + \frac{1}{2}, z + \frac{1}{2}$. Ohne Einschränkung der Allgemeingültigkeit betrachten wir eine Struktur, in der es nur zwei gleiche Atome gibt, von denen eines die Position $x_1 = 0, y_1 = 0, z_1 = 0$ und das andere die Position $x_2 = \frac{1}{2}, y_2 = \frac{1}{2}, z_1 = \frac{1}{2}$ besetzt. Dann ist

$$F_{hkl} = \sum_{i=1}^{2} f_i \exp\left[2\pi i \vec{h} \cdot \vec{x}_i\right] = f_1 \exp[2\pi i (hx_1 + ky_1 + lz_1)] + f_2 \exp[2\pi i (hx_2 + ky_2 + lz_2)]$$

$$(3.31)$$

Da beide Atome gleich sein sollen, ist $f_1 = f_2$ und man kann f ausklammern. Nach Einsetzen der Koordinaten ergibt sich

$$F_{hkl} = f\left(\exp[2\pi i(0)] + \exp\left[2\pi i\left(h\frac{1}{2} + k\frac{1}{2} + l\frac{1}{2}\right)\right]\right) \qquad (3.32)$$

$$F_{hkl} = f(1 + \exp[\pi i(h + k + l)]) \qquad (3.33)$$

Der Ausdruck $\exp[\pi i(h + k + l)] = \cos(\pi(h + k + l)) + i \sin(\pi(h + k + l))$ ist für $h + k + l = n$ immer real, da $\sin(n\pi) = 0$ ist. Für $h + k + l = 2n$ nimmt er den Wert 1 an, während er für $h + k + l = 2n + 1$ gleich -1 ist. Damit beträgt für alle die Reflexe, in denen die Summe $h + k + l$ eine gerade Zahl ist, der Strukturfaktor $F_{hkl} = 2f$, während für alle Reflexe, bei denen die Summe $h + k + l$ ungerade ist, der Strukturfaktor und somit auch die Intensität den Wert Null haben, d. h. der Reflex ist ausgelöscht.

Analog können derartige Auslöschungsregeln für alle zentrierten Gitter bestimmt werden (Tab. 3.4). So lautet die Auslöschungsregel für Strukturen, denen ein allseitig flächenzentriertes Gitter zugrunde liegt, dass wenn h, k und l entweder alle gerade Zahlen oder aber alle ungerade Zahlen sind, der Strukturfaktor, je nach Anzahl der

Tab. 3.4: Bedingungen für die Beobachtbarkeit von Reflexen zentrierter Gitter. Reflexe, deren Indizes diese Bedingungen nicht erfüllen, sind ausgelöscht.

Gittertyp	Reflexindizes	
P		keine Auslöschungen aufgrund des Gittertyps
I	$h + k + l = 2n$	
F		entweder alle Indizes gerade oder alle ungerade
A	$k + l = 2n$	
B	$h + l = 2n$	
C	$h + k = 2n$	
R	$-h + k + l = 3n$	mit Gitterpunkten (000), $(\frac{1}{3}\frac{2}{3}\frac{2}{3})$, $(\frac{2}{3}\frac{1}{3}\frac{1}{3})$
	$h - k + l = 3n$	mit Gitterpunkten (000), $(\frac{2}{3}\frac{1}{3}\frac{2}{3})$, $(\frac{2}{3}\frac{1}{3}\frac{1}{3})$

Atome in der Struktur, ein Vielfaches von $4f_i$ beträgt, während er für „gemischte" Reflexe, in denen sowohl gerade als auch ungerade Werte vorhanden sind, gleich Null ist.

Man kann natürlich anstatt einer zentrierten Elementarzelle immer ein Gitter mit einer primitiven Elementarzelle auswählen. Die Beziehung zwischen beiden entsprechenden reziproken Gittern verdeutlicht Abb. 3.13.

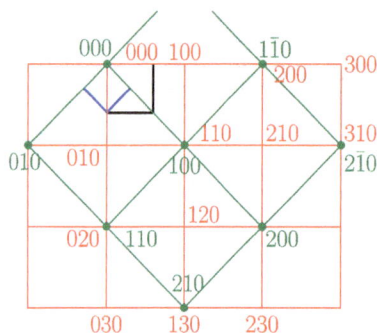

Abb. 3.13: Das schwarze Quadrat zeigt die a, b-Ebene einer flächenzentrierten Zelle. Das blaue Quadrat entspricht der primitiven Zelle. Das rote reziproke Gitter gehört zu der zentrierten Zelle, während das grüne Gitter das reziproke Gitter der primitiven Zelle ist. Reflexe des roten reziproken Gitters, die nicht mit Reflexen des primitiven zusammen fallen, sind nicht beobachtbar, d. h. sie sind „ausgelöscht".

3.3.8.6 Zonale und serielle Auslöschungen

Gleitspiegelebenen oder Schraubenachsen führen ebenfalls zu Auslöschungen, welche den in Tab. 3.5 und 3.6 zusammengefassten Regeln gehorchen. Auslöschungen durch Gleitspiegelebenen werden als zonale Auslöschungen bezeichnet, während Schraubenachsen zu seriellen Auslöschungen führen. Die Auslöschungsregeln für eine Kristallstruktur sind den „International Tables A" zu entnehmen, in denen für jede Wyckoff-Position die Bedingungen für beobachtbare Reflexe angegeben sind.

In einigen Fällen kann aufgrund der beobachteten Auslöschungen die Raumgruppe eindeutig bestimmt werden, so z. B. im orthorhombischen Kristallsystem die Raum-

Tab. 3.5: Zonale Auslöschungen aufgrund von Gleitspiegelebenen.

Gleitspiegelebene	Orientierung	Reflexgruppen	Reflexe nicht ausgelöscht wenn
a	(010)	$h0l$	$h = 2n$
	(001)	$hk0$	$h = 2n$
b	(100)	$0kl$	$k = 2n$
	(001)	$hk0$	$k = 2n$
c	(100)	$0kl$	$l = 2n$
	(010)	$h0l$	$l = 2n$
	(110)	hhl	$l = 2n$
	$(1\bar{1}00)$	$hh.l$	$l = 2n$
	$(11\bar{2}0)$	$hh.l$	$l = 2n$
d	(100)	$0kl$	$k + l = 4n\ (k, l = 2n)$
	(010)	$h0l$	$h + l = 4n\ (h, l = 2n)$
	(001)	$hk0$	$h + k = 4n\ (h, k = 2n)$
	(110)	hhl	$2h + l = 4n$
n	(100)	$0kl$	$k + l = 2n$
	(010)	$h0l$	$h + l = 2n$
	(001)	$hk0$	$h + k = 2n$

Tab. 3.6: Serielle Auslöschungen aufgrund von Schraubenachsen.

Schraubenachse	Orientierung	Reflexgruppen	Reflexe nicht ausgelöscht wenn
2_1	[100]	$h00$	$h = 2n$
	[010]	$0k0$	$k = 2n$
	[001]	$00l$	$l = 2n$
$4_1, 4_3$	[100]	$h00$	$h = 4n$
	[010]	$0k0$	$k = 4n$
	[001]	$00l$	$l = 4n$
4_2	[100]	$h00$	$h = 2n$
	[010]	$0k0$	$k = 2n$
	[001]	$00l$	$l = 2n$
$3_1, 3_2$	[00.1]	$00.l$	$l = 3n$
$6_1, 6_5$	[00.1]	$00.l$	$l = 6n$
$6_2, 6_4$	[00.1]	$00.l$	$l = 3n$
6_3	[00.1]	$00.l$	$l = 2n$

gruppen $P222_1$, $P2_12_12$, $P2_12_12_1$, $C222_1$, $Fdd2$, $Pnnn$, $Pban$, $Pnna$, $Pcca$, $Pccn$, $Pbcn$, $Pbca$, $Ccca$, $Ibca$ und $Fddd$; aber allgemein ist dies nicht der Fall.

3.3.8.7 Umweganregung

Die Bestimmung des Gittertyps wird manchmal, insbesondere bei stark streuenden Kristallen, durch die Beobachtung eigentlich ausgelöschter Reflexe erschwert.

Von Renninger (1937)[16] wurde gezeigt, dass für den Fall, dass zwei oder mehr Netzebenenscharen gleichzeitig die Reflexionsbedingungen erfüllen, es zu Mehrfachbeu-
gungen kommen kann, wobei die gestreute Welle noch einmal gebeugt wird. Dadurch
können eigentlich ausgelöschte Reflexe beobachtet werden und die Intensitäten der
anderen Reflexe kann sich wesentlich von der durch Gl. (3.26) beschriebenen Intensität unterscheiden. Intensitätsänderungen durch diese „Umweganregung" können
mit der dynamischen Streutheorie beschrieben werden.

3.4 Strahlkonditionierung

Die von einer konventionellen Röntgenröhre emittierte Röntgenstrahlung besteht
aus der Bremsstrahlungskomponente und der charakteristischen Strahlung. Für die
allermeisten Röntgenbeugungsexperimente ist aber eine möglichst monoenergeti-
sche (monochromatische) Strahlung erwünscht. Weitere Eigenschaften des Strahls,
die man kontrollieren möchte, sind seine Divergenz und die Größe des Strahls auf
der Probe. In die Strahlengänge von Röntgendiffraktometern werden daher optische
Elemente wie Blenden und Spalte eingebaut oder es werden Filter und Monochromatoren verwendet. Dabei kommt es zu einem Intensitätsverlust, so dass insbesondere
bei Laborgeräten der Strahl nicht beliebig klein gewählt werden kann.

3.4.1 Monochromatisierung durch Filterung

Der technische einfachste Ansatz zur Unterdrückung der unerwünschten Bremsstrahlung und von K_β charakteristischer Strahlung bei der Erzeugung von Röntgenstrahlen
mit Röntgenröhren ist die Verwendung eines Filters, d. h. eines dünnen Metallblechs.
    Das Lambert–Beersche Gesetz beschreibt die Intensität I_{trans} eines Röntgenstrahls
nach Transmission durch eine Probe der Dicke d

$$I_{trans}(d) = I_0 \exp[-\mu_{tot}d\rho], \tag{3.34}$$

wobei $I_{trans}(d)$ eine Funktion der Intensität der einfallenden Strahlung, I_0, der Pro-
bendicke d, der Dichte ρ und des Massenschwächungskoeffizienten μ_{tot} ist. Die durch
den Massenschwächungskoeffizient beschriebene Abnahme der Intensität beruht im
wesentlichen auf drei Prozessen, nämlich der inkohärenten Compton-Streuung, der
kohärenten Rayleigh-Streuung und der Photoabsorption, so dass gilt

$$\mu_{tot} = \mu_{abs} + \mu_{koh} + \mu_{ink}. \tag{3.35}$$

---

16 Mauritius Renninger (8.6.1905–22.12.1987).

Die Größe der drei Beiträge ist stark energieabhängig und für eine Probe der Zusammensetzung Fe_2SiO_4 in Abschnitt 3.3 (Abb. 3.5) dargestellt. Bei geringen Photonenenergien, wie sie für in Röntgenröhren erzeugte Röntgenstrahlung typisch ist, dominiert die Absorption durch Photoabsorption. Für die Filterung von Röntgenstrahlung ist es wichtig, dass die Energieabhängigkeit von μ_{abs} aufgrund der Schalenstruktur Unstetigkeiten hat, d. h. bei bestimmten „Kantenenergien" steigt der Massenschwächungskoeffizient sprunghaft an. Dies ist die Grundlage für „Kantenspektroskopien", d. h. Röntgenabsorptionsspektroskopie (engl. *X-ray absorption spectroscopy – XAS, XANES* und *EXAFS*).

Bei der Filterung von konventionell mit einer Kupferanode erzeugter Röntgenstrahlung nutzt man aus, dass die Absorptionskante von Ni bei 1,49 Å liegt, so dass die Cu-K_α-Strahlung (1,542 Å) von einem Ni-Filter sehr viel weniger absorbiert wird als die Cu-K_β Strahlung bei 1,392 Å und die Bremsstrahlung (Abb. 3.14).

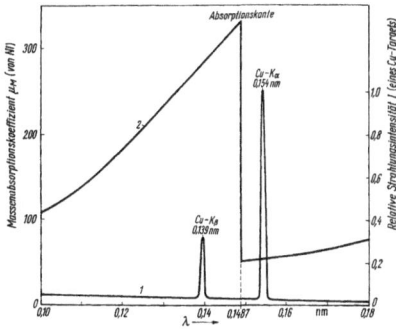

Abb. 3.14: Man kann durch Filterung mit einem dünnen Metallblech die mit einer konventionellen Röntgenröhre erzeugte Strahlung unter Ausnutzung der sprunghaften Änderung des Massenschwächungskoeffizienten aufgrund von Absorptionskanten teilweise monochromatisieren. Die mit einer Cu-Anode erzeugte Strahlung (Kurve 1) wird bei Verwendung eines Ni-Filters (Energieabhängigkeit des Massenschwächungskoeffizienten von Ni ist durch Kurve 2 dargestellt) im Bereich der $K\beta$-Strahlung durch das Ni stark absorbiert, während für die $K\alpha$-Strahlung die Absorption minimal ist.

Durch die Filterung der Röntgenstrahlung kann man aber nicht die $K_{\alpha,2}$ Strahlung unterdrücken, deren Wellenlänge nur um $\leq 1\%$ von $K_{\alpha,1}$ verschieden ist. Die Verwendung von gefilterter Röntgenstrahlung führt daher bei kleinen Streuwinkeln zu der Verbreiterung von Reflexen, bei großen Streuwinkeln kommt es zur Aufspaltung von Reflexen. Die Genauigkeit, mit der man Reflexe analysieren kann, leidet darunter, was bei Verfeinerungen von Röntgenbeugungspulveraufnahmen typischerweise zu größeren Unsicherheiten bei den strukturellen Parametern führt. Die wesentlichen Vorteile der Filterung sind der vergleichsweise geringe Intensitätsverlust, der einfache Aufbau und die geringen Kosten.

3.4.2 Monochromatisierung durch Beugung an Einkristallen

Eine sehr viel bessere Monochromatisierung kann durch Beugung an einem Einkristall erreicht werden. Wie in Abschnitt 3.3.5 beschrieben wird Röntgenstrahlung entsprechend dem Braggschen Gesetz $n\lambda = 2d \sin \theta$ gebeugt, wobei d der Abstand von Netzebenen innerhalb einer Netzebenenschar ist. Dies bedeutet, dass man bei Verwendung von geeigneten Kristallen monochromatische Strahlung einer bestimmten Wellenlänge durch Beugung an einer festgelegten Netzebenenschar bei einem bekannten Winkel selektieren kann. Der Vorteil dieser Methode ist, dass sie eine im Vergleich zur Filterung eine sehr viel bessere Monochromatisierung erlaubt.

Als Monochromatorkristalle in Laborgeräten werden typischerweise Graphit, Quarz, Silicium, oder Germanium in Reflexionsstellung verwendet. Damit ist eine Monochromatisierung von $\Delta E/E = 10^{-2} \ldots 10^{-3}$ möglich. Zugleich kann ein gebogener Einkristall verwendet werden, der zusätzlich eine Fokussierung der Strahlung auf die Probe ermöglicht.

An Synchrotronstrahlungsquellen werden aufgrund der sehr viel höheren Brillanz und der großen Nachfrage nach sehr schmalbandiger Strahlung zum Teil andere Ansätze benutzt. So kann man zum Beispiel einen Teil der Undulatorstrahlung durch die Verwendung eines Diamants in Transmission selektieren. Dabei wird ein Diamant so orientiert in den Strahl eingebaut, dass z. B. der (111) Reflex in eine gewünschte Raumrichtung streut. Diese Strahlung hat eine Bandbreite von ca. 300 eV, was bei einer einfallenden Strahlung von 15 keV bereits eine Energieauflösung von $2 \cdot 10^{-2}$ bedeutet. Wird danach z. B. ein Doppelkristallmonochromator verwendet, in dem die Röntgenstrahlung von zwei (111) Netzebenenscharen von Silicium reflektiert wird, so hat man bereits eine Energieauflösung von 3 eV, d. h. die Energieauflösung beträgt dann bereits $2 \cdot 10^{-4}$. Für Experimente, bei denen eine noch bessere Energieauflösung benötigt wird, wird dann noch ein weiterer Monochromator eingesetzt, mit dem Energieauflösungen von besser als $2 \cdot 10^{-6}$ erreicht werden können. Natürlich wird durch jede Reflexion die Intensität vermindert, so dass für jeden Experimentaufbau ein Kompromiss zwischen Auflösung und Intensität des Röntgenstrahls zu finden ist.

3.4.3 Fokussierung

Die Fokussierung von Röntgenstrahlen war zunächst nur durch die Verwendung gebogener Monochromatorkristalle möglich, und dies wird heute noch in Laborgeräten genutzt. Zunehmend werden dort auch Kapillar- oder Multilayeroptiken, die auf Totalreflektion beruhen, eingesetzt. Ein Beispiel für letztere sind kompakte Montel-Optiken, die aus zwei nebeneinander und senkrecht aufeinander stehenden, elliptisch gekrümmten Zylinderspiegeln bestehen. An Synchrotronstrahlungsquellen mit ihrer hohen Brillanz und kleinen Quellpunkten kommen andere optische Elemente, mit denen der Strahl fokussiert werden kann, zum Einsatz, darunter Röntgenlinsen, Kirkpatrick–Baez (KB)-Spiegel und Fresnel-Zonenplatten.

3.4.3.1 Röntgenlinsen

Bis zum Ende des 20. Jahrhunderts ging man davon aus, dass man keine praktikablen Linsen für Röntgenstrahlen bauen kann, da die Abweichung des Brechungsindexes von 1 nur $\delta(\lambda) = 1 - n \approx 10^{-5} \dots 10^{-9}$ beträgt. Heute sind parabolische bikonkave Linsen aus leichten Materialien, wie etwa Al, Be oder Diamant erhältlich, die numerische Aperturen $\leq 10^{-3}$ haben und einen Röntgenstrahl auf $5 \dots 50\,\mu m$ Durchmesser fokussieren können.

3.4.3.2 KB-Spiegel

Kirkpatrick[17]-Baez[18] (KB)-Spiegel bestehen aus einem gebogenen Träger, oft aus einem Silicium-Einkristall, dessen Oberfläche mit einem oder mehreren Schichten eines schweren Metalls beschichtet ist. Die unter streifendem Einfall auftreffende Röntgenstrahlung wird fast vollständig reflektiert. Oft werden zwei senkrecht aufeinander stehende Spiegel benutzt, um den Strahl sowohl horizontal als auch vertikal durch eine kleine Veränderung der Biegeradien der Spiegel zu fokussieren. Mit KB-Spiegeln können Strahldurchmesser < 100 nm erreicht werden.

3.5 Detektion von Röntgenstrahlen

In Beugungsexperimenten eingesetzte Detektoren beurteilt man nach ihrer Empfindlichkeit, ihrer Linearität (Änderung der Signalstärke als Funktion der Änderung der Intensität der einfallenden Strahlung), ihres Dynamikbereiches (Verhältnis des stärksten messbaren Signals bevor Sättigung eintritt zum schwächsten Signal, welches gerade noch detektiert werden kann), der Totzeit (Zeit, die nach der Detektion eines Signals verstreichen muss bevor der Detektor das nächste Signal registrieren kann), der maximalen Zählrate, ihrer Orts- und Zeitauflösung, der Größe des Sensors und der Auslesegeschwindigkeit. Zudem ist es wichtig, ob die Übersättigung eines Bildpunkts sich auf benachbarte Bildpunkte auswirkt und ob eine Energiediskriminierung, d. h. eine Unterscheidung, welche Energie das einfallende Photon hat, möglich ist.

3.5.1 Röntgenfilme und Bildplatten

Wilhelm Röntgen nutzte Photoplatten und Leuchtschirme, um Röntgenstrahlen zu detektieren. Die Photoplatten wurden später durch Röntgenfilme ersetzt, die in vie-

---

17 Paul H. Kirkpatrick (21.7.1894–26.12.1992).
18 Albert Vinicio Báez (15.11.1912–20.3.2007).

ler Hinsicht gut für Beugungsexperimente geeignet waren, da sie zu geringen Kosten großformatige Aufnahmen ermöglichten. Aufgrund ihrer Biegsamkeit konnten sie z. B. in standardisierte zylindrische Debye–Scherrer[19]- und Weissenberg[20]-Kameras eingelegt werden. Röntgenfilme bestehen aus einer Polyesterfolie, die ein- oder beidseitig mit einer AgBr-haltigen Emulsion beschichtet sind. Bei der Belichtung mit Röntgenstrahlen wird das Bromid lokal zu Ag-Atomen reduziert, d. h. es entsteht ein latentes Bild. Bei der nasschemischen Entwicklung werden pro reduziertem Ag-Atom weitere 10^9 Ag-Atome erzeugt – dadurch entsteht eine messbare Filmschwärzung, die durch nasschemisches Fixieren stabilisiert wird. Da die Empfindlichkeit von Röntgenfilmen allerdings gering ist, wurden schon sehr bald nach der Entdeckung der Röntgenstrahlen zunächst Leuchtschirme und später Verstärkerfolien genutzt, um die Belichtungszeiten wesentlich zu verringern. Verstärkerfolien sind dünne Polyesterfolien, auf die eine $100 \ldots 500\,\mu m$ dicke Schicht aus einem transparenten Kunststoff aufgebracht wird, in den fluoreszierenden Materialien, wie etwa $CaWO_4$ oder ZnS, eingebettet sind. Zudem wird zwischen Trägerfolie und der Schicht mit dem Röntgenleuchtstoff noch eine dünne Schicht aus reflektierendem Material aufgebracht. Die Röntgenfilme werden dann bei einer Aufnahme sowohl direkt durch die Röntgenstrahlung als auch durch die konvertierte Fluoreszensstrahlung der Verstärkerfolien belichtet. Dadurch, dass Belichtungszeiten von einigen Minuten bis zu mehreren Stunden benötigt werden, sind zeitaufgelöste Messungen nicht praktikabel. Der Dynamikumfang ist begrenzt (etwa 1 : 20) und eine Energiediskriminierung ist nicht möglich. Quantitative Aussagen zur Filmschwärzung bedürfen einer Digitalisierung; daher werden Röntgenfilmaufnahmen in kristallographischen Untersuchungen nicht mehr eingesetzt.

Der Filmtechnik am nächsten kommen heutzutage Bildplattendetektoren. In diesen gibt es eine mit BaFBr:Eu oder einer ähnlichen Verbindung beschichtete Platte. Durch einfallende Röntgenstrahlen werden Elektronen des Europiums in einen metastabilen angeregten Zustand versetzt. Durch diese Ausbildung von Farbzentren entsteht daher ein latentes Bild. Die Elektronen können durch Anregung mit einem die Bildplatte abrasternden Laser wieder in ihren Grundzustand zurückkehren. Das dabei durch photostimulierte Lumineszenz emittierte Licht kann mit einem Photomultiplier als Funktion des Ortes auf der Bildplatte registriert werden. Es gibt Bildplattenscanner die fest in ein Diffraktometer integriert sind, aber auch Diffraktometer, in denen nur ein Halter für die Bildplatte angebracht ist und der Auslese- und Löschvorgang in einem separaten Gerät erfolgt. Ein wesentlicher Vorteil von Bildplatten gegenüber Röntgenfilmen ist der stark verbesserte Dynamikbereich, der etwa 1 : 10^5 beträgt. Ähnlich wie Röntgenfilme werden Bildplatten mit Dimensionen von bis zu 30 cm Durchmesser verwendet. Bildplatten können einige Tausend Male wiederverwendet werden, da sie durch Bestrahlung mit intensivem Licht „gelöscht" werden können. Das Auslesen

---

19 Paul Scherrer (3.2.1890–25.9.1969).
20 Karl Weissenberg (11.6.1893–6.4.1976).

und Löschen der Bildplatte dauert aber einige Minuten, so dass eine einzelne Röntgenaufnahme zwar sehr schnell mit einer Belichtungszeit im Sekundenbereich aufgenommen werden kann, zeitaufgelöste Messungen aber nicht sinnvoll durchgeführt werden können. Eine Energiediskriminierung ist mit dieser Technik nicht möglich.

3.5.2 Zählrohre

In den ersten Einkristallbeugungsexperimenten von Bragg u. Bragg (1913a,b) wurde die Intensität der gebeugten Röntgenstrahlung mit Ionisationskammern gemessen, d. h. mit einer gasgefüllten, eine Anode und eine Kathode enthaltenen Kammer, in der die einfallenden Photonen das Gas ionisieren. Aufgrund der an den Elektroden angelegten Spannung fließt dann bei einfallender Röntgenstrahlung ein Strom, dessen Stärke ein relatives Maß für die Intensität der einfallenden Röntgenstrahlung ist.

Moderne Proportionalzählrohre bestehen ebenfalls aus einer gasgefüllten Kammer, in die axial ein dünner Draht eingespannt ist. Es liegt eine Gleichspannung zwischen dem Draht und der Kammerwand an. Durch ein kleines Fenster einfallende Röntgenstrahlung ionisiert Gasatome, welche dann aufgrund der hohen Potentialdifferenz zwischen dem Zähldraht und der Kammerwand beschleunigt werden, durch Stoßionisation weitere Ionen erzeugen und somit zu einem kurzen Entladungsstrom führen. Proportionalzählrohre werden, im Gegensatz zu den ähnlich aufgebauten Ionisationskammern und Geiger[21]–Müller[22]-Zählrohren, so betrieben, dass die Höhe der gemessenen Impulse proportional zur Energie der einfallenden Photonen ist. Damit ist eine Energiediskriminierung mit einer Energieauflösung von $\Delta E/E \approx 20\,\%$ möglich. Der Dynamikbereich von Proportionalzählrohren beträgt etwa $1{:}10^6$. Konventionelle Proportionalzählrohre wurden als Detektoren in Vierkreisdiffraktometer und Pulverdiffraktometer eingebaut, dort sind sie heute aber weitestgehend durch andere Detektortypen ersetzt worden. Zum einen gab es eine Weiterentwicklung dieses Ansatzes hin zu Proportionalzählrohren mit Ortsauflösung. Diese beruhen auf einer Verbesserung der Messelektronik, so dass der Ort an dem der Entladestrom entsteht ermittelt werden kann. Das Prinzip dabei ist, dass die Zeit, die das Signal vom Ort seiner Entstehung im Zähldraht durch Vergleich der Laufzeiten zu den beiden Enden des Zähldrahts ermittelt wird. Dieser Ansatz erlaubt eine 1-dimensionale Ortsauflösung von etwa 50 µm.

Die Verwendung von vielen Anodendrähten in einer Gaszelle erlaubt dann die Konstruktion von zweidimensionalen Vieldrahtproportionalzählrohren. Die Begrenzung dieser Detektoren liegt in der geringen maximalen Intensität der einfallenden

---

21 Johannes Wilhelm „Hans" Geiger (30.9.1882–24.9.1945).
22 Walther Müller (6.9.1905–4.12.1979).

Strahlung aufgrund der langen Totzeiten. Eine andere Weiterentwicklung waren Proportionalzählrohre mit Mikrostreifendetektoren. In der einfachsten Version sind dort sehr dünne metallische Anodenstreifen abwechselnd mit Kathodenstreifen auf einem leitfähigen Substrat deponiert.

3.5.3 Charge Coupled Devices (CCD)

Ladungsgekoppelte Detektoren (engl. *charge coupled devices – CCD*) haben eine sehr große Verbreitung in Röntgenbeugungsuntersuchungen gefunden. Dabei gibt es unterschiedliche Ansätze. In den meisten CCDs wird die Röntgenstrahlung zunächst durch einen sogenannten Phosphor, wie z. B. Gd_2O_2S:Tb, in sichtbares Licht umgewandelt. Dieses wird dann durch Glasfasern auf die CCD geleitet wird. Dort werden durch den inneren photoelektrischen Effekt Elektron-Loch-Paare erzeugt, die aufgrund einer angelegten Spannung voneinander getrennt werden. In der dotierten Halbleiterschicht des CCD sammeln sich die Ladungen in Potentialtöpfen, wobei die Ladungsmenge proportional zur Anzahl der eingestrahlten Photonen ist. Es können pro Potentialtopf einige 10.000 Photonen akkumuliert werden, bevor benachbarte Pixel beeinflusst werden. Für das Auslesen der Ladungen wird eine aufwändige Elektronik benötigt. CCDs werden zumeist durch Peltier[23]-Elemente gekühlt, um den Dunkelstrom zu minimieren. Moderne CCDs haben Detektorflächen von etwa $200 \times 200 \, mm^2$, mit $\approx 4000^2$-Pixeln von jeweils $(10 \dots 100)^2 \, \mu m^2$ Fläche. Die Auslesezeit beträgt typischerweise einige Sekunden, es gibt aber auch CCDs bei denen die Bildrate Messungen im Millisekunden-Bereich erlaubt. Ein wesentlicher Nachteil von CCDs besteht darin, dass eine starke Übersättigung eines Pixels dazu führt, dass benachbarte Pixel fälschlicherweise eine zu hohe Intensität anzeigen.

3.5.4 Halbleiter-basierte Detektoren

In Halbleiter-basierten Detektoren wird ebenfalls der innere photoelektrische Effekt ausgenutzt.

3.5.4.1 Indirekte und direkte „flat panel"-Detektoren
Bei den zur Zeit weit verbreiteten indirekten *flat panel*-Detektoren handelt es sich um in Dünnschichttechnik hergestellte Photodiodenarrays, bei dem jedes Pixel aus einer lichtempfindlichen Photodiode, einem Transistor und einem Kondensator besteht. Die Photodioden aus amorphem Silicium sind lichtempfindlich im sichtbaren

---

23 Jean Charles Athanase Peltier (22.2.1785–27.10.1845).

Teil des elektromagnetischen Spektrums und daher werden Szintillatoren wie CsI oder Gd_2O_2S:Tb eingesetzt, um die einfallenden Röntgenstrahlen in sichtbares Licht umzuwandeln. Dieses erzeugt Elektron-Loch-Paare, und die dadurch erzeugt Ladung wird im Kondensator gespeichert. Das Auslesen der gespeicherten Ladungen erfolgt zeilenweise. Die Sensorflächen bei dieser Art von Detektoren sind vergleichsweise groß (typischerweise $40 \times 30 \, cm^2$), und die Pixelgröße beträgt typischerweise $\approx 150 \, \mu m$. Die Auslesezeiten von typischen Detektoren liegen in der Größenordnung von 100 ms. Bei den direkten flat-panel Detektoren wird statt der Kombination aus Szintillator und amorphem Silicium amorphes Selen eingesetzt, in dem die einfallende Röntgenstrahlung dann Elektron-Loch-Paare erzeugt.

3.5.4.2 Hybride Pixeldetektoren

Ein Detektortyp, welcher zunehmend Verbreitung findet, sind hybride Pixeldetektoren. Diese Detektoren zeichnen sich dadurch aus, dass der Sensor, z. B. $500 \, \mu m$ dickes Silicium, mit einer in Halbleitertechnik ausgeführten integrierten Schaltung so verbunden wird, dass jedes Pixel ein Photonezählwerk darstellt. Im Sensor (zumeist Si oder Ge, für hochenergetische Photonen auch GaAs, CdTe oder andere Verbindungen mit schweren Elementen) erzeugt ein Photon ein Elektron-Loch-Paar. Unter dem Einfluss einer angelegten Spannung trennen sich die Ladungsträger, wandern zu den Elektroden und können dort registriert werden. Dabei wird der erste Schritt der Messung, die Verstärkung und Diskriminierung, durch eine analoge Schaltung realisiert, deren Signal dann digital weiter verarbeitet wird. Daher bezeichnet man diese Detektoren als Hybride. Mit dieser Technik sind Detektoren herstellbar, die Pixelgrößen von $(50\ldots200)^2 \, \mu m^2$ haben und einzelne Photonen registrieren können. Dabei sind die Detektoren praktisch rauschfrei und haben eine sehr große Dynamik. Die Auslesegeschwindigkeiten und die Totzeiten sind so kurz, dass zeitaufgelöste Messungen im Millisekundenbereich möglich sind. Aufgrund der vielfältigen Vorzüge haben derartige Detektoren mit Größen von $500.000\ldots6.000.000$ Bildpunkten trotz ihres hohen Preises eine weite Verbreitung gefunden. Auch diese Technik wird weiterentwickelt, und insbesondere für Anwendungen mit sehr hohe Zählraten stehen ladungsintegrierende Pixeldetektoren zur Verfügung, in denen die durch die eintreffenden Photonen erzeugten Ladungsträger in jedem Pixel zunächst in einem Kondensator gesammelt werden, bevor sie dann ausgelesen werden.

3.6 Einkristallmethoden

Die ersten erfolgreichen Röntgenbeugungsaufnahmen waren Messungen von Einkristallen mit ungefilterter breitbrandiger Strahlung durch Friedrich und Knipping. Die ersten Strukturbestimmungen durch Bragg u. Bragg (1913b) beruhen auf Laue-Aufnahmen, aber schon im selben Jahr diskutierten dieselben Autoren, dass Röntgenbeugungsexperimente mit monochromatischer Strahlung die quantitative Bestimmung von Netzebenenabständen erlauben würden, und dass dafür die charakteristische Strahlung von Röntgenröhren genutzt werden könne.

Laue-Aufnahmen erlauben aufgrund der hohen Intensität des weißen Röntgenstrahls sehr schnelle Messungen. Der Nachteil von Laue-Aufnahmen ist aber, dass ohne weitere Messungen keine absoluten Gitterparameter bestimmt werden können. Für eine quantitative Bestimmung der Reflexintensitäten, wie sie für die Bestimmung von Kristallstrukturen notwendig ist, ist zudem eine genaue Kenntnis der spektralen Intensitätsverteilung des einfallenden Strahls notwendig. Absorptionskorrekturen sind aufgrund der Wellenlängenabhängigkeit des Massenschwächungskoeffizienten (Abschnitt 3.3 und 3.4.1) schwierig. Laue-Aufnahmen werden heutzutage daher zumeist durchgeführt, um die Orientierung von Kristallen zu bestimmen. Insbesondere die Kombination von weißer Synchrotronstrahlung mit einer Mikrofokussierung erlaubt es dann, mit μm-Ortsauflösung die Orientierung von sehr kleinen Kristallen in Keramiken oder Gesteinen zu ermitteln. Für kristallphysikalische Experimente an großen Kristallen oder im Rahmen der Einkristallzüchtung (Abschnitt 4.4) ist die Orientierung der Kristalle mit Hilfe der Laue-Rückstrahl-Technik eine effiziente Methode.

Da die Interpretation von Röntgenbeugungsaufnahmen bei Verwendung von monochromatischer Strahlung sehr viel einfacher ist, gab es vor der Entwicklung von automatisierten Vierkreisdiffraktometern eine Vielzahl von methodischen Ansätzen mit dem Ziel, die Intensität von Röntgenreflexen von Einkristallen mit Filmmethoden zu bestimmen. Die Weissenberg-Methode, in der sowohl der Kristall als auch der Röntgenfilm während der Aufnahme bewegt wurde, war weit verbreitet. Mitte des 20. Jahrhunderts wurde die *precession*-Methode entwickelt (Buerger (1964)), die die unverzerrte Abbildung von Schnitten durch den reziproken Raum durch Verwendung von Blenden und einer komplexen Präzessionsbewegung des Films während der Belichtungszeit ermöglichte.

Mit zunehmender Verfügbarkeit von Computern erfolgte dann die Entwicklung automatischer Einkristalldiffraktometer, in denen Belichtung, Probenbewegung und Detektion der gestreuten Strahlung automatisiert abläuft. Es gibt sehr unterschiedliche Bauformen. Heutzutage haben die meisten Diffraktometer entweder eine κ-Geometrie, oder basieren auf einer Variante einer Euler-Wiege (Abb. 3.15 und 3.16).

Insbesondere bei Diffraktometern für Strukturuntersuchungen an Strukturen mit sehr großen Elementarzellen wird teilweise auf eine komplexe Bewegung der Probe und des Detektors verzichtet. Dabei wird ausgenutzt, dass eine Rotation der Probe um die ϕ-Achse, d. h. um eine Achse senkrecht zum Strahl, bereits für die Sammlung von vielen tausend Reflexintensitäten ausreichend ist, wenn ein großer Flächendetektor zur Verfügung steht. Dies ist heutzutage bei Experimenten mit Synchrotronstrahlung der Regelfall.

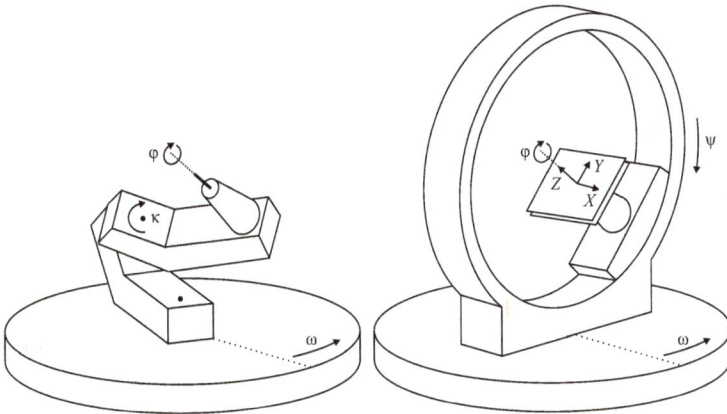

Abb. 3.15: Die linke Abbildung zeigt das Schema eines Diffraktometers mit κ-Geometrie, während rechts das Schema eines 4-Kreis-Diffraktometers mit Euler-Wiege dargestellt sind. (*Abb. reproduziert mit freundlicher Genehmigung der IUCr aus International Tables for Crystallography (2018) Vol. H, chapter 2.1, pp. 26–50, von A. Kern.*)

Abb. 3.16: Modernes Diffraktometer der Fa. Bruker mit κ-Geometrie, wie sie in Abb. 3.15 ohne Röntgenquelle und Detektor skizziert ist. Rechts sind zwei Mikrofokus-Röntgenröhren mit Röntgenoptiken zu sehen, d. h. das Gerät kann sowohl mit Cu- als auch mit Mo-Strahlung betrieben werden. Der Kristall befindet sich auf einem Goniometerkopf in der Mitte des Bildes. Links ist ein ladungsintegrierender Pixeldetektor montiert. (*Mit freundlicher Genehmigung durch Bruker AXS GmbH, Karlsruhe*)

3.6.1 Ablauf einer Einkristallstrukturbestimmung

Zu Beginn einer Datensammlung für die Bestimmung einer Kristallstruktur wird der Kristall zunächst optisch so zentriert, dass bei Drehungen des Kristalls dieser immer vom Röntgenstrahl beleuchtet wird. Dafür sind die Diffraktometer heutzutage mit einer optischen Kamera ausgestattet. In modernen Labor-Diffraktometern haben Flächendetektoren (CCDs, Bildplatten oder hybride Pixeldetektoren) die früher weit verbreiten Proportionalzählrohre oder Szintillationsdetektoren, die die gestreute Intensität nur in einem sehr kleinen Raumwinkel messen konnten, vollständig ersetzt. Daher werden heutzutage als nächster Schritt für eine kleine Anzahl von Kristallorientierungen Röntgenübersichtsaufnahmen gemacht. Aus diesen Aufnahmen kann man abschätzen, wie gut der Kristall streut und ob die Kristallqualität ausreichend für eine Kristallstrukturbestimmung ist. Die Übersichtsaufnahmen erlauben auch oft schon die Bestimmung der Elementarzellenparameter, so dass am Ende dieser vorbereitenden Messungen die Orientierung des Kristalls auf dem Diffraktometer und die Elementarzelle bekannt sind.

Auch die Strategie für das Messen von Reflexintensitäten hat sich mit dem Ersatz von Proportionalzählern durch CCDs oder andere große zweidimensionale Zähler geändert. Die Messstrategien für biologische Strukturen mit ihren sehr großen Elementarzellen, die zu vielen Hundert messbaren Reflexen bei einer einzigen Kristall- und Detektorstellung führen, aber nur vergleichsweise schwach streuen, unterscheiden sich in einigen Details von denen für anorganische oder *„small molecule"* Strukturen, bei denen sehr viel weniger Reflexe messbar sind. Die Ewald-Konstruktion (Abschnitt 3.3.6) erlaubt eine einfache Berechnung der maximalen Anzahl von Reflexen, die mit einem bestimmten Diffraktometer gemessen werden können. Die Ewaldkugel besitzt ein Volumen $V_{\text{Ewald}} = (4/3)\pi(1/\lambda)^3$. Da man aber den Kristall drehen kann, ist das maximale abgedeckte Volumen

$$V_{\text{max}} = (4/3)\pi(2/\lambda)^3. \tag{3.36}$$

Das Volumen der reziproken Elementarzelle ist V^*, d. h. die Anzahl von messbaren Reflexen beträgt (unter Vernachlässigung von Auslöschungen) $N \doteq V_{\text{Kugel}}/V^*$. Wenn zum Beispiel ein orthorhombischer Kristall untersucht werden soll, dessen primitive Elementarzelle Kantenlängen von $5\,\text{Å} \times 6\,\text{Å} \times 7\,\text{Å}$ aufweist, so ist $V^* = 0,004762\,\text{Å}^{-3}$. Für Mo-$K_\alpha$-Strahlung ($\lambda = 0,7107\,\text{Å}$) sind dann ≈ 19.600 Reflexe zu erwarten. Wenn Probenumgebungen wie Hochdruckzellen oder Öfen die Datensammlung nicht behindern und der Kristall ausreichend stark streut, kann heutzutage oft eine 100 % Vollständigkeit bei der Datensammlung erreicht werden.

Mit der „Auflösung" einer Kristallstrukturverfeinerung bezeichnet man die typische Länge von Objekten, die in einer Elektronendichtekarte identifiziert werden können. Bei großen biologischen Strukturen, die aus einem Datensatz mit nur mäßig guter Datenqualität bestimmt wurden, kann man unter Umständen nur die Lage von funktionalen Gruppen identifizieren. Für anorganische Strukturen oder Strukturen aus kleinen Molekülen möchte man aber mindestens die Positionen der einzelnen Atome eindeutig bestimmen. Die wesentliche Größe ist dabei der minimale d-Wert, $d_{\text{min}} = \lambda/(2\sin\theta)$, den man in der Datensammlung erreicht. Wenn man z. B. eine Auflösung von $d_{\text{min}} = 0,84\,\text{Å}$ anstrebt, (typischer Wert, um die Positionsparameter einzelner Atome genau bestimmen zu können) so müssen Intensitäten bis zu Streuwinkeln von $2\theta = 50°$ (für Mo-$K_\alpha = 0,7107\,\text{Å}$) bzw. $2\theta = 133°$ (für Cu-$K_\alpha = 1,5418\,\text{Å}$) Strahlung gemessen werden.

Dies setzt allerdings voraus, dass es noch ausreichend starke Reflexe bei hohen Streuwinkeln gibt. Dabei wird oft eine gemittelte Intensität von $I/\sigma \geq 2$ für alle in einem bestimmten Betragsbereich von Streuwinkeln von gemessenen Reflexen als Grenzwert für den Streuwinkel benutzt, für den noch sinnvoll Daten gesammelt werden können.

Die Redundanz eines Datensatzes kann durch Mehrfachmessungen eines Reflexes nach Rotation um den Azimut (Ψ-Winkel), d. h. eine Rotation einer Netzebene um den Streuvektor, verbessert werden. Eine 5...8-fache Redundanz ist erstrebenswert.

Nach der Messung der Daten werden diese „reduziert". In einem typischen Experiment mit einem gut streuenden Kristall sind am Ende der Datensammlung für einige tausend Reflexe die Intensitäten bekannt. Die „schwachen" Reflexe mit einer Intensität unterhalb des 2...3-fachen des lokalen Untergrunds werden oft gesondert behandelt, d. h. der Datensatz wird einmal mit und einmal ohne die schwachen Reflexe ausgewertet.

Mit diesem Datensatz kann dann überprüft werden, ob systematische Auslöschungen vorliegen und ob die zunächst angenommene Symmetrie korrekt ist. Die Qualität des Datensatzes kann zu diesem Zeitpunkt durch den „internen R-Wert" ausgedrückt werden. Mit diesem Parameter wird bestimmt, wie ähnlich die gemessene Intensität von symmetrieäquivalenten Reflexen ist. Dazu wird für alle k Gruppen von symmetrieäquivalenten Reflexen die mittlere Abweichung der Intensitäten der $j(k)$ Gruppenmitglieder $I_{k,j(k)}$ vom Mittelwert der Gruppe, $\bar{I}_k$, berechnet:

$$R_{\text{int}} = \frac{\sum_k \left(\sum_{j(k)} |I_{k,j(k)} - \bar{I}_k| \right)}{\sum_k \sum_{j(k)} \bar{I}_k} \tag{3.37}$$

wobei die erste Summation über k Reflexgruppen läuft, zu denen $j(k)$ symmetrieäquivalente Reflexe gehören.

Die Statistik der Intensitätsverteilung erlaubt dann oft eine Unterscheidung zwischen zentrosymmetrischen oder azentrischen Strukturen mit Hilfe des normalisierten Strukturfaktors (Abschnitt 3.3.8.3).

Die eigentliche Kristallstrukturbestimmung besteht dann darin, ein Strukturmodell zu finden, dessen berechnete Strukturfaktoren mit den gemessenen Strukturfaktoren möglichst gut übereinstimmen. Für diesen Schritt stehen etablierte Programmpakete zur Verfügung (SHELX, JANA, ...). Wie in Abschnitt 3.3.8 beschrieben, können mit den üblichen Messmethoden nur die Intensitäten von Reflexen, nicht aber ihre Phasen bestimmt werden. Daher werden für die Strukturbestimmung iterative numerische Methoden verwendet, bei denen Parameter im Strukturmodell verändert werden, um die Übereinstimmung zwischen Strukturmodell und experimentellen Daten systematisch zu verbessern. Für die Bestimmung der Phasen der Reflexe von anorganischen Verbindungen und solchen aus „kleinen Molekülen" werden zumeist *ab initio* oder direkte Methoden eingesetzt, in denen bekannte und wahrscheinliche Phasenbeziehungen zwischen Gruppen von Reflexen ausgenutzt werden. Für die Bestimmung von Phasen von Reflexen von großen und komplexen biologischen Strukturen bei denen unter Umständen auch die Qualität der Datensätze nicht optimal ist, gibt es unterschiedliche Ansätze zur Bestimmung von Phasen. Man kann z. B. ausnutzen, dass der Streubeitrag von schweren Elementen sehr viel größer ist als der der leichten Elemente. Wenn dann in eine Struktur unterschiedliche, stark streuende Schweratome eingebaut werden, kann man aus der Veränderung von Reflexintensitäten Phasenwinkel eingrenzen. Diese Methode wird als isomorpher Ersatz bezeichnet. Man kann auch die anomale Streuung von Atomen ausnutzen, in dem Datensätze mit unterschiedlichen Wellenlängen gesammelt werden (mit Photonenenergien weit unterhalb einer Kante, weit oberhalb einer Kante und mit der Kantenenergie).

Einen für die Beschreibung der gemessenen Daten notwendigen Skalierungsfaktor und einen mittleren atomaren Verschiebungsparameter (Abschnitt 3.3.3) kann man durch einen „Wilson[24]-Plot" erhalten. Wenn man die meisten Proportionalitätskonstanten zwischen gemessener Intensität und Quadrat des Betrags des Strukturfaktors in Gl. (3.24) zusammenfasst zu

$$I_{hkl} = K \cdot A \cdot Lp \cdot |F_{hkl}|^2 \tag{3.38}$$

so kann man unter der Annahme, dass alle atomaren Verschiebungsparameter gleich sind, $\ln[\bar{I} / \sum f_i^2]$ als Funktion von $\sin^2 \theta / \lambda$ auftragen, wobei $\bar{I}$ die gemittelte Intensität von Reflexen in einem kleinen $\sin^2 \theta / \lambda$-Intervall ist. Dieser Wilson-Plot zeigt dann eine lineare Abhängigkeit. Die Steigung der Geraden ist dabei $-2B$, d. h. sie liefert einen Startwert für den Debye–Waller Faktor, während der Achsenabschnitt bei $\sin^2 \theta / \lambda = 0$ mit $\ln \frac{1}{K^2}$ die Proportionalitätskonstante ergibt.

Nach Abschluss einer erfolgreichen Strukturbestimmung sollten dann die Atomlagen und ihre Besetzung mit Elementen und die isotropen Auslenkungsparameter bekannt sein. In der darauf folgenden Verfeinerung können bei ausreichender Datenqualität die anisotropen Auslenkungsparameter verfeinert werden. Bei einem typischen Mineral, z. B. Olivin $(Mg,Fe)_2SiO_4$ mit orthorhombischer Symmetrie, gibt es drei symmetrisch unabhängige Gitterparameter, elf zu bestimmenden Positionsparameter und entweder 6 isotrope oder bis zu 42 anisotrope Auslenkungsparameter. Weiterhin gibt es noch zwei Parameter für die Besetzung der $M1$- und $M2$-Position mit Mg bzw. Fe. Für eine verlässliche Strukturverfeinerung sollte das zugrunde liegende Gleichungssystem etwa 20-fach überbestimmt sein, d. h. in diesem Falle würde man versuchen, mehr als 1200 symmetrisch unabhängige Reflexe mit hinreichender Intensität zu messen.

Insbesondere für organische Verbindungen muss man teilweise die Anzahl der freien Parameter in einer Verfeinerung reduzieren oder physikalisch und chemisch sinnvolle Randbedingungen einführen. Man unterscheidet dabei zwischen „harten" (*constraints*) und „weichen" (*restraints*) Randbedingungen. So kann man z. B. die Auslenkungsparameter von zwei symmetrisch voneinander unabhängigen Atome gleichsetzen und reduziert so die Anzahl der freien Parameter. Eine weiche Einschränkung

---

24 Arthur James Cochran Wilson (28.11.1914–1.7.1995).

wäre, dass man für einen bestimmten Bindungsabstand einen kristallchemisch sinnvollen Wert vorgibt, dieser aber in der Verfeinerung noch ein wenig geändert werden kann.

Die Qualität einer Strukturverfeinerung wird mit Hilfe von „R-Werten" angegeben. Oft angegebene Werte sind der R_1-Wert

$$R_1 = \frac{\sum_{hkl} ||F_{exp,hkl}| - |F_{calc,hkl}||}{|F_{exp,hkl}|} \tag{3.39}$$

oder der gewichtete wR_2

$$wR_2 = \sqrt{\frac{\sum_{hkl} w(|F_{exp,hkl}|^2 - |F_{calc,hkl}|^2)^2}{\sum_{hkl} w(|F_{exp,hkl}|^2)^2}} \tag{3.40}$$

Hierbei werden die experimentell bestimmten Werte mit dem Index exp markiert, während die Werte des Strukturmodells mit calc gekennzeichnet sind. Als Wichtungsfaktor w nimmt man typischerweise die Varianz eines Reflexes an, d. h. $w = 1/\sigma^2(F_{obs}^2)$, da dann bei Gauß-verteilten Fehlern die Methode der kleinsten Fehlerquadrate die wahrscheinlichste Abschätzung der unabhängigen Parameter gibt.

Ein weiteres Qualitätskriterium sind die Maximalwerte in der Restelektronendichte. Dabei berechnet man mit den aus der Verfeinerung erhaltenen Strukturfaktoren eine Elektronendichte durch Fouriertransformation (3.27). Von dieser zieht man eine Elektronendichte ab, die aus den experimentell bestimmten Beträgen der Strukturfaktoren und den aus der Strukturverfeinerung bestimmten Phasen berechnet wird. Diese Differenz- oder Restelektronendichte sollte keine signifikanten Minima oder Maxima aufweisen und man gibt als Qualitätsnachweis die Extremwerte an. Es gibt Programme, mit denen man dann das Ergebnis einer Kristallstrukturverfeinerung weiter überprüfen kann, etwa hinsichtlich der Anwesenheit von weiteren Symmetrieelementen.

Während die Bestimmung von Kristallstrukturen für anorganische Verbindungen und kleine Molekülstrukturen oft unproblematisch ist, so gibt es doch viele Fälle, in denen z. B. Verzwilligung, dynamische oder statische Fehlordnung, Pseudosymmetrie oder kommensurate oder inkommensurate Modulationen Strukturbestimmungen und -verfeinerungen erheblich erschweren. Insbesondere bei der Verwendung von komplexen Probenumgebungen, wie z. B. Diamantstempelzellen, ist die Abdeckung des reziproken Raumes teilweise stark eingeschränkt, so dass Kristallstrukturbestimmungen bei hohen Drücken eine Herausforderung darstellen.

3.6.2 Laue-Methode

Strukturbestimmungen von anorganische Kristallstrukturen werden, wie im vorangegangenen Abschnitt beschrieben, heutzutage fast ausschließlich mit monochromatischer Röntgenstrahlung durchgeführt, da dann die Datenauswertung einfacher ist und es sehr ausgereifte Programme gibt, die auch für anspruchsvolle Problemstellungen, wie etwa die Bestimmung von modulierten Strukturen, verzwillingten Kristallen etc. benutzt werden können. Diese Vorteile haben dazu geführt, dass die Laue-Methode, bei der ein feststehender Einkristall mit weißem Röntgenlicht durchstrahlt wird, in den letzten Jahrzehnten für anorganische Kristallen mit kleinen Elementarzellen fast ausschließlich zur Orientierung von großen Einkristallen genutzt wurde. Dazu wird Bremsstrahlung benutzt (s. Abschnitt 3.2.1). Seit Ende des letzten Jahrhunderts wurden Strukturen von Proteinkristallen mit Laue-Aufnahmen bestimmt, da hier aufgrund der sehr großen Elementarzellen es eine beträchtliche Redundanz in den gemessenen Intensitätsdaten gibt, welche die Datenauswertung vereinfacht. Aufgrund von technischen Weiterentwicklungen (Verfügbarkeit von brillanter weißer Synchrotronstrahlung, leistungsfähige Rechner zur Datenauswertung, moderne Detektoren) gibt es aber auch neue Anwendungsmöglichkeiten für anorganische Kristalle, und daher soll die Laue-Technik hier vorgestellt werden.

Der Aufbau für Laue-Experimente ist einfach und unterscheidet sich nicht wesentlich von dem bereits 1912 im ersten Experiment benutzten Aufbau. Schematisch ist er in Abb. 3.17 dargestellt.

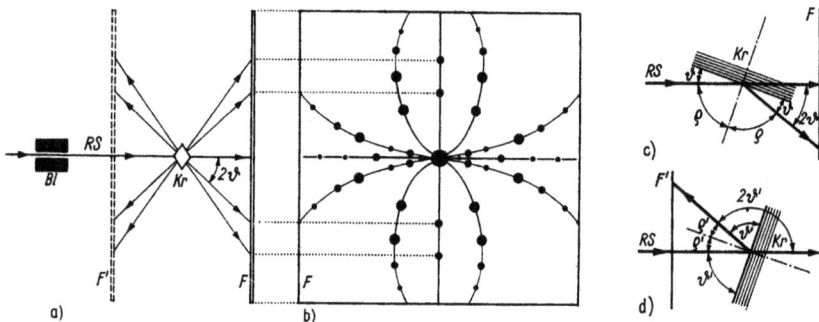

Abb. 3.17: Laue-Methode. a) Aufnahmeanordnung; b) Laue-Diagramm (schematisch); c) Winkelbeziehungen bei der Durchstrahltechnik; d) bei der Rückstrahltechnik; Bl Blende; RS Röntgenstrahl; Kr Kristall; F Flächendetektor (Durchstrahltechnik); F*ı* Flächendetektor bei der Rückstrahltechnik; θ Glanzwinkel; ρ bzw. ρ' Winkel zwischen Netzebenennormalen und Primärstrahl.

In Laue-Aufnahmen wird ein kollimierter oder fokussierter Röntgenstrahl genutzt. Bei kleinen oder schwach absorbierenden Kristallen kann man Transmissionmessungen durchführen. Bei dicken oder stark absorbierenden Kristallen sind Rückstreuaufnahmen sinnvoller. Bei Messungen mit konventionellen Röntgenröhren werden zumeist Bildplattendetektoren eingesetzt. An modernen Aufbauten an Synchrotronstrahlungsquellen, wie z. B. der Experimentiereinrichtung 12.3.2 an der *Advanced Light Source* am Lawrence Berkeley National Laboratory, erlauben moderne hybride Pixeldetektoren (s. Abschnitt 3.5.4.2) sehr schnelle und genaue Messungen.

Aufgrund des kontinuierlichen Spektrums des Primärstrahls gibt es für jede Netzebenenschar *hkl* welche bei einer gegebenen Kristallorientierung eine „passende" Orientierung hat, eine Wellenlänge λ, die in Kombination mit dem Netzebenenabstand d_{hkl} die Braggsche Reflexionsbedingung (3.17) erfüllt (s. Abschnitt 3.3.5). Die abgebeugten Strahlen werden mit einem Flächenzähler (früher Film, heute Bildplatte, CCD, *flat panel detector* oder hybrider Pixeldetektor, s. Abschnitt 3.5) registriert.

Die Ewald-Konstruktion (s. Abschnitt 3.3.6) für Laue-Experimente ist etwas komplexer als die für Beugungsexperimente mit monochromatischer Strahlung und ist in Abb. 3.18 skizziert.

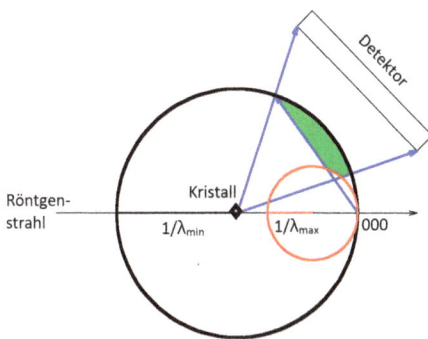

Abb. 3.18: Ewald-Konstruktion für Laue-Beugungsaufnahmen. Zwei Ewaldkugeln, deren Radien den Inversen der kürzesten bzw. längsten genutzten Wellenlänge entsprechen, berühren sich am Ausstichpunkt des direkten Strahls. Dieser Ausstichpunkt entspricht dem Ursprung des reziproken Gitters. Die Abmessungen des Detektors und seine Entfernung von der Probe bestimmen den größten und kleinsten Streuwinkel, zwischen den Reflexe beobachtet werden können. Das ausgefüllte Kugelsegment in der Ewald-Konstruktion enthält alle reziproken Gitterpunkte, die bei der gegebenen Kristallorientierung und Detektorstellung Netzebenenscharen entsprechen, die in Reflexionsstellung sind.

Statt einer Ewaldkugel mit dem Radius $1/\lambda$ wie in Abb. 3.10 hat man nun zwei Kugeln, deren Radien dem Inversen der kürzesten und der längsten Wellenlänge entsprechen. Beide Kugel haben den gleichen Austrittspunkt, der dem Ursprung des reziproken Gitters entspricht und die Indizes 000 hat. Der Kristall wird während der Messung nicht bewegt. Auch der Detektor ist ortsfest. Damit erlaubt dann die Ewald-Konstruktion wie in Abb. 3.18 die Bestimmung des Kugelsegments, welches jene reziproken Gitterpunkte enthält, die in Reflektionsstellung befindlichen Netzebenenscharen entsprechen.

Die Streugeometrie ist einfach und da der Abstand zwischen Kristall und Detektor bekannt ist, kann man ohne Schwierigkeit die θ-Werte der einzelnen Reflexe bestimmen und aufgrund der Winkelkoordinaten können die Reflexe indiziert werden. Die zur Reflexion kommende Wellenlänge λ bleibt aber unbekannt, so dass sich die Netzebenenabstände d_{hkl} der reflektierenden Netzebenenscharen nicht unmittelbar aus Laue-Aufnahmen ablesen lassen, d. h. man kein ohne weiteren Aufwand keine Gitterparameter bestimmen, sondern nur deren Verhältnisse.

Typische Laue-Aufnahmen mit Bremsstrahlung und mit Synchrotronstrahlung sind in Abb. 3.19 wiedergegeben.

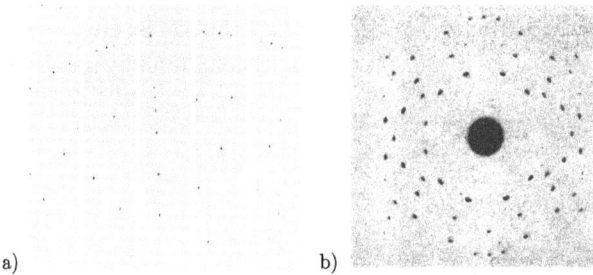

a)   b)

Abb. 3.19: Laue-Diagramme: a) eines Siliciumkristalls, mit einem modernen hybriden Pixeldetektor an einer Synchrotronstrahlungsquelle aufgenommen. Die Abbildung wurde dankenswerter Weise von Dr. N. Tamura zur Verfügung gestellt. b) eines Einkristalls von Aragonit (Kristallklasse *mmm*), durchstrahlt in Richtung der *c*-Achse (photographisches Negativ).

Da das Laue-Diagramm eine Projektion der Netzebenen darstellt, muss es die Symmetrie des Kristalls zum Ausdruck bringen. Durchstrahlt man z. B. einen Kristall in der Richtung einer Spiegelebene, so zeigt auch das Laue-Diagramm eine solche. Entsprechendes gilt für Drehachsen. Allerdings besteht in den meisten Fällen kein Unterschied zwischen den Reflexionen an der „Vorderseite" und der „Rückseite" einer Netzebenenschar, so dass die Reflexe hkl und $\bar{h}\bar{k}\bar{l}$ jeweils einander äquivalent sind. Dies entspricht dem Friedelschen Gesetz (s. Abschnitt 3.3.8.3) und hat zur Folge, dass die röntgenographisch durch Laue-Aufnahmen in verschiedenen Richtungen ermittelte Symmetrie stets ein Inversionszentrum enthält – auch dann, wenn die betreffende Kristallstruktur nicht zentrosymmetrisch ist.

An modernen Laue-Diffraktometern können Laue-Aufnahmen sehr rasch aufgenommen werden, so dass Strukturänderungen im Pikosekundenbereich verfolgt werden können. Da andererseits auch Strahldurchmesser von unter 1 µm durch Fokussierung erreichbar sind, kann man z. B. in polykristallinen Keramiken oder Metallen rasch die Orientierung der vielen Körner bestimmen. Da es nun auch sehr leistungsfähige Datenauswerteprogramme gibt, wie z. B. XMAS (Tamura (2014)), bieten insbesondere Mikro- und zeitaufgelöste Laue-Diffraktion neue Experimentiermöglichkeiten.

3.6.3 Crystallographic Information Framework

Die Ergebnisse von Strukturverfeinerungen werden heutzutage zusätzlich zu Publikationen in Zeitschriften regelmäßig in Datenbanken, wie etwa der ICSD (*Inorganic Crystal Structure Database*, FIZ Karlsruhe) oder der CCD (*Chemexper Chemical Directory*, Internet-Datenbank) veröffentlicht. Das dazu am häufigsten verwendete Datenformat ist das *crystallographic information framework*. Die entsprechenden Dateien werden als „cif"-Dateien bezeichnet. Die cif-Dateien können neben den strukturellen Parametern noch weitere Informationen, z. B. zu den experimentellen Parametern, zu Publikationen, Bindungsabständen und -längen etc. enthalten. Alle Programme zum Zeichnen von Kristallstrukturen können .cif-Dateien lesen und die meisten Programme für atomistische Modellrechnungen von kristallinen Strukturen können ebenfalls .cif-Dateien importieren.

3.7 Pulvermethoden

Die ersten Röntgenbeugungsexperimente an Pulvern, d. h. an losen Aggregaten von kleinen Körnern, wurden von Debye und Scherrer 1916 durchgeführt. Die von ihnen entwickelte Debye–Scherrer-Kamera, in der ein Film im Inneren einer zylindrischen Kammer um die Probe herumgelegt wurde, war aufgrund des einfachen Aufbaus weit verbreitet, wurde aber zunächst durch Diffraktometer ersetzt, in denen die mit einem Zählrohr gemessene Intensität direkt auf Papier ausgegeben wurde bevor dann die digitalisierte Messdatenerfassung Einzug hielt.

Diffraktometer für die routinemäßige Durchführung von Röntgenbeugungsmessungen an Pulvern sind heutzutage weit verbreitet. Es gibt verschiedene Bauformen, etwa mit Debye–Scherrer-, Bragg–Brentano-, oder Guinier-Geometrie. Kleine, kompakte Instrumente existieren, die portabel sind und im Feld betrieben werden können. Andererseits gibt es sehr komplexe, große Geräte, die hinsichtlich der Datenqualität und Flexibilität optimiert sind. Ein typisches modernes Labor-Pulverdiffraktometer ist in Abb. 3.20 dargestellt.

Typischerweise werden Pulverdiffraktometer mit Mo- oder Cu-Röhren betrieben. Für Messungen von Paarverteilungsfunktionen werden auch Ag-Röhren eingesetzt, da für diese Messtechnik eine möglichst kurze Wellenlänge benötigt wird. Je nach Geometrie werden entweder planare Proben verwendet, bei denen man die Probe um ihre Flächennormale dreht um die Anzahl von Pulverkörnern in Reflektionsstellung zu erhöhen, oder aber die Proben werden in Glaskapillaren in Transmission gemessen. In der weit verbreiteten $\theta - 2\theta$-Geometrie bewegt sich der Detektor mit vorgegebener Geschwindigkeit auf dem Messkreis, während sich das flache Präparat mit halber Geschwindigkeit um die Achse senkrecht zum Strahlengang dreht. Es gibt auch Diffraktometer, bei denen das Hauptaugenmerk auf der Untersuchung von flüssigen Proben

Abb. 3.20: Ein modernes Pulverdiffraktometer (D8 ADVANCE Twin der Fa. Bruker). Links ist die Röntgenröhre zu sehen. Die austretenden Strahlung wird durch eine primäre Optik konditioniert, in
der eine variable Divergenzblende oder ein „Göbelspiegel" in den Strahlengang gefahren werden
können. Die Probe befindet sich im Zentrum auf einem drehbaren Probenhalter. Vor dem um 90°
drehbaren energiedispersive Stripdetektor (rechts) ist eine sekundäre Optikeinheit montiert, in der
Blenden oder ein Kollimator in den Strahlengang gefahren werden können. Damit kann das Gerät
variabel für Pulverdiffraktometrie mit Bragg–Brentano-Geometrie, für Messungen von polykristallinen dünnen Schichten mit Parallelstrahlgeometrie unter streifendem Einfall, für Reflektometrie zur
Bestimmung von Schichtdicken und zur Rauhigkeit, Dichte, und Struktur von Dünnfilmen sowie für
Mikrodiffraktion genutzt werden.
(Mit freundlicher Genehmigung durch Bruker AXS GmbH, Karslruhe.)

liegt und bei denen daher der Probenhalter fest steht, während Röntgenröhre und Detektor bewegt werden ($\theta - \theta$-Geometrie).

Zunächst wurden in modernen Pulverdiffraktometern Punktzähler verbaut. Der
nächste Schritt war dann die Verwendung von 1-dimensionalen Detektoren. Heutzutage werden auch zweidimensionale Detektoren angeboten, die dann unterschiedliche
Anwendungen und neue Messstrategien erlauben.

3.7.1 Ablauf einer winkeldispersiven Röntgenpulvermessung

Während die Herstellung von Pulvern geeigneter Körnung für viele Materialien unproblematisch ist, kann es insbesondere bei sehr weichen oder duktilen Proben schwierig
sein, geeignete Pulver ohne großen Aufwand, wie etwa Mahlen bei sehr tiefen Temperaturen, zu erzeugen. Um Probleme bei der Datenauswertung zu vermeiden, sollten
die vom Röntgenstrahl beleuchtete Probe eine große Zahl von Körnern ohne Vorzugsorientierung enthalten. Pulver von Materialien mit einer ausgeprägten Spaltbarkeit,
wie z. B. Glimmer oder Graphit, zeigen bei konventioneller Probenpräparation oft eine Vorzugsorientierung, d. h. die Annahme, dass die Körner regellos orientiert sind,
ist nicht mehr erfüllt. Ebenso zeigen Metallfolien, die durch Walzen erzeugt werden,
auch eine Vorzugsorientierung der Körner. Die Abnahme der Korngröße führt zu einer
Verbreiterung der Reflexen (siehe Abschnitt 3.7.4). Das Aufmahlen einer Probe kann
zu Ausbildung von Defekten in der Kristallstruktur, zu Verspannungen, und zu einer

partiellen oder vollständigen Amorphisierung der Probe führen, was ebenfalls zu eine Reflexverbreiterung verursacht.

Als Probenhalter bewährt haben sich orientiert geschnittene Einkristallprobenhalter aus hochreinem Silizium, die keine störenden Reflexe bei Pulverdiffraktionsmessungen hervorrufen. Die Verwendung von dünnen Glaskapillaren ist insbesondere für luftempfindliche oder hygroskopische Proben etabliert.

Messzeiten variieren je nach Instrument von wenige Millisekunden an optimierten Diffraktometern an Synchrotronstrahlungsquellen bis zu einigen Stunden bei Geräten mit konventioneller Röntgenröhre und Primärmonochromator. Ein typisches Pulverdiffraktogramm ist in Abb. 3.21 dargestellt.

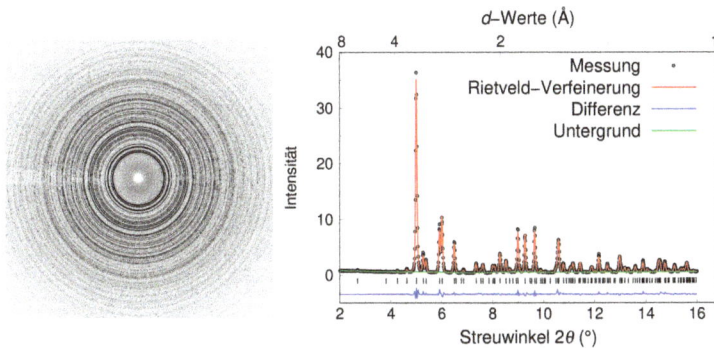

Abb. 3.21: Links: Eine Pulverröntgenaufnahme mit einem Flächenzähler. Rechts: Die Integration der gemessenen Intensitäten bei konstanten Streuwinkeln führt zum Pulverdiffraktogramm. Die gemessenen Daten sind durch Punkte dargestellt. Die an die experimentellen Daten angepasste Kurve ist das Ergebnis einer Rietveld-Verfeinerung (Abschnitt 3.7.3). Die kleinen senkrechten Striche unterhalb des Diffraktogramms geben die Positionen der erlaubten Bragg-Reflexe an. Die Differenzkurve unten stellt die Differenzen zwischen den experimentell bestimmten und den mit einem Strukturmodell berechneten Intensitäten dar.

3.7.1.1 Indizierung

Die Auswertung von Diffraktionsmessungen von Pulvern beginnt mit der Indizierung, d. h. mit der Zuordnung von Millerschen Indizes zu den beobachteten Reflexen. Für Proben, die aus einer einzigen hochsymmetrischen Phase bestehen, ist dies oft eindeutig, aber für niedrigsymmetrische unbekannte Phasen, zumal wenn sie nicht rein vorliegen oder sehr große Elementarzellen haben, ist die Indizierung oftmals der schwierigste Schritt in der Datenauswertung.

Eine Indizierung beginnt mit der möglichst genauen Bestimmung der Streuwinkel für etwa 10 Reflexe. Aufgrund dieser Liste wird dann versucht, die wahrscheinlichsten Gitterparameter zu bestimmen, d. h. die Gitterparameter, die die Lagen aller der zu einer Phase gehördenden Reflexe im Rahmen des experimentellen Fehlers beschreiben. Die Indizierung wird heutzutage mit Hilfe entsprechender Computerprogramme

(TREOR, DICVOL, ITOH, KOHL, ...) durchgeführt. Diese berechnen aus der Lage der Reflexe typischerweise eine Anzahl von Vorschlägen für mögliche Gitterparameter und Kristallsysteme.

Hier soll anhand der Indizierung eines mit monochromatischer Röntgenstrahlung gemessenen Röntgendiffraktogramms einer kubischen Verbindung das Verfahren erläutert werden. Grundlage des Ansatzes ist die Kombination der Braggschen Gleichung $n\lambda = 2d \sin \theta$ (Abschnitt 3.3.5) mit der quadratischen Gl. (3.22) für kubische Strukturen, $1/d^2 = (h^2 + k^2 + l^2)/a^2$, so dass

$$\sin^2 \theta = \left(\frac{\lambda^2}{4a^2} \right)(h^2 + k^2 + l^2). \tag{3.41}$$

Die Wellenlänge λ ist bekannt; der Beugungswinkel θ wird für jeden Reflex gemessen. Praktischer weise ordnet man die gemessenen Beugungswinkel in einer Tabelle (siehe Beispiel Tab. 3.7) an und kann dann die Werte für die linke Seite von Gl. (3.41) berechnen.

Tab. 3.7: Beispielrechnung für die manuelle Indizierung eines Pulverdiffaktogramms einer kubischen Substanz, welches mit λ = 1,54 Å gemessen wurde. Zunächst misst man die Lage der Reflexe und berechnet daraus $\sin^2 \theta$. Dann versucht man, alle $\sin^2 \theta$-Werte als Produkt $N \times$ const., mit const. $= \frac{\lambda^2}{4a^2}$ auszudrücken. Wenn dies so gelingt, dass alle N zulässige und kleinstmögliche Werte annehmen, ist die Indizierung erfolgreich verlaufen.

No	θ	$\sin^2 \theta$	N	hkl	$\frac{\sin^2 \theta}{h^2+k^2+l^2} = \frac{\lambda^2}{4a^2}$	a
1	13,68	0,05593	3	111	0,01864	5,640
2	15,86	0,07469	4	200	0,01876	5,623
3	22,74	0,14942	8	220	0,01868	5,634
4	26,95	0,20540	11	311	0,01867	
5	28,26	0,22418	12	222	0,01868	
6	33,14	0,29886	16			
7	36,57					
8	37,69					
9	42,03					
10	45,25					

Die $\sin^2 \theta$-Werte sind das Produkt einer Konstanten, $\frac{\lambda^2}{4a^2}$, die den gesuchten Gitterparameter a enthält, mit einer unbekannten ganzzahligen Summe, nämlich $N = (h^2 + k^2 + l^2)$. Man versucht daher, $\sin^2 \theta$-Werte als ganzzahliges Vielfaches von anderen $\sin^2 \theta$-Werten auszudrücken. Im Beispiel in Tab. 3.7 beträgt der $\sin^2 \theta$-Wert des 3. Reflexes das Doppelte des $\sin^2 \theta$-Wertes des 2. Reflexes, so dass man dann weiß, dass die N-Werte des 2. und des 3. Reflexes sich wie 1 : 2 verhalten. Derartige Verhältnisse bestimmt man für weitere Paare. Wenn man alle $\sin^2 \theta$-Werte als rationale Vielfache des ersten $\sin^2\theta$-Wertes ausdrücken kann, muss man nur noch den kleinstmöglichen ganzzahligen N-Wert für den ersten Reflex bestimmen.

Die Millerschen Indizes von Reflexen bei kleinen Beugungswinkeln sind kleine Zahlen, d. h. man erwartet für die ersten Reflexe N-Werte < 10. Zudem vereinfacht sich die Bestimmung der Verhältnisse dadurch, dass $N = h^2 + k^2 + l^2 \neq p^2(8q - 1)$, mit p, q ganzen Zahlen. Daher kann N nicht 7, 15, 23, 28, 60, ... sein. $N = 1$ impliziert $hkl = (100)$, $N = 2 \rightarrow hkl = (110)$, etc., wobei hier natürlich gilt, dass im kubischen $d_{(100)} = d_{(010)} = d_{(001)}$ ist.

Einige Werte von N entsprechen mehreren Netzebenenscharen, so entspricht z. B. $N = 9$ den hkl für die Netzebenenscharen (300) und (221). Wenn Auslöschungen auftreten (s. Abschnitt 3.3.8.4), kann man zu diesem Zeitpunkt auch schon Aussagen zum Gittertyp und eventuell zum Vorhandensein von Symmetrieelementen mit Translationskomponente treffen.

3.7.1.2 Flächenhäufigkeit

Die relative Intensität eines Reflexes in einem Pulverdiffraktogramm wird dadurch bestimmt, wie viele Netzebenenscharen mit den selben Millerschen Indizes sich gleichzeitig in Reflektionsstellung befinden. Bei einer zufälligen Verteilung der Orientierung der Kristallite in einer ausreichend großen Probenmenge ist daher die Anzahl der symmetrieäquivalenten Netzebenenscharen entscheidend. Während im triklinen Fall zu jeder Netzebenenschar (hkl) nur eine symmetrieäquivalente Netzebenenschar $(\bar{h}\bar{k}\bar{l})$ auftritt, gibt es im anderen Extrem, dem kubischen Kristallsystem, zu jedem Reflex mit den allgemeinen Indizes (hkl) insgesamt 48 Netzebenenscharen mit dem gleichen Netzebenenabstand, da z. B. der Netzebenenabstand $d(123) = d(132) = d(213) = \cdots = d(\bar{1}23) = \cdots = d(\bar{1}\bar{2}3) = \cdots = d(\bar{3}\bar{2}\bar{1})$ ist. Für spezielle Netzebenen, z. B. (100), verringert sich diese Zahl auf sechs im kubischen.

3.7.2 Strukturlose Gitterparameterverfeinerung

Bei niedrigsymmetrischen Strukturen, bei Strukturen mit großen Elementarzellen und bei Datensätzen, in denen die Reflexe verbreitert sind, kommt es oft zu einer signifikanten Überlappung der Reflexe. Daher ist dann der nächste Schritt in der Datenanalyse meist eine „strukturlose" Verfeinerung des gemessenen Diffraktograms, d. h. man versucht, die Metrik der Elementarzelle durch Anpassen der Gitterparameter an alle gemessenen Datenpunkte besser zu bestimmen. Die dazu verwendeten Ansätze bezeichnet man auch als *WPPD*-Methoden (engl. *whole powder pattern decomposition*).

3.7.2.1 Pawley-Ansatz

Der Ansatz von Pawley (1981) basiert auf der Minimierung von Fehlerquadraten; einer Beschreibung von Pulverdiffraktogrammen durch die Zerlegung in die Beiträge der einzelnen Reflexe. Dabei wird die Lage aller Reflexe durch die sechs Gitterparameter und den Nullpunktsfehler bestimmt, während ihre Intensität ein freier Fitparameter ist. Während in früheren Programmen für Pawley-Anpassungen alle Reflexe mit einer Gauß-Form beschrieben wurden, können in modernen Programmen komplexere Profilfunktionen verwendet werden. Die winkelabhängige Halbwertsbreite (engl. *full width at half maximum – FWHM*) der Reflexe wird zumeist durch drei Parameter U, V und W in der Caglioti-Funktion (siehe Caglioti u. a. (1958))

$$\text{FWHM}^2 = U \tan^2 \theta + V \tan \theta + W \tag{3.42}$$

beschrieben oder aber durch den „fundamental parameter"-Ansatz, in dem die Reflexprofile aus dem Emissionsspektrum der Röntgenröhre, den Einflüssen der optischen Elemente (Blenden, Spalte, Monochromator, ...) im Strahlengang auf die axiale und horizontale Divergenz des Strahls, und den Eigenschaften der Probe (z. B. Korngröße, Verspannungen, ...) berechnet werden.

Der wesentliche Unterschied zu der unten beschriebenen Rietveld-Verfeinerung ist, dass hier die Intensitäten der Reflexe als freie Parameter betrachtet werden, d. h. die Lage der Atome spielt keine Rolle. Daher ist dies eine „strukturlose" Zerlegung von Pulverdiffraktogrammen in ihre einzelnen Komponenten.

Dieser im allgemeinen sehr erfolgreiche Ansatz kann bei Strukturen mit stark oder vollständig überlagernden Reflexen problematisch sein. Im kubischen Kristallsystem sind z. B. die Netzebenenabstände für die Netzebenenschar (300) gleich denen der Netzebenenschar (221), d. h. die Reflexlagen sind identisch, aber die Intensitäten sind verschieden. Hier müssen dann im Pawley-Ansatz Randbedingungen eingeführt werden. Wie bei allen Ansätzen, die auf einer Minimierung von Fehlerquadraten beruhen, dürfen die Startwerte für die anzupassenden Parameter nicht allzu weit von dem wahren Werten entfernt sein, da sonst die Suche nach einem Minimum der Fehlerquadrate entweder in ein lokales Minimum führt oder aber gar nicht konvergiert.

3.7.2.2 Le Bail-Ansatz

Eine alternative Methode zur strukturlosen Zerlegung von Pulverdiffraktogrammen in die Beiträge der einzelnen Reflexe wurde von Le Bail u. a. (1988) vorgeschlagen. In dieser Methode ist die Intensität kein freier Fitparameter. Statt dessen werden am Anfang einer Le-Bail-Anpassung die Strukturfaktorquadrate initialisiert, dann werden Reflexintensitäten berechnet und mit dieser Information neue Strukturfaktorquadrate iterativ erzeugt. Wie in der Pawley-Methode werden dabei die Zellparameter, Nullpunktparameter und Parameter, die die Reflexform beschreiben, verfeinert. Die Le-Bail-Methode ist in den meisten Rietveld-Programmen implementiert. Die Le-Bail-Methode benötigt weniger Rechenkapazität als die Pawley-Methode, aber dies ist heutzutage kein wichtiges Kriterium mehr. Die Berechnung der statistischen Fehler ist in der Pawley-Methode einfacher.

3.7.2.3 Strukturbestimmungen aus Pulverdaten

Die beiden oben beschriebenen Methoden können auch dazu benutzt werden, Intensitätsdaten für Reflexe aus Pulverdiffraktogrammen zu extrahieren und diese dann mit Programmen für die Verarbeitung von Einkristalldaten für Strukturbestimmungen zu nutzen. Damit ist es möglich, Strukturen aus Röntgenpulverdaten zu bestimmen. Während dies in einigen Hundert Fällen erfolgreich durchgeführt wurde, gibt es aber grundsätzliche Beschränkungen aufgrund der begrenzten Aussagekraft von Röntgenpulverdaten, so dass in allen Fällen, in denen Einkristalle zur Verfügung stehen, Strukturbestimmungen und -verfeinerungen aus Einkristalldaten vorzuziehen sind.

3.7.3 Rietveld-Verfeinerung

Rietveld (1967, 1969)[25] entwickelte eine nach ihm benannte Methode zur Verfeinerung von Kristallstrukturen auf der Grundlage von Pulveraufnahmen; außerdem kann so die Zusammensetzung von Phasengemischen ohne Benutzung von Standards bestimmt werden. Heute sind Rietveld-Verfeinerungen als Routinemethoden etabliert und eine Reihe von ausgereiften Programmen ist verfügbar (z. B. FULLPROF, GSAS, JANA, TOPAS, RIETAN, ...).

Die Rietveld-Methode beruht darauf, dass ein berechnetes Pulverdiffraktogramm mit dem experimentell bestimmten Pulverdiffraktogramm für jeden Streuwinkel verglichen wird. Anschließend wird die Abweichung zwischen dem berechneten Diffraktogramm und den experimentellen Daten quantitativ ermittelt. In einem iterativen Prozess werden dann die freien Parameter der Modellstruktur so verändert, dass die Abweichung zwischen dem berechneten und dem experimentell bestimmten Diffraktogramm minimiert wird.

Das berechnete Pulverdiffraktogramm für eine einphasige Probe ist ohne Korrekturterme für Absorption, Extinktion und Vorzugsorientierung für den i-ten Streuwinkel gegeben durch

$$y_{i,\text{calc}} = S \sum_{hkl} H_{hkl} Lp_{hkl} |F|^2_{hkl} G_{i,hkl} + y_{i,\text{untergr.}} \qquad (3.43)$$

Hierbei ist S ein Skalierungsfaktor, H_{hkl} die Flächenhäufigkeit (Abschnitt 3.7.1.2), Lp_{hkl} die Lorentz-Polarisationskorrektur (Abschnitt 3.3.8) und $|F|^2_{hkl}$ das Quadrat des Betrags des Strukturfaktors (Abschnitt 3.3.8.1). $G_{i,hkl}$ ist der Beitrag des Reflexes hkl

---

25 Hugo M. Rietveld (7.3.1932–16.7.2016).

für den Streuwinkel i aufgrund der Profilfunktion G. Der Term $y_{i,\text{untergr.}}$ stellt den Untergrund für den Streuwinkel i dar, der oft durch eine Interpolation zwischen manuell gesetzten Stützpunkten beschrieben wird.

Die hinreichend gute Beschreibung des Profils der Reflexe in einem Pulverdiffraktogramm durch die Profilfunktion G in (3.43) ist von fundamentaler Bedeutung. Das Profil von Röntgenreflexen hängt sowohl von dem benutzten Instrument als auch von der Probe ab. Rietveld-Programme bieten daher typischerweise eine Anzahl von Profilfunktionen zur Auswahl an, etwa Gauß-, Lorentz-, Pseudo-Voigt-, Pearson VII-Funktionen. Um die Asymmetrie von Reflexen zu beschreiben, ist es möglich, die linke und die rechte Seite eines Reflexes mit unterschiedlichen Parametern zu beschreiben (*split profile function*). In Rietveld-Verfeinerungen wird oft angenommen, dass die grundlegende Profilfunktion für alle Reflexe einer Phase unabhängig vom Streuwinkel ist und dass die Winkelabhängigkeit der Halbwertsbreiten durch die Caglioti-Funktion (3.42) beschrieben werden kann. Eine Alternative dazu ist der oben beschriebene „fundamental parameter"-Ansatz, in dem versucht wird, die physikalischen Ursachen der Reflexform zur Beschreibung der Reflexe zu nutzen.

Die eigentliche Rietveld-Verfeinerung besteht dann daraus, dass berechnete Pulverdiffraktogramm mit einem gemessenen Pulverdiffraktogramm punktweise für jeden Streuwinkel zu vergleichen, zunächst ein Maß für die Abweichung zwischen berechnetem und gemessenen Pulverdiffraktogramm zu definieren und diese Abweichung dann durch Variation der freien Modellparameter zu minimieren. Hierzu wird typischerweise das gewichtete Quadrat der Differenzen zwischen Modell und Experiment genutzt:

$$\Delta = \sum_i w_i |y_{i,\text{beob.}} - y_{i,\text{calc.}}|^2 \tag{3.44}$$

Der Wichtungsfaktor wird typischerweise als $w_i = 1/\sigma_i^2$ gewählt, da, wenn die Fehler Gauß-verteilt sind, die Minimierung der Fehlerquadrate bei einer Wichtung mit dem Inversen der Varianz die wahrscheinlichste Abschätzung der unabhängigen Parameter ergibt. Freie Parameter im Modell sind u. a. die Gitterparameter, die Atompositionen, Verschiebungsparameter, Parameter für Vorzugsorientierung oder Verspannungen. Auch hier gilt, dass die Startwerte mit denen das Pulverdiffraktogramm berechnet wird, nicht zu weit von den wahren Werten abweichen dürfen, da sonst die Minimierung der Differenzquadrate nicht konvergiert.

Die Qualität einer Rietveld-Verfeinerung ist unter Umständen nicht einfach zu beschreiben und es gibt unterschiedliche Qualitätskriterien dafür, ob eine Modellstruktur die gemessenen Daten sinnvoll beschreibt. Für ein aus N Datenpunkten bestehendes Pulverdiffraktogramm gibt der „erwartete" $R_{\text{erw.}}$-Wert den bestmöglichen R-Wert an, wenn die Fehlerverteilung der einzelnen Datenpunkte Gauß-förmig ist und die Zahl der Modellparameter P ist:

$$R_{\text{erw.}}^2 = \frac{N - P}{\sum_i w_i y_{i,\text{beob.}}^2} \tag{3.45}$$

Der gewichtete Profil-R_{wp}-Wert ist gegeben durch:

$$R_{wp}^2 = \frac{\sum_i w_i |y_{i,\text{beob.}} - y_{i,\text{calc.}}|^2}{\sum_i w_i y_{i,\text{beob.}}^2} \tag{3.46}$$

Allerdings muss man hier beachten, dass durch einen hohen Untergrund R_{wp}-Werte kleiner werden, d. h. ein einfacher Vergleich von R_{wp}-Werten von unterschiedlichen Datensätzen ist manchmal schwierig. Oft wird auch noch ein χ^2-Wert angegeben, wobei

$$\chi^2 = (R_{wp}/R_{\text{erw}})^2 = \frac{1}{N} \sum_i \frac{|y_{i,\text{beob.}} - y_{i,\text{calc.}}|^2}{\sigma^2(y_{i,\text{beob.}})}. \tag{3.47}$$

Diese Definitionen implizieren, dass $\chi^2 \geq 1$ sein muss und R_{wp} nicht kleiner als R_{erw} sein darf, wenn die Varianz der Fehler richtig bestimmt wurde. χ^2-Werte $\gg 1$ implizieren, dass das zugrundeliegende Strukturmodell falsch ist. Unabhängig von den R-Werten ist es aber immer ratsam, das verfeinerte Diffraktogramm sorgfältig und im Detail mit dem gemessenen zu vergleichen, da es sonst sehr leicht dazu kommt, dass z. B. Fremdphasen übersehen werden oder Symmetrieerniedrigungen nicht erkannt werden.

Rietveld-Verfeinerungen werden heutzutage routinemäßig durchgeführt. Insbesondere kann man Gl. (3.43) einfach für Phasengemische erweitern, da ja die Beiträge von unterschiedlichen kristallinen Komponenten eines Pulvers addiert werden können. Da zudem auch der Skalenfaktor, der z. B. die Intensität der einfallenden Strahlung enthält, gleich bleibt, kann man dann den prozentualen Anteil der Komponenten in einem Phasengemisch bestimmen. In den meisten Fällen können so Fremdphasen ab einer Konzentration von wenigen Prozent bestimmt werden.

3.7.4 Reflexverbreiterung

Von Scherrer (1918) wurde eine Beziehung zwischen der Kristallitgröße in Pulvern und der Verbreiterung von Reflexen, ausgedrückt als Reflexbreite β_L, in Röntgenbeugungsdiagrammen hergeleitet:

$$\beta_L = \frac{K\lambda}{L \cos\theta} \tag{3.48}$$

Hier ist λ die verwendete Wellenlänge, θ der Streuwinkel und L die mittlere Korngröße. Die Konstante K hängt von der Kornform und der Definition von β_L ab und beträgt typischerweise $0{,}62 < K < 2{,}08$. Die Bestimmung der mittleren Korngröße über diesen einfachen Ansatz ist aber nur möglich, wenn keine weiteren Effekte, wie etwa durch Mahlen induzierte Verspannungen, zur Verbreiterung der Reflexe beitragen und wenn die Verbreiterung der Reflexe nicht durch die Auflösung des Diffraktometers verursacht ist. Daher können typischerweise nur Kristallitgrößen unterhalb 1 μm bestimmt werden.

Neben der Korngröße führen auch Verspannungen, d. h. inhomogene Deformationen, ε_{ij} (s. Abschnitt 5.6.2.1) zu Reflexverbreiterungen. Derartige Verspannungen können zum Beispiel durch zu langes Mahlen in Hochgeschwindigkeitskugelmühlen hervorgerufen werden, aber auch durch Fehler beim Kristallwachstum, die zur Ausbildung von Versetzungen oder Stapelfehlordnungen führen. Die Reflexverbreiterung aufgrund der mittleren inhomogenen Verspannung, β_ε beträgt

$$\beta_\varepsilon = C\varepsilon \tan \theta \tag{3.49}$$

Die Konstante C ist modellabhängig, ihr Wert beträgt typischerweise 4 ... 5.

3.7.4.1 Williamson–Hall-Diagramm

Ein Williamson–Hall[26]-Diagramm (auch als Korngrößen-Verspannungs-Diagramm, engl. *size strain plot SSP*, bezeichnet) dient der Erfassung der Reflexverbreiterung aufgrund von Korngröße und Verspannungen. Die Winkelabhängigkeit der Reflexverbreiterung aufgrund der Korngröße, β_L, und der aufgrund von Verspannungen, β_e, sind unterschiedlich. Nach Williamson u. Hall (1953) kann die Faltung der beiden Abhängigkeiten durch ihre Summe ausgedrückt werden. Dann ist

$$\beta_{\text{total}} = \beta_e + \beta_L = C\varepsilon \tan \theta + \frac{K\lambda}{L \cos \theta} \tag{3.50}$$

und, nach Multiplikation mit $\cos \theta$

$$\beta_{\text{total}} \cos \theta = C\varepsilon \sin \theta + \frac{K\lambda}{L} \tag{3.51}$$

d. h. eine graphische Auftragung von $\beta_{\text{total}} \cos \theta$ gegen $\sin \theta$ sollte eine lineare Abhängigkeit mit der Steigung $C\varepsilon$ und dem Achsenabschnitt $\frac{K\lambda}{L}$ bei $\sin \theta = 0$ zeigen. Eine tiefgreifendere, aber mathematisch sehr viel komplexere Analyse des Einflusses von Korngröße und Deformation wurde von Warren u. Averbach (1950, 1952) entwickelt.

3.8 Probenumgebungen für Diffraktionsexperimente

Für die Erforschung von Struktur-Eigenschaftsbeziehungen mit Beugungsuntersuchungen als Funktion von Druck, Temperatur, elektromagnetischen Feldern und anderen externen Einflüssen steht eine sehr große Vielfalt an Probenumgebungen zur Verfügung.

---

26 David Hall (15.2.1928–15.6.2016).

3.8.1 Druckabhängige Röntgenbeugungsexperimente

3.8.1.1 Diamantstempelzellen

Diamantstempelzellen (engl. *diamond anvil cell – DAC*) erlauben heutzutage die Erzeugung von Drücken, die größer sind als die, welche im Zentrum der Erde herrschen. Das Prinzip einer Diamantstempelzelle ist in Abb. 3.22 dargestellt.

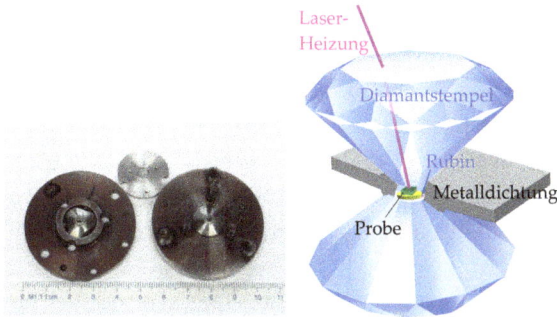

Abb. 3.22: Photo und Skizze einer Diamantstempelzelle. In der Mitte der Ober- und Unterteile sind Hartmetallsitze eingelassen, in deren Mitte die Diamantstempel eingeklebt sind. Ober- und Unterteil werden aufeinander gesetzt, durch Anziehen der Schrauben werden dann die Stempel gegeneinander gedrückt. Mit DACs können Drücke erreicht werden, wie sie im Erdkern herrschen ($\approx$ 365 GPa). Durch Laserheizen können die Proben gleichzeitig auf sehr hohe Temperaturen (2000 ... 5000 K) erhitzt werden. Da die Diamantstempel transparent für harte Röntgenstrahlung sind, kann man Beugungsuntersuchungen bei extremen Bedingungen durchführen.

Bei der Druckerzeugung mit DACs nutzt man aus, dass Druck = Kraft pro Fläche ist. Man erzeugt daher die sehr hohen Drücke durch Zusammenpressen von zwei Diamantstempeln, die jeweils aus einem Einkristall bestehen. Die sehr kleinen Stempelflächen (engl. *culets*), haben Durchmesser von wenigen μm bis zu wenigen hundert μm. Die Probe befindet sich in einem Loch einer Dichtungsscheibe. Diese besteht typischerweise aus einem inkompressiblen Metall, wie z. B. Rhenium oder Wolfram. Beim Schließen der Diamantstempelzelle fließt das Metall ein wenig, so dass das Probenvolumen abgedichtet wird. Um den uniaxialen Druck, der durch das Zusammenfahren der Stempel erzeugt wird, in einen quasihydrostatischen Druck umzuwandeln, benutzt man Druckübertragungsmedien, wie etwa Edelgase, die vor dem Verschließen der Zelle in die Druckkammer eingebracht werden.

Diamant ist weitestgehend transparent für elektromagnetische Strahlung. Daher kann die Probe in der Zelle optisch beobachtet werden, und es können neben Röntgenbeugungsexperimenten auch Raman[27]- und Infrarotspektroskopische Messungen

---

27 Sir Chandrasekhara Venkata Raman (7.11.1888–21.11.1970).

bei hohen Drücken durchgeführt werden. Heutzutage können, unter Verwendung von sehr gut fokussierten Synchrotronstrahlen mit Fokusgrößen von wenigen μm Durchmesser und Flächendetektoren Kristallstrukturen aus Einkristallmessungen bei Drücken oberhalb 100 GPa bestimmt werden. Röntgenpulvermessungen bei extremen Drücken sind sehr viel einfacher durchzuführen und an praktisch allen Synchrotronstrahlungsquellen gibt es darauf spezialisierte Experimentiereinrichtungen.

Der in einer DAC herrschende Druck kann über die Verschiebung von Fluoreszenzlinien (zumeist von Rubin), durch die Verwendung von internen Standards oder aber durch die Verschiebung von Raman-Peaks des Diamants bestimmt werden.

3.8.1.2 Vielstempelapparaturen und Paris–Edinburgh-Zellen

Als Alternative zu DACs werden „großvolumige" Pressen eingesetzt. Dabei gibt es einmal die sehr großen Vielstempelapparaturen, z. B. die LVP@PETRA III und ID06@ESRF, und andererseits portable Zellen, die zumeist als toroidale oder Paris–Edinburgh (sog. PE-Zellen) bezeichnet werden.

Die sehr großen und mehrere Tonnen schweren Vielstempelpressen bestehen aus einem massivem Rahmen, einer hydraulischen Presse die mehrere tausend Tonnen Druck ausüben kann, und mit der bis zu sechs Stempel bewegt werden, sowie einem die Probe enthaltenden Einsatz, in dem der durch die Stempel erzeugte Druck in einen quasihydrostatischen Druck umgewandelt wird. PE-Zellen sind sehr viel kleiner als Vielstempelapparaturen. Hier werden zwei kleine Stempel, entweder aus WC, aus BN oder gesintertem Diamant, hydraulisch gegeneinander gepresst.

Der Vorteil dieser großvolumigen Pressen ist, dass vergleichsweise große Proben (ca. 1 mm³) synthetisiert und charakterisiert werden können. Ein Nachteil besteht aber darin, dass sie typischerweise auf Drücke unterhalb 20 … 30 GPa begrenzt sind, und dass die Probe nur bis auf Temperaturen von ca. 2500 K geheizt werden können. Es gibt aber Weiterentwicklungen, in denen die Stempel aus gesintertem Nanodiamant bestehen und somit fast 100 GPa erreichen. Als Heizung kommen Graphit- oder Keramikwiderstandsöfen zum Einsatz und die Temperatur wird mit einem Thermoelement bestimmt. Der Druck in der Zelle wird entweder durch Kalibrationsmessungen oder durch interne Standards bestimmt. Für Diffraktionsmessungen bei hohen Drücken mit Vielstempelapparaturen muss der Synchrotronstrahl durch die Zwischenräume zwischen den Stempeln geleitet werden. Dadurch ist der zugängliche Teil des reziproken Raums extrem eingeschränkt, so dass sehr energiereiche Röntgenstrahlung benutzt werden muss um trotzdem noch ausreichend gute Beugungsdaten zu erhalten.

3.8.2 Temperaturabhängige Beugungsexperimente

Temperaturabhängige Beugungsexperimente sind weit verbreitet. Für sehr tiefe Temperaturen bis hinunter zu ca. 2 K gibt es ein- oder zweistufige geschlossene Kryostate.

Im Temperaturbereich zwischen ca. 10 K und Umgebungstemperatur gibt es die Möglichkeit, die Probe mit kalten Gasen anzublasen und abzukühlen. Unterhalb von ca. 100 K muss dafür Helium benutzt werden, von Umgebungstemperatur bis zu ca. 100 K kann deutlich preiswerterer Stickstoff benutzt werden. Für höhere Temperaturen bis zu ca. 800 K kann man Kristalle mit Heißluft anblasen, ansonsten werden zumeist Widerstandsheizungen eingesetzt. Diese funktionieren bis zu ca. 2000 K. Alternativ können metallische Proben auch induktiv geheizt werden, wobei hier die genaue Temperaturkontrolle zumeist schwierig ist. Laserheizungen sind insbesonders in Kombination mit DACs (Abschnitt 3.8.1.1) sehr verbreitet, hier können Temperaturen bis zu 3000 ... 5000 K erreicht werden. Für geschlossene Öfen und Kryostaten wird als Fenstermaterial oft Kapton, eine Polyimidfolie, eingesetzt, die bis ca. 600 K stabil ist.

Die Temperaturbestimmung erfolgt bei tiefen Temperaturen zumeist mit Widerstandsmessungen, in einem sehr großen Temperaturbereich von 10 K bis 2000 K mit Thermoelementen oder ab ca. 1500 K durch die spektrale Analyse der emittierten Wärmestrahlung.

3.9 Beugung an amorphen und schlecht-kristallinen Proben

Neben gut kristallisierten Materialien, für die die oben beschriebenen Ansätze eine außerordentlich weite Verbreitung gefunden haben, werden Röntgenbeugungsexperimente natürlich auch zur Analyse von Proben benutzt, bei denen eine konventionelle Auswertung nicht sinnvoll ist.

Für schlecht-kristalline und amorphe Proben sind experimentelle Methoden entwickelt worden, in denen die „Paarverteilungsfunktion" (engl. *pair distribution function – PDF*) bestimmt wird. Diese werden auch als *total scattering analysis* bezeichnet. Die Paarverteilungsfunktion ist

$$G(r) = 4\pi r[\rho(r) - \rho_0] = \frac{2}{\pi} \int_0^\infty Q[S(Q) - 1]\sin(Qr)dQ \tag{3.52}$$

mit $Q = 4\pi\frac{\sin\theta}{\lambda}$. Der diesen Methoden zugrunde liegende Ansatz ist, dass ein Pulverdiffraktogramm zunächst bezüglich des Untergrunds, Vielfachstreuung, Comptonstreuung und Absorption korrigiert wird. Nach einer Normierung erhält man dann die Strukturfunktion $S(Q)$, aus der die reduzierte Strukturfunktion $F(Q) = Q[S(Q) - 1]$ berechnet wird. Die gesuchte Paarverteilungsfunktion $G(r)$ erhält man dann durch die Fouriertransformation (3.52). Diese enthält Maxima, welche häufig vorkommenden interatomaren Abständen entsprechen.

Die Aussagekraft einer experimentell bestimmten Paarverteilungsfunktion hängt wesentlich davon ab, wie groß der maximale Q-Wert bei der Messung war. Daher werden für Messungen oft Ag-Röntgenröhren mit ihrer vergleichsweise kurzen Wellenlänge eingesetzt. Synchrotron-basierte Messungen mit Wellenlängen bis hinunter zu $\approx 0,1\,\text{Å}$ bieten hier neue Experimentiermöglichkeiten.

3.10 Diffuse Streuung

Defekte jeglicher Art führen zur Abweichung von der Modellvorstellung eines idealen Kristalls. Reale Kristalle haben Oberflächen und Punktdefekte. Zudem kann es statische und dynamische Fehlordnung geben, oder es kann komplexe Defektstrukturen geben, die zu starken lokalen Verzerrungen führen können. Zudem schwingen alle Atome um ihre Gleichgewichtslage. All diese Abweichungen von einer idealisierten statischen Struktur mit langreichweitiger Ordnung führen in Beugungsexperimenten zu diffuser Streuung, d. h. zu Streuung die nicht durch die Braggsche Gleichung beschrieben werden kann.

Man kann dabei zwischen thermisch diffuser Streuung (engl. *thermal diffuse scattering* – *TDS*), und statisch diffuser Streuung unterscheiden. Charakteristisch für thermisch diffuse Streuung ist die starke Temperaturabhängigkeit der Intensität. Sie wird im wesentlichen durch die Streuung der Röntgenstrahlen an Gitterschwingungen hervorgerufen. Dass TDS zur Bestimmung der Gitterdynamik benutzt werden kann erkannte bereits Friedrich im Jahr 1913. Die dazu benötigte Theorie wurde dann in den nächsten Jahren ausgearbeitet, aber aufgrund der technischen Schwierigkeiten, TDS genau zu messen, gab es wenig experimentelle Fortschritte. Der nächste wichtige Entwicklungsschritt war die Bestimmung der Gitterdynamik von Aluminium aus TDS durch Olmer (1948), aber danach gab es für einige Jahrzehnte keine wesentlichen Fortschritte. Dies änderte sich erst mit der Inbetriebnahme von Synchrotronstrahlungsquellen (Abschnitt 3.2.2) und der Entwicklung leistungsfähiger Detektoren (Abschnitt 3.5), und seit 1999 ist dies wieder ein aktives Forschungsgebiet. Zur quantitativen Analyse von TDS wird der Ausdruck für den Strukturfaktor in Gl. (3.26) um einen Term erweitert, der die Gitterdynamik berücksichtigt. Wenn die Bewegungsmuster der Atome während einer Gitterschwingung mit quantenmechanischen Methoden berechnet werden, sind die Modellergebnisse im Allgemeinen in sehr befriediegender Übereinstimmung mit den experimentellen Beobachtungen und können dann zur Interpretation von Struktur-Eigenschaftsbeziehungen genutzt werden.

Für die Analyse von statisch diffuser Streuung, die z. B. durch Cluster von Defekten oder der zufälligen Verteilung von unterschiedlichen Atomsorten auf einem Gitterplatz in Mischkristallen hervorgerufen wird, gibt es ebenfalls sehr gut ausgearbeitete, mathematisch aber sehr anspruchsvolle Theorien. Hier sind in den letzten Jahrzehnten Programme, wie z. B. DISCUS, entwickelt worden, in denen mit unterschiedlichen Modellansätzen statisch diffuse Streuung simuliert oder experimentelle Beobachtungen analysiert werden können.

3.11 Neutronenbeugung

Während Röntgenbeugungsuntersuchungen meist der erste und einfachste Ansatz für die Kristallstruktur betreffende Fragestellungen ist und die weit überwiegende Anzahl von Kristallstrukturen mit Röntgenbeugungsmethoden bestimmt worden ist, so gibt es doch kristallographische Fragestellungen, bei denen mit alternativen Beugungsmethoden bessere Ergebnisse erzielt werden können. Eine wichtige Alternative zu Röntgenbeugungsuntersuchungen sind Beugungsexperimente mit Neutronen.

Die oben beschriebenen Grundlagen der Röntgenbeugungsexperimente können, mit wenigen Ergänzungen, auf Neutronenbeugungsexperimente übertragen werden. Typische Fälle, in denen Neutronenbeugungsexperimente effizienter sind als Röntgenbeugung, sind Strukturbestimmungen von Verbindungen, in denen sehr schwere Atome neben sehr leichten Atomen vorliegen. In derartigen Verbindungen, z. B. UO_2 oder Rhenium-Boride, wird die Intensität der Reflexe in Röntgenbeugungsexperimenten aufgrund der großen Atomformfaktoren der schweren Elemente von diesen dominiert und die genaue Bestimmung der Positionen der leichten Elemente ist sehr schwierig. In Neutronenbeugungsexperimenten hingegen hängt der Atomformfaktor nicht monoton von der Ordnungszahl ab, und die Streukraft von leichten Elementen ist zumeist von der selben Größenordnung wie die der schweren Elemente. Ein weitere typische Anwendung ist die Bestimmung von magnetischen Strukturen. In vielen Strukturen mit ungepaarten Elektronen kommt es bei ausreichend tiefen Temperaturen zu einer Ordnung der Elektronenspins, d. h. die Phasen werden ferromagnetisch, antiferromagnetisch oder ferrimagnetisch. Das Neutron hat ein magnetisches Moment, welches mit den magnetischen Momenten der ungepaarten Elektronen wechselwirkt. Daher kann man mit Neutronen die magnetische Ordnung bestimmen.

3.11.1 Erzeugung von Neutronenstrahlen

Neutronenstrahlen für Beugungsexperimente werden entweder durch Kernspaltung in Reaktoren erzeugt, oder aber durch Spallation in Spallationsquellen. In Forschungsreaktoren (etwa in dem des Institut Laue Langevin in Grenoble, dem FRM-II in München Garching oder dem HFIR des Oak Ridge National Laboratories in den USA) werden Neutronen durch Kernspaltung von ^{235}U frei. Die Kernspaltung wird ausgelöst durch den Einfang eines „langsamen" Neutrons. Beim Zerfall des Kerns werden im Durchschnitt 2,4 Neutronen sowie $\approx$ 200 MeV frei. Im Gegensatz zu Kernkraftwerken für die Erzeugung von Elektroenergie ist die Freisetzung von Wärme in Forschungsreaktoren unerwünscht und begrenzt die Brillanz des Neutronenstrahls. Der Reaktor des ILL hat eine thermische Leistung von etwa 60 MW, im Gegensatz zu Kernkraftwerken, die thermische Leistungen von $\approx 1\dots5$ GW haben. Die bei der Kernspaltung freigesetzten Neutronen sind sehr energiereich, mit einem Maximum der

Intensität bei 1,29 MeV. Für die Fortsetzung der Kettenreaktion werden aber Neutronen benötigt, deren Energie im Bereich zwischen 1 und 10 eV liegt. Die Abkühlung der Neutronen erfolgt durch Moderation, d. h. durch inelastische Stöße mit den Atomen des die Brennstäbe umgebenden Moderators (z. B. Wasser oder „schweres Wasser", D_2O). Mit dem Reaktor des ILL werden $1,5 \cdot 10^{15}$ Neutronen/(Sekunde · cm^2) erzeugt.

Für Neutronenstreuexperimente werden neben den „thermischen" Neutronen, deren Energie ≈ 25 meV ($\lambda = 1,8$ Å) beträgt, auch noch länger- und kürzerwellige Strahlen benötigt. Schnelle Neutronen werden durch Moderation in einem $1400 \ldots 2400$ K heißen Graphitblock erzeugt, so dass das Maximum der Intensität des Neutronenstrahls zu Wellenlängen mit $\lambda = 0,5 \ldots 0,7$ Å verschoben wird. „Kalte" Neutronen mit Energien ≤ 25 meV werden analog in „kalten Quellen" durch Moderation bei tiefen Temperaturen (z. B. mit flüssigem D_2 bei ≈ 25 K) erzeugt. Die Entwicklung von großen Forschungsreaktoren wird zur Zeit nicht weiter betrieben, da es zur Zeit keine Konzepte gibt, wie man den Neutronenfluss analog zu den Entwicklungen bei Synchrotronstrahlungsquellen um mehrere Größenordnungen steigern könnte.

In Spallationsquellen (etwa der ISIS Spallationsquelle in Didcot, England, der SNS in Tennessee, USA oder zukünftig der Europäischen Spallationsquelle in Lund, Schweden) werden hochenergetische Teilchen (z. B. Protonen mit ≈ 1 GeV) auf ein festes oder flüssiges Schwermetalltarget geschossen. Die Energie der Protonen ist so hoch, dass diese die Atomkerne im Target anregen, welche dann hochenergetische Neutronen „abdampfen". Bevor diese Neutronen für Streuexperimente verwendet werden können, muss ihre Energie wiederum durch inelastische Kollisionen mit den Atomen in Moderatoren vermindert werden. Je nach Moderatortemperatur werden so epithermische (Energien $25 \ldots 400$ meV), thermische oder kalte Neutronen erzeugt. Mit den neuesten Spallationsquellen werden Neutronenstrahlen mit $\approx 10^{18}$ Neutronen/(Sekunde · cm^2) erzeugt.

Der wesentliche Unterschied zwischen Neutronenstrahlen aus Kernspaltung und solchen aus Spallationsquellen ist, dass letztere gepulst sind. Diese Zeitstruktur wird in Flugzeitmessungen ausgenutzt. Derartige Flugzeitmessungen sind auch an Reaktorquellen möglich, dort wird dann durch rotierende Blenden dem kontinuierlichen Strahl eine Zeitstruktur aufgeprägt.

Es ist aber so, dass die Brillanz von Neutronenquellen im Vergleich zu Synchrotronstrahlungsquellen klein ist. Neutronenstreuexperimente benötigen daher, und aufgrund der wesentlich kleineren Streuquerschnitte, im Allgemeinen mehr Probenmaterial und zeit- oder ortsaufgelöste Messungen sind im Vergleich zu Synchrotronbasierten Experimenten nur eingeschränkt möglich. Aufgrund der unterschiedlichen Streuquerschnitte, aufgrund des magnetischen Moments von Neutronen sowie der Möglichkeit, in der Neutronenspektroskopie Energieänderungen im meV Bereich vergleichsweise einfach nachzuweisen, ergänzen sich Synchrotron- und Neutronenexperimente. Die vergleichsweise kleine Anzahl von Großforschungseinrichtungen, die für Neutronenbeugungsexperimente ausreichend starke Neutronenquellen betreiben, hat sich im Laufe der letzten Jahrzehnte nicht wesentlich geändert, im Gegensatz zu der rasch wachsenden Zahl von Synchrotronstrahlungsquellen.

3.11.2 Theorie der Neutronenbeugung

Während die Streuung von Photonen in einem Röntgenbeugungsexperiment durch Wechselwirkung mit den Elektronen der Probe erfolgt, geschieht dies im Falle der Neutronen durch Wechselwirkungen mit den Atomkernen oder mit dem magnetischen Feld von ungepaarten Elektronen. Im ersten Fall beruht die Wechselwirkung auf der starken Kernkraft, die sehr kurzreichweitig ist. Damit ist das Streuzentrum punktförmig. Im Falle der Röntgenstreuung, d. h. der Streuung von Photonen an Elektronen, führt die räumliche Ausdehnung der Orbitale zu einer starken winkelabhängigen Abnahme des Atomformfaktors (Abschnitt 3.3.2). Dies ist im Falle der Neutronenbeugung nicht der Fall, hier geht in den Strukturfaktor (3.26) statt des Atomformfaktors f_i der kohärente Streuquerschnitt b_i ein. Die Abnahme der Intensität mit zunehmenden Streuwinkel in Neutronenbeugungsexperimenten beruht daher im wesentlichen auf der thermischen Bewegung, die wie auch im Falle der Röntgenbeugung im allgemeinen Fall durch einen symmetrischen Tensor 2. Stufe mit sechs unabhängigen Komponenten beschrieben werden kann (Abschnitt 3.3.3).

In Röntgenbeugungsexperimenten nimmt der Atomformfaktor linear mit steigender Ordnungszahl zu und ist immer positiv. Im Falle der Neutronenbeugung kann die kohärente Streulänge b_i, die anstelle von f_i in die Gleichung für den Strukturfaktor eingesetzt wird, sowohl positive als auch negative Werte annehmen. Die kohärente Streulänge ist dabei auch für Isotope unterschiedlich, was aufgrund der gleichen Anzahl von Elektronen im Falle der Röntgenbeugung nicht der Fall ist. Insbesondere ist die kohährente Streulänge von Wasserstoff ($b_H = -3{,}74 \cdot 10^{-15}$ m) sehr verschieden von der von Deuterium ($b_D = 6{,}674 \cdot 10^{-15}$ m). Da es Isotope mit negativen Streulängen gibt, kann man „Nullstreulegierungen" herstellen, wie z. B. $Ti_{0{,}676}Zr_{0{,}324}$. Ti hat eine negative Streulänge von $-3{,}30 \cdot 10^{-15}$ m und Zr eine positive Streulänge von $7{,}16 \cdot 10^{-15}$ m, so dass für diese Legierung ohne Nah- und Fernordnung, d. h. bei vollständiger Mischbarkeit, die Intensität aller Bragg-Reflexe gleich Null ist. Statt der intensiven Bragg-Reflexe tritt aber ein hoher inkohärenter Untergrund auf.

Während sich Neutronenbeugungsexperimente daher prinzipiell sehr gut eignen, um Strukturen zu bestimmen und zu verfeinern, in denen sehr schwere Elemente neben sehr leichten Elementen vorkommen, gibt es aber einige Fallstricke, die es zu beachten gilt. Zum einen hat Wasserstoff eine außerordentlich große inkohärente Streulänge von $25{,}217 \cdot 10^{-15}$ m. Dies verschlechtert das Signal-zu-Rauschverhältnis durch den Untergrund so stark, dass man, wann immer möglich, deuterierte Proben einsetzt, da schwerer Wasserstoff nur moderat inkohärent streut (inkohärente Streulänge $4{,}033 \cdot 10^{-15}$ m). Für ^6Li ist der Absorptionsquerschnitt (940 barn) ebenso wie für ^{10}Bor (3837 barn) so hoch, dass man isotopenreine ^7Li (Absorptionsquerschnitt 0,0454 barn) bzw. ^{11}B (Absorptionsquerschnitt 0,0055 barn) Proben verwenden muss. Für einige Lanthanoide (Sm, Eu, Gd, Dy) sind Neutronenbeugungsexperimente aufgrund ihrer hohen Absorptionsquerschnitte nicht praktikabel.

Das Neutron hat ein kleines magnetisches Moment von etwa 0,1 % des magnetischen Moments eines Elektrons. Wenn in einer Probe die magnetischen Momente der ungepaarten Elektronen geordnet sind, kann man daher magnetische Bragg-Reflexe beobachten. In den ersten bahnbrechenden Arbeiten zur Neutronenbeugung (z. B. Shull u. a. (1951)), für die Shull[28] 1994 den Nobelpreis erhielt, traten beim Abkühlen von Übergangsmetalloxiden wie MnO bei tiefen Temperaturen neue Reflexe auf. Diese kommen durch Beugung von Neutronen aufgrund der magnetischen Wechselwirkung zustande. Wenn das durch die geordneten Elektronspins gebildete Gitter eine andere Periodizität hat als das der Atomkerne, treten magnetische Reflexe auf, die nicht mit den Reflexen, die aufgrund der atomaren Anordnung entstehen zusammenfallen. Insbesondere im Falle von antiferromagnetischer Ordnung, d. h. einer Anordnung von Spins, die z. B. in benachbarten Schichten entgegengesetzt orientiert sind, kommt es dann zu eindeutig identifizierbaren magnetischen Reflexen. Mit Neutronenbeugungsexperimenten kann daher gezeigt werden, ob Strukturen ferromagnetisch, antiferromagnetisch oder ferrimagnetisch sind, oder ob es noch komplexere magnetische Ordnungen gibt, die nicht in einfacher Beziehung zur Symmetrie der Struktur stehen müssen.

3.11.3 Detektion von Neutronenstrahlen

Die elektrisch neutralen Neutronen werden meist durch heliumhaltige Zählrohre nachgewiesen. Dies geschieht durch die Reaktion $n + {}^3\text{He} \rightarrow {}^3\text{H} + p$, wobei durch Anlegen einer Hochspannung es zu einem Ladungstransport durch die freigesetzten Protonen kommt. Andere Neutronendetektoren benutzen als Zählgas $^{10}\text{BF}_3$, wobei die durch die Reaktion $n + {}^{10}\text{B} \rightarrow {}^7\text{Li} + {}^4\text{He}$ entstehenden Atome aufgrund ihrer hohen kinetischen Energie Gasmoleküle ionisieren können, die dann bei einer angelegten Spannung zu einem Stromfluss führen.

3.11.4 Diffraktion mit Neutronen

3.11.4.1 Winkeldispersive Messungen an Pulvern
Winkeldispersive Neutronenpulverbeugungsmessungen unterscheiden sich nicht prinzipiell von winkeldispersiven Röntgenbeugungsmessungen an Pulvern. Die Monochromatisierung wird durch Reflexion an geeigneten Kristallen (etwa Ge) erreicht.

---

28 Clifford Glenwood Shull (23.9.1915–31.3.2001).

Winkeldispersive Neutronenpulverdiffraktometer sind größer als Röntgenpulverdiffraktometer, da die Detektoren sehr viel mehr Platz benötigen als die für Photonen. Um die vergleichsweise niedrige Brillanz partiell zu kompensieren wird immer mit möglichst vielen parallel arbeitenden Detektoren gemessen. So hat das D1B Diffraktometer am ILL 1280 ^{3}He Multidetektoren, die einen Streuwinkel von 128° abdecken. Das SPODI Diffraktometer am FRM-II besitzt 80 Detektoren, die 160° abdecken. Die Verwendung von Radialkollimatoren zur Unterdrückung von Streustrahlung ist üblich. Die Auswertung von Pulverdiffraktogrammen geschieht analog der in Abschnitt 3.7.1 beschriebenen Auswertung von Röntgenpulverdiffraktogrammen und es gibt eine Anzahl von Rietveld-Programmen die sowohl für die Analyse von Neutronen- als auch von Röntgenbeugungsdaten genutzt werden können.

3.11.4.2 Flugzeitmessungen

Diffraktionsexperimente an Spallationsquellen nutzen die gepulste Struktur des Strahls aus. Bei der Flugzeitmethode misst man die Zeit, die ein Neutron vom Moderator bis zum Eintreffen in den Detektor benötigt. Die Strecke ist bekannt und da es sich um Beugungsexperimente handelt, d. h. kein Energieübertrag zwischen Probe und Neutron stattfindet, nutzt man den Ansatz von de Broglie

$$\lambda = h/p = h/(m_n v) = ht/m_n L \tag{3.53}$$

nachdem die Wellenlänge λ eines Teilchens der Quotient aus dem Planckschen Wirkungsquantum h und dem Impuls p ist. Der Impuls ist das Produkt aus Geschwindigkeit und Masse m_n des Neutrons. Die Geschwindigkeit $v = L/t$ erhält man aus der gemessenen Flugzeit t für eine Strecke mit der bekannten Länge L. Kombination mit dem Braggschen Gesetz $\lambda = 2d \sin \theta$ ergibt

$$t[ms] = 505{,}56L[m]d[\text{Å}] \sin \theta \tag{3.54}$$

Bei Flugzeitdiffraktometern sind die Detektoren bei fixen, bekannten Winkeln montiert, d. h. sie werden nicht bewegt. Daher erlaubt die Messung der Flugzeit die Bestimmung von Reflexintensitäten als Funktion des Netzebenenabstandes. Mit Flugzeitdiffraktometern gemessene Diffraktogramme werde daher oft als Funktion von d oder t graphisch dargestellt.

Die Auflösung $\Delta d/d$ eines Flugzeitdiffraktometers wird im wesentlichen durch die Länge L definiert und verbessert sich mit zunehmender Flugzeit. Daher wurde z. B. das erste hochauflösende Pulverdiffraktometer, HRPD an der ISIS-Spallationsquelle, fast hundert Meter vom Moderator entfernt aufgebaut und hat eine Auflösung von $\Delta d/d \approx 4 \ldots 5 \cdot 10^{-4}$.

4 Kristallisation–Kristallwachstum– Kristallzüchtung

4.1 Phasendiagramme von Mehrstoffsystemen

4.1.1 Komponenten und Phasen

Die bisher behandelten Prozesse von Keimbildung und Wachstum beruhten auf der Annahme, dass Mutterphase (oft eine Schmelze) und wachsender Kristall die gleiche chemische Zusammensetzung besitzen. Dies ist beispielsweise stets der Fall, wenn Schmelzen chemischer Elemente erstarren, wie dies beim Gießen reiner Metalle oder auch bei der Kristallzüchtung von Silicium oder Germanium der Fall ist. Oft wachsen in natürlichen Umgebungen (Mineralbildung) oder bei technischen Prozessen Kristalle aus Mischungen mehrerer Substanzen. Die Zahl chemisch unabhängiger Substanzen wird als Komponentenzahl bezeichnet, und entsprechend der Komponentenzahl sprechen wir von 1-Stoff-, 2-Stoff, 3-Stoff- usw. Systemen. In diesem Sinne handelt es sich bei den schon genannten Beispielen um 1-Stoff-Systeme oder synonym um 1-komponentige Systeme.

Die Festlegung, welche Substanzen Komponenten eines Systems sein können, ist manchmal nicht einfach: Elemente können (wegen der chemischen Unteilbarkeit) immer Komponenten sein. Chemische Verbindungen können so lange als Komponenten betrachtet werden, wie sie unter den betrachteten physikalisch-chemischen Umständen stabil sind: Al_2O_3 ist über einen sehr großen Temperaturbereich eine geeignete Komponente von Phasendiagrammen, weil es entweder als α-Al_2O_3 (Korund) oder Schmelze Al_2O_3(liq) vorliegt. Nicht so die Kupferoxide: CuO (Tenorit) zerfällt bei mäßigem Heizen unter Sauerstoffabgabe zu Cu_2O (Cuprit). Selbst dieses kann sich bei weiterem Heizen zu metallischem Kupfer zersetzen. Hier wären also unter Umständen Cu und O_2 als Komponenten zu verwenden.

? Wie viele Komponenten hat eine Mischung aus Quarz (SiO_2), Wollastonit ($CaSiO_3$), Belit (Ca_2SiO_4) und „Freikalk" (CaO)?

Die Zusammensetzung von 2-komponentigen („binären") Systemen ist durch eine Konzentrationsangabe definiert, dies ist in der Regel ein Molenbruch x. Alternativ werden gelegentlich Massen- oder Volumenprozent verwendet. Wenn in einem binären System aus den Komponenten A und B letztere die Konzentration (den Molenbruch) x besitzt, so besitzt A den Molenbruch $1 - x$. Wenn als zweite unabhängige Variable beispielsweise die Temperatur T verwendet wird, können $x - T$-Phasendiagramme des Systems anschaulich dargestellt werden. In diesen Diagrammen trennen gerade oder gebogene Linien („Phasengrenzen") Flächen voneinander, in denen eine oder zwei Phasen im Gleichgewicht existieren bzw. koexistieren. Eine Phase ist dabei ein

https://doi.org/10.1515/9783110460247-004

beliebiger homogener Teil des Systems (Gasraum, homogene Schmelze oder Lösung, feste Substanz mit überall gleicher Kristallstruktur). Wir werden in den folgenden Abschnitten sehen, dass zwei Fragen entscheidend dafür sind, welche wesentlichen Merkmale ein Phasendiagramm besitzt:

1. Inwieweit mischen sich die Komponenten in den einzelnen Aggregatzuständen? Bei Gasen kann in der Regel von vollständiger Mischbarkeit ausgegangen werden. Flüssigkeiten (Schmelzen) chemisch ähnlicher Substanzen mischen sich in der Regel, chemisch deutlich verschiedene Substanzen aber oftmals nicht. Bei Festkörpern (Kristallen) ist notwendige aber nicht hinreichende Bedingung, dass beide Komponenten gleiche Kristallstrukturen besitzen. Wegen der Vielfalt möglicher Kristallstrukturen ist diese Forderung sehr hart, und (vollständige) Mischbarkeit von Komponenten in der festen Phase eher die Ausnahme.

2. Werden intermediäre Verbindungen gebildet? Welches Schmelz- oder Zersetzungsverhalten zeigen diese beim Erhitzen?

Die graphische Darstellung von Systemen mit mehr als 2 Komponenten ist schwieriger, weil schon 2 Koordinaten für die Konzentrationen (z. B. x_A, x_B) benötigt werden. Die Konzentration der dritten Komponente ergibt sich dann als $x_C = 1 - x_A - x_B$. Immerhin ist nach dem Satz von Viviani[1] jeder Punkt eines gleichseitigen Dreiecks eineindeutig auf eine Zusammensetzung x_A, x_B, x_C im ternären System abbildbar. Die Temperatur als weitere unabhängige Variable wird für solche Darstellungen von „Konzentrationsdreiecken" in der Regel entweder konstant gehalten, oder es erfolgen polythermale Projektionen auf geeignete Phasengrenzen. Hier wird nur sehr kurz am Beispiel von Abb. 4.1 ein ternäres eutektisches (zum Begriff siehe Abschnitt 4.1.2) Phasendiagramm behandelt. Für eine tiefere Behandlung sei auf weiterführende Literatur verwiesen, beispielsweise Paufler (1981)[2] und Klimm (2014).

Abb. 4.1 zeigt das ternäre Systems $BaCl_2$–$LiCl$–$NaCl$. Der polythermalen Projektion Abb. 4.1a) entnehmen wir, dass die Erstarrung der Schmelzen, beginnend von den Komponenten $BaCl_2$ (T_f = 962 °C), $LiCl$ (T_f = 610 °C), $NaCl$ (T_f = 801 °C), bei immer tieferer Temperatur beginnt. Die zuerst aus einer Schmelze kristallisierende Phase hängt von der Schmelzzusammensetzung ab und ist den jeweiligen Phasenfeldern eingeschrieben. Eine Besonderheit tritt beim Bariumchlorid auf: Dieses erleidet bei T_t = 925 °C (also 37 K unterhalb des Schmelzpunktes) eine Umwandlung von der Tieftemperaturmodifikation α-$BaCl_2$ (Raumgruppe *Pnma*) zur Hochtemperaturmodifikation β-$BaCl_2$ (Raumgruppe $Fm\bar{3}m$) (Hull u. a. (2011)). Folglich kristallisiert aus sehr $BaCl_2$-reichen Schmelzen oberhalb T_t zuerst die β-Phase, welche sich beim weiteren Abkühlen zu α umwandelt, während aus etwas $BaCl_2$-ärmeren Schmelzen sofort α-$BaCl_2$ kristallisiert.

---

[1] Vincenzo Viviani (5.4.1622–22.9.1703).
[2] Peter Paufler (geb. 18.2.1940).

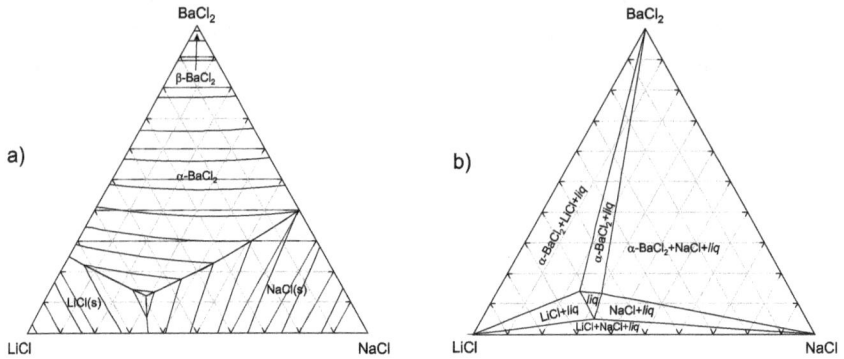

Abb. 4.1: Ternäres Phasendiagramm BaCl$_2$–LiCl–NaCl. a) Polytherme Projektion auf die *liquidus*-Fläche mit Isothermen im Abstand von 50 K. b) Isothermer Schnitt bei T = 450 °C. (Temperatur des ternären Eutektikums T_{eut} = 434 °C.)

Für jeden Punkt innerhalb der „Konzentrationsdreiecke" Abb. 4.1 ergibt sich die Zusammensetzung des Systems aus $(1 - h_A, 1 - h_B, 1 - h_C)$, wobei die h_i die Höhen über der Komponente i gegenüber liegenden Seite sind. Das bedeutet beispielsweise, dass an der oberen Ecke reines BaCl$_2$ vorliegt, und dass sich dessen Konzentration bis zum Erreichen der unteren Kante (LiCl–NaCl) linear auf 0 % verringert. Durch den Kristallisationsprozess verringert sich in der Restschmelze die Konzentration der zuerst kristallisierenden Phase. Dadurch bewegt sich die Schmelzzusammensetzung von der entsprechenden Komponente weg, bis sie auf eine der drei gebogenen „eutektischen Rinnen" trifft, die auf den Seiten beginnen und sich im ternären Eutektikum treffen. Dort, bei T_{eut} = 434 °C, erstarrt der Rest der Schmelze. Abb. 4.1b) zeigt einen isothermen Schnitt durch das System bei einer nur 16 K über T_{eut} liegenden Temperatur. Es wird ersichtlich, dass nur Zusammensetzungen, die sehr nahe an der eutektischen liegen, vollständig flüssig sind (kleines Dreieck „*liq*"). Aus in Richtung der reinen Komponenten liegenden Zusammensetzungen (spitze Dreiecke) liegt die jeweilige Komponente als reine kristalline Phase (beispielsweise α-BaCl$_2$) zusammen mit Schmelze *liq* vor. Zwischen diesen schmalen 2-Phasen-Feldern liegen 3-Phasen-Felder, in denen 2 Festkörper mit *liq* koexistieren.

? Welche Zusammensetzung hat das ternäre Eutektikum in Abb. 4.1a)?

Sämtliche in den folgenden Abschnitten für binäre Systeme behandelten Phänomene wie Mischkristall- und Verbindungsbildung können auch in ternären Systemen und solchen mit noch höherer Komponentenzahl auftreten, was aber hier nicht vertieft wird.

4.1.2 Eutektika

Ein binäres eutektisches System liegt vor, wenn sich beide Komponenten in der flüssigen Phase vollständig mischen, nicht jedoch in ihren festen Phasen. Dieser Fall ist bei chemisch ähnlichen Substanzen relativ häufig anzutreffen, denn „Ähnliches löst sich in Ähnlichem" (*similia similibus solvuntur*). Dies trifft beispielsweise für jeweils zwei Metalle, Metalloxide, -halogenide, aber auch zwei ähnliche organische Stoffe zu. Gegenseitige Mischbarkeit im festen Aggregatzustand hingegen ist eher selten, weil sie unter anderem identische Kristallstruktur erfordert, was bei der Vielzahl existierender Kristallstrukturen eher selten auftritt.

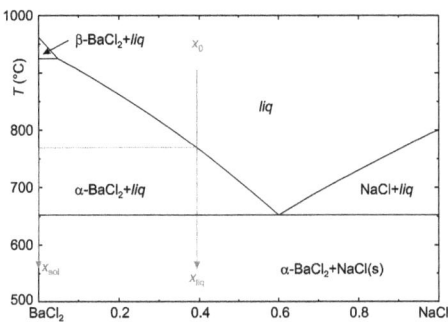

Abb. 4.2: Binäres (eutektisches) Phasendiagramm NaCl–BaCl$_2$.

Abb. 4.2 zeigt als Beispiel das binäre System NaCl–BaCl$_2$, welches gleichzeitig den rechten Rand von Abb. 4.1 bildete. Abb. 4.2 entnehmen wir, dass aus NaCl-reichen Schmelzen zuerst reines NaCl kristallisieren wird (Feld „NaCl+*liq*"). Die Temperatur, bei der die NaCl-Kristallisation beginnt, fällt von 801 °C auf die eutektische Temperatur T_{eut} = 651 °C ab, die bei der eutektischen Zusammensetzung x_{eut} = 0.6 erreicht wird. Die vom Schmelzpunkt des NaCl zu x_{eut} führende geneigte und schwach gebogene Linie ist die *liquidus* („Liquidus-Kurve") des NaCl. Analog kristallisiert aus BaCl$_2$-reichen Schmelzen zuerst Bariumchlorid, und zwar als β-BaCl$_2$ für $0 \leq x \leq 0.05$, und für größere $0.05 < x < x_{eut}$ als α-BaCl$_2$. Eine Mischung der Zusammensetzung x_{eut} verhält sich beim Schmelzen und Erstarren wie die reinen Komponenten und schmilzt und erstarrt bei einer Temperatur T_{eut}. Die bei T_{eut} verlaufende horizontale Linie wird Eutektikale genannt, die hier die *solidus* des Systems darstellt.

Interessant ist das Schmelz- und Erstarrungsverhalten intermediärer Zusammensetzungen. Betrachten wie hierzu eine Schmelze der in Abb. 4.2 eingezeichneten Zusammensetzung x_0 = 0.39, aus der bei ca. 770 °C reines α-BaCl$_2$ kristallisiert. Dies erfahren wir durch Ziehen einer waagerechten Linie (T ist konstant, „Konode") die von der Position x_0 auf der liquidus ausgeht und durch das entsprechende Phasenfeld „α-BaCl$_2$+*liq*" bis zum Erreichen der nächsten Phasengrenze (hier reines BaCl$_2$)

läuft. Dadurch verarmt aber die Schmelze an $BaCl_2$, und ihre Zusammensetzung wandert auf der Abszisse nach rechts, Richtung x_{eut}. Gleichzeitig kristallisiert fortwährend weiter α-$BaCl_2$, bis die Temperatur auf T_{eut} gesunken ist. Die Tatsache, dass sich Zusammensetzung der Schmelze x_{liq} (die ursprünglich gleich x_0 war, sich aber fortwährend ändert) und des daraus kristallisierenden Festkörpers x_{sol} unterscheiden, wird Segregation genannt. In Bezug auf Kristallzüchtungsprozesse ist Segregation oftmals nachteilig (s. auch Abschnitt 4.1.3) – sie kann aber durchaus auch ausgenutzt werden. Beispielsweise wäre die Züchtung von (bei Zimmertemperatur thermodynamisch stabilen) α-$BaCl_2$-Kristallen aus reiner $BaCl_2$-Schmelze nahezu unmöglich, weil stets zuerst bei 962 °C β-$BaCl_2$ kristallisiert. Die bei 925 °C erfolgende Umwandlung zur α-Modifikation führt dann zur Zerstörung des gewachsenen Kristalls durch Rissbildung. Erfolgt die Züchtung von Bariumchlorid jedoch aus einer sogenannten Schmelzlösung, die wenigstens 5 mol-% NaCl enthält, so kristallisieren α-$BaCl_2$-Kristalle direkt und können ohne Phasenumwandlung erhalten werden. Schmelzlösungszüchtung ist ein etabliertes Verfahren zur Herstellung von Kristallen, die störende Phasenumwandlungen erleiden oder die peritektisch schmelzen (siehe auch Abschnitt 4.1.4, sowie Elwell u. Scheel (1975)).

4.1.3 Mischkristallbildung

Sind beide Komponenten chemisch einander sehr ähnlich, besitzen die gleiche Kristallstruktur, und sind darüber hinaus die Gitterparameter beider (identischer) Kristallstrukturen nicht zu deutlich verschieden, so können sie sich auch in der kristallinen Phase mischen. Abb. 4.3 zeigt dies am Beispiel des Systems KCl–RbCl. Beide Komponenten kristallisieren in der kubischen Halit-Struktur mit Gitterparametern von 6,29 bzw. 6,59 Å, der Unterschied beträgt also etwa 4,6 %. Charakteristisch für die Phasendiagramme von Mischkristall-Systemen ist der linsenförmige 2-Phasen-Raum „flüssig + fest", der die Schmelze vom Mischkristall (synonym: feste Lösung) trennt. Oft sind die obere (liquidus) und untere (solidus) Grenze des 2-Phasen-Raums monoton steigend oder fallend. Falls sie jedoch einen zwischen den reinen Komponenten liegenden

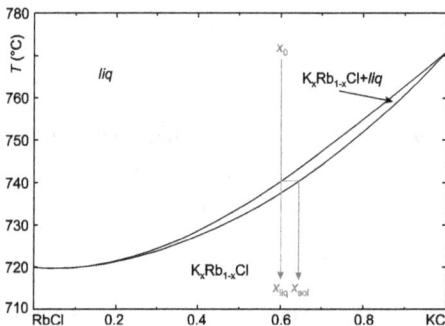

Abb. 4.3: Binäres (Mischkristall-) Phasendiagramm KCl–RbCl.

Extremwert besitzen, muss dieser für liquidus und solidus in einem Punkt zusammen fallen. Dies wird als azeotroper Punkt bezeichnet, in Abb. 4.3 liegt ein solcher beim Molenbruch $x = 0.05$ und 719 °C.

Wie schon bei den im vorigen Abschnitt behandelten eutektischen Systemen kann das Kristallisationsverhalten aus dem Phasendiagramm abgelesen werden, indem vom Punkt x_0 auf der liquidus eine Konode zur solidus gezeichnet wird, das ist in Abb. 4.3 nach rechts. Damit erhalten wir die zuerst kristallisierende Zusammensetzung x_{sol}. Diese ist etwas reicher an der höher schmelzenden Komponente (hier KCl), wodurch die Schmelze an dieser verarmt. Entsprechend bewegt sich die Schmelzzusammensetzung weiter in Richtung des Minimums der Schmelztemperatur, welches in Abb. 4.3 beim azeotropen Punkt liegt. Existiert ein solcher Punkt nicht, so liegt das Minimum des Schmelzpunktes bei der niedriger schmelzenden Komponente.

Auch bei Erstarrung in Mischkristallsystemen tritt also Segregation auf. Während im eutektischen System (Abschnitt 4.1.2) die kristallisierende Phase eine konstante Zusammensetzung besitzt (in Abb. 4.2 beim Abkühlen von x_0 reines $BaCl_2$), wird im Mischkristallsystem Abb. 4.3 zuerst ein Mischkristall x_{sol} unter Verarmung der Schmelze an KCl kristallisieren. Der anschließend erstarrende Festkörper wird seine Zusammensetzung also weiter nach links ($x < x_{sol}$) bewegen, bis er endlich am Schmelzpunktminimum ankommt, was hier am azeotropen Punkt der Fall ist. Für eine genaue Betrachtung ist noch zu entscheiden, ob sich das gesamte feste Material stets im Gleichgewicht mit der Restschmelze befindet: Eine solche „Gleichgewichtskristallisation" erfordert umfangreiche Diffusionsvorgänge auch in der festen Phase und ist daher selten. Realistischer ist oft die Annahme, dass einmal kristallisiertes Material erhalten bleibt und nur das später kristallisierende seine Zusammensetzung kontinuierlich anpasst. Dieses Verhalten wird auch als Scheil[3]–Gulliver[4]-Kristallisation bezeichnet (Klimm (2014)).

4.1.4 Schmelzverhalten

Wenn Kristalle eines beliebigen chemischen Elementes X bei hinreichendem Umgebungsdruck p erwärmt werden, so gehen sie gemäß

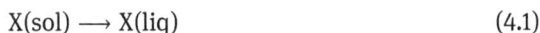

$$X(sol) \longrightarrow X(liq) \qquad (4.1)$$

am Schmelzpunkt T_f vom festen (solid) in den flüssigen (liquid) Zustand über. Der Hinweis auf einen hinreichenden Umgebungsdruck ist deshalb notwendig, weil für einige (wenige) chemische Elemente der Tripelpunkt fest/flüssig/gas unterhalb 1 bar liegt;

---

3 Erich Scheil (1897–1962).
4 Gilbert Henry Gulliver (gest. 24.10.1952).

für elementares Iod beispielsweise bei ca. 820 °C und 37 bar (Klement u. a. (1963)). In solchen Fällen würde natürlich Verdampfung vor Erreichen des Schmelzpunktes für $p < 37$ bar eintreten. Auch viele chemische Verbindungen wie Wasser ($T_f = 0\,°C$) und Steinsalz ($T_f = 801\,°C$) zeigen ein durch Gl. (4.1) beschriebenes Verhalten. Weil feste und flüssige Phase hierbei gleiche chemische Zusammensetzung besitzen, wird dieser Vorgang als kongruentes Schmelzen bezeichnet.

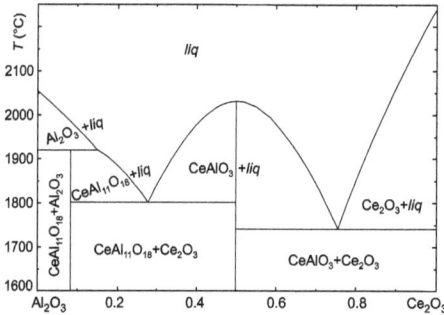

Abb. 4.4: Binäres Phasendiagramm Ce_2O_3–Al_2O_3 mit den beiden intermediären Phasen $CeAlO_3$ (kongruent schmelzend) und $CeAl_{11}O_{18}$ (peritektisch schmelzend).

Abb. 4.4 zeigt das binäre Phasendiagramm Ce_2O_3–Al_2O_3. Beide Endglieder (Komponenten) schmelzen kongruent bei 2240 bzw. 2054 °C. Außerdem existieren die aus beiden Komponenten zusammengesetzten intermediären Phasen $CeAlO_3$ (tetragonal verzerrter Perowskit, Tanaka u. a. (1993), Raumgruppe $P\,4/mmm$) sowie $CeAl_{11}O_{18}$ (Variante des Magnetoplumbits, Yin u. a. (2014), Raumgruppe $P\,6_3/mmc$). $CeAlO_3$ entspricht einem Molenbruch des Ce_2O_3 $x = 0{,}5$ und entspricht daher der zentralen Vertikalen. Wir können Abb. 4.4 entnehmen, dass die Verbindung bei 2030 °C von der festen Phase in eine flüssige Phase gleicher Zusammensetzung übergeht; mit anderen Worten: $CeAlO_3$ schmilzt kongruent. Die zweite intermediäre Phase $CeAl_{11}O_{18}$ hingegen verhält sich anders: Bei 1919 °C tritt entsprechend

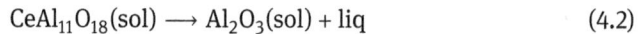

$$CeAl_{11}O_{18}(sol) \longrightarrow Al_2O_3(sol) + liq \qquad (4.2)$$

eine nur teilweise Verflüssigung unter Bildung einer Schmelze $x \approx 0{,}15$ und Zurücklassung von festem Al_2O_3 auf. Der Molenbruch von Ce_2O_3 in $CeAl_{11}O_{18}$ beträgt $1/(1 + 11) \approx 0{,}083$ und unterscheidet sich somit von dem der gebildeten Schmelze. Immer wenn sich die Zusammensetzung von fester Phase und damit im Gleichgewicht stehender flüssiger Phase unterscheiden, spricht man von inkongruentem Schmelzen. Wenn darüber hinaus beim Schmelzvorgang eines Festkörpers neben der Schmelze ein neuer Festkörper mit höherem Schmelzpunkt (wie in Gl. (4.2) beschrieben) entsteht, so spricht man von peritektischem Schmelzen. Gl. (4.2) sowie ihre Rückreaktion werden auch als peritektische Reaktion bezeichnet. Die horizontale Linie bei 1919 °C, welche in Abb. 4.4 den Stabilitätsbereich des $CeAl_{11}O_{18}$ nach oben begrenzt, wird als Peritektikale bezeichnet.

Peritektisches Schmelzen entsprechend Gl. (4.2) ist immer inkongruent. Die Umkehrung gilt aber ⚡
nicht; denn auch beim Schmelzen eines Mischkristalls (Abb. 4.3) entsteht in der Regel eine Schmelze,
deren Zusammensetzung von der des Festkörpers verschieden ist. Das Schmelzen ist also inkongruent. Trotzdem ist das Schmelzen eines Mischkristalls im Allgemeinen nicht peritektisch.

4.1.5 Weitere Phänomene

Neben den in den vorigen Abschnitten beschrieben Phänomenen Eutektikum, Mischkristall sowie kongruent bzw. peritektisch schmelzende intermediäre Verbindung sollen hier nur kurz einige weitere Phänomene beschrieben werden, die in binären Phasendiagrammen auftreten können:

Eutektoid: Am eutektischen Punkt in Abb. 4.2 findet die eutektische Reaktion

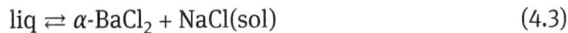

$$\text{liq} \rightleftarrows \alpha\text{-BaCl}_2 + \text{NaCl(sol)} \tag{4.3}$$

statt, bei der aus einer flüssigen zwei feste Phasen (oder umgekehrt) gebildet werden. Steht anstelle der flüssigen Phase (mit variabler Zusammensetzung) eine weitere feste Phase mit zwei daraus gebildeten festen Phasen im Gleichgewicht, so
spricht man von einem Eutektoid bzw. einer eutektoiden Reaktion. Die Zersetzung der kohlenstoffhaltigen Hochtemperatur-Modifikation des Eisens (γ-Fe) in
die kohlenstoffarme Tieftemperatur-Modifikation (α-Fe) und freien Kohlenstoff ist
ein Beispiel einer peritektoiden Reaktion mit hoher praktischer Relevanz.

Peritektoid: Wird die flüssige Phase in Gl. (4.2) durch eine weitere feste Phase ersetzt, so spricht man von einem Peritektoid. Ein solches Verhalten zeigt z. B.
MoNi$_4$ ($x_{\text{Mo}} = 0{,}2$) in Abb. 4.5, welches bei 869 °C in MoNi$_3$ ($x_{\text{Mo}} = 0{,}25$) und ebenfalls festes Ni(fcc) zerfällt. (Die Abkürzung fcc steht für *face centered cubic* und
bezeichnet die auch bei Normalbedingungen stabile Modifikation des Nickels,
welche beträchtliche Mengen Molybdän lösen kann.) MoNi$_3$ wiederum zerfällt
peritektoid bei 907 °C in (festes) Ni(fcc) und (festes) δ-MoNi.

Endliche Phasenbreite: Die chemische Zusammensetzung der nahe $x_{\text{Mo}} = 0{,}5$ lie-
gende Phase δ-MoNi könnte exakter als Mo$_{1+\varepsilon}$Ni ($\varepsilon \approx -0{,}02\ldots+0{,}41$) beschrieben
werden. Man bezeichnet solche Verbindungen mit signifikant variabler Zusam-
mensetzung als Berthollide; im Gegensatz zu Daltoniden wie MoNi$_4$ und MoNi$_3$,
bei denen die Zusammensetzung nahezu invariabel ist. Man beachte, dass an einem kongruenten oder peritektischen Schmelzpunkt auch die Phasenbreite eines
Berthollids wieder verschwinden muss, weil sonst die Gibbssche Phasenregel ver-
letzt wäre. δ-MoNi zersetzt sich bei 1365 °C in eine Schmelze unter Zurücklassung
von festem Mo(bcc).

Mischungslücke: Die Mischbarkeit von Substanzen kann auf bestimmte Temperaturbereiche beschränkt sein – in der Regel nimmt dabei die Mischbarkeit mit

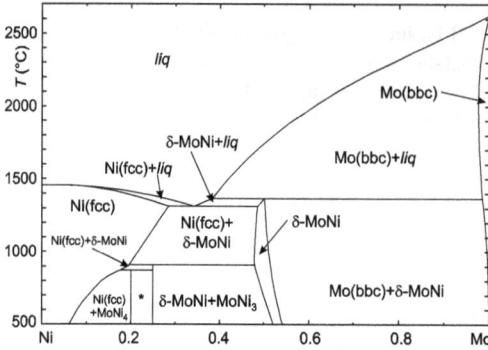

Abb. 4.5: Binäres Phasendiagramm Mo–Ni mit den intermediären Phasen MoNi$_4$, MoNi$_3$ und „δ-MoNi". Mo(bcc) steht für einen kubisch raumzentrierten und Mo-reichen, Ni(fcc) für einen kubisch flächenzentrierten und Ni-reichen Mischkristall. „*" s. Frage S. 272.

steigender Temperatur wegen des wachsenden Beitrages der Entropie S zur freien Enthalpie $G = H - T \cdot S$ zu (mit H für Enthalpie). Bei sinkender Temperatur tritt dann vor allem in festen Phasen Entmischung und damit die Bildung einer Mischungslücke auf. Abb. 4.6a) zeigt das am Beispiel der isotypen Elemente der 5. Hauptgruppe Bismut und Antimon. Auch in der flüssigen Phase kann Entmischung auftreten, wenn sich die Bindungsverhältnisse oder Dichten der Komponenten deutlich unterscheiden („Monotektikum"). Abb. 4.6b) zeigt dies am Beispiel Pb–Ni. Häufig tritt Entmischung auch in Mischschmelzen auf, die verschiedene Anionen enthalten. Dazu zählen aber beispielsweise auch Oxid- und Silikat-Ionen, so dass im System CaO–SiO$_2$ nahe SiO$_2$ eine Entmischung in der Schmelze auftritt (Eriksson u. Pelton (1993)).

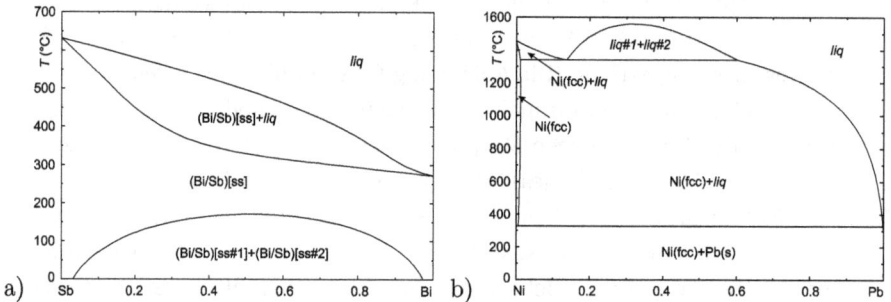

Abb. 4.6: a) Binäres Phasendiagramm der beiden rhomboedrisch (Raumgruppe $R\bar{3}c$, Schiferl u. Barrett (1969)) kristallisierenden Komponenten Bismut und Antimon mit Entmischung unterhalb $\approx$ 200 °C. b) Binäres Phasendiagramm Pb–Ni mit Entmischung in der flüssigen Phase. Das Eutektikum ist entartet und fällt nahezu mit reinem Blei ($x = 1$) zusammen.

? Welcher Phasenbestand liegt in mit einem Stern „*" bezeichneten Phasenfeld von Abb. 4.5 vor?

4.2 Grundlagen der Kristallisation

Kristallisation bedeutet thermodynamisch den (Phasen-)Übergang eines Stoffes aus einer fluiden Phase in den betreffenden kristallisierten, also festen Zustand. Der umgekehrte Vorgang heißt Schmelzen, wenn er zur Bildung einer flüssigen Phase; und Sublimation, wenn er zur Bildung eines Gases führt.

In der Regel soll dieser Stoff bei Raumtemperatur und Normaldruck stabil sein. Solche Phasenübergänge in eine kristallisierte Phase können aus der gasförmigen Phase, aus flüssigen Phasen (Erstarren aus Schmelzen oder in Mehrstoffsystemen aus Lösungen) und auch durch Rekristallisation aus einer festen Phase erfolgen. Alle diese Prozesse erfolgen in einem durch Druck p, Temperatur T und Konzentration x charakterisierten Phasenraum. Wie diese Prozesse verlaufen, wird verständlich durch die sogenannten $p - T - x$ Phasendiagramme (s. Abschnitt 4.1).

Damit die Kristallisation stattfindet, muss die betreffende Gleichgewichtskurve zwischen zwei Phasen überschritten werden. Der Grad dieser Überschreitung ist ein ausschlaggebender Parameter für den kinetischen Ablauf der Kristallisation; in Bezug auf den Dampf (oder eine Lösung) wird die Überschreitung als Übersättigung, in Bezug auf die Schmelze als Unterkühlung angegeben. Je nach den eingesetzten Kristallisationsverfahren und konkreten Wachstumsbedingungen können polykristalline (mehrkristalline) oder einkristalline Materialien erhalten werden. Unter bestimmten extremen Wachstumsbedingungen können bei einer Schnellerstarrung amorphe, dendritische, bzw. auch thermodynamisch instabile Zustände erreicht werden.

4.2.1 Keimbildung

Wenn in einem Stoffsystem die Zustandsvariablen (T, p, in Mehrstoffsystemen auch die Konzentration der Komponenten) derart verändert werden, dass im Zustandsdiagramm die betreffende Gleichgewichtskurve überschritten und der Stabilitätsbereich einer Kristallphase erreicht wird, so setzt die Kristallisation im allgemeinen nicht sofort ein: Erst muss eine gewisse, u. U. sogar beträchtliche Übersättigung oder Unterkühlung erreicht werden, bevor die Kristallisation spontan beginnt. Zwar würde ein bereits vorhandener Kristall schon bei einer sehr kleinen Überschreitung weiter wachsen; die Bildung einer neuen Phase ist jedoch ein besonderer Vorgang, der bei kleinen Überschreitungen gehemmt ist.

Verfolgen wir diesen Vorgang experimentell (Abb. 4.7): Lösungen von Salol in Methanol verschiedener Konzentration werden von 32 °C – entsprechend den Punkten 1, 2 und 3 – allmählich abgekühlt. Im Zustandsdiagramm wird damit entlang einer horizontalen Linie die Gleichgewichtskurve (Löslichkeitskurve) erreicht und überschritten, ohne dass zunächst eine Kristallisation stattfindet. Erst bei bestimmten Überschreitungen kommt es zur spontanen Keimbildung, indem sich submikroskopische

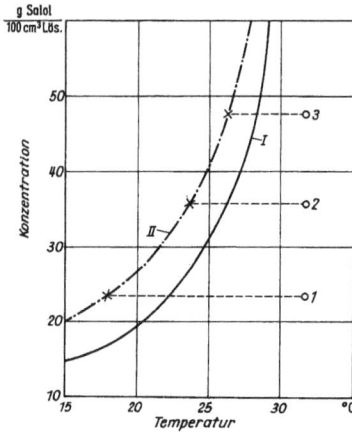

Abb. 4.7: Löslichkeit und Ostwald–Miers-Bereich für Lösungen von Salol in Methanol. I Löslichkeitskurve; II Grenze des Ostwald–Miers-Bereichs, × Eintritt der spontanen Keimbildung. Nach Kleber u. Raidt (1963).

Partikel als Keime der neuen Phase bilden. Diese wachsen sich dann zu größeren Individuen aus. Verbindet man die Punkte, an denen die spontane Keimbildung (engl. *nucleation*) einsetzt, miteinander, so lässt sich entlang der Löslichkeitskurve ein nach Ostwald[5] und Miers[6] benannter Bereich abgrenzen, in dem die spontane Kristallisation gehemmt ist und die übersättigte Phase metastabil erhalten bleibt.

Diese Phänomene werden durch folgende, bereits auf Gibbs[7] zurückgehende thermodynamische Betrachtungen verständlich: In einem Stoffsystem läuft bei gegebener Temperatur und gegebenem Druck ein Vorgang dann spontan ab, wenn dadurch die freie Enthalpie G des Systems abnimmt. Die Bildung eines Keimes ist mit einer Änderung der freien Enthalpie ΔG_K verbunden, die sich aus mehreren Beiträgen zusammensetzt. Zunächst geht ein gewisser Teil des Stoffsystems aus der übersättigten Phase mit der höheren molaren freien Enthalpie in die Kristallphase mit der geringeren molaren freien Enthalpie über, was einen negativen Beitrag ΔG_V liefert, der proportional zur Stoffmenge bzw. zum Volumen des Keimes ist. Mit der Formierung des Keimes ist aber auch eine neue Phasengrenze (Oberfläche!) entstanden, deren Grenzflächenenergie einen positiven Beitrag ΔG_{OF} zur Änderung der freien Enthalpie bewirkt, der proportional zur Oberfläche des Keimes und für so kleine Teilchen mit ΔG_V vergleichbar und deshalb wesentlich ist. Außerdem kann der neue Keim bei seiner Formierung elastischen Kräften durch die umgebende Phase ausgesetzt sein, so dass in dann ein weiterer (positiver) Beitrag ΔG_{elast} für die elastische Energie zu berücksichtigen ist. Die gesamte Änderung der freien Enthalpie ΔG_K bei der Bildung eines Keimes ergibt sich somit zu:

$$\Delta G_K = \Delta G_V + \Delta G_{OF} + (\Delta G_{elast}) \tag{4.4}$$

5 Friedrich Wilhelm Ostwald (2.9.1853–4.4.1932).
6 Sir Henry Alexander Miers (25.5.1858–10.12.1942).
7 Josiah Willard Gibbs (11.2.1839–28.4.1903).

Bei einer Keimbildung in gasförmigen oder flüssigen Phasen kann man ΔG_{elast} vernachlässigen, und man erhält dann für einen der Einfachheit halber als kugelförmig angenommenen Keim mit dem Radius r_K, dem Volumen $(4/3)\,\pi r_K^3$ und der Oberfläche $4\pi r_K^2$

$$\Delta G_K = \Delta G_V + \Delta G_{OF} = \frac{4}{3}\pi r_K^3 \frac{\Delta g}{\upsilon} + 4\,\pi r_K^2 \sigma \qquad (4.5)$$

mit Δg als Differenz der molaren freien Enthalpien der beiden Phasen (die einen negativen Wert hat), υ als Molvolumen der Kristallphase und σ als spezifischer freier Grenzflächenenergie, die in Einstoffsystemen mit der Grenzflächenspannung (Oberflächenspannung) identisch ist und hier einfacherweise als konstant und isotrop angenommen wird.

Verfolgen wir ΔG_K als Funktion des Keimradius r_K (Abb. 4.8), so überwiegt bei kleinen r_K der Oberflächenterm ΔG_{OF}, d. h. bei der Bildung eines kleinen Keims wird die freie Enthalpie des Systems erhöht, es muss Arbeit aufgewendet werden. Die Funktion durchläuft ein Maximum bei r_K^*, dem „kritischen Keimradius". Erst wenn ein Keim unter Aufwendung der Keimbildungsarbeit ΔG_K^* diese kritische Größe erreicht hat, wird durch sein weiteres Wachstum die freie Enthalpie des Systems wieder verringert; der Keim ist stabil und wird weiterwachsen. Unterhalb der kritischen Größe sind die Keime instabil, ihre Auflösung ist der thermodynamisch wahrscheinlichere Vorgang; solche Keime werden Subkeime genannt. Differenzieren der Funktion $\Delta G_K(r_K)$ und Aufsuchen der Extremalwerte ergibt

$$r_K^* = -\frac{2\sigma\upsilon}{\Delta g} \quad \text{und} \quad \Delta G_K^* = \frac{4}{3}\pi (r_K^*)^2 \sigma = \frac{16\,\pi\sigma^3\upsilon^2}{3\,(\Delta g)^2} \qquad (4.6)$$

Die Differenz der molaren freien Enthalpie Δg wächst mit der Überschreitung (z. B. ist Δg annähernd proportional zur Unterkühlung ΔT), so dass sowohl r_K^* als auch ΔG_K^* mit fortschreitender Überschreitung kleiner werden, was die Keimbildung begünstigt.

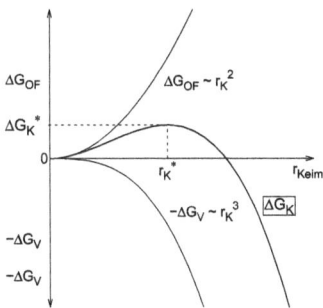

Abb. 4.8: Änderung der freien Enthalpie ΔG_K bei der Bildung eines Keims als Funktion des Keimradius r_K. ΔG_{OF} Oberflächenbeitrag; ΔG_V Volumenbeitrag; ΔG_K^* Keimbildungsarbeit; r_K^* kritischer Keimradius.

$\mathbf{\zeta}$ Beim Erreichen eines thermodynamischen Gleichgewichtszustands kommt es nicht unmittelbar zur Entstehung einer neuen Phase. Aus Abb. 4.8 ist ersichtlich, dass insbesondere für die Schaffung der Oberfläche der neuen Phase Energie gebraucht wird. Diese muss mindestens so groß wie die kritische Keimbildungsarbeit ΔG_K^* sein. Diese Energie wird je nach Richtung eines Phasenübergangs genommen aus der Überhitzung/Unterkühlung ΔT, Δp (gasförmig ⇔ flüssig ⇔ fest) oder Über-/Untersättigung (Lösungen). Für den technisch wichtigen Phasenübergang flüssig ⇔ fest gilt $\Delta G_K^* \sim (\Delta T)^{-2}$

Die für die Kristallisation eines übersättigten Systems wesentliche Größe ist die Keimbildungsgeschwindigkeit (auch Keimbildungshäufigkeit, Keimbildungsrate) J, das ist die Anzahl der je Zeit- und Volumeneinheit gebildeten wachstumsfähigen Keime; sie sollte proportional zur Konzentration der Subkeime sein, die sich durch thermische Fluktuationen aufbauen und zufallsbedingt die kritische Größe erreichen. Wie Einstein[8] zeigte, ist die Wahrscheinlichkeit für die Bildung einer atomaren Konfiguration (also z. B. von Subkeimen), die einen Anstieg der freien Enthalpie um ΔG_K mit sich bringt, durch zufallsbedingte Fluktuationen proportional zu $\exp(-\Delta G_K/kT)$ mit k als Boltzmann-Konstante, und wir erhalten für die Keimbildungsgeschwindigkeit:

$$J = A_2 \exp(-\Delta G_K^* / kT) = A_2 \exp(-A_1 / kT \, \Delta g^2) \tag{4.7}$$

Eine exakte Begründung dieses Ausdrucks und die Festlegung des präexponentiellen Faktors A_2 werden durch die von Becker u. Döring (1935)[9],[10] ausgearbeitete kinetische Theorie der Keimbildung gegeben. Nach dieser Theorie wird die Keimbildung in mikroskopischer Weise als eine molekulare Kettenreaktion behandelt, in der die Keime durch das Zusammentreten und die sukzessive weitere Anlagerung einzelner Teilchen (in Konkurrenz mit der Wiederabtrennung der Teilchen) entstehen. Der obige Ausdruck gilt auch erst nach einer gewissen Induktionszeit, in der sich die Subkeime bis zur kritischen Größe aufbauen; sie ist im allgemeinen sehr kurz, kann jedoch in hochviskosen Medien, wie glasbildenden Schmelzen, oder bei sehr anisotropen Kristallkeimen eine Dauer erreichen, die auch experimentelle Bedeutung hat. In kondensierten Phasen ist außerdem zu berücksichtigen, dass auch für die Diffusion der Teilchen bzw. ihren Übertritt in den Keim eine thermisch aufzubringende Aktivierungsenergie ΔG_D erforderlich ist, wodurch der präexponentielle Faktor A_2 noch nach Art einer Arrhenius-Beziehung für thermisch aktivierte Reaktionen um einen Faktor $(kT/h) \cdot \exp(-\Delta G_D/kT)$ modifiziert wird (mit h als Planckscher Konstante). Zieht man diesen Faktor mit zum Exponentialterm, dann kann man auch schreiben:

$$J = A_2' \, kT \exp\left[-(\Delta G_K^* + \Delta G_D) / kT\right] \tag{4.8}$$

Nach diesem Ausdruck ist die Keimbildungsgeschwindigkeit J bei kleinen Überschreitungen zunächst verschwindend klein und zeigt erst bei einer gewissen kritischen

---

8 Albert Einstein (14.3.1879–18.4.1955)
9 Richard Becker (3.12.1887–16.3.1955).
10 Werner Döring (2.9.1911–6.6.2006).

Überschreitung (kritischen Übersättigung, kritischen Unterkühlung) einen außerordentlich steilen Anstieg (Abb. 4.9). Das erklärt die Existenz eines metastabilen Übersättigungsbereichs (Ostwald–Miers-Bereich). Anstelle einer kritischen Unterkühlung wird häufig die Keimbildungstemperatur T^* angegeben. In vielen Fällen erfolgt mit wachsender Überschreitung die Kristallisation so plötzlich, dass es nicht möglich ist, die Keimbildungsgeschwindigkeit J zu messen; es kann dann nur die kritische Übersättigung oder die kritische Unterkühlung bzw. die Keimbildungstemperatur bestimmt werden. Die Größe der kritischen Keime bewegt sich bei der kritischen Überschreitung in der Größenordnung von 100 Teilchen (Atomen, Molekülen).

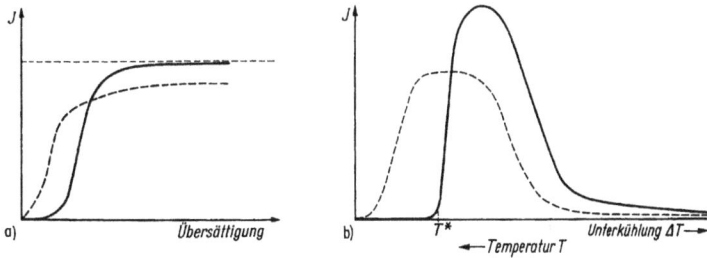

Abb. 4.9: Keimbildungsgeschwindigkeit J. a) In Abhängigkeit von einer Übersättigung bei konstanter Temperatur; b) in Abhängigkeit von der Unterkühlung ΔT; (ausgezogen: Keimbildungsgeschwindigkeit; gestrichelt: Wachstumsgeschwindigkeit); T^* Keimbildungstemperatur.

Das weitere Wachstum der überkritischen Keime bzw. auch von makroskopischen Kristallen findet bereits bei kleinen Überschreitungen statt, also auch innerhalb des Ostwald–Miers-Bereichs. Bei der Züchtung von Einkristallen muss dieser Bereich möglichst eingehalten werden, um eine störende Neubildung von Keimen zu vermeiden. Um die Kristallisation einzuleiten, wird hierbei häufig ein makroskopisches Kristallstück vorgegeben, das manchmal gleichfalls als „Keim" (engl. *seed*) bezeichnet wird; vorzuziehen sind jedoch die Bezeichnungen Impfkristall oder Keimkristall, im Gegensatz zu den zuvor betrachteten mikroskopischen Keimen (engl. *nucleus*) bei der spontanen Keimbildung.

Verfolgt man den Verlauf der Keimbildungsgeschwindigkeit J in Abhängigkeit von der Temperatur zu größeren Unterkühlungen (Abb. 4.9b), so durchläuft J mit fortschreitender Unterkühlung ein Maximum und fällt dann wieder auf verschwindend kleine Werte ab. Gleiches gilt für die Wachstumsgeschwindigkeit. Auf diese Weise kann bei großen Unterkühlungen ein Zustand erreicht werden, in dem keine Kristallisation mehr stattfindet: Die betreffenden Schmelzen (bzw. auch Lösungen) befinden sich in einem metastabilen, glasartigen Zustand. Es ist von technischer Bedeutung, dass es über längere Zeiträume und vor allem bei etwas erhöhten Temperaturen auch in Gläsern zu einer Keimbildung und damit zu einer unerwünschten Entglasung kommen kann. Andererseits sind als Spezialwerkstoffe sogenannte „Vitrokerame" entwickelt worden, zu deren Herstellung eine gesteuerte Kristallisation im Glas herbeigeführt wird. Durch verschiedene Kunstgriffe gelingt es heute, vielen Stoffen, so z. B. Metallen, ihre Wärmeenergie so plötzlich zu entziehen, dass sie nicht kristallisieren, sondern in einen amorphen, glasartigen Zustand übergehen, in dem sie besondere und technisch interessante Eigenschaften aufweisen.

Die Theorie der Phasen- und Keimbildung, um deren Entwicklung sich u. a. Volmer[11] sehr verdient gemacht hat, liefert auch ein Verständnis für die von Ostwald (1897) aufgestellte Stufenregel. Diese besagt, dass Substanzen, die in mehreren Modifikationen existieren, stufenweise derart auskristallisieren, dass zunächst eine instabile (metastabile) Modifikation gebildet wird, die sich dann in die nächst stabilere Modifikation umwandelt usw., bis die unter den betreffenden Bedingungen letztlich stabile Modifikation erreicht wird. Die in Erscheinung tretenden metastabilen Modifikationen besitzen die jeweils größte Keimbildungsgeschwindigkeit und vollziehen deshalb die Umwandlung, bevor die stabileren Modifikationen in Erscheinung treten können. Maßgebend ist dabei die unterschiedliche Keimbildungsarbeit der einzelnen Modifikationen, die ihrerseits von der spezifischen Grenzflächenenergie zwischen der Ausgangsphase und den betreffenden Modifikationen abhängt. In geeigneten Fällen lässt es sich durch Vorgabe von Impfkristallen einer bestimmten Modifikation erreichen, dass nur diese Modifikation gebildet wird, da der Vorgang der spontanen Keimbildung entfällt.

Neben der bisher betrachteten homogenen Keimbildung innerhalb einer übersättigten Phase gibt es die heterogene Keimbildung, bei der sich die Keime an Fremdpartikeln (z. B. Staub), an den Gefäßwänden oder auf kristallinen oder nichtkristallinen Unterlagen (Substraten) abscheiden.

Die Spontanität der homogenen Keimbildung kann beträchtlich reduziert bzw. verhindert werden, wenn spezifische strukturelle Beziehungen zwischen Unterlage und Keim (bzw. aufwachsender Kristall oder einkristalline Substrate, Kleinstpartikel, raue Gefäß- bzw. Tiegelwände usw.) existieren. Bei Vorliegen einer Grenzfläche in demselben Zustand wie die neu entstehende Phase wird kritische Keimbildungsarbeit ΔG_K^* verringert. Die Situation einer heterogenen Keimbildung ist in Abb. 4.10 am Beispiel des Abscheidens einer flüssigen Phase aus einer gasförmigen bei Vorhan-

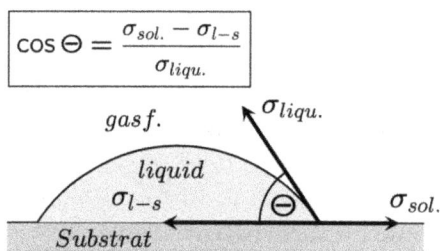

Abb. 4.10: Oberflächen- und Grenzflächenspannungsverhältnisse zwischen einer flüssigen Phase auf einer festen Unterlage (Youngsche Randwinkelgleichung); (z. B. kristallines Substrat bei der Flüssigphasenepitaxie oder als Impfkristall bei der Kristallzüchtung aus Schmelzen oder Lösungen).

---

11 Max Volmer (3.5.1885–3.6.1965).

densein einer festen Unterlage dargestellt. Die drei dabei verschiedenen Oberflächen- bzw. Grenzflächenspannungen σ treten in Wechselwirkung und werden durch die Youngsche[12] Randwinkelgleichung (Young (1805))

$$\cos \Theta = \frac{\sigma_{sol} - \sigma_{l-s}}{\sigma_{liq}} \tag{4.9}$$

beschrieben. Die Keimbildungstheorie auf thermodynamischer Grundlage ist maßgeblich durch Volmer (1939) formuliert worden. Durch den Einfluss einer Grenzflächenspannung einer Unterlage lässt sich zeigen, dass die kritische homogene Keimbildungsenergie durch einen Θ-abhängigen Term in der Form

$$\Delta G^*_{het} = \Delta G^*_{hom} \times \tfrac{1}{4} \cdot (2 + \cos \Theta)(1 - \cos \Theta)^2 \tag{4.10}$$

reduziert wird. Die Funktion $\tfrac{1}{4} \cdot (2 + \cos \Theta)(1 - \cos \Theta)^2$ ist in Abb. 4.11 dargestellt. Man erkennt, wie stark der Einfluss einer Kristallisationshilfe insbesonders ist, wenn eine sehr gute Benetzbarkeit erreicht werden kann. Damit spielen einkristalline Substrate und/oder Impfkristalle für epitaktische Abscheidungen bzw. für das Einkristallwachstum mit definierten kristallographischen Orientierungen eine sehr große Rolle.

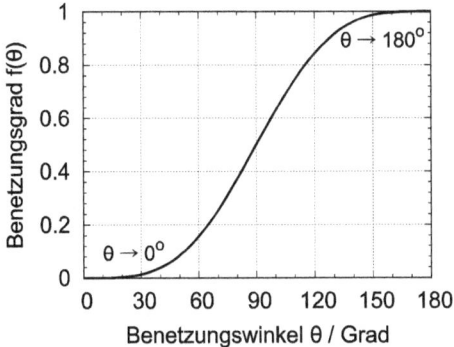

Abb. 4.11: Einfluss des Randwinkels Θ auf das Benetzungsverhalten. $\Theta \rightarrow 0°$ bedeutet vollständige Benetzbarkeit; $\Theta \rightarrow 180°$ das Gegenteil.

Viele praktische Aspekte der Bildung einer neuen Phase können mit der thermodynamischen Keimbildungstheorie verstanden werden. Man darf allerdings nicht vergessen, dass diese theoretischen Betrachtungen streng genommen nur für sehr kleine Teilchen in der Dimension $\langle$ nm $\rangle$ gelten. Viele Kristallisationsprozesse (definiert einkristallin oder definiert polykristallin) werden exakter verstanden auf der Basis (molekular-)kinetischer Ansätze.

---

12 Thomas Young (13.6.1773–10.5.1829).

4.3 Wachstum von Kristallen

Wir wollen nun das Wachstum eines Kristalls verfolgen, der bereits eine gewisse Größe erreicht hat, und betrachten dazu einen polyedrischen Kristallkörper mit ebenen Flächen. Wenn ein solcher Kristallkörper wächst, verschieben sich seine Flächen parallel nach außen (Abb. 4.12). Das Wachstum wird dann durch die Verschiebungsgeschwindigkeit der einzelnen Flächen in Richtung ihrer Flächennormalen beschrieben. Nehmen wir an, dass diese Verschiebungsgeschwindigkeiten konstant, für die verschiedenen Flächen bzw. Formen jedoch unterschiedlich sind, so erkennt man aus Abb. 4.12, dass sich die Flächen mit der geringeren Verschiebungsgeschwindigkeit im Laufe des Wachstums relativ ausdehnen, während Flächen mit größeren Verschiebungsgeschwindigkeiten kleiner werden und schließlich sogar verschwinden. Die endgültige Wachstumsform des Kristalls wird daher von den Flächen mit den geringsten Verschiebungsgeschwindigkeiten begrenzt sein, wobei selbstverständlich auch noch die gegenseitige Anordnung, d. h. der Flächennormalenwinkel der konkurrierenden Flächen, eine Rolle spielt. Diese kinematische Betrachtung des Kristallwachstums, die auf Johnsen[13] zurückgeht, liefert bereits den Schlüssel zur Deutung vieler experimenteller Befunde über die Ausbildung von Tracht und Habitus der Kristalle (vgl. Spangenberg (1935)[14]).

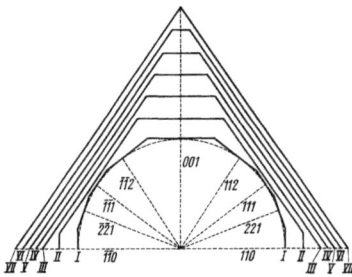

Abb. 4.12: Kinematik des Wachstums eines Kristalls von Kaliumalaun. Die relativen Wachstumsgeschwindigkeiten betragen: {111}≅1,0; {110}≅4,8; {001}≅5,3; {221}≅9,5; {112}≅11,0. Die schneller wachsenden Flächen werden allmählich eliminiert, es verbleibt schließlich nur {111}. Nach Spangenberg (1935).

Die Verschiebungsgeschwindigkeiten zeigen eine z. T. sehr empfindliche Abhängigkeit von den physikalisch-chemischen Parametern bei der Kristallisation. Der wichtigste Parameter ist die Überschreitung; je größer die Überschreitung, desto größer ist die Verschiebungsgeschwindigkeit. Mit zunehmender Überschreitung können sich aber außerdem das Verhältnis der Verschiebungsgeschwindigkeiten verschiedener Flächen und damit deren Bedeutung beim Wachstum verändern. Auch durch geeignete Fremdstoffzusätze, die an den Kristallflächen adsorbiert werden, können sowohl die absoluten Werte als auch die Rangfolge der Verschiebungsgeschwindigkeiten drastisch verändert werden. So kristallisiert z. B. Natriumchlorat $NaClO_3$ aus

---

13 Arrien Johnsen (8.12.1877–22.3.1934).
14 Hans-Joachim Spangenberg (5.5.1932–30.4.2017).

reiner wässriger Lösung in Würfeln; die Würfelflächen haben also die relativ kleinste Verschiebungsgeschwindigkeit. Bei einem Zusatz geringer Mengen von Natriumsulfat Na_2SO_4 zur Lösung nehmen die Verschiebungsgeschwindigkeiten stark ab (Abb. 4.13), außerdem ändert sich ihr Verhältnis derart, dass auch die Flächen der Tetraeder {111} bzw. {11$\bar{1}$} auftreten (s. Abb. 1.88); wenn der Gehalt an Na_2SO_4 über 0,5 % liegt, haben die Tetraederflächen sogar die kleinste Verschiebungsgeschwindigkeit und bestimmen die Kristallgestalt. Ein instruktives Beispiel für die Wirkung von Beimengungen liefert das Steinsalz NaCl: Aus reiner wässriger Lösung kristallisiert es in Würfeln, unter Zusatz von Harnstoff jedoch in Oktaedern. Alaun hingegen kristallisiert aus reiner wässriger Lösung in Oktaedern; ein Zusatz von Borax bewirkt die Kristallisation in Würfeln. Zahlreiche weitere Beispiele sind bei Buckley (1951) aufgeführt. Die Änderung von Tracht und Habitus durch äußere Einwirkungen wird als Exomorphose bezeichnet.

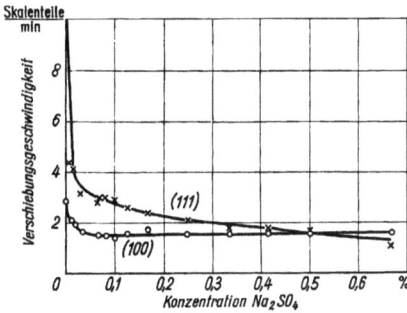

Abb. 4.13: Verschiebungsgeschwindigkeiten der Flächen (100) und (111) von $NaClO_3$ in Abhängigkeit von der Konzentration an Na_2SO_4. Nach Bliznakov (1958).

Bei Versuchen zur Bestimmung der Verschiebungsgeschwindigkeiten wird oft von einer (künstlich hergestellten) Kristallkugel als Ausgangskörper ausgegangen, weil bei einer Kugel sämtliche Richtungen und Flächen gleichberechtigt vorgegeben werden. Die kinetische Behandlung des Kristallwachstums beruht im wesentlichen auf Modellvorstellungen von Kossel (1927)[15] und Stranski (1928).[16] Wir betrachten bei diesem Modell das Wachstum eines NaCl-Kristalls aus seinem Dampf und gehen von einem würfelförmigen Gitterblock des Kristalls aus. Die Ionen, die an diesen Gitterblock angelagert werden sollen, sind als kleine Würfel dargestellt, ohne dabei zwischen Art und Ladung der Ionen zu unterscheiden. Wir nehmen an, dass die oberste, im Aufbau begriffene Netzebene erst teilweise angebaut ist. Ein Baustein (Ion), der als nächstes zur Anlagerung kommt, findet dann sechs verschiedene Positionen für die Anla-

---

15 Walther Kossel (4.1.1888–22.5.1956).
16 Iwan Nikolow Stranski (2.1.1897–19.6.1979).

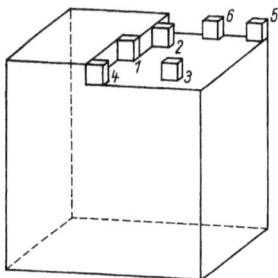

Abb. 4.14: Anlagerungsmöglichkeiten von Gitterbausteinen auf einer Würfelfläche („Kossel-Kristall").

gerung vor (Abb. 4.14). Diese verschiedenen Positionen unterscheiden sich dadurch, dass sie zu unterschiedlichem Energiegewinn bei der Anlagerung führen. Die betreffenden Energien lassen sich in erster Näherung in Form der elektrostatischen Potentiale der Ionen in den betreffenden Positionen angeben. So beträgt das Potential (ohne Berücksichtigung des Vorzeichens) für ein Ion am Ende einer isolierten Ionenkette $0,6932\,e^2/r$, für ein Ion an der Kante einer Netzebene $0,1144\,e^2/r$ und für ein Ion mitten auf einem Gitterblock (entsprechend Position 3) $0,0662\,e^2/r$; e bedeutet die Ionenladung und r den Abstand benachbarter Ionen. Hieraus lassen sich die Potentiale der Ionen auf den verschiedenen in Abb. 4.14 dargestellten Positionen ermitteln. Für den Vergleich kommt es auf den jeweils vor der Größe e^2/r stehenden Faktor an, den wir mit φ_i bezeichnen und der der Madelung-Konstante analog ist. Diese Faktoren sind in Tab. 4.1 zusammengestellt.

Tab. 4.1: Relative Anlagerungsenergien φ_i von Gitterbausteinen in verschiedenen Positionen der NaCl-Struktur entsprechend Abb. 4.14.

φ_1	φ_2	φ_3	φ_4	φ_5	φ_6
$0,8738^1$	$0,1806$	$0,0662$	$0,4941$	$0,2470$	$0,0903$

[1] Der Wert entspricht der halben Madelung-Konstanten $a/2$ der NaCl-Struktur (vgl. Tab. 2.3).

Der Vergleich zeigt, dass der Einbau auf Position 1, der sog. „Halbkristalllage", den günstigsten Schritt darstellt; er wird auch als „wiederholbarer Schritt" bezeichnet. Setzen wir eine gewisse Beweglichkeit der Bausteine entlang der Kristalloberfläche voraus, so ist er auch der wahrscheinlichste Schritt, d. h., beim Wachstum wird zunächst über die wiederholbaren Schritte eine einmal begonnene Ionenkette komplettiert. Erst dann wird eine neue Kette begonnen, wofür im gewählten Modell die Position 4 den günstigsten Ausgangspunkt darstellen würde. Es ist nun wesentlich, dass die φ_i-Werte für den Beginn einer neuen Netzebene besonders klein sind, von welcher Position (3, 5 oder 6) man auch ausgeht. Deshalb ist die Wahrscheinlichkeit, dass eine einmal begonnene Netzebene erst komplettiert wird, bevor eine neue begonnen wird, sehr groß, womit das Auftreten ebener Kristallflächen (in diesem Fall der Würfelflächen) erklärt ist.

Für den umgekehrten Vorgang, die Entfernung eines Bausteins vom Kristall, muss eine „Abtrennungsarbeit" aufgewendet werden, die dem Betrag nach mit der bei der Anlagerung gewonnenen Energie übereinstimmt. Von Stranski u. Kaišev (1934, 1935)[17] wurde eine mittlere Abtrennungsarbeit $\overline{\varphi}$ (je Baustein) eingeführt. Für große Kristalle nähert sich der relative Wert von $\overline{\varphi}$ dem Betrag von φ_1, den wir jetzt (ohne Beachtung des Vorzeichens) als relative Abtrennungsarbeit aus der Halbkristalllage interpretieren, da die wiederholbaren Schritte in ihrer Anzahl bei weitem überwiegen; für kleine Kristalle bleibt $\overline{\varphi}$ unter diesem Betrag. Wir können nun in einer thermodynamischen Betrachtung davon ausgehen, dass für Positionen der Bausteine mit $\varphi_i > \overline{\varphi}$ eine größere Wahrscheinlichkeit zur Anlagerung als zur Abtrennung besteht, während für Positionen mit $\varphi_i < \overline{\varphi}$ das Umgekehrte gilt. In einem Gedankenexperiment entfernen wir von einem Kristallkörper beliebiger Form alle Bausteine auf Positionen mit $\varphi_i < \overline{\varphi}$ und variieren anschließend die Größe der so entstehenden Kristallflächen so lange, bis für alle Flächen die gleiche mittlere Abtrennarbeit (pro Baustein) resultiert. Auf diese Weise kommen wir zur Gleichgewichtsform eines Kristalls als diejenige Form eines Kristalls, die mit der umgebenden Phase unter den gegebenen physikalisch-chemischen Bedingungen im Gleichgewicht ist. (An einer Gleichgewichtsform sind im Allgemeinen mehrere kristallographische Formen {hkl} beteiligt.) Alle an der Gleichgewichtsform beteiligten Flächen besitzen den gleichen Dampfdruck; die Gleichgewichtsform stellt den Körper mit der geringsten freien Oberflächenenergie dar, den man aus einem Kristall bei konstantem Volumen formen kann. Bezeichnen wir die spezifische freie Oberflächenenergie einer Fläche mit σ_i und ihren Flächeninhalt mit A_i, so wird für die Gleichgewichtsform die Summe $\sum \sigma_i \cdot A_i$ über alle Flächen ein Minimum. (Bei Kristallen sind die spezifische freie Oberflächenenergie und die spezifische freie Oberflächenenthalpie praktisch gleich und entsprechen der Oberflächenspannung.) Hieraus folgt für die Gleichgewichtsform die Bedingung

$$\sigma_i \cdot A_i = \text{const} \qquad (4.11)$$

und, da der Flächeninhalt A_i einer Polyederfläche umgekehrt proportional zu ihrer Distanz d_i vom Mittelpunkt ist, auch:

$$\sigma_i/d_i = \text{const.} \qquad (4.12)$$

Deshalb kann man die Gleichgewichtsform sehr einfach nach der Methode von Wulff (1901) konstruieren: Von irgendeinem Punkt im Innern zeichnet man die Flächennormalen der in Frage kommenden Flächen und trägt auf ihnen Distanzen proportional zu σ_i ab; durch die so gewonnenen Punkte legt man die betreffenden Flächen und er-

---

17 Rostislaw Kaischew (29.2.1908–19.11.2002).

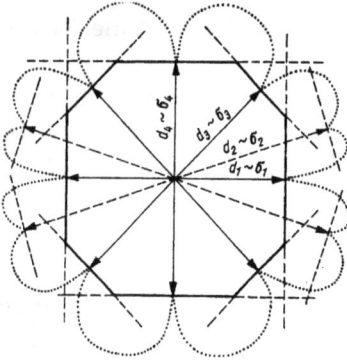

Abb. 4.15: Wulffsche Konstruktion des Gleichgewichtspolyeders (zweidimensional). Punktiert: Verlauf der spezifischen freien Oberflächenenergie in Abhängigkeit von der Orientierung.

hält unmittelbar das Gleichgewichtspolyeder (Abb. 4.15). Flächen mit einer zu großen spezifischen freien Oberflächenenergie, z. B. σ_2, können nicht auftreten.

Die atomar glatten Kristallflächen, wie sie dem Modell von Kossel und Stranski entsprechen, werden auch als singuläre Flächen bezeichnet. Trägt man nämlich die spezifische freie Oberflächenenergie als Funktion der kristallographischen Orientierung der betreffenden Flächennormalen auf (punktierte Kurve in Abb. 4.15), dann sind die singulären Flächen durch spitze Minima von σ gekennzeichnet.

Die spezifische freie Oberflächenenergie σ hängt neben der Energie auch von der Entropie der Atomanordnung an der Oberfläche und damit von der Temperatur ab, so dass sich die Gleichgewichtsform mit der Temperatur ändert. Es kann der Fall eintreten, dass bei höheren Temperaturen nicht eine atomar glatte, singuläre Fläche, sondern eine atomar raue Fläche die geringste spezifische freie Energie (bzw. spezifische freie Enthalpie) aufweist und somit thermodynamisch stabil ist. Bei einer solchen atomar rauen Fläche sind die äußerste Gitterebene oder mehrere äußere Gitterebenen nur unvollständig mit Gitterbausteinen besetzt, so dass man sich die Kristalloberfläche gewissermaßen als eine Gebirgslandschaft vorzustellen hat Ein molekularstatistisches Modell für die Anordnung der Gitterbausteine an der Kristalloberfläche von Jackson (1958)[18] führt auf einen Parameter α, der den Ausschlag dafür gibt, ob eine atomar raue oder eine atomar glatte Fläche stabil ist. Für den Fall einer Grenzfläche Kristall/Schmelze ergibt sich dieser Jackson-Faktor zu $\alpha \approx L/kT_S$ und wird im Wesentlichen durch die betreffende Schmelzwärme L und Schmelztemperatur T_S bestimmt (k Boltzmann-Konstante). Während für Werte von $\alpha > 2$ eine atomar glatte Fläche stabil ist, wird hingegen für $\alpha < 2$ eine atomar raue Fläche stabil. Diese letzte Bedingung ist z. B. für viele Metalle, die nur eine geringe Schmelzwärme haben, erfüllt, so dass sie aus ihrer Schmelze mit einer rauen Grenzfläche kristallisieren. Im Gegensatz dazu haben die meisten Nichtmetalle und Verbindungen eine höhere Schmelzwärme, somit ein größeres α und folglich das Bestreben, glatte Flächen auszubilden. Mit wachsen-

---

18 Kenneth T. Jackson (geb. 27.7.1939).

der Temperatur wird der Jackson-Faktor kleiner, so dass u. U. auch bei den letzteren Kristallen der kritische Wert α_{krit} unterschritten wird und ein Übergang von einer atomar glatten zu einer atomar rauen Grenzfläche (engl. *roughening transition*) stattfindet. Während von Jackson (1958) ein Wert $\alpha_{krit} = 2$ angegeben wurde, liefern andere Grenzflächenmodelle etwas größere Werte bis $\alpha_{krit} = 3{,}5$.

Obwohl die Gleichgewichtsform aus thermodynamischen Betrachtungen abgeleitet wurde und nur für kleine Kristallkörper eine unmittelbare Bedeutung hat, stellt sie einen wichtigen Schlüssel zum Verständnis des Kristallwachstums und der zu beobachtenden Wachstumsformen dar. Allerdings existieren tiefer gehende theoretische und experimentelle Untersuchungen der Wachstumskinetik, die wesentliche Modifikationen des thermodynamischen Ansatzes liefern. Hier sei auf Speziallitertur verwiesen.

4.4 Kristallzüchtung

Im Wort Kristallographie steckt das Wort Kristall. Damit ist die zielgerichtete Herstellung von Kristallen, die Kristallzüchtung, bzw. die spezielle Herstellung von kristallinen Strukturen und Anordnungen nicht nur für die Erforschung des Kristallzustandes und der Kristalleigenschaften von besonderem Interesse, sondern ist sogar eine wesentliche Voraussetzung und Grundlage der modernen Festkörperwissenschaften. Einkristalle, wie man größere Kristallindividuen bezeichnet, haben insbesondere seit dem 20. Jahrhundert in zunehmendem Maße für technische Zwecke Verwendung gefunden und stellen für viele technische Entwicklungen ein Schlüsselmaterial dar, für das kein Ersatz möglich ist. Nur in wenigen Fällen können Einkristalle aus Naturvorräten verwendet werden. Für die meisten Zwecke werden die benötigten Einkristalle synthetisch hergestellt. So werden Kristalle aus Alkalihalogeniden für optische Zwecke oder aus Silicium als Halbleitermaterial im Weltmaßstab in Mengen von einigen tausend Tonnen je Jahr in technisch hochentwickelten Züchtungsverfahren produziert. Andererseits werden Einkristalle spezieller Substanzen manchmal nur als Einzelexemplare in bestimmten Laboratorien hergestellt. Mit großer Intensität wird daran gearbeitet, die Züchtungsverfahren zu verbessern, und die Liste der gezüchteten Substanzen erweitert sich ständig. Während im Deutschen zwischen den Begriffen *Kristallwachstum* (Kinetik und Wachstumsmechanismen) und *Kristallzüchtung* (Verfahren) unterschieden wird, gibt es im Englischen nur den Terminus *crystal growth*. Die wissenschaftliche Organisation in Deutschland, die sich mit der Gesamtthematik beschäftigt, ist die Deutsche Gesellschaft für Kristallwachstum und Kristallzüchtung DGKK (www.dgkk.de).

Je nach Größe werden gezüchtete Kristalle gelegentlich mit Präfixen charakterisiert: *Makro* ($\geq$ cm); *Meso* (mm); *Mikro* (μm); *Nano* (nm). Da die Anwendungsgebiete von Einkristallen sehr vielfältig sind, ist eine Klassifizierung sehr schwierig; die folgenden Auswahl nennt einige Materialgruppen und ausgewählte Anwendungen:

Elementhalbleiter: Silicium (ist das wichtigste Basismaterial der modernen Elektronik), Germanium, Tellur

$A^{III}B^V$-Verbindungshalbleiter: sind die Basismaterialien die Optoelektronik: GaAs, InP, GaP, GaN, AlN, InN, InSb u. a.

$A^{IV}B^{VI}$-Verbindungshalbleiter: Anwendungen in der Infrarot-Optik: PbTe, PbSe, PbS, SnTe, SnSe und Mischkristallsysteme, wie (Pb,Sn)Te, (Pb,Sn)Se

$A^{II}B^{VI}$-Verbindungshalbleiter: Anwendungen in der Infrarot-Optik: CdTe, CdSe, CdS, ZnTe, ZnSe, ZnS, HgTe, HgSe, und Mischkristallsysteme, wie (Cd,Zn)Te, (Hg,Cd)Te

Unterlagen (Substrate) für die Epitaxie dünner Schichten: Aluminiumoxid Al_2O_3, Gadolinium-Gallium-Granat $Gd_3Ga_5O_{12}$ (GGG), Spinelle des Typs AB_2O_4, Silicium; Galliumarsenid GaAs

Optische Medien: (Lichtbrechung, Dispersion, Transparenz im IR oder UV): Aluminiumoxid Al_2O_3, Bariumfluorid BaF_2, Calciumfluorid (Fluorit) CaF_2, Kaliumbromid KBr, Lithiumfluorid LiF, Natriumchlorid NaCl, Quarz SiO_2, Thalliumbromiodid Tl(Br,I) (KRS-5), Zinkselenid ZnSe

Polarisationsoptische Medien (Doppelbrechung): Calcit (Kalkspat) $CaCO_3$, Kalomel Hg_2Cl_2, Gips $CaSO_4 \cdot 2\,H_2O$, Glimmer, Quarz

Elektrooptische und nichtlineare optische Medien: Ammoniumdihydrogenphosphat $NH_4H_2PO_4$ (ADP), Bariumnatriumniobat $Ba_2NaNb_5O_{15}$ (Banana), Kaliumpentaborat $KB_5O_8 \cdot 4\,H_2O$, Kaliumdihydrogenphosphat KH_2PO_4 (KDP), auch deuteriert (KD*P, DKDP), Kaliumtantalatniobat $K(Ta,Nb)O_3$ (KTN), Kaliumtitanylphosphat $KTiOPO_4$ (KTP), Lithiumformiatmonohydrat $LiHCOOH \cdot H_2O$ (LFM), Lithiumiodat $LiIO_3$, Lithiumniobat $LiNbO_3$, Lithiumtantalat $LiTaO_3$, Silberantimonsulfid Ag_3SbS_3 (Pyrargyrit), Silberarsensulfid Ag_3AsS_3 (Proustit), Strontiumbariumniobat $(Sr,Ba)Nb_2O_6$ (SBN), Bariumborat β-BaB_2O_4

Elektroakustische Medien: Bleimolybdat $PbMoO_4$, Ferrite, Kaliumnatriumtartrat (Seignettesalz), Lithiumniobat, Lithiumtantalat, Quarz, Tellurdioxid TeO_2, Bismutgermanat $Bi_{12}GeO_{20}$, Langasit $La_3Ga_5SiO_{14}$

Strahlungsdetektoren (Pyroelektrika): Bleigermanat $Pb_5Ge_3O_{11}$, Lithiumniobat, Strontiumbariumniobat (SBN), Triglycinsulfat (TGS)

Strahlungsgeneratoren und -wandler: (Luminophore, Laser, Maser, Szintillatoren): eine Reihe von Halbleiterkristallen sowie Aluminiumoxid (Rubin), Calciumfluorid (Fluorit), Natriumiodid NaI, Quecksilberiodid Hg_2I_2, Yttrium-Aluminium-Granat (YAG), Bismutgermanat $Bi_4Ge_3O_{12}$, Alexandrit Al_2BeO_4, Wolframate, Zinksilikat (Willemit), Zinksulfid, Anthracen, Stilben

Speicherkristalle für die Datenverarbeitung: Alkalihalogenide, Calciumfluorid (Fluorit), ferrimagnetische Granate, Lithiumniobat, Bismuttitaniumoxid $Bi_4Ti_3O_{12}$

Monochromatoren für Röntgenstrahlen und Neutronen: Aluminium, Calciumfluorid, Kupfer, Lithiumfluorid, Quarz, Bismut, Diamant, Graphit.

Synthetische Edelsteine für Schmucksteine: Rubin, Saphir, Spinell, Smaragd, $Y_3Al_5O_{12}$ = YAG.

Hartkristalle für Werkzeuge und Arbeitsmittel: Diamant, Bornitrid BN, Wolframcarbid WC, Siliciumcarbid SiC.

Kristallisation an sich bzw. Kristallzüchtung bedeutet i. d. R. geeignete Wege zu finden, eine Substanz
in den festen Zustand zu überführen. Das wird überwiegend auf physikalischem Weg realisiert durch
folgende Phasenübergänge:
gasförmig⟹fest: Kondensation
flüssig⟹fest: aus Schmelzen oder aus Lösungen
fest⟹fest: Rekristallisation

Neben den physikalischen Verfahren können auch chemische Verfahren zur Anwendung kommen:
epitaktische Abscheidungen: z. B. *metalorganic chemical vapour deposition* (MOCVD): Trimethyl-
Ga + AsH$_3$ ⟶ GaAs
durch direkte chemische Reaktionen: z. B. Calcit-Präzipitation Ca(OH)$_2$ + CO$_2$ ⟶ CaCO$_3$↓ oder
verlangsamte Reaktion und Wachstum in Gelen.

Mit Kenntnis und unter Ausnutzung der entsprechenden der Phasenbeziehungen (p –
T – x-Phasendiagramme, s. Abschnitt 4.1) sind insbesondere in den letzten Jahrzehnten leistungsfähige Kristallzüchtungsverfahren entwickelt worden.

Die Vielzahl der zur Kristallzüchtung herangezogenen Substanzen bedingen wegen ihrer unterschiedlichen physikalisch-chemischen Eigenschaften eine Vielzahl
von Züchtungsverfahren. Ihre Wahl und apparative Gestaltung hängen weitgehend
von den an den Kristall gestellten Anforderungen hinsichtlich der Abmessungen, der
Reinheit und nicht zuletzt der Realstruktur ab. Die Züchtung kleinerer Kristalle undefi-
nierter Qualität bietet bei den meisten Substanzen keine besonderen Schwierigkeiten
und kann prinzipiell in jedem einschlägigen Laboratorium vorgenommen werden.
Erst vom Maß der zu erfüllenden Qualitätsforderungen hängt der methodische und
technologische Aufwand bei der Züchtung ab. Der Stand der Kristallzüchtung wird
heute durch hoch entwickelte und aufwendige Apparaturen und Verfahren bestimmt,
die nicht nur für die einzelnen Züchtungsmethoden, sondern oft sogar für einzelne
Substanzen und Anwendungszwecke spezifisch sind. Von besonderer Bedeutung ist
die Kristallzüchtung von sogenannten Einkristallen und lässt sich wie folgt definieren:

Definition Kristallzüchtung
Das Ziel der Kristallzüchtung besteht darin, einen oder definiert mehrere oder viele Kristalle mit bestimmter Größe und Geometrie, mit einer hohen strukturellen Perfektion und einer definierten chemischen Zusammensetzung zu gewinnen. Der Züchtungsprozess ist gekennzeichnet durch den Kris-
tallisationsbeginn/die Keimbildung, den eigentlichen Wachstumsprozess, ein Beenden des Wachs-
tumsprozesses und schließlich durch eine Entnahme des Kristalls aus der Züchtungsapparatur. Jeder
Züchtungsschritt ist kontrolliert durch die Parameter Druck, Temperatur und Konzentration.

Es gibt eine Vielzahl grundlegender Werke zu den verschiedenen Kristallzüchtungsmethoden sowohl im Labor- als auch im Industriemaßstab, u. a. Wilke u. Bohm

(1988), Hurle (1993)[19] und insbesondere die mehrbändige Ausgabe *Handbook of Crystal Growth* von Rudolph (2015). Eine Einführung in die Phasenbeziehungen (Phasendiagramme) als wesentliche Grundlage für die Auswahl und Anwendung von geeigneten Kristallzüchtungsmethoden wird ausführlich von Mühlberg (2008) gegeben. Aus der Definition für die Kristallzüchtung folgt, dass man sich in einem „Druck (p)–Temperatur (T)–Konzentrations (x)-Raum" bewegt. Der Parameter Druck ist dabei eine experimentell schwierig zu behandelnde Größe. Meist versucht man, unter konstanten Druckbedingungen zu arbeiten. Damit sind die sogenannten $T - x$ -Phasenbeziehungen zu betrachten.

Die Kristallzüchtung aus der Schmelze hat sowohl hinsichtlich der verfahrenstechnischen Differenziertheit und Reife als auch nach der Qualität und technischen Bedeutung weitaus den Vorrang vor den anderen Züchtungsmethoden. Wichtig ist dabei die Frage, ob eine Substanz ein kongruentes oder inkongruentes Schmelzverhalten zeigt. Beide Arten sind in Abb. 4.16 dargestellt.

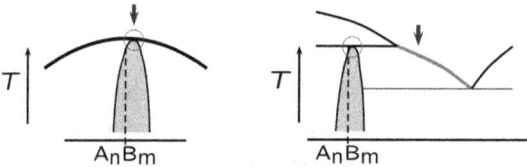

Abb. 4.16: Vereinfachte Darstellung für ein kongruentes (links) bzw. inkongruentes (rechts) Schmelzverhalten einer Verbindung vom Typ A_nB_m. Optimale Wachstumsbedingungen bestehen beim kongruenten Schmelzpunkt (links, Pfeil). Beim Wachstum aus einer Schmelz- oder allgemeinen Lösung ist ein Zugang zur Verbindung A_nB_m über die gesamte grau gekennzeichnete Liquiduslinie möglich.

Das Grundprinzip der Kristallzüchtung aus der Schmelze besteht darin, durch einen i. d. R. gerichteten Wärmetransport eine Kristallisation zu erzwingen. Der Wärmetransport aus der (schmelz-)flüssigen Phase über die erstarrte Phase ist wesentlich bestimmt durch die Wärmeleitfähigkeiten und die apparativ möglichen bzw. eingestellten Temperaturgradienten (s. Abb. 4.17). Unter Berücksichtigung der bei der Kristallisation freiwerdenden Kristallisationswärme ΔH_s muss die Differenz der Wärmeströme über die feste $\vec{j}_s$ und flüssige Phase $\vec{j}_l$ positiv sein. Damit lassen sich die Größenordnungen für die maximale Kristallisationsgeschwindigkeit v abschätzen. Einige Beispiele finden sich in Tab. 4.2.

$$\vec{j}_s - \vec{j}_l = k_s \left(\frac{dT}{dz} \right)_s - k_l \left(\frac{dT}{dz} \right)_l \geq v \cdot \rho \cdot \Delta H_s \tag{4.13}$$

$$v \leq \frac{k_s G_s - k_l G_l}{\rho \cdot \Delta H_s} \approx \frac{k_s G_s}{\rho \cdot \Delta H_s} \quad \text{falls} \quad G_l \approx 0 \tag{4.14}$$

---

19 Klaus-Thomas Wilke (17.(?)12.1922–17.10.1974).

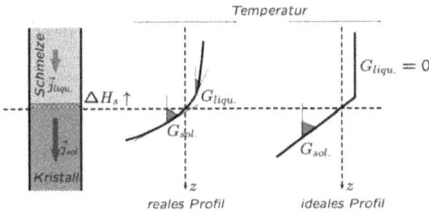

Abb. 4.17: Grundprinzip des axialen Wärmeflusses bei der Kristallzüchtung aus der Schmelze. Indizes s und l für die feste (solid) und flüssige Phase (liquid); k_i – Wärmeleitfähigkeiten, $G_i = (\frac{dT}{dz})_i$ – Temperaturgradienten, ΔH_s – Kristallisationswärme, ϱ – Dichte, u – (max.) Kristallisationsgeschwindigkeit.

Tab. 4.2: Abschätzung für die Größenordnung der zu wählenden Wachstumsgeschwindigkeit mit folgenden Werten: $G_s = 10\,\mathrm{K/cm}$; $\rho = 5\,\mathrm{g/cm^3}$; $\Delta H_s = 40\,\mathrm{kJ/Mol}$ und $M = 100\,\mathrm{g/Mol}$.

	$k_s[\frac{W}{cm\,K}]$	$u[\frac{mm}{h}]$
Metalle	1	200
Halbleiter	10^{-1}–10^{-2}	2–20
Oxide	10^{-2}	2
zum Vgl.: Luft	$7 \cdot 10^{-4}$	

Neben der Berücksichtigung des Wärmetransports ist für die Kristallzüchtung aus fluiden Systemen der Stofftransport und die Materialverteilung wesentlich, die durch die Form der Phasendiagramme bestimmt werden. Eine entscheidende Größe sind die Verteilungskoeffizienten zwischen flüssiger und fester Phase, die in Mehrkomponentensystemen aus einer homogenen Schmelze eine inhomogene Verteilung in der festen Phase hervorrufen (Segregation). Generell unterscheidet man zwischen drei verschiedenen Definitionen des Verteilungskoeffizienten.

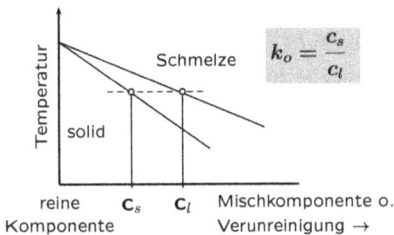

$$k_0 = \frac{c_s}{c_l}$$

Abb. 4.18: Definition des Gleichgewichts-Verteilungskoeffizienten k_0 als Quotient $\frac{c_s}{c_l}$. c_s und c_l entsprechen den Zusammensetzungen des flüssigen und festen Phase und können aus dem Gleichgewichts-Phasendiagramm entnommen werden.

Gleichgewichtsverteilungskoeffizient: $k_0 = \frac{c_s}{c_l}$. Definiert, wie in Abb. 4.18 beschrieben und gilt nur im Idealfall einer nicht strukturierten Grenzfläche und sehr langsamen Erstarrung mit Konzentrationsausgleich durch diffusive und konvektive Prozesse.

Kinetischer Verteilungskoeffizient: $k_{\mathrm{kin}} = \frac{c_s}{c_l^{\mathrm{Grenzfläche}}} = f(v, D_l, (hkl), \gamma_i, \ldots)$. Berücksichtigt die spezielle Struktur der Grenzfläche flüssig/fest: Flächenlage (hkl), Grenzflächenspannung γ_i sowie den Diffusionskoeffizienten D_l der fluiden Teilchen und die Wachstumsgeschwindigkeit v.

Effektiver Verteilungskoeffizient: $k_{eff} = \dfrac{k_{kin}}{k_{kin}+(1-k_{kin})\,\exp\left(-\frac{v\delta}{D_l}\right)}$. Fasst alle nicht explizit messbaren Größen und Parameter zusammen. Insbesondere wird der begrenzte Konzentrationsaustausch unmittelbar vor der Wachstumsfront durch eine Diffusionsgrenzschicht δ in der Größenordnung von einigen $<$ µm $>$ bis $<$ mm $>$ berücksichtigt. Das Modell geht auf Burton u. a. (1953) zurück und ist als Funktion der Wachstumsgeschwindigkeit in Abb. 4.19 dargestellt.

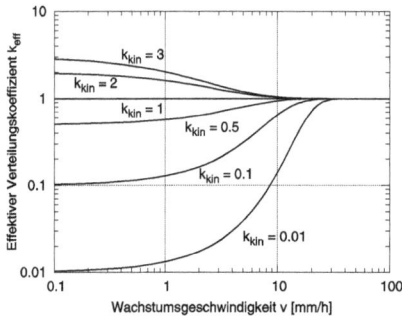

Abb. 4.19: Wirkung der Wachstumsgeschwindigkeit auf den effektiven Verteilungskoeffizienten k_{eff}. Erst bei Wachstumsgeschwindigkeiten $\leq 1\,mm/h$ nähert sich der effektive Verteilungskoeffizient dem Gleichgewichtsverteilungskoeffizienten. Bei hohen Geschwindigkeiten ist eine Differenzierung der Komponenten nicht möglich, d. h. $k_{eff} \to 1$.

4.5 Die wichtigsten Kristallzüchtungsverfahren

4.5.1 Das Czochralski-Verfahren

Das wichtigste Kristallzüchtungsverfahren aus der Schmelze geht zurück auf eine von Czochralski (1918)[20] entwickelte Methode zur Messung von Kristallisationsgeschwindigkeiten niedrig schmelzender Metalle. Es wurde ab ca. 1950 als Dreh- und Ziehverfahren zum wichtigsten Verfahren von großen, industriell nutzbaren Einkristallen entwickelt, insbesondere für Halbleitermaterialien wie Silicium, Germanium, Galliumarsenid, Gallium- und Indiumphosphid, Metalle (Gold, Silber, Kupfer), sowie Oxide (z. B. Saphir, Granate u. a.), dielektrische Materialien, Quasikristalle und ein Vielzahl weiterer Materialien; überwiegend geeignet für kongruent schmelzende Substanzen.

Verfahrensprinzip: Die Schmelze befindet sich in einem Tiegel bei einer Temperatur wenig oberhalb des Schmelzpunktes; in diese Schmelze taucht von oben ein stabförmiger, i. d. R. definiert kristallographisch orientierter Impfkristall, an den die Substanz ankristallisiert. Im Allgemeinen rotiert der wachsende Kristall und wird mit fortschreitender Kristallisation langsam nach oben gezogen (s. Abb. 4.20). Die Temperaturerzeugung erfolgt über Hochfrequenzheizer oder Widerstandsheizer (Graphit,

---

20 Jan Czochralski (23.10.1885–22.4.1953).

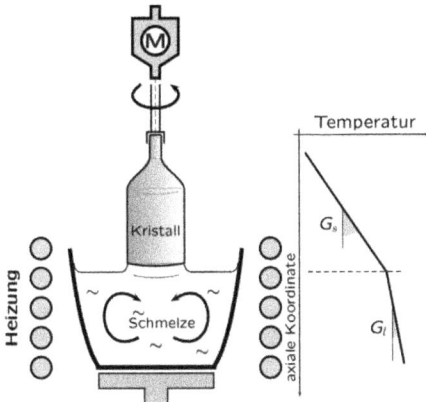

Abb. 4.20: Grundprinzip des Czochralski-Verfahrens. Die mit **M** gekennzeichnet Baugruppe repräsentiert eine Zieh- und Rotationseinheit; G_s und G_l bezeichnen die Temperaturgradienten im Kristall und der Schmelze.

Kanthal u. ä.). Als Tiegelmaterialien kommen je nach Eignung zum Einsatz: Kieselglas (für die Siliciumherstellung), Graphit, Keramiken, Bornitrid, Platin, Iridium u. a.; die Ziehgeschwindigkeiten werden im Wesentlichen durch die Wärmeleitfähigkeit der Substanzen bestimmt und liegen im Bereich von einigen mm/min (Metalle, Halbleiter) bis einige mm/h (oxidische Materialien); die Rotationsrate beträgt ca. $10 \ldots 40 \, \text{min}^{-1}$. Da der Kristall ohne Berührung des Tiegels frei wächst und relativ günstige Voraussetzungen für eine gleichmäßige Gestaltung und Kontrolle des Temperaturfeldes und des Züchtungsvorgangs bestehen, bietet das Verfahren günstige Voraussetzungen für die Züchtung von Kristallen mit einer wenig gestörten Realstruktur. So ist es gelungen, versetzungsfreie Kristalle zu züchten (insbes. Silicium). Die Entwicklung des Verfahrens richtet sich – neben einer Automatisierung der Anlagen – auf hohe Temperaturen (Züchtung von Rubin, Schmelzpunkt 2054 °C; Spinell, Schmelzpunkt 2100 °C; Yttrium-Aluminium-Granat, Schmelzpunkt 1950 °C, gezüchtet unter Verwendung von Tiegeln aus Iridium). Besondere Erwähnung verdient die Variante, durch eine Schmelzschutzschicht (engl. *liquid encapsulation*) das Ausdampfen einer flüchtigen Komponente aus der Schmelze zu unterdrücken. Hierfür hat sich bisher Bortrioxid B_2O_3 bewährt, das die Schmelze bedeckt und auch den wachsenden Kristall benetzt, der durch diese Schicht hindurch in seine Schmelze taucht (u. a. für Züchtung von InP und GaP). Problematisch und damit Gegenstand aufwendiger Untersuchungen ist der Einfluss der freien und erzwungenen Konvektion in der Schmelze, die zu unerwünschten Inhomogenitäten *(striations)* und sogenannten *core*-Bildungen führen kann.

Mit den Namen von Nacken (1915, 1916),[21] und Kyropoulos (1926)[22] werden Varianten verbunden, bei denen die Wärme in den Keimkristall und in einen gekühlten Keimhalter abgeleitet wird und der Kristall infolgedessen in die Schmelze hineinwächst.

---

21 Richard Wilhelm August Nacken (4.5.1884–8.4.1971).
22 Spyro Kyropoulos (1887–1967).

4.5.2 Das Bridgman-Verfahren

Ebenso wie das Czochralski-Prinzip handelt es sich hier um eine gerichtete Erstarrung, ungefähr beschreibbar durch einen quasi-eindimensionalen Wärmefluss. Die gerichtete Erstarrung aus der Schmelze in einem Tiegel (Abb. 4.21) ist in zahlreichen Varianten ausgearbeitet, und die Verfahren werden je nach Ausführung mit den Namen von Bridgman (1925),[23] Stöber (1925) oder Stockbarger (1936)[24] verbunden. Die Schmelze befindet sich in einem Tiegel und wird langsam abgekühlt, wobei ein Temperaturgradient dafür sorgt, dass die Kristallisation am Tiegelboden beginnt und nach oben fortschreitet. In Abb. 4.21 beginnt die Kristallisation polykristallin in der Spitze unten am Tiegel. Bei den meisten Substanzen setzt sich die Orientierung eines Kristallkorn durch; man erhält Einkristalle auch in Tiegeln, die in einer Spitze oder sogar nur mit einer Rundung enden. Auch die Züchtung mit vorgegebenen Impfkristallen (die dann während des Einschmelzens gekühlt werden müssen) ist möglich. Der Tiegel kann stationär in einem Temperaturfeld abgekühlt werden oder er wird innerhalb des Ofens aus einem heißeren in einen kälteren Bereich bewegt bzw. der Ofen bewegt sich (bei ruhendem Tiegel) in der entsprechenden Weise. Materialien mit kongruentem und inkongruentem Schmelzverhalten können gezüchtet werden: Metalle, Legierungen, Halogenide, Fluoride, Halbleiterverbindungen usw. Gegenüber den anderen Züchtungsverfahren aus der Schmelze erfordert die gerichtete Erstarrung zunächst den geringsten technischen Aufwand, so dass sie sich auch in einfacher Variante als Laborverfahren zum Erhalt „irgendwie" kristallinen Materials sehr gut eignet. Die Methode wurde durch eine genaue Temperaturregelung, bei der Schwankungen peinlich vermieden werden und durch die Einrichtung verschiedener Temperaturzonen im Ofen, die unabhängig voneinander reguliert werden können, verbessert. Hinzu kommt eine Kontrolle der Lage und Gestalt der Wachstumsfront. Solche Optimierungen werden als VGF-Technik (engl. *vertical gradient freeze*, Erstarren im vertikalen Temperaturgradienten) bezeichnet. Große, sehr perfekte GaAs-Einkristalle wer-

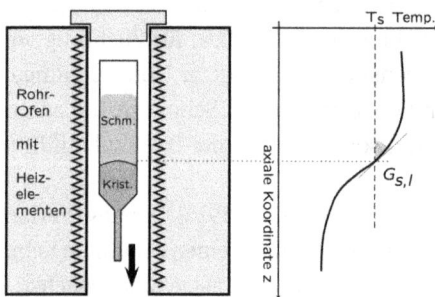

Abb. 4.21: Grundprinzip des Bridgman-Verfahrens. Gerichtete Erstarrung, beginnend an einer Ampullen-Tiegelspitze durch einen Temperaturgradienten; konvektionsstabiles Wachstum von „unten" nach „oben".

---

23 Percy Williams Bridgman (21.4.1882–20.8.1961).
24 Donald C. Stockbarger (1895–23.2.1952).

den damit in industriellem Maßstab gezüchtet. Im Allgemeinen lässt sich eine relativ grobe Realstruktur mit Subkorngrenzen infolge Wechselwirkung mit dem Tiegel, vor allem wegen dessen unterschiedlicher Wärmeausdehnung, nicht vermeiden. Im Vergleich zu den anderen Züchtungsverfahren aus der Schmelze können mit der Erstarrung im Tiegel bei sorgfältiger Temperaturregelung die kleinsten Wachstumsgeschwindigkeiten (unter 2 mm/h) und Temperaturgradienten zwischen 3 und 30 K/cm realisiert werden. Es gibt auch Varianten, bei denen der Tiegel nicht senkrecht, sondern waagerecht in Form eines offenen Schiffchens angeordnet wird. Je nach den Substanzeigenschaften können als Tiegel bzw. Ampullen verwendet werden: Laborgläser (Duran) bis ca. 450 °C, Kieselglas bis ca. 1200 °C sowie für verschiedene Halbleitermaterialien pyrolytisch beschichtetes Bornitrid (pBN).

Vorteile des Verfahrens: auch technisch einfache Varianten möglich; beliebig dimensionierbar; breites Materialspektrum; axiale und radiale Temperaturverteilung beeinflussbar; Substanzen mit Dampfdrücken bis ca. 10 bar können in (dickwandigen), abgeschmolzenen Kieselglasampullen gezüchtet werden; konvektionsstabil.

Nachteile: häufig begrenzter Grad der Einkristallinität; thermische und chemische Wechselwirkung Schmelze/Kristall-Tiegelwandung kann zu Defekten führen; Wachstumsprozess ist nicht beobachtbar.

4.5.3 Das Verneuil-Verfahren

Das Verneuil-Verfahren, oft auch als Flammenschmelzen (engl. *flame fusion process – FFP*) bezeichnet, ist das älteste zur technischen Reife entwickelte Verfahren zur Kristallzüchtung aus der Schmelze. Es gestattet die Züchtung von Kristallen mit sehr hohen Schmelztemperaturen. Im Zuge der industriellen Entwicklung am Ende des 19., Anfang des 20. Jahrhunderts entstand eine große Nachfrage nach Lagersteinen für präzisen Uhrenbau, Lochmasken zum Ziehen feiner Drähte und Fäden, Abtastnadeln, Fenster und Prismen für optische Anwendungen. Die größte Herausforderung war jedoch die Züchtung synthetischer Edelsteine, an der sich zuvor schon mancher versucht hatte. Dafür eignen sich insbesondere hochschmelzende harte kristalline Materialien mit Mohs-Härte ≥ 8, wie z. B. Al_2O_3 (Korund, Schmelzpunkt 2054 °C), Al_2O_3:Cr (Rubin), Al_2O_3:Ti,Fe (Saphir), sowie auch TiO_2 (Rutil), $MgAl_2O_4$ (Spinell).

Der französische Chemiker Verneuil (1902)[25] veröffentlichte eine Verfahrensmethode, mit der es gelang, größere Einkristalle dieser Materialien zu gewinnen. Die Grundidee des Verfahrens besteht darin, kleine Materialpartikel mit Durchmessern im Mikrometerbereich durch eine Knallgasflamme (ca. 2200 °C) „fallen" zu lassen (Abb. 4.22). Die Fallzeit reicht aus, die Partikel aufzuschmelzen und sie anschließend

---

25 Auguste Victor Louis Verneuil (3.11.1856–27.4.1913).

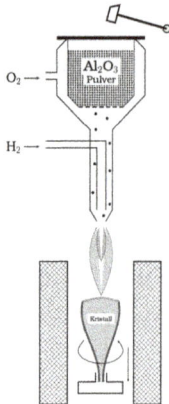

Abb. 4.22: Prinzipdarstellung des Verneuil-Verfahrens.

in die ebenfalls durch die Knallgasflamme erzeugte Schmelzkappe eines wachsenden Kristalls aufzunehmen. Die Partikelzufuhr wird durch ein simples Klopfen des oben befindlichen Vorratsgefäß i. d. R. mittels eines Hammerwerks erreicht. Ein Fortschreiten des Wachstums wird durch ein Absenken und eine Rotation des Impfkristalls erreicht. Die Anordnung ist von einem wärmedämmenden Aufbau umgeben.

Aufgrund dieses Verfahrensprinzips wird das nach Verneuil benannte Verfahren auch als Flammenschmelzverfahren bezeichnet. Damit gehört das Verneuil-Verfahren zu den tiegelfreien Verfahren (großer Vorteil!), und die Kristalle werden allgemein als Kristallbirnen bezeichnet, einige Beispiele finden sich in Abb. 4.23 . Das Verneuil-Verfahren ist das schnellste Kristallzüchtungsverfahren aus der Schmelze. Die Wachstungsgeschwindigkeiten liegen bei ca. 20 mm/h (bzw. 100 mm/h bei dünnen Stäben). Die Dimensionen der Kristalldurchmesser betragen ⟨ cm ⟩ und die Kristalllängen erreichen etwa 10...15 cm.

Den genannten Vorteilen stehen allerdings auch einige Nachteile gegenüber. Bedingt durch die hohen axialen und radialen Temperaturgradienten weisen Verneuil-Kristalle eine Vielzahl von Defekten auf: thermische Spannungen können zum Reißen führen (insbes. bei nicht-kubischen Materialien wie Rubin und Saphir), hohe Ver-

Abb. 4.23: Nach dem Verneuil-Verfahren im vormaligen Chemiekombinat Bitterfeld gezüchtete dotierte Korunde und Spinelle (sogen. Birnen) und daraus geschliffene Edelsteinvariationen. Die beiden Abbildungen wurden freundlicherweise von Steven Pick vom Kreismuseum Bitterfeld zur Verfügung gestellt.

setzungszahlen führen zum Zusammenlaufen in Kleinwinkelkorngrenzen und erzeugen eine Mosaikstruktur. Weiterhin erzeugt eine nicht-konstante Materialzufuhr durch den Brennerraum Konzentrationsinhomogenitäten (*striations*).

Seit Beginn des letzten Jahrhunderts werden nach dem Verneuil-Verfahren synthetische Edelsteine aus Korund und Spinell mit verschiedenen färbenden Zusätzen sowie Lagersteine für die Uhrenindustrie etc. gefertigt. Die Weltjahresproduktion beträgt einige 100 Tonnen und erfolgt teils in großen Fabriken, in denen bis ca. 1000 Verneuil-Apparaturen sich befinden, die mit ihren Hämmerchen ein eindrucksvolles Konzert veranstalten.

Übrigens war auch der erste von Maiman (1960)[26] erschaffene Laser mit einem nach dem Verneuil-Verfahren gezüchteten Rubin als Laserkristall bestückt. Eine ausführliche Beschreibung des Verneuil-Verfahrens, die Qualität der gezüchteten Kristalle sowie die Herstellung von geschliffenen Edelsteinen und Halbzeugen findet sich bei Vollstädt u. Baumgärtel (1975).

4.5.4 Zonen-Verfahren

Floating zone method

Diese Methode (seltener auch deutsch „Schwebe-Zonen-Verfahren") ist ein tiegelfreies Verfahren, das alle Nachteile der Wechselwirkung mit einem Tiegelmaterial ausschließt. Ein zylindrischer, an seinen beiden Enden gehalterter Stab wird nur in einer schmalen Zone aufgeschmolzen; diese Schmelzzone durchwandert dann – durch Bewegen entweder des Stabes oder der Heizvorrichtung – den Stab, meistens von unten nach oben (Abb. 4.24). Das Zonenschmelzen wurde vor allem für die Hochreinigung von Halbleitersubstanzen entwickelt und ist für deren Herstellung der wesentliche Verfahrensschritt geworden. Der Vorgang des Zonenschmelzens wird zur Reinigung mehrmals hintereinander ausgeführt, und erst beim letzten Durchgang wird Wert dar-

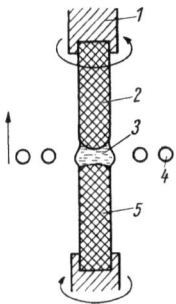

Abb. 4.24: Tiegelfreies Zonenschmelzen oder Floating-Zone-Verfahren. (1) Halterung; (2) aufschmelzender Kristallstab; (3) Schmelzzone; (4) Hochfrequenzspule; (5) wachsender Kristallstab.

---

26 Theodore Harold Maiman (11.07.1927–05.05.2007).

auf gelegt, dass ein Einkristall entsteht; das untere Stabende muss dabei einkristallin vorgegeben sein, um die Rolle des Keimkristalls übernehmen zu können.

Insbesondere die Produktion von Halbleitersilicium wird auf technisch hoch entwickelten, weitgehend automatisch arbeitenden Anlagen vorgenommen. Die Entwicklung ist einmal darauf gerichtet, den Durchmesser der Stäbe zu vergrößern, wobei heute über 200 mm (8 Zoll) und mehr erreicht werden, zum anderen ist man bestrebt, die Realstruktur der Kristalle zu verbessern; die Voraussetzungen dafür sind wegen der starken Temperaturgradienten relativ ungünstig. Neben Silicium ist das Schwebezonenschmelzen, wenn auch in weitaus bescheidenerem Umfang, auf viele andere Substanzen zur Reinigung und Darstellung von Einkristallen angewendet und eine ganze Reihe von Varianten für das Heizsystem entwickelt worden. In Abb. 4.24 sind die Windungen einer von einem Hochfrequenzgenerator gespeisten Hochfrequenzspule angedeutet, mittels der direkt im Stab Wirbelströme induziert werden, die die Wärme erzeugen. Ist die Substanz ein Isolator, so muss die Hochfrequenzenergie von einem geeigneten Suszeptor (z. B. einem Graphitring) aufgenommen werden, der dann die Wärme abstrahlt. Es werden auch andere Heizsysteme angewendet, für Substanzen mit niedrigerem Schmelzpunkt genügen einfache Heizspulen. Für Substanzen mit hohen und sehr hohen Schmelzpunkten wurden Heizsysteme mit Elektronenstrahlung, Wärmestrahlung (Lichtofen, Sonnenofen, Laserstrahlung) oder einer elektrischen Bogenentladung konstruiert. Besondere Erwähnung verdient die Züchtung hochreiner Einkristalle aus Wolfram, Molybdän und Rhenium durch Zonenschmelzen mit Elektronenstrahlung.

Zonenschmelzen als Hochreinigungsverfahren

Von besonderer Bedeutung ist das Zonenschmelzen für die Hochreinigung von Metallen und Halbleitern (Si, Ge). Die horizontaler Anordnung wurde von Pfann (1962)[27] entwickelt. Die Methode ist generell geeignet für alle „schmelzbaren" Verbindungen mit mäßigen Dampfdrücken. Durch Ausnutzung einer begrenzten Schmelzzone der Länge l als „Schneeschieber" werden Verunreinigungen mit Verteilungskoeffizienten $k < 1$ ($k > 1$) „nach hinten"(„nach vorn") geschoben. Bei einem ersten Zonendurchgang in Abhängigkeit von der Gesamtlänge des Barrens L und der Schmelzzonenbreite l ist die Reinigungswirkung geringer als bei der Normalerstarrung (s. Abb. 4.25). Für einen einmaligen Zonendurchgang ergibt sich nach Pfann die Verteilungsfunktion

$$\frac{c_s(x)}{c_0} = 1 - (1 - k_0)\exp\left(-k_0 \cdot \frac{\varrho_s}{\varrho_l} \cdot \frac{z}{l}\right) \tag{4.15}$$

mit $c_s(x)$ – Konzentration in der festen Phase; c_0 – Ausgangskonzentration; k_0 – Verteilungskoeffizient; ϱ_s, ϱ_l – Dichte der festen bzw. flüssigen Phase; l – Zonenbreite; $\frac{z}{l}$ – normierte Länge in Einheiten der Zonenbreite.

---

[27] William Gardner Pfann (27.10.1917–22.10.1982).

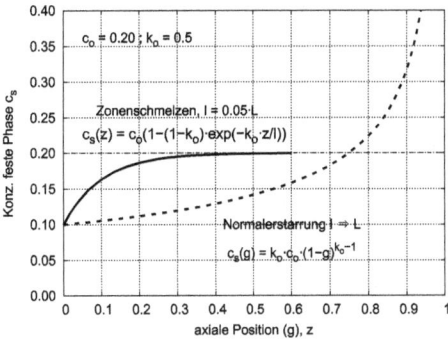

Abb. 4.25: Vergleich der Segregationskurven beim Zonenschmelzen (im Anfangsbereich eines Barrens) (durchgezogene Linie) und der Normalerstarrung (gestrichelte Linie); gewählte Ausgangskonzentration $c_0 = 0{,}20$, Verteilungskoeffizient $k_0 = 0{,}5$. c_s – Konzentration in der festen Phase; l – Zonenbreite = 5% der Gesamtbarrenlänge L; z – axiale Position des Zonenschmelzbarrens; g – normierte Länge $g = z/L$ bei der Normalerstarrung.

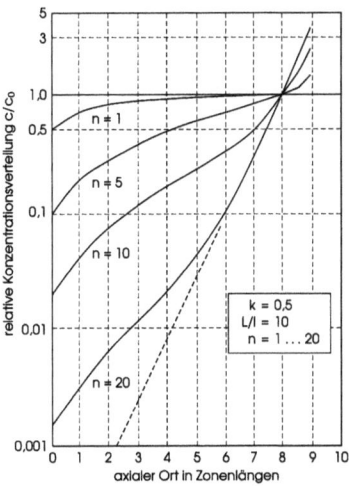

Abb. 4.26: Konzentrationsverteilung beim Zonenschmelzen bei mehreren Zonendurchgängen n für einen Verteilungskoeffizienten $k_0 = 0{,}5$. Das Verhältnis der Gesamtbarrenlänge L zur Zonenbreite l beträgt $L/l = 10$. Abbildung modifiziert nach Pfann (1962).

Der große Vorteil des Zonenschmelzens als Reinigungsverfahren besteht darin, dass wiederholte Zonendurchgänge möglich sind verbunden mit einer zunehmenden Verteilung der Verunreinigungen an das Barrenende (für Verunreinigungen mit einem Verteilungskoeffienten $k_0 < 1$, s. Abb. 4.26) bzw. einer Anreicherung am Barrenanfang (für Verunreinigungen mit einem Verteilungskoeffienten $k_0 > 1$).

Travelling Heater Method (THM)
Dies ist eine weitere Variante des Zonenschmelzens, bei der durch eine bewegte Heizzone ein geeignetes Lösungsmittel im flüssigen Zustand auf der oberen Seite das polykristalline Ausgangsmaterial anlöst. Aus der Lösung kristallisiert die Substanz auf

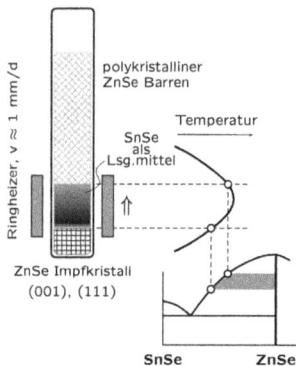

Abb. 4.27: Verfahrensprinzip der Züchtung aus einer wandernden Lösungszone (*Travelling Heater Method – THM*), hier gezeigt am Beispiel der Züchtung von ZnSe mittels SnSe als Lösungsmittel. Am oberen Rand der Lösungszone wird das Nährmaterial gelöst und am unteren Rand einkristallin abgeschieden, wenn ein einkristalliner Impfkristall vorgegeben wird. Bedingung ist eine Bewegung des Heizers nach „oben" mit einer Geschwindigkeit in der Größenordnung von 1 mm/d.

der unteren Seite an einem Impfkristall wieder aus. Dazu sind Temperaturprofile notwendig wie in Abb. 4.27 dargestellt. Das Verfahren eignet sich besonders für Materialien mit hohen Schmelzpunkten und Dampfdrücken, die durch das Auflösen und Auskristallisieren beträchtlich reduziert werden können. Da es an der kristallisierenden Phasengrenze starke Konzentrationsunterschiede gibt, sind sehr geringe Wachstumsraten in der Größenordnung von 1 mm/d notwendig. Obwohl strukturell gute Kristalle hergestellt werden können, sind häufig in den Kristallen Einschlüsse enthalten. Ein weiterer Nachteil besteht im hohen präparativen Aufwand und in der Verwendung von i. d. R. geschlossenen und evakuierten (Kiesel-)Glasampullen. Besondere Bedeutung hat das Verfahren bei der Züchtung von homogenen (Hg,Cd)Te-Mischkristallen mit Te als Lösungsmittel erlangt (Gille u. a. (1991)). Auch das hochschmelzende ZnSe wurde erfolgreich mit dem THM-Verfahren gezüchtet mit $PbCl_2$ oder SnSe als Lösungsmittel, s. Dohnke u. a. (1999).

4.5.5 Kristallzüchtung aus Lösungen

Die Kristallzüchtung aus Lösungen, vornehmlich aus wässrigen Lösungen, ist bereits in den 1930er Jahren zu einer relativ hohen Perfektion geführt worden. Sie wird noch heute nach den gleichen Methoden für Substanzen angewendet, die nicht aus der Schmelze gezüchtet werden können, weil sie sich z. B. nicht schmelzen lassen oder während der Abkühlung auf Raumtemperatur Phasenübergänge erleiden. Je nach dem Verlauf der Löslichkeitskurve in Abhängigkeit von der Temperatur wird die für die Kristallisation notwendige Übersättigung durch Abkühlen oder Verdunsten des Lösungsmittels hergestellt. In jedem Fall ist eine sehr genaue Temperaturregelung erforderlich, um gute Resultate zu erzielen, insbesondere wenn wie in Abb. 4.28 eine bestimmte von mehreren möglichen Hydratphasen kristallisiert werden soll. Bei dem Verdunstungsverfahren wird bei konstanter Temperatur ein Strom getrockneten Gases über die Oberfläche der Lösung geleitet. Bei dem Abkühlungsverfahren wird eine bei höherer Temperatur gesättigte Lösung über einen Zyklus von mehreren Wochen

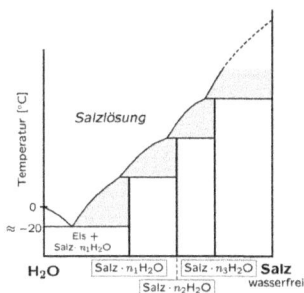

Abb. 4.28: Schematisches Phasendiagramm für ein System eines in Wasser gelösten Stoffes (hier eine salzartige Verbindung). Diese sind häufig in der Lage, Wasser in ihre Strukturen aufzunehmen (Kristallwasser), was damit eigenständigen Verbindungen vom Typ $\langle$ Salz $\cdot n\,H_2O\rangle$ entspricht. In der Abbildung gilt dabei $n_1 > n_2 > n_3$. Grau unterlegt sind die Zugangsbereiche für die jeweilige Verbindung.

auf Raumtemperatur abgekühlt. Andere Varianten arbeiten mit mehreren Gefäßen, in denen die Lösung umläuft. Prinzipiell gibt es dabei ein sog. Sättigungsgefäß, in dem die Lösung bei einer geeigneten Temperatur mit der zu lösenden Substanz gesättigt wird, und ein Kristallisationsgefäß, das auf einer tieferen Temperatur gehalten wird, wodurch sich die Übersättigung einstellt und der Kristall unter konstanten Bedingungen wachsen kann. Meistens werden als Impfkristalle recht große Kristallplatten verwendet, die in bestimmten Orientierungen aus großen Kristallen herausgesägt werden. In größerem Maßstab werden aus wässrigen Lösungen Kristalle von Alaun, Seignettesalz und anderen Tartraten, Ammoniumdihydrogenphosphat (ADP), Kaliumdihydrogenphosphat (KDP), Iodsäure, Lithiumiodat, Triglycinsulfat (TGS) u. a. gezüchtet, teilweise in respektabler Größe mit Abmessungen bis 50 cm (!). In der chemischen Stoffwirtschaft spielt die Kristallisation aus Lösungen aller Art eine wichtige Rolle (Kalisalze, synthetische Düngemittel, Soda und viele andere Chemikalien) und ist zu großtechnischen Verfahren ausgebaut worden. Im Gegensatz zur Züchtung von Einkristallen spricht man hier von Massenkristallisation.

4.5.6 Kristallzüchtung aus Hochtemperaturschmelzlösungen

Bei diesem Verfahren (engl. *top seeded solution growth* – *TSSG*) besteht grundsätzlich genau wie bei der Züchtung aus wässrigen oder anderen Lösungsmitteln ein großer Konzentrationsunterschied zwischen der Lösung und der Kristallzusammensetzung (s. Abb. 4.29). Ein Impfkristall wird wie beim Czochralski-Verfahren auf die Schmelzlösungsoberfläche geführt, und unter Rotation und sehr geringer Translation wird mit geringen Raten ($\leq$ 1 K/h) die Temperatur reduziert, so dass eine Kristallisation erzwungen wird. Das Lösungsmittel kann arteigen (nichtstöchiometrische Schmelze) oder eine Fremdsubstanz sein. Gerade für Hochtemperaturlösungen sind die Anforderungen hoch: große Löslichkeit für die zu kristallisierende Komponente, chemische Inaktivität zwischen Lösungsmittel und gelöster Komponente sowie gegenüber dem Ampullen- oder Tiegelmaterial, geringer bzw. kontrollierbarer Dampfdruck, geringe Viskosität, leicht entfernbar nach erfolgtem Wachstum, in hoher Reinheit verfügbar, nicht oder nur schwach toxisch, preiswert. Die Methode eignet sich für Materialien, die:

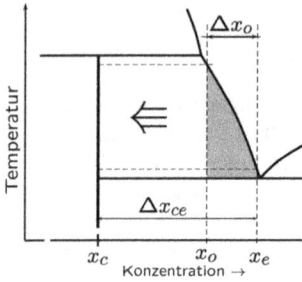

Abb. 4.29: Allgemeiner Phasendiagrammtyp für die Kristallzüchtung aus Niedertemperatur- oder Hochtemperaturschmelzlösungen. Die Anfangskonzentration der Lösung beträgt x_0. In dem Maße wie die Temperatur erniedrigt wird, scheidet sich aus (kristallisiert) die gewünschte Verbindung (hier mit x_c bezeichnet) aus. Das ist solange möglich bis kurz oberhalb der Konzentration des eutektischen Zusammensetzung x_e. Damit kann aus einem Konzentrationsbereich Δx_0 die feste Phase aus der Lösung gewonnen werden.

Abb. 4.30: $Bi_2Ga_4O_9$-Einkristall, von Burianek u. a. (2009) gezüchtet nach der TSSG-Methode aus einer Bi_2O_3-reichen Schmelzlösung. Das Phasendiagramm Bi_2O_3–Ga_2O_3 ist dem Phasendiagramm in Abb. 4.29 sehr ähnlich.

1. eine strukturelle Phasenumwandlung zeigen, welche umgangen werden kann, z. B. $BaTiO_3$, β-BaB_2O_4, oder
2. eine peritektische Zersetzung erleiden, z. B. $KTiOPO_4$ (KTP), $KNbO_3$, $Y_3Fe_5O_{12}$ (YIG), oder
3. einen hohen Dampfdruck aufweisen, der reduziert werden kann, z. B. GaP, ZnSe.

Begründet durch das entsprechende Phasendiagramm kann aus einer Lösung immer nur ein bestimmter Anteil des Gesamtansatzes als Einkristall gewonnen werden. Dieser ergibt sich aus Abb. 4.29 zu $\frac{\Delta x_0}{x_e - x_c}$. So können z. B. aus einem K_2O-reichen Lösungsansatz 94 % als $KNbO_3$-Einkristall gewonnen werden; aus einem TiO_2-reichen Ansatz nur ca. 18 % als $BaTiO_3$. Um eine Kristallisation aus schmelzflüssiger Lösung handelt es sich auch bei dem VLS-Verfahren (engl. *vapour–liquid–solid*): Die zu kristallisierende Komponente gelangt aus einer Gasphase in eine Schicht von Schmelzlösungsmittel, aus dem die Kristallisation auf einer Unterlage erfolgt.

Erwähnt sei hier noch die von Scheel (1972)[28] eingeführte Technik der beschleunigten Tiegelrotation (engl. *accelerated crucible rotation technique – ACRT*). Bei dieser wird der Tiegel abwechselnd rechts- und linksherum rotiert. Hierdurch gerät die Schmelze in Konvektion, wird kräftig durchmischt, und die Qualität der Kristalle wird verbessert. Inzwischen wird die ACRT auch bei anderen Tiegel-Verfahren, wie dem Bridgman-Verfahren, angewendet.

---

28 Hans J. Scheel (geb. 13.05.1937).

4.5.7 Weitere Kristallzüchtungsverfahren

Für die Kristallzüchtung von schwer löslichen Verbindungen werden Diffusionsverfahren angewendet, bei denen die Komponenten in einer geeigneten Anordnung in der Lösung zueinander diffundieren und in einer Reaktionszone auskristallisieren. Bemerkenswert sind Varianten, bei denen man die Diffusion und Kristallisation in einem Gel stattfinden lässt, in dem keine Konvektion auftreten kann und die Diffusion langsamer vonstatten geht und besser kontrollierbar ist als in beweglichen Lösungen.

Ein spezielles Verfahren der Kristallisation aus heißen wässrigen Lösungen unter erhöhtem Druck ist die Hydrothermalsynthese, die bereits seit den 1940er Jahren im technischen Maßstab, hauptsächlich zur Züchtung von Quarz, in einem Druckbereich von 20...200 MPa und bei Temperaturen von 300...500 °C in Autoklaven aus Spezialstählen betrieben wird. Der Druck wird durch die Überhitzung der Lösung im Autoklaven erzeugt, wobei die Lösung je nach der Temperatur einen überkritischen Zustand erreichen kann.

Eine ganz spezielle Entwicklung stellen die Hochdruck-Hochtemperatur-Synthesen dar. Die Synthese künstlicher Diamanten, die in den fünfziger Jahren ungefähr gleichzeitig in einigen Laboratorien gelang, krönt eine langwierige apparative Entwicklung, die erst durch den Einsatz neuartiger Werkstoffe, wie Spezialstähle, Carboloy (in Cobalt gebundenes Wolframcarbid) und Pyrophyllit (als Dichtungsmittel), zum Erfolg gebracht werden konnte. Heute werden in Apparaturen mit konischen Hochdruckstempeln verschiedener Konstruktion (deren berühmteste die „Belt-Apparatur" ist) Drücke bis 20000 MPa bei Temperaturen bis 2000 °C über Reaktionszeiten bis zu einigen Stunden erreicht. Ein beträchtlicher Anteil des Weltverbrauchs an Industriediamanten wird bereits auf synthetischem Wege erzeugt. Die Diamanten kristallisieren bei diesen Synthesen aus einer Metallschmelze (vor allem Nickel), in der sich der Kohlenstoff löst, so dass der Vorgang als Kristallisation aus einer Schmelzlösung betrachtet werden kann. Andere Ergebnisse der Hochdrucksynthesen sind die Herstellung von „Borazon", kubischem Bornitrid (BN), das eine ähnliche Härte wie Diamant aufweist, sowie Hochdruckmodifikationen einer Reihe von Verbindungen und Mineralen.

Schließlich ist noch die Elektrokristallisation zu erwähnen, die gleichfalls aus Lösungen bzw. aus Schmelzlösungen vorgenommen und in der Technik zur Raffination von Metallen sowie zur Herstellung metallischer Überzüge umfangreich angewendet wird, jedoch zur Züchtung von Einkristallen bisher kaum Anwendung gefunden hat.

Die Kristallzüchtung aus der Gasphase, die theoretisch am besten überschaubar ist, findet im Allgemeinen schon bei der Züchtung kleinerer Kristalle ihre Grenzen. Die Züchtung größerer, einwandfreier Kristalle ist bisher erst in wenigen Laboratorien mit beträchtlichem verfahrenstechnischem Aufwand gelungen. Das wesentliche technische Anwendungsgebiet ist in der Präparation von Epitaxieschichten zu sehen. Die gebräuchlichen Züchtungsverfahren sind die Sublimation in geschlossenen oder offenen Systemen mit oder ohne Verwendung von Trägergasen sowie chemische Reaktionen, die sich am wachsenden Kristall abspielen. Zu diesen Verfahren gehört eine Zersetzung flüchtiger Verbindungen an einem heißen Draht, der durch Stromdurchgang erhitzt wird. Besonders interessant sind Verfahren der Kristallzüchtung durch chemische Transportreaktionen. Grundlage einer Transportreaktion ist eine chemische Gleichgewichtsreaktion, z. B.

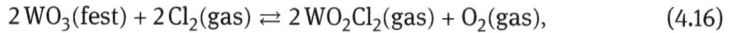

$$2\,WO_3(\text{fest}) + 2\,Cl_2(\text{gas}) \rightleftarrows 2\,WO_2Cl_2(\text{gas}) + O_2(\text{gas}), \tag{4.16}$$

deren Partner auf der einen Seite des Gleichgewichts (hier der rechten) sämtlich gasförmig sind. Bei der Transportreaktion reagiert ein Bodenkörper an einer Stelle der Versuchsanordnung mit der Temperatur T_1 unter Bildung der gasförmigen Reaktionsprodukte (Hinreaktion), diese gelangen durch Diffusion und Konvektion, auch unter Mitwirkung von Trägergasen, in einen Bereich der Versuchsanordnung mit der Temperatur T_2, wo die Rückreaktion stattfindet und die feste Phase wieder ausgeschieden wird. Je nach Lage des Gleichgewichts bzw. je nach den Reaktionsenthalpien ist T_1 oder T_2 die höhere Temperatur, d. h., der Transport kann in Richtung auf den wärmeren oder den kälteren Teil der Versuchsanordnung hin geschehen.

Eine Kristallzüchtung aus fester Phase wird nur in einzelnen, speziellen Fällen angewendet. So können Verfahren, die durch eine „Sammelkristallisation" beim Tempern eine Kornvergrößerung polykristalliner Materialien bewirken, kaum als Züchtungsverfahren angesprochen werden. Insbesondere für die Züchtung von Einkristallen aus α-Eisen (die wegen des Übergangs von der γ-Modifikation nicht aus der Schmelze gezüchtet werden können) wird das sog. *strain-anneal*-Verfahren angewendet. Hierbei wird eine polykristalline Probe einer bestimmten, sog. „kritischen" Verformung unterworfen und danach eine Temperung durchgeführt, bei der die Probe einen steilen Temperaturgradienten durchläuft; dabei findet eine Rekristallisation statt, die unter günstigen Bedingungen so geleitet werden kann, dass die Probe im wesentlichen zu einem Einkristall umgewandelt wird.

4.5.8 Epitaxie, Topotaxie

Unter Epitaxie versteht man das gesetzmäßig orientierte Aufwachsen eines Filmes (Gast, Adsorbat, Schicht) auf einem kristallinen Substrat (Wirt). Sind Gast- und Wirtskristall kristallographisch und chemisch identisch, so wird das Wachstum als Homoepitaxie bezeichnet. Die Bezeichnungsweise ist dabei nicht immer exakt; denn dieser Begriff wird oft auch dann verwendet, wenn sich Substrat und Schicht chemisch geringfügig unterscheiden, wie es bei der Fertigung von Halbleiter-Bauelementen oft der Fall ist (z. B. $Ga_{1-x}In_xAs$ auf GaAs). Heteroepitaxie beschreibt das Wachstum auf artfremden Substraten. Speziell für den letzteren Fall sind die Grenzfläche G (engl. *interface*, Abb. 4.31) und die hier ablaufenden energetischen Wechselwirkungsvorgän-

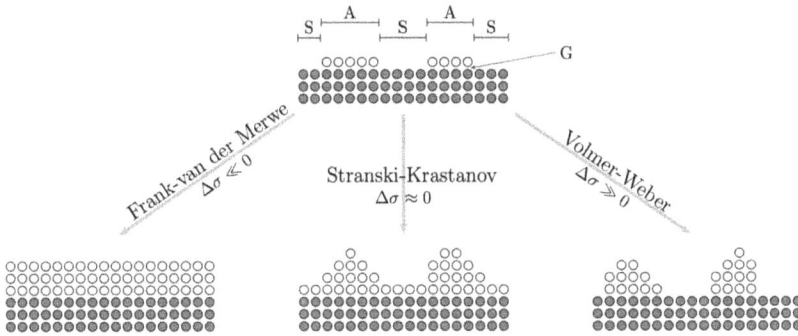

Abb. 4.31: Wachstumsmechanismen bei der Epitaxie. Je nach Größe der spezifischen freien Oberflächenenergien σ_S, σ_A und der spezifischen Grenzflächenenergie σ_G kann das Wachstum nach verschiedenen Mechanismen stattfinden. S – Substrat, A – Adsorbat.

ge zwischen beiden Materialien für Keimbildungsvorgang und Wachstumsmechanismus der Schicht von entscheidender Bedeutung. So lässt sich die Energiebilanz bei der Bildung der Konfiguration im oberen Teil von Abb. 4.31 durch Abscheidung von <1 Monolage Adsorbat (A) auf dem Substrat (S) unter Vernachlässigung elastischer Verzerrungen definieren nach

$$\Delta\sigma = \tau \sum_i L_i + A\,(\sigma_G - \sigma_S) \tag{4.17}$$

wobei A die Flächensumme aller Adsorbatinseln ist, und σ_G beziehungsweise σ_S die spezifischen freien Oberflächenenergien von Grenzfläche und Substrat darstellen. L_i ist die Größe der Grenzflächen (Oberfläche, Umfang) der i-ten Adsorbatinsel mit spezifischer Grenzflächenenergie $\tau \approx \sigma_A$. Weitere Adsorbat-Atome können sich vorerst maximal bis zum Bedeckungsgrad 1 Monolage entweder zwischen den vorhandenen Inseln oder auf diesen Inseln anlagern. Die Anlagerung erfolgt primär an zufälligen Positionen der Probenoberfläche, das heißt sowohl in tiefer liegenden Substrat-Bereichen als auch auf schon gewachsenen Adsorbatinseln. Oft ist die Aktivierungsenergie für Oberflächendiffusion der neu angelagerten Adsorbat-Atome gering, so dass diese schnell zu einer energetisch vorteilhaften endgültigen Position wandern können. In der Regel ist dies eine Position am Rande einer schon vorhandenen Insel, was eine Analogie zur Halbkristalllage im Volumenkristall darstellt. Schwoebel u. Shipsey (1966)[29] wiesen aber darauf hin, dass für die Diffusion von auf einer Insel angelagerten Adsorbat-Atomen hinab zum Fuße dieser Insel (also in die energetisch günstigste Position) oft eine hohe Aktivierungsenergie nötig ist. Eine solche Schwoebel-Barriere kann, neben dem oben genannten Gleichgewicht der freien Oberflächenenergien ein Grund dafür sein, dass einmal gebildete Inseln bevorzugt weiter wachsen.

---

29 Richard Lynn Schwoebel (26.12.1931–22.8.2012).

Auch für nachfolgende Schichten lässt sich eine analoge energetische Betrachtung durchführen. Dabei ist jedoch zu beachten, dass dann wegen der zumindest teilweisen Bedeckung der Substratoberfläche durch eine oder mehrere Adsorbatschichten σ_S durch einen korrigierten Term σ_G^* zu ersetzen ist. Hierin ist eine Ursache dafür zu sehen, dass sich nach Abscheidung einer oder weniger geschlossener Adsorbatschichten der Wachstumsmechanismus spontan ändern kann.

Zur Klassifizierung der Wachstumsvorgänge epitaktischer Systeme dient allgemein eine Einteilung in drei Wachstumsmodi, die von Bauer (1958) vorgeschlagen wurden. Demnach unterscheidet man:

$\Delta\sigma \ll 0$: Lagenwachstum, zweidimensionales Wachstum (Frank[30]–van der Merwe[31]), starke Wechselwirkung zwischen Schicht und Substrat (größer als innerhalb der Schicht), vollständige Benetzung des Substrates.

$\Delta\sigma \gg 0$: Inselwachstum, dreidimensionales Wachstum (Volmer–Weber), geringe Wechselwirkung zwischen Schicht und Substrat, keine vollständige Benetzung des Substrates, Clusterbildung als Folge der Mobilität der Adsorbatteilchen auf der Substratoberfläche. Das System kann durch das Freihalten von möglichst viel Substratoberfläche mit geringer Oberflächenenergie die Gesamtoberflächenenergie klein halten.

$\Delta\sigma \approx 0$: Lagenwachstum in einer oder wenigen Schichten, gefolgt von Inselwachstum oberhalb dieser Benetzungsschicht (engl. *wetting layer*, Stranski–Krastanov). Grund des Wechsels kann die Verringerung der Wechselwirkung später aufwachsener Schichten mit dem inzwischen weiter entfernten Substrat sein.

Aus dem Verhältnis der Grenzflächenenergien der beteiligten Komponenten lässt sich nach dem Verfahren von Bauer abschätzen, nach welchem Wachstumsmechanismus ein epitaktisches System wächst, sofern keine kinetischen Hemmungen vorliegen. Die Größe der Grenzflächenenergie σ_G ist im Allgemeinen viel geringer als die der Oberflächenenergien σ_A, σ_S und fällt oft erst dann entscheidend ins Gewicht, wenn die Differenz zwischen σ_A und σ_S gering ist, etwa bei der Homoepitaxie. Für Homoepitaxie ist zunächst grundsätzlich reines Lagenwachstum zu erwarten, da hier $\sigma_G = 0$ gilt. Im Kontrast dazu führt $\sigma_G = \sigma_S$ zu reinem Inselwachstum, aus entropischen Gründen tritt zusätzlich zwischen den Inseln Abstoßung auf. Die Grenzflächen-Energie σ_G wird vor allem dann groß, wenn sich Substrat und Schicht deutlich unterscheiden. Dies ist in der Regel dann gegeben, wenn in beiden Substanzen unterschiedliche Bindungsverhältnisse vorherrschen. Aber auch bei ähnlichen Bindungsverhältnissen können große σ_G auftreten, falls sich die Atomabstände oder Gitterkonstanten von Substrat (a_S) und Adsorbat beziehungsweise Schicht (a_A) stark unterscheiden. Die aufwachsende Schicht ist dann Zug- ($a_A < a_S$) oder Druckspannungen ($a_A > a_S$) unterworfen.

---

[30] Sir Frederick Charles Frank (6.3.1911–5.4.1998).
[31] Johannes Hendrik van der Merwe (28.2.1922–28.2.2016).

Die genaue Berechnung der daraus folgenden elastischen Energiebeiträge ρ_{elast} zu σ_G erfordert die Beschreibung der elastischen Verzerrung ε als Tensor (s. Abschnitt 5.4.5); aber in guter Näherung kann für den Fall, dass die Schicht kohärent (pseudomorph) auf dem Substrat aufwächst,

$$\rho_{\text{elast}} = \frac{1}{2} E \varepsilon^2 \tag{4.18}$$

angenommen werden, womit die elastische Energiedichte ρ_{elast} nur linear vom Young-schen Modul E und quadratisch von der elastischen Verzerrung ε abhängt, die hier einer Fehlpassung f (engl. *misfit*)

$$\varepsilon \approx f = (a_A - a_S)/a_S \tag{4.19}$$

entspricht. Schon für mäßige Fehlpassungen von etwa 1 % kann ρ_{elast} die Größen-ordnung einiger 100 J/mol erreichen und damit das Gleichgewicht der freien Oberflä-chenenergien deutlich beeinflussen. Als Bedingung für pseudomorphes Wachstum gilt $f < f_S$, wobei f_S die sogenannte Stabilitätsgrenze darstellt. Oft wird $|f_S| \approx 9\%$ angenommen, aber der Betrag dieses Grenzwertes verringert sich mit zunehmender Schichtdicke und ist für negative Fehlpassungen (Atomabstände in der Schicht klei-ner als im Substrat) eher größer, für positive Fehlpassungen eher kleiner. Für $|f| > |f_S|$ tritt plastische Relaxation der Schicht durch Bildung von Fehlpassungs-Versetzungen (engl. *misfit dislocations*) ein.

Natürliche Beispiele gesetzmäßig orientierter Aufwachsungen bzw. Verwach-sungen von Kristallen verschiedener Art sind zuerst aus der Mineralwelt bekannt geworden; so verwächst Albit $NaAlSi_3O_8$ (Kristallklasse $\bar{1}$) orientiert mit Orthoklas $KAlSi_3O_8$ ($2/m$), wobei jeweils die (010)-Flächen und die [001]-Kanten der beiden Part-ner parallel orientiert sind. Zahlreiche weitere Beispiele wurden durch Vultée (1950) zusammengestellt. Hierzu gesellten sich experimentelle Beispiele aus den Laborato-rien: Lässt man auf einer Rhomboederfläche von Kalkspat $CaCO_3$ aus einer wässrigen Lösung Natriumnitrat $NaNO_3$ auskristallisieren, so scheiden sich Rhomboeder von $NaNO_3$ ab, die so orientiert sind, dass die Gitter der beiden isotypen Kristalle paral-lel zueinander liegen. Andere markante Beispiele sind die orientierte Abscheidung von Alkalihalogeniden aus wässriger Lösung auf frischen Spaltflächen von Glimmer oder von Flussspat, die orientierte Abscheidung von Eis aus der Dampfphase auf unterkühlten Kristallen von Bleiiodid PbI_2 (Abb. 4.32, links), die für die Erzeugung von künstlichem Regen eine Rolle spielt, die orientierte Abscheidung einer Reihe von Metallen beim Aufdampfen auf Spaltflächen von Alkalihalogeniden sowie orientierte Aufwachsungen organischer Substanzen auf Ionenkristallen, z. B. von Alizarin auf NaCl (Abb. 4.32, rechts). Das Gesetz der Aufwachsung lautet hier (in der allgemein üblichen Formulierung): (010)-Alizarin ∥ (001)-NaCl und [001]-Alizarin ∥ [110]-NaCl.

Bei den orientierten Verwachsungen der Mineralwelt sind die Partner meistens gleichzeitig auskristallisiert, und sie stellen Eutektika dar, die mit einer gesetzmäßi-gen Orientierung der Komponenten auskristallisieren. Bei der technisch durchgeführ-ten Epitaxie wird auf einem vorgegebenen Substrat eine zweite kristallisierte Phase

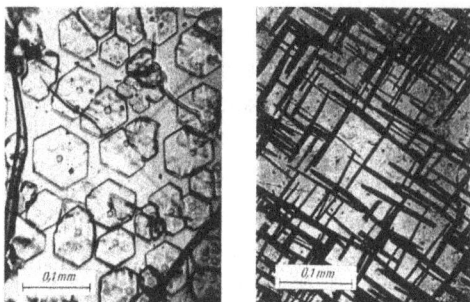

Abb. 4.32: Orientierte Aufwachsungen. links: von Eis auf der Basisfläche von PbI$_2$, nach Kleber (1958); rechts: von Alizarin auf einer (100)-Fläche von Halit NaCl, nach Neuhaus (1950).

(Gast, Deposit) aus einem dispersen Zustand abgeschieden. Neben den Fällen, wie sie auf den Bildern dargestellt sind, bei denen sich einzelne Kriställchen orientiert abscheiden, gibt es die technisch oft angestrebte Möglichkeit, dass das Deposit eine geschlossene Schicht (einen Film) bildet, deren einkristalline Struktur und Orientierung durch Elektronen- oder Röntgenbeugung nachzuweisen sind. Eine große technische Bedeutung hat die Epitaxie von Halbleiterschichten für die Herstellung integrierter Bauelemente erlangt. So werden die meisten elektronischen Bauelemente heute nach der Planar-Epitaxie-Technik gefertigt, wobei manche dieser Bauelemente oft aus einer ganzen Folge von epitaktischen Schichten aus Metallen, Halbleitern und Isolatoren bestehen. Neben einfachen Verdampfungsverfahren (engl. *physical vapour deposition – PVD*) kommen dabei auch Methoden zum Einsatz, bei denen die abzuscheidende Substanz aus flüchtigen Ausgangsstoffen (Precursor) erst unmittelbar an der Substratoberfläche gebildet und dort abgeschieden wird. Durch solche Verfahren der chemischen Abscheidung (engl. *chemical vapour deposition – CVD*), wird für manche Substanzen Epitaxie überhaupt erst möglich, wenn direkte Verdampfung wegen zuvor erfolgender Zersetzung nicht möglich ist.

Es mag zunächst überraschen, dass Epitaxie auch zwischen Partnern mit grundlegend verschiedenem kristallchemischem Charakter stattfinden kann (vgl. Neuhaus (1950)[32]), wenngleich u. U. nur bei Einhaltung diffiziler Versuchsbedingungen. Ein erstes Verständnis zur Deutung des außerordentlich umfangreichen Beobachtungsmaterials brachte die Vorstellung, dass die Epitaxie durch eine mehr oder weniger genaue Übereinstimmung von Gitterabständen entlang den verwachsenden Netzebenen bedingt wird, und zwar am günstigsten durch eine zweidimensionale geometrische Analogie (Abb. 4.33). Zunächst hat man solchen strukturgeometrischen Beziehungen die ausschlaggebende Rolle für eine Epitaxie zugemessen. Inzwischen sind Beispiele bekannt geworden, bei denen sich trotz genauer Übereinstimmung entsprechender Gitterabstände zwischen beiden Partnern keine Epitaxie erreichen lässt; außerdem ist beim Auftreten von Epitaxie einer Substanz auf einer zweiten nicht von vornherein gewährleistet, dass auch die umgekehrte Epitaxie der zweiten Substanz auf der ersten

---

32 Alfred Neuhaus (11.2.1903–15.1.1975).

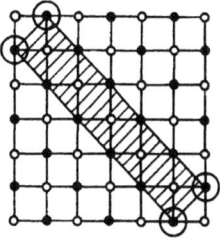

Abb. 4.33: Strukturbeziehungen der Verwachsungsflächen bei der orientierten Aufwachsung von Alizarin auf Halit. Es ist die Auflage einer Elementarmasche von Alizarin mit den Gitterparametern $a = 2,1$ nm und $c = 0,375$ nm auf einer (100)-Netzebene von NaCl dargestellt. Bei NaCl beträgt der Abstand zweier gleichnamiger Ionen auf der (100)-Fläche in Richtung der Flächendiagonalen 0,398 nm und korrespondiert mit c von Alizarin. Die Distanz $5 \cdot 0,398$ nm $= 1,99$ nm korrespondiert mit a von Alizarin.

durchgeführt werden kann. Andererseits gibt es zahlreiche Beispiele, dass eine Epitaxie trotz größerer Unterschiede (bis zu 15 %) in den betreffenden Gitterparametern zustande kommt. Nach dem Modell von Frank u. van der Merwe (1949a,b) werden die Gitterparameter der aufwachsenden Atomschicht durch eine elastische Deformation im Potentialfeld des Substrats dessen Gitterparametern angepasst, so dass die Atomschicht gewissermaßen „pseudomorph" aufwächst. Wenn jedoch die Differenzen zwischen den undeformierten Gitterparametern von Substrat und Deposit rd. 5 % überschreiten, verbleibt trotz dieser elastischen Deformation noch eine gewisse effektive Fehlpassung, die dann durch eine periodische Anordnung von sogenannten Fehlpassungsversetzungen (engl. *misfit dislocations*) in der Grenzfläche aufgenommen wird. Auch die im Substratkristall gegebenenfalls bereits vorhandenen Versetzungen spielen dabei eine Rolle (vgl. z. B. Woltersdorf (1982)). Neben den strukturgeometrischen Beziehungen haben sich als weitere wichtige Parameter für eine Epitaxie die Realstruktur der Oberfläche des Substrats (Stufen, Adsorbate), die Temperatur und die Aufwachsgeschwindigkeit erwiesen. Bei einer Abscheidung des Deposits aus der gasförmigen Phase (engl. *vapour phase epitaxy* – VPE) lässt sich die Temperatur des Substrats über große Bereiche variieren, im Gegensatz zur Abscheidung aus einer Lösung oder Schmelzlösung (engl. *liquid phase epitaxy* – LPE). Eine besondere Technik ist die Abscheidung aus einem Molekularstrahl (engl. *molecular beam epitaxy* – MBE).

Oft wird eine vollständig orientierte Abscheidung erst beim Überschreiten bestimmter kritischer Temperaturen erreicht. Als Vorstufe kann es zu einer Abscheidung kommen, bei der sich die Orientierungen statistisch um eine Vorzugsorientierung gruppieren, so dass wir von Verwachsungstexturen sprechen können. In Abhängigkeit von der Temperatur können auch unterschiedliche Verwachsungsgesetze wirksam werden; u. U. können Verwachsungen nach verschiedenen Gesetzen gleichzeitig nebeneinander auftreten, insbesondere bei höheren Temperaturen.

Die molekularkinetischen Vorgänge bei einer Epitaxie sind kompliziert. Der Initialvorgang ist eine heterogene Keimbildung auf der Unterlage. Die kritische Keimgröße kann dabei sehr gering sein und sich u. U. in der Größenordnung von einigen Atomen bewegen, so dass zahlreiche Keime gebildet werden. In vielen Fällen folgen die einzelnen Keime zwar der durch das Verwachsungsgesetz gegebenen Orientierung der Verwachsungsflächen, jedoch ist die azimutale Orientierung innerhalb der Verwachsungsebene noch nicht ausgeprägt. Mit zunehmender Abscheidung nimmt zunächst die Keimanzahl zu, ohne dass die Keime wesentlich wachsen, die durchschnittliche azimutale Orientierung verbessert sich dabei nur geringfügig. Wenn die Keime so zahlreich werden, dass sie miteinander in Kontakt kommen, findet ein Zusammenlaufen (Koaleszenz) der Keime statt, wobei gleichzeitig die richtige azimutale Orientierung hergestellt wird. Die Kristallite erlangen in dieser Phase eine flüssigkeitsähnliche Beweglichkeit und stellen die azimutale Orientierung durch eine Drehung her. Die letzte Phase bei der Entstehung von Epitaxieschichten ist das Auffüllen (engl. *filling in*) der noch freien Zwischenräume in der Schicht und das weitere Dickenwachstum, wobei gegebenenfalls Keime, die die richtige azimutale Orientierung nicht vollzogen haben, überwachsen werden. Es versteht sich, dass angesichts der Vielfalt von Epitaxievorgängen auch andere Abläufe auftreten und die komplexen Wachstumsvorgänge eine vielfältige Realstruktur bedingen.

Insbesondere in der Halbleitertechnologie ist es gebräuchlich, auf einen entsprechend präparierten Kristall eine Schicht aus der gleichen Substanz, jedoch mit anderer Dotierung und anderen elektronischen Eigenschaften orientiert abzuscheiden, gewissermaßen als Parallelverwachsung. Auch hierfür wird der Begriff Epitaxie oder, spezifiziert, Homoepitaxie verwendet. Will man den Gegensatz zur Homoepitaxie betonen, dann wird die orientierte Abscheidung verschiedenartiger Substanzen als Heteroepitaxie bezeichnet. Ferner gibt es Vorgänge, bei denen durch eine chemische Reaktion der Oberflächenschicht des Substratkristalls mit einer anderen Substanz eine orientierte Reaktionsschicht auf dem Kristall entsteht; sie werden als Chemoepitaxie bezeichnet. Es ist ferner gelungen, eine orientierte Abscheidung auf einem ansonsten indifferenten Substrat zu erhalten, in das man zuvor ein feines Strichgitter eingeritzt hatte, wofür der Begriff Graphoepitaxie geprägt wurde.

Ein mit der Epitaxie verwandter Vorgang ist die Bildung von Adsorptionsmischkristallen. Man versteht darunter Mischkristalle, bei denen eine Gastkomponente in einen kristallchemisch völlig verschiedenartigen Wirtskristall orientiert mit einer bestimmten strukturgeometrischen Relation eingelagert wird. Diese Einlagerung geschieht durch eine heterogene Keimbildung und Abscheidung einer Schicht mit einer Dicke von wenigen Atomlagen; diese Schicht wird vom Wirtskristall wieder überwachsen, und der Vorgang wiederholt sich gelegentlich. Es ist charakteristisch, dass diese Abscheidung auch bei einer Untersättigung der Gastkomponente in der umgebenden Phase stattfinden kann. Bekannte Beispiele sind der Einbau der Farbstoffe Eosin und Fluoreszin in Bleiazetat.

Strukturelle Relationen spielen ferner bei der Bildung orientierter Ausscheidungen eine Rolle. Sie können in Kristallen entstehen, die Beimengungen in Form fester Lösungen enthalten, wenn deren Löslichkeitsbereich überschritten wird (Abb. 4.34). Derartige Vorgänge werden als Endotaxie bezeichnet. Des weiteren werden Reaktionen aller Art in Kristallen, insbesondere chemische Reaktionen, die in situ zu einer neuen kristallisierten Phase mit einer strukturellen Orientierungsrelation zum Ausgangskristall führen, als Topotaxie bezeichnet. So führt die Entwässerung von Brucit

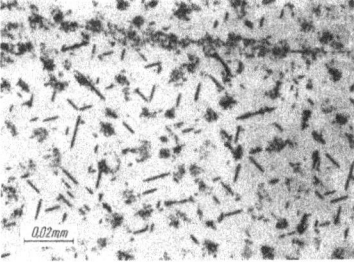

Abb. 4.34: Orientierte Ausscheidungen in Zirkondiborid ZrB$_2$. Die Natur der Ausscheidungen ist nicht eindeutig geklärt, es kann sich um ZrB, ZrN oder ZrO handeln. Aufn.: Haggerty u. a. (1968).

Mg(OH)$_2$ (Kristallklasse $\bar{3}m$) zu Periklas MgO ($m\bar{3}m$), wobei bestimmte Strukturrelationen zwischen beiden Partnern aufrechterhalten bleiben. Bei den Silikaten kennt man ganze topotaktische Reaktionsreihen, bei denen die einzelnen Kristallphasen unter weitgehender Erhaltung von Elementen der Ausgangsstruktur aufeinanderfolgen. Schließlich gibt es noch den Begriff der Heterotaxie, worunter alle Vorgänge zusammengefasst werden, die von einer heterogenen Keimbildung ausgehen und zu einem gesetzmäßig orientierten Verband verschiedener Kristallarten führen.

4.6 Vorgänge in Kristallen

Für die Vorgänge in Kristallen, die durch physikalisch-chemische Betrachtungen zu erschließen sind, können wir folgenden Katalog aufstellen:

Diffusion einschließlich Selbstdiffusion. Sie ist die Grundlage aller Vorgänge in Kristallen, die substantiellen Charakter tragen (Abschnitt 4.6.1).

Realstrukturen einschließlich von Vorgängen ihrer Entstehung, Bewegung und Ausheilung.

Rekristallisation, das heißt im engeren Sinne eine Umkristallisation ohne Änderung der Modifikation. Zur Abgrenzung gegenüber Erscheinungen, wie Erholung, Polygonisation, Aushärten usw., ist eine Rekristallisation dadurch charakterisiert, dass sich Großwinkelkorngrenzen im Material verschieben. Die treibende Kraft beruht auf dem Abbau von Korngrenzenenergie, von Verformungsenergie oder anderen Fehlordnungsenergien. Im weiteren Sinne wird mit Rekristallisation auch eine Umkristallisation infolge einer Modifikationsänderung bezeichnet.

Phasenübergänge. Im kristallisierten Zustand können in Abhängigkeit von den thermodynamischen Parametern Phasenübergänge auftreten. Hierzu gehören Änderungen der Modifikation, aber auch Übergänge, die ohne Änderung der Kristallstruktur verlaufen, z. B. Übergänge, die magnetische Kristalle bei der Curie-Temperatur oder der Néel-Temperatur erfahren (Abschnitt 4.6.2 und 5.3.2). Bleibt bei einem Phasenübergang die alte Kristallgestalt erhalten und stimmt dann nicht mehr mit der neuen Kristallstruktur überein, liegt eine Paramorphose vor.

Festkörperreaktionen sind chemische Reaktionen in Kristallen. Hierzu gehören die thermischen Zersetzungen und Entwässerungsreaktionen, Oxydationsreaktionen, Ausscheidungen und Reaktionen zwischen festen Phasen. Bleibt bei einer substantiellen Umwandlung eines Kristalls die alte Kristallgestalt erhalten, liegt eine Pseudomorphose vor.

Vorgänge bei Einwirkung ionisierender Strahlung s. Abschnitt 4.6.3.

Vorgänge bei mechanischer Bearbeitung. Bei einer mechanischen Bearbeitung von Kristallen, z. B. durch Mahlen, kommt es unter Aufnahme von Reibungs- und Stoßenergie zu Veränderungen der Struktur im Bereich der Oberfläche. Die Vorgänge, die beim mechanischen Eingriff in das Gefüge fester Körper ablaufen, werden als Tribomechanik bezeichnet. Allgemeiner umfasst der Begriff der Tribophysik die Wechselwirkungen zwischen mechanischen Eingriffen und physikalischen Erscheinungen, wozu Änderungen des Kristallgefüges bis zu einer Amorphisierung, kristallchemische Umwandlungen, dynamische Vorgänge lokaler Aufschmelzung und lokaler Bildung plasmaartiger Zustände während des Eingriffs, Emission von Elektronen (Exoelektronen) und von Licht (Tribolumineszenz) gehören. Schließlich können aus mechanischen Eingriffen chemische Aktivierungen und Reaktionen resultieren, die unter Tribochemie zusammengefasst werden.

4.6.1 Diffusion in Kristallen

Im Gegensatz zur Diffusion in gasförmigen und flüssigen Phasen, denen eine mehr oder weniger freie Beweglichkeit der Atome oder Moleküle inhärent ist, erhebt sich bei Kristallen sofort die Frage nach dem Bewegungsmechanismus bei einer Diffusion. Der einfachste Mechanismus besteht theoretisch darin, dass zwei benachbarte Atome ihre Plätze tauschen. Wegen der mit einem direkten Platzwechsel verbundenen starken Verzerrung des Gitters sind jedoch so hohe Aktivierungsenergien erforderlich, dass dieser Mechanismus im Allgemeinen nicht infrage kommt (Tab. 4.3). Die geringsten Aktivierungsenergien erfordert in vielen Fällen der Leerstellenmechanismus: Ein Atom rückt in eine benachbarte Leerstelle und so weiter, so dass der Vorgang formell auch als eine Diffusion von Leerstellen betrachtet werden kann. Des weiteren können sich Atome durch Sprünge über Zwischengitterplätze bewegen; hierfür weist Tab. 4.3 wieder eine sehr große Aktivierungsenergie aus; jedoch gibt es auch Systeme, z. B. Einlagerungsmischkristalle, in denen für die kleinere Atomart (bzw. Ionenart) der Zwischengittermechanismus so geringe Aktivierungsenergien benötigt, dass er gegenüber dem Leerstellenmechanismus den Vorrang erhalten kann. Schließlich sind auch Mechanismen diskutiert worden, in denen Gruppen von Atomen simultan eine kollektive Bewegung ausführen. So ist z. B. ein „Ringtausch" denkbar, bei dem mehrere Atome in ringförmiger Anordnung gemeinsam um einen Platz in diesem Ring weiterrücken, wofür sich eine überraschend niedrige Aktivierungsenergie errechnet. Die Aktivierungsenergien für die Diffusion bewegen sich in vielen Fällen in der Grö-

Tab. 4.3: Aktivierungsenergien E_A für verschiedene Mechanismen der Selbstdiffusion in Kupfer.

Diffusionsmechanismus	E_A in eV
Direkter Platzwechsel	11,0
Leerstellendiffusion	2,8
Zwischengitterdiffusion	10,0
Ringmechanismus mit vier Atomen	3,9

ßenordnung der Schmelz- oder Sublimationswärme und sind für vergleichbare Substanzen annähernd proportional der Schmelztemperatur.

Ein Realkristall bietet aber neben der Diffusion durch das (bis auf Punktdefekte) ungestörte Gitter (Volumendiffusion) noch andere Wege für die Bewegung von Atomen. So gibt es die Möglichkeit einer Diffusion entlang von Versetzungen (Pipe-Diffusion), entlang von Korngrenzen aller Art und entlang der Oberfläche (Volmer-Diffusion), deren Aktivierungsenergien beträchtlich unter denen der Volumendiffusion liegen können. Infolgedessen kann die Diffusion in Kristallen einen sehr komplexen Vorgang darstellen, worin die topographischen Besonderheiten der beteiligten Realstrukturerscheinungen zur Auswirkung kommen.

Die Diffusion ist ein irreversibler Vorgang, zu dessen exakter Beschreibung, insbesondere in Festkörpern, auf die weiterführende Literatur (z. B. Rosenberger (2012), Paufler (1986), Schmalzried u. Navrotsky (1978), Schewmon (1963), Wilke u. Bohm (1988)) verwiesen sei. Bei der Diffusion resultiert aus der ungeordnet-statistischen Bewegung der Teilchen ein Netto-Teilchenstrom (Diffusionsstrom) $j_i = N_i/At$, welcher die Zahl N_i der in der Zeit t durch eine Fläche A in der Richtung x netto hindurchtretenden Teilchen der Sorte i bezeichnet. Nach dem 1. Fickschen[33] Gesetz (Fick (1855)) ist dieser Teilchenstrom dem Gradienten $\partial c_i/\partial x$ der Teilchendichte $c_i = N_i/V$ entsprechend

$$j_i = -D_i\,\partial c_i/\partial x \tag{4.20}$$

proportional. (Das negative Vorzeichen wird gesetzt, weil der Teilchenstrom j_i dem Gradienten $\partial c_i/\partial x$ entgegengerichtet ist). Der partielle Diffusionskoeffizient $-D_i$ der Teilchensorte i hängt dabei sowohl von der Konzentration (Teilchendichte) c_i der Komponente (Teilchensorte) i selbst als auch von den Konzentrationen und den Konzentrationsgradienten aller übrigen Komponenten des Systems ab. Lediglich in stark verdünnten (also annähernd idealen) und bezüglich der übrigen Komponenten homogenen Lösungen bzw. auch bei der Selbstdiffusion entfällt diese Abhängigkeit, und man hat dann einen idealen Komponentendiffusionskoeffizienten D_i^{id}. Für ein binäres System aus den Komponenten 1 und 2 kann das 1. Ficksche Gesetz auch mit Hilfe nur eines gemeinsamen oder chemischen Diffusionskoeffizienten D_{12} formuliert werden, der sich aus den betreffenden partiellen Diffusionskoeffizienten D_1 und D_2 nach

---

33 Adolf Fick (3.9.1829–21.8.1901).

der Formel von Darken u. Gurry (1953) ergibt, welche allerdings bei Festkörpern nicht uneingeschränkt anwendbar ist:

$$D_{12} = x_2 \cdot D_1 + x_1 \cdot D_2 \tag{4.21}$$

(mit den Molenbrüchen x_1 und x_2 der beiden Komponenten).

In vielen Festkörpern bewegen sich die Diffusionskoeffizienten bei rd. 500 °C in der Größenordnung von 10^{-12} m²/s und hängen sowohl von der Temperatur als auch vom Druck ab. (Für wässrige Lösungen sowie Metall- oder Salzschmelzen sind hingegen Diffusionskoeffizienten um 10^{-8} m²/s typisch.) Die Temperaturabhängigkeit wird durch eine Arrhenius-Beziehung

$$D_i = D_i^0 \, \exp{-E_A^{(i)}/k\,T} \tag{4.22}$$

wiedergegeben. Demnach erhält man beim Auftragen von $\ln D_i$ gegen $1/T$ eine Gerade. Die Größe D_i^0 wird als Frequenzfaktor bezeichnet und lässt sich durch eine Betrachtung der Wärmeschwingungen erschließen; $E_A^{(i)}$ ist die oben diskutierte Aktivierungsenergie (bzw. Aktivierungsenthalpie) für die Diffusion.

Bei Kristallen, die nicht zum kubischen Kristallsystem gehören, ist schließlich noch zu berücksichtigen, dass die Diffusion anisotrop, also richtungsabhängig ist. Ein solches Beispiel bietet das Schwermetall Bismut (Kristallklasse $\bar{3}m$), für das bei der Selbstdiffusion $D_i^0 = 1{,}2 \cdot 10^{-3}$ cm²/s parallel zur c-Achse und $D_i^0 = 6{,}9 \cdot 10^{-3}$ cm²/s senkrecht zur c-Achse sowie Aktivierungsenergien $E_A = 1{,}3$ eV parallel zu c und $E_A = 6{,}1$ eV senkrecht zu c festgestellt wurden. Bei einer Formulierung der Diffusionsgesetze in drei Dimensionen werden der Teilchenstrom und der Konzentrationsgradient durch Vektoren beschrieben, und der Diffusionskoeffizient stellt einen polaren Tensor zweiter Stufe dar (siehe auch Abschnitt 5.1). Wir beschränken uns hier einfacher weise auf die eindimensionale (isotrope) Beschreibung.

Da bei einer Diffusion Teilchen weder erzeugt noch vernichtet werden, gilt als Erhaltungssatz die Kontinuitätsgleichung

$$\delta c_i / \delta t + \delta j_i / \delta x = 0 \tag{4.23}$$

aus der durch Einsetzen des 1. Fickschen Gesetzes mit

$$\delta c_i / \delta t = (\delta/\delta x)\,[D_i\,(\delta c_i / \delta t)] \tag{4.24}$$

das 2. Ficksche Gesetz folgt, welches den Zeitablauf einer Diffusion beschreibt. Der Diffusionskoeffizient D_i darf nur dann als konstant vorausgesetzt und vor die Differentialoperatoren gezogen werden, wenn er unabhängig vom Ort, d. h. wegen $\partial c_i/\partial x \neq 0$ auch unabhängig von der Konzentration ist. Gerade das ist aber insbesondere bei Festkörpern im Allgemeinen nicht der Fall. Somit ist die sonst übliche Formulierung des 2. Fickschen Gesetzes

$$\delta c_i / \delta t = D_i\,(\partial^2 c_i / \delta x^2) \tag{4.25}$$

bei Festkörpern nur unter der Voraussetzung weitgehend idealer Mischbarkeit, wie z. B. bei der Selbstdiffusion, anwendbar. Für Lösungen des Fickschen Differentialansatzes unter den jeweiligen Randbedingungen sei auf die einschlägige weiterführende Literatur (z. B. Paufler (1986), Schulze (2013), Schmalzried (1971), Bohm (1995)) verwiesen. Für viele Versuchsanordnungen ist typisch, dass sich zwei Proben A und B mit unterschiedlichen Ausgangskonzentrationen c_i^A und c_i^B der betrachteten Komponente entlang einer ebenen Kontaktfläche berühren, durch welche hindurch die Diffusion vor sich geht (Abb. 4.35). Insoweit die Proben senkrecht zur Kontaktfläche als unbegrenzt bzw. als groß gegen $\sqrt{2D_i t}$ (dem mittleren während der Zeit t von den Teilchen zurückgelegten Diffusionsweg) angenommen werden können, erhält man als Lösung ein parabolisches Zeit-Abstands-Gesetz der Form

$$x_c = a_c \sqrt{t} \qquad (4.26)$$

wobei x_c die Distanz von der Kontaktfläche ($x = 0$) darstellt, in welcher nach Ablauf der Zeit t eine bestimmte Konzentration c_i^0 (zwischen c_i^A und c_i^B) anzutreffen ist; a_c ist eine Konstante, die von dem für c_i^0 gewählten Wert und dem Diffusionskoeffizienten D_i abhängig ist. Diese parabolische Abhängigkeit der Distanz x_c von der Zeit t ist gleichzeitig ein Kriterium dafür, ob eine ungestörte Volumendiffusion vorliegt. Diese Lösung ist allerdings an die Voraussetzung eines konstanten, von der Konzentration unabhängigen partiellen Diffusionskoeffizienten D_i gebunden, welche jeweils nur für einen gewissen begrenzten Konzentrationsbereich angenommen werden kann.

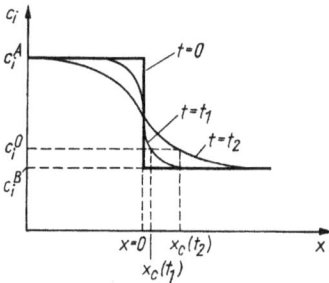

Abb. 4.35: Verlauf der Konzentration c_i bei „eindimensionale" Diffusion. Konzentrationsverläufe für $t = 0$ (Beginn der Diffusion) und nach einer Diffusionszeit $t = t_1$ sowie $t = t_2 > t_1$.

Die Konzentrationsabhängigkeit des partiellen Diffusionskoeffizienten D_i wird durch thermodynamische Betrachtungen erschlossen. Wir wollen nur das Ergebnis zur Kenntnis nehmen:

$$D_i = B_i \cdot kT \, (1 + \delta \ln f_i \,/\, \delta \ln x_i). \qquad (4.27)$$

B_i ist ein temperaturabhängiger Faktor (bzw. bei anisotropen Kristallen ein Tensor zweiter Stufe), der als Beweglichkeit bezeichnet wird; x_i ist jetzt der Molenbruch und f_i der thermodynamische Aktivitätskoeffizient der Komponente i. Der Klammerausdruck wird thermodynamischer Faktor genannt und bringt die Konzentrationsabhängigkeit zum Ausdruck. Bei idealer Mischbarkeit wird dieser Faktor 1 und entfällt. Es ist wesentlich, dass der Faktor auch negativ werden kann. Dann kommt es zu einer „Bergauf"-Diffusion: Konzentrationsunterschiede werden nicht ausgeglichen, sondern verstärkt, und die Folge ist eine Entmischung. Der Bereich im Zustandsdiagramm, in dem diese Entmischung stattfindet, wird durch eine Kurve, die Spinodale, abgegrenzt. Entlang dieser Kurve gilt

$$\delta \ln f_i / \delta \ln x_i \quad \text{bzw.} \quad D_i = 0. \tag{4.28}$$

Bei der spinodalen Entmischung bedarf es keiner Keimbildung für eine neu entstehende Phase. In vielen Systemen sind die partiellen Diffusionskoeffizienten D_i der einzelnen Komponenten recht unterschiedlich. So ist z. B. in Einlagerungsmischkristallen von Kohlenstoff in Eisen der partielle Diffusionskoeffizient des Kohlenstoffs um mehrere Zehnerpotenzen größer als der des Eisens, und es diffundieren praktisch nur die Kohlenstoffatome. Geringere Unterschiede sind naturgemäß für Substitutionsmischkristalle aus kristallchemisch ähnlichen Komponenten zu erwarten; aber auch in Messing ist z. B. die Beweglichkeit der Zinkatome dreimal größer als die der Kupferatome.

Unterschiedliche partielle Diffusionskoeffizienten D_i bewirken einen resultierenden Netto-Materialtransport durch eine Bezugsfläche, die auf die äußeren Probenbegrenzungen festgelegt ist. Infolgedessen wird der Probenteil mit der höheren Konzentration an der langsamer diffundierenden Komponente sein Volumen vergrößern, während der Probenteil mit der höheren Konzentration an der schneller diffundierenden Komponente sein Volumen verkleinert (Kirkendall[34]-Effekt; Abb. 4.36). Hier

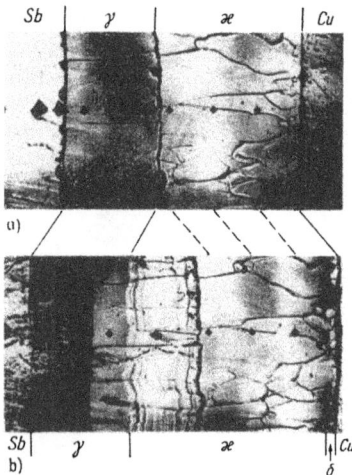

Abb. 4.36: Mehrphasendiffusion im System Antimon–Kupfer. a) Vor, b) nach einer Temperung bei 390 °C. Zwischen den Endgliedern Sb und Cu wachsen die intermediären Phasen γ, κ und δ. Entlang der Probenmitte dienen Härteeindrücke als Markierung; ihre Verschiebung demonstriert den Kirkendall-Effekt. Aufn.: Heumann u. Mehrer (1992).

---

34 Ernest Kirkendall (6.7.1914–22.8.2005).

kann es sogar zu einer Bildung von Löchern und Poren im vorher massiven Material kommen. Im Zusammenhang mit dem Kirkendall-Effekt wird auch verständlich, dass die Diffusionskoeffizienten in solchen Fällen erheblich vom hydrostatischen Druck abhängen. Insbesondere kann der Kirkendall-Effekt bei einer Diffusion durch verschiedene Phasen und über Phasengrenzen hinweg eine Rolle spielen; letztere wird als Mehrphasendiffusion bezeichnet und ist die Grundlage vieler Festkörperreaktionen. Beispielsweise können durch Mehrphasendiffusion neue Phasen präpariert werden, die u. U. auch metastabil sein können und auf anderen Reaktionswegen nicht zugänglich sind (Heumann u. Mehrer (1992)).

Erwähnt sei schließlich noch, dass eine Diffusion nicht nur durch Konzentrationsgradienten, sondern auch durch einen Temperaturgradienten angetrieben wird, was als Thermodiffusion oder Soret[35]-Effekt bezeichnet wird. Umgekehrt entsteht ein Temperaturgradient, wenn in einem ursprünglich isothermen System (vermöge von Konzentrationsgradienten) eine Diffusion stattfindet (Dufour[36]-Effekt).

4.6.2 Phasenübergänge

Ein homogenes Stoffsystem in einem bestimmten Zustand, der durch die thermodynamischen Zustandsvariablen gegeben ist, wird als Phase bezeichnet. Als unabhängige Zustandsvariable dienen meistens Temperatur, Druck und Zusammensetzung (bei Mehrstoffsystemen); bei physikalischen Betrachtungen treten weitere Zustandsvariablen, wie elektrisches oder magnetisches Feld, hinzu. Die anderen Zustandsgrößen, wie Volumen, Energie, Enthalpie, Entropie, freie Energie, freie Enthalpie, aber auch Polarisation und Magnetisierung, sind dann Funktionen der unabhängigen Zustandsvariablen (vgl. Lehrbücher der Thermodynamik).

Innerhalb einer Phase ändern sich die Eigenschaften des Systems nicht oder nur kontinuierlich. Allerdings birgt die Definition des Phasenbegriffs bei Kristallen eine Reihe von Problemen. So erhebt sich die Frage, in welcher Weise Korngrenzen, an denen sich die Orientierung anisotroper Eigenschaften diskontinuierlich ändert, wie ein Wechsel zwischen verschiedenen Stapelfolgen (Syntaxie) oder wie Adsorptions- und Epitaxieschichten zu interpretieren sind.

Ein Phasenübergang ist *per definitionem* dann gegeben, wenn bei einer Änderung der unabhängigen Variablen in mindestens einer der Zustandsfunktionen eine Unstetigkeit auftritt. Die Art dieser Unstetigkeit wird zur Klassifizierung der Phasenübergänge benutzt. Tritt bei einem Phasenübergang eine Unstetigkeit (in Form eines Sprungs) in der ersten Ableitung der freien Enthalpie G auf (bei Benutzung von Druck p und Temperatur T als unabhängige Variablen), so handelt es sich um einen Übergang 1. Ordnung (Umwandlung 1. Grades, Abb. 4.37).

---

35 Charles Soret (23.9.1854–4.4.1904).
36 Louis Dufour (17.2.1832–14.11.1892).

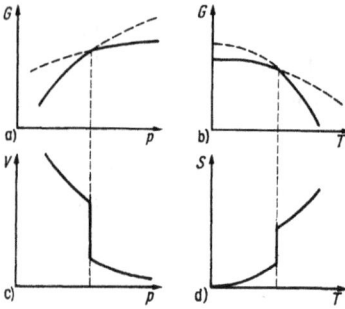

Abb. 4.37: Phasenübergang 1. Ordnung. a) Verlauf der freien Enthalpie G in Abhängigkeit vom Druck p (bei T = const.); b) Verlauf der freien Enthalpie G in Abhängigkeit von der Temperatur T (bei p = const.); c) Verlauf des Volumens V = $(\delta G / \delta p)_T$ in Abhängigkeit vom Druck p (bei T = const.); d) Verlauf der Entropie S = $-(\delta G / \delta T)_p$ in Abhängigkeit von der Temperatur T (bei p = const.).

In Anbetracht der allgemeinen thermodynamischen Beziehungen

$$(\delta G / \delta p)_T = V \quad \text{und} \quad (\delta G / \delta p)_p = -S \tag{4.29}$$

(die Indizes bezeichnen die konstant gehaltenen Variablen) bedeutet das bei einem Phasenübergang infolge Änderung des Drucks p einen Sprung im Volumen V, bei einem Phasenübergang infolge Änderung der Temperatur T einen Sprung in der Entropie S. Letzteres ist gemäß der thermodynamischen Beziehung $T\Delta S = \Delta H$ gleichbedeutend mit dem Auftreten einer (latenten) Umwandlungswärme ΔH, was daher gleichfalls für einen Phasenübergang 1. Ordnung kennzeichnend ist.

Phasenübergänge höherer Ordnung oder kontinuierliche Übergänge sind dadurch gekennzeichnet, dass die ersten Ableitungen von G – also V bei einer Änderung von p und S bzw. H (Enthalpie) bei einer Änderung von T – stetig verlaufen. Charakteristisch ist dann der Verlauf der zweiten Ableitungen von G. Im Fall eines Phasenübergangs durch Druckänderung kann hierfür gemäß

$$(\delta^2 G / \delta p^2)_T = (\delta V / \delta p)_T = V\kappa_T \tag{4.30}$$

der Verlauf der isothermen Kompressibilität κ_T verfolgt werden. Im Fall eines Phasenübergangs durch Temperaturänderung ist gemäß

$$(\delta^2 G / \delta T^2)_p = -(\delta S / \delta T)_p = -(1/T)(\delta H / \delta T)_p = c_p/T \tag{4.31}$$

der Verlauf der spezifischen Wärme c_p (bei konstantem Druck) kennzeichnend. Zeigen die Funktionen $S(T)$ bzw. $H(T)$ einen Knick, so tritt im Verlauf von $c_p(T)$ entsprechend ein Sprung auf (Übergang 2. Ordnung; eine derartige Nummerierung der Übergänge noch höherer Ordnung wird aber in der modernen Literatur nicht mehr wahrgenommen). Weiterhin gibt es Übergänge, bei denen die Funktion $c_p(T)$ einen Verlauf zeigt, der in seiner Form an den griechischen Buchstaben λ erinnert („λ-Umwandlungen", Abb. 4.38). Sodann gibt es Übergänge, bei denen $c_p(T)$ eine Singularität zeigt und (theoretisch) über alle Grenzen wächst (Abb. 4.39).

Ein derartiger Verlauf ist insbesondere im Zusammenhang mit kritischen Phänomenen zu beobachten. Hierzu gehört das Verhalten eines fluiden Systems (Gas/Flüssigkeit) am kritischen Punkt. Es wird dadurch gekennzeichnet, dass eine charakteristische Größe, die als Ordnungsparameter bezeichnet wird, mit Annäherung an die

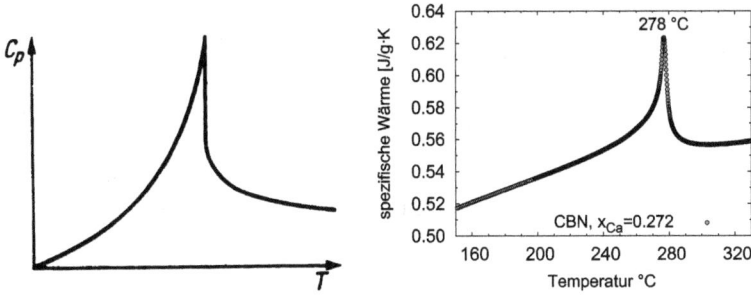

Abb. 4.38: λ-Umwandlung. Verlauf der spezifischen Wärme (bei konstantem Druck) $c_p = T(\delta S / \delta T)_p$ in Abhängigkeit von der Temperatur T. Links: theoretisch; rechts: in einkristallinem $Ca_xBa_{1-x}Nb_2O_6$ (CBN), $x_{Ca} = 0{,}272$, nach Muehlberg u. a. (2008).

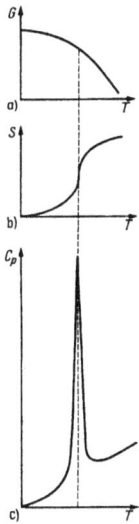

Abb. 4.39: Phasenübergang bei kritischem Verhalten. a) Verlauf der freien Enthalpie G in Abhängigkeit von der Temperatur T (bei konstantem Druck); b) Verlauf der Entropie $S = -(\delta G / \delta T)_p$ in Abhängigkeit von der Temperatur T (bei konstantem Druck); c) Verlauf der spezifischen Wärme (bei konstantem Druck) $c_p = T(\delta S / \delta T)_p$ in Abhängigkeit von der Temperatur T.

kritische Temperatur verschwindet. Beispielsweise dient als Ordnungsparameter in fluiden Systemen der Unterschied $\varrho_{fl} - \varrho_g$ zwischen den Dichten ϱ_{fl} bzw. ϱ_g der flüssigen bzw. der gasförmigen Phase als Funktion der Temperatur, der bei der kritischen Temperatur T_c verschwindet.

Für uns ist wesentlich, dass auch eine Reihe von Phasenübergängen im kristallisierten Zustand mit kritischen Phänomenen verknüpft ist. Hierzu gehören die Übergänge zwischen ferroelektrischen und paraelektrischen Phasen sowie zwischen ferromagnetischen und paramagnetischen Phasen. Als Ordnungsparameter, die mit Annäherung an die kritische Temperatur T_c (die hier als Curie-Temperatur bezeichnet wird) verschwinden, dienen im ersten Fall die spontane Polarisation und im zweiten Fall die spontane Magnetisierung. Der Abfall der als Ordnungsparameter dienenden Größe mit der Annäherung an T_c verläuft in hinreichender Nähe von T_c nach einer

Potenzfunktion des Temperaturunterschieds $\Delta T = T_c - T$, die für das Beispiel eines Übergangs ferroelektrisch–paraelektrisch wie folgt formuliert wird:

$$P = A_p(-\Theta)^\beta. \tag{4.32}$$

P bedeutet spontane Polarisation, A_p eine Konstante und $\Theta = (T-T_c)/T_c$; β ist ein „kritischer Exponent", der sich in der Größenordnung von $0{,}3\ldots0{,}5$ bewegt. Auch andere zugeordnete Größen zeigen einen charakteristischen Verlauf, so beim betrachteten Beispiel die Dielektrizitätskonstante ϵ. Die Formulierung der Potenzfunktion lautet für $\epsilon - 1 = \chi'$

$$\chi' = A'_\epsilon(\Theta)^{-\gamma'} \quad \text{für} \quad T < T_c \quad \text{und}$$
$$\chi' = A_\epsilon\Theta^{-\gamma} \quad \text{für} \quad T > T_c$$

mit A_ϵ bzw. A'_ϵ als Konstanten und γ bzw. γ' wiederum als kritische Exponenten, die nach dieser Formulierung stets positiv sind. γ und γ' bewegen sich in der Größenordnung von $1{,}1\ldots1{,}4$. Auch die Funktion der $c_p(T)$ zeigt einen ähnlichen Verlauf (Abb. 4.39c). Für die betreffenden kritischen Exponenten werden hier in der Formulierung für c_V, der spezifischen Wärme bei konstantem Volumen meistens die Symbole α und α' verwendet; sie bewegen sich in der Größenordnung von $0\ldots0{,}2$. Es gibt noch eine Reihe weiterer „kritischer Exponenten", zwischen denen Relationen auf thermodynamischer Grundlage existieren. Es überrascht zunächst, dass sich die entsprechenden kritischen Exponenten für die verschiedenen Substanzen und die verschiedenartigen kritischen Phänomene (hierzu gehören noch Entmischungsvorgänge, Übergänge zur Supraleitung u. a.) nur sehr wenig unterscheiden oder sogar den gleichen Wert haben. Das hängt damit zusammen, dass sich diese Vorgänge nach analogen Modellen vollziehen, in denen thermische Schwankungen der Korrelation der atomaren Komponenten des betrachteten Systems eine wesentliche Rolle spielen. Die Theorie der kritischen Phänomene ist noch in der Entwicklung.

Bei einer strukturellen Betrachtung von Übergängen zwischen kristallisierten Phasen ist es zweckmäßig, zwischen diskontinuierlichen Übergängen, Übergängen durch Scherung und kontinuierlichen Übergängen zu unterscheiden. Bei diskontinuierlichen Übergängen bildet sich eine wesentlich andere Kristallstruktur, die sich völlig neu aufbaut (rekonstruktive Übergänge). Oft zerfällt der Kristall dabei in ein polykristallines Aggregat. Diese Übergänge benötigen relativ hohe Aktivierungsenergien, so dass sie häufig gehemmt sind und die Ausgangsphase metastabil erhalten bleibt. Kennzeichnend ist, dass sich zunächst Keime der neuen Phase bilden müssen und beide Phasen durch eine Grenzfläche getrennt sind. Die Keimbildung in einer kristallinen Ausgangsphase stellt einen besonderen Problemkreis dar. Die Keimbildungsarbeit ΔG_K wird maßgeblich durch den elastischen Anteil ΔG_e beeinflusst. Der Beitrag der Grenzflächenenergie ΔG_σ verkleinert sich, wenn sich sog. kohärente Keime bilden, die sich analog der Epitaxie durch eine elastische Verzerrung den Gitterparametern der Ausgangsphase (zumindest entlang einer Verwachsungsebene) anpassen;

allerdings wird hierdurch ΔG_e vergrößert. Nun wachsen ΔG_e mit dem Volumen des Keims, also mit der 3. Potenz seiner Abmessungen, ΔG_σ hingegen mit seiner Oberfläche, also quadratisch mit den Abmessungen. Deshalb kann man annehmen, dass sich zunächst (wegen $\Delta G_e < \Delta G_\sigma$) kohärente Keime in Form kleiner Plättchen bilden, die später (wenn $\Delta G_e > \Delta G_\sigma$ wird) inkohärent weiterwachsen.

Die Übergänge durch Scherung werden durch die martensitischen Umwandlungen repräsentiert. Die Bezeichnung leitet sich von den metallurgisch bedeutsamen Umwandlungen des Eisens ab (kubisch flächenzentrierte γ-Phase = Austenit in kubisch raumzentrierte α-Phase = α-Martensit oder hexagonal dicht gepackte ϵ-Phase = ϵ-Martensit). Heute versteht man darunter allgemein Umwandlungen, die durch korrelierte Bewegungen der Gitterbausteine vonstatten gehen, die kleiner sind als der Gitterparameter; diffusionsartige und Platzwechselvorgänge sind dabei ausdrücklich unwesentlich. Martensitische Umwandlungen zeigen u. a. die Elemente Fe, Co, Ce, Sm und weitere Seltenerdmetalle sowie eine Reihe von Legierungen. Beispielsweise erfolgt bei der Umwandlung γ-Fe in ϵ-Fe eine Verschiebung von dicht gepackten (111)-Atom-Doppelschichten um einen Betrag von 0,259 nm in Richtung [11$\bar{2}$] (Gitterparameter von γ-Fe a = 0,366 nm). Dadurch geht die kubische in die hexagonale Stapelfolge über; dies entspricht einer Scherung des Gitters um 19°28′. Der Mechanismus der Verschiebung ist der mechanischen Zwillingsbildung (vgl. Abschnitt 5.6.2.2) analog: Durch den Kristalle bewegen sich Teilversetzungen, deren Burgers-Vektor der Verschiebung entspricht und die das gesamte umzuwandelnde Volumen Doppelschicht für Doppelschicht überstreichen. Martensitische Umwandlungen werden in starkem Maße vom Druck beeinflusst, insbesondere von gerichtetem Druck (Stress). Die Umwandlungsgeschwindigkeiten sind viel größer als bei thermisch aktivierten (diffusionsartigen) Umwandlungen.

Bei kontinuierlichen Übergängen bleibt die Kristallstruktur im Wesentlichen erhalten. Hierzu gehören vor allem die Übergänge in eine geordnete Phase, d. h. in eine Überstruktur, und die sog, displaziven Umwandlungen, bei denen sich lediglich die Positionen von Atomen verschieben. Beiden Typen von Übergängen ist gemeinsam, dass die Ordnung, d. h. die Spezifikation des strukturellen Bauplans, anwächst und die Symmetrie, d. h. die Menge der Symmetrieoperationen in der Struktur, abnimmt. Die höher symmetrische Ausgangsstruktur (sie stellt meist auch die Hochtemperaturphase dar), aus der sich die (theoretisch beliebig vielen) niedriger symmetrischen Strukturen ableiten lassen, wird in dieser Hinsicht als Prototyp bezeichnet. Wegen der Symmetrieverminderung kommt es häufig zur Ausbildung von Domänen.

Kontinuierliche Übergänge bedürfen keiner Keimbildung: Übergänge in eine geordnete Phase erfolgen schrittweise durch diffusionsartige Bewegungen einzelner Atome und verlaufen entsprechend langsam. Hingegen verlaufen displazive Übergänge schnell und reversibel. Sie erfolgen durch eine Modulation (Änderung) der Struktur in analoger Weise, wie man sich eine Modulation durch thermische Schwingungen (Phononen) vorstellen kann, indem sich der Struktur eine (in diesem Falle stationäre) Verzerrungs- bzw. Verschiebungswelle überlagert. Häufig (wie z. B. beim

$\alpha - \beta$-Übergang des Quarzes) folgen in einem engen Temperaturbereich von wenigen Zehntel Kelvin mehrere verschiedene modulierte Phasen aufeinander. Wenn die Wellenlänge der Modulation in keinem rationalen Verhältnis zum Gitterparameter der Ausgangsstruktur steht, spricht man von inkommensurablen Phasen.

Die Keimbildung in kristallisierten Phasen stellt einen besonderen Problemkreis dar. Bei völlig kohärenten Übergängen entfällt eine Keimbildung im eigentlichen Sinne, und die Formierung der neuen Phase wird durch andere Betrachtungen (z. B. von Fluktuationen) erschlossen. Bei stärkeren Änderungen des Gitters bzw. der Gitterparameter lässt sich zwar eine Keimbildungsarbeit angeben, in die vor allem auch elastische Beiträge eingehen; eine homogene Keimbildung gibt es in Kristallen jedoch kaum, sondern die Keime werden durch spezielle Vorgänge formiert. Von großer Bedeutung sind strukturspezifische Relationen zwischen den beteiligten Phasen, die unter den Begriff der Topotaxie fallen. Praktisch findet die Keimbildung stets im Zusammenhang mit Erscheinungen der Realstruktur statt. Gitterbaufehler, wie Korngrenzen, Stapelfehler, Versetzungen oder Cluster von Punktdefekten, können die Energie für die Formierung der neuen Phase wesentlich herabsetzen; in speziellen Fällen werden Strukturelemente der neuen Phase durch Stapelfehler oder bestimmte Versetzungsanordnungen bereits vorgebildet.

4.6.3 Strahlenwirkung

Unter Strahlenwirkung versteht man die Wirkung ionisierender Strahlen. Zu ihnen zählen Röntgenstrahlen, α-, β- und γ-Strahlen, Strahlen von Protonen, Neutronen, Kernspaltfragmenten etc., deren Quanten bzw. Korpuskeln eine hohe Energie besitzen ($10^2 \dots 10^8$ eV und mehr), so dass sie in einem durchstrahlten Stoff Atome zu ionisieren vermögen. Durchdringt diese Strahlung einen Kristall oder wird in ihm absorbiert, so wird diese Energie teilweise oder ganz auf den Kristall übertragen. Hierbei kann eine Reihe von Vorgängen ablaufen, die um so intensiver sind, je geringer die Energie der Strahlungsteilchen ist; d. h., hochenergetische Strahlung wird im allgemeinen weniger stark absorbiert bzw. hat eine größere Reichweite im Kristall als eine entsprechende niederenergetische Strahlung.

Neutronen und sehr hochenergetische andere Strahlen können in Atomkerne eindringen und Kernreaktionen oder -spaltungen auslösen, wobei weitere ionisierende Strahlung emittiert wird. Die neuen Atomkerne erhalten eine hohe kinetische Energie und verlassen ihren Gitterplatz und oft auch den Kristall als Rückstoßatome. Bei einer Energieaufnahme durch die Elektronenhülle kommt es zu einer Anregung von Atomen oder, wie schon gesagt, zur Ionisierung. Das hat bei Metallen, die an sich schon freie Elektronen enthalten, keine merklichen Auswirkungen, sehr wohl aber bei den Isolatorkristallen mit ihrer differenzierten elektronischen Struktur (Leitfähigkeit, Verfärbung, Lumineszenz).

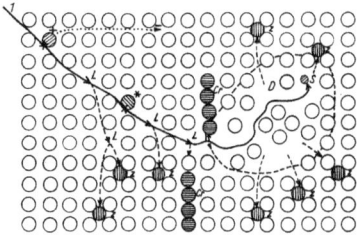

Abb. 4.40: Strahlenwirkung in einem Kristall (schematisch). 1 Bahn des einfallenden Strahlungsteilchens; + ionisiertes Atom; − freies Elektron; * angeregtes Atom; *L* Leerstelle; *Z* Zwischengitteratom; *Cr* Crowdion; *D* Displazierungsbereich; *S* abgebremstes Strahlungsteilchen.

Der überwiegende Teil der Strahlungsenergie wird jedoch durch eine elastische Impulsübertragung auf die Atome abgegeben; man bezeichnet das als Stoß. Entlang der Flugbahn der Primärteilchen werden, wie in Abb. 4.40 dargestellt, einzelne Atome von ihren Gitterplätzen gestoßen, die ihrerseits weitere Atome von ihren Plätzen stoßen können (Kaskade) und schließlich auf Zwischengitterplätzen verbleiben; es entstehen also Frenkel-Defekte. Theoretische Berechnungen haben ergeben, dass sich die ausgelösten Stoßwellen entlang dicht gepackter Atomreihen im Gitter fortpflanzen; sie werden gewissermaßen auf diese Gitterrichtungen fokussiert und deshalb Fokussonen genannt. Wenn die Energie der Stoßwelle genügend groß ist, können die Atome von ihren Plätzen weg in Richtung der Stoßfortpflanzung zusammengedrängt werden. Solche Atomgruppierungen, die meist nur kurzzeitig auftreten, werden als Crowdion bezeichnet. An dem Ort, an dem das Primärteilchen zur Ruhe kommt, gibt es seine restliche Energie in einem tröpfchenförmigen Bereich (engl. *displacement spike*) von rd. 10 nm Durchmesser ab, der kurzzeitig lokal überhitzt und aufgeschmolzen wird und in dem eine völlig zerstörte Struktur geringerer Dichte verbleibt.

Die durch Strahlung bewirkten Defekte können je nach der Temperatur entweder ganz oder zum Teil durch thermisch aktivierte Vorgänge ausheilen oder aber sich ansammeln. Im letzten kann Fall durch fortgesetzte Bestrahlung eine beträchtliche Energie (Wigner[37]-Energie) gespeichert werden, die u. U. in einer heftigen Reaktion freigesetzt wird. Das muss z. B. bei der Konstruktion kerntechnischer Anlagen berücksichtigt werden. Durch Temperungen lassen sich die Ausheilungsvorgänge beschleunigen und die Wigner-Energie abbauen. Bei manchen Kristallarten führt die Strahlenwirkung zu Phasenumwandlungen (Hauser u. Schenk (1966)) oder zur Zerstörung von Überstrukturen. Andere Kristallarten werden durch eine fortgesetzte Strahleneinwirkung völlig amorph und werden dann als isotropisiert oder als metamikt bezeichnet. Es gibt Minerale, z. B. Zirkon $ZrSiO_4$ und Fergusonit $Y(Nb,Ta)O_4$, die manchmal Beimengungen radioaktiver Elemente (Th, U) enthalten und durch deren Strahlung in geologischen Zeiträumen isotropisiert worden sind. Werden solche Kristalle erhitzt, so glühen sie plötzlich auf und stellen ihr Gitter wieder her.

---

37 Eugene Paul Wigner (17.11.1902–1.1.1995).

Erwähnt sei hier noch der Mößbauer[38]-Effekt, das ist die rückstoßfreie Absorption oder Emission von γ-Quanten durch Atome, die in einem Kristallgitter gebunden sind. Bei tiefen Temperaturen wird der Rückstoß vom gesamten Kristall aufgenommen, wodurch die Rückstoßenergie wegen dessen relativ großer Masse (Impulserhaltung) praktisch null ist. Der Effekt ermöglicht sehr genaue γ-spektroskopische Messungen.

---

[38] Rudolf Ludwig Mößbauer (31.1.1929–14.9.2011).

5 Kristallphysik

Die Physik als Wissenschaftsdisziplin enthält als ihr wohl umfangreichstes Teilgebiet die Festkörperphysik. Die Objekte festkörperphysikalischer Untersuchungen sind naturgemäß in ihrer überwiegenden Mehrheit Kristalle. Wenn kristallographische Eigenheiten und Betrachtungsweisen im Vordergrund stehen, spricht man von Kristallphysik, wobei es nicht zweckmäßig ist, die Kristallphysik gegenüber der Festkörperphysik besonders abzugrenzen. Wir wollen unser Augenmerk auf diejenigen kristallphysikalischen Erscheinungen konzentrieren, bei denen die kristallographischen Beziehungen besonders hervortreten.

Legt man beispielsweise an einen Festkörper mit einem gewissen elektrischen Leitvermögen, z. B. an einen Kristall von Bismut (Bi) eine elektrische Spannung U (gemessen in V) an, so entsteht in diesem ein elektrisches Feld mit der Feldstärke E^{el} (gemessen in $V \cdot m^{-1}$) und es fließt ein elektrischer Strom j (gemessen in A). (Es sei an dieser Stelle auf den ursprünglichen deutschen Namen „Wismut" dieses seit 1472 im sächsisch-böhmischen Erzgebirge bergbaulich geförderten Metalls hingewiesen. Nach Kluge (1899) geht der Name wahrscheinlich darauf zurück, dass die älteste Wismutzeche St. Georgen „in der Wiesen" war.) Strom und Spannung sind (unter gewissen Voraussetzungen) zueinander proportional

$$j = \sigma^{el} E^{el} \tag{5.1}$$

mit der sog. elektrischen Leitfähigkeit oder Konduktivität σ^{el} (gemessen in $S \cdot m^{-1}$ oder $(\Omega \cdot m)^{-1}$; S = Siemens).

Das gilt so für isotrope Körper. Nun haben elektrische Feldstärke und Strom eine Richtung und werden daher als vektorielle Größen beschrieben. In der Einleitung hatten wir festgestellt, dass Kristalle homogene anisotrope Körper sind. Betrachten wir wieder das Bismut (Bi), dessen Kristalle zur Klasse $\bar{3}m$ gehören und die in Abb. 5.1 dargestellte Kristallstruktur haben. In der rhomboedrischen Elementarzelle sind jeweils 2 Bi-Atome enthalten. Zur Verdeutlichung der Koordination wurden außer den

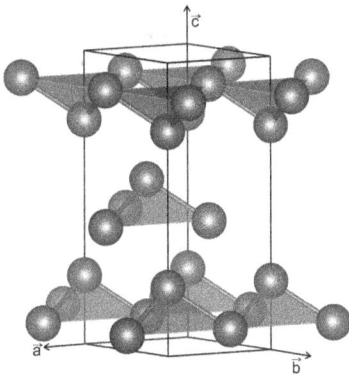

Abb. 5.1: Kristallstruktur von Bismut, Kristallklasse $\bar{3}m$, Gitterparameter der hexagonalen Elementarzelle $a = 4,546\,\text{Å}$, $c = 11,862\,\text{Å}$. Strukturdaten nach Schiferl u. Barrett (1969), gezeichnet mit VESTA von Momma u. Izumi (2011).

https://doi.org/10.1515/9783110460247-005

in der Elementarzelle liegenden Atome auch noch einige außerhalb liegende gezeichnet. Innerhalb der dargestellten pyramidalen Bi-Schichten beträgt der Atomabstand 3,07 Å, die nächsten Atome in der folgenden Schicht sind aber 3,53 Å entfernt. (Wenn diese weiter entfernten Atome in die Koordinationssphären mit einbezogen würden, ergäbe sich ein verzerrtes Oktaeder als Umgebung.) Es ist ohne weiteres plausibel, dass ein elektrisches Feld $\vec{E}$, welches parallel $\vec{a}$ oder $\vec{b}$ auf den Kristall wirkt, einen etwas anderen Stromfluss $\vec{j}$ hervorrufen wird als eines, welches in Richtung $\vec{c}$ zeigt; denn offenbar besteht die Struktur aus Schichten senkrecht $\vec{c}$. Mit anderen Worten: Die elektrische Leitfähigkeit, σ^{el} welche beide Größen gemäß (5.1) verknüpft, hängt von der kristallographischen Orientierung ab. Weniger offensichtlich sind allerdings die folgenden Umstände:

1. Jeder dem Betrag nach gleiche Feldstärkevektor $\vec{E}$ innerhalb der in Abb. 5.1 dargestellten Basisebene führt zu einem dem Betrag nach gleichen Stromfluss $\vec{j}$ parallel $\vec{E}$ ($\vec{j} \parallel \vec{E}$). Dieser ergibt sich, indem für die elektrische Leitfähigkeit in Gl. (5.1) die Größe $\sigma_{11}^{el} = 8{,}93 \cdot 10^5\,\Omega^{-1}\,m^{-1}$ verwendet wird (Wert nach Gallo u. a. (1963).)
2. Auch $\vec{E} \parallel \vec{c}$ führt zu einem $\vec{j} \parallel \vec{E}$; aber in diesem Falle ist die kleinere Leitfähigkeit $\sigma_{33}^{el} = 7{,}41 \cdot 10^5\,\Omega^{-1}\,m^{-1}$ zu verwenden.
3. Liegt $\vec{E}$ schräg zur Basisebene, so resultiert ein nicht paralleler Stromvektor $\vec{j}$. σ^{el} hängt dann vom Winkel zwischen $\vec{E}$ und $\vec{c}$ ab.

Während sich die ersten beiden Punkte noch durch Einführung verschiedener Leitfähigkeiten $\sigma_{\perp}^{el}$ (bzw. σ_{11}^{el}) und $\sigma_{\parallel}^{el}$ (bzw. σ_{33}^{el}) beschreiben lassen, ist dies für Punkt 3. nicht ohne weiteres möglich; denn eine mathematische Relation der Art (5.1) kann nicht durch eine skalare physikalische Größe wie σ^{el} zwei zueinander windschiefe Vektoren in Beziehung setzen. In diesem Kapitel wird dargelegt, dass Tensoren ein geeignetes mathematisches Konstrukt darstellen, um solche Zusammenhänge zu beschreiben. Allerdings ist es im Rahmen dieser Einführung in die Kristallphysik nur möglich, grundlegende Prinzipien des Tensorkalküls anhand einiger wichtiger kristallphysikalischer Effekte zu beschreiben. Für ein tiefer gehendes Studium sei auf die Spezialliteratur verwiesen: Nye (1957), Paufler (1986), Haussühl (1983), Sirotin u. Šaskol'skaja (1979), Hartmann (1984).

Die Vektoren von Ursachen und Wirkungen sind in Kristallen im Allgemeinen windschief. Ihre Verknüpfung ist über Tensoren möglich.

5.1 Tensoren

5.1.1 Kristallphysikalische Koordinaten

Die Darstellung kristallographischer Eigenschaften und insbesondere von Kristallstrukturen erfolgt vorzugsweise in den in Abschnitt 1.1.2 beschriebenen kristallographischen Koordinatensystemen $\vec{a}_\alpha$ ($\alpha = 1, 2, 3$), die im allgemeinen schiefwinklig und nicht isometrisch sind. Dies erweist sich für die Beschreibung physikalischer Effekte oft als Nachteil, weil diese in der Regel auf ein Laborkoordinatensystem bezogen werden, welches oft orthonormiert ist und dann durch die cartesischen Basisvektoren $\vec{e}_i$ ($i = 1, 2, 3$) aufgespannt wird. Die $\vec{e}_i$ werden so gewählt, dass ihre Richtung dem zugehörigen kristallographischen System möglichst gut angepasst ist. Der Basisvektor $\vec{e}_3$ entspricht stets der kristallographischen Achse $\vec{c} = \vec{a}_3$. Für monokline Gitter wird sowohl die übliche kristallographische 2. Aufstellung $\beta \neq 90°$ als auch eine kristallphysikalische 1. Aufstellung $\gamma \neq 90°$ verwendet (Tab. 5.1).

Tab. 5.1: Orthonormierte kristallphysikalische Koordinatensysteme $\vec{e}_i$.

Kristallsystem		$\vec{e}_1$	$\vec{e}_2$	$\vec{e}_3$
triklin		‖ (010) und ⊥ [001]	⊥ (010)	‖ [001]
monoklin	$\beta \neq 90°$	⊥ (100)	‖ [010]	‖ [001]
	$\gamma \neq 90°$	‖ [100]	⊥ (010)	‖ [001]
orthorhombisch		‖ [100]	‖ [010]	‖ [001]
tetragonal		‖ [100]	‖ [010]	‖ [001]
hexagonal		‖ [10.0] bzw. ⊥ ($2\bar{1}\bar{1}0$)	‖ [12.0] bzw. ⊥ ($01\bar{1}0$)	‖ [00.1] bzw. ⊥ (0001)
rhomboedrisch		‖ [$1\bar{1}$.0]	‖ [11.$\bar{2}$]	‖ [111]
kubisch		‖ [100]	‖ [010]	‖ [001]

Die Umrechnung physikalischer Eigenschaften, die im kristallphysikalischen System beschrieben sind auf kristallographische Koordinaten ist durch Transformationsmatrizen nach

$$a_\alpha = A_{\alpha i} e_i \tag{5.2}$$

$$e_i = E_{i\alpha} a_\alpha \tag{5.3}$$

$$\text{wobei } E_{i\alpha} = (-1)^{(i+\alpha)} \frac{\Delta_{\alpha i}}{\|A_{\alpha i}\|} \tag{5.4}$$

möglich. (Die Determinante $\Delta_{\alpha i}$ ergibt sich aus der Untermatrix nach Streichung der α-ten Zeile und der i-ten Spalte aus $A_{\alpha i}$.) Die für die Hintransformation (5.2) benötigten $A_{\alpha i}$ sind in Tab. 5.2 gegeben, während die für die Rücktransformation benötigte Matrix $E_{i\alpha}$ nach (5.4) berechnet werden kann.

5.1.2 Skalare – Vektoren – Tensoren

Die Kristallphysik ist bemüht, durch Beziehungen der Art (5.1) den Zusammenhang zwischen Ursachen (verallgemeinert: Kräften, dort E) und Wirkungen (verallgemeinert: Flüssen, dort *j*) darzustellen, das heißt unter Vermittlung durch eine entsprechende Materialeigenschaft (dort σ^{el}). Eine solche Verknüpfung ist möglich, wenn die betreffenden Größen als Tensoren beschrieben werden. Im 3-dimensionalen Raum ist ein Tensor *n*-ter Stufe eine Funktion des Ortes, die einem Vektor einen Tensor $(n-1)$-ter Stufe zuordnet. Allgemein verknüpft ein Tensor der Stufe *n* einen Tensor der Stufe *m* mit einem Tensor der Stufe $m-n$ $(m, n \in \mathbb{N}, m \geq n)$. In diesem Sinne sind Vektoren Tensoren 1. Stufe und Skalare Tensoren 0. Stufe. Ein Tensor *n*-ter Stufe hat im allgemeinen 3^n unabhängige Komponenten und wird durch das Symbol $\overset{n\rightarrow}{T}$ dargestellt.

Tab. 5.2: Transformationsmatrizen A_{ai} von kristallphysikalischen in kristallographische Koordinaten (siehe Gl. (5.2)). γ^* ist der Parameter des reziproken Gitters.
$Q = \sqrt{1 + 2\cos\alpha\cos\beta\cos\gamma - \cos^2\alpha - \cos^2\beta - \cos^2\gamma}$ (Paufler (1986)).

Kristallsystem	A_{ai}
triklin	$\begin{pmatrix} a\sin\beta & 0 & a\cos\beta \\ -b\sin\alpha\cos\gamma^* & \frac{bQ}{\sin\beta} & b\cos\alpha \\ 0 & 0 & c \end{pmatrix}$
monoklin, 1. Aufstellung	$\begin{pmatrix} a & 0 & 0 \\ b\cos\gamma & b\sin\gamma & 0 \\ 0 & 0 & c \end{pmatrix}$
monoklin, 2. Aufstellung	$\begin{pmatrix} a\sin\beta & 0 & a\cos\beta \\ 0 & b & 0 \\ 0 & 0 & c \end{pmatrix}$
orthorhombisch	$\begin{pmatrix} a & 0 & 0 \\ 0 & b & 0 \\ 0 & 0 & c \end{pmatrix}$
rhomboedrisch	$\begin{pmatrix} a\sqrt{\frac{1}{2}(1-\cos\alpha)} & a\sqrt{\frac{1}{6}(1-\cos\alpha)} & a\sqrt{\frac{2}{3}(\frac{1}{2}+\cos\alpha)} \\ -a\sqrt{\frac{1}{2}(1-\cos\alpha)} & a\sqrt{\frac{1}{6}(1-\cos\alpha)} & a\sqrt{\frac{2}{3}(\frac{1}{2}+\cos\alpha)} \\ 0 & -a\sqrt{\frac{2}{3}(1-\cos\alpha)} & a\sqrt{\frac{2}{3}(\frac{1}{2}+\cos\alpha)} \end{pmatrix}$
tetragonal	$\begin{pmatrix} a & 0 & 0 \\ 0 & a & 0 \\ 0 & 0 & c \end{pmatrix}$
hexagonal	$\begin{pmatrix} a & 0 & 0 \\ -\frac{a}{2} & \frac{a\sqrt{3}}{2} & 0 \\ 0 & 0 & c \end{pmatrix}$
kubisch	$\begin{pmatrix} a & 0 & 0 \\ 0 & a & 0 \\ 0 & 0 & a \end{pmatrix}$

Echte oder einfache Skalare werden durch eine Zahl repräsentiert, welche gegebenenfalls durch eine Maßeinheit ergänzt wird. Skalare besitzen die Parität +1. Das bedeutet, dass Inversion des Raumes (Übergang vom rechtshändigen zum linkshändigen Koordinatensystem) den Wert eines echten Skalars nicht ändert. Dies ist bei den oben genannten physikalischen Größen Temperatur und Massendichte zweifellos der Fall.

Skalare sind Tensoren der Stufe 0 und haben $3^0 = 1$ Komponente. Beispiele: Temperatur T, Massendichte ϱ.

Vektoren sind Tensoren der Stufe 1 und haben $3^1 = 3$ Komponenten. Beispiele: elektrisches Feld $\vec{E}$, elektrische Stromdichte $\vec{j}$ (siehe Gl. (5.1) und anschließender Text), dielektrische Verschiebung $\vec{D}$.

Tensoren der Stufe 2 haben $3^2 = 9$ Komponenten und verknüpfen entweder zwei Vektoren ($\overset{2}{\sigma}{}^{el}$ verknüpft $\vec{E}$ mit $\vec{j}$) oder einen Tensor 2. Stufe mit einem Skalar (die thermische Ausdehnung $\overset{2}{\alpha}$ verknüpft eine Temperaturänderung ΔT mit einer infinitesimalen Verzerrung $\overset{2}{\varepsilon}$).

Anders verhält sich aber zum Beispiel der Drehwinkel $\Delta\varphi$, um den die Polarisationsebene linear polarisierten Lichtes beim Durchgang durch optisch aktive Substanzen erfährt. Zu solchen optisch aktiven Substanzen zählen nicht nur viele (aber nicht alle!) azentrischen Kristalle, sondern auch Lösungen chiraler Moleküle. Gerade solche Lösungen sind offensichtlich isotrop, aber erzeugen stets eine für ein gegebenes Molekül gleichsinnige Drehung, die für Glucose zum Beispiel positiv (also im Uhrzeigersinn) und für Fructose negativ ist. Abb. 5.2 zeigt, dass sich bei Inversion des Koordinatensystems das Vorzeigen des optischen Drehvermögens umkehrt: Er wird im rechtshändigen System durch die rechte Hand, und im linkshändigen System durch die linke Hand beschrieben. Folglich stellt diese Eigenschaft einen Pseudoskalar mit Parität -1 dar.

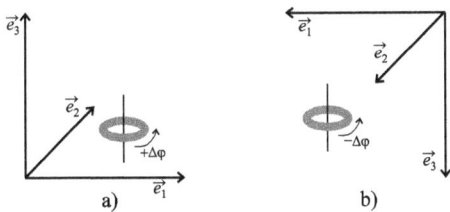

Abb. 5.2: Beim Übergang von einem rechtshändigen Koordinatensystem a) zu einem linkshändigen System b) ändert ein Pseudoskalar wie der Drehwinkel $\Delta\varphi$ optisch aktiver Substanzen sein Vorzeichen.

Sowohl echte als auch Pseudoskalare lassen sich durch eine Zahl und gegebenenfalls Maßeinheit darstellen: $T = 300\,\text{K}$ (Temperatur), $x = 0.5 = 50\,\%$ (Molenbruch, Konzentration), $\Delta\varphi = +50°$ (optischer Drehwinkel). Ein Vektor hingegen kann beispielsweise in kristallphysikalischen Koordinaten als $\vec{v} = v_1\,\vec{e_1} + v_2\,\vec{e_2} + v_3\,\vec{e_3}$ durch drei Zahlen v_1, v_2, v_3 dargestellt werden. Alternativ ist auch die Darstellung durch seinen Betrag (1 Wert) und die Richtung (Azimut und Höhe, also 2 Werte) möglich. Auch hier ist wieder zu unterscheiden, ob der Betrag des Vektors ein Skalar oder ein Pseudoskalar ist: Im ersteren Fall spricht man von einem polaren, und im zweiten Fall von einem axialen Vektor oder Pseudovektor. Falls die Unterscheidung beider Vektortypen wesentlich ist, kann diese im Symbol so erfolgen, dass der „normale" polare Vektor mit einem darüber liegenden Rechtspfeil ($\vec{v}$), der axiale hingegen zusätzlich mit einem Ring ($\overset{\circ}{\vec{v}}$) bezeichnet wird. Der Winkel zwischen zwei nicht parallelen axialen Vektoren ist stets jener, über den diese unter Bewahrung des Drehsinnes ineinander überführt werden können. Abb. 5.3 demonstriert dies für jeweils zwei axiale Vektoren. Im linken Teilbild können die Drehsinne von $\overset{\circ}{\vec{a}}$ und $\overset{\circ}{\vec{b}}$ dadurch zur Deckung gebracht werden, dass einer der Ausgangsvektoren durch Drehung um einen stumpfen Winkel mit dem anderen zur Deckung gebracht wird, während hierzu im rechten Teilbild nur die Drehung um einen spitzen Winkel nötig ist. Der Summenvektor liegt stets innerhalb des nötigen Drehwinkels.

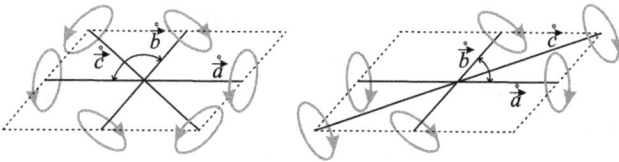

Abb. 5.3: Die Addition zweier axialer Vektoren $\overset{\circ}{\vec{a}} + \overset{\circ}{\vec{b}} = \overset{\circ}{\vec{c}}$ wird so ausgeführt, dass alle 3 Vektoren den gleichen Rotationssinn (hier: mathematisch positiv) besitzen.

Polare und axiale und Vektoren sind mit Skalaren und Pseudoskalen sowie untereinander beispielsweise durch die Beziehungen

$$\overset{\circ}{\vec{c}} = \vec{a} \times \vec{b} \tag{5.5}$$

$$\vec{c} = \overset{\circ}{\vec{a}} \times \overset{\circ}{\vec{b}} \tag{5.6}$$

$$\vec{c} = \overset{\circ}{\vec{c}} \times \vec{b} \tag{5.7}$$

$$c = \vec{a} \cdot \vec{b} \quad \text{(Skalar)} \tag{5.8}$$

$$c = \overset{\circ}{\vec{a}} \cdot \overset{\circ}{\vec{b}} \quad \text{(Skalar)} \tag{5.9}$$

$$\varphi = \overset{\circ}{\vec{a}} \cdot \vec{v} \quad \text{(Pseudoskalar)} \tag{5.10}$$

verknüpft, wobei die Operatorsymbole „×" für das Kreuzprodukt und „·" für das Skalarprodukt stehen. Aus Gl. (5.5) lässt sich ableiten, dass das Drehmoment $\overset{\circ}{\vec{M}} = \vec{r} \times \vec{F}$ ($\vec{r}$ – Abstandsvektor zum Angriffspunkt der Kraft $\vec{F}$ am Hebel) durch einen axialen Vektor beschrieben wird. Die Unterscheidung zwischen polaren und axialen Vektoren ist insbesondere wichtig, wenn Inversionen des Koordinatensystems berücksichtigt werden müssen: Bei solchen Operationen ändern polare Vektoren ihr Vorzeichen, axiale jedoch nicht.

? Welchen Charakter hat der Normalenvektor einer Fläche?

Tensoren der Stufe n waren zu Beginn dieses Kapitels als 3^n-Tupel von Zahlen (Komponenten) eingeführt worden, welche Tensoren niederer Stufe miteinander verknüpfen können. Vektoren sind in diesem Sinne Tensoren der Stufe 1 und werden, je nach beabsichtigter Berechnung, oft als Summe von Produkten oder auch als (3×1)- beziehungsweise (1×3)-Matrix dargestellt

$$\vec{a} = a_1\vec{e}_1 + a_2\vec{e}_2 + a_3\vec{e}_3 = \begin{pmatrix} a_1 \\ a_2 \\ a_3 \end{pmatrix} = (a_1 \quad a_2 \quad a_3) \tag{5.11}$$

wobei die Zahlen a_i ($i = 1\ldots3$) als Komponenten des Vektors bezeichnet werden.

Ganz analog werden Tensoren 2. Stufe in der Regel als 3×3-Matrizen beschrieben. Dann würde das eingangs verwendete Beispiel der Verknüpfung von elektrischem Feldstärkevektor $\vec{E}$ und Stromdichtevektor $\vec{j}$ durch den Tensor der elektrischen Leitfähigkeit $\overset{2\to}{\sigma}$ formuliert als

$$\vec{j} = \overset{2\to}{\sigma} \cdot \vec{E} \tag{5.12}$$

$$\begin{pmatrix} j_1 \\ j_2 \\ j_3 \end{pmatrix} = \begin{pmatrix} \sigma_{11} & \sigma_{12} & \sigma_{13} \\ \sigma_{21} & \sigma_{22} & \sigma_{23} \\ \sigma_{31} & \sigma_{32} & \sigma_{33} \end{pmatrix} \cdot \begin{pmatrix} E_1 \\ E_2 \\ E_3 \end{pmatrix} \tag{5.13}$$

wobei die elektrische Leitfähigkeit des Kristalls durch die 9 Komponenten σ_{ij} ($i,j = 1\ldots3$) beschrieben wird.

Die Matrixschreibweise eines Tensors nach Gl. (5.13) ist nur für Tensoren 2. Stufe direkt möglich, allerdings existieren für einige wichtige Tensoren höherer Stufe Transformationen, die die Verwendung von Matrizen auch für Tensoren höherer Stufe ermöglichen. Am Beispiel der elastischen mechanischen Eigenschaften wird dies in Abschnitt 5.6.2.1 erläutert.

Eine alternative Schreibweise für Tensoren 2. Stufe ist die als Summe dyadischer (unbestimmter) Produkte

$$\begin{aligned} \overset{2\to}{T} = &\, t_{11}\vec{e}_1\vec{e}_1 + t_{12}\vec{e}_1\vec{e}_2 + t_{13}\vec{e}_1\vec{e}_3 + \\ &\, t_{21}\vec{e}_2\vec{e}_1 + t_{22}\vec{e}_2\vec{e}_2 + t_{23}\vec{e}_2\vec{e}_3 + \\ &\, t_{31}\vec{e}_3\vec{e}_1 + t_{32}\vec{e}_3\vec{e}_2 + t_{33}\vec{e}_3\vec{e}_3 \end{aligned} \tag{5.14}$$

wobei die Terme $\vec{e}_i\vec{e}_j \equiv \vec{e}_i \otimes \vec{e}_j$ nicht ausgerechnet, sondern zunächst stehen gelassen und nur bei Bedarf mit weiteren Termen wie beispielsweise Vektoren multipliziert werden (Lagally u. Franz (1965))[1,2] Auf diese Weise können leicht nicht nur Skalarpro-

---

[1] Max Otto Lagally (7.1.1881–31.1.1945).
[2] Walter Franz (8.4.1911–16.2.1992).

dukte

$$\overset{2\to}{T} \cdot \vec{a} = (t_{11}\vec{e}_1\vec{e}_1 + t_{12}\vec{e}_1\vec{e}_2 + t_{13}\vec{e}_1\vec{e}_3 + t_{21}\vec{e}_2\vec{e}_1 + t_{22}\vec{e}_2\vec{e}_2 + t_{23}\vec{e}_2\vec{e}_3 \\ + t_{31}\vec{e}_3\vec{e}_1 + t_{32}\vec{e}_3\vec{e}_2 + t_{33}\vec{e}_3\vec{e}_3) \cdot (a_1\vec{e}_1 + a_2\vec{e}_2 + a_3\vec{e}_3)$$

(5.15)

sondern auch Kreuzprodukte

$$\overset{2\to}{T} \times \vec{a} = (t_{11}\vec{e}_1\vec{e}_1 + t_{12}\vec{e}_1\vec{e}_2 + t_{13}\vec{e}_1\vec{e}_3 + t_{21}\vec{e}_2\vec{e}_1 + t_{22}\vec{e}_2\vec{e}_2 + t_{23}\vec{e}_2\vec{e}_3 \\ + t_{31}\vec{e}_3\vec{e}_1 + t_{32}\vec{e}_3\vec{e}_2 + t_{33}\vec{e}_3\vec{e}_3) \times (a_1\vec{e}_1 + a_2\vec{e}_2 + a_3\vec{e}_3)$$

(5.16)

einfach berechnet werden, indem die Klammern in Ausdrücken der Art (5.15) oder (5.16) ausmultipliziert werden. Dazu ist jedes Glied der ersten Klammer (Dyade $\overset{2\to}{T}$) mit jedem Glied der zweiten Klammer (Vektor $\vec{a}$) so zu kombinieren, dass die durch den Operator (Skalar- beziehungsweise Kreuzprodukt) getrennten cartesischen Einheitsvektoren über diesen Operator miteinander verknüpft werden. Allgemein kann dieses Konzept auch für Tensoren höherer Stufe erweitert werden; so ist ein Tensor 3. Stufe (Triade) als Summe von $3^3 = 27$ unbestimmten Produkten nach

$$\overset{3\to}{T} = \sum_{i,j,k=1}^{3} t_{ijk}\vec{e}_i\vec{e}_j\vec{e}_k$$

(5.17)

darstellbar und kann mit anderen Vektoren oder Tensoren verknüpft werden.

In Abschnitt 5.2.3 wird dargelegt, dass die betreffende tensorielle Eigenschaft stets an einen bestimmten Kristall gebunden ist; ihre Symmetrie kann daher nicht geringer sein als durch die Punktgruppe des Kristalls vorgegeben. Darüber hinaus besitzen viele Tensoren eine „innere Symmetrie", die Relationen zwischen verschiedenen Tensorkomponenten implizieren kann. Beide Umstände führen dazu, dass viele Tensoren n-ter Stufe deutlich weniger als 3^n unabhängige Komponenten besitzen.

? Das Ausmultiplizieren von Gl. (5.15) mit 9 Summanden in der ersten und 3 Summanden in der zweiten Klammer führt letztlich zu einer Reduzierung der Komponentenzahl. Warum?

5.1.3 Graphische Darstellung

Während die Darstellung von Vektoren als Pfeil im 3-dimensionalen Raum kein Problem darstellt, wird eine anschauliche Präsentation für Tensoren der Stufe 2 oder höher zunehmend schwieriger. Immerhin lässt sich eine partielle Veranschaulichung dadurch erreichen, dass über alle Raumrichtungen verteilte Einheitsvektoren $\vec{e}_r$ so oft skalar mit dem Tensor multipliziert werden, bis sich eine Zahl $r(\vec{e}_r)$ ergibt, die als Radius in Richtung $\vec{e}_r$ abgetragen wird. Für Tensoren 2. Stufe errechnet sich r zu

$$r = \vec{e}_r \cdot \overset{2\to}{T} \cdot \vec{e}_r.$$

(5.18)

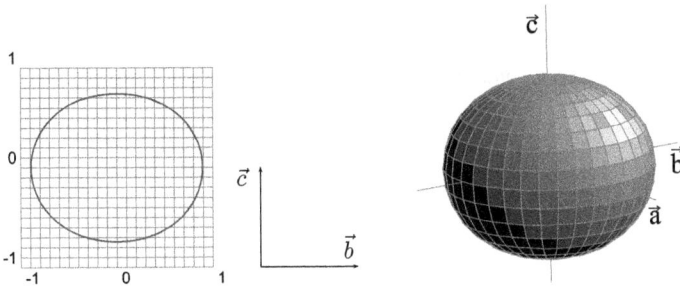

Abb. 5.4: Links: Schnitt durch die Indexfläche des Tensors der elektrischen Leitfähigkeit von Bismut (siehe Abb. 5.1). Rechts: Der 3-dimensionale Körper ist um die $\vec{c}$-Achse rotationssymmetrisch.

Die Erstellung solcher Grafiken erfolgt sinnvoller Weise mit geeigneter Software; beispielsweise ist für 3-dimensionale Darstellungen wie in Abb. 5.4 rechts WinTensor von Kaminsky u. a. (2015) sehr geeignet. Insbesondere für Tensoren 2. Stufe werden oft auch andere graphische Repräsentationen gewählt, worauf in Abschnitt 5.4.3 eingegangen wird.

5.2 Symmetriebetrachtungen

5.2.1 Kontinuierliche Punktgruppen

In der kristallographischen Beschreibung werden Punktgruppen als diskrete Anordnungen von Gitterpunkten im 3-dimensionalen Raum verstanden (Abschnitt 1.5). Im Gegensatz dazu wird beim Studium physikalischer Effekte von Materie diese in der Regel als Kontinuum betrachtet. Auch viele physikalische Größen als solche besitzen Symmetrien, welche nicht durch die 32 klassischen kristallographischen Punktgruppen erfasst werden. Beispielsweise lässt sich eine mechanische Kraft als polarer Vektor (Pfeil) beschreiben, der bei Drehungen um die Pfeilachse um beliebige Drehwinkel mit sich selbst zur Deckung kommt. Dem Vektorpfeil kann daher eine unendlichzählige Drehachse ∞ zugeschrieben werden. Diese Überlegungen wurden erstmals von Pierre Curie[3] (Curie (1894)) dargelegt und die sich hieraus ergebenden 7 „kontinuierlichen Punktgruppen" werden auch als Curie-Gruppen bezeichnet. Diese sind in Tab. 5.3 dargestellt, wobei die oberen 5 Gruppen dem zylindrischen (IUCr1 (2012)) und die unteren beiden dem kubischen System (IUCr2 (2012)) zugehören. Des weiteren besitzen polykristalline Aggregate – je nachdem, ob sie texturiert sind oder nicht – in der Regel eine höhere Symmetrie als die Kristallite aus denen sie bestehen. Auch hieraus können sich zusätzliche Symmetrieelemente ergeben.

---

3 Pierre Curie (15.5.1859–19.4.1906).

Tab. 5.3: Die kontinuierlichen Punktgruppen. Beispiele: [1] – nematischer Flüssigkristall aus optisch aktiven, polaren Molekülen, $\vec{E}$ – homogenes elektrisches Feld, $\overset{\circ}{H}$ – homogenes magnetisches Feld, [2] – nematischer Flüssigkristall aus optisch aktiven Molekülen, σ_{33} – einachsige mechanische Spannung, [3] – optisch aktive Flüssigkeit, p – hydrostatischer Druck.

Punktgruppe	Beschreibung	azentrisch	polar	enantiomorph	Beispiel
∞	rotierender Kegel	+	+	+	[1]
∞m	ruhender Kegel	+	+	–	$\vec{E}$
$\overline{\infty}$	rotierender Zylinder	–	–	–	$\overset{\circ}{H}$
$\infty 2$	tordierter Zylinder	+	–	+	[2]
$\overline{\infty}\,m \equiv \overline{\infty}\dfrac{2}{m}$	ruhender Zylinder	–	–	–	σ_{33}
2∞	Kugel, rotierende Radien	+	–	+	[3]
$m\overline{\infty} \equiv \dfrac{2}{m}\overline{\infty}$	ruhende Kugel	–	–	–	p

5.2.2 Magnetische Punktgruppen

Magnetische Momente $\overset{\circ}{m}$ (siehe auch Abschnitt 5.4.6.1) werden durch Ringströme erzeugt und sind folglich axiale Vektoren (Lindner (2011)). Das bedeutet, dass sie bei Zeitumkehr („Antisymmetrie", Symmetrieoperator $\underline{1}$, Heesch (1930), Schubnikow (1930)[4,5]) ihre Orientierung umkehren. Dies ist ein wesentlicher Unterschied zu den meisten anderen Gittereigenschaften, wie dem mit einem Gitterpunkt verknüpften atomaren Motiv, welches bei Zeitumkehr erhalten bleibt. Durch Kombination des Symmetrieelementes $\underline{1}$ mit den klassischen Drehachsen ergeben sich die Antidrehungen $1 \cdot \underline{1} = \underline{1}$ sowie $\underline{2}$, $\underline{3}$, $\underline{4}$, $\underline{6}$ und durch Kombination mit klassischen Drehinversionsachsen die Antidrehinversionen $\underline{\bar{1}}$, $\underline{\bar{2}}$, $\underline{\bar{3}}$, $\underline{\bar{4}}$, $\underline{\bar{6}}$. Letztlich lassen sich daraus weitere Punkt- und Raumgruppen konstruieren, die nach den oben genannten Autoren oft als Heesch–Shubnikov-Gruppen bezeichnet werden, obgleich die dabei verwendete moderne Transkription der kyrillischen Namensschreibung eigentlich unnötig wäre; denn die originale Publikation von Schubnikow (1930) erschien in deutscher Sprache.

In Festkörpern werden zwei über $\underline{1}$ verknüpfe magnetische Zustände oft englisch als *spin up* und *spin down* bezeichnet. In Abb. 5.5 besteht nach klassischem kristallographischen Ansatz die Basis des 1-dimensionalen Gitters aus je einem schwarzen Auswärts- und einem grauen Abwärtspfeil. Translation um $\vec{t}$ bringt die Struktur mit sich selbst zur Deckung; außerdem ist offenbar, dass sich an der Position aller Pfeile Spiegelebenen m befinden. Durch Einführung des Antisymmetrie-Elementes $\underline{1}$, welches den schwarzen Aufwärtspfeil in einen grauen Abwärtspfeil überführt, ergibt sich der zusätzliche Translationsvektor $\vec{t}'$. Außerdem befindet sich zwischen beiden Pfeil-

---

4 Heinrich Heesch (25.6.1906–26.7.1995).
5 Alexei Wassiljewitsch Schubnikow (29.3.1887–27.4.1970).

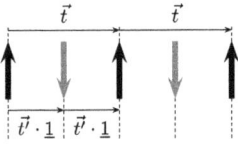

Abb. 5.5: Translation um $\vec{t}$ bringt das Motiv (2 entgegengesetzte Pfeile) mit sich selbst zur Deckung. Wenn die Antisymmetrie $\underline{1}$ beide Pfeilarten ineinander überführt, genügt für das kleinere Motiv der Translationsvektor $\vec{t}' = \frac{1}{2}\vec{t}$.

arten jeweils eine Antispiegelebene $\underline{m}$ (nicht eingezeichnet). Dieses Konzept der Einführung zusätzlicher Symmetrieoperationen lässt sich von zwei ineinander zu überführenden Zuständen (up/down oder schwarz/weiß) auf eine größere Zahl von Zuständen übertragen („Mehrfarbensymmetrie"). Außerdem kann es mit kontinuierlichen Punktgruppen (Abschnitt 5.2.1) sowie Quasikristallen (Abschnitt 6.5) kombiniert werden (Lifshitz (1997)[6]). Diese Kombination des Antisymmetrieelements $\underline{1}$ mit den klassischen Punkt- und Raumgruppen (Abschnitt 1.9.3) sowie den Curie-Gruppen (Abschnitt 5.2.1) führt nach Lifshitz (2005) zu folgenden Möglichkeiten:

Typ 1: Graue Gruppen werden durch Multiplikation der 32 klassischen sowie 7 Curie-Gruppen mit der Gruppe $\{1,\underline{1}\}$ erhalten. In diesen 39 Gruppen tritt daher jedes Symmetrieelement einmal klassisch (g) und einmal gepaart mit Zeitumkehr ($\underline{g}$) auf. Die aus der klassischen oder Curie-Gruppe G konstruierte graue Gruppe wird in der Regel mit $G\underline{1}$ bezeichnet.

Typ 2: Schwarz-weiße Gruppen werden aus einer klassischen oder Curie-Gruppe G gebildet, indem in einem ersten Schritt diese in zwei Untergruppen G_1 und G_2 zerlegt wird, deren Ordnung jeweils die Hälfte von G ist: $G = G_1 \cup G_2$. In einem zweiten Schritt erfolgt die Verknüpfung der klassischen Symmetrieelemente einer der Untergruppen mit der Zeitumkehr, beispielsweise zur schwarz-weißen Gruppe $H = G_1 \cup (G_2 \times \underline{1})$. Aus den 32 klassischen Punktgruppen können 58 schwarz-weiße Punktgruppen und aus den 7 Curie-Gruppen 7 schwarz-weiße kontinuierliche Punktgruppen abgeleitet werden.

Typ 3: Weiße Gruppen sind die schon eingangs (Abschnitt 1.6) eingeführten 32 klassischen Punktgruppen sowie die in Abschnitt 5.2.1 eingeführten 7 Curie-Gruppen, in denen weder $\underline{1}$ noch ein anderes Antisymmetrieelement auftreten. Die Tatsache, dass keine Antisymmetrieelemente auftreten, schließt aber nicht geordnete magnetische Zustände aus, sofern diese mit den vorhandenen klassischen Symmetrieelementen vereinbar sind.

Welche magnetischen Punktgruppen lassen sich aus der klassischen Punktgruppe $G = mm2$ ableiten? ❓

---

6 Jewgeni Michailowitsch Lifschitz (21.2.1915–29.10.1985).

Tab. 5.4: Zahl der aus magnetischen Punktgruppen ableitbaren magnetischen Raumgruppen (nach Sirotin u. Šaskol'skaja (1979)).

Heesch–Shubnikov Gruppen	Zahl ableitbarer Gruppen			Summe
	aus 32 weißen G	aus 32 grauen $G\underline{1}$	aus 58 schwarz-weißen $\underline{G}$	
grau	–	230	–	230
schwarz-weiß	–	517	674	1191
weiß	230	–	–	230
Summe	230	747	674	1651

Die Erweiterung der drei Gruppen magnetischer (sogenannter schwarz-weißer) Punktgruppen zu magnetischen Raumgruppen führt wie in Tabelle 5.4 angegeben zu insgesamt 1651 Heesch–Shubnikov Raumgruppen, die hier aber nicht im Detail behandelt werden sollen.

5.2.3 Einfluss der Kristallsymmetrie

Selbstverständlich muss die Symmetrie einer kristallphysikalischen Eigenschaft mindestens der Symmetrie des jeweiligen Kristalls entsprechen. Sei die Punktgruppe der Eigenschaft mit G_E und die Punktgruppe des Kristalls mit G_K bezeichnet, so gilt

$$G_E \supseteq G_K \tag{5.19}$$

wobei beide Gruppen auch die kontinuierlichen Punktgruppen umfassen können. Voigt (1910)[7] führte für die mit Gl. (5.19) beschriebene Relation die Bezeichnung „Neumannsches[8] Prinzip" ein. Zur mathematischen Ableitung wird davon ausgegangen, dass die Tensorkomponenten gegenüber allen Symmetrieoperationen der betreffenden Punktsymmetriegruppe invariant sein müssen. Diese Symmetrieoperationen sind entweder Drehungen, welche bei einem Drehwinkel φ beispielsweise um die Drehachse $\vec{e}_3 = [001]$ durch die Drehmatrix

$$R_\varphi = \begin{pmatrix} \cos\varphi & -\sin\varphi & 0 \\ \sin\varphi & \cos\varphi & 0 \\ 0 & 0 & 1 \end{pmatrix} \tag{5.20}$$

beschrieben werden. Für Drehinversionen ist R_φ mit der Inversionsmatrix

$$\bar{1} = \begin{pmatrix} -1 & 0 & 0 \\ 0 & -1 & 0 \\ 0 & 0 & -1 \end{pmatrix} \tag{5.21}$$

---

7 Woldemar Voigt (2.9.1850–13.12.1919).
8 Franz Ernst Neumann (11.9.1798–23.5.1895).

zu multiplizieren, was zur Inversion aller Vorzeichen gegenüber den korrespondierenden R_φ aus Gl. (5.20) führt.

Während Vektoren, also Tensoren 1. Stufe, über

$$\vec{v}' = A \cdot \vec{v} \tag{5.22}$$

$$\text{mit den Komponenten } v_i' = \sum_{j=1}^{3} A_{ij}v_j \equiv A_{ij}v_j \quad i = 1\dots3 \tag{5.23}$$

durch Multiplikation mit einer Transformationsmatrix A beispielsweise vom Typ (5.20)
transformiert werden, transformieren sich die Komponenten eines Tensors n-ter Stufe
wie die n-fachen Produkte der Koordinaten

$$t'_{ij\dots q} = A_{ir}A_{js}\dots A_{qz}t_{rs\dots z}. \tag{5.24}$$

Für Tensoren 2. Stufe vereinfacht sich (5.24) zu

$$t'_{ij} = A_{ik}A_{jl}t_{kl}. \tag{5.25}$$

Durch die Anwendung von Gl. (5.22) oder (5.23) auf kristallphysikalische Eigenschaften, die durch Vektoren beschrieben werden, und anschließenden Koeffizientenver-
gleich des ursprünglichen mit dem transformierten Vektor lässt sich beispielsweise
zeigen, dass für inversionssymmetrische Kristalle die das Symmetrieelement $\bar{1}$ (5.21)
enthalten sämtliche Vektorkomponenten verschwinden. Dies hat zur Folge, dass diese kristallphysikalischen Effekte an zentrosymmetrischen Kristallen nicht auftreten
können. Dies betrifft beispielsweise die Pyroelektrizität (siehe Kapitel 5.3.2). Durch Anwendung von Gl. (5.24) lässt sich diese Aussage dahingehend verallgemeinern, dass
Inversionssymmetrie sogar das Auftreten sämtlicher Effekte verhindert, die durch
Tensoren ungeradzahliger Stufe beschrieben werden, beispielsweise Piezoelektrizität
(Stufe 3, siehe Abschnitt 5.6.1).

Ein weiteres Symmetrieprinzip geht auf Hermann (1934) zurück und besagt, dass
sich für einen Tensor der Stufe n jede Drehachse mit Zähligkeit $m > n$ so verhält, als ob
sie die Zähligkeit ∞ besäße. Eine unmittelbare Folge von Hermanns Theorem ist beispielsweise, dass in trigonalen, tetragonalen und hexagonalen (also wirteligen) Kristallen durch Tensoren 2-ter Stufe beschriebene Eigenschaften wie optische Doppelbrechung um die Drehachse 3, 4 oder 6 rotationssymmetrisch („einachsig") sind.

Eine systematische Diskussion aller Kristallklassen führt auf die in Tab. 5.5 zu-
sammengestellten Koeffizientenschemata, welche die „äußere" Symmetrie des Tensors ausdrücken. Dieser durch die Kristallsymmetrie bedingten äußeren Symmetrie
muss beispielsweise auch die Form des Ellipsoids folgen, in das eine aus einem Kristall
gefertigte Kugel bei einer Temperaturänderung durch thermische Ausdehnung (siehe
Abschnitt 5.4.1) übergeht: Im triklinen Kristallsystem ist es ein dreiachsiges Ellipsoid
mit beliebiger Orientierung sowohl zu den kristallographischen Achsen als auch zum
kristallphysikalischen Koordinatensystem (man beachte, dass sich die Bezeichnung

Tab. 5.5: Gestalt von polaren symmetrischen Tensoren 2. Stufe. Die Tensorfläche entspricht der in Abschnitt 5.1.3 behandelten Indexfläche. N ist die Anzahl unabhängiger Tensorkomponenten.

Kristallsystem	Tensorfläche	Symmetrie des Tensors	Komponenten $T_{ij} = T_{ji}$	Bezug zu Hauptwerten	N
triklin	windschiefes Ellipsoid	mmm	$\begin{pmatrix} T_{11} & T_{12} & T_{13} \\ T_{12} & T_{22} & T_{23} \\ T_{13} & T_{23} & T_{33} \end{pmatrix}$	–	6
monoklin $\beta \neq 90°$	Ellipsoid Achse$\| \vec{b}$	mmm	$\begin{pmatrix} T_{11} & 0 & T_{13} \\ 0 & T_{22} & 0 \\ T_{13} & 0 & T_{33} \end{pmatrix}$	$T_{22} = T_b$	4
monoklin $\gamma \neq 90°$	Ellipsoid Achse$\| \vec{c}$	mmm	$\begin{pmatrix} T_{11} & T_{12} & 0 \\ T_{12} & T_{22} & 0 \\ 0 & 0 & T_{33} \end{pmatrix}$	$T_{33} = T_c$	4
orthorhombisch	Ellipsoid Achsen $\| \vec{a}, \vec{b}, \vec{c}$	mmm	$\begin{pmatrix} T_{11} & 0 & 0 \\ 0 & T_{22} & 0 \\ 0 & 0 & T_{33} \end{pmatrix}$	$T_{11} = T_a$ $T_{22} = T_b$ $T_{33} = T_c$	3
tetragonal trigonal hexagonal	Rotations-ellipsoid Achse$\| \vec{c}$	$\overline{\infty} m$	$\begin{pmatrix} T_{11} & 0 & 0 \\ 0 & T_{11} & 0 \\ 0 & 0 & T_{33} \end{pmatrix}$	$T_{11} = T_a =$ $T_b = T_\perp$ $T_{33} = T_c = T_\|$	2
kubisch	Kugel	$m\overline{\infty}$	$\begin{pmatrix} T_{11} & 0 & 0 \\ 0 & T_{11} & 0 \\ 0 & 0 & T_{11} \end{pmatrix}$	$T_{11} = T$	1

der Hauptwerte des Tensors als $\varepsilon_a, \varepsilon_b, \varepsilon_c$ auf die Hauptachsen des Ellipsoids bzw. Tensors, nicht jedoch auf die kristallographischen Achsen bezieht). Im monoklinen Kristallsystem haben wir gleichfalls ein dreiachsiges Ellipsoid, doch ist dessen eine Hauptachse parallel zur kristallographischen $\vec{b}$-Achse festgelegt (wobei es sich um eine beliebige der drei Hauptachsen handeln kann). Nur so ist die Kristallsymmetrie auch in der Symmetrie des Ellipsoids enthalten. Im orthorhombischen Kristallsystem ist es ein dreiachsiges Ellipsoid, dessen Hauptachsen alle drei parallel zu den kristallographischen Achsen festgelegt sind, so dass die Orientierung des Ellipsoids invariant ist. Im tetragonalen Kristallsystem bedingt die Symmetrie einer vierzähligen Drehachse ein Ellipsoid mit zwei gleich langen Hauptachsen; das ist aber ein Rotationsellipsoid (vgl. Abb. 5.32). Auch im trigonalen und hexagonalen Kristallsystem ist nur ein Rotationsellipsoid mit der Symmetrie der drei bzw. sechszähligen Drehachse verträglich. (Entsprechendes gilt für Drehinversionsachsen $\bar{4}, \bar{3}, \bar{6}$). Der Symmetrie des kubischen Kristallsystems schließlich kann nur ein Ellipsoid mit drei gleich langen Hauptachsen genügen; das ist aber eine Kugel.

In einer schon in Abschnitt 5.2.1 erwähnten Arbeit untersuchte Curie (1894) den Einfluss verschiedener äußerer Felder auf die Symmetrie von Kristallen. Er gelangte zu der Erkenntnis, dass sich die Symmetriegruppe eines in einem Feld F befindlichen

Kristalls K als Schnittmenge

$$G_{KF} = G_K \cap G_F \tag{5.26}$$

ergibt. Mit anderen Worten: Laut dem durch Gl. (5.26) beschriebenen Curieschen Prinzip bleiben nur die Symmetrieelemente erhalten, die sowohl vom Kristall ohne Feld als auch vom Feld ohne Kristall gezeigt werden. Die Symmetriegruppen G_F einiger Felder können Tabelle 5.3 entnommen werden. Selbstverständlich ist bei der Anwendung von Gl. (5.26) die relative Orientierung von Kristall und Feld zu berücksichtigen.

Aufgrund des Neumannschen Prinzips (5.19) ist die Symmetrie einer kristallphysikalischen Eigenschaft mindestens so groß wie die Symmetrie des Kristalls. Allerdings kann sich wegen des Curieschen Prinzips (5.26) die wirksame Kristallsymmetrie dadurch reduzieren, dass ein äußeres Feld auf ihn einwirkt. **!**

Welche Symmetrien nimmt ein Siliciumkristall (Punktgruppe $m\bar{3}m$) an, wenn er innerhalb eines elektrischen Feldes $\vec{E}$ allmählich von $\vec{E} \parallel$ [001] über [111] nach [110] gedreht wird? **?**

5.3 Tensoren 0. und 1. Stufe

Wie schon in Abschnitt 5.1.2 dargelegt, besitzen Tensoren 0. Stufe $3^0 = 1$ Komponente und solche 1. Stufe $3^1 = 3$ Komponenten, sind folglich Skalare beziehungsweise Vektoren (oder Pseudoskalare beziehungsweise axiale Vektoren). Einige entsprechende Kristalleigenschaften werden in den folgenden Abschnitten vorgestellt.

5.3.1 Dichte

Das Auftreten skalarer Größen ist für alle Symmetrien des Mediums möglich, also auch für kubische Kristalle der höchsten Symmetrie (Punktgruppe $m\bar{3}m$) und für isotrope Medien ($m\overline{\infty}$, Tab. 5.3). Skalare Größen sind u. a. Länge (z. B. der Betrag eines Vektors), Fläche, Volumen, Masse, Energie, Wärme, Ladung, elektrische Spannung, Temperatur, Druck, Dichte etc. Als einzige skalare Größe wollen wir auf die Dichte eingehen, welche u. a. zu diagnostischen Zwecken (Minerale, Edelsteine) und bei der Strukturbestimmung herangezogen wird. Die Dichte eines Körpers ist als Quotient aus seiner Masse und seinem Volumen definiert, ihre Maßeinheit ist $1\,\text{g/cm}^3 = 10^3\,\text{kg/m}^3$. Zu ihrer Bestimmung werden folgende Methoden angewendet:

Methode der hydrostatischen Waage: Der Kristall wird an einem Faden aufgehängt und mit einer Analysenwaage einmal an Luft und sodann in Wasser gewogen. Sind M_L beziehungsweise M_W die bei diesen Wägungen ermittelten Gewichte, so ergibt sich die Dichte ρ zu

$$\rho = \frac{M_L\,\rho_W}{M_L - M_W} \tag{5.27}$$

wobei formell die Dichte des Wassers mit $\rho_W = 1\,\mathrm{g\,cm^3}$ (bei 4 °C) eingeht. Die Methode liefert nur dann zuverlässige Werte, wenn die Masse der Kristallprobe mindestens 1 g beträgt.

Pyknometermethode: Ein Pyknometer ist ein kleines Glasgefäß von 2...20 cm³ Inhalt, das mit einem eingeschliffenen Stopfen verschlossen wird, der von einer Kapillare durchzogen ist. Dadurch wird eine genau reproduzierbare Auffüllung des Pyknometers mit Wasser gewährleistet. Durch Wägungen werden die Gewichte M_P des nur mit Wasser gefüllten Pyknometers, das Gewicht M_L der Kristallprobe (die hierbei auch in Form feiner Körner vorliegen kann) und das Gewicht M_A des Pyknometers nach dem Einbringen der Probe und anschließender Wiederauffüllung mit Wasser bestimmt. Dann gilt

$$\rho = \frac{M_L\,\rho_W}{M_P + M_L - M_W}. \tag{5.28}$$

Bei wasserlöslichen Substanzen wird anstelle des Wassers eine andere geeignete Flüssigkeit von bekannter Dichte verwendet; in die angegebenen Gleichungen ist dann statt ρ_W die Dichte der betreffenden Flüssigkeit einzusetzen.

Schwebemethode: Die zu untersuchende Probe wird in eine Flüssigkeit („schwere Lösung") gebracht, deren Dichte durch Mischen zweier Komponenten so lange variiert wird, bis der Kristall darin schwebt; sodann wird die Dichte der Flüssigkeit bestimmt. Das kann mit Hilfe des Pyknometers, der Mohr[9]–Westphalschen[10] Waage oder sehr einfach, aber weniger genau, mit sog. Indikatoren erfolgen, einem Satz von Glas- und Mineralwürfelchen bekannter Dichte. Schließlich kann die Dichte der Flüssigkeit auch indirekt durch Messung des Brechungsindex bestimmt werden. Für die Schwebemethode genügt ein winziges Körnchen einer Probe. Das Problem besteht darin, „schwere Lösungen" genügender Dichte zu finden, die durchsichtig und bequem verdünnbar sein müssen. Bei allen Methoden muss man auf die Benetzbarkeit der Proben durch die Flüssigkeit achten; eine ungenügende Benetzung führt zu Fehlern bei der Dichtebestimmung. Bekannt geworden sind vor allem folgende „schwere Lösungen":

- Thouletsche[11] Lösung: Wässrige Lösung von KI und HgI_2, maximale Dichte $3,196\,\mathrm{g/cm^3}$, verdünnbar mit Wasser, zersetzt Sulfide, giftig. Auch als Neßlers[12] Reagenz A bezeichnet.

---

9 Karl Friedrich Mohr (4.11.1806–28.9.1879).
10 Georg Wilhelm Westphal (1836–26.3.1902).
11 Julien-Olivier Thoulet (6.2.1843–2.1.1936).
12 Julius Neßler (6.6.1872–19.3.1905).

- Clerici[13]-Lösung: Wässrige Lösung von Thalliummalonat und Thalliumformiat im Molverhältnis 1 : 1, maximale Dichte $4,2\ldots 4,5\,\mathrm{g/cm^3}$ (bei Erwärmung), verdünnbar mit Wasser, sehr giftig!
- Rohrbach[14]-Lösung: Wässrige Lösung von Bariumtetraiodomercurat(II) $BaHgI_4$, maximale Dichte $3,57\,\mathrm{g/cm^3}$, giftig. Gelegentlich auch Cadmiumborowolframat als Basis Rohrbachscher Lösung genannt.
- Methyleniodid (Diiodmethan) CH_2I_2, Dichte $3,32\,\mathrm{g/cm^3}$, giftig.
- Muthmanns[15] Flüssigkeit, 1,1,2,2-Tetrabromethan (TBE) $C_2H_2Br_4$, Dichte $2,97\,\mathrm{g/cm^3}$, sehr giftig.

Der experimentell zu ermittelnden Dichte kann die röntgenographische Dichte (kurz: Röntgendichte) gegenübergestellt werden. Sie wird als Quotient aus der Masse der in einer Elementarzelle gemäß der Strukturbestimmung enthaltenen Atome und dem Volumen der Elementarzelle gebildet. Meistens ergibt sich die Röntgendichte als etwas größer als die experimentell gemessene Dichte. Das ist ein Hinweis auf die Realstruktur (Leerstellen) sowie auf Poren, Einschlüsse von Gasbläschen, von Mutterlauge etc. In der Anfangsphase einer röntgenographischen Strukturbestimmung (Abschnitt 3.6.1) schließt man aus der experimentell ermittelten Dichte ρ und dem sich aus den Gitterparametern ergebenden Volumen V einer Elementarzelle auf die Anzahl Z der Formeleinheiten (und damit auf die Anzahl der Atome) in der Elementarzelle

$$Z = \frac{\rho V N_A}{M} \tag{5.29}$$

mit der Avogadro[16]-Konstanten $N_A = 6{,}022 \cdot 10^{23}\,\mathrm{mol^{-1}}$ und der Molmasse M einer Formeleinheit; die chemische Formel und damit M sind gegebenenfalls bei einem unbekannten Kristall durch chemische Analyse zu ermitteln.

5.3.2 Elektrische Polarisation, Pyroelektrizität, Ferroelektrizität

Steht ein elektrisch nicht leitender Körper, der in diesem Zusammenhang als Dielektrikum bezeichnet wird, unter der Einwirkung eines elektrischen Feldes, so verschieben sich die in dem Körper enthaltenen elektrischen Ladungen; er wird polarisiert. Da es in einem Nichtleiter, im Gegensatz zu einem Leiter, keine frei beweglichen Ladungsträger gibt, können die Ladungen nur so weit aus ihrer Gleichgewichtslage verschoben werden, bis die dabei auftretende rücktreibende Kraft derjenigen entspricht, die

---

13 Enrico Clerici (15.10.1862–26.8.1938).
14 Carl Ernst Martin Gustav Rohrbach (2.3.1861–1.9.1932).
15 Wilhelm Muthmann (8.2.1861–3.8.1913).
16 Lorenzo Romano Amedeo Carlo Avogadro (9.8.1776–9.7.1856).

durch das elektrische Feld ausgeübt wird. Da positive und negative Ladungen in entgegengesetzter Richtung verschoben werden, entstehen im Innern des Kristalls elektrische Dipole, und an den in Feldrichtung gegenüberliegenden Oberflächen treten entgegengesetzte Ladungen in Erscheinung, die jedoch nicht abgeleitet werden können: Der Kristall trägt auch makroskopisch ein Dipolmoment. Das makroskopische Dipolmoment pro Volumen wird als Polarisation bezeichnet. Zur Polarisation können drei Mechanismen beitragen: die Verschiebung der Elektronenhüllen gegenüber den Atomkernen, die gegenseitige Verschiebung von Ionen und eine Orientierung bereits vorhandener molekularer Dipole. Man erhält die Polarisation $\vec{P}$ unter Einwirkung einer elektrischen Feldstärke $\vec{E}$ als

$$\vec{P} = \epsilon_0 \, \overset{2\to}{\chi_r} \cdot \vec{E} \tag{5.30}$$

wobei die dielektrische Suszeptibilität $\overset{2\to}{\chi_r}$ eine Materialeigenschaft des Dielektrikums darstellt (s. Abschnitt 5.5). $\epsilon_0 = 8{,}854 \cdot 10^{-12}\,\mathrm{A\,s\,V^{-1}\,m^{-1}}$ ist die elektrische Feldkonstante, durch deren Einfügung man $\overset{2\to}{\chi_r}$ als dimensionslose Zahl erhält. $\vec{E}$ bezeichnet die (makroskopische) elektrische Feldstärke im Dielektrikum. Bei einem anisotropen Körper ist zu berücksichtigen, dass einem Dipolmoment eine Richtung zugeordnet ist: Es ist ein Vektor. Damit ist auch die Polarisation $\vec{P}$ (ebenso wie die elektrische Feldstärke $\vec{E}$) ein Vektor. Der Zusammenhang der genannten vektoriellen Größen geht aus Abb. 5.6 hervor.

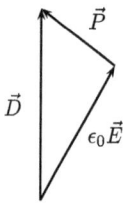

Abb. 5.6: Dielektrische Verschiebung $\vec{D} = \epsilon_0 \, \overset{2\to}{\epsilon_r} \cdot \vec{E}$ in einem Kristall als Summe aus mit ϵ_0 skalierter Feldstärke und elektrischer Polarisation $\vec{P}$.

Aus der Proportionalität von $\vec{P}$ und $\vec{E}$ folgt, dass die Polarisation bei Wegnahme des Feldes wieder verschwindet. Nun gibt es jedoch Kristalle, die aufgrund ihrer Struktur auch dann eine Polarisation aufweisen, wenn kein äußeres Feld auf sie einwirkt. Wie kann man sich diese spontane Polarisation erklären? Bei allen Verbindungen mit einer gewissen Ionizität (Abschnitt 2.3.5) treten zwischen den verschiedenartigen Atomen bzw. Ionen Dipolmomente auf. Man kann sich ohne weiteres vorstellen, dass ein kleines Volumenelement eines NaCl-Kristalls, das gerade ein Na- und ein Cl-Ion enthält, eine beträchtliche Polarisation aufweist. Aufgrund der Symmetrie der NaCl-Struktur heben sich aber alle Dipolmomente einer Elementarzelle gegenseitig auf; die resultierende Polarisation wird null. Eine makroskopische spontane Polarisation ist aufgrund der Kristallsymmetrie nur in solchen Strukturen möglich, die durch eine singuläre (polare) Richtung ausgezeichnet sind. Das sind solche Richtungen, denen als morphologische Form ein Pedion zugeordnet ist. Damit entfallen von vornherein alle Kristallklassen mit einem Symmetriezentrum sowie alle kubischen Kristallklassen; aber auch in einigen anderen Kristallklassen wie 222 kann keine spontane Polarisation auftreten. Die verbleibenden zehn „polaren" oder „pyroelektrischen" Kristallklassen, in denen also (mindestens) ein Pedion auftritt, sind in Tab. 5.6 mit den für die spontane Polarisation möglichen Richtungen zusammengestellt. Außerdem kann eine spontane Polarisation auch in polykristallinen Körpern (z. B. Keramiken) aus polaren Kristallen auftreten, wenn deren Textur und damit deren Curie-Gruppe (siehe Abschnitt 5.2.1) eine polare Richtung auszeichnet.

Tab. 5.6: Kristallklassen mit Pyroelektrizität. Die in Spalte 2 genannten Komponenten sind auch für den Vektor der pyroelektrischen Koeffizienten von Null verschieden.

Punktgruppe	Komponenten der spontanen Polarisation	Richtung
1	P_1, P_2, P_3	jede Richtung
m	P_1, P_3	$\perp \vec{b}$ (d. h. in der Spiegelebene)
2	P_2	$\parallel \vec{b}$ (d. h. $\parallel$ zur 2-zähligen Drehachse)
$mm2$		
$3, 3m$		
$4, 4m$	P_3	$\parallel \vec{c}$
$6, 6m$		
$\infty, \infty m$		

Prinzipiell sollte ein Kristall, der eine spontane Polarisation aufweist, an den polaren Enden eine elektrostatische Ladung zeigen. Diese Ladung wird jedoch infolge unvollständiger Isolation, Adsorption geladener Partikel usw. kompensiert und lässt sich nicht ohne weiteres feststellen. Hingegen ändert sich der Wert der spontanen Polarisation bei einer Änderung der Temperatur. Das bedeutet eine zusätzliche Verschiebung von Ladungen, die als pyroelektrischer Effekt an den polaren Enden des Kristalls unmittelbar nach der Temperaturänderung nachgewiesen werden können. Der Effekt wurde durch Aepinus[17] am Turmalin (Kristallklasse $3m$) entdeckt.

Der pyroelektrische Effekt lässt sich folgendermaßen nachweisen: Ein Turmalinkristall wird auf ca. 120 °C erwärmt und während des Abkühlens in trockener Luft durch einen Baumwollbeutel mit einem feingepulverten Gemisch von Schwefel und Mennige (Pb_3O_4) bestäubt. Durch Reibung laden sich die Schwefelteilchen negativ, die Mennigeteilchen positiv auf: Die gelben Schwefelteilchen haften deshalb am positiv geladenen, die roten Mennigeteilchen am negativ geladenen Ende des Kristalls.

---

17 Johannes Aepinus, auch Johann Hoeck, Huck, Hugk, Hoch (um 1499–13.5.1553).

Beim Erwärmen kehrt sich der Effekt um. Aepinus bezeichnete das sich beim Erwärmen positiv aufladende Ende als das analoge, das andere als das antiloge Ende des Kristalls.

Heute bevorzugt man für einen raschen qualitativen Test eine Abkühlung mit flüssiger Luft: Der zu untersuchende Kristall wird auf einem Metall-Löffel kurz in flüssige Luft (bzw. flüssigen Stickstoff) getaucht; sind Ladungen entstanden, dann haftet der Kristall anschließend am Löffel; in freier Atmosphäre kondensieren Eispartikel so auf dem Kristall, dass sie Fäden in Richtung der elektrischen Feldlinien bilden. Zur quantitativen Messung des pyroelektrischen Effekts bedient man sich heute elektrodynamischer Methoden nach der Anwendung kurzer Wärmeimpulse.

Allerdings stellt sich dem einwandfreien Nachweis der Pyroelektrizität eine systematische Schwierigkeit entgegen. Die Beobachtung des „wahren" oder primären pyroelektrischen Effekts ist an die Bedingung konstanten Volumens gebunden, die sich experimentell kaum verwirklichen lässt. Bei einer Erwärmung unter konstantem Druck wird der primäre Effekt infolge der thermischen Deformation durch einen piezoelektrischen Effekt (Abschnitt 5.6.1) überlagert. Mit Sicherheit kann man daher beim Auftreten pyroelektrischer Erscheinungen nur folgern, dass die betreffende Kristallart kein Symmetriezentrum besitzt. Umgekehrt ist es aber nicht zulässig, aus dem Ausbleiben pyroelektrischer Erscheinungen auf das Vorliegen eines Symmetriezentrums zu schließen, da ja die Möglichkeit besteht, dass der Effekt für den Nachweis nur zu schwach ist.

Die phänomenologische Beschreibung des pyroelektrischen Effekts erfolgt sowohl für den primären als auch für den zusammengesetzten Effekt mit Hilfe eines pyroelektrischen Vektors $\vec{p}$, der die Änderung der (spontanen) Polarisation $\Delta\vec{P}$ über

$$\Delta\vec{P} = \vec{p}\,\Delta T \quad \text{bzw.} \quad \Delta P_i = p_i\,\Delta T \tag{5.31}$$

mit der (skalaren) Änderung der Temperatur ΔT verknüpft und deshalb selbst einen Vektor darstellt. Die je nach Punktgruppe zulässigen P_i finden sich in Tab. 5.6. Turmalin besitzt bei Zimmertemperatur einen pyroelektrischen Koeffizienten $p_3 = 3{,}8 \cdot 10^{-6}\,\mathrm{A\,s\,m^{-2}\,K^{-1}}$. Pyroelektrika finden technische Anwendungen in Detektoren für Wärmestrahlung, Laserkalorimetern und anderen thermoelektrischen Messgeräten, wozu man Kristalle mit möglichst großen pyroelektrischen Koeffizienten heranzieht, wie Triglycinsulfat (TGS), $p_2 = 0{,}2 \cdot 10^{-3}\,\mathrm{A\,s\,m^{-2}\,K^{-1}}$, Lithiumniobat LiNbO$_3$, $p_3 = 0{,}083 \cdot 10^{-3}\,\mathrm{A\,s\,m^{-2}\,K^{-1}}$, Strontiumbariumniobat (Sr,Ba)Nb$_2$O$_6$ (SBN), p_3 bis $3 \cdot 10^{-3}\,\mathrm{A\,s\,m^{-2}\,K^{-1}}$, Bleilanthanzirkontitanoxid (Pb,La)(Zr,Ti)O$_3$ (PLZT), Mischkristall-Keramik, p bis $1{,}7 \cdot 10^{-3}\,\mathrm{A\,s\,m^{-2}\,K^{-1}}$.

Die spontane Polarisation selbst hat einen Betrag, der beispielsweise bei den vielfach untersuchten Alkali- und Erdalkaliniobaten $0{,}1\ldots1\,\mathrm{A\,s\,m^{-2}\,K^{-1}}$ beträgt. Wollten wir dieselbe Polarisation mit einem von außen angelegten elektrischen Feld induzieren, so ergibt die Abschätzung mit $\epsilon_\mathrm{r} = 10\ldots100$, dass hierzu eine Feldstärke in der

Größenordnung von 10^9 V/m nötig wäre! Diese enormen Feldstärken sind auch als „innere Felder" interpretiert worden, die in einem Pyroelektrikum herrschen, wobei eine derartige Betrachtungsweise allerdings problematisch ist.

Der Betrag der spontanen Polarisation $|\vec{P}| = P$ nimmt mit steigender Temperatur im Allgemeinen ab, woraus eben der pyroelektrische Effekt resultiert. Die Änderung der spontanen Polarisation infolge einer Temperaturänderung von 1 K hat immerhin einen Betrag, der einer angelegten elektrischen Feldstärke in der Größenordnung von 10^5 V/m entspräche. Auch der Betrag des pyroelektrischen Koeffizienten $\vec{p}$ nimmt mit steigender Temperatur im Allgemeinen ab.

Eine spezielle Gruppe pyroelektrischer Kristalle sind die ferroelektrischen (seignetteelektrischen) Kristalle. Sie zeichnen sich gegenüber den gewöhnlichen Pyroelektrika dadurch aus, dass die Orientierung ihrer spontanen Polarisation durch ein angelegtes elektrisches Feld in eine andere Richtung (oft in die Gegenrichtung) umgeklappt werden kann. Das bedeutet, dass die Teile der Kristallstruktur, von denen die Polarisation ausgeht, einem Umklappvorgang unterliegen, der die Orientierung der Struktur bezüglich der Richtung der spontanen Polarisation umkehrt. Beim Seignetesalz, an dem die Ferroelektrizität entdeckt wurde, und einer Reihe anderer Verbindungen, wie KDP und TGS (Tab. 5.7), ist die spontane Polarisation auf unsymmetrische Wasserstoff-Brückenbindungen $O-H\cdots O$ zurückzuführen, die ein Dipolmoment besitzen. Das „Umpolen" wird durch eine Umordnung der Protonen in den Brückenbindungen erreicht, so dass das resultierende Dipolmoment dann umgekehrt gerichtet ist. Bei den ferroelektrischen Oxidverbindungen (Titanate, Niobate, Tantalate) kommt die spontane Polarisation durch eine Unsymmetrie (Dissymmetrie) der Koordinationspolyeder zustande, die die Sauerstoffionen um die Kationen bilden. Ein instruktives Beispiel bietet das Lithiumniobat $LiNbO_3$, dessen Struktur sich formal vom Perowskittyp $CaTiO_3$ (vgl. Abb. 2.43) herleiten lässt: Anstelle des Ca tritt Li, und anstelle des

Tab. 5.7: Einige ferroelektrische Kristallarten (T_C – Curie-Temperatur, ggf. weitere Umwandlungen in der letzten Spalte).

Substanz	Kristallklasse		T_C (°C)	Bemerkungen
	ferroelektrisch	paraelektrisch		
Bariumtitanat $BaTiO_3$	$4mm$	$m\bar{3}m$	120	
Lithiumniobat $LiNbO_3$	$3m$	$\bar{3}m$	1140	
„Banana" $NaBa_2Nb_5O_{15}$	$4mm$	$4/mmm$	570	auch 300 °C
SBN $Sr_{1-x}Ba_xNb_2O_6$	$4mm$	$4/mmm$	20...100	je nach x
GMO $Gd_2(MoO_4)_3$	$mm2$	$\bar{4}2m$	159	
KDP KH_2PO_4	$mm2$	$\bar{4}2m$	−150	
KD*P KD_2PO_4	$mm2$	$\bar{4}2m$	−60	
TGS (Triglycinsulfat)	2	$2/m$	47	
Kaliumnatriumtartrat	2	222	24	oberhalb −16 °C
BGO $Pb_5Ge_3O_{11}$	3	$\bar{6}$	178	

Ti tritt Nb, doch sind die Positionen der Ionen gegenüber denen in der idealen kubischen Perowskitstruktur derart verschoben, dass nur noch eine trigonale Symmetrie verbleibt und die polare Kristallklasse $3m$ resultiert. Man kann die Struktur des LiNbO$_3$ auch als Ketten von über Flächen verknüpften Oktaedern aus Sauerstoffionen beschreiben, die sich in Richtung der $\bar{c}$-Achse erstrecken (Abb. 5.7). Im Innern dieser Sauerstoffoktaeder befinden sich die Kationen, wobei sie jedoch eine Lage außerhalb des Oktaederzentrums einnehmen. Insbesondere die Li-Ionen nehmen eine so stark azentrische Lage ein, dass sie eigentlich nur noch einseitig von drei O-Ionen koordiniert sind. Die Polarität der Struktur des LiNbO$_3$ kommt im Abb. 5.7c deutlich zum Ausdruck. Beim Umpolen treten die Li-Ionen durch die benachbarte O-Schicht hindurch auf deren andere Seite, so dass sich die Polarität umkehrt (Abb. 5.7d). Es ist verständlich, dass dieses Umpolen im Fall des LiNbO$_3$ durch ein elektrostatisches Feld erst bei relativ hohen Temperaturen (über 1100 °C) vorgenommen werden kann, wenn die Lücken in der O-Schicht durch starke Wärmeschwingungen „aufgeweitet" sind; bei tieferen Temperaturen ist die Polarität „eingefroren" und nicht ohne weiteres umzukehren.

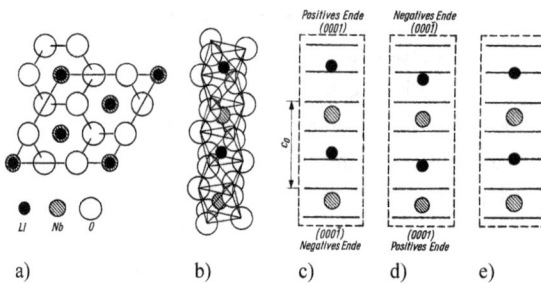

Abb. 5.7: Struktur von Lithiumniobat LiNbO$_3$ nach Abrahams u. a. (1966).
a) Elementarzelle (idealisiert; Projektion in Richtung der $\bar{c}$-Achse; Li und Nb liegen übereinander);
b) Folge von verzerrten Koordinationsoktaedern in Richtung der $\bar{c}$-Achse; c) Schema der Anordnung der Ionen und Richtung der spontanen Polarisation; die ausgezogenen Linien stellen die Ebenen dar, in denen die O-Ionen angeordnet sind; d) Schema der Anordnung der Ionen nach dem Umpolen; e) Schema der Anordnung in der paraelektrischen Phase.

Betrachten wir noch einmal den Vorgang der „Umpolung" von Ferroelektrika phänomenologisch, indem wir den Betrag der Polarisation P gegenüber dem der angelegten Feldstärke E auftragen (Abb. 5.8). Beginnen wir beim Punkt 1 mit der spontanen Polarisation $-P_0$ und legen in der entgegengesetzten Richtung ein allmählich wachsendes Feld an, so ändert sich die Polarisation zunächst praktisch nicht. Bei einer gewissen Feldstärke, die neben der Substanz von der Temperatur und anderen Parametern abhängt, geschieht die Umpolung, und die Polarisation erreicht sehr rasch den Wert $+P_0$. Bei weiterer Erhöhung des Feldes ändert sich die Polarisation praktisch nicht mehr; denn der zur Feldstärke proportionale Betrag der Verschiebungspolarisation ist um

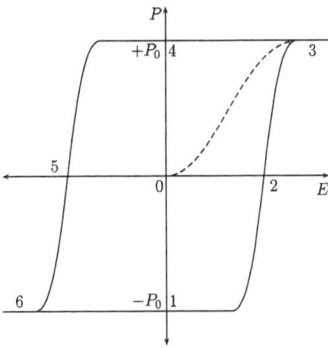

Abb. 5.8: Hysterese der Polarisation P gegenüber der Feldstärke E bei Ferroelektrika.

Größenordnungen geringer und lässt sich in dem betrachteten Maßstab nicht darstellen. Bei einer Abnahme des Feldes bleibt wiederum die spontane Polarisation $+P_0$ erhalten, bis bei einer entsprechenden negativen Feldstärke das Umpolen in die erste Richtung erfolgt. Diese Hysterese der Polarisation gegenüber der Feldstärke ist der ferroelektrische Effekt und entspricht formell der Hysterese der Magnetisierung gegenüber einem angelegten Magnetfeld bei den Ferromagnetika (vgl. Abschnitt 5.4.6.2).

Der Umstand, dass sich Ferroelektrika durch ein elektrisches Feld umpolen lassen, weist darauf hin, dass die Struktur gegenüber den damit verbundenen Veränderungen nicht sehr stabil sein kann. In der Tat treten bei Ferroelektrika häufig Phasenübergänge auf, die mit Veränderungen dieser weniger stabilen Relationen in der Struktur verknüpft sind. Typisch für Ferroelektrika ist ein Phasenübergang in eine Hochtemperaturphase mit höherer Symmetrie, in der die spontane Polarisation entfällt. In Analogie zu den Ferromagnetika nennt man die Übergangstemperatur Curie-Temperatur und die Hochtemperaturphase die paraelektrische Phase. Sie ist z. B. beim $LiNbO_3$ dadurch gekennzeichnet, dass die Li-Ionen durch die bei höherer Temperatur genügend großen Lücken in der benachbarten Sauerstoffschicht hindurchschwingen; ihre Position liegt damit im zeitlichen Mittel innerhalb der Sauerstoffschicht (s. Abb. 5.7e). Die höhere Symmetrie dieser Anordnung ist sofort zu erkennen.

In theoretischen Ansätzen der Festkörperphysik wird in diesem Zusammenhang die Frequenz dieser Schwingungen in der paraelektrischen Phase mit abnehmender Temperatur verfolgt. Das Potential für diese sog. „weichen Schwingungsmoden" (engl. *soft mode*) erhält durch anharmonische Beiträge mit Annäherung an die Curie-Temperatur eine solche Form, dass die Frequenz der betreffenden Mode gegen Null geht und die Schwingung bei der Curie-Temperatur gewissermaßen in einer polaren Position „erstarrt". Mit derartigen strukturellen Instabilitäten, die den Charakter kritischer Phänomene (vergl. Abschnitt 4.6.2) tragen, hängt es auch zusammen, dass in der Umgebung der Curie-Temperatur die Polarisierbarkeit besonders groß wird, und zwar nicht die der Einzelionen, sondern die von bestimmten Gruppierungen in der Struktur. Die Folge sind anomal große Werte für die Dielektrizitätskonstante (Werte von 10^3 und mehr, Abb. 5.9) sowie für elektrooptische, nichtlineare optische und

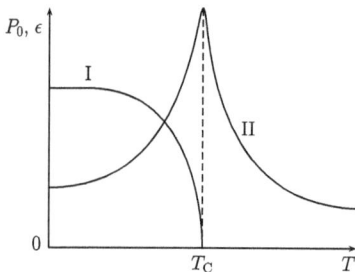

Abb. 5.9: Spontane Polarisation P_0 (I) und Dielektrizitätskonstante ϵ (II) eines Ferroelektrikums in der Umgebung der Curie-Temperatur T_C.

piezoelektrische Koeffizienten, weshalb die Ferroelektrika als Medien für eine ganze Reihe von Anwendungen (Ultraschallgeber, akustische und optische Frequenzvervielfacher, dielektrische Verstärker, akustische und optische Frequenzmodulatoren, elektrooptische Modulatoren und Schalter u. a. m.) eine außerordentlich wichtige Rolle spielen.

Der Übergang der paraelektrischen in die ferroelektrische Phase vollzieht sich unter normalen Bedingungen nun nicht in der Weise, dass aus einem paraelektrischen Einkristall ein ferroelektrischer Einkristall mit einer einheitlichen Orientierung der spontanen Polarisation entsteht, sondern innerhalb des Kristalls bilden sich Bereiche, sog. Domänen, in denen die Orientierung der spontanen Polarisation einheitlich ist, während die Orientierung von Domäne zu Domäne wechselt. Die Orientierung der Domänen zueinander lässt sich aus der (höheren) Symmetrie der paraelektrischen Phase herleiten, und die Domänen stehen zueinander in der Relation von Zwillingen mit entsprechenden Zwillingsgesetzen (s. Abschnitt 1.8): Die verschiedenen Domänen werden durch diejenigen Symmetrieoperationen aufeinander abgebildet (zur Deckung gebracht), die beim Übergang von der höher symmetrischen Paraphase in die niedriger symmetrische Ferrophase in Wegfall kommen. Die Domänen können nach verschiedenen Methoden sichtbar gemacht werden. In einem aus vielen Domänen zusammengesetzten Kristall hebt sich die spontane Polarisation über größere Bereiche hinweg auf. Man kann den Eindomänen-Zustand durch „Polen" mit einem elektrischen Feld unter den gleichen Bedingungen wie beim „Umpolen" erreichen; die Polarisation folgt dann der im Abb. 5.8 gestrichelt eingetragenen „jungfräulichen" Kurve von 0 nach 3. Ein anderes Verfahren zur Präparation von Eindomänen-Kristallen besteht darin, die paraelektrische Phase des Kristalls unter Einwirkung eines elektrischen Feldes über die Curie-Temperatur hinweg in den ferroelektrischen Zustand hinein abkühlen zu lassen.

An dieser Stelle sind außerdem die antiferroelektrischen Phasen zu erwähnen. Bei ihnen sind Strukturelemente mit Dipolmomenten, wie sie den Ferroelektrika entsprechen, in alternierender Folge mit antiparalleler Orientierung angeordnet. Die resultierende makroskopische Polarisation ist Null, doch zeichnen sich die betreffenden Substanzen durch dielektrische Anomalien aus. Ein Vertreter ist Ammoniumdihydrogenphosphat (ADP) $NH_4H_2PO_4$.

Ferner gibt es Kristalle, bei denen ein ferroelektrischer Effekt mit einem ferroelastischen Effekt gekoppelt erscheint. Kürsten u. Bohm (1972) beschrieben als einen Vertreter dieser Gruppe Gadoliniummolybdat (GMO) $Gd_2(MoO_4)_3$. Am Curie-Punkt (T_C = 159 °C) kommt es durch den Übergang von der tetragonalen zur orthorhombischen Symmetrie zu einer spontanen Deformation, deren Orientierung sich beim Umpolen mittels eines angelegten elektrischen Feldes gleichfalls ändert. Man kann den Orientierungszustand aber auch durch Einwirken eines gerichteten Druckes verändern, so dass der ferroelastische Effekt durch eine Hysterese der Deformation gegenüber mechanischen Spannungen (Stress) gekennzeichnet ist. Die regelmäßige Domänenstruktur in (ungepoltem) GMO ist eine Folge der spontanen Deformation und der im Zusammenhang mit ihr auftretenden Kräfte. Ein ferroelastischer Effekt kann auch unabhängig vom ferroelektrischen Effekt auftreten, z. B. beim Neodympentaphosphat NdP_5O_{14} (NPP), das bei 177 °C von einer orthorhombischen („paraelastischen") Phase (Kristallklasse *mmm*) in eine monokline, ferroelastische Phase (Kristallklasse 2/*m*) übergeht, in der keine Ferroelektrizität auftreten kann. Eine Veränderung des Orientierungszustandes kann hier nur auf mechanischem Wege erfolgen.

5.4 Tensoren 2. Stufe

5.4.1 Thermische Ausdehnung

Wird ein Kristallstab der Länge l_0 von einer Temperatur T_0 auf die Temperatur T gebracht, dann ändert sich seine Länge von l_0 auf l, und der Stab erfährt eine relative Längenänderung $\Delta l / l_0 = (l - l_0)/l_0$ gemäß

$$\frac{l - l_0}{l} = \frac{\Delta l}{l_0} = \alpha \Delta T \quad \text{bzw.} \quad l = l_0(1 + \alpha \Delta T) \tag{5.32}$$

mit der Temperaturänderung $\Delta T = T - T_0$. Die Größe α ist eine Materialeigenschaft, der lineare thermische Ausdehnungskoeffizient. Eine solche Beziehung gilt für alle Körper; für Kristalle ist jedoch wesentlich, dass α von der Richtung abhängt, in der der Stab aus dem Kristall herausgeschnitten worden ist. Je nach der Orientierung des Stabes in Bezug auf den Kristall bzw. dessen Achsen kann es beträchtliche Unterschiede zwischen den zu beobachtenden Ausdehnungskoeffizienten geben (Tab. 5.9). Beim Calcit und beim Graphit zieht sich der Kristall in den Richtungen senkrecht zur $\vec{c}$-Achse beim Erwärmen sogar etwas zusammen (Abb. 5.10)! Dementsprechend nimmt α in diesen Richtungen einen negativen Wert an. Die genaue Betrachtung zeigt, dass die thermische Ausdehnung durch einen Tensor 2. Stufe $\overset{2\rightarrow}{\alpha}$ beschrieben werden muss, wie in Abschnitt 5.1.2 dargelegt. In dieser Beschreibung verallgemeinert sich Gl. (5.32) beispielsweise zu

$$\overset{2\rightarrow}{\varepsilon} = \overset{2\rightarrow}{\alpha} \Delta T \tag{5.33}$$

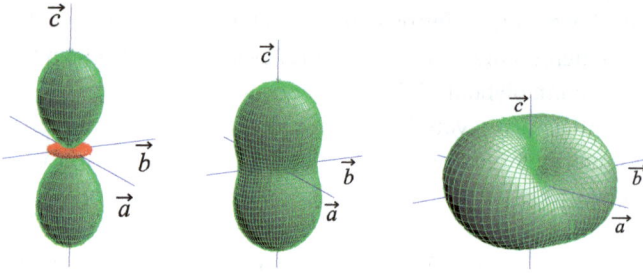

Abb. 5.10: Indexflächen der thermischen Ausdehnung von Calcit, Aragonit und Gips (s. Abschnitt 5.1.3). Die zur Berechnung benutzten Zahlenwerte wurden Tab. 5.9 entnommen. Richtungen negativer thermischer Ausdehnung (Kontraktion) nahe der $\vec{a} - \vec{b}$-Ebene in Calcit wurden rot dargestellt.

mit dem Tensor $\overset{2\rightarrow}{\varepsilon}$, der den Zustand der infinitesimalen Verzerrung des Kristalls beschreibt (Abschnitt 5.4.5). $\overset{2\rightarrow}{\alpha}$ ist immer symmetrisch, d. h. $\alpha_{ij} = \alpha_{ji}$. Demzufolge kann der Tensor maximal 6 unabhängige Koeffizienten besitzen. Die tatsächliche Zahl unabhängiger Koeffizienten hängt von der Punktgruppe des Kristalls ab und geht aus Tab. 5.8 hervor. Beispiele für einige Substanzen finden sich in Tab. 5.9.

Die in Tab. 5.9 angegebenen Werte treffen für einen mittleren Temperaturbereich von ca. $0 \dots 100$ °C zu. Über größere Temperaturbereiche bleiben die thermischen Ausdehnungskoeffizienten im Allgemeinen nicht konstant. Bei atomistischer Betrachtung

Tab. 5.8: Form des Tensors $\overset{2\rightarrow}{\alpha}$ der thermischen Ausdehnung.

Kristallsystem	Zahl unabhängiger Komponenten	Form des Tensors
kubisch $2\infty, m\overline{\infty\infty}$	1	$\begin{pmatrix} \alpha_{11} & 0 & 0 \\ 0 & \alpha_{11} & 0 \\ 0 & 0 & \alpha_{11} \end{pmatrix}$
hexagonal, tetragonal, trigonal $\infty, \overline{\infty}, \infty2, \infty m, \overline{\infty}m$	2	$\begin{pmatrix} \alpha_{11} & 0 & 0 \\ 0 & \alpha_{11} & 0 \\ 0 & 0 & \alpha_{33} \end{pmatrix}$
orthorhombisch	3	$\begin{pmatrix} \alpha_{11} & 0 & 0 \\ 0 & \alpha_{22} & 0 \\ 0 & 0 & \alpha_{33} \end{pmatrix}$
monoklin, $\vec{c} \parallel [001]$	4	$\begin{pmatrix} \alpha_{11} & \alpha_{12} & 0 \\ \alpha_{12} & \alpha_{22} & 0 \\ 0 & 0 & \alpha_{33} \end{pmatrix}$
triklin	6	$\begin{pmatrix} \alpha_{11} & \alpha_{12} & \alpha_{13} \\ \alpha_{12} & \alpha_{22} & \alpha_{23} \\ \alpha_{13} & \alpha_{23} & \alpha_{33} \end{pmatrix}$

Tab. 5.9: Lineare thermische Ausdehnungskoeffizienten α einiger Kristallarten.

Mineral	Kristallklasse	α_{ij} in 10^{-6} K^{-1}
Diamant C	$m\bar{3}m$	$\alpha_{11} = 2{,}5$
Steinsalz NaCl	$m\bar{3}m$	$\alpha_{11} = 40$
Fluorit CaF$_2$	$m\bar{3}m$	$\alpha_{11} = 19$
Quarzglas SiO$_2$	(zum Vergleich)	$\alpha = 0{,}5$
Quarz SiO$_2$	32	$\alpha_{11} = 14; \alpha_{33} = 9$
Cadmium Cd	$6/mmm$	$\alpha_{11} = 17; \alpha_{33} = 49$
Zink Zn	$6/mmm$	$\alpha_{11} = 14; \alpha_{33} = 55$
Graphit C	$6/mmm$	$\alpha_{11} = -1{,}2; \alpha_{33} = 26$
Brucit Mg(OH)$_2$	$\bar{3}m$	$\alpha_{11} = 11; \alpha_{33} = 45$
Portlandit Ca(OH)$_2$	$\bar{3}m$	$\alpha_{11} = 10; \alpha_{33} = 33$
Calcit CaCO$_3$	$\bar{3}m$	$\alpha_{11} = -6; \alpha_{33} = 26$
Aragonit CaCO$_3$	mmm	$\alpha_{11} = 10; \alpha_{22} = 16; \alpha_{33} = 33$
Chrysoberyll	mmm	$\alpha_{11} = 6; \alpha_{22} = 6; \alpha_{33} = 5{,}2$
Gips CaSO$_4 \cdot 2\,H_2O$	$2/m$	$\alpha_{11} = 12; \alpha_{22} = 41{,}4; \alpha_{33} = 18;$ $\alpha_{13} = -13{,}3$

ist die thermische Ausdehnung auf eine Verstärkung der Wärmeschwingungen der Kristallbausteine mit der Temperatur zurückzuführen. Bei Kristallen mit Ketten- oder Schichtenstrukturen ist deshalb die Anisotropie der Wärmeausdehnung ohne weiteres verständlich, und es überrascht nicht, dass z. B. bei Ca(OH)$_2$ und Mg(OH)$_2$, welche Schichtstrukturen bilden, die größten Ausdehnungskoeffizienten senkrecht zu den Schichten, also parallel $\vec{c}$ beobachtet werden. Die Calcitstruktur (vgl. Abb. 2.45) ist wegen der parallelen Anordnung der planaren CO$_3$-Komplexe gleichfalls ausgesprochen anisotrop, was sich entsprechend in den Ausdehnungskoeffizienten widerspiegelt. Im Gegensatz dazu ist die Struktur des Chrysoberyll (Olivinstruktur, vgl. Abb. 2.55) relativ isometrisch („pseudokubisch"), und die Ausdehnungskoeffizienten unterscheiden sich nur wenig. Die Metalle Cd und Zn, die in der hexagonal dichtesten Kugelpackung kristallisieren, zeigen eine markante Anisotropie der thermischen Ausdehnung; ihr Achsenverhältnis weicht mit $c/a \approx 1{,}9$ deutlich vom theoretischen Wert $c/a = \sqrt{8/3} \approx 1{,}633$ der hexagonal dichtesten Kugelpackung ab, was auf einen schichtartigen Charakter der Struktur von Cd und Zn hinweist.

Zur Beschreibung der thermischen Ausdehnung eines Kristalls denken wir uns aus dem Kristall eine Kugel mit dem Radius R_0 herausgeschnitten und erwärmt: Wegen der Anisotropie der thermischen Ausdehnung wird die Kugel dabei nicht nur größer, sondern sie verändert außerdem ihre Form und wird zu einem im Allgemeinen dreiachsigen Ellipsoid. Seien α_a, α_b und α_c die Ausdehnungskoeffizienten in den Richtungen der drei (zueinander senkrechten) Hauptachsen des Ellipsoids, so haben diese Hauptachsen nun die Längen $R_0(1 + \alpha_a\Delta T)$, $R_0(1 + \alpha_b\Delta T)$, $R_0(1 + \alpha_c\Delta T)$.

Abb. 5.11 zeigt einen zentralen Schnitt durch das Ellipsoid senkrecht zu einer Hauptachse und wird als Hauptschnitt und die genannten Ausdehnungskoeffizien-

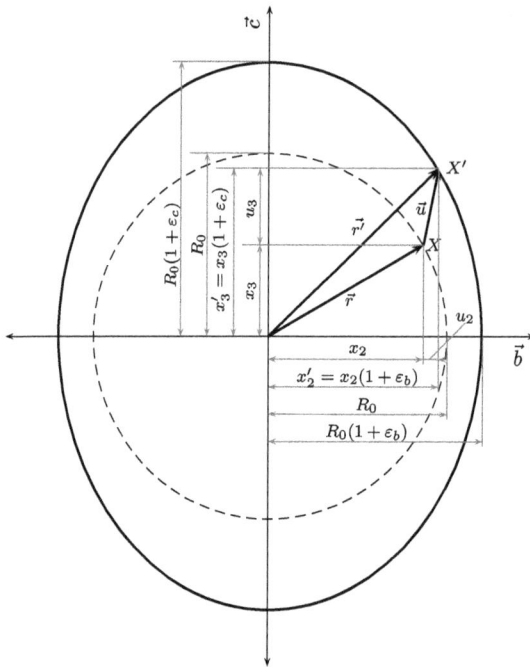

Abb. 5.11: Vektoren zur Beschreibung der thermischen Ausdehnung eines kugelförmigen Kristalls. Ursprüngliche Größe = gestrichelte Linie, Endgröße = durchgezogene Ellipse. Erläuterung im Text.

ten $\alpha_a, \alpha_b, \alpha_c$ in Richtungen der Hauptachsen werden als Hauptausdehnungskoeffizienten bezeichnet. Benutzen wir die Hauptachsen des Ellipsoids als (orthogonales) Koordinatensystem, so stellt Abb. 5.11 einen Hauptschnitt senkrecht zur $\vec{a}$-Achse dar, in welchem entlang der $\vec{b}$- und $\vec{c}$-Achse die Hauptausdehnungskoeffizienten α_b bzw. α_c gemessen werden. Ein Punkt X in diesem Hauptschnitt auf der ursprünglichen Kugeloberfläche, zu dem der Vektor $\vec{r}$ mit den Komponenten x_2 und x_3 führe, wandert beim Erwärmen entlang dem Vektor $\vec{u}$ (mit den Komponenten u_2 und u_3) in die Position X' auf der Oberfläche des Ellipsoids. Zum Punkt X' führe der Vektor $\vec{r}'$ mit den Komponenten x_2' und x_3' in Richtung der Hauptachsen, deshalb gilt

$$x_2' = x_2(1 + \alpha_b \Delta T) \quad \text{sowie} \quad x_3' = x_3(1 + \alpha_c \Delta T) \tag{5.34}$$

und somit für die Komponenten des Vektors $\vec{u}$

$$u_2 = \alpha_b \Delta T x_2 \quad \text{sowie} \quad u_3 = \alpha_c \Delta T x_3. \tag{5.35}$$

Sofern die Punkte X und X' nicht (wie in Abb. 5.11) auf einem Hauptschnitt liegen, sondern eine beliebige Lage auf der Kugel bzw. dem Ellipsoid einnehmen, haben die Vektoren $\vec{r}, \vec{r}'$ und $\vec{u}$ noch jeweils eine dritte Komponente x_1, x_1' bzw. u_1 in Richtung der

$\bar{a}$-Achse, in welcher der Hauptausdehnungskoeffizient α_a gemessen wird, und es gilt

$$x_1' = x_1(1 + \alpha_a \Delta T) \quad \text{sowie} \quad u_1 = \alpha_a \Delta T x_1. \tag{5.36}$$

Setzen wir $\alpha_a \Delta T = \varepsilon_a$, $\alpha_b \Delta T = \varepsilon_b$, $\alpha_c \Delta T = \varepsilon_c$, so folgt

$$x_1' = x_1(1 + \varepsilon_a), \; x_2' = x_2(1 + \varepsilon_b), \; x_3' = x_3(1 + \varepsilon_c), \tag{5.37}$$

und die Komponenten des Vektors $\vec{u}$ lauten

$$u_1 = \varepsilon_a x_1, \; u_2 = \varepsilon_b x_2, \; u_3 = \varepsilon_c x_3. \tag{5.38}$$

Die Deformation wird also in der Weise beschrieben, dass einem Vektor $\vec{r}$ ein Vektor $\vec{u}$ zugeordnet wird, der im Allgemeinen nicht nur eine andere Länge, sondern auch eine andere Richtung hat. Die Zuordnung geschieht nach einem Formalismus, der die Komponenten von $\vec{u}$ linear (über die Koeffizienten ε_a, ε_b und ε_c) mit den Komponenten von $\vec{r}$ verknüpft. Das ist das Charakteristikum eines Tensors, der in diesem Zusammenhang Deformationstensor (infinitesimaler Verzerrungstensor) genannt wird und durch die Koeffizienten ε_a, ε_b und ε_c bezüglich der Hauptachsen des Ellipsoids bestimmt ist. Dieser Tensor wurde in Gl. (5.33) als $\overset{2\rightarrow}{\varepsilon}$ eingeführt, und man kann für die Verknüpfung von $\vec{u}$ und $\vec{r}$ auch schreiben

$$\vec{u} = \overset{2\rightarrow}{\varepsilon} \cdot \vec{r}. \tag{5.39}$$

Diese Verknüpfung stellt sich nur dann in der in (5.38) gegebenen einfachen Weise dar, wenn als Koordinatensystem die Hauptachsen des Ellipsoids benutzt werden (die wir fortan als Hauptachsen des Tensors bezeichnen wollen). Transformiert man die Beziehung zwischen den Vektorkomponenten auf ein anderes Koordinatensystem (was hier nicht im einzelnen ausgeführt wird), so gelangt man zu einem Ausdruck der Form

$$u_1 = \varepsilon_{11} x_1 + \varepsilon_{12} x_2 + \varepsilon_{13} x_3$$
$$u_2 = \varepsilon_{21} x_1 + \varepsilon_{22} x_2 + \varepsilon_{23} x_3 \tag{5.40}$$
$$u_3 = \varepsilon_{31} x_1 + \varepsilon_{32} x_2 + \varepsilon_{33} x_3$$

wobei man die Nummerierung der Koeffizienten zweckmäßigerweise mit zwei Indizes als ε_{ij} vornimmt. Nach diesem allgemeinen Schema ist also jede Komponente von $\vec{u}$ mit allen Komponenten von $\vec{r}$ linear verknüpft. Diese Verknüpfung lässt sich auch summarisch als

$$u_i = \sum_j \varepsilon_{ij} x_j \equiv \varepsilon_{ij} x_j \tag{5.41}$$

schreiben. Dabei entspricht das Fortlassen des Summenzeichens in der zweiten (äqui-valenten) Beziehung von Gl. (5.41) der Summenkonvention von Einstein nach der über doppelt auftretende Indizes – hier also über j – zu summieren ist.

Die Koeffizienten ε_{ij} repräsentieren in einem gegebenen Koordinatensystem den betreffenden Tensor und werden als seine Komponenten bezeichnet. Es ist üblich, sie in Form einer (quadratischen) Matrix zu schreiben, so dass sich eine formale Analogie zur vorn ausgeführten Matrixdarstellung von Symmetrieoperationen ergibt. Schreibt man wie dort die Komponenten der Vektoren $\vec{u}$ und $\vec{r}$ als Spaltenmatrix, so lässt sich auch hier das Kalkül der Matrixmultiplikation anwenden:

$$
\begin{pmatrix} u_1 \\ u_2 \\ u_3 \end{pmatrix} = \begin{pmatrix} \varepsilon_{11} & \varepsilon_{12} & \varepsilon_{13} \\ \varepsilon_{21} & \varepsilon_{22} & \varepsilon_{23} \\ \varepsilon_{31} & \varepsilon_{32} & \varepsilon_{33} \end{pmatrix} \cdot \begin{pmatrix} x_1 \\ x_2 \\ x_3 \end{pmatrix}. \tag{5.42}
$$

Es ist zu beachten, dass die Gl. (5.39), (5.41) und (5.42) letztlich den gleichen Zu-sammenhang zwischen den Vektoren $\vec{r}$ und $\vec{u}$ darstellen. Darüber hinaus muss wegen der Symmetrie von $\overset{2\to}{\alpha}$ auch $\overset{2\to}{\varepsilon}$ symmetrisch sein, und mithin gilt $\varepsilon_{ij} = \varepsilon_{ji}$.

Bei einer thermischen Deformation sind im Rahmen des linearen Ansatzes die Komponenten ε_{ij} des Deformationstensors proportional zur Temperaturänderung ΔT, wie schon oben in Gl. (5.33) beschrieben. Die Koeffizienten α_{ij} repräsentieren damit ihrerseits einen Tensor, den Tensor der linearen thermischen Ausdehnungskoeffizi-enten.

Die Änderung der Temperatur eines Kristalls (oder eines anderen Körpers) bewirkt nicht nur eine Änderung seiner Abmessungen, sondern auch eine Änderung seines Volumens gemäß

$$
\frac{V - V_0}{V_0} = \frac{\Delta V}{V_0} = \beta \Delta T \qquad V = V_0(1 + \beta \Delta T) \tag{5.43}
$$

mit der Volumenänderung $\Delta V = V - V_0$ sowie V_0 als Volumen des Kristalls vor und V als sein Volumen nach der Temperaturänderung $\Delta T = T - T_0$. Die Größe β ist ein Skalar und wird als kubischer oder Volumenausdehnungskoeffizient bezeichnet.

> **?** Näherungsweise gilt $\beta = \alpha_{11} + \alpha_{22} + \alpha_{33}$. Warum?

5.4.2 Wärmeleitung

Eine weitere, im Allgemeinen anisotrope thermische Eigenschaft der Kristalle ist ih-re Wärmeleitfähigkeit oder ihr Wärmeleitvermögen. Die Wärmeleitfähigkeit bestimmt die Wärmemenge Q, die während der Zeit t durch einen Kristallstab mit dem Querschnitt A und der Länge l fließt, wenn zwischen seinen Enden eine Temperaturdifferenz ΔT besteht:

$$Q = \frac{\lambda A t \Delta T}{l} \tag{5.44}$$

Die Größe λ ist eine richtungsabhängige Materialeigenschaft und wird als Wärmeleitzahl, Wärmeleitfähigkeitskoeffizient oder kurz als Wärmeleitfähigkeit bezeichnet. Im Gegensatz zur thermischen Ausdehnung ist λ stets positiv, weil Wärme immer von der heißeren zur kälteren Stelle im Kristall fließt. Da Wärmeleitung durch einen symmetrischen Tensor 2. Stufe beschrieben wird, lautet das Symbol in tensorieller Notation $\overset{2\rightarrow}{\lambda}$. Mit der Maßeinheit W/(m·K) gibt λ die Wärmemenge in Joule an, die in 1 s durch einen Stab von 1 m Länge und 1 m² Querschnitt fließt, wenn die Temperaturdifferenz zwischen den Stabenden 1 K beträgt. Durch Einführen der Wärmestromdichte (Wärmeflussdichte) $j^Q = Q/At$ erhält man

$$j^Q = \lambda\frac{\Delta T}{l} \tag{5.45}$$

Die Wärmestromdichte j^Q ist demnach proportional zu $\Delta T/l$, dem Temperaturgefälle (Temperaturgradient). Eine aus der Wärmeleitfähigkeit λ abgeleitete und deshalb gleichfalls richtungsabhängige Eigenschaft ist die Temperaturleitfähigkeit (Temperaturleitzahl) $a = \lambda/\varrho c$ (mit der Dichte ϱ und der spezifischen Wärmekapazität c). a hat die Dimension Fläche pro Zeit und die Maßeinheit eines Diffusionskoeffizienten (m²/s) und wird häufig anstelle von λ bei der Behandlung der Wärmeleitung benutzt.

In Tab. 5.10 sind die Wärmeleitfähigkeiten einiger Festkörper zusammengestellt. Die größten Werte erreichen Metalle, nur übertroffen vom Diamant. Auffällig ist der Rückgang von λ bei Legierungen gegenüber den reinen Komponenten. Ionenkristalle und andere kovalente Kristalle haben oft nur eine geringe Wärmeleitfähigkeit. Charakteristisch ist die bessere Wärmeleitfähigkeit von kristallisierten gegenüber glasigen Phasen (SiO$_2$). Vergleichen wir das Wärmeleitvermögen mit der Kristallstruktur, so treffen wir die größere Wärmeleitfähigkeit in den Richtungen dichtester Packung und stärkster Bindungskräfte an, z. B. bei Schichtstrukturen parallel zu den Schichten und bei Kettenstrukturen parallel zu den Ketten.

Die Wärmeleitfähigkeit erweist sich als stark temperaturabhängig: Bei Kristallen nimmt λ mit steigender Temperatur ab; hingegen wächst λ bei Gläsern, Keramiken etc., aber oft auch bei Legierungen mit der Temperatur an. Mit abnehmender Temperatur wächst λ bei Kristallen z. T. sehr stark an, um im Bereich von 10...100 K ein Maximum zu durchlaufen, dessen Form und Höhe empfindlich von der Reinheit, von Baufehlern und anderen Realstrukturerscheinungen abhängt. Mit Annäherung an den absoluten Nullpunkt verschwindet die Wärmeleitfähigkeit bei allen Körpern.

Tab. 5.10: Wärmeleitfähigkeit λ einiger fester Körper.

Substanz		λ in W/(m·K)	Substanz			λ in W/(m·K)
Silber		419	NaCl			6,5
Kupfer	20 °C	386	GaP			77
	−183 °C	466	InAs			6,7
Nickel	20 °C	83,8	SiC	0 °C		71
	800 °C	46,2	(technisch)	100 °C		58
Cu$_{90}$Ni$_{10}$	20 °C	58,4	Al$_2$O$_3$	$\perp \vec{c}$		31,2
(Legierung)	100 °C	75,5	(Korund)	$\parallel \vec{c}$		38,9
Cu$_{60}$Ni$_{40}$	20 °C	22,6	CaCO$_3$	$\perp \vec{c}$		4,2
(Konstantan)	100 °C	25,6	(Calcit)	$\parallel \vec{c}$		5,0
Zink	$\perp \vec{c}$	120,4	H$_2$O	$\perp \vec{c}$		1,9
	$\parallel \vec{c}$	124,2	(Eis, 0 °C)	$\parallel \vec{c}$		2,3
Graphit	$\perp \vec{c}$	355	Silicium			136,5
	$\parallel \vec{c}$	89,4	Germanium			54,2
Diamant	300 K	545,3	SiO$_2$	$\perp \vec{c}$		7,25
	55 K	3000	(Quarz, 0 °C)	$\parallel \vec{c}$		13,2
Schamotte	1200 °C	1,45	Quarzglas			1,38

Die Werte der Tabelle sind unkritisch verschiedenen Quellen entnommen. Werte ohne Temperaturangabe gelten für Zimmertemperatur und für polykristallines Material, wenn keine Richtungsabhängigkeit angegeben ist.

Die experimentelle Bestimmung der absoluten Wärmeleitfähigkeit ist nicht ganz einfach, weshalb in der Literatur differierende Angaben anzutreffen sind. H. de Sénarmont (1847)[18] publizierte eine einfache Methode, um das relative Wärmeleitvermögen festzustellen: Eine Kristallfläche wird mit einer dünnen Wachsschicht überzogen und auf das fest gewordene Wachs die Spitze eines heißen Nagels gedrückt. Die Spitze wirkt als punktförmige Wärmequelle, und das Wachs beginnt von innen nach außen fortschreitend zu schmelzen. Wenn man den Nagel entfernt und damit die Wärmezufuhr unterbricht, bildet sich beim Wiedererstarren an der Grenze zwischen geschmolzenem und ungeschmolzenem Wachs eine kleine Wulst, die die Lage der Schmelzisotherme im Moment des Unterbrechens bezeichnet. Bei anisotropen Kristallen ist das eine Ellipse (Abb. 5.12). Denkt man sich diesen Versuch durch Schnitte in verschiedenen Richtungen auf drei Dimensionen ergänzt, so gelangt man auf ein im allgemeinen dreiachsiges Ellipsoid, das in den einzelnen Kristallsystemen denselben Symmetriebedingungen unterliegt wie das Ellipsoid, das bei der im vorigen Abschnitt behandelten thermischen Ausdehnung aus einer Kristallkugel entsteht (vgl. Tab. 5.8).

Wenden wir uns nun der phänomenologischen Beschreibung der Wärmeleitung durch das Volumen eines Kristalls (d. h. eines anisotropen Körpers) zu, wie sie in dem Experiment von H. de Sénarmont (1847) zum Ausdruck kommt: Die oben eingeführ-

---

18 Henri Hureau de Sénarmont (6.9.1808–30.6.1862).

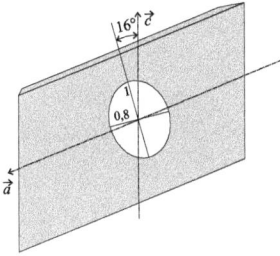

Abb. 5.12: Schmelzisotherme nach H. de Sénarmont (1847) in einer Wachsschicht auf einer (010)-Fläche von Gips (Kristallklasse 2/m).

te Wärmestromdichte $\vec{j}^Q$ ist ein Vektor, der die in einer bestimmten Richtung je Zeit und Querschnitt transportierte Wärme angibt. Der Temperaturgradient, der den Wärmestrom bewirkt, hat gleichfalls eine bestimmte Richtung, es handelt sich auch um einen Vektor, welcher als grad T oder ∇T symbolisiert wird. Die Komponenten dieses Vektors sind die Temperaturgefälle in Richtung der Koordinatenachsen und werden durch die betreffenden partiellen Ableitungen $\partial T/\partial x_1$, $\partial T/\partial x_2$, $\partial T/\partial x_3$ dargestellt (die Schreibweise der Koordinaten als x_1, x_2, x_3 anstelle von x, y, z ist hinsichtlich der folgenden Summenausdrücke vorzuziehen). Demzufolge ist der Temperaturgradient auszudrücken durch

$$\text{grad } T \equiv \nabla T = \frac{\partial T}{\partial x_1}\vec{e}_1 + \frac{\partial T}{\partial x_2}\vec{e}_2 + \frac{\partial T}{\partial x_3}\vec{e}_3 \qquad (5.46)$$

mit den Basisvektoren (Einheitsvektoren) $\vec{e}_1, \vec{e}_2, \vec{e}_3$ des gewählten (orthonormierten) Koordinatensystems. Im Folgenden wird für den Temperaturgradienten das kürzere Symbol ∇T bevorzugt. Das Zeichen ∇ symbolisiert die Operation der Gradientenbildung und führt die Bezeichnung Nablaoperator.

Die beiden Vektoren $\vec{j}^Q$ und ∇T sind laut dem in Abschnitt 5.1.2 Gesagten über einen Tensor 2. Stufe, und zwar den Tensor der Wärmeleitfähigkeit $\overset{2\rightarrow}{\lambda}$ linear entsprechend

$$\vec{j}^Q = - \overset{2\rightarrow}{\lambda} \cdot \nabla T \qquad (5.47)$$

miteinander verknüpft. Das im Gegensatz zu Gl. (5.45) auftretende negative Vorzeichen resultiert aus der Konvention, dass die positive Richtung des Temperaturgradienten ∇T von der niedrigeren zur höheren Temperatur weist, der Wärmefluss aber umgekehrt von der höheren zur niedrigeren Temperatur erfolgt. Bedingt durch die Anisotropie der Wärmeleitfähigkeit, haben die Vektoren $\vec{j}^Q$ und ∇T im Allgemeinen unterschiedliche Richtungen.

Es handelt sich bei den Vektoren $\vec{j}^Q$ und ∇T (wie auch bei dem vorn zur Beschreibung der thermischen Deformation eingeführten Ortsvektor $\vec{r}$ und dem Verrückungsvektor $\vec{u}$) um polare Vektoren; das sind Vektoren, die bei einer Umkehr (Inversion) des Koordinatensystems ihr Vorzeichen wechseln (im Gegensatz zu axialen Vektoren, s. Abschnitt 5.1.2). Ein Tensor, der – wie der Wärmeleitfähigkeitstensor $\overset{2\rightarrow}{\lambda}$ (sowie auch der Verzerrungstensor $\overset{2\to}{\varepsilon}$) – zwei polare Vektoren miteinander verknüpft, wird als polarer Tensor zweiter Stufe bezeichnet.

Durch die Komponenten des Wärmeleitfähigkeitstensors λ_{ij} werden die Komponenten der Wärmestromdichte linear mit den Komponenten des Temperaturgradienten $\partial T/\partial x_j$ gemäß

$$j_i^Q = \sum_j -\lambda_{ij}\frac{\partial T}{\partial x_j}; \quad i,j = 1,2,3 \tag{5.48}$$

verknüpft. Aufgrund der Symmetrie des Wärmeleitungstensors gilt $\lambda_{ij} = \lambda_{ji}$ und darüber hinaus genügt der Tensor in den einzelnen Kristallsystemen den in Tab. 5.8 aufgeführten Symmetriebedingungen.

5.4.3 Darstellung von Tensoren 2. Stufe

Am Beispiel des Wärmeleitfähigkeitstensors $\overset{2\to}{\lambda}$ soll im Folgenden auf die verschiedenen Möglichkeiten zur graphischen Veranschaulichung eines symmetrischen Tensors 2. Stufe durch Repräsentationsflächen eingegangen werden. Den Komponenten λ_{ij} eines symmetrischen Tensors 2. Stufe lässt sich eine quadratische Form gemäß

$$\sum_{i,j} \lambda_{ij}x_i x_j = 1, \quad i,j = 1,2,3; \quad \lambda_{ij} = \lambda_{ji} \tag{5.49}$$

zuordnen. Sie stellt die analytische Gleichung für eine Fläche 2. Grades dar, die einen symmetrischen Tensor unabhängig vom gewählten Koordinatensystem charakterisiert (bei einem schiefsymmetrischen Tensor mit $\lambda_{ij} \neq \lambda_{ji}$ würden sich die antisymmetrischen Anteile bei der Summenbildung gegenseitig aufheben und deshalb nicht mit in die quadratische Form eingehen). Wählen wir die Hauptachsen des Tensors als Koordinatensystem, so erhält die quadratische Form die einfache Gestalt

$$\lambda_{11}\,x_1^2 + \lambda_{22}\,x_2^2 + \lambda_{33}\,x_3^2 = \lambda_a\,x_1^2 + \lambda_b\,x_2^2 + \lambda_c\,x_3^2 = 1 \tag{5.50}$$

mit den Hauptwerten $\lambda_a \equiv \lambda_{11}, \lambda_b \equiv \lambda_{22}, \lambda_c \equiv \lambda_{33}$, sowie $\lambda_{ij} = 0$ für $i \neq j$. Vergleicht man diesen Ausdruck mit der allgemeinen analytischen Gleichung für ein Ellipsoid

$$\frac{x_1^2}{a^2} + \frac{x_2^2}{b^2} + \frac{x_3^2}{c^2} = 1 \tag{5.51}$$

so ist unschwer zu erkennen, dass es sich bei der charakteristischen Fläche um ein Ellipsoid handelt, dessen Hauptachsen die Halbmesser $1/\sqrt{\lambda_a}; 1/\sqrt{\lambda_b}; 1/\sqrt{\lambda_c}$ haben (innere Kurve in Abb. 5.13). Ein Ellipsoid entsteht, sofern $\lambda_a, \lambda_b, \lambda_c > 0$ sind; andernfalls würde man stattdessen ein einschaliges oder ein zweischaliges Hyperboloid erhalten. Diese charakteristische Fläche hat dieselbe Symmetrie wie der Tensor, d. h. bei den wirteligen Kristallsystemen handelt es sich um ein Rotationsellipsoid und beim kubischen Kristallsystem um eine Kugel; im letzteren Fall ist die Wärmeleitung isotrop. Wird im Durchstoßpunkt des „Ursachenvektors" (hier der Temperaturgradient $\vec{G}$) durch die charakteristische Fläche die Tangentialebene konstruiert (gestrichelte Gerade in Abb. 5.13), so zeigt die Normale auf dieser Tangentialebene in Richtung der Wirkung, hier des Wärmestromes $\vec{j}^Q$ (Poinsot[19]-Konstruktion).

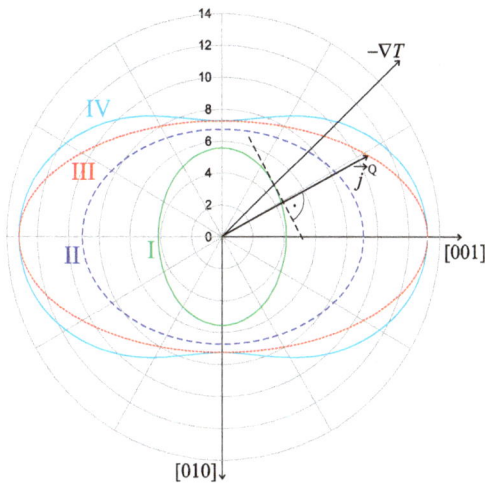

Abb. 5.13: Repräsentationsflächen eines symmetrischen Tensors 2. Stufe am Beispiel der thermischen Leitfähigkeit $\overset{2\rightarrow}{\lambda}$ von Quarz (Werte s. Tab. 5.10) Dargestellt ist ein Hauptschnitt senkrecht zur x-Achse [100] für $\lambda_b = 7{,}25\,\text{W/(m·K)}$ und $\lambda_c = 13{,}2\,\text{W/(m·K)}$.
I – charakteristische Tensorfläche (Ellipse mit Halbachsen $1/\sqrt{\lambda_b}$ und $1/\sqrt{\lambda_c}$); II – charakteristische Fläche des reziproken Tensors $(\overset{2\rightarrow}{\lambda})^{-1}$ (Ellipse mit Halbachsen $\sqrt{\lambda_b}$ und $\sqrt{\lambda_c}$); III – Größenellipsoid mit Halbachsen λ_b und λ_c; IV – Indexfläche (= Ovaloid). Beachte, dass die Skalierung auf dem Radius-Vektor in W/(m·K) wegen Gleichheit der Einheit nur für III und IV gilt.

Der Normalenvektor auf die charakteristische Fläche zeigt die Richtung der Wirkung an, die der jeweilige Tensor mit der Ursache verknüpft. **!**

Wir fragen nun nach der Komponente j_r^Q der Wärmestromdichte in Richtung des negativen Temperaturgradienten $-\nabla T$, welche man beim eingangs angeführten Experiment zur Wärmeleitung durch einen Kristallstab messen würde. Gemäß der Beziehung $j_r^Q = \lambda_r |\nabla T|$ stellt $\lambda_r = j_r^Q / |\nabla T|$ gewissermaßen die in der Richtung des Temperaturgradienten wirksame Komponente des Wärmeleitfähigkeitstensors $\overset{2\rightarrow}{\lambda}$ dar, die auch

---

19 Louis Poinsot (3.1.1777–5.12.1859).

als Projektion des Tensors $\overset{2\rightarrow}{\lambda}$ auf den Vektor $-\nabla T$ bezeichnet wird. Setzen wir der einfacheren Schreibweise halber für den negativen Temperaturgradienten $-\nabla T \equiv \vec{G}$ und für seinen Betrag $|\nabla T| = G$, so erhält man die Komponente j_r^Q als inneres Produkt (Skalarprodukt) des Vektors $\vec{j}^Q$ mit dem Einheitsvektor $\vec{G}/G$

$$j_r^Q = \vec{j}^Q \cdot \frac{\vec{G}}{G} = \sum_i j_i^Q G_i = \frac{1}{G} \sum_{i,j} \lambda_{ij} G_j G_i \tag{5.52}$$

mit den Komponenten des Vektors $\vec{j}^Q$ und den Komponenten $G_i = -\partial T/\partial x_i$ des negativen Temperaturgradienten $\vec{G}$ sowie unter Beachtung von $j_i^Q = \sum \lambda_{ij} G_j$, und man hat

$$\lambda_r = \frac{j_r^Q}{G} = \frac{1}{G^2} \sum_{i,j} \lambda_{ij} G_i G_j. \tag{5.53}$$

Substituiert man (in einem orthonormierten Basissystem) für die Komponenten $G_i = G \cos \varphi_i$ mit den Winkeln φ_i zwischen dem Vektor $\vec{G}$ und den Basisvektoren $\vec{e}_i$ (Richtungskosinus), so ergibt sich

$$\lambda_r = \sum_{i,j} \lambda_{ij} \cos \varphi_i \cos \varphi_j. \tag{5.54}$$

Substituiert man in gleicher Weise in der obigen quadratischen Form der charakteristischen Fläche $x_i = r \cos \varphi_i$ (mit denselben Winkeln φ_i):

$$\sum_{i,j} \lambda_{ij} x_i x_j = \sum_{i,j} \lambda_{ij} r^2 \cos \varphi_i \cos \varphi_j \tag{5.55}$$

so ergibt der Vergleich mit dem vorigen Ausdruck

$$\lambda_r = \frac{1}{r^2} \quad j_r^Q = \frac{Q}{r^2} \tag{5.56}$$

wobei r den Betrag des zur charakteristischen Fläche führenden Ortsvektors $\vec{r}$ parallel zu $\vec{G}$ darstellt. Tragen wir λ_r für alle Richtungen ab, so erhalten wir die schon in Abschnitt 5.1.3 eingeführte Indexfläche (äußere durchgezogene Kurve in Abb. 5.13). In dem dort dargestellten Hauptschnitt hat man im Hauptachsensystem

$$\lambda_r = \lambda_{22} \sin^2 \varphi + \lambda_{33} \cos^2 \varphi = \lambda_b \sin^2 \varphi + \lambda_c \cos^2 \varphi = \lambda_b + (\lambda_c - \lambda_b) \cos^2 \varphi \tag{5.57}$$

mit den Hauptwerten $\lambda_b \equiv \lambda_{22}$ und $\lambda_c \equiv \lambda_{33}$. Letzteres zeigt, dass die Indexfläche im Allgemeinen kein Ellipsoid ist. Trotzdem genügt sie den gleichen Symmetriebeziehungen wie die charakteristische Fläche und kann wie diese als Repräsentationsfläche des Tensors dienen. In den wirteligen Kristallsystemen ist die Indexfläche ein Rotationskörper, und wir haben dann dementsprechend

$$\lambda_r = \lambda_\perp \sin^2 \varphi_c + \lambda_\parallel \cos^2 \varphi_c = \lambda_\perp + (\lambda_\parallel - \lambda_\perp) \cos^2 \varphi_c \tag{5.58}$$

mit $\lambda_\perp \equiv \lambda_b = \lambda_a$ und $\lambda_\parallel \equiv \lambda_c$ sowie dem Winkel $\varphi_c \equiv \varphi_3$ zur $\vec{c}$-Achse (Rotationsachse).

Durchläuft der Einheitsvektor $\vec{G}/G$ alle Richtungen, so beschreiben seine Endpunkte eine Kugel, d. h., seine Komponenten G_i/G erfüllen im Hauptachsensystem die Bedingung

$$\left(\frac{G_1}{G}\right)^2 + \left(\frac{G_2}{G}\right)^2 + \left(\frac{G_3}{G}\right)^2 = 1. \tag{5.59}$$

Substituieren wir $j_1^Q = \lambda_a, j_2^Q = \lambda_b, j_3^Q = \lambda_c$ so erhalten wir mit

$$\frac{(j_1^Q/G)^2}{\lambda_a^2} + \frac{(j_2^Q/G)^2}{\lambda_b^2} + \frac{(j_3^Q/G)^2}{\lambda_c^2} = 1 \tag{5.60}$$

die Gleichung eines Ellipsoids mit den Halbmessern λ_a, λ_b, λ_c, das der Indexfläche eingeschrieben ist und dessen Oberfläche durch die Endpunkte der Vektoren $\vec{j}^Q/G$ beschrieben wird (vgl. Abb. 5.13, wobei dort auf die Skalierung von $-\nabla T$ verzichtet wurde). Es wird als Größenellipsoid bezeichnet und kann gleichfalls als Repräsentationsfläche des Tensors benutzt werden.

Schließlich kann man – analog zur elektrischen Leitung – der Wärmeleitfähigkeit einen Wärmewiderstand gegenüberstellen. Bei einem isotropen Körper hat man $j^Q = G/w$ bzw. $G = w j^Q$ mit dem Wärmewiderstand $w = 1/\lambda$. Bei einem anisotropen Körper ist der Wärmewiderstand $\overset{2\rightarrow}{w}$ (wie auch die Wärmeleitfähigkeit $\overset{2\rightarrow}{\lambda}$) ein polarer Tensor zweiter Stufe, der die beiden Vektoren $\vec{G}$ und $\vec{j}^Q$ miteinander verknüpft, symbolisch

$$\vec{G} = \overset{2\rightarrow}{w} \cdot \vec{j}^Q \tag{5.61}$$

mit $\vec{G} \equiv -\nabla T$ bzw. $G_i \equiv -\partial T/\partial x_i$; der Summationsindex j ist nicht zu verwechseln mit den Komponenten j_i^Q!. Definieren wir zu einem gegebenen Tensor $\overset{2\rightarrow}{\lambda}$ einen reziproken Tensor $(\overset{2\rightarrow}{\lambda})^{-1}$ gemäß

$$\left(\overset{2\rightarrow}{\lambda}\right)^{-1} \cdot \overset{2\rightarrow}{\lambda} = \overset{2\rightarrow}{E} \quad \text{bzw.} \quad \sum_k \lambda_{ik}^{-1}\lambda_{kj} = \delta_{ij} \tag{5.62}$$

mit $\delta_{ij} = 1$ für $i = j$ und $\delta_{ij} = 0$ für $i \neq j$ (Kronecker[20]-Symbol), so gilt mit $\vec{j}^Q = \overset{2\rightarrow}{\lambda} \cdot \vec{G}$ auch

$$\left(\overset{2\rightarrow}{\lambda}\right)^{-1} \cdot \vec{j}^Q = \left(\overset{2\rightarrow}{\lambda}\right)^{-1} \cdot \overset{2\rightarrow}{\lambda} \cdot \vec{G} = \vec{G}. \tag{5.63}$$

Ein Vergleich mit Gl. (5.61) zeigt, dass dann auch $(\overset{2\rightarrow}{\lambda})^{-1} = \overset{2\rightarrow}{w}$ gelten muss; d. h., der Wärmewiderstandstensor ist der reziproke Tensor des Wärmeleitfähigkeitstensors

---

20 Leopold Kronecker (7.12.1823–29.12.1891).

und umgekehrt. Die Hauptwerte beider Tensoren sind einander reziprok:

$$w_a = \frac{1}{\lambda_a}; \quad w_b = \frac{1}{\lambda_b}; \quad w_c = \frac{1}{\lambda_c}. \tag{5.64}$$

In einem anderen als dem Hauptachsensystem ist zur Bestimmung der Tensorkomponenten w_{ij} aus den λ_{ij} ein System linearer Gleichungen zu lösen, was darauf hinausläuft, die zur Matrix der λ_{ij} inverse Matrix zu bilden. Das geschieht nach dem Schema

$$w_{ij} = \frac{(-1)^{i+j}\Delta_{ji}^{\lambda}}{|\lambda_{ij}|}. \tag{5.65}$$

Im Nenner steht die Determinante der Matrix der λ_{ij}, und Δ_{ji}^{λ} ist eine Unterdeterminante, die man aus λ_{ij} durch Streichen der j-ten Zeile und der i-ten Spalte bildet, also z. B.

$$w_{23} = - \begin{vmatrix} \lambda_{11} & \lambda_{13} \\ \lambda_{21} & \lambda_{23} \end{vmatrix} \Bigg/ \begin{vmatrix} \lambda_{11} & \lambda_{12} & \lambda_{13} \\ \lambda_{21} & \lambda_{22} & \lambda_{23} \\ \lambda_{31} & \lambda_{32} & \lambda_{33} \end{vmatrix}. \tag{5.66}$$

Nach demselben Schema ist übrigens bei der Matrixdarstellung von Symmetrieoperationen die Matrix zur Darstellung der inversen Symmetrieoperation zu bilden (vgl. Abschnitt 1.5.2).

Auch dem Wärmewiderstandstensor $\overset{2\to}{w}$ kann man gemäß $\sum w_{ij}x_ix_j$ eine quadratische Form zuordnen, welche seine charakteristische Fläche darstellt. Im Hauptachsensystem hat diese quadratische Form die Gestalt

$$w_{11}x_1^2 + w_{22}x_2^2 + w_{33}x_3^2 = w_a x_1^2 + w_b x_2^2 + w_c x_3^2 = 1, \tag{5.67}$$

d. h., es handelt sich um ein Ellipsoid, dessen Hauptachsen die folgenden Halbmesser haben:

$$\frac{1}{\sqrt{w_a}} = \sqrt{\lambda_a}; \quad \frac{1}{\sqrt{w_b}} = \sqrt{\lambda_b}; \quad \frac{1}{\sqrt{w_c}} = \sqrt{\lambda_c}. \tag{5.68}$$

Auch dieses Ellipsoid kann zur Darstellung sowohl des Tensors $\overset{2\to}{w}$ als auch des Tensors $\overset{2\to}{\lambda}$ herangezogen werden (vgl. Abb. 5.13).

Nun lässt sich noch zeigen (vgl. z. B. Kleber u. a. (1968)), dass beim zuvor geschilderten Wärmeleitungsversuch von de Senarmont mit einer punktförmigen Wärmequelle die Isothermen (die sich als Schmelzwulst abzeichnen – vgl. Abb. 5.12) die Gestalt der zuletzt genannten, zum Wärmewiderstandstensor gehörenden charakteristischen Fläche haben. Das Verhältnis der Hauptachsen der Schmelzellipse gibt demnach das Verhältnis der Wurzeln aus den betreffenden Wärmeleitfähigkeiten an. Wenn man beispielsweise einen solchen Schmelzversuch auf einer Prismenfläche von Graphit (Kristallklasse $6/mmm$) ausführte, so würde man eine Schmelzellipse beobachten, deren Hauptachsen im Verhältnis $1 : 2 = \sqrt{\lambda_c} : \sqrt{\lambda_a} = \sqrt{\lambda_\parallel} : \sqrt{\lambda_\perp}$ stehen; denn die Wärmeleitfähigkeiten stehen im Verhältnis $\lambda_c : \lambda_a \approx 1 : 4$ (Tab. 5.10). Die Wärmeleitfähigkeit von Graphit ist also ausgeprägt anisotrop, wobei man die größere Wärmeleitfähigkeit senkrecht zur $\vec{c}$-Achse, also parallel zu den Schichten in der Struktur (vgl. Abb. 2.18) beobachtet. In Abb. 5.12 verhalten sich die Halbmesser der Schmelzellipse wie $1 : 0{,}8$, was einem Verhältnis der beiden Hauptwärmeleitfähigkeiten von $1 : 0{,}64$ entspricht.

5.4.4 Elektrische Leitung

Die elektrische Leitung in Kristallen wird phänomenologisch durch denselben Formalismus beschrieben wie die Wärmeleitung. Anstelle der Wärmestromdichte $\vec{j}^Q$ tritt jetzt der Vektor der elektrischen Stromdichte $\vec{j}$ (elektrischer Strom pro Fläche), anstelle der Temperatur T das elektrische Potential φ, die beide durch den Tensor der elektrischen Leitfähigkeit $\overset{2\rightarrow}{\sigma}$ (anstelle des Wärmeleitfähigkeitstensors $\overset{2\rightarrow}{\lambda}$) verknüpft sind, so dass wir zu schreiben haben

$$\vec{j} = -\overset{2\rightarrow}{\sigma} \cdot \nabla\varphi \quad \text{bzw.} \quad j_i = \sum_j \sigma_{ij}\frac{\partial\varphi}{\partial x_j} \quad \text{für} \quad i,j = 1,2,3 \tag{5.69}$$

mit dem Gradienten des elektrischen Potentials $\nabla\varphi \equiv \text{grad}\varphi$ (die Komponenten j_i sind vom Summationsindex j zu unterscheiden). Nun stellt aber der (negative) Gradient des elektrischen Potentials die elektrische Feldstärke $\vec{E} = -\nabla\varphi$ dar, ein Vektor mit den Komponenten $E_i = -\partial\varphi/\partial x_i$. Die vorige Beziehung geht dann über in

$$\vec{j} = \overset{2\rightarrow}{\sigma} \cdot \vec{E} \quad \text{bzw.} \quad j_i = \sum_j \sigma_{ij}E_j \tag{5.70}$$

mit den Komponenten σ_{ij} des Leitfähigkeitstensors $\overset{2\rightarrow}{\sigma}$. Wie bei der Wärmeleitfähigkeit handelt es sich um einen polaren symmetrischen Tensor 2. Stufe ($\sigma_{ij} = \sigma_{ji}$), der in den einzelnen Kristallsystemen gleichfalls den in Tab. 5.8 aufgeführten Symmetriebedingungen genügt. In einem anisotropen Kristall sind im Allgemeinen die Vektoren $\vec{E}$ (Feldstärke) und $\vec{j}$ (Stromdichte) nicht parallel. Wollen wir die Feldstärke $\vec{E}$ in Abhängigkeit von der Stromdichte $\vec{j}$ ausdrücken, so ist anstelle des Wärmewiderstandstensors $\overset{2\rightarrow}{w}$ der Tensor des elektrischen Widerstandes $\overset{2\rightarrow}{\rho}$ einzusetzen, und wir erhalten

$$\vec{E} = \overset{2\rightarrow}{\rho} \cdot \vec{j} \quad \text{bzw.} \quad E_i = \sum_j \rho_{ij}j_j \tag{5.71}$$

als kristallphysikalische Formulierung des Ohmschen[21] Gesetzes; es gilt $\overset{2\to}{\rho} = (\overset{2\to}{\sigma})^{-1}$; der Widerstandstensor $\overset{2\to}{\rho}$ ist der reziproke Tensor des Leitfähigkeitstensors $\overset{2\to}{\sigma}$ (und umgekehrt).

Die elektrische Leitfähigkeit von Kristallen variiert innerhalb ungewöhnlich weiter Grenzen. So beträgt die Leitfähigkeit von metallischem Silber, einem guten metallischen Leiter, $6 \cdot 10^7$ $(\Omega\,m)^{-1}$. Die Leitfähigkeit von Quarz, einem Isolator, beträgt hingegen senkrecht zur $\bar{c}$-Achse nur $3 \cdot 10^{-15}$ $(\Omega\,m)^{-1}$. Das ist ein Unterschied von 22 Größenordnungen! Neben den metallischen Leitern [Leitfähigkeiten $10^5 \ldots 10^8$ $(\Omega\,m)^{-1}$] und den Isolatoren [Leitfähigkeiten $10^{-20} \ldots 10^{-10}$ $(\Omega\,m)^{-1}$] gibt es die Halbleiter mit Leitfähigkeiten von $10^{-10} \ldots 10^5$ $(\Omega\,m)^{-1}$. Die Leitfähigkeit von Metallen nimmt bei tiefen Temperaturen noch beträchtlich zu. Reine Metalle erreichen dabei einen Restwiderstand von 10^{-10} $\Omega\,m$, d. h. eine Leitfähigkeit von 10^{10} $(\Omega\,m)^{-1}$. Schließlich ist mit dem Phänomen der Supraleitung, die bei einer Reihe von Substanzen bei sehr tiefen Temperaturen eintritt, eine Erhöhung der Leitfähigkeit um bis zu weiteren zehn Größenordnungen verknüpft.

Der Transport von Ladungen durch einen Leiter kann durch Elektronen oder durch Ionen erfolgen. Die gute Leitfähigkeit der Metalle wird durch (quasi) freie Elektronen bewirkt. Die Leitung durch Ionen spielt bei Festkörpern meist nur eine untergeordnete Rolle. Sie erfolgt durch eine Diffusion von Ionen durch den Kristall, für die meist beträchtliche Aktivierungsenergien erforderlich sind (vgl. Abschnitt 4.6.1), und wird von elektrolytischen Erscheinungen begleitet. Ionenkristalle, wie NaCl, haben bei Zimmertemperatur eine Ionenleitfähigkeit von nur rd. 10^{-13} $(\Omega\,m)^{-1}$, die mit steigender Temperatur allerdings beträchtlich zunimmt.

Es gibt jedoch auch Festkörper mit außergewöhnlich großen Ionenleitfähigkeiten, die (bei Zimmertemperatur) die Größenordnung von 1 $(\Omega\,m)^{-1}$ erreichen und damit den flüssigen Elektrolyten vergleichbar sind. Sie werden als Festkörperelektrolyte (auch Superionenleiter) bezeichnet. Der zuerst bekannt gewordene Festkörperelektrolyt ist Silberiodid, AgI; es kristallisiert unterhalb 146 °C in der (hexagonalen) Wurtzitstruktur (Abb. 2.35) und hat eine (ausschließlich von den Ag^+-Ionen getragene) Leitfähigkeit von rd. 10^{-2} $(\Omega\,m)^{-1}$. Oberhalb 146 °C erfolgt ein Übergang in eine kubische Phase, wobei die Leitfähigkeit um vier Größenordnungen auf über 100 $(\Omega\,m)^{-1}$ anwächst. In dieser Phase besetzen nur die Iodionen feste Positionen, zwischen denen sich die Silberionen quasi flüssigkeitsartig bewegen. Der beste bisher bekannte Superionenleiter bei Zimmertemperatur ist die Verbindung $RbAg_4I_5$ mit 20 $(\Omega\,m)^{-1}$. Von großem Interesse als Festkörperelektrolyt für Na^+-Ionen ist das Na-β-Aluminiumoxid, das chemisch annähernd der Formel $Na_2O \cdot 11\,Al_2O_3$ entspricht. Seine Struktur besteht aus Schichten von γ-Al_2O_3, die durch einzelne Sauerstoffbrücken fest miteinander verbunden sind, während sich die Na^+-Ionen in dem verbleibenden Raum dieser Zwischenschicht leicht bewegen können. Festkörperelektrolyte werden in elektrochemi-

---

21 Georg Simon Ohm (16.3.1789–6.7.1854).

schen Batterien, für elektrochemische Sensoren, als Membranen in Brennstoff- und elektrolytischen Zellen u. a. m. angewendet.

5.4.5 Deformation und Spannung

Wird ein Kristall durch mechanische Spannungen, wie Druck oder Zug, beansprucht, so erleidet er Formänderungen, bzw. er erfährt eine Deformation. Soweit diese Formänderungen reversibel sind, d. h. wieder verschwinden, wenn die Beanspruchung aufhört, sprechen wir von einer elastischen Deformation oder elastischen Verzerrung. Sowohl mechanische Spannung als auch Deformation werden durch Tensoren 2. Stufe beschrieben. Formänderungen, die nach der Beanspruchung verbleiben, werden als plastische Deformation bezeichnet und entziehen sich im Allgemeinen der tensoriellen Darstellung.

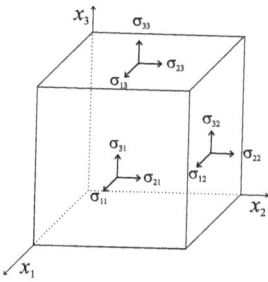

Abb. 5.14: Die Komponenten des Spannungstensors.

Zur Beschreibung des Spannungstensors betrachten wir die an einem würfelförmigen Volumenelement des Kristalls angreifenden mechanischen Kräfte (Abb. 5.14). Diese Kräfte werden in Komponenten zerlegt, die senkrecht (Normalkomponenten) oder tangential (Scherkomponenten) an den Würfelflächen angreifen. Die betreffenden Spannungen erhält man als Kraft pro Fläche und bezeichnet mit σ_{ij} diejenige Spannungskomponente, deren Kraftkomponente parallel zu $\vec{e}_i$ gerichtet ist und an der zu $\vec{e}_j$ senkrechten Fläche angreift. Die Komponenten σ_{ij} mit $i = j$ stellen Normalkomponenten, solche mit $i \neq j$ Scherkomponenten dar. Bei einem homogenen Spannungszustand haben die Spannungen an gegenüberliegenden Würfelflächen den gleichen Betrag bei entgegengesetzter Richtung, so dass wir negative i und j nicht zu berücksichtigen brauchen: Die σ_{ij} mit $i, j = 1, 2, 3$ beschreiben den Spannungszustand vollständig und bilden die Komponenten eines polaren Tensors zweiter Stufe, des Spannungstensors $\overset{2\rightarrow}{\sigma}$. Der Spannungstensor ist symmetrisch: $\sigma_{ij} = \sigma_{ji}$, so dass im Allgemeinen nur sechs der neun Komponenten unabhängig sind; sie genügen außerdem in den einzelnen Kristallsystemen den in Tab. 4.3 aufgeführten Symmetriebeziehungen. (Wie man sich anhand von Abb. 5.14 veranschaulichen kann, würde eine Unsymmetrie $\sigma_{ij} \neq \sigma_{ji}$ zu einem Drehmoment um die zu $\vec{e}_i$ und $\vec{e}_j$ senkrechte Achse führen, und der betreffende Körper könnte nicht im statischen Gleichgewicht sein.) Übrigens hat der Spannungstensor eines unter einem hydrostatischen Druck p stehenden Körpers die Gestalt $\sigma_{ii} = -p$ ($i = 1, 2, 3$) sowie $\sigma_{ij} = 0$ ($i \neq j$), denn der Druck wirkt als Normalkomponente gleichermaßen auf alle Würfelflächen in der Richtung entgegengesetzt zu den Achsen.

Legt man beispielsweise an einen stabförmigen kristallinen Probekörper der Länge l eine Zugspannung σ (Kraft pro Fläche des Stabquerschnitts) an, so beobachtet man eine Längenänderung (Dilatation) Δl. (Es ist zu beachten, dass auch für die in Abschnitt 5.4.4 behandelte elektrische Leitfähigkeit in der Regel das gleiche Symbol σ verwendet wird, was potentielle Gefahr für Verwechslungen liefert.) Verfolgt man die Spannung σ in Abhängigkeit von der zu ihrer Erzeugung nötigen Dehnung $\varepsilon = \Delta l / l$ (Abb. 5.15), so stellt man bei kleinen Spannungen einen (annähernd) linearen Zusammenhang fest (Hookescher[22] Bereich). Die Dehnung ε ist in diesem Bereich elastischer Natur; d. h., wenn die Spannung σ abgesetzt wird, geht auch ε auf null zurück. Mit zunehmender Spannung σ biegt die Kurve vom linearen Verlauf ab, und es treten in zunehmendem Maße plastische Beiträge zur Deformation in Erscheinung: Bei einer Entlastung geht ε nicht mehr auf null zurück, und es zeigt sich eine Hysterese. Da der Beginn der plastischen Deformation nicht präzise zu erfassen ist, definiert man als Elastizitätsgrenze $\sigma_{0,2\%}$ oft diejenige Spannung, die (nach der Entlastung) eine bleibende Verformung von 0,2 % hervorruft. Meistens setzt wenig oberhalb von $\sigma_{0,2\%}$ eine stärkere plastische Deformation ein, wofür man die Bezeichnung Streckgrenze verwendet. Die Spannung σ_{max} am Maximum der Kurve bezeichnet die Zerreißfestigkeit der Probe. Die Kurve im Abb. 5.15 ist typisch für ein metallisches Werkstück. Bei anderen Werkstoffen kann es bereits nach einem kurzen elastischen Anstieg zu einem Bruch kommen, ohne dass eine nennenswerte plastische Deformation zu beobachten ist (Sprödbruch).

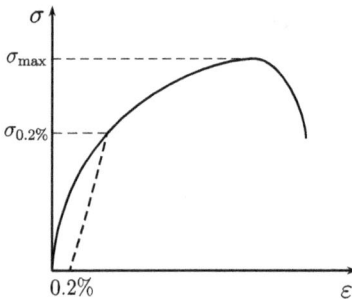

Abb. 5.15: Typische Abhängigkeit der mechanischen Spannung σ die durch eine bis zum Zerreißen auferlegte Dehnung ε hervorgerufen wird.

22 Robert Hooke (28.7.1635–3.3.1703).

Die Symmetrien der verschiedenen Tensorkomponenten, wie z. B. $\sigma_{ij} = \sigma_{ji}$ bzw. $\varepsilon_{ij} = \varepsilon_{ji}$ können nach Voigt (1910) dazu benutzt werden, zur Vereinfachung die betreffenden Indexpaare zu je einem Index nach folgendem Schema zusammenfassen; denn jeder symmetrische Tensor enthält ja nur 6 unabhängige Komponenten:

Tab. 5.11: Zusammenfassung von Indexpaaren bei der Matrixschreibweise von Tensoren (Voigtsche Indizierung).

ij	11	22	33	23, 32	31, 13	12, 21
λ, μ	1	2	3	4	5	6

Mit der Transformation der 3×3-Matrix des Tensors in einen 1×6-Vektor bleiben nur bei σ die Zahlenwerte erhalten, während einige Vektorkomponenten bei dem schon in Abschnitt 5.4.1 eingeführten Verzerrungstensor ε zu verdoppeln sind:

$$\sigma_1 = \sigma_{11}; \quad \sigma_2 = \sigma_{22}; \quad \sigma_3 = \sigma_{33};$$
$$\sigma_4 = \sigma_{23} = \sigma_{32}; \quad \sigma_5 = \sigma_{13} = \sigma_{31}; \quad \sigma_6 = \sigma_{12} = \sigma_{21} \tag{5.72}$$
$$\varepsilon_1 = \varepsilon_{11}; \quad \varepsilon_2 = \varepsilon_{22}; \quad \varepsilon_3 = \varepsilon_{33};$$
$$\varepsilon_4 = 2\varepsilon_{23} = 2\varepsilon_{32}; \quad \varepsilon_5 = 2\varepsilon_{13} = 2\varepsilon_{31}; \quad \varepsilon_6 = 2\varepsilon_{12} = 2\varepsilon_{21} \tag{5.73}$$

Diese Matrixschreibweise hat den Vorteil, dass nur noch mit 6 Zahlen (der Matrix) anstelle 9 (des Tensors) gerechnet werden muss. Wir werden später sehen, dass hierdurch insbesondere Berechnungen mit Tensoren höherer Stufe erleichtert werden; denn die Matrixschreibweise gestattet insbesondere die Darstellung der elastischen Eigenschaften als 6×6-Matrix (siehe Abschnitt 5.6.2.1).

5.4.6 Magnetische Eigenschaften von Kristallen

5.4.6.1 Magnetisierung, Diamagnetismus, Paramagnetismus
Die magnetischen Eigenschaften der Kristalle (wie auch anderer Stoffe) beruhen in komplexer Weise auf den quantenmechanischen Eigenschaften der Elektronen (Bahnmoment und Spin). Die Atomkerne tragen im Vergleich dazu nur in sehr geringem Maße (Faktor 10^{-3}) zu den magnetischen Eigenschaften bei. Die phänomenologische Beschreibung der magnetischen Erscheinungen kann in weitgehender Analogie zu den dielektrischen Erscheinungen erfolgen (vgl. Abschnitt 5.3.2) – ungeachtet ihrer komplizierteren und andersartigen physikalischen Natur.

Steht ein Kristall oder ein anderer Stoff unter der Einwirkung eines magnetischen Feldes, so wird in ihm ein magnetisches Moment $\vec{J}$ erzeugt, d. h., der Stoff wird selbst magnetisch. Das in diesem Stoff pro Volumeneinheit erzeugte magnetische Moment ist (bei den meisten Stoffen) entsprechend

$$\vec{J} = \mu_0 \overset{2\rightarrow}{\chi^m} \cdot \vec{H} \quad \text{bzw.}$$

$$J_i = \mu_0 \sum_i \chi_{ij}^m H_j \tag{5.74}$$

proportional zur magnetischen Feldstärke $\vec{H}$. Hierbei ist $\vec{H}$ das in dem Stoff wirksame Magnetfeld; $\overset{2\rightarrow}{\chi^m}$ ist die magnetische Suszeptibilität (die von der elektrischen Suszeptibilität $\overset{2\rightarrow}{\chi^e}$ trotz des allgemein gebräuchlichen gleichen Symbols χ zu unterscheiden ist; aber ebenfalls einen polaren Tensor 2. Stufe darstellt); durch die Einfügung der magnetischen Induktionskonstante (Permeabilität des Vakuums) $\mu_0 = 4\pi \cdot 10^{-7}\,\text{Vs/(A·m)} \approx 1{,}256 \cdot 10^{-6}\,\text{Vs/(A·m)}$ erhält man χ^m als dimensionslose Zahl. Obwohl J und H wie viele andere magnetische Größen Pseudoskalare sind (Abschnitt 5.1.2), wird in der Literatur oft die skalare Schreibweise oder (wie hier) die als einfacher (polarer) Vektor anstelle der exakteren $\overset{\circ}{J}$ bzw. $\overset{\circ}{H}$ verwendet.

Von der magnetischen Polarisation J ist die Magnetisierung M zu unterscheiden, die durch

$$\vec{M} = \overset{2\rightarrow}{\chi^m} \cdot \vec{H} = \frac{1}{\mu_0}\vec{J} \tag{5.75}$$

gegeben ist.

Der Tensor der magnetischen Suszeptibilität ist symmetrisch ($\chi_{ij}^m = \chi_{ji}^m$) und hat im Allgemeinen sechs unabhängige Komponenten, die in den einzelnen Kristallsystemen den in Tab. 5.5 aufgeführten Bedingungen genügen.

In Analogie zur Beschreibung der dielektrischen Phänomene (Tab. 5.12) führt man noch eine weitere (der dielektrischen Verschiebung $\vec{D}$ entsprechende) vektorielle Größe ein, die magnetische Induktion $\vec{B}$,

$$\vec{B} = \overset{2\rightarrow}{\mu} \cdot \vec{H} = \mu_0 \overset{2\rightarrow}{\mu_r} \cdot \vec{H} = \mu_0 H + \vec{J} = \mu_0 (\vec{H} + \vec{M}) \tag{5.76}$$

mit den Tensoren 2. Stufe der relativen Permeabilität $\overset{2\rightarrow}{\mu_r}$ bzw. der absoluten Permeabilität $\overset{2\rightarrow}{\mu}$. Bei isotropen Stoffen gilt

$$\mu_r = \frac{\mu}{\mu_0} = \chi^m + 1; \tag{5.77}$$

bei anisotropen Kristallen besteht zwischen den Tensorkomponenten der Zusammenhang

$$\mu_{rij} = \frac{\mu_{ij}}{\mu_0} = \chi_{ij}^m + \delta_{ij} \quad \text{mit} \quad \delta_{ij} = \begin{cases} 1 & \text{für} \quad i = j \\ 0 & \text{für} \quad i \neq j \end{cases}. \tag{5.78}$$

Tab. 5.12: Analogie von elektrischen und magnetischen Größen und Eigenschaften. Bedeutung der Symbole wie im Text; $\vec{p}$ pyroelektrischer Koeffizient (Tab. 5.6).

elektrische Größe	$\vec{E}$	$\vec{P}$	$\vec{P}/\epsilon_0$	$\vec{D}$	$\overset{2\rightarrow}{\chi^e}$	ϵ_0	$\overset{2\rightarrow}{\epsilon}$	$\overset{2\rightarrow}{\epsilon_r}$
magnetische Größe	$\vec{H}$	$\vec{J}$	$\vec{M}$	$\vec{B}$	$\overset{2\rightarrow}{\chi^m}$	μ_0	$\overset{2\rightarrow}{\mu}$	$\overset{2\rightarrow}{\mu_r}$

Kristalle (und andere Stoffe) können hinsichtlich ihrer magnetischen Suszeptibilität in mehrere Gruppen eingeteilt werden. Bei den meisten Stoffen ist die magnetische Suszeptibilität (im Vergleich zur elektrischen Suszeptibilität) sehr klein und bewegt sich bei Kristallen im Bereich von $\chi^m = -10^{-5} \ldots + 10^{-3}$; sie ist also positiver wie negativer Werte fähig.

Diamagnetische Stoffe sind durch eine negative magnetische Suszeptibilität $\chi^m < 0$ gekennzeichnet (bei anisotropen Kristallen sind dann sämtliche Komponenten $\chi_{ij}^m < 0$). Hierher gehören z. B. Halit (Steinsalz), Fluorit, Calcit, Quarz, Eis, Diamant, Graphit und einige Metalle. Man erkennt diamagnetische Kristalle daran, dass sie durch die magnetischen Kräfte in einem inhomogenen Magnetfeld aus dem Bereich hoher Feldstärke hinausgedrängt werden. Die Atome bzw. Ionen eines diamagnetischen Kristalls besitzen ohne Einwirkung eines äußeren Magnetfeldes kein eigenes magnetisches Moment; es wird erst durch die magnetische Induktion im Magnetfeld erzeugt. Die diamagnetische Suszeptibilität ist von der Temperatur weitgehend unabhängig, sofern das Volumen konstant gehalten wird. Diamagnetismus tritt in allen Stoffen auf, wird jedoch bei manchen von den weitaus stärkeren Effekten Paramagnetismus und Ferromagnetismus überlagert.

Paramagnetische Stoffe sind durch eine positive magnetische Suszeptibilität $\chi^m > 0$ (bzw. alle $\chi_{ij}^m > 0$) gekennzeichnet. Sie enthalten in ihrer Struktur Atome (bzw. Ionen), die bereits unabhängig von einem äußeren Magnetfeld ein eigenes magnetisches Moment besitzen. Diese permanenten magnetischen Momente der paramagnetischen Atome (Ionen) sind zunächst ungeordnet, so dass kein makroskopisches Moment resultiert. Die positive Suszeptibilität der paramagnetischen Stoffe kommt dadurch zustande, dass die atomaren Momente in einem angelegten Magnetfeld je nach dessen Stärke ausgerichtet werden. Daneben existiert stets ein kleiner (negativer) diamagnetischer Beitrag zur Suszeptibilität, der jedoch überdeckt wird. Charakteristisch ist das Temperaturverhalten paramagnetischer Kristalle; denn die Wärmebewegung wirkt der Ausrichtung der atomaren Momente durch das angelegte Magnetfeld entgegen. Die paramagnetische Suszeptibilität erweist sich als umgekehrt proportional zur (absoluten) Temperatur

$$\chi^m = C/T \quad \text{bzw.} \quad \chi_{ij}^m = C_{ij}/T$$

mit der Curie-Konstanten C, die sich bei Kristallen in der Größenordnung von $10^{-4} \ldots 10^{-1}$ K bewegt. Paramagnetische Kristalle werden in inhomogenen Magnetfeldern in den Bereich hoher Feldstärken hineingezogen; hierher gehören die meisten Metalle und u. a. die Minerale Siderit, Beryll, Olivin, Granat, Augit, Pyrit. Paramagnetische Kristalle können von diamagnetischen mit Hilfe eines Elektromagneten getrennt werden, was bei der Aufbereitung von Eisenerzen ausgedehnte technische Anwendung findet.

5.4.6.2 Ferromagnetismus, Antiferromagnetismus, Ferrimagnetismus

Die bisher betrachtete diamagnetische oder paramagnetische Suszeptibilität ist letztlich eine Eigenschaft der einzelnen Atome (bzw. Ionen oder Moleküle) selbst; sie ist deshalb bei allen Stoffen vorhanden. Hingegen beruhen die im Folgenden zu betrachtenden magnetischen Eigenschaften auf einer Ordnung und einem kooperativen Zusammenwirken der permanenten magnetischen Momente eines größeren Ensembles von Atomen. Die Effekte sind dementsprechend groß und an Stoffe gebunden, die paramagnetische Atome enthalten. Die Ordnung der permanenten magnetischen Momente wird durch eine interatomare quantenmechanische Wechselwirkung der Elektronenspins bewirkt, die sich dabei in bestimmter Weise ausrichten, so dass man auch von einer Ordnung der Spins spricht. Damit die Wechselwirkung der Spins gegenüber den ungeordneten thermischen Bewegungen dominieren kann, ist eine gewisse räumliche Dichte der Atome erforderlich, wie sie insbesondere in Kristallstrukturen gegeben ist.

Die Ferromagnetika sind durch eine parallele Anordnung der permanenten magnetischen Momente bzw. der wechselwirkenden Spins gekennzeichnet. Typische Ferromagnetika sind Eisen, Nickel und Cobalt sowie deren Legierungen. Auch gewisse Verbindungen sonst nicht ferromagnetischer Übergangsmetalle, wie CrTe und MnP, zeigen ferromagnetische Eigenschaften.

Der streng parallelen Anordnung folgen alle betreffenden Spins, doch erstreckt sich eine bestimmte Orientierung (wie bei den Ferroelektrika) gewöhnlich immer nur auf gewisse Bereiche, die Weissschen[23] Bezirke oder ferromagnetischen Domänen, zwischen denen die Orientierung beliebig wechselt (im Gegensatz zu den Ferroelektrika, bei denen diese Orientierung Zwillingsrelationen folgt).

Die ferromagnetischen Domänen können nach verschiedenen Methoden sichtbar gemacht werden („Bitter-Muster",[24] Abb. 5.16). Ein Zusammenhang der Domänenstruktur mit anderen Störungen und Realstrukturerscheinungen ist auf diesem Bild unverkennbar. An den Grenzen der Domänen, den Bloch-Wänden, erfolgt der Übergang in die andere Spinorientierung nicht sprunghaft, sondern kontinuierlich über

---

[23] Pierre-Ernest Weiss (oder Weiß) (25.3.1865–24.10.1940).
[24] Francis Bitter (22.7.1902–26.7.1967).

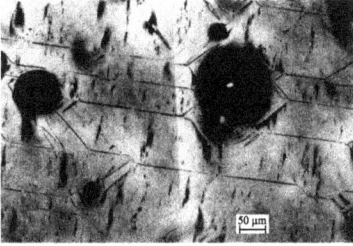

Abb. 5.16: Ferromagnetische Domänen auf einer (100)-Fläche eines Einkristalls aus Eisen-Silicium. „Bitter-Muster", Niederschlag feiner ferromagnetischer Teilchen aus einer flüssigen Suspension auf die Kristalloberfläche. Aufn. Träuble (1962).

eine Distanz in der Größenordnung von 100 Gitterkonstanten; die Bloch-Wände haben also eine gewisse Dicke.

Im unmagnetisierten Zustand kompensieren sich die Momente der Weissschen Bezirke untereinander. Unter dem Einfluss eines äußeren Magnetfeldes kommt es zu einer Ausrichtung der magnetischen Momente der verschiedenen Weissschen Bezirke. Diese Ausrichtung erfolgt nach zwei Mechanismen: Einmal wachsen durch eine Verschiebung der Bloch-Wände diejenigen Weissschen Bezirke, deren Moment zum angelegten Magnetfeld günstig orientiert ist; zum anderen erfolgt eine Rotation der magnetischen Momente der Weissschen Bezirke in die Richtung des angelegten Magnetfeldes. Bei niedrigen Feldstärken dominiert der erste, bei hohen Feldstärken der letzte Mechanismus. Die Ausrichtungsvorgänge verlaufen, wie Barkhausen[25] zeigte, unstetig (Barkhausen-Sprünge) und zeigen eine ausgeprägte Abhängigkeit von der kristallographischen Richtung, in der die Magnetisierung vorgenommen wird. Es existieren Richtungen besonders leichter Magnetisierbarkeit. Beim kubisch raumzentrierten α-Eisen sind das die $\langle 100 \rangle$-Richtungen, während die $\langle 111 \rangle$-Richtungen für die Magnetisierung am ungünstigsten sind. Beim kubisch flächenzentrierten Nickel dagegen liegt die Richtung leichter Magnetisierbarkeit parallel $\langle 111 \rangle$ und beim hexagonal dicht gepackten Cobalt parallel zur č-Achse. Demnach existieren beim α-Fe sechs, beim Ni acht und beim Co nur zwei Richtungen leichter Magnetisierbarkeit.

Die Ausrichtung der Weissschen Bezirke führt zu einer positiven Magnetisierung, die jene paramagnetischer Kristalle um Größenordnungen übertrifft. Durch die Beziehung $\chi^m = \partial M / \partial H$ lässt sich auch den Ferromagnetika formal eine magnetische Suszeptibilität zuordnen, die große positive Werte annimmt. Doch ist der für die Dia- und Paramagnetika geltende lineare Zusammenhang zwischen Feld und Magnetisierung keineswegs mehr zutreffend: χ^m ist nicht konstant, sondern stark von der Feldstärke H abhängig, und die Magnetisierung M zeigt eine typische Hysterese (Abb. 5.17).

Bei einem Ferromagnetikum mit regellos orientierten Weissschen Bezirken folgt die Magnetisierung der „jungfräulichen" Kurve von 0 nach 1 und erreicht eine Sättigungsmagnetisierung M_S, wenn sämtliche Weissschen Bezirke ausgerichtet sind. Geht man mit dem Magnetfeld zurück (Kurve 1–2), so bleibt deren Orientierung teilweise

---

25 Heinrich Georg Barkhausen (2.12.1881–20.2.1956).

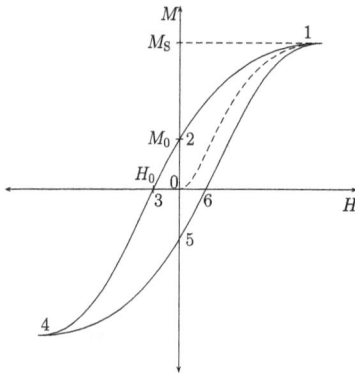

Abb. 5.17: Magnetisierung M eines Ferromagneten in Abhängigkeit von einem Magnetfeld H (Hysterese).

erhalten, und auch für $H = 0$ bleibt eine gewisse Magnetisierung M_0 bestehen (Remanenz). Die Magnetisierung geht erst mit dem Anlegen eines Koerzitivfeldes mit dem Betrag H_0 in der entgegengesetzten Richtung wieder auf den Wert null zurück usw. Wie schon angedeutet, ist die Form der Hystereseschleifen stark von der kristallographischen Orientierung der Richtung abhängig, in der die Magnetisierung vorgenommen wird.

Die Suszeptibilität kann in den Bereichen des steilen Anstiegs der Hysteresekurven je nach Material Werte von $+10^6$ und mehr erreichen (man vergleiche demgegenüber die paramagnetischen Suszeptibilitäten). Die Sättigungsmagnetisierung M_S ist temperaturabhängig und nimmt mit steigender Temperatur ab. Bei einer bestimmten Temperatur T_C, der Curie-Temperatur (768 °C für Fe; 360 °C für Ni), bricht die Ordnung der Spins zusammen; der Ferromagnetismus verschwindet, und der Kristall wird paramagnetisch. Die Suszeptibilität folgt dann einem Curie–Weissschen Gesetz

$$\chi^m = \frac{C}{T - T_C} \tag{5.79}$$

(Abb. 5.18). Bei Einkristallen ist die magnetische Suszeptibilität eine im allgemeinen anisotrope Materialeigenschaft und, wie im vorigen Abschnitt ausgeführt, durch einen Tensor darzustellen. Magnetische Phasenübergänge zählen zu den kritischen Phänomenen (vgl. Abschnitt 4.6.2).

Eine parallele Anordnung der Spins, wie sie bei den Ferromagnetika vorliegt, ist nicht die einzige Möglichkeit einer Ordnung der Spins. Es gibt weiterhin die Möglichkeit, dass sich die Spins und damit die magnetischen Momente benachbarter (paramagnetischer) Atome entgegengesetzt (antiparallel) ausrichten (Abb. 5.19). Welche dieser beiden Möglichkeiten auftritt, hängt von dem Vorzeichen eines sog. Austauschintegrals ab, das bei der quantentheoretischen Behandlung des Problems erscheint und die Wechselwirkungen zwischen den Spins erfasst. Erstmals wurde eine solche antiparallele Spinordnung bei den Mn^{2+}-Ionen in Manganoxid MnO durch Shull u. a. (1951) beobachtet. MnO kristallisiert in der NaCl-Struktur, und die Spins der

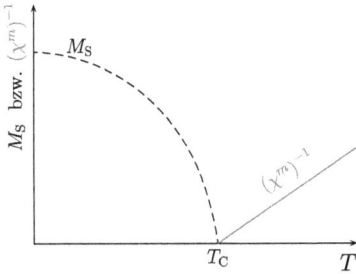

Abb. 5.18: Verlauf der spontanen Magnetisierung (Sättigungsmagnetisierung) M_S eines Ferromagneten bei Annäherung an die Curie-Temperatur T_C und der reziproken Suszeptibilität $1/\chi^m$ oberhalb T_C in der paraelektrischen Phase.

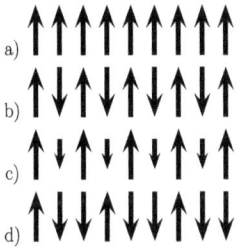

Abb. 5.19: Schema der Spinordnung. a) In Ferromagnetika; b) in Antiferromagnetika; c) und d) in Ferrimagnetika.

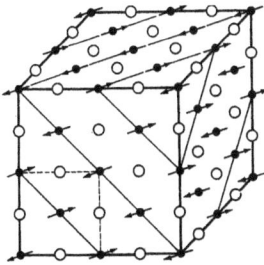

Abb. 5.20: Anordnung der Spins der Mn^{2+}-Ionen im Manganoxid MnO.

Mn^{2+}-Ionen sind in einer (111)-Ebene jeweils alle parallel zu einer Flächendiagonalen des Elementarwürfels orientiert, z. B. parallel [1$\bar{1}$0]. In der nächsten Ebene ist die Orientierung entgegengesetzt, also parallel [$\bar{1}$10] (Abb. 5.20). Die Orientierung wechselt hier von Ebene zu Ebene. Antiparallele Spinordnungen lassen sich auch auf andere Weise herstellen, z. B. durch eine Umkehr der Spinorientierungen zwischen benachbarten Ketten oder durch Wechsel der Spins innerhalb einer Kette. Man hat inzwischen zahlreiche derartige Substanzen festgestellt, die als Antiferromagnetika bezeichnet werden. Die Anordnung der Spins lässt sich durch Neutronenbeugung (s. Abschnitt 3.11) nachweisen.

Antiferromagnetika können (wie Antiferroelektrika) kein resultierendes, spontanes makroskopisches Moment besitzen; sie heben sich jedoch durch magnetische Anomalien von den Paramagnetika ab. Charakteristisch ist der Verlauf ihrer Suszeptibilität in Abhängigkeit von der Temperatur (Abb. 5.21): χ^m nimmt bis zu einer gewissen

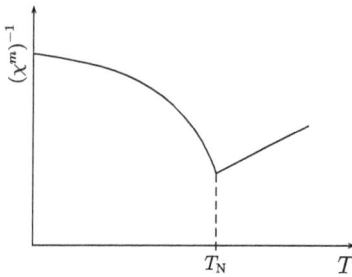

Abb. 5.21: Verlauf der reziproken Suszeptibilität $1/\chi^m$ eines Antiferromagneten in Abhängigkeit von der Temperatur.

Temperatur T_N, der Néel-Temperatur (Néel (1948)),[26] zu; bei T_N bricht die antiferromagnetische Ordnung zusammen, die Substanz wird paramagnetisch, und χ^m nimmt mit steigender Temperatur wieder ab; bei T_N zeigt χ^m ein Maximum. Unter dem Einfluss der Temperatur oder äußerer Felder können antiferromagnetische Spinordnungen in andere antiferromagnetische Spinordnungen oder auch in eine ferromagnetische Spinordnung übergehen. Derartige Übergänge nennt man metamagnetisch; sie sind meistens bei sehr tiefen Temperaturen zu beobachten.

Schließlich werden noch die Ferrimagnetika unterschieden. Zu ihrem Verständnis geht man am besten vom Schema der antiferromagnetischen Spinordnung aus: Wenn bei einem solchen Ordnungsschema verschiedenartige Atome mit unterschiedlichen Momenten beteiligt sind (Abb. 5.19c) oder die Anzahl der atomaren Momente für die beiden Richtungen unterschiedlich ist (Abb. 5.19d), resultieren eine spontane Magnetisierung und ein den Ferromagnetika ähnliches Verhalten. Gegenüber den gewöhnlichen Ferromagnetika zeigen die Ferrimagnetika gewisse Anomalien, die am deutlichsten im Verlauf der Suszeptibilität oberhalb der Temperatur T_N, die gleichfalls als Néel-Temperatur bezeichnet wird und bei der die spontane Magnetisierung verschwindet, zum Ausdruck kommen (Abb. 5.22): Der lineare Verlauf $1/\chi^m$ gegen T wird erst allmählich erreicht. Ferrimagnetisches Verhalten zeigen z. B. Legierungen von Übergangsmetallen mit Seltenerdmetallen sowie eine Reihe von Kristallen mit Spinellstruktur. In dieser Struktur (vgl. Abb. 2.44) eröffnen die verschiedenartigen

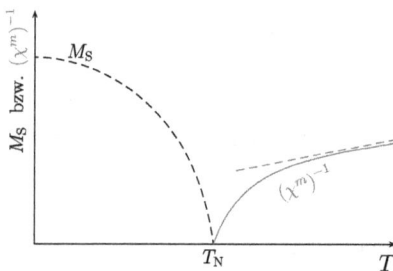

Abb. 5.22: Verlauf der spontanen Magnetisierung (Sättigungsmagnetisierung) M_S und der reziproken Suszeptibilität $1/\chi^m$ bei einem Ferrimagneten.

---

26 Louis Eugène Felix Néel (22.11.1904–17.11.2000).

Positionen der Metallionen und die vielfältigen Varianten ihrer Besetzung die Möglichkeit ferrimagnetischer Ordnungen. Entsprechende magnetische Werkstoffe haben als Ferrite in der Hochfrequenztechnik eine große praktische Bedeutung erlangt; sie vereinen eine hohe magnetische Suszeptibilität mit einem hohen elektrischen Widerstand (im Gegensatz zu den metallischen Ferromagneten, die elektrisch leitend sind).

Neben den parallelen und antiparallelen Spinordnungen sind an den verschiedenen Stoffsystemen mit paramagnetischen Atomen insbesondere bei tiefen Temperaturen noch andere Spinordnungen gefunden worden. So gibt es magnetische Phasen mit zueinander verkippten Anordnungen der Spins; des weiteren gibt es Spinordnungen, bei denen die Orientierung der Spins von einem Atom zum nächsten um einen bestimmten Winkel gedreht ist – in gewisser Analogie zu den cholesterischen Phasen flüssiger Kristalle (Abschnitt 6.5). Es kann vorkommen, dass die Periodizität solcher Spinordnungen nicht mit der der Kristallstruktur übereinstimmt und auch in keinem rationalen Verhältnis zu ihr steht; man spricht dann von einer inkommensurablen Phase (dieser Begriff ist nicht nur auf Spinordnungen beschränkt).

5.4.6.3 Symmetrie von Magnetika: Antisymmetrie

Betrachten wir die Struktur des MnO (Abb. 5.20) noch einmal im Hinblick auf ihre Symmetrie: Wie NaCl gehört MnO zur kubischen Kristallklasse $m\bar{3}m$ bzw. zur Raumgruppe $Fm\bar{3}m$. Damit wird die Symmetrie der Anordnung der Atome oder Ionen bzw. auch die Symmetrie der Elektronendichte beschrieben. Die Symmetrie der Spinordnung im antiferromagnetischen Zustand bleibt dabei unberücksichtigt. Untersuchen wir, welche Symmetrieoperationen und -elemente der NaCl-Struktur auch noch auf die Spinordnung im MnO zutreffen, dann verbleibt schließlich nur eine monokline Symmetrie. Eine solche Beschreibung der Symmetrie des antiferromagnetischen MnO bliebe aber unbefriedigend, da so die offensichtlich sehr hohe Symmetrie der Struktur überhaupt nicht zum Ausdruck kommen würde. Deshalb werden die bisherigen Symmetriebetrachtungen erweitert, indem solche Symmetrieoperationen eingeführt werden, die nicht nur die räumlichen Positionen der Atome, sondern gegebenenfalls auch die Orientierung ihrer Spins zur Deckung bringen. Bei diesem Verfahren werden einem Atom neben seinen Ortskoordinaten weitere Parameter zugeordnet, die die Orientierung seines Spins beschreiben, und die verallgemeinerten Symmetrieoperationen wirken sowohl auf die Ortskoordinaten als auch auf die Orientierungsparameter für den Spin ein.

Für die Beschreibung der Symmetrie von solchen Spinordnungen bieten sich die in Abschnitt 5.2.2 eingeführten magnetischen Punktgruppen an, wenn wie beim MnO nur parallele oder antiparallele Orientierungen der Spins auftreten. Für die Beschreibung dieser Orientierung genügt dann ein Parameter, der nur zwei Werte anzunehmen braucht: symbolisch z. B. +1 für die eine Spinorientierung und −1 für die entgegengesetzte Spinorientierung (der Zahlenwert 1 ist dabei völlig unerheblich). Eine verallgemeinerte Symmetrieoperation besteht dann aus einer räumlichen Bewegung, die – wie bisher – äquivalente Atome mit sich zur Deckung bringt, sowie einem zusätzlichen Operator, der den Parameter der Spinorientierung entweder belässt oder aber umkehrt. Im letzteren Fall spricht man von einer Antisymmetrieoperation $\underline{1}$, oft auch als AS-Operation abgekürzt.

5.5 Optische Eigenschaften von Kristallen (Kristalloptik)

Optische Eigenschaften von Kristallen werden überwiegend durch den Tensor der dielektrischen Konstanten $\overset{2\rightarrow}{\varepsilon_r}$ beschrieben. Dieser symmetrische Tensor 2. Stufe ist mit der in Gl. (5.30) eingeführten dielektrischen Suszeptibilität über die Beziehung

$$\overset{2\rightarrow}{\chi_r} = \overset{2\rightarrow}{\varepsilon_r} - \overset{2\rightarrow}{1} \tag{5.80}$$

verknüpft. Wegen der herausragenden Bedeutung optischer Kristalleigenschaften für eine Reihe von Untersuchungstechniken, insbesondere auch der Polarisationsmikroskope, wird ihnen hier ein eigenes Kapitel gewidmet.

   Die Kristalloptik befasst sich mit der Ausbreitung und Fortpflanzung elektromagnetischer Wellen – dem Licht – in Kristallen, d. h. in einem anisotropen Medium. Der durch die Quantentheorie begründete korpuskulare Aspekt des Lichts spielt in der Kristalloptik keine Rolle; wesentlich ist die Wellennatur des Lichts, wie sie von Huygens (1690)[27] erkannt wurde.

   Die Lichtwellen werden als räumlich und zeitlich veränderliche elektromagnetische Felder durch die Maxwellschen[28] Gleichungen beschrieben. Die Lösung der Maxwellschen Gleichungen für die Fortpflanzung von Lichtwellen in einem anisotropen optischen Medium und die theoretische Ableitung der kristalloptischen Erscheinungen werden u. a. bei M. Born gegeben. Die wesentlichen Wechselwirkungen zwischen dem Licht und einem durchstrahlten Medium erfolgen über die elektrische Polarisation des Mediums durch das elektrische Feld der elektromagnetischen Wellen. Die maßgebliche Materialeigenschaft für die Kristalloptik ist damit die dielektrische Permittivität ε bzw. die (relative) Dielektrizitätskonstante ε_r, die in anisotropen Kristallen einen polaren symmetrischen Tensor 2. Stufe darstellen (vgl. Abschnitt 5.3.2). Bei der Behandlung der Kristalloptik wird im Allgemeinen eine lineare Abhängigkeit der Polarisation $\vec{P}$ von der elektrischen Feldstärke $\vec{E}$ angenommen und die Absorption im durchstrahlten Medium vernachlässigt.

---

27 Christiaan Huygens (14.4.1629–8.7.1695).
28 James Clerk Maxwell (13.6.1831–5.11.1879).

5.5.1 Lichtbrechung

Betrachten wir zunächst die Ausbreitung von Licht in einem isotropen Medium: Eine Lichtwelle besteht aus miteinander verknüpften Schwingungen elektrischer und magnetischer Felder, die zueinander senkrecht gerichtet sind und sich mit einer endlichen Geschwindigkeit, der Lichtgeschwindigkeit, ausbreiten. Im Vakuum beträgt die Lichtgeschwindigkeit $c \simeq 3 \cdot 10^8$ m/s. Die Schwingungen sind transversal, d.h. die Schwingungsrichtungen stehen senkrecht auf der Fortpflanzungsrichtung. Die Entfernung zweier benachbarter Punkte in der Fortpflanzungsrichtung, die sich im gleichen Schwingungszustand (der gleichen Phase) befinden, heißt Wellenlänge. Die Wellenlängen des sichtbaren Lichts liegen im Vakuum zwischen 400 nm (Violett) und 800 nm (Rot). Licht einer bestimmten Wellenlänge wird als monochromatisch bezeichnet. Die Anzahl der an einem Punkt pro Zeit ausgeführten Schwingungen ist die Schwingungszahl oder Frequenz. Lichtgeschwindigkeit v, Frequenz ν und Wellenlänge λ sind gemäß $v = \nu\lambda$ miteinander verknüpft. Danach ist v also die Phasengeschwindigkeit des Lichts, mit der sich ein bestimmter Schwingungszustand (eine Phase) durch den Raum bewegt. Neben den genannten Größen wird in der Spektroskopie noch die Wellenzahl $\nu' = 1/\lambda$ benutzt. Während ν vom Ausbreitungsmedium unabhängig ist, hängen ν' sowie v und λ vom Ausbreitungsmedium ab.

In einem optisch isotropen Medium breitet sich eine elektromagnetische Welle, die von einem Punkt ausgeht, kugelförmig aus. Die Fortpflanzung einer Welle durch ein Medium geschieht nach dem Prinzip von Huygens (1690) in der Weise, dass von jedem Punkt einer Wellenfront eine eigene, kugelförmige Welle ausgeht. Alle diese Wellen überlagern sich, so dass die fortschreitende Wellenfront jeweils durch die „Einhüllende" gebildet wird, die die kugelförmigen Teilwellen umschließt. Bei einer ebenen Wellenfront (Abb. 5.23) ist die Einhüllende die Tangentialebene an die kugelförmigen Teilwellen; senkrecht auf ihr steht die Wellennormale $\vec{N}$. Nach einer Zeit t ist die Wellenfront um die Distanz vt in der Richtung $\vec{N}$ fortgeschritten.

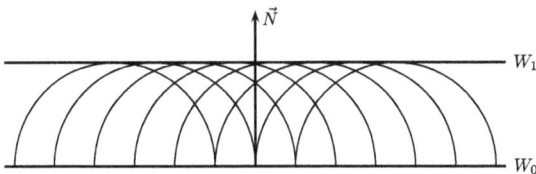

Abb. 5.23: Huygenssche Konstruktion für die Fortpflanzung einer ebenen Welle im isotropen Medium. W_0 Wellenfront zur Zeit $t = 0$; W_1 Wellenfront zur Zeit $t = t_1$; $\vec{N}$ Wellennormale.

Ein Lichtstrahl (Lichtbündel), der von einem optischen Medium in ein anderes übertritt, verändert im Allgemeinen seine Richtung; er wird gebrochen. Diese als Lichtbrechung bezeichnete Erscheinung lässt sich nach dem Huygensschen Prinzip folgender-

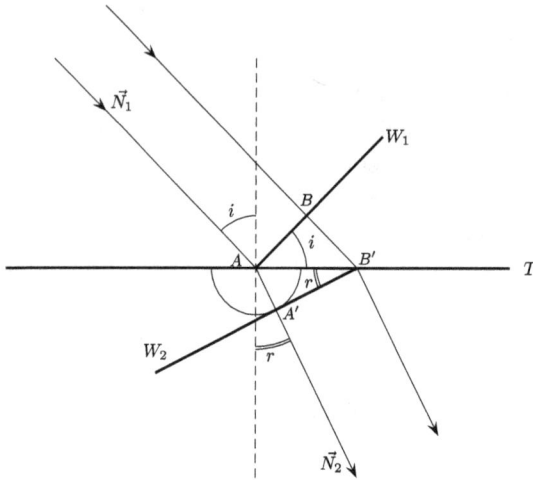

Abb. 5.24: Huygenssche Konstruktion für die Lichtbrechung an einer ebenen Grenzfläche zwischen zwei isotropen Medien. W_1 einfallende Wellenfront; W_2 gebrochene Wellenfront; $\vec{N}_1$ und $\vec{N}_2$ Wellennormalen.

maßen erklären: Trifft eine ebene Wellenfront W_1 (Abb. 5.24) auf die ebene Grenzfläche T zwischen zwei optischen Medien, in denen die Lichtgeschwindigkeiten v_1 und v_2 unterschiedlich sind, so breitet sich im zweiten Medium um den Punkt A eine Kugelwelle mit der Geschwindigkeit v_2 aus. Die Wellenfront durchlaufe im ersten Medium während der Zeit t die Distanz $\overline{BB'} = v_1 t$. In derselben Zeit hat die Kugelwelle um A den Radius $\overline{AA'} = v_2 t$ erreicht; folglich bezeichnet die Tangente $B'A'$ die Wellenfront W_2 im zweiten Medium. Die beiden Wellennormalen $\vec{N}_1$ und $\vec{N}_2$ haben unterschiedliche Richtungen. Der Winkel, den $\vec{N}_1$ und das Einfallslot auf die Grenzfläche miteinander einschließen, ist der Einfallswinkel i; der Winkel zwischen $\vec{N}_2$ und dem Einfallslot ist der Brechungswinkel r. Der Winkel i tritt auch im Dreieck BAB' auf (paarweise senkrecht aufeinander stehende Schenkel), und es gilt $\sin i = \overline{BB'}/\overline{AB'} = v_1 t/\overline{AB'}$. Entsprechend gilt im Dreieck $AB'A'$, in dem auch der Winkel r auftritt, $\sin r = \overline{AA'}/\overline{AB'} = v_2 t/\overline{AB'}$. Daraus folgt das Brechungsgesetz von Snellius[29] (1610)

$$\frac{\sin i}{\sin r} = \frac{v_1}{v_2} = \text{const.} \tag{5.81}$$

nach dem das Verhältnis zwischen den Sinus von Einfallswinkel und Brechungswinkel konstant ist, und zwar gleich dem Verhältnis der Fortpflanzungsgeschwindigkeiten in den beiden Medien. Ein senkrecht einfallender Lichtstrahl ($i = 0$) wird nicht

---

[29] Willebrord van Roijen Snell, auch Snellius (13.6.1580–30.10.1626).

gebrochen ($r = 0$). Ist das erste Medium ein Vakuum, also $v_1 = c$, so wird durch

$$\frac{\sin i}{\sin r} = \frac{c}{v_2} = n \tag{5.82}$$

der Brechungsindex n definiert. Er ist demnach umgekehrt proportional zur Fortpflanzungsgeschwindigkeit des Lichts im betreffenden Medium. Für die Brechung an der Grenzfläche zweier Medien gilt mithin auch:

$$\frac{\sin i}{\sin r} = \frac{v_1}{v_2} = \frac{n_2}{n_1}. \tag{5.83}$$

Der Brechungsindex ist ein Materialparameter und mit der relativen Dielektrizitätskonstante ε_r isotroper Medien durch die Beziehung $n^2 = \varepsilon_r$ verknüpft. Wegen Gl. (5.80) ist aber klar, dass bei einer genaueren (richtungsabhängigen) Betrachtung der Tensorcharakter von $\overset{2\rightarrow}{\varepsilon_r}$ berücksichtigt werden muss. Bei den meisten flüssigen und festen Stoffen hat der Brechungsindex einen Wert im Bereich von $n = 1{,}3 \ldots 3$. Der Brechungsindex ist temperaturabhängig und wird – von Ausnahmen abgesehen – mit steigender Wellenlänge kleiner (Dispersion).

Zur Messung von n genügt es für praktische Belange meist, den Brechungsindex eines Mediums gegen Luft zu ermitteln. Der Brechungsindex von Luft beträgt 1,000294, so dass nur bei präzisen Messungen eine Korrektur erforderlich ist. Solche Präzisionsmessungen führt man auf einkreisigen Goniometern an prismenförmigen Probekörpern aus. Eine andere Methode zur Ermittlung des Brechungsindex beruht auf der Messung des Grenzwinkels der Totalreflexion. Betrachten wir noch einmal Abb. 5.24: Es stellt den Fall $v_1 > v_2$, d. h. $n_1 < n_2$ dar; hieraus folgt $i > r$. Hingegen folgt für den Fall $v_1 < v_2$, d. h. $n_1 > n_2$, die Relation $i < r$. (Hierzu hat man sich vorzustellen, dass im Abb. 5.24 die Welle in umgekehrter Richtung aus dem unteren in das obere Medium läuft, und in der Benennung i mit r zu vertauschen.) Wird in diesem Fall der Einfallswinkel i vergrößert, so ergibt sich bei einem bestimmten Wert i_t ein Brechungswinkel $r_t = 90°$ („streifende Brechung"). Wellen, die mit einem Einfallswinkel $i > i_t$ einfallen, treten nicht mehr in das zweite Medium über, sondern werden mit ihrer gesamten Intensität reflektiert (Totalreflexion). Wegen $\sin r_t = \sin 90° = 1$ gilt

$$\frac{\sin i}{\sin r} = \frac{v_1}{v_2} = \frac{n_2}{n_1} = \frac{\sin i_t}{\sin r_t} = \sin i_t \tag{5.84}$$

oder $n_2 = n_1 \sin i_t$.

Wie groß ist der Winkel der Totalreflexion, wenn Licht aus Wasser ($n = 1{,}33$) in Luft (1,00) eindringen soll? **?**

Ist n_1 bekannt, so lässt sich n_2 durch Messung von i_t, dem Grenzwinkel der Totalreflexion, bestimmen; die betreffenden Messgeräte nennt man Totalrefraktometer. Das

Kernstück eines Totalrefraktometers ist ein optischer Prüfkörper mit einem möglichst großen Brechungsindex n_1, der größer sein muss als der zu bestimmende Brechungsindex n_2 des zu untersuchenden Probekörpers. Auf diesen Prüfkörper wird der Probekörper mit einer Immersionsflüssigkeit aufgesetzt, deren Brechungsindex gleichfalls größer als n_2 sein muss. Gegenüber den Prismenmethoden muss am Probekörper also nur eine ebene Fläche vorhanden sein. In der Praxis wird außerdem häufig die Einbettungsmethode (Immersionsmethode) zum Messen von n benutzt (vgl. Abschnitt 5.5.6).

5.5.2 Doppelbrechung und Polarisation

Im Jahre 1669 entdeckte Bartholin[30] an einem Spaltrhomboeder von Calcit die Doppelbrechung: Ein Lichtstrahl, der den Kristall durchdringt, wird bei der Brechung in zwei Strahlen zerlegt (Abb. 5.25). Betrachtet man eine punktförmige Lichtquelle durch das Spaltrhomboeder, so sind zwei Lichtpunkte zu sehen. Die nähere Untersuchung zeigt, dass der eine Strahl dem Snelliusschen Brechungsgesetz (5.81) folgt, er wird als ordentlicher Strahl bezeichnet; für den zweiten Strahl gilt dieses Brechungsgesetz nicht, und er wird als außerordentlicher Strahl bezeichnet. Der außerordentliche Strahl wird auch bei senkrechtem Einfall gebrochen und verläuft dabei in einer Ebene, die durch den einfallenden Strahl und die $\bar{c}$-Achse des Kristalls aufgespannt wird (Hauptschnitt): Dreht man den Kristall um die Richtung des einfallenden Strahls, so bleibt der ordentliche Strahl an seiner Position, während der außerordentliche Strahl mit herumwandert.

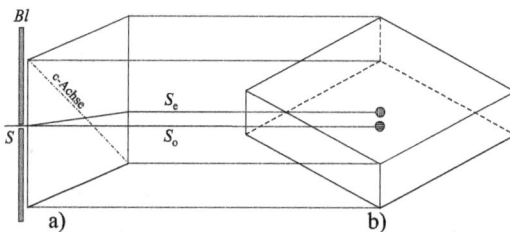

Abb. 5.25: Doppelbrechung beim Calcit. a) Strahlengang beim Durchgang des Lichts durch ein Spaltrhomboeder {10$\bar{1}$1} von Calcit (Schnitt); S einfallender Strahl (Lichtbündel); Se außerordentlicher Strahl (Lichtbündel); So ordentlicher Strahl (Lichtbündel); Bl Blende; b) Bild einer punktförmigen Lichtquelle, betrachtet durch ein Spaltrhomboeder von Calcit.

Zur Erklärung der Doppelbrechung nahm Huygens an, dass sich im Kristall zwei Wellen ausbreiten: Die zum ordentlichen Strahl gehörende Welle pflanzt sich wie in einem

---

30 Erasmus Bartholin (13.8.1625–4.11.1698).

optisch isotropen Medium in allen Richtungen mit der gleichen Geschwindigkeit fort. Nimmt man an, dass die Welle von einem Punkt ausgeht, dann hat die Wellenfront, die in diesem Fall als Wellenfläche, Strahlenfläche oder auch Strahlengeschwindigkeitsfläche bezeichnet wird, die Gestalt einer Kugel. Hingegen ist die Geschwindigkeit, mit der sich die zum außerordentlichen Strahl gehörende Welle im Kristall fortpflanzt, von der Richtung abhängig: Geht die Welle von einem Punkt aus, dann hat die Wellenfläche (Strahlenfläche) die Gestalt eines Rotationsellipsoids. Dieses Rotationsellipsoid hat eine bestimmte Orientierung im Kristall: Seine Rotationsachse, die als optische Achse bezeichnet wird, fällt mit der $\bar{c}$-Achse des Kristalls zusammen; die Länge der Rotationsachse stimmt mit dem Durchmesser der kugelförmigen Wellenfläche des ordentlichen Strahls überein.

Nach dem Huygensschen Prinzip breitet sich also in einem Calcitkristall um jeden Punkt, der von einer sich fortpflanzenden Lichtwelle erfasst wird, eine doppelte oder – wie man sagt – zweischalige Wellenfläche (Strahlenfläche) aus. Sie besteht aus einem Rotationsellipsoid, dem eine Kugel ein- oder umbeschrieben ist (Abb. 5.26a bzw. b). Beide berühren sich an den Durchstoßpunkten der optischen Achse ($\bar{c}$-Achse). Die Huygenssche Konstruktion der Fortpflanzung einer senkrecht einfallenden Lichtwelle in Calcit ist im Abb. 5.27 ausgeführt. Die beiden Wellenfronten (für den ordentlichen und für den außerordentlichen Strahl) ergeben sich als gemeinsame Tangenten an die betreffenden Wellenflächen. Sie pflanzen sich parallel zueinander und parallel zur einfallenden Wellenfront mit verschiedenen Geschwindigkeiten durch den Kristall fort; ihre Wellennormalen stimmen also im Fall senkrechter Inzidenz überein.

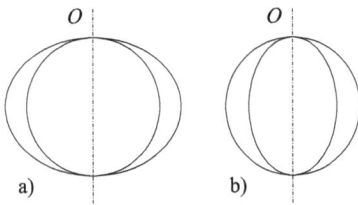

Abb. 5.26: Schnitt durch die Strahlenfläche (Wellenfläche). a) Eines optisch einachsig negativen Kristalls; b) eines optisch einachsig positiven Kristalls. Die Strahlenfläche ergibt sich durch Rotation um die optische Achse O.

Bei schräger Inzidenz sind im Allgemeinen nicht nur die Strahlrichtungen, sondern auch die Wellennormalen des ordentlichen und des außerordentlichen Strahls verschieden. Beim außerordentlichen Strahl unterscheidet sich außerdem die Strahlengeschwindigkeit $v_e = \overline{AA'}/t$ von der Wellennormalengeschwindigkeit (kurz: Normalengeschwindigkeit) $v_e^N = \overline{AA'}^N/t$. Für die Wellennormalen und die Normalengeschwindigkeit gilt (im Gegensatz zu den Strahlenrichtungen und -geschwindigkeiten)

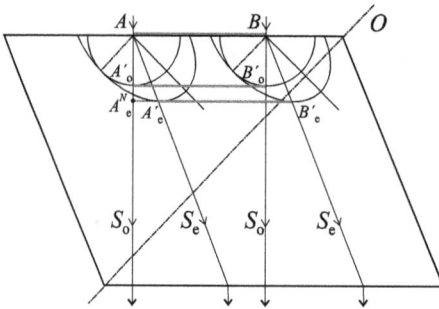

Abb. 5.27: Huygenssche Konstruktion für die Fortpflanzung von Licht in einem Calcitrhomboeder {10$\bar{1}$1} bei senkrechtem Einfall. O optische Achse ($\bar{c}$-Achse); S_o ordentlicher Strahl; S_e außerordentlicher Strahl. Zur Verdeutlichung der Konstruktion ist die Exzentrizität des Ellipsoids für die Strahlenflächen des außerordentlichen Strahls übertrieben dargestellt (vgl. Abb. 5.26).

auch beim außerordentlichen Strahl das Brechungsgesetz

$$\frac{\sin i}{\sin r_e^N} = \frac{c}{v_e^N} = n_e' \tag{5.85}$$

mit c als Lichtgeschwindigkei und n_e' als Brechungsindex der außerordentlichen Welle. Sei n_o der Brechungsindex der ordentlichen Welle, dann wird die Größe der Doppelbrechung durch die Differenz der Brechungsindizes

$$\Delta n' = n_e' - n_o \tag{5.86}$$

angegeben. Für eine Brechung an der Grenze zweier Medien gilt entsprechend

$$\frac{\sin i_e^N}{\sin r_e^N} = \frac{v_{e1}^N}{v_{e2}^N} = \frac{n_{e1}'}{n_{e2}'} \tag{5.87}$$

mit n_{e1}' und n_{e2}' als Brechungsindizes der außerordentlichen Welle in den beiden Medien in den betreffenden Ausbreitungsrichtungen. In der Kristalloptik werden deshalb meistens die Wellennormalen und die Normalengeschwindigkeiten betrachtet. Für die Fortpflanzung von Lichtwellen gibt es zwei Grenzfälle:

1. Wenn die Fortpflanzung in der Richtung der optischen Achse erfolgt, kann keine Unterscheidung zwischen einer ordentlichen und einer außerordentlichen Welle getroffen werden (Abb. 5.28 a); es gibt nur eine Wellenfront. In Richtung der $\bar{c}$-Achse verhält sich Calcit also wie ein optisch isotropes Medium.

2. Wenn die Fortpflanzung senkrecht zur optischen Achse erfolgt, ist der Unterschied in den Geschwindigkeiten der ordentlichen und der außerordentlichen Welle am größten (Abb. 5.28 b). Der Brechungsindex der außerordentlichen Welle wird in diesem Fall auch als außerordentlicher Brechungsindex n_e schlechthin bezeichnet. n_e sowie n_o sind Materialparameter; die Werte von Calcit sind $n_e = 1{,}4864$ und $n_o = 1{,}6584$ (gemessen im Licht der D-Linie von Na mit einer Wellenlänge von 589,3 nm).

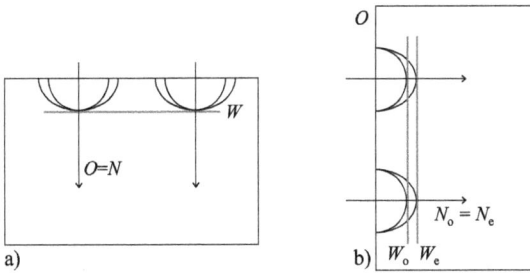

Abb. 5.28: Grenzfälle für die Fortpflanzungsrichtung von Licht in Calcit. a) Parallel zur optischen Achse; b) senkrecht zur optischen Achse ($\vec{c}$-Achse).

Für alle übrigen Fortpflanzungsrichtungen nimmt der Brechungsindex der außerordentlichen Welle einen Wert zwischen n_e und n_o an. Im Fall der Fortpflanzung senkrecht zur optischen Achse ist die Doppelbrechung $\Delta n = n_e - n_o$ am stärksten und gleichfalls ein Materialparameter; für Calcit ergibt sich $\Delta n = 1{,}4864 - 1{,}6583 = -0{,}172$, eine im Vergleich zu anderen Kristallen sehr starke Doppelbrechung. Auf das negative Vorzeichen wird gleich noch zurückzukommen sein. Allerdings stimmen bei einer Fortpflanzung senkrecht zur optischen Achse die Strahlenrichtungen der ordentlichen und der außerordentlichen Welle überein (s. Abb. 5.28 b): Obwohl die Doppelbrechung am stärksten ist, findet keine Aufspaltung in einen ordentlichen und außerordentlichen Strahl statt. Eine Strahlaufspaltung gibt es also nur in Fortpflanzungsrichtungen zwischen den Grenzfällen parallel und senkrecht zur optischen Achse; sie erreicht ein Maximum, wenn die Wellennormalen mit der optischen Achse einen Winkel $v = \arctan(n_e/n_o)$ einschließen. Für Calcit ergibt sich $v = 41°52'$ und eine maximale Strahlaufspaltung von $6°16'$. Ein senkrecht auf eine Fläche des Spaltrhomboeders $\{10\bar{1}1\}$ auffallender Lichtstrahl kommt der Richtung der maximalen Strahlaufspaltung sehr nahe, die Strahlaufspaltung beträgt hier $6°14'$. (In Abb. 5.27 ist die Strahlaufspaltung übertrieben dargestellt.) Calcit gehört, wie gesagt, zu den stark doppelbrechenden Kristallen. Für den schwach doppelbrechenden Quarz mit $n_o = 1{,}5442$ und $n_e = 1{,}5533$ erreicht die Aufspaltung zwischen ordentlichem und außerordentlichem Strahl dagegen nur einen Maximalwert von $0°20'$ und lässt sich deshalb nicht so einfach wie beim Calcit beobachten.

Aufgrund der Definition der Doppelbrechung (5.86) erhält diese bei Calcit ein negatives Vorzeichen. Aus diesem Grund bezeichnet man Calcit als optisch negativ bzw. spricht man von einem negativen optischen Charakter. Das bedeutet, die Geschwindigkeit der außerordentlichen Welle ist stets größer als die der ordentlichen Welle. Beim Quarz sind die Verhältnisse umgekehrt: Dessen Doppelbrechung $\Delta n' = n_e' - n_o = 1{,}5533 - 1{,}5442 = +0{,}0091$ ist positiv, und man bezeichnet ihn deshalb als optisch positiv bzw. spricht von einem positiven optischen Charakter. Die Geschwindigkeit der außerordentlichen Welle ist beim Quarz kleiner als die der ordentlichen Welle. Die zweischalige Wellenfläche (Strahlenfläche) für die Fortpflanzung der von einem

Punkt ausgehenden Wellen besteht aus einer Kugel für die ordentliche Welle und aus einem Rotationsellipsoid für die außerordentliche Welle, das diesmal jedoch innerhalb einer Kugel liegt (Abb. 5.26b). Kugel und Rotationsellipsoid berühren sich an den Durchstoßpunkten der optischen Achse.

Kristalle wie Calcit oder Quarz, deren optische Eigenschaften in der beschriebenen Weise durch eine optische Achse gekennzeichnet sind, werden als optisch einachsig bezeichnet. Es handelt sich dabei um die Kristalle des tetragonalen, des trigonalen und des hexagonalen Kristallsystems (der „wirteligen" Kristallsysteme), und die optische Achse fällt aus Symmetriegründen stets mit der kristallographischen $\vec{c}$-Achse zusammen.

Die Lichtbündel, die gemäß Abb. 5.25 einen doppelbrechenden Kristall durchlaufen, haben noch eine weitere charakteristische Eigenschaft: Ihr Licht ist linear polarisiert. In gewöhnlichem (unpolarisiertem) Licht wechselt nicht nur ständig die Größe, sondern auch die Richtung des elektrischen Feldvektors, die Schwingungsrichtung; unpolarisiertes Licht enthält praktisch alle beliebigen Schwingungsrichtungen senkrecht zur Fortpflanzungsrichtung. Entsprechendes gilt für den magnetischen Feldvektor. Fortpflanzungsrichtung und Schwingungsrichtung des elektrischen Feldvektors spannen die jeweilige Schwingungsebene auf. Bei einer linearen Polarisation behält die Schwingungsebene ständig ihre Lage bei und verändert sich nicht. Die Projektionen sämtlicher in einer polarisierten Lichtwelle auftretenden elektrischen Feldvektoren auf eine Ebene senkrecht zur Fortpflanzungsrichtung liegen auf einer Geraden. Die Ebene senkrecht zu dieser Geraden, die also senkrecht auf der Schwingungsebene steht und die Fortpflanzungsrichtung enthält, wird als Polarisationsebene bezeichnet; in dieser Ebene schwingt der magnetische Feldvektor einer linear polarisierten Lichtwelle.

In einem optisch anisotropen Medium hat man zwischen der Richtung des Strahls $\vec{S}$ und der Wellennormalen $\vec{N}$ zu unterscheiden. Der elektrische Feldvektor $\vec{E}$ schwingt senkrecht zu $\vec{S}$. Senkrecht zur Wellennormalen $\vec{N}$, also in der Wellenfront, schwingt der Vektor der dielektrischen Verschiebung $\vec{D} = \overset{2\rightarrow}{\varepsilon} \cdot \vec{E} = \varepsilon_0 \vec{E} + \vec{P}$ (vgl. Abschnitt 5.3.2). Die Vektoren $\vec{E}$, $\vec{S}$, $\vec{D}$, $\vec{P}$ und $\vec{N}$ liegen in der Schwingungsebene; senkrecht zu dieser Ebene schwingt der magnetische Feldvektor $\overset{\circ}{\vec{H}}$. Die nähere Untersuchung zeigt, dass bei der Doppelbrechung die Schwingungsebenen der beiden entstehenden Lichtwellen senkrecht aufeinander stehen. Bei optisch einachsigen Kristallen, wie Calcit oder Quarz, liegt die optische Achse in der Schwingungsebene der außerordentlichen Welle, die mit einem Hauptschnitt zusammenfällt. Die Schwingungsebene der ordentlichen Welle steht senkrecht auf diesem Hauptschnitt. Die beiden Schwingungsebenen sind im Abb. 5.25b durch die Schraffur innerhalb der Bildpunkte angedeutet.

Zur Erzeugung linear polarisierten Lichts könnte man ein Lichtbündel gemäß Abb. 5.25 durch ein Spaltrhomboeder von Calcit hindurchtreten lassen und hinter dem Kristall eines der beiden entstehenden Bündel abdecken. Für Bündel mit einem etwas größeren Querschnitt würde man jedoch wegen der geringen Strahlaufspaltung von 6°14' sehr dicke Kristalle benötigen, um eine komplette Trennung der beiden Bündel herbeizuführen. Eine effektivere Trennung der beiden senkrecht zueinander polarisierten Lichtbündel ist mit geeigneten Prismenkombinationen möglich. Am bekanntesten ist das „Nicolsche Prisma" (Abb. 5.29)[31]: Ein Spaltrhomboeder aus Calcit mit geeigneten Abmessungen, an dem die Orientierung der Endflächen durch Abschleifen noch etwas verändert wurde, wird durch einen Schnitt in einer bestimmten Orientierung in zwei Teile zerlegt und mit Kanadabalsam wieder zusammengekittet, so dass letzten Endes das Calcitrhomboeder von einer dünnen Schicht aus Kanadabalsam (einem optischen Kitt mit einem Brechungsindex $n = 1,54$) durchzogen wird. Der Schnitt und die Strahlenrichtungen sind so gewählt, dass der Brechungsindex der außerordentlichen Welle den gleichen Wert $n_e' = 1,54$ erhält und die Welle deshalb die Schicht aus Kanadabalsam ohne Brechung durchläuft. Hingegen hat die ordentliche Welle mit $n_0 = 1,66$ einen bedeutend größeren Brechungsindex und trifft auf die Schicht aus Kanadabalsam unter einem Winkel, bei dem sie Totalreflexion erfährt, und wird dann an der geschwärzten Fassung des Prismas absorbiert. Es gibt noch verschiedene andere Varianten von Polarisationsprismen, z. B. nach Hartnack/Prazmowski sowie Glan/Thompson (Paul (2003)).

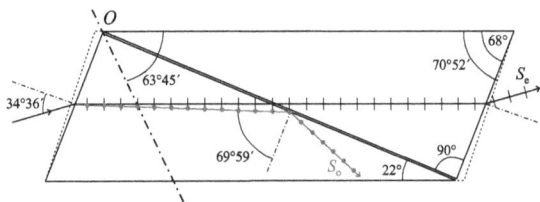

Abb. 5.29: Nicolsches Prisma (Originalkonstruktion von Nicol). O Optische Achse; S_e außerordentlicher Strahl; S_0 ordentlicher Strahl. Nach P. Ramdohr/H. Strunz.

Neben diesen Prismen für höchste Ansprüche werden heute überwiegend die billigeren Polarisationsfilter verwendet. Sie beruhen auf der unterschiedlichen Absorption der ordentlichen und der außerordentlichen Welle in manchen doppelbrechenden Kristallen (Pleochroismus oder Dichroismus). Eine Substanz mit extrem unterschiedlicher Absorption ist „Herapathit"[32] (Triiodid des Chininsulfats, Summenformel $C_{80}H_{104}I_6N_8O_{20}S_3$), das in Form dünner Kristallplättchen oder dünner Folien aus Nitrozellulose mit orientiert eingelagerten Herapathitnädelchen als Polarisationsfilter verwendet wird. Andere Polarisationsfilter sind Folien aus organischen Substanzen mit langkettigen Molekülen und geeigneten eingelagerten Farbstoffen; durch einen

---

31 William Nicol (18.4.1770–2.9.1851).
32 William Bird Herapath (28.2.1820–12.10.1868).

Streckungsprozess werden die langkettigen Moleküle gerichtet und dabei die eingelagerten Farbstoffmoleküle orientiert, wodurch künstlich ein starker Pleochroismus hervorgerufen wird.

5.5.3 Ellipsoide von Fresnel und von Fletcher (Indikatrix)

Bisher wurden die kristalloptischen Eigenschaften optisch einachsiger Kristalle betrachtet. Wie schon anschaulich aus der Gestalt der zweischaligen Wellenflächen (Strahlenflächen) hervorgeht (vgl. Abb. 5.26), sind diese Eigenschaften rotationssymmetrisch und genügen der (kontinuierlichen) Symmetriegruppe $\overline{\infty}\, m$ (Tab. 5.3). Optisch einachsig sind die Kristalle der „wirteligen" Kristallsysteme. Bei den Kristallen der niedriger symmetrischen Kristallsysteme ist auch eine niedrigere Symmetrie ihrer optischen Eigenschaften zu erwarten. Für eine allgemeingültige Darstellung der optischen Eigenschaften von Kristallen ist es zweckmäßig, sich auf die Repräsentationsflächen für den Tensor der relativen Dielektrizitätskonstante $\overset{2\rightarrow}{\varepsilon_r}$ zu beziehen. Wie im Abschnitt 5.4.2 für den Tensor der Wärmeleitfähigkeit ausgeführt, kann man aus den Komponenten eines polaren symmetrischen Tensors 2. Stufe eine quadratische Form bilden, die die Gleichung für die sog. charakteristische Fläche des Tensors darstellt. Unter den gegebenen Voraussetzungen handelt es sich um ein im Allgemeinen dreiachsiges Ellipsoid, das Fresnelsche[33] Ellipsoid. Wählt man das Koordinatensystem so, dass es mit den Hauptachsen dieses Ellipsoids zusammenfällt, und bezeichnet die Komponenten des Tensors bezüglich dieser Hauptachsen mit $\varepsilon_{ra}, \varepsilon_{rb}, \varepsilon_{rc}$, so lautet die Gleichung des Fresnelschen Ellipsoids

$$\varepsilon_{ra} x^2 + \varepsilon_{rb} y^2 + \varepsilon_{rc} z^2 = 1 \tag{5.88}$$

mit den Halbmessern der Hauptachsen des Ellipsoids $1/\sqrt{\varepsilon_{ra}}$, $1/\sqrt{\varepsilon_{rb}}$, $1/\sqrt{\varepsilon_{rc}}$. Auf die Bedeutung dieses Ellipsoids als kristallographische Bezugsfläche wird im Abschnitt 5.5.4 näher eingegangen.

Die kristalloptischen Eigenschaften lassen sich besonders übersichtlich darstellen, wenn man von dem zu $\overset{2\rightarrow}{\varepsilon_r}$ reziproken Tensor ausgeht. Auch diesem reziproken Tensor $(\overset{2\rightarrow}{\varepsilon_r})^{-1}$ kann man mittels seiner quadratischen Form eine charakteristische Fläche zuordnen, die gleichfalls ein im Allgemeinen dreiachsiges Ellipsoid darstellt (Abb. 5.30). Es wurde von Fletcher[34] eingeführt und Indikatrix genannt. Bezogen auf die Hauptachsen, lautet die Gleichung der Indikatrix

$$\frac{x^2}{\varepsilon_{ra}} + \frac{y^2}{\varepsilon_{rb}} + \frac{z^2}{\varepsilon_{rc}} = 1 \tag{5.89}$$

---

33 Augustin Jean Fresnel (10.5.1788–14.7.1827).
34 Lazarus Fletcher (3.3.1854–6.1.1921).

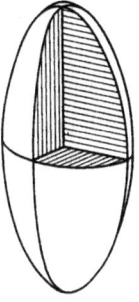

Abb. 5.30: Dreiachsiges Ellipsoid.

mit den Halbmessern der Hauptachsen $\sqrt{\varepsilon_{ra}}$, $\sqrt{\varepsilon_{rb}}$, $\sqrt{\varepsilon_{rc}}$. Diese Beträge sind gemäß den Beziehungen

$$\sqrt{\varepsilon_{ra}} = n_\alpha; \quad \sqrt{\varepsilon_{rb}} = n_\beta; \quad \sqrt{\varepsilon_{rc}} = n_\gamma \tag{5.90}$$

die sog. Hauptbrechungsindizes des betreffenden Kristalls. Ein Hauptbrechungsindex ist der Brechungsindex einer Welle, die in Richtung der betreffenden Hauptachse der Indikatrix schwingt. Die Indizierung der Hauptbrechungsindizes wird stets so vorgenommen, dass $n_\alpha \le n_\beta \le n_\gamma$ gilt. In der Literatur werden außerdem noch die Bezeichnungen n_1, n_2, n_3; n_a, n_b, n_c; n_x, n_y, n_z; n_X, n_Y, n_Z; $N_\alpha, N_\beta, N_\gamma$; N_x, N_y, N_z; N_X, N_Y, N_Z; N_p, N_m, N_g oder α, β, γ verwendet. Trotz der engen Beziehungen zu einem Tensor bilden die Brechungsindizes als solche keinen Tensor.

Anhand der Indikatrix kann das Verhalten von Lichtwellen beliebiger Fortpflanzungsrichtung im Kristall sehr anschaulich verfolgt werden. Die Wellennormale $\vec{N}$ der betreffenden Lichtwelle wird durch den Mittelpunkt der Indikatrix gelegt und eine zu $\vec{N}$ senkrechte Ebene (entsprechend einer Wellenfront) durch den Mittelpunkt konstruiert, die die Indikatrix diametral durchschneidet. Die Schnittfigur eines Ellipsoids mit einer Ebene ist im Allgemeinen eine Ellipse (Abb. 5.31). Die beiden zueinander senkrechten Achsen dieser Schnittellipse geben die Schwingungsrichtungen der beiden zu $\vec{N}$ gehörenden Wellen an, die den Kristall durchlaufen. Die Halbmesser stellen den

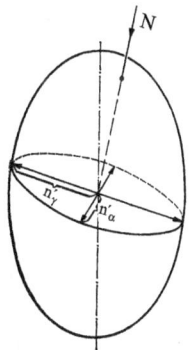

Abb. 5.31: Dreiachsiges Ellipsoid (Indikatrix) mit Schnittellipse zur Konstruktion der beiden zur Wellennormalen *N* gehörenden Schwingungsrichtungen.

Brechungsindex der in der betreffenden Achsenrichtung schwingenden Welle dar. Der von der längeren Achse der Schnittellipse dargestellte größere Brechungsindex wird als n_γ' bezeichnet und gehört zur langsameren Welle; der von der kürzeren Achse der Schnittellipse dargestellte kleinere Brechungsindex wird als n_γ' bezeichnet und gehört zur schnelleren Welle. Eine Unterscheidung in eine ordentliche und eine außerordentliche Welle gibt es von vornherein nicht; bei einem dreiachsigen Ellipsoid verhalten sich beide Wellen im Allgemeinen „außerordentlich".

Da die Indikatrix die Eigenschaften eines Kristalls darstellt, muss sie nach dem Neumannchen Prinzips (5.19) auch der Symmetrie des betreffenden Kristalls genügen: In den einzelnen Kristallsystemen gelten für die Indikatrix wie auch für das Ellipsoid von Fresnel die in Tab. 5.1 aufgeführten Beziehungen.

Im orthorhombischen, monoklinen und triklinen Kristallsystem ist die Indikatrix, wie gesagt, ein dreiachsiges Ellipsoid mit Hauptachsen unterschiedlicher Länge, und wir haben drei unterschiedliche Hauptbrechungsindizes $n_\alpha < n_\beta < n_\gamma$. Im orthorhombischen Kristallsystem müssen die Hauptachsen der Indikatrix mit den (orthogonalen) kristallographischen Achsen übereinstimmen. Im monoklinen Kristallsystem fällt nur die kristallographische $\vec{b}$-Achse mit einer der drei Hauptachsen der Indikatrix zusammen. Im triklinen Kristallsystem gibt es keine Bedingungen für die Orientierung der Indikatrix gegenüber den kristallographischen Achsen. Wie im Abschnitt 5.5.4 näher ausgeführt wird, sind die Kristalle des triklinen, monoklinen und orthorhombischen Kristallsystems optisch zweiachsig.

⚡ Eine dreiachsige Indikatrix gehört zu einem optisch zweiachsigen Kristall!

In den wirteligen Kristallsystemen (tetragonal, trigonal, hexagonal) ist die Indikatrix ein Rotationsellipsoid (Abb. 5.32). Die Rotationsachse fällt mit der $\vec{c}$-Achse zusammen und ist die optische Achse; die Kristalle sind optisch einachsig. Eine Ebene senkrecht zur optischen Achse durch den Mittelpunkt der Indikatrix schneidet diese in einem Kreis: Für alle Schwingungsrichtungen senkrecht zur optischen Achse ergibt sich der gleiche Brechungsindex n_0. Eine Welle, die sich parallel zur optischen Achse fortpflanzt, verhält sich wie in einem isotropen Medium. Es gibt in dieser Richtung weder Polarisation noch Doppelbrechung. Der Halbmesser der Rotationsachse des Ellipsoids gibt den Brechungsindex n_e für eine Welle an, die parallel zur optischen Achse schwingt. Ist die Rotationsachse länger als der dazu senkrechte Durchmesser des Rotationsellipsoids (Abb. 5.32a), gilt $n_e > n_0$; $n_e = n_\gamma$; $n_0 = n_\alpha = n_\beta$ sowie $\Delta n = n_e - n_0 > 0$; der Kristall ist optisch positiv. Ist die Rotationsachse kürzer als der dazu senkrechte Durchmesser des Rotationsellipsoids (Abb. 5.32b), so gilt $n_e < n_0$; $n_e = n_\alpha$; $n_0 = n_\gamma = n_\beta$ sowie $\Delta n = n_e - n_0 < 0$; der Kristall ist optisch negativ. Für irgendeine beliebige Richtung der Wellennormalen $\vec{N}$ schneidet die zu $\vec{N}$ senkrechte Diametralebene die Indikatrix in einer Ellipse, deren eine Achse stets in der „Äquatorebene" liegt, so dass der Halbmesser immer dieselbe Länge n_0 hat. Damit hat man die Schwingungsrich-

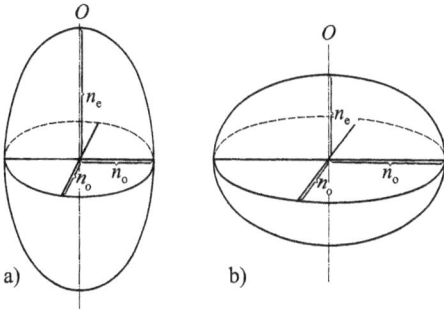

Abb. 5.32: Indikatrix a) eines optisch einachsig positiven Kristalls, b) eines optisch einachsig negativen Kristalls. *O* Optische Achse.

tung und den Brechungsindex der zu $\vec{N}$ gehörenden ordentlichen Welle; diese hat also für alle Richtungen von $\vec{N}$ denselben Wert. Der Halbmesser der anderen Achse der Schnittellipse hat eine Länge n_e', die zwischen n_e und n_o liegt; damit hat man die Schwingungsrichtung und den Brechungsindex der zu $\vec{N}$ gehörenden außerordentlichen Welle. Schwingungsrichtung, Wellennormale $\vec{N}$, und optische Achse liegen in einer Ebene, dem Hauptschnitt. Man vergegenwärtige sich, dass mittels der Indikatrix für optisch einachsige Kristalle dieselben Ergebnisse erhalten werden wie in Abschnitt 5.5.2 anhand der zweischaligen Strahlenfläche (Wellenfläche nach Huygens)!

Im kubischen Kristallsystem hat die Indikatrix die Gestalt einer Kugel: Jeder Schnitt mit einer Ebene ist ein Kreis; die Brechungsindizes sind für sämtliche Schwingungsrichtungen gleich, und es gibt keine Doppelbrechung. Die Kristalle des kubischen Kristallsystems sind optisch isotrop.

Die Aussagen über die Symmetrie der Indikatrix und damit über die optischen Eigenschaften verstehen sich für ungestörte, homogene Kristalle. Wird durch Inhomogenitäten oder durch äußere Felder die Symmetrie des Kristalls vermindert, so kann sich auch sein optischer Charakter ändern, und kubische Kristalle können doppelbrechend, optisch einachsige Kristalle können optisch zweiachsig werden. Insbesondere werden kubische Kristalle (wie auch andere optisch isotrope Medien, z. B. Gläser) unter der Einwirkung mechanischer Spannungen doppelbrechend (Spannungsdoppelbrechung).

5.5.4 Optisch zweiachsige Kristalle

Betrachten wir nun die kristalloptischen Eigenschaften von Kristallen, deren Indikatrix durch ein dreiachsiges Ellipsoid dargestellt wird: Anders als bei den optisch einachsigen Kristallen ist in allen drei Hauptachsenrichtungen der Indikatrix eine Doppelbrechung zu beobachten. Doch gibt es auch bei einer dreiachsigen Indikatrix Richtungen, in denen keine Doppelbrechung zu beobachten ist. Um sie zu finden, wird die Wellennormale $\vec{N}$ zwischen den Richtungen der Hauptachsen von n_γ und n_α variiert. Die zugehörigen Schnittellipsen haben alle eine gemeinsame Achse in Richtung der

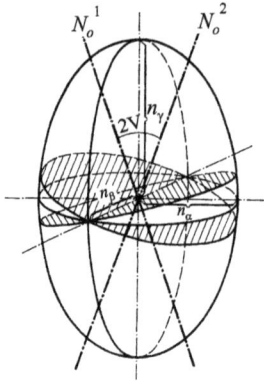

Abb. 5.33: Dreiachsiges Ellipsoid (Indikatrix) mit den beiden Kreisschnitten und den zugehörigen Binormalen N_O^1 und N_O^2.

Hauptachse von n_β (Abb. 5.33) und damit für die betreffende Schwingungsrichtung denselben Brechungsindex n_β. Der Brechungsindex der zweiten, dazu senkrechten Schwingungsrichtung entspricht dem anderen Halbmesser der Schnittellipse und bewegt sich zwischen n_γ und n_α. Wegen $n\alpha < n_\beta < n_\gamma$ gibt es dabei eine Richtung von $\vec{N}$, in der auch der zweite Brechungsindex gerade den Wert n_β annimmt. In diesem Fall wird die Schnittellipse zu einem Kreis, und es gibt keine Doppelbrechung. An einem dreiachsigen Ellipsoid gibt es zwei solcher Kreisschnitte. Die zugehörigen Wellennormalen N_O^1 und N_O^2, in denen es also keine Doppelbrechung gibt, heißen optische Achsen, auch primäre optische Achsen oder Binormalen. Die betreffenden Kristalle nennt man optisch zweiachsig.

? Für welche Richtung der Wellennormalen ist die Doppelbrechung eines optisch zweiachsigen Kristalls maximal?

Die optischen Achsen schließen den optischen Achsenwinkel $2V$ ein. In der Literatur wird als $2V$ gewöhnlich der jeweilige spitze Winkel zwischen N_O^1 und N_O^2 angegeben; er ist gleich den Hauptbrechungsindizes eine kennzeichnende Materialeigenschaft. In der durch die optischen Achsen bestimmten optischen Achsenebene liegen stets die Hauptachsen von n_γ und n_α, die die Winkel zwischen den optischen Achsen halbieren und deshalb als positive (n_γ) bzw. negative Bisektrix (n_α) bezeichnet werden. Diejenige von ihnen, die den spitzen Winkel halbiert, heißt außerdem spitze Bisektrix oder erste Mittellinie; diejenige, die den stumpfen Winkel halbiert, heißt stumpfe Bisektrix oder zweite Mittellinie. Die Hauptachse von n_β steht stets senkrecht auf der optischen Achsenebene und heißt optische Normale. Ist die Hauptachse von n_γ die spitze Bisektrix ($2V_\gamma \leq 90°$), so nennt man den Kristall optisch (zweiachsig) positiv; ist die Hauptachse von n_γ die stumpfe Bisektrix ($2V_\gamma > 90°$), so nennt man den Kristall optisch (zweiachsig) negativ. $2V_\gamma$ ist dabei derjenige Achsenwinkel, der die Hauptachse von n_γ als Bisektrix hat; er berechnet sich aufgrund der geometrischen Zusammenhänge in einem Ellipsoid aus den Hauptbrechungsindizes gemäß

$$\sin^2 V_\gamma = \frac{n_\gamma^2(n_\beta^2 - n_\alpha^2)}{n_\beta^2(n_\gamma^2 - n_\alpha^2)} = \frac{1/n_\alpha^2 - 1/n_\beta^2}{1/n_\alpha^2 - 1/n_\gamma^2} \quad \text{bzw.} \quad \tan^2 V_\gamma = \frac{1/n_\alpha^2 - 1/n_\beta^2}{1/n_\beta^2 - 1/n_\gamma^2}. \tag{5.91}$$

Näherungsweise gelten auch die von Mallard (1884)[35] entwickelten Formeln, in die nur die Doppelbrechungen in den einzelnen Hauptschnitten eingehen

$$\sin^2 V_\gamma \approx \frac{n_\beta - n_\alpha}{n_\gamma - n_\alpha} = \frac{\Delta n_c}{\Delta n_b}$$

$$\cos^2 V_\gamma \approx \frac{n_\gamma - n_\beta}{n_\gamma - n_\alpha} = \frac{\Delta n_a}{\Delta n_b}, \tag{5.92}$$

$$\tan^2 V_\gamma \approx \frac{n_\beta - n_\alpha}{n_\gamma - n_\beta} = \frac{\Delta n_c}{\Delta n_a}$$

mit deren Hilfe man bei Kenntnis des optischen Achsenwinkels, der Doppelbrechung eines Hauptschnitts und eines Hauptbrechungsindex die Indikatrix eines zweiachsigen Kristalls näherungsweise berechnen.

Welche Aussage für optisch positive bzw. negative Kristalle lässt sich unmittelbar aus der Mallard-schen Formel (5.92) für den Tangens ableiten? **?**

Wenden wir uns noch einmal dem Ellipsoid von Fresnel (Abschnitt 5.5.3) zu: Die Hauptachsen dieses Ellipsoids stimmen in ihrer Richtung mit jenen der Indikatrix überein, ihre Halbmesser entsprechen jedoch den reziproken Hauptbrechungsindizes und damit den Hauptlichtgeschwindigkeiten (Hauptphasengeschwindigkeiten) v_a, v_b, v_c

$$\frac{1}{\sqrt{\varepsilon_{ra}}} = \frac{1}{n_\alpha} = \frac{v_a}{c}; \quad \frac{1}{\sqrt{\varepsilon_{rb}}} = \frac{1}{n_\beta} = \frac{v_b}{c}; \quad \frac{1}{\sqrt{\varepsilon_{rc}}} = \frac{1}{n_\gamma} = \frac{v_c}{c} \tag{5.93}$$

mit der Lichtgeschwindigkeit c im Vakuum. Mit Hilfe des Ellipsoids von Fresnel kann man deshalb die zweischalige Strahlenfläche (Wellenfläche) ableiten, die für die Huygenssche Konstruktion der Lichtausbreitung (analog Abb. 5.27) benötigt wird. Hierzu geht man genauso vor wie bei der Ermittlung der Brechungsindizes aus der Indikatrix (vgl. Abb. 5.33). Anstelle der Wellennormalen $\vec{N}$ tritt jetzt die Strahlrichtung $\vec{S}$; senkrecht zu $\vec{S}$ wird eine Diametralebene durch das Fresnelsche Ellipsoid gelegt. Die Achsen der Schnittellipse geben die beiden Schwingungsrichtungen und deren Halbmesser die Strahlengeschwindigkeiten für die Strahlrichtung $\vec{S}$ an. Tragen wir die beiden Geschwindigkeiten entlang von $\vec{S}$ ab und lassen $\vec{S}$ alle Richtungen durchlaufen, so erhalten wir die zweischalige Strahlenfläche (Wellenfläche) eines optisch zweiachsigen

---

35 François Ernest Mallard (4.2.1833–6.7.1894).

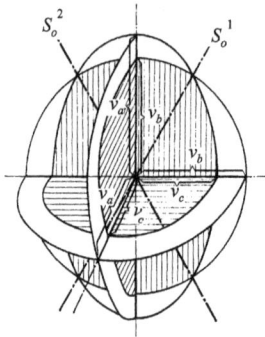

Abb. 5.34: Strahlenfläche (Wellenfläche) eines optisch zweiachsigen Kristalls. S_0^1 und S_0^2 Biradialen.

Kristalls (Abb. 5.34). Sie erfüllt die gleiche Funktion wie die Strahlenfläche (Wellenfläche) eines optisch einachsigen Kristalls (vgl. Abb. 5.26), stellt jedoch eine Fläche 4. Ordnung dar.

Auch am Fresnelschen Ellipsoid gibt es zwei kreisförmige Schnitte: Für die zu diesen Schnitten senkrechten Strahlrichtungen S_0^1 und S_0^2 gibt es nur eine Strahlengeschwindigkeit; sie heißen Biradialen oder sekundäre optische Achsen. In den Richtungen der Biradialen berühren sich die innere und die äußere Schale der Strahlenfläche: Die äußere Schale ist an diesen Berührungspunkten gleich einem Nabel eingetieft, während sich die innere Schale dieser Eintiefung entgegengewölbt. Die Biradialen fallen im Allgemeinen nicht mit den Binormalen zusammen, liegen jedoch wie diese in der optischen Achsenebene und schließen einen Achsenwinkel $2V_\gamma'$ ein, der sich zu

$$\tan V_\gamma' = \frac{n_\alpha}{n_\gamma} \tan V_\gamma \quad \text{bzw.} \quad \tan^2 V_\gamma' = \frac{1 - (n_\alpha/n_\beta)^2}{(n_\gamma/n_\beta)^2 - 1} \tag{5.94}$$

berechnet. Deshalb findet man bei optisch zweiachsigen Kristallen keine Richtung völliger optischer Isotropie wie bei den einachsigen Kristallen in Richtung ihrer optischen Achse. Bei Ausbreitungsrichtungen bzw. Strahlrichtungen nahe den optischen Achsen kommt es überdies zu besonderen Erscheinungen: Ein Lichtstrahl (Lichtbündel), der in einer Anordnung gemäß Abb. 5.35 einen optisch zweiachsigen Kristall durchdringt und dessen Wellennormale die Richtung einer Binormalen (z. B. N_0^1) hat, verwandelt sich in einen Strahlenkegel. Alle Strahlen entlang eines bestimmten Kegelmantels haben nach der Huygensschen Konstruktion (die hier nicht im einzelnen dargestellt wird) dieselbe Wellennormalenrichtung N_0^1: Die Tangentialebene senkrecht zu N_0^1 an die äußere Schale der Strahlenfläche deckt die nabelförmige Vertiefung am Austrittspunkt von S_0^1 gerade zu und berührt die äußere Schale nicht nur an einem Punkt, sondern entlang einem Kreis. Hinter einer senkrecht zu N_0^1 geschnittenen Kristallplatte beobachten wir deshalb einen Lichtring mit bestimmten Schwingungsrichtungen, die sich umlaufend verändern (Abb. 5.35b). Diese Erscheinung wird innere konische Refraktion genannt.

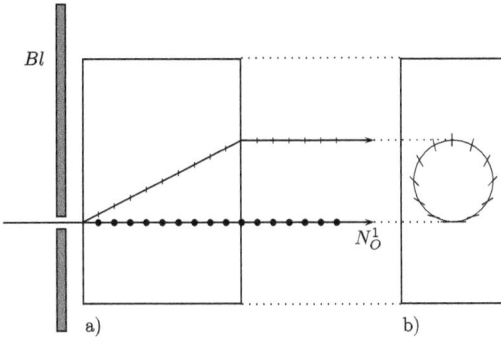

Abb. 5.35: Innere konische Refraktion. a) Strahlengang (Schnitt); b) Seitenansicht mit Lichtring; N_O^1 Richtung einer Binormalen; *Bl* Blende. Die Schwingungsrichtungen im Schnitt und im Lichtring sind angedeutet. Im Experiment erscheint der Lichtring aus hier nicht dargelegten Gründen doppelt.

Andererseits ergibt sich die Strahlrichtung einer Biradialen (z. B. S_0^1) nach der Huygensschen Konstruktion (die hier gleichfalls nicht dargestellt wird) gleichzeitig für eine ganze Mannigfaltigkeit von Wellenfronten im Kristall. Die Normalen dieser Wellenfronten bilden wiederum einen Kegelmantel. Lässt man ein divergentes Lichtbündel, das alle diese Wellenfronten enthält, in den Kristall eintreten und blendet einen Strahl durch den Kristall in Richtung S_0^1 aus (Abb. 5.36), dann wandelt sich dieser Strahl beim Austritt aus dem Kristall entsprechend den zugehörigen Wellenfronten in einen Strahlenkegel um: Man beobachtet hinter dem Kristall wiederum einen Lichtring, der sich diesmal mit zunehmender Entfernung vom Kristall immer weiter öffnet. Diese Erscheinung wird äußere konische Refraktion genannt. Die Winkelbeziehungen bei den konischen Refraktionen sind noch einmal in Abb. 5.37 zusammengestellt. Als Beispiel finden wir für die Kristalle von Schwefel (Kristallklasse *mmm*): $n_\gamma = c/v_a = 2{,}2483$;

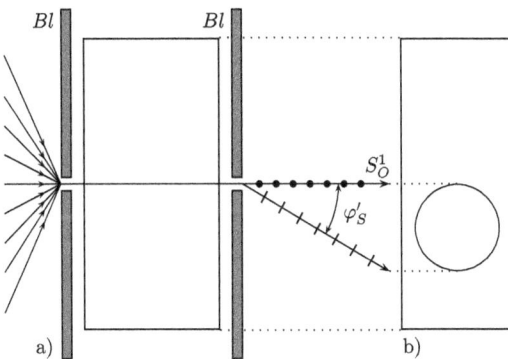

Abb. 5.36: Äußere konische Refraktion. a) Strahlengang (Schnitt); b) Seitenansicht mit Lichtring; S_0^1 Richtung einer Biradialen; *Bl* Blende. Der Winkel φ_S' ist wegen der Brechung beim Übergang Kristall – Luft größer als φ_S im Abb. 5.37.

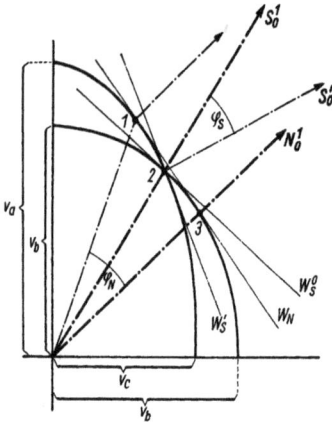

Abb. 5.37: Winkelbeziehungen bei den konischen Refraktionen. Teilschnitt durch die doppelschalige Strahlenfläche, vgl. Abb. 5.34. φ_N Winkel der inneren konischen Refraktion; φ_S Winkel der äußeren konischen Refraktion; N_0^1 Richtung einer Binormalen (primäre optische Achse); S_0^1 Richtung einer Biradialen (sekundäre optische Achse); W_N Wellenfront des Kegels der inneren konischen Refraktion (Tangente an die Ellipse im Punkt 1 und an die Kugel im Punkt 3); W_S^0 und W_S' zwei Wellenfronten des Kegels der äußeren konischen Refraktion (Tangente an die Ellipse und an die Kugel im Punkt 2).

$$n_\beta = c/v_b = 2{,}0401; \ n_\alpha = c/v_c = 1{,}9598; \ 2V = 69°05'; \ 2V' = 61°56'; \ \varphi_N = 6°56;$$
$$\varphi_S = 7°20 \ \text{(alle Werte für die Wellenlänge der D-Linie von Na; } c \text{ Lichtgeschwindigkeit}$$
im Vakuum).

5.5.5 Das Polarisationsmikroskop

Kristalloptische Experimente und Beobachtungen werden praktisch ausschließlich mit polarisiertem Licht vorgenommen. Wichtige optische Bauelemente sind dabei Polarisatoren, die – vor dem Kristall – zur Erzeugung von polarisiertem Licht dienen oder – hinter dem Kristall – zur Analyse des Schwingungszustandes des Lichts benutzt und dann als Analysator bezeichnet werden. Als weitere polarisationsoptische Bauelemente werden Kompensatoren verwendet, die den Schwingungszustand der Lichtwellen in bestimmter Weise verändern. Zum Beobachten und Messen kristalloptischer Eigenschaften, vornehmlich zur Diagnose von Mineralen und anderen Materialien, spielt das Polarisationsmikroskop eine wichtige Rolle, dessen erstes vollständiges Exemplar 1830 von Amici[36] gebaut wurde. Es vereint die Funktion und die Bauteile eines gewöhnlichen Mikroskops – Objektiv, Tubus, Okular – mit verschiedenen polarisationsoptischen Einrichtungen (Abb. 5.38). Der Polarisator befindet sich unter dem drehbaren Objekttisch zwischen einer lichtstarken Beleuchtungseinrich-

---

[36] Giovanni Battista Amici (25.3.1786–10.4.1863).

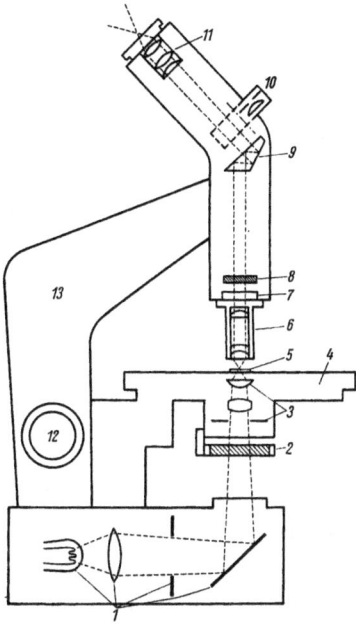

Abb. 5.38: Polarisationsmikroskop mit Strahlengang (Schema). 1 Beleuchtungseinrichtung mit Lichtquelle, Kollektor, Leuchtfeldblende und Spiegel; 2 Polarisator; 3 Kondensor mit Kondensor-Aperturblende; 4 drehbarer Objekttisch; 5 Objekt; 6 Objektiv; 7 Einschub für Kompensator; 8 Analysator; 9 Umlenkprisma; 10 einklappbare Amici–Bertrand-Linse mit Tubus-Irisblende; 11 Okular; 12 Tubustrieb (bei modernen Mikroskopen wird nicht der Tubus, sondern der Objekttisch samt Kondensor bewegt); 13 Stativ.

tung und dem Kondensor, dessen Apertur verstellbar ist. Das Objekt wird mit dem Objekttisch gemeinsam gedreht, so dass die Schwingungsrichtungen optisch anisotroper Kristalle gegenüber dem Polarisator beliebig eingestellt werden können. Der Objekttisch ist zentrierbar und besitzt eine Gradeinteilung; seine Stellung kann gegen ein Fadenkreuz im Okular abgelesen werden.

Das Objektiv ist auswechselbar. Die verschiedenen Objektive nehmen vom Objekt unterschiedlich weit geöffnete Strahlenbündel auf: die schwächeren Objektive schmale, die stärkeren weite. Der Öffnungswinkel wird nach Abbe (1873)[37] durch die numerische Apertur $A = n \sin \alpha_n$ gekennzeichnet: n ist der Brechungsindex des Mediums (Luft, Wasser oder Öl) zwischen Objekt und Objektiv, α_n die Neigung des Grenzstrahls in diesem Medium gegen die Mikroskopachse. Auf den Objektiven sind jeweils ihre Eigenvergrößerung und Apertur angegeben, z. B. 10/0,25; 63/0,85; 90/1,20 (Wasser) oder 100/1,30 (Öl). Für Messungen müssen die Objektive völlig frei von Spannungsdoppelbrechung sein (gewöhnliche Objektive sind es häufig nicht!). Unmittelbar über dem

---

37 Ernst Karl Abbe (23.1.1840–14.1.1905).

Objektiv hat der Tubus einen Schlitz zum Einschieben von Kompensatoren. Darauf folgt ein zweites Polarisationsfilter, der Analysator; er kann ein- und ausgeklappt sowie gedreht werden. Die Schwingungsrichtungen von Polarisator und Analysator stehen in der gebräuchlichen Arbeitsstellung senkrecht zueinander (gekreuzte Polarisatoren oder „gekreuzte Nicols") und werden dabei parallel zum Fadenkreuz im Okular eingestellt. Zur bequemeren Beobachtung können die Mikroskope einen Schrägtubus haben; der Strahlengang wird durch ein Umlenkprisma geknickt. Vor dem Okular kann die Amici–Bertrand[38]-Linse in den Tubus eingeschoben werden. An verschiedenen Stellen des Mikroskops sind Blenden angebracht, die zur Eingrenzung des Gesichtsfeldes oder zur Begrenzung der Apertur der abbildenden Strahlen dienen. Je eine solche Blende befindet sich vor dem Polarisator, im Kondensor und an der Amici–Bertrand-Linse und bei manchen Mikroskopen auch im Objektiv und im Gesichtsfeld des Okulars.

Das Polarisationsmikroskop gestattet zwei Einstellungsmöglichkeiten. Die orthoskopische Einstellung entspricht der üblichen mikroskopischen Beobachtungsweise; es wird ein vergrößertes Bild des Präparats betrachtet. Die Vergrößerung ergibt sich als Produkt der Vergrößerungen von Objektiv und Okular. Der Kondensor wird auf eine geringe Apertur eingestellt, und die Divergenz des Strahlenbündels, das das Präparat durchdringt, bleibt gleichfalls gering („paralleles Licht"). Bei der konoskopischen Einstellung wird das Präparat von einem stark konvergierenden Strahlenbündel durchsetzt, zu dessen Erzeugung der Kondensor auf eine hohe Apertur eingestellt wird. Es wird auch kein Bild des Objektes, sondern – bei gekreuzten Polarisatoren – die Interferenzfigur in der hinteren Brennebene des Objektes betrachtet; hierzu wird die Amici–Bertrand-Linse in den Tubus eingeschoben.

Die geschilderten Einstellungen werden bei der Durchlichtmikroskopie angewendet und setzen durchsichtige Objekte voraus. Vornehmlich werden Dünnschliffe untersucht; das sind geschliffene Präparate, meistens mit einer Dicke von 20...30 μm. Bei stark absorbierenden, undurchsichtigen (opaken) Materialien wird die Auflichtmikroskopie (auch Metall- oder Erzmikroskopie genannt) angewendet. Hierbei wird das Objekt – ein ebener, möglichst relieffrei polierter Anschliff – mit einem Opakilluminator von oben durch das Objektiv hindurch beleuchtet. Aus einer Beleuchtungseinrichtung tritt das Licht, nachdem es gegebenenfalls einen Polarisator passiert hat, von der Seite in den Tubus ein, wo es durch ein kleines Prisma oder Glasplättchen umgelenkt wird. Beobachtet wird also im reflektierten Licht.

Bei Untersuchungen von Dünnschliffen oder Körnerpräparaten ist es von Nachteil, dass die Kristalle nur in den zufällig vorgegebenen Schnittlagen zu beobachten sind. Es wird daher nur selten gelingen, im Polarisationsmikroskop ohne weiteres die genaue Lage der Indikatrix in einem Kristall zu ermitteln. In solchen Fällen führt der

---

38 Émile Bertrand (1844–1909).

Abb. 5.39: Vierkreisiger Universaldrehtisch. Rechts oben: oberes Halbkugelsegment mit Parallelführer; rechts unten: unteres Halbkugelsegment. Hersteller: Carl Zeiss Jena.

Universaldrehtisch („U-Tisch") nach Fedorov[39] weiter. Der U-Tisch wird auf den Objekttisch geschraubt und gestattet es, das Objekt um – je nach Ausführung – zwei bis fünf Achsen in alle Richtungen zu drehen (Abb. 5.39). Dadurch kann das Objekt in nahezu jede beliebige Lage zur Mikroskopachse und zu den Schwingungsrichtungen der Polarisatoren gebracht und Orientierung und Form der Indikatrix ermittelt werden, insbesondere die Lage der optischen Achsen und der Achsenwinkel. Kristallographische Bezugsrichtungen (Spaltrisse, Zwillingsebenen) können gleichfalls eingemessen werden. Das Objekt wird in dem U-Tisch mit einer Immersionsflüssigkeit zwischen zwei Kugelsegmenten aus Glas mit einem dem Objekt ähnlichen Brechungsindex aufgenommen, um eine Totalreflexion an der Grenze Kristall/Luft bei den Schrägstellungen zu vermeiden.

5.5.6 Orthoskopie

Bei orthoskopischen Beobachtungen – vornehmlich ist an das Polarisationsmikroskop gedacht – haben die den Kristall durchsetzenden Strahlen eine geringe Divergenz; zur Beschreibung der Beobachtungen genügt es, von der Annahme paralleler Strahlen auszugehen.

Bestimmung von Brechungsindizes
Die Bestimmung von Brechungsindizes, die sehr empfindliche Merkmale zur Charakterisierung und Unterscheidung von Kristallen darstellen, erfolgt in orthoskopischer Anordnung. Bei ihrer Messung in polarisiertem Licht erhält man die Brechungsindizes n_α' und n_γ' für die der betreffenden Wellennormalen zugeordneten Schwingungsrichtungen (vgl. Abb. 5.31). Einzelheiten dieser Messungen entnehme man der weiterführenden Literatur, z. B. Raaz u. Tertsch (1939)[40,41] und Rinne u. Berek (1973)[42,43]

---

39 Jewgraf Stepanowitsch Fedorov (22.12.1853–21.5.1919).
40 Franz Friedrich Raaz (28.10.1894–8.10.1973).
41 Hermann Julius Tertsch (18.2.1880–14.12.1962).
42 Friedrich Wilhelm Berthold Rinne (16.3.1863–12.3.1933).
43 Max Berek (16.8.1886–15.10.1949).

Erwähnt sei, dass nach der Methode der Totalreflexion (vgl. Abschnitt 5.5.1) an einer beliebig orientierten Schnittfläche eines doppelbrechenden Kristalls alle Hauptbrechungsindizes bestimmt werden können.

Von besonderer Bedeutung für die Bestimmung der Brechungsindizes mikroskopischer Präparate ist die Immersionsmethode. Die Kristallkörnchen werden auf einen Objektträger gestreut, ein Tropfen der Immersionsflüssigkeit wird hinzugegeben und mit einem Deckgläschen abgedeckt. Das zu bestimmende Korn wird zwischen gekreuzten Polarisatoren in Auslöschungsstellung (siehe weiter unten) gebracht, dann wird der Analysator herausgeklappt und das Korn beobachtet. Wenn die Konturen der Probe scharf und deutlich zu erkennen sind, dann sind die Brechungsindizes von Flüssigkeit und Probe verschieden. Die Konturen verschwinden, wenn die Brechungsindizes übereinstimmen. Es muss also eine Immersionsflüssigkeit mit dem gleichen Brechungsindex gefunden werden. Man verwendet dazu entweder einen Satz von Flüssigkeiten mit bekanntem Brechungsindex, oder es werden Flüssigkeiten mit unterschiedlichen Brechungsindizes gemischt, und der Brechungsindex der Mischung wird danach mit einem Refraktometer gemessen. Einige günstige Flüssigkeitssysteme für derartige Mischungen, die sich auch bei längerem Aufbewahren kaum verändern, sind in Tab. 5.13 mit den erreichbaren Brechzahlintervallen angeführt. Es ist unbequem, bei der Immersionsmethode die Flüssigkeiten zu wechseln. Daher sind Methoden entwickelt worden, um den Brechungsindex der Flüssigkeit durch eine Veränderung der Temperatur zu variieren, wozu einmal ein Heiztisch, zum anderen eine Immersionsflüssigkeit mit einem hohen Temperaturkoeffizienten des Brechungsindex erforderlich sind. Bei der sog. Doppelvariationsmethode nach Emmons (1929)[44] werden sowohl die Temperatur als auch die Wellenlänge variiert.

Tab. 5.13: Immersionsflüssigkeiten für die mikroskopische Bestimmung von Brechungsindizes.

Immersionsflüssigkeit (Mischung)	Bereich des Brechungsindex
Wasser – Glyzerol	1,33 ... 1,48
Paraffinöl – α-Bromnaphtalen	1,48 ... 1,66
α-Bromnaphtalen – Diiodmethan (Methyleniodid)	1,66 ... 1,74
Diiodmethan mit gelöstem Schwefel und Phosphor	1,74 ... 2,07
Schmelzen von Schwefel – Selen – Arsenselenid	1,93 ... 3,17

Für die Zuverlässigkeit der Immersionsmethode ist ausschlaggebend, dass das Verschwinden der Kristallkonturen möglichst genau eingegrenzt wird. Die Empfindlichkeit der Beobachtung kann durch Verstellen der Beleuchtungseinrichtung, durch schiefe Beleuchtung sowie durch Einschieben einer Halbblende in den Tubus über

---

44 Richard Conrad Emmons (28.8.1898–4.9.1993).

dem Objekt gesteigert werden. Einen wertvollen Hinweis bei der Beobachtung gibt die Beckesche Linie:[45] An der Grenze zwischen zwei Medien mit unterschiedlichen Brechungsindizes ist ein heller Lichtsaum zu beobachten, der durch ein Zusammenspiel von Brechung, Totalreflexion und Beugung zustande kommt. Ist die Grenze scharf eingestellt, so sieht man den Lichtsaum an der Seite des höher brechenden Mediums. Verändert man die Einstellungsschärfe, so verschiebt sich der Lichtsaum. Es gilt die Regel: Beim Heben des Tubus wandert die Beckesche Linie in das höher brechende Medium. Beim Senken des Tubus verschiebt sie sich dagegen in das schwächer brechende Medium. Auch in einem Dünnschliff können mit Hilfe der Beckeschen Linie die Brechungsindizes durch Vergleich mit benachbarten, bekannten Kristallen oder mit dem Einbettungsmittel (z. B. Kanadabalsam mit $n = 1{,}54$) eingegrenzt werden

Kristalle zwischen gekreuzten Polarisatoren
Sind die Schwingungsrichtungen von Polarisator und Analysator genau senkrecht zueinander eingestellt (gekreuzte Polarisatoren), so herrscht – ohne Präparat – Dunkelheit: Die durch den Polarisator vorgegebene Schwingungsrichtung kann den Analysator nicht passieren und wird ausgelöscht. Wenn als Objekt ein optisch isotroper Kristall oder ein doppelbrechender Kristall, dessen (primäre) optische Achse mit der Beobachtungsrichtung übereinstimmt, eingesetzt wird, ändert sich diese Situation nicht: Die durch den Polarisator vorgegebene Schwingungsrichtung wird im Kristall nicht verändert und im Analysator vernichtet. Der Kristall bleibt dunkel, auch beim Drehen des Objekttisches.

Die Situation ändert sich jedoch grundlegend, wenn ein doppelbrechender Kristall in einer Richtung außerhalb seiner optischen Achse(n) beobachtet wird (Abb. 5.40). Eine in den Kristall eintretende Lichtwelle mit der Schwingungsrichtung P des Polarisators wird im Kristall entsprechend dem zutreffenden Schnitt der Indikatrix (vgl. Abb. 5.31) in zwei Wellen mit den zueinander senkrechten Schwingungsrichtungen $\vec{D}_1$ und $\vec{D}_2$ zerlegt, die die Brechungsindizes n'_α bzw. n'_γ haben und den Kristall mit unterschiedlichen Normalengeschwindigkeiten

$$v_1^N = \frac{c}{n'_\alpha} \quad \text{bzw.} \quad v_2^N = \frac{c}{n'_\gamma} \tag{5.95}$$

durchlaufen (c Lichtgeschwindigkeit im Vakuum).

Eine Kristallplatte der Dicke d wird von einer Wellenfront der schnelleren Welle in der Zeit $t_1 = d/v_1^N = dn'_\alpha/c$, von der zugehörigen Wellenfront der langsameren Welle hingegen in der Zeit $t_2 = d/v_2^N = dn'_\gamma/c$ durchlaufen. Wenn die langsamere Wellenfront die Kristallplatte verlässt, hat die schnellere Wellenfront außerhalb der Kristallplatte (im Vakuum) einen Vorsprung von

$$\Gamma = (t_2 - t_1)c = d(n'_\gamma - n'_\alpha) = d\Delta n'. \tag{5.96}$$

---

45 Friedrich Johann Karl Becke (31.12.1855–18.6.1931).

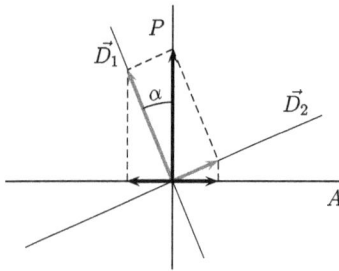

Abb. 5.40: Lichtdurchgang durch eine Kristallplatte. Projektion in Richtung der Wellennormalen sowie der Mikroskopachse.

Γ wird als Gangunterschied bezeichnet; $\Delta n = n'_\gamma - n'_\alpha$ ist die Doppelbrechung des betreffenden Kristallschnitts. Beide Wellen sind kohärent und kommen hinter dem Kristall zur Interferenz. Infolge des Gangunterschieds haben die interferierenden Wellen jedoch eine gewisse gegenseitige Phasenverschiebung erfahren, so dass bei ihrer Interferenz im Allgemeinen nicht wieder dieselbe Welle entsteht, wie sie in den Kristall eingetreten ist. Nehmen wir zunächst an, es gibt keinen Gangunterschied ($\Gamma = 0$), so folgt aus Abb. 5.40, dass die resultierende Welle wieder die Schwingungsrichtung des Polarisators hat; sie wird im Analysator ausgelöscht. Dasselbe muss eintreten, wenn der Gangunterschied gerade eine Wellenlänge oder ein ganzes Vielfaches der Wellenlänge λ beträgt, also die Bedingung $\Gamma = m\lambda$ (m ganze Zahl) erfüllt ist. In allen anderen Fällen ($\Gamma \neq m\lambda$) hat die resultierende Welle im Allgemeinen auch Komponenten in der Schwingungsrichtung des Analysators und wird deshalb nicht völlig ausgelöscht: Wir beobachten eine gewisse Aufhellung. Diese Aufhellung zwischen gekreuzten Polarisatoren ist ein empfindliches Kennzeichen für eine (auch sehr schwache) Doppelbrechung. Das Maximum der Helligkeit wird erreicht, wenn der Gangunterschied eine halbe Wellenlänge oder ungeradzahlige Vielfache davon beträgt: $\Gamma = (2m - 1)\lambda/2$.

Die Helligkeit hängt aber nicht nur von Γ, sondern auch vom Winkel α (vgl. Abb. 5.40) zwischen den Schwingungsrichtungen des Polarisators und im Kristall ab. Bei der Umpolarisation im Kristall ist die Komponente für $\vec{D}_1$ proportional zu $\cos \alpha$, die Komponente für $\vec{D}_2$ proportional zu $\sin \alpha$. Für die Schwingungsrichtung des Analysators sind deren Komponenten hingegen proportional zu $\sin \alpha$ bzw. zu $\cos \alpha$. Damit wird die Helligkeit (bei konstantem Γ) proportional zur Funktion $\cos \alpha \cdot \sin \alpha$. Diese Funktion hat ein Maximum bei $\alpha = 45°$ und wird Null für $\alpha = 0°$ und $\alpha = 90°$. Wenn die Schwingungsebenen im Kristallschnitt mit jenen der Polarisation übereinstimmen, wird also Dunkelheit beobachtet (Auslöschungsstellung). Bei einer vollen Umdrehung der Kristallplatte um die Mikroskopachse (Drehung des Objekttisches) um 360° kommt der Kristall viermal in eine Auslöschungsstellung. Dieser vierfache Wechsel von Auslöschung und Aufhellung ist ein sicheres Kennzeichen für eine Doppelbrechung.

Durch Einstellen einer Auslöschungsstellung ist die Orientierung der beiden Schwingungsrichtungen in einem Kristallschnitt leicht zu bestimmen und auch gegenüber morphologischen Elementen am Kristall (Kanten, Spaltrisse) festzulegen.

Den Winkel zwischen einer durch die Auslöschungsstellung bestimmten Schwingungsrichtung im Kristall und einer geeigneten morphologischen Richtung bezeichnet man als Auslöschungsschiefe und unterscheidet in diesem Zusammenhang gerade Auslöschung, schiefe Auslöschung und symmetrische Auslöschung (Abb. 5.41). Die Auslöschungsschiefe wird unter Benutzung der Gradeinteilung am Objekttisch gemessen und liefert Hinweise zur Ermittlung des Kristallsystems.

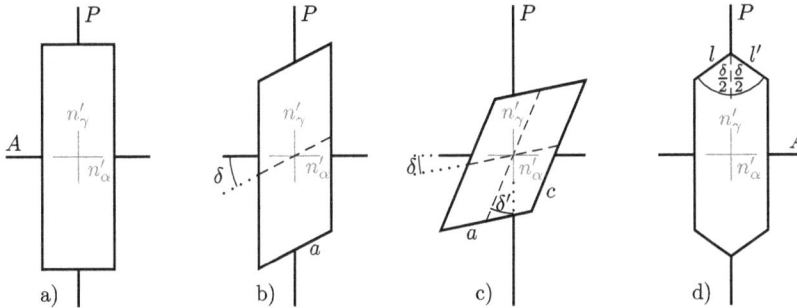

Abb. 5.41: Auslöschungsstellungen von Kristallschnitten. a) gerade; b) schief gegenüber a; c) schief gegenüber beiden Umgrenzungen a, c; d) symmetrisch gegenüber den Kanten l, l'.

Erwähnt sei, dass manche Kristalle infolge örtlicher Schwankungen der Schwingungsrichtungen eine ungleichmäßige sog. undulöse Auslöschung zeigen. Die Dunkelstellung läuft beim Drehen „undulierend" durch den Kristall. Die Erscheinung ist auf örtliche Änderungen der Brechungsindizes infolge von mechanischen Spannungen oder von Inhomogenitäten in der chemischen Zusammensetzung zurückzuführen.

Interferenzfarben und Kompensatoren

Für eine doppelbrechende Kristallplatte zwischen gekreuzten Polarisatoren haben wir $\Gamma = m\lambda$ als Bedingung für eine Auslöschung festgestellt. Verwendet man bei der Beobachtung kein monochromatisches, sondern weißes Licht, das alle Wellenlängen enthält, so tritt folgender Effekt auf: Bei einem durch die Kristallplatte gegebenen Gangunterschied Γ werden alle Wellen ausgelöscht, die der Bedingung $\lambda = \Gamma/m$ genügen. Löscht man aber in weißem Licht bestimmte Wellenlängenbereiche aus, dann erscheint es farbig; man beobachtet hinter dem Analysator eine Interferenzfarbe. Zerlegt man das Licht hinter dem Analysator in einem Spektroskop, so zeigt das Spektrum eine Reihe schmaler, dunkler Streifen (Müllersche Streifen),[46] die den ausgelöschten Wellenlängen entsprechen. Bei einem kleinen Γ in der Größenordnung der Wellenlängen des sichtbaren Lichts gibt es gemäß der Bedingung $\lambda = \Gamma/m$ nur einen oder weni-

---

46 Johann Heinrich Jacob Müller (30.4.1809–3.10.1875).

ge solcher Auslöschungsstreifen; bei einem großen Γ sind zahlreiche Auslöschungsstreifen über das gesamte Spektrum verteilt. Infolgedessen ändert sich mit zunehmendem Gangunterschied die Interferenzfarbe in charakteristischer Weise (vgl. beigelegte Farbtafel): Bei $\Gamma = 0$ herrscht Dunkelheit; bei kleinem Gangunterschied erscheint zunächst eine ungefärbte Aufhellung (Grau), bei mittleren Gangunterschieden folgen lebhafte Interferenzfarben (Gelb, Rot, Violett, Blau, Grün), die sich in etwas helleren Farbtönen wiederholen, bis die Interferenzfarben bei großen Gangunterschieden immer „weißlicher" werden. Der geübte Beobachter kann anhand der Interferenzfarbe den Gangunterschied abschätzen, wobei er die z. T. subtilen Unterschiede zwischen den Interferenzfarben 1., 2. und höherer Ordnung kennen muss. Die diagonalen Linien in der Farbtafel entsprechen den Funktionen $\Gamma = d\Delta n'$ mit der Doppelbrechung $\Delta n'$ als Parameter. Aus der Interferenzfarbe kann man also auf Γ und bei bekannter Dicke d der Kristallplatte auf die Doppelbrechung $\Delta n'$ des Kristallschnitts schließen; das kann z. B. zur Identifizierung von Kristallarten beitragen. Bei Kenntnis von $\Delta n'$ kann man aus der Interferenzfarbe auf d (z. B. die „Schliffdicke" bei der Anfertigung von Dünnschliffen) schließen. Kristalle mit einer stärkeren Dispersion der Doppelbrechung (s. Abschnitt 5.5.1) zeigen anomale Interferenzfarben, die von normalen Interferenzfarben abweichen. Anomale Interferenzfarben zeigen u. a. die Minerale Chrysoberyll $BeAl_2O_4$ und Sanidin $KAlSi_3O_8$.

Mit der Festlegung der Schwingungsrichtungen in einem Kristallschnitt mittels der Auslöschungsstellung kennt man noch nicht die Zuordnung von n'_γ und n'_α, d. h., man weiß nicht, welche Schwingungsrichtung der langsameren Welle (n'_γ) und welche der schnelleren (n'_α) zugehört. Eine solche Bestimmung kann mit Hilfe von Kompensatoren geschehen. Einfach gestaltet sich die Verwendung eines Gipsplättchens „Rot 1. Ordnung". Das ist ein Spaltplättchen von Gips parallel zu (010), dessen Dicke d gerade so groß ist, dass zwischen gekreuzten Polarisatoren das empfindliche Rot 1. Ordnung erscheint ($\Gamma = 551$ nm). Die Richtungen von n_γ oder n_α des Gipsplättchens sind jeweils markiert. Zunächst stellt man (ohne Hilfsplättchen) bei gekreuzten Polarisatoren die Auslöschungsstellung des zu untersuchenden Kristallschnitts ein. Sodann dreht man den Kristall (Objekttisch) um 45°, also bis zur maximalen Aufhellung (Diagonalstellung). Nun wird – gleichfalls unter 45° zu den Schwingungsrichtungen der Polarisatoren – das Gipsplättchen Rot 1. Ordnung über das Präparat geschoben. Dabei sind zwei Fälle möglich (Abb. 5.42):

1. n'_γ (Kristall) $\parallel n_\gamma$ (Gips) und n'_α (Kristall) $\parallel n_\alpha$ (Gips),
2. n'_γ (Kristall) $\parallel n_\alpha$ (Gips) und n'_α (Kristall) $\parallel n_\gamma$ (Gips).

Im Fall a) wird der Gangunterschied beim Durchgang durch das Gipsplättchen vergrößert; denn die schnellere Welle im Kristall ist auch im Gips die schnellere. Entsprechendes gilt für die langsamere Welle. Im Fall b) wird dagegen der Gangunterschied verkleinert: Die schnellere Welle im Kristall ist im Gipsplättchen die langsamere, und die langsamere Welle im Kristall ist im Gipsplättchen die schnellere. In beiden Fällen ändert sich die Interferenzfarbe in unterschiedlicher Weise, wie man unmittelbar aus

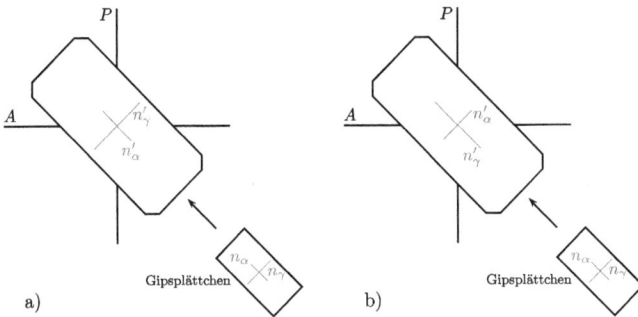

Abb. 5.42: Unterscheidung der Richtungen von n'_α und n'_γ mit Hilfe des Gipsplättchens. a) Additions-stellung (Interferenzfarben steigen); b) Subtraktionsstellung (Interferenzfarben fallen).

der Farbtafel ablesen kann: Liefert z. B. der Kristall einen Gangunterschied von etwa 100 … 200 μm (graue Interferenzfarbe), so verändert sich die Farbe des Gipsplättchens vom Rot 1. Ordnung im Fall a) nach Blau, im Fall b) hingegen nach Gelb. Im Fall a) (Vergrößerung des Gangunterschieds) spricht man von steigenden Interferenzfarben (Additionsstellung), im Fall b) (Verringerung des Gangunterschieds) von fallenden Interferenzfarben (Subtraktionsstellung).

Der $\lambda/4$-Kompensator („$\lambda/4$-Plättchen") ist ein Glimmerplättchen, das den Gangunterschied um $\lambda/4$ einer bestimmten angegebenen Wellenlänge verändert. Er wird am günstigsten angewendet, wenn das Objekt Interferenzfarben Ende der 1. Ordnung bis Anfang der 2. Ordnung zeigt.

Bei stärkerer Doppelbrechung des Kristalls werden Kompensatoren eingesetzt, mit deren Hilfe der Gangunterschied kontinuierlich verändert werden kann, z. B. der Quarzkeil. Bei ihm wird die Änderung des Gangunterschieds durch die Dickenänderung erzielt. Schiebt man den Quarzkeil in den Tubusschlitz (in Diagonalstellung) ein, so nimmt der Gangunterschied zu. Befindet sich der Kristallschnitt zum Quarzkeil in Subtraktionslage, so fällt die Interferenzfarbe stetig, bis schließlich völlige Kompensation eintritt. Trägt der Quarzkeil eine Skaleneinteilung, die auf Gangunterschiede geeicht wird, so lässt sich der Gangunterschied des Kristallschnitts unmittelbar ablesen.

Andere über mehrere Ordnungen kontinuierlich verstellbare Kompensatoren, wie der nach Berek oder nach Ehringhaus (1931)[47] enthalten ein neigbares, doppelbrechendes Kristallplättchen. Durch Drehen an einem Triebknopf wird die Neigung des Plättchens zur Tubusachse verändert und der Gangunterschied auf diese Weise kontinuierlich variiert.

---

47 Arthur Erich Ehringhaus (29.11.1889–11.1.1948).

5.5.7 Konoskopie

Bei konoskopischer Beobachtung – gekreuzte Polarisatoren, konvergente Objektdurchstrahlung, eingeschobene Amici–Bertrand-Linse (Abb. 5.43) – werden gleichzeitig alle Wellen erfasst, deren Wellennormalen innerhalb eines größeren Winkelbereichs liegen. In der hinteren Brennebene des Objektes entsteht ein charakteristisches Interferenzbild, das Informationen über die kristalloptischen Eigenschaften für Wellennormalen eines größeren Winkelbereichs enthält.

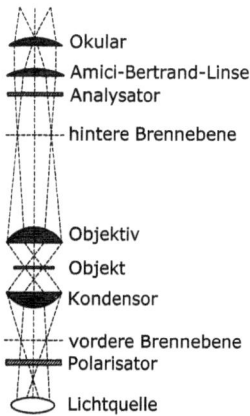

Okular
Amici-Bertrand-Linse
Analysator
hintere Brennebene

Objektiv
Objekt
Kondensor
vordere Brennebene
Polarisator
Lichtquelle

Abb. 5.43: Schema des Strahlengangs im Polarisationsmikroskop bei konoskopischer Anordnung.

Optisch einachsige Kristalle

Das Interferenzbild eines senkrecht zur optischen Achse geschnittenen Kristalls zeigt in monochromatischem Licht ein dunkles Kreuz, dessen Mittelpunkt von konzentrischen dunklen Ringen umgeben ist (Abb. 5.44). Beim Drehen des Objekttisches ändert sich das Interferenzbild nicht. Der Mittelpunkt ist dunkel, weil in Richtung der optischen Achse keine Doppelbrechung stattfindet, und es kann kein Gangunterschied entstehen: $\Delta n' = 0$; $\Gamma = 0$. Außerdem besteht für alle Wellennormalen, deren Schwingungsrichtungen gemäß dem zugehörigen Indikatrixschnitt senkrecht bzw. parallel zu den Schwingungsebenen der Polarisatoren stehen, Auslöschung. So entsteht das schwarze Kreuz, dessen Balken (Isogyren) parallel zu den Schwingungsrichtungen der Polarisatoren verlaufen. Lage und Form der Indikatrixschnitte für die verschiedenen Richtungen der Wellennormalen sind schematisch in Abb. 5.45 dargestellt. Trägt man die Schwingungsrichtungen für alle Wellennormalen auf der Oberfläche einer Polkugel ein – sog. Skiodromen (auch „Schattenläufer") nach Becke (1905) – dann verlaufen die Schwingungsrichtungen der außerordentlichen Wellen stets entlang den Meridianen auf der Polkugel durch die optische Achse; die Schwingungsrichtungen der ordentlichen Wellen verlaufen entlang den Breitenkreisen um die optische Achse.

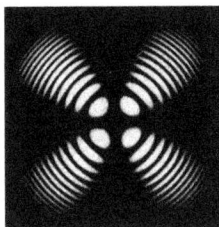

Abb. 5.44: Konoskopisches Interferenzbild einer senkrecht zur optischen Achse geschnittenen Platte eines optisch einachsigen Kristalls (Calcit).

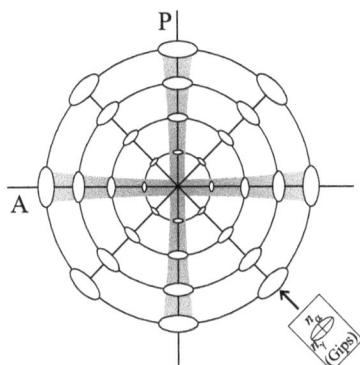

Abb. 5.45: Lage und Form der Indikatrixschnitte bei konoskopischer Beobachtung eines optisch einachsig negativen Kristalls sowie eines Kompensators „Gips Rot 1. Ordnung".

Aus dem Bild kann man unmittelbar den Verlauf der ausgelöschten Bereiche (Isogyren) ablesen.

Zwischen den Isogyren sind nun noch die Stellen im Interferenzbild dunkel, in denen der Gangunterschied in der betreffenden Richtung ein ganzzahliges Vielfaches der Wellenlänge ist ($\Gamma = m\lambda$). Da die Indikatrix rotationssymmetrisch ist, liegen diese Richtungen auf konzentrischen Kreisen um die optische Achse, die nach außen immer dichter aufeinanderfolgen: Mit zunehmender Neigung der Wellennormalen gegenüber der optischen Achse nimmt die Doppelbrechung zu, außerdem wird der Lichtweg in der Kristallplatte bei schrägem Durchgang länger ($\Gamma = \Delta n' d$). Die Ringe folgen umso dichter aufeinander, je stärker die Doppelbrechung des betreffenden Kristalls und je dicker die Kristallplatte ist. Verwendet man statt des monochromatischen Lichts weißes Licht, so erscheint anstelle der Ringe von innen nach außen die Folge der Interferenzfarben eines Keils. Das Isogyrenkreuz bleibt schwarz.

Die Interferenzbilder von Schnitten schräg zur optischen Achse kann man aus der entsprechenden Projektion des Skiodromennetzes herleiten. Meistens ist nur ein Balken des Isogyrenkreuzes zu beobachten, der sich beim Drehen des Objekttisches, bei nicht zu starker Neigung des Schnittes zur optischen Achse, nahezu parallel zu sich selbst verschiebt, bis schließlich der zweite Balken erscheint (Abb. 5.46). Die Balken bleiben also nahezu parallel zu den Schwingungsrichtungen der Polarisatoren. Bei stärkerer Neigung des Schnittes zur optischen Achse verschiebt sich beim Drehen des Objekttisches das achsenferne Ende des Balkens etwas rascher (es „schwänzelt").

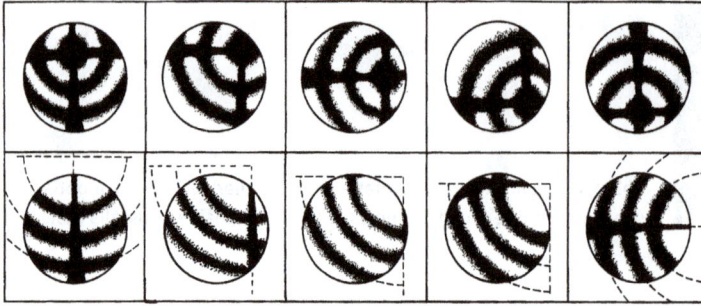

Abb. 5.46: Konoskopische Interferenzbilder optisch einachsiger Kristalle bei Drehung des Objekttisches. Obere Reihe: Schnitt mit geringer Neigung zur optischen Achse; untere Reihe: Schnitt mit stärkerer Neigung zur optischen Achse.

Der optische Charakter lässt sich an Schnitten senkrecht oder mit geringer Neigung zur optischen Achse mit einem Kompensator in weißem Licht sehr einfach bestimmen. Der Kompensator wird wieder in der 45°-Stellung eingeschoben. Benutzt man ein Gipsplättchen „Rot 1. Ordnung", so ist das Ergebnis (für einen negativen Kristall) aus Abb. 5.45 abzulesen: Wo die Indikatrixschnitte von Gips und Kristall konform sind, steigt die Interferenzfarbe, wo die Indikatrixschnitte von Gips und Kristall gegensinnig sind, fällt die Interferenzfarbe; das vordem schwarze Isogyrenkreuz erscheint in der Interferenzfarbe des Gipsplättchens, also Rot (Abb. 5.47a). Bei einem optisch einachsig positiven Kristall sind die Verhältnisse umgekehrt (Abb. 5.47b); man kann die Farbverteilung aus einer ähnlichen Skizze wie Abb. 5.45 ableiten, indem man alle dort dargestellten Indikatrixschnitte (außer dem des Gipsplättchens) um 90° dreht.

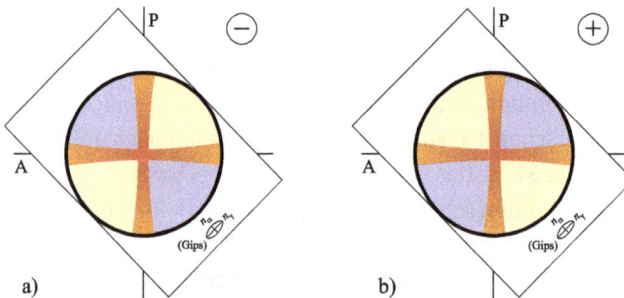

Abb. 5.47: Konoskopisches Interferenzbild mit übergelegtem Gipsplättchen „Rot 1. Ordnung". a) Eines optisch einachsig negativen Kristalls; b) eines optisch einachsig positiven Kristalls.

Optisch zweiachsige Kristalle

Die konoskopischen Interferenzbilder optisch zweiachsiger Kristalle sind komplizierter als die einachsiger Kristalle. Bei einem Schnitt senkrecht zur spitzen Bisektrix erscheint Abb. 5.48a, sofern die optische Achsenebene mit der Schwingungsebene eines Polarisators übereinstimmt (Normalstellung); im Gegensatz zu den Interferenzbildern einachsiger Kristalle sind die Balken jedoch unterschiedlich breit. Dreht man den Kristall um 45° (Diagonalstellung), so öffnet sich die kreuzähnliche Figur zu zwei hyperbelähnlichen Ästen (Abb. 5.48b). Die Durchstoßpunkte der (primären) optischen Achsen sind im Scheitelpunkt der Hyperbeln gut zu erkennen. Die Kurven gleichen Gangunterschieds um diese Achsen stellen Cassinische Kurven[48] dar; diejenige, die gerade die spitze Bisektrix kreuzt, ist eine Lemniskate. Wird statt monochromatischen Lichts weißes Licht verwendet, dann erscheinen im Bereich dieser Kurven die Interferenzfarben. Der Verlauf der Isogyren wird verständlich, wenn man die Indikatrixschnitte für die verschiedenen Richtungen auf einer Polkugel betrachtet (Abb. 5.49). Die Achsen der Indikatrixschnitte verlaufen parallel zu zwei Sätzen konfokaler Kugel-

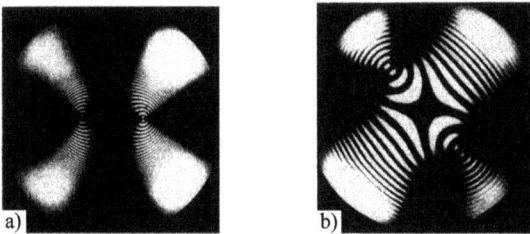

Abb. 5.48: Konoskopische Interferenzbilder optisch zweiachsiger Kristalle senkrecht zur spitzen Bisektrix. a) Normalstellung: Achsenebene und Schwingungsebene des Analysators stimmen überein (Cerussit); b) Diagonalstellung: Achsenebene und Schwingungsebene der Polarisatoren schließen einen Winkel von 45° ein (Aragonit).

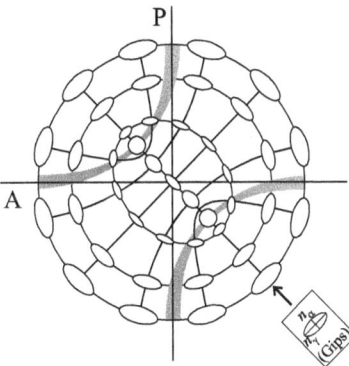

Abb. 5.49: Lage und Form der Indikatrixschnitte bei konoskopischer Beobachtung eines optisch zweiachsig negativen Kristalls sowie eines Kompensators „Gips Rot 1. Ordnung".

---

48 Giovanni Domenico Cassini (8.6.1625–14.9.1712).

ellipsen, die sich in jedem Punkt senkrecht durchschneiden und deren Tangenten die betreffenden Schwingungsrichtungen angeben. Aus dem Bild können wir den Verlauf der ausgelöschten Bereiche (Isogyren) unmittelbar ablesen. Der Abstand der Durchstoßpunkte der optischen Achsen liefert – je nach der in der benutzten Anordnung gegebenen Vergrößerung – ein Maß für den Achsenwinkel $2V$. Wegen der Lichtbrechung an der Grenze Kristall/Luft wird jedoch nicht der Winkel $2V$ zwischen den Achsen als solcher wirksam, sondern es tritt ein scheinbarer Achsenwinkel $2E$ auf, der durch $\sin E = n_\beta \sin V$ gegeben ist.

Das Verhalten der konoskopischen Interferenzbilder optisch zweiachsiger Kristallplatten in verschiedenen Schnittlagen beim Drehen des Objekttisches geht aus Abb. 5.50 hervor. Bemerkenswert ist dabei, dass sich die dunklen Balken nicht parallel zu sich und den Schwingungsebenen der Polarisatoren verschieben – wie bei einachsigen Kristallen –, sondern hin- und herpendeln. Verwechslungen mit einachsigen Kristallen sind allerdings möglich, wenn deren Schnitt ungefähr parallel zur optischen Achse verläuft.

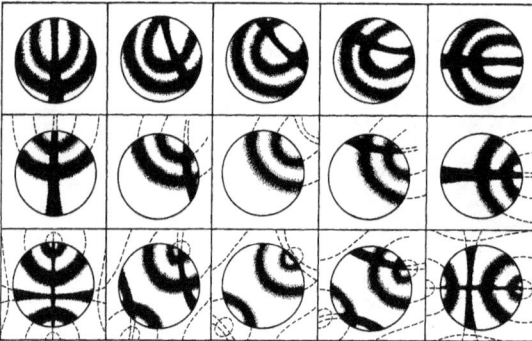

Abb. 5.50: Konoskopische Interferenzbilder optisch zweiachsiger Kristalle bei Drehung des Objekttisches. Obere Reihe: Schnitt fast senkrecht zu einer optischen Achse; mittlere Reihe: Schnitt mit schiefem Achsen-austritt; untere Reihe: Schnitt fast senkrecht zur spitzen Bisektrix.

Auch bei optisch zweiachsigen Kristallen lässt sich der optische Charakter ermitteln. Am besten sind dafür Schnitte ungefähr senkrecht zur spitzen Bisektrix oder zu einer der optischen Achsen geeignet. Es genügt, wenn ein Hyperbelast der Isogyren im Blickfeld ist; seine konvexe Seite ist stets der spitzen Bisektrix, die konkave Seite der stumpfen Bisektrix zugekehrt. Die optische Achsenebene wird in 45°-Stellung gebracht. Lage und Form der Indikatrixschnitte für die verschiedenen Richtungen eines optisch negativen Kristalls sind in Abb. 5.49 dargestellt. Schieben wir einen Kompensator (z. B. ein Gipsplättchen „Rot 1. Ordnung") darüber, so sehen wir, wo die Interferenzfarben steigen (gleichsinnige Orientierung der Indikatrixschnitte von Kristall und Kompensator) und wo sie fallen (gegensinnige Orientierung der Indikatrixschnitte). Die Orientierung der Indikatrixschnitte des Kristalls wechselt beim Überschreiten des Hyperbelastes entlang der optischen Achsenebene, so dass wir Interferenzfarben entsprechend Abb. 5.51a erhalten. Lage und Form der Indikatrixschnitte eines optisch zweiachsig positiven Kristalls erhält man, indem man alle Schnitte (außer dem des Gipsplättchens) in Abb. 5.49 um 90° dreht; man kann auch hier entsprechend Abb. 5.51b die Änderung der Interferenzfarben ablesen.

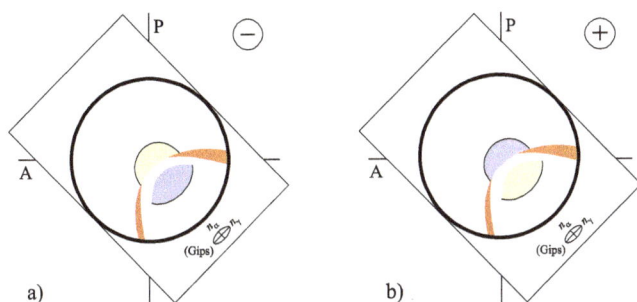

Abb. 5.51: Konoskopisches Interferenzbild mit übergelegtem Gipsplättchen „Rot 1. Ordnung". a) Eines optisch zweiachsig negativen Kristalls; b) eines optisch zweiachsig positiven Kristalls.

Die Brechungsindizes der Kristalle (wie auch anderer optischer Medien) verändern sich als Materialeigenschaft mit der Wellenlänge bzw. Frequenz des Lichts; ein Umstand, der bereits in Abschnitt 5.5.1 als „Dispersion" bezeichnet wurde. Hieraus entstehen weitere charakteristische Phänomene bei der konoskopischen Beobachtung optischer Achsenbilder. Einer Dispersion unterliegen auch die von den Brechungsindizes abhängigen Größen: die Doppelbrechung, der optische Achsenwinkel, die Abmessungen der Indikatrix und – bei Kristallen des monoklinen und triklinen Systems – auch die Orientierung der Indikatrix.

Warum unterliegt nur bei monoklinen und triklinen Kristallen die Orientierung der Indikatrix der Dispersion?

Eine extrem starke Dispersion des optischen Achsenwinkels zeigt z. B. der orthorhombische Brookit. Im orthorhombischen Kristallsystem stimmen bekanntlich die Hauptachsen der Indikatrix stets mit den kristallographischen Achsen überein. Der Dispersion unterliegt jedoch nicht nur die Größe der Brechungsindizes, sondern auch ihr gegenseitiges Größenverhältnis, wodurch sich der optische Achsenwinkel ändert. Beim Brookit liegt für rotes Licht die optische Achsenebene parallel zu (001); $2V$ wird mit abnehmender Wellenlänge kleiner und erreicht für gelbgrünes Licht den Wert null (Einachsigkeit), um sich für grünes und blaues Licht in (010) als optische Achsenebene zu öffnen. Im monoklinen Kristallsystem ändert sich wie gesagt mit der Wellenlänge auch die Lage der Indikatrix. Da jedoch stets eine Hauptachse der Indikatrix mit der kristallographischen $\vec{b}$-Achse zusammenfällt, kann man bei monoklinen Kristallen die folgenden drei Fälle unterscheiden:

Geneigte Dispersion

Die optische Normale (Hauptachse von n_β) fällt mit der $\vec{b}$-Achse zusammen; infolgedessen bleibt die optische Achsenebene unverändert (Abb. 5.52).

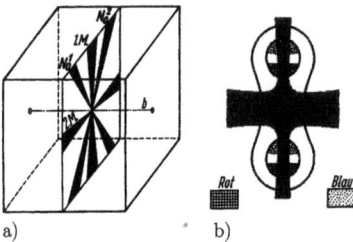

a) b) **Abb. 5.52:** Geneigte Dispersion (optische Normale = $\vec{b}$-Achse). a) Schema; b) konoskopisches Interferenzbild.

Gekreuzte Dispersion

Die spitze Bisektrix (Hauptachse von n_γ oder n_α) fällt mit der $\vec{b}$-Achse zusammen; infolgedessen dreht sich die optische Achsenebene mit Veränderung der Wellenlänge um die $\vec{b}$-Achse (Abb. 5.53).

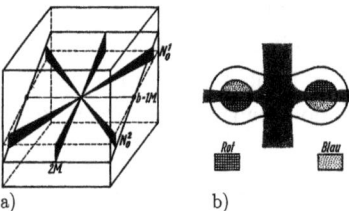

a) b) **Abb. 5.53:** Gekreuzte Dispersion (spitze Bisektrix = $\vec{b}$-Achse). a) Schema; b) konoskopisches Interferenzbild.

Horizontale Dispersion

Die stumpfe Bisektrix (Hauptachse von n_α oder n_γ) fällt mit der $\vec{b}$-Achse zusammen; die optische Achsenebene dreht sich gleichfalls um die $\vec{b}$-Achse; in einem Schnitt ungefähr senkrecht zur spitzen Bisektrix erscheint die optische Achsenebene parallel zu sich verschoben (Abb. 5.54).

Im triklinen Kristallsystem gibt es keine Bedingungen für die Veränderung der Lage der Indikatrix mit der Wellenlänge, und man spricht von schiefer oder asymmetrischer Dispersion. Wie viele andere Materialeigenschaften ändern sich die Brechungsindizes sowie die von ihnen abhängigen Größen auch mit den physikalisch-chemischen Zustandsgrößen Druck und Temperatur. Ein Beispiel extremer Abhängig-

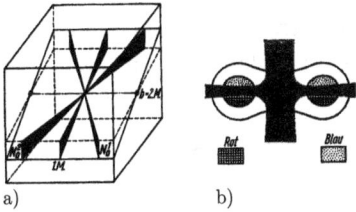

a)   b)

Abb. 5.54: Horizontale Dispersion (stumpfe Bisektrix = $\vec{b}$-Achse). a) Schema; b) konoskopisches Interferenzbild.

keit des optischen Achsenwinkels $2V$ von der Temperatur bietet der monokline Gips: $2V$ beträgt bei Raumtemperatur 62° und fällt auf 0° bei 116 °C (für rotes Licht).

5.5.8 Optische Aktivität (Gyrotropie)

Betrachtet man nach Arago[49] eine rd. 1 mm dicke Quarzplatte, die senkrecht zur optischen Achse geschnitten ist (Quarz ist optisch einachsig positiv; Kristallklasse 32), zwischen gekreuzten Polarisatoren mit monochromatischem Licht, so stellt man keine Dunkelheit, sondern Aufhellung fest – im Gegensatz zu den bisherigen Ausführungen über die Eigenschaften optisch einachsiger Kristalle. Im konoskopischen Interferenzbild (Abb. 5.55) erscheint die Mitte des Isogyrenkreuzes, die der Richtung der optischen Achse entspricht, aufgehellt (vgl. hingegen Abb. 5.44!). Auch durch Drehen der Platte bzw. des Objekttisches lässt sich keine Auslöschung erreichen, wohl aber durch Drehen des Analysators um einen bestimmten Winkel. Demnach wird also die Schwingungsebene beim Durchgang durch die Quarzplatte gedreht, was als optische Aktivität oder Gyrotropie bezeichnet wird. Der Drehwinkel der Schwingungsebene um die Wellennormale ist proportional zur Dicke d der Platte und hat in Hin- und Rückrichtung denselben Wert

$$\varphi = \rho d. \tag{5.97}$$

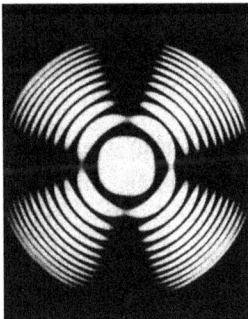

Abb. 5.55: Konoskopisches Interferenzbild einer Quarzplatte, senkrecht zur optischen Achse geschnitten.

---

49 Dominique François Jean Arago (26.2.1786–2.10.1853).

Der Faktor ρ heißt spezifische Drehung (Drehvermögen, engl. *optical rotation*); er stellt eine Materialeigenschaft dar und hängt von der Wellenlänge ab, und zwar wird ρ mit kleiner werdender Wellenlänge größer und beträgt z. B. für Quarz 18°/mm in rotem Licht, 28°/mm in grünem Licht und 44°/mm in violettem Licht (Rotationsdispersion). In weißem Licht zeigt die Quarzplatte eine Interferenzfarbe, die sich beim Drehen des Analysators ändert. Ein positives Vorzeichen von ρ bedeutet eine Drehung nach rechts (im Uhrzeigersinn), wenn man dem Strahl entgegenblickt. Beispielsweise dreht ein Rechtsquarz (s. Abb. 1.70) die Schwingungsebene nach rechts, ein Linksquarz hingegen nach links. (Die gleichlautende Zuordnung rechts-rechts bzw. links-links ist zufällig.)

Zur Erklärung der optischen Aktivität wird die Ausbreitung von zirkular polarisierten Wellen in einem Kristall betrachtet. Eine zirkular polarisierte Welle ist eine Welle, in der der Feldvektor $\vec{E}$, auf eine Ebene senkrecht zur Fortpflanzungsrichtung projiziert, auf einem Kreis umläuft; d. h., die Feldvektoren bilden in einer zirkular polarisierten Welle eine Schraube. Man kann eine zirkular polarisierte Welle erzeugen, indem man zwei senkrecht zueinander linear polarisierte, kohärente Wellen gleicher Amplitude mit einem Gangunterschied von $\lambda/4$ miteinander interferieren lässt (Abb. 5.56). Demnach erhält man zirkular polarisiertes Licht nach Passage durch ein „$\lambda/4$-Plättchen".

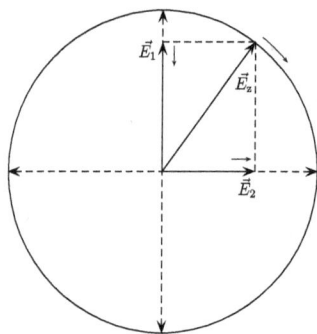

Abb. 5.56: Superposition zweier linearer und senkrecht zueinander polarisierter Wellen (Vektoren $\vec{E}_1$ und $\vec{E}_2$) mit einem Gangunterschied von $\lambda/4$ zu einer zirkular polarisierten Welle (Vektor $\vec{E}_z$). Projektion in Fortpflanzungsrichtung.

Wie Abb. 5.57 zu entnehmen ist, lässt sich eine linear polarisierte Welle in zwei gegenläufige, zirkular polarisierte Wellen aufspalten. Beide Wellen durchlaufen einen optisch aktiven Kristall mit unterschiedlicher Geschwindigkeit, so dass man ihnen auch unterschiedliche Brechungsindizes n_r (für die rechtsläufige) und n_l (für die linksläufige Welle) zuordnen kann. Infolge der unterschiedlichen Geschwindigkeit haben beide Wellen beim Verlassen des Kristalls einen Gangunterschied; ihre Superposition gemäß Abb. 5.57 ergibt wieder eine linear polarisierte Welle, deren Schwingungsebene jedoch gegenüber der der Ausgangswelle gedreht erscheint. Die aus diesem Vorgang

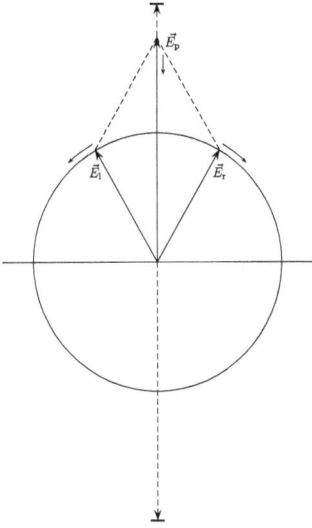

Abb. 5.57: Aufspaltung einer linear polarisierten Welle (Vektor $\vec{E}_p$) in zwei gegenläufige zirkular polarisierte Wellen (Vektoren $\vec{E}_l$ und $\vec{E}_r$). Projektion in Fortpflanzungsrichtung.

abzuleitende spezifische Drehung ρ (angegeben im Bogenmaß) ist umgekehrt proportional zur Wellenlänge λ_{vac} im Vakuum

$$\rho = \frac{\pi(n_l - n_r)}{\lambda_{vac}} \tag{5.98}$$

worin gleichzeitig die normale Rotationsdispersion zum Ausdruck kommt.

Die optische Aktivität von Kristallen wird meist in Richtung einer optischen Achse beobachtet, in der bekanntlich die gewöhnliche Doppelbrechung verschwindet. Für eine beliebige Ausbreitungsrichtung (außerhalb einer optischen Achse) gibt es, wie bei allen doppelbrechenden Kristallen, zwei Wellen mit unterschiedlicher Ausbreitungsgeschwindigkeit, die jedoch bei einem optisch aktiven Kristall im allgemeinen elliptisch polarisiert sind (d. h. der elektrische Feldvektor beschreibt eine Ellipse). Der Effekt der optischen Aktivität auf die Ausbreitungsgeschwindigkeiten der beiden Wellen ist allerdings im Vergleich zu dem der gewöhnlichen Doppelbrechung nur sehr klein und deshalb schwierig zu beobachten.

Die Beschreibung der optischen Aktivität erfolgt in voller Allgemeinheit mit Hilfe des Gyrationstensors, eines symmetrischen axialen Tensors (Pseudotensors) 2. Stufe. Ohne auf Einzelheiten einzugehen sei festgestellt, dass die optische Aktivität als eine Materialeigenschaft aus Symmetriegründen an die folgenden 15 Kristallklassen gebunden ist: 1, 2, m, 222, mm2, 3, 32 (z. B. Quarz), 4, $\bar{4}$, 422, $\bar{4}2m$, 6, 622, 23, 432. Demnach ist die optische Aktivität u. a. in sämtlichen 11 Kristallklassen mit Enantiomorphie zu beobachten (die als Symmetrieelemente ausschließlich Drehachsen aufweisen). Dazu gehören auch die beiden kubischen Kristallklassen 432 und 23, deren Kristalle bekanntlich optisch isotrop sind (z. B. Natriumchlorat $NaClO_3$, vgl. Abb. 1.88). Bemerkenswert ist auch, dass beim Rohrzucker (Kristallklasse 2; optisch zweiachsig) die spezifische Drehung ρ in Übereinstimmung mit der Kristallsymmetrie in den Richtungen der beiden optischen Achsen verschieden ist und 5,4°/mm in Richtung der einen, hingegen −1,6°/mm in Richtung der anderen optischen Achse beträgt. Ein außergewöhnlich großes Drehvermögen zeigt ferner Zinnober (HgS, Kristallklasse 32) mit 555°/mm (bei λ = 589,3 nm). In den Kristallklassen $\bar{4}$ und $\bar{4}2m$ gibt es eine optische Aktivität aus Symmetriegründen nur außerhalb der optischen Achsen. Sie wurde von Kobayashi u. a. (1978) an KH_2PO_4 (KDP, Kristallklasse $2m$) mit einer empfindlichen polarisationsoptischen Methode (neben der viel stärkeren gewöhnlichen Doppelbrechung) gemessen.

Die Erscheinung der optischen Aktivität ist nicht nur an Kristalle gebunden, sondern findet sich auch bei Flüssigkeiten, die aus (jeweils der einen Sorte von) enantiomorphen Molekülen bestehen oder diese enthalten. Die makroskopische Symmetrie einer solchen optisch aktiven Flüssigkeit entspricht der (kontinuierlichen) Punktgruppe 2∞ (vgl. Tab. 5.3). Den Effekt der optischen Aktivität zeigen auch flüssige Kristalle sowie Texturen, wenn ihre Symmetrie einer der (kontinuierlichen) Punktgruppen ∞, ∞2 oder 2∞ entspricht. Die optische Aktivität von Kristallen, wie Quarz, die keine enantiomorphen (chiralen) Moleküle enthalten, ist eine Folge der Enantiomorphie (Chiralität, „Händigkeit") ihrer Struktur.

Wenn in einem optisch aktiven Medium die gegenläufigen, zirkular polarisierten Wellen unterschiedlich stark absorbiert werden, spricht man von Zirkulardichroismus; er tritt vor allem im Bereich von Absorptionsbanden auf. Hierdurch entsteht elliptisch polarisiertes Licht, und es kommt zu einem anomalen Verlauf der Rotationsdispersion (Cotton[50]-Effekt).

Unabhängig von der Eigenschaft der optischen Aktivität wird die Schwingungsrichtung einer Lichtwelle auch beim Durchlaufen eines optischen Mediums gedreht, das sich in einem magnetischen Feld befindet, ein Effekt der nach seinem Erfinder Faraday (1846)[51] benannt ist. Ein Magnetfeld kann an einem Kristall von außen angelegt werden oder auch infolge einer spontanen Magnetisierung (vgl. Abschnitt 5.4.6) im Kristall vorhanden sein. Im Gegensatz zur optischen Aktivität ist eine Umkehr der Ausbreitungsrichtung mit einer Umkehr des Drehsinns verbunden.

5.5.9 Reflexion

Zur Untersuchung der optischen Eigenschaften von stark absorbierenden bzw. undurchsichtigen Kristallen wird die Reflexion herangezogen. Die Reflexion an Kristallen hängt in komplizierter Weise von der Wellenlänge, dem Einfallswinkel und der Polarisation des einfallenden Lichts sowie der Orientierung, dem Absorptionsvermögen

---

50 Aimé Auguste Cotton (9.10.1869–16.4.1951).
51 Michael Faraday (22.9.1791–25.8.1867).

und der Oberflächenbeschaffenheit des Kristalls ab. Für eine ausführliche Darstellung sei auf die weiterführende Literatur wie Tompkins u. McGahan (1999) verwiesen. Hier sei nur festgestellt, dass eine in ein absorbierendes anisotropes optisches Medium eintretende Lichtwelle im Allgemeinen in zwei Wellen aufgespalten wird, die elliptisch polarisiert sind. Auch die an der Grenzfläche reflektierte Teilwelle ist im Allgemeinen elliptisch polarisiert; diesbezügliche Untersuchungsmethoden werden als Ellipsometrie bezeichnet. Die Beschreibung von Brechung und Reflexion erfolgt mit Hilfe eines komplexen Brechungsindex

$$\hat{n} = n + i\kappa = n + in\kappa'. \tag{5.99}$$

Beide Definitionen sind gebräuchlich; $i = \sqrt{-1}$ ist die imaginäre Einheit; sowohl n als auch κ bzw. κ' sind reell und in anisotropen Medien richtungsabhängig. Der Realteil n beschreibt wie bisher die Phasengeschwindigkeit $v = c/n$ im Medium (c Lichtgeschwindigkeit im Vakuum). Bei stark absorbierenden Medien ist $n < 1$ (beispielsweise bewegt sich der Brechungsindex von Metallen im Bereich von $0{,}1 \ldots 0{,}9$), so dass die Phasengeschwindigkeit v im Medium dann größer ist als die Lichtgeschwindigkeit c im Vakuum. Die Größen κ bzw. κ' sind ein Maß für das Absorptionsvermögen des Mediums und mit dem (linearen) Absorptionskoeffizienten μ durch die von der Wellenlänge λ abhängige Beziehung

$$\mu = \frac{4\pi\kappa}{\lambda} = \frac{4\pi n\kappa'}{\lambda} \tag{5.100}$$

verbunden. Sei I_e die Intensität der einfallenden Welle, I_r die der reflektierten Welle und I_d die Intensität der in das Medium eintretenden Welle, so wird infolge der Absorption die Intensität I nach dem Durchdringen einer Schicht der Dicke d auf den Wert

$$I = I_d \exp(-\mu d) \tag{5.101}$$

verringert. In der Literatur werden sowohl μ als auch κ bzw. $\kappa' = \kappa/n$ als Absorptionskoeffizient, daneben auch als Extinktionskoeffizient, Absorptionsindex oder Extinktionsindex bezeichnet, wobei der Gebrauch und die Unterscheidung der Begriffe nicht einheitlich sind.

Das Absorptionsvermögen κ für elektromagnetische Wellen ist naturgemäß in elektrisch gut leitenden Materialien besonders hoch. Die Tatsache, dass Silber unter Normalbedingungen der beste elektrische Leiter überhaupt ist (s. Abschnitt 5.4.4) ist einer der Gründe, warum Spiegel bevorzugt versilbert werden.

In der Praxis werden stark absorbierende bzw. undurchsichtige Kristalle im Anschliff unter dem Auflichtmikroskop (vgl. Abschnitt 5.5.5) untersucht (sog. Erzmikroskopie). Die Erscheinungen und ihre Unterschiede sind hierbei häufig sehr subtil und nur von einem geübten Beobachter einwandfrei zu erkennen. Eines der wichtigsten Merkmale ist das Reflexionsvermögen $R = I_r/I_e$. Für senkrechten Lichteinfall auf eine ebene, spiegelglatte Oberfläche folgt das Reflexionsvermögen bei isotropen Medien den Fresnelschen Formeln (s. Fußnote in Abschnitt 5.5.3)

$$R = \frac{(n-1)^2 + \kappa^2}{(n+1)^2 + \kappa^2} = \frac{(n-1)^2 + n^2\kappa'^2}{(n+1)^2 + n^2\kappa'^2} \tag{5.102}$$

(beide Formen sind gebräuchlich). Soweit diese Formel auch für anisotrope Medien als Näherung gelten kann, ist ihr zu entnehmen, dass die Reflexion sowohl mit zunehmendem Brechungsindex n als auch mit zunehmendem κ wächst. Bei durchsichtigen Kristallen ($\kappa \approx 0$) ist allein n ausschlaggebend; z. B. ergibt sich für Quarz ($\kappa \approx 1{,}55$) $R = 0{,}04$, für Diamant ($\kappa \approx 2{,}4$) $R = 0{,}17$. Bei stark absorbierenden Medien ist die Reflexion bedeutend höher: So hat κ bei Metallen mit der Wellenlänge λ wachsende Werte im Bereich von $2 \ldots 10$, so dass R Werte nahe 1 erreicht.

Ein Ausdruck des Reflexionsvermögens ist der Glanz (engl. *luster or gloss*) der Kristalle. In der mineralogischen Praxis wird nach der Stärke des Glanzes absteigend unterschieden zwischen Metall- (2,6–3), Diamant- (1,9–2,6), Fett- (1,7–1,9), Glas- (1,5–1,6) und Harz-(Wachs-) Glanz (1,5–1,6). (In Klammern jeweils die Bereiche der Brechungsindizes.) Außerdem gibt es in der Mineralogie noch den Halbmetall-, Pech-, Porzellan-, Perlmutt- und den Seidenglanz sowie die Bezeichnung „matt".

Die Farben der opaken Kristalle im Auflicht zeigen sehr zarte Tönungen und erfordern zu ihrer Charakterisierung große Erfahrung; bei der Verwendung von Immersionen werden die Farbnuancen meist deutlicher. Unter Bireflexion (Reflexionspleochroismus) versteht man die Erscheinung, dass die Kristalle im polarisierten Licht beim Drehen des Objekttisches Helligkeit und Farbe ändern (Beobachtung mit einem Polarisator). Unter Verwendung des zweiten Polarisators (Analysator) werden Anisotropieeffekte beobachtet. Sie können auch an Kristallen auftreten, die kubisch sind, also anderweitig als optisch isotrop gelten (z. B. Cuprit Cu_2O, Pyrit FeS_2). Die Anisotropieeffekte sind schwierig zu erklären, sie liefern jedoch wertvolle Hinweise für die Identifizierung von Kristallen. Innenreflexe zeigen Kristalle, die nicht völlig undurchsichtig sind; die Reflexe kommen nicht von der Oberfläche, sondern aus dem Innern und geben die Farbe dünnster Splitter im durchfallenden Licht wieder. Sie entsprechen in ihrer Farbe häufig der des Striches. Der Strich ist ein wichtiges qualitatives Kennzeichen zur Mineralbestimmung: Viele dunkle bzw. opake Minerale liefern beim feinsten Zerreiben auf unglasiertem Porzellan (Strichtafel) ein Pulver von charakteristischer, oft überraschend lebhafter Farbe.

5.5.10 Elastooptischer Effekt

Der elastooptische Effekt (auch: fotoelastischer Effekt) wird durch die Beziehung zwischen den Änderungen der Indikatrix $\Delta\eta$ (s. Abschnitt 5.5.3) und der elastischen Verzerrung (Deformation, s. Abschnitt 5.6.2.1) $\overset{2\to}{\varepsilon}$ gemäß

$$\Delta\eta_{ij} = \sum_{k,l} p_{ijkl}\varepsilon_{kl} \quad \text{bzw. symbolisch} \quad \overset{2\to}{\Delta\eta} = \overset{4\to}{p} : \overset{2\to}{\varepsilon} \tag{5.103}$$

beschrieben. Die elastooptischen Konstanten p_{ijkl} repräsentieren einen (polaren) Tensor 4. Stufe, der zwei (polare) Tensoren 2. Stufe miteinander verknüpft; der Doppelpunkt symbolisiert die zweifache Summation („Verjüngung"). Er wird wegen der engen Beziehung zu anderen kristalloptischen Phänomenen hier, und nicht erst in Abschnitt 5.6 behandelt. Zwischen den insgesamt 81 p_{ijkl} ($i, j, k, l = 1, 2, 3$) gelten die Relationen $p_{ijkl} = p_{jikl} = p_{ijlk} = p_{jilk}$, so dass nur deren 36 unabhängig sein können. Der elastooptische Effekt kann in allen Kristallklassen sowie in isotropen Körpern auftreten und ist die Ursache der bereits erwähnten Spannungsdoppelbrechung. Eine alternative Beschreibung erhält man gemäß

$$\Delta\eta_{ij} = \sum_{k,l} q_{ijkl}\sigma_{kl} \quad \text{bzw. symbolisch} \quad \overset{2\to}{\Delta\eta} = \overset{4\to}{q} : \overset{2\to}{\sigma} \tag{5.104}$$

mit Hilfe des (im Abschnitt 5.4.5 eingeführten) Spannungstensors $\overset{2\to}{\sigma}$ mit den Komponenten σ_{ij} und den (dimensionslosen) piezooptischen Konstanten q_{ijkl}, die den piezooptischen Tensor $\overset{4\to}{q}$ darstellen. Man spricht dann auch vom piezooptischen Effekt. Die beiden Tensoren $\overset{4\to}{p}$ und $\overset{4\to}{q}$ lassen sich gemäß

$$p_{ijkl} = \sum_{m,n} q_{ijmn}c_{mnkl} \tag{5.105}$$

ineinander überführen.

Betrachten wir noch einmal den linearen elektrooptischen Effekt, der, wie gesagt, an die Kristallklassen mit Piezoelektrizität gebunden ist: Piezoelektrische Kristalle werden durch ein elektrisches Feld deformiert, so dass sich dem eigentlichen elektrooptischen Effekt noch ein sekundärer elastooptischer Effekt von etwa gleicher Größe überlagert. Mit der Beziehung (5.114) für den reziproken piezoelektrischen Effekt (Abschnitt 5.6.1) erhält man

$$\Delta\eta_{ij} = \sum_{k} \left(r_{ijk} + \sum_{l,m} p_{ijlm}d_{klm} \right) E_k \tag{5.106}$$

für den zusammengesetzten elektrooptischen Effekt. (r_{ijk} sind die Komponenten des hier nicht weiter behandelten elektrooptischen Effektes; siehe beispielsweise Nye (1957).[52])

---

52 John Nye (26.2.1923–8.1.2019).

Der sekundäre Effekt kann vermieden werden, wenn man anstelle eines statischen elektrischen Feldes ein Wechselfeld mit einer Frequenz oberhalb der mechanischen Resonanzfrequenz des Kristalls anlegt: Der Kristall bleibt dann undeformiert, und der wahre elektrooptische Effekt tritt in Erscheinung. Neben dem linearen elektrooptischen Effekt (Pockels-Effekt)[53] als Effekt 1. Ordnung gibt es stets noch einen hier nicht behandelten elektrooptischen Effekt 2. Ordnung, der quadratisch von der elektrischen Feldstärke $\vec{E}$ abhängt und auch als quadratischer elektrooptischer Effekt oder Kerr-Effekt[54] bezeichnet wird.

5.5.11 Nichtlineare Optik

Die Beschreibung der dielektrischen Eigenschaften im Abschnitt 5.3.2 sowie der Kristalloptik in den vorangehenden Abschnitten beruht auf der Annahme einer linearen Beziehung (d. h. einer Proportionalität) zwischen der elektrischen Feldstärke $\vec{E}$ und der durch sie hervorgerufenen Polarisation (5.30) bzw. der dielektrischen Verschiebung $\vec{D}$ mit der relativen Dielektrizitätskonstanten $\overset{2\rightarrow}{\epsilon_r} = \overset{2\rightarrow}{\chi^e} + \overset{2\rightarrow}{1}$ und der (linearen) dielektrischen Suszeptibilität $\overset{2\rightarrow}{\chi^e}$ (s. auch Abb. 5.6). Hierbei stellen $\overset{2\rightarrow}{\chi^e}$ bzw. $\overset{2\rightarrow}{\epsilon_r}$ Materialeigenschaften dar, die als unabhängig von der Größe der einwirkenden Feldstärke $\vec{E}$ angenommen werden. Diese Linearität ist auch der Tensorschreibweise eigen, die zur Darstellung des anisotropen Verhaltens benötigt wird: Die betreffenden Tensorkomponenten χ_{ij}^e bzw. $\epsilon_{(r)ij}$ sind als Materialparameter nicht von der Größe der Komponenten der elektrischen Feldstärke E_i abhängig.

Ein linearer Ansatz stellt nur eine Näherung dar, die jedoch für die Beschreibung vieler Eigenschaften ausreichend ist; d. h., die Abweichungen von einem linearen Verhalten sind so gering, dass sie nicht berücksichtigt zu werden brauchen. Allgemein wird zu erwarten sein, dass Abweichungen von einem linearen Verhalten dann deutlich werden, wenn die Einwirkung, also die elektrische Feldstärke E, groß ist. In der Optik ist diese Voraussetzung bei der Anwendung von Laserstrahlung gegeben. Mit dem im hohen Grad kohärenten und monochromatischen Laserlicht lassen sich sehr große Feldstärken in den elektromagnetischen Wellen erreichen, so dass in entsprechenden Anordnungen nichtlineare optische Effekte beobachtet werden können.

Auch bei den nichtlinearen optischen Effekten vollzieht sich die Wechselwirkung zwischen den elektromagnetischen Lichtwellen und einem durchstrahlten dielektrischen Medium über eine elektrische Polarisation des Mediums. Eine nichtlineare Abhängigkeit der Polarisation P von der Feldstärke E wird (für den isotropen Fall) durch

---

53 Friedrich Carl Alwin Pockels (18.6.1865–29.8.1913).
54 John Kerr (17.12.1824–18.8.1907).

die Potenzreihe

$$P = \chi^{(1)}E + \chi^{(2)}E^2 + \chi^{(3)}E^3 \qquad (5.107)$$

beschrieben. Hierin ist $\chi^{(1)}$ die lineare (dielektrische) Suszeptibilität im Sinne des Abschnitt 5.3.2, die in diesem Zusammenhang als absolute, dimensionsbehaftete Größe formuliert wird; im Vergleich zum Abschnitt 5.3.2 gilt $\chi^{(1)} = \epsilon_0 \chi^e$ mit ϵ_0 als Dielektrizitätskonstanten des Vakuums; $\chi^{(2)}, \chi^{(3)}, \ldots$, sind die nichtlinearen Suszeptibilitäten der verschiedenen Ordnung, die die Abweichungen vom linearen Verhalten zum Ausdruck bringen. Zum Beschreiben der nichtlinearen optischen Effekte in Kristallen ist allerdings noch deren Anisotropie wesentlich; d. h., Polarisation und elektrisches Feld sind durch Vektoren darzustellen und die verschiedenen Suszeptibilitäten durch entsprechende Tensoren höher Stufe. Das führt für die betreffenden Komponenten zu folgender Darstellung der Potenzreihe:

$$P_i = \sum_j \chi^{(1)}_{ij} E_j + \sum_{j,k} \chi^{(2)}_{ijk} E_j E_k + \sum_{i,j,k} \chi^{(3)}_{ijk} E_j E_k E_l + \cdots \quad (i,j,k,l = 1,2,3) \qquad (5.108)$$

Die Koeffizienten $\chi^{(1)}_{ij} = \epsilon_0 \chi_{ij}$ entsprechen den aus Abschnitt 5.3.2 bekannten Komponenten des Tensors (2. Stufe) für die lineare dielektrische Suszeptibilität (die über $\epsilon_{(r)ij} = \chi_{ij} + \delta_{ij}$ die Indikatrix, d. h. die gewöhnlichen kristalloptischen Eigenschaften, bestimmen); $\chi^{(2)}_{ijk}$ sind die Komponenten eines Tensors 3. Stufe und $\chi^{(3)}_{ijkl}$ die eines solchen 4. Stufe. (Auch andere nichtlineare Effekte werden mit Hilfe eines analogen sog. multilinearen Ansatzes beschrieben.)

Die nichtlinearen optischen Effekte 2. Ordnung werden durch den Tensor 3. Stufe der nichtlinearen dielektrischen Suszeptibilität 2. Ordnung mit den Komponenten $\chi^{(2)}_{ijk}$ beschrieben. Für sie gilt die Relation $\chi^{(2)}_{ijk} = \chi^{(2)}_{ikj}$, so dass die Symmetrie dieses Tensors der des piezoelektrischen Effekts entspricht (vgl. Tab. 5.15). Das bedeutet, dass die nichtlinearen optischen Effekte 2. Ordnung an die Kristallklassen mit Piezoelektrizität gebunden sind und in Kristallen mit einem Inversionszentrum sowie in der Kristallklasse 432 nicht auftreten können.

In der Literatur werden die nichtlinearen Suszeptibilitäten 2. Ordnung häufig durch die Größen $\chi'^{(2)}_{ijk} = \chi^{(2)}_{ijk}/2\epsilon_0$ (Maßeinheit m/V) ausgedrückt. Außerdem ist es üblich, die insgesamt 18 unabhängigen Komponenten $\chi'^{(2)}_{ijk}$ so umzunummerieren, dass sie nur zwei Indizes erhalten: $\chi'^{(2)}_{ijk} = d_{im}$ mit $m = j = k = 1,2,3$ für $j = k$ und $m = 9 - (j + k) = 4,5,6$ für $j \neq k$ (siehe auch Tab. 5.11). Bei den gebräuchlichen „nichtlinearen" Kristallen bewegen sich die Werte der d_{im} in der Größenordnung 10^{-12} m/V (Tab. 5.14).

Der wohl auffälligste nichtlineare optische Effekt ist die Generation der Zweiten Harmonischen (engl. *second harmonic generation – SHG*). Man versteht hierunter die Umwandlung einer Lichtwelle der Frequenz ω in eine solche mit der doppelten Frequenz 2ω in einem nichtlinearen optischen Medium. (In der einschlägigen Literatur

Tab. 5.14: Relative Komponenten der nichtlinearen dielektrischen Suszeptibilität 2. Ordnung bei der Generation der Zweiten Harmonischen nach Minck u. a. (1966). Die Komponenten sind relativ zu d_{36} von KDP, gemessen bei einer Wellenlänge von 0,6328 µm, angegeben; der absolute Wert liegt bei $d_{36}^{KDP} \approx 10^{-12}$ m/V. Die Messung absoluter Werte ist mit gewissen Schwierigkeiten verknüpft.

Kristall	Kristallklasse	anregende Wellenlänge in µm	$d'_{im} = d_{im}/d_{36}^{KDP}$
KH_2PO_4 (KDP)	$\bar{4}2m$	0,69[1]	$d'_{36} = 1,00$
			$d'_{14} = 0,95$
		1,06[2]	$d'_{36} = 1,00$
			$d'_{14} = 1,01$
$NH_4H_2PO_4$ (ADP)	$\bar{4}2m$	1,06	$d'_{36} = 0,93$
			$d'_{14} = 0,89$
$LiNbO_3$	$3m$	1,06	$d'_{22} = 6,3$
			$d'_{31} = 11,9$
CdS	$6mm$	1,06	$d'_{15} = 35$
			$d'_{31} = 32$
			$d'_{33} = 63$
GaAs	$\bar{4}3m$	1,06	$d'_{14} = 560$
		10,6[3]	$d'_{14} = 294$
Se	32	10,6	$d'_{11} = 63$
Te	32	10,6	$d'_{11} = 4230$

[1]) Rubinlaser; [2]) Nd^{3+}-dotierter Laser; [3]) CO_2-Gaslaser.

ist es üblich, anstelle der gewöhnlichen Frequenz v die Winkelfrequenz $\omega = 2\pi v$ zu benutzen.) Das Entstehen dieser Welle kann man sich folgendermaßen verständlich machen: Man betrachte eine Lichtwelle der Frequenz ω, deren elektrischer Feldvektor nur die Komponente E_1 haben möge und die an irgendeinem Punkt im Innern des Mediums durch eine periodische Funktion $E_1 = E_0 \cos \omega t$ wiedergegeben sei. Das Feld E_1 erzeugt eine entsprechende Polarisation mit den Komponenten P_1, P_2, P_3, von denen z. B. P_1 gemäß Gl. (5.108) durch

$$P_i = \chi_{11}^{(1)} E_1 + \chi_{111}^{(2)} E_1^2 + \cdots = \chi_{11}^{(1)} E_0 \cos \omega t + \chi_{111}^{(2)} E_0^2 \cos^2 \omega t + \cdots \qquad (5.109)$$

wiedergegeben wird. Der zweite Term ist die nichtlineare Polarisation; sie besteht wegen der allgemeinen Beziehung $\cos^2 \omega t = \frac{1}{2} + \cos(2\omega t)/2$ aus einem konstanten Anteil $\chi_{111}^{(2)} E_0^2/2$ (sog. optische Gleichrichtung) und einem periodischen Anteil, der mit der doppelten Frequenz 2ω schwingt. Diese Schwingung ist gewöhnlich fest mit der Grundwelle verknüpft und kann sich nur als „gebundene Welle" fortpflanzen. Nur dann, wenn die Welle der Frequenz 2ω mit der Indikatrix für diese doppelte Frequenz und den zugehörigen Schwingungsrichtungen verträglich ist, kommt es zur Ausbreitung einer sog. freien Welle. Eine besondere Situation ist dann gegeben, wenn die Grundwelle (ω) und die Oberwelle (2ω) in einer bestimmten Richtung dieselbe Fortpflanzungsgeschwindigkeit (Phasengeschwindigkeit) besitzen. In diesem Fall kann die Grundwelle während des ganzen Weges durch den Kristall phasengerecht zur Verstärkung der Oberwelle beitragen, und der ansonsten sehr kleine Effekt wird um Zehnerpotenzen vergrößert. Man bezeichnet diese für die praktische Frequenzverdoppelung von Laserstrahlung wichtige Situation als Phasenanpassung (engl. *phase matching*). Im allgemeinen haben Wellen unterschiedlicher Frequenz wegen der Dispersion der Brechungsindizes verschiedene Phasengeschwindigkeiten. Eine Phasenanpassung gibt es nur in bestimmten ausgezeichneten Richtungen, die man erhält, indem man die für die beiden Frequenzen ω und 2ω zutreffenden Wellenflächen (Strahlenflächen) miteinander zum Schnitt bringt (vgl. Abb. 5.32 und 5.34). Nur wenn die Anisotropie der Brechungsindizes und ihre Dispersion bestimmte Voraussetzungen erfüllen, kommt es überhaupt zu einem Schnitt der Wellenflächen, und die zugehörigen Schwingungsrichtungen sind bei normaler Dispersion verschieden. Optisch zweiachsige Kristalle bieten wegen der breiteren Variation ihrer Anisotropie bessere Voraussetzungen für eine Phasenanpassung. Nach Hobden (1967) kann man 13 Typen der Phasenanpassung unterscheiden.

Der für eine Frequenzverdoppelung günstige Effekt der Phasenanpassung wird allerdings bei kleineren Strahlquerschnitten dadurch wieder gemindert, dass die Strahlen infolge der Doppelbrechung auseinander laufen. Deshalb ist es von besonderer Bedeutung, dass man beispielsweise in Kristallen aus Lithiumniobat $LiNbO_3$ auch in der Richtung senkrecht zur optischen Achse zu einer Phasenanpassung gelangen kann, in der der ordentliche und der außerordentliche Strahl nicht auseinander laufen. Dabei wird die starke Temperaturabhängigkeit der Brechung und Doppelbrechung in $LiNbO_3$ ausgenutzt, und man stellt eine Temperatur ein, bei der die betreffenden Brechungsindizes gerade übereinstimmen.

Was passiert bei der Bildung der Summen- bzw. Differenzfrequenz im Bilde der Korpuskulartheorie des Lichtes? **?**

Weitere nichtlineare optische Effekte erhält man, indem man in einem geeigneten „nichtlinearen" Medium zwei Wellen verschiedener Frequenzen ω_1 und ω_2 überlagert. Sie bewirken (neben der linearen) eine nichtlineare Polarisation, die mit einer Frequenz ω_3 schwingt, was man durch den Ansatz

$$P_i^{(2)} = \sum_{j,k} \chi_{ijk}^{(2)} E_j(\omega_1) E_k(\omega_2) \tag{5.110}$$

beschreibt. Wie sich zeigen lässt, gilt die Bedingung $\omega_3 = \omega_1 + \omega_2$ (Summenfrequenz) oder $\omega_3 = \omega_1 - \omega_2$ (Differenzfrequenz).

Die Generation der Summenfrequenz hat Anwendung als Wandler für Infrarotstrahlung gefunden, wobei die Infrarotstrahlung (ω_1) in einem Kristall mit einer geeigneten, konstanten Laserstrahlung (ω_2) überlagert wird und die „gewandelte" Strahlung (ω_3) im sichtbaren Spektralbereich beobachtet werden kann. Die Generation einer Differenzfrequenz findet umgekehrte Anwendung: Durch Überlagerung zweier Laserstrahlen, deren Frequenzen ω_1 und ω_2 nahe beieinander liegen, lässt sich als Differenzfrequenz ω_3 eine intensive Strahlung im Infrarot oder sogar im fernen Infrarot erzeugen.

Ein weiteres wichtiges nichtlineares Phänomen sind die parametrischen Effekte. Hierbei wird eine intensive Laserstrahlung als „Pumpfrequenz" in einen nichtlinearen Kristall eingestrahlt, und gemäß dem allgemeinen Zusammenhang zwischen jeweils drei Wellen treten zwei neue Wellen auf, deren Frequenzen als „Signalfrequenz" und als „Idlerfrequenz" bezeichnet werden. Die betreffenden Wellen müssen wieder bestimmte Bedingungen hinsichtlich der nunmehr drei Phasengeschwindigkeiten erfüllen; letztere lassen sich gleichfalls mittels der Temperatur des Kristalls verändern. Auf diese Weise sind Lichtquellen konstruiert worden, die über einen großen Frequenzbereich kontinuierlich abstimmbar sind, und zwar unter Bewahrung der besonderen Eigenschaften des Laserlichts (parametrischer Oszillator).

Auf nichtlineare optische Effekte höherer Ordnung sei hier nur kurz hingewiesen. So wird die nichtlineare Suszeptibilität 3. Ordnung durch einen Tensor 4. Stufe mit den Komponenten $\chi_{ijkl}^{(3)}$ beschrieben. In der Literatur werden meistens die Koeffizienten $\chi_{ijkl}'^{(3)} = \chi_{ijkl}^{(3)}/4\epsilon_0$ angegeben, die sich in der Größenordnung von 10^{-23} m^2/V^2 bewegen. Nichtlineare Effekte 3. Ordnung sind also sehr klein, können aber (im Gegensatz zu den Effekten 2. Ordnung) in allen Kristallklassen und in isotropen Medien auftreten. (In einigen Flüssigkeiten, die für den Kerr-Effekt (Abschnitt 5.5.10) herangezogen werden, wie Nitrobenzol, werden für die Suszeptibilität 3. Ordnung anomal große Werte von 10^{-20} m^2/V^2 erreicht; sie beruhen auf einer Orientierung von polaren Molekülen im Gegensatz zu einer gewöhnlichen Polarisation der Elektronenwolken von Atomen.) Durch die nichtlineare Polarisation 3. Ordnung wird im Allgemeinen eine Wechselwirkung zwischen vier Wellen vermittelt, welche verschiedene Frequenzen haben können. Zwischen diesen vier Frequenzen lassen sich auf verschiedene Weise Summen- oder Differenzrelationen aufstellen. Welcher der denkbaren Effekte in Erscheinung tritt, wird durch die Bedingungen der Phasenanpassung bestimmt. Zu erwähnen sind hier u. a. die Generation der Dritten Harmonischen, also einer Welle dreifacher Frequenz, ferner die Generation der Zweiten Harmonischen bei gleichzeitigem Anlegen einer elektrischen Gleichspannung, die so auch in Kristallen möglich wird, die nicht zu den „piezoelektrischen" Kristallklassen gehören. Die Änderung der Brechungsindizes durch ein elektrisches Gleichfeld ergibt den bereits erwähnten quadratischen elektrooptischen Effekt (Kerr-Effekt).

Außerdem ist beobachtet worden, dass ein intensiver Laserstrahl die Brechungsindizes im durchstrahlten Medium derart verändert, dass vermöge seiner ortsabhängigen Intensität ein Effekt auf die Fortpflanzung des Strahls selbst ausgeübt wird. Bei hinreichender Intensität führt dieser Effekt zu einer Selbstfokussierung des Laserstrahls, der sich dabei zu einem engen Lichtfaden zusammenzieht. Diese Selbstfokussierung konzentriert den Energiefluss auf ein kleines Volumen und kann dadurch Schäden in dem durchstrahlten Medium hervorrufen (engl. *optical damage*).

Eine Veränderung der Eigenschaften eines optischen Mediums bis hin zur Beschädigung kann auch anderweitig durch intensive Lichteinwirkung, z. B. durch Laserstrahlung, hervorgerufen werden. Durch stärkere Lichtintensitäten bewirkte, bleibende lokale Änderungen der Brechungsindizes werden als photorefraktiver Effekt bezeichnet. Kristalle oder andere Medien, die bei Bestrahlung mit Licht geeigneter Wellenlänge ihr Absorptionsspektrum ändern (Verfärbung oder Entfärbung), werden als photochrom oder phototrop bezeichnet. Beide Effekte können permanent oder reversibel sein und finden (mit Hilfe von Lasern und elektrooptischen Bauelementen) Anwendung in optisch adressierbaren Informationsspeichern (Kiss (1969)).

5.6 Tensoren 3. und 4. Stufe

5.6.1 Piezoelektrizität

Der von Jacques Curie[55] und seinem Bruder Pierre (s. Seite 331) nachgewiesene piezoelektrische Effekt (kurz: Piezoeffekt; von griech. $\pi\iota\epsilon\zeta\omega$: drücken, pressen; Curie u. Curie (1880)) lässt sich in folgender Weise beobachten: Man schneidet aus einem Quarzkristall (Kristallklasse 32; vgl. Abb. 1.70) eine Platte senkrecht zu einer der drei zweizähligen polaren Drehachsen (d. h. senkrecht zu $\vec{a}$) heraus. Im (orthonormierten) kristallphysikalischen Basissystem mit den Basisvektoren $\vec{e}_1, \vec{e}_2, \vec{e}_3$ (vgl. Tab. 5.1) werden $\vec{e}_1$ parallel zur $\vec{a}$-Achse, $\vec{e}_3$ parallel zur $\vec{c}$-Achse und $\vec{e}_2$ senkrecht zu beiden angenommen. In der physikalischen Literatur werden diese orthonormierten Achsen auch als X-, Y- und Z-Achse bezeichnet. Wird die Quarzplatte nun in Richtung der X-Achse – auch elektrische Achse genannt – zusammengedrückt, dann erscheinen auf den beiden normal zur Achse liegenden Flächen Ladungen, und zwar ergibt beim Quarz ein Druck von $1\,\text{N/m}^2$ eine Ladungsdichte von $2{,}3 \cdot 10^{-12}\,\text{As/m}^2$ (longitudinaler Piezoeffekt). Wird auf die Platte in der X-Richtung ein Zug ausgeübt, dann kehren sich die Vorzeichen der Ladungen um. Ein Druck in Richtung der Y-Achse erzeugt gleichfalls elektrische Ladungen auf den Flächen senkrecht zur X-Achse (transversaler Piezoeffekt), und zwar (im Fall der Kristallklasse 32) von gleichem Betrag, aber entgegengesetztem Vorzeichen wie beim longitudinalen Piezoeffekt. Der Piezoeffekt lässt sich umkehren (reziproker piezoelektrischer Effekt): Legt man an eine Quarzplatte in den entsprechenden Richtungen ein elektrisches Feld an, dann zeigt die Platte eine Kontraktion bzw. Dilatation; auch hierbei gibt es den longitudinalen und den transversalen Effekt.

Das Zustandekommen des Piezoeffekts sei durch ein stark vereinfachtes Modell der Quarzstruktur veranschaulicht (Abb. 5.58a): Übt man auf die im Bild dargestellte Gruppierung der Ladungsschwerpunkte in Richtung einer elektrischen Achse (X-Achse) einen Druck aus, so kommt es zu einer Verschiebung von Ladungen

---

55 Paul-Jacques Curie (29.10.1855–19.2.1941).

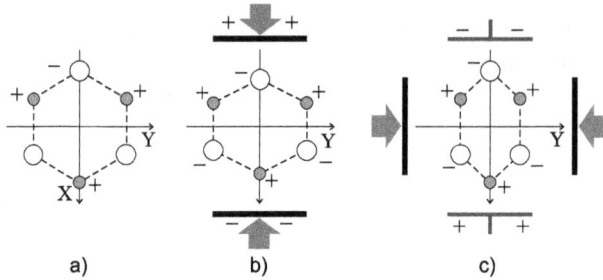

a) b) c)

Abb. 5.58: Strukturmodell zur Deutung des Piezoeffekts beim Quarz. a) Detail der Quarzstruktur (schematisch); Darstellung der Ladungsschwerpunkte der Si-Ionen (+) und der O-Ionen (–) in einer Projektion auf die (0001)-Ebene; b) Druck in Richtung der X-Achse (longitudinaler Effekt); c) Druck in Richtung der Y-Achse (transversaler Effekt).

(Abb. 5.58b), die als elektrostatische Oberflächenladungen in Erscheinung treten. Übt man den Druck in Richtung der Y-Achse aus, so kommt es gleichfalls zu einer Verschiebung von Ladungen in Richtung der X-Achse (Abb. 5.58c), jedoch mit einem umgekehrten Vorzeichen. Auch der reziproke Piezoeffekt kann mit Hilfe dieses Modells veranschaulicht werden.

Bei der phänomenologischen Beschreibung des piezoelektrischen Effekts betrachtet man die durch die Verschiebung der Ladungen im Kristall hervorgerufene Polarisation in Abhängigkeit von der auf den Kristall ausgeübten mechanischen Spannung (Druck, Zug oder Scherspannung). Zunächst ist dafür der mechanische Spannungszustand wie in Abschnitt 5.4.5 dargelegt zu beschreiben. Die durch den piezoelektrischen Effekt hervorgerufene Polarisation $\vec{P}$, ein Vektor mit den Komponenten P_i, ist mit

$$P_i = \sum_{j,k} d_{ijk}\sigma_{jk}; \quad i,j,k = 1,2,3 \tag{5.111}$$

im Allgemeinen eine lineare Funktion sämtlicher Komponenten des Spannungstensors. Die Summation ist sowohl über j als auch über k auszuführen, z. B. für die Komponente P_1 ausgeschrieben also

$$\begin{aligned} P_1 = \quad & d_{111}\sigma_{11} + d_{112}\sigma_{12} + d_{113}\sigma_{13} \\ & + d_{121}\sigma_{21} + d_{122}\sigma_{22} + d_{123}\sigma_{23} \\ & + d_{131}\sigma_{31} + d_{132}\sigma_{32} + d_{133}\sigma_{33}. \end{aligned} \tag{5.112}$$

Die insgesamt 27 d_{ijk} werden als piezoelektrische Moduln (gelegentlich auch als piezoelektrische Koeffizienten) bezeichnet. Sie vermitteln als Materialparameter eine lineare Beziehung zwischen einem (polaren) Tensor 2. Stufe und einem (polaren) Vektor (der lt. dem in Abschnitt 5.1.2 gesagten auch als Tensor 1. Stufe beschrieben werden kann) und stellen einen (polaren) Tensor 3. Stufe dar, symbolisch

$$\vec{P} = \overset{3\to}{d} : \overset{2\to}{\sigma}, \tag{5.113}$$

wobei der Doppelpunkt die zweifache Summation bezüglich der Komponenten (in der Tensoranalysis „Verjüngung") andeuten soll.

Aus der (inneren) Symmetrie des Spannungstensors $\sigma_{jk} = \sigma_{kj}$ folgt auf dem Wege einer thermodynamischen Betrachtung für den Tensor der piezoelektrischen Moduln die innere Symmetrie $d_{ijk} = d_{ikj}$. Daraus folgt, dass von den 27 Koeffizienten d_{ijk} nur maximal 18 unabhängig sein können. Die Symmetrie des Kristalls setzt in der Regel noch weitere Bedingungen für die äußere Symmetrie des Tensors. Die Diskussion führt zu dem Resultat, dass in den Kristallklassen mit einem Inversionszentrum sämtliche Komponenten eines polaren Tensors 3. Stufe verschwinden: In diesen Kristallklassen gibt es keinen (linearen) piezoelektrischen Effekt. Infolge der inneren Symmetrie $d_{ijk} = d_{ikj}$ scheidet auch noch die Kristallklasse 432 aus, so dass der piezoelektrische Effekt nur in 20 Kristallklassen in Erscheinung treten kann. In diesen Kristallklassen wird gegebenenfalls durch die äußere Symmetrie die Menge der unabhängigen Tensorkomponenten weiter eingeschränkt, nach deren Art und Anzahl sich 16 Typen von Piezoelektrika unterscheiden lassen (Tab. 5.15). Außer Einkristallen können auch polykristalline Körper (Texturen), deren Symmetrie einer der kontinuierlichen Punktgruppen ∞, ∞m oder $\infty 2$ entspricht (s. Abschnitt 5.2.1), einen piezoelektrischen Effekt zeigen. Von technischer Bedeutung ist die PZT-Keramik, die aus Mischkristallen $Pb(Zr,Ti)O_3$ mit regelloser Orientierung besteht. Die erforderliche polare Symmetrie wird durch eine Polarisation („Polung") der Keramik bei höherer Temperatur in einem starken äußeren elektrischen Feld erreicht, die nach dem Abkühlen auch nach Wegnahme des Feldes erhalten bleibt. Kristalle bzw. Körper, die den in Tab. 5.15 aufgeführten 20 Kristallklassen oder drei Klassen von Texturen angehören, können piezoelektrische Eigenschaften aufweisen, müssen es aber nicht.

Tab. 5.15: Kristallklassen mit Piezoelektrizität und Zahl unabhängiger Komponenten K.

Punkt-gruppen	1	m	2	3	mm2	4	$\bar{4}$	3m	222	4mm 6mm ∞m	$\bar{4}2m$	32	$\bar{6}$	422 622 $\infty 2$	$\bar{6}m2$	23 $\bar{4}3m$
K	18	10	8	6	5	4	4	4	3	3	2	2	2	1	1	1

Der reziproke piezoelektrische Effekt wird gewöhnlich durch die lineare Beziehung zwischen dem Vektor der elektrischen Feldstärke $\vec{E}$ und der durch sie bewirkten Deformation (Verzerrung) beschrieben, wobei letztere durch den im Abschnitt 5.4.5 beschriebenen Verzerrungstensor $\overset{2\rightarrow}{\varepsilon}$ erfasst wird:

$$\overset{2\rightarrow}{\varepsilon} = \overset{3\rightarrow}{d} \cdot \vec{E} \quad \text{bzw.} \quad \varepsilon_{jk} = \sum_i d_{ijk}E_i; \quad i,j,k = 1,2,3. \tag{5.114}$$

Wie sich durch eine thermodynamische Überlegung zeigen lässt, haben bei dieser Form der Nummerierung (Summation über den ersten Index) die Komponenten

d_{ijk} unter gewissen Voraussetzungen (u. a. $\vec{E}$ = const.) jeweils denselben Wert wie die Komponenten d_{ijk} zur Beschreibung des direkten piezoelektrischen Effekts, so dass man zur Beschreibung beider Effekte, des direkten wie des reziproken piezoelektrischen Effekts, mit einem Tensor (3. Stufe), dem Tensor der piezoelektrischen Moduln $\overset{3\to}{d}$, auskommt. Außerdem beziehen sich bei dieser Schreibweise der erste Index einer Komponente d_{ijk} stets auf die elektrischen Größen (E_i bzw. P_i), die letzten beiden Indizes stets auf die mechanischen Größen (ε_{jk} bzw. σ_{jk}).

Diese Vorteile rechtfertigen das Vorgehen, den direkten Piezoeffekt in Bezug auf den Spannungstensor $\overset{2\to}{\sigma}$ zu beschreiben, den reziproken Piezoeffekt hingegen in Bezug auf den Verzerrungstensor $\overset{2\to}{\varepsilon}$. Wenn man den reziproken Piezoeffekt gleichfalls in Bezug auf den Spannungstensor $\overset{2\to}{\varepsilon}$ beschreiben wollte, müsste man einen anderen Tensor 3. Stufe zur Beschreibung der piezoelektrischen Eigenschaften benutzen. Insgesamt hat man die folgenden alternativen Möglichkeiten zur Beschreibung **für den (direkten) piezoelektrischen Effekt:**

$$\vec{P} = \overset{3\to}{d} : \overset{2\to}{\sigma}; \quad \vec{P} = \overset{3\to}{f} : \overset{2\to}{\varepsilon}; \quad \vec{E} = -\overset{3\to}{g} : \overset{2\to}{\sigma}; \quad \vec{E} = -\overset{3\to}{h} : \overset{2\to}{\varepsilon}$$

für den reziproken piezoelektrischen Effekt:

$$\overset{2\to}{\varepsilon} = \overset{3\to}{d} \cdot \vec{E}; \quad \overset{2\to}{\sigma} = -\overset{3\to}{f} \cdot \vec{E}; \quad \overset{2\to}{\varepsilon} = \overset{3\to}{g} \cdot \vec{P}; \quad \overset{2\to}{\sigma} = -\overset{3\to}{h} \cdot \vec{P}$$

mit den Tensoren 3. Stufe $\overset{3\to}{d}, \overset{3\to}{f}, \overset{3\to}{g}, \overset{3\to}{h}$. Die Komponenten von $\overset{3\to}{f}$ und $\overset{3\to}{h}$ werden als piezoelektrische Konstanten, die von $\overset{3\to}{g}$ als piezoelektrische Koeffizienten bezeichnet; sie stellen Materialparameter dar, die miteinander sowie mit den piezoelektrischen Moduln d_{ijk} korreliert sind.

Wie schon in Abschnitt 5.4.5 für Deformation und Spannung beschrieben, können die mit dem Deformations- bzw. Spannungstensor korrelierten Indexpaare auch beim Tensor der piezoelektrischen Moduln entsprechend

$$d_{i\lambda} = d_{ijk} \quad \text{für} \quad j = k \quad \text{und} \quad \lambda = j = k = 1, 2, 3$$
$$d_{i\lambda} = 2d_{ijk} \quad \text{für} \quad j \neq k \quad \text{und} \quad \lambda = 9 - (j + k) = 4, 5, 6 \tag{5.115}$$

zusammengefasst werden. Beispielsweise ergeben sich so $d_{11} = d_{111}$ oder $d_{14} = 2d_{123}$. Das sind 18 Komponenten, die als eine Matrix aus 3 Zeilen und 6 Spalten geschrieben werden können. Die Faktoren 2 werden eingefügt, damit die betreffenden Gleichungen weiter wie bisher gelten und in der gleichen Form geschrieben werden können.

Damit gelangt man für den direkten sowie den reziproken Piezoeffekt zu folgenden Schreibweisen in Matrixform:

$$P_i = \sum_\lambda d_{i\lambda} \sigma_\lambda \quad \text{bzw.} \quad \varepsilon_\lambda = \sum_i E_i d_{i\lambda} \tag{5.116}$$

$$\vec{P} = \tilde{d} \cdot \tilde{\sigma} \quad \text{bzw.} \quad \tilde{\varepsilon} = \tilde{d} \cdot \vec{E} \tag{5.117}$$

wobei mit der Tilde über dem Symbol die 3×6 Matrixschreibweise (für $\tilde{d}$) bezeichnet wird, im Gegensatz zum $3 \times 3 \times 3$ Tensor – analog wird auch bei den elastischen Materialeigenschaften in Gl. (5.124) verfahren. Es empfiehlt sich, für Berechnungen oder Symetriebetrachtungen zum Tensorkalkül zurückzukehren.

Beim übersichtlichen Kalkül der Matrixmultiplikation bildet man: Spaltenmatrix der P_i gleich 3×6-Matrix der $d_{i\lambda}$ mal Spaltenmatrix der σ_λ bzw. Zeilenmatrix der ε_λ gleich Spaltenmatrix der E_i mal 3×6-Matrix der $d_{i\lambda}$. Auch bei dieser Schreibweise bezieht sich der erste Index i einer Komponente $d_{i\lambda}$ stets auf die elektrischen Größen P_i bzw. E_i und der zweite Index λ stets auf die mechanischen Größen (σ_λ bzw. ε_λ), so dass man schon an den Indizes die Art des durch die betreffende Komponente vermittelten piezoelektrischen Effekts ablesen kann. Hierbei lassen sich vier Typen von Komponenten unterscheiden (Abb. 5.59). In Tab. 5.16 ist die 3×6-Matrix der piezoelektrischen Moduln $d_{i\lambda}$ unter Angabe des betreffenden Typs ausgeführt. Nicht jeder Typ ist in jeder der piezoelektrischen Kristallklassen möglich. Übrigens kann ein allseitiger, hydrostatischer Druck einen Piezoeffekt nur in solchen Kristallen (bzw. Texturen) bewirken, die gleichzeitig pyroelektrisch sind (vgl. Tab. 5.6).

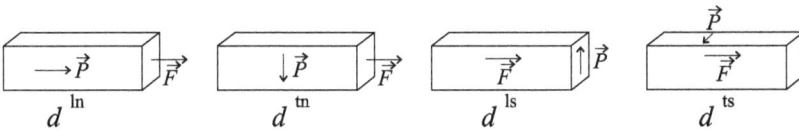

Abb. 5.59: Typen des piezoelektrischen Effekts. d^{ln} Polarisation $\vec{P}$ parallel zur Normalkraft $\vec{F}$; d^{tn} Polarisation $\vec{P}$ transversal (senkrecht) zur Normalkraft $\vec{F}$; d^{ls} Polarisation $\vec{P}$ parallel zur „Schubspannungsachse" der Scherkraft (Schubkraft) $\vec{F}$; d^{ts} Polarisation $\vec{P}$ transversal (senkrecht) zur „Schubspannungsachse" der Scherkraft (Schubkraft) $\vec{F}$.

Tab. 5.16: Die piezoelektrischen Moduln $d_{i\lambda}$ (vergl. auch Abb. 5.59). l longitudinaler, t transversaler piezoelektrischer Effekt; n Normalspannung, s Scherspannung.

σ_{jk}	σ_{11}	σ_{22}	σ_{33}	$\sigma_{23} = \sigma_{32}$	$\sigma_{13} = \sigma_{31}$	$\sigma_{12} = \sigma_{21}$
σ_λ	σ_1	σ_2	σ_3	σ_4	σ_5	σ_6
P_1	d_{11}^{ln}	d_{12}^{tn}	d_{13}^{tn}	d_{14}^{ls}	d_{15}^{ts}	d_{16}^{ts}
P_2	d_{21}^{tn}	d_{22}^{ln}	d_{23}^{tn}	d_{24}^{ts}	d_{25}^{ls}	d_{26}^{ts}
P_3	d_{31}^{tn}	d_{32}^{tn}	d_{33}^{ln}	d_{34}^{ts}	d_{35}^{ts}	d_{36}^{ls}

Wegen seiner großen technischen Bedeutung als Piezoelektrikum sei noch einmal auf den Quarz (Kristallklasse 32) zurückgekommen. In dieser Kristallklasse hat die Matrix der $d_{i\lambda}$ die Gestalt (vgl. Tab. 5.16)

$$\begin{pmatrix} d_{11}^{\text{ln}} & -d_{11}^{\text{tn}} & 0 & d_{14}^{\text{ls}} & 0 & 0 \\ 0 & 0 & 0 & 0 & -d_{14}^{\text{ls}} & -2d_{11}^{\text{ts}} \\ 0 & 0 & 0 & 0 & 0 & 0 \end{pmatrix}$$

mit zwei (temperaturabhängigen) Materialparametern $d_{11} = 2{,}91 \cdot 10^{-12}$ As/N und $d_{14} = -0{,}727 \cdot 10^{-12}$ As/N. Mit steigender Temperatur nehmen diese Werte ab: bei 300 °C beträgt $d_{11} = 1{,}83 \cdot 10^{-12}$ As/N, um bei 573 °C, dem Übergang in die Hochtemperaturphase, zu verschwinden. Der Hochquarz (Kristallklasse 622) zeigt keinen piezoelektrischen Effekt, obwohl er in dieser Kristallklasse gleichfalls möglich wäre. Alle Komponenten $d_{i\lambda}$ wechseln (in der Kristallklasse 32) sowohl bei einem Übergang vom Linksquarz zum Rechtsquarz (vgl. Abb. 1.70) als auch bei einer Umkehr der Orientierung der X-Achse (bzw. des Basisvektors $\vec{e}_1$) ihr Vorzeichen. Deren positive Richtung wird heute allgemein so festgelegt, dass bei einem Rechtsquarz $d_{11} = d_{111} > 0$, also positiv, wird. Allerdings wird hierin nicht immer einheitlich verfahren, weshalb in dieser Frage auf die weiterführende Literatur verwiesen sei (z. B. Voigt (1910), Cady (1964), Mason (1950), Sirotin u. Šaskol'skaja (1979), Paufler (1986)).

Die durch einen Tensor 3. Stufe verkörperten kristallphysikalischen Eigenschaften lassen sich nicht durch eine einfache Fläche darstellen, wie bei den symmetrischen Tensoren 2. Stufe, doch gibt es Möglichkeiten zu ihrer Darstellung mit Hilfe von mehrschaligen Flächen die beispielsweise von Wondratschek (1958)[56] beschrieben werden. Oft ist es zweckmäßig, jeweils nur einen Teil der piezoelektrischen Eigenschaften graphisch zu veranschaulichen, beispielsweise die Größe des longitudinalen Effekts d_r^{ln} in Abhängigkeit von der Richtung. Beim Quarz wird diese Funktion durch eine Fläche dritter Ordnung dargestellt, die aus keulenförmigen Segmenten in Richtung der zweizähligen Drehachsen („elektrischen" Achsen) besteht (Abb. 5.60 links). Da die piezoelektrischen Eigenschaften empfindlich von der Orientierung abhängen, ist es wesentlich, einen für die vorgesehene Anwendung optimalen „Schnitt" der betreffenden Kristallprobe auszuwählen. Hierfür haben sich bestimmte Bezeichnungen eingebürgert: Ein X-, Y- oder Z-Schnitt bezeichnet eine Platte senkrecht zur betreffenden Achse. Ein L-Schnitt schließt gleiche Winkel mit allen drei Achsen ein (entsprechend einer (111)-Fläche in einem kubischen Achsensystem); außerdem gibt es noch

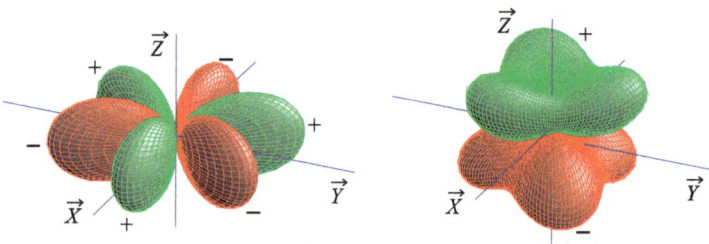

Abb. 5.60: Charakteristische (Index-) Flächen des longitudinalen piezoelektrischen Effekts von Quarz (links) und Lithiumniobat (rechts). Positive und negative Aufladung sind durch verschiedene Farben symbolisiert.

---

56 Hans Wondratschek (7.3.1925–26.10.2014).

eine Reihe spezieller Schnittlagen (Abb. 5.61). Hervorgehoben sei der „−18,5°"-Schnitt, der keine Querkontraktion zeigt, und folglich bei Anregung mit Wechselspannung in seiner Resonanzfrequenz kolbenförmig schwingt (Bergmann (1954)). Allerdings ist dieser Schnitt nicht temperaturkompensiert, so dass sich die erforderliche Neigung mit T um einige Winkelgrade ändert (Klimm (1995)).

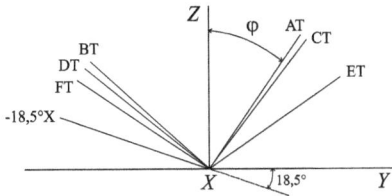

Abb. 5.61: Schnitte von Quarzplatten für piezoelektrische Anwendungen. AT (φ = 35°15′); BT (−49°); CT (38°); DT (−52°); ET (56°); FT (−57°).

Ein weiterer piezoelektrischer Kristall, der in neuerer Zeit technische Bedeutung erlangt hat, ist das schon als Ferroelektrikum erwähnte Lithiumniobat (Kristallklasse $3m$, Tab. 5.7, Abb. 5.60 rechts). Die Matrix seiner piezoelektrischen Moduln hat die Gestalt (Basisvektor $\vec{e}_1$ senkrecht zur Spiegelebene m)

$$d_{i\lambda} = \begin{pmatrix} 0 & 0 & 0 & 0 & d_{15} & 0 \\ -d_{22} & d_{22} & 0 & d_{15} & 0 & 0 \\ d_{31} & d_{31} & d_{33} & 0 & 0 & 0 \end{pmatrix}$$

mit den Materialparametern d_{15} = 69,2 · 10^{-12} As/N; d_{31} = −0,85 · 10^{-12} As/N; d_{22} = 20,8 · 10^{-12} As/N und d_{33} = 6,0 · 10^{-12} As/N, die z. T. deutlich größer sind als beim Quarz. Schließlich sei noch erwähnt, dass beim Seignettesalz $NaKC_4H_4O_6 \cdot 4\,H_2O$ (Kristallklasse 222) der größte seiner piezoelektrischen Moduln d_{14} = 383 · 10^{-12} As/N und beim Antimonsulfidiodid SbSI (Kristallklasse $2mm$) d_{33} = 2000 · 10^{-12} As/N beträgt (Berlincourt u. a. (1964)).

5.6.2 Mechanische Eigenschaften von Kristallen

Die bisher behandelten physikalischen Eigenschaften von Kristallen verbinden in der Regel eine Ursache reversibel und linear mit einer Wirkung. Von den mechanischen Eigenschaften trifft dies ebenso für die im folgenden Abschnitt 5.6.2.1 behandelte (lineare) Elastizität zu. Für fast alle physikalischen Phänomene, auch elastische, können darüber hinaus nichtlineare Effekte auftreten, bei denen die Wirkung sich durch Reihenentwicklung aus der Ursache mit einem linearen Koeffizienten und (mindestens) einem nichtlinearen Koeffizienten einer höheren Potenz ≥ 2 ergibt. Solchen Phänomenen ist gemein, dass mit einer Kreisfrequenz ω periodische Ursachen mit periodischen Wirkungen der Kreisfrequenz(en) $2\omega, 3\omega, \ldots$ verknüpft sind. Nichtlineare Phänomene sind beispielsweise in der Lasertechnik zur „Frequenzvervielfachung" wichtig, werden aber nicht im Rahmen dieses Buches behandelt.

Insbesondere für mechanische Einwirkungen auf Kristalle spielen aber irreversible Phänomene wie Plastizität (Abschnitt 5.6.2.2) und Härte Abschnitt 5.6.2.3) eine große Rolle, die weiter unten behandelt werden.

5.6.2.1 Elastizität

Eine elastische Deformation ist (in erster Näherung) proportional zur mechanischen Spannung. Wird, wie in Abschnitt 5.4.5 ausgeführt, ein Stab der Länge l durch eine Zugspannung σ in Richtung der Stabachse belastet, so erfährt er eine Längenänderung (Dilatation) Δl, und für die elastische Dehnung $\varepsilon = \Delta l/l$ gilt das Hookesche Gesetz

$$\varepsilon \equiv \frac{\Delta l}{l} = s\sigma \quad \text{oder} \quad \sigma = \frac{E\Delta l}{l} = E\varepsilon \tag{5.118}$$

mit $s = 1/E$; s ist der Elastizitätskoeffizient und E der Elastizitätsmodul (Youngscher[57] Modul).

Bei Kristallen sind die elastischen Eigenschaften anisotrop, und die Elastizitätsmoduln sind von der Richtung abhängig, in der der Probestab aus dem Kristall herausgeschnitten wurde. Trägt man auf bestimmten Kristallflächen den Betrag des Elastizitätsmoduls in Richtung des jeweiligen Radiusvektors ab, so erhält man Figuren entsprechend der Projektionen in Abb. 5.62, die die Symmetrie der betreffenden Kristallflächen widerspiegeln. Ergänzt man diese Figuren für alle Richtungen im Kristall auf drei Dimensionen, so kommt man auf „Elastizitätsmodulkörper", die gleichfalls der Symmetrie des Kristalls folgen. Diese stellen Indexflächen dar, entsprechend dem in Abschnitt 5.1.3 gesagten. Es sind Flächen 4. Grades, die auch im kubischen Kristallsystem von der Kugelgestalt abweichen – im Gegensatz zu den Flächen 2. Grades (Ellipsoide), welche die Eigenschaftstensoren 2. Stufe darstellen und im kubischen Kristallsystem kugelförmig sind, d. h. auf ein isotropes Verhalten führen. Bemerkenswert ist der Umstand, dass die Modulkörper trotz gleichen Strukturtyps sehr verschiedenartig geformt sein können: Die elastischen Eigenschaften reagieren empfindlich auf Unterschiede der in einem Kristall wirkenden Bindungskräfte.

Für eine umfassende phänomenologische Beschreibung der elastischen Eigenschaften eines Kristalls als eines anisotropen Körpers ist sein Spannungszustand zu seinem Deformationszustand in Beziehung zu setzen. Der Spannungszustand wird durch den (im Abschnitt 5.4.5 eingeführten) Spannungstensor $\overset{2\rightarrow}{\sigma}$ mit den Komponenten σ_{ij} beschrieben. Der Deformationszustand wird durch den (ebenda eingeführten) Deformationstensor (Verzerrungstensor) $\overset{2\rightarrow}{\varepsilon}$ mit den Komponenten ε_{ij} beschrieben. Ein

---

[57] Thomas Young (13.6.1773–10.5.1829).

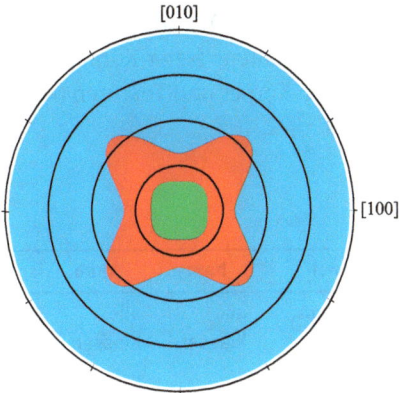

Abb. 5.62: Darstellung des Young-Moduls E für Wolfram (außen, blau), Nickel (Mitte, rot) und Aluminium (Zentrum, grün) in der (001)-Ebene. Alle Materialien kristallisieren kubisch. Der Abstand zwischen den radialen Markierungen beträgt jeweils 100 GPa. (Tensordaten nach Nye (1957)).

linearer Ansatz, der jede Komponente σ_{ij} mit jeder Komponente ε_{ij} in Beziehung setzt, hat dann die Form

$$\varepsilon_{ij} = \sum_{i,j} s_{ijkl}\sigma_{kl} \quad \text{bzw.} \quad \overset{2\to}{\varepsilon} = \overset{4\to}{s} : \overset{2\to}{\sigma} \tag{5.119}$$

$$\sigma_{ij} = \sum_{i,j} c_{ijkl}\varepsilon_{kl} \quad \text{bzw.} \quad \overset{2\to}{\sigma} = \overset{4\to}{c} : \overset{2\to}{\varepsilon} \tag{5.120}$$

$$i, j, k, l = 1, 2, 3$$

als gleichberechtigte kristallphysikalische Formulierungen des Hookeschen Gesetzes. Die s_{ijkl} bezeichnet man als elastische Koeffizienten (auch: Elastizitätskoeffizienten, elastische Nachgiebigkeiten oder elastische Moduln), die c_{ijkl} als elastische Konstanten (auch: Elastizitätsmoduln). Diese Namensvielfalt kann Anlass zu Verwechslungen geben („Moduln"); aber die Verwendung der Symbole s bzw. c ist eindeutig – auch in der internationalen Literatur. Beide stellen (polare) Tensoren 4. Stufe dar, die zueinander reziprok sind. Aus der Symmetrie des Deformationstensors $\varepsilon_{ij} = \varepsilon_{ji}$ folgt $s_{ijkl} = s_{jikl}$. Aus der Symmetrie des Spannungstensors $\sigma_{kl} = \sigma_{lk}$ folgt $s_{ijkl} = s_{ijlk}$, d. h., sowohl die vorderen als auch die hinteren Indizes sind vertauschbar. Durch eine Betrachtung der Deformationsenergie lässt sich außerdem zeigen, dass auch $s_{ijkl} = s_{klij}$ gelten muss, d. h., das vordere Indexpaar ist mit dem hinteren vertauschbar. Zwischen den c_{ijkl} gelten die gleichen Beziehungen. Zufolge dieser inneren Symmetrien der Elastizitätstensoren können von den $3^4 = 81$ Komponenten nur deren 21 unabhängig sein. Im allgemeinen Fall eines triklinen Kristalls werden dessen elastische Eigenschaften also durch 21 Materialparameter beschrieben, die gegebenenfalls jede für sich bestimmt werden müssen, was u. U. für eine Messung aller Konstanten eine geeignete Strategie erfordert (vgl. z. B. Haussühl (1983)[58]). In den einzelnen Kristallklassen wird gegebenenfalls durch die äußere Symmetrie (Neumannsches Prinzip, Gl. (5.19)) die Menge

---

[58] Siegfried Haussühl (25.11.1927–7.1.2014).

der unabhängigen Tensorkomponenten reduziert, nach deren Art und Anzahl („Gestalt" des Tensors) man zehn Typen des elastischen Verhaltens fester Körper unterscheiden kann (vgl. Tab. 5.17). Hierbei sind die isotropen Körper und Texturen (kontinuierliche Punktgruppen) mit einbezogen.

Tab. 5.17: Typen des elastischen Verhaltens fester Körper.

System	triklin	monokl.	orthorh.	trigonal		tetragonal		hexag.	kub.	isotr.
Klasse	alle	alle	alle	3	32	4	4mm	alle	alle	2∞
	Klassen	Klassen	Klassen	$\bar{3}$	3m	$\bar{4}$	$\bar{4}2m$	Klassen*	Klassen	$m\overline{\infty}$
					$\bar{3}m$	4/m	422			
							4/mmm			
unabh. Komp.	21	13	9	7	6	7		6	5	3	2

*Außerdem besitzen die 5 „wirteligen" kontinuierlichen Punktgruppen aus dem oberen Teil von Tab. 5.3 ebenfalls jeweils 5 Komponenten.

Die Matrixschreibweise (vgl. Abschnitt 5.4.5) kann auch hier vereinfachend benutzt werden, um auf Grund der Symmetrien der verschiedenen Tensorkomponenten vertauschbare Indexpaare zu je einem Index λ oder μ zusammenzufassen. Die Spannungen σ_λ und die Dehnungen ε_μ (mit $\lambda, \mu = 1, \ldots, 6$) erhält man wie in Abschnitt 5.4.5 und die $c_{\lambda\mu}$ sowie $s_{\lambda\mu}$ nach folgenden Schemata:

$$c_{\lambda\mu} = c_{ijkl} \quad \text{mit} \quad \lambda = i(=j) = 1, 2, 3 \quad \text{für} \quad i = j$$
$$\lambda = 9 - (i + j) = 4, 5, 6 \quad \text{für} \quad i \neq j$$
$$\mu = k(=l) = 1, 2, 3 \quad \text{für} \quad k = l$$
$$\mu = 9 - (k + l) = 4, 5, 6 \quad \text{für} \quad k \neq l \tag{5.121}$$
$$s_{\lambda\mu} = s_{ijkl}(2 - \delta_{ij})(2 - \delta_{kl}) \quad \text{mit} \quad \lambda, \mu \quad \text{wie bei den} \quad c_{\lambda\mu} \tag{5.122}$$

(Das Kronecker-Symbol δ_{ij} wurde bereits in Gl. (5.62) verwendet.) Beispielsweise gelten $s_{21} = s_{2211}$; $s_{25} = 2s_{2213}$; $s_{64} = 4s_{1223}$. Damit erhält das Hookesche Gesetz (5.119), (5.120) die einfache Form

$$\sigma_\lambda = \sum_\mu c_{\lambda\mu}\varepsilon_\mu \quad \text{bzw.} \quad \varepsilon_\lambda = \sum_\mu s_{\lambda\mu}\sigma_\mu \tag{5.123}$$

mit $c_{\lambda\mu} = c_{\mu\lambda}$ sowie $s_{\lambda\mu} = s_{\mu\lambda}$. Die $c_{\lambda\mu}$ und $s_{\lambda\mu}$ können in Form von 6×6-Matrizen geschrieben werden, die zueinander invers sind

$$\tilde{s} \cdot \tilde{c} = \tilde{1} \tag{5.124}$$

mit der Einheitsmatrix $\tilde{1}$, und $\tilde{s}$ sowie $\tilde{c}$ als den jeweiligen 6×6-Matrizen der elastischen Eigenschaften.

Die elastischen Eigenschaften isotroper Körper werden üblicherweise (vgl. Lehrbücher der Physik) durch den Elastizitätsmodul $E = 1/s_{11}$, den Torsionsmodul (Schubmodul) $G = \frac{1}{2}(s_{11} - s_{12})$ und das Poisson[59]-Verhältnis $v = -s_{12}/s_{11}$ beschrieben. Nur zwei dieser Größen sind laut Tab. 5.17 unabhängig, und es gilt (bei isotropen Körpern, im allgemeinen aber nicht bei Kristallen – auch nicht kubischen)

$$2G = \frac{E}{1+v}. \tag{5.125}$$

Erwähnt sei, dass es auch nichtlineare elastische Phänomene gibt, die auf geringen Abweichungen vom Hookeschen Gesetz beruhen. Sie führen u. a. zur Generation von Harmonischen (Oberschwingungen) bei der Ausbreitung von Schallwellen. Solche Phänomene werden durch Tensoren noch höherer Stufe (6 oder 8) beschrieben.

Schließlich sei noch das Phänomen der Superelastizität angeführt: Gewisse kristalline Körper können eine anomal große, reversible Deformation dadurch erfahren, dass ihre Struktur der Formänderung durch eine martensitische Umwandlung (s. Abschnitt 4.6.2) folgt – analog der in Abschnitt 5.6.2.2 zu behandelnden plastischen Zwillingsgleitung. Bei Wegnahme der mechanischen Spannung gehen die martensitische Umwandlung und die damit verbundene Deformation wieder zurück, bei der Zwillingsgleitung jedoch nicht. Auf demselben Mechanismus beruht das sog. Formgedächtnis gewisser Werkstoffe: Die Deformation wird hier gleichfalls durch eine martensitische Umwandlung bewirkt, die aber nach Wegnahme der Spannung zunächst bestehen bleibt; erst nach einer Erhöhung der Temperatur erfolgen die rückläufige martensitische Reaktion und die Rückkehr in die alte Form. Die Superelastizität ist daher als eine reversible (aber im Allgemeinen nicht lineare) Plastizität anzusprechen.

5.6.2.2 Plastizität

Die Plastizität der Kristalle, die zu ihrer bleibenden Verformung führt, spielt in Natur und Technik eine große Rolle. Beispielsweise wird die Bewegung der Gletscher durch die Plastizität der Eiskristalle verständlich. Metalle werden im kristallisierten Zustand verformt, zu Drähten gezogen, zu Folien, Blechen und Röhren gewalzt usw. Die Grundvorgänge der plastischen Deformation sind durch systematische Untersuchungen an Einkristallen erschlossen worden. Abb. 5.63 zeigt einige Einkristallstäbe, die durch eine Zugspannung plastisch deformiert (gestreckt) worden sind. Die Deformation ist durch ein „Abgleiten" entlang bestimmter Gitterebenen (Gleitebenen) in einer bestimmten Richtung (Gleitrichtung) erfolgt, wie es das Modell im Abb. 5.64 verdeutlicht. Es ist wesentlich, dass der gittermäßige Zusammenhang des Kristalls beim Gleiten (engl. *glide*) erhalten bleibt, von untergeordneten, kleineren Störungen abgesehen. Bei fortgesetzter Streckung drehen die Gleitebene (engl. *glide plane*) und die

---

59 Siméon Denis Poisson (21.6.1781–25.4.1840).

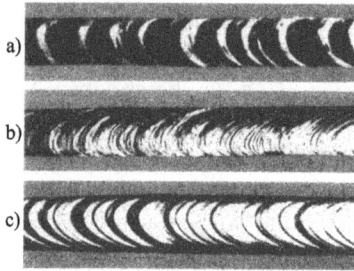

Abb. 5.63: Einkristallstäbe von Metallen, verformt im Zugversuch. a) β-Zinn (tetragonal); b) Bismut; c) Zink.

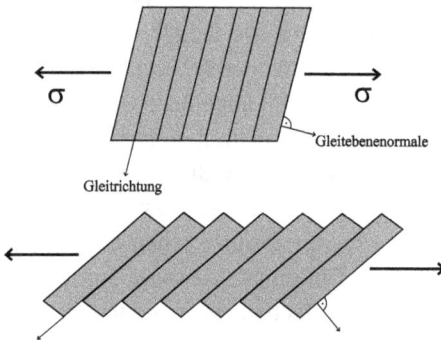

Abb. 5.64: Modell der mechanischen Gleitung durch Translation. Oben vor, und unten nach der Gleitung. Die Translationsrichtung ist horizontal. Man beachte das Einkippen der Gleitrichtung in die Zugrichtung (Richtung der Stabachse).

Gleitrichtung (engl. *glide direction*) allmählich in Richtung auf die Stabachse (Zugrichtung), der Stab wird dünner und sein ursprünglich kreisförmiger Querschnitt elliptisch.

Gleitebene und -richtung bilden zusammen das Gleitsystem. Meistens handelt es sich bei den Gleitflächen um relativ dicht besetzte Netzebenen und bei den Gleitrichtungen um dicht besetzte Gittergeraden (Tab. 5.18). Bei manchen Kristallarten kommen verschiedenartige Gleitsysteme vor, außerdem gibt es, zumindest bei den höhersymmetrischen Kristallklassen, zu einem bestimmten Gleitsystem meistens noch eine Reihe symmetrisch äquivalenter Gleitsysteme. Welches der potentiellen Gleitsysteme betätigt wird, hängt davon ab, für welches Gleitsystem sich in der jeweiligen Anordnung die größte Schubspannung (Scherspannung) ergibt; denn es handelt sich bei der Gleitung um eine reine Scherbewegung. Aus einfachen geometrischen Zusammenhängen folgt für die im Gleitsystem wirksame Schubspannung

$$\tau = \sigma \cos \varphi \cos \lambda = \mu \sigma \tag{5.126}$$

mit σ als der in Stabrichtung angelegten Zugspannung (bzw. auch als gerichteter Druck), φ als Winkel zwischen der Stabachse und der Normalen der Gleitebene und

Tab. 5.18: Gleitsysteme einiger Kristallarten.

Kristallart	Kristallklasse	Strukturtyp	Gleitsystem	
Al, Cu, Ag, Au, γ-Fe	$m\bar{3}m$	kubisch dichteste Kugelpackung	$\{111\}$	$\langle 10\bar{1}\rangle$
W, Mo, α-Fe	$m\bar{3}m$	kubisch innenzentrierte Kugelpackung	$\{112\}$	$\langle 1\bar{1}1\rangle$
			$\{110\}$	$\langle 1\bar{1}1\rangle$
Mg, Zn, Cd, Be, Re	$6/mmm$	hexagonal dichteste Kugelpackung	$\{0001\}$	$\langle 10.0\rangle$
			$\{01\bar{1}1\}$	$\langle 10.0\rangle$
			$\{01\bar{1}0\}$	$\langle 10.0\rangle$
Halit NaCl	$m\bar{3}m$	NaCl-Strukturtyp	$\{110\}$	$\langle 1\bar{1}0\rangle$
			$\{100\}$	$\langle 011\rangle$
Bleiglanz PbS	$m\bar{3}m$	NaCl-Strukturtyp	$\{100\}$	$\langle 010\rangle$
Anhydrit CaSO$_4$	mmm		$\{001\}$	$\langle 010\rangle$
Gips CaSO$_4 \cdot 2\,H_2O$	$2/m$		$\{010\}$	$\langle 001\rangle$
Cyanit Al$_2$SiO$_5$	$\bar{1}$		$\{100\}$	$\langle 001\rangle$

λ als Winkel zwischen der Stabachse und der Gleitrichtung. Die Größe $\mu = \cos\varphi\cos\lambda$ bezeichnet man als Orientierungsfaktor. Die Schubspannung τ kann nur einen maximalen Wert $\tau_{max} = 0{,}5\sigma$ bei $\varphi = \lambda = 45°$ erreichen. Wie bereits erwähnt, drehen Gleitebene und -richtung bei fortgesetzter Gleitung in Richtung auf die Stabachse, so dass spätestens von dem Moment an, da τ_{max} erreicht wurde, der Orientierungsfaktor für das betreffende Gleitsystem immer kleiner und damit ungünstiger wird. Schließlich wird der Punkt erreicht, an dem auf ein anderes Gleitsystem eine größere Schubspannung als auf das zuerst betätigte entfällt, so dass dann jenes betätigt wird (Quergleitung).

Warum gilt $\tau_{max} = 0{,}5\,\sigma$? **?**

Bei einer experimentellen Untersuchung des Gleitvorgangs wird ein Einkristallstab in einer entsprechenden Apparatur mit konstanter Geschwindigkeit gedehnt (in die Länge gezogen) und die dafür notwendige Spannung σ gemessen. Diese Dehnungsspannung wird auf die im Gleitsystem wirkende Schubspannung τ umgerechnet, die in Abhängigkeit von der jeweiligen Abgleitung a graphisch aufgetragen wird (Abb. 5.65). Die Abgleitung ist der Quotient aus der Gleitstrecke s (gemessen in der Gleitrichtung) und der Dicke h des betrachteten, der Gleitung unterworfenen Kristallbereichs (gemessen senkrecht zur Gleitebene): $a = s/h$. Die so gewonnene Gleitkurve oder Verfestigungskurve hat vor allem bei reinen Kristallen einen charakteristischen Verlauf: Nach einem kurzen elastischen Anstieg beginnt mit dem Erreichen einer gewissen kritischen Schubspannung τ_0 der Gleitvorgang. Die Abgleitung schreitet im Bereich I der Gleitkurve fort, ohne dass sich die nötige Schubspannung wesentlich erhöht; dann schließt sich ein Bereich II an, in dem die Schubspannung τ linear mit der Abgleitung a steigt und gegenüber der kritischen Schubspannung den mehrfachen Wert erreichen

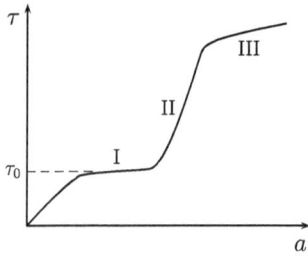

Abb. 5.65: Gleitkurve (schematisch). a Abgleitung; τ Schubspannung; τ_0 kritische Schubspannung.

kann (Verfestigung). Die Steigung der Gleitkurve $\vartheta = \partial\tau/\partial a$ ist der Verfestigungskoeffizient. Schließlich biegt die Gleitkurve im Bereich III wieder vom linearen Verlauf ab, bevor es zum Zerreißen der Probe kommt. Neben der Gleitkurve wird auch eine sog. Kriechkurve aufgenommen, bei der die Probe mit einer konstanten Spannung belastet und die Abgleitung in Abhängigkeit von der Zeit verfolgt wird.

Vergleicht man die so gewonnenen Daten mit theoretisch zu erwartenden Werten, die sich aus der Annahme ergeben würden, dass die als Gleitebene fungierenden Gitterebenen einfach als Ganzes übereinander hinweggleiten (wie es in Abb. 5.64 angedeutet ist), so zeigt sich eine markante Diskrepanz: Zu erwarten wären zur Überwindung der interatomaren Kräfte kritische Schubspannungen in der Größenordnung von 10^9 N/m², gemessen werden hingegen Werte in der Größenordnung von nur 10^6 N/m²! Das einfache Modell des Übereinandergleitens kompletter Gitterebenen kann also keinesfalls zutreffen, außerdem vermag es auch nicht das Verfestigungsverhalten zu erklären.

Der tatsächliche Verformungsmechanismus besteht in einer Bewegung von Versetzungen (Abschnitt 6.2) entlang den Gleitebenen. Die Bildserie 5.66 zeigt schematisch die Bewegung einer Stufenversetzung durch einen Gitterblock. Im Ergebnis dieser Bewegung ist der obere Teil des Gitterblocks gegenüber dem unteren um den Burgers-Vektor $\vec{b}$ verschoben worden, und an der Oberfläche ist nach diesem Vorgang eine entsprechende Gleitstufe entstanden. Die im Abb. 5.63 sichtbaren Stufen sind allerdings viel gröber und das Ergebnis einer Bewegung von sehr vielen einzelnen Versetzungen entlang einer bzw. mehreren benachbarten Gitterebenen. Analysiert man die Bewegungsmöglichkeiten der verschiedenen Versetzungstypen genauer, so findet man, dass ein Gleiten von Versetzungen (mit Ausnahme von Schraubenversetzungen) jeweils nur in der Ebene möglich ist, die durch $\vec{b}$ und die Versetzungslinie $\vec{l}$ aufgespannt wird; die so definierte Gleitebene einer Versetzung muss also mit der Gleitebene des Verformungsvorgangs übereinstimmen. Bewegungen von Versetzungen außerhalb ihrer Gleitebene werden als Klettern (engl. *climb*) bezeichnet. Das Klettern ist mit einer Erzeugung von Punktdefekten verbunden und energetisch ungünstiger als das Gleiten. Lediglich Schraubenversetzungen, bei welchen $\vec{b}$ und $\vec{l}$ parallel sind, können in jeder Richtung gleiten, doch gibt es auch für Schraubenversetzungen bevorzugte Gleitebenen, in denen die kritische Schubspannung am kleinsten ist.

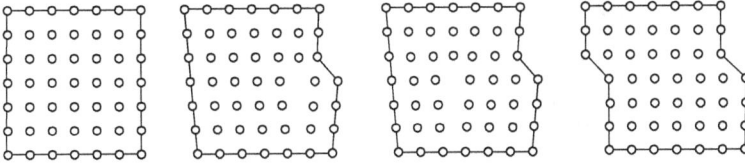

Abb. 5.66: Abgleiten eines Gitterblocks durch Bewegung einer Stufenversetzung (schematisch).

Bei der Diskussion des Verformungsmechanismus durch die Bewegung von Versetzungen stößt man auf den Umstand, dass die Dichte der ursprünglich in einem Kristall enthaltenen Versetzungen (oft $10^2 \ldots 10^6/cm^2$) nicht ausreichend ist, um die beobachteten Verformungen zu erklären. Gleichzeitig mit der Bewegung der Versetzungen müssen bei einer Verformung auch noch Prozesse stattfinden, die für eine Vervielfachung der Versetzungsdichte sorgen (Versetzungsmultiplikation). Für diese Multiplikation sind verschiedene Modelle, sog. Versetzungsquellen, vorgeschlagen und in vielen Fällen auch nachgewiesen worden. Namentlich erwähnt sei hier nur die Frank[60]–Read[61]-Quelle (Frank u. Read (1950)), von welcher ringförmige Versetzungslinien (Versetzungsschleifen, engl. *dislocation loops*) ausgesandt werden, die sich ausdehnend die Gleitebene überstreichen. Stärkere Verformungen geschehen meist nach dem Mechanismus des mehrfachen Quergleitens (engl. *multiple cross glide*) von Versetzungen: Eine mehr oder weniger geradlinige Versetzung stößt bei ihrer Gleitbewegung auf ein Hindernis, das einen kurzen Abschnitt der Versetzungslinie festhält, während die übrigen Teile der Versetzungslinie weitere Bereiche der Gleitebene überstreichen; die Versetzungslinie wird dadurch länger. Schließlich weicht der festgehaltene Teil durch Quergleiten auf eine benachbarte parallele Gleitebene aus und überstreicht dann diese Gleitebene gleichfalls. Durch Wiederholung dieses Vorgangs wird die Gesamtlänge der im Volumen enthaltenen Versetzungslinien, d. h. die Versetzungsdichte, immer größer. In stark verformten Kristallen findet man Versetzungsdichten von $10^{12}/cm^2$ und mehr.

Der Versetzungsmechanismus erklärt sowohl die beobachteten Schubspannungen als auch das Verfestigungsverhalten. Und zwar wird die Schubspannung durch den Widerstand bestimmt, der der Gleitbewegung einer Versetzung durch das elastische Spannungsfeld der übrigen Versetzungen im Kristall entgegengesetzt wird. Im Bereich I (Abb. 5.67) der leichten Verformbarkeit bewegen sich – von den Versetzungsquellen ausgehend – relativ lange und gestreckte Versetzungsabschnitte durch den ansonsten noch ungestörten Kristall. Hierbei nimmt die Versetzungsdichte ständig zu; wenn das ganze Volumen von Versetzungen durchsetzt ist, behindern sie sich gegenseitig in ihrer Bewegung, indem sie sich durchschneiden usw., woraus eine zunehmende Verfestigung resultiert: Die Gleitkurve geht in den Bereich II (Abb. 5.68)

---

60 Sir Frederick Charles Frank (6.3.1911–5.4.1998).
61 William Thornton Read, Jr. (23.1.1921–31.1.1998).

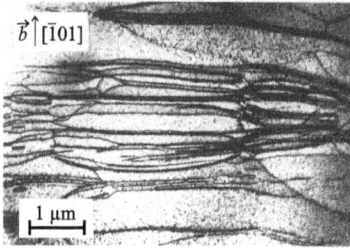

Abb. 5.67: Versetzungsstruktur in Kupfer im Bereich I der Gleitkurve. Verformt bei 78 K bis τ = 1,08 MPa und a = 0,044; elektronenmikroskopische Durchstrahlungsaufnahme der Hauptgleitebene (111) im entlasteten Zustand; $\vec{b}$ Richtung des Burgers-Vektors $\frac{1}{2}$[$\bar{1}$01] (Gleitvektor). Aufn.: Essmann (1964).

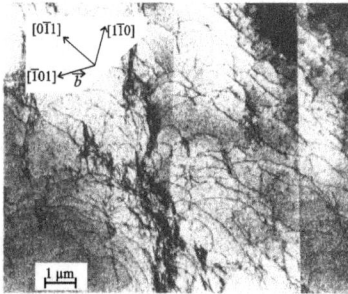

Abb. 5.68: Versetzungsstruktur in Kupfer im Bereich II der Gleitkurve. Verformt bei 78 K bis τ = 11,8 MPa und a = 0,15; elektronenmikroskopische Durchstrahlungsaufnahme der Hauptgleitebene ($\bar{1}$11) nach Fixierung der Versetzungsstruktur im belasteten Zustand durch Bestrahlung mit Neutronen; $\vec{b}$ Richtung des Burgers-Vektors $\frac{1}{2}$[$\bar{1}$01] (Gleitvektor). Aufn.: Mughrabi (1971).

über. Der Bereich III (Abb. 5.69) schließlich wird durch Reaktionen der nunmehr sehr dicht liegenden Versetzungen gekennzeichnet, die zu ihrer Zusammenballung führen. Noch ausgeprägter ist die Zusammenballung der Versetzungen in Kristallproben, die bei Ermüdungsversuchen einer Vielzahl von Verformungszyklen unterworfen wurden (Abb. 5.70).

Ein stark verformter Kristall hat nicht nur eine größere Versetzungsdichte und besondere mechanische Eigenschaften, sondern auch einen höheren Energieinhalt als ein unverformter Kristall. Durch Temperbehandlungen lassen sich die Versetzungsdichte und die anderen im Gefolge der Verformung entstandenen Defekte wieder reduzieren und die ursprünglichen Eigenschaften wenigstens z. T. wiederherstellen; diesen Vorgang bezeichnet man als Erholung. Im Gegensatz dazu wird eine Beeinträchtigung der mechanischen Eigenschaften durch eine langzeitige mechanische Beanspruchung und allmähliche Speicherung der strukturellen Defekte als Ermüdung bezeichnet.

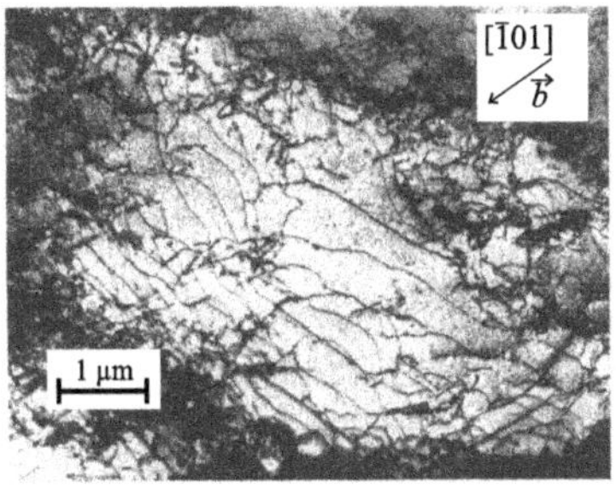

Abb. 5.69: Versetzungsstruktur in Kupfer im Bereich III der Gleitkurve. Verformt bei Raumtemperatur bis $\tau = 43{,}1$ MPa und $a = 0{,}43$; elektronenmikroskopische Durchstrahlungsaufnahme der Hauptgleitebene (111) im entlasteten Zustand; $\vec{b}$ Richtung des Burgers-Vektors $\frac{1}{2}[\bar{1}01]$ (Gleitvektor). Aufn.: Essmann (1963).

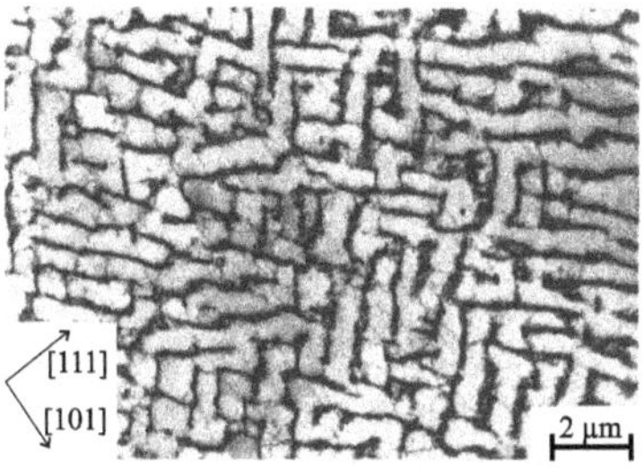

Abb. 5.70: Versetzungsstruktur in einem Nickelkristall nach einem Ermüdungsversuch. Dehnungsamplitude $\varepsilon = 2{,}6 \cdot 10^{-3}$; elektronenmikroskopische Durchstrahlungsaufnahme. Aufn.: Mecke u. Blochwitz (1982).

Bei den bisher betrachteten Gleitvorgängen erfuhren die von der Gleitung betroffenen Kristallbereiche eine Verschiebung um einen (oder mehrere) Translationsvektor(en) des Gitters, d. h., die Translationssymmetrie bzw. das Gitter des Kristalls blieb (abgesehen von der Zunahme der Versetzungen und anderer Defekte) im wesentlichen erhalten (Abb. 5.71a). Es gibt jedoch auch Gleitbewegungen, bei denen der Gleitvektor keinen ganzen Gittervektor, sondern nur den Teil eines solchen darstellt. In diesem Fall wird die Translationssymmetrie durch den Gleitvorgang gestört, und zwischen den bei der Gleitung gegeneinander verschobenen Kristallbereichen entsteht ein Stapelfehler (vgl. Abschnitt 6.3.4). Auch ein solcher Gleitvorgang erfolgt durch die Bewegung (das Gleiten) von Versetzungen; da der Gleitvektor $\vec{b}$ (Burgers-Vektor) jedoch nur Teil eines Gittervektors ist, spricht man von Teilversetzungen (Partialversetzungen).

Eine spezielle Situation tritt ein, wenn durch das Gleiten von Teilversetzungen die betroffenen Kristallbereiche in die Position einer Zwillingsstellung geschoben werden (Zwillingsgleitung oder mechanische Zwillingsbildung, Abb. 5.71b). Das Bild ist in der Weise zu interpretieren, dass in jeder Gitterebene des oberen, abgeglittenen Teils eine (einmalige) Verschiebung um den Vektor $\vec{b}$ geschehen ist: Jede Gitterebe-

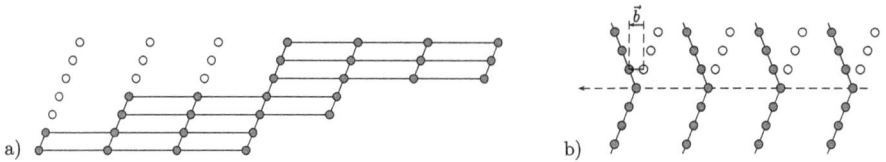

Abb. 5.71: Bewegung der grau gezeichneten Gitterpunkte weg von ihren idealen Positionen (leere Kreise). Links: Bei mechanischer Translation; rechts: bei mechanischer Zwillingsbildung; $\vec{b}$ Gleitvektor.

ne wird von einer Teilversetzung mit dem Burgers-Vektor $\vec{b}$ überstrichen. Die mechanische Zwillingsbildung setzt also eine streng gleichmäßige, homogene Deformation voraus. Unregelmäßigkeiten, wie das Auslassen einer Gitterebene beim Gleitvorgang, führen gleichfalls zu Stapelfehlern. Die mechanische Zwillingsbildung lässt sich auch anhand eines (makroskopischen) Scheibenmodells veranschaulichen (Abb. 5.72). Sie tritt bevorzugt bei Kristallen mit niedriger Symmetrie auf und ist vor allem am Calcit bekannt geworden.

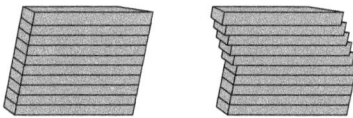

Abb. 5.72: Modell der mechanischen Zwillingsbildung, links vor, und rechts nach der Zwillingsgleitung (Schiebung).

5.6.2.3 Härte und Spaltbarkeit

Ohne Zweifel gehört die Härte zu den praktisch wichtigsten Eigenschaften der Kristalle, doch ist es theoretisch und experimentell schwierig, sie exakt zu erfassen. Allgemein kommt in der Härte ein Widerstand zum Ausdruck, den der Kristall mechanischen Eingriffen entgegensetzt. Hierbei wirken verschiedene anisotrope Eigenschaften, wie Elastizität, Plastizität, Bruchfestigkeit, Spaltbarkeit, in komplexer Weise zusammen, und je nach der Versuchsanordnung bei der Messung werden verschiedene Härtearten unterschieden. Als Ritzhärte (engl. *scratch hardness*) wird der Widerstand bezeichnet, den der Kristall dem Ritzen entgegensetzt. Zur qualitativen Bestimmung gibt es eine von Mohs[62] zusammengestellte Skala von zehn Standardmineralen mit zunehmender Ritzhärte (Tab. 5.19), und es wird geprüft, von welchem dieser Standardminerale sich die Probe gerade noch ritzen lässt. Materialien bis zur Härte 2 sind mit dem Fingernagel ritzbar, bis zur Härte 5 mit dem Messer; Materialien ab Härte 6 ritzen Fensterglas. Quantitativ wird die Ritzhärte mit Sklerometern gemessen. Der zu untersuchende Kristall wird mit einer möglichst ebenen Fläche unter einer belasteten

---

62 Friedrich Mohs (29.1.1773–29.9.1839).

Tab. 5.19: Härteskala von Mohs. Nach Ramdohr u. Strunz (1978).

Mineral	Formel	Kristallklasse	Ritzhärte (Mohs)	Schleifhärte (Rosiwal)
Talk	$Mg_3[(OH)_2|Si_4O_{10}]$	$2/m$	1	0,03
Gips	$CaSO_4 \cdot 2\,H_2O$	$2/m$	2	1,04
Calcit	$CaCO_3$	$\bar{3}m$	3	3,75
Flussspat	CaF_2	$m\bar{3}m$	4	4,2
Apatit	$Ca_5[(F,Cl,OH)|PO_4)_3]$	$6/m$	5	5,4
Feldspat	$KAlSi_3O_8$	$2/m$	6	30,8
Quarz	SiO_2	32	7	100
Topas	$Al_2[F_2|SiO_4]$	mmm	8	146
Korund	Al_2O_3	$\bar{3}m$	9	833
Diamant	C	$m\bar{3}m$	10	117000

Stahl- oder Diamantspitze vorbei bewegt und so eine Ritzfurche erzeugt. Als Maß werden Breite oder Tiefe der Ritzfurche bestimmt oder das Belastungsgewicht angegeben. Diese Härtemessung ermöglicht es, die Ritzhärte in verschiedenen Richtungen auf der Kristallfläche zu ermitteln. Trägt man die ermittelten Werte in den entsprechenden Richtungen auf, so werden „Härtekurven" gewonnen (Abb. 5.73), die die Symmetrie der betreffenden Kristallfläche widerspiegeln müssen; Richtung und Gegenrichtung können dabei durchaus unterschiedliche Werte zukommen. Ein bekanntes Beispiel für die Anisotropie der Ritzhärte bietet der Cyanit (Disthen) Al_2SiO_5. Auf (100) beträgt parallel [001] die Mohs-Härte 4,5, parallel [010] hingegen 6,5; auf (010) liegt sie bei 7!

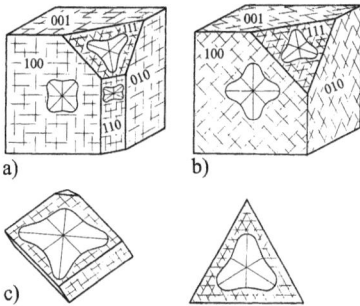

Abb. 5.73: Härtekurven. a) Halit NaCl (Klasse $m\bar{3}m$), Spaltbarkeit nach {100}; b) Fluorit CaF_2 (Klasse $m\bar{3}m$), Spaltbarkeit nach {111}; c) Calcit $CaCO_3$ (Klasse $\bar{3}m$), Spaltbarkeit nach {$10\bar{1}1$}.

Eine andere Härteart ist die Schleifhärte (engl. *grinding hardness*) nach Rosiwal,[63] die den Widerstand eines Kristalls gegen das Abschleifen zum Ausdruck bringt. Zu ihrer Bestimmung wird eine gegebene Menge eines Schleifmittels auf eine zu untersuchende Fläche gebracht und bis zur Unwirksamkeit verschliffen; als Maß wird der erreichbare Schleifverlust angegeben. Bei der Bohrhärte wiederum wird die Anzahl der

---

63 August Karl Rosiwal (2.12.1860–9.10.1923).

Umdrehungen einer Diamantschneide angegeben, die nötig ist, um aus einer Kristallfläche ein Loch bestimmter Tiefe auszubohren.

In der Werkstoffprüfung spielen Eindruckhärten (engl. *indentation hardness*) eine wichtige Rolle. Bei der Brinell-Härte[64] misst man die bleibende Eindruckfläche, die mit einer Kugel unter vorgegebener Belastung erzeugt wird. Anstelle der Kugel kann als Eindruckkörper ein Kegel oder eine Pyramide (Vickers[65]-Härte) verwendet werden. Die Rockwell-Härte[66] B bzw. C wird mit einer Stahlkugel bzw. einer Diamant-Pyramide gemessen. Bei einem Mikrohärteprüfer ist an der Frontlinse eines Mikroskopobjektivs eine kleine Diamantpyramide montiert. Die zu prüfende Stelle, beispielsweise bei polykristallinen Werkstoffen, kann unter dem Mikroskop ausgesucht und durch den Eindruck der Pyramide auf ihre Härte untersucht werden. Zur Prüfung sehr spröder Materialien dient der Härtetest nach Knoop u. a. (1939),[67] dessen rhombenförmiger Eindruck-Diamant Winkel von 172,5° und 130° besitzt. Beim Härtetest nach Shore u. Shore (1930),[68] der u. a. zur Prüfung von Plasten, Elasten und Gummi dient, wird ein Messgerät (Shore-Durometer) mit einem federbelastetem Stift aus gehärtetem Stahl als Eindringkörper (Indenter) verwendet.

Daneben gibt es auch dynamische Prüfmethoden mittels eines Schlages durch ein hammerartiges Instrument: Die Schlaghärte (engl. *impact hardness*) wird mit einem Kugelschlag- oder Baumann-Hammer (Baumann (1926)) sowie einem Poldi-Hammer (Poldi-Härte)[69] gemessen. Außerdem gibt es noch die Fallhärte (engl. *drop hardness*) oder Skleroskop-Härte. Mit am häufigsten wird dank der Verfügbarkeit von tragbaren, mobil im Feld einsetzbaren Geräten die 1975 und von Leeb u. Brandestini (1977) patentierte Rückprallmethode (engl. *Leeb rebound hardness test – LRHT*) verwendet. Es handelt sich um eine zerstörungsfreie dynamische Prüfmethode, bei der ein Schlagkörper, an dessen vorderem Ende sich eine Hartmetall-Prüfspitze befindet, mit einer gewissen Geschwindigkeit v_a gegen die Oberfläche des Prüfstücks getrieben wird. Durch die komplexen Vorgänge beim Aufprall verringert sich die kinetische Energie des Schlagkörpers und damit auch dessen zu messende Rückprall-Geschwindigkeit v_r. Der tausendfache Quotient dieser Geschwindigkeiten ergibt mit

$$HL = 1000 \, \frac{v_a}{v_r}$$

die sog. Leeb-Härte HL (die sich auch in die anderen Eindruck-Härteskalen umrechnen lässt).

---

64 Johan(n) August Brinell (21.11.1849–17.11.1925).

65 benannt nach dem von Edward Vickers (21.3.1804–10.3.1897) gegründeten brit. Konzern.

66 Hugh M. Rockwell (16.4.1890–14.11.1957), gemeinsam mit Stanley Pickett Rockwell (3.5.1886–August 1940), beide sind nicht verwandt.

67 Frederick Knoop (1878–1943).

68 Albert Ferdinand Shore (4.9.1876–17.1.1936).

69 benannt nach Leopoldine („Poldi") Maria Josefa Wittgenstein (14.3.1850–3.6.1926), der Ehefrau des Gründers der Poldi-Hütte in Kladno.

Mit einem Pendelsklerometer schließlich wird die sog. Pendelhärte (engl. *pendulum hardness*) gemessen: Ein Pendel ruht mit einer Schneide auf der zu untersuchenden Kristallfläche und wird in Schwingungen versetzt. Je weicher der Kristall ist, um so größer ist die Dämpfung der Pendelschwingungen. Bei Angaben von Härtezahlen sollte man beachten, ob sie sich auf die Maßeinheiten kp oder N beziehen.

Bestimmt man die Härte der Minerale der Mohsschen Skala quantitativ, so liefern die verschiedenen genannten Methoden recht unterschiedliche, nicht gut vergleichbare Zahlen; doch hat sich gezeigt, dass die Mittelwerte aus den verschiedenen Methoden ungefähr einer geometrischen Progression folgen. In jedem Fall ist der Schritt zwischen den Stufen 9 und 10 in der Mohsschen Skala der weitaus größte, was speziell für Hartstoffe relevant ist. Eine Härte größer als 9 haben Siliciumcarbid SiC (Carborund), Bornitrid BN (Borazon) und die Wolframcarbide W_2C und WC (Carboloy in Bindung mit Co); Titancarbid TiC und Wolframborid WB erreichen die Härte 9.

So komplex, wie sich die theoretische und experimentelle Erfassung der Eigenschaft der Härte darstellt, ist auch ihre strukturelle Deutung. Bei Kristallen desselben Strukturtyps lassen sich einige Abhängigkeiten feststellen: Die Härte ist um so größer, je kleiner die Abstände der Atome (bzw. Ionen) sind und je größer deren Wertigkeit (bzw. Ladung) ist. Allgemein bedingt eine große Gitterenergie auch eine große Härte. Nach Plendl u. Gielisse (1962)[70,71] stellt die volumenspezifische Gitterenergie U_g/V ein brauchbares absolutes Maß für die Härte dar. (Wird die Gitterenergie U_g auf 1 mol bezogen, so ist für V das Molvolumen einzusetzen.)

Andere Autoren führen die Härte auf die Oberflächenenergie zurück und benutzen als absolutes Maß für die Härte den Quotienten E/A aus der beim Zerkleinern von Kristallen aufgewandten Energie E zur neu gebildeten Oberfläche A. In vielen Fällen erweist sich dieser Quotient als proportional zur spezifischen Oberflächenenergie γ. Auch die Abriebfestigkeit von Kristallen steht in Beziehung zu γ: Unter bestimmten Voraussetzungen sind beim gegenseitigen Schleifen zweier verschiedenartiger Kristalle die Abriebvolumina V_1 und V_2 umgekehrt proportional zu den betreffenden spezifischen Oberflächenenergien ($V_1/V_2 = \gamma_2/\gamma_1$), so dass z. B. bei Kenntnis von γ_1 für eine Kristallart durch Abriebmessungen γ_2 einer zweiten Kristallart ungefähr bestimmt werden kann (Rabinowicz (1961)[72]).

Unter Spaltbarkeit versteht man die Eigentümlichkeit vieler Kristallarten, bei mechanischen Einwirkungen (Druck, Zug, Schlag) entlang bestimmten Gitterebenen zu spalten. Es entstehen dabei verhältnismäßig ebene Spaltflächen, und es ist nachgewiesen worden, dass Spaltflächen über relativ große Bereiche atomar glatt sein können. Auf Kristallflächen, die von der Spaltfläche geschnitten werden, kann die Spaltbarkeit durch Ausbildung von Spaltrissen zum Ausdruck kommen, die als präzise kris-

---

70 Johannes Plendl (6.12.1900–10.5.1991).
71 Peter Jacob Gielisse (7.3.1934–15.10.2014).
72 Ernest Rabinowicz (22.4.1926–3.4.2006).

tallographische Bezugsrichtungen (z. B. bei der Messung der Auslöschungsschiefe, s. S. 399) dienen können. In Abb. 5.73 sind einige Spaltbarkeiten angegeben und die Spaltrisse angedeutet. Die Spaltbarkeit wird häufig als Erkennungsmerkmal zur Identifizierung von Mineralen herangezogen. So unterscheiden sich die einander sehr ähnlichen Silikatminerale der Pyroxene und Amphibole, die alle nach {110} spalten, durch den Winkel von 87° bzw. 56°, den die Spaltflächen miteinander einschließen. Qualitativ unterscheidet man vollkommene, gute, deutliche und angedeutete Spaltbarkeiten. Experimentell zeigen sich sämtliche Spaltbarkeiten eines Kristalls, wenn man eine Kugel herstellt und sie eine gewisse Zeit lang in einer Kugelmühle (gefüllt mit kleineren Stahlkugeln) oder auf ähnliche Weise mechanisch beansprucht; hierbei werden alle Spaltflächen angesprochen, die sich dann bei einer reflexionsgoniometrischen Untersuchung der Kugel abzeichnen.

Als Spaltflächen treten meistens einfach indizierte, dicht mit Atomen besetzte Netzebenen in Erscheinung, die oft auch morphologisch als Wachstumsflächen bedeutsam sind. Im Allgemeinen haben die am dichtesten besetzten Gitterebenen in einer Struktur den relativ größten Abstand voneinander (vgl. Abschnitt 1.9.4), und es ist deshalb verständlich, dass die Kohäsion zwischen solchen Gitterebenen ein Minimum erreicht. Bei vielen Kristallarten ist der Zusammenhang zwischen Spaltbarkeit und Struktur sehr augenfällig. Kristalle mit Schichtenstrukturen (Graphit, Schichtsilikate) zeigen auffallend vollkommene Spaltbarkeiten parallel zu den Schichten, Kristalle mit Kettenstrukturen (Pyroxene, Amphibole) zeigen prismatische Spaltbarkeiten.

Schwieriger ist die Spaltbarkeit von isometrisch gebauten Strukturen, wie den einfachen Ionenkristallen, zu deuten. Betrachten wir daraufhin die NaCl-Struktur (Spaltbarkeit nach {100}, Abb. 5.74 links). Nach einer Hypothese von Stark (1915)[73] kommen bei einer geringfügigen gegenseitigen Verschiebung von Strukturbereichen infolge ei-

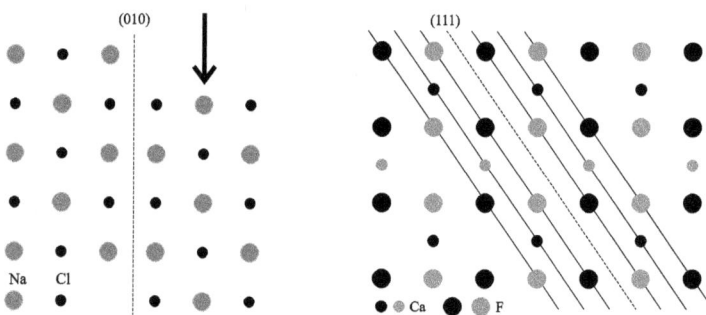

Abb. 5.74: Links: Strukturelle Deutung zur Spaltbarkeit von NaCl. Rechts: Netzebenenfolge parallel (111) von Fluorit, Projektion auf (110). Die verschiedenen Grautöne der Ionen bezeichnen unterschiedliche Höhen über der Zeichenebene.

---

73 Johannes (Johann) Nikolaus Stark (15.4.1874–21.6.1957).

ner mechanischen Einwirkung entlang einer (100)-Fläche jeweils gleichartig geladene Ionen in unmittelbare Nachbarschaft, und durch die elektrostatische Abstoßung trennt sich das Gitter. Beim Fluorit CaF_2 (Spaltbarkeit nach {111}, Abb. 5.74 rechts) gibt es eine analoge Situation bezüglich der (111)-Ebenen: Eine geringfügige Verschiebung entlang der gestrichelten Ebene bringt die Anionen in unmittelbare Nachbarschaft. Obwohl derartige Betrachtungen noch spezifiziert und auch auf andere Strukturtypen angewandt worden sind, gewähren sie allein keinen Zutritt zum tatsächlichen Vorgang einer Spaltung und zu den quantitativen Verhältnissen. Den Schlüssel zu kinetischen Betrachtungen von Spaltvorgängen liefern spezielle Versetzungsreaktionen. Läuft etwa durch Verformungsprozesse eine Anzahl von Versetzungen gegen ein Hindernis auf, so können sich die elastischen Spannungen der einzelnen Versetzungen zu so hohen Werten summieren, dass die Kohäsion der Struktur überwunden wird. Es gibt auch Mechanismen, bei denen gleitfähige Versetzungen auf verschiedenen, sich schneidenden Gleitebenen zueinander laufen und sich beim Aufeinandertreffen zu einer neuen Versetzung vereinigen, die nicht gleitfähig ist; auch hierbei können sich die Versetzungen aufstauen. Abb. 5.75 zeigt schematisch eine Gruppe von vier Stufenversetzungen (vgl. Abb. 6.7), die vereinigt unmittelbar einen keilförmigen Riss in der Struktur bedeuten. Obwohl eine derartige Versetzungsanordnung in der Realität kaum entstehen dürfte, sind analoge Vorgänge, die zu einer lokalen Konzentration von Versetzungen führen, für die Auslösung von Spaltrissen anzunehmen. Eine weitere Frage ist die nach der Ausbreitung des Spaltrisses unter einwirkenden Spannungen; auch hier ist die Mitwirkung von Versetzungen, die sich im Rissgrund bewegen, diskutiert worden.

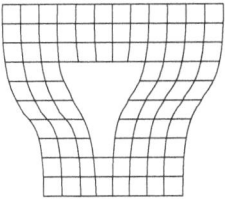

Abb. 5.75: Vereinigung von vier (einfachen) Stufenversetzungen als Entstehungsmechanismus für einen Riss.

Durch mäßigen Druck lassen sich auf Kristallflächen Druckfiguren, durch einen scharfen Schlag mit einer Spitze Schlagfiguren erzeugen. Die entstehenden Risse entsprechen teils Gleitflächen, teils Spaltflächen und spiegeln die Symmetrie der Kristallflächen wider, so dass sie zur Festlegung der kristallographischen Orientierung herangezogen werden können.

6 Defekte in Kristallen (Realstrukturen)

Bisher haben wir die Kristalle als dreidimensional periodische Anordnung von Atomen beschrieben. Das ist ein rein theoretisches Modell, das für die Beschreibung vieler Eigenschaften (z. B. Symmetrie) ausreichend ist. Tatsächlich haben wir es stets mit realen Kristallen zu tun, die mehr oder weniger Abweichungen vom Idealzustand darstellen. Die Differenz zwischen dem Ideal- und Realzustand machen die sogenannten Kristalldefekte aus. Die Ursache dafür liegt darin, dass jeder reale Kristall eine Entstehungsgeschichte hat: Kristallbildung, Wachstum, endliche Dimension, Einwirkung äußerer Kräfte (Deformationen). Bedenken wir, dass in 1 cm^3 eines Kristalls rd. 10^{23} Atome enthalten sind, die eine mehr oder weniger komplizierte Kristallstruktur zusammensetzen, überrascht es nicht, dass in einem realen Kristall Störungen der exakten atomaren Ordnung auftreten können. Denken wir z. B. nur an Verunreinigungen! Hochreine Kristalle mit einer Reinheit von 99,999 % enthalten bereits 10^{18} Fremdatome je cm^3, die die strenge Ordnung der Kristallstruktur stören. Schon daraus folgt, dass es kein kristallines Material gibt, das absolut defektfrei ist, oder anders:

⚡ Es gibt keine Idealkristalle – alle Kristalle besitzen Realstrukturen, gekennzeichnet durch Defekte bzw. Kristallbaufehler.

Grundsätzlich werden alle Abweichungen von einem geometrisch strengen dreidimensional periodischen Gitterbau zu den Erscheinungen der Realstruktur gerechnet. Viele Eigenschaften der Kristalle werden ganz wesentlich von Realstruktur-Erscheinungen beeinflusst, auch wenn nur ein relativ kleiner Anteil der Atome an diesen Störungen beteiligt ist. Solche Eigenschaften, zu denen vor allem Festigkeit und elektronische Eigenschaften zählen, bezeichnet man als störungsempfindlich. Hingegen sind andere Eigenschaften, wie etwa die Dichte oder die Lichtbrechung, relativ störungsunempfindlich, wenngleich es eine absolute Unempfindlichkeit gegenüber Störungen selbstverständlich nicht gibt. Manchmal wird auch eine Unterscheidung in chemische Baufehler, die durch den Einbau von Fremdatomen hervorgerufen werden, und in physikalische Baufehler, die den Stoffbestand nicht verändern, getroffen.

Kristalldefekte werden unterschieden in physikalische Baufehler, die den Stoffbestand nicht verändern (strukturelle Defekte), und in chemische Baufehler (Einbau von Fremdatomen). Außerdem werden sie nach ihrer Dimensionalität eingeteilt. Diese Defekte betreffen die Atome, also die Substanz des Kristalls. Es gibt aber auch nichtsubstanzielle Defekte, das sind innere Spannungen (Deformationen des Kristallgitters), Phononen, Elektronenstörstellen, Exzitonen etc. (s. Tab. 6.1).

---

https://doi.org/10.1515/9783110460247-006

Tab. 6.1: Einteilung der Realstrukturen (Kristalldefekte) nach ihrer Dimension.

Dim.	Typ	physikalische Defekte	chemische Defekte
0	Punktdefekte	Leerstellen (engl. *vacancies*), Zwischengitteratome (engl. *interstitials*)	Fremdatome, Nichtstöchiometrien, Dotierungen, z. B. InP:S, Mischkristalle, z. B. $Ga_{1-x}In_xN$
1	Liniendefekte	Versetzungen	
2	Flächendefekte	(Großwinkel-)Korngrenzen Kleinwinkelkorngrenzen Zwillingsgrenzen Domänenwände, Stapelfehler Kristalloberflächen	Anwachsstreifen mit Konzentrationsschwankungen $\Rightarrow$ *striations*
3	Volumendefekte	Blasen, Hohlräume (engl. *bubbles, voids*)	Einschlüsse beim Wachstum, Ausscheidungen im Volumen

6.1 Punktdefekte

6.1.1 Physikalische Punktdefekte

Unter Punktdefekten versteht man Veränderungen bzw. Störungen des stofflichen Bestandes einzelner Elementarzellen einer Kristallstruktur. Wenn die Ausdehnung solcher Defekte wie meist nicht wesentlich größer ist als die Abmessungen der Atome selbst bzw. als die Gitterkonstanten, sind sie gewissermaßen „nulldimensional" oder punktartig. Im Zusammenhang mit an ihnen lokalisierten festkörperphysikalischen Effekten werden gewisse Punktdefekte auch als Zentren (z. B. Farbzentren) bezeichnet.

Punktdefekte (0-dim.) sind thermodynamisch bedingt. Alle anderen Defekte (1 bis 3-dim.) stehen nicht(!) im thermodynamischen Gleichgewicht, für ihre Entstehung sind Aktivierungsenergien notwendig; damit erhöhen sie die innere Energie der Kristalle.

In Kristallstrukturen aus nur einer Atomart (z. B. Metallstrukturen) besteht der einfachste denkbare Punktdefekt darin, dass irgendwo in der Struktur ein Atom fehlt; man bezeichnet diesen Platz als eine Leerstelle (engl. *vacancy*). Derartige Punktdefekte heißen Schottky[1]-Defekte. Umgekehrt kann auch ein zusätzliches Atom in der Struktur vorhanden sein; es befindet sich dann als Zwischengitteratom (engl. *interstitial*) auf einem Zwischengitterplatz. Derartige Punktdefekte werden mitunter – nicht sehr glücklich – Anti-Schottky-Defekte genannt. Beide Defekte können auch in der Weise gekoppelt auftreten, dass ein Atom seinen regulären Platz in der Struktur verlassen hat und sich irgendwo anders auf einem Zwischengitterplatz befindet. Man

---

1 Walter Hans Schottky (23.7.1886–4.3.1976).

spricht dann von Frenkel[2]-Defekten bzw. Frenkel-Fehlordnung. In binären und erst recht in komplexeren Strukturen sind die Punktdefekte verständlicherweise differenzierter, und es ist dann zweckmäßiger, die betreffenden Punktdefekte anstelle der Namensbezeichnungen konkret zu beschreiben (Abb. 6.1). In binären Strukturen gibt es u. a. noch die Anti-Lagen-Defekte (engl. *antisite defect*), bei denen ein Anion durch ein Kation ersetzt wird (oder umgekehrt), wodurch sich naturgemäß die Stöchiometrie der betreffenden Verbindung verschiebt.

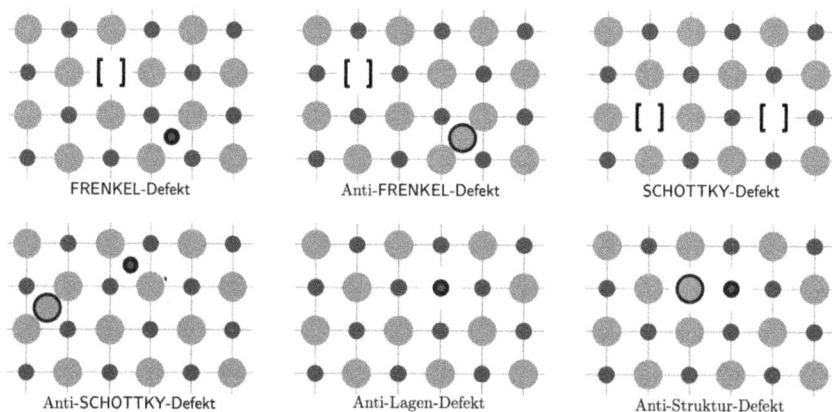

Abb. 6.1: Punktdefekte in binären Ionenkristallen: Frenkel-Fehlordnung: Leerstellen im Kationengitter und Kationen auf Zwischengitterplätzen; Anti-Frenkel-Fehlordnung: Leerstellen im Anionengitter und Anionen auf Zwischengitterplätzen; Schottky-Fehlordnung: Leerstellen im Kationen- und Anionengitter; Anti-Schottky-Fehlordnung: Kationen und Anionen auf Zwischengitterplätzen; Anti-Lagen-Defekte: Kationen ersetzen Anionen oder umgekehrt; diese Defekte verändern die Stöchiometrie; Anti-Struktur-Defekte: Platztausch zwischen Anionen und Kationen.

Punktdefekte wirken in charakteristischer Weise auf den sie umgebenden Kristall ein: So wird die Kristallstruktur um ein größeres Zwischengitteratom elastisch aufgeweitet; um eine Leerstelle zieht sie sich etwas zusammen, was man beides als elastische Relaxation bezeichnet. In manchen Fällen wird sogar die Struktur lokal verändert, und es findet eine Rekonstruktion statt. Das trifft häufig bei Zwischengitteratomen zu, wenn sie in der betreffenden Struktur keine hinreichend großen Lücken vorfinden, in die sie eintreten können. So kann ein Zwischengitteratom z. B. seinen Platz finden, indem eine Reihe von Atomen in einer bestimmten Gitterrichtung etwas enger zusammenrückt. Derartige Konfigurationen werden als Crowdion bezeichnet. In vielen Fällen teilt sich ein Zwischengitteratom einen Platz in der Struktur mit dem dort bereits vorhandenen Atom, was zu einer hantelförmigen Konfiguration führt. Durch

---

2 Jakow Iljitsch Frenkel (29.1.1894–23.1.1952).

die Hantelkonfiguration wird die kubische Symmetrie dieses Gitterplatzes (engl. *site symmetry*) gebrochen; die strukturelle Konfiguration des Zwischengitteratoms hat in diesem Fall nur eine tetragonale Symmetrie.

Eine wesentliche Eigenschaft der Punktdefekte besteht darin, dass sie auch im Zustand des thermodynamischen Gleichgewichts mit einer gewissen Konzentration im Kristall vorhanden sind. Zur Berechnung dieser Konzentration betrachtet man die freie Energie eines Kristalls, der die betreffenden Defekte enthält, und ermittelt, bei welcher Konzentration die freie Energie bei einer gegebenen Temperatur ihr Minimum erreicht. Diese Rechnung (vgl. z. B. Bohm (1995)) führt für die Konzentration von Leerstellen (Schottky-Defekte) in Kristallen aus einer Atomart auf die Beziehung

$$N_S/N = \exp(-\omega_S/kT).$$

Hierbei bedeuten N die Anzahl der Atome des Kristalls, N_S die Anzahl der Defekte, mithin N_S/N deren Konzentration, ω_S die zur Bildung einer Leerstelle nötige Energie, k die Boltzmann-Konstante und T die absolute Temperatur. Für die anderen Defekte kommt man auf ähnliche Exponentialausdrücke, in die als wesentlicher Parameter die jeweilige Bildungsenergie der betrachteten Defekte eintritt, die in der Größenordnung von einigen Elektronenvolt (eV) liegt. Prinzipiell sind alle aufgeführten Typen von Punktdefekten in einem Kristall gleichzeitig zugegen, jedoch überwiegt der Typ, der in der betreffenden Struktur die geringste Bildungsenergie hat. Als Beispiel (Abb. 6.2) sei ein Kupferkristall angeführt, in dem die Schottky-Defekte überwiegen und der bei einer Temperatur von ca. 900 °C (also rd. 185 K unter dem Schmelzpunkt) eine Leerstellenkonzentration von rd. 10^{-5} besitzt, das heißt, auf ca. 100.000 Cu-Atome kommt eine Leerstelle.

Die exponentiellen Verläufe in Abb. 6.2 sind allerdings nur idealisiert. Bei einer gewissen Temperatur biegt die experimentelle Kurve jedoch in einen konstanten Wert ab und folgt nicht mehr dem theoretischen Verlauf. Bei diesen tieferen Temperaturen können die Atome nicht mehr die Diffusions- und Platzwechselvorgänge ausführen, die für die Einstellung der Gleichgewichtskonzentration erforderlich wären. Infol-

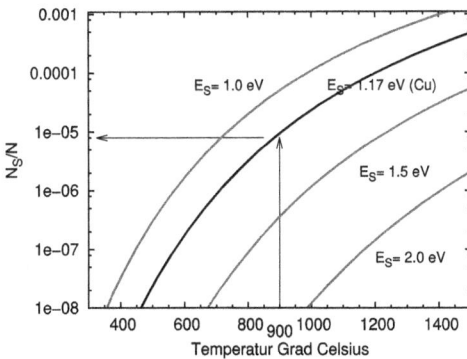

Abb. 6.2: Abhängigkeit des Verhältnisses N_S/N von der Temperatur (Schottky-Defekte) bei unterschiedlichen Aktivierungsenergien bzw. speziell für Cu.

gedessen bleibt eine höhere Konzentration an Defekten eingefroren als dem thermischen Gleichgewicht bei tieferen Temperaturen entspricht. Es ist deshalb nicht möglich, einen besonders defektarmen Kristall etwa dadurch herzustellen, dass man ihn sehr tief abkühlt. Andererseits kann man jedoch durch Abschrecken von hohen Temperaturen entsprechend höhere Konzentrationen von Defekten einfrieren. Die experimentelle Untersuchung der Konzentration von Punktdefekten kann kalorimetrisch, durch präzise Dichtebestimmungen und bei elektrischen Leitern durch Messen des Restwiderstandes bei tiefen Temperaturen erfolgen.

Die Konzentrationen liegen dann selbstverständlich über der des thermischen Gleichgewichts. Da die betroffenen Atome bei diesen Vorgängen zumeist im Gitter verbleiben, wird im Allgemeinen eine Frenkel-Fehlordnung erzeugt. Auch beim Kristallwachstum können Punktdefekte eingebaut werden. Das Ausheilen von überschüssigen Punktdefekten gegenüber dem thermodynamischen Gleichgewicht kann durch eine Rekombination zueinander passender Leerstellen und Zwischengitteratome erfolgen (Annihilation), oder die Punktdefekte scheiden sich an der Oberfläche, an Korngrenzen, an Versetzungen oder an anderen gröberen Baufehlern aus. Wo diese nicht erreichbar sind, kann die Ausscheidung der Punktdefekte auch durch Bildung von Agglomeraten (Cluster) geschehen. Alle diese Prozesse sind an Platzwechsel- und Diffusionsvorgänge gebunden. Das thermodynamische Gleichgewicht ist dynamisch; Bildung und Ausheilung von Punktdefekten halten sich die Waage.

Allerdings können aus einem Ionenkristall nicht beliebig viele Ionen entfernt werden, ohne das dadurch entstehende Ladungsdefizit auszugleichen. Das kann durch den Einbau von Ionen anderer Wertigkeit oder durch die Aufnahme oder Abgabe von Elektronen geschehen. Derartige Defekte sind dann mit markanten Änderungen der Elektronenstruktur verbunden. Das hat z. B. besondere Bedeutung für die Leitfähigkeit von Isolator- oder Halbleiterkristallen. Außerdem zeigen solche Punktdefekte oft charakteristische spektroskopische Eigenschaften und werden dann als Farbzentren bezeichnet.

Das wohl am besten untersuchte Farbzentrum ist das F-Zentrum, das in Ionenkristallen vom NaCl-Typ auftritt. Hier fehlt in der Struktur ein Anion (also im NaCl ein Cl^--Ion), und an der verbleibenden Leerstelle befindet sich ein überschüssiges Elektron, das durch die umgebenden positiven Kationen auf diesem Platz festgehalten wird (Abb. 6.3). Dadurch ist die elektrische Ladungsneutralität gewährleistet; das Elektron besitzt aber in dieser Position besondere Energiezustände, die sich spektroskopisch durch eine Absorptionsbande, eine F-Bande, bemerkbar machen. Diese Bande liegt z. B. für NaCl bei einer Wellenlänge von 465 nm. Außer dem F-Zentrum sind im NaCl noch eine Reihe weiterer Farbzentren gefunden worden, und die Vielfalt der überhaupt bekannt gewordenen Farbzentren ist in der Festkörperphysik kaum mehr zu überblicken. Auch spektroskopisch wirksame molekülartige Gruppierungen – z. T. in diversen Ladungszuständen – werden als Farbzentren oder allgemein als Zentren bezeichnet.

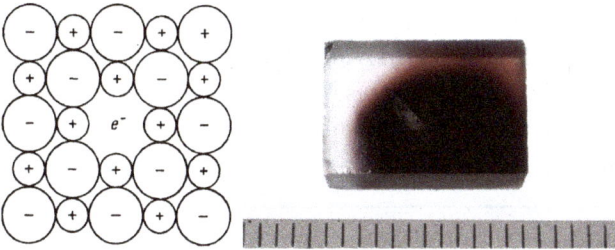

Abb. 6.3: Modell des F-Zentrums in der NaCl-Struktur und Photo von Farbzentren in CaF_2. Im CaF_2 wurden die Farbzentren durch den Beschuß mit Ionen erzeugt.

6.1.2 Chemische Punktdefekte

Wenden wir uns nun den Punktdefekten zu, die mit Veränderungen der stofflichen Zusammensetzung des Kristalls verbunden sind. Sie werden auch als chemische Defekte bezeichnet. Die bisher betrachteten strukturellen Punktdefekte bewirken, wie man sich leicht überzeugt (mit Ausnahme der Anti-Lagen-Defekte und z. T. der Farbzentren), keinerlei Veränderung der stofflichen Zusammensetzung des Kristalls.

Chemische Punktdefekte entstehen durch Einbau von Fremdatomen aller Art, sei es auf Gitterplätzen oder auf Zwischengitterplätzen und/oder durch Stöchiometrieabweichungen in Verbindungen

---

Der Einbau von Fremdatomen wird schon dadurch zwingend, weil es keine chemisch reine Substanzen geben kann. Obwohl eine Vielzahl von Bezeichnungen der Hersteller für die Reinheit chemischer Stoffe angegeben werden (z. B. *rein, reinst, zur Analyse* usw.) gibt es keine klare Klassifikation der Reinheitsgrade chemischer Stoffe. Die höchsten Anforderungen für die chemische Reinheit werden heute an Halbleitermaterialien gestellt. Dazu wird die Prozentangabe des Stoffes benutzt, i. d. R. abgekürzt durch die Anzahl von Neunen, z. B. 99,99 % entspricht 4 N, 99,9999 % entspricht 6 N usw. 6 N- Material enthält demnach auch 1 ppm (*part per million*) an Verunreinigungen; 9 N- Material 1 ppb (*part per billion*). Zur Verständlichung: unter Berücksichtigung der Avogadro-Konstanten ($6{,}022 \cdot 10^{23}\,\mathrm{mol}^{-1}$) befinden sich in Substanzen ca. 10^{22} Atome einer Atomsorte in $1\,\mathrm{cm}^3$, d. h. in einem 6 N Material sind dann noch ca. 10^{16} Fremdatome pro cm^3 enthalten. Silicium wird heutzutage in Reinheitsgraden bis 10 N hergestellt.

Ein wichtiger Aspekt, der mit der Existenz von Punktdefekten zusammenhängt, sind mehr oder weniger starke Abweichungen von der exakten Stöchiometrie bei chemischen Verbindungen; eine Übersicht findet sich bei Kröger (1973).[3] Das von John Dalton 1808 formulierte „Gesetz der multiplen Proportionen" besagt, dass in anorga-

---

3 Martin Rudolf Kröger (3.10.1894–23.8.1980).

nische Verbindungen die beteiligten Elemente im Verhältnis kleiner ganzer Zahlen zueinander stehen, also eine aus den Elementen A und B bestehende Verbindung hat die Formel A_mB_n (m und n sind ganzzahlig). Dieses Gesetz war ein wichtiger Meilenstein bei der Anerkennung der Atomtheorie. Doch streng genommen gilt dieses Gesetz nur am absoluten Nullpunkt.

> **!** Thermodynamisch lässt sich zeigen, dass für Temperaturen $T > 0$ K durch Punktdefekte realisierte Abweichungen von der exakten Stöchiometrie existieren, d. h. eine Verbindung vom Typ A_mB_n hat streng genommen die Formel $A_{m\pm\delta}B_{n\mp\delta}$; δ beschreibt die Abweichung von der Stöchiometrie.

Die thermodynamische Wirkung von Fremdatomen oder Stöchiometrieabweichungen der Form $A_{m\pm\delta}B_{n\mp\delta}$ kann in analoger Weise beschrieben werden. Dabei lassen sich im Wesentlichen zwei Hauptfälle unterscheiden:
1. Die Aufnahme von Fremdatomen in einer reinen Substanz oder die Möglichkeit des Einbaus von Überschuss-Atomen/-Ionen in einer Verbindung, z. B. A oder B in A_mB_n soll durch eine ideale Mischung (keine Wärmetönung) erfolgen, *oder*
2. Es werden reale Mischungen (mit Wärmetönung) betrachtet.

Wenden wir uns in vereinfachter und komprimierter Form dem ersten Fall zu und treffen folgende Annahmen und Festlegungen. Es soll ein Zweistoffsystem A – B betrachtet werden. Die Komponente A steht für eine Komponente und die Komponente B sei eine Fremdkomponente (Fremdstoff). Der Einfluss der Komponente B soll in Form des Molenbruchs x_B betrachtet werden; wir verzichten deshalb auf den Index B, d. h. $x_B \equiv x = \frac{n_B}{n_A+n_B}$. Unter den Bedingungen der Druck- und Temperaturkonstanz ($dp = 0$ und $dT = 0$) kann für die freie Enthalpie G

$$G = (1-x)\cdot\mu_A + x\cdot\mu_B$$
$$\mu_A = \mu_A^0 + R\,T\cdot\ln(1-x) \quad \mu_A^0 = H_A - T\,S_A$$
$$\mu_B = \mu_B^0 + R\,T\cdot\ln x \quad \mu_B^0 = H_B - TS_B$$

angesetzt werden. Dabei bedeuten: μ_A, μ_B die chemischen Potentiale der Komponenten A und B; mit Index ^{0} für die reinen Phasen; H und S sind die Enthalpien bzw. Entropien der Komponenten. Das Einsetzen liefert einen Ausdruck für die freie Gesamtenthalpie, der die Wirkung einer Fremd- bzw. Überschusskomponente auf eine reine Substanz oder Verbindung unter idealen Bedingungen berücksichtigt.

$$G_{ges} = \underbrace{(1-x)\cdot[H_A - T\,S_A] + x\cdot[H_B - T\,S_B]}_{\text{linearer Term l}}$$
$$+ \underbrace{R\,T\cdot[(1-x)\cdot\ln(1-x) + x\cdot\ln x]}_{\text{Mischterm m}}$$

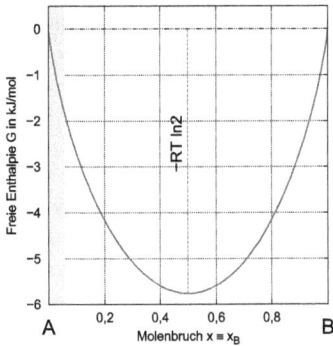

Abb. 6.4: Darstellung des Mischterms $m \equiv G_{\text{misch}} = RT \cdot [(1-x) \cdot \ln(1-x) + x \cdot \ln x]$.

In Abb. 6.4 demonstriert der grau unterlegte Bereich nahe der reinen Komponente A, wie stark die thermodynamische Triebkraft für eine reine Substanz ist, Fremdkomponenten aufzunehmen, die die freie Enthalpie erniedrigen. Rechnerisch ergibt sich diese Schlussfolgerung aus der Ableitung und Grenzwertbildung $\frac{\partial G_{\text{misch}}}{\partial x} \to -\infty$ für $x \to$ A bzw. $\frac{\partial G_{\text{misch}}}{\partial x} \to +\infty$ für $x \to$ B. Der maximale Energiegewinn beträgt $-RT \ln 2$ bei einem Molenbruch von $x = 0{,}5$.

Thermodynamisch lässt sich beweisen, dass es absolut reine Substanzen nicht geben kann. Jeglicher Gehalt an Fremdstoffen führt zu einer Reduzierung der freien Enthalpie eines Stoffes.

Zusammenfassend lässt sich zur Entstehung und Existenz von Punktdefekten sagen, dass sie unter anderem durch folgende Prozesse hervorgerufen werden:

- Durch thermische Energie (Temperatur- und/oder Konzentrationsfluktuationen). Generell gilt: $N_{\text{Pkt.def.}} \propto T$
- Unmittelbar beim Kristallwachstum (Einbau von Verunreinigungen). Diese können dann in gelöster Form vorliegen (feste Lösungen, engl. *solid solutions*)
- Eindiffusion von Fremdstoffen (z. B. C-Eintrag beim Schmieden, Au-Eintrag beim Bonden von Halbleitern)
- Beschuss mit energiereichen Teilchen (Ionenimplantation) oder Strahlen
- Plastische Verformung (Pressen, Biegen usw.)

6.2 Eindimensionale Baufehler: Versetzungen

Versetzungen sind Baufehler, die auf eine ganz spezifische Weise mit dem Gitterbau eines Kristalls zusammenhängen; ihre Beschreibung ist jedoch etwas komplizierter als die der bisher betrachteten Baufehler. Wir führen deshalb ein Gedankenexperiment aus und denken uns einen Kristallblock (Abb. 6.5, links) entlang der Fläche A–B–C–D zur Hälfte aufgeschnitten. Dann wird die eine Seite des aufgeschnittenen Blockes um einen geringen Betrag nach unten „versetzt" und das Gitter wieder zusammengefügt.

Die dazu notwendige Verzerrung des Gitters verteilt sich auf den ganzen Block, so dass eine Störung des Gitterbaus nur entlang der Linie A–D, der Versetzungslinie, festzustellen ist. Das Aufschneiden und Wiederzusammenfügen des Gitters war schließlich nur ein Gedankenexperiment, wir hätten den Kristallblock zur Erzeugung derselben Versetzung auch von der Linie A–D aus nach irgendeiner anderen beliebigen Richtung hin aufschneiden können (von der kleinen Stufe auf der Oberfläche sehen wir ab). Die Versetzungen stellen deshalb im Kristall linienhafte Realstruktur-Erscheinungen dar. Wir können das Gedankenexperiment der Versetzungsbildung noch modifizieren, indem wir die Verschiebung entlang der aufgetrennten Fläche nicht in Richtung B–C (wie in Abb. 6.5, links), sondern in Richtung B–A vornehmen. Die Versetzung erhält dadurch einen anderen Charakter. Der gestörte Strukturbereich erstreckt sich wieder entlang der Versetzungslinie A–D.

Beide Gedankenexperimente stellen Grenzfälle dar; im Allgemeinen kann man sich die Verschiebung der aufgeschnittenen Gitterteile so vorstellen, dass es Komponenten sowohl in Richtung B–C als auch in Richtung B–A gibt. Die Verschiebung der beiden Gitterteile gegeneinander heißt Burgers[4]-Vektor und kennzeichnet die Versetzung. Der Grenzfall in Abb. 6.5, links (Burgers-Vektor und Versetzungslinie sind parallel zueinander) wird als Schraubenversetzung bezeichnet. Der Grenzfall in Abb. 6.5, rechts (Burgers-Vektor und Versetzungslinie stehen senkrecht zueinander) wird als Stufenversetzung bezeichnet.

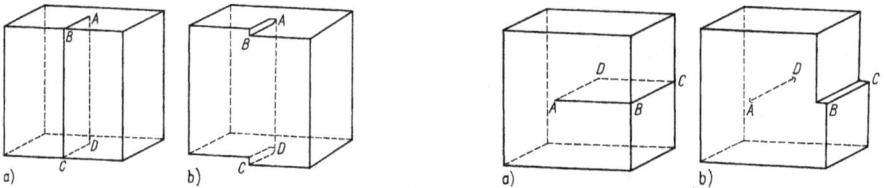

Abb. 6.5: Zur Bildung einer Schraubenversetzung (links) und Stufenversetzung (rechts).

Im allgemeinen Fall eines beliebigen Winkels zwischen Burgers-Vektor und Versetzungslinie trägt die Versetzung gemischten Charakter. Da bei unseren Gedankenexperimenten die beiden Teile des Gitters nach ihrer Verschiebung immer wieder zusammenpassen müssen, stellt der Burgers-Vektor einen Gittervektor dar, der identische Punkte des Gitters aufeinander bezieht. Der Vollständigkeit halber sei angemerkt, dass im Zusammenhang mit Stapelfehlern Burgers-Vektoren mit Teilbeträgen von Gittervektoren auftreten können; die zugehörigen Versetzungen heißen Teilversetzungen.

---

4 Johannes Martinus Burgers (13.1.1895–7.6.1981).

Unsere Gedankenexperimente hatten den Zweck, das Wesen einer Versetzung (engl. *dislocation*) deutlich zu machen. Die Vorstellung von den Versetzungen ist nun noch dahingehend zu modifizieren, dass die Versetzungslinien im allgemeinen keinen geradlinigen Verlauf durch den Kristall nehmen, sondern gekrümmt sein und auch Knicke aufweisen können. Der Burgers-Vektor der Versetzung bleibt dabei stets konstant, während sich sein Winkel zur Versetzungslinie und damit der Charakter der Versetzung ändern können. Aus topologischen Gründen kann eine Versetzung nicht einfach im Gitter enden. Die Versetzungslinien müssen entweder bis zur Oberfläche des Kristalls durchlaufen oder sich zu einem Ring schließen; außerdem können sie sich verzweigen.

Als Maß für die in einem Kristall enthaltenen Versetzungen dient die Versetzungsdichte, die auf zweierlei Weise formuliert wird: einmal als Gesamtlänge aller Versetzungslinien je Volumeneinheit, zum anderen als Anzahl der Durchstoßpunkte von Versetzungen an der Kristalloberfläche je Flächeneinheit. Nach beiden Definitionen hat die Versetzungsdichte die Dimension einer reziproken Fläche, und die betreffenden Werte stimmen in der Größenordnung überein. Normalerweise haben Kristalle Versetzungsdichten von $10^2 \ldots 10^8$ cm^{-2}; in Metallkristallen trifft man häufig noch höhere Versetzungsdichten, die nach starken Deformationen des Kristalls Werte bis 10^{14} cm^{-2} erreichen können. Der mittlere Abstand l zwischen zwei Versetzungen errechnet sich nach $l \approx 1/\sqrt{N}$, wenn N der Betrag der Versetzungsdichte ist (s. auch Abb. 6.6).

Welche Gesamtlänge haben die Versetzungslinien in 1 cm^3 eines Kristalls mit einer Versetzungsdichte von 10^8 cm^{-2}? [?]

Vers.-Dichte [cm^{-2}]	0	10^1	10^2	10^3	10^4	10^5	10^6	10^7	10^8	10^9	10^{10}	10^{11}	10^{12}	10^{13}	10^{14}
Abstand zw. 2. Vers.			1mm		100 μm		10 μm		1μm		100 nm		100Å		10Å

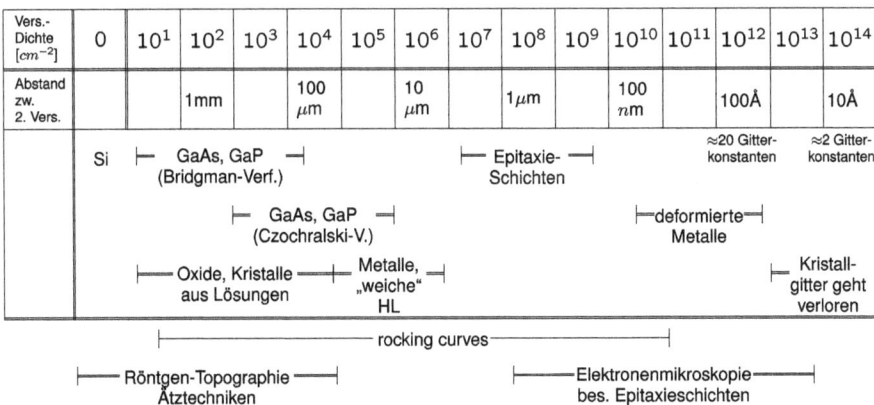

Abb. 6.6: Spektrum der möglichen Versetzungsdichten in kristallinen Materialien.

In Abb. 6.6 sind weiterhin der mittlere Abstand zwischen den Versetzungslinien und einige typische kristallinen Materialien mit den Dichten aufgeführt, die heute bei der Einkristallzüchtung erreicht werden. Der untere Teil der Abbildung gibt analytische Verfahren für die Untersuchung von Versetzungsstrukturen an.

Bisher ist noch die Frage nach der atomaren Struktur im Bereich der Versetzungslinie, dem Versetzungskern, offen geblieben. Betrachten wir das Modell einer Stufenversetzung in einem einfachen (primitiven) kubischen Gitter (Abb. 6.7): In der oberen Hälfte des Kristallblocks erscheint hier eine überzählige Gitterebene, die an der Versetzungslinie abbricht. Über die konkrete Anordnung der Atome einer bestimmten Kristallstruktur entlang der Versetzungslinie gibt dieses Gittermodell allerdings noch keine Auskunft. Die Strukturen der Versetzungskerne sind so vielfältig wie die Kristallstrukturen selbst, und es sei in dieser Frage nur auf die weiterführende Literatur hingewiesen.

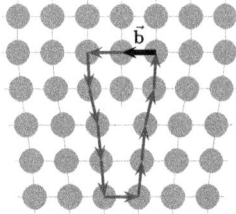

Abb. 6.7: Stufenversetzung in einem kubisch primitiven Gitter. Ein Vektorumlauf ergibt nicht 0, sondern einen Zusatzvektor $\vec{b}$ (Verrückung); man nennt ihn Burgers-Vektor.

Das Modell einer Schraubenversetzung gemäß Abb. 6.5 in einem einfachen (primitiven) kubischen Gitter zeigt Abb. 6.8: Ein Gitterblock mit einer Schraubenversetzung besteht nicht, wie das ungestörte Gitter, aus aufeinander gestapelten Netzebenen, sondern aus einer einzigen Gitterfläche, die sich ähnlich einer Wendeltreppe um die Versetzungslinie windet.

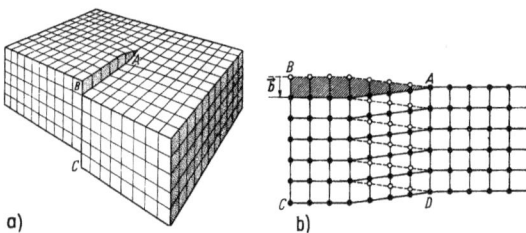

Abb. 6.8: Schraubenversetzung in einem kubisch primitiven Gitter. a) Blockbild: b) Seitenriss ($\vec{b}$ Burgers-Vektor).

> Versetzungen sind linienförmige Defekte in kristallinen Materialien. Sie sind kleine Verrückungen von
> Atomen, die sich durch zwei Haupttypen beschreiben lassen: Stufenversetzung und Schraubenverset-
> zung. Das Maß der Verrückung wird durch einen Vektor, den Burgers-Vektor beschrieben. Die Verset-
> zungsdichte kann in kristallinen Materialien extrem schwanken zwischen großräumiger Versetzungs-
> freiheit (z. B. in synthetisch gezüchteten großen Silicium-Einkristallen) und Versetzungsdichten bis
> ca. 10^{12} cm^{-2} in mechanisch stark deformierten Materialien.

Kristalle mit Versetzungen enthalten gegenüber solchen mit ungestörter Struktur eine
zusätzliche Energie. Diese Energie rührt größtenteils von der durch die Versetzungen
bewirkten elastischen Verspannung des Gitters her, welche sich über den gesamten
Kristall verteilt. Zur Berechnung der elastischen Energie einer Versetzung mit einem
Burgers-Vektor der Länge $|\vec{b}|$ denke man sich die Versetzungslinie (die eine Länge l
haben möge) von einem Zylinder der infinitesimalen Dicke dr umgeben. Dieser Zylinder werde der Länge nach aufgeschnitten und entsprechend der Versetzung deformiert (Abb. 6.9). Die Arbeit dE_e, die bei einer solchen Verformung gegen die elastischen Kräfte in einem ungestörten Gitter zu leisten ist, errechnet sich im Rahmen der
Elastizitätstheorie für ein isotropes Kontinuum mit einem Schermodul G und einem
Poisson[5]-Verhältnis ν bei einer Schraubenversetzung zu

$$\mathrm{d}E_e^S = \frac{Gb^2 l}{4\pi r}\,\mathrm{d}r$$

und bei einer Stufenversetzung zu

$$\mathrm{d}E_e^{St} = \frac{Gb^2 l}{4\pi r(1-\nu)}\,\mathrm{d}r.$$

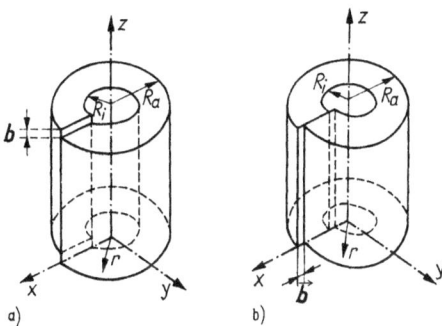

Abb. 6.9: Elastische Deformation eines zylindrischen Volumens um eine Versetzung. a) Schraubenversetzung; b) Stufenversetzung; R_i Radius des Versetzungskerns bzw. innerer Radius; R_a äußerer
Radius; $\vec{b}$ Burgers-Vektor.

---

5 Siméon Denis Poisson (21.6.1781–25.4.1840).

Die elastische Energie des gesamten durch die Versetzung verspannten Kristallvolumens erhält man bei der Schraubenversetzung gemäß

$$E_e^S = \frac{Gb^2 l}{4\pi} \int\limits_{R_i}^{R_a} \frac{dr}{r} = \frac{Gb^2 l}{4\pi} \ln \frac{R_a}{R_i}$$

und bei der Stufenversetzung gemäß

$$E_e^{St} = \frac{Gb^2 l}{4\pi(1-v)} \int\limits_{R_i}^{R_a} \frac{dr}{r} = \frac{Gb^2 l}{4\pi(1-v)} \ln \frac{R_a}{R_i}.$$

Um endliche Werte zu erhalten, muss der Integrationsbereich nach beiden Seiten begrenzt werden: Der innere Radius R_i ist dort anzusetzen, wo die elastischen Kräfte, die mit kleiner werdendem Radius r unbegrenzt anwachsen, die kristallchemischen Bindungskräfte überschreiten, d. h., wo der Bereich des Versetzungskerns beginnt. Eine entsprechende Abschätzung ergibt für R_i die Größenordnung von 1 nm. Für den äußeren Radius R_a hätte man bei einer einzelnen Versetzung den Halbmesser des Kristalls zu setzen. Enthält der Kristall jedoch mehr Versetzungen, so überlagern sich deren elastische Spannungsfelder und heben sich z. T. gegenseitig auf; man setzt in diesem Fall für R_a gewöhnlich den halben durchschnittlichen Abstand zwischen den Versetzungslinien ein. Betrachten wir als Beispiel einen Kupferkristall (kubisch dichteste Kugelpackung, Gitterparameter a_0 = 0,362 nm; Schubmodul G = 48,3 · 10^9 Nm^{-2}; Poisson-Verhältnis v = 0,343) und nehmen einen äußeren Radius R_a = 50 μm (entsprechend einer Versetzungsdichte von 10^4 cm^{-2}) an, so ergibt sich die Energie einer Schraubenversetzung mit der Länge l und einem Burgers-Vektor der Länge $|\vec{b}|$ = 0,255 nm (entsprechend der Länge $|\vec{b}|$ = $a/\sqrt{2}$ der kürzesten Gittervektoren in einem kubisch flächenzentrierten Gitter) gemäß

$$E_e^S/l = 2{,}7 \cdot 10^{-9} \text{ J/m} = 1{,}7 \cdot 10^{10} \text{ eV/m} \approx 4 \text{ eV/b}.$$

Somit enthält der Kristall eine elastische Energie von 4 eV je 0,255 nm der Versetzungslinie. Diese Strecke ist gleich dem Netzebenenabstand der von der Versetzungslinie durchschnittenen {110}-Netzebenen so wie auch dem Durchmesser eines Cu-Atoms. Die Energie E_e^{St} einer Stufenversetzung mit dem gleichen Burgers-Vektor ist um den Faktor $1/(1-v)$ = 1,52 (für Cu) größer und beträgt damit

$$E_e^{St}/l = 4{,}1 \cdot 10^{-9} \text{ J/m} = 2{,}6 \cdot 10^{10} \text{ eV/m} \approx 6 \text{ eV/b}.$$

Die Energie einer Versetzung mit gemischtem Charakter liegt zwischen beiden Werten, so dass also der Charakter einer Versetzung ihre Energie nur relativ wenig beeinflusst. Wegen $R_a \gg R_i$ ändern sich $\ln(R_a/R_i)$ und damit die Versetzungsenergie bei einer Änderung der für die Rechnung benutzten Radien R_i und R_a gleichfalls nur wenig, so dass es auf deren genaue Werte nicht ankommt und die Versetzungsenergie auch weitgehend unabhängig von der Versetzungsdichte ist. In Anbetracht dessen sowie der in die Rechnung eingehenden Näherungen (Annahme eines isotropen elastischen Kontinuums sowie einer geraden Versetzungslinie) kann man für die elastische Energie E_e einer (beliebigen) Versetzung näherungsweise schreiben

$$E_e \approx aGb^2 l$$

mit einem Faktor $a = 0{,}5 \ldots 1{,}5$. Gegenüber dieser beträchtlichen elastischen Energie einer Versetzung ist die Energie E_K des Versetzungskerns deutlich geringer. Abschätzungen, die von der Schmelzwärme des im Versetzungskern enthaltenen Kristallmaterials ausgehen, führen auf eine Größenordnung von

$$E_e \approx aGb^2 l E_K / l = 0{,}5 \cdot 10^{-3}\,\text{J/m} \approx 0{,}75\,\text{eV}/0{,}255\,\text{nm},$$

das sind nur reichlich 10 % der oben berechneten elastischen Energie. Für Abschätzungen der gesamten Energie $E_D \approx E_e + E_K$ einer Versetzung kann man E_K auch mit in den Faktor a hineinziehen, wobei für viele Belange $a \approx 1$ angenommen und dann einfach $E_D \approx Gb^2 l$ geschrieben werden kann.

Die Versetzungsenergie E_D ist (im Rahmen der Näherung) proportional zur Länge l der Versetzungslinie, so dass sich die Energie der Versetzung durch eine Verkürzung der Versetzungslinie reduziert. Man kann deshalb die Größe E_D/l auch als eine Kraft interpretieren, die bestrebt ist, die Versetzungslinie „straff" zu ziehen. Außerdem ist die Versetzungsenergie E_D proportional zum Quadrat des Burgers-Vektors $|\vec{b}|^2$. Deshalb bilden sich gewöhnlich nur Versetzungen mit den kleinstmöglichen Burgers-Vektoren: das sind die jeweils kürzesten Gittervektoren. Beispielsweise enthalten zwei Versetzungen mit den gleichen Burgers-Vektoren $|\vec{b}| = a$ zusammen nur halb soviel Energie, wie eine einzige Versetzung mit dem doppelten Burgers-Vektor $|\vec{b}| = 2a$, obwohl beide Anordnungen als solche die gleiche Gesamtversetzung des Gitters bewirken. Versetzungen mit größeren Burgers-Vektoren sind energetisch ungünstig und treten nur unter besonderen Umständen auf.

Die Versetzungsenergie E_D ist proportional zum Quadrat des Burgers-Vektors $E_D \propto |\vec{b}|^2$. Doch auch die Energie der Versetzungen mit den kleinstmöglichen Burgers-Vektoren ist noch so groß, dass sie durch thermische Fluktuationen selbst bei der Temperatur des Schmelzpunktes praktisch nicht aufgebracht werden kann: Versetzungen gehören nicht zum thermodynamischen Gleichgewichtszustand eines Kristalls – im Gegensatz zu den oben behandelten Punktdefekten.

Folgende Mechanismen außerhalb des thermodynamischen Gleichgewichts sind hauptsächlich für die Entstehung von Versetzungen verantwortlich:

- Fehlpassungen des Gitters infolge Änderungen der Gitterparametern, hervorgerufen durch Schwankungen der Zusammensetzung bei verunreinigten bzw. dotierten Kristallen („*striations*", Streifenbildung) oder Mischkristallen,

- Fehlpassungen (engl. *misfit*) beim Aufwachsen auf einen Impfkristall oder bei epitaktischen Aufwachsprozessen besonders an der Grenzfläche Substrat/Epitaxieschicht,
- versetztes Zusammenwachsen von Dendritenästen und anderen vergröberten Wachstumsformen oder beim Umwachsen von Einschlüssen (unterschiedliche Ausdehnungskoeffizienten von Matrix und Einschlusskomponente),
- plastische Verformung, hervorgerufen u. a. durch thermische Spannungen oder durch einen Modifikationswechsel (Volumensprünge bei Phasenumwandlung). Durch eine Plastizierung tritt eine Versetzungsmultiplikation ein. Beim mechanischen Belasten von kristallinen Materialien bewegen sich die Versetzungen (Gleitprozesse!) und es können neue entstehen. Dabei können Versetzungsdichten $> 10^{12}\,\mathrm{cm}^{-2}$ auftreten.
- Kondensation von Punktdefekten (Leerstellen, Zwischengitteratome), die im Kristall nach dem Wachstum (Abkühlung von hohen Temperaturen) bzw. infolge der Änderung der Zustandsparameter in Übersättigung vorhanden sind,

Versetzungen lassen sich durch röntgenographische und elektronenmikroskopische Methoden beobachten. In klar durchsichtigen Kristallen können einzelne Versetzungen unter dem Polarisationsmikroskop aufgrund der durch sie verursachten Spannungsdoppelbrechung sichtbar sein. Eine andere Methode zum Nachweis von Versetzungen, die wegen ihrer einfachen Durchführung sehr verbreitet ist, besteht darin, an den Durchstoßpunkten der Versetzungslinien in der Kristalloberfläche Ätzgrübchen (engl. *etch pits*) zu erzeugen. Ferner ließen sich Versetzungen dadurch nachweisen, dass durch spezielle Verfahren Beimengungen an den Versetzungslinien zur Ausscheidung gebracht und mikroskopisch beobachtet wurden (Dekorationsmethode).

6.3 Zweidimensionale Baufehler: Korngrenzen, Zwillinge, Stapelfehler

An einer Korngrenze stoßen zwei Kristallindividuen (Körner) aneinander. Um eine Korngrenze phänomenologisch zu kennzeichnen, ist zunächst die gegenseitige Orientierung der aneinandergrenzenden Gitter festzulegen. Das kann durch Angabe einer Drehung (um eine bestimmte Achse) geschehen, durch die beide Gitter miteinander zur Deckung kommen. Das liefert drei Bestimmungsstücke: zwei für die Richtung der Achse, eines für den Drehwinkel. Außerdem ist noch die Lage der Grenze zum Gitter eines der Körner zu fixieren, was nochmals zwei Bestimmungsstücke erfordert (z. B. zur Angabe der Flächennormalen der Korngrenze durch zwei Winkelkoordinaten). Somit sind zur vollständigen Kennzeichnung einer Korngrenze insgesamt fünf Bestimmungsstücke erforderlich. Nach dem gegenseitigen Bezug zwischen den Gittern der beiden Kristallkörner unterscheidet man Kleinwinkelkorngrenzen, Großwinkelkorngrenzen und Zwillingsgrenzen.

Strukturell in sich homogene Kristallbereiche können durch Großwinkelkorngrenzen, Kleinwinkelkorngrenzen oder Zwillingsgrenzflächen voneinander getrennt sein. Multi- oder Polykristalle sind durch Großwinkelgrenzen charakterisiert; zwischen den Kornbereichen sind quasi-amorphe Schichten bis zu mehreren Mikrometern Dicke (Beilby-Schicht) möglich. Dagegen spricht man weiterhin von Einkristallen, auch wenn in ihnen Kleinwinkelkorngrenzen und/oder Zwillingsgrenzflächen vorkommen.

6.3.1 Großwinkelkorngrenzen

Von einer Großwinkelkorngrenze oder einer Korngrenze schlechthin spricht man, wenn die Verschwenkung zwischen den Körnern 4 bis 5° übersteigt (siehe z. B. Abb. 6.10). Die Energie solcher Korngrenzen bewegt sich in der Größenordnung von $0.5 \, J/m^2$. Früher gab es die Vorstellung, dass zwischen den beiden Körnern eine quasi amorphe (glasartige) sog. Beilby[6]-Schicht aus ungeordneten Atomen mit einer Dicke von mehreren Gitterparametern besteht. Dann müssten aber die Eigenschaften der Korngrenze (z. B. die Korngrenzenenergie) unabhängig von der gegenseitigen Orientierung der beiden Kristallkörner und der Lage der Korngrenze sein, doch wird das Gegenteil beobachtet. Zudem verhalten sich Kippkorngrenzen (engl. *tilt boundaries*) anisotrop, z. B. hinsichtlich einer Diffusion entlang der Korngrenze. Deshalb gehen die verschiedenen Korngrenzenmodelle durchweg davon aus, dass die Struktur der beiden Körner bis unmittelbar an die Korngrenze heranreicht, d. h., auch die Atome in der Grenze lassen sich der Struktur eines der beiden Körner oder u. U. auch beider Körner gleichzeitig zuordnen.

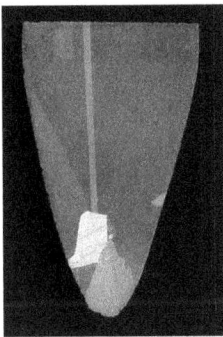

Abb. 6.10: Angeätzter Längsschliff eines CdTe-Kristalls, gezüchtet nach dem vertikalen Bridgman-Verfahren. In der Spitze sind mehrere durch Großwinkelkorngrenzen getrennte Körnern zu sehen. Der obere Teil ist einkristallin, durchzogen mit zwei {111}-Zwillingslamellen.

---

6 Sir George Thomas Beilby (17.11.1850–1.8.1924).

6.3.2 Kleinwinkelkorngrenzen

Von einer Kleinwinkelkorngrenze (Subkorngrenze, engl. *low angle grain boundary*) spricht man, wenn der Unterschied in der Orientierung der aneinandergrenzenden Gitter gering ist und sich im Bereich von Winkelminuten bis zu rd. 4° bewegt. Ein Modell für den Aufbau einer Kleinwinkelkorngrenze erhält man, indem in einem Gitter Stufenversetzungen in einer Reihe übereinander angeordnet werden (Abb. 6.10, links). Sei D der Abstand zwischen den Versetzungen und $|\vec{b}|$ der Betrag ihres Burgers-Vektors, so ergibt sich zwischen den Subkörnern ein Orientierungsunterschied $\vartheta \approx |\vec{b}|/D$, d. h. aus dem Verkippungswinkel und dem mittleren Abstand der Versetzungen kann grob auf die Länge des Burgers-Vektors geschlossen werden. Bei diesem einfachen Modell verläuft die Kleinwinkelkorngrenze symmetrisch durch das Gitter. Bei einem unsymmetrischen Verlauf der Kleinwinkelkorngrenzen treten Stufenversetzungen mit Burgers-Vektoren anderer Richtung hinzu (Abb. 6.11 rechts). In beiden Modellen liegt die Drehachse, mit deren Hilfe sich die Gitter der beiden Subkörner zur Deckung bringen lassen, parallel zur bzw. in der Subkorngrenze. Das ist ein Grenzfall, der als Kippkorngrenze oder Neigungskorngrenze (engl. *tilt boundary*) bezeichnet wird. Der andere Grenzfall besteht darin, dass die betreffende Achse senkrecht auf der Subkorngrenze steht, und wird als Drehkorngrenze oder Verschränkungskorngrenze (engl. *twist boundary*) bezeichnet. Will man den Aufbau einer Drehkorngrenze modellhaft erfassen, so kommt man auf ein System von Schraubenversetzungen, die sich gegenseitig durchkreuzen und ein Netzwerk bilden.

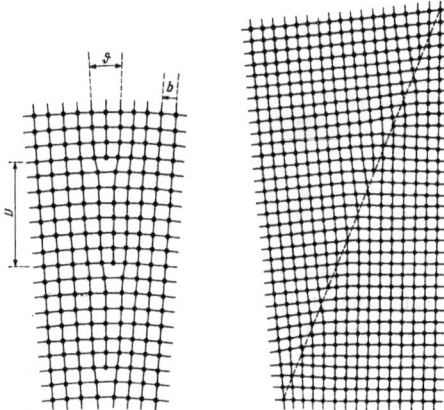

Abb. 6.11: Modell einer Kleinwinkelkorngrenze (Kipp-Korngrenze) in einem kubisch primitiven Gitter. links: symmetrischer Fall, $\vartheta \approx |\vec{b}|/D$; rechts: unsymmetrischer Fall.

Im allgemeinen hat eine Kleinwinkelkorngrenze sowohl Kipp- als auch Dreh-Komponenten und verläuft mehr oder weniger unregelmäßig durch das Kristallvolumen; ihre Struktur besteht aus einem mehr oder weniger dichten Netzwerk von Versetzungen unterschiedlichen Charakters – je nach dem Grad der Verschwenkung der Subkörner.

Es ist energetisch günstiger, wenn Versetzungen mit relativ kleinen Burgers-Vektoren (z. B. in Metallen und Verbindungshalbleitern) in Kleinwinkelkorngrenzen zusammenlaufen. Dazu sind aber Versetzungsdichten größer als ca. 10^4 cm^{-2} die Voraussetzung. Je höher die Versetzungsdichte, desto kleiner der Durchmesser der entstehenden Subkörner (bis zu ca. 100 µm). Die Folge ist eine mehr oder weniger ausgeprägte Sub- oder Mosaikstruktur der Kristalle.

Die Zusammensetzung eines Kristalls aus Subkörnern bedingt im Zusammenwirken mit den Einzelversetzungen eine gewisse Streuung der Orientierung des Kristallgitters über das Volumen des Kristalls: Das ist das Wesen des Mosaikbaus (Abb. 6.12 und 6.13), ein Begriff, der bereits vor Kenntnis der Versetzungen und Struktur der Subkorngrenzen geprägt wurde.

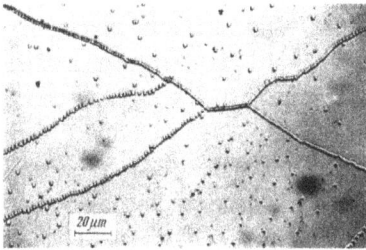

Abb. 6.12: Mosaikstrukturen. Kleinwinkelkorngrenzen neben Einzelversetzungen in einem LiF-Einkristall, Ätzgrübchen auf einer (100)-Spaltfläche.

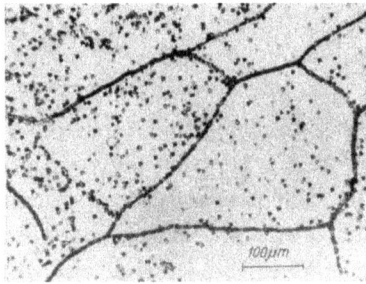

Abb. 6.13: Mosaikstrukturen. Ausgeprägte Substrukturzellen durch Kleinwinkelkorngrenzen; Atzgrübchen auf einer PbTe-(100)-Spaltfläche.

6.3.3 Zwillingsgrenzen

Zwillingsgrenzen sind dadurch gekennzeichnet, dass die aneinandergrenzenden Kristallindividuen von vornherein eine dem betreffenden Zwillingsgesetz entsprechende, genau festgelegte Orientierung zueinander haben. So entspricht die in Abb. 6.14 dargestellte spiegelbildliche Anordnung der beiden Gitter einer Zwillingsstellung nach einer Zwillingsebene, und über die Zwillingsgrenze setzt sich in diesem Fall ein Koinzidenzgitter fort. Bei Strukturen, deren Symmetrie geringer ist als die ihres Translati-

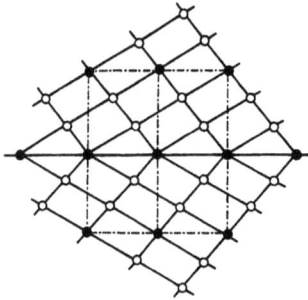

Abb. 6.14: Koinzidenzorientierung zweier Gitter, die einer Zwillingsstellung nach einer Zwillingsebene entspricht.

onsgitters (Hemiedrien), gibt es auch die Möglichkeit, dass sich das Translationsgitter selbst über die Zwillingsgrenze hinweg fortsetzt. In den Fällen, in denen die Zwillingsgrenze mit der Zwillingsebene und diese mit einer Gitterebene zusammenfallen, hat die Zwillingsgrenze eine atomar perfekte Struktur (siehe Abb. 6.10). Solche Zwillingsgrenzen werden als kohärent bezeichnet. Anderenfalls ist eine Zwillingsgrenze inkohärent, insbesondere, wenn sie keinen ebenen, sondern einen willkürlich wechselnden Verlauf nimmt. Inkohärente Zwillingsgrenzen besitzen eine den Großwinkelkorngrenzen vergleichbare Korngrenzenenergie. Bei den atomar perfekten kohärenten Zwillingsgrenzen ist die Korngrenzenenergie hingegen deutlich kleiner. Detaillierte Beschreibungen zu Zwillingsstrukturen und -gesetzmäßigkeiten finden sich in Abschnitt 1.8.

6.3.4 Stapelfehler

Stapelfehler sind eine weitere Art von flächenhaften Kristallbaufehlern. Zu ihrem Verständnis können wir uns den Aufbau einer Kristallstruktur so vorstellen, dass fortlaufend Atomschichten in einer bestimmten Ordnung aufeinander gestapelt werden. Wird diese Stapelfolge einmal nicht eingehalten, indem eine Atomschicht gegenüber der vorangegangenen in einer anderen Position angeordnet wird, als es der richtigen Stapelordnung entspricht, dann resultiert ein flächenhaft ausgedehnter Defekt, ein Stapelfehler (engl. *stacking fault*).

Ein instruktives Beispiel bieten die dichtesten Kugelpackungen, bei denen Stapelfehler tatsächlich häufig auftreten. Die Aufeinanderfolge von dicht gepackten Kugelschichten wurde vorn anhand der Abb. 2.4 bis 2.6 dargestellt. Eine kubisch dichteste Kugelpackung wird z. B. durch die Folge ...ABCABC... gegeben. Betrachten wir demgegenüber die Folge ...ABCACABC..., dann ist diese Folge in einer dichtesten Kugelpackung zwar ohne weiteres möglich, doch ist die kubische Stapelfolge zwischen der 4. und 5. Schicht nicht ordnungsgemäß eingehalten worden; es resultiert ein Stapelfehler, von dem beide Schichten gleichermaßen betroffen sind. Stapelfehler sind meist eben und haben eine atomar perfekte Struktur sowie eine entsprechend geringe Energie. Die Stapelfehlerenergien bewegen sich zwischen einigen zehn $\mu J/cm^2$ für Metalle (z. B. Aluminium $17\,\mu J/cm^2$) bis zu sehr geringen Werten bei Schichtenstrukturen mit geringeren Bindungskräften zwischen den Schichten (Graphit $0{,}05\,\mu J/cm^2$).

Im Gegensatz zu Korngrenzen und Zwillingsgrenzen weisen die Kristallbereiche beiderseits eines Stapelfehlers keinen Unterschied in der Orientierung ihrer Gitter auf. Lediglich eine parallele Verschiebung (Translation) um einen bestimmten Vektor bringt beide Gitter miteinander zur Deckung. Im obigen Beispiel wäre das eine Verschiebung der 5. Schicht (samt allen folgenden Schichten) von der Position C in die Position B (vgl. Abb. 2.4). Dieser den Stapelfehler kennzeichnende Verschiebungsvektor wird (wie bei den Versetzungen) als Burgers-Vektor bezeichnet. Zum Unterschied von den Versetzungen ist der Burgers-Vektor hier jedoch kein Gittervektor, denn sonst entstünde kein Stapelfehler (vgl. Abb. 6.5). Wenn ein Stapelfehler (entsprechend der Fläche ABCD auf diesen Bildern) innerhalb eines Kristalls abbricht, entsteht an seinem Rand (entsprechend der Linie AD) eine versetzungsähnliche Struktur, nur dass der Burgers-Vektor eben kein ganzer Gittervektor ist; man spricht dann von einer unvollständigen bzw. Partial- oder Teilversetzung (Partialversetzung, (engl. *partial dislocation* kurz: *partial*)), von welcher ein Stapelfehler umrandet wird.

6.3.5 Antiphasengrenzen

Es gibt noch eine Reihe weiterer flächenhafter Kristallbaufehler, bei denen die Gitter der aneinandergrenzenden Kristallbereiche durch eine Translation miteinander zur Deckung gebracht werden. Man bezeichnet sie zusammenfassend als Translationsgrenzen. Hierzu gehören u. a. auch die Antiphasengrenzen. Sie können in Überstrukturen (vgl. Abb. 2.15 bis 2.16) entstehen, wenn bei deren Herausbildung die Ordnung der Überstruktur in verschiedenen Bereichen in einem anderen „Takt" bzw. in einer anderen Phase einsetzt, also z. B. in Abb. 2.15 dergestalt, dass die Cu- und die Au-Positionen vertauscht werden. Antiphasengrenzen bilden entweder eine geschlossene Fläche oder werden (gleich den Stapelfehlern) von unvollständigen Versetzungen (Teilversetzungen) begrenzt (Abb. 6.15). Im Gegensatz zu letzteren werden vollständi-

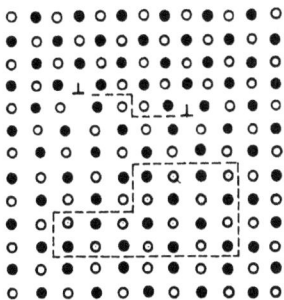

Abb. 6.15: Antiphasengrenzen in einer Überstruktur. oben: Antiphasengrenze (gestrichelt), begrenzt durch Teilversetzungen($\perp$); unten: geschlossene Antiphasengrenze.

ge Versetzungen in Überstrukturen gelegentlich auch als Überstrukturversetzungen oder als Überversetzungen bezeichnet. Zu den Translationsgrenzen gehören schließlich noch die Scherflächen. Sie entstehen, wenn man aus einer Struktur gewisse Atomschichten ganz oder teilweise herausnimmt, wie es bei Abweichungen von der Stöchiometrie geschehen kann.

6.4 Dreidimensionale Baufehler: Einschlüsse und Ausscheidungen

Dreidimensionale Baufehler sind sehr grobe Defekte in Kristallen, die aus sehr unterschiedlichen und vielfältigen Gründen entstehen können. Am häufigsten beobachtet man Einschlüsse mit Dimensionen $\langle\mu m\rangle$ bis einige $\langle mm\rangle$ beim Wachstum aus Schmelzen oder Schmelzlösungen. Dabei können Schmelzlösungsmitteltröpfchen eingefangen werden (s. Abb. 6.16) oder es kommt zu Ausscheidungen durch ein Zusammenbrechen der Wachstumsfront bedingt durch eine konstitutionelle Unterkühlung.

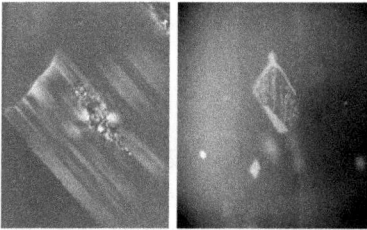

Abb. 6.16: Ausscheidungen in Einkristallen. links: Einschluss eines Lösungsmitteltropfens (ca. 700 μm) im Borsillenit $Bi_{24,5}BO_{38,25}$. Aufnahme zwischen gekreuzten Polarisatoren. Durch Spannungsdoppelbrechung sind gleichzeitig Wachstumsstreifen bedingt durch Konzentrationsänderungen ersichtlich; rechts: Te-Ausscheidung (ca. 150 μm) im CdTe, IR-mikroskopische Aufnahme).

Eine weitere Ursache für Ausscheidungen sind bei Verbindungen die retrograden Soliduslinien. Bei Temperaturen nahe am Schmelzpunkt haben die Randkomponenten (z. B. Komponente A oder B in der Verbindung AB) eine höhere Löslichkeit in der Verbindung als bei tieferen Temperaturen. Das führt zu einem Ausfällen der Überschusskomponenten (z. B. Te in PbTe oder CdTe oder Zn in ZnTe usw.) in Form kleiner Partikel (engl. *precipitates*).

6.5 Grenzformen des Kristallzustandes

Am Anfang dieses Buches wurde ein Kristall als ein homogener anisotroper Körper definiert, der aus einer dreidimensional periodischen Anordnung von Atomen besteht. Die Kristallographie untersucht und beschreibt die Vielfalt der Erscheinungsformen der Kristalle und ihrer Strukturen sowie deren Eigenschaften. Dabei gelangt man dann auch an die Grenzen des Kristallzustandes.

Betrachten wir hierzu noch einmal die dichtesten Kugelpackungen (Abschnitt 2.2): Diese bestehen aus dicht gepackten Schichten mit hexagonaler Symmetrie, in deren Vertiefungen zwischen jeweils drei Kugeln die Kugeln der nächsten Schicht hineingepackt werden. Für die gegenseitige Anordnung benachbarter Schichten gibt es verschiedene alternative Möglichkeiten, die symmetrisch äquivalent sind. Man unterscheidet drei gleichwertige Positionen, A, B und C. Eine Stapelfolge ABAB... ergibt die hexagonal, ABCABC... die kubisch dichteste Kugelpackung. Es sind aber noch beliebig viele andere periodische Stapelfolgen denkbar, wie ABACABAC... etc. Nach einer gemeinsam von der IMA (*International Mineralogical Assoziation*) und der IUCr (*International Union of Crystallography*) beschlossenen Nomenklatur werden die Polytypen (in einer, wie auch hier, verkürzten Version) wie folgt bezeichnet: Eine Zahl für die Anzahl der Schichten, die eine Periode bilden, und einen Großbuchstaben für das Kristallsystem. Für die Kristallsysteme werden folgende Großbuchstaben verwendet:

C	für kubisch	TT oder Q	für tetragonal oder quadratisch
H	für hexagonal	OR oder O	für orthorhombisch
T	für trigonal	M	für monoklin
R	für rhomboedrisch	A oder TC	für anorthisch oder triklin

(Wenn die wahre Symmetrie nicht bekannt oder die Pseudosymmetrie von besonderem Interesse ist, kann der Kristallsystembezeichnung der Buchstabe P für pseudovorangestellt werden.)

Demnach wären die hexagonal dichteste und die kubisch dichteste Kugelpackung jeweils mit 2H bzw. 3C zu bezeichnen.

Manche Stoffe können in mehreren solcher Strukturtypen auftreten. Man bezeichnet dieses Phänomen als Polytypie, das Zusammenwachsen verschiedener Polytypen in einem Kristallkörper als Syntaxie (Verma u. Krishna (1966))[7,8].

Geben Sie je eine (manchmal existieren mehrere) Stapelfolge (in der Form ABC...) für folgende Polytypen an: 4H, 6H, 8H, 10H, 15R. **?**

In jüngerer Zeit wurden Leichtmetall-Legierungen aus Mg, Zn und Seltenerdmetallen sowie Y, wie z. B. $Mg_{24}(Gd,Y,Zn)_5$, präpariert, die Schichtstrukturen mit einer kurios langen Periodizität von 10, 14, 15, 18 und mehr Schichten bilden (s. z. B. Lu u. a. (2012)), allerdings häufig mit Stapelfehlern. Man bezeichnet dieses Phänomen als lang-periodische Stapel-Ordnung (engl. *long period stacking order – LPSO*). Wegen ihrer Leichtheit, mechanischen Stabilität und Korrosionsbeständigkeit haben diese

---

7 Ajit Ram Verma (20.9.1921–4.3.2009).
8 Padmanabhan Krishna (geb. 13.1.1938).

Legierungen großes Interesse als Konstruktionsmaterial in der Medizin- und Raumfahrttechnik gefunden (Heimann (2020)).[9]

Nun ist es aber auch möglich, dass eine Schicht nicht in die (für eine periodische Struktur) richtige, sondern in eine falsche Position A, B oder C gestapelt wird, wodurch ein Stapelfehler entsteht. Wiederholt sich dieser Vorgang häufig, entsteht eine Struktur, in der die Schichten unregelmäßig, statistisch (wie z. B. bei den Kristallen des Co und des Ce) oder beliebig anders aufeinander folgen. Diese Strukturen sind nur noch in den Schichten selbst (zweidimensional) periodisch, in einer dritten Dimension jedoch nicht mehr. Solche Strukturen wurden von Dornberger-Schiff (1964)[10] erforscht und von ihr dafür die Bezeichnung OD-Strukturen (*order–disorder-structures*, Ordnungs–Unordnungs-Strukturen) geprägt. Die Strukturen bestehen (wie auch die richtigen Kristalle) aus identischen Zellen, die (nebst den in ihnen enthaltenen Atomen) trotz der fehlenden Periodizität – wegen der Symmetrie der Packungsregeln – über alle Schichten hinweg immer wieder in die gleiche parallele Anordnung (Orientierung) zueinander gelangen: Es besteht also eine bestimmte Fernordnung, auch mit den entsprechenden Konsequenzen für das Beugungsverhalten.

Eine Verallgemeinerung des Konzeptes der beschränkten Periodizität bei Fortbestehen einer Fernordnung und gewisser Symmetrien wurde von Bohm (1967, 1968) vorgenommen, der diese so strukturierten Körper als Metakristalle bezeichnete. (Neuerdings werden im 3D-Druck hergestellte gitterartige Werkstoffe gleichfalls „Metakristalle" genannt; und „Mesokristalle" sind Verbundwerkstoffe aus parallel angeordneten Mikro- bzw. Nano-Kristallen.)

In nichtperiodischen Strukturen kann es keine Versetzungen geben; das bedingt ein besonderes Festigkeitsverhalten. Ganz besonders interessant ist aber die Möglichkeit, dass Strukturen ohne jede Translationssymmetrie und mit Fernordnung existieren können, die fünfzählige oder auch anderszählige Symmetrien ausbilden, welche ja in periodischen Strukturen verboten und damit eigentlich unkristallographisch sind. Nachdem Shechtman u. a. (1984)[11] auf dem Weg der schnellen Erstarrung von Metall-Legierungen erstmals Kristallkörper mit fünfzähliger Symmetrie (Abb. 6.17) präpariert hat (wofür er 2011 den Nobelpreis bekam), wurde dafür die Bezeichnung Quasikristalle kreiert.

Allerdings ist zu bemerken, dass zuvor schon Mackay (1962, 1981)[12] in Großbritannien eine Arbeit über Ikosaeder-Kugelpackungen, also über Packungen mit fünfzähliger Symmetrie, d. h. über Quasikristalle, publizierte.

Quasikristalle zeigen erwartungsgemäß Beugungsmuster entsprechend ihrer Symmetrie. Völlig überraschend und unerwartet zeigte das Beugungsdiagramm des

---

9 Robert Bertram Heimann (geb. 31.12.1938).

10 Katharina Boll-Dornberger, auch Käthe Dornberger-Schiff genannt (2.11.1909–27.7.1981).

11 Daniel „Dan" Shechtman (geb. 24.1.1941).

12 Alan Lindsay Mackay (geb. 6.9. 1926).

Abb. 6.17: Foto eines Ho–Mg–Zn-Quasikristalls mit (u. a.) fünfzähligen Achsen, kristallographische Form: Pentagon-Dodekaeder, Punktgruppe $m35$. Autor: AMES lab., US Department of Energy Wikipedia (deutsch): Quasikristall (1999).

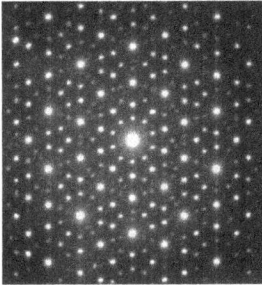

Abb. 6.18: Elektronenbeugungsbild eines ikosaedrischen Zn–Mg–Ho Quasikristalls. Wikipedia (englisch): Quasikristall (2010).

Ho–Mg–Zn-Quasikristalls ein Beugungsmuster bestehend aus scharfen Reflexen mit fünfzähliger bzw. gar zehnzähliger Symmetrie, die es bei periodischen Kristallen nicht geben kann (Abb. 6.18). Später wurden bei Quasikristallen auch noch andere Zähligkeiten gefunden.

Diese Ergebnisse veranlassten die IUCr (*International Union of Crystallography*) im Jahre 1992, eine neue Definition für Kristalle festzulegen, die auch Quasikristalle mit einschließt, so dass sie also eine Erweiterung des bisherigen Kristallbegriffs für konventionelle, periodische Kristalle darstellt. Diese Definition der IUCr, die allein auf Beugungsphänomenen fußt, lautet in deutscher Übersetzung:

Ein Material ist ein Kristall, wenn es ein im Wesentlichen scharfes Beugungsmuster hat. Das Wort im Wesentlichen bedeutet, dass das meiste der Beugungsintensität in relativ scharfen Bragg-Reflexen konzentriert ist, neben der immer gegenwärtigen diffusen Streuung. In allen Fällen können die Positionen der Beugungsreflexe dargestellt werden als

$$\vec{H} = \sum_{i=1}^{n} h_i \vec{a}_i^* \quad (n \geq 3).$$

Hierbei sind $\vec{a}_i^*$ bzw. h_i die Basisvektoren des reziproken Gitters bzw. ganzzahlige Koeffizienten und die Zahl n ist die kleinste, mit der die Positionen der Reflexe mit ganzzahligen Koeffizienten h_i beschrieben werden können. Die konventionellen (periodischen) Kristalle sind eine spezielle, obwohl sehr große Klasse, für welche $n = 3$ gilt.

Quasikristalle sind – gleich den konventionellen Kristallen – homogene anisotrope Körper. Nun sind nichtperiodische Kristallstrukturen mit scharfen Reflexen bereits seit Anfang der 1960er Jahre in Form der schon weiter oben beschriebenen OD-Strukturen bekannt. Stapelt man zweidimensional periodische Schichten regellos nichtperiodisch übereinander, so verteilt sich die Beugungsintensität auf diskrete Stäbe im reziproken Raum. Wie oben ausgeführt, kommt es wegen der Symmetrie der Packungsregeln für die identischen Struktureinheiten (Elementarzellen) der OD-Strukturen zu einer gewissen Fernordnung. Daher erscheinen zusätzlich zu den Stäben außerdem auch noch scharfe Reflexe (im Sinne der obigen IUCr-Definition) im Beugungsmuster (Dornberger-Schiff (1964)). Analog sollte bei OD-Strukturen aus (eindimensional periodischen) Balken ein Beugungsmuster aus scharfen Reflexen zwischen diskreten Platten zu erwarten sein. Solche Körper wurden von Bohm (1967, 1968) als Metakristall bezeichnet, welcher Wortbegriff im heutigen Verständnis des griechischen Präfixes „meta" soviel wie „Überkristall" (Kristall auf einer höheren Begriffsebene) bedeutet – ein Ausdruck, der treffender erscheint, als „Quasikristalle". Er ist auch gleichzeitig umfassender als die obige Kristalldefinition der IUCr, weil er auch Beugungsmuster mit einer Verteilung der Beugungsintensität auf diskreten Stäben und Platten mit einschließt. Da die hier angeführten Metakristalle alle auch homogene anisotrope Körper darstellen, sollten also auch diese mit in die Kristallwelt einbezogen werden.

Des Weiteren ist aber noch ein mathematischer Aspekt sehr wesentlich: Bei den konventionellen, dreidimensional periodischen Kristallstrukturen bildet die Menge aller Symmetrieoperationen, die die Struktur mit sich zur Deckung bringen (das ist gleichzeitig die Menge der Operationen, die alle Elementarzellen der Struktur auf sich abbilden) im mathematischen Sinne eine (unendliche, diskrete, nichtkommutative) Gruppe, die Raumgruppe der Kristallstruktur. Bekanntlich gibt es die in Abschnitt 1.9.3 beschriebenen 230 Raumgruppen (bzw., je nach Definition, deren 219, manchmal auch als Klassen von Raumgruppen bezeichnet). Beim Verlust der dreidimensionalen Periodizität geht die Eigenschaft der Menge der Deckoperationen, eine Gruppe zu bilden, verloren. Stattdessen stellt diese Menge dann im mathematischen Sinne ein Gruppoid dar, wobei die Beschreibung von Gruppoiden den Rahmen dieser Einführung überschreiten würde (siehe z. B. Fichtner (1977, 1980, 1986)).

Nur erwähnt seien hier auch noch die von Penrose (1974)[13] beschriebenen Parkettierungen, einem zweidimensionalen Analogon zu den Quasikristallen.

Eine weitere hochinteressante Klasse nichtperiodischer Körper sind die Hoch-Entropie-Legierungen (engl. *high entropy alloy – HEA*). Nach einigen Vorläufern wurde der Begriff der HEAs um die Jahrtausendwende von Yeh u. a. (2004) und Cantor u. a. (2004)[14] ausgearbeitet. Inzwischen sind auch analoge nichtmetallische Systeme wie Oxide bekannt, die entropisch stabilisiert werden, siehe z. B. Rost u. a. (2015).

---

13 Sir Roger Penrose (geb. 8.8.1931).
14 Brian Cantor (geb. 11.1.1948).

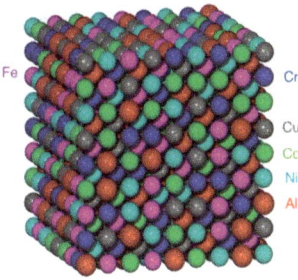

Abb. 6.19: Atomanordnung der Legierung AlCoCrCuFeNi mit der Struktur eines krz-Gitters. Quelle: Wang (2013).

Nach der (nicht allseits) anerkannten Definition von Yeh und Cantor handelt es sich um Legierungen, die aus mindestens fünf Elementen mit einem Atomanteil von mindestens fünf bis 35 Atomprozent in nahezu gleicher Zusammensetzung bestehen, wie z. B. CoCrFeMnNi, MoPdRhRuTc oder TiZrNbTaFe. Die Atome besetzen als Mischkristall völlig ungeordnet die Postionen eines kubisch flächenzentrierten (kfz) oder eines kubisch raumzentrierten (krz) Gitters, wie in Abb. 6.19 dargestellt. Wie herausgefunden wurde, wird bei eine mittleren Valenzelektronenkonzentration (engl. *valence electron concentration – VEC*) von ≥ 8 bevorzugt eine kfz-Struktur, und bei einer solchen von $\leq 6,87$ eine krz-Struktur eingenommen. Die hohe Entropie entsteht durch die Unordnung so vieler Komponenten auf ihren Positionen in der Struktur.

Das Hauptproblem bei der Präparation dieser Legierungen ist es, sicher zu stellen, dass auch wirklich eine völlig ungeordnete Struktur entsteht. Andererseits bedeutet eine kfz- bzw. krz-Struktur auch eine gewisse Ordnung, ja sogar Fernordnung, auf welche Thematik hier nicht näher eingegangen werden soll. Besonderes Interesse finden diese Legierungen wegen ihrer ungewöhnlichen Eigenschaften. So gibt es Berichte von außergewöhnlich großen Werten für Härte, Streckgrenze, Bruchzähigkeit, Ermüdungsdauer, Formbarkeit, Oxidations- und Korrosionsbeständigkeit, Ausdauergrenze, und den Phänomenen Supraleitung, Superparamagnetismus, Strahlungshärtung usw., s. Heimann (2020). Nun gibt es auch Körper und Strukturen mit darüber hinausgehenden Einschränkungen der Definitions- und Wesensmerkmale des Kristallzustandes, so der stofflichen Homogenität, der Identität der Bausteine und der Ordnungszustände. Solche teilkristallinen bzw. partiell kristallinen Zustände werden oft von Polymeren, insbesondere Hochpolymeren, eingenommen. Rinne (1932, 1933)[15] berichtet über Hochpolymere, auch solche organischer sowie organismischer Herkunft, die z. T. aus kristallinen Mikrobereichen, die in amorphe Bereiche eingebettet sind, bestehen. Die langkettigen Moleküle sind dabei nicht nur in einem, sondern – unter Durchquerung der amorphen Bereiche – gleichzeitig in zwei oder mehreren Mikrokristalliten eingelagert. Hierfür prägte er den Begriff der Parakristalle. Es gibt auch (Mikro-)Kristalle, die nur innen kristallisiert sind, außen jedoch nicht (sog. Fransen-

---

15 Friedrich Wilhelm Berthold Rinne (16.3.1863–12.3.1933).

mizellen). Hosemann (1950, 1976)[16] entwickelte dann eine umfassende Theorie der Parakristalle, wobei er zwischen idealen und realen Parakristallen unterscheidet. Hiermit lässt sich das Verhalten eines Kristalls nahe seinem Schmelzpunkt beschreiben, bei dem sich seine kristalline Ordnung durch das Erhitzen auflöst. Die Anordnung der Atome verändert sich dabei nicht sprunghaft, sondern kontinuierlich. Parakristalle haben nur eine kurzreichweitige Nahordnung von einigen Å; u. U. kann eine gewisse Fernordnung durch statistische Effekte entstehen. Siehe hierzu auch die Ausführungen in Abschnitt 2.5.

Nur erwähnt seien hier schließlich noch die von Reinitzer (1888)[17] entdeckten Flüssigkristalle. Manche höhermolekularen organischen Stoffe durchlaufen beim Schmelzen oder Erstarren zwischen den Zuständen eines anisotropen Kristalls und einer isotropen Flüssigkeit einen oder auch mehrere flüssige Zwischenzustände (sog. Mesophasen). Diese sind anisotrop, u. a. doppelbrechend, und zeigen unter dem Polarisationsmikroskop auffällige, charakteristische Texturen, z. B. Brewstersche Kreuze. Wegen ihrer Präparation durch Einstellen der Temperatur bezeichnet man sie als thermotrope Flüssigkristalle. Flüssigkristalle lassen sich auch durch Auflösen bestimmter Substanzen in einem Lösungsmittel präparieren, die dann lyotrop genannt werden. Die Struktur der Flüssigkristalle wird durch partielle Ordnungszustände gekennzeichnet, doch zeigen sie keine Fernordnung. Für weitere Ausführungen sei auf weiterführende Literatur verwiesen, z. B. Gray (1962). In neuerer Zeit werden Flüssigkristalle in großem Umfang in Flüssigkristall-Bildschirmen (engl. *liquid crystal display – LCD*) verwendet.

6.6 Untersuchungsmethoden für Realstrukturen

Es wurde bereits am Anfang des Kapitels erläutert, dass der ungestörte Idealkristall nur ein Modell darstellt und alle realen Minerale und Kristalle Defekte aufweisen. Art und Anzahl der Defektstrukturen hängen neben den Wachstumsbedingungen und äußeren Einflüssen (z. B. Druck- und Temperaturschwankungen, mechanische Einwirkungen, Phasenumwandlungen usw.) vom Chemismus (Materialgruppe, Bindungscharakter usw.) ab. Einen zusammenfassenden Überblick über diese Thematik wird u. a. gegeben durch Klapper (1998).[18]

Die wesentlichsten Methoden zur Charakterisierung von Defekten benutzen elektromagnetische Strahlung mit unterschiedlichen Wellenlängenbereichen, darunter optische Durchlichtmikroskopie wie in Abb. 6.21, wobei eine Korrelation zwischen der Wellenlänge und Energie der verwendeten Strahlung und der Dimension der Defekte

---

16 Rolf Hosemann (20.4.1912–28.9.1994).
17 Friedrich Richard Kornelius Reinitzer (25.2.1857–16.2.1927).
18 Helmut Klapper (geb. 4.9.1937).

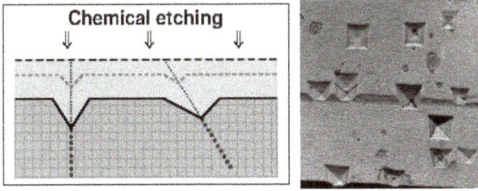

Abb. 6.20: links: Prinzip des chemischen Ätzangriffs; rechts: Ätzgruben auf einer (100)-Spaltfläche von PbTe – nicht senkrecht austretende Versetzungslinien ergeben auch deformierte Ätzgruben. Kantenlänge der Ätzgruben ca. 100 µm.

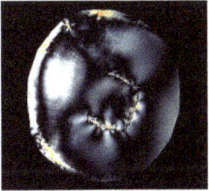

Abb. 6.21: Lichtmikroskopische Aufnahme zwischen gekreuzten Polarisatoren einer (001)-Scheibe des tetragonalen Calcium-Barium-Niobats $(Ca,Ba)Nb_2O_6$. Der Kristall wurde nach dem Czochralski-Verfahren in [001]-Richtung gezüchtet. Deformationen des Kristallgitters werden besonders durch die Defektfortsetzung des Impfkristalls sichtbar.

besteht. Daneben können durch ein chemisches Ätzen von definierten Kristallober-flächen (insbes. Spaltflächen, siehe Abb. 6.20) die Austrittspunkte von Versetzungsli-nien, Kleinwinkelkorngrenzen, Spaltstufen und Mikrorisse sichtbar gemacht werden. Weiterhin können Versetzungsstrukturen durch eine Dekoration mit Fremdelementen sichtbar gemacht werden.

6.6.1 Röntgenographische Methoden

Von besonderer Bedeutung für die Charakterisierung von Kristalldefekten sind die Methoden, die elektromagnetische Strahlung unterschiedlicher Wellenlängenberei-che benutzen. Tab. 6.2 gibt einen groben Überblick über diese Untersuchungsmetho-den.

Beugungsphänomene werden von der Realstruktur der Kristalle beeinflusst, zu der alle Abweichungen vom ungestörten, dreidimensional periodischen Gitterbau ge-rechnet werden. Solche Störungen sind mit Verzerrungen des Gitters verbunden, wo-durch sich zum einen die Orientierung und der Abstand der reflektierenden Netzebe-nen verändern, was zu einer Verschiebung bzw. Verbreiterung der Reflexe führt (Ori-entierungseffekte); zum anderen wird die Kohärenz der an verschiedenen Punkten des Kristalls gestreuten Wellen beeinträchtigt, wodurch die Intensität der gebeugten Strahlung beeinflusst wird (Extinktionseffekte).

Tab. 6.2: Untersuchungsmethoden von Kristalldefekten mit elektromagnetischer Strahlung.

Methode/Wellenlängenbereich	Defekttypen	Erfassbare Bereiche
(Polarisations-) **Lichtmikroskopie** insbesondere für transparente Materialien, 400–700 nm	Mehrphasige Bereiche (Dünnschliffmikroskopie insbes. bei Gesteinen), Spannungsdoppelbrechung, (ferroelektrische) Phasenumwandlungen, Ausscheidungen (> 5 µm)	⟨µm⟩ bis ⟨mm⟩
IR-Mikroskopie, 700–1100 nm	Ausscheidungen (z. B. in Halbleitern)	⟨µm⟩ bis ⟨mm⟩
Röntgenstrahlung (monochromatisch), 0,1–0,3 nm	Mosaikbau, Versetzungsstrukturen, Verkippungen (Kleinwinkelkorngrenzen)	⟨µm⟩ bis ⟨cm⟩
Synchrotronstrahlung, Röntgenstrahlung (polychromatisch, engl. *white beam XRT*)	3dim-Versetzungsstrukturen, Einschlüsse, Risse, Domänenwände, Wachstumsstreifen	⟨µm⟩ bis ⟨cm⟩
Elektronenmikroskopie, Elektronenbeugung, 1–4 pm	Versetzungsstrukturen, Kleinwinkelkorngrenzen, Ausscheidungen, Domänenwände	⟨nm⟩

Die Methoden zur Untersuchung der Realstruktur können nach der Art der Anordnung und Registrierung eingeteilt werden in solche, die die Beugungseffekte des zu untersuchenden Kristallvolumens integral erfassen und damit zu summarischen Aussagen führen, und in solche, die die einzelnen im Kristall enthaltenen Baufehler direkt abbilden (topographische Methoden).

Die zuerst genannten integralen Methoden beruhen auf der Messung von Beugungskurven (*Rocking*-Kurven; Abb. 6.23). Die Rocking-Kurve eines Reflexes wird aufgenommen, indem das die abgebeugte Intensität I registrierende Zählrohr fest auf den Ablenkungswinkel 2θ der betreffenden Reflexion eingestellt und der Kristall durch die Reflexionsstellung beim Glanzwinkel θ (Bragg-Winkel) hindurchgedreht wird. Durch Störungen des Gitterbaus wird die Form der Rocking-Kurve gegenüber der eines ungestörten Kristalls verändert. Besteht der Kristall beispielsweise aus kleinen, wenig gegeneinander verkippten Bereichen (Mosaikbau), dann wird der reziproke Gittervektor durch ein Büschel repräsentiert. Je stärker die Verkippungen desto mehr aufgefächert ist dieses Büschel von reziproken Gittervektoren. Beim Durchfahren des Reflexionsbereiches um den Glanzwinkel θ werden die einzelnen in ihrer Orientierung etwas streuenden Mosaikblöcke in verschiedenen Momenten aufglänzen, und die Rocking-Kurve, zu der sich die einzelnen Teilreflexionen integrieren, erstreckt sich über einen entsprechend breiten Winkelbereich; man bezeichnet die Halbwertsbreite (engl. *full width at half maximum – FWHM*) der Rocking-Kurve in diesem Zusammenhang als Mosaikbreite. Auch die durch Versetzungen bewirkten Verzerrungen des Kristallgitters wirken sich auf die Rocking-Kurve aus, so dass man unter gewissen Voraussetzungen

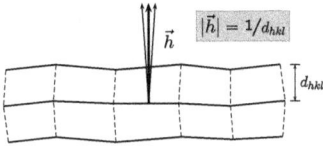

Abb. 6.22: Modell für die Mosaikstruktur in Kristallen, repräsentiert durch verkippte reziproke Gittervektoren $|\vec{h}| = 1/d_{hkl}$.

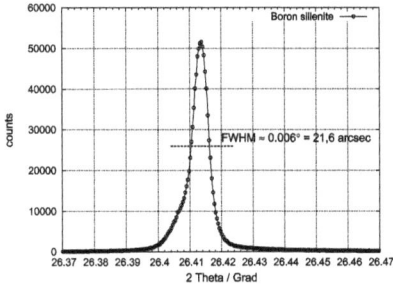

Abb. 6.23: Rocking-Kurve der (100)-Fläche eines Bor-Sillenit-Einkristalls $Bi_{24,5}BO_{38,25}$.

Informationen über die Versetzungsdichte gewinnen kann. Gibt es in einer kristallinen Anordnung Konzentrationsschwankungen (z. B. *striations*), so äußern sich diese durch unterschiedliche Längen der reziproken Gittervektoren. Verkippungen und Gitterparameteränderungen gleichzeitig können durch sogenannte $2\theta - \omega$ Scans untersucht werden.

Während für die Rocking-Kurven von Mosaikkristallen Breiten in der Größenordnung eines Winkelgrades typisch sind, wurden an versetzungsfreien Kristallen schon Kurven mit Breiten kleiner als eine Winkelminute aufgenommen. Voraussetzung dafür ist, dass auch die spektrale Breite und Divergenz der primären Röntgenstrahlung entsprechend klein ist, was durch eine vorausgehende Reflexion des Primärstrahls an einem oder mehreren vorgeschalteten, möglichst perfekten Kristallen erreicht wird (Doppel- oder Mehrkristalldiffraktometrie). Zur Ergänzung der Reflexionskurve eines abgebeugten Strahls wird beim Rocking-Experiment zuweilen auch die Transmissionskurve des ungebeugten Strahls aufgenommen.

Bei den topographischen Methoden (Röntgenbeugungstopographie) wird der Kristall so in einer Reflexionsstellung für einen geeigneten, starken Reflex angeordnet, dass größere Bereiche von der Röntgenstrahlung erfasst und im Licht der abgebeugten Strahlung auf einem Film oder Flächendetektor abgebildet werden. Auf den Topogrammen zeichnen sich die einzelnen Defekte (Ausscheidungen, Versetzungen, Stapelfehler, Mosaikstrukturen, Domänen etc.) durch spezifische Kontraste ab, zu deren Entstehung Beugungs- und Extinktionseffekte in komplexer Weise zusammenwirken. Die Erklärung der Kontrastphänomene erfolgt anhand der dynamischen Theorie der Röntgenbeugung. Entsprechend der hohen Empfindlichkeit der Röntgenbeugung gegenüber geringen Verschwenkungen und Abstandsänderungen der Netzebenen werden weitreichende Verzerrungsfelder um die Defekte abgebildet. Eine Versetzungslinie liefert z. B. einen Kontrast mit einer Bildbreite von $3 \ldots 10\,\mu m$ je nach

Aufnahmemethode. Von den zahlreichen röntgentopographischen Techniken und Varianten sollen drei Standardmethoden in der Ordnung zunehmenden Auflösungsvermögens besprochen werden: die Berg[19]–Barrett[20]-Methode, die Lang[21]-Methode und die Doppelkristallmethoden.

Die nach Berg (1931) und Barrett (1931, 1945) benannte Methode ist am einfachsten zu handhaben (Abb. 6.24). Die monochromatische Röntgenstrahlung geht als ein relativ breites Parallelstrahlenbündel von einem in der Einfallsebene liegenden Strichfokus auf der Anode der Röntgenröhre aus. Meist wird die Variante angewendet, dass die Strahlung an der Kristalloberfläche reflektiert wird (Abb. 6.24a). Ein Problem besteht darin, dass die gewöhnlich als monochromatische Strahlung benutzte K_α-Linie aus zwei Komponenten $K_{\alpha 1}$ und $K_{\alpha 2}$ besteht, so dass sich die Bilder verdoppeln. Um diese Bildaufspaltung zu unterdrücken, wird der Film so nahe wie möglich an den Kristall herangebracht, und der Röntgenstrahl trifft sehr flach auf die Kristalloberfläche. Die Methode ist sehr gut zur Untersuchung von Mosaikstrukturen geeignet (Abb. 6.25), wobei die Kontraste an den Subkorngrenzen durch die Überlappung der Bilder der einzelnen Subkörner infolge deren Orientierungsunterschiede entstehen. Es lassen sich aber auch feinere Defekte, wie Versetzungen, in der reflektierenden Oberflächenschicht abbilden. Bei der Transmissions-Variante (Abb. 6.24b) muss der Film eine gewisse Distanz haben, um die Primärstrahlung eliminieren zu können, und es sind besondere Maßnahmen erforderlich, um eine der Komponenten $K_{\alpha 1}$ oder $K_{\alpha 2}$ auszuschalten.

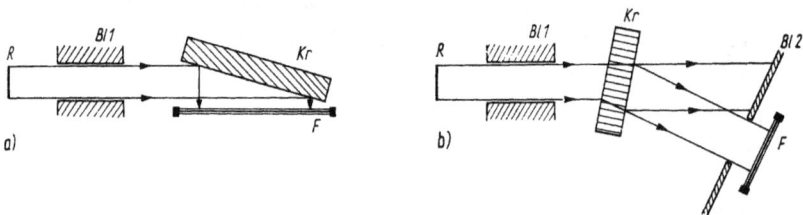

Abb. 6.24: Berg–Barrett-Methode. a) in Reflexion; b) in Transmission. *R* Strichfokus der Röntgenröhre; *Bl* 1 Kollimatorblende; *Bl* 2 Primärstrahlblende; *Kr* Kristall (die Schraffur im Kristall deutet die Lage der reflektierenden Netzebenenschar an); *F* Film.

Die Methode nach Lang (1959) wird heute vorwiegend zur Transmissionstopographie benutzt (Abb. 6.26). Die Divergenz eines schmalen Primärstrahlbündels wird durch eine Kollimatorblende auf einen Wert von rd. $5 \cdot 10^{-4}$ rad begrenzt, wodurch bei Verwendung der $K_{\alpha 1}$-Linie die $K_{\alpha 2}$-Linie ausgeschaltet wird. Die Reflexionsstellung wird

---

19 Wolfgang Friedrich Berg (30.3.1908–13.7.1984).

20 Sir William Fletcher Barrett (10.2.1844–26.5.1925).

21 Andrew Richard Lang (9.2.1924–30.6.2008).

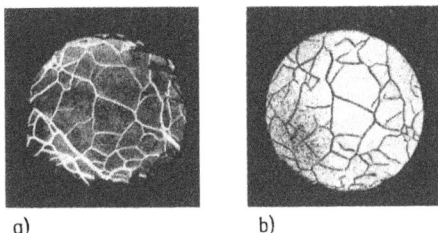

a)　　　　　　　　　b)

Abb. 6.25: Substruktur eines Wolframkristalls. a) Berg–Barrett-Topogramm in Reflexion des Querschnitt eines Einkristallstabs, gezüchtet nach dem Floating-Zone-Verfahren durch Schmelzen mit Elektronenstrahlen; b) Subkorngrenzen derselben Probe, sichtbar gemacht durch elektrolytisches Ätzen, zum Vergleich. Aufn. Wadewitz (1967).

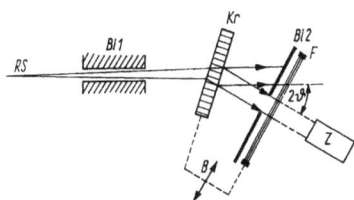

Abb. 6.26: Lang-Methode. *RS* Röntgenstrahl; *Bl* 1 Kollimatorblende; *Kr* Kristall; *Bl* 2 Schlitzblende; *F* Film; *Z* Zählrohr zur Justierung; *B* Mechanismus zur simultanen Parallelbewegung von Kristall und Film.

mit Hilfe eines Zählrohrs eingestellt. Zur Abbildung gelangt nur ein schmaler Streifen des Kristalls. Durch eine simultane Parallelbewegung von Kristall und Film auf einem gemeinsamen Schlitten wird ein größerer Kristallbereich abgefahren und gelangt zur Abbildung, wobei die Blende unbewegt bleibt; dieses Verfahren erfordert allerdings relativ lange Aufnahmezeiten. Die Lang-Topographie liefert eindrucksvolle Abbildungen von Versetzungen und anderen Kristalldefekten (Abb. 6.27). Erwähnenswert ist, dass man unter Ausnutzung zweier geeigneter Reflexionen stereographische Bildpaare anfertigen kann. Die Lang-Methode gibt es auch in Varianten, bei denen die Strahlung an der Kristalloberfläche reflektiert wird.

Durch die Doppelkristallmethoden nach Bond u. Andrus (1952) und Bonse u. Kappler (1958) lässt sich die Empfindlichkeit für die Abbildung sehr kleiner Gitterverzerrungen, die bei den Einkristallmethoden letztlich durch die Divergenz des Primärstrahls begrenzt ist, beträchtlich steigern. In den verschiedenen Anordnungen (Abb. 6.28) dient der erste, möglichst perfekte Kristall als Monochromator, der eine Strahlung sehr geringer Divergenz liefert; der zweite Kristall ist das eigentliche Untersuchungsobjekt. Doppelkristallmethoden stellen hohe Ansprüche an die Präzision des Versuchsaufbaus und der Justierung.

Moderne Entwicklungen in der Röntgentopographie sind darauf gerichtet, durch den Einsatz hochintensiver Röntgenquellen die Expositionszeiten zu verkürzen. Topographien hinreichender Intensität und Kontraste lassen sich auf speziellen Konversionsschirmen direkt in optische Bilder umwandeln (ähnlich wie in der medizinischen Röntgentechnik) oder mit geeigneten Photokatoden videotechnisch auf-

Abb. 6.27: Versetzungen in einem Siliciumkristall. Lang-Topogramm entsprechend Abb. 6.26 von einem Impfkristall (Dünnhals) für das Floating-Zone-Verfahren. Die Versetzungsdichte nimmt mit fortschreitender Ziehlänge von unten nach oben ab; Durchmesser des Kristallstabes rd. 3,5 mm; Dicke der Kristallscheibe für das Topogramm rd. 0,8 mm.

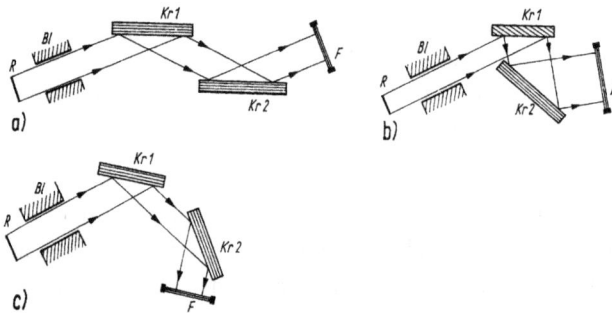

Abb. 6.28: Doppelkristallmethode. a) Parallele (+-)-Anordnung; b) Asymmetrische (+-)-Anordnung; c) (++)-Anordnung. *R* Strichfokus der Röntgenröhre; *Kr* 1 perfekter Kristall; *Kr* 2 zu untersuchender Kristall; *F* Film.

nehmen und zeitgleich auf einem Bildschirm wiedergeben. Erwähnt sei hier die erstmals von Tuomi u. a. (1974) bekanntgemachte Synchrotron-Topographie: Die in einem Synchrotron entstehende elektromagnetische Strahlung hat eine so hohe Intensität im Röntgenbereich, dass topographische Aufnahmen mit Expositionszeiten nur von Sekunden angefertigt werden können.

6.6.2 Elektronenmikroskopische Methoden

In den letzten Jahrzehnten hat die Bedeutung elektronenmikroskopischer Verfahren zur Untersuchung von Defekten in kristallinen Strukturen aufgrund der erhöhten Leistungsfähigkeiten enorm zugenommen.

Grundlagen

Infolge der quantenmechanischen Doppelnatur von Welle und Teilchen entspricht nach De Broglie einem Teilchen mit der Masse m und der Geschwindigkeit v eine Welle mit der Wellenlänge $\lambda = h/mv$ (h ist das Plancksche Wirkungsquantum). Die Wellenlänge ist also umso kürzer, je größer die Masse und die Geschwindigkeit des Teilchens sind. Bei hohen Teilchengeschwindigkeiten ist deren relativistische Masse

$$m = m_0 \sqrt{1 - (v/c)^2}$$

einzusetzen (m_0 Ruhemasse; c Lichtgeschwindigkeit). Die Wellenlänge λ lässt sich auch durch die kinetische Energie E des Teilchens ausdrücken:

$$\lambda = h / \sqrt{2\,m_0 E\,(1 + E/2m_0 c^2)}.$$

Der relativistische Faktor in der Klammer spielt nur bei hohen Teilchenenergien (wie sie z. B. im Höchstspannungs-Elektronenmikroskop bei ca. 1 MeV erreicht werden) eine Rolle. Elektronen, die in einem elektrischen Feld durch eine Spannung U beschleunigt worden sind, haben die (kinetische) Energie $E = eU$ (e Elementarladung), und man erhält die Wellenlänge λ_e von Elektronenstrahlen durch Einsetzen der betreffenden Werte als

$$\lambda_e = 1{,}225\,\text{nm} / \sqrt{U \cdot (1 + 10^{-6}\,U)}$$

(die Spannung U in Volt einsetzen). Hieraus ergibt sich z. B. für eine Beschleunigungsspannung von 1 kV (also für eine Elektronenenergie von 1 keV) eine Wellenlänge von 0,039 nm, für 10 kV von 0,012 nm, für 100 kV von 0,004 nm und für 1 MV von 0,0009 nm.

Die Wellenlängen von schweren Teilchen, wie Neutronen, sind bei gleicher Energie zufolge ihrer größeren Masse wesentlich kleiner, so dass für Beugungsexperimente an Kristallen langsame thermische Neutronen geringer Energie benutzt werden, deren Wellenlänge (z. B. 0,18 nm bei 0,025 eV) mit den Gitterparametern von Kristallen vergleichbar sind.

Aufgrund der wesentlich kürzeren Wellenlänge der Elektronenstrahlung gegenüber der Röntgenstrahlung ist der Radius $1/\lambda$ der Ewaldkugel bei der Elektronenmikroskopie auch größer, so dass deutliche Unterschiede der abbildbaren Reflexe sich ergeben und die berücksichtigt werden müssen (siehe auch Abschnitt 3.3.6).

Die Auflösung einer wellenoptischen Abbildung wird wegen der stets wirksamen Beugungserscheinungen u. a. von der Wellenlänge der benutzten Strahlung bestimmt. So ist das Auflösungsvermögen eines Lichtmikroskopes durch die Wellenlänge des Lichts auf eine Größenordnung von ca. 0,2 bis 0,5 µm begrenzt. Für elektromagnetische Strahlung kürzerer Wellenlänge mangelt es an geeigneten brechenden Medien, so dass sich beispielsweise ein Röntgenmikroskop nicht auf eine dem Lichtmikroskop analoge Weise konstruieren lässt. Hingegen werden Elektronenstrahlen, die gleichfalls die erwünschten kürzeren Wellenlängen besitzen, sowohl durch elektrische als auch durch magnetische Felder abgelenkt und lassen sich durch geeignete inhomogene, rotationssymmetrische Felder fokussieren. Dadurch sind die Voraussetzungen für eine direkte elektronenoptische Abbildung im submikroskopischen Bereich gegeben.

Elektronenmikroskopie

Das Elektronenmikroskop wurde im Jahre 1933 von Ruska[22] erfunden (s. Ruska (1934)) und entspricht in seinem prinzipiellen Aufbau (Bild 6.29) dem Lichtmikroskop. Die Bauteile, die die fokussierenden Felder erzeugen, werden gleichfalls als Linsen (Elektronenlinsen) bezeichnet. In modernen Elektronenmikroskopen werden fast ausschließlich magnetische Linsen benutzt, die durch eisengekapselte Stromspulen realisiert werden. Die Elektronenquelle (Elektronenkanone) enthält beispielsweise eine Glühkatode und eine Anode, zwischen denen die angelegte Beschleunigungsspannung (bei konventionellen Elektronenmikroskopen 30...100 kV) wirkt. Die Elektronen werden durch Kondensorlinsen fokussiert und treffen als intensiver monochromatischer Strahl mit kleiner Apertur auf das Objekt (typisch sind Strahldurchmesser von $1\ldots100\,\mu\text{m}$ und Strahlströme von $10^{-7}\ldots10^{-6}$ A). Die Objektivlinse erzeugt ein Bild

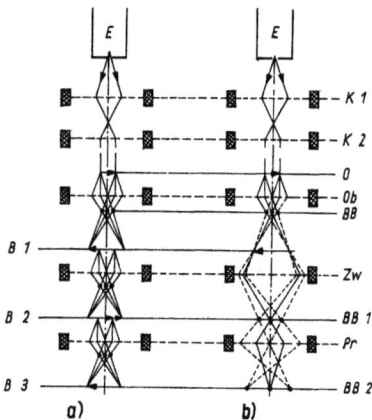

Abb. 6.29: Schema eines Elektronenmikroskops. a) Abbildung des Objektes; b) Abbildung des Beugungsbildes. *E* Elektronenquelle („Elektronenkanone"); *K*1, *K*2 Kondensoren; *O* Objekt; *Ob* Objektiv; *BB* Beugungsbild; *B*1 einstufig vergrößerte Abbildung des Objektes; *Zw* Zwischenlinse; *B*2 zweistufig vergrößerte Abbildung des Objektes; *BB*1 einstufig vergrößerte Abbildung des Beugungsbildes; *Pr* Projektiv; *B*3 dreistufig vergrößerte Abbildung des Objektes (auf dem Bildschirm); *BB*2 zweistufig vergrößerte Abbildung des Beugungsbildes (auf dem Bildschirm).

---

22 Ernst August Friedrich Ruska (25.12.1906–27.5.1988).

(Zwischenbild), das durch eine Zwischenlinse abermals vergrößert und durch die Projektivlinse auf einen Leuchtschirm bzw. eine Aufnahmeplatte abgebildet wird. Die gesamte Anordnung befindet sich unter Hochvakuum, um die Streuung von Elektronen an Luftmolekülen und elektrische Überschläge zu vermeiden.

Das Auflösungsvermögen eines Elektronenmikroskops wird durch die Abbildungsfehler der Elektronenlinsen, vor allem durch den Öffnungsfehler des Objektives bestimmt. Spitzengeräte erreichen eine Auflösung von 0,2...0,3 nm (das ist die Größenordnung der Atomabstände in Kristallen) bei einer förderlichen Vergrößerung von 1:1 Million. Das Auflösungsvermögen von Routinegeräten ist gewöhnlich um eine Größenordnung schlechter.

Elektronen unterliegen im fraglichen Energiebereich bis 100 keV in allen Stoffen einer starken Absorption bzw. Streuung, so dass sie nur dünne Schichten bis zu maximal 1 μm Dicke durchdringen können. Das stellt entsprechende Anforderungen an die Objektpräparation, und man unterscheidet Transmissions- und Abdrucktechniken. Bei der als erste entwickelten Abdrucktechnik wird von der zu untersuchenden Probe ein Abdruck in Form eines dünnen Films hergestellt, der dann im Mikroskop durchstrahlt wird, wobei die Details der Oberflächenmorphologie der Probe sichtbar werden (Abb. 6.30). Für die Herstellung der Abdruckfilme (Lackschichten, Aufdampfschichten) gibt es ausgefeilte Verfahren. Der Bildkontrast entsteht hauptsächlich durch die Streuung der Elektronen in dem amorphen Abdruckfilm, wobei die in größere Winkel gestreuten Elektronen von einer in der hinteren Brennebene des Objektivs angeordneten Kontrastblende aufgefangen und von der Bildebene ferngehalten werden (Streuabsorptionskontrast). Dieser Kontrast spiegelt die durch das Oberflächenrelief bedingten Dickenunterschiede des Abdruckfilms wider und kann durch schräges Bedampfen des Abdrucks mit Schwermetallen noch verstärkt werden. Mit den Abdruckverfahren lässt sich ein laterales Auflösungsvermögen von 10...15 nm und ein Stufenauflösungsvermögen von 1...2 nm erreichen.

Abb. 6.30: Elektronenmikroskopische Gefügeaufnahme eines Elektroporzellans. Abdrucktechnik (Triafol/-C/Pt-Abdruck); Mullit (nadelig und tafelig) und Tridymit (rundes Korn) in Glasmatrix.

Bei der Transmissionstechnik wird eine hinreichende dünne Probe direkt durchstrahlt. Die Beobachtung des Objekts und seiner Realstruktur erfolgt in situ, so dass es auch die Möglichkeit gibt, deren Veränderungen während einschlägiger Experimente zu verfolgen, die direkt im Mikroskop ausgeführt werden (z. B. Erwärmen durch den Elektronenstrahl, Biege- und Dehnungsexperimente usw.). Falls das Objekt nicht von vornherein als dünne Schicht vorliegt, muss es chemisch bzw. elektrochemisch abgedünnt werden (auf 1 μm bei leichten Stoffen, auf 0,01 μm bei Schwermetallen), oder es wird eine Ultradünnschnitt-Technik angewendet. Allerdings erhebt sich dann die Frage, inwieweit die Strukturen in einer derart dünnen Schicht noch für die in der massiven Probe repräsentativ sind. Da das Durchdringungsvermögen der Elektronenstrahlen mit zunehmender Beschleunigungsspannung wächst, wurden Höchstspannungs-Elektronenmikroskope entwickelt, die mit Spannungen von einigen Megavolt arbeiten und die Durchstrahlung massiverer Proben mit einer Dicke bis zu einigen Mikrometern gestatten.

Zum Bildkontrast tragen neben dem Streuabsorptionskontrast bei kristallinen Objekten vor allem Beugungskontraste bei: Wie im nächsten Abschnitt ausgeführt, wird der Elektronenstrahl vermöge des Gitterbaus der Kristalle je nach dessen Orientierung in definierter Weise gebeugt. Bei der Hellfeldabbildung werden die abgebeugten Elektronen von der in der Ebene des Beugungsbildes angeordneten Kontrastblende abgefangen, so dass stark beugende Details dunkel erscheinen. Bei der Dunkelfeldabbildung wird hingegen die Kontrastblende so eingestellt, dass ein bestimmter abgebeugter Strahl (entsprechend einem bestimmten Beugungsreflex) hindurchtritt und das Bild erzeugt, während die anderen abgebeugten Strahlen einschließlich des Primärstrahls (0. Beugungsordnung) unterdrückt werden. Gitterfehler liefern analog wie bei der Röntgenbeugungstopographie typische Beugungskontraste, so Versetzungen (vgl. Abb. 5.67 bis 5.70), Stapelfehler (Abb. 6.31), Zwillingsgrenzen, Antiphasengrenzen etc. Die Breite des Kontrastes einer Versetzungslinie beträgt hierbei rd. 1 nm und ist wesentlich geringer als bei der Röntgentopographie, so dass eine elektronenmikroskopische Untersuchung vor allem bei großen Versetzungsdichten angebracht ist. Der Bildkontrast in der hochauflösenden Elektronenmikroskopie (engl. *high resolution transmission electron microscopy* – *HRTEM*), sog. Gitterabbildungstechnik (Abb. 6.32) schließlich kommt durch die Interferenz der ungebeugten mit den abgebeugten Elektronenwellen zustande; es handelt sich um eine Abbildung im Sinne der Theorie von Abbe. Die Gitterabbildungstechnik wird theoretisch anhand der sog. Kontrastübertragungsfunktion behandelt und stellt hohe Anforderungen an die Abbildungsqualitäten des Gerätes. Bei der Zweistrahltechnik werden zur Abbildung einer Netzebenenschar nur das Strahlenbündel 0. Ordnung und das abgebeugte Strahlenbündel 1. Ordnung zur Interferenz gebracht, und es entstehen Interferenzstreifen, die ein Bild der betreffenden Netzebenenschar darstellen. Störungen in der Netzebenenfolge, z. B. Versetzungen, bilden sich direkt ab. Durch die Überlagerung mehrerer Beugungsordnungen (Mehrstrahltechnik) ist es möglich, die atomaren Perioden (Netzebenenscharen) in mehreren Richtungen gleichzeitig abzubilden.

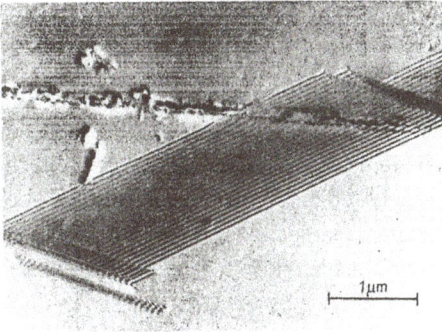

Abb. 6.31: Stapelfehler in einer Silicium-Epitaxieschicht. Hellfeldaufnahme im Höchstspannungs-Elektronenmikroskop.

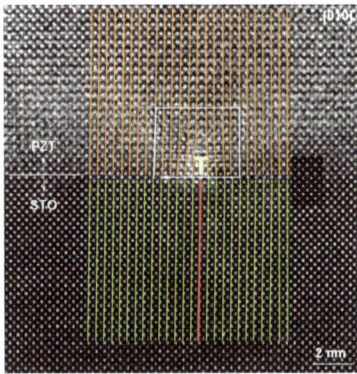

Abb. 6.32: HRTEM-Querschnittsabbildung einer Versetzung an der Grenzfläche einer ferroelektrischen, epitaktisch gewachsenen Pb(Zr,Ti)O$_3$-Insel mit dem (001)-orientierten SrTiO$_3$-Substrat. Die abgebildete Versetzung befindet sich in etwa am Ort des weißen „T". Das weiße offene Viereck markiert den Burgersumlauf, aus dem $\vec{b}$ = [100] ablesbar ist. Die orangefarbenen Linien verlaufen entlang der Netzebenen im Pb(Zr,Ti)O$_3$, die grünen entlang derer im SrTiO$_3$. Die rote Linie markiert die zur Versetzung gehörende eingeschobene zusätzliche Halbebene im SrTiO$_3$-Gitter. Das kleine dunklere Rechteck rechts an der Grenzfläche ist eine eingesetzte computersimulierte Abbildung. Aufnahme R. Scholz (MPI Halle), s. Chu u. a. (2004).

Es sind inzwischen noch weitere Varianten des Elektronenmikroskops entwickelt worden, in neuerer Zeit auch unter umfangreichem Einsatz von Elektronik. So gibt es eine Phasenkontrasttechnik, bei der wie in der Lichtmikroskopie mit einem $\lambda/4$-Plättchen gearbeitet wird, und eine Interferenzmikroskopie, bei der mit Hilfe eines elektrostatischen Biprismas der Strahlengang aufgeteilt wird. Es gibt Zusatzeinrichtungen, mit denen die am Objekt unelastisch gestreuten Elektronen aufgefangen und analysiert werden (Energieanalyse- bzw. Energieverlust-Elektronenmikroskopie). Bei der Reflexionselektronenmikroskopie wird die Oberfläche einer massiven Probe, die unter einem flachen Winkel zum Elektronenstrahl angeordnet ist, mittels der reflektierten

Elektronen direkt abgebildet. Morphologische Details der Oberfläche werden mit hohem Kontrast, jedoch relativ geringer Auflösung abgebildet; es lassen sich auch Beugungsbilder gewinnen. Eine besondere Variante ist das Spiegelelektronenmikroskop: Die Objektoberfläche wird auf einem elektrischen Potential gehalten, das negativer ist als das der Katode. Der auf das Objekt gerichtete Elektronenstrahl wird deshalb bereits kurz vor dessen Oberfläche zurückgespiegelt und liefert ein mittelbares Bild vom Relief oder von elektrischen Inhomogenitäten der Oberfläche.

Die wohl universellste Anwendung hat die Rasterelektronenmikroskopie (engl. *scanning electron microscopy – SEM*) gefunden, für die es Geräte auch schon auch schon in kleinen, handlichen Ausführungen gibt. Das Funktionsprinzip des 1937 von von Ardenne (1938a,b)[23] erfundenen Rasterelektronenmikroskops beruht darauf, dass ein feiner Elektronenstrahl (Elektronensonde, Strahldurchmesser $0,1\ldots100$ nm, Strahlstrom $10^{-12}\ldots10^{-9}$ A) zeilenförmig über das Objekt geführt wird; die zurückgestreuten Elektronen (bzw. bei der weniger benutzten Transmissionsvariante die durchdringenden Elektronen) werden aufgefangen und in elektronische Signale umgesetzt, die videotechnisch auf einem Bildschirm zu einem Bild zusammengesetzt werden. Das so gewonnene Bild zeigt das Oberflächenrelief mit einer verblüffenden Tiefenschärfe (Abb. 6.33). Die laterale Auflösung, die den Strahldurchmesser nicht unterschreiten kann, wird durch die Elektronendiffusion im Objekt in Reflexion auf 10 nm, in Transmission auf 1 nm begrenzt. Die gestreuten Elektronen können auch winkel- und energiedispersiv aufgenommen werden, was weitere Varianten für die Bilderzeugung, z. B. durch die Aufnahme von Sekundärelektronen oder Auger-Elektronen, eröffnet. Schließlich können auch der vom Objekt abfließende Strom sowie die Änderung der Leitfähigkeit des Objekts unter Einwirkung des Elektronenstrahls als Bildsignal benutzt werden. Darüber hinaus sind Zusatzvorrichtungen möglich, mit denen außerdem die Lumineszenzstrahlung (Katodolumineszenz) vom Objekt aufgefangen wird.

Abb. 6.33: Rasterelektronenmikroskopische Aufnahme von präzipitiertem $CaCO_3$, gebildet durch die Einleitung von CO_2 in eine $Ca(OH)_2$-Lösung.

---

23 Manfred Baron von Ardenne (20.1.1907–26.5.1997).

Nach einem ähnlichen Prinzip arbeitet der Elektronenstrahl-Mikroanalysator (Mikrosonde, engl. *micro probe*), bei dem gleichfalls ein feiner Elektronenstrahl mit einem Durchmesser von 0,1 bis 1 μm zeilenförmig über die Probe geführt wird. Aufgenommen wird die vom Elektronenstrahl angeregte charakteristische Röntgenstrahlung der in der Probe enthaltenen Elemente und mit einem Röntgenspektrometer analysiert. Auf diese Weise lässt sich die Zusammensetzung kleiner Volumenbereiche (rd. 1 μm^3) mit großer Empfindlichkeit bestimmen und die Verteilung der Elemente in der Probe mit hohem Auflösungsvermögen aufzeichnen.

Eine weitere Variante ist die Emissions-Elektronenmikroskopie. Hierbei bildet das Objekt die Katode, die Rolle der Anode übernimmt das sog. Immersionsobjektiv (Katodenlinse), welches die emittierten Elektronen sowohl beschleunigt als auch fokussiert. Die Elektronenemission vom Objekt kann thermisch, aber auch durch Bestrahlung mit Ultraviolett- oder korpuskularer Strahlung angeregt werden. Ein sehr einfaches Aufbauprinzip (ohne Elektronenlinsen) haben die Feldemissionsmikroskope: Hierbei wird das Objekt (meist ein hochschmelzendes Metall) als Katode zu einer feinen Spitze ausgebildet. Vor der Spitze herrscht eine so hohe elektrische Feldstärke, dass Elektronen aus der Metallspitze austreten; sie werden radial von der Spitze weg beschleunigt und treffen direkt auf den als Anode fungierenden Leuchtschirm. Bei Spitzenradien von 10^{-7} m und einer Beschleunigungsspannung von einigen Kilovolt erreicht man Vergrößerungen bis zu 1:1 Million und ein Auflösungsvermögen von einigen Nanometern. Noch um eine Größenordnung besser (bis zu 0,15 nm) ist das Auflösungsvermögen des Feldionenmikroskops: Hier wird die Metallspitze als Anode auf positives Potential gebracht. In dem hohen elektrischen Feld vor der Spitze erfahren Atome des Restgases eine Feldionisation und werden dann als Ionen beschleunigt. Die Feldionisation wird von den lokalen Mikrofeldern der Oberfläche so stark beeinflusst, dass wegen des dadurch bedingten hohen Auflösungsvermögens einzelne Atome und Moleküle an der Oberfläche abgebildet werden. Durch hinreichend hohe Feldstärkeimpulse gelingt es ferner, Atome oder Moleküle von der Spitze abzulösen (Felddesorption), und es sind Geräte entwickelt worden, die zusätzlich ein Massenspektrometer enthalten, mit dem die abgelösten Atome analysiert werden können (Atomsonden-Feldionenmikroskop).

Elektronenbeugung

Die Beugung von Elektronenstrahlen an einem Kristallgitter folgt denselben geometrischen Gesetzmäßigkeiten wie die Beugung von Röntgenstrahlen, so dass die in den Abschnitten 3.3.5 und 3.3.6 behandelte geometrische Theorie der Röntgenbeugung auch auf die Beugung von Elektronen angewendet werden kann. Allerdings erfolgt die Streuung der Elektronen vorwiegend an den Atomkernen und ist im fraglichen Energiebereich um Größenordnungen intensiver als die Streuung von Röntgenstrahlen, die vorwiegend an den Elektronen der Atomhülle geschieht. Die Beugungsphänomene sind deshalb so intensiv, dass sie im Elektronenmikroskop direkt beobachtet oder mit Belichtungszeiten von nur Sekunden aufgenommen werden können, allerdings können wegen der starken Streuung auch nur sehr dünne Kristalle (in Abhängigkeit von der Ordnungszahlen der an der Verbindung beteiligten Elemente i. d. R. < 1 µm) durchstrahlt werden.

Im Elektronenmikroskop entsteht das Beugungsbild (wie bei einem Lichtmikroskop) in der hinteren Brennebene des Objektivs, in der jeweils alle vom Objekt ausgehenden parallelen Strahlen einer bestimmten Richtung zu einem Punkt vereinigt werden (Abb. 6.29b). Aus der Braggschen Gleichung $n\lambda = 2d_{hkl}\sin\theta$ folgt, dass wegen der vergleichsweise kürzeren Wellenlängen der Elektronenstrahlen ($\lambda \approx 0,004\dots0,007$ nm) die Glanzwinkel θ sehr viel kleiner sind als für die entsprechenden Reflexe bei den längerwelligen Röntgenstrahlen ($\lambda \approx 0,05\dots0,2$ nm); praktisch bleibt θ auf Werte unter 5° beschränkt. Das primäre Beugungsbild in der Brennebene des Objektivs ist deshalb nur klein und wird durch die Zwischenlinse vergrößert, wobei die Stärke dieser Linse jetzt gegenüber Abb. 6.29a verringert und so eingestellt wird, dass das vergrößerte Beugungsbild in der Gegenstandsebene des Projektivs entsteht, von dem es abermals vergrößert auf dem Leuchtschirm abgebildet wird. Das Elektronenmikroskop hat so den Vorteil, durch ein einfaches Umschalten der Zwischenlinse wahlweise entweder das Objekt oder sein Beugungsbild auf dem Leuchtschirm abbilden zu können. Es gibt auch Geräteausführungen mit einer besonderen Diffraktionslinse zur Erzeugung des Beugungsbildes. Ferner gibt es Beugungsverfahren, bei denen die Elektronenstrahlen nur durch ein Kondensorsystem entweder auf das Objekt oder auf den Bildschirm fokussiert werden und zwischen den beiden letzteren keine weiteren Linsen eingeschaltet sind (sog. linsenloser Strahlengang), was den Anordnungen zur Röntgenbeugung am ehesten nahe kommt. Auch mit dem Reflexionselektronenmikroskop lassen sich Beugungsbilder aufnehmen.

Führt man für die Beugung von Elektronenstrahlen die Ewaldsche Konstruktion aus (Abschnitt 3.3.6), so ist zu beachten, dass wegen der geringen Größe der beugenden Bereiche die Beugungsbedingung $\vec{k} - \vec{k_0} = \vec{h}$ nur annähernd erfüllt sein muss, und man erhält bereits dann einen Reflex, wenn die Ewaldkugel in der Nähe eines reziproken Gitterpunktes verläuft (was man durch eine gewisse Ausdehnung der reziproken Gitterpunkte berücksichtigen kann.) Es gibt deshalb im Elektronenmikroskop trotz der sehr kleinen Energiebreite und Winkeldivergenz der Elektronenstrahlen stets irgendwelche Beugungsbilder, ohne dass, wie bei Röntgenstrahlen, noch besondere Maßnahmen (z. B. Drehkristallmethoden) angewendet werden müssen. Wegen der kleinen Wellenlänge der Elektronenstrahlen wird in der Ewaldschen Konstruktion der Radius der Ausbreitungskugel $|\vec{k_0}| = 1/\lambda$ sehr groß im Vergleich zum reziproken Gitter, so dass sich die Kugeloberfläche praktisch als eine Ebene senkrecht zum Primärstrahl darstellt (Abb. 6.34). Fällt wie in dem Bild diese Ebene bei einer entsprechenden Orientierung des Kristalls mit einer Ebene des reziproken Gitters zusammen, so geben alle reziproken Gitterpunkte dieser Ebene gleichzeitig zu Reflexionen Anlass, und man erhält ein nahezu unverzerrtes Bild der reziproken Gitterebene, ähn-

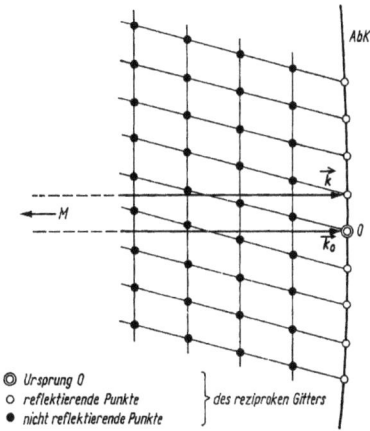

Abb. 6.34: Elektronenbeugung in der Ewaldschen Konstruktion. *AbK* Ausbreitungskugel (mit sehr großem Radius); *M* Richtung zum Mittelpunkt der Ausbreitungskugel; $\vec{k}_0$ Primärstrahlvektor; $\vec{k}$ Vektor für einen gebeugten Strahl. Die Länge dieser im Punkt *M* ansetzenden Vektoren $|\vec{k}_0| = |\vec{k}| = 1/\lambda$ ist sehr groß im Verhältnis zur Länge der reziproken Gittervektoren.

Abb. 6.35: Elektronenbeugungsaufnahme eines Einkristalls von Pyroxferroit. Mineral in einer Bodenprobe vom Mond, mitgebracht von der sowjetischen Mission Luna 20.

lich einem retigraphischen Röntgendiagramm, in einer den Aufnahmebedingungen entsprechenden Vergrößerung (Abb. 6.35, Quelle Bautsch u. a. (1977)[24]).

Gemäß Abb. 6.29b ergibt sich im Beugungsbild der Abstand r eines Reflexes vom Primärstrahlfleck aus dem Ablenkungswinkel 2θ und der Brennweite f des Objektivs als $r = f \tan 2\theta$. Für kleine Winkel gilt $\tan 2\theta \approx \sin 2\theta \approx 2 \sin \theta \approx r/f$, und wir erhalten aus der Braggschen Gleichung $2 d_{hkl} \sin \theta = \lambda$ die Beziehung $r\, d_{hkl} = \lambda f$ (worin der Netzebenenabstand d_{hkl} jetzt die Ordnung n der Reflexion mit enthalten soll). Multiplizieren mit dem Vergrößerungsfaktor des Beugungsbildes auf dem Leuchtschirm ergibt $R\, d_{hkl} = \lambda F$ mit R als Abstand zwischen Reflex und Primärstrahlfleck auf dem Leuchtschirm und λF als Kamerakonstante, die durch die Aufnahmebedingungen bestimmt ist (im linsenlosen Strahlengang entspricht F dem Abstand zwischen Objekt

---

24 Hans-Joachim Bautsch (20.9.1929–22.6.2005).

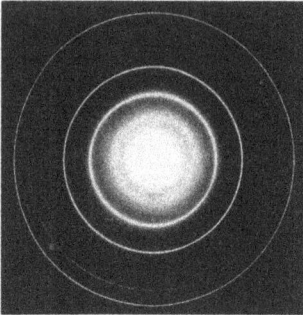

Abb. 6.36: Elektronenbeugungsaufnahme einer polykristallinen Aluminiumaufdampfschicht. Aufn.: Raether.

und Leuchtschirm). Mittels der Kamerakonstante kann man also den zu einem Reflexabstand R zugehörigen Netzebenenabstand d_{hkl} unmittelbar angeben.

Bei der Beugung an feinkristallinen Objekten entstehen analog zur röntgenographischen Debye–Scherrer-Methode Beugungsringe (Abb. 6.36). Die entsprechende Ewaldsche Konstruktion ergibt sich aus indem anstelle der Ausbreitungskugel eine Ebene durch den Ursprung O gezeichnet wird, auf der sich die Ringe für die einzelnen Reflexe direkt abzeichnen. Aus dem Radius R der Ringe auf dem Bildschirm kann man wieder gemäß $d_{hkl} = \lambda F/R$ mit Hilfe der Kamerakonstanten direkt auf die zugehörigen Netzebenenabstände schließen und z. B. (durch Vergleich mit bekannten d-Werten) zur Phasenanalyse benutzen.

Neben der bisher besprochenen Beugung von hochenergetischen Elektronen (10 ... 100 keV) wird zur Untersuchung von Kristalloberflächen auch die Beugung von niederenergetischen, langsamen Elektronen genutzt, deren Energien nur 5 ... 500 eV betragen, entsprechend den Wellenlängen von $0,55 ... 0,055$ nm. Die intensive Streuung der niederenergetischen Elektronen an den Atomen bedingt eine sehr geringe Eindringtiefe von nur $0,3 ... 1$ nm, so dass nur wenige Atomschichten an der Oberfläche zur Reflexion beitragen. Zum Vermeiden der Streuung von Elektronen an Gasatomen und vor allem zur Erhaltung einer sauberen Oberfläche wird ein Ultrahochvakuum von $10^{-7} ... 10^{-10}$ Pa benötigt, um die Adsorption von Restgasen zu unterbinden; auch die Präparation der Oberfläche erfordert entsprechende Bedingungen.

Da die Elektronenwellen nur um wenige Atomschichten in den Kristall eindringen, können die Beugungsphänomene nur die zweidimensionale Periodizität der Kristalloberfläche widerspiegeln, während die Periodizität der Kristallstruktur in der Richtung zum Kristallinneren ohne Einfluss bleibt. Das bedeutet, dass das die Beugungsphänomene beschreibende reziproke Gitter nur in der Ebene parallel zur beugenden Oberfläche diskret ist. In der Richtung senkrecht zur Oberfläche, auf die sich die Periodizität der Kristallstruktur nicht auswirken kann, ist das reziproke „Gitter" nicht mehr diskret, sondern kontinuierlich: Es besteht aus Stäben senkrecht zur Kristalloberfläche. In der Ewaldschen Konstruktion gibt es abgebeugte Strahlen in den Richtungen auf die Durchstoßpunkte der reziproken Gitterstäbe durch die Ausbreitungskugel (Abb. 6.37). Der Radius der Ausbreitungskugel ist für langsame

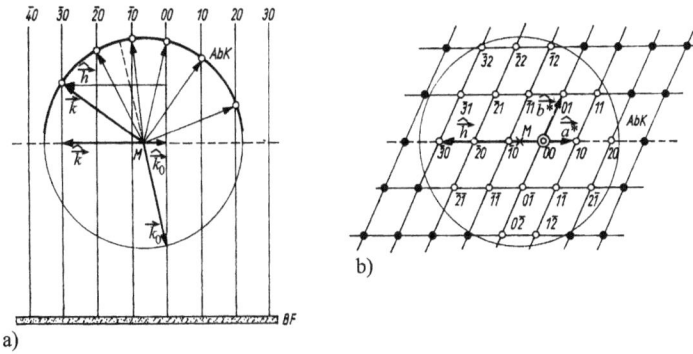

Abb. 6.37: Beugung langsamer Elektronen (LEED) in der Ewaldschen Konstruktion. a) Schnitt durch die Einfallsebene; b) Draufsicht (Reflexprojektion). *AbK* Ausbreitungskugel, auf a) gleichzeitig Leuchtschirm; *BF* Beobachtungsfenster (bzw. Spotphotometer); *M* Mittelpunkt der Ausbreitungskugel; $\vec{k}_0$ Primärstrahlvektor; $\vec{k}$ Vektor für den abgebeugten Strahl (ausgeführt für den Reflex $\bar{3}0$), $\hat{\vec{k}}_0$ bzw. $\hat{\vec{k}}$ deren Projektion auf die beugende Oberfläche (Kristalloberfläche); $\hat{\vec{a}}^*$, $\hat{\vec{b}}^*$ Basisvektoren; $\hat{\vec{h}}$ Gittervektor (für $\bar{3}0$) des reziproken Gitters der Kristalloberfläche.

Elektronen wieder den Längen der reziproken Gittervektoren vergleichbar. Wird das Beugungsbild auf einem kugelförmigen Leuchtschirm aufgenommen (hier in der Größe der Ausbreitungskugel gezeichnet), der durch ein Fenster orthogonal beobachtet wird, so erhält man eine unverzerrte Projektion des zweidimensionalen Gitters der Kristalloberfläche.

Die entsprechende Beugungsbedingung lautet

$$\hat{\vec{k}} - \hat{\vec{k}}_0 = \hat{\vec{h}}$$

worin $\hat{\vec{k}}_0$ die Projektion des Primärstrahlvektors $\vec{k}_0$ und $\hat{\vec{k}}$ die Projektion des Vektors $\vec{k}$ des abgebeugten Strahls auf die Ebene der Kristalloberfläche bedeuten;

$$\hat{\vec{h}} = h\,\hat{\vec{a}}^* + k\,\hat{\vec{b}}^*$$

ist ein Gittervektor des zweidimensionalen reziproken Gitters der Kristalloberfläche.

Die Beugung langsamer Elektronen (engl. *low energy electron diffraction – LEED*) wird angewendet, um die Struktur von Kristalloberflächen, aber auch von Adsorptions-, Chemisorptions-, Epitaxieschichten u. dgl. zu untersuchen. So wurde festgestellt, dass bei manchen Kristallen (z. B. bei Silicium) die Atome in der Oberfläche gegenüber den Atompositionen im Volumen veränderte Positionen einnehmen, welche Erscheinung als Oberflächenrekonstruktion bezeichnet wird.

Beantwortung der Fragen

Seite 7: Es sollen die untere linke und mittlere Zelle miteinander verglichen werden. Alle Zellen sind Parallelogramme, deren Flächeninhalt gleich dem Betrag des Skalarproduktes der beiden Vektoren ist, die das Parallelogramm aufspannen. Für die linke Zelle sind dies $\vec{a}_1 = [1\ \ 0], \vec{a}_2 = [0\ \ 1]$. Für die mittlere Zelle gilt $\vec{b}_1 = [1\ \ 2], \vec{b}_2 = [0\ \ 1]$. Mithin $|\vec{a}_1 \times \vec{a}_2| = |1 - 0| = 1$ und $|\vec{b}_1 \times \vec{b}_2| = |1 - 2| = 1$, womit die Gleichheit der Flächeninhalte gezeigt ist.

Seite 103: Das Volumen V einer Elementarzelle des (dreidimensionalen) Gitters ist gleich dem Produkt aus dem Flächeninhalt S_{hkl} der Elementarmasche der Netzebene mit dem Netzebenenabstand d_{hkl} der betreffenden Netzebenenschar: $V = S_{hkl}d_{hkl}$. V ist aber ein nicht von h, k, l abhängender Parameter für das gegebene Gitter. Also ist $S_{hkl} \propto 1/d_{hkl}$ woraus unmittelbar die abnehmende Besetzungsdichte bei kleinerem d_{hkl} folgt.

Seite 219 Aus Abb. 3.10 ist ersichtlich, dass für die Erfüllung der Beugungsbedingung die Vektorgleichung $\vec{k} - \vec{k}_0 = \vec{g}$ erfüllt sein muss. Dabei gelten $|\vec{k}_0| = |\vec{k}| = \frac{1}{\lambda}$, und für den Gittervektor $\vec{g} \equiv d^*_{hkl}$ gilt $|\vec{g}| = \frac{1}{d_{hkl}}$. Quadrieren beider Seiten liefert: $\frac{2}{\lambda^2} - \frac{2}{\lambda^2} \cdot \cos(2\theta) = \frac{1}{d^2_{hkl}}$. Mit dem Additionstheorem $\cos(2\theta) = 1 - 2\sin(2\theta)$ folgt nach Vereinfachen der Gleichung $2\,d_{hkl}\sin(\theta) = \lambda$.

Seite 264: Es sind die zwei Komponenten SiO_2 und CaO, denn diese sind chemisch stabil, während sich die beiden anderen Substanzen über $CaO + SiO_2 \longrightarrow CaSiO_3$ bzw. $2\,CaO + SiO_2 \longrightarrow Ca_2SiO_4$ bilden lassen.

Seite 266: Die Zusammensetzung am ternären eutektischen Punkt beträgt 12 % $BaCl_2$, 59 % LiCl, 29 % NaCl.

Seite 272: Die beiden benachbarten (festen) Phasen $MoNi_4$ und $MoNi_3$ liegen bis zur peritektoiden Zersetzung des $MoNi_4$ in $MoNi_3$ und δ-MoNi im Gleichgewicht vor.

Seite 453: $10^8\ \text{cm}^{-2} \cdot 1\,\text{cm}^3 = 10^8\ \text{cm} = 10^6\ \text{m} = 1000\ \text{km}$.

Seite 328: Die Ebene sei durch zwei Gittervektoren $\vec{u}, \vec{v}$ aufgespannt. Der Normalenvektor ist gegeben durch $\overset{\circ}{\vec{n}} = \vec{u} \times \vec{v}$ und nach Gl. (5.5) axial.

Seite 330: Die durch den Skalarprodukt-Operator getrennten unbestimmten Produkte der Dyade und des Vektors sind gemäß $\vec{e}_i\vec{e}_j \cdot \vec{e}_k$ $(i, j, k = 1 \dots 3)$ zu verknüpfen. Das bedeutet, $\vec{e}_i$ bleibt stehen, während sich für die Produkte $\vec{e}_j \cdot \vec{e}_j$ entweder 1 (für $i = j$) oder 0 (für $i \neq j$) ergibt. Folglich werden die 9×3 Summanden des Ausmultiplizierens beider Matrizen entweder zu Vektorkomponenten der $\vec{e}_i$ $(i = 1 \dots 3)$ aufsummiert, oder sie fallen weg.

Seite 333: $G = mm2 = \{1, m_x, m_y, 2_z\}$ (Ordnung 4). Hier ist Zerlegung in folgende Untergruppen der Ordnung 2 möglich: $G_1 = \{1, m_x\}$, $G_2 = \{1, m_y\}$, $G_1 = \{1, 2_z\}$. Dabei sind allerdings G_1 und G_2 äquivalent, da sie durch Umbenennung der Achsen ineinander umgewandelt werden können. Es ergeben sich die folgenden magnetischen Punktgruppen: $mm2$ (Typ 3), $mm2\underline{1}$ (Typ 1), $\underline{mm2}$ (Typ 2, äquivalent zu $m\underline{m}2$), $\underline{m}\,\underline{m}\,2$ (Typ 2).

https://doi.org/10.1515/9783110460247-007

Seite 337: Laut Tabelle 5.3 ist $G_F = \infty m$, folglich wird $\vec{E}$ durch eine Drehachse der Zählichkeit unendlich sowie unendlich viele Spiegelebenen beschrieben, die alle diese Drehachse enthalten. In [001] besitzt $Fm\bar{3}m$ eine 4-zählige Drehachse sowie dazu parallele Spiegelebenen {100} und {110}. Nur diese bleiben erhalten, so dass mit Gl. (5.26) $G_{KF} = 4mm$ wird. Analog gilt für $\vec{E} \parallel$ [111] $G_{KF} = 3m$ und für $\vec{E} \parallel$ [110] $G_{KF} = mm2$. Für alle dazwischen liegenden Richtungen liegt $\vec{E}$ lediglich parallel zu einer Spiegelebene, so dass $G_{KF} = m$ folgt.

Seite 352: Ein quaderförmiges Volumenelement des Kristalls, dessen Kanten l_a, l_b und l_c parallel zu den Hauptachsen des Tensors der linearen thermischen Ausdehnungskoeffizienten verlaufen, hat vor der Temperaturänderung das Volumen $V_0 = l_{a0}l_{b0}l_{c0}$ und nach der Temperaturänderung das Volumen $V = l_al_bl_c = l_{a0}(1+\alpha_a\Delta T)l_{b0}(1+\alpha_b\Delta T)l_{c0}(1+\alpha_c\Delta T)$ bzw. unter Vernachlässigung der kleinen Größen höherer Ordnung $V = V_0(1+\alpha_a\Delta T+\alpha_b\Delta T+\alpha_c\Delta T) = V_0[1+(\alpha_a+\alpha_b+\alpha_c)\Delta T]$. Folglich hat man als Volumenausdehnungskoeffizient $\beta = \alpha_a + \alpha_b + \alpha_c = \alpha_{11} + \alpha_{22} + \alpha_{33}$ mit $\alpha_a \equiv \alpha_{11}; \alpha_b \equiv \alpha_{22}; \alpha_c \equiv \alpha_{33}$ (in der Hauptachsendarstellung). Die Summe der Koeffizienten $\alpha_{11} + \alpha_{22} + \alpha_{33}$ in der Diagonalen einer Tensormatrix wird als Spur (abgekürzt Sp) bezeichnet und ist invariant gegenüber Transformationen des Koordinatensystems, d. h. die obige Beziehung gilt allgemein und auch dann, wenn die übrigen Tensorkomponenten α_{ij} mit $i \neq j$ verschieden von null sind. Für die relative Volumenänderung ergibt sich somit $\Delta V/V_0 = (\alpha_{11} + \alpha_{22} + \alpha_{33})\Delta T = \Delta T \, \text{Sp}\alpha$ bzw. auch: $\Delta V/V_0 = \varepsilon_{11} + \varepsilon_{22} + \varepsilon_{33} = \text{Sp} \, \overset{2\rightarrow}{\varepsilon}$. Für isotrope Körper und kubische Kristalle hat man mit $\alpha_{11} = \alpha_{22} = \alpha_{33} = \alpha$ einfach $\beta = 3\alpha$.

Seite 433: Weil die Gleitrichtung in der Gleitebene liegt, beträgt der Winkel zwischen Gleitrichtung und Ebenennormale 90° (siehe Abb. 5.64). Es ist aber für jeden Winkel $\cos\phi = \sin(90° - \phi)$, so dass das Produkt der Winkelfunktionen in Gl. (5.126) nicht größer als das Produkt aus Sinus und Cosinus eines Winkels sein kann. Dieses hat aber, wie im Text schon beschrieben, sein Maximum bei 45° und beträgt dann 0,5.

Seite 377: Nach Gl. (5.84) gilt für den Winkel der Totalreflexion $i_t = \arcsin\frac{n_2}{n_1} = \arcsin\frac{1}{1.33} = 49°$.

Seite 388: Wie in Abschnitt 5.5.3 beschrieben gilt stets $n_\alpha < n_\beta < n_\gamma$. Wenn die Wellennormale $\vec{N}$ die Richtung der zu n_β gehörenden Hauptachse hat, betragen die Radien der Schnittellipse n_α bzw. n_γ. Dies sind aber die Extremwerte von n, so dass die zu n_β gehörenden Hauptachse die gesuchte Richtung ist (Abb. 5.31).

Seite 389: Da $\tan 45° = 1$ ist, folgt für einen optisch positiven Kristall $(n_\beta - n_\alpha) \leq (n_\gamma - n\beta)$ und für einen optisch negativen Kristall $(n_\beta - n_\alpha) > (n_\gamma - n\beta)$.

Seite 407: Wie in Abschnitt 5.5.3 dargelegt, stellt die Indikatrix die charakteristische Fläche des Tensors $(\overset{2\rightarrow}{\varepsilon_r})^{-1}$ dar. Die Lage der Indikatrix darf aber wegen des Neumannschen Prinzips (5.19) nicht im Widerspruch zu den Symmetrieelementen des Kristall stehen.

Seite 419: Die Energie eines Lichtquants beträgt $E = hv = \hbar\omega$. Da die Gesamtenergie erhalten bleibt, reagieren im Falle der Summenfrequenzbildung zwei Photonen mit $E_1 = \hbar\omega_1$ und $E_2 = \hbar\omega_2$ zu einem neuen Photon mit $E_3 = \hbar(\omega_1+\omega_2)$. Im Falle der Differenzfrequenzbildung zerfällt unter dem Einfluss des energieärmeren Photons ein Photon der höheren Energie (z. B. $E_1 = \hbar\omega_1$) in eines der kleineren Energie $E_2 = \hbar\omega_2$ und eines, welches die Energiedifferenz $E_3 = \hbar(\omega_1 - \omega_2)$ trägt. Nach dem Prozess liegen folglich 2 Photonen mit E_2 und eines mit $E_1 - E_2$ vor (siehe auch Kiefer, Jürgen (Hrsg.) (1977)).

Seite 465: 4H: ABCB, 6H: ABCACB, 8H: ABCABACB, 10H: ABCACBCACB, 15R: ABCACBCABACABCB.

Literatur

[Abbe 1873] ABBE: in: *Archiv der Mikroskopischen Anatomie, Bd. 9 (M. Schultze)*. Bonn: Max Cohen & Sohn, 1873.

[Abrahams u. a. 1966] ABRAHAMS, S. C.; REDDY, J. M.; BERNSTEIN, J. L.: Ferroelectric lithium niobate. 3. Single crystal X-ray diffraction study at 24 °C. In: *J. Phys. Chem. Solids* 27 (1966), S. 997–1012.

[Ahrens 1952] AHRENS, L. H.: The use of ionization potentials, Part 1. Ionic radii of the elements. In: *Geochim. Cosmochim. Acta* 2 (1952), S. 155–169.

[Allen u. Huheey 1980] ALLEN, LELAND C.; HUHEEY, JAMES E.: The definition of electronegativity and the chemistry of the noble gases. In: *J. Inorg. Nucl. Chem.* 42 (1980), S. 1523–1524.

[von Ardenne 1938a] ARDENNE, MANFRED VON: Das Elektronen-Rastermikroskop. In: *Z. Phys.* 109 (1938), Nr. 9, S. 553–572.

[von Ardenne 1938b] ARDENNE, MANFRED VON: Das Elektronen-Rastermikroskop. Praktische-Ausführung. In: *Z. Techn. Phys.* 19 (1938), S. 407–416.

[Barrett 1945] BARRETT, C. S.: A new microscopy and its potentialities. In: *Trans. Am. Inst. Min. Metall. Eng.* 161 (1945), S. 15–64.

[Barrett 1931] BARRETT, CHARLES S.: Laue spots from perfect, imperfect, and oscillating crystals. In: *Phys. Rev.* 38 (1931), S. 832–833.

[Bauer 1958] BAUER, E.: Phänomenologische Theorie der Kristallabscheidung an Oberflächen. In: *Z. Kristallogr.* 110 (1958), S. 372–394.

[Baumann 1926] BAUMANN, R.: Die Härte weicher Metalle. IN: *Z. Ver. Dtsch. Ing.* 70 (1926), S. 403 + 406.

[Bautsch u. a. 1977] BAUTSCH, H.-J.; MESSERSCHMIDT, A.; REICHE, M.: Petrographic investigation and high-voltage electron microscopy of an anorthosite fragment from Luna 20 landing site. In: *Earth Planet. Sci. Lett.* 34 (1977), Nr. 3, S. 403–410.

[Becke 1905] BECKE, F.: I. Die Skiodromen. Ein Hilfsmittel bei der Ableitung der Interferenzbilder. In: *Tschermak's Mineral. Petrogr. Mitt.* 24 (1905), Nr. 1, S. 1–34.

[Becker u. Döring 1935] BECKER, R.; DÖRING, W.: Kinetische Behandlung der Keimbildung in übersättigten Dämpfen. In: *Ann. Phys.* 24 (1935), S. 719–752.

[Berg 1931] BERG, WOLFGANG: Über eine röntgenographische Methode zur Untersuchung von Gitterstörungen an Kristallen. In: *Naturwissenschaften* 19 (1931), S. 391–396.

[Bergmann 1954] BERGMANN, LUDWIG: *Der Ultraschall und seine Anwendung in Wissenschaft und Technik*. Stuttgart: S. Hirzel, 1954.

[Berlincourt u. a. 1964] BERLINCOURT, D.; JAFFE, HANS; MERZ, W. J.; NITSCHE, R.: Piezoelectric effect in the ferroelectric range in SbSI. In: *Appl. Phys. Lett.* 4 (1964), S. 61–63.

[Bliznakov 1958] BLIZNAKOV, G.: Die Kristalltracht und die Adsorption fremder Beimischungen. In: *Fortschr. Mineral.* 36 (1958), S. 149–191.

[Bloch 1928] BLOCH, FELIX: *Über die Quantenmechanik der Elektronen in Kristallgittern*, Universität Leipzig, Diss., 1928.

[Bohm 1967] BOHM, J.: Symmetriebeziehungen ohne Gruppeneigenschaft in der Kristallographie (Eine Verallgemeinerung der „OD-Strukturen"). In: *Wiss. Z. Humboldt Univ. Berlin, Math. Nat. R.* XVI (1967), S. 821–831.

[Bohm 1968] BOHM, J.: Antisymmetrische OD-Strukturen. In: *Z. Kristallogr.* 126 (1968), S. 190–198.

[Bohm 1995] BOHM, JOACHIM: *Realstruktur von Kristallen*. Stuttgart: E. Schweizerbart'sche Verlagsbuchhandlung (Nägele u. Obermiller, 1995).

[Bond u. Andrus 1952] BOND, W. L.; ANDRUS, J.: Structural imperfections in quartz crystals. In: *Am. Mineral.* 37 (1952), S. 622–632.

https://doi.org/10.1515/9783110460247-008

[Bondi 1964] BONDI, A.: Van der Waals volumes and radii. In: *J. Phys. Chem.* 68 (1964), S. 441–451.

[Bonse u. Kappler 1958] BONSE, U.; KAPPLER, E.: Röntgenographische Abbildung des Verzerrungsfeldes einzelner Versetzungen in Germanium-Einkristallen. In: *Z. Naturforschg.* 13a (1958), S. 348–349.

[Bragg u. Bragg 1913a] BRAGG, WILLIAM H.; BRAGG, WILLIAM L.: The reflection of X-rays by crystals. In: *Proc. R. Soc. Lond. Ser. A, Contain. Pap. Math. Phys. Character* 88 (1913), Nr. 605, S. 428–438.

[Bragg u. Bragg 1913b] BRAGG, WILLIAM L.; BRAGG, WILLIAM H.: The structure of some crystals as indicated by their diffraction of X-rays. In: *Proc. R. Soc. Lond. Ser. A, Contain. Pap. Math. Phys. Character* 89 (1913), Nr. 610, S. 248–277.

[Bravais 1848] BRAVAIS, A.: *Abhandlung über die Systeme von regelmäßig auf einer Ebene oder im Raum vertheilten Punkten (deutsche Übersetzung 1897 von C. und E. Blasius)*. Leipzig: Verlag Wilhelm Engelmann, 1848.

[Bravais 1866] BRAVAIS, A.: *Études cristallographiques*. Paris: Gauthier–Villars, 1866.

[Bridgman 1925] BRIDGMAN, PERCY W.: Certain physical properties of single crystals of tungsten, antimony, bismuth, tellurium, cadmium, zinc, and tin. In: *Proc. Am. Acad. Arts Sci.* LX (1925), S. 303–384.

[Buckley 1951] BUCKLEY, H. E.: *Crystal Growth*. New York: John Wiley & Sons., 1951.

[Buerger 1961] BUERGER, M. J.: Polymorphism and phase transformation. In: *Fortschr. Mineral.* 39 (1961), S. 9–24.

[Buerger 1964] BUERGER, MARTIN J.: *The Precession Method in X-Ray Crystallography*. New York: Wiley, 1964.

[Burianek u. a. 2009] BURIANEK, M.; MÜHLBERG, M.; WOLL, M.; SCHMÜCKER, M.; GESING, TH. M.; SCHNEIDER, H.: Single-crystal growth and characterization of mullite-type orthorhombic $Bi_2M_4O_9$ ($M = Al^{3+}$, Ga^{3+}, Fe^{3+}). In: *Cryst. Res. Technol.* 44 (2009), S. 1156–1162.

[Burton u. a. 1953] BURTON, J. A.; PRIM, R. C.; SLICHTER, W. P.: The distribution of solute in crystal grown from the melt. In: *J. Chem. Phys.* 21 (1953), S. 1987–1991.

[Cady 1964] CADY, WALTER G.: *Piezoelectricity*. New York: Dover, 1964.

[Caglioti u. a. 1958] CAGLIOTI, G.; PAOLETTI, A.; RICCI, F. P.: Choice of collimators for a crystal spectrometer for neutron diffraction. In: *Nucl. Instrum.* 3 (1958), Nr. 4, S. 223–228.

[Cantor u. a. 2004] CANTOR, B.; CHANG, I. T. H.; KNIGHT, P.; VINCENT, A. J. B.: Microstructural development in equiatomic multicomponent alloys. In: *Mat. Sci. Eng. A* 375–377 (2004), S. 213–218.

[Carnall u. a. 1973] CARNALL, W. T.; SIEGEL, S.; FERRARO, J. R.; TANI, B.; GEBERT, E.: New series of anhydrous double nitrate salts of the lanthanides. Structural and spectral characterization. In: *Inorg. Chem.* 12 (1973), Nr. 3, S. 560–564.

[Chu u. a. 2004] CHU, M.-W.; SZAFRANIAK, I.; SCHOLZ, R.; HESSE, D.; ALEXE, M.; GÖSELE, U.: Use of synchrotron radiation in X-ray diffraction topography. In: *Nat. Mater.* 3 (2004), S. 87–90.

[Curie u. Curie 1880] CURIE, JACQUES; CURIE, PIERRE: Développement, par pression, de l'électricité polaire dans les cristaux hémièdres à faces inclinées. In: *Bull. Soc. Miner.* 3 (1880), S. 90–93.

[Curie 1894] CURIE, PIERRE: Sur la symétrie dans les phénomènes physiques, symétrie d'un champ électrique et d'un champ magnétique. In: *J. Phys. Theor. Appl.* 3 (1894), Nr. 1, S. 395–415.

[Czochralski 1918] CZOCHRALSKI, JAN: Ein neues Verfahren zur Messung der Kristallisationsgeschwindigkeit der Metalle. In: *Z. Phys. Chem.* 92 (1918), S. 219–221.

[Darken u. Gurry 1953] DARKEN, L. S.; GURRY, R. W.: *Physical Chemistry of Metals*. McGraw–Hill, 1953 (Metallurgy and Metallurgical Engineering Series). https://books.google.de/books?id=ITBRAAAAMAAJ.

[Darwin 1922] DARWIN, C. G.: The reflexion of X-rays from imperfect crystals. In: *Philos. Mag.* 43 (1922), Nr. 257, S. 800–829.

[Dohnke u. a. 1999] DOHNKE, I.; MÜHLBERG, M.; NEUMANN, W.: ZnSe single-crystal growth with SnSe as solvent. In: *J. Cryst. Growth* 198 (1999), S. 287–291.

[Donnay u. Harker 1937] DONNAY, J. D. H.; HARKER, DAVID: A new law of crystal morphology extending the law of Bravais. In: *Am. Mineral.* 22 (1937), S. 446–467.

[Donnay u. a. 1966] DONNAY, J. D. H.; HELLNER, E.; NIGGLI, A.: Symbolism for lattice complexes, revised by a Kiel Symposium1. In: *Z. Kristallogr.* 123 (1966), S. 255–262.

[Dornberger-Schiff 1964] DORNBERGER-SCHIFF, K.: *Grundzüge einer Theorie der OD-Strukturen aus Schichten (Abhandlungen der Deutschen Akademie der Wissenschaften, Klasse für Chemie, Geologie und Biologie)*. Berlin: Akademie-Verlag, 1964.

[Edenharter 1976] EDENHARTER, A.: Fortschritte auf dem Gebiete der Kristallchemie der Sulfosalze. In: *Schweiz. Mineral. Petrogr. Mitt.* 56 (1976), S. 195–217.

[Ehringhaus 1931] EHRINGHAUS, A.: Drehbare Kompensatoren aus Kombinationsplatten doppelbrechender Kristalle. In: *Z. Kristallogr.* 76 (1931), S. 315–321.

[Elwell u. Scheel 1975] ELWELL, DENNIS; SCHEEL, H J.: *Crystal Growth from High Temperature Solutions*. London: Academic Press, 1975.

[Emmons 1929] EMMONS, R. C.: The double variation method of refractive index determination (second paper). In: *Am. Mineral.* 14 (1929), Nr. 11, S. 414–426.

[Eriksson u. Pelton 1993] ERIKSSON, GUNNAR; PELTON, ARTHUR D.: Critical evaluation and optimization of the thermodynamic properties and phase diagrams of the $CaO–Al_2O_3$, $Al_2O_3–SiO_2$, and $CaO–Al_2O_3–SiO_2$ systems. In: *Metall. Trans. B* 24 (1993), S. 807–816.

[Essmann 1963] ESSMANN, U.: Die Versetzungsanordnung in plastisch verformten Kupfereinkristallen. In: *Phys. Status Solidi* 3 (1963), S. 932–949.

[Essmann 1964] ESSMANN, UWE: Elektronenmikroskopische Untersuchung der Versetzungsanordnung in plastisch verformten Kupfereinkristallen. In: *Acta Metall.* 12 (1964), Nr. 12, S. 1468–1470.

[Faraday 1846] FARADAY, MICHAEL: Experimental researches in electricity. Nineteenth series. In: *Philos. Trans. R. Soc. Lond.* 136 (1846), S. 1–20.

[Fichtner 1977] FICHTNER, K.: Zur Symmetriebeschreibung von OD-Kristallstrukturen durch Brandtsche und Ehresmannsche Gruppoide. In: *Beitr. Algebra Geom.* 6 (1977), S. 71–100.

[Fichtner 1980] FICHTNER, K.: On gruppoids in crystallography. In: *Match* (1980), Nr. 9, S. 21–40.

[Fichtner 1983] FICHTNER, K.: A new polytype notation for CdI_2 type structures. The thr symbols. In: *Cryst. Res. Technol.* 18 (1983), S. 77–84.

[Fichtner 1986] FICHTNER, KONRAD: Non-space-group symmetry in crystallography. In: *Comput. Math. Appl.* 12B (1986), Nr. 3, Part 2, S. 751–762.

[Fick 1855] FICK, ADOLF: Ueber Diffusion. In: *Ann. Phys.* 170 (1855), S. 59–86.

[Foto: Wikipedia (Goniometer) 2016] FOTO: WIKIPEDIA (GONIOMETER): *Wikipedia (deutsch): Goniometer.* https://de.wikipedia.org/wiki/Goniometer, 2016. – Accessed: 2017-03-01.

[Frank 1965] FRANK, F. C.: On Miller–Bravais indices and four-dimensional vectors. In: *Acta Crystallogr.* 18 (1965), S. 862–866.

[Frank u. van der Merwe 1949a] FRANK, F. C.; MERWE, J. H. D.: One-dimensional dislocations. I. Static theory. In: *Proc. R. Soc. Lond. A: Math. Phys. Eng. Sci.* 198 (1949), Nr. 1053, S. 205–216.

[Frank u. van der Merwe 1949b] FRANK, F. C.; MERWE, J. H. D.: One-dimensional dislocations. II. Misfitting monolayers and oriented overgrowth. In: *Proc. R. Soc. Lond. A: Math. Phys. Eng. Sci.* 198 (1949), Nr. 1053, S. 216–225.

[Frank u. Read 1950] FRANK, F. C.; READ, W. T.: Multiplication processes for slow moving dislocations. In: *Phys. Rev.* 79 (1950), Aug, S. 722–723.

[Gallo u. a. 1963] GALLO, C. F.; CHANDRASEKHAR, B. S.; SUTTER, P. H.: Transport properties of bismuth single crystals. In: *J. Appl. Phys.* 34 (1963), S. 144–152.

[Gille u. a. 1991] GILLE, PETER; KIESSLING, FRANK; BURKERT, M.: A new approach to crystal growth of Hg(1-x)Cd(x)Te by the travelling heater method (THM). In: *J. Cryst. Growth* 114 (1991), S. 77–86.

[Goldschmidt 1926] GOLDSCHMIDT, VICTOR M.: *Geochemische Verteilungsgesetze der Elemente: 7. Die Gesetze der Krystallochemie*. Oslo: Dybwad, 1926.

[Goldschmidt 1928] GOLDSCHMIDT, V. M.: Über Atomabstände in Metallen. In: *Z. Phys. Chem.* 133 (1928), S. 397–419.

[Gray 1962] GRAY, G. W.: *Molecular Structure and Properties of Liquid Crystals*. London: Academic Press, 1962.

[Grimm u. Sommerfeld 1926] GRIMM, H. G.; SOMMERFELD, A.: Über den Zusammenhang des Abschlusses der Elektronengruppen im Atom mit den chemischen Valenzzahlen. In: *Z. Phys.* 36 (1926), S. 36–59.

[H. de Sénarmont 1847] H. DE SÉNARMONT: Mémoire sur la conductibilité des substances cristallisées pour la chaleur. In: *C. R. Hebd. Séances Acad. Sci., Sér. B* 25 (1847), S. 459–461.

[Haggerty u. a. 1968] HAGGERTY, J. S.; O'BRIEN, J. L.; WENCKUS, J. F.: Growth and characterization of single crystal ZrB_2. In: *J. Cryst. Growth* 3–4 (1968), S. 291–294.

[Hales 1998] HALES, THOMAS C.: *An overview of the Kepler conjecture*. 1998.

[Hales 2005] HALES, THOMAS C.: A proof of the Kepler conjecture. In: *Ann. Math.* 162 (2005), Nr. 3, S. 1065–1185.

[Hartman u. Perdok 1955a] HARTMAN, P.; PERDOK, W. G.: On the relations between structure and morphology of crystals. I. In: *Acta Crystallogr.* 8 (1955), Nr. 1, S. 49–52.

[Hartman u. Perdok 1955b] HARTMAN, P.; PERDOK, W. G.: On the relations between structure and morphology of crystals. II. In: *Acta Crystallogr.* 8 (1955), Nr. 9, S. 521–524.

[Hartman u. Perdok 1955c] HARTMAN, P.; PERDOK, W. G.: On the relations between structure and morphology of crystals. III. In: *Acta Crystallogr.* 8 (1955), Nr. 9, S. 525–529.

[Hartmann 1984] HARTMANN, ERVIN: *An Introduction to Crystal Physics*. International Union of Crystallography, http://www.iucr.org/education/pamphlets/18, 1984. – Accessed: 2016-01-27.

[Hauser u. Schenk 1966] HAUSER, O.; SCHENK, M.: Strahleninduzierte Phasenumwandlungen einiger Substanzen des Perowskit-Gittertyps und ihre thermodynamische Behandlung. In: *Phys. Status Solidi B* 18 (1966), Nr. 2, 547–555. http://dx.doi.org/10.1002/pssb.19660180208.

[Haussühl 1983] HAUSSÜHL, SIEGFRIED: *Kristallphysik*. Weinheim: Physik-Verlag, 1983. – ISBN 978-3527210879.

[Heaney u. a. 1994] HEANEY, P. J.; PREWITT, C. T.; GIBBS, G. V.: *Silica: Physical Behavior, Geochemistry and Materials Applications*. Mineralogical Society of America, 1994 (Reviews in Mineralogy). – ISBN 9780939950355.

[Heesch 1930] HEESCH, H.: Zur systematischen Strukturtheorie. III: Über die vierdimensionalen Gruppen des dreidimensionalen Raumes. In: *Z. Kristallogr.* 73 (1930), S. 325–345.

[Heimann 2020] HEIMANN, R. B. (Hrsg.): *Materials for Medical Application*. Berlin: De Gruyter, 2020 – ISBN 978-3-11-061919-5.

[Heitler u. London 1927] HEITLER, W.; LONDON, F.: Wechselwirkung neutraler Atome und homöopolare Bindung nach der Quantenmechanik. In: *Z. Phys.* 44 (1927), S. 455–472.

[Hellner 1958] HELLNER, E.: Über ein strukturelles Einteilungsprinzip für sulfidische Erze. In: *Naturwissenschaften* 45 (1958), Nr. 2, S. 38.

[Hellner 1965] HELLNER, E.: Descriptive symbols for crystal-structure types and homeotypes based on lattice complexes. In: *Acta Crystallogr.* 19 (1965), Nr. 5, S. 703–712.

[Hermann 1928] HERMANN, C: Zur systematischen Strukturtheorie. I. Eine neue Raumgruppensymbolik. In: *Z. Kristallogr.* 68 (1928), Nr. 2/3, S. 257–287.

[Hermann 1934] HERMANN, C.: Tensoren und Kristallsymmetrie. In: *Z. Kristallogr.* 89 (1934), S. 32–48.

[Heumann u. Mehrer 1992] HEUMANN, T.; MEHRER, H.: *Diffusion in Metallen: Grundlagen, Theorie, Vorgänge in Reinmetallen und Legierungen*. Springer Berlin Heidelberg, 1992 (WFT Werkstoff-Forschung und -Technik). https://books.google.de/books?id=BEvCPAAACAAJ.

[Ho u. Douglas 1969] HO, SHIH-MING; DOUGLAS, BODIE E.: A system of notation and classification for typical close-packed structures. In: *J. Chem. Educ.* 46 (1969), S. 207.

[Hobden 1967] HOBDEN, M. V.: Phase-matched second-harmonic generation in biaxial crystals. In: *J. Appl. Phys.* 38 (1967), S. 4365–4372.

[Hosemann 1950] HOSEMANN, R.: Der ideale Parakristall und die von ihm gestreute kohärente Röntgenstrahlung. In: *Z. Phys.* 128 (1950), Nr. 4, S. 465–492.

[Hosemann 1976] HOSEMANN, R.: Grundlagen der Theorie des Parakristalls und ihre Anwendungsmöglichkeiten bei der Untersuchung der Realstruktur kristalliner Stoffe. In: *Krist. Tech.* 11 (1976), Nr. 11, S. 1139–1151.

[Hull u. a. 2011] HULL, STEPHEN; NORBERG, STEFAN T.; AHMED, ISTAQ; ERIKSSON, STEN G.; MOHN, CHRIS E.: High temperature crystal structures and superionic properties of $SrCl_2$, $SrBr_2$, $BaCl_2$ and $BaBr_2$. In: *J. Solid State Chem.* 184 (2011), Nr. 11, S. 2925–2935.

[Hurle 1993] HURLE, D. T. J.: *Handbook of Crystal Growth*. Amsterdam: Elsevier, 1993.

[Huygens 1690] HUYGENS, CHRISTIAN: *Traité de la lumière*. Paris: Gauthier–Villars, 1690.

[IUCr1 2012] IUCR1: *Online Dictionary of Crystallography: Cylindrical System*. http://reference.iucr.org/dictionary/Cylindrical_system, 2012. – Accessed: 2016-01-27.

[IUCr2 2012] IUCR2: *Online Dictionary of Crystallography: Spherical System*. http://reference.iucr.org/dictionary/Spherical_system, 2012. – Accessed: 2016-01-27.

[IUCr3 2008] IUCR3: *A Font for Crystallographic Symmetry Elements*. http://www.iucr.org/resources/symmetry-font, 2008. – Accessed: 2017-05-26.

[Jackson 1958] JACKSON, K. A.: *Liquid Metals and Solidification*. Cleveland: Amer. Soc. Metals, 1958. 174–180 S.

[Johannes Schneider 2015] JOHANNES SCHNEIDER: *Datei:Kubisch primitive packung.svg*. https://de.wikipedia.org/wiki/Datei:Kubisch_primitive_packung.svg, 2015. – Accessed: 2019-09-18.

[John P. Snyder 1987] JOHN P. SNYDER: *Map projections – a working manual*. https://pubs.er.usgs.gov/publication/pp1395, 1987. – Accessed: 2017-03-02.

[Kaminsky u. a. 2015] KAMINSKY, WERNER; SNYDER, TREVOR; STONE-SUNDBERG, JENNIFER; MOECK, PETER: 3D printing of representation surfaces from tensor data of KH_2PO_4 and low-quartz utilizing the WinTensor software. In: *Z. Kristallogr. - Crystalline Materials* 230 (2015), Nr. 11, S. 651–656. – http://cad4.cpac.washington.edu/WinTensorhome/WinTensor.htm.

[Kiefer, Jürgen (Ed.) 1977] KIEFER, JÜRGEN (Hrsg.): *Einführung in die Kristallphysik*. Berlin, New York: de Gruyter, 1977.

[Kiss 1969] KISS, ZOLTAN J.: Photochromic materials for quantum electronics. In: *IEEE J. Quantum Electron.* QE-5 (1969), Nr. 1, S. 12–17.

[Klapper 1998] KLAPPER, H.: Structural defects in crystals and techniques for their detection. In: *Mater. Sci. Forum* 276–277 (1998), S. 291–306.

[Kleber 1958] KLEBER, J. W. AND W. W. WEISS: Keimbildung und Epitaxie von Eis. In: *Z. Kristallogr.* 110 (1958), S. 30–46.

[Kleber 1955] KLEBER, W.: Die Korrespondenz zwischen Morphologie und Struktur der Kristalle. In: *Naturwissenschaften* 42 (1955), Nr. 7, S. 170–173.

[Kleber u. Raidt 1963] KLEBER, W.; RAIDT, H.: Über den Einfluss des Lösungsmittels auf die exogene Symmetrie von Salol. In: *Z. Phys. Chem.* 222 (1963), S. 1–14.

[Kleber u. a. 1968] KLEBER, WILL; MEYER, KLAUS; SCHOENBORN, WERNER: *Einführung in die Kristallphysik*. Berlin: Akademie-Verlag, 1968.

[Klement u. a. 1963] KLEMENT, W.; JAYARAMAN, A.; KENNEDY, G. C.: Phase diagrams of arsenic, antimony, and bismuth at pressures up to 70 kbars. In: *Phys. Rev.* 131 (1963), S. 632–637.

[Klimm 1995] KLIMM, D: Ultrasonic deformation of crystals with frequencies near 100 kHz. In: *Rev. Sci. Instrum.* 66 (1995), S. 1072–1076.

[Klimm 2014] KLIMM, DETLEF: Phase equilibria. In: NISHINAGA, T. (Hrsg.): *Handbook of Crystal Growth*. Second Ed. Elsevier, 2014, 85–136. http://dx.doi.org/10.1016/ B978-0-444-56369-9.00002-2.

[Kluge 1899] KLUGE, FRIEDRICH: *Etymologisches Wörterbuch der deutschen Sprache*. Straßburg: Karl J. Trübner, 1899.

[Knoop u. a. 1939] KNOOP, FREDERIC; PETERS, CHAUNCEY G.; EMERSON, WALTER B.: A sensitive pyramidal-diamond tool for indentation measurements. In: *J. Res. Natl. Bur. Stand.* 23 (1939), S. 39–61.

[Kobayashi u. a. 1978] KOBAYASHI, J.; TAKAHASHI, T.; HOSOKAWA, T.; UESU, Y.: A new method for measuring the optical activity of crystals and the optical activity of KH_2PO_4. In: *J. Appl. Phys.* 49 (1978), S. 809–815.

[Kossel 1927] KOSSEL, W.: Zur Theorie des Kristallwachstums. In: *Nachr. Ges. Wiss. Gött., Math.-Phys. Kl.* (1927), S. 135–143.

[Kröger 1973] KRÖGER, F. A.: *The Chemistry of Imperfect Crystals*. Amsterdam: North-Holland Publishing Company, 1973.

[Kyropoulos 1926] KYROPOULOS, SPYRO: Ein Verfahren zur Herstellung großer Kristalle. In: *Z. Anorg. Chem.* 154 (1926), S. 308–313.

[Kürsten u. Bohm 1972] KÜRSTEN, H. D.; BOHM, J.: Die Domänenstruktur von Gadoliniummolybdat (GMO). In: *Krist. Tech.* 7 (1972), Nr. 8, S. 957–963.

[Lagally u. Franz 1965] LAGALLY, MAX; FRANZ, WALTER: *Vorlesungen über Vektorrechnung*. Leipzig: Geest & Portig, 7. Auflage, 1965.

[Lang 1959] LANG, A. R.: The projection topograph: a new method in X-ray diffraction microradiography. In: *Acta Crystallogr.* 12 (1959), S. 249–250.

[Laves 1937] LAVES, F.: Fünfundzwanzig Jahre Laue-Diagramme. In: *Naturwiss.* 25 (1937), S. 721–733.

[Laves 1955] LAVES, F.: *Crystal Structure and Atomic Size. In: Theory of Alloy Phases*. Cleveland, Ohio: Amer. Soc. Metals, 1955.

[Le Bail u. a. 1988] LE BAIL, A.; DUROY, H.; FOURQUET, J. L.: Ab-initio structure determination of $LiSbWO_6$ by X-ray powder diffraction. In: *Mater. Res. Bull.* 23 (1988), Nr. 3, S. 447–452.

[Leeb u. Brandestini 1977] LEEB, DIETMAR; BRANDESTINI, MARCO: *US-Patent 4034603: Method of an apparatus for testing the hardness of materials*. 1977.

[Liebau 1985] LIEBAU, F.: *Structural Chemistry of Silicates: Structure, Bonding and Classification*. Berlin, Heidelberg, New York, Tokyo: Springer-Verlag, 1985.

[Lifshitz 1997] LIFSHITZ, RON: Theory of color symmetry for periodic and quasiperiodic crystals. In: *Rev. Mod. Phys.* 69 (1997), S. 1181–1218.

[Lifshitz 2005] LIFSHITZ, RON: Magnetic point groups and space groups. In: BASSANI, F.; LIEDL, G. L.; WYDER, P. (Hrsg.): *Encyclopedia of Condensed Matter Physics, Bd. 3*. Oxford: Elsevier, 2005, S. 219–226.

[Lindner 2011] LINDNER, ALBRECHT: *Grundkurs Theoretische Physik*. Vieweg + Teubner, 2011. – ISBN 978-3834818959.

[Lu u. a. 2012] LU, FUMIN; MA, AIBIN; JIANG, JINGHUA; YANG, DONGHUI; ZHOU, QI: Review on long-period stacking-ordered structures in Mg–Zn–RE alloys. In: *Rare Met.* 31 (2012), Nr. 3, S. 303–310.

[Mackay 1962] MACKAY, A.: A dense non-crystallographic packing of equal spheres. In: *Acta Crystallogr.* 15 (1962), S. 916–918.

[Mackay 1981] MACKAY, A.: De nive quinquangula. In: *Krystallografiya* 26 (1981), S. 910–918. – Der Titel spielt auf die klassische Abhandlung von Johannes Kepler *De nive sexangula* an.

[Maiman 1960] MAIMAN, THEODORE H.: Stimulated optical radiation in ruby. In: *Nature* 187 (1960), S. 493–494.

[Mallard 1884] MALLARD, ERNEST: *Traité de Cristallographie, Bd. 2.* Paris: Dunod, 1884.

[Mason 1950] MASON, WARREN P.: *Piezoelectric Crystals and Their Application to Ultrasonics.* New York: Van Nostrand, 1950.

[Mauguin 1931] MAUGUIN, CH.: Sur le Symbolisme des groupes de répétition ou de symétrie des assemblages cristallins. In: *Z. Kristallogr.* 76 (1931), Nr. 6, S. 542–558.

[Mecke u. Blochwitz 1982] MECKE, K.; BLOCHWITZ, C.: Saturation dislocation structures in cyclically deformed nickel single crystals of different orientations. In: *Cryst. Res. Technol.* 17 (1982), Nr. 6, S. 743–758.

[Minck u. a. 1966] MINCK, R. W.; TERHUNE, R. W.; WANG, C. C.: Nonlinear optics. In: *Appl. Opt.* 5 (1966), Nr. 10, S. 1595–1612.

[Mois I. Aroyo (Ed.) 2016] MOIS, I. AROYO (Ed.): *International Tables for Crystallography: Volume A: Space-Group Symmetry, 6. Auflage.* John Wiley & Sons, 2016.

[Momma u. Izumi 2011] MOMMA, KOICHI; IZUMI, FUJIO: VESTA3 for three-dimensional visualization of crystal, volumetric and morphology data. In: *J. Appl. Crystallogr.* 44 (2011), Nr. 6, S. 1272–1276.

[Mooser u. Pearson 1959] MOOSER, E.; PEARSON, W. B.: On the crystal chemistry of normal valence compounds. In: *Acta Crystallogr.* 12 (1959), S. 1015–1022.

[Muehlberg u. a. 2008] MUEHLBERG, M.; BURIANEK, M.; JOSCHKO, B.; KLIMM, D.; DANILEWSKY, A.; GELISSEN, M.; BAYARJARGAL, L.; RÖRLER, G. P.; HILDMANN, B. O.: Phase equilibria, crystal growth and characterization of the novel ferroelectric tungsten bronzes $Ca_xBa_{1-x}Nb_2O_6$ (CBN) and $Ca_xSr_yBa_{1-x-y}Nb_2O_6$ (CSBN). In: *J. Cryst. Growth* 310 (2008), S. 2288–2294.

[Mughrabi 1971] MUGHRABI, H.: Elektronenmikroskopische Untersuchung der Versetzungsanordnung verformter Kupfereinkristalle im belasteten Zustand. In: *Philos. Mag.* 23 (1971), Nr. 184, S. 897–929.

[Mühlberg 2008] MÜHLBERG, MANFRED: Phase diagrams for crystal growth. Version: 2008. In: SCHEEL, HANS J.; CAPPER, PETER (Eds.): *Crystal Growth Technology.* Wiley–VCH Verlag GmbH & Co. KGaA, 2008, 2–26. – ISBN 9783527623440. http://dx.doi.org/10.1002/9783527623440.ch1.

[Nacken 1915] NACKEN, RICHARD: Über das Wachstum von Kristallpolyedern in ihrem Schmelzfluß. In: *N. Jb. Mineral. Geol. Paläont. [Stuttgart]* 2 (1915), S. 133–164.

[Nacken 1916] NACKEN, RICHARD: Kristallzüchtungsapparate. In: *Z. Instrumentenkunde* 36 (1916), S. 12–20.

[Néel 1948] NÉEL, L.: Propriétés magnétiques des ferrites – ferrimagnétisme et antiferromagnétisme. In: *Ann. Phys.* 3 (1948), Nr. 2, S. 137–198.

[Neuhaus 1950] NEUHAUS, A.: Orientierte Substanzabscheidung (Epitaxie). In: *Fortschr. Mineral.* 29/30 (1950/51), S. 136–296.

[Niggli 1963] NIGGLI, ALFRED: Zur Topologie, Metrik und Symmetrie der einfachen Kristallformen. In: *Schweiz. Mineral. Petrogr. Mitt.* 43 (1963), S. 49–58.

[Niggli 1920] NIGGLI, PAUL: Beziehung zwischen Wachstumsformen und Struktur der Kristalle. In: *Z. Anorg. Allg. Chem.* 110 (1920), S. 55–80.

[Nowacki 1969] NOWACKI, W.: Zur Klassifikation und Kristallchemie der Sulfosalze. In: *Schweiz. Mineral. Petrogr. Mitt.* 49 (1969), S. 109–156.

[Nye 1957] NYE, J. J.: *Physical Properties of Crystals.* Oxford: Clarendon, 1957. – ISBN 978-0198511656.

[Olmer 1948] OLMER, P.: Dispersion des vitesses des ondes acoustiques dans l'aluminium. In: *Acta Crystallogr.* 1 (1948), Nr. 2, S. 57–63.

[Ostwald 1897] OSTWALD, W.: Studien über die Bildung und Umwandlung fester Körper. In: *Z. Phys. Chem.* 22 (1897), S. 289–330.

[Paufler 1981] PAUFLER, PETER: *Phasendiagramme*. Springer, 1981. – eBook ISBN 978-3-322-86071-2.

[Paufler 1986] PAUFLER, PETER: *Physikalische Kristallographie*. Berlin: Akademie-Verlag, 1986. – ISBN 978–3527264544.

[Paul 2003] PAUL, HARRY: *Lexikon der Optik*. Heidelberg: Spektrum-Verlag, 2003.

[Pauling 1962] PAULING, L.: *Die Natur der chemischen Bindung*. Weinheim: Verlag Chemie, 1962.

[Pauling 1929] PAULING, LINUS: The principles determining the structure of complex ionic crystals. In: *J. Am. Chem. Soc.* 51 (1929), S. 1010–1026.

[Pauling 1932] PAULING, LINUS: The nature of the chemical bond. IV. The energy of single bonds and the relative electronegativity of atoms. In: *J. Am. Chem. Soc.* 54 (1932), S. 3570–3582.

[Pawley 1981] PAWLEY, G. S.: Unit-cell refinement from powder diffraction scans. In: *J. Appl. Crystallogr.* 14 (1981), Nr. 6, S. 357–361.

[Penrose 1974] PENROSE, ROGER: The role of aesthetics in pure and applied mathematical research. In: *Bull. Inst. Math. Appl.* 10 (1974), S. 266–271.

[Pfann 1962] PFANN, W. G.: Zone melting. In: *Science - New Series* 135 (1962), Nr. 3509, 1101–1109. https://www.jstor.org/stable/1709243.

[Phillips 1972] PHILLIPS, F. C.: *An Introduction to Crystallography*. Longmans, Green, 1972.

[Phillips 1970] PHILLIPS, J. C.: Ionicity of the chemical bond in crystals. In: *Rev. Mod. Phys.* 42 (1970), S. 317–356.

[Plendl u. Gielisse 1962] PLENDL, JOHANNES N.; GIELISSE, PETER J.: Hardness of nonmetallic solids on an atomic basis. In: *Phys. Rev.* 125 (1962), S. 828–832.

[Raaz u. Tertsch 1939] RAAZ, FRANZ; TERTSCH, HERMANN: *Geometrische Kristallographie und Kristalloptik*. Springer, 1939. – eBook ISBN 978-3-662-36992-0.

[Rabinowicz 1961] RABINOWICZ, E.: Influence of surface energy on friction and wear phenomena. In: *J. Appl. Phys.* 32 (1961), S. 1440–1444.

[Ramdohr u. Strunz 1978] RAMDOHR, PAUL; STRUNZ, HUGO: *Klockmanns Lehrbuch der Mineralogie*. Stuttgart: Enke, 1978.

[Reinitzer 1888] REINITZER, FRIEDRICH: Beiträge zur Kenntniss des Cholesterins. In: *Monatsh. Chem. Verw. Tl. And. Wiss.* 9 (1888), S. 421–441.

[Renninger 1937] RENNINGER, M.: „Umweganregung", eine bisher unbeachtete Wechselwirkungserscheinung bei Raumgitterinterferenzen. In: *Z. Phys.* 106 (1937), S. 141–176.

[Rettig u. Trotter 1987] RETTIG, S. J.; TROTTER, J.: Refinement of the structure of orthorhombic sulfur, α-S_8. In: *Acta Crystallogr., Sect. C* 43 (1987), S. 2260–2262.

[Rietveld 1967] RIETVELD, H. M.: Line profiles of neutron powder-diffraction peaks for structure refinement. In: *Acta Crystallogr.* 22 (1967), Nr. 1, S. 151–152.

[Rietveld 1969] RIETVELD, H. M.: A profile refinement method for nuclear and magnetic structures. In: *J. Appl. Crystallogr.* 2 (1969), Nr. 2, S. 65–71.

[Rinne 1932] RINNE, FRIEDRICH: Über Beziehungen der gewässerten Bromphenanthrensulfosäure zu organismischen Parakristallen. In: *Z. Kristallogr.* 82 (1932), Nr. 1, S. 379–393.

[Rinne 1933] RINNE, FRIEDRICH: Investigations and considerations concerning paracrystallinity. In: *Trans. Faraday Soc.* 29 (1933), S. 1016–1032.

[Rinne u. Berek 1973] RINNE, FRIEDRICH; BEREK, MAX: *Anleitung zur allgemeinen und Polarisations-Mikroskopie der Festkörper im Durchlicht*. Stuttgart: Schweizbart'sche Verlagsbuchhandlung, 1973.

[Rosenberger 2012] ROSENBERGER, F. E.: *Fundamentals of Crystal Growth, I: Macroscopic Equilibrium and Transport Concepts*. Springer Berlin Heidelberg, 2012 (Springer Series in Solid-State Sciences). https://books.google.de/books?id=LCjqCAAAQBAJ.

[Rost u. a. 2015] ROST, CHRISTINA M.; SACHET, EDWARD; BORMAN, TRENT; MOBALLEGH, ALI; DICKEY, ELIZABETH C.; HOU, DONG; JONES, JACOB L.; CURTAROLO, STEFANO; MARIA, JON-PAUL: Entropy-stabilized oxides. In: *Nat. Commun.* 6 (2015), S. 8485.

[Rudolph 2015] RUDOLPH, P. (*Handbook of Crystal Growth* (Second Edition). Boston: Elsevier, 2015. – 1–1420 S. – ISBN 978–0–444–63303–3).

[Ruska 1934] RUSKA, ERNST: Das Elektronenmikroskop als Übermikroskop. In: *Forsch. Fortschr.* 10 (1934), S. 8.

[Scheel 1972] SCHEEL, H. J.: Accelerated crucible rotation: a novel stirring technique in high-temperature solution growth. In: *J. Cryst. Growth* 13–14 (1972), S. 560–565.

[Scherrer 1918] SCHERRER, P.: Bestimmung der Größe und der inneren Struktur von Kolloidteilchen mittels Röntgenstrahlen. In: *Nachr. Ges. Wiss. Goett., Math.-Phys. Kl.* (1918), S. 98–100.

[Schewmon 1963] SCHEWMON, G.: *Diffusion in Solids*. New York: McGraw–Hill, 1963.

[Schiferl u. Barrett 1969] SCHIFERL, D.; BARRETT, C. S.: The crystal structure of arsenic at 4.2, 78 and 299 K. In: *J. Appl. Crystallogr.* 2 (1969), S. 30–36.

[Schmalzried 1971] SCHMALZRIED, H.: *Festkörperreaktionen: Chemie des festen Zustandes*. Verlag Chemie, 1971 (Chemie des festen Zustandes). https://books.google.de/books?id=bUMkAQAAIAAJ. – ISBN 9783527253630.

[Schmalzried u. Navrotsky 1978] SCHMALZRIED, H.; NAVROTSKY, A.: *Festkörperthermodynamik: Chemie d. festen Zustandes*. Akademie-Verlag, 1978 (Chemie des festen Zustandes / Hermann Schmalzried). https://books.google.de/books?id=GGpdPAAACAAJ.

[Schubnikow 1930] SCHUBNIKOW, A.: XI. Über die Symmetrie des Kontinuums. In: *Z. Kristallogr.* 72 (1930), S. 272–290.

[Schulze 2013] SCHULZE, G. E. R.: *Metallphysik: Ein Lehrbuch*. Springer Vienna, 2013 https://books.google.de/books?id=nC-1BgAAQBAJ. – ISBN 9783709132753.

[Schulze u. Wieting 1961] SCHULZE, G. E. R.; WIETING, J.: Über Bauprinzipien des $CuZn_2$-Gitters. In: *Z. Metallkd.* 52 (1961), S. 743–746.

[Schwoebel u. Shipsey 1966] SCHWOEBEL, R. L.; SHIPSEY, E. J.: Step motion on crystal surfaces. In: *J. Appl. Phys.* 37 (1966), S. 3682–3686.

[Shannon u. Prewitt 1970] SHANNON, R. D.; PREWITT, C. T.: Revised values of effective ionic radii. In: *Acta Crystallogr., Sect. B* 26 (1970), S. 1046–1048.

[Shechtman u. a. 1984] SHECHTMAN, D.; BLECH, I.; GRATIAS, D.; CAHN, J. W.: Metallic phase with long-range orientational order and no translational symmetry. In: *Phys. Rev. Lett.* 53 (1984), S. 1951–1953.

[Shore u. Shore 1930] SHORE, ALBERT F.; SHORE, CHARLES P.: *US Patent 1770045 (A): Apparatus for measuring the hardness of materials*. 1930.

[Shull u. a. 1951] SHULL, C. G.; STRAUSER, W. A.; WOLLAN, E. O.: Neutron diffraction by paramagnetic and antiferromagnetic substances. In: *Phys. Rev.* 83 (1951), S. 333–345.

[Sirotin u. Šaskol'skaja 1979] SIROTIN, JU. I.; ŠASKOL'SKAJA, M. P.: *Osnovy Kristallofiziki*. Moskva: Nauka, 1979. – (in Russisch. Englische Übersetzung: Fundamentals of Crystal Physics, Mir Publishers, Moscow, 1982).

[Sommerfeldt 1906] SOMMERFELDT, E.: *Geometrische Kristallographie*. Leipzig: Verlag von Wilhelm Engelmann, 1906.

[Spangenberg 1935] SPANGENBERG, K.: Wachstum und Auflösung der Kristalle. In: *Handwörterbuch der Naturwissenschaften*. 2. Aufl., Bd. 10. Jena: Gustav Fischer Verlag, 1935.

[Stark 1915] STARK, JOHANNES: *Jahrbuch der Radioaktivität und Elektronik, Band 12*. Leipzig: S. Hirzel, 1915.

[Stenonis 1669] STENONIS, NICOLAI: *De solido intra solidum naturaliter concento*. Florenz: Dissertationis Prodromus, 1669.

[Stockbarger 1936] STOCKBARGER, DONALD C.: The production of large single crystals of lithium fluoride. In: *Rev. Sci. Instrum.* 7 (1936), S. 133–136.

[Stranski 1928] STRANSKI, W.: Zur Theorie des Kristallwachstums. In: *Z. Phys. Chem.* (1928), S. 259 ff.

[Stranski u. Kaišev 1934] STRANSKI, W.; KAIŠEV, R.: Über den Mechanismus des Gleichgewichts kleiner Kriställchen. In: *Z. Phys. Chem. B* 26 (1934), S. 100–116 und 312–316.

[Stranski u. Kaišev 1935] STRANSKI, W.; KAIŠEV, R.: Gleichgewichtsform und Wachstumsform der Kristalle. In: *Ann. Phys.* 23 (1935), S. 330–338.

[Strunz u. Nickel 2001] STRUNZ, H.; NICKEL, E.: *Strunz Mineralogical Tables. Ninth Edition.* Stuttgart, Germany: Schweizerbart Science Publishers, 2001.

[Stöber 1925] STÖBER, F.: Künstliche Darstellung großer, fehlerfreier Kristalle. In: *Z. Kristallogr.* 61 (1925), S. 299–314.

[Tamura 2014] TAMURA, NOBUMICHI: Chapter 4. XMAS: A Versatile Tool for Analyzing Synchrotron X-ray Microdiffraction Data. In: BARABASH, R.; ICE, G. (Eds.): *Strain and Dislocation Gradients from Diffraction.* 2014, S. 125–155. ISBN: 978-1-908979-62-9.

[Tanaka u. a. 1993] TANAKA, M.; SHISHIDO, T.; HORIUCHI, H.; TOYOTA, N.; SHINDO, D.; FUKUDA, T.: Structure studies of $CeAlO_3$. In: *J. Alloys Compd.* 192 (1993), S. 87–89.

[Theo Hahn (Ed.) 1983] THEO HAHN (Ed.): *International Tables for Crystallography: Volume A: Space-Group Symmetry, 1. Auflage.* Springer, 1983.

[Tompkins u. McGahan 1999] TOMPKINS, HARLAND G.; MCGAHAN, WILLIAM A.: *Spectroscopic Ellipsometry and Reflectometry: A User's Guide.* Wiley, 1999. – ISBN 978-0-471-18172-9.

[Träuble 1962] TRÄUBLE, H: Der Einfluß innerer Spannungen und der Feldstärke auf die magnetische Bereichsstruktur von Eisen-Silizium-Einkristallen. In: *Z. Metallkde.* 53 (1962), Nr. 4, S. 211–231.

[Tuomi u. a. 1974] TUOMI, T.; NAUKKARINEN, K.; RABE, P.: Use of synchrotron radiation in X-ray diffraction topography. In: *Phys. Status Solidi A* 25 (1974), S. 93–106.

[Van Vechten 1969] VAN VECHTEN, J. A.: Quantum dielectric theory of electronegativity in covalent systems. II. Ionization potentials and interband transition energies. In: *Phys. Rev.* 187 (1969), S. 1007–1020.

[Van Vechten u. Phillips 1970] VAN VECHTEN, J. A.; PHILLIPS, J. C.: New set of tetrahedral covalent radii. In: *Phys. Rev. B* 2 (1970), S. 2160–2167.

[Verma u. Krishna 1966] VERMA, AJIT R.; KRISHNA, PADMANABHAN: *Polymorphism and Polytypism in Crystals.* New York–London–Sydney: John Wiley and Sons, 1966.

[Verneuil 1902] VERNEUIL, AUGUSTE V.: Production artificelle du rubis par fusion. In: *C. R. Acad. Sci. Paris C* 135 (1902), S. 791–794.

[de Villiers 1971] VILLIERS, J. P. R.: Crystal structure of aragonite, strontianite, and witherite. In: *Am. Mineral.* 56 (1971), S. 768–772.

[Voigt 1910] VOIGT, WOLDEMAR: *Lehrbuch der Kristallphysik (mit Ausschluß der Kristalloptik).* Leipzig: Teubner, 1910. – ISBN 978-3-663-15884-4.

[Vollstädt u. Baumgärtel 1975] VOLLSTÄDT, HEINER; BAUMGÄRTEL, ROLF: *Einheimische Edelsteine.* Dresden: Verlag Theodor Steinkoff, 1975.

[Volmer 1939] VOLMER, MAX: *Kinetik der Phasenbildung.* Dresden und Leipzig: Th. Steinkopff, 1939.

[Vultée 1950] VULTÉE, J. v.: Die orientierten Verwachsungen der Mineralien. In: *Fortschr. Mineral.* 29/30 (1950/51), S. 297–378.

[Wadewitz 1967] WADEWITZ, H.: *Realstruktur und Eigenschaften von Reinststoffen.* Berlin: Akademie-Verlag, 1967.

[Wang 2013] WANG, SHAOQING: Atomic structure modeling of multi-principal-element alloys by the principle of maximum entropy. In: *Entropy* 15 (2013), Nr. 12, 5536–5548. http://dx.doi.org/ 10.3390/e15125536. – DOI 10.3390/e15125536.

[Warren u. Averbach 1950] WARREN, B. E.; AVERBACH, B. L.: The effect of cold-work distortion on X-ray patterns. In: *J. Appl. Phys.* 21 (1950), Nr. 6, S. 595–599.

[Warren u. Averbach 1952] WARREN, B. E.; AVERBACH, B. L.: The separation of cold-work distortion and particle size broadening in X-ray patterns. In: *J. Appl. Phys.* 23 (1952), Nr. 4, S. 497.

[Wells 2012] WELLS, A. F.: *Structural Inorganic Chemistry.* Oxford: Clarendon Press, 2012.

[Wikipedia (deutsch): Gips] *Wikipedia (deutsch): Gips.* https://de.wikipedia.org/wiki/Gips, 2009, Accessed: 2020-04-23.

[Wikipedia (deutsch): Quasikristall 1999] *Wikipedia (deutsch): Quasikristall.* https://de.wikipedia.org/wiki/Quasikristall, 1999. – Accessed: 2020-03-31.

[Wikipedia (englisch): Quasikristall 2010] *Wikipedia (englisch): Quasikristall.* https://https://en.wikipedia.org/wiki/Quasicrystal, 2010. – Accessed: 2020-03-31.

[Wilke u. Bohm 1988] WILKE, KLAUS-THOMAS; BOHM, JOACHIM: *Kristallzüchtung.* Berlin: VEB Deutscher Verlag der Wissenschaften, 1988.

[Williamson u. Hall 1953] WILLIAMSON, G.K; HALL, W. H.: X-ray line broadening from filed aluminium and wolfram. In: *Acta Metall.* 1 (1953), S. 22–31.

[Woltersdorf 1982] WOLTERSDORF, J.: Misfit accommodation at interfaces by dislocations. In: *Appl. Surf. Sci.* 11–12 (1982), S. 495–516.

[Wondratschek 1958] WONDRATSCHEK, H.: Über die Möglichkeit der Beschreibung kristallphysikalischer Eigenschaften durch Flächen. In: *Z. Kristallogr.* 110 (1958), S. 127–135.

[Wondratschek 1980] WONDRATSCHEK, H.: Crystallographic orbits, lattice complexes, and orbit types. In: *MATCH Commun. Math. Comput. Chem.* 8 (1980), S. 121–125.

[Wondratschek u. Neubüser 1967] WONDRATSCHEK, H.; NEUBÜSER, J.: Determination of the symmetry elements of a space group from the 'general positions' listed in *International Tables for X-ray Crystallography*, Vol. I. In: *Acta Crystallogr.* 23 (1967), S. 349–352.

[Wulff 1901] WULFF, G.: Zur Frage der Geschwindigkeit des Wachsthums und der Auflösung der Krystallflächen. In: *Z. Kristallogr.* 34 (1901), S. 449–530.

[Yeh u. a. 2004] YEH, J.-W.; CHEN, S.-K.; LIN, S.-J.; GAN, J.-Y.; CHIN, T.-S.; SHUN, T.-T.; TSAU, C.-H.; CHANG, S.-Y.: Nanostructured high-entropy alloys with multiple principal elements: novel alloy design concepts and outcomes. In: *Adv. Eng. Mater.* 6 (2004), Nr. 5, S. 299–303.

[Yin u. a. 2014] YIN, L.-J.; CHEN, G.-Z.; WANG, C.; XU, X.; HAO, L.-Y.; HINTZEN, H. T.: Tunable luminescence of $CeAl_{11}O_{18}$ based phosphors by replacement of $(AlO)^+$ by $(SiN)^+$ and co-doping with Eu. In: *ECS J. Solid State Sci. Techn.* 3 (2014), Nr. 8, S. R131–R138.

[Young 1805] YOUNG, THOMAS: An essay on the cohesion of fluids. In: *Philos. Trans. R. Soc. Lond.* 95 (1805), Nr. 1, S. 65–87.

Stichwortverzeichnis

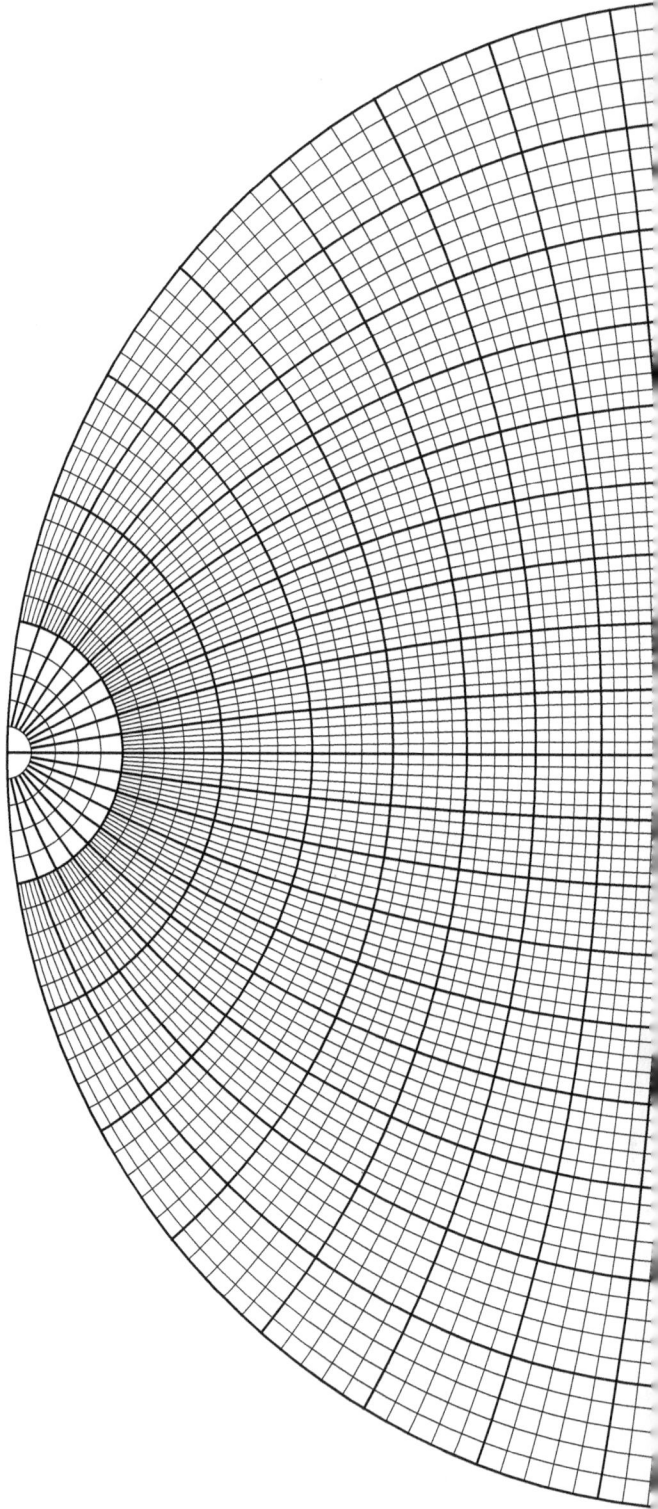

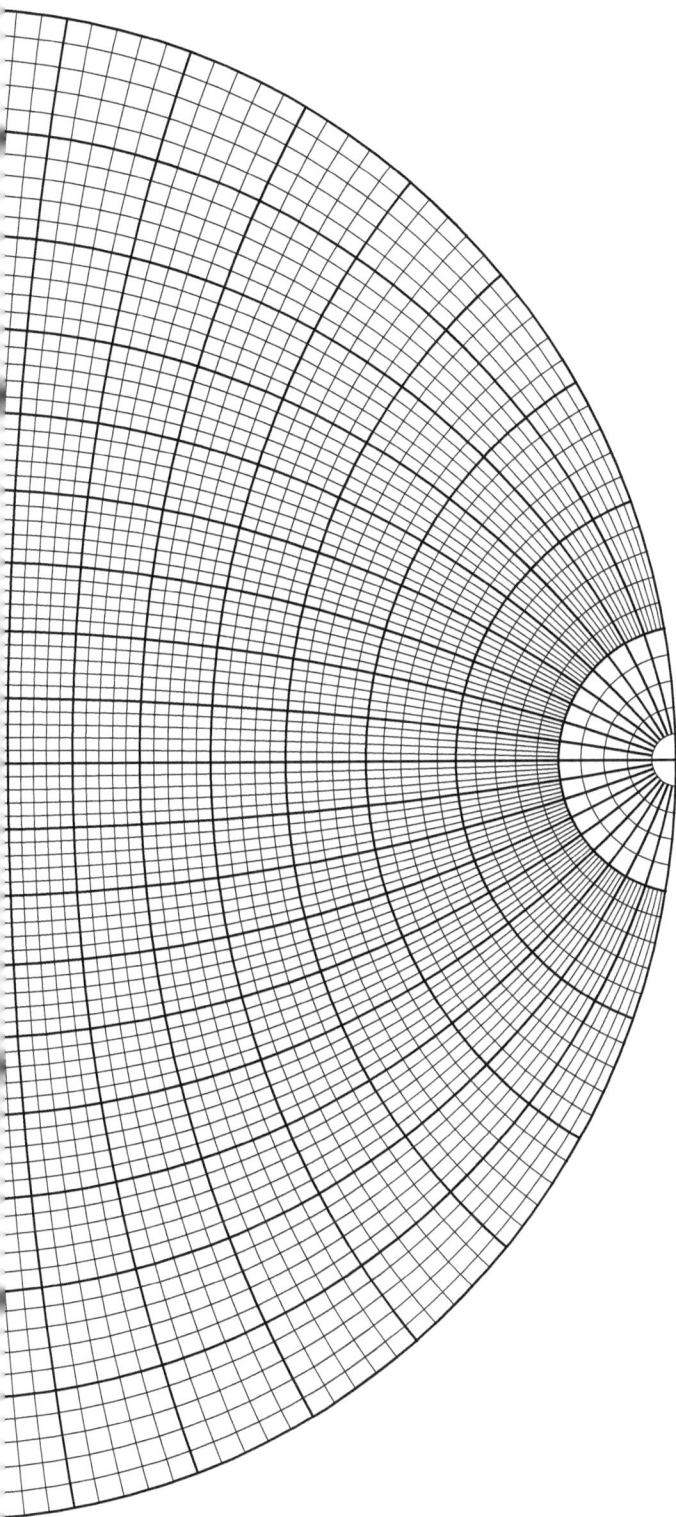

Beilage zu
„Einführung in die Kristallographie"
Oldenbourg Verlag München

Das Wulffsche Netz